W. GÄHLER

GRUNDSTRUKTUREN DER ANALYSIS II

MATHEMATISCHE LEHRBÜCHER UND MONOGRAPHIEN

HERAUSGEGEBEN VON DER
AKADEMIE DER WISSENSCHAFTEN DER DDR
ZENTRALINSTITUT FÜR MATHEMATIK UND MECHANIK

II. ABTEILUNG

MATHEMATISCHE MONOGRAPHIEN

BAND 42

GRUNDSTRUKTUREN DER ANALYSIS II

VON

W. GÄHLER

AKADEMIE-VERLAG BERLIN

1978

GRUNDSTRUKTUREN DER ANALYSIS II

von

WERNER GÄHLER

Zentralinstitut für Mathematik und Mechanik der
Akademie der Wissenschaften der DDR

AKADEMIE-VERLAG · BERLIN

1978

Erschienen im Akademie-Verlag, 108 Berlin, Leipziger Straße 3—4

Lizenznummer: 202 · 100/563/78
Gesamtherstellung: VEB Druckerei „Thomas Müntzer“, 582 Bad Langensalza
Bestellnummer: 762 250 1 (6071/2) · LSV 1035
Printed in GDR
DDR 78,— M

VORWORT

Zum Aufbau einer geeigneten, umfassenden Differentialrechnung in allgemeineren als normierten Räumen benötigt man bekanntlich Konvergenzbegriffe, die nur in Spezialfällen Topologien definieren. Das zeigt sich insbesondere beim Nachweis der Kettenregel höherer Ordnung. Will man etwa die Kettenregel zweiter Ordnung für Abbildungen $f\colon X \circ\!\!\to Y$ und $g\colon Y \circ\!\!\to Z$ beweisen, so bringt man die in der Kettenregel erster Ordnung auftretende Beziehung $\mathrm{D}(g \circ f)\,(x) = \mathrm{D}g(f(x)) \circ \mathrm{D}f(x)$ unter Benutzung der Kompositionsabbildung γ von $L(X, Y) \times L(Y, Z)$ in $L(X, Z)$ in die Form $\mathrm{D}(g \circ f)\,(x) = (\gamma \circ \langle \mathrm{D}f, \mathrm{D}g \circ f\rangle)\,(x)$. Der Nachweis der Kettenregel zweiter Ordnung erfolgt dann mittels der Kettenregel erster Ordnung, wobei man die Voraussetzungen so einrichtet, daß $\langle \mathrm{D}f, \mathrm{D}g \circ f\rangle$ in x und γ in $\langle \mathrm{D}f, \mathrm{D}g \circ f\rangle\,(x)$ differenzierbar ist. Die Forderung, daß γ differenzierbar ist, erweist sich als sehr einschränkend. Verlangt man, daß die Differenzierbarkeit die Stetigkeit nach sich zieht, so ist diese Forderung in Bezug auf Vektorraumtopologien von $L(X, Y)$, $L(Y, Z)$ und $L(X, Z)$ im allgemeinen nicht erfüllt, zumindest nicht, wenn man noch annimmt, daß die Vektorraumtopologien so beschaffen sind, daß im Falle $X = \boldsymbol{R}$ oder $\boldsymbol{C}$ die natürlichen Zuordnungen zwischen Y und $L(X, Y)$ und zwischen Z und $L(X, Z)$ Isomorphien sind. Bezüglich geeigneter Vektorraumlimitierungen ist γ hingegen stetig, und im Rahmen der Theorie der limitierten Vektorräume läßt sich für eine Reihe von Ableitungsbegriffen und für sehr allgemeine Räume X, Y und Z die Kettenregel höherer Ordnung beweisen.

Wir gehen auf die Differentialrechnung im vierten, dem letzten Kapitel dieses Bandes ein. Im ersten Kapitel wird die limitierte Algebra behandelt. Insbesondere wird in ihm die Theorie der limitierten Gruppen und die Theorie der limitierten Vektorräume entwickelt. Neben limitierten Vektorräumen untersuchen wir einen etwas schwächeren Begriff, den Begriff der limitierten linearen Gruppe. Er spielt in der Theorie der Abbildungsräume eine wichtige Rolle. Im Anschluß an die Behandlung von Vervollständigungsproblemen wird auf eine Reihe kategorientheoretischer Begriffe eingegangen, zum Beispiel auf den Begriff des adjungierten Funktors und — im Zusammenhang mit projektiven Tensorprodukten — auf den Begriff der monoidalen Kategorie. Schließlich wird im ersten Kapitel eine Verallgemeinerung der Theorie der bornologischen Räume vorgenommen. Die beiden weiteren Kapitel befassen sich mit wichtigen Begriffen der Mengenkonvergenz und der Konvergenz in Abbildungsräumen, unter anderem der stetigen Konvergenz und Verallgemeinerungen der gleichmäßigen Konvergenz.

Aufbauend auf kategorientheoretische Untersuchungen im ersten Kapitel werden im dritten Kapitel ferner abgeschlossene Kategorien behandelt. Auf der Grundlage der Ergebnisse des zweiten und dritten Kapitels wird im letzten Kapitel die Differentialrechnung entwickelt, in der die meisten der in der Literatur auftretenden Differenzierbarkeitsbegriffe enthalten sind.

Das angegebene Literaturverzeichnis bezieht sich auf beide Bände. Im Symbol- und Sachverzeichnis sind hingegen lediglich die in diesem Band eingeführten Symbole und Begriffe enthalten.

Der Autor ist mehreren Kollegen für wertvolle Hinweise zu Dank verpflichtet. Sein besonderer Dank gilt Herrn G. Kneis, der das gesamte Manuskript kritisch durchgesehen und die Korrekturen mitgelesen hat. Im Arbeitsseminar mit S. Gähler, dem Bruder des Autors, und mit G. Kneis wurde das Problem der Vervollständigung pseudotopologischer Vektorräume gelöst; die Lösung ist im Abschnitt 5.20 angegeben. Herzlichen Dank möchte der Autor seiner Frau aussprechen, die die Belastungen, die mit der Anfertigung dieser zweibändigen Monographie auch auf sie zukamen, mit viel Verständnis auf sich genommen und dem Autor manche Verpflichtung abgenommen hat. Schließlich dankt der Autor — wie bereits beim ersten Band — dem Verlag für die freundliche Bereitwilligkeit, mit der dieser auf seine Wünsche eingegangen ist, und der Druckerei „Thomas Müntzer", Bad Langensalza, für die sorgfältige und gute Ausstattung des gesamten Buches und die ausgezeichnete Durchführung der Korrekturen.

Berlin, 1977 W. Gähler

INHALTSVERZEICHNIS

Grundstrukturen der Analysis I

INHALTSÜBERSICHT

5. LIMITIERTE ALGEBRA

In den ersten Abschnitten dieses Kapitels befassen wir uns mit Gruppen, Radialräumen und Vektorräumen, wobei Radialräume Mengen sind, die mit einer gewissen äußeren Verknüpfung, einer Art skalarer Multiplikation versehen sind. Wichtige zugehörige algebraische Begriffe führen wir auf kategorientheoretische Begriffe zurück. Zum Beispiel zeigen wir, daß die freien Produkte von Gruppen die Coprodukte in der Kategorie der Gruppen, die direkten Produkte abelscher Gruppen die Coprodukte in der Kategorie der abelschen Gruppen, die Sternprodukte von Radialräumen die Coprodukte in der Kategorie der Radialräume und die direkten Summen von Vektorräumen die Coprodukte in der Kategorie der Vektorräume sind.

Mit Limitierungen versehene Gruppen, für die die Gruppenverknüpfung und Inversenbildung stetig sind, heißen limitierte Gruppen. Entsprechend sind die Begriffe limitierter Radialraum und limitierter Vektorraum definiert; wir schwächen diese beiden Begriffe in Abschnitt 5.7 zu den Begriffen des verallgemeinerten limitierten Radialraumes bzw. der limitierten linearen Gruppe ab. Spezielle limitierte lineare Gruppen sind die topologischen Vektorgruppen im Sinne von Raikow und die von Awerbuch und Smoljanow eingeführten pseudotopologischen linearen Gruppen. Letztere spielen in der Theorie der Abbildungsräume eine wichtige Rolle.

Alle pseudotopologischen Gruppen, d. h. alle limitierten Gruppen, deren Limitierungen Pseudotopologien sind, lassen sich auf natürliche Weise als pseudouniforme Räume auffassen, im nichtkommutativem Fall im allgemeinen auf drei Arten. Die betreffenden pseudouniformen Strukturen, die sogenannte kanonische rechts-pseudouniforme, kanonische links-pseudouniforme und kanonische pseudouniforme Struktur stimmen für topologische Gruppen mit der kanonischen rechts-uniformen, kanonischen links-uniformen bzw. kanonischen uniformen Struktur überein. In pseudotopologischen Gruppen fallen bezüglich dieser pseudouniformen Strukturen eine Reihe von Begriffen zusammen, wie etwa regulär und gleichmäßig regulär sowie Choquetsch und gleichmäßig Choquetsch.

Es gibt wichtige Eigenschaften limitierter linearer Gruppen, die in der Theorie der topologischen Vektorräume nicht formuliert werden, da jeder topologische Vektorraum diese Eigenschaften besitzt. Dazu gehören die Begriffe Gleichförmigkeit, Kreisförmigkeit und Ausgeglichenheit limitierter linearer Gruppen, die wir in Abschnitt 5.8 einführen. In Abschnitt 5.9 befassen wir uns mit dem Begriff der lokalen Konvexität für limitierte lineare Gruppen. Er ist im allgemeinen etwas schwächer als der Begriff der absoluten lokalen Konvexität, und er stimmt mit diesem genau dann überein, wenn die betreffende Limitierung eine Pseudotopologie im weiten Sinne ist. Entsprechend der üblichen Charakterisierung lokalkonvexer Topologien mittels Halbnormen charakterisieren wir lokalkonvexe Pseudotopologien mittels Pseudonormen, genauer mittels Familien von Pseudonormenfamilien.

In den Abschnitten 5.11 bis 5.16 untersuchen wir Initial- und Finallimitierungen für Gruppen, Radialräume und Vektorräume, insbesondere schwache Topologien und MARINESCU-Pseudotopologien. Anschließend befassen wir uns mit verallgemeinerten Halbmetriken und verallgemeinerten Halbnormen; sie sind im allgemeinen nicht reellwertig. Mittels verallgemeinerter Halbmetriken geben wir eine Ausdehnung des BANACHschen Fixpunktsatzes an. Lokalkonvexe Topologien charakterisieren wir mittels verallgemeinerter Halbnormen.

Von grundlegender Bedeutung für das Buch sind die in Abschnitt 5.18 eingeführten Beschränktheitsbegriffe. Wir benutzen sie unter anderem in der Theorie der hypobornologischen Räume in Abschnitt 5.24 und in der Theorie der Abbildungsräume in Kapitel 7.

Gehören allen Nullfiltern beschränkte Mengen an, so heißen die betreffenden Limitierungen lokalbeschränkt. Die Konvergenz bezüglich gleichförmiger lokalbeschränkter Pseudotopologien ist gerade die MACKEY-Konvergenz. Damit ist ein Zusammenhang zwischen der Theorie der bornologischen Vektorräume und der Theorie der pseudotopologischen Vektorräume hergestellt.

In Abschnitt 5.20 vervollständigen wir beliebige pseudotopologische Vektorräume. Als eine wichtige Eigenschaft pseudotopologischer Vektorräume erweist sich dabei die Cq-Eigenschaft. In den folgenden drei Abschnitten behandeln wir wichtige kategorientheoretische Begriffe, insbesondere adjungierte Funktoren und — im Zusammenhang mit projektiven Tensorprodukten — monoidale Kategorien.

5.1. Gruppen

Eine **Gruppe** ist eine Menge X, die der Gruppe **unterliegende Menge**, die versehen ist mit einer Abbildung $(x, y) \mapsto xy$ $(x, y \in X)$ von $X \times X$ in X, der **Gruppenverknüpfung**, so daß gilt:

1. Zu beliebigen $x, y, z \in X$ ist $(xy)z = x(yz)$ (**Assoziativität**).
2. Es gibt ein Element e von X, das **Einselement**, mit $xe = ex = x$ für alle $x \in X$.
3. Zu beliebigem $x \in X$ existiert ein Element x^{-1} von X, das **Inverse** von x, mit $xx^{-1} = x^{-1}x = e$.[1])

[1]) Aus den Gruppenaxiomen folgt leicht, daß das Einselement und das Inverse eines beliebigen Elementes einer Gruppe eindeutig bestimmt sind.

Den Wert von (x, y) bezüglich der Gruppenverknüpfung haben wir entsprechend der üblichen Gepflogenheit mit xy bezeichnet. Wenn nicht ausdrücklich etwas anderes angegeben ist, benutzen wir auch im folgenden diese Schreibweise. Die Gruppenverknüpfung wird dann **Multiplikation** und xy das **Produkt** von x und y genannt. Sind A und B Teilmengen einer Gruppe X, so bezeichnen wir mit A^{-1} die Menge $\{x^{-1} \mid x \in A\}$ und mit AB die Menge $\{xy \mid x \in A, y \in B\}$. Für $\{x\} B$ schreiben wir auch xB und für $A\{x\}$ auch Ax.

Eine Gruppe X heißt **abelsch** oder **kommutativ**, wenn $xy = yx$ für beliebige Elemente x und y von X gilt. In abelschen Gruppen benutzt man zum Teil die additive Schreibweise, d. h., man bezeichnet den Wert von (x, y) bezüglich der Gruppenverknüpfung mit $x + y$. Die Gruppe heißt dann **additiv**, die Verknüpfung selbst **Addition** und $x + y$ die **Summe** von x und y. In additiven abelschen Gruppen wird anstelle Einselement **Nullelement** gesagt und dieses mit 0 bezeichnet. Ferner bezeichnet man in derartigen Gruppen das Inverse eines Elementes x mit $-x$ und schreibt $x - y$ für $x + (-y)$. Bei additiven abelschen Gruppen wird natürlich $-A$ und $A + B$ anstelle von A^{-1} und AB geschrieben, ferner wird $A - B$ für $A + (-B)$ gesetzt. Die Bezeichnungen $A + B$ und $A - B$ werden wie bei der multiplikativen Schreibweise vereinfacht, falls eine der Mengen A oder B eine Einermenge $\{x\}$ ist.

Sind X und Y Gruppen, so heißt eine Abbildung f von X in Y ein **(Gruppen-) Homomorphismus** von X in Y, wenn $f(xy) = f(x) f(y)$ zu beliebigen $x, y \in X$ gilt. Jeder Gruppenhomomorphismus, der eine eineindeutige Abbildung ist, heißt ein **(Gruppen-)Isomorphismus.** Mit GR bezeichnen wir die Kategorie aller Gruppen, sie hat als Objekte alle Gruppen und als Morphismen alle Homomorphismen f von Gruppen X in Gruppen Y, streng genommen die daraus gebildeten Tripel (f, X, Y). Morphismenkomposition sei die übliche Abbildungskomposition. Es folgt leicht, daß sich tatsächlich eine Kategorie ergibt. Identische Morphismen in GR sind gerade die identischen Abbildungen der Gruppen auf sich. Bimorphismen von GR sind die Isomorphismen von Gruppen auf Gruppen, sie sind stets Isomorphismen von GR.

Die volle Unterkategorie von GR, die als Objekte alle abelschen Gruppen hat, bezeichnen wir mit AB.

Eine Gruppe Y heißt **Untergruppe** einer Gruppe X, wenn Y als Menge in X enthalten ist und die Gruppenverknüpfung von Y gleich der Einschränkung der Gruppenverknüpfung von X auf $Y \times Y$ ist. Eine Teilmenge A einer Gruppe X bildet genau dann eine Untergruppe von X, d. h. ist versehen mit der Einschränkung der Gruppenverknüpfung von X auf $A \times A$ genau dann eine Untergruppe von X, wenn $AA = A$ und $A^{-1} = A$ gilt. Ist A eine Teilmenge einer Gruppe X, so bildet der Durchschnitt aller Untergruppen von X, die A enthalten, eine Untergruppe von X, sie heißt die **von A erzeugte Untergruppe.** Stimmt diese mit X überein, so wird A ein **Erzeugendensystem** von X genannt. Untergruppen von abelschen Gruppen sind offenbar stets abelsch.

Wir zeigen später, daß die Untergruppen von Gruppen bzw. von abelschen Gruppen, zusammen mit den identischen Einbettungen, gerade die Differenzkerne in GR bzw. AB sind. Vorerst führen wir eine Reihe weiterer Begriffe ein.

Zu jeder Gruppe X und jeder Untergruppe N wird durch

$$x\varrho y \Leftrightarrow yx^{-1} \in N \tag{5.1.1}$$

eine Äquivalenzrelation ϱ in X definiert. Die zugehörigen Äquivalenzklassen sind gerade die **rechtsseitigen Nebenklassen** Nx $(x \in X)$ der Untergruppe N. Man zeigt leicht, daß durch

$$\mu(Nx, Ny) = Nxy \tag{5.1.2}$$

genau dann eindeutig eine Verknüpfung in der zugehörigen Quotientenmenge E, d. h. eine Abbildung μ von $E \times E$ in E definiert wird, wenn $xN = Nx$ zu beliebigem $x \in X$ gilt. Jede Untergruppe N von X, die die letzte Bedingung erfüllt, heißt ein **Normalteiler** von X. (Bezüglich der durch $x\varrho y \Leftrightarrow x^{-1}y \in N$ definierten Äquivalenzrelation ϱ in X sind die **linksseitigen Nebenklassen** xN $(x \in X)$ die Äquivalenzklassen und läßt sich entsprechend eine Verknüpfung in der zugehörigen Quotientenmenge genau dann eindeutig definieren, wenn N ein Normalteiler ist.) Ist N ein Normalteiler einer Gruppe X, so ist die zugehörige Quotientenmenge E, versehen mit der durch (5.1.2) definierten Verknüpfung, eine Gruppe. Sie heißt die **Faktorgruppe** von X nach N und wird mit X/N bezeichnet. Zu jeder Teilmenge einer Gruppe X bildet der Durchschnitt aller Normalteiler von X, die A enthalten, offenbar ebenfalls einen Normalteiler von X; er heißt der **von A erzeugte Normalteiler.**

Zu beliebigen Morphismen $f\colon Y \to X$ und $g\colon Y \to X$ von GR mit gleicher Quelle und gleichem Ziel sei N_{fg} der von $\{g(y) f(y)^{-1} \mid y \in Y\}$ erzeugte Normalteiler von X. Er besteht aus endlichen Produkten von Elementen $xg(y) f(y)^{-1} x^{-1}$ $(x \in X, y \in Y)$ und deren Inversen. Ist X abelsch, so stimmt bereits $\{g(y) f(y)^{-1} \mid y \in Y\}$ mit N_{fg} überein. Sind $f\colon Y \to X$ und $g\colon Y \to X$ Morphismen von GR mit gleicher Quelle und gleichem Ziel, ist ϱ_{fg} die wie vor 3.1.5 definierte Äquivalenzrelation und ϱ die durch (5.1.1) aus N_{fg} definierte Äquivalenzrelation, so gilt $g(y) f(y)^{-1} \in N_{fg}$, d. h. $f(y)\, \varrho\, g(y)$ zu beliebigem $y \in Y$, folglich $g \circ f^{-1} \subseteqq \varrho$, also

$$\varrho_{fg} \subseteqq \varrho\,. \tag{5.1.3}$$

Im allgemeinen sind ϱ_{fg} und ϱ voneinander verschieden, vergleiche das Beispiel vor 5.3.4.

5.1.1 (Differenzcokerne in GR und AB). *Zu beliebigen Morphismen $f\colon Y \to X$ und $g\colon Y \to X$ von* GR *bzw.* AB *mit gleicher Quelle und gleichem Ziel ist die Faktorgruppe X/N_{fg}, zusammen mit der kanonischen Abbildung $\varkappa\colon X \to X/N_{fg}$, ein Differenzcokern von f und g. Jede zu einer beliebigen Gruppe X bzw. beliebigen abelschen Gruppe X gebildete Faktorgruppe X/N tritt, zusammen mit der kanonischen Abbildung $\varkappa\colon X \to X/N$, als Differenzcokern von Morphismen $f\colon Y \to X$ und $g\colon Y \to X$ von* GR *bzw.* AB *auf.*

Beweis. 1. $f: Y \to X$ und $g: Y \to X$ seien Morphismen von GR bzw. AB. Wegen (5.1.3) folgt $\varkappa f = \varkappa g$. $\varkappa: X \to X/N_{fg}$ ist natürlich ein Morphismus von GR bzw. AB. Ist $\lambda: X \to L$ ein Morphismus von GR bzw. AB mit $\lambda f = \lambda g$, so ordnet λ allen Elementen einer beliebigen Äquivalenzklasse bezüglich der durch (5.1.1) aus N_{fg} gebildeten Äquivalenzrelation ϱ ein festes Element zu, weshalb es genau eine Abbildung $\nu: X/N_{fg} \to L$ mit $\lambda(a) = \nu(N_{fg}a)$ $(a \in X)$ und daher mit $\lambda = \nu\varkappa$ gibt. Offensichtlich ist ν ein Morphismus von GR bzw. AB.

2. X sei eine Gruppe bzw. eine abelsche Gruppe und N ein Normalteiler von X. Wir setzen $Y = N$ und wählen als f diejenige Abbildung von Y in X, die als Wert lediglich das Einselement von X hat, und als g die identische Einbettung von Y in X. f und g sind Morphismen von GR bzw. AB. Es ist $N = N_{fg}$, somit X/N, zusammen mit der kanonischen Abbildung $\varkappa: X \to X/N$, ein Differenzcokern von f und g.

Ist $(X_\iota)_{\iota\in I}$ eine Familie von Gruppen mit einer Menge als Indexbereich, so verstehen wir unter dem **Produkt** $\prod_{\iota\in I} X_\iota$ der Gruppen X_ι $(\iota \in I)$ das cartesische Produkt der X_ι, versehen mit der komponentenweise, also durch $(x_\iota)_{\iota\in I}\,(y_\iota)_{\iota\in I} = (x_\iota y_\iota)_{\iota\in I}$ definierten Gruppenverknüpfung. Jedes Produkt von Gruppen ist natürlich eine Gruppe. Das Einselement $(e_\iota)_{\iota\in I}$ eines Produktes von Gruppen besteht aus den Einselementen e_ι dieser Gruppen, und für das Inverse eines Elementes $(x_\iota)_{\iota\in I}$ eines Produktes von Gruppen gilt $(x_\iota)_{\iota\in I}^{-1} = (x_\iota^{-1})_{\iota\in I}$. Ist $I = \{1, \dots, n\}$ für ein $n \in \boldsymbol{N}^+$, so schreiben wir für $\prod_{\iota\in I} X_\iota$ auch $X_1 \times \cdots \times X_n$. Produkte abelscher Gruppen sind abelsch.

Ohne Mühe folgt unter Berücksichtigung von 3.1.4

5.1.2 (Produkte in GR und AB). *$(X_\iota)_{\iota\in I}$ sei eine Familie von Gruppen mit einer Menge als Indexbereich. Dann ist das Produkt $X = \prod_{\iota\in I} X_\iota$, zusammen mit den natürlichen Projektionen $\pi_\iota: X \to X_\iota$, ein Produkt der X_ι $(\iota \in I)$ in* GR *und, falls die X_ι abelsche Gruppen sind, auch ein Produkt der X_ι $(\iota \in I)$ in* AB.

Zu jedem $n \in \boldsymbol{N}^+$ heißt eine Abbildung f eines Produktes $X = X_1 \times \cdots \times X_n$ von n Gruppen in eine Gruppe Y ein **Multihomomorphismus**, genauer ein **n-Homomorphismus**, wenn zu jedem $i = 1, \dots, n$ die Zusammensetzung $f \circ \iota_{ia}$ von f mit der natürlichen Einbettung von X_i in X bezüglich eines beliebigen Elementes a von X ein Homomorphismus ist.

Wir gehen nun auf den Begriff des freien Produktes von Gruppen ein. $(X_\iota)_{\iota\in I}$ sei dazu eine Familie von Gruppen mit einer Menge als Indexbereich. e_ι sei das Einselement von X_ι. Wir bilden alle n-Tupel $x = ((i_1, a_1), \dots, (i_n, a_n))$ geordneter Paare (i_k, a_k) mit $i_k \in I$ und $a_k \in X_{i_k}$, wobei jeweils $a_k \neq e_{i_k}$ ist und benachbarte Indizes i_k und i_{k+1} ungleich sind. Dabei lassen wir als n eine beliebige natürliche Zahl zu. Im Falle $n = 0$ meinen wir als x stets $\emptyset$. In der Menge F aller derartigen endlichen Folgen führen wir eine Multiplikation auf die folgende Weise ein. Sind $x = ((i_1, a_1), \dots, (i_n, a_n))$ und $y = ((j_1, b_1), \dots, (j_m, b_m))$ zwei derartige Folgen und ist ν die kleinste Zahl, für die $i_{n-\nu} \neq j_{\nu+1}$ oder $a_{n-\nu} \neq b_{\nu+1}^{-1}$

gilt, so setzen wir im Falle $i_{n-\nu} \neq j_{\nu+1}$

$$xy = \big((i_1, a_1), \dots, (i_{n-\nu}, a_{n-\nu}), (j_{\nu+1}, b_{\nu+1}), \dots, (j_m, b_m)\big)$$

und im Falle $i_{n-\nu} = j_{\nu+1}$

$$xy = \big((i_1, a_1), \dots, (i_{n-\nu-1}, a_{n-\nu-1}), (i_{n-\nu}, a_{n-\nu}b_{\nu+1}), (j_{\nu+2}, b_{\nu+2}), \dots, (j_m, b_m)\big) .$$

F, versehen mit dieser Verknüpfung, erweist sich als eine Gruppe; sie wird das **freie Produkt** der Gruppen X_ι $(i \in I)$ genannt. $\emptyset$ ist das Einselement dieser Gruppe, und jedes Element $x = \big((i_1, a_1), \dots, (i_n, a_n)\big)$ hat als Inverses $x^{-1} = \big((i_n, a_n^{-1}), \dots, (i_1, a_1^{-1})\big)$. Die Assoziativität der Multiplikation zeigt man mittels vollständiger Induktion so: Neben x und y sei $z = \big((k_1, c_1), \dots, (k_l, c_l)\big)$ ein weiteres Element von F. Ist x, y oder z leer, so gilt offensichtlich $(xy)z = x(yz)$. Nun seien x, y und z nicht leer und sei die Gliederanzahl m von y gleich 1. Man überprüft dann der Reihe nach, daß $(xy)\,z$ und $x(yz)$ im Falle $i_n \neq j_1 \neq k_1$ mit $\big((i_1, a_1), \dots, (i_n, a_n), (j_1, b_1), (k_1, c_1), \dots, (k_l, c_l)\big)$, im Falle $i_n = j_1 \neq k_1$ und $a_nb_1 \neq e_{j_1}$ mit $\big((i_1, a_1), \dots, (i_{n-1}, a_{n-1}), (i_n, a_nb_1)\big)\,z$, im Falle $i_n = j_1 \neq k_1$ und $a_nb_1 = e_{j_1}$ mit $\big((i_1, a_1), \dots, (i_{n-1}, a_{n-1})\big)\,z$, im Falle $i_n \neq j_1 = k_1$ und $b_1c_1 \neq e_{j_1}$ mit $x\big((k_1, b_1c_1), (k_2, c_2), \dots, (k_l, c_l)\big)$, im Falle $i_n \neq j_1 = k_1$ und $b_1c_1 = e_{j_1}$ mit $x\big((k_2, c_2), \dots, (k_l, c_l)\big)$, im Falle $i_n = j_1 = k_1$ und $a_nb_1c_1 \neq e_{j_1}$ mit $\big((i_1, a_1), \dots, (i_{n-1}, a_{n-1}), (i_n, a_nb_1c_1), (k_2, c_2), \dots, (k_l, c_l)\big)$ und im Falle $i_n = j_1 = k_1$ und $a_nb_1c_1 = e_{j_1}$ mit $\big((i_1, a_1), \dots, (i_{n-1}, a_{n-1})\big)\,\big((k_2, c_2), \dots, (k_l, c_l)\big)$ übereinstimmt. Gilt nun $(uv)w = u(vw)$ für beliebige Elemente u und w von F und beliebige Elemente v von F mit weniger als m Gliedern, so folgt für beliebige von $\emptyset$ verschiedene Elemente y_1, y_2 von F mit $y = y_1y_2$

$$(xy)z = \big((xy_1)y_2\big)z = (xy_1)\,(y_2z) = x\big(y_1(y_2z)\big) = x(yz) .$$

Damit ist die Assoziativität gezeigt.

Mit $\varkappa_\iota$ bezeichnen wir zu beliebigem $i \in I$ die durch $\varkappa_\iota(a) = \begin{cases} \big((i, a)\big) & \text{bei } a \neq e_\iota \\ \emptyset & \text{bei } a = e_\iota \end{cases}$ definierte Abbildung von X_ι in das freie Produkt X der X_j $(j \in I)$ und nennen sie die **natürliche Injektion** von X_ι in X.

5.1.3 (Coprodukte in GR). *Das freie Produkt X der X_ι $(i \in I)$ ist, zusammen mit den natürlichen Injektionen $\varkappa_\iota$: $X_\iota \to X$, ein Coprodukt der X_ι in* GR.

Beweis. Die $\varkappa_\iota$ ergeben sich leicht als Isomorphismen. Zu beliebigen Homomorphismen ν_ι $(i \in I)$ der X_ι in eine Gruppe Y ist durch $\omega\big((i_1, a_1), \dots, (i_n, a_n)\big) = \nu_{i_1}(a_1) \cdots \nu_{i_n}(a_n)$ ein Homomorphismus von X in Y mit $\nu_\iota = \omega \circ \varkappa_\iota$ $(i \in I)$ definiert. Die letzten Beziehungen haben $\omega(i, a) = \nu(a)$ $(a \in X_\iota \setminus \{e_\iota\})$ zur Folge, werden daher von keinem weiteren Homomorphismus von X in Y erfüllt.

Den Begriff des freien Produktes verallgemeinern wir noch. Es sei X das freie Produkt der X_ι. Zu beliebigem $i \in I$ sei eine Untergruppe Y_ι von X_ι gegeben. Die Gruppen Y_ι seien isomorph. Wir fordern sogar genauer, daß zu jedem $(i, j) \in I \times I$ ein Isomorphismus φ_{ij} von Y_ι auf Y_j gegeben ist mit $\varphi_{ik} = \varphi_{jk} \circ \varphi_{ij}$

zu beliebigen $i, j, k \in I$. N sei der von der Menge $\{(\varkappa_j \circ \varphi_{ij})(a)\, \varkappa_i(a^{-1}) \mid i, j \in I$ und $a \in Y_i\}$ erzeugte Normalteiler von X und $\varkappa$ die kanonische Abbildung von X auf die Faktorgruppe X/N. Offenbar ist $Y = (\varkappa \circ \varkappa_i)\,[Y_i]$ eine von i unabhängige Untergruppe von X/N. Die Faktorgruppe X/N heißt das **freie Produkt der X_i mit vereinigter Untergruppe Y**. Einen Aufschluß über das Verhalten dieser Faktorgruppe liefert der folgende Satz

5.1.4 (Freie Produkte mit vereinigter Untergruppe). *Die Abbildungen $\varkappa \circ \varkappa_i$ sind Isomorphismen von X_i in X/N. Die Untergruppen $(\varkappa \circ \varkappa_i)\,[X_i]$ von X/N haben paarweise nur Y gemeinsam.*

Beweis. 1. Zu beliebigem $i \in I$ wählen wir in jeder rechtsseitigen Nebenklasse der Untergruppe Y_i von X_i ein Element aus, in Y_i selbst das Einselement. Ist a ein Element einer dieser Nebenklassen, so bezeichnen wir das in dieser Nebenklasse ausgewählte Element mit $\bar{a}$. Aus $a \in X_i$ folgt stets $a\bar{a}^{-1} \in Y_i$.

Gegeben sei ein $i \in I$. Wir ordnen als nächstes jedem Element von X ein äquivalentes Element der Form

$$\varkappa_i(a)\ \big((i_1, \bar{a}_1), \ldots, (i_n, \bar{a}_n)\big) \tag{5.1.4}$$

mit $a \in Y_i$, eine sogenannte Normalform, zu. Die Äquivalenz ist natürlich mittels des Normalteilers N durch (5.1.1) definiert. Wir lassen auch den Fall $n = 0$ zu und verstehen in diesem unter (5.1.4) einfach $\varkappa_i(a)$.

Gegeben sei ein Element $x = \big((j_1, b_1), \ldots, (j_m, b_m)\big)$ von X. Ist $m = 0$, d. h. $x = \emptyset$, so ordnen wir x das Element $\varkappa_i(e_i)$, also x sich selbst zu. Nun sei $m > 0$ und sei bereits $\big((j_2, b_2), \ldots, (j_m, b_m)\big)$ ein äquivalentes Element der Form (5.1.4) zugeordnet. Wir setzen $c = b_1\varphi_{ij_1}(a)$ und ordnen x im Falle $b_1 \in Y_{j_1}$

$$(\varkappa_i \circ \varphi_{j_1 i})(c)\ \big((i_1, \bar{a}_1), \ldots, (i_n, \bar{a}_n)\big)\,, \tag{5.1.5}$$

im Falle $b_1 \notin Y_{j_1}$ und $j_1 \neq i_1$

$$(\varkappa_i \circ \varphi_{j_1 i})(c\bar{c}^{-1})\ \big((j_1, \bar{c}), (i_1, \bar{a}_1), \ldots, (i_n, \bar{a}_n)\big)\,, \tag{5.1.6}$$

im Falle $b_1 \notin Y_{j_1}$, $j_1 = i_1$ und $c\bar{a}_1 \in Y_{j_1}$

$$(\varkappa_i \circ \varphi_{j_1 i})(c\bar{a}_1)\ \big((i_2, \bar{a}_2), \ldots, (i_n, \bar{a}_n)\big) \tag{5.1.7}$$

und im Falle $b_1 \notin Y_{j_1}$, $j_1 = i_1$ und $c\bar{a}_1 \notin Y_{j_1}$

$$(\varkappa_i \circ \varphi_{j_1 i})\big(c\bar{a}_1(\overline{c\bar{a}_1})^{-1}\big)\ \big((j_1, \overline{c\bar{a}_1}), (i_2, \bar{a}_2), \ldots, (i_n, \bar{a}_n)\big) \tag{5.1.8}$$

zu. Zu beachten ist, daß $\bar{c}$ bzw. $\overline{c\bar{a}_1}$ genau dann das Einselement von X_{j_1} ist, wenn $b_1 \in Y_{j_1}$ bzw. $c\bar{a}_1 \in Y_{j_1}$ gilt. In jedem der vier Fälle ist das zugeordnete Element natürlich zu x äquivalent, wie leicht damit folgt, daß in jedem dieser Fälle $\varkappa_{j_1}(b_1)\, \varkappa_i(a)\ \big((i_1, \bar{a}_1), \ldots, (i_n, \bar{a}_n)\big)$ zu x äquivalent ist.

Wir sagen, daß sich das neue Element (5.1.5), ..., (5.1.8) durch Anwendung von $\varkappa_{j_1}(b_1)$ auf (5.1.4) ergibt. Diesen Zuordnungsprozeß benutzen wir im weiteren auch in dem Fall, daß b_1 das Einselement von Y_{j_1} ist, in diesem ergibt sich wieder (5.1.4). Um das x zugeordnete Element zu erhalten, haben wir natürlich $\varkappa_{j_m}(b_m)$

auf die Normalform $\emptyset$ und der Reihe nach $\varkappa_{j_{m-1}}(b_{m-1})$ bis $\varkappa_{j_1}(b_1)$ auf die entstehenden Normalformen anzuwenden. Es folgt leicht, daß jede Normalform sich selbst zugeordnet wird.

2. Im weiteren beweisen wir in mehreren Schritten, daß äquivalenten Elementen von X stets dieselbe Normalform zugeordnet wird. Wir gehen dazu vorerst von einer Normalform (5.1.4) aus, wenden auf sie ein Element $\varkappa_{j_1}(b_1)$ und auf die entstehende Normalform ein Element $\varkappa_{j_1}(b_2)$ an und zeigen, daß sich auf diese Weise die durch Anwendung von $\varkappa_{j_1}(b_2 b_1)$ auf (5.1.4) entstehende Normalform ergibt.

Es sei zuerst $b_1 \in Y_{j_1}$. Wir setzen $\gamma = b_2 c = b_2 b_1 \varphi_{ij_1}(a)$. Anwendung von $\varkappa_{j_1}(b_2)$ auf (5.1.5) liefert der Reihe nach in den Fällen $b_2 \in Y_{j_1}$, $b_2 \notin Y_{j_1}$ und $j_1 \neq i_1$, $b_2 \notin Y_{j_1}, j_1 = i_1$ und $\gamma\bar{a}_2 \in Y_{j_1}$ bzw. $b_2 \notin Y_{j_1}, j_1 = i_1$ und $\gamma\bar{a}_2 \notin Y_{j_1}$ die Normalformen (5.1.5), ... , (5.1.8), bei denen c durch γ ersetzt ist. Nun ist genau dann $b_2 \in Y_{j_1}$, wenn $b_2 b_1 \in Y_{j_1}$ ist, so daß sich in dem betrachteten Fall $b_1 \in Y_{j_1}$ stets die durch Anwendung von $\varkappa_{j_1}(b_2 b_1)$ auf (5.1.4) entstehende Normalform ergibt.

Als nächstes sei $b_1 \notin Y_{j_1}$ und $j_1 \neq i_1$. Wir setzen dann $\gamma = b_2 c\bar{c}^{-1}$. Durch Anwendung von $\varkappa_{j_1}(b_2)$ auf (5.1.6) entsteht im Falle $b_2 \in Y_{j_1}$

$$(\varkappa_i \circ \varphi_{j_1 i})(\gamma)\ \big((j_1, \bar{c}), (i_1, \bar{a}_1), \dots, (i_n, \bar{a}_n)\big)\ ,$$

wegen $b_2 b_1 \notin Y_{j_1}, j_1 \neq i_1$ und $\bar{c} = \overline{b_2 c}$ also die sich durch Anwendung von $\varkappa_{j_1}(b_2 b_1)$ auf (5.1.4) ergebende Normalform. Anwendung von $\varkappa_{j_1}(b_2)$ auf (5.1.6) liefert im Falle $b_2 \notin Y_{j_1}$, je nachdem, ob $b_2 b_1 \in Y_{j_1}$ und damit $\gamma\bar{c} \in Y_{j_1}$ oder $b_2 b_1 \notin Y_{j_1}$ und damit $\gamma\bar{c} \notin Y_{j_1}$ ist,

$$(\varkappa_i \circ \varphi_{j_1 i})\ (\gamma\bar{c})\big((i_1, \bar{a}_1), \dots, (i_n, \bar{a}_n)\big)$$

bzw.

$$(\varkappa_i \circ \varphi_{j_1 i})\big(\gamma\bar{c}(\overline{\gamma\bar{c}})^{-1}\big)\ \big((j_1, \overline{\gamma\bar{c}}), (i_1, \bar{a}_1), \dots, (i_n, \bar{a}_n)\big)\, ;$$

unter Berücksichtigung von $\gamma\bar{c} = b_2 b_1 \varphi_{ij_1}(a)$ folgt, daß sich auch in diesem Falle die durch Anwendung von $\varkappa_{j_1}(b_2 b_1)$ auf (5.1.4) entstehende Normalform ergibt.

Nun sei $b_1 \notin Y_{j_1}, j_1 = i_1$ und $c\bar{a}_1 \in Y_{j_1}$. Wir setzen $\gamma = b_2 c\bar{a}_1$. Anwendung von $\varkappa_{j_1}(b_2)$ auf (5.1.7) liefert im Falle $b_2 \in Y_{j_1}$

$$(\varkappa_i \circ \varphi_{j_1 i})(\gamma)\ \big((i_2, \bar{a}_2), \dots, (i_n, \bar{a}_n)\big)$$

und im Falle $b_2 \notin Y_{j_1}$ wegen $j_1 \neq i_2$

$$(\varkappa_i \circ \varphi_{j_1 i})(\gamma\bar{\gamma}^{-1})\ \big((j_1, \bar{\gamma}), (i_2, \bar{a}_2), \dots, (i_n, \bar{a}_n)\big)\ .$$

Ist $b_2 b_1 \in Y_{j_1}$, so gilt $b_2 \notin Y_{j_1}$ und $\bar{\gamma} = \bar{a}_1$. Ist $b_2 b_1 \notin Y_{j_1}$, so kann $b_2 \in Y_{j_1}$ oder auch $b_2 \notin Y_{j_1}$ sein. Wegen $c\bar{a}_1 \in Y_{j_1}$ gilt genau dann $b_2 \in Y_{j_1}$, wenn $\gamma \in Y_{j_1}$ ist. Damit folgt leicht, daß sich in dem betrachteten Fall die durch Anwendung von $\varkappa_{j_1}(b_2 b_1)$ auf (5.1.4) entstehende Normalform ergibt.

Schließlich sei $b_1 \notin Y_{j_1}, j_1 = i_1$ und $c\bar{a}_1 \notin Y_{j_1}$. Wir setzen $\gamma = b_2 c\bar{a}_1(\overline{c\bar{a}_1})^{-1}$. Durch Anwendung von $\varkappa_{j_1}(b_2)$ auf (5.1.8) entsteht im Falle $b_2 \in Y_{j_1}$

$$(\varkappa_i \circ \varphi_{j_1 i})(\gamma)\ \big((j_1, \overline{c\bar{a}_1}), (i_2, \bar{a}_2), \dots, (i_n, \bar{a}_n)\big)\ ,$$

im Falle $b_2 \notin Y_{j_1}$ und $\gamma\overline{c\bar{a}_1} = b_2 c\bar{a}_1 \in Y_{j_1}$

$$(\varkappa_i \circ \varphi_{j_1 i})(b_2 c\bar{a}_1) \left((i_2, \bar{a}_2), \ldots, (i_n, \bar{a}_n)\right)$$

und im Falle $b_2 \notin Y_{j_1}$ und $b_2 c\bar{a}_1 \notin Y_{j_1}$

$$(\varkappa_i \circ \varphi_{j_1 i})\left(b_2 c\bar{a}_1 (\overline{b_2 c\bar{a}_1})^{-1}\right) \left((j_1, \overline{b_2 c\bar{a}_1}), (i_2, \bar{a}_2), \ldots, (i_n, \bar{a}_n)\right) .$$

Ist $b_2 b_1 \in Y_{j_1}$, so gilt $b_2 \notin Y_{j_1}$ und $\overline{b_2 c\bar{a}_1} = \bar{a}_1$. Ist $b_2 b_1 \notin Y_{j_1}$, so kann $b_2 \in Y_{j_1}$ oder $b_2 \notin Y_{j_1}$ sein. Aus $b_2 \in Y_{j_1}$ folgt $b_2 c\bar{a}_1 \notin Y_{j_1}$ und $\overline{b_2 c\bar{a}_1} = \overline{c\bar{a}_1}$. Im Falle $b_2 \notin Y_{j_1}$ ist $b_2 c\bar{a}_1 \in Y_{j_1}$ und $b_2 c\bar{a}_1 \notin Y_{j_1}$ möglich. Es folgt stets, daß sich die durch Anwendung von $\varkappa_{j_1}(b_2 b_1)$ auf (5.1.4) entstehende Normalform ergibt.

Aus dem bisher Bewiesenen erhält man unter Beachtung der besonderen Art der Multiplikation in X, daß sich zu zwei beliebigen Elementen x und $y = \left((k_1, c_1), \ldots, (k_m, c_m)\right)$ von X die dem Produkt yx zugeordnete Normalform ergibt, wenn man $\varkappa_{k_m}(c_m)$ auf die x zugeordnete Normalform und der Reihe nach $\varkappa_{k_{m-1}}(c_{m-1})$ bis $\varkappa_{k_1}c(_1)$ auf die entstehenden Normalformen anwendet.

Wenn wir ein Element $\varkappa_j(b^{-1})$ mit $b \in Y_j$ auf eine Normalform und eines der Elemente $(\varkappa_k \circ \varphi_{jk})(b)$ $(k \in I)$ auf die entstehende Normalform anwenden, entsteht — wie eine leichte Überprüfung zeigt — wieder die Ausgangsnormalform. Damit ergibt sich aber, daß zu beliebigen Elementen x und y von X und zu beliebigen $j, k \in I$ und $b \in Y_j$ den Elementen x und $y^{-1}(\varkappa_k \circ \varphi_{jk})(b)\,\varkappa_j(b^{-1})\,yx$ und damit beliebigen äquivalenten Elementen dieselbe Normalform zugeordnet werden.

3. Zu beliebigem $i \in I$ und $a \in X_i$ ist $\varkappa_i(a)$ im Falle $a \in Y_i$ und $\varkappa_i(a\bar{a}^{-1})$ $\left((i, \bar{a})\right)$ im Falle $a \notin Y_i$ das $\varkappa_i(a)$ bez. i gemäß Teil 1 zugeordnete Element. Dieses ist auf Grund des im Teil 2 Bewiesenen nur dann äquivalent dem Einselement $\emptyset$ von X, wenn es mit $\emptyset$ übereinstimmt, wenn also a das Einselement von X_i ist. Die Homomorphismen $\varkappa \circ \varkappa_i$ ordnen deshalb nur den Einselementen der X_i das Einselement von X/N zu, weshalb sie Isomorphismen sind. Ist $\varkappa_j(b)$ ein zu $\varkappa_i(a)$ äquivalentes Element mit $j \neq i$, so stimmt nach Teil 2 das $\varkappa_j(b)$ bez. i zugeordnete Element, also $(\varkappa_i \circ \varphi_{ji})(b)$ bei $b \in Y_j$ und $(\varkappa_i \circ \varphi_{ji})(b\bar{b}^{-1})$ $\left((j, \bar{b})\right)$ bei $b \notin Y_j$, mit dem $\varkappa_i(a)$ bez. i zugeordneten Element überein, was nur im Falle $b \in Y_j$ und $a = \varphi_{ji}(b)$ möglich ist. Die Mengen $(\varkappa \circ \varkappa_i)[X_i]$ haben daher nur paarweise Y gemeinsam.

Ist X eine Gruppe und $(X_i)_{i \in I}$ eine Familie von Untergruppen von X und besitzt jedes vom Einselement e verschiedene Element von X eindeutig eine Darstellung $x = x_{i_1} \cdots x_{i_n}$, wobei $i_1, \ldots, i_n$ Elemente von I mit $i_1 \neq i_2 \neq \cdots \neq i_n$ und $x_{i_1}, \ldots, x_{i_n}$ von e verschiedene Elemente von $X_{i_1}, \ldots, X_{i_n}$ sind, so heißt X das **freie Produkt der Untergruppen** X_i $(i \in I)$. Dieser Begriff unterscheidet sich von dem obigen Begriff des freien Produkts nur bis auf Isomorphien, denn ist eine Gruppe X freies Produkt von Gruppen X_i $(i \in I)$ und sind $\varkappa_i$ die natürlichen Injektionen von X_i in X, so ist X in dem eben angegebenen Sinne das freie Produkt der zu den X_i isomorphen Untergruppen $\varkappa_i[X_i]$ von X, und ist X eine

Gruppe, die in dem eben angegebenen Sinne das freie Produkt der Untergruppen X_i ($i \in I$) ist, so ist X zu dem freien Produkt der Gruppen X_i isomorph.

Als nächstes kommen wir zum Begriff des direkten Produktes von Gruppen. Es sei wieder $(X_i)_{i \in I}$ eine Familie von Gruppen mit einer Menge als Indexbereich. Die Menge D aller derjenigen Elemente $(x_i)_{i \in I}$ des Produktes $\prod_{i \in I} X_i$ der Gruppen X_i, für die bis auf endlich viele i die x_i mit dem Einselement e_i übereinstimmen, bildet eine Untergruppe von $\prod_{i \in I} X_i$. Diese Gruppe heißt das **direkte Produkt** der Gruppen X_i ($i \in I$). Das direkte Produkt abelscher Gruppen ist stets abelsch; das freie Produkt von mehreren Gruppen, die nicht nur aus dem Einselement bestehen, ist hingegen nie abelsch. Zu beliebigem $i \in I$ wird diejenige Abbildung ι_i von X_i in das direkte Produkt X der X_j ($j \in I$), die jedem $a \in X_i$ das Element $(x_j)_{j \in I}$ von X mit $x_i = a$ und $x_j = e_j$ bei $j \neq i$ zuordnet, die **natürliche Injektion** von X_i in X genannt.

5.1.5 (Coprodukte in AB). *Sind die X_i abelsche Gruppen, so ist das direkte Produkt X der X_i, zusammen mit den natürlichen Injektionen $\iota_i: X \to X_i$, ein Coprodukt der X_i in* AB.

Beweis. Die ι_i ergeben sich leicht als Isomorphismen. Zu beliebigen Homomorphismen ν_i der X_i ($i \in I$) in eine abelsche Gruppe Y ist durch $\omega\big((a_i)_{i \in I}\big) = \nu_{i_1}(a_{i_1}) \cdots \nu_{i_n}(a_{i_n})$ ($a_i = e_i$ bei $i \notin \{i_1, \ldots, i_n\}$) ein Homomorphismus von X in Y mit $\nu_i = \omega \circ \iota_i$ ($i \in I$) definiert. Offensichtlich ist er der einzige Homomorphismus von X in Y, der die letzteren Beziehungen erfüllt.

Bei additiven abelschen Gruppen faßt man das direkte Produkt als additive Gruppe auf und sagt dafür **direkte Summe.** Die direkte Summe additiver abelscher Gruppen X_i ($i \in I$) wird mit $\bigoplus_{i \in I} X_i$ bezeichnet; ist $I = \{1, \ldots, n\}$ für ein $n \in N^+$, so wird $X_1 \oplus \cdots \oplus X_n$ anstelle $\bigoplus_{i \in I} X_i$ geschrieben.

Wenn X eine Gruppe und $(X_i)_{i \in I}$ eine Familie von Untergruppen von X ist und wenn jedes vom Einselement e verschiedene Element von X bis auf die Reihenfolge der Faktoren eindeutig eine Darstellung $x = x_{i_1} \cdots x_{i_n}$ besitzt, wobei $i_1, \ldots, i_n$ voneinander verschiedene Elemente von I und $x_{i_1}, \ldots, x_{i_n}$ von e verschiedene Elemente von $X_{i_1}, \ldots, X_{i_n}$ sind derart, daß in dem Produkt $x_{i_1} \cdots x_{i_n}$ die Faktoren beliebig vertauschbar sind, dann heißt X das **direkte Produkt der Untergruppen** X_i ($i \in I$). Auch dieser Begriff unterscheidet sich von dem obigen Begriff des direkten Produkts nur bis auf Isomorphien; es bestehen entsprechende Beziehungen wie die angeführten Beziehungen zwischen dem Begriff des freien Produktes von Gruppen und dem Begriff des freien Produktes von Untergruppen. Ist ein direktes Produkt von Untergruppen X_i eine additive abelsche Gruppe, so sagt man dafür auch **direkte Summe der Untergruppen** X_i.

Wir zeigen nun unter Benutzung von 5.1.4, daß die Differenzkerne in GR und AB gerade von den Untergruppen gebildet werden.

5.1.6 (Differenzkerne in GR und AB). *Zu beliebigen Morphismen $f: X \to Y$ und $g: X \to Y$ von* GR *bzw.* AB *mit gleicher Quelle und gleichem Ziel bildet die Menge $\{x \in X \mid f(x) = g(x)\}$ eine Untergruppe K von X und ist K, zusammen mit der identischen Einbettung von K in X, ein Differenzkern von f und g. Jede Untergruppe K einer beliebigen Gruppe X bzw. einer beliebigen abelschen Gruppe X tritt, zusammen mit der identischen Einbettung von K in X, als Differenzkern von Morphismen $f: X \to Y$ und $g: X \to Y$ von* GR *bzw.* AB *auf.*

Beweis. Offensichtlich bildet zu beliebigen Morphismen $f: X \to Y$ und $g: X \to Y$ von GR die Menge $\{x \in X \mid f(x) = g(x)\}$ eine Untergruppe von X. Da identische Einbettungen von Untergruppen in Gruppen Homomorphismen sind, folgt unter Berücksichtigung des ersten Teiles des Beweises von 3.1.2 der erste Teil der Behauptung.

K sei nun eine Untergruppe einer Gruppe X. Wir behaupten, daß K, zusammen mit der identischen Einbettung ι von K in X, ein Differenzkern in GR bezüglich der wie in 3.1.7 angegebenen Morphismen $\varkappa \circ \varkappa_1$ und $\varkappa \circ \varkappa_2$ ist. Dabei sind $\varkappa_1$ und $\varkappa_2$ die natürlichen Injektionen von X in das freie Produkt F von X mit sich und ist $\varkappa$ die kanonische Abbildung von F auf F/N, wobei N der von der Menge $\{\varkappa_2(x)\, \varkappa_1(x)^{-1} \mid x \in K\}$ erzeugte Normalteiler von F ist. F/N ist freies Produkt von X mit sich mit vereinigter Untergruppe $(\varkappa \circ \varkappa_\iota)\,[K]$. Mittels 5.1.4 folgt $K = \{x \in X \mid (\varkappa \circ \varkappa_1)(x) = (\varkappa \circ \varkappa_2)(x)\}$ und damit leicht die obige Behauptung. Im weiteren seien X und K abelsch. Bezüglich der wie in 3.1.7 angegebenen Morphismen von AB ergibt sich dann K, zusammen mit der identischen Einbettung, als Differenzkern. (Offensichtlich gilt das auch bezüglich der kanonischen Abbildung von X auf X/K und derjenigen Abbildung von X in X/K, die als Wert nur das Einselement hat.)

Wie sich aus 3.2.2, 5.1.2 und 5.1.6 ergibt, existieren in GR und AB alle projektiven Limites. T sei im folgenden ein Funktor einer kleinen Kategorie $\mathfrak{D}$ in GR. Zu beliebigem $D \in \mathrm{Ob}\mathfrak{D}$ setzen wir $X_D = T(D)$ und $|X_D| = VT(D)$; V sei der (in naheliegender Weise definierte) Vergißfunktor von GR in ENS. Nach 3.2.3 ist die Menge $E = \lim\mathrm{proj}\,|X_D|$, zusammen mit der Familie der kanonischen Abbildungen $\mu_D: E \to |X_D|$, ein projektiver Limes von VT. Aus 5.1.2, 5.1.6 und der im Beweis von 3.2.2 angegebenen Konstruktion der projektiven Limites erhalten wir, daß E eine Untergruppe X der Produktgruppe $\prod_{D\in\mathrm{Ob}\mathfrak{D}} X_D$ bildet und X, zusammen mit der Familie der Abbildungen $\mu_D: X \to X_D$, ein projektiver Limes von T ist. In dem Fall, daß die X_D abelsche Gruppen sind, bezeichnen wir mit T^{ab} denjenigen Funktor von $\mathfrak{D}$ in AB, der den Objekten und Morphismen von $\mathfrak{D}$ die gleichen Objekte und Morphismen wie T zuordnet. X, zusammen mit der Familie der Abbildungen $\mu_D: X \to X_D$, ist in diesem Falle auch ein projektiver Limes von T^{ab}. Wir bezeichnen die Gruppe X auch mit $\lim\mathrm{proj}\, X_D$ oder $\varprojlim X_D$.

Im weiteren sei T ein projektives Einbettungsspektrum $((X_i)_{i\in I}, (\mu_{ij})_{(i,j)\in\leqq})$ in GR (bez. V). Zu beliebigem $(i, j) \in \leqq$ ist X_j eine Untergruppe von X_i und μ_{ij}

die zugehörige identische Einbettung. Ist I nichtleer und gerichtet, so bildet der Durchschnitt der unterliegenden Mengen $|X_\iota|$ eine Gruppe $X = \bigcap_{\iota \in I} X_\iota$, die Untergruppe jeder Gruppe X_ι ist, und X, zusammen mit der Familie der identischen Einbettungen von X in die X_ι, ist ein projektiver Limes von T. Die im Beweis von 3.2.5 auftretende Abbildung γ ist ein Isomorphismus von $\operatorname{lim\,proj} X_\iota$ auf X.

Wie aus 3.2.14, 5.1.1, 5.1.3 und 5.1.5 folgt, existieren in GR und AB alle induktiven Limites. Unter Benutzung der in 5.1.1 und 5.1.3 angegebenen natürlichen Auswahlen der Differenzcokerne und Coprodukte in GR können wir eine natürliche Auswahl der induktiven Limites in GR angeben. Entsprechend kommt man über 5.1.1 und 5.1.5 zu einer natürlichen Auswahl der induktiven Limites in AB.

Unter Benutzung der angeführten Sätze über Differenzkerne, Differenzcokerne, Produkte und Coprodukte in GR und AB folgt

5.1.7. *In* GR *und* AB *sind die Monomorphismen und Epimorphismen diejenigen Morphismen, die Injektionen bzw. Surjektionen sind.*

Beweis. 1. $f: X \to Y$ sei ein Morphismus in GR. e sei das Einselement von Y, und π_1 und π_2 seien die beiden natürlichen Projektionen von $X \times X$ auf X. $N = f^{-1}\{e\}$ ist ein Normalteiler von X. $\varkappa$ sei die kanonische Abbildung von X auf X/N. Die Untergruppe $K = \{k \in X \times X \mid (\varkappa \circ \pi_1)(k) = (\varkappa \circ \pi_2)(k)\}$ von $X \times X$ ist, zusammen mit der identischen Einbettung $\iota: K \to X \times X$, ein Differenzkern von $\varkappa \circ \pi_1$ und $\varkappa \circ \pi_2$. Nach 3.1.8 ist X/N, zusammen mit $\varkappa$, ein Differenzcokern von $\pi_1 \circ \iota$ und $\pi_2 \circ \iota$. Wenn f keine Injektion ist, gibt es $a, b \in X$ mit $a \neq b$ und $f(a) = f(b)$, d. h. $(a, b) \in K$, weshalb dann $\pi_1 \circ \iota \neq \pi_2 \circ \iota$ und wegen $f \circ \pi_1 \circ \iota = f \circ \pi_2 \circ \iota$ dann f kein Monomorphismus ist. Ist f eine Injektion, so ist f natürlich ein Monomorphismus.

2. $f: X \to Y$ sei ein Morphismus in GR, ι die identische Einbettung von $f[X]$ in Y und $Y \sqcup Y$ das freie Produkt von Y mit sich. $\varkappa_1$ und $\varkappa_2$ seien die beiden natürlichen Injektionen von Y in $Y \sqcup Y$. N sei der aus $\{\varkappa_j(a)\, \varkappa_i(a^{-1}) \mid i, j \in \{1, 2\}$ und $a \in f[X]\}$ erzeugte Normalteiler von $Y \sqcup Y$. Offenbar ist die Faktorgruppe $(Y \sqcup Y)/N$, zusammen mit der kanonischen Abbildung $\varkappa$ von $Y \sqcup Y$ auf $(Y \sqcup Y)/N$, ein Differenzcokern von $\varkappa_1 \circ \iota$ und $\varkappa_2 \circ \iota$. Nach 3.1.7 ist die Untergruppe $f[X]$ von Y, zusammen mit ι, ein Differenzkern von $\varkappa \circ \varkappa_1$ und $\varkappa \circ \varkappa_2$. Ist $f[X] \neq Y$, so folgt $\varkappa \circ \varkappa_1 \neq \varkappa \circ \varkappa_2$ mittels 5.1.4 und ist wegen $\varkappa \circ \varkappa_1 \circ f = \varkappa \circ \varkappa_2 \circ f$ dann f kein Epimorphismus. Wenn $f[X] = Y$ gilt, ist f natürlich ein Epimorphismus.

3. Für AB ergibt sich die Behauptung unter Benutzung des Begriffs des direkten Produkts von Gruppen entsprechend.

T sei im folgenden ein Funktor einer kleinen Kategorie $\mathfrak{D}$ in GR. Für jeden Morphismus f von $\mathfrak{D}$ bezeichnen wir mit D_f die Quelle und mit E_f das Ziel von f. X sei das freie Produkt der Gruppen $T(D)$ ($D \in \operatorname{Ob}\mathfrak{D}$) und Y das freie Produkt der Gruppen $T(D_f)$ ($f \in \operatorname{Mor}\mathfrak{D}$). N sei der kleinste Normalteiler von X, dem alle zu beliebigen Elementen $((f_1, a_1), \dots, (f_n, a_n))$ von Y gebildeten Produkte

$$(E_{f_1}, T(f_1)(a_1)) \cdots (E_{f_n}, T(f_n)(a_n)) (D_{f_n}, a_n^{-1}) \cdots (D_{f_1}, a_1^{-1})$$

angehören. Wir bezeichnen mit $\varkappa_D$ die natürliche Injektion von $T(D)$ in das freie Produkt X und mit $\varkappa$ die kanonische Abbildung von X in die Faktorgruppe X/N. Durch Dualisierung der im Beweis von 3.2.2 angegebenen Konstruktion der projektiven Limites folgt, daß X/N, zusammen mit der Familie der Abbildungen $\varkappa \circ \varkappa_D$ ($D \in \mathrm{Ob}\mathfrak{D}$), ein induktiver Limes von T ist. Wie man an Hand des freien Produktes ersieht, existiert im allgemeinen nicht das an den Vergißfunktor V: GR $\to$ ENS gebundene Coprodukt der Gruppen $T(D)$ über E, $(\varphi_D)_{D \in \mathrm{Ob}\mathfrak{D}}$, wobei $E = \lim \mathrm{ind}\, VT(D)$ ist und die φ_D die kanonischen Abbildungen der Mengen $VT(D)$ in E sind.

Im weiteren sei T ein Funktor einer kleinen Kategorie $\mathfrak{D}$ in AB. Die Gruppen $T(D)$ schreiben wir additiv. Für jeden Morphismus f von $\mathfrak{D}$ sei wieder D_f die Quelle und E_f das Ziel von f. ι_D sei zu beliebigem $D \in \mathrm{Ob}\mathfrak{D}$ die natürliche Injektion von $T(D)$ in die direkte Summe $X = \bigoplus_{C \in \mathrm{Ob}\mathfrak{D}} T(C)$. N sei die kleinste Untergruppe von X, der alle Differenzen $(\iota_{E_f} \circ T(f))(a) - \iota_{D_f}(a)$ $(f \in \mathrm{Mor}\mathfrak{D}, a \in T(D_f))$ angehören. In dem Fall, daß T ein induktives Spektrum $((X_i)_{i \in I}, (\varphi_{ij})_{(i,j) \in \leq})$ über einer gerichteten Menge I ist, ergibt sich N als die Menge aller Elemente $(x_i)_{i \in I}$ der direkten Summe $X = \bigoplus_{i \in I} X_i$, zu denen jeweils ein $k \in I$ existiert, so daß die x_i höchstens für i mit $i \leq k$ vom Nullelement von X_i verschieden sind und $\sum_{i \in I \text{ mit } i \leq k} (\iota_k \circ \varphi_{ik})(x_i)$ das Nullelement von X_k ist. $\varkappa$ sei die kanonische Abbildung von X in X/N. Durch Dualisierung der im Beweis von 3.2.2 angegebenen Konstruktion der projektiven Limites folgt, daß X/N, zusammen mit der Familie der Abbildungen $\varkappa \circ \iota_D$, ein induktiver Limes von T ist. An Hand des direkten Produkts ersieht man, daß im allgemeinen nicht das an den Vergißfunktor V: AB $\to$ ENS gebundene Coprodukt der Gruppen $T(D)$ über E, $(\varphi_D)_{D \in \mathrm{Ob}\mathfrak{D}}$ existiert, wobei $E = \lim \mathrm{ind}\, VT(D)$ ist und die φ_D die kanonischen Abbildungen der Mengen $VT(D)$ in E sind. Für induktive Spektren über gerichteten Mengen existieren jedoch die betreffenden V-Coprodukte, wie wir im folgenden zeigen werden.

Es sei speziell T ein induktives Spektrum $((X_i)_{i \in I}, (\varphi_{ij})_{(i,j) \in \leq})$ in AB über einer gerichteten Menge I. V sei der Vergißfunktor von AB in ENS. Dann gilt der Hilfssatz

5.1.8. *Zu beliebigen Elementen* $x_1, \dots, x_n$ $(n \in \mathbf{N}^+)$ *von* $E = \lim \mathrm{ind}\, V(X_i)$ *existieren ein* $i \in I$ *und Elemente* $u_1, \dots, u_n$ *von* X_i *mit* $x_1 = \varphi_i(u_1), \dots, x_n = \varphi_i(u_n)$. *Aus* $\varphi_i(u) = \varphi_j(r)$ *und* $\varphi_i(v) = \varphi_j(s)$ $(i, j \in I;\ u, v \in X_i;\ r, s \in X_j)$ *folgt stets* $\varphi_i(u + v) = \varphi_j(r + s)$.

Beweis. $x_1, \dots, x_n$ seien Elemente von E. Wegen $E = \bigcup_{i \in I} \mathrm{wb}\, \varphi_i$ (vergleiche (3.2.9)) existieren $i_1, \dots, i_n \in I$ und $a_1 \in X_{i_1}, \dots, a_n \in X_{i_n}$ mit $x_1 = \varphi_{i_1}(a_1), \dots,$

$x_n = \varphi_{i_n}(a_n)$. Da I gerichtet ist, gibt es ein $i \in I$ mit $i_1, \ldots, i_n \leqq i$, so daß $x_1 = \varphi_i(u_1), \ldots, x_n = \varphi_i(u_n)$ für $u_1 = \varphi_{i_1 i}(a_1), \ldots, u_n = \varphi_{i_n i}(a_n)$ gilt.

Aus $\varphi_i(u) = \varphi_j(r)$ und $\varphi_i(v) = \varphi_j(s)$ folgt nach Definition der Abbildungen φ_i und φ_j, daß $(i, u)\,\varrho\,(j, r)$ und $(i, v)\,\varrho\,(j, s)$ gilt, wobei ϱ die wie in 3.2.15 definierte Äquivalenzrelation in $\sum_{i \in I} V(X_i)$ ist. Mittels 3.2.17 folgt die Existenz eines $k \in I$ mit $i, j \leqq k$ und $\varphi_{ik}(u) = \varphi_{jk}(r)$, $\varphi_{ik}(v) = \varphi_{jk}(s)$. Da φ_{ik} und φ_{jk} Homomorphismen sind, ergibt sich, daß die Elemente $\varphi_{ik}(u + v)$ und $\varphi_{jk}(r + s)$ und damit auch ihre Bilder $\varphi_i(u + v)$ und $\varphi_j(r + s)$ bez. φ_k übereinstimmen.

Aus 5.1.8 folgt leicht, daß E zu einer additiven abelschen Gruppe wird, indem man zu beliebigen $x, y \in E$, $i \in I$ und $u, v \in X_i$ mit $x = \varphi_i(u)$ und $y = \varphi_i(v)$

$$x + y = \varphi_i(u + v) \tag{5.1.9}$$

setzt. Wir bezeichnen diese Gruppe mit $\operatorname{lim\,ind} X_i$ und erhalten aus (5.1.9), daß eine Abbildung φ von $\operatorname{lim\,ind} X_i$ in eine abelsche Gruppe Y genau dann ein Homomorphismus ist, wenn die Kompositionen $\varphi \circ \varphi_i$ $(i \in I)$ Homomorphismen von X_i in Y sind. Daher ist $X = \operatorname{lim\,ind} X_i$, zusammen mit der Familie der Abbildungen $\varphi_i \colon X_i \to X$, ein V-Coprodukt der X_i über E, $(\varphi_i)_{i \in I}$. Mittels 3.2.23 folgt, daß $X = \operatorname{lim\,ind} X_i$, zusammen mit der Familie der Abbildungen $\varphi_i \colon X_i \to X$, ein induktiver Limes von T ist.

Als nächstes bringen wir einige Bemerkungen zu induktiven Einbettungsspektren in GR. Wir nehmen speziell an, daß T ein induktives Einbettungsspektrum $\big((X_i)_{i \in I}, (\varphi_{ij})_{(i,j) \in \leqq}\big)$ in GR über einer nichtleeren gerichteten Menge I ist. Dann bildet die Vereinigungsmenge aller X_i eine Gruppe $X = \bigcup_{i \in I} X_i$, wobei als Produkt zweier Elemente x und y von X einfach das Produkt dieser Elemente bezüglich einer Gruppe X_i, der sie angehören, genommen wird. X, zusammen mit der Familie der identischen Einbettungen von X_i in X, ist ein induktiver Limes von T. Sind die Gruppen X_i abelsch und ist T^{ab} das aus T gebildete induktive Spektrum in AB, so ist X, zusammen mit der Familie der identischen Einbettungen der X_i in X, auch ein induktiver Limes von T^{ab}.

Zwischen den induktiven Limites in GR und AB läßt sich ein einfacher Zusammenhang unter Benutzung des Begriffs der Kommutatorgruppe herstellen. Zu jeder Gruppe X heißt die von der Menge aller **Kommutatoren** $xyx^{-1}y^{-1}$ $(x, y \in X)$ erzeugte Untergruppe die **Kommutatorgruppe** von X. Sie besteht aus allen Produkten $x_1y_1x_1^{-1}y_1^{-1} \cdots x_ny_nx_n^{-1}y_n^{-1}$ $(n \in N^+)$ von Kommutatoren. Wegen $axyx^{-1}y^{-1}a^{-1} = axa^{-1}aya^{-1}(axa^{-1})^{-1}(aya^{-1})^{-1}$ $(x, y, a \in X)$ ist die Kommutatorgruppe K jeder Gruppe X ein Normalteiler von X. Die betreffende Faktorgruppe X/K ist wegen $(Kx)(Ky) = Kxy = K(yxy^{-1}x^{-1})\,xy = Kyx = (Ky)(Kx)$ $(x, y \in X)$ abelsch.

Sind X und Y Gruppen und K und L die zugehörigen Kommutatorgruppen und ist g ein Homomorphismus von X in Y, so folgt $g[K] \subseteqq L$ und damit, daß durch $f(Kx) = Lg(x)$ eine Abbildung $f \colon X/K \to Y/L$ definiert wird; g ist bezüglich der durch $a\varrho b \Leftrightarrow ba^{-1} \in K$ und $u\sigma v \Leftrightarrow vu^{-1} \in L$ definierten Äquivalenzrelationen ϱ in X und σ in Y relationstreu, und es ist f die aus g erzeugte Abbildung von X/K in Y/L. Wegen $f(Kx)\,f(Ky) = Lg(x)\,Lg(y) = Lg(xy) = f(Kxy)$ $(x, y \in X)$ ist f ein Homomorphismus.

Es gibt einen Funktor $\mathbf{ab}$: GR $\to$ AB, der jeder Gruppe X die Faktorgruppe $\mathbf{ab}(X) = X/K$ von X nach der Kommutatorgruppe von X und jedem Morphismus (g, X, Y) von GR den Morphismus $\big(f, \mathbf{ab}(X), \mathbf{ab}(Y)\big)$ von AB, der mit der aus g erzeugten Abbildung $f: \mathbf{ab}(X) \to \mathbf{ab}(Y)$ gebildet ist, zuordnet. Für jede abelsche Gruppe X ist die Abbildung $x \mapsto \{x\}$ $(x \in X)$ ein Isomorphismus von X auf $\mathbf{ab}(X)$; wir fassen sie als Identifikation auf.

T sei für den folgenden Satz ein Funktor einer kleinen Kategorie $\mathfrak{D}$ in GR, für den die Gruppen $X_D = T(D)$ abelsch sind, und $T^{\mathbf{ab}}$ sei derjenige Funktor von $\mathfrak{D}$ in AB, der den Objekten und Morphismen von $\mathfrak{D}$ die gleichen Objekte und Morphismen wie T zuordnet. Dann gilt, wie man leicht zeigt:

5.1.9. *Ist X, zusammen mit einer Familie von Abbildungen $g_D: X_D \to X$, ein induktiver Limes von T und sind f_D die aus g_D erzeugten Abbildungen von X_D in* $\mathbf{ab}(X)$, *so ist* $\mathbf{ab}(X)$, *zusammen mit der Familie der Abbildungen $f_D: X_D \to$* $\mathbf{ab}(X)$, *ein induktiver Limes von $T^{\mathbf{ab}}$.*

Im weiteren gehen wir auf Filter, Dualfilter und $\wedge$-Ideale von Filtern und Dualfiltern in Gruppen ein. X sei dazu eine Gruppe und ν die Inversenbildung $x \mapsto x^{-1}$ $(x \in X)$ und μ die Gruppenverknüpfung $(x, y) \mapsto xy$ $(x, y \in X)$ in X. Sind $\mathfrak{F}$ und $\mathfrak{G}$ Filter oder Dualfilter in X, so setzen wir

$$\mathfrak{F}^{-1} = \nu(\mathfrak{F})$$

und

$$\mathfrak{F}\mathfrak{G} = \mu(\mathfrak{F} \times \mathfrak{G}),$$

und sind $\mathfrak{u}$ und $\mathfrak{v}$ $\wedge$-Ideale von Filtern oder $\wedge$-Ideale von Dualfiltern in X, so setzen wir entsprechend

$$\mathfrak{u}^{-1} = \nu(\mathfrak{u})$$

und

$$\mathfrak{u}\mathfrak{v} = \mu(\mathfrak{u} \times \mathfrak{v}).$$

Es gilt stets $\mathfrak{F}^{-1} = \{F^{-1} \mid F \in \mathfrak{F}\}$ und $\mathfrak{u}^{-1} = \{\mathfrak{F}^{-1} \mid \mathfrak{F} \in \mathfrak{u}\}$. Wenn speziell $\mathfrak{F}$ ein aus einer Menge F erzeugter Hauptfilter oder Hauptdualfilter ist, schreiben wir für $\mathfrak{F}\mathfrak{G}$ auch $F\mathfrak{G}$, im Falle $F = \{x\}$ dafür auch $x\mathfrak{G}$. Entsprechend benutzen wir die Schreibweise $\mathfrak{F}G$ und $\mathfrak{F}y$. Ist speziell $\mathfrak{u}$ ein aus einem Filter oder Dualfilter $\mathfrak{F}$ erzeugtes $\wedge$-Ideal, so schreiben wir für $\mathfrak{u}\mathfrak{v}$ auch $\mathfrak{F}\mathfrak{v}$, in dem Fall, daß $\mathfrak{F}$ aus einer Menge F bzw. $\{x\}$ erzeugt wird, dafür auch $F\mathfrak{v}$ bzw. $x\mathfrak{v}$. Entsprechend benutzen wir die Schreibweisen $\mathfrak{u}\mathfrak{G}$, $\mathfrak{u}G$ und $\mathfrak{u}y$. Falls X eine additive abelsche Gruppe ist, schreiben wir anstelle von $\mathfrak{F}^{-1}$, $\mathfrak{F}\mathfrak{G}$, $\mathfrak{u}^{-1}$ und $\mathfrak{u}\mathfrak{v}$ natürlich $-\mathfrak{F}$, $\mathfrak{F} + \mathfrak{G}$, $-\mathfrak{u}$ und $\mathfrak{u} + \mathfrak{v}$, setzen für $\mathfrak{F} + (-\mathfrak{G})$ auch $\mathfrak{F} - \mathfrak{G}$ und für $\mathfrak{u} + (-\mathfrak{v})$ auch $\mathfrak{u} - \mathfrak{v}$ und benutzen für die angeführten speziellen Produkte die analoge additive Schreibweise, schreiben also zum Beispiel $F + \mathfrak{G}$ und $x + \mathfrak{G}$ anstelle von $F\mathfrak{G}$ und $x\mathfrak{G}$.

Aus den Gruppeneigenschaften folgt für beliebige Filter $\mathfrak{F}$, $\mathfrak{G}$ und $\mathfrak{H}$ in X

$$(\mathfrak{F}\mathfrak{G})\mathfrak{H} = \mathfrak{F}(\mathfrak{G}\mathfrak{H}) ,$$

$$\mathfrak{F}e = e\mathfrak{F} = \mathfrak{F} ,$$

$$\mathfrak{F}\mathfrak{F}^{-1} \subseteqq [e] , \qquad \mathfrak{F}^{-1}\mathfrak{F} \subseteqq [e] ,$$

$$(\mathfrak{F}^{-1})^{-1} = \mathfrak{F} \quad \text{und} \quad (\mathfrak{F}\mathfrak{G})^{-1} = \mathfrak{G}^{-1}\mathfrak{F}^{-1}$$

und, wenn X eine additive abelsche Gruppe ist,

$$\mathfrak{F} + \mathfrak{G} = \mathfrak{G} + \mathfrak{F} .$$

Für Dualfilter in X und $\wedge$-Ideale von Filtern und Dualfiltern in X gelten natürlich analoge Beziehungen. Selbstverständlich folgt für beliebige Filter $\mathfrak{F}$, $\mathfrak{G}$, $\mathfrak{H}$ und $\mathfrak{K}$ in X aus $\mathfrak{F} \subseteqq \mathfrak{G}$ stets $\mathfrak{F}^{-1} \subseteqq \mathfrak{G}^{-1}$ und aus $\mathfrak{F} \subseteqq \mathfrak{H}$ und $\mathfrak{G} \subseteqq \mathfrak{K}$ stets $\mathfrak{F}\mathfrak{G} \subseteqq \mathfrak{H}\mathfrak{K}$ und gelten entsprechende Aussagen für Dualfilter in X und für $\wedge$-Ideale von Filtern und Dualfiltern in X.

Über verbandstheoretische Durchschnitte und Vereinigungen von Filtern und Dualfiltern in X besteht der Satz

5.1.10 (Filter und Dualfilter in Gruppen). *$(\mathfrak{F}_\iota)_{\iota\in I}$ und $(\mathfrak{G}_\jmath)_{\jmath\in J}$ seien Familien von Filtern oder Familien von Dualfiltern in X. Es gilt*

$$(\bigwedge_{\iota\in I} \mathfrak{F}_\iota)^{-1} = \bigwedge_{\iota\in I} \mathfrak{F}_\iota^{-1} \quad \textit{und} \quad (\bigvee_{\iota\in I} \mathfrak{F}_\iota)^{-1} = \bigvee_{\iota\in I} \mathfrak{F}_\iota^{-1} , \tag{5.1.10}$$

ferner

$$(\bigwedge_{\iota\in I} \mathfrak{F}_\iota)(\bigwedge_{\jmath\in J} \mathfrak{G}_\jmath) \subseteqq \bigwedge_{(\iota,\jmath)\in I\times J} \mathfrak{F}_\iota\mathfrak{G}_\jmath \tag{5.1.11}$$

und

$$(\bigvee_{\iota\in I} \mathfrak{F}_\iota)(\bigvee_{\jmath\in J} \mathfrak{G}_\jmath) \supseteqq \bigvee_{(\iota,\jmath)\in I\times J} \mathfrak{F}_\iota\mathfrak{G}_\jmath . \tag{5.1.12}$$

Sind die $\mathfrak{F}_\iota$ $(\iota \in I)$ und $\mathfrak{G}_\jmath$ $(\jmath \in J)$ Filter, so trifft bei (5.1.11) in dem Fall, daß I und J endlich sind, das Gleichheitszeichen zu und gilt es im allgemeinen bei dieser Beziehung nicht, auch nicht, wenn einer der Indexbereiche eine einelementige Menge ist. Bei (5.1.12) trifft dann das Gleichheitszeichen nicht einmal zu, wenn einer der Indexbereiche eine einelementige und der andere eine zweielementige Menge ist. Wenn die $\mathfrak{F}_\iota$ $(\iota \in I)$ und $\mathfrak{G}_\jmath$ $(\jmath \in J)$ Dualfilter sind, gilt bei (5.1.12) das Gleichheitszeichen stets und trifft es bei (5.1.11) im allgemeinen nicht einmal zu, wenn einer der Indexbereiche einelementig und der andere zweielementig ist.

Beweis. 1. Wie mittels 2.5.3 und 2.9.1 folgt, gelten die Beziehungen (5.1.10); sie sind auch bei $I = \emptyset$ erfüllt. Die Richtigkeit von (5.1.11) und (5.1.12) folgt mittels einer Bemerkung vor diesem Satz. Sind die $\mathfrak{F}_\iota$ $(\iota \in I)$ und $\mathfrak{G}_\jmath$ $(\jmath \in J)$ Filter, so trifft wegen (2.5.2) und 2.6.5 bei (5.1.11) in dem Fall, daß I und J endlich sind, das Gleichheitszeichen zu. Wenn die $\mathfrak{F}_\iota$ $(\iota \in I)$ und $\mathfrak{G}_\jmath$ $(\jmath \in J)$ Dualfilter sind, trifft wegen (2.9.6) und (2.9.11) bei (5.1.12) das Gleichheitszeichen zu.

2. X sei die Menge $\boldsymbol{R}$ der reellen Zahlen, versehen mit der üblichen Addition. Wir bilden in dieser additiven abelschen Gruppe den Filter $\mathfrak{F}$ mit der Basis $\{[0, 1/n] \mid n \in \boldsymbol{N}^+\}$ und die Filter $\mathfrak{G}_j = [j]$ $(j \in \boldsymbol{N}^+)$. Der Filter $\mathfrak{F} + \bigwedge_{j \in J} \mathfrak{G}_j$ hat $\{[0, 1/n] + \boldsymbol{N}^+ \mid n \in \boldsymbol{N}^+\}$ als Basis, ihm gehört also nicht das Element $\bigcup_{n \in \boldsymbol{N}^+} [n, n + 1/n]$ von $\bigwedge_{j \in \boldsymbol{N}^+} (\mathfrak{F} + \mathfrak{G}_j)$ an. Es gilt somit $\mathfrak{F} + \bigwedge_{j \in \boldsymbol{N}^+} \mathfrak{G}_j \subsetneqq \bigwedge_{j \in \boldsymbol{N}^+} (\mathfrak{F} + \mathfrak{G}_j)$.

3. X sei wie im Teil 2 gewählt. Ferner sei $F = [-1, 0]$, $G = [0, 1]$ und $H = \{0, 1\}$. Wegen $H = (F \cap G) + H \subsetneqq (F + H) \cap (G + H) = [0, 1]$ folgt $(\mathfrak{F} \vee \mathfrak{G}) + \mathfrak{H} \supsetneqq (\mathfrak{F} + \mathfrak{H}) \vee (\mathfrak{G} + \mathfrak{H})$ für die Hauptfilter $\mathfrak{F} = [F]$, $\mathfrak{G} = [G]$ und $\mathfrak{H} = [H]$ und $(\mathfrak{F} \cap \mathfrak{G}) + \mathfrak{H} \subsetneqq (\mathfrak{F} + \mathfrak{H}) \cap (\mathfrak{G} + \mathfrak{H})$ für die Hauptdualfilter $\mathfrak{F} = (F)$, $\mathfrak{G} = (G)$ und $\mathfrak{H} = (H)$.

5.1.11 ($\wedge$-Ideale von Dualfiltern und von Filtern in Gruppen). *Die Aussage von 5.1.10 bleibt richtig, wenn man bei ihr die Filter durch $\wedge$-Ideale von Dualfiltern in X und die Dualfilter durch $\wedge$-Ideale von Filtern in X ersetzt.*

Beweis. Bis auf die Gegenbeispiele führt man den Beweis entsprechend wie den von 5.1.10 unter Benutzung von 2.10.1, 2.10.5, 2.11.1 und 2.11.5.

Für die aus den Filtern aus Teil 2 des Beweises von 5.1.10 gebildeten $\wedge$-Ideale von Dualfiltern $\mathfrak{u} = \varkappa(\mathfrak{F}) = \operatorname{im}_{\subseteq}\{([0, 1/n]) \mid n \in \boldsymbol{N}^+\}$ und $\mathfrak{v}_j = \varkappa(\mathfrak{G}_j) = [(j)]$ folgt $\mathfrak{u} + \bigwedge_{j \in \boldsymbol{N}^+} \mathfrak{v}_j \subsetneqq \bigwedge_{j \in \boldsymbol{N}^+} (\mathfrak{u} + \mathfrak{v}_j)$; denn der Dualfilter $\bigvee_{j \in \boldsymbol{N}^+} ([j, j + 1/j])$ gehört $\bigwedge_{j \in \boldsymbol{N}^+} (\mathfrak{u} + \mathfrak{v}_j)$ an, er enthält aber keinen Dualfilter $([0, 1/n]) + \bigvee_{j \in \boldsymbol{N}^+} (j) = \bigvee_{j \in \boldsymbol{N}^+} ([j, j + 1/n])$ $(n \in \boldsymbol{N}^+)$ und ist somit kein Element von $\mathfrak{u} + \bigwedge_{j \in \boldsymbol{N}^+} \mathfrak{v}_j$.

Sind $\mathfrak{F}$, $\mathfrak{G}$ und $\mathfrak{H}$ die in Teil 3 des Beweises von 5.1.10 auftretenden Filter bzw. Dualfilter, so besteht für die Haupt-$\wedge$-Ideale $\mathfrak{u} = [\mathfrak{F}]$, $\mathfrak{v} = [\mathfrak{G}]$ und $\mathfrak{w} = [\mathfrak{H}]$ die Beziehung $(\mathfrak{u} \cap \mathfrak{v}) + \mathfrak{w} \subsetneqq (\mathfrak{u} + \mathfrak{w}) \cap (\mathfrak{v} + \mathfrak{w})$ bzw. $(\mathfrak{u} \vee \mathfrak{v}) + \mathfrak{w} \supsetneqq (\mathfrak{u} + \mathfrak{w}) \vee (\mathfrak{v} + \mathfrak{w})$.

Ist f ein Homomorphismus von X in eine Gruppe Y und sind $\mathfrak{F}$ und $\mathfrak{G}$ Filter oder Dualfilter in X, so gilt

$$f(\mathfrak{F}\mathfrak{G}) = f(\mathfrak{F})\, f(\mathfrak{G}) \,. \tag{5.1.13}$$

Wenn X ein Produkt $X_1 \times \cdots \times X_n$ $(n \in \boldsymbol{N}^+)$ von Gruppen und f ein Multihomomorphismus von X in eine Gruppe Y ist, gilt zu jedem $i = 1, \ldots, n$ für beliebige Filter bzw. Dualfilter $\mathfrak{F}_1$ in $X_1, \ldots, \mathfrak{F}_n$ in X_n und $\mathfrak{G}_i$ in X_i anstelle von (5.1.13) im allgemeinen lediglich

$$f(\cdots \times \mathfrak{F}_i\mathfrak{G}_i \times \cdots) \supseteq f(\cdots \times \mathfrak{F}_i \times \cdots)\, f(\cdots \times \mathfrak{G}_i \times \cdots) \tag{5.1.13'}$$

bzw.

$$f(\cdots \times \mathfrak{F}_i\mathfrak{G}_i \times \cdots) \subseteq f(\cdots \times \mathfrak{F}_i \times \cdots)\, f(\cdots \times \mathfrak{G}_i \times \cdots) \tag{5.1.13''}$$

und ferner

$$f(\cdots \times \mathfrak{F}_i^{-1} \times \cdots) = f(\mathfrak{F}_1 \times \cdots \times \mathfrak{F}_n)^{-1} \,, \tag{5.1.14}$$

dabei ist jeweils für $\cdots$ links und rechts in den Klammern $\mathfrak{F}_1 \times \cdots \times \mathfrak{F}_{i-1}$ bzw. $\mathfrak{F}_{i+1} \times \cdots \times \mathfrak{F}_n$ zu setzen. Die angeführten Beziehungen bleiben richtig, wenn man anstelle der Filter $\wedge$-Ideale von Dualfiltern und anstelle der Dualfilter $\wedge$-Ideale von Filtern setzt.

Im folgenden bringen wir Aussagen über Filter und Dualfilter in Produktgruppen.

5.1.12 (Filter und Dualfilter in Produktgruppen). *$(X_\iota)_{\iota \in I}$ sei eine Familie von Gruppen mit einer Menge als Indexbereich. $\mathfrak{F}_\iota$ und $\mathfrak{G}_\iota$ seien zu beliebigem $\iota \in I$ Filter in X_ι oder zu beliebigem $\iota \in I$ Dualfilter in X_ι. Dann gilt*

$$\Big(\prod_{\iota \in I} \mathfrak{F}_\iota\Big)^{-1} = \prod_{\iota \in I} \mathfrak{F}_\iota^{-1} \tag{5.1.15}$$

und

$$\Big(\prod_{\iota \in I} \mathfrak{F}_\iota\Big)\Big(\prod_{\iota \in I} \mathfrak{G}_\iota\Big) = \prod_{\iota \in I} \mathfrak{F}_\iota \mathfrak{G}_\iota\,. \tag{5.1.16}$$

Die linksstehenden Filter bzw. Dualfilter sind natürlich bezüglich der Inversenbildung und der Gruppenverknüpfung der Produktgruppe $\prod_{\iota \in I} X_\iota$ gebildet.

Beweis. Die Richtigkeit von (5.1.15) und (5.1.16) ergibt sich auf Grund der für beliebige Teilmengen F_ι und G_ι von X_ι $(\iota \in I)$ bestehenden Beziehungen $\big(\prod_{\iota \in I} F_\iota\big)^{-1} = \prod_{\iota \in I} F_\iota^{-1}$ und $\big(\prod_{\iota \in I} F_\iota\big)\big(\prod_{\iota \in I} G_\iota\big) = \prod_{\iota \in I} F_\iota G_\iota$. In dem Fall, daß $\mathfrak{F}_\iota$ und $\mathfrak{G}_\iota$ $(\iota \in I)$ Filter sind, ist noch zu beachten, daß stets $X_\iota^{-1} = X_\iota$ und $X_\iota X_\iota = X_\iota$ gilt.

Eine entsprechende Aussage wie 5.1.12 gilt auch für die $\wedge$-Ideale von Filtern und die $\wedge$-Ideale von Dualfiltern. Zu beachten ist lediglich, daß für die uneigentlichen Dualfilter $\mathsf{P}X_\iota$ in den Gruppen X_ι stets $(\mathsf{P}X_\iota)^{-1} = \mathsf{P}X_\iota$ und $(\mathsf{P}X_\iota)(\mathsf{P}X_\iota) = \mathsf{P}X_\iota$ gilt.

Im nachstehenden Satz führen wir eine Beziehung an, die in gewisser Hinsicht eine Ergänzung zu (2.7.17) für den Fall einer Gruppe darstellt.

5.1.13. *Für beliebige Filter $\mathfrak{F}$, $\mathfrak{G}$, $\mathfrak{H}$ und $\mathfrak{K}$ in einer Gruppe X gilt*

$$((\mathfrak{H} \times \mathfrak{K})[\Delta]) \circ ((\mathfrak{F} \times \mathfrak{G})[\Delta]) = (\mathfrak{F}\mathfrak{G}^{-1} \times \mathfrak{K}\mathfrak{H}^{-1})[\Delta]\,.$$

Δ ist dabei die Diagonale von $X \times X$.

Beweis. Für beliebige Teilmengen F und G von X und Elemente x und y von X gilt

$$(x, y) \in (F \times G)\,\Delta \Leftrightarrow xy^{-1} \in FG^{-1}; \tag{5.1.17}$$

die Richtung $\Rightarrow$ folgt unmittelbar, und die Richtung $\Leftarrow$ ergibt sich, indem man beachtet, daß $xy^{-1} \in FG^{-1}$ die Existenz von Elementen $u \in F$ und $v \in G$ mit $xy^{-1} = uv^{-1}$ nach sich zieht, für $w = u^{-1}x = v^{-1}y$ somit $(x; y) \in (F \times G)\,(w, w)$ gilt.

Wegen (5.1.17) bestehen für beliebige Teilmengen F, G, H und K von X und Elemente x und z von X die Äquivalenzen

$$(x, z) \in \big((H \times K)\,\Delta\big) \circ \big((F \times G)\,\Delta\big) \Leftrightarrow \exists y\,(xy^{-1} \in FG^{-1},\, yz^{-1} \in HK^{-1})$$

$$\Leftrightarrow xz^{-1} \in FG^{-1}(KH^{-1})^{-1} \Leftrightarrow (x, z) \in (FG^{-1} \times KH^{-1})\,\Delta\,.$$

Aus diesen ergibt sich die Richtigkeit der im Satz angegebenen Beziehung.

Wir führen noch die Begriffe Ring und Körper an. Unter einem **Ring** versteht man eine Menge X, die mit zwei Abbildungen von $X \times X$ in X, einer sogenannten **Addition** und **Multiplikation** versehen ist, derart daß X bezüglich der Addition eine additive abelsche Gruppe ist, die Multiplikation assoziativ ist, also $(xy)z = x(yz)$ zu beliebigen $x, y, z \in X$ gilt, und die Distributivgesetze $(u + v)x = ux + vx$ und $u(x + y) = ux + uy$ $(u, v, x, y \in X)$ erfüllt sind. $x + y$ und xy sind natürlich die Werte von (x, y) bezüglich der Addition bzw. Multiplikation. Ein Ring heißt **kommutativ**, wenn die Multiplikation kommutativ ist, also stets $xy = yx$ gilt. Ein kommutativer Ring, für den die Menge der von 0 verschiedenen Elemente bezüglich der Multiplikation eine Gruppe bildet, heißt ein **Körper**. Das Einselement bezüglich der Multiplikation in einem Körper wird mit 1 bezeichnet. Beispiele von Körpern sind die Menge $\boldsymbol{R}$ der reellen Zahlen und die Menge $\boldsymbol{C}$ der komplexen Zahlen bezüglich der üblichen Addition und Multiplikation.

5.2. Radialräume

$\boldsymbol{K}$ sei ein Körper. Unter einer **Radialstruktur** einer Menge X über $\boldsymbol{K}$ oder einer **$\boldsymbol{K}$-Radialstruktur** von X verstehen wir eine Abbildung $(\alpha, x) \mapsto \alpha x$ $(\alpha \in \boldsymbol{K}, x \in X)$ von $\boldsymbol{K} \times X$ in X mit den Eigenschaften

1. Zu beliebigen $\alpha, \beta \in \boldsymbol{K}$ und $x \in X$ gilt $(\alpha\beta)\,x = \alpha(\beta x)$ **(Assoziativität)**.
2. Es existiert ein Element 0 von X mit $\alpha 0 = 0$ für jedes $\alpha \in \boldsymbol{K}$.
3. Aus $\alpha x = \beta x$ folgt $x = 0$ oder $\alpha = \beta$.
4. Zu beliebigem $x \in X$ gilt $1x = x$.

αx nennen wir das **Produkt** von α und x bezüglich der Radialstruktur. Für jede $\boldsymbol{K}$-Radialstruktur einer Menge X gilt $0x = 0$ zu beliebigem $x \in X$, denn $0x = y$ hat $\alpha y = \beta y$ zu beliebigen $\alpha, \beta \in \boldsymbol{K}$ und damit $y = 0$ zur Folge. Eine Menge X, versehen mit einer $\boldsymbol{K}$-Radialstruktur von X, heißt ein **Radialraum** über $\boldsymbol{K}$ oder ein **$\boldsymbol{K}$-Radialraum**; X wird die **Trägermenge** dieses Raumes genannt, die Elemente von X heißen **Punkte** dieses Raumes, 0 insbesondere heißt der **Nullpunkt**. Radialräume über $\boldsymbol{R}$ bzw. $\boldsymbol{C}$ heißen auch **reelle** bzw. **komplexe Radialräume** und ihre Radialstrukturen **reelle** bzw. **komplexe Radialstrukturen.** Ist U eine Teilmenge von $\boldsymbol{K}$ und A eine Teilmenge eines $\boldsymbol{K}$-Radialraumes X, so bezeichnen wir mit UA die Menge $\{\alpha x \mid \alpha \in U, x \in A\}$. Für $\{\alpha\}\,A$ schreiben wir auch αA und für $U\{x\}$ auch Ux.

Sind X und Y $\boldsymbol{K}$-Radialräume, so heißt zu beliebigem $m \in \boldsymbol{N}$ eine Abbildung f von X in Y **homogen vom Grade m**, wenn $f(\alpha x) = \alpha^m f(x)$ zu beliebigen $\alpha \in \boldsymbol{K}$ und $x \in X$ gilt. Anstelle homogen vom Grade 1 sagen wir auch einfach **homogen.**

Mit RAD oder genauer $\mathrm{RAD}_{\boldsymbol{K}}$ bezeichnen wir die Kategorie aller $\boldsymbol{K}$-Radialräume, sie hat als Objekte alle $\boldsymbol{K}$-Radialräume und als Morphismen alle homogenen Abbildungen von $\boldsymbol{K}$-Radialräumen X in $\boldsymbol{K}$-Radialräume Y, streng genommen, alle daraus gebildeten Tripel (f, X, Y). Morphismenkomposition ist die übliche Abbildungskomposition. Bimorphismen in RAD sind stets Isomorphismen in RAD.

Ein $\boldsymbol{K}$-Radialraum Y heißt **Teilraum** eines $\boldsymbol{K}$-Radialraumes X, wenn die Trägermenge von Y in der Trägermenge von X enthalten ist und die Radialstruktur von Y gleich der Einschränkung der Radialstruktur von X auf $\boldsymbol{K} \times Y$ ist. Eine Teilmenge A eines $\boldsymbol{K}$-Radialraumes X bildet genau dann einen Teilraum, d. h. ist, versehen mit der Einschränkung der Radialstruktur von X auf $\boldsymbol{K} \times A$, genau dann ein Teilraum, wenn $\boldsymbol{K}A = A$ gilt.

5.2.1 (Differenzkerne in RAD). *Zu beliebigen Morphismen $f: X \to Y$ und $g: X \to Y$ von* RAD *mit gleicher Quelle und gleichem Ziel bildet die Menge $\{x \in X \mid f(x) = g(x)\}$ einen Teilraum T von X und ist T, zusammen mit der identischen Einbettung von T in X, ein Differenzkern von f und g. Jeder Teilraum T eines $\boldsymbol{K}$-Radialraumes X tritt, zusammen mit der identischen Einbettung von T in X, als Differenzkern von Morphismen $f: X \to Y$ und $g: X \to Y$ von* RAD *auf.*

Beweis. Offensichtlich bildet zu beliebigen Morphismen $f: X \to Y$ und $g: X \to Y$ von RAD die Menge $\{x \in X \mid f(x) = g(x)\}$ einen Teilraum von X. Da die identische Einbettung eines Teilraumes eines Radialraumes X in X eine homogene Abbildung ist, folgt unter Berücksichtigung des ersten Teiles des Beweises von 3.1.2 der erste Teil der Behauptung.

T sei nun ein Teilraum eines Radialraumes X. Wir setzen $Y = X$ und bezeichnen mit f die identische Abbildung von X auf sich und mit g diejenige Abbildung von X in sich, die T identisch abbildet und jedem Punkt x von $X \setminus T$ den Nullpunkt von X zuordnet. $f: X \to Y$ und $g: X \to Y$ sind Homomorphismen von RAD, und T ist, zusammen mit der identischen Einbettung von T in X, ein Differenzkern von f und g.

Ist $(X_i)_{i \in I}$ eine Familie von $\boldsymbol{K}$-Radialräumen mit einer Menge als Indexbereich, so verstehen wir unter dem **Produkt** $\prod_{i \in I} X_i$ der Radialräume X_i $(i \in I)$ das cartesische Produkt der Trägermengen der X_i, versehen mit der komponentenweise, also durch

$$\alpha(x_i)_{i \in I} = (\alpha x_i)_{i \in I}$$

definierten $\boldsymbol{K}$-Radialstruktur. Jedes Produkt von Radialräumen ist natürlich ein Radialraum. Sind 0_i die Nullpunkte der Radialräume X_i, so ist $(0_i)_{i \in I}$ der

Nullpunkt von $\prod_{i \in I} X_i$. Wenn $I = \{1, \dots, n\}$ für ein $n \in \boldsymbol{N}^+$ ist, schreiben wir für $\prod_{i \in I} X_i$ auch $X_1 \times \cdots \times X_n$.

Man beweist ohne Mühe

5.2.2 (Produkte in RAD). *$(X_i)_{i \in I}$ sei eine Familie von $\boldsymbol{K}$-Radialräumen mit einer Menge als Indexbereich. Dann ist das Produkt $X = \prod_{i \in I} X_i$, zusammen mit den natürlichen Projektionen $\pi_i \colon X \to X_i$, ein Produkt der X_i in* RAD.

Zu beliebigen $n, m \in \boldsymbol{N}^+$ nennen wir eine Abbildung f eines Produktes $X = X_1 \times \cdots \times X_n$ von n $\boldsymbol{K}$-Radialräumen in einen $\boldsymbol{K}$-Radialraum Y **multihomogen vom Grade m**, genauer **n-homogen vom Grade m**, wenn zu jedem $i = 1, \dots, n$ die Zusammensetzung $f \circ \iota_{ia}$ von f mit der natürlichen Einbettung von X_i in X bezüglich eines beliebigen Punktes a von X homogen vom Grade m ist. Jede vom Grade m n-homogene Abbildung ist homogen vom Grade nm. Ist $m = 1$, so sprechen wir einfach von einer **multihomogenen** oder **n-homogenen** Abbildung.

Aus 3.2.2, 5.2.1 und 5.2.2 folgt, daß alle projektiven Limites in RAD existieren. Unter Benutzung der in 5.2.1 und 5.2.2 angegebenen natürlichen Auswahlen der Differenzkerne und Produkte in RAD gelangt man — wie üblich — zu einer natürlichen Auswahl der projektiven Limites in RAD. Ist $T = \big((X_i)_{i \in I}, (\mu_{ij})_{(i,j) \in \leq}\big)$ ein projektives Einbettungsspektrum in RAD über einer nichtleeren gerichteten Menge, so bildet der Durchschnitt der Trägermengen der X_i einen Radialraum $X = \bigcap_{i \in I} X_i$, der Teilraum jedes Radialraumes X_i ist, und X, zusammen mit der Familie der identischen Einbettungen von X in die X_i, ist ein projektiver Limes von T.

X sei für das Folgende ein $\boldsymbol{K}$-Radialraum und E seine Trägermenge. Ferner sei σ eine **invariante Äquivalenzrelation** in X, d. h. eine Äquivalenzrelation in E mit den beiden Eigenschaften

1. Aus $(x, y) \in \sigma$ folgt $(\alpha x, \alpha y) \in \sigma$ für jedes $\alpha \in \boldsymbol{K}$ (**Homogenität** von σ).
2. $(\alpha x, \beta x) \in \sigma$ zieht $(0, x) \in \sigma$ oder $\alpha = \beta$ nach sich.

In der Quotientenmenge E/σ läßt sich eine $\boldsymbol{K}$-Radialstruktur einführen, indem $\alpha\sigma\{x\} = \sigma\{\alpha x\}$ zu beliebigen $\alpha \in \boldsymbol{K}$ und $x \in E$ gesetzt wird. $\sigma\{0\}$ ist der zugehörige Nullpunkt, und aus $\alpha\sigma\{x\} = \beta\sigma\{x\}$ folgt leicht $(\alpha x, \beta x) \in \sigma$, wegen Eigenschaft 2 von σ also $(0, x) \in \sigma$, d. h. $\sigma\{x\} = \sigma\{0\}$, oder $\alpha = \beta$. E/σ, versehen mit dieser Radialstruktur, bezeichnen wir mit X/σ. Wir nennen diesen Radialraum den **Quotientenraum** von X nach σ.

Zu beliebigen Morphismen $f \colon Y \to X$ und $g \colon Y \to X$ von RAD sei σ_{fg} die kleinste invariante Äquivalenzrelation in X, die $g \circ f^{-1}$ enthält. Sie ergibt sich aus der kleinsten Äquivalenzrelation ϱ_{fg} in X, die $g \circ f^{-1}$ enthält, durch

$$\sigma_{fg} = (N \times N) \cup \varrho_{fg} \tag{5.2.1}$$

mit

$$N = \{x \in X \mid \exists \alpha \in \boldsymbol{K} \, \exists \beta \in \boldsymbol{K} \, (\alpha \neq \beta, (\alpha x, \beta x) \in \varrho_{fg})\}\,, \tag{5.2.2}$$

wie wir im folgenden zeigen. Auf Grund der Homogenität von f und g zieht $(x, y) \in \varrho_{fg}$ stets $(\alpha x, \alpha y) \in \varrho_{fg}$ zu jedem $\alpha \in \boldsymbol{K}$, also die Homogenität von ϱ_{fg} nach sich. Aus $x \in N$ und $(x, y) \in \varrho_{fg}$ folgt die Existenz von $\alpha, \beta \in \boldsymbol{K}$ mit $\alpha \neq \beta$ und $(\alpha x, \beta x) \in \varrho_{fg}$, $(\alpha x, \alpha y) \in \varrho_{fg}$ und $(\beta x, \beta y) \in \varrho_{fg}$, also auch mit $(\alpha y, \beta y) \in \varrho_{fg}$, weshalb sich $y \in N$ und damit $\varrho_{fg}[N] = N$ ergibt. Die durch (5.2.1) definierte Relation σ_{fg} ergibt sich daher als eine Äquivalenzrelation in X mit

$$\varrho_{fg} \subseteqq \sigma_{fg}\,. \tag{5.2.3}$$

Es folgt $\boldsymbol{K}N = N$ und damit, daß σ_{fg} homogen ist. Aus $(\alpha x, \beta x) \in \sigma_{fg}$ folgt bei $\alpha \neq \beta$ entweder $(\alpha x, \beta x) \in \varrho_{fg}$ und damit $x \in N$ oder $(\alpha x, \beta x) \in N \times N$ und damit ebenfalls $x \in N$, demnach stets $(0, x) \in \sigma_{fg}$. Die durch (5.2.1) definierte Relation σ_{fg} ist deshalb eine invariante Äquivalenzrelation in X. Offensichtlich ist sie die kleinste derartige Relation, die $g \circ f^{-1}$ enthält.

5.2.3 (Differenzcokerne in RAD). *Zu beliebigen Morphismen $f\colon Y \to X$ und $g\colon Y \to X$ von* RAD *mit gleicher Quelle und gleichem Ziel ist der Quotientenraum X/σ_{fg}, zusammen mit der kanonischen Abbildung $\varkappa\colon X \to X/\sigma_{fg}$, ein Differenzcokern von f und g. Jeder Quotientenradialraum X/σ tritt, zusammen mit der kanonischen Abbildung $\varkappa\colon X \to X/\sigma$, als Differenzcokern von Morphismen $f\colon Y \to X$ und $g\colon Y \to X$ von* RAD *auf.*

Beweis. 1. $f\colon Y \to X$ und $g\colon Y \to X$ seien Morphismen von RAD. Wegen (5.2.3) folgt $\varkappa f = \varkappa g$ für die kanonische Abbildung $\varkappa\colon X \to X/\sigma_{fg}$. $\varkappa$ ist natürlich homogen. Ist $\lambda\colon X \to L$ ein Morphismus von RAD mit $\lambda f = \lambda g$, so ordnet λ allen Elementen einer beliebigen Äquivalenzklasse bez. σ_{fg} ein festes Element zu, denn zu jedem $(x, y) \in \varrho_{fg}$ folgt $\lambda(x) = \lambda(y)$ und zu jedem Element x der durch (5.2.2) definierten Menge N existieren $\alpha, \beta \in \boldsymbol{K}$ mit $\alpha \neq \beta$ und $(\alpha x, \beta x) \in \varrho_{fg}$, also mit $\alpha\lambda(x) = \lambda(\alpha x) = \lambda(\beta x) = \beta\lambda(x)$, woraus sich $\lambda(x) = 0$ ergibt. Es existiert daher genau ein Morphismus $\nu\colon X/\sigma_{fg} \to L$ mit $\lambda = \nu\varkappa$.

2. Nun sei X ein $\boldsymbol{K}$-Radialraum und σ eine invariante Äquivalenzrelation in X. Y sei derjenige $\boldsymbol{K}$-Radialraum, der σ als Trägermenge hat und dessen Radialstruktur durch $\alpha(x, y) = (\alpha x, \alpha y)$ definiert ist. Selbstverständlich ergibt sich auf diese Weise ein Radialraum, insbesondere folgt aus $\alpha(x, y) = \beta(x, y)$ stets $(x, y) = 0$ oder $\alpha = \beta$. $f\colon Y \to X$ und $g\colon Y \to X$ seien diejenigen Morphismen von RAD, die sich als Einschränkungen von pr_1 und pr_2 auf σ ergeben. Es ist $\sigma = \sigma_{fg}$, somit X/σ, zusammen mit der kanonischen Abbildung $\varkappa\colon X \to X/\sigma$, ein Differenzcokern von f und g.

Im weiteren sei $(X_\iota)_{\iota \in I}$ eine Familie von $\boldsymbol{K}$-Radialräumen mit einer Menge als Indexbereich. 0_ι sei zu jedem $i \in I$ der Nullpunkt von X_ι. Mit E bezeichnen wir die Menge aller derjenigen Punkte $(x_\iota)_{\iota \in I}$ des Produktraumes $\prod\limits_{\iota \in I} X_\iota$, für die bis auf höchstens ein i die x_ι mit 0_ι übereinstimmen. E bildet einen Teilraum von

$\prod_{i \in I} X_i$, wir bezeichnen ihn als das **Sternprodukt** der X_i $(i \in I)$. Zu beliebigem $i \in I$ nennen wir die durch $\iota_i(a) = (x_j)_{j \in I}$ $(a \in X_i)$ mit $x_i = a$ und $x_j = 0_j$ bei $j \neq i$ definierte Abbildung die **natürliche Injektion** von X_i in das Sternprodukt der X_j $(j \in I)$. Ohne Mühe ergibt sich

5.2.4 (Coprodukte in RAD). *Das Sternprodukt X der X_i $(i \in I)$ ist, zusammen mit den natürlichen Injektionen $\iota_i\colon X_i \to X$, ein Coprodukt der X_i in* RAD.

Ferner ergibt sich mühelos

5.2.5. *In* RAD *sind die Mono- und Epimorphismen diejenigen Morphismen, die Injektionen bzw. Surjektionen sind.*

Aus 3.2.14, 5.2.3 und 5.2.4 folgt, daß in RAD alle induktiven Limites existieren. Unter Benutzung der in 5.2.3 und 5.2.4 angegebenen natürlichen Auswahlen der Differenzcokerne und Coprodukte in RAD gelangt man — wie üblich — zu einer natürlichen Auswahl der induktiven Limites in RAD.

V sei im folgenden der (in naheliegender Weise definierte) Vergißfunktor von RAD in ENS. An Hand des Sternproduktes ersieht man, daß für einen beliebigen Funktor T einer kleinen Kategorie $\mathfrak{D}$ in RAD im allgemeinen nicht das V-Coprodukt der Radialräume $T(D)$ über E, $(\varphi_D)_{D \in \mathrm{Ob}\,\mathfrak{D}}$ existiert, wobei $E = \operatorname{limind} VT(D)$ ist und die φ_D die kanonischen Abbildungen der Mengen $VT(D)$ in E sind. Für induktive Spektren über gerichteten Mengen existieren jedoch die betreffenden V-Coprodukte, wie wir im folgenden zeigen werden.

Es sei $T = \big((X_i)_{i \in I}, (\varphi_{ij})_{(i,j) \in \leq}\big)$ ein induktives Spektrum in RAD über einer gerichteten Menge I. E habe die gleiche Bedeutung wie eben, und die φ_i seien — entsprechend der eben benutzten Bezeichnung — die kanonische Abbildungen der $V(X_i)$ in E. 0_i sei stets der Nullpunkt von X_i. Dann gilt

5.2.6. *Es existiert ein fester Punkt 0 von E mit $0 = \varphi_i(0_i)$ zu beliebigem $i \in I$. Aus $\varphi_i(u) = \varphi_j(v)$ $(i, j \in I;\, u \in X_i,\, v \in X_j)$ folgt $\varphi_i(\alpha u) = \varphi_j(\alpha v)$ zu beliebigem $\alpha \in \boldsymbol{K}$.*

Beweis. Zu beliebigen $i, j \in I$ existiert ein $k \in I$ mit $i, j \leq k$, und gilt $\varphi_i(0_i) = \varphi_k(u_k)$ bei $u_k = \varphi_{ik}(0_i)$ und $\varphi_j(0_j) = \varphi_k(v_k)$ bei $v_k = \varphi_{jk}(0_j)$. Auf Grund der Homogenität von φ_{ik} und φ_{jk} folgt $u_k = v_k = 0_k$ und somit $\varphi_i(0_i) = \varphi_j(0_j)$.

Aus $\varphi_i(u) = \varphi_j(v)$ $(i, j \in I;\, u \in X_i,\, v \in X_j)$ ergibt sich nach Definition der Abbildungen φ_i und φ_j, daß $(i, u)\, \varrho\, (j, v)$ gilt, wobei ϱ die wie in 3.2.15 definierte Äquivalenzrelation in $\sum_{i \in I} V(X_i)$ ist. Mittels 3.2.17 folgt die Existenz eines $k \in I$ mit $i, j \leq k$ und $\varphi_{ik}(u) = \varphi_{jk}(v)$. Unter Beachtung der Homogenität von φ_{ik} und φ_{jk} erhalten wir $\varphi_{ik}(\alpha u) = \varphi_{jk}(\alpha v)$ und damit $\varphi_i(\alpha u) = \varphi_j(\alpha v)$ zu beliebigem $\alpha \in \boldsymbol{K}$.

Aus 5.2.6 folgt leicht, daß E zu einem Radialraum wird, indem man zu beliebigen $\alpha \in \boldsymbol{K}$, $x \in E$, $i \in I$ und $u \in X_i$ mit $x = \varphi_i(u)$

$$\alpha x = \varphi_i(\alpha u) \tag{5.2.4}$$

setzt. Wir bezeichnen diesen Radialraum mit $\operatorname{lim\,ind} X_\iota$ und erhalten aus (5.2.4) leicht, daß $X = \operatorname{lim\,ind} X_\iota$, zusammen mit der Familie der Abbildungen $\varphi_\iota \colon X_\iota \to X$, ein V-Coprodukt der X_ι über E, $(\varphi_\iota)_{\iota \in I}$ und wegen 3.2.23 damit ein induktiver Limes von T ist.

Ist $T = \big((X_\iota)_{\iota \in I}, (\varphi_{ij})_{(i,j) \in \leq}\big)$ ein induktives Einbettungsspektrum in RAD über einer nichtleeren gerichteten Menge, so bildet die Vereinigung der Trägermengen der X_ι einen Radialraum $X = \bigcup_{\iota \in I} X_\iota$, wobei als Produkt αx eines Elementes α von $\boldsymbol{K}$ und eines Elementes x von X einfach das Produkt von α und x bezüglich eines beliebigen Radialraumes X_ι, dem x angehört, genommen wird. X, zusammen mit der Familie der identischen Einbettungen von X_ι in X $(\iota \in I)$, ist ein induktiver Limes von T.

Als nächstes gehen wir auf Filter, Dualfilter und $\wedge$-Ideale von Filtern und Dualfiltern in Radialräumen ein. X sei ein $\boldsymbol{K}$-Radialraum und $\varrho \colon \boldsymbol{K} \times X \to X$ die Radialstruktur von X. Sind $\mathfrak{U}$ und $\mathfrak{F}$ Filter in $\boldsymbol{K}$ bzw. X oder Dualfilter in $\boldsymbol{K}$ bzw. X, so setzen wir

$$\mathfrak{U}\mathfrak{F} = \varrho(\mathfrak{U} \times \mathfrak{F}) ,$$

und sind $\mathfrak{u}$ und $\mathfrak{v}$ $\wedge$-Ideale von Filtern in $\boldsymbol{K}$ bzw. X oder $\wedge$-Ideale von Dualfiltern in $\boldsymbol{K}$ bzw. X, so setzen wir

$$\mathfrak{u}\mathfrak{v} = \varrho(\mathfrak{u} \times \mathfrak{v}) .$$

Ist $\mathfrak{U}$ ein aus einer Menge U erzeugter Hauptfilter bzw. Hauptdualfilter, so schreiben wir für $\mathfrak{U}\mathfrak{F}$ auch $U\mathfrak{F}$, im Falle $U = \{\alpha\}$ dafür auch $\alpha\mathfrak{F}$. Es gilt $\alpha\mathfrak{F} = \{\alpha F \mid F \in \mathfrak{F}\}$ bei $\alpha \neq 0$. Wenn $\mathfrak{u}$ ein aus einem Filter oder Dualfilter $\mathfrak{U}$ erzeugtes $\wedge$-Ideal ist, schreiben wir für $\mathfrak{u}\mathfrak{v}$ auch $\mathfrak{U}\mathfrak{v}$, in dem Fall, daß $\mathfrak{U}$ aus einer Menge U bzw. $\{\alpha\}$ erzeugt ist, dafür auch $U\mathfrak{v}$ bzw. $\alpha\mathfrak{v}$. Es gilt $\alpha\mathfrak{v} = \{\alpha\mathfrak{F} \mid \mathfrak{F} \in \mathfrak{v}\}$ bei $\alpha \neq 0$. In naheliegender Weise benutzen wir die entsprechenden Schreibweisen bei Spezialisierung von $\mathfrak{F}$ bzw. $\mathfrak{v}$.

Auf Grund der Eigenschaften von ϱ gilt für beliebige Filter $\mathfrak{U}$ und $\mathfrak{V}$ in $\boldsymbol{K}$ und einen beliebigen Filter $\mathfrak{F}$ in X

$$(\mathfrak{U}\mathfrak{V})\,\mathfrak{F} = \mathfrak{U}(\mathfrak{V}\mathfrak{F}) ,$$

$$\mathfrak{U}0 = [0] \quad \text{und} \quad 1\mathfrak{F} = \mathfrak{F} .$$

Für Dualfilter in $\boldsymbol{K}$ und X und $\wedge$-Ideale von Filtern und Dualfiltern in $\boldsymbol{K}$ und X gelten natürlich analoge Beziehungen. Für beliebige Filter $\mathfrak{U}$ und $\mathfrak{V}$ in $\boldsymbol{K}$ und $\mathfrak{F}$ und $\mathfrak{G}$ in X folgt aus $\mathfrak{U} \subseteq \mathfrak{V}$ und $\mathfrak{F} \subseteq \mathfrak{G}$ offensichtlich $\mathfrak{U}\mathfrak{F} \subseteq \mathfrak{V}\mathfrak{G}$, und es gelten entsprechende Aussagen für Dualfilter in $\boldsymbol{K}$ und X und $\wedge$-Ideale von Filtern und Dualfiltern in $\boldsymbol{K}$ und X.

Über verbandstheoretische Durchschnitte und Vereinigungen von Filtern in $\boldsymbol{K}$ und X gilt der Satz

5.2.7 (Filter und Dualfilter in Radialräumen). *$(\mathfrak{U}_\iota)_{\iota \in I}$ und $(\mathfrak{F}_j)_{j \in J}$ seien Familien von Filtern in $\boldsymbol{K}$ bzw. X oder Familien von Dualfiltern in $\boldsymbol{K}$ bzw. X. Dann ist*

$$\Big(\bigwedge_{\iota \in I} \mathfrak{U}_\iota\Big) \Big(\bigwedge_{j \in J} \mathfrak{F}_j\Big) \subseteq \bigwedge_{(\iota, j) \in I \times J} \mathfrak{U}_\iota \mathfrak{F}_j \tag{5.2.5}$$

und

$$\Big(\bigvee_{i\in I} \mathfrak{U}_i\Big)\Big(\bigvee_{j\in J} \mathfrak{F}_j\Big) \supseteqq \bigvee_{(i,j)\in I\times J} \mathfrak{U}_i\mathfrak{F}_j\,. \tag{5.2.6}$$

Sind die $\mathfrak{U}_i$ ($i \in I$) und $\mathfrak{F}_j$ ($j \in J$) Filter, so trifft bei (5.2.5) in dem Fall, daß I und J endlich sind, das Gleichheitszeichen zu und gilt es im allgemeinen bei dieser Beziehung nicht, auch nicht, wenn ein beliebiger der Indexbereiche I und J einelementig ist. Bei (5.2.6) trifft in dem Fall, daß die $\mathfrak{U}_i$ ($i \in I$) und $\mathfrak{F}_j$ ($j \in J$) Filter sind, das Gleichheitszeichen nicht einmal zu, wenn ein beliebiger der Indexbereiche I und J einelementig und der andere zweielementig ist. Wenn die $\mathfrak{U}_i$ ($i \in I$) und $\mathfrak{F}_j$ ($j \in J$) Dualfilter sind, gilt bei (5.2.6) das Gleichheitszeichen stets und trifft es bei (5.2.5) im allgemeinen nicht einmal zu, wenn ein beliebiger der Indexbereiche I und J einelementig und der andere zweielementig ist.

Beweis. 1. Abgesehen von den Gegenbeispielen beweist man die Aussage analog wie die entsprechende Behauptung aus 5.1.10.

2. X sei der Radialraum mit $\boldsymbol{R}$ als Trägermenge und der üblichen Multiplikation in $\boldsymbol{R}$ als Radialstruktur. $\mathfrak{U}$ sei der Filter in $\boldsymbol{R}$ mit der Basis $\{1, 1 + 1/n^2] \mid n \in \boldsymbol{N}^+\}$, und zu beliebigem $j \in \boldsymbol{N}^+$ sei $\mathfrak{F}_j$ der Filter $[j]$ in $\boldsymbol{R}$. Der Filter $\mathfrak{U} \bigwedge_{j\in \boldsymbol{N}^+} \mathfrak{F}_j$ hat die Gesamtheit aller Mengen $[1, 1 + 1/n^2]\,\boldsymbol{N}^+ = \bigcup_{\in \boldsymbol{N}^+} [j, j + j/n^2]$ ($n \in \boldsymbol{N}^+$) als Basis, ihm gehört nicht das Element $\bigcup_{j\in \boldsymbol{N}^+} [j, j + 1/j]$ von $\bigwedge_{j\in \boldsymbol{N}^+} \mathfrak{U}\mathfrak{F}_j$ an, so daß $\mathfrak{U} \bigwedge_{j\in \boldsymbol{N}^+} \mathfrak{F}_j \subsetneqq \bigwedge_{j\in \boldsymbol{N}^+} \mathfrak{U}\mathfrak{F}_j$ folgt. Setzen wir $\mathfrak{F}$ für $\mathfrak{U}$ und $\mathfrak{U}_j$ für $\mathfrak{F}_j$, so folgt ferner $\big(\bigwedge_{j\in \boldsymbol{N}^+} \mathfrak{U}_j\big)\,\mathfrak{F} \neq \bigwedge_{j\in \boldsymbol{N}^+} \mathfrak{U}_j\mathfrak{F}$.

3. X sei wie in Teil 2 gewählt. Für $U = [-1, 0]$, $V = [0, 1]$ und $F = [-1, 1]$ gilt $(U \cap V)\,F \subsetneqq UF \cap VF = F$, für die Hauptfilter $\mathfrak{U} = [U]$, $\mathfrak{V} = [V]$ und $\mathfrak{F} = [F]$ somit $(\mathfrak{U} \vee \mathfrak{V})\,\mathfrak{F} \supsetneqq \mathfrak{U}\mathfrak{F} \vee \mathfrak{V}\mathfrak{F}$ und für die Hauptdualfilter $\mathfrak{U} = (U)$, $\mathfrak{V} = (V)$ und $\mathfrak{F} = (F)$ somit $(\mathfrak{U} \cap \mathfrak{V})\,\mathfrak{F} \subsetneqq \mathfrak{U}\mathfrak{F} \cap \mathfrak{V}\mathfrak{F}$. Setzen wir $\mathfrak{F}$ für $\mathfrak{U}$, $\mathfrak{G}$ für $\mathfrak{V}$ und $\mathfrak{U}$ für $\mathfrak{F}$, so folgt $\mathfrak{U}(\mathfrak{F} \vee \mathfrak{G}) \supsetneqq \mathfrak{U}\mathfrak{F} \vee \mathfrak{U}\mathfrak{G}$ bzw. $\mathfrak{U}(\mathfrak{F} \cap \mathfrak{G}) \subsetneqq \mathfrak{U}\mathfrak{F} \cap \mathfrak{U}\mathfrak{G}$.

Analog wie 5.1.11 zeigt man

5.2.8 (**$\wedge$-Ideale von Dualfiltern und von Filtern in Radialräumen**). *Die Aussage von 5.2.7 bleibt richtig, wenn man bei ihr die Filter durch $\wedge$-Ideale von Dualfiltern in X und die Dualfilter durch $\wedge$-Ideale von Filtern in X ersetzt.*

Ist X ein Produkt $X_1 \times \cdots \times X_n$ von $\boldsymbol{K}$-Radialräumen und f eine multihomogene Abbildung von X in einen $\boldsymbol{K}$-Radialraum Y, so gilt zu beliebigem $i = 1, \ldots, n$

$$f(\mathfrak{F}_1 \times \cdots \times \mathfrak{F}_{i-1} \times \mathfrak{U}\mathfrak{F}_i \times \mathfrak{F}_{i+1} \times \cdots \times \mathfrak{F}_n) = \mathfrak{U}f(\mathfrak{F}_1 \times \cdots \times \mathfrak{F}_n) \tag{5.2.7}$$

für beliebige Filter $\mathfrak{F}_1, \ldots, \mathfrak{F}_n$ und $\mathfrak{U}$ in $X_1, \ldots, X_n$ bzw. $\boldsymbol{K}$ und für beliebige Dualfilter $\mathfrak{F}_1, \ldots, \mathfrak{F}_n$ und $\mathfrak{U}$ in $X_1, \ldots, X_n$ bzw. $\boldsymbol{K}$, und es bestehen für beliebige $\wedge$-Ideale von Filtern in $X_1, \ldots, X_n$ und $\boldsymbol{K}$ und für beliebige $\wedge$-Ideale von Dualfiltern in $X_1, \ldots, X_n$ und $\boldsymbol{K}$ die entsprechenden Beziehungen.

Für Filter und Dualfilter in Produkten von Radialräumen existiert keine derart einfache Aussage wie die aus Satz 5.1.11 über Filter und Dualfilter in Produktgruppen. Vielmehr gilt

5.2.9 (Filter und Dualfilter in Radialraumprodukten). *$(X_\iota)_{\iota\in I}$ sei eine Familie von $\boldsymbol{K}$-Radialräumen mit einer Menge als Indexbereich. Ist $\mathfrak{U}$ ein Filter in $\boldsymbol{K}$ und sind $\mathfrak{F}_\iota$ Filter in X_ι $(\iota \in I)$, so gilt*

$$\mathfrak{U} \prod_{\iota\in I} \mathfrak{F}_\iota \supseteqq \prod_{\iota\in I} \mathfrak{U}\mathfrak{F}_\iota . \qquad (5.2.8)$$

Ist $\mathfrak{U}$ ein Dualfilter in $\boldsymbol{K}$ und sind $\mathfrak{F}_\iota$ Dualfilter in X_ι $(\iota \in I)$, so gilt

$$\mathfrak{U} \prod_{\iota\in I} \mathfrak{F}_\iota \subseteqq \prod_{\iota\in I} \mathfrak{U}\mathfrak{F}_\iota . \qquad (5.2.9)$$

Bei keiner der Beziehungen trifft im allgemeinen das Gleichheitszeichen zu, nicht einmal, wenn I zweielementig ist. Der linksstehende Filter bei (5.2.8) und der linksstehende Dualfilter bei (5.2.9) sind natürlich bezüglich der Radialstruktur des Produktraumes $\prod_{\iota\in I} X_\iota$ gebildet.

Beweis. 1. Ist $\mathfrak{U}$ ein Filter in $\boldsymbol{K}$ und sind $\mathfrak{F}_\iota$ Filter in X_ι, so gilt (5.2.8), denn für jede endliche Teilmenge J von I und beliebige Mengen $U_\iota \in \mathfrak{U}$ und $F_\iota \in \mathfrak{F}_\iota$ $(\iota \in J)$ folgt $\bigcap_{\iota\in J} U_\iota \prod_{\iota\in I} F_\iota \subseteqq \prod_{\iota\in I} G_\iota$, sofern $G_\iota = U_\iota F_\iota$ für $\iota \in J$ und $F_\iota = G_\iota = X_\iota$ für $\iota \in I \setminus J$ gesetzt wird. Wenn $\mathfrak{U}$ ein Dualfilter in $\boldsymbol{K}$ ist und $\mathfrak{F}_\iota$ Dualfilter in X_ι $(\iota \in I)$ sind, gilt (5.2.9), da sich $U \prod_{\iota\in I} F_\iota \subseteqq \prod_{\iota\in I} UF_\iota$ zu beliebigem $U \in \mathfrak{U}$ und $F_\iota \in \mathfrak{F}_\iota$ $(\iota \in I)$ ergibt.

2. $X_1 = X_2$ sei der Radialraum mit $\boldsymbol{R}$ als Trägermenge und der üblichen Multiplikation in $\boldsymbol{R}$ als Radialstruktur. Für $U = [0, 1]$ und $F = \{1\}$ gilt $U(F \times F) \subsetneqq UF \times UF$, somit $\mathfrak{U}(\mathfrak{F} \times \mathfrak{F}) \supsetneqq \mathfrak{U}\mathfrak{F} \times \mathfrak{U}\mathfrak{F}$ für die Filter $\mathfrak{U} = [U]$ und $\mathfrak{F} = [F]$ in $\boldsymbol{R}$ und $\mathfrak{U}(\mathfrak{F} \times \mathfrak{F}) \subsetneqq \mathfrak{U}\mathfrak{F} \times \mathfrak{U}\mathfrak{F}$ für die Dualfilter $\mathfrak{U} = (U)$ und $\mathfrak{F} = (F)$ in $\boldsymbol{R}$.

Unter Berücksichtigung von 5.2.9 läßt sich zeigen

5.2.10 ($\wedge$-Ideale von Dualfiltern und von Filtern in Radialraumprodukten). *Die Aussage von 5.2.9 bleibt richtig, wenn man bei ihr den Filter in $\boldsymbol{K}$ durch ein beliebiges $\wedge$-Ideal von Dualfiltern in $\boldsymbol{K}$, die Filter in X_ι durch beliebige $\wedge$-Ideale von Dualfiltern in X_ι, den Dualfilter in $\boldsymbol{K}$ durch ein beliebiges $\wedge$-Ideal von Filtern in $\boldsymbol{K}$ und die Dualfilter in X_ι durch beliebige $\wedge$-Ideale von Filtern in X_ι ersetzt.*

Im weiteren gehen wir auf Systeme von $\wedge$-Idealen von Dualfiltern ein. X sei dazu ein $\boldsymbol{K}$-Radialraum mit $\boldsymbol{K} = \boldsymbol{R}$ oder $\boldsymbol{C}$. Jedem System $\mathfrak{V}$ von $\wedge$-Idealen von Dualfiltern in X ordnen wir das $\wedge$-Idealsystem

$$\mathfrak{V}^{\mathbf{K}} = \{ \bigvee_{\mathfrak{F}\in\mathfrak{v}} \bigwedge_{\alpha>0} [\alpha\mathfrak{F}] \mid \mathfrak{v} \in \mathfrak{V} \} \qquad (5.2.10)$$

zu, wir nennen $\mathfrak{B}^K$ das $\mathfrak{B}$ **zugeordnete kegelartige System.** α durchläuft bei $\bigwedge_{\alpha>0}$ natürlich alle positiven reellen Zahlen. Wegen (2.2.7) gilt $\bigwedge_{\alpha>0} [\alpha\mathfrak{F}] = [\bigvee_{\alpha>0} \alpha\mathfrak{F}]$ für jeden Dualfilter $\mathfrak{F}$ in X.

Jedem System $\mathfrak{B}$ von Teilmengen von X ordnen wir das Dualfiltersystem

$$\mathfrak{B}^K = \{\bigvee_{\alpha>0} (\alpha B) \mid B \in \mathfrak{B}\}, \tag{5.2.11}$$

jedem System $\mathfrak{L}$ von Dualfiltern in X das Dualfiltersystem

$$\mathfrak{L}^K = \{\bigvee_{\alpha>0} \alpha\mathfrak{F} \mid \mathfrak{F} \in \mathfrak{L}\} \tag{5.2.12}$$

und jedem System $\mathfrak{S}$ von Filtern in X das $\wedge$-Idealsystem

$$\mathfrak{S}^K = \{\bigvee_{F\in\mathfrak{F}} \bigwedge_{\alpha>0} [(\alpha F)] \mid \mathfrak{F} \in \mathfrak{S}\} \tag{5.2.13}$$

zu. $\mathfrak{B}^K$, $\mathfrak{L}^K$ und $\mathfrak{S}^K$ nennen wir die $\mathfrak{B}$, $\mathfrak{L}$ bzw. $\mathfrak{S}$ **zugeordneten kegelartigen Systeme.** Die Bilder $\beta[\mathfrak{B}] = \{[(B)] \mid B \in \mathfrak{B}\}$, $\sigma[\mathfrak{L}] = \{[\mathfrak{F}] \mid \mathfrak{F} \in \mathfrak{L}\}$ und $\varkappa[\mathfrak{S}] = \{\bigvee_{F\in\mathfrak{F}} [(F)] \mid \mathfrak{F} \in \mathfrak{S}\}$ von $\mathfrak{B}, \mathfrak{L}$ bzw. $\mathfrak{S}$ bezüglich der in Abschnitt 2.12 eingeführten Abbildungen β, σ bzw. $\varkappa$ sind Systeme von $\wedge$-Idealen von Dualfiltern, und es sind $\sigma[\mathfrak{B}^K]$, $\sigma[\mathfrak{L}^K]$ und $\mathfrak{S}^K$ die $\beta[\mathfrak{B}]$, $\sigma[\mathfrak{L}]$ bzw. $\varkappa[\mathfrak{S}]$ zugeordneten kegelartigen Systeme. Die letzte Behauptung folgt unter Beachtung, daß für Filter $\mathfrak{F}$ in X stets $\{(F) \mid F \in \mathfrak{F}\}$ eine Basis von $\bigvee_{F\in\mathfrak{F}} [(F)]$ ist.

Im weiteren benutzen wir die durch (2.12.7) definierte Präordnung $\leqq$ in der Menge aller Systeme von $\wedge$-Idealen von Dualfiltern in X.

5.2.11. *Für jedes System $\mathfrak{B}$ von $\wedge$-Idealen von Dualfiltern in X gilt $\mathfrak{B} \leqq \mathfrak{B}^K$ und $\mathfrak{B}^K = \mathfrak{B}^{KK}$.*

Beweis. Für jedes $\mathfrak{v} \in \mathfrak{B}$ ergibt sich $\bigvee_{\mathfrak{F}\in\mathfrak{v}} \bigwedge_{\alpha>0} [\alpha\mathfrak{F}] \subseteqq \bigvee_{\mathfrak{F}\in\mathfrak{v}} [\mathfrak{F}] = \mathfrak{v}$, somit $\mathfrak{B} \leqq \mathfrak{B}^K$. Zu jedem $\mathfrak{v} \in \mathfrak{B}$ gilt für $\mathfrak{w} = \bigvee_{\mathfrak{F}\in\mathfrak{v}} \bigwedge_{\alpha>0} [\alpha\mathfrak{F}]$ einerseits $\bigvee_{\mathfrak{F}\in\mathfrak{w}} \bigwedge_{\alpha>0} [\alpha\mathfrak{F}] \subseteqq \mathfrak{w}$, wegen $\mathfrak{w} \supseteqq \{\bigvee_{\alpha>0} \alpha\mathfrak{F} \mid \mathfrak{F} \in \mathfrak{v}\}$ und $\beta \bigvee_{\alpha>0} \alpha\mathfrak{F} = \bigvee_{\alpha>0} \alpha\mathfrak{F}$ $(\beta > 0)$ andererseits

$$\bigvee_{\mathfrak{F}\in\mathfrak{w}} \bigwedge_{\beta>0} [\beta\mathfrak{F}] \supseteqq \bigvee_{\mathfrak{F}\in\mathfrak{v}} \bigwedge_{\beta>0} [\beta \bigvee_{\alpha>0} \alpha\mathfrak{F}] = \bigvee_{\mathfrak{F}\in\mathfrak{v}} [\bigvee_{\alpha>0} \alpha\mathfrak{F}] = \mathfrak{w}$$

und damit $\bigvee_{\mathfrak{F}\in\mathfrak{w}} \bigwedge_{\alpha>0} [\alpha\mathfrak{F}] = \mathfrak{w}$. Daher ist $\mathfrak{B}^K = \mathfrak{B}^{KK}$.

Ein System $\mathfrak{L}$ von Dualfiltern in X bzw. $\mathfrak{B}$ von $\wedge$-Idealen von Dualfiltern in X heißt **kegelartig**, wenn $\mathfrak{L} = \mathfrak{L}^K$ bzw. $\mathfrak{B} = \mathfrak{B}^K$ gilt. Die Systemen zugeordneten kegelartigen Systeme sind wegen 5.2.11 stets kegelartig.

5.2.12. *$\mathfrak{B}$ und $\mathfrak{W}$ seien Systeme von $\wedge$-Idealen von Dualfiltern in X. Aus $\mathfrak{B} \leqq \mathfrak{W}$ folgt $\mathfrak{B}^K \leqq \mathfrak{W}^K$. $\mathfrak{B}^K \leqq \mathfrak{W}^K$ gilt genau dann, wenn $\mathfrak{B} \leqq \mathfrak{W}^K$ gilt.*

Beweis. 1. Es sei $\mathfrak{B} \leqq \mathfrak{W}$. Gegeben sei ein $\mathfrak{v} \in \mathfrak{B}$. Es existieren endlich viele $\mathfrak{w}_1, \dots, \mathfrak{w}_n \in \mathfrak{W}$ mit $\mathfrak{w}_1 \cap \dots \cap \mathfrak{w}_n \subseteqq \mathfrak{v}$. Unter Berücksichtigung, daß wegen 2.2.3 im Verband $\mathcal{J}X$ der $\wedge$-Ideale von Dualfiltern in X das verschärfte Distributivgesetz (2.1.10) gilt (vergleiche (2.1.12)) und für Dualfilter $\mathfrak{F}_1, \dots, \mathfrak{F}_n$ in X stets $\bigvee_{\alpha>0} \alpha\mathfrak{F}_1 \vee \dots \vee \bigvee_{\alpha>0} \alpha\mathfrak{F}_n = \bigvee_{\alpha>0} \alpha(\mathfrak{F}_1 \vee \dots \vee \mathfrak{F}_n)$ gilt, folgt

$$\bigvee_{\mathfrak{F}\in\mathfrak{w}_1} [\bigvee_{\alpha>0} \alpha\mathfrak{F}] \cap \dots \cap \bigvee_{\mathfrak{F}\in\mathfrak{w}_n} [\bigvee_{\alpha>0} \alpha\mathfrak{F}] = \bigvee_{\mathfrak{F}_1\in\mathfrak{w}_1,\dots,\mathfrak{F}_n\in\mathfrak{w}_n} ([\bigvee_{\alpha>0} \alpha\mathfrak{F}_1] \cap \dots \cap [\bigvee_{\alpha>0} \alpha\mathfrak{F}_n])$$

$$= \bigvee_{\mathfrak{F}_1\in\mathfrak{w}_1,\dots,\mathfrak{F}_n\in\mathfrak{w}_n} [\bigvee_{\alpha>0} \alpha(\mathfrak{F}_1 \vee \dots \vee \mathfrak{F}_n)] = \bigvee_{\mathfrak{F}\in\mathfrak{w}_1\cap\dots\cap\mathfrak{w}_n} [\bigvee_{\alpha>0} \alpha\mathfrak{F}] \subseteqq \bigvee_{\mathfrak{F}\in\mathfrak{v}} [\bigvee_{\alpha>0} \alpha\mathfrak{F}] \quad (5.2.14)$$

und damit $\mathfrak{B}^{\mathrm{K}} \leqq \mathfrak{W}^{\mathrm{K}}$.

2. Aus $\mathfrak{B} \leqq \mathfrak{W}^{\mathrm{K}}$ ergibt sich mittels des eben Bewiesenen und mit 5.2.11 $\mathfrak{B}^{\mathrm{K}} \leqq \mathfrak{W}^{\mathrm{KK}} = \mathfrak{W}^{\mathrm{K}}$. Aus $\mathfrak{B}^{\mathrm{K}} \leqq \mathfrak{W}^{\mathrm{K}}$ folgt wegen $\mathfrak{B} \leqq \mathfrak{B}^{\mathrm{K}}$ umgekehrt $\mathfrak{B} \leqq \mathfrak{W}^{\mathrm{K}}$.

Wir bringen als nächstes Aussagen über die in Abschnitt 2.12 eingeführten einfachen Produkte von Systemen von $\wedge$-Idealen von Dualfiltern. Zu einem $n \in \boldsymbol{N}^+$ seien dazu $X_1, \dots, X_n$ $\boldsymbol{K}$-Radialräume mit $\boldsymbol{K} = \boldsymbol{R}$ oder $\boldsymbol{C}$.

5.2.13. *$\mathfrak{B}_i$ sei zu beliebigem $i = 1, \dots, n$ ein System von $\wedge$-Idealen von Dualfiltern in X_i. Es gilt*

$$(\mathfrak{B}_1 \times^e \dots \times^e \mathfrak{B}_n)^{\mathrm{K}} \leqq \mathfrak{B}_1^{\mathrm{K}} \times^e \dots \times^e \mathfrak{B}_n^{\mathrm{K}} . \quad (5.2.15)$$

Wenn zu beliebigem $i = 1, \dots, n$ und $\mathfrak{v} \in \mathfrak{B}_i$ ein $\mathfrak{w} \in \mathfrak{B}_i$ mit $\mathfrak{w} = \boldsymbol{E}\mathfrak{w}$, $\boldsymbol{E} = \{\alpha \in \boldsymbol{K} \mid |\alpha| \leqq 1\}$, und $\mathfrak{w} \subseteqq \mathfrak{v}$ existiert, gilt ferner

$$\mathfrak{B}_1^{\mathrm{K}} \times^e \dots \times^e \mathfrak{B}_n^{\mathrm{K}} \leqq (\mathfrak{B}_1 \times^e \dots \times^e \mathfrak{B}_n)^{\mathrm{K}} . \quad (5.2.16)$$

Beweis. Gegeben seien $\mathfrak{v}_1 \in \mathfrak{B}_1, \dots, \mathfrak{v}_n \in \mathfrak{B}_n$. Wir setzen

$$\mathfrak{w} = \bigvee_{\mathfrak{F}_1\in\mathfrak{v}_1} [\bigvee_{\alpha>0} \alpha\mathfrak{F}_1] \times \dots \times \bigvee_{\mathfrak{F}_n\in\mathfrak{v}_n} [\bigvee_{\alpha>0} \alpha\mathfrak{F}_n] .$$

Mittels 2.11.5 folgt

$$\mathfrak{w} = \bigvee_{\mathfrak{F}_1\in\mathfrak{v}_1,\dots,\mathfrak{F}_n\in\mathfrak{v}_n} [\bigvee_{\alpha>0} \alpha\mathfrak{F}_1 \times \dots \times \bigvee_{\alpha>0} \alpha\mathfrak{F}_n] . \quad (5.2.17)$$

Beachten wir, daß für beliebige Dualfilter $\mathfrak{F}_1$ in $X_1, \dots, \mathfrak{F}_n$ in X_n die Beziehung $\bigvee_{\alpha>0} \alpha(\mathfrak{F}_1 \times \dots \times \mathfrak{F}_n) \subseteqq \bigvee_{\alpha>0} \alpha\mathfrak{F}_1 \times \dots \times \bigvee_{\alpha>0} \alpha\mathfrak{F}_n$ besteht, so ergibt sich

$$\mathfrak{w} \subseteqq \bigvee_{\mathfrak{F}\in\mathfrak{v}_1\times\dots\times\mathfrak{v}_n} [\bigvee_{\alpha>0} \alpha\mathfrak{F}]$$

und damit (5.2.15).

Nun gelte die Voraussetzung des zweiten Teiles des Satzes. Insbesondere gebe es zu beliebigem $i = 1, \dots, n$ ein $\mathfrak{w}_i \in \mathfrak{B}_i$ mit $\mathfrak{w}_i = \boldsymbol{E}\mathfrak{w}_i$ und $\mathfrak{w}_i \subseteqq \mathfrak{v}_i$. Mittels (5.2.17) folgt

$$\bigvee_{\mathfrak{F}_1\in\mathfrak{w}_1,\dots,\mathfrak{F}_n\in\mathfrak{w}_n} [\bigvee_{\alpha>0} \alpha\mathfrak{F}_1 \times \dots \times \bigvee_{\alpha>0} \alpha\mathfrak{F}_n] \subseteqq \mathfrak{w} .$$

Da für beliebige Dualfilter $\mathfrak{F}_1$ in $X_1, \dots, \mathfrak{F}_n$ in X_n mit $\mathfrak{F}_1 = \boldsymbol{E}\mathfrak{F}_1, \dots, \mathfrak{F}_n = \boldsymbol{E}\mathfrak{F}_n$ sogar $\bigvee_{\alpha>0} \alpha(\mathfrak{F}_1 \times \dots \times \mathfrak{F}_n) = \bigvee_{\alpha>0} \alpha\mathfrak{F}_1 \times \dots \times \bigvee_{\alpha>0} \alpha\mathfrak{F}_n$ gilt, erhalten wir $\bigvee_{\mathfrak{F}\in\mathfrak{w}_1\times\dots\times\mathfrak{w}_n} [\bigvee_{\alpha>0} \alpha\mathfrak{F}] \subseteqq \mathfrak{w}$ und damit (5.2.16).

Neben $X_1, \ldots, X_n$ sei Y ein weiterer $\boldsymbol{K}$-Radialraum. $\mathfrak{A}$ sei eine Menge von Abbildungen aus $X_1 \times \cdots \times X_n$ in Y, der zu beliebigen $\alpha_1, \ldots, \alpha_n \in \boldsymbol{K}$ und $f \in \mathfrak{A}$ die Abbildungen $\alpha_1 f\colon x \mapsto \alpha_1 f(x)$ $(x \in \mathrm{db} f)$ und $f\alpha_1 \cdots \alpha_n\colon (x_1, \ldots, x_n) \mapsto f(\alpha_1 x_1, \ldots, \alpha_n x_n)$ $((\alpha_1 x_1, \ldots, \alpha_n x_n) \in \mathrm{db} f)$ angehören. Zu beliebigen $\alpha_1, \ldots, \alpha_n \in \boldsymbol{K}$ und jedem Filter $\mathfrak{K}$ in $\mathfrak{A}$ seien $\alpha_1\mathfrak{K}$ und $\mathfrak{K}\alpha_1 \cdots \alpha_n$ die Filter in $\mathfrak{A}$ mit den Basen $\{\alpha_1 K \mid K \in \mathfrak{K}\}$ und $\{K\alpha_1 \cdots \alpha_n \mid K \in \mathfrak{K}\}$; dabei ist $\alpha_1 K = \{\alpha_1 f \mid f \in K\}$ und $K\alpha_1 \cdots \alpha_n = \{f\alpha_1 \cdots \alpha_n \mid f \in K\}$ gesetzt. Wir nennen zu einem $m \in \boldsymbol{N}^+$ einen Filter $\mathfrak{K}$ in $\mathfrak{A}$ **multihomogen vom Grade m**, genauer **n-homogen vom Grade m**, bei $n = 1$ auch **homogen vom Grade m**, bei $m = 1$ auch **multihomogen** oder **n-homogen**, bei $n = m = 1$ auch **homogen**, wenn $\alpha_1^m \cdots \alpha_n^m \mathfrak{K} = \mathfrak{K}\alpha_1 \cdots \alpha_n$ zu beliebigen $\alpha_1, \ldots, \alpha_n \in \boldsymbol{K}$ gilt.

Ein von einem Grade m n-homogener Filter besitzt nicht notwendig eine Basis, deren Elemente aus Abbildungen bestehen, die n-homogen vom Grade m sind, auch nicht bei $n = m = 1$, wie wir im folgenden Beispiel zeigen. X und Y seien gleich $\boldsymbol{R}$ mit der üblichen Multiplikation in $\boldsymbol{R}$ als Radialstruktur. $\mathfrak{A}$ sei die Menge aller Abbildungen aus X in Y. Die Mengen $K_\delta = \{x \mapsto \varepsilon x^2\ (x \in \boldsymbol{R}) \mid 0 < |\varepsilon| < \delta\}$ $(\delta > 0)$ bilden wegen $0K_\delta = K_\delta 0$ und $\alpha K_\delta = K_{\delta/|\alpha|}\alpha$ $(\alpha \neq 0)$ die Basis eines homogenen Filters $\mathfrak{K}$. Offenbar besitzt $\mathfrak{K}$ keine Basis, deren Elemente aus homogenen Abbildungen bestehen.

Im nächsten Satz tritt die in Abschnitt 2.12 eingeführte Treueeigenschaft von Abbildungen und Filtern auf.

5.2.14. *$\mathfrak{B}_i$ sei zu beliebigem $i = 1, \ldots, n$ ein System von $\wedge$-Idealen von Dualfiltern in X_i, ferner $\mathfrak{W}$ ein System von $\wedge$-Idealen von Dualfiltern in Y. Jede $(\mathfrak{B}_1 \times^e \cdots \times^e \mathfrak{B}_n), \mathfrak{W}$-treue, von einem Grade m multihomogene Abbildung von $X_1 \times \cdots \times X_n$ in Y ist $(\mathfrak{B}_1^{\mathrm{K}} \times^e \cdots \times^e \mathfrak{B}_n^{\mathrm{K}}), \mathfrak{W}^{\mathrm{K}}$-treu. Jeder $(\mathfrak{B}_1 \times^e \cdots \times^e \mathfrak{B}_n), \mathfrak{W}$-treue, von einem Grade m multihomogene Filter $\mathfrak{K}$ in $\mathfrak{A}$ ist $(\mathfrak{B}_1^{\mathrm{K}} \times^e \cdots \times^e \mathfrak{B}_n^{\mathrm{K}}), \mathfrak{W}^{\mathrm{K}}$-treu.*

Beweis. Der erste Teil der Behauptung ergibt sich aus dem zweiten durch Spezialisierung. $\mathfrak{K}$ sei ein $(\mathfrak{B}_1 \times^e \cdots \times^e \mathfrak{B}_n), \mathfrak{W}$-treuer, von einem Grade m multihomogener Filter in $\mathfrak{A}$. Zu beliebigen $\mathfrak{v}_1 \in \mathfrak{B}_1, \ldots, \mathfrak{v}_n \in \mathfrak{B}_n$ existieren $\mathfrak{w}_1, \ldots, \mathfrak{w}_m$ aus $\mathfrak{W}$ derart, daß es zu jedem $\mathfrak{G} \in \mathfrak{w}_1 \cap \cdots \cap \mathfrak{w}_m$ Dualfilter $\mathfrak{F}_1 \in \mathfrak{v}_1, \ldots, \mathfrak{F}_n \in \mathfrak{v}_n$ gibt, so daß zu beliebigen $F_1 \in \mathfrak{F}_1, \ldots, F_n \in \mathfrak{F}_n$ und $\alpha_1 > 0, \ldots, \alpha_n > 0$ ein $K \in \mathfrak{K}$ mit $\alpha_1^m \cdots \alpha_n^m K[F_1 \times \cdots \times F_n] \in \bigvee_{\alpha > 0} \alpha\mathfrak{G}$, daher zu beliebigen $F_1 \in \mathfrak{F}_1, \ldots, F_n \in \mathfrak{F}_n$ und $\alpha_1 > 0, \ldots, \alpha_n > 0$ ein $K \in \mathfrak{K}$ mit $K[\alpha_1 F_1 \times \cdots \times \alpha_n F_n] \in \bigvee_{\alpha > 0} \alpha\mathfrak{G}$ und somit zu beliebigen $F_1 \in \bigvee_{\alpha > 0} \alpha\mathfrak{F}_1, \ldots, F_n \in \bigvee_{\alpha > 0} \alpha\mathfrak{F}_n$ ein $K \in \mathfrak{K}$ mit $K[F_1 \times \cdots \times F_n] \in \bigvee_{\alpha > 0} \alpha\mathfrak{G}$ existiert. Zu beliebigen $\mathfrak{v}_1 \in \mathfrak{B}_1, \ldots, \mathfrak{v}_n \in \mathfrak{B}_n$ gibt es daher $\mathfrak{w}_1, \ldots, \mathfrak{w}_m \in \mathfrak{W}$ derart, daß es zu jedem $\mathfrak{H} \in \bigvee_{\mathfrak{F} \in \mathfrak{w}_1 \cap \cdots \cap \mathfrak{w}_m} [\bigvee_{\alpha > 0} \alpha\mathfrak{F}] = \bigvee_{\mathfrak{F} \in \mathfrak{w}_1} [\bigvee_{\alpha > 0} \alpha\mathfrak{F}] \cap \cdots \cap \bigvee_{\mathfrak{F} \in \mathfrak{w}_m} [\bigvee_{\alpha > 0} \alpha\mathfrak{F}]$ (siehe (5.2.14)) Dualfilter $\mathfrak{F}_1 \in \mathfrak{v}_1, \ldots, \mathfrak{F}_n \in \mathfrak{v}_n$

gibt, so daß zu jedem $F_1 \in \bigvee_{\alpha>0} \alpha\mathfrak{F}_1, \ldots, F_n \in \bigvee_{\alpha>0} \alpha\mathfrak{F}_n$ ein $K \in \mathfrak{K}$ existiert mit $K[F_1 \times \cdots \times F_n] \in \mathfrak{H}$. $\mathfrak{K}$ ist daher $(\mathfrak{B}_1^K \times^e \cdots \times^e \mathfrak{B}_n^K)$, $\mathfrak{W}^K$-treu.

5.3. Vektorräume

$\boldsymbol{K}$ sei ein beliebiger Körper. Ein **Vektorraum** oder **linearer Raum** über $\boldsymbol{K}$ oder ein **$\boldsymbol{K}$-Vektorraum** oder **$\boldsymbol{K}$-linearer Raum** ist eine Menge X, versehen mit zwei Abbildungen $(x, y) \mapsto x + y$ $(x, y \in X)$ und $(\alpha, x) \mapsto \alpha x$ $(\alpha \in \boldsymbol{K}, x \in X)$ von $X \times X$ bzw. $\boldsymbol{K} \times X$ in X, der **Vektoraddition** und **skalaren Multiplikation,** so daß gilt:

1. X ist bezüglich der Vektoraddition eine additive abelsche Gruppe.
2. Zu beliebigen $\alpha, \beta \in \boldsymbol{K}$ und $x \in X$ gilt $(\alpha\beta)\, x = \alpha(\beta x)$ (**Assoziativität** der skalaren Multiplikation).
3. Zu beliebigen $\alpha, \beta \in \boldsymbol{K}$ und $x, y \in X$ ist $(\alpha + \beta)\, x = \alpha x + \beta x$ und $\alpha(x + y) = \alpha x + \alpha y$ (**Distributivgesetze**).
4. Es ist $1x = x$ zu beliebigem $x \in X$.

$x + y$ und αx heißen natürlich **Summe** von x und y bzw. **Produkt** von α und x. X selbst wird **Trägermenge** des Vektorraumes genannt, und jedes Element von X heißt ein **Vektor** oder **Punkt** des Raumes, das Nullelement 0 bezüglich der Vektoraddition speziell der **Nullvektor** oder **Nullpunkt.** Das aus der Vektoraddition und skalaren Multiplikation bestehende geordnete Paar heißt die **lineare Struktur** oder **Vektorraumstruktur** des Raumes. Vektorräume über $\boldsymbol{R}$ oder $\boldsymbol{C}$ heißen **reelle** bzw. **komplexe Vektorräume** und ihre linearen Strukturen **reelle** bzw. **komplexe lineare Strukturen.**

In jedem $\boldsymbol{K}$-Vektorraum X gilt wegen der Distributivgesetze $(\alpha - \beta)\, x + \beta x = \alpha x$ und $\alpha(x - y) + \alpha y = \alpha x$ und damit

$$(\alpha - \beta)\, x = \alpha x - \beta x \quad \text{und} \quad \alpha(x - y) = \alpha x - \alpha y \tag{5.3.1}$$

zu beliebigen $\alpha, \beta \in \boldsymbol{K}$ und $x, y \in X$. Aus (5.3.1) folgt bei $\alpha = \beta$ und $x = y$

$$0x = 0 \quad \text{und} \quad \alpha 0 = 0 \tag{5.3.2}$$

und, wenn wir α durch 0 und β durch α ersetzen, damit

$$(-\alpha)\, x = -\alpha x \tag{5.3.3}$$

zu beliebigen $\alpha \in \boldsymbol{K}$ und $x \in X$.

Aus $\alpha x = \beta x$ folgt wegen (5.3.1) stets $(\alpha - \beta)\, x = 0$, im Falle $\alpha \neq \beta$ damit $x = (\alpha - \beta)^{-1} \big((\alpha - \beta)\, x\big) = 0$. Jeder $\boldsymbol{K}$-Vektorraum X ist deshalb bezüglich der skalaren Multiplikation ein $\boldsymbol{K}$-Radialraum mit dem Nullvektor von X als Nullpunkt. Er ist nach Definition ferner bezüglich der Vektoraddition eine abelsche Gruppe. Wir nennen diesen Radialraum und diese Gruppe den dem Vektorraum **unterliegenden Radialraum** und die dem Vektorraum **unterliegende Gruppe.** Wenn wir auf Gruppen bzw. Radialräume bezogene Begriffe für Vektorräume verwenden, meinen wir sie stets bezüglich der unterliegenden Gruppen und Radialräume.

Abgesehen von dem trivialen Fall $X = \{0\}$ ist das einfachste Beispiel eines $\boldsymbol{K}$-Vektorraumes $\boldsymbol{K}$ selbst mit der Addition von $\boldsymbol{K}$ als Vektoraddition und der Multiplikation von $\boldsymbol{K}$ als skalarer Multiplikation. $\boldsymbol{K}$ fassen wir, wenn wir nichts anderes angeben, stets auf diese Weise als Vektorraum auf.

Sind X und Y $\boldsymbol{K}$-Vektorräume, so heißt eine Abbildung f von X in Y **linear**, wenn $f(\alpha x + \beta y) = \alpha f(x) + \beta f(y)$ zu beliebigen $\alpha, \beta \in \boldsymbol{K}$ und $x, y \in X$ ist. Eine Abbildung f von X in Y ist genau dann linear, wenn sie additiv, d. h. bezüglich der X und Y unterliegenden Gruppen ein Homomorphismus, und homogen ist. Jede eineindeutige lineare Abbildung von X in Y heißt ein **Isomorphismus** von X in Y.

Mit VEK oder genauer $\text{VEK}_{\boldsymbol{K}}$ bezeichnen wir die Kategorie aller $\boldsymbol{K}$-Vektorräume. Sie hat alle $\boldsymbol{K}$-Vektorräume als Objekte und alle linearen Abbildungen von $\boldsymbol{K}$-Vektorräumen X in $\boldsymbol{K}$-Vektorräume Y, genauer die daraus gebildeten Tripel (f, X, Y) als Morphismen. Komposition von Morphismen ist die übliche Abbildungskomposition. Bimorphismen in VEK sind gerade die Isomorphismen von $\boldsymbol{K}$-Vektorräumen auf $\boldsymbol{K}$-Vektorräume, sie sind stets Isomorphismen in VEK.

Ein $\boldsymbol{K}$-Vektorraum Y heißt **Teilraum** eines $\boldsymbol{K}$-Vektorraumes X, wenn die Trägermenge von Y in der Trägermenge von X enthalten ist und die Vektoraddition und skalare Multiplikation von Y gleich der Einschränkung der Vektoraddition von X auf $Y \times Y$ bzw. der Einschränkung der skalaren Multiplikation von X auf $\boldsymbol{K} \times Y$ ist. Eine Teilmenge A eines $\boldsymbol{K}$-Vektorraumes X bildet genau dann einen Teilraum, d. h. ist, versehen mit der Einschränkung der Vektoraddition von X auf $A \times A$ und der Einschränkung der skalaren Multiplikation von X auf $\boldsymbol{K} \times A$ genau dann ein Teilraum, wenn $A + A = A$ und $\boldsymbol{K}A = A$ gilt (es ist dann auch $-A = A$). Ist A eine Teilmenge eines $\boldsymbol{K}$-Vektorraumes X, so bildet die Menge aller endlichen Linearkombinationen $\alpha_1 x_1 + \cdots + \alpha_n x_n$ $(\alpha_1, \ldots, \alpha_n \in \boldsymbol{K})$ von Vektoren $x_1, \ldots, x_n$ aus A einen Teilraum von X, der die **lineare Hülle** von A genannt wird. Zu jeder linearen Abbildung f eines $\boldsymbol{K}$-Vektorraumes X in einen $\boldsymbol{K}$-Vektorraum Y bildet die Menge aller Vektoren $x \in X$ mit $f(x) = 0$ einen Teilraum von X, den sogenannten **Nullraum** (oder **Kern**) von f; er ist, zusammen mit der identischen Einbettung dieses Teilraumes in X, ein Differenzkern von $f: X \to Y$ und der Nullabbildung $x \mapsto 0$ $(x \in X)$ von X in Y.

Die Teilvektorräume werden durch die Differenzkerne in VEK charakterisiert. Unter Berücksichtigung des Beweises der entsprechenden Aussage für abelsche Gruppen folgt nämlich

5.3.1 (Differenzkerne in VEK). *Zu beliebigen Morphismen $f: X \to Y$ und $g: X \to Y$ von VEK mit gleicher Quelle und gleichem Ziel bildet die Menge $\{x \in X \mid f(x) = g(x)\}$ einen Teilraum T von X und ist T, zusammen mit der identischen Einbettung von T in X, ein Differenzkern von f und g. Jeder Teilraum T eines $\boldsymbol{K}$-Vektorraumes X tritt, zusammen mit der identischen Einbettung von T in X, als Differenzkern von Morphismen $f: X \to Y$ und $g: X \to Y$ von VEK auf.*

Ist $(X_\iota)_{\iota \in I}$ eine Familie von K-Vektorräumen mit einer Menge als Indexbereich, so verstehen wir unter dem **Produkt** $\prod_{\iota \in I} X_\iota$ der Vektorräume X_ι $(\iota \in I)$ das cartesische Produkt der Trägermengen der X_ι, versehen mit der komponentenweise definierten Vektoraddition und skalaren Multiplikation. Diese ergeben sich als die Gruppenverknüpfung des Produktes der den X_ι unterliegenden Gruppen und als Radialstruktur des Produktes der den X_ι unterliegenden Radialräume. Ist $I = \{1, \dots, n\}$ für ein $n \in N^+$, so schreiben wir für $\prod_{\iota \in I} X_\iota$ auch $X_1 \times \cdots \times X_n$. Wenn I eine Mächtigkeit m und X_ι zu beliebigem $\iota \in m$ ein fester K-Vektorraum X ist, schreiben wir auch X^m für $\prod_{\iota \in I} X_\iota$. Zu beliebigem $n \in N^+$ heißt eine Abbildung f eines Produktes $X = X_1 \times \cdots \times X_n$ von n K-Vektorräumen in einen K-Vektorraum Y **multilinear**, genauer ***n*-linear**, bei $n = 2$ **bilinear**, wenn zu jedem $i = 1, \dots, n$ die Zusammensetzung $f \circ \iota_{ia}$ von f mit der natürlichen Einbettung von X_i in X bezüglich eines beliebigen Punktes a von X linear ist. Jede n-lineare Abbildung ist ein n-Homomorphismus bezüglich der unterliegenden Gruppen und ist n-homogen.

Wie man leicht zeigt, bilden die Vektorraumprodukte die Produkte in VEK. Genauer gesagt gilt:

5.3.2 (Produkte in VEK). *$(X_\iota)_{\iota \in I}$ sei eine Familie von K-Vektorräumen mit einer Menge als Indexbereich. Dann ist das Produkt $X = \prod_{\iota \in I} X_\iota$, zusammen mit den natürlichen Projektionen $\pi_\iota \colon X \to X_\iota$, ein Produkt der X_ι in* VEK.

Wegen 3.2.2, 5.3.1 und 5.3.2 existieren alle projektiven Limites in VEK. Über 5.3.1 und 5.3.2 gelangt man auf die übliche Art zu einer natürlichen Auswahl dieser projektiven Limites. Ist $T = \big((X_i)_{i \in I}, (\mu_{ij})_{(i,j) \in \leq}\big)$ ein projektives Einbettungsspektrum in VEK über einer nichtleeren gerichteten Menge, so bildet der Durchschnitt der Trägermengen der X_i einen K-Vektorraum $X = \bigcap_{i \in I} X_i$, der Teilraum jedes Vektorraumes X_i ist, und X, zusammen mit der Familie der identischen Einbettungen von X in die X_i $(i \in I)$, ist ein projektiver Limes von T.

X sei für das Folgende ein K-Vektorraum, E seine Trägermenge und T ein Teilraum von X. Die durch $x\sigma y \Leftrightarrow y - x \in T$ in E definierte Äquivalenzrelation ist bezüglich des X unterliegenden Radialraumes invariant. Die Quotientenmenge E/σ bildet bezüglich der Vektoraddition $(T + x) + (T + y) = T + (x + y)$ (also der Gruppenverknüpfung der Faktorgruppe der X unterliegenden Gruppe nach der T unterliegenden Gruppe) und der skalaren Multiplikation $\alpha(T + x) = T + \alpha x$ (also der Radialstruktur des Quotientenraumes des X unterliegenden Radialraumes nach σ) einen K-Vektorraum. Er heißt der **Quotientenvektorraum** X/T von X nach T.

Zu beliebigen Morphismen $f \colon Y \to X$ und $g \colon Y \to X$ von VEK mit gleicher Quelle und gleichem Ziel bildet die Menge $\{g(y) - f(y) \mid y \in Y\}$ einen Teilraum

T_{fg} von X. Die durch $x\varrho y \Leftrightarrow y - x \in T_{fg}$ definierte Äquivalenzrelation ϱ stimmt im allgemeinen nicht mit der wie vor 3.1.5 definierten Äquivalenzrelation ϱ_{fg} und ebenfalls im allgemeinen nicht mit der wie vor 5.2.3 definierten Äquivalenzrelation σ_{fg} überein, zum Beispiel nicht, wenn gilt: X ist ein $\boldsymbol{K}$-Vektorraum, Y ein von $\{0\}$ und X verschiedener Teilraum, f diejenige Abbildung von Y in X, die als Wert nur den Nullvektor von X hat, und g die identische Einbettung von Y in X.

Unter Benutzung des Beweises der entsprechenden Aussage für abelsche Gruppen folgt

5.3.3 (Differenzcokerne in VEK). *Zu beliebigen Morphismen $f\colon Y \to X$ und $g\colon Y \to X$ von* VEK *mit gleicher Quelle und gleichem Ziel ist der Quotientenraum X/T_{fg}, zusammen mit der kanonischen Abbildung $\varkappa\colon X \to X/T_{fg}$, ein Differenzcokern von f und g. Jeder Quotientenvektorraum X/T tritt, zusammen mit der kanonischen Abbildung $\varkappa\colon X \to X/T$, als Differenzcokern von Morphismen $f\colon Y \to X$ und $g\colon Y \to X$ von* VEK *auf.*

Im weiteren sei $(X_\iota)_{\iota\in I}$ eine Familie von Vektorräumen über $\boldsymbol{K}$ mit einer Menge als Indexbereich. 0_ι sei zu beliebigem $i \in I$ der Nullpunkt von X_ι. Mit E bezeichnen wir die Menge aller derjenigen Punkte $(x_\iota)_{\iota\in I}$ des Produktraumes $\prod_{\iota\in I} X_\iota$, für die bis auf endlich viele i die x_ι mit 0_ι übereinstimmen. E bildet einen Teilraum von $\prod_{\iota\in I} X_\iota$, der als die **direkte Summe** $\bigoplus_{\iota\in I} X_\iota$ der Vektorräume X_ι $(i \in I)$ bezeichnet wird. Die $\bigoplus_{\iota\in I} X_\iota$ unterliegende abelsche Gruppe ist direkte Summe der den X_ι unterliegenden abelschen Gruppen. Für die unterliegenden Radialräume gilt keine entsprechende Aussage.

Wie im Falle der abelschen Gruppen stimmt in dem Fall, daß I endlich ist, die direkte Summe $\bigoplus_{\iota\in I} X_\iota$ mit dem Produkt $\prod_{\iota\in I} X_\iota$ überein. Ist $I = \{1, \dots, n\}$ für ein $n \in \boldsymbol{N}^+$, so schreibt man für $\bigoplus_{\iota\in I} X_\iota$ auch $X_1 \oplus \cdots \oplus X_n$. Zu beliebigem $i \in I$ wird die wie im Falle der direkten Summe abelscher Gruppen definierte Abbildung ι_ι von X_ι in $X = \bigoplus_{j\in I} X_j$ als die **natürliche Injektion** von X_ι in X bezeichnet.

Ohne Mühe ergibt sich

5.3.4 (Coprodukte in VEK). *Die direkte Summe X der Vektorräume X_ι $(i \in I)$ ist, zusammen mit den natürlichen Injektionen $\iota_\iota\colon X_\iota \to X$, ein Coprodukt der X_ι in* VEK.

Ist X ein beliebiger $\boldsymbol{K}$-Vektorraum und $(X_\iota)_{\iota\in I}$ eine Familie von Teilvektorräumen und besitzt jeder von 0 verschiedene Vektor von X eine (bis auf die Reihenfolge der Summanden) eindeutige Darstellung $x = x_{i_1} + \cdots + x_{i_n}$, wobei $i_1, \dots, i_n$ voneinander verschiedene Elemente von I und $x_{i_1}, \dots, x_{i_n}$ von 0 verschiedene Vektoren aus $X_{i_1}, \dots, X_{i_n}$ sind, dann heißt X die **direkte Summe der**

Teilräume X_ι $(\iota \in I)$. Wir bezeichnen sie mit $\sum_{\iota \in I}^{\cdot} X_\iota$. Wenn $I = \{1, \dots, n\}$ für ein $n \in N^+$ ist, schreiben wir anstelle $\sum_{\iota \in I}^{\cdot} X_\iota$ auch $X_1 \dotplus \cdots \dotplus X_n$. Ist ein Vektorraum X die direkte Summe zweier Teilräume Y und Z, so heißen Y und Z **zueinander komplementäre** Teilräume von X und wird jeder dieser Teilräume ein **Komplementärraum** des anderen genannt.

Die Begriffe direkte Summe von Vektorräumen und direkte Summe von Teilräumen eines Vektorraumes unterscheiden sich wie die Begriffe freies und direktes Produkt von Gruppen und freies und direktes Produkt von Untergruppen nur bis auf Isomorphien. Ist ein Vektorraum X direkte Summe von Vektorräumen X_ι $(\iota \in I)$ und sind ι_ι die natürlichen Injektionen von X_ι in X, so ist $X = \sum_{\iota \in I}^{\cdot} \iota_\iota[X_\iota]$, und ist X ein Vektorraum, der direkte Summe von Teilräumen X_ι ist, so ist X zu $\bigoplus_{\iota \in I} X_\iota$ isomorph.

Wegen 3.2.14, 5.3.3 und 5.3.4 existieren in VEK alle induktiven Limites. Über 5.3.3 und 5.3.4 gelangt man zu einer natürlichen Auswahl der induktiven Limites in VEK, sie ergibt sich genauso wie im Falle der abelschen Gruppen.

An Hand der direkten Summe von Vektorräumen ersieht man, daß für einen beliebigen Funktor T einer kleinen Kategorie $\mathfrak{D}$ in VEK im allgemeinen nicht das an den Vergißfunktor V: VEK $\to$ ENS gebundene Coprodukt der Vektorräume $T(D)$ $(D \in \mathrm{Ob}\mathfrak{D})$ über E, $(\varphi_D)_{D \in \mathrm{Ob}\mathfrak{D}}$ existiert, wobei $E = \lim \mathrm{ind}\, VT(D)$ ist und φ_D die kanonischen Abbildungen der Mengen $VT(D)$ in E sind. Für induktive Spektren $T = \big((X_\iota)_{\iota \in I}, (\varphi_{\iota j})_{(\iota, j) \in \leq}\big)$ über gerichteten Mengen I existieren jedoch die betreffenden V-Coprodukte, wie unter Berücksichtigung der entsprechenden Aussagen für abelsche Gruppen und Radialräume folgt. Man führt in E einfach durch (5.1.9) die Vektoraddition und durch (5.2.4) die skalare Multiplikation ein. Wir bezeichnen den sich auf diese Weise ergebenden Vektorraum mit $\lim \mathrm{ind}\, X_\iota$ und erhalten, daß $X = \lim \mathrm{ind}\, X_\iota$, zusammen mit der Familie der Abbildungen $\varphi_\iota: X_\iota \to X$, ein V-Coprodukt der X_ι über E, $(\varphi_\iota)_{\iota \in I}$ und damit ein induktiver Limes von T ist.

Für ein beliebiges induktives Einbettungsspektrum $T = \big((X_\iota)_{\iota \in I}, (\varphi_{\iota j})_{(\iota, j) \in \leq}\big)$ in VEK über einer nichtleeren gerichteten Menge bildet die Vereinigung der Trägermengen der X_ι einen Vektorraum $X = \bigcup_{\iota \in I} X_\iota$, wobei die Vektoraddition wie im Falle der abelschen Gruppen und die skalare Multiplikation wie im Falle der Radialräume einzuführen ist. X, zusammen mit der Familie der identischen Einbettungen der X_ι in X, ist ein induktiver Limes von T.

Wir gehen als nächstes auf die Begriffe Basis und Dimension eines Vektorraumes ein. Eine Teilmenge B eines $\boldsymbol{K}$-Vektorraumes X heißt **linear unabhängig,** wenn keine endliche Linearkombination $\alpha_1 x_1 + \cdots + \alpha_n x_n$ aus voneinander verschiedenen Vektoren $x_1, \dots, x_n \in B$ mit von 0 verschiedenen Koeffizienten $\alpha_1, \dots, \alpha_n \in \boldsymbol{K}$ gleich dem Nullvektor ist. Ist B eine linear unabhängige Teilmenge eines Vektorraumes X und läßt sich jeder von 0 verschiedene Vektor von X als endliche Linearkombination von Vektoren aus B darstellen, so heißt B eine **Basis**, eine **lineare Basis** oder eine **Hamel-Basis** von X.

5.3.5 (Basen von Vektorräumen). *Jede linear unabhängige Teilmenge eines Vektorraumes kann zu einer Basis erweitert werden. Alle Vektorräume besitzen Basen. Die Basen eines Vektorraumes haben alle dieselbe Mächtigkeit.*

Beweis. Aus dem Zornschen Lemma folgt ohne Mühe, daß jede linear unabhängige Teilmenge eines Vektorraumes zu einer maximalen linear unabhängigen Teilmenge erweitert werden kann. Offensichtlich ist jede maximale linear unabhängige Teilmenge eines Vektorraumes eine Basis desselben. In jedem Vektorraum existiert mindestens eine linear unabhängige Teilmenge, nämlich $\emptyset$, so daß jeder Vektorraum mindestens eine Basis besitzt.

A und B seien Basen eines Vektorraumes X. Wir zeigen noch $\operatorname{card} A \leqq \operatorname{card} B$. Zuerst sei B endlich. x_1 sei ein Element von A. Da x_1 Linearkombination von Elementen von B ist, ergibt sich die Menge B nach Ersetzung eines gewissen ihrer Elemente durch x_1 als eine Basis. Wir wiederholen diesen Ersetzungsprozeß. Beim n-ten Schritt wählen wir ein Element x_n von $A \setminus \{x_1, \ldots, x_{n-1}\}$ aus. Da x_n Linearkombination von $x_1, \ldots, x_{n-1}$ und von nicht ersetzten Elementen von B ist und mindestens ein Element von B noch nicht ersetzt ist, ergibt sich die aus $x_1, \ldots, x_n$ und den noch nicht ersetzten Elementen von B bestehende Menge nach Entfernung eines gewissen weiteren Elementes von B als eine Basis. Nach endlich vielen Schritten ist A ausgeschöpft und bricht das Verfahren ab. Es folgt dann $\operatorname{card} A \leqq \operatorname{card} B$. Nun sei B unendlich. Zu beliebigem $x \in B$ sei $L(x)$ die endliche Teilmenge von A, für die x eine Linearkombination aller Elemente von $L(x)$ mit von 0 verschiedenen Koeffizienten ist. Natürlich gilt $A \supseteqq \bigcup_{x \in B} L(x)$. Da jedes Element von B, damit auch jedes Element von X und somit erst recht jedes Element von A eine endliche Linearkombination von Elementen von $\bigcup_{x \in B} L(x)$ ist, folgt sogar $A = \bigcup_{x \in B} L(x)$. Unter Beachtung, daß B unendlich ist, erhält man deshalb $\operatorname{card} A \leqq \aleph_0 \cdot \operatorname{card} B = \operatorname{card} B$ (siehe 1.17.5).

Da nach 5.3.5 jede Basis eines Teilraumes eines Vektorraumes X zu einer Basis von ganz X erweitert werden kann, ergibt sich leicht, daß jeder Teilraum eines Vektorraumes mindestens einen Komplementärraum besitzt.

Die Mächtigkeit einer Basis eines Vektorraumes X wird die **Dimension** $\dim X$ dieses Vektorraumes genannt; wegen 5.3.5 ist dieser Begriff von der speziellen Basiswahl unabhängig. Es gilt $\dim \boldsymbol{K} = 1$. Ist X ein Vektorraum, der direkte Summe $\bigoplus_{i \in I} X_i$ von Vektorräumen X_i $(i \in I)$ oder direkte Summe $\sum_{i \in I}^{\cdot} X_i$ von Teilräumen X_i von X ist, so gilt offenbar

$$\dim X = \sum_{i \in I} \dim X_i \,. \tag{5.3.4}$$

Wenn ein Vektorraum X Produkt von Vektorräumen X_ι ($i \in I$) ist, gilt deshalb $\dim X \geqq \sum_{i \in I} \dim X_\iota$, und man kann zeigen, daß bei dieser Beziehung im allgemeinen das Gleichheitszeichen nicht zutrifft. Als Spezialfall von (5.3.4) erhält man für zwei komplementäre Teilräume Y und Z eines Vektorraumes X

$$\dim X = \dim Y + \dim Z\,. \tag{5.3.5}$$

Da zu jedem Komplementärraum Z eines Teilraumes Y eines Vektorraumes X die Abbildung $z \mapsto Y + z$ ($z \in Z$) ein Isomorphismus von Z auf den Quotientenvektorraum X/Y ist, haben stets Z und X/Y die gleiche Dimension. Die Dimension eines Quotientenvektorraumes X/Y wird auch die **Codimension** $\operatorname{codim} Y$ des Teilraumes Y von X genannt. Aus (5.3.5) ergibt sich für jeden Teilraum Y eines Vektorraumes X

$$\dim X = \dim Y + \operatorname{codim} Y\,. \tag{5.3.6}$$

5.3.6. *Für beliebige Teilräume Y und Z eines Vektorraumes X gilt*

$$\dim (Y + Z) + \dim (Y \cap Z) = \dim Y + \dim Z \tag{5.3.7}$$

und

$$\operatorname{codim} (Y + Z) + \operatorname{codim} (Y \cap Z) = \operatorname{codim} Y + \operatorname{codim} Z\,. \tag{5.3.8}$$

Beweis. K und L seien Komplementärräume von $Y \cap Z$ in Y bzw. Z, d. h., es gilt $Y = K \dotplus (Y \cap Z)$ und $Z = L \dotplus (Y \cap Z)$. Es folgt

$$Y + Z = K \dotplus L \dotplus (Y \cap Z)\,, \tag{5.3.9}$$

denn es ist $Y + Z = K + L + (Y \cap Z)$ und aus $k + l + d = 0$ ($k \in K, l \in L, d \in Y \cap Z$) ergibt sich $k = -l - d \in Y \cap Z$, wegen $k \in K$ also $k = 0$ und entsprechend $l = 0$ und damit auch $d = 0$. Aus (5.3.9) erhält man mittels (5.3.4) leicht (5.3.7). Für jeden Komplementärraum H von $Y + Z$ in X gilt $X = H \dotplus K \dotplus L \dotplus (Y \cap Z)$ und $\dim H + \dim (H \dotplus K \dotplus L) = \dim (H \dotplus L) + \dim (H \dotplus K)$, also (5.3.8).

Eine lineare Abbildung f eines $\boldsymbol{K}$-Vektorraumes X in $\boldsymbol{K}$ wird eine **Linearform** oder ein **lineares Funktional** auf X genannt. Häufig werden die Werte $f(x)$ der Linearformen mit $\langle x, f\rangle$ bezeichnet. Ist f eine Linearform auf einem $\boldsymbol{K}$-Vektorraum X, so hat jeder Komplementärraum des Nullraumes $f^{-1}\{0\}$ von f die Dimension 0 oder 1, denn gäbe es in einem Komplementärraum Z von $f^{-1}\{0\}$ zwei linear unabhängige Vektoren e_1 und e_2, so wäre $z = f(e_2)\, e_1 - f(e_1)\, e_2$ ein von 0 verschiedener Vektor aus Z mit $f(z) = 0$, was zu einem Widerspruch führen würde. Ist f die Nullabbildung $x \mapsto 0$ ($x \in X$) von X in $\boldsymbol{K}$, so gilt $\operatorname{codim} f^{-1}\{0\} = 0$, und für jede von dieser Abbildung verschiedenen Linearform f auf X gilt

$$\operatorname{codim} f^{-1}\{0\} = 1\,. \tag{5.3.10}$$

Die Menge aller Linearformen auf einem $\boldsymbol{K}$-Vektorraum X bildet bezüglich der argumentweise, also durch $\langle x, f + g\rangle = \langle x, f\rangle + \langle x, g\rangle$ und $\langle x, \alpha f\rangle =$

$\alpha\langle x, f\rangle$ definierten Vektoraddition und skalaren Multiplikation einen $\boldsymbol{K}$-Vektorraum X^*; er heißt der **algebraische Dual** von X. Eine Teilmenge Y von X^* wird **total** genannt, wenn aus $\langle x, f\rangle = 0$ $(f \in Y)$ stets $x = 0$ folgt.

Wir bringen im folgenden eine Aussage über Teilräume eines algebraischen Duals, die total sind (siehe K. Kutzler [1], [3]).

5.3.7. *X sei ein unendlichdimensionaler $\boldsymbol{K}$-Vektorraum. Dann existiert eine Folge $Y_1, Y_2, \ldots$ totaler Teilräume des algebraischen Duals X^* mit $Y_0 \supsetneqq Y_1 \supsetneqq \cdots$ und $\bigcap_{k \in \boldsymbol{N}} Y_k = \{0\}$.*

Beweis. D sei die Dimension von X. Gegeben sei eine Basis von X. Da $D\aleph_0 = D$ wegen $D \geqq \aleph_0$ gilt (vergleiche 1.17.5), können wir diese Basis auf die Form $\{e_{\varkappa n} \mid (\varkappa, n) \in D \times \boldsymbol{N}^+\}$ bringen, wobei $(\varkappa, n) \mapsto e_{\varkappa n}$ $\left((\varkappa, n) \in D \times \boldsymbol{N}^+\right)$ eine eineindeutige Abbildung ist. Wir bilden Linearformen $f_{\lambda m}$ und $g_{\lambda m}$, $(\lambda, m) \in D \times \boldsymbol{N}^+$, auf X, indem wir setzen:

$$\langle e_{\varkappa n}, f_{\lambda m}\rangle = \begin{cases} 1 & \text{bei } \varkappa = \lambda \text{ und } n = m \\ 0 & \text{sonst} \end{cases}$$

und

$$\langle e_{\varkappa n}, g_{\lambda m}\rangle = \begin{cases} 1 & \text{bei } \varkappa = \lambda \text{ und } n = 2^l + 1 - m \ (l \in \boldsymbol{N}, n \geqq 0) \\ 0 & \text{sonst.} \end{cases}$$

Die Menge dieser Linearformen ist linear unabhängig, denn stimmt für ein $l \in \boldsymbol{N}$ und eine endliche Teilmenge D' von D ein Funktional $\sum_{\lambda \in D'} \sum_{m=1}^{2^l} (\alpha_{\lambda m} f_{\lambda m} + \beta_{\lambda m} g_{\lambda m})$ $(\alpha_{\lambda m}, \beta_{\lambda m} \in \boldsymbol{K})$ mit dem Nullfunktional $0 \in X^*$ überein, so ergibt sich zu beliebigem $\lambda \in D'$ durch Bildung der Werte dieses Funktionals an den Stellen $e_{\lambda 2^l+1}$, $e_{\lambda 2^l+1-1}, \ldots, e_{\lambda 2^l+1}$ erst $\beta_{\lambda 1} = \cdots = \beta_{\lambda 2^l} = 0$ und anschließend durch Bildung der Werte dieses Funktionals an den Stellen $e_{\lambda 1}, \ldots, e_{\lambda 2^l}$ auch $\alpha_{\lambda 1} = \cdots = \alpha_{\lambda 2^l} = 0$.

Zu beliebigem $k \in \boldsymbol{N}$ sei Y_k derjenige Teilraum von X^*, der aus allen Linearkombinationen der Funktionale $f_{\lambda m}$ und $g_{\lambda m}$ mit $\lambda \in D$, $m \in \boldsymbol{N}^+$ und $2^k < m$ gebildet ist. Offensichtlich gilt $Y_0 \supsetneqq Y_1 \supsetneqq \cdots$ und $\bigcap_{k \in \boldsymbol{N}} Y_k = \{0\}$, so daß nur noch die Totalität der Y_k nachzuweisen ist. Gegeben sei ein $k \in \boldsymbol{N}$ und ein $x \in X$. Gilt $\langle x, f\rangle = 0$ zu beliebigem $f \in Y_k$, so insbesondere $\langle x, f_{\lambda m}\rangle = 0$ für $\lambda \in D$ und $m > 2^k$, weshalb x nur Linearkombination von Vektoren $e_{\varkappa n}$ $(\varkappa \in D, n \leqq 2^k)$ sein kann, also eine endliche Teilmenge D' von D und eine Darstellung

$$x = \sum_{\varkappa \in D'} \sum_{n=1}^{2^k} \gamma_{\varkappa n} e_{\varkappa n}$$

existieren. Indem wir zu festem $\varkappa \in D'$ der Reihe nach die Werte von $g_{\varkappa 2^k}, \ldots, g_{\varkappa 1}$ an der Stelle x bilden, folgt, daß $\gamma_{\varkappa 1} = \cdots = \gamma_{\varkappa 2^k} = 0$ und daher $x = 0$ gilt, Y^k also total ist.

Ähnlich wie 5.1.7 unter Beachtung der Sätze 5.3.1 bis 5.3.4 und auch leicht direkt mittels des Basisbegriffs zeigt man

5.3.8. *In* VEK *sind die Mono- und Epimorphismen diejenigen Morphismen, die Injektionen bzw. Surjektionen sind.*

Wir gehen als nächstes auf Filter, Dualfilter und $\wedge$-Ideale von Filtern und Dualfiltern in Vektorräumen ein. Für sie gelten natürlich bezüglich der Vektoraddition und der skalaren Multiplikation alle angeführten Aussagen über Filter, Dualfilter und $\wedge$-Ideale von Filtern und Dualfiltern in Gruppen und Radialräumen.

X sei im weiteren ein $\boldsymbol{K}$-Vektorraum. Für Teilmengen U und V von $\boldsymbol{K}$ und F und G von X gilt $(U + V)\,F \subseteqq UF + VF$ und $U(F + G) \subseteqq UF + UG$. Im allgemeinen trifft bei diesen Beziehungen nicht das Gleichheitszeichen zu, zum Beispiel nicht für $X = \boldsymbol{R}$ und $U = \{1\}$, $V = \{-1\}$, $F = [0, 1]$ bzw. $U = [0, 1]$, $F = \{1\}$, $G = \{-1\}$. Damit folgt

5.3.9 (Filter und Dualfilter in Vektorräumen). *Sind* $\mathfrak{U}$ *und* $\mathfrak{V}$ *Filter in* $\boldsymbol{K}$ *und* $\mathfrak{F}$ *und* $\mathfrak{G}$ *Filter in* X, *so gilt* $\mathfrak{U}\mathfrak{F} + \mathfrak{V}\mathfrak{F} \subseteqq (\mathfrak{U} + \mathfrak{V})\,\mathfrak{F}$ *und* $\mathfrak{U}\mathfrak{F} + \mathfrak{U}\mathfrak{G} \subseteqq \mathfrak{U}(\mathfrak{F} + \mathfrak{G})$. *Wenn* $\mathfrak{U}$ *und* $\mathfrak{V}$ *Dualfilter in* $\boldsymbol{K}$ *und* $\mathfrak{F}$ *und* $\mathfrak{G}$ *Dualfilter in* X *sind, bestehen die entgegengesetzten Beziehungen. Bei keiner dieser Beziehungen trifft im allgemeinen das Gleichheitszeichen zu.*

5.3.10 ($\wedge$-Ideale von Dualfiltern und von Filtern in Vektorräumen). *Die Aussage von* 5.3.9 *bleibt richtig, wenn man bei ihr die Filter durch* $\wedge$*-Ideale von Dualfiltern in* $\boldsymbol{K}$ *bzw.* X *und die Dualfilter durch* $\wedge$*-Ideale von Filtern in* $\boldsymbol{K}$ *bzw.* X *ersetzt.*

5.4. Limitierte Gruppen, limitierte Radialräume und limitierte Vektorräume

$\boldsymbol{K}$ sei in diesen und allen weiteren Abschnitten der Körper $\boldsymbol{R}$ der reellen oder der Körper $\boldsymbol{C}$ der komplexen Zahlen. Zum Teil denken wir uns $\boldsymbol{R}$ und $\boldsymbol{C}$ mit der natürlichen Topologie versehen. $\boldsymbol{K}$ ist dann ein topologischer Körper, d. h., die Addition und Multiplikation in $\boldsymbol{K}$ sind stetige Abbildungen. Den Nachbarschaftsfilter der Null von $\boldsymbol{K}$ bezeichnen wir stets mit $\boldsymbol{V}$. Ferner verstehen wir im folgenden stets unter $\boldsymbol{E}$ die Menge $\{\alpha \in \boldsymbol{K} \mid |\alpha| \leqq 1\}$. Es gilt

$$\boldsymbol{V} + \boldsymbol{V} = \boldsymbol{V}\,,\quad \boldsymbol{V}^{-1} = \boldsymbol{V}\,,\quad \boldsymbol{E}\boldsymbol{V} = \boldsymbol{V}\,,\quad (\boldsymbol{V} + \alpha)\,(\boldsymbol{V} + \beta) = \boldsymbol{V} + \alpha\beta\quad (\alpha, \beta \in \boldsymbol{K})$$
$$\text{und}\quad \alpha\boldsymbol{V} = \boldsymbol{V}\ \ (\alpha \in \boldsymbol{K} \setminus \{0\})\,. \tag{5.4.1}$$

Eine mit einer Limitierung versehene Gruppe X heißt eine **limitierte Gruppe,** wenn die Gruppenverknüpfung und die Inversenbildung der Gruppe stetige Abbildungen von $X \times X$ in X bzw. von X in sich sind. Die betreffende Gruppe selbst heißt die der limitierten Gruppe **unterliegende Gruppe.** Für eine limitierte Gruppe ist die Gruppenverknüpfung im allgemeinen nicht getrennt stetig, d. h.

sind im allgemeinen zu beliebigem $y \in X$ die Translationen $x \mapsto xy$ $(x \in X)$ und $x \mapsto yx$ $(x \in X)$ nicht stetig. Wie man leicht zeigt, ist die Gruppenverknüpfung einer limitierten Gruppe X genau dann getrennt stetig, wenn die Limitierung von X entartet oder eine Pseudotopologie ist. Die in einer limitierten Gruppe gegen das Einselement konvergierenden Filter heißen **Einsfilter** und, falls die unterliegende Gruppe additiv und abelsch ist, auch **Nullfilter.** Den Nachbarschaftsfilter des Einselementes nennen wir entsprechend **Eins-** bzw. **Nullnachbarschaftsfilter** und seine Elemente **Eins-** bzw. **Nullnachbarschaften.**

Ein mit einer Limitierung versehener $\boldsymbol{K}$-Radialraum X heißt ein **limitierter $\boldsymbol{K}$-Radialraum,** wenn die Radialstruktur von X eine stetige Abbildung von $\boldsymbol{K} \times X$ in X ist. Der betreffende Radialraum selbst heißt der dem limitierten Radialraum **unterliegende Radialraum.** Wir nennen in einem limitierten Radialraum die Filter, die gegen den Nullpunkt konvergieren, **Nullfilter,** den Nachbarschaftsfilter des Nullpunktes **Nullnachbarschaftsfilter** und seine Elemente **Nullnachbarschaften.**

Ein mit einer Limitierung versehender $\boldsymbol{K}$-Vektorraum X wird ein **limitierter $\boldsymbol{K}$-Vektorraum** genannt, wenn die Vektoraddition und die skalare Multiplikation stetige Abbildungen von $X \times X$ bzw. $\boldsymbol{K} \times X$ in X sind. Der Vektorraum selbst heißt der dem limitierten Vektorraum **unterliegende Vektorraum.** In naheliegender Weise sind die Begriffe **Trägermenge** einer limitierten Gruppe, eines limitierten Radialraumes und eines limitierten Vektorraumes erklärt.

Ist die Limitierung einer limitierten Gruppe X eine Pseudotopologie, mehrstufige Topologie bzw. Topologie, so nennen wir X auch eine **pseudotopologische, mehrstufig topologische** bzw. **topologische Gruppe.** Entsprechend benutzen wir die Bezeichnungen **pseudotopologischer, mehrstufig topologischer** und **topologischer Radial-** bzw. **Vektorraum.**

Eine Limitierung τ einer Gruppe X heißt (mit der Gruppenstruktur von X) **verträglich** oder eine **Gruppenlimitierung,** wenn X, versehen mit τ, eine limitierte Gruppe ist. Analog führen wir den Begriff **Verträglichkeit** für Limitierungen von Radial- und Vektorräumen und die Begriffe **Radialraumlimitierung** und **Vektorraumlimitierung** ein. Verträgliche Pseudotopologien, mehrstufige Topologien und Topologien von Gruppen heißen natürlich auch **Gruppenpseudotopologien, mehrstufige Gruppentopologien** und **Gruppentopologien,** und entsprechend werden auch verträgliche Pseudotopologien, mehrstufige Topologien und Topologien von Radial- und Vektorräumen bezeichnet.

Als nächstes geben wir Kriterien für die Verträglichkeit von Limitierungen an.

5.4.1 (Verträglichkeit von Limitierungen). *Eine Limitierung τ einer Gruppe X ist genau dann verträglich, wenn*

$$\tau(x)^{-1} \subseteq \tau(x^{-1}) \quad \textit{und} \quad \tau(x)\,\tau(y) \subseteq \tau(xy) \tag{5.4.2}$$

zu beliebigen $x, y \in X$ gilt. Eine Limitierung τ eines $\boldsymbol{K}$-Radialraumes X ist genau dann verträglich, wenn

$$(\boldsymbol{V} + \alpha)\,\tau(x) \subseteq \tau(\alpha x) \tag{5.4.3}$$

bzw., was dasselbe besagt,

$$\alpha\tau(x) \subseteqq \tau(\alpha x)\,, \qquad V\tau(x) \subseteqq \tau(0) \tag{5.4.4}$$

und

$$(V + 1)\,\tau(x) \subseteqq \tau(x) \tag{5.4.5}$$

zu beliebigen $\alpha \in \boldsymbol{K}$ und $x \in X$ gilt. Eine Limitierung τ eines $\boldsymbol{K}$-Vektorraumes X ist genau dann verträglich, wenn

$$\tau(x) + \tau(y) \subseteqq \tau(x + y) \tag{5.4.6}$$

und (5.4.4) *zu beliebigen $\alpha \in \boldsymbol{K}$ und $x, y \in X$ gilt.*

Beweis. Offensichtlich besagen für eine Limitierung τ einer Gruppe die Beziehungen (5.4.2), daß die Inversenbildung und Gruppenverknüpfung stetig sind. τ sei im weiteren eine Limitierung eines $\boldsymbol{K}$-Radialraumes X. Sie ist genau dann verträglich, wenn (5.4.3) gilt. Daraus folgt wegen $V + \alpha \subseteqq [\alpha]$ die erste Beziehung von (5.4.4), bei $\alpha = 0$ die zweite Beziehung von (5.4.4) und bei $\alpha = 1$ schließlich (5.4.5). Sind die Beziehungen (5.4.4) und (5.4.5) erfüllt, so gilt zu beliebigen $\alpha \in \boldsymbol{K}$ und $x \in X$ im Falle $\alpha \neq 0$ wegen (5.4.1)

$$(V + \alpha)\,\tau(x) = \alpha(V + 1)\,\tau(x) \subseteqq \alpha\tau(x) \subseteqq \tau(\alpha x)\,,$$

im Falle $\alpha = 0$ natürlich auch $(V + \alpha)\,\tau(x) \subseteqq \tau(\alpha x)$. τ ist dann verträglich. τ sei nun eine Limitierung eines $\boldsymbol{K}$-Vektorraumes. Ist τ verträglich, so gilt (5.4.4) und (5.4.6). Wenn diese Bedingungen erfüllt sind, folgt aus (5.4.4) speziell $-\tau(x) \subseteqq \tau(-x)$ und aus 5.3.10, (5.4.4) und (5.4.6) schließlich $(V + 1)\,\tau(x) \subseteqq V\tau(x) + \tau(x) \subseteqq \tau(0) + \tau(x) \subseteqq \tau(x)$, also (5.4.5). τ ist daher dann verträglich.

Anmerkung 1. Auf Grund dieses Satzes ist für jede Gruppe, jeden $\boldsymbol{K}$-Radialraum und jeden $\boldsymbol{K}$-Vektorraum die entartete Limitierung verträglich, sie ist keine Pseudotopologie; ferner ist stets die triviale Topologie verträglich. Schließlich ist für jede Gruppe auch die diskrete Topologie verträglich. Für einen $\boldsymbol{K}$-Vektorraum ist die diskrete Topologie genau dann verträglich, wenn er nulldimensional ist.

Anmerkung 2. Für verträgliche Limitierungen von Gruppen gilt bei der ersten Beziehung von (5.4.2) und für verträgliche Limitierungen von Radialräumen im Falle $\alpha \neq 0$ bei (5.4.3) und der ersten Beziehung von (5.4.4) das Gleichheitszeichen. Daß es bei (5.4.3) für $\alpha \neq 0$ zutrifft, folgt mittels $V + \alpha \subseteqq [\alpha]$.

Korollar. *τ sei eine verträgliche Limitierung einer Gruppe bzw. eines Radialraumes X. Genau dann, wenn τ nicht entartet ist, gilt $[e] \in \tau(e)$ bzw. $[0] \in \tau(0)$.*

Beweis. Ist τ entartet, so gilt natürlich $[e] \notin \tau(e)$ bzw. $[0] \notin \tau(0)$. Wenn τ nicht entartet ist, existiert mindestens ein eigentlicher konvergenter Filter $\mathfrak{F}$. Ist X eine Gruppe, so folgt $\mathfrak{F}^{-1}\mathfrak{F} \subseteqq [e]$, wegen (5.4.2) $\mathfrak{F}^{-1}\mathfrak{F} \in \tau(e)$ und somit $[e] \in \tau(e)$; ist X ein Radialraum, so folgt $V\mathfrak{F} \subseteqq [0]$, wegen (5.4.4) damit $[0] \in \tau(0)$.

Es gibt verträgliche Limitierungen von Vektorräumen und damit erst recht von Gruppen und Radialräumen, die nicht entartet und die keine Pseudotopologien sind. Ein Beispiel liefert $\boldsymbol{K}$, versehen mit der durch $\tau(x) = \begin{cases} [\boldsymbol{V}] & \text{bei } x = 0 \\ \{\mathsf{P}\boldsymbol{K}\} & \text{bei } x \neq 0 \end{cases}$ definierten Limitierung τ.

Für Pseudotopologien hat die Verträglichkeit im Falle der Gruppen und Vektorräume eine bedeutend stärkere Bindung an die Gruppen- bzw. Vektorraumstruktur zur Folge. Und zwar gilt nach H. R. Fischer [3]

5.4.2 (Verträglichkeit von Pseudotopologien). *Eine Pseudotopologie τ einer Gruppe X ist genau dann verträglich, wenn*

$$\tau(e)^{-1} \subseteqq \tau(e) \quad \textit{und} \quad \tau(e)\,\tau(e) \subseteqq \tau(e) \tag{5.4.7}$$

und

$$\tau(x) = x\tau(e) = \tau(e)x \tag{5.4.8}$$

zu beliebigem $x \in X$ gilt. Eine Pseudotopologie τ eines $\boldsymbol{K}$-Vektorraumes X ist genau dann verträglich, wenn

$$\tau(0) + \tau(0) \subseteqq \tau(0)\,, \qquad \alpha\tau(0) \subseteqq \tau(0)\,, \qquad \boldsymbol{V}\tau(0) \subseteqq \tau(0)\,, \qquad \boldsymbol{V}x \in \tau(0) \tag{5.4.9}$$

und

$$\tau(x) = x + \tau(0) \tag{5.4.10}$$

zu beliebigen $\alpha \in \boldsymbol{K}$ und $x \in X$ gilt.

Beweis. τ sei eine Pseudotopologie einer Gruppe X. Ist τ verträglich, so folgt aus (5.4.2) durch Spezialisierung (5.4.7) und wegen $[[x]] \subseteqq \tau(x)$ ferner $x\tau(e) \subseteqq \tau(x)$ und $x^{-1}\tau(x) \subseteqq \tau(x^{-1})\,\tau(x) \subseteqq \tau(e)$ und damit $\tau(x) = x\tau(e)$ und entsprechend $\tau(x) = \tau(e)x$, also auch (5.4.8). Aus (5.4.7) und (5.4.8) ergibt sich leicht (5.4.2) und damit, daß τ verträglich ist.

τ sei nun eine Pseudotopologie eines $\boldsymbol{K}$-Vektorraumes X. Ist τ verträglich, so folgen aus (5.4.4) und (5.4.6) durch Spezialisierung und wegen $[x] \in \tau(x)$ die Beziehungen (5.4.9). Ähnlich wie (5.4.8) ergibt sich dann ferner (5.4.10). Aus (5.4.9) und (5.4.10) erhält man leicht die erste Beziehung von (5.4.4) und ferner (5.4.6) und unter Berücksichtigung von 5.3.10 auch $\boldsymbol{V}\tau(x) \subseteqq \boldsymbol{V}x + \boldsymbol{V}\tau(0) \subseteqq \tau(0)$, also die zweite Beziehung von (5.4.4) und damit, daß τ verträglich ist.

Korollar 1. *Ein Homomorphismus f einer Gruppe X in eine Gruppe Y ist bezüglich verträglicher Pseudotopologien τ von X und τ' von Y genau dann stetig, wenn f an einer Stelle x bez. τ und τ' stetig ist.*

Beweis. Zu zeigen ist nur die eine Richtung. Ist f in x stetig, so folgt mittels (5.4.8) zu beliebigem $y \in X$

$$\begin{aligned} f(\tau(y)) = f(y)\,f(\tau(e)) &= f(yx^{-1})\,f(\tau(x)) \\ &\subseteqq f(yx^{-1})\,\tau'(f(x)) = \tau'(f(y)) \end{aligned}$$

und damit, daß f in y stetig ist.

Unmittelbar aus 5.4.2 folgt das

Korollar 2. *Ist* $\tau(e)$ *ein* $\wedge$*-Ideal von Filtern in einer Gruppe* X, *so wird durch* $\tau(x) = x\tau(e)$ *oder* $\tau(x) = \tau(e)x$ *genau dann eine verträgliche Pseudotopologie* τ *von* X *definiert, wenn* $[e] \in \tau(e)$, (5.4.7) *und* $x\tau(e) = \tau(e)x$ *zu beliebigem* $x \in X$ *gilt. Ist* $\tau(0)$ *ein* $\wedge$*-Ideal von Filtern in einem* $\boldsymbol{K}$*-Vektorraum* X, *so wird durch* (5.4.10) *genau dann eine verträgliche Pseudotopologie* τ *von* X *definiert, falls* (5.4.9) *gilt.*

$V0 \in \tau(0)$ zieht natürlich $[0] \in \tau(0)$ nach sich.

Nach Korollar 2 werden die verträglichen Pseudotopologien von Gruppen ganz durch die Einsfilter und die verträglichen Pseudotopologien von Vektorräumen ganz durch die Nullfilter definiert. Für Radialräume besteht eine entsprechende Aussage nicht. So ist in $\boldsymbol{K}^2$ (aufgefaßt als $\boldsymbol{K}$-Radialraum bezüglich der komponentenweise definierten äußeren Multiplikation) die natürliche Topologie τ_{nat} und ebenfalls die damit zu einem beliebigen Punkt $a \in \boldsymbol{K}^2 \setminus \{0\}$ durch $\tau(x) = \begin{cases} (V+1)\ [[x]] & \text{bei } x \in \boldsymbol{K}a \setminus \{0\} \\ \tau_{\text{nat}}(x) & \text{sonst} \end{cases}$ definierte Limitierung τ verträglich, und es sind τ und τ_{nat} ungleich und gilt $\tau(0) = \tau_{\text{nat}}(0)$.

Wir gehen als nächstes auf spezielle verträgliche Pseudotopologien τ von Gruppen ein, und zwar auf solche, für die $\tau(e)$ eine Basis aus Hauptfiltern $[B]$ besitzt. Die betreffenden Mengen B bilden natürlich einen Dualfilter. Als eine leichte Folgerung von Korollar 2 zu 5.4.2 erhalten wir

5.4.3. X *sei eine Gruppe und* $\mathfrak{B}$ *ein Dualfilter in* X. *Es gibt genau dann eine verträgliche Pseudotopologie* $\tau^{\mathfrak{B}}$ *von* X *mit* $\tau^{\mathfrak{B}}(e) = \underset{\subseteq}{\text{im}} \{[B] \mid B \in \mathfrak{B}\}$, *wenn* $\mathfrak{B}$ *die folgenden drei Eigenschaften hat:*

1. $\{e\} \in \mathfrak{B}$.
2. *Mit* B *und* C *gehört* BC^{-1} *zu* $\mathfrak{B}$.
3. *Zu beliebigem* $x \in X$ *und* $B \in \mathfrak{B}$ *gilt* $xBx^{-1} \in \mathfrak{B}$.

Im weiteren geben wir Eigenschaften der Nachbarschaftsfilter und Umgebungsraster bezüglich verträglicher Limitierungen an, zuerst für den Fall von Gruppen.

5.4.4 (Nachbarschaftsfilter und Umgebungsraster bez. Gruppenlimitierungen). τ *sei eine verträgliche Limitierung einer Gruppe* X. *Dann gilt für die Nachbarschaftsfilter bez.* τ *zu beliebigen* $x, y \in X$

$$\mathfrak{N}(x)^{-1} = \mathfrak{N}(x^{-1}) \tag{5.4.11}$$

und, wenn τ *eine Pseudotopologie ist, ferner*

$$\mathfrak{N}(xy) = x\mathfrak{N}(y) = \mathfrak{N}(x)y \tag{5.4.12}$$

und

$$\mathfrak{N}(x)\,\mathfrak{N}(y) \subseteq \mathfrak{N}(xy)\,. \tag{5.4.13}$$

Bei (5.4.13) *trifft das Gleichheitszeichen zu, wenn* τ *eine mehrstufige Topologie ist. Die Beziehungen* (5.4.12) *und* (5.4.13) *sind für beliebige verträgliche Limitierungen im allgemeinen falsch.*

Für die aus den Umgebungsrastern bez. τ *erzeugten Filter ist die entsprechende Aussage richtig. Bei der* (5.4.13) *entsprechenden Beziehung trifft das Gleichheitszeichen zu, wenn* τ *eine Topologie ist.*

Beweis. 1. Die Inversenbildung $x \mapsto x^{-1}$ ist bez. τ, τ und nach dem Korollar zu 3.6.7 auch bez. $m(\tau)$, $m(\tau)$ stetig. Damit folgt die Richtigkeit von (5.4.11). τ sei nun eine Pseudotopologie. Dann sind zu festem x die Translationen $y \mapsto xy$ ($y \in X$) und $z \mapsto x^{-1}z$ ($z \in X$) (in y bzw. xy) bez. τ, τ und nach dem Korollar zu 3.6.7 deshalb auch bez. $m(\tau)$, $m(\tau)$ stetig. Es folgt daher $\mathfrak{N}(xy) = x\mathfrak{N}(y)$ und entsprechend $\mathfrak{N}(xy) = \mathfrak{N}(x)y$, also (5.4.12). Wegen $\mathfrak{N}(x) \subseteq [x]$ gilt $\mathfrak{N}(x)\,\mathfrak{N}(y) \subseteq x\mathfrak{N}(y) = \mathfrak{N}(xy)$, also (5.4.13). Ist τ eine mehrstufige Topologie, so trifft wegen (5.4.2) bei dieser Beziehung das Gleichheitszeichen zu.

2. In dem Beispiel vor 5.4.2 besteht für ein beliebiges Element $x \in \boldsymbol{K} \setminus \{0\}$ die Beziehung $\mathfrak{N}(x) = [x]$ und gilt deshalb $\mathfrak{N}(x) + \mathfrak{N}(-x) \supsetneqq \mathfrak{N}(0)$ und $\mathfrak{N}(x) \supsetneqq x + \mathfrak{N}(0)$.

3. Für die aus den Umgebungsrastern bez. τ erzeugten Filter beweist man die entsprechenden Aussagen analog. Zu beachten ist, daß in dem Beispiel vor 5.4.2 die aus den Umgebungsrastern erzeugten Filter gerade die Nachbarschaftsfilter sind.

5.4.5 (Nachbarschaftsfilter und Umgebungsraster bez. Radialraumlimitierungen). τ *sei eine verträgliche Limitierung eines* $\boldsymbol{K}$*-Radialraumes* X. *Dann gilt für die Nachbarschaftsfilter bez.* τ *zu beliebigen* $\alpha \in \boldsymbol{K}$ *und* $x \in X$

$$\mathfrak{N}(\alpha x) \subseteq \alpha\mathfrak{N}(x) \tag{5.4.14}$$

und in dem Fall, daß τ *eine Pseudotopologie ist,*

$$\mathfrak{N}(\alpha x) \subseteq (\boldsymbol{V} + \alpha)\, x \tag{5.4.15}$$

und im Falle $\alpha \neq 0$

$$(\boldsymbol{V} + \alpha)\,\mathfrak{N}(x) \subseteq \mathfrak{N}(\alpha x)\,. \tag{5.4.16}$$

Für $\alpha \neq 0$ *trifft bei* (5.4.14) *das Gleichheitszeichen zu. Ist* τ *eine mehrstufige Topologie und* $\alpha \neq 0$, *so trifft auch bei* (5.4.16) *das Gleichheitszeichen zu. Für eine beliebige verträgliche Limitierung ist im allgemeinen* (5.4.15) *falsch, und für* $\alpha = 0$ *gilt im allgemeinen* (5.4.16) *nicht. Wenn* τ *eine mehrstufige Topologie ist, gilt bei* $\alpha = 0$ *und beliebigem* $x \in X$ *die zu* (5.4.16) *entgegengesetzte Beziehung, d. h.*

$$\mathfrak{N}(0) \subseteq \boldsymbol{V}\mathfrak{N}(x)\,. \tag{5.4.17}$$

Für die aus den Umgebungsrastern erzeugten Filter sind die entsprechenden Aussagen richtig. Bei der (5.4.16) *entsprechenden Beziehung trifft das Gleichheitszeichen zu, wenn* τ *eine Topologie und* $\alpha \neq 0$ *ist. Die* (5.4.17) *entsprechende Beziehung gilt ebenfalls, wenn* τ *eine Topologie ist.*

Beweis. 1. Unter Berücksichtigung von 3.10.10 folgt, daß zu beliebigem $\alpha \in \boldsymbol{K}$ die Abbildung $x \mapsto \alpha x$ $(x \in X)$ und — wenn τ eine Pseudotopologie ist — zu beliebigem $x \in X$ die Abbildung $\alpha \mapsto \alpha x$ $(\alpha \in \boldsymbol{K})$ bez. τ, τ und damit bez. $m(\tau)$, $m(\tau)$ stetig ist. Folglich gilt (5.4.14) und, wenn τ eine Pseudotopologie ist, auch (5.4.15). Natürlich trifft bei (5.4.14) im Falle $\alpha \neq 0$ das Gleichheitszeichen zu. Wegen $\boldsymbol{V} + \alpha \subseteqq [\alpha]$ folgt $(\boldsymbol{V} + \alpha)\, \mathfrak{N}(x) \subseteqq \alpha \mathfrak{N}(x) = \mathfrak{N}(\alpha x)$, also (5.4.16) im Falle $\alpha \neq 0$. Mittels (5.4.3) ergibt sich, daß bei dieser Beziehung das Gleichheitszeichen zutrifft, wenn zusätzlich τ als mehrstufige Topologie vorausgesetzt ist. Wenn τ eine mehrstufige Topologie ist, folgt aus (5.4.4) leicht (5.4.17).

2. Falls τ entartet ist, gilt (5.4.15) zum Beispiel nicht für $\alpha = 1$ und einen beliebigen Punkt $x \neq 0$.

3. Es sei $X = \boldsymbol{K}^2$ mit der skalaren Multiplikation als Radialstruktur. τ sei die natürliche Topologie. Für jeden Punkt $x \neq 0$ und eine hinreichend kleine Nachbarschaft N von x gilt $\boldsymbol{E}N \in \boldsymbol{V}\mathfrak{N}(x) \setminus \mathfrak{N}(0)$, also $\boldsymbol{V}\mathfrak{N}(x) \not\subseteq \mathfrak{N}(0)$.

4. Daß für die aus den Umgebungsrastern erzeugten Filter die entsprechenden Aussagen richtig sind, folgt analog.

Aus 5.4.1 ergibt sich das

Korollar. *Ist X ein $\boldsymbol{K}$-Radialraum und $\mathfrak{N}(x)$ zu beliebigem $x \in X$ ein Filter in X, so wird durch $\tau(x) = [\mathfrak{N}(x)]$ genau dann eine verträgliche mehrstufige Topologie τ von X definiert, wenn $\mathfrak{N}(x) \subseteqq [x]$, $\mathfrak{N}(\alpha x) \subseteqq \alpha\mathfrak{N}(x)$, $\mathfrak{N}(0) \subseteqq \boldsymbol{V}\mathfrak{N}(x)$ und $\mathfrak{N}(x) \subseteqq (\boldsymbol{V} + 1)\, \mathfrak{N}(x)$ zu beliebigen $\alpha \in \boldsymbol{K}$ und $x \in X$ gilt.*

Nach dem folgenden Satz (H.-J. Kowalsky [1]) sind bei Gruppen und Vektorräumen die verträglichen mehrstufigen Topologien stets Topologien.

5.4.6. *Jede mehrstufig topologische Gruppe ist eine topologische Gruppe und jeder mehrstufig topologische Vektorraum ein topologischer Vektorraum.*

Beweis. Es genügt, den ersten Teil der Behauptung zu beweisen. τ sei eine verträgliche mehrstufige Topologie einer Gruppe X. Zu beliebigem $N \in \mathfrak{N}(x)$ gibt es wegen $\mathfrak{N}(x) = \mathfrak{N}(x)\, \mathfrak{N}(e)$ (vergleiche 5.4.4) ein $M \in \mathfrak{N}(x)$ und $L \in \mathfrak{N}(e)$ mit $ML \subseteqq N$, also mit $yL \subseteqq N$ zu beliebigem $y \in M$. Es folgt $y^{-1}N \in \mathfrak{N}(e)$ und wegen (5.4.12) daher $N \in \mathfrak{N}(y)$ zu beliebigem $y \in M$. τ ist daher eine Topologie.

Aus dem Korollar 2 zu 5.4.2 und aus 5.4.5 und 5.4.6 folgt das

Korollar. *Ist $\mathfrak{N}(e)$ ein Filter in einer Gruppe X, so wird durch $\tau(x) = x[\mathfrak{N}(e)]$ und ebenfalls durch $\tau(x) = [\mathfrak{N}(e)]\, x$ genau dann eine verträgliche Topologie von X definiert, wenn $\mathfrak{N}(e) \subseteqq [e]$, $\mathfrak{N}(e) \subseteqq \mathfrak{N}(e)\mathfrak{N}(e)$, $\mathfrak{N}(e) \subseteqq \mathfrak{N}(e)^{-1}$ und $x\mathfrak{N}(e) = \mathfrak{N}(e)x$ zu beliebigem $x \in X$ gilt.*

Ist $\mathfrak{N}(0)$ ein Filter in einem $\boldsymbol{K}$-Vektorraum X, so wird durch $\tau(x) = x + [\mathfrak{N}(0)]$ genau dann eine verträgliche Topologie von X definiert, wenn $\mathfrak{N}(0) \subseteqq \mathfrak{N}(0) + \mathfrak{N}(0)$, $\mathfrak{N}(0) = \boldsymbol{V}\mathfrak{N}(0)$ und $\mathfrak{N}(0) \subseteqq \boldsymbol{V}x$ zu beliebigem $x \in X$ gilt; anstelle $\mathfrak{N}(0) = \boldsymbol{V}\mathfrak{N}(0)$ kann dabei $\mathfrak{N}(0) \subseteqq \alpha\mathfrak{N}(0)$ $(\alpha \in \boldsymbol{K})$, $\mathfrak{N}(0) \subseteqq \boldsymbol{V}\mathfrak{N}(0)$ gesetzt werden.

Zum Beweis: Aus $\mathfrak{N}(0) = V\mathfrak{N}(0)$ folgt $\mathfrak{N}(0) = \alpha\mathfrak{N}(0)$ zu beliebigem $\alpha \in K \setminus \{0\}$, aus $\mathfrak{N}(0) \subseteqq V0 = [0]$ ferner $\mathfrak{N}(0) \subseteqq 0\mathfrak{N}(0)$. Mit den im zweiten Teil des Satzes angegebenen Beziehungen gilt also auch $\mathfrak{N}(0) \subseteqq \alpha\mathfrak{N}(0)$ für jedes $\alpha \in K$. Aus $\mathfrak{N}(0) \subseteqq \alpha\mathfrak{N}(0)$ $(\alpha \in K)$ und $\mathfrak{N}(0) \subseteqq V\mathfrak{N}(0)$ ergibt sich umgekehrt leicht $\mathfrak{N}(0) = V\mathfrak{N}(0)$ (vergleiche (5.7.1)).

Für Radialräume besteht ein Analogon zu 5.4.6 nicht, d. h., es gibt mehrstufig topologische Radialräume, die keine topologischen Radialräume sind. Wir führen ein Beispiel dafür an. X sei das Sternprodukt von K mit sich; es besteht aus allen Paaren (ξ, η) von Zahlen aus K, von denen jeweils mindestens eine gleich 0 ist. Die mehrstufige Topologie von X, bezüglich der

$$\mathfrak{N}(0, 0) = V\{(1, 0), (0, 1)\},$$

$$\mathfrak{N}(\xi, 0) = (V + 1)\{(\xi, 0), (0, \xi)\}$$

und

$$\mathfrak{N}(0, \xi) = (V + 1)(0, \xi) \cap V(1, 0)$$

$(\xi \neq 0)$ die Nachbarschaftsfilter sind, ist verträglich, wie man an Hand des Korollars zu 5.4.5 überprüft. Sie ist keine Topologie.

Wir zeigen als nächstes unter Benutzung einer Beweisidee von W. I. Awerbuch und O. G. Smoljanow [2], daß die sequentiellen separierten topologischen Gruppen, also die separierten topologischen Gruppen, deren Topologien sequentiell sind, die vor 3.19.13 definierte Diagonaleigenschaft haben.

5.4.7. *Jede sequentielle separierte topologische Gruppe X besitzt die Diagonaleigenschaft.*

Beweis. $x_{i1}, x_{i2}, \ldots$ $(i \in N^+)$ seien abzählbar viele Folgen von Elementen von X, die alle gegen ein und dasselbe Element x konvergieren. Gibt es Zahlen $j_1, j_2, \ldots \in N^+$ mit $x_{ij_i} = x$, so gilt trivialerweise $x_{1j_1}, x_{2j_2}, \ldots \to x$. Andernfalls finden wir eine gegen das Einselement e von X konvergierende Folge $a_1, a_2, \ldots$ von Elementen von X, die von e verschieden sind. Auf Grund der Separiertheit von X gibt es zu beliebigem $i \in N^+$ ein $j(i) \in N^+$ mit $a_i x_{ij} \neq x$ für jedes $j \geqq j(i)$. Es gilt $x \in \overline{\{a_i x_{ij} \mid i, j \in N^+, j(i) \leqq j\}}$, denn zu jeder Umgebung V von e gibt es eine Umgebung U von e mit $UU \subseteqq V$, ferner ein i mit $a_i \in U$ und ein $j \geqq j(i)$ mit $x_{ij} \in Ux$, also mit $a_i x_{ij} \in Vx$. Da X sequentiell ist, finden wir Folgen $i_1, i_2, \ldots$ und $j_1, j_2, \ldots$ natürlicher Zahlen mit $j(i_1) \leqq j_1, j(i_2) \leqq j_2, \ldots$ und

$$a_{i_1} x_{i_1 j_1}, a_{i_2} x_{i_2 j_2}, \ldots \to x. \qquad (5.4.18)$$

Wir können $i_1, i_2, \ldots \to \infty$ annehmen, da für keine unendliche Teilmenge T von N^+ die i_n $(n \in T)$ übereinstimmen können. (Wäre das für ein T doch der Fall, so würde $\sup\{j_n \mid n \in T\} < \infty$, aber auch $\sup\{j_n \mid n \in T\} = \infty$ der Separiertheit von X und (5.4.18) widersprechen.) Wegen $i_1, i_2 \ldots \to \infty$ gilt $a_{i_1}^{-1}, a_{i_2}^{-1}, \ldots \to e$, woraus sich zusammen mit (5.4.18) $x_{i_1 j_1}, x_{i_2 j_2}, \ldots \to x$ ergibt.

Natürlich besitzen auf Grund dieses Satzes auch alle sequentiellen separierten topologischen Vektorräume die Diagonaleigenschaft. Es gibt sequentielle separierte, topologische Vektorräume, die nicht dem ersten Abzählbarkeitsaxiom genügen. Wir führen ein auf M. BALANSAT [2] zurückgehendes **Beispiel** an. M sei eine überabzählbare Menge und X die Gesamtheit aller Abbildungen $f: M \to \boldsymbol{K}$ ($\boldsymbol{K} = \boldsymbol{R}$ oder $\boldsymbol{C}$), die höchstens über einer endlichen Menge U_f von 0 verschiedene Werte haben. X ist bezüglich der argumentweise definierten Addition und skalaren Multiplikation ein $\boldsymbol{K}$-Vektorraum. $\mathfrak{N}(0)$ sei der Filter in X, der die Gesamtheit aller Mengen $\{f \in X \mid f(m) \in V\}$ ($m \in M$, $V \in \boldsymbol{V}$) als eine Subbasis hat. Offenbar gibt es eine separierte Vektorraumtopologie τ mit $\mathfrak{N}(0)$ als Nullnachbarschaftsfilter. (τ ist die Topologie der punktweisen Konvergenz in X, vergleiche Abschnitt 7.5.) $\mathfrak{N}(0)$ besitzt keine abzählbare Basis; τ genügt daher nicht dem ersten Abzählbarkeitsaxiom. τ ist jedoch sequentiell. Ist nämlich A eine Teilmenge von X und f_0 ein Element von $\bar{A}$, so finden wir der Reihe nach Elemente $f_1, f_2, \ldots$ von A mit $|f_0(m) - f_n(m)| \leqq \frac{1}{n}$ ($m \in U_{f_0} \cup \cdots \cup U_{f_{n-1}}$) zu beliebigem $n \in \boldsymbol{N}^+$. Offenbar konvergiert $f_1, f_2, \ldots$ gegen f_0.

Im weiteren fragen wir nach topologischen Vektorräumen, die halbmetrisierbar sind, deren Topologien also aus Halbmetriken erzeugt werden können. Eine Halbmetrik δ eines Vektorraumes E heißt **invariant**, wenn $\delta(x + z, y + z) = \delta(x, y)$ für beliebige Vektoren x, y und z von E gilt. Wir nennen eine Teilmenge A eines $\boldsymbol{K}$-Vektorraumes, allgemeiner eines $\boldsymbol{K}$-Radialraumes, **kreisförmig** oder **äquilibriert**, wenn $A = \boldsymbol{E}A$ gilt, ferner **ausgeglichen** oder **absorbierend**, wenn zu jedem Punkt x des Raumes mindestens ein $\gamma > 0$ mit $x \in \gamma A$ existiert.

5.4.8 (Halbmetrisierbare topologische Vektorräume). *Ein topologischer Vektorraum ist genau dann halbmetrisierbar, wenn er dem ersten Abzählbarkeitsaxiom genügt. Ist X ein halbmetrisierbarer topologischer Vektorraum, dann gibt es eine die Topologie von X erzeugende Halbmetrik, die invariant ist und für die jede Kugel um* 0 *kreisförmig und ausgeglichen ist.*

Beweis. Ist eine Topologie halbmetrisierbar, so genügt sie offensichtlich dem ersten Abzählbarkeitsaxiom (vergleiche 3.4.17). Im weiteren sei X ein topologischer Vektorraum, der dem ersten Abzählbarkeitsaxiom genügt. Der Nullnachbarschaftsfilter $\mathfrak{N}(0)$ in X besitzt dann eine abzählbare Basis $\{N_n \mid n \in \boldsymbol{N}\}$. Wegen $\mathfrak{N}(0) \subseteqq \boldsymbol{V}x$ ($x \in X$) sind die Nachbarschaften N_n ausgeglichen. Wir können $N_0 = X$ annehmen und, wie sich unter Berücksichtigung des Korollars zu 5.4.6 ergibt, daß die Mengen N_n kreisförmig sind und daß

$$N_{n+1} + N_{n+1} \subseteqq N_n \qquad (n \in \boldsymbol{N}) \tag{5.4.19}$$

gilt. Wir definieren eine Abbildung $\gamma: X \to \boldsymbol{R}$ durch $\gamma(x) = \frac{1}{2^n}$ für $x \in N_n \setminus N_{n+1}$ ($n \in \boldsymbol{N}$) und $\gamma(x) = 0$ für $x \in \bigcap_{n \in \boldsymbol{N}} N_n$. Ferner führen wir eine Abbildung $\delta: X \times X \to \boldsymbol{R}$ ein, indem wir zu beliebigem $x, y \in X$ als $\delta(x, y)$ das Infinum aller endlichen Summen $\gamma(x_1 - x_0) + \cdots + \gamma(x_n - x_{n-1})$ mit $x_0, \ldots, x_n \in X$ und $x_0 = x$, $x_n = y$ nehmen. Es folgt leicht, daß δ eine invariante Halbmetrik ist.

Da $\gamma(\alpha x) \leqq \gamma(x)$ zu beliebigem $\alpha \in \boldsymbol{E}$ und beliebigem $x \in X$ gilt, ergibt sich, daß die δ-Kugeln um 0 kreisförmig sind. Zu zeigen bleibt, daß δ die Topologie von X erzeugt. Wegen $\delta(0, x) \leqq \gamma(x)$ folgt

$$N_{n+1} = \left\{x \in X \mid \gamma(x) \leqq \frac{1}{2^{n+1}}\right\} \subseteqq S_{1/2^{n+1}} \tag{5.4.20}$$

für jedes $n \in \boldsymbol{N}$, wobei $S_{1/2^{n+1}} = \left\{x \in X \mid \delta(0, x) \leqq \frac{1}{2^{n+1}}\right\}$ gesetzt ist. Es sind daher beliebige Kugeln um 0 ausgeglichen. Offenbar gilt $\delta(0, x) = \inf\limits_{J \in \mathfrak{J}} \left\{\sum\limits_{j \in J} \frac{1}{2^j} \,\middle|\, x \in \sum\limits_{j \in J} N_j\right\}$, wobei $\mathfrak{J}$ die Menge aller nichtleeren endlichen Teilmengen von $\boldsymbol{N}$ ist. Aus $\sum\limits_{j \in J} \frac{1}{2^j} < \frac{1}{2^n}$ folgt $n < j$ $(j \in J)$ und wegen (5.4.19) daher $\sum\limits_{j \in J} N_j \subseteqq N_n$. Es gibt deshalb zu beliebigem $x \in S_{1/2^{n+1}}$ ein $J \in \mathfrak{J}$ mit $\sum\limits_{j \in J} \frac{1}{2^j} < \frac{1}{2^n}$ und deshalb mit $x \in N_n$. Somit gilt

$$S_{1/2^{n+1}} \subseteqq N_n\,,$$

weshalb sich zusammen mit (5.4.20) ergibt, daß τ die Topologie von X erzeugt.

Offenbar ist nach diesem Satz ein topologischer Vektorraum genau dann metrisierbar, wenn er separiert ist und dem ersten Abzählbarkeitsaxiom genügt.

Korollar. *X sei ein Vektorraum und $(N_n)_{n \in \boldsymbol{N}}$ eine Folge kreisförmiger und ausgeglichener Teilmengen von X mit $N_{n+1} + N_{n+1} \subseteqq N_n$ $(n \in \boldsymbol{N})$. Dann gibt es eine verträgliche halbmetrisierbare Topologie τ von X derart, daß $\{N_n \mid n \in \boldsymbol{N}\}$ eine Basis des Nullnachbarschaftsfilters bez. τ ist.*

Beweis. Es gilt $N_{n+1} \subseteqq N_n$ zu jedem $n \in \boldsymbol{N}$, so daß $\{N_n \mid n \in \boldsymbol{N}\}$ die Basis eines Filters $\mathfrak{N}(0)$ ist. Wegen $N_{n+1} + N_{n+1} \subseteqq N_n$ folgt $\mathfrak{N}(0) \subseteqq \mathfrak{N}(0) + \mathfrak{N}(0)$. Da die Mengen N_n kreisförmig sind und $2^k N_{n+k} \subseteqq N_n (n, k \in \boldsymbol{N})$ gilt, folgt ferner $\mathfrak{N}(0) = \boldsymbol{V}\mathfrak{N}(0)$. Auf Grund der Ausgeglichenheit der Mengen N_n besteht zu beliebigen $n \in \boldsymbol{N}$ und $x \in X$ für ein $\alpha > 0$ die Beziehung $\alpha x \in N_n$ und daher die Beziehung $\alpha \boldsymbol{E} x \subseteqq N_n$, gilt also $\mathfrak{N}(0) \subseteqq \boldsymbol{V} x$. Auf Grund des Korollars zu 5.4.6 gibt es deshalb eine verträgliche Topologie τ von E mit $\tau(0) = [\mathfrak{N}(0)]$. Da $\mathfrak{N}(0)$ eine abzählbare Basis besitzt, ist τ wegen 5.4.8 halbmetrisierbar.

Ist X ein Vektorraum und $(\delta_\iota)_{\iota \in I}$ eine nichtleere Familie invarianter Halbmetriken von X derart, daß die δ_ι-Kugeln um 0 kreisförmig und ausgeglichen sind, dann bilden diese Kugeln die Subbasis des Nullnachbarschaftsfilters bezüglich einer verträglichen Topologie τ von X. τ heißt die von der Familie $(\delta_\iota)_{\iota \in I}$ **erzeugte Topologie**. Es ergibt sich tatsächlich stets eine verträgliche Topologie, wie man an Hand des Korollars zu 5.4.6 zeigt. Wichtig ist, daß die folgende Umkehrung gilt:

5.4.9. *τ sei eine beliebige verträgliche Topologie eines Vektorraumes X. Dann gibt es eine nichtleere Familie $(\delta_\iota)_{\iota \in I}$ invarianter Halbmetriken von X, die τ erzeugt und derart, daß die δ_ι-Kugeln um 0 kreisförmig und ausgeglichen sind.*

Beweis. $\{N_\iota \mid \iota \in I\}$ sei eine Basis des Nullnachbarschaftsfilters bez. τ. Zu beliebigem $\iota \in I$ existiert auf Grund des Korollars zu 5.4.6 eine Folge $(N_{\iota n})_{n \in \boldsymbol{N}}$ kreisförmiger und ausgeglichener Nullnachbarschaften bez. τ mit $N_{\iota n+1} + N_{\iota n+1} \subseteqq N_{\iota n}$ und $N_{\iota 0} = N_\iota$. Wegen 5.4.8 und des zugehörigen Korollars gibt es zu beliebigem $\iota \in I$ eine Halbmetrik δ_ι von E, die invariant ist und bezüglich der die Kugeln um 0 kreisförmig und ausgeglichen sind und derart, daß $\{N_{\iota n} \mid n \in \boldsymbol{N}\}$ eine Basis des Nullnachbarschaftsfilters bezüglich der aus δ_ι erzeugten Topologie ist. Es folgt leicht, daß $(\delta_\iota)_{\iota \in I}$ die Topologie τ erzeugt.

Dieser Satz ermöglicht eine Charakterisierung der feinsten verträglichen Topologie eines Vektorraumes. Auf Grund des Korollars zu 5.4.6 besitzt bezüglich jeder verträglichen Topologie der Nullnachbarschaftsfilter eine Basis aus kreisförmigen ausgeglichenen Mengen. Die feinste verträgliche Topologie eines Vektorraumes kann im Falle einer unendlichen Dimension nicht dadurch charakterisiert werden, daß bezüglich ihr die kreisförmigen ausgeglichenen Mengen eine Basis des Nullnachbarschaftsfilters bilden (wie man etwa dem später angeführten Satz 5.8.20 entnimmt); offenbar gilt aber wegen 5.4.9 und der Bemerkungen vor diesem Satz:

5.4.10 (Feinste Vektorraumtopologie). *Die feinste verträgliche Topologie eines Vektorraumes X wird von der Familie aller invarianten Halbmetriken von X, bezüglich der die Kugeln um 0 kreisförmig und ausgeglichen sind, erzeugt.*

Im folgenden fragen wir nach den verträglichen Limitierungen endlichdimensionaler Vektorräume. Wir beachten, daß jeder endlichdimensionale $\boldsymbol{K}$-Vektorraum X zu $\boldsymbol{K}^n$ mit $n = \dim X$ isomorph ist, im Falle $n \geqq 1$ ist zum Beispiel zu einer Basis $\{e_1, \ldots, e_n\}$ von X die Abbildung

$$\sum_{\iota=1}^{n} \xi_\iota e_\iota \mapsto (\xi_1, \ldots, \xi_n) \qquad (\xi_1, \ldots, \xi_n \in \boldsymbol{K})$$

ein Isomorphismus von X auf $\boldsymbol{K}^n$. Es genügt daher, nach den verträglichen Limitierungen von $\boldsymbol{K}^n$ zu fragen. Zu beliebigem $n \in \boldsymbol{N}^+$ gibt es in $\boldsymbol{K}^n$ verschiedene verträgliche Topologien, zum Beispiel die natürliche und die triviale Topologie, ferner auch verschiedene verträgliche separierte Limitierungen, in $\boldsymbol{K}$ etwa die natürliche Topologie und die vor 5.4.2 eingeführte Limitierung. Die triviale Topologie von $\boldsymbol{K}^n$ $(n \in \boldsymbol{N}^+)$ ist nicht separiert, und die vor 5.4.2 eingeführte Limitierung von $\boldsymbol{K}$ ist keine Pseudotopologie. Wie K. KUTZLER [2] und S. COURANT [1] gezeigt haben, besitzt jeder endlichdimensionale $\boldsymbol{K}$-Vektorraum jedoch nur eine verträgliche separierte Pseudotopologie, nämlich die natürliche Topologie. Dabei wird als **natürliche Topologie** eines n-dimensionalen $\boldsymbol{K}$-Vektorraumes X $(n \in \boldsymbol{N})$ die mittels eines beliebigen Isomorphismus ι von $\boldsymbol{K}^n$ auf X und der natürlichen Topologie τ_{nat} von $\boldsymbol{K}^n$ definierte Topologie $\iota^{\mathcal{J}} \circ \tau_{\text{nat}}$ verstanden, die selbstverständlich von der speziellen Wahl von ι unabhängig ist. Es gilt also

5.4.11 (Verallgemeinerter Satz von Tichonow). *Die natürliche Topologie eines beliebigen endlichdimensionalen $\boldsymbol{K}$-Vektorraumes X ist die einzige verträgliche separierte Pseudotopologie dieses Vektorraumes.*

Beweis. Es genügt, sich im Beweis auf den Fall $X = \boldsymbol{K}^n$ und $n \geqq 1$ zu beschränken. Der Fall $\boldsymbol{K} = \boldsymbol{C}$ läßt sich unmittelbar auf den Fall $\boldsymbol{K} = \boldsymbol{R}$ zurückführen. Wir nehmen daher auch noch $\boldsymbol{K} = \boldsymbol{R}$ an. τ_{nat} sei die natürliche Topologie von $\boldsymbol{R}^n$ und τ irgendeine verträgliche separierte Pseudotopologie von $\boldsymbol{R}^n$. Der Nullnachbarschaftsfilter $\mathfrak{U}$ bez. τ_{nat} ist offensichtlich gleich $\boldsymbol{V}e_1 + \cdots + \boldsymbol{V}e_n$, wobei e_i die Vektoren des $\boldsymbol{R}^n$ sind, die als i-te Komponente 1 haben und deren andere Komponenten gleich 0 sind. Da $\boldsymbol{V}e_i \in \tau(0)$ wegen (5.4.9) gilt, folgt $\mathfrak{U} \in \tau(0)$ mittels (5.4.6), also $\tau_{\text{nat}}(0) \subseteqq \tau(0)$ und wegen (5.4.10) damit $\tau_{\text{nat}} \leqq \tau$. Wir zeigen $\tau_{\text{nat}}(0) = \tau(0)$ und damit $\tau_{\text{nat}} = \tau$. Angenommen, es gibt einen Filter $\mathfrak{F} \in \tau(0) \setminus \tau_{\text{nat}}(0)$. Wegen $\mathfrak{U} \in \tau(0)$ gehört $\mathfrak{G} = \mathfrak{U} \cap \mathfrak{F}$ zu $\tau(0)$. Es gilt $\mathfrak{G} \subsetneqq \mathfrak{U}$, so daß wir eine bez. τ_{nat} offene Menge $U \in \mathfrak{U}$ mit $G \cap (\boldsymbol{R}^n \setminus U) \neq \emptyset$ zu beliebigem $G \in \mathfrak{G}$ finden (sonst wäre $\mathfrak{U} \subseteqq \mathfrak{G}$ und damit $\mathfrak{G} = \mathfrak{U}$). Der Filter $\mathfrak{H} = \mathfrak{G} \vee [\boldsymbol{R}^n \setminus U]$ ist deshalb eigentlich. Wegen $\mathfrak{G} \subseteqq \mathfrak{H}$ folgt $\mathfrak{H} \in \tau(0)$. Im weiteren konstruieren wir einen Filter $\mathfrak{K} \in \tau(0)$ und eine bez. τ_{nat} kompakte Menge $D \in \mathfrak{K}$ mit $0 \notin D$. Dabei unterscheiden wir zwei Fälle:

1. $\mathfrak{H}$ gehöre eine bez. τ_{nat} kompakte Menge A an. A (vergleiche 3.16.14) und $\boldsymbol{R}^n \setminus U$ und damit auch $A \cap (\boldsymbol{R}^n \setminus U)$ ist bez. τ_{nat} abgeschlossen. Wir setzen $D = A \cap (\boldsymbol{R}^n \setminus U)$ und $\mathfrak{K} = \mathfrak{H}$ und erhalten, daß D bez. τ_{nat} kompakt ist (vergleiche 3.16.12) und $\mathfrak{K} \in \tau(0)$ und $0 \notin D \in \mathfrak{K}$ gilt.

2. $\mathfrak{H}$ gehöre keine bez. τ_{nat} kompakte und damit auch keine bez. der euklidischen Metrik beschränkte Menge an. Zu zwei positiven reellen Zahlen α und β mit $\alpha < \beta$ bilden wir die Menge $S = \{x \in \boldsymbol{R}^n \mid \alpha \leqq |x| \leqq \beta\}$. Da $\boldsymbol{V}\mathfrak{H}$ eine Basis aus kreisförmigen und bezüglich der euklidischen Metrik unbeschränkten Mengen besitzt, ist $\boldsymbol{V}\mathfrak{H} \vee [S]$ ein eigentlicher Filter. Wir setzen in diesem Falle $D = S$ und $\mathfrak{K} = \boldsymbol{V}\mathfrak{H} \vee [S]$ und erhalten, daß D bez. τ_{nat} kompakt ist, wegen $\boldsymbol{V}\mathfrak{H} \in \tau(0)$ auch $\mathfrak{K} \in \tau(0)$ gilt und natürlich $0 \notin D \in \mathfrak{K}$ ist.

$\mathfrak{K}$ besitzt wegen $D \in \mathfrak{K}$ und der Kompaktheit von D einen bez. τ_{nat} und damit auch bez. τ gegen ein $x \in D$ konvergierenden eigentlichen Oberfilter $\mathfrak{L}$. Da $x \neq 0$ ist und $\mathfrak{L}$ bez. τ auch gegen 0 konvergiert, ergibt sich ein Widerspruch zur Separiertheit von τ. Daher ist $\tau_{\text{nat}}(0) = \tau(0)$ und somit $\tau_{\text{nat}} = \tau$.

5.5. Die assoziierten verträglichen Limitierungen, Pseudotopologien, mehrstufigen Topologien und Topologien

Im folgenden bilden wir zu einer vorgegebenen Limitierung τ einer Gruppe, eines Radialraumes oder eines Vektorraumes X die feinste verträgliche Limitierung, Pseudotopologie, mehrstufige Topologie bzw. Topologie, die gröber als τ ist. Wir nennen sie die τ **assoziierte** verträgliche Limitierung, Pseudotopologie, mehrstufige Topologie bzw. Topologie. Der Einfachheit halber setzen wir bei den vorgegebenen Limitierungen im Falle der Gruppen die Bedingung

$$\tau(x)^{-1} \subseteqq \tau(x^{-1}) \qquad (x \in X) \tag{5.5.1}$$

und im Falle der Radial- und Vektorräume die Bedingung

$$\alpha\tau(x) \subseteqq \tau(\alpha x) \qquad (\alpha \in \boldsymbol{K}, x \in X) \tag{5.5.2}$$

voraus; diese Bedingungen sind in den späteren Anwendungen stets erfüllt.

a) Wir beginnen mit dem Fall der Gruppen. X sei eine Gruppe und τ eine Limitierung von X mit (5.5.1). $g(\tau)$ sei diejenige Limitierung von X, für die zu beliebigem $x \in X$ die Menge aller Filterprodukte $\mathfrak{F}_1 \cdots \mathfrak{F}_n$ $\left(n \in \boldsymbol{N}^+;\ x_i \in X\right.$ und $\mathfrak{F}_i \in \tau(x_i)$ $(i = 1, \ldots, n)$ mit $\left.x = x_1 \cdots x_n\right)$ eine Subbasis von $g(\tau)(x)$ ist.

5.5.1 (Nächstgröbere Gruppenlimitierung). *$g(\tau)$ ist die feinste verträgliche Limitierung der Gruppe X, die gröber als τ ist.*

Beweis. Gegeben sei ein $x \in X$ und ein Filter $\mathfrak{F} \in g(\tau)(x)$. Es existieren eine nichtleere endliche Menge K und zu beliebigem $k \in K$ ein $n_k \in \boldsymbol{N}^+$ und Punkte $x_{ki} \in X$ und Filter $\mathfrak{F}_{ki} \in \tau(x_{ki})$ $(i = 1, \ldots, n_k)$ mit $x = x_{k1} \cdots x_{kn_k}$ und

$$\mathfrak{F} \supseteqq \bigcap_{k \in K} \mathfrak{F}_{k1} \cdots \mathfrak{F}_{kn_k}.$$

Mittels einfacher Aussagen über Filter, unter anderem mittels (5.1.10), folgt $\mathfrak{F}^{-1} \supseteqq \bigcap_{k \in K} \mathfrak{F}_{kn_k}^{-1} \cdots \mathfrak{F}_{k1}^{-1}$ und wegen $\mathfrak{F}_{ki}^{-1} \in \tau(x_{ki}^{-1})$ und $x^{-1} = x_{kn_k}^{-1} \cdots x_{k1}^{-1}$ somit $\mathfrak{F}^{-1} \in g(\tau)(x^{-1})$. Es gilt daher $g(\tau)(x)^{-1} \subseteqq g(\tau)(x^{-1})$.

Gegeben seien ein weiteres Element y von X und ein Filter $\mathfrak{G} \in g(\tau)(y)$. Es existieren eine nichtleere endliche Menge L und zu beliebigem $l \in L$ ein $m_l \in \boldsymbol{N}^+$ und Punkte $y_{lj} \in X$ und Filter $\mathfrak{G}_{lj} \in \tau(y_{lj})$ $(j = 1, \ldots, m_l)$ mit $y = y_{l1} \cdots y_{lm_l}$ und $\mathfrak{G} \supseteqq \bigcap_{l \in L} \mathfrak{G}_{l1} \cdots \mathfrak{G}_{lm_l}$. Unter Beachtung der Endlichkeit von K und L folgt aus 5.1.10

$$\mathfrak{F}\mathfrak{G} \supseteqq \bigcap_{(k,l) \in K \times L} \mathfrak{F}_{k1} \cdots \mathfrak{F}_{kn_k}\mathfrak{G}_{l1} \cdots \mathfrak{G}_{lm_l}$$

und somit $\mathfrak{F}\mathfrak{G} \in g(\tau)(xy)$. Es gilt daher auch $g(\tau)(x)\, g(\tau)(y) \subseteqq g(\tau)(xy)$, weshalb die Limitierung $g(\tau)$ verträglich ist. Offensichtlich ist $g(\tau)$ gröber als τ und ist jede verträgliche Limitierung von X, die gröber als τ ist, auch gröber als $g(\tau)$.

$g(\tau)$ ist eine Pseudotopologie, wenn τ eine Pseudotopologie ist.

5.5.2. *Ein Homomorphismus f von X in eine Gruppe Y ist bezüglich der Limitierung τ und einer beliebigen verträglichen Limitierung τ' von Y an einer Stelle $x \in X$ genau dann stetig, wenn f bez. $g(\tau)$ und τ' in x stetig ist.*

Beweis. Ist f bez. $g(\tau)$ und τ' in x stetig, so wegen $\tau \leqq g(\tau)$ und 3.6.6 auch bez. τ und τ'. Nun sei f bez. τ und τ' in x stetig. Gegeben sei ein Filter $\mathfrak{F} \in g(\tau)(x)$. Wir finden wie im Beweis von 5.5.1 Filter $\mathfrak{F}_{ki}$ mit den dort angegebenen Eigenschaften und erhalten mittels (2.5.2) und (5.1.13), daß für die Filter $f(\mathfrak{F})$ und $f(\mathfrak{F}_{ki})$ die entsprechende Beziehung besteht. Da τ' verträglich ist, folgt $f(\mathfrak{F}) \in \tau'(f(x))$ und damit, daß f bez. $g(\tau)$ und τ' in x stetig ist.

Mittels (5.1.10) folgt $p(\tau)(x)^{-1} = [[x]]^{-1} \vee \tau(x)^{-1} = p(\tau)(x^{-1})$ zu beliebigem $x \in X$ (vergleiche Abschnitt 3.3), so daß wir g auf $p(\tau)$ anwenden können. Wir setzen

$$p^g(\tau) = g(p(\tau))$$

und erhalten ohne Mühe mittels 3.6.7, 5.5.1 und 5.5.2

5.5.3 (Nächstgröbere Gruppenpseudotopologie). *$p^g(\tau)$ ist die feinste verträgliche Pseudotopologie der Gruppe X, die gröber als τ ist. Ein Homomorphismus f von X in eine Gruppe Y ist bez. τ und einer verträglichen Pseudotopologie τ' von Y an einer Stelle $x \in X$ genau dann stetig, wenn f bez. $p^g(\tau)$ und τ' in x stetig ist.*

Wegen (5.4.8) ist $p^g(\tau)$ durch $p^g(\tau)(e)$ bestimmt. Das $\wedge$-Ideal $p^g(\tau)(e)$ hat als Subbasis die Menge aller Filterprodukte $\mathfrak{F}_1 \cdots \mathfrak{F}_n$ $(n \in N^+;\ x_i \in X$ und $\mathfrak{F}_i \in \tau(x_i)$ oder $\mathfrak{F}_i = [x_i]$ $(i = 1, \dots, n)$ mit $e = x_1 \cdots x_n)$. Dabei kann noch angenommen werden, daß alle Filter $\mathfrak{F}_i$ eigentlich sind und daß in dem Fall, daß τ eine verträgliche Limitierung der Gruppe X ist, für benachbarte Filter $\mathfrak{F}_i$ und $\mathfrak{F}_{i+1}$ entweder $\mathfrak{F}_i \in \tau(x_i)$ und $\mathfrak{F}_{i+1} = [x_{i+1}]$ oder $\mathfrak{F}_i = [x_i]$ und $\mathfrak{F}_{i+1} \in \tau(x_{i+1})$ gilt. Wenn τ die entartete Limitierung von X ist, gilt $p^g(\tau)(e) = [[e]]$.

Ist X eine abelsche Gruppe und τ eine verträgliche Limitierung von X, die ungleich der entarteten Limitierung von X ist, so besitzt $p^g(\tau)(e)$ die Menge aller Filter $\mathfrak{F}x^{-1}$ $(x \in X,\ \mathfrak{F} \in \tau(x))$ als Subbasis.

$p(\tau)$ stimmt im allgemeinen nicht mit $p^g(\tau)$ überein, auch nicht, wenn τ verträglich ist. In dem Beispiel vor 5.4.2 (mit der Addition als Verknüpfung) gilt etwa $p(\tau)(x) = [[x]] \neq p^g(\tau)(x) = [V + x]$ für $x \neq 0$.

Die feinste verträgliche mehrstufige Topologie der Gruppe X, die gröber als τ ist, ist wegen 5.4.6 eine Topologie und damit die feinste verträgliche Topologie, die gröber als τ ist. Wir bilden diese im folgenden und führen dazu einen Hilfssatz an.

5.5.4. *Jeder Filter $\mathfrak{F}$ in der Gruppe X besitzt einen maximalen Unterfilter $\mathfrak{G}$ mit $\mathfrak{G} \subseteq \mathfrak{G}\mathfrak{G}$ und $x\mathfrak{G} = \mathfrak{G}x$ $(x \in X)$.*

Beweis. Wir setzen

$$I(\mathfrak{F}) = \{\mathfrak{G} \in \mathcal{F}X \mid \mathfrak{G} \subseteq \mathfrak{F} \cap \mathfrak{G}\mathfrak{G} \text{ und } x\mathfrak{G} = \mathfrak{G}x \text{ zu jedem } x \in X\}$$

und bilden den Filter $\mathfrak{H} = \bigvee_{\mathfrak{G} \in I(\mathfrak{F})} \mathfrak{G}$. Es gilt $\mathfrak{H} \subseteq \mathfrak{F}$, $\mathfrak{H} \subseteq \bigvee_{\mathfrak{G} \in I(\mathfrak{F})} \mathfrak{G}\mathfrak{G} \subseteq \mathfrak{H}\mathfrak{H}$ und $x\mathfrak{H} = \bigvee_{\mathfrak{G} \in I(\mathfrak{F})} x\mathfrak{G} = \bigvee_{\mathfrak{G} \in I(\mathfrak{F})} \mathfrak{G}x = \mathfrak{H}x$ zu jedem $x \in X$, so daß $\mathfrak{H}$ der gesuchte Filter ist.

Wir bezeichnen mit $\mathfrak{V}(e)$ den maximalen Unterfilter des Nachbarschaftsfilters $\mathfrak{N}(e)$ von e bez. $p^g(\tau)$, für den $\mathfrak{V}(e) \subseteq \mathfrak{V}(e)\,\mathfrak{V}(e)$ und $x\mathfrak{V}(e) = \mathfrak{V}(e)x$

zu jedem $x \in X$ gilt, und führen eine Limitierung $t^g(\tau)$ durch

$$t^g(\tau)(x) = x[\mathfrak{B}(e)]$$

($x \in X$) ein.

5.5.5 (Nächstgröbere Gruppentopologie). *$t^g(\tau)$ ist die feinste verträgliche Topologie der Gruppe X, die gröber als τ ist. Ein Homomorphismus f von X in eine Gruppe Y ist bez. τ und einer verträglichen Topologie τ' von Y genau dann stetig, wenn f bez. $t^g(\tau)$ und τ' stetig ist.*

Beweis. Es gilt $\mathfrak{B}(e) \subseteqq \mathfrak{N}(e)$, $\mathfrak{B}(e) \subseteqq \mathfrak{B}(e)\mathfrak{B}(e)$ und $x\mathfrak{B}(e) = \mathfrak{B}(e)x$ ($x \in X$), und es besitzt $\mathfrak{B}(e)^{-1}$ die gleichen Eigenschaften; $\mathfrak{B}(e)^{-1} \subseteqq \mathfrak{N}(e)$ folgt wegen $\mathfrak{N}(e)^{-1} = \mathfrak{N}(e)$. Daher ergibt sich noch $\mathfrak{B}(e)^{-1} = \mathfrak{B}(e)$, so daß $t^g(\tau)$ nach dem Korollar zu 5.4.6 eine verträgliche Topologie von X ist. Aus der Konstruktion von $t^g(\tau)$ folgt, daß $t^g(\tau)$ gröber als τ ist und für jede verträgliche Topologie σ von X mit $\tau \leqq \sigma$ auch $t^g(\tau) \leqq \sigma$ gilt.

Ist f bez. $t^g(\tau)$, τ' stetig, so wegen $\tau \leqq t^g(\tau)$ auch bez. τ, τ'. f sei nun bez. τ, τ' stetig. Wegen Korollar 1 zu 5.4.2 genügt es zu zeigen, daß f in e bez. $t^g(\tau), \tau'$ stetig ist. $\mathfrak{W}$ sei der Nachbarschaftsfilter des Einselementes von Y bez. τ'. Unter Berücksichtigung von 5.5.3 folgt, daß f in e bez. $m(p^g(\tau))$ und τ' stetig ist, sich somit $\mathfrak{W} \subseteqq f(\mathfrak{N}(e))$ und damit $f^{-1}(\mathfrak{W}) \subseteqq (f^{-1} \circ f)(\mathfrak{N}(e)) \subseteqq \mathfrak{N}(e)$ ergibt. Es gilt $f^{-1}[VW] \supseteqq (f^{-1} \circ f)[f^{-1}[V]f^{-1}[W]] \supseteqq f^{-1}[V]f^{-1}[W]$ zu beliebigen $V, W \in \mathfrak{W}$ und deshalb $f^{-1}(\mathfrak{W}) \subseteqq f^{-1}(\mathfrak{W}\mathfrak{W}) \subseteqq f^{-1}(\mathfrak{W})f^{-1}(\mathfrak{W})$. Zu beliebigem $x \in X$ und $W \in \mathfrak{W}$ folgt $f^{-1}[f(x)W] \supseteqq xf^{-1}[W]$ und entsprechend $f^{-1}[f(x^{-1})(f(x)W)] \supseteqq x^{-1}f^{-1}[f(x)W]$ und damit $f^{-1}[f(x)W] = xf^{-1}[W]$ und demnach $f^{-1}(f(x)\mathfrak{W}) = xf^{-1}(\mathfrak{W})$. Analog ergibt sich $f^{-1}(\mathfrak{W}f(x)) = f^{-1}(\mathfrak{W})x$, wegen $f(x)\mathfrak{W} = \mathfrak{W}f(x)$ deshalb $xf^{-1}(\mathfrak{W}) = f^{-1}(\mathfrak{W})x$. Man erhält daher $f^{-1}(\mathfrak{W}) \subseteqq \mathfrak{B}(e)$ und somit $\mathfrak{W} \subseteqq f(\mathfrak{B}(e))$, d. h., daß f in e bez. $t^g(\tau)$ und τ' stetig ist.

Für eine beliebige verträgliche Limitierung τ einer Gruppe ist im allgemeinen $t(\tau)$ ungleich $t^g(\tau)$; das trifft etwa zu für die in dem Beispiel vor 5.4.2 angegebene Limitierung τ (Gruppenverknüpfung von $\boldsymbol{K}$ sei natürlich die Addition in $\boldsymbol{K}$). Auf Grund des Korollars 1 zu dem später angeführten Satz 5.15.14 gibt es sogar verträgliche Pseudotopologien τ von Gruppen, für die $t(\tau)$ nicht mit $t^g(\tau)$ übereinstimmt.

Aus 5.5.2 und 5.5.5 erhalten wir

5.5.6. *f sei ein Homomorphismus der Gruppe X in eine Gruppe Y. τ sei eine Limitierung von X mit (5.5.1) und τ' eine Limitierung von Y mit der entsprechenden Eigenschaft. Ist f an einer Stelle $x \in X$ bez. τ und τ' stetig, so auch an dieser Stelle bez. $g(\tau)$ und $g(\tau')$ und bez. $p^g(\tau)$ und $p^g(\tau')$. Ist f bez. τ und τ' stetig, so auch bez. $t^g(\tau)$ und $t^g(\tau')$.*

b) Nun sei X ein $\boldsymbol{K}$-Radialraum und τ eine Limitierung von X mit (5.5.2). $r(\tau)$ sei die durch

$$r(\tau)(x) = (\boldsymbol{V} + 1)\,\tau(x)$$

bei $x \in X \setminus \{0\}$ und

$$r(\tau)(0) = (V + 1)\,\tau(0) \vee \bigvee_{y \in X} V\tau(y)$$

definierte Limitierung von X. Unter Berücksichtigung von 5.2.8, (5.4.1) und 5.4.1 ergibt sich leicht

5.5.7 (Nächstgröbere Radialraumlimitierung). *$r(\tau)$ ist die feinste verträgliche Limitierung des Radialraumes X, die gröber als τ ist.*

$r(\tau)$ ist eine Pseudotopologie, wenn τ eine Pseudotopologie ist.

Ähnlich wie 5.5.2 beweist man

5.5.8. *Eine homogene Abbildung f von X in einen $\boldsymbol{K}$-Radialraum Y ist bezüglich der Limitierung τ und einer verträglichen Limitierung τ' von Y an einer Stelle x genau dann stetig, wenn f bez. $r(\tau)$ und τ' in x stetig ist.*

Für $p(\tau)$ gilt offensichtlich die an τ gestellte Bedingung, d. h., es gilt $\alpha p(\tau)(x) \subseteqq p(\tau)(\alpha x)$ zu beliebigem $\alpha \in \boldsymbol{K}$ und $x \in X$. Wir können daher r auf $p(\tau)$ anwenden und setzen

$$p^r(\tau) = r\big(p(\tau)\big)\ .$$

Unter Beachtung von 3.6.7, 5.5.7 und 5.5.8 erhalten wir

5.5.9 (Nächstgröbere Radialraumpseudotopologie). *$p^r(\tau)$ ist die feinste verträgliche Pseudotopologie des Radialraumes X, die gröber als τ ist. Eine homogene Abbildung f von X in einen $\boldsymbol{K}$-Radialraum Y ist bez. τ und einer verträglichen Pseudotopologie τ' von Y an einer Stelle x genau dann stetig, wenn f bez. $p^r(\tau)$ und τ' in x stetig ist.*

Ist τ die feinste Limitierung von X, so gilt $p^r(\tau)(x) = [(V + 1)\,x]$ zu beliebigem $x \neq 0$ und bilden die Filter Vy $(y \in X)$ eine Subbasis von $p^r(\tau)(0)$.

$p(\tau)$ stimmt im allgemeinen nicht mit $p^r(\tau)$ überein, auch nicht, wenn τ verträglich ist. In dem Beispiel vor 5.4.2 (mit der Multiplikation als Radialstruktur) ist etwa $p(\tau)(x) = [x] \neq p^r(\tau)(x) = [(V + 1)x]$ zu beliebigem $x \neq 0$.

$\mathfrak{N}(x)$ sei zu beliebigem $x \in X$ der Nachbarschaftsfilter von x bez. $r(\tau)$. Mit $m^r(\tau)$ bezeichnen wir diejenige mehrstufige Topologie von X, für die

$$m^r(\tau)(x) = [(V + 1)\,\mathfrak{N}(x)] \tag{5.5.3}$$

bei $x \neq 0$ und

$$m^r(\tau)(0) = [(V + 1)\,\mathfrak{N}(0) \cap \bigcap_{y \in X} V\mathfrak{N}(y)] \tag{5.5.4}$$

gilt.

5.5.10 (Nächstgröbere mehrstufige Radialraumtopologie). *$m^r(\tau)$ ist die feinste verträgliche mehrstufige Topologie des Radialraumes X, die gröber als τ ist. Eine homogene Abbildung f von X in einen $\boldsymbol{K}$-Radialraum Y ist bez. τ und einer ver-*

träglichen mehrstufigen Topologie τ' von Y an einer Stelle $x \in X$ genau dann stetig, wenn f bez. $m^r(\tau)$ und τ' in x stetig ist.

Beweis. 1. Aus (5.4.14) folgt $\alpha m^r(\tau)(x) \subseteqq m^r(\tau)(\alpha x)$ zu jedem $\alpha \in \boldsymbol{K}$ und $x \in X$. Für $x \neq 0$ ergibt sich wegen (5.4.1)

$$\boldsymbol{V} m^r(\tau)(x) = [\boldsymbol{V}\mathfrak{N}(x)] \subseteqq [\bigcap_{y \in X} \boldsymbol{V}\mathfrak{N}(y)] \subseteqq m^r(\tau)(0)\,,$$

und wegen 5.2.7, (5.4.1) und

$$\boldsymbol{V} \bigcap_{y \in X} \boldsymbol{V}\mathfrak{N}(y) = \bigcap_{y \in X} \boldsymbol{V}\mathfrak{N}(y) \tag{5.5.5}$$

(vergleiche 5.8.3) erhält man

$$\boldsymbol{V} m^r(\tau)(0) = [\boldsymbol{V}\mathfrak{N}(0) \cap \boldsymbol{V} \bigcap_{y \in X} \boldsymbol{V}\mathfrak{N}(y)] = [\bigcap_{y \in X} \boldsymbol{V}\mathfrak{N}(y)] \subseteqq m^r(\tau)(0)\,.$$

Ebenfalls mittels (5.4.1) bzw. 5.2.7, (5.4.1) und (5.5.5) folgt $(\boldsymbol{V} + 1)\, m^r(\tau)(x) = m^r(\tau)(x)$ bei $x \neq 0$ und $x = 0$. Wegen 5.4.1 ist $m^r(\tau)$ daher verträglich.

Unter Berücksichtigung von $\boldsymbol{V} + 1 \subseteqq [1]$ folgt leicht $m^r(\tau) \geqq m(\tau)$ und damit auch $m^r(\tau) \geqq \tau$. σ sei eine verträgliche mehrstufige Topologie von X, die gröber als τ ist. Für die Nachbarschaftsfilter $\mathfrak{M}(x)$ bez. σ gilt $\mathfrak{M}(x) \subseteqq \mathfrak{N}(x)$ und wegen 5.4.1 ferner $\mathfrak{M}(0) \subseteqq \boldsymbol{V}\mathfrak{M}(x)$ und $\mathfrak{M}(x) \subseteqq (\boldsymbol{V} + 1)\, \mathfrak{M}(x)$. Daher ergibt sich

$$\mathfrak{M}(x) \subseteqq (\boldsymbol{V} + 1)\, \mathfrak{N}(x)$$

zu beliebigem $x \in X$ und ferner $\mathfrak{M}(0) \subseteqq \bigcap_{y \in X} \boldsymbol{V}\mathfrak{N}(y)$ und damit auch

$$\mathfrak{M}(0) \subseteqq (\boldsymbol{V} + 1)\, \mathfrak{N}(0) \cap \bigcap_{y \in X} \boldsymbol{V}\mathfrak{N}(y)\,.$$

Also ist $m^r(\tau) \leqq \sigma$.

2. Ist f eine homogene Abbildung von X in einen $\boldsymbol{K}$-Radialraum Y und ist f an einer Stelle x bez. $m^r(\tau)$ und einer verträglichen mehrstufigen Topologie τ' von Y stetig, so wegen $\tau \leqq m^r(\tau)$ auch bez. τ und τ'. Ist f in x bez. τ und τ' stetig, so wegen 3.6.7 und 5.5.8 auch bez. $m(r(\tau))$ und τ' und, wie unter Beachtung von (2.5.2) und (5.2.7) folgt, dann auch bez. $m^r(\tau)$ und τ'.

Ist τ verträglich, so stimmt im allgemeinen $m(\tau)$ nicht mit $m^r(\tau)$ überein, zum Beispiel nicht für die im Beispiel vor 5.4.2 angegebene Limitierung (mit der Multiplikation in $\boldsymbol{K}$ als Radialstruktur).

$\mathfrak{U}(x)$ sei zu beliebigem $x \in X$ der Umgebungsraster von x bez. $r(\tau)$. Mit $t^r(\tau)$ bezeichnen wir diejenige mehrstufige Topologie von X, für die

$$t^r(\tau)(x) = [(\boldsymbol{V} + 1) \operatorname*{im}_{\subseteqq} \mathfrak{U}(x)] \tag{5.5.6}$$

im Falle $\mathfrak{U}(x) \not\subseteqq [0]$ und

$$t^r(\tau)(x) = [(\boldsymbol{V} + 1) \operatorname*{im}_{\subseteqq} \mathfrak{U}(x) \cap \bigcap_{y \in X} \boldsymbol{V} \operatorname*{im}_{\subseteqq} \mathfrak{U}(y)] \tag{5.5.7}$$

im Falle $\mathfrak{U}(x) \subseteqq [0]$ gilt.

5.5.11 (Nächstgröbere Radialraumtopologie). *$t^r(\tau)$ ist die feinste verträgliche Topologie des Radialraumes X, die gröber als τ ist. Eine homogene Abbildung f von X in einen $\boldsymbol{K}$-Radialraum Y ist bez. τ und einer verträglichen Topologie τ' von Y genau dann stetig, wenn f bez. $t^r(\tau)$ und τ' stetig ist.*

Beweis. 1. Mit ähnlichen Schlüssen wie im Beweis von 5.5.10 zeigt man, daß $t^r(\tau)$ verträglich ist und $\tau \leqq t^r(\tau)$ gilt. σ sei eine verträgliche Topologie von X, die gröber als τ ist. Für die Umgebungsraster $\mathfrak{B}(x)$ bez. σ gilt $\mathfrak{B}(x) \subseteqq \mathfrak{U}(x)$, $\mathrm{im}_{\subseteqq}\, \mathfrak{B}(0) \subseteqq \mathbf{V}\, \mathrm{im}_{\subseteqq}\, \mathfrak{B}(x)$ und $\mathrm{im}_{\subseteqq}\, \mathfrak{B}(x) \subseteqq (\mathbf{V} + 1)\, \mathrm{im}_{\subseteqq}\, \mathfrak{B}(x)$. Im Falle $\mathfrak{B}(x) \subsetneqq [0]$ folgt $\mathfrak{U}(x) \subsetneqq [0]$ und $\mathrm{im}_{\subseteqq}\, \mathfrak{B}(x) \subseteqq (\mathbf{V} + 1)\, \mathrm{im}_{\subseteqq}\, \mathfrak{U}(x)$, im Falle $\mathfrak{B}(x) \subseteqq [0]$ ferner $\mathfrak{B}(x) \subseteqq \mathfrak{B}(0)$ und damit $\mathrm{im}_{\subseteqq}\, \mathfrak{B}(x) \subseteqq (\mathbf{V} + 1)\, \mathrm{im}_{\subseteqq}\, \mathfrak{B}(x) \cap \bigcap_{y \in X} \mathbf{V}\, \mathrm{im}_{\subseteqq}\, \mathfrak{B}(y) \subseteqq (\mathbf{V} + 1)\, \mathrm{im}_{\subseteqq}\, \mathfrak{U}(x) \cap \bigcap_{y \in X} \mathrm{im}_{\subseteqq}\, \mathfrak{U}(y)$, somit $t^r(\tau) \leqq \sigma$.

2. Wir zeigen nun, daß $t^r(\tau)$ eine Topologie ist. Gegeben sei ein $x \in X$. Es sei zuerst $\mathfrak{U}(x) \subsetneqq [0]$. Zu jedem $N \in (\mathbf{V} + 1)\, \mathrm{im}_{\subseteqq}\, \mathfrak{U}(x)$ existieren ein $V \in \mathbf{V}$ und $U \in \mathfrak{U}(x)$ mit $0 \notin (V + 1)\, U \subseteqq N$. Wir finden ein $W \in \mathbf{V}$ mit $(W + 1)\,(W + 1) \subseteqq V + 1$. Es folgt $W \subseteqq V$ und damit, daß 0 nicht $M = (W + 1)\, U$ angehört. Wir erhalten $M \in (\mathbf{V} + 1)\, \mathrm{im}_{\subseteqq}\, \mathfrak{U}(x)$ und zu beliebigem $y \in M$ ferner $M \in \mathfrak{U}(y)$ und damit $N \in (\mathbf{V} + 1)\, \mathrm{im}_{\subseteqq}\, \mathfrak{U}(y)$. Nun sei $\mathfrak{U}(x) \subseteqq [0]$. Wir setzen $\mathfrak{W}(z) = (\mathbf{V} + 1)\, \mathrm{im}_{\subseteqq}\, \mathfrak{U}(z) \cap \bigcap_{y \in X} \mathbf{V}\, \mathrm{im}_{\subseteqq}\, \mathfrak{U}(y)$ für jedes $z \in X$. Zu beliebigem $N \in \mathfrak{W}(x)$ existieren ein $V \in \mathbf{V}$ und ein $U \in \mathfrak{U}(x)$ und $V_y \in \mathbf{V}$ und $U_y \in \mathfrak{U}(y)$ $(y \in X)$ mit $(V + 1)\, U \cup \bigcup_{y \in X} V_y U_y \subseteqq N$. Wir finden ein $W \in \mathbf{V}$ und $W_y \in \mathbf{V}$ $(y \in X)$ mit $(W + 1)\,(W + 1) \subseteqq V + 1$ und $(W + 1)\, W_y \subseteqq V_y$. $M = (W + 1)\, U \cup \bigcup_{y \in X} W_y U_y$ gehört $\mathfrak{W}(x)$ an. Zu beliebigem $z \in M$ folgt $M \in \mathfrak{U}(z)$ und damit $N \in \mathfrak{W}(z)$ wegen $(W + 1)\, M \cup \bigcup_{y \in X} V_y U_y \subseteqq N$. $t^r(\tau)$ ist deshalb eine Topologie.

3. Der zweite Teil der Behauptung des Satzes folgt analog wie der entsprechende Teil von 5.5.10.

Als Folgerung erhält man: Ist $m\big(r(\tau)\big)$ eine Topologie, die dem ersten Trennungsaxiom genügt, so ist $m^r(\tau) = t^r(\tau)$.

Für eine beliebige verträgliche Limitierung τ eines $\boldsymbol{K}$-Radialraumes ist im allgemeinen $t(\tau)$ ungleich $t^r(\tau)$, zum Beispiel für die im Beispiel vor 5.4.2 angeführte Limitierung.

5.5.7 bis 5.5.11 entnimmt man

5.5.12. *f sei eine homogene Abbildung des $\boldsymbol{K}$-Radialraumes X in einen $\boldsymbol{K}$-Radialraum Y. τ sei eine Limitierung von X mit (5.5.2) und τ' eine Limitierung von Y mit der entsprechenden Eigenschaft. Ist f an einer Stelle $x \in X$ bez. τ und τ' stetig,* *so auch an dieser Stelle bez.* $r(\tau)$ *und* $r(\tau')$, *bez.* $p^r(\tau)$ *und* $p^r(\tau')$ *und bez.* $m^r(\tau)$ *und* $m^r(\tau')$. *Ist* f *bez.* τ *und* τ' *stetig, so auch bez.* $t^r(\tau)$ *und* $t^r(\tau')$.

c) Schließlich sei X ein $\boldsymbol{K}$-Vektorraum und τ eine Limitierung von X mit (5.5.2). $v(\tau)$ sei diejenige Limitierung von X, für die zu beliebigem $x \in X$ die Menge der Filter $\mathfrak{F}_1 + \cdots + \mathfrak{F}_n + \boldsymbol{V}\mathfrak{G}_1 + \cdots + \boldsymbol{V}\mathfrak{G}_m$ $\big(n, m \in \boldsymbol{N}^+;\ x_i \in X$ und $\mathfrak{F}_i \in \tau(x_i)$ $(i = 1, \ldots n)$ mit $x = x_1 + \cdots + x_n$; $y_j \in X$ und $\mathfrak{G}_j \in \tau(y_j)$ $(j = 1, \ldots, m)\big)$ eine Subbasis von $v(\tau)(x)$ ist.

5.5.13 (Nächstgröbere Vektorraumlimitierung). $v(\tau)$ *ist die feinste verträgliche Limitierung des Vektorraumes* X, *die gröber als* τ *ist. Es gilt* $v(\tau) = g\big(r(\tau)\big)$.

Beweis. Gegeben seien ein $x \in X$ und ein Filter $\mathfrak{F} \in v(\tau)(x)$. Es existieren eine nichtleere endliche Menge K und zu jedem $k \in K$ ein n_k und m_k aus $\boldsymbol{N}^+$ und Punkte $x_{ki} \in X$ und Filter $\mathfrak{F}_{ki} \in \tau(x_{ki})$ $(i = 1, \ldots, n_k)$ mit $x = x_{k1} + \cdots + x_{kn}$ und Punkte $y_{kj} \in X$ und Filter $\mathfrak{G}_{kj} \in \tau(y_{kj})$ $(j = 1, \ldots, m_k)$ mit

$$\mathfrak{F} \supseteqq \bigcap_{k \in K} (\mathfrak{F}_{k1} + \cdots + \mathfrak{F}_{kn_k} + \boldsymbol{V}\mathfrak{G}_{k1} + \cdots + \boldsymbol{V}\mathfrak{G}_{km_k})\,. \tag{5.5.8}$$

Zu jedem $\alpha \in \boldsymbol{K}$ folgt $\alpha\mathfrak{F} \in v(\tau)(\alpha x)$ wegen $\alpha\mathfrak{F}_{ki} \in \tau(\alpha x_{ki})$ und $\alpha\mathfrak{G}_{kj} \in \tau(\alpha y_{kj})$ und wegen 5.2.7 und (5.4.1) $\boldsymbol{V}\mathfrak{F} \supseteqq \bigcap_{k \in K} (\boldsymbol{V}\mathfrak{F}_{k1} + \cdots + \boldsymbol{V}\mathfrak{F}_{kn_k} + \boldsymbol{V}\mathfrak{G}_{k1} + \cdots + \boldsymbol{V}\mathfrak{G}_{km_k})$, also $\boldsymbol{V}\mathfrak{F} \in v(\tau)(0)$. Zu beliebigen $y \in X$ und $\mathfrak{G} \in v(\tau)(y)$ ergibt sich mittels (5.5.8) und einer entsprechenden Beziehung für $\mathfrak{G}$ unter Berücksichtigung von 5.1.10, daß $\mathfrak{F} + \mathfrak{G} \in v(\tau)(x + y)$ ist. $v(\tau)$ ist somit eine verträgliche Limitierung. Offensichtlich ist $v(\tau)$ gröber als τ und ist jede verträgliche Limitierung von X, die gröber als τ ist, auch gröber als $v(\tau)$.

Wegen $\boldsymbol{V} \subseteqq [0]$ gilt $(\boldsymbol{V} + 1)\,\mathfrak{H} \subseteqq \mathfrak{H}$ für jeden Filter $\mathfrak{H}$ in X. Für den Filter $\mathfrak{F} \in v(\tau)(x)$ folgt daher mittels (5.5.8), daß $\mathfrak{F} \in g\big(r(\tau)\big)(x)$ und damit $v(\tau) \subseteqq g\big(r(\tau)\big)$ gilt. Wegen 5.3.9 erhält man $\boldsymbol{V}\mathfrak{H} + \mathfrak{H} \subseteqq (\boldsymbol{V} + 1)\,\mathfrak{H}$ für jeden Vektor $\mathfrak{H}$ in X, womit unter Berücksichtigung von 5.1.10 aus $\mathfrak{G} \in g\big(r(\tau)\big)(x)$ umgekehrt leicht $\mathfrak{G} \in v(\tau)(x)$ und damit $v(\tau) = g\big(r(\tau)\big)$ folgt.

$v(\tau)$ ist eine Pseudotopologie, wenn τ eine Pseudotopologie ist.

Aus 5.5.2 und 5.5.8 folgt wegen $v(\tau) = g\big(r(\tau)\big)$

5.5.14. *Eine lineare Abbildung* f *von* X *in einen* $\boldsymbol{K}$-*Vektorraum* Y *ist bezüglich der Limitierung* τ *und einer beliebigen verträglichen Limitierung* τ' *von* Y *an einer Stelle* $x \in X$ *genau dann stetig, wenn* f *bez.* $v(\tau)$ *und* τ' *in* x *stetig ist.*

Wir können v auf $p(\tau)$ anwenden und setzen

$$p^v(\tau) = v\big(p(\tau)\big)\,.$$

Unter Beachtung von 3.6.7, 5.5.13 und 5.5.14 folgt

5.5.15 (Nächstgröbere Vektorraumpseudotopologie). $p^v(\tau)$ *ist die feinste verträgliche Pseudotopologie des Vektorraumes* X, *die gröber als* τ *ist. Eine lineare*

Abbildung f von X in einen $\boldsymbol{K}$-Vektorraum Y ist bez. τ und einer verträglichen Pseudotopologie τ' von Y an einer Stelle $x \in X$ genau dann stetig, wenn f bez. $p^v(\tau)$ und τ' in x stetig ist.

$p^v(\tau)$ ist wegen (5.4.8) durch $p^v(\tau)(0)$ bestimmt. Ist τ entartet, so hat $p^v(\tau)(0)$ die Menge aller Filtersummen $\boldsymbol{V}x_1 + \cdots + \boldsymbol{V}x_n$ ($n \in \boldsymbol{N}^+$; $x_1, \ldots, x_n \in X$) als Subbasis und — wie wegen $\boldsymbol{V}x \subseteqq [0]$ folgt — sogar als Basis. Wenn τ nicht entartet ist, hat $p^v(\tau)(0)$ die Menge aller Filter

$$(\mathfrak{F}_1 + \cdots + \mathfrak{F}_l + \boldsymbol{V}\mathfrak{G}_1 + \cdots + \boldsymbol{V}\mathfrak{G}_m - x) + \boldsymbol{V}x_1 + \cdots + \boldsymbol{V}x_n \tag{5.5.9}$$

($l, m, n \in \boldsymbol{N}^+$; $z_i \in X$ und $\mathfrak{F}_i \in \tau(z_i)$ ($i = 1, \ldots, l$) mit $x = z_1 + \cdots + z_l$; $y_j \in X$ und $\mathfrak{G}_j \in \tau(y_j)$ ($j = 1, \ldots, m$); $x_k \in X$ ($k = 1, \ldots, n$)) als Subbasis, wie sich leicht mittels 5.1.10 und 5.2.7 unter Beachtung, daß jeder Filter $\mathfrak{F} \in p(\tau)(x)$ ($x \in X$) Oberfilter eines Filterdurchschnittes $\mathfrak{G} \cap [x]$ ($\mathfrak{G} \in \tau(x)$) ist, ergibt. (Der Definition von v und p entnimmt man, daß jeder Filter (5.5.9) natürlich $p^v(\tau)(0)$ angehört.) Ist τ eine verträgliche Limitierung des Vektorraumes X, die nicht entartet ist, so hat $p^v(\tau)(0)$ wegen (5.4.4) und (5.4.6) die Menge aller Filter

$$(\mathfrak{F} - x) + \boldsymbol{V}x_1 + \cdots + \boldsymbol{V}x_n \tag{5.5.10}$$

($n \in \boldsymbol{N}^+$; $x, x_1, \ldots, x_n \in X$; $\mathfrak{F} \in \tau(x)$) als Subbasis.

Wegen 5.5.9 und 5.5.13 gilt $v(p(\tau)) = g(r(p(\tau))) = g(p(r(p(\tau))))$, also

$$p^v(\tau) = p^g(p^r(\tau)) . \tag{5.5.11}$$

Für eine beliebige verträgliche Limitierung τ eines $\boldsymbol{K}$-Vektorraumes ist im allgemeinen $p(\tau)$ ungleich $p^v(\tau)$, etwa für die im Beispiel vor 5.4.2 angegebene Limitierung.

Die τ assoziierte verträgliche mehrstufige Topologie ist wegen 5.4.6 eine Topologie und damit gleich der τ assoziierten verträglichen Topologie. Wir bilden diese im folgenden unter Benutzung des nachstehenden Hilfssatzes, den man analog wie 5.5.4 beweist.

5.5.16. *Jeder Filter $\mathfrak{F}$ in dem Vektorraum X besitzt einen maximalen Unterfilter $\mathfrak{G}$ mit $\mathfrak{G} \subseteqq \mathfrak{G} + \mathfrak{G}$ und $\mathfrak{G} \subseteqq \boldsymbol{V}\mathfrak{G}$.*

Wir bezeichnen mit $\mathfrak{V}(0)$ den maximalen Unterfilter des Nullnachbarschaftsfilters $\mathfrak{N}(0)$ bez. $p^v(\tau)$, für den $\mathfrak{V}(0) \subseteqq \mathfrak{V}(0) + \mathfrak{V}(0)$ und $\mathfrak{V}(0) \subseteqq \boldsymbol{V}\mathfrak{V}(0)$ gilt, und führen eine Limitierung $t^v(\tau)$ durch

$$t^v(\tau)(x) = x + [\mathfrak{V}(0)]$$

($x \in X$) ein.

5.5.17 (Nächstgröbere Vektorraumtopologie). *$t^v(\tau)$ ist die feinste verträgliche Topologie des Vektorraumes X, die gröber als τ ist. Eine lineare Abbildung f von X in einen $\boldsymbol{K}$-Vektorraum Y ist bez. τ und einer verträglichen Topologie τ' von Y genau dann stetig, wenn f bez. $t^v(\tau)$ und τ' stetig ist.*

Beweis. Die beiden Teile der Behauptung beweist man analog wie die entsprechenden Teile von 5.5.5. Zum ersten Teil bemerken wir lediglich, daß wegen 5.4.5 $\mathfrak{N}(0) = \alpha\mathfrak{N}(0)$ und damit $\mathfrak{B}(0) = \alpha\mathfrak{B}(0)$ zu beliebigem $\alpha \in \boldsymbol{K} \setminus \{0\}$ gilt und natürlich $\mathfrak{B}(0) \subseteqq 0\mathfrak{B}(0)$ ist und daß wegen (5.4.15) $\mathfrak{N}(0) \subseteqq \boldsymbol{V}x$ und damit $\mathfrak{B}(0) \subseteqq \boldsymbol{V}x$ zu beliebigem $x \in X$ gilt. Beim zweiten Teil gehen wir nur auf eine Richtung ein und nehmen an, daß die Abbildung f bez. τ und τ' stetig ist. $\mathfrak{W}$ sei der Nullnachbarschaftsfilter bez. τ'. Mit ähnlichen Schlüssen wie im Beweis von 5.5.5 folgt $f^{-1}(\mathfrak{W}) \subseteqq \mathfrak{N}(0)$ und $f^{-1}(\mathfrak{W}) \subseteqq f^{-1}(\mathfrak{W}) + f^{-1}(\mathfrak{W})$. Es gilt $f^{-1}[VW] \supseteqq Vf^{-1}[W]$ zu beliebigem $V \in \boldsymbol{V}$ und $W \in \mathfrak{W}$ und deshalb $f^{-1}(\boldsymbol{V}\mathfrak{W}) \subseteqq \boldsymbol{V}f^{-1}(\mathfrak{W})$, wegen $\mathfrak{W} \subseteqq \boldsymbol{V}\mathfrak{W}$ also $f^{-1}(\mathfrak{W}) \subseteqq \boldsymbol{V}f^{-1}(\mathfrak{W})$. Man erhält daher $f^{-1}(\mathfrak{W}) \subseteqq \mathfrak{B}(0)$ und somit $\mathfrak{W} \subseteqq f(\mathfrak{B}(0))$, d. h., daß f in 0 bez. $t^v(\tau)$ und τ' stetig ist. Wegen Korollar 1 von 5.4.2 ist f dann in jedem Punkt von X bez. $t^v(\tau)$ und τ' stetig.

Wegen 5.5.17 gilt $t^v(\tau) = t^v(t^v(\tau))$, $t^v(\tau) \geqq t^g(\tau)$ und $t^v(\tau) \geqq t^r(\tau)$, somit

$$t^v(\tau) \geqq t^g(t^r(\tau)) , \tag{5.5.12}$$

wobei t^g und t^r bezüglich der Vektoraddition und skalaren Multiplikation gemeint sind. Natürlich kann zu $t^r(\tau)$ die assoziierte mit der Vektoraddition verträgliche Topologie gebildet werden.

Für eine beliebige verträgliche Limitierung τ eines $\boldsymbol{K}$-Vektorraumes ist im allgemeinen $t(\tau)$ ungleich $t^v(\tau)$, das trifft zum Beispiel für die im Beispiel vor 5.4.2 angegebene Limitierung τ zu. Aus 5.15.14 wird sich ergeben, daß im allgemeinen sogar für verträgliche Pseudotopologien von Vektorräumen im allgemeinen $t(\tau)$ nicht mit $t^v(\tau)$ übereinstimmt.

Aus 5.5.14, 5.5.15 und 5.5.17 resultiert

5.5.18. *f sei eine lineare Abbildung des Vektorraumes X in einen $\boldsymbol{K}$-Vektorraum Y. τ sei eine Limitierung von X mit* (5.5.2) *und τ' eine Limitierung von Y mit der entsprechenden Eigenschaft. Ist f an einer Stelle $x \in X$ bez. τ und τ' stetig, so ist f auch in x bez. $v(\tau)$ und $v(\tau')$ und bez. $p^v(\tau)$ und $p^v(\tau')$ stetig. Ist f bez. τ und τ' stetig, so auch bez. $t^v(\tau)$ und $t^v(\tau')$.*

Mit LGR, LRAD und LVEK bezeichnen wir die Kategorie aller limitierten Gruppen, aller limitierten $\boldsymbol{K}$-Radialräume bzw. aller limitierten $\boldsymbol{K}$-Vektorräume. LGR hat als Objekte alle limitierten Gruppen und als Morphismen alle stetigen Homomorphismen limitierter Gruppen in limitierte Gruppen, LRAD als Objekte alle limitierten $\boldsymbol{K}$-Radialräume und als Morphismen alle stetigen homogenen Abbildungen limitierter $\boldsymbol{K}$-Radialräume in limitierte $\boldsymbol{K}$-Radialräume, schließlich LVEK als Objekte alle limitierten $\boldsymbol{K}$-Vektorräume und als Morphismen alle stetigen linearen Abbildungen limitierter $\boldsymbol{K}$-Vektorräume in limitierte $\boldsymbol{K}$-Vektorräume. Morphismenkomposition ist stets die übliche Komposition der Abbildungen. Selbstverständlich meinen wir streng genommen als Morphismen wieder die Tripel (f, X, Y) anstelle der Abbildungen $f\colon X \to Y$ und wird die Morphismenkomposition nur für Morphismen (f, X, Y) und (g, U, Z) mit $Y = U$ erklärt. Bimorphismen der Kategorien LGR, LRAD und

LVEK sind im allgemeinen keine Isomorphismen dieser Kategorien, wie sich leicht ergibt.

Die vollen Unterkategorien von LGR, die als Objekte alle pseudotopologischen Gruppen bzw. alle topologischen Gruppen haben, bezeichnen wir mit PGR bzw. TGR, die vollen Unterkategorien von LGR, die als Objekte alle limitierten, pseudotopologischen bzw. topologischen abelschen Gruppen haben, mit LAB, PAB bzw. TAB, die vollen Unterkategorien von LRAD, die als Objekte alle pseudotopologischen, mehrstufig topologischen bzw. topologischen Radialräume haben, mit PRAD, MRAD bzw. TRAD und die vollen Unterkategorien von LVEK, die als Objekte alle pseudotopologischen bzw. topologischen Vektorräume haben, mit PVEK bzw. TVEK. Wollen wir die Abhängigkeit von $\boldsymbol{K}$ bei LRAD, LVEK und den angeführten Unterkategorien mit ausdrücken, so fügen wir noch $\boldsymbol{K}$ als unteren Index bei den Bezeichnungen an, schreiben also zum Beispiel $\mathrm{LRAD}_{\boldsymbol{K}}$ anstelle von LRAD.

Wegen 5.5.6 gibt es Funktoren $\boldsymbol{p}^g$: LGR → PGR und $\boldsymbol{t}^g$: LGR → TGR der folgenden Art: $\boldsymbol{p}^g$ und $\boldsymbol{t}^g$ ordnen jeder limitierten Gruppe X diejenige limitierte Gruppe $\boldsymbol{p}^g(X)$ bzw. $\boldsymbol{t}^g(X)$ zu, die sich von X nur dadurch unterscheidet, daß deren Limitierung τ durch $p^g(\tau)$ bzw. $t^g(\tau)$ ersetzt ist. Ferner ordnen $\boldsymbol{p}^g$ und $\boldsymbol{t}^g$ jedem Morphismus (f, X, Y) von LGR die Morphismen $(f, \boldsymbol{p}^g(X), \boldsymbol{p}^g(Y))$ von PGR bzw. $(f, \boldsymbol{t}^g(X), \boldsymbol{t}^g(Y))$ von TGR zu. Entsprechend kann man unter Berücksichtigung von 5.5.12 und 5.5.18 Funktoren von LRAD in PRAD, von LRAD in MRAD, von LRAD in TRAD, von LVEK in PVEK und von LVEK in TVEK einführen; in Abschnitt 5.7 erweitern wir diese Funktoren.

Für den Vergißfunktor V: LGR → GR, der jeder limitierten Gruppe X die unterliegende Gruppe $|X|$ und jedem Morphismus (f, X, Y) von LGR den Morphismus $(f, |X|, |Y|)$ von GR zuordnet, und die entsprechend definierten Vergißfunktoren V^p: PGR → GR und V^t: TGR → GR gilt

$$V^p\boldsymbol{p}^g = V \quad \text{und} \quad V^t\boldsymbol{t}^g = V\,. \tag{5.5.13}$$

Da V treu und regulär ist, folgt wegen 3.2.9, daß die in Ob LGR bez. V durch (3.2.8) definierte Präordnung eine Ordnung ist. Bezüglich dieser gilt für beliebige limitierte Gruppen X und Y

$X \leqq Y \Leftrightarrow$ Die X und Y unterliegenden Gruppen stimmen überein, und die Limitierung von X ist feiner als die Limitierung von Y. (5.5.14)

Insbesondere folgt

$$X \leqq \boldsymbol{p}^g(X) \leqq \boldsymbol{t}^g(X) \tag{5.5.15}$$

für jede limitierte Gruppe.

Offensichtlich bestehen für limitierte abelsche Gruppen und für limitierte Radial- und Vektorräume entsprechende Aussagen. Die Vergißfunktoren von LAB, PAB und TAB in AB, von LRAD, PRAD, MRAD und TRAD in RAD und von LVEK, PVEK und TVEK in VEK werden in naheliegender Weise definiert.

5.6. Über die Limesuniformisierbarkeit limitierter Gruppen

Wir fragen als nächstes nach der Limesuniformisierbarkeit und Pseudouniformisierbarkeit limitierter Gruppen und Vektorräume. Nach 4.3.1 ist ein Limesraum genau dann limesuniformisierbar, wenn seine Limitierung eine Pseudotopologie im weiten Sinne ist und den schwachen ersten und zweiten Trennungsaxiomen genügt. Ferner ist nach 4.3.4 ein Limesraumn genau dann pseudouniformisierbar, wenn seine Limitierung eine Pseudotopologie ist, die dem schwachen zweiten Trennungsaxiom genügt.

Limitierte Gruppen genügen stets dem schwachen zweiten Trennungsaxiom, mit anderen Worten, es gilt:

5.6.1. *Jede limitierte Gruppe X ist schwach separiert.*

Beweis. τ sei die Limitierung von X. Existiert ein eigentlicher Filter $\mathfrak{F} \in \tau(x) \cap \tau(y)$ $(x, y \in X)$, so gilt für jeden Filter $\mathfrak{G} \in \tau(x)$ wegen (5.4.2) $\mathfrak{G}\mathfrak{F}^{-1}\mathfrak{F} \in \tau(y)$, wegen $\mathfrak{F}\mathfrak{F}^{-1} \subseteqq [e]$ also auch $\mathfrak{G} \in \tau(y)$, d. h. $\tau(x) \subseteqq \tau(y)$. Entsprechend folgt dann $\tau(x) \supseteqq \tau(y)$ und somit $\tau(x) = \tau(y)$.

Es gibt limitierte Gruppen, ja sogar limitierte Vektorräume, deren Limitierungen keine Pseudotopologien im weiten Sinne sind, die also nicht limesuniformisierbar sind. Ein Beispiel liefert jeder $\boldsymbol{K}$-Vektorraum X $(\boldsymbol{K} = \boldsymbol{R}$ oder $\boldsymbol{C})$ mit einer von 0 verschiedenen Dimension, der mit der durch $\tau(x) = [[0]]$ $(x \in X)$ definierten Limitierung τ versehen ist. Mittels 5.4.1 folgt, daß τ verträglich ist; offensichtlich ist τ keine Pseudotopolgie im weiten Sinne. Es gibt auch limitierte Vektorräume, deren Limitierungen Pseudotopologien im weiten Sinne sind, die aber nicht dem schwachen ersten Trennungsaxiom genügen. Ein Beispiel liefert der $\boldsymbol{K}$-Vektorraum $\boldsymbol{K}^2$, versehen mit der durch $\tau(\xi, 0) = [(\boldsymbol{V} + \xi) \times \{\boldsymbol{K}\}]$ und $\tau(\xi, \eta) = \{\mathsf{P}\boldsymbol{K}^2\}$ $(\eta \neq 0)$ definierten Limitierung τ. Die Verträglichkeit von τ folgt mittels 5.4.1, wegen $[(\xi, 0)] \in \tau(\xi, 0)$ $(\xi \in \boldsymbol{K})$ ist τ eine Pseudotopologie im weiten Sinne und wegen $[(\xi, \xi)] \in \tau(\xi, 0)$ und $[(\xi, 0)] \notin \tau(\xi, \xi)$ bei $\xi \neq 0$ genügt τ nicht dem schwachen ersten Trennungsaxiom.

Ist X eine limitierte Gruppe bzw. ein limitierter Vektorraum und ist die Limitierung τ von X eine Pseudotopologie im weiten Sinne, so gilt zu beliebigem $x \in X$ entweder $\tau(x) = \{\mathsf{P}X\}$ oder $\tau(x) = \{x\mathfrak{F} \mid \mathfrak{F} \in \tau(e)\}$ bzw. $\tau(x) = \{x + \mathfrak{F} \mid \mathfrak{F} \in \tau(0)\}$, bildet die Menge $Y = \{x \in X \mid \tau(x) \neq \{\mathsf{P}X\}\}$ eine Untergruppe bzw. einen Teilvektorraum von X und ist Y, versehen mit der induzierten Limitierung τ_Y, eine pseudotopologische Gruppe bzw. ein pseudotopologischer Vektorraum.

Limesuniformisierbare limitierte Gruppen und Vektorräume sind nicht etwa stets pseudotopologische Gruppen bzw. Vektorräume; der vor 5.4.2 angegebene limitierte $\boldsymbol{K}$-Vektorraum ist zum Beispiel limesuniformisierbar und kein pseudotopologischer Vektorraum (die feinste die Limitierung erzeugende limesuniforme Struktur ist $\mathfrak{U} = [\boldsymbol{V} \times \boldsymbol{V}]$).

Während limitierte Gruppen und Vektorräume im allgemeinen nicht limesuniformisierbar sind, ist wegen 4.3.4 und 5.6.1 jede pseudotopologische Gruppe und damit auch jeder pseudotopologische Vektorraum pseudouniformisierbar. Wir geben im weiteren pseudouniforme Strukturen an, die die betreffenden Pseudotopologien erzeugen, bringen aber vorher noch einige Bemerkungen zur Äquivalenz der Trennungsaxiome T_1 und T_2 bei limitierten Gruppen. Nach 4.3.3 trifft diese Äquivalenz für beliebige limesuniforme Räume und insbesondere damit für beliebige limitierte Gruppen und Vektorräume, die limesuniformisierbar, und somit erst recht für solche, die pseudouniformisierbar sind, zu.

Damit folgt unter Berücksichtigung von 3.7.2 und (5.4.8)

5.6.2 (Separiertheit pseudotopologischer Gruppen). *Eine pseudotopologische Gruppe X ist genau dann separiert, wenn sie dem Axiom T_1 genügt, ferner genau dann, wenn zu jedem vom Einselement e verschiedenen Element x von X und jedem Filter $\mathfrak{F} \to e$ ein $F \in \mathfrak{F}$ mit $x \notin F$ existiert, also $\bigcup_{\mathfrak{F} \to e} \bigcap_{F \in \mathfrak{F}} F = \{e\}$ ist, schließlich genau dann, wenn $\{e\}$ abgeschlossen ist. Eine topologische Gruppe ist genau dann separiert, wenn $\bigcap_{N \in \mathfrak{N}(e)} N = \{e\}$ für den Nachbarschaftsfilter $\mathfrak{N}(e)$ von e gilt.*

Anmerkung. Die in 5.4.3 auftretende Pseudotopologie $\tau^{\mathfrak{B}}$ ist nach diesem Satz nur dann separiert, wenn $\mathfrak{B}$ der aus $\{e\}$ erzeugte Dualfilter (e) ist.

Es gibt limitierte Vektorräume und somit auch limitierte Gruppen, die dem Axiom T_2 und nicht dem Axiom T_1 genügen. Ein Beispiel liefert der $\boldsymbol{K}$-Vektorraum $\boldsymbol{K}^2$, der mit der durch $\tau(\xi, \eta) = \tau_{\text{nat}}(\eta, \xi)$ definierten Limitierung τ versehen ist, wobei τ_{nat} die natürliche Topologie von $\boldsymbol{K}^2$ bezeichnet. Die Verträglichkeit von τ überprüft man leicht mittels 5.4.1; τ ist genauso wie τ_{nat} separiert, genügt aber nicht dem Axiom T_1, denn für $\xi \neq \eta$ sind $x = (\xi, \eta)$ und $y = (\eta, \xi)$ ungleich und gilt $[x] \in \tau(y)$.

Wir konstruieren nun pseudouniforme Strukturen in pseudotopologischen Gruppen und Vektorräumen, die die Pseudotopologien erzeugen. X sei dazu eine beliebige pseudotopologische Gruppe und τ die Pseudotopologie von X. Δ bezeichne die Diagonale von $X \times X$. Wir setzen

$$\Gamma_r = \{\mathfrak{F} \in \mathcal{F}X \mid \mathfrak{F}\mathfrak{F}^{-1} \in \tau(e)\}, \qquad \Gamma_l = \{\mathfrak{F} \in \mathcal{F}X \mid \mathfrak{F}^{-1}\mathfrak{F} \in \tau(e)\}$$

und

$$\Gamma = \Gamma_r \cap \Gamma_l .$$

Die Filter aus Γ_r, Γ_l bzw. Γ bezeichnen wir als **Rechts-Cauchy-Filter, Links-Cauchy-Filter** bzw. **Cauchy-Filter** der pseudotopologischen Gruppe X. Wenn X abelsch ist, gilt $\Gamma_r = \Gamma_l = \Gamma$.

Wir bringen zunächst zwei Hilfssätze.

5.6.3. *Für beliebige Filter $\mathfrak{F}$, $\mathfrak{G} \in \Gamma_r$ mit $\mathfrak{F} \vee \mathfrak{G} \neq \mathsf{P}X$ gilt $\mathfrak{F} \cap \mathfrak{G} \in \Gamma_r$.*

Beweis. Wegen $\mathfrak{F} \vee \mathfrak{G} \neq \mathsf{P}X$ ergibt sich $[e] \supseteqq \mathfrak{F}^{-1}\mathfrak{G}$, damit $\mathfrak{F}\mathfrak{G}^{-1} \supseteqq \mathfrak{F}(\mathfrak{F}^{-1}\mathfrak{G})\,\mathfrak{G}^{-1} = (\mathfrak{F}\mathfrak{F}^{-1})\,(\mathfrak{G}\mathfrak{G}^{-1}) \in \tau(e)$, folglich $\mathfrak{F}\mathfrak{G}^{-1} \in \tau(e)$ und analog $\mathfrak{G}\mathfrak{F}^{-1} \in \tau(e)$, unter Berücksichtigung von 5.1.10 also

$$(\mathfrak{F} \cap \mathfrak{G})\,(\mathfrak{F} \cap \mathfrak{G})^{-1} = \mathfrak{F}\mathfrak{F}^{-1} \cap \mathfrak{F}\mathfrak{G}^{-1} \cap \mathfrak{G}\mathfrak{F}^{-1} \cap \mathfrak{G}\mathfrak{G}^{-1} \in \tau(e)\,,$$

d. h. $\mathfrak{F} \cap \mathfrak{G} \in \Gamma_r$.

5.6.4. *Zu beliebigen Filtern* $\mathfrak{F}, \mathfrak{G} \in \Gamma_r$ *existiert ein Filter* $\mathfrak{H} \in \Gamma_r$ *mit*

$$\mathfrak{H} \times \mathfrak{H} \subseteqq (\mathfrak{G} \times \mathfrak{G}) \circ (\mathfrak{F} \times \mathfrak{F})\,. \tag{5.6.1}$$

Beweis. Im Falle $\mathfrak{F} \vee \mathfrak{G} \neq \mathsf{P}X$ gehört der Filter $\mathfrak{H} = \mathfrak{F} \cap \mathfrak{G}$ wegen 5.6.3 zu Γ_r und gilt, wie sich mittels (2.6.3) und (2.7.17) ergibt, für diesen Filter (5.6.1). Ist $\mathfrak{F} \vee \mathfrak{G} = \mathsf{P}X$, so folgt wegen (2.7.17) für den Filter $\mathfrak{H} = \mathsf{P}X$, der natürlich Γ_r angehört, sogar $\mathfrak{H} \times \mathfrak{H} = (\mathfrak{G} \times \mathfrak{G}) \circ (\mathfrak{F} \times \mathfrak{F})$.

Unter Benutzung von 5.6.4 zeigen wir (siehe C. H. Cook und H. R. Fischer [2] und H. H. Keller [5])

5.6.5. *Das* $\wedge$*-Ideal* $\mathfrak{U}$, *das als eine Subbasis die Menge aller Filter* $[\Delta]$ *und* $\mathfrak{F} \times \mathfrak{F}$ $(\mathfrak{F} \in \Gamma_r)$ *hat, ist die feinste pseudouniforme Struktur der pseudotopologischen Gruppe* X, *die die Pseudotopologie von* X *erzeugt und für die* Γ_r *gerade aus allen* Cauchy*-Filtern bez.* $\mathfrak{U}$ *besteht.*

Beweis. 1. $\mathfrak{G}$ sei ein Filter aus $\mathfrak{U}$. Es existieren endlich viele Filter $\mathfrak{F}_1, \ldots, \mathfrak{F}_n$ aus Γ_r mit

$$(\mathfrak{F}_1 \times \mathfrak{F}_1) \cap \cdots \cap (\mathfrak{F}_n \times \mathfrak{F}_n) \cap [\Delta] \subseteqq \mathfrak{G}\,. \tag{5.6.2}$$

Da $(\mathfrak{F}_i \times \mathfrak{F}_i)^{-1} = \mathfrak{F}_i \times \mathfrak{F}_i$ wegen (2.7.16) zu beliebigem $i = 1, \ldots, n$ und $[\Delta]^{-1} = [\Delta]$ wegen (2.7.7) ist, folgt unter Berücksichtigung von 2.7.5 und (2.7.12) leicht $\mathfrak{G}^{-1} \in \mathfrak{U}$ [1]).

$\mathfrak{H}$ sei ein weiterer Filter aus $\mathfrak{U}$. Wir nehmen — ohne die Allgemeinheit einzuschränken — an, daß auch $\mathfrak{G}$ ein Oberfilter des in (5.6.2) auf der linken Seite stehenden Filterdurchschnittes ist. Unter Berücksichtigung von 2.7.5, 2.7.7, (2.7.9) und 5.6.4 ergibt sich aus (5.6.2) und der entsprechenden Beziehung für $\mathfrak{H}$, daß $\mathfrak{H} \circ \mathfrak{G}$ zu $\mathfrak{U}$ gehört.

Natürlich gilt $[\Delta] \in \mathfrak{U}$, so daß $\mathfrak{U}$ eine pseudouniforme Struktur ist.

2. Wir zeigen nun, daß Γ_r aus allen Cauchy-Filtern bez. $\mathfrak{U}$ besteht. Aus $\mathfrak{F} \in \Gamma_r$ folgt nach Definition von $\mathfrak{U}$, daß $\mathfrak{F} \times \mathfrak{F} \in \mathfrak{U}$ gilt, $\mathfrak{F}$ also ein Cauchy-Filter bez. $\mathfrak{U}$ ist. Nun sei $\mathfrak{F}$ ein Cauchy-Filter bez. $\mathfrak{U}$. Es existieren endlich viele Filter $\mathfrak{F}_1, \ldots, \mathfrak{F}_n \in \Gamma_r$ derart, daß $\mathfrak{F} \times \mathfrak{F}$ ein Oberfilter des in (5.6.2) auf der linken Seite stehenden Filterdurchschnittes ist. Zu beliebigen $F_i \in \mathfrak{F}_i$ $(i = 1, \ldots, n)$ gibt es daher ein $F \in \mathfrak{F}$ mit

$$F \times F \subseteqq (F_1 \times F_1) \cup \cdots \cup (F_n \times F_n) \cup \Delta\,,$$

---

[1]) Zwischen den Exponenten **—1** und −1 ist zu unterscheiden; siehe Abschnitt 2.7.

folglich mit

$$FF^{-1} \subseteqq F_1F_1^{-1} \cup \cdots \cup F_nF_n^{-1} \cup \{e\} .$$

Auf Grund der letzten Beziehung gilt

$$\mathfrak{F}\mathfrak{F}^{-1} \supseteqq \mathfrak{F}_1\mathfrak{F}_1^{-1} \cap \cdots \cap \mathfrak{F}_n\mathfrak{F}_n^{-1} \cap [e] ,$$

demnach $\mathfrak{F}\mathfrak{F}^{-1} \in \tau(e)$, d. h. $\mathfrak{F} \in \Gamma_r$.

3. Zu beliebigen $x \in X$ und $\mathfrak{F} \in \tau(x)$ folgt $\mathfrak{F} \cap [x] \in \tau(x)$ und damit $[x] \times \mathfrak{F} \supseteqq (\mathfrak{F} \cap [x]) \times (\mathfrak{F} \cap [x]) \in \mathfrak{U}$, also $[x] \times \mathfrak{F} \in \mathfrak{U}$. Für einen beliebigen Filter $\mathfrak{F}$ in X mit $[x] \times \mathfrak{F} \in \mathfrak{U}$ ergibt sich mit ähnlichen Schlüssen wie im Teil 2 des Beweises, daß $\mathfrak{F}x^{-1} \in \tau(e)$, somit $\mathfrak{F} \in \tau(x)$ ist. $\mathfrak{U}$ erzeugt daher die Pseudotopologie von X. Offensichtlich besitzt $\mathfrak{U}$ die im Satz angegebene Minimaleigenschaft.

Anmerkung. Es ergibt sich leicht, daß die Sätze 5.6.3 bis 5.6.5 auch gelten, wenn man bei diesen Γ_r durch Γ_l ersetzt. Der Durchschnitt der in 5.6.5 angegebenen pseudouniformen Struktur und der entsprechenden pseudouniformen Struktur, die sich nach einer Ersetzung von Γ_r durch Γ_l ergibt, ist nach (4.2.11) (vergleiche auch (4.2.1) und (4.2.3)) eine pseudouniforme Struktur, die die Pseudotopologie von X erzeugt.

Für die Anwendungen ist es häufig wichtig, geeignete gröbere die Pseudotopologie von X erzeugende pseudouniforme Strukturen zu haben als die bisher angegebenen. Wir konstruieren im folgenden pseudouniforme Strukturen, die rechts- bzw. linksinvariant sind. Dabei bezeichnen wir eine pseudouniforme Struktur $\mathfrak{U}$ von X (allgemeiner eine limesuniforme Struktur $\mathfrak{U}$ einer Gruppe) als **rechts-** bzw. **linksinvariant,** wenn $\mathfrak{U}[\Delta] = \mathfrak{U}$ bzw. $[\Delta]\, \mathfrak{U} = \mathfrak{U}$ gilt. Für jeden Filter $\mathfrak{F}$ in $X \times X$ gilt $\mathfrak{F}[\Delta] \subseteqq \mathfrak{F}$ wegen $(e, e) \in \Delta$, so daß die Rechts- bzw. Linksinvarianz bedeutet, daß mit $\mathfrak{F}$ stets $\mathfrak{F}[\Delta]$ bzw. $[\Delta]\, \mathfrak{F}$ zu $\mathfrak{U}$ gehört. Ist die Gruppe X abelsch, so stimmen natürlich die Rechts- und Linksinvarianz überein, und wir sprechen dann einfach von **Invarianz.**

Zunächst führen wir wieder einen Hilfssatz an.

5.6.6. *Zu beliebigen Filtern $\mathfrak{F}$, $\mathfrak{G} \in \Gamma_r$ existiert ein Filter $\mathfrak{H} \in \Gamma_r$ mit*

$$(\mathfrak{H} \times \mathfrak{H})\,[\Delta] \subseteqq ((\mathfrak{G} \times \mathfrak{G})\,[\Delta]) \circ ((\mathfrak{F} \times \mathfrak{F})\,[\Delta]) . \tag{5.6.3}$$

Beweis. Wegen 5.1.13 gilt $(\mathfrak{F}\mathfrak{F}^{-1} \times \mathfrak{G}\mathfrak{G}^{-1})\,[\Delta] = ((\mathfrak{G} \times \mathfrak{G})\,[\Delta]) \circ ((\mathfrak{F} \times \mathfrak{F})\,[\Delta])$, für $\mathfrak{H} = \mathfrak{F}\mathfrak{F}^{-1} \cap \mathfrak{G}\mathfrak{G}^{-1}$ also (5.6.3). $\mathfrak{H}$ gehört $\tau(e)$ und wegen $\tau(e)\,\tau(e)^{-1} \subseteqq \tau(e)$ (vergleiche (5.4.7)) natürlich Γ_r an.

Unter Berücksichtigung von 5.6.6 zeigen wir

5.6.7. *Das $\wedge$-Ideal $\mathfrak{U}$, das als eine Subbasis die Menge aller Filter $(\mathfrak{F} \times \mathfrak{F})\,[\Delta]$ $(\mathfrak{F} \in \Gamma_r)$ hat, ist die feinste pseudouniforme Struktur der pseudotopologischen Gruppe X, die rechtsinvariant ist und die Pseudotopologie von X erzeugt und für die Γ_r gerade aus allen* Cauchy-*Filtern bez. $\mathfrak{U}$ besteht.*

Beweis. 1. $\mathfrak{G}$ sei ein Filter aus $\mathfrak{U}$. Dann existieren endlich viele Filter $\mathfrak{F}_1, \ldots, \mathfrak{F}_n \in \Gamma_r$ mit

$$(\mathfrak{F}_1 \times \mathfrak{F}_1)[\Delta] \cap \cdots \cap (\mathfrak{F}_n \times \mathfrak{F}_n)[\Delta] \subseteqq \mathfrak{G}\,. \tag{5.6.4}$$

Unter Berücksichtigung von Schlüssen aus Teil 1 des Beweises von 5.6.5 und wegen $((\mathfrak{F}_i \times \mathfrak{F}_i)[\Delta])^{-1} = (\mathfrak{F}_i \times \mathfrak{F}_i)[\Delta]$ $(i = 1, \ldots, n)$ folgt $\mathfrak{G}^{-1} \in \mathfrak{U}$. Aus 5.1.10 und einer Bemerkung vor diesem Satz ergibt sich unter Berücksichtigung von $[\Delta]\,[\Delta] = [\Delta]$, daß die linke Seite von (5.6.4) auch in $\mathfrak{G}[\Delta]$ enthalten ist, somit $\mathfrak{G}[\Delta] \in \mathfrak{U}$ gilt.

$\mathfrak{H}$ sei ein weiterer Filter aus $\mathfrak{U}$. Wir nehmen entsprechend wie im Beweis von 5.6.5 an, daß $\mathfrak{H}$ ein Oberfilter des in (5.6.4) auf der linken Seite stehenden Filterdurchschnittes ist. Mittels 2.7.5, 2.7.7 und 5.6.6 ergibt sich aus (5.6.4) und der entsprechenden Beziehung für $\mathfrak{H}$, daß $\mathfrak{H} \circ \mathfrak{G}$ zu $\mathfrak{U}$ gehört.

Wegen $[e] \in \Gamma_r$ folgt $([e] \times [e])[\Delta] = [\Delta] \in \mathfrak{U}$. $\mathfrak{U}$ ergibt sich daher als eine rechtsinvariante pseudouniforme Struktur.

2. Aus $\mathfrak{F} \in \Gamma_r$ erhält man $\mathfrak{F} \times \mathfrak{F} \supseteqq (\mathfrak{F} \times \mathfrak{F})[\Delta]$ wegen $(e, e) \in \Delta$ und damit, daß $\mathfrak{F} \times \mathfrak{F} \in \mathfrak{U}$ gilt, $\mathfrak{F}$ also ein CAUCHY-Filter bez. $\mathfrak{U}$ ist. Mit Schlüssen wie im Teil 2 des Beweises von 5.6.5 zeigt man umgekehrt, daß jeder CAUCHY-Filter bez. $\mathfrak{U}$ zu Γ_r gehört. Wir bemerken dazu lediglich, daß aus

$$F \times F \subseteqq (F_1 \times F_1)\,\Delta \cup \cdots \cup (F_n \times F_n)\,\Delta$$

$(F, F_i \subseteqq X)$ stets

$$FF^{-1} \subseteqq F_1F_1^{-1} \cup \cdots \cup F_nF_n^{-1}$$

folgt.

3. Wie im Teil 3 des Beweises von 5.6.5 ergibt sich, daß $\mathfrak{U}$ die Pseudotopologie von X erzeugt. Offensichtlich besitzt $\mathfrak{U}$ die im Satz angegebene Minimaleigenschaft.

Anmerkung. Die Sätze 5.6.6 und 5.6.7 bleiben richtig, wenn man bei diesen Γ_r durch Γ_l und rechtsinvariant durch linksinvariant ersetzt.

Die in 5.6.7 auftretende rechtsinvariante pseudouniforme Struktur heißt die **kanonische rechts-pseudouniforme Struktur** von X und die entsprechende linksinvariante pseudouniforme Struktur die **kanonische links-pseudouniforme Struktur** von X. Der Durchschnitt der kanonischen rechts- und links-pseudouniformen Strukturen von X ist nach (4.2.11) ebenfalls eine pseudouniforme Struktur, die die Pseudotopologie von X erzeugt. Sie heißt die **kanonische pseudouniforme Struktur** von X. In dem Fall, daß X abelsch ist, fallen natürlich die kanonischen rechts-pseudouniformen, links-pseudouniformen und pseudouniformen Strukturen von X zusammen. (Siehe W. GÄHLER [6].)

Als nächstes führen wir eine wichtige Eigenschaft der kanonischen rechts-pseudouniformen Struktur an.

5.6.8. *$\mathfrak{U}$ sei die kanonische rechts-pseudouniforme Struktur von X. Dann gibt es zu jedem Filter $\mathfrak{H} \in \mathfrak{U}$ einen Filter $\mathfrak{G} \in \tau(e)$ derart, daß zu beliebigem $G \in \mathfrak{G}$ ein*

$H \in \mathfrak{H}$ existiert, so daß aus $(x, y) \in H$ stets $xy^{-1} \in G$ folgt. Ferner gibt es dann zu jedem Filter $\mathfrak{G} \in \tau(e)$ einen Filter $\mathfrak{H} \in \mathfrak{U}$ derart, daß zu jedem $H \in \mathfrak{H}$ ein $G \in \mathfrak{G}$ existiert, so daß umgekehrt $xy^{-1} \in G$ stets $(x, y) \in H$ nach sich zieht.

Beweis. 1. $\mathfrak{H}$ sei ein Filter aus $\mathfrak{U}$. Es existieren endlich viele Filter $\mathfrak{F}_1, \ldots, \mathfrak{F}_n$ aus Γ_r mit

$$(\mathfrak{F}_1 \times \mathfrak{F}_1)[\Delta] \cap \cdots \cap (\mathfrak{F}_n \times \mathfrak{F}_n)[\Delta] \subseteqq \mathfrak{H} . \tag{5.6.5}$$

Der Filter $\mathfrak{G} = \mathfrak{F}_1\mathfrak{F}_1^{-1} \cap \cdots \cap \mathfrak{F}_n\mathfrak{F}_n^{-1}$ gehört natürlich $\tau(e)$ an, und zu beliebigem $G \in \mathfrak{G}$ existieren $F_i \in \mathfrak{F}_i$ $(i = 1, \ldots, n)$ mit

$$F_1F_1^{-1} \cup \cdots \cup F_nF_n^{-1} \subseteqq G . \tag{5.6.6}$$

$H = (F_1 \times F_1)\,\Delta \cup \cdots \cup (F_n \times F_n)\,\Delta$ ist wegen (5.6.5) ein Element von $\mathfrak{H}$, und aus $(x, y) \in H$ folgt wegen (5.6.6) leicht $xy^{-1} \in G$.

2. $\mathfrak{G}$ sei ein Filter aus $\tau(e)$. Wir bilden $\mathfrak{F} = \mathfrak{G} \cap [e]$ und $\mathfrak{H} = (\mathfrak{F} \times \mathfrak{F})[\Delta]$. $\mathfrak{H}$ gehört $\mathfrak{U}$ an. Zu jedem $H \in \mathfrak{H}$ existiert ein $G \in \mathfrak{F}$ $(\subseteqq \mathfrak{G})$ mit $(G \times G)\,\Delta \subseteqq H$. Da $G \subseteqq GG^{-1}$ wegen $e \in G$ gilt, hat $xy^{-1} \in G$ stets $(x, y) \in (G \times G)\,\Delta$ und damit $(x, y) \in H$ zur Folge.

Mit w_r und w_l bezeichnen wir die durch

$$w_r(x, y) = xy^{-1}$$

und

$$w_l(x, y) = y^{-1}x$$

definierten Abbildungen von $X \times X$ auf X. Eine andere Formulierung von 5.6.8 ist

5.6.8'. *$\mathfrak{U}$ sei die kanonische rechts-pseudouniforme Struktur von X. Für jeden Filter $\mathfrak{H} \in \mathfrak{U}$ gilt $w_r(\mathfrak{H}) \in \tau(e)$ und für jeden Filter $\mathfrak{G} \in \tau(e)$ ferner $w_r^{-1}(\mathfrak{G}) \in \mathfrak{U}$.*

Für jede Teilmenge H von $X \times X$ gilt $(w_r^{-1} \circ w_r)[H] \supseteqq H$, für jeden Filter $\mathfrak{H}$ in $X \times X$ damit

$$(w_r^{-1} \circ w_r)(\mathfrak{H}) \subseteqq \mathfrak{H} . \tag{5.6.7}$$

Wegen dieser Beziehung erhält man leicht aus 5.6.8' das

Korollar **(Kanonische rechts-pseudouniforme Struktur).** *Die kanonische rechts-pseudouniforme Struktur $\mathfrak{U}$ von X hat die Gestalt*

$$\begin{aligned}\mathfrak{U} &= \operatorname*{im}_{\subseteqq,\, \mathcal{F}(X \times X)} \{w_r^{-1}(\mathfrak{G}) \mid \mathfrak{G} \in \tau(e)\} \\ &= \{\mathfrak{H} \in \mathcal{F}(X \times X) \mid w_r(\mathfrak{H}) \in \tau(e)\} .\end{aligned}$$

Für die kanonische links-pseudouniforme Struktur von X gelten natürlich analoge Aussagen wie die von 5.6.8, 5.6.8' und des zugehörigen Korollars.

Wegen (2.5.2) und des Korollars zu 5.6.8' gilt für den Nachbarschaftsfilter $\mathfrak{V}$ der kanonischen rechts-pseudouniformen Struktur von X und den Nachbarschaftsfilter $\mathfrak{N}(e)$ des Einselementes von X

$$\mathfrak{B} = w_r^{-1}(\mathfrak{N}(e)) \tag{5.6.8}$$

und damit auch $\mathfrak{N}(e) = w_r(\mathfrak{B})$.

Ist X eine topologische Gruppe, τ also eine Topologie, so ist die kanonische rechts-pseudouniforme Struktur auf Grund des Korollars zu 5.6.8′ eine uniforme Struktur $[\mathfrak{B}]$, deren Nachbarschaftsfilter $\mathfrak{B}$ durch (5.6.8) festgelegt ist. Diese uniforme Struktur heißt die **kanonische rechts-uniforme Struktur** der topologischen Gruppe X. Die kanonische links-pseudouniforme und die kanonische pseudouniforme Struktur von X sind in dem Fall, daß X eine topologische Gruppe ist, ebenfalls uniforme Strukturen; sie heißen die **kanonische links-uniforme Struktur** bzw. **kanonische uniforme Struktur** von X.

Topologische Gruppen sind nach dem eben Erwähnten uniformisierbar, so daß mittels 3.7.17 und 4.3.5 folgt

5.6.9. *Jede topologische Gruppe ist regulär und vollständig regulär.*

X sei wieder eine beliebige pseudotopologische Gruppe. Mittels 5.6.8′ zeigen wir

5.6.10 (Gleichmäßige Stetigkeit bez. der kanonischen rechts-pseudouniformen Struktur). *Eine Abbildung f eines limesuniformen Raumes Y in die pseudotopologische Gruppe X ist bezüglich der limesuniformen Struktur $\mathfrak{v}$ von Y und der kanonischen rechts-pseudouniformen Struktur $\mathfrak{u}$ von X genau dann gleichmäßig stetig, wenn es zu jedem $\mathfrak{F} \in \mathfrak{v}$ einen Filter $\mathfrak{G} \in \tau(e)$ gibt, so daß zu beliebigem $G \in \mathfrak{G}$ ein $F \in \mathfrak{F}$ existiert mit $f(x)f(y)^{-1} \in G$ für jedes Paar $(x, y) \in F$, wenn also $w_r((f \ast f)(\mathfrak{F})) \in \tau(e)$ für jeden Filter $\mathfrak{F} \in \mathfrak{v}$ gilt.*

Beweis. Ist f gleichmäßig stetig bez. $\mathfrak{v}$ und $\mathfrak{u}$, so gilt $(f \ast f)(\mathfrak{F}) \in \mathfrak{u}$ und wegen 5.6.8′ damit $w_r((f \ast f)(\mathfrak{F})) \in \tau(e)$ für jeden Filter $\mathfrak{F} \in \mathfrak{v}$. Gilt $w_r((f \ast f)(\mathfrak{F})) \in \tau(e)$ für jeden Filter $\mathfrak{F} \in \mathfrak{v}$, so wegen 5.6.8′ auch $(w_r^{-1} \circ w_r)\,((f \ast f)(\mathfrak{F})) \in \mathfrak{u}$ und wegen (5.6.7) damit $(f \ast f)(\mathfrak{F}) \in \mathfrak{u}$, so daß dann f bez. $\mathfrak{v}$ und $\mathfrak{u}$ gleichmäßig stetig ist.

Natürlich besteht für die kanonische links-pseudouniforme Struktur eine entsprechende Aussage.

Für den folgenden Satz sei X eine pseudotopologische Gruppe, sei τ die Pseudotopologie und sei $\mathfrak{u}$ die kanonische rechts-pseudouniforme Struktur von X. Wir bringen eine Beziehung zwischen den von τ und $\mathfrak{u}$ auf Teilmengen induzierten Pseudotopologien und pseudouniformen Strukturen.

5.6.11. *M sei eine Teilmenge von X und v_r die Abbildung $(x, y) \mapsto xy^{-1}$ von $M \times M$ auf $N = MM^{-1}$. Für die von τ auf N induzierte Pseudotopologie und die von $\mathfrak{u}$ auf M induzierte pseudouniforme Struktur gilt*

$$\mathfrak{u}_M = \{\mathfrak{H} \in \mathcal{F}(M \times M) \mid v_r(\mathfrak{H}) \in \tau_N(e)\}\,.$$

Beweis. Für jeden Filter $\mathfrak{H}$ in $\mathcal{F}(M \times M)$ besteht auf Grund des Korollars zu 5.6.8′ und wegen (3.9.3) die Äquivalenz

$$\operatorname*{im}_{\subseteq, X\times X} \mathfrak{H} \in \mathfrak{U} \Leftrightarrow w_r(\operatorname*{im}_{\subseteq, X\times X} \mathfrak{H}) \in \tau(e) \Leftrightarrow v_r(\mathfrak{H}) \in \tau_N(e)\,,$$

woraus sich mittels (4.6.3) die Behauptung ergibt.

Wir zeigen damit

5.6.12 (Gleichmäßige Stetigkeit bei kompaktem Urbild). *Y sei ein limesuniformer Raum, der kompakt ist (der $\aleph_0$-kompakt ist und der Abzählbarkeitsbedingung genügt). X sei eine* CHOQUET*sche ($\aleph_0$-*CHOQUET*sche) pseudotopologische Gruppe derart, daß $\mathfrak{t}(X)$ separiert ist. Unter dieser Voraussetzung ist eine Abbildung f von Y in X genau dann bezüglich der limesuniformen Struktur $\mathfrak{v}$ von Y und der kanonischen rechts-pseudouniformen Struktur $\mathfrak{U}$ von X gleichmäßig stetig, wenn sie stetig ist.*

Beweis. Es ist nur eine Richtung zu zeigen. Wir setzen $M = f[Y]$ und $N = MM^{-1}$. τ sei die Pseudotopologie von X. Aus 4.6.6, 5.6.10 und 5.6.11 folgt, daß f genau dann bez. $\mathfrak{v}$ und $\mathfrak{U}$ gleichmäßig stetig ist, wenn $g(\mathfrak{F}) \in \tau_N(e)$ für jeden Filter $\mathfrak{F} \in \mathfrak{v}$ (mit abzählbarer Basis) gilt, wobei g die Abbildung $h \mapsto (w_r \circ (f * f))(h)$ von $Y \times Y$ in N ist. Da N wegen 3.16.15 und der Stetigkeit von w_r kompakt ($\aleph_0$-kompakt) ist, erhalten wir mittels 3.17.8′, daß in dieser Bedingung $\tau_N(e)$ durch $t(\tau)_N\,(e)$ ersetzt werden kann. Wir nehmen nun an, daß f nicht bez. $\mathfrak{v}$ und $\mathfrak{U}$ gleichmäßig stetig ist. Dann gibt es einen Filter $\mathfrak{F} \in \mathfrak{v}$ (mit abzählbarer Basis) und eine Umgebung U von e mit $U \cap N \notin g(\mathfrak{F})$. Unter Berücksichtigung der Kompaktheit ($\aleph_0$-Kompaktheit) von Y lassen sich Netze $(y_i)_{i\in I}$ und $(z_i)_{i\in I}$ in Y mit gleichem Indexbereich bilden, die gegen ein und denselben Punkt y konvergieren und für die $g(y_i, z_i) = f(y_i)\, f(z_i)^{-1} \notin U \cap N$ $(i \in I)$ gilt. Das ist aber nur möglich, wenn f in y unstetig ist.

5.6.11 und 5.6.12 gelten entsprechend für kanonische links-pseudouniforme Strukturen.

Es gibt stetige Abbildungen kompakter Zahlenintervalle in pseudotopologische Vektorräume, die bezüglich der kanonischen pseudouniformen Struktur nicht gleichmäßig stetig sind (siehe G. KNEIS [4]). Wir geben im zweiten Beispiel vor 5.8.7 eine derartige Abbildung an.

5.6.13 (Gleichmäßige Stetigkeit stetiger Gruppenhomomorphismen). *Eine Abbildung f der pseudotopologischen Gruppe X in eine pseudotopologische Gruppe Y, die ein Gruppenhomomorphismus ist, ist bezüglich der kanonischen rechts-pseudouniformen (der kanonischen links-pseudouniformen bzw. der kanonischen pseudouniformen) Strukturen von X und Y genau dann gleichmäßig stetig, wenn f stetig ist.*

Beweis. Die Behauptung folgt für den Fall der kanonischen rechts-pseudouniformen Strukturen aus dem Korollar zu 5.6.8′ unter Berücksichtigung, daß

$w'_r((f * f)(w_r^{-1}(\mathfrak{G}))) = f(\mathfrak{G})$ für jeden Filter $\mathfrak{G}$ in X und $(w'_r)^{-1}(f(w_r(\mathfrak{H}))) \subseteq (f * f)(\mathfrak{H})$ für jeden Filter $\mathfrak{H}$ in $X \times X$ gilt; w'_r ist dabei die entsprechend wie w_r definierte Abbildung von $Y \times Y$ auf Y. In dem Fall der kanonischen links-pseudouniformen Strukturen ergibt sich die Behauptung analog. Damit folgt auch die Behauptung in dem Fall der kanonischen pseudouniformen Strukturen.

Anmerkung. Auf Grund des Korollars 1 zu 5.4.2 kann man in diesem Satz anstelle der Stetigkeit von f auch die Forderung nehmen, daß f an irgendeiner Stelle von X, etwa im Einselement stetig ist.

In pseudotopologischen Gruppen fallen bezüglich der kanonischen rechts-pseudouniformen, der kanonischen links-pseudouniformen und der kanonischen pseudouniformen Struktur die Begriffe regulär und gleichmäßig regulär, CHOQUETsch und gleichmäßig CHOQUETsch, $\aleph_0$-CHOQUETsch und gleichmäßig $\aleph_0$-CHOQUETsch sowie folgenCHOQUETsch und gleichmäßig folgenCHOQUETsch zusammen, d. h., es gilt

5.6.14. *X sei eine pseudotopologische Gruppe, die mit der kanonischen rechts-pseudouniformen, der kanonischen links-pseudouniformen oder der kanonischen pseudouniformen Struktur versehen ist. Genau dann, wenn X regulär ist, ist X gleichmäßig regulär, und genau dann, wenn X CHOQUETsch, $\aleph_0$-CHOQUETsch bzw. folgenCHOQUETsch ist, ist X gleichmäßig CHOQUETsch, gleichmäßig $\aleph_0$-CHOQUETsch bzw. gleichmäßig folgenCHOQUETsch.*

Beweis. Wegen 4.1.6, 4.11.4 und 4.11.8 genügt es, jeweils die eine Richtung zu zeigen. Wir nehmen an, daß X mit der kanonischen rechts-pseudouniformen Struktur $\mathfrak{U}$ versehen ist. Im Fall der kanonischen links-pseudouniformen Struktur verläuft der Beweis analog. Damit folgt auch der Beweis für den Fall der kanonischen pseudouniformen Struktur. τ sei die Pseudotopologie und e das Einselement von X.

1. X sei regulär. $\mathfrak{H}$ sei ein Filter aus $\mathfrak{U}$ und $\mathfrak{G}$ der Filter in X mit $\{\overline{w_r[H]} \mid H \in \mathfrak{H}\}$ als Basis. Mittels 5.6.8′ folgt $\mathfrak{G} \in \tau(e)$ und damit $w_r^{-1}(\mathfrak{G}) \in \mathfrak{U}$. Zu jedem $H \in \mathfrak{H}$ und jedem aus Elementen von H bestehenden bez. $\tau \times \tau$ konvergierenden Netz $((x_i, y_i))_{i \in I} \to (x, y)$ gilt $x_i y_i^{-1} \in w_r[H]$, damit $(x, y) \in w_r^{-1}[\overline{w_r[H]}]$ und folglich $\overline{H} \subseteq w_r^{-1}[\overline{w_r[H]}]$, wobei die Hüllenbildung von H bez. $\tau \times \tau$ gemeint ist. Der Filter $\mathfrak{H}^- = \operatorname{im}_{\subseteq} \{\overline{H} \mid H \in \mathfrak{H}\}$ in $X \times X$ ist daher ein Oberfilter von $w_r^{-1}(\mathfrak{G})$ und somit ein Element von $\mathfrak{U}$. X ist deshalb gleichmäßig regulär.

2. X sei CHOQUETsch ($\aleph_0$-CHOQUETsch). $\mathfrak{K}$ sei ein eigentlicher Filter in $X \times X$ (mit einer abzählbaren Basis), dessen Ultraoberfilter alle $\mathfrak{U}$ angehören. $\mathfrak{G}$ sei ein Ultraoberfilter von $w_r(\mathfrak{K})$ (mit $\mathfrak{K}$ hat $w_r(\mathfrak{K})$ eine abzählbare Basis). Aus 2.5.2 folgt die Existenz eines Ultraoberfilters $\mathfrak{L}$ von $\mathfrak{K}$ mit $w_r(\mathfrak{L}) = \mathfrak{G}$. Wegen $\mathfrak{L} \in \mathfrak{U}$ ergibt sich mittels 5.6.8′, daß $w_r(\mathfrak{L})$, also $\mathfrak{G}$, und auf Grund der Voraussetzung an X damit auch $w_r(\mathfrak{K})$ gegen e konvergiert. Aus dem Korollar zu 5.6.8′ erhält man daher $\mathfrak{K} \in \mathfrak{U}$, d. h., daß X gleichmäßig CHOQUETsch (gleichmäßig $\aleph_0$-CHOQUETsch) ist.

3. X sei folgenCHOQUETsch. $(x_1, y_1), (x_2, y_2), \ldots$ sei eine Folge in $X \times X$ derart, daß jede Teilfolge dieser Folge eine Teilfolge besitzt, so daß der daraus erzeugte Filter $\mathfrak{U}$ angehört. $x_{n_1}y_{n_1}^{-1}, x_{n_2}y_{n_2}^{-1}, \ldots$ sei eine Teilfolge von $x_1y_1^{-1}, x_2y_2^{-1}, \ldots$ Nach Voraussetzung besitzt $(x_{n_1}, y_{n_1}), (x_{n_2}, y_{n_2}), \ldots$ eine Teilfolge, so daß der daraus erzeugte Filter $\mathfrak{U}$ angehört. $x_{n_1}y_{n_1}^{-1}, x_{n_2}y_{n_2}^{-1}, \ldots$ besitzt wegen 5.6.8′ somit eine gegen e konvergierende Teilfolge. Da X folgenCHOQUETsch ist, konvergiert $x_1y_1^{-1}, x_2y_2^{-1}, \ldots$ und damit auch der daraus erzeugte Filter $\mathfrak{C}$ gegen e. (x_1, y_1), $(x_2, y_2), \ldots$ erzeugt einen Oberfilter von $w_r(\mathfrak{C})$. Wegen 5.6.8′ gehört dieser $\mathfrak{U}$ an. X ist daher gleichmäßig folgenCHOQUETsch.

Anmerkung. Die Übereinstimmung der Begriffe CHOQUETsch und gleichmäßig CHOQUETsch für pseudotopologische Gruppen wurde von G. KNEIS in [2] gezeigt.

Daß jede reguläre pseudotopologische Gruppe gleichmäßig regulär ist, zeigt man auch leicht mittels des Regularitätskriteriums aus 3.7.9 und des entsprechenden Kriteriums für die gleichmäßige Regularität aus 4.1.4. Man benötigt dabei das Kriterium aus 3.7.9 nur für das Einselement $x = e$ von X. Damit und auch leicht direkt folgt

5.6.15 (Regularitätskriterium). *Eine pseudotopologische Gruppe X ist genau dann regulär, wenn für jeden (eigentlichen) Filter $\mathfrak{K}$ in einer Menge I, jeden eigentlichen Filter $\mathfrak{L}$ in einer Menge J und beliebige Abbildungen $f\colon I \to X$ und $g\colon I \times J \to X$ aus $g(\mathfrak{K} \times \mathfrak{L}) \in \tau(e)$ und $g([i] \times \mathfrak{L}) \in \tau(f(i))$ $(i \in I)$ stets $f(\mathfrak{K}) \in \tau(e)$ folgt. Dabei sind τ die Pseudotopologie und e das Einselement von X.*

Wir sagen, daß eine pseudotopologische Gruppe X und ebenfalls ihre Pseudotopologie τ die **Eigenschaft** S hat, wenn für jeden (eigentlichen) Filter $\mathfrak{K}$ in einer Menge I, jeden eigentlichen Filter $\mathfrak{L}$ in einer Menge J und beliebige Abbildungen $f\colon I \to X$ und $g\colon I \times J \to X$ aus $g(\mathfrak{K} \times \mathfrak{L}) \in \tau(e)$ und $h(\mathfrak{K} \times [j]) \in \tau(e)$ $(j \in J)$ stets $f(\mathfrak{K}) \in \tau(e)$ folgt, wobei e das Einselement von X und h die durch $h(i, j) = g(i, j)\, f(i)^{-1}$ definierte Abbildung von $I \times J$ in X ist.

Die Eigenschaft S, die für Aussagen über die Vollständigkeit wichtig ist, wurde von SMOLJANOW [1] eingeführt. In der Literatur wird sie auch als Axiom A_2 und die in 5.6.15 auftretende Bedingung auch als Axiom A_1 bezeichnet; wir benutzen diese Bezeichnungsweise nicht und verstehen später unter A_1 und A_2 etwas anderes. Offensichtlich ähneln sich die Eigenschaft S und die in 5.6.15 auftretende Bedingung, sie stimmen aber sicher nicht überein.

Nach 5.6.9 ist jede topologische Gruppe regulär, d. h. genügt jede topologische Gruppe der in 5.6.15 angegebenen Bedingung. Entsprechend gilt (siehe BERQUIER [1])

5.6.16. *Jede topologische Gruppe X hat die Eigenschaft* S.

Beweis. $\mathfrak{K}$ und $\mathfrak{L}$ seien eigentliche Filter in Mengen I und J und $f\colon I \to X$ und $g\colon I \times J \to X$ Abbildungen mit $g(\mathfrak{K} \times \mathfrak{L}) \in \tau(e)$ und $h(\mathfrak{K} \times [j]) \in \tau(e)$ $(j \in J)$, wobei τ, e und h die gleiche Bedeutung haben wie vor dem Satz. U sei eine Nachbarschaft von e und V eine Nachbarschaft von e mit $VV^{-1} \subseteqq U$. Es existieren $K \in \mathfrak{K}$ und $L \in \mathfrak{L}$ mit $g[K \times L] \subseteqq V$. Wir wählen ein $j \in L$ und finden ein $K' \in \mathfrak{K}$ mit $h[K' \times \{j\}] \subseteqq V$. Es folgt $f[K \cap K'] \subseteqq g[K \times L]\, h[K' \times \{j\}]^{-1} \subseteqq U$ und damit $f(\mathfrak{K}) \in \tau(e)$.

Im weiteren gehen wir auf den Begriff der totalen Beschränktheit in limesuniformen Räumen und speziell in pseudotopologischen Gruppen ein. Ist X ein limesuniformer Raum und $\mathfrak{u}$ seine limesuniforme Struktur, so heißt eine Teilmenge A von X **totalbeschränkt**, wenn ein Filter $\mathfrak{H} \in \mathfrak{u}$ — ein **zugehöriger Filter** aus $\mathfrak{u}$ — existiert, so daß es zu jedem $H \in \mathfrak{H}$ eine endliche Teilmenge E von X mit $A \subseteqq H[E]$ gibt. Bei der Definition kann $E \subseteqq A$ angenommen werden. Das folgt, indem man von einem zugehörigen Filter $\mathfrak{H}$ zu $\mathfrak{H} \circ \mathfrak{H}^{-1}$ übergeht und zu beliebigem $H' \in \mathfrak{H} \circ \mathfrak{H}^{-1}$ mittels eines $H \in \mathfrak{H}$ mit $H \circ H^{-1} \subseteqq H'$ und einer endlichen Teilmenge E von X mit $A \subseteqq H[E]$ für jedes $x \in E \cap H^{-1}[A]$ ein $a_x \in A$ mit $(x, a_x) \in H$ wählt; es gilt dann $A \subseteqq H'[E']$ für $E' = \{a_x \mid x \in E \cap H^{-1}[A]\}$. Eine Teilmenge einer pseudotopologischen Gruppe X heißt **rechts-totalbeschränkt, links-totalbeschränkt** bzw. **totalbeschränkt,** wenn sie bezüglich der kanonischen rechts-pseudouniformen, der kanonischen links-pseudouniformen bzw. der kanonischen pseudouniformen Struktur von X totalbeschränkt ist. Wegen $(w_r[H^{-1}])\, E = (w_r^{-1} \circ w_r)\, [H]\, [E]$ und der entsprechenden Beziehung bez. w_l ist eine Teilmenge A einer pseudotopologischen Gruppe X genau dann rechts-totalbeschränkt, links-totalbeschränkt bzw. totalbeschränkt, wenn ein Einsfilter $\mathfrak{F}$ — ein **zugehöriger Einsfilter** — existiert, so daß es zu jedem $F \in \mathfrak{F}$ eine endliche Teilmenge E von X (von A) mit $A \subseteqq FE$, $A \subseteqq EF$ bzw. $A \subseteqq FE \cap EF$ gibt. Eine Teilmenge A einer pseudotopologischen Gruppe X ist genau dann rechts-totalbeschränkt, wenn A^{-1} links-totalbeschränkt ist. Für X selbst fällt damit rechts-totalbeschränkt mit links-totalbeschränkt und totalbeschränkt zusammen.

Die totale Beschränktheit hängt eng mit der Präkompaktheit zusammen.

5.6.17 (Präkompaktheit totalbeschränkter Mengen). *X sei ein limesuniformer Raum und A eine Teilmenge von X. Ist A totalbeschränkt, so ist A auch präkompakt. Wenn X ein uniformer Raum ist, gilt ebenfalls die Umkehrung.*

Beweis. 1. A sei totalbeschränkt. Die leere Menge ist präkompakt, so daß wir $A \neq 0$ annehmen. $\mathfrak{H}$ sei ein zu A gehöriger Filter der limesuniformen Struktur von X und $\mathfrak{U}$ ein Ultrafilter in X, dem A angehört. Zu jedem $H \in \mathfrak{H}$ gibt es eine endliche Teilmenge E von X mit $A \subseteqq H[E]$, also $H[E] \in \mathfrak{U}$. Wegen 2.2.8 existiert jeweils ein $x \in E$ mit $H\{x\} \in \mathfrak{U}$ und daher mit $H \circ H^{-1} \in \mathfrak{U} \times \mathfrak{U}$, womit $\mathfrak{H} \circ \mathfrak{H}^{-1} \subseteqq \mathfrak{U} \times \mathfrak{U}$ folgt. $\mathfrak{U}$ ist somit ein CAUCHY-Filter in X, A also präkompakt.

2. X sei ein uniformer Raum und A präkompakt. $\mathfrak{V}$ bezeichne den Nachbarschaftsfilter der uniformen Struktur von X. Zu jedem $V \in \mathfrak{V}$ sei $\mathfrak{F}_V$ der Filter

in X mit der Basis $\{A \setminus V[E] \mid E \subseteq X$ endlich$\}$. Angenommen, einer dieser Filter $\mathfrak{F}_V$ ist eigentlich. Dann gibt es wegen $A \in \mathfrak{F}_V$ und der Präkompaktheit von A einen eigentlichen CAUCHY-Filter $\mathfrak{G}$ mit $\mathfrak{F}_V \subseteq \mathfrak{G}$. Wegen $\mathfrak{V} \subseteq \mathfrak{G} \times \mathfrak{G}$ existiert ein $G \in \mathfrak{G}$ mit $G \times G \subseteq V$. Zu jedem $x \in G$ gilt $\{x\} \times G \subseteq V$, d. h. $G \subseteq V\{x\}$ und damit $V\{x\} \in \mathfrak{G}$, wegen $\mathfrak{F}_V \subseteq \mathfrak{G}$ andererseits $A \setminus V\{x\} \in \mathfrak{G}$, was zu einem Widerspruch führt. Daher sind alle Filter $\mathfrak{F}_V$ uneigentlich, womit unmittelbar folgt, daß A totalbeschränkt ist.

Die naheliegenden Spezialisierungen dieses Satzes auf pseudotopologische Gruppen bezüglich der kanonischen rechts-pseudouniformen, der kanonischen links-pseudouniformen und der kanonischen pseudouniformen Struktur überlassen wir dem Leser.

5.6.18 (Totale Beschränktheit kompakter Mengen). *X sei ein gleichmäßig CHOQUETscher limesuniformer Raum derart, daß der zugehörige uniforme Raum $\mu(X)$ separiert ist. Dann ist jede kompakte Teilmenge A von X totalbeschränkt.*

Beweis. $\mathfrak{U}$ sei die limesuniforme Struktur von X. Den Bemerkungen nach 4.1.14 und nach dem Korollar zu 4.11.7 entnimmt man, daß die von $\mathfrak{U}$ und $\mu(\mathfrak{U})$ auf A induzierten limesuniformen Strukturen $\mathfrak{U}_A$ und $\mu(\mathfrak{U})_A$ übereinstimmen. A ist bezüglich $\mathfrak{U}_A = \mu(\mathfrak{U})_A$ kompakt, also auch präkompakt und wegen 5.6.17 damit auch totalbeschränkt. A ist daher auch bez. $\mathfrak{U}$ totalbeschränkt.

Mittels 5.6.14 erhält man das

Korollar. *X sei eine CHOQUETsche pseudotopologische Gruppe derart, daß $t^g(X)$ separiert ist. Dann ist jede kompakte Teilmenge A von X (bezüglich der kanonischen pseudouniformen Struktur von X) totalbeschränkt.*

Vor 5.8.7 wird ein Beispiel einer kompakten und damit präkompakten Teilmenge eines pseudotopologischen Vektorraumes angegeben, die nicht totalbeschränkt ist. Die Präkompaktheit stimmt also im allgemeinen nicht mit der totalen Beschränktheit überein.

Wir benötigen später eine Ausdehnung des Begriffs der totalen Beschränktheit auf Filter. Ist X ein limesuniformer Raum und $\mathfrak{U}$ die limesuniforme Struktur von X, so heißt ein Filter $\mathfrak{F}$ in X **totalbeschränkt,** wenn ein Filter $\mathfrak{H} \in \mathfrak{U}$ — ein **zugehöriger Filter** aus $\mathfrak{U}$ — existiert, so daß es zu beliebigem $H \in \mathfrak{H}$ eine endliche Teilmenge E von X mit $H[E] \in \mathfrak{F}$ gibt. Ein Hauptfilter $[A]$ in einem limesuniformen Raum ist genau dann totalbeschränkt, wenn A totalbeschränkt ist. In Übereinstimmung mit der obigen Bezeichnungsweise nennen wir einen Filter in einer pseudotopologischen Gruppe X **rechts-totalbeschränkt, links-totalbeschränkt** bzw. **totalbeschränkt,** wenn er bezüglich der kanonischen rechts-pseudouniformen, der kanonischen links-pseudouniformen bzw. der kanonischen pseudouniformen Struktur totalbeschränkt ist. Ein Filter $\mathfrak{F}$ in einer pseudotopologischen Gruppe X ist genau dann rechts-totalbeschränkt, links-totalbeschränkt bzw. totalbeschränkt, wenn ein Einsfilter $\mathfrak{G}$ von X — ein **zugehöriger Einsfilter** — existiert, so daß es zu beliebigem $G \in \mathfrak{G}$ eine endliche Teilmenge E von X mit $GE \in \mathfrak{F}$, $EG \in \mathfrak{F}$ bzw. $GE \cap EG \in \mathfrak{F}$ gibt.

Im weiteren nehmen wir an, daß X eine additive abelsche pseudotopologische Gruppe ist. Die Menge Γ aller CAUCHY-Filter von X ist in diesem Falle gleich $\{\mathfrak{F} \in \mathcal{F}X \mid \mathfrak{F} - \mathfrak{F} \in \tau(0)\}$.

5.6.19. *Mit $\mathfrak{F}$ gehört $-\mathfrak{F}$ und mit $\mathfrak{F}$ und $\mathfrak{G}$ auch $\mathfrak{F} + \mathfrak{G}$ zu Γ.*

Beweis. Für beliebige Teilmengen F, G, H und K von X gilt $F - G = -G - (-F)$ und $(F - G) + (H - K) = F + H - (G + K)$, so daß $\mathfrak{F} - \mathfrak{F} \in \tau(0)$ stets $(-\mathfrak{F}) - (-\mathfrak{F}) \in \tau(0)$ und $\mathfrak{F} - \mathfrak{F} \in \tau(0)$ und $\mathfrak{G} - \mathfrak{G} \in \tau(0)$ stets $(\mathfrak{F} - \mathfrak{F}) + (\mathfrak{G} - \mathfrak{G}) = (\mathfrak{F} + \mathfrak{G}) - (\mathfrak{F} + \mathfrak{G}) \in \tau(0)$ nach sich zieht.

Auf Grund dieses Satzes können wir in dem vorliegenden Fall, daß X abelsch ist, die kanonische pseudouniforme Struktur, die natürlich gleich der kanonischen rechts- und links-pseudouniformen Struktur von X ist, noch auf die folgende Weise charakterisieren.

5.6.20 (Kanonische pseudouniforme Struktur pseudotopologischer abelscher Gruppen). *Die kanonische pseudouniforme Struktur von X ist die feinste pseudouniforme Struktur $\mathfrak{u}$ der abelschen pseudotopologischen Gruppe X, die die Pseudotopologie von X erzeugt, für die $-\mathfrak{u} \subseteqq \mathfrak{u}$ und $\mathfrak{u} + \mathfrak{u} \subseteqq \mathfrak{u}$ gilt und für die Γ gerade aus allen CAUCHY-Filtern bez. $\mathfrak{u}$ besteht.*

Beweis. Für eine beliebige pseudouniforme Struktur $\mathfrak{v}$ von X mit $\mathfrak{v} + \mathfrak{v} \subseteqq \mathfrak{v}$ folgt $\mathfrak{v} + [[\Delta]] \subseteqq \mathfrak{v}$ wegen $[\Delta] \in \mathfrak{v}$ und damit, daß $\mathfrak{v}$ invariant ist. Wir haben so nur noch zu zeigen, daß $-\mathfrak{u} \subseteqq \mathfrak{u}$ und $\mathfrak{u} + \mathfrak{u} \subseteqq \mathfrak{u}$ für die kanonische pseudouniforme Struktur $\mathfrak{u}$ gilt. $\mathfrak{G}$ sei ein Filter aus $\mathfrak{u}$. Es existieren endlich viele Filter $\mathfrak{F}_1, \dots, \mathfrak{F}_n \in \Gamma$ mit

$$\big((\mathfrak{F}_1 \times \mathfrak{F}_1) + [\Delta]\big) \cap \dots \cap \big((\mathfrak{F}_n \times \mathfrak{F}_n) + [\Delta]\big) \subseteqq \mathfrak{G} . \tag{5.6.9}$$

Wegen 5.6.19 gehören $-\mathfrak{F}_1, \dots, -\mathfrak{F}_n$ zu Γ. Offensichtlich gilt $-\big((\mathfrak{F}_i \times \mathfrak{F}_i) + [\Delta]\big) = \big((-\mathfrak{F}_i) \times (-\mathfrak{F}_i)\big) + [\Delta]$ zu beliebigem $i = 1, \dots, n$, woraus unter Berücksichtigung von (5.1.10) und einer Bemerkung vor 5.1.10 aus (5.6.9) leicht $-\mathfrak{G} \in \mathfrak{u}$ folgt. Daher ist $-\mathfrak{u} \subseteqq \mathfrak{u}$.

$\mathfrak{H}$ sei ein weiterer Filter aus $\mathfrak{u}$. Ohne Einschränkung der Allgemeinheit ist $\mathfrak{H}$ ein Oberfilter des in (5.6.9) auf der linken Seite stehenden Filterdurchschnittes. Da wegen 5.6.19 mit zwei Filtern auch die Filtersumme zu Γ gehört, folgt mittels 5.1.10, (5.1.16) und einer Bemerkung vor 5.1.10 aus (5.6.9) und der entsprechenden Beziehung für $\mathfrak{H}$, daß $\mathfrak{G} + \mathfrak{H}$ zu $\mathfrak{u}$ gehört. Es ist somit auch $\mathfrak{u} + \mathfrak{u} \subseteqq \mathfrak{u}$.

Anmerkung. Die Beziehungen $-\mathfrak{u} \subseteqq \mathfrak{u}$ und $\mathfrak{u} + \mathfrak{u} \subseteqq \mathfrak{u}$ besagen, daß die Inversenbildung $x \mapsto -x$ $(x \in X)$ und die Gruppenaddition $(x, y) \mapsto x + y$ $(x, y \in X)$ bez. $\mathfrak{u}$, $\mathfrak{u}$ bzw. bez. $\mathfrak{u} * \mathfrak{u}$, $\mathfrak{u}$ gleichmäßig stetig sind. (Man beachte, daß $((\mu * \mu) \circ \nu)\,[F \times F] = F + F$ für jede Teilmenge F von $X \times X$, für die durch $\nu((x, y), (u, v)) = ((x, u), (y, v))$ definierte Abbildung ν von $(X \times X) \times (X \times X)$ auf sich und für die Gruppenaddition $\mu\colon X \times X \to X$ gilt, somit $(\mu * \mu)\,(\mathfrak{u} * \mathfrak{u}) = \mathfrak{u} + \mathfrak{u}$ ist.)

Vereinbarung. Wenn wir im weiteren bei einer pseudotopologischen abelschen Gruppe X und insbesondere bei einem pseudotopologischen Vektorraum X von limesuniformen Strukturen abhängige Begriffe benutzen und die betreffende limesuniforme Struktur $\mathfrak{U}$ nicht genauer angeben, so meinen wir als $\mathfrak{U}$ stets die kanonische pseudouniforme Struktur.

Wir führen eine Vollständigkeitsaussage an.

5.6.21. *Jede lokalkompakte pseudotopologische abelsche Gruppe X ist vollständig.*

Beweis. $\mathfrak{F}$ sei ein eigentlicher Cauchy-Filter in X. Es gibt einen Filter $\mathfrak{G} \to 0$ in X mit $\mathfrak{G} \subseteqq \mathfrak{F} - \mathfrak{F}$ und eine kompakte Menge $K \in \mathfrak{G}$. Zu jedem $G \in \mathfrak{G}$ existieren ein $F_G \in \mathfrak{F}$ und $x_G \in F_G$ mit $F_G \subseteqq x_G + G$, ferner ein $y_G \in F_G \cap F_K$ und ein $z_G \in K$ mit $y_G = x_K + z_G$. Es folgt $y_G \in x_G + G$ und damit $x_G \in y_G - G$ und

$$F_G \subseteqq x_K + z_G + G - G\,. \tag{5.6.10}$$

Der eigentliche Filter in X, für den die Mengen $\{z_{G'} \mid G' \in \mathfrak{G} \text{ mit } G' \subseteqq G\}$ $(G \in \mathfrak{G})$ eine Basis bilden, besitzt auf Grund der Kompaktheit von K einen gegen einen Punkt z konvergierenden eigentlichen Oberfilter $\mathfrak{H}$. $\mathfrak{K} = [x_K] + \mathfrak{H} + \mathfrak{G} - \mathfrak{G}$ konvergiert gegen $x_K + z$. Wegen (5.6.10) ist der Filter $\mathfrak{F} \vee \mathfrak{K}$ eigentlich, so daß wegen 4.1.8 die Cauchy-Filter $\mathfrak{F}$ und $\mathfrak{K}$ ähnlich sind, somit auch $\mathfrak{F}$ gegen $x_K + z$ konvergiert.

5.7. Verallgemeinerte limitierte Radialräume, limitierte lineare Gruppen

Wir gehen im weiteren auf eine Verallgemeinerung der Begriffe limitierter Radialraum und limitierter Vektorraum ein. Die verallgemeinerten limitierten Vektorräume, die wir limitierte lineare Gruppen nennen, sind in dem Fall, daß die betreffenden Limitierungen Pseudotopologien sind, gerade die von W. I. Awerbuch und O. G. Smoljanow [5] benutzten pseudotopologischen linearen Gruppen und in dem Fall, daß die betreffenden Limitierungen Topologien sind, gerade die topologischen Vektorgruppen im Sinne von D. A. Raikow.

Ein mit einer Limitierung τ versehener $\boldsymbol{K}$-Radialraum X heißt ein **verallgemeinerter limitierter Radialraum,** wenn die Radialstruktur $(\alpha, x) \mapsto \alpha x$ $(\alpha \in \boldsymbol{K}, x \in X)$ in $(0, 0)$ und zu beliebigem $\alpha \in \boldsymbol{K}$ die Abbildung $x \mapsto \alpha X$ $(x \in X)$ (in jedem Punkt) stetig ist. X selbst heißt dann der dem verallgemeinerten limitierten Radialraum **unterliegende Radialraum.** Wenn die betreffende Limitierung eine Pseudotopologie, mehrstufige Topologie bzw. Topologie ist, sprechen wir natürlich auch von einem **verallgemeinerten pseudotopologischen, mehrstufig topologischen** bzw. **topologischen Radialraum.** Wie im Falle limitierter Radialräume nennen wir in einem verallgemeinerten limitierten Radialraum die Filter, die gegen den Nullpunkt konvergieren, **Nullfilter,** den Nachbarschaftsfilter des Nullpunktes auch **Nullnachbarschaftsfilter** und seine Elemente **Nullnachbarschaften.**

Eine Limitierung τ eines $\boldsymbol{K}$-Radialraumes X heißt **schwach verträglich**, wenn X, versehen mit τ, ein verallgemeinerter limitierter $\boldsymbol{K}$-Radialraum ist. Offenbar gilt:

5.7.1 (Schwach verträgliche Limitierungen von Radialräumen). *Eine Limitierung τ eines $\boldsymbol{K}$-Radialraumes X ist genau dann schwach verträglich, wenn $\alpha\tau(x) \subseteqq \tau(\alpha x)$ zu jedem $\alpha \in \boldsymbol{K}$ und $x \in X$ und $\boldsymbol{V}\tau(0) \subseteqq \tau(0)$ gilt.*

Ferner ergibt sich

5.7.2. *τ sei eine schwach verträgliche Limitierung eines $\boldsymbol{K}$-Radialraumes X. Dann gilt für den Nullnachbarschaftsfilter $\mathfrak{N}(0)$ bez. τ die Beziehung $\mathfrak{N}(\alpha x) \subseteqq \alpha\mathfrak{N}(x)$ zu beliebigen $\alpha \in \boldsymbol{K}$ und $x \in X$ und ferner*

$$\boldsymbol{V}\mathfrak{N}(0) \subseteqq \mathfrak{N}(0)\,. \tag{5.7.1}$$

Bei (5.7.1) trifft das Gleichheitszeichen zu, wenn τ eine mehrstufige Topologie ist. Für den aus dem Umgebungsraster der 0 erzeugten Filter bestehen die entsprechenden Beziehungen. Bei der (5.7.1) entsprechenden Beziehung trifft das Gleichheitszeichen zu, wenn τ eine Topologie ist.

Beweis. $\mathfrak{N}(\alpha x) \subseteqq \alpha\mathfrak{N}(x)$ $(\alpha \in \boldsymbol{K}, x \in X)$ folgt mit den gleichen Überlegungen wie (5.4.14). Es gilt $\boldsymbol{V}\mathfrak{N}(0) = \boldsymbol{V} \bigcap_{\alpha\in\boldsymbol{K},\, \mathfrak{F}\in p(\tau)(0)} \alpha\mathfrak{F} = \boldsymbol{E} \bigcap_{\alpha\in\boldsymbol{K},\, \mathfrak{F}\in p(\tau)(0)} \alpha\mathfrak{F} = \boldsymbol{E}\mathfrak{N}(0) \subseteqq \mathfrak{N}(0)$, also (5.7.1). Der weitere Teil der Behauptung ergibt sich mühelos.

Für das Folgende sei X ein $\boldsymbol{K}$-Radialraum und τ eine Limitierung von X mit $\alpha\tau(x) \subseteqq \tau(\alpha x)$ zu beliebigen $\alpha \in \boldsymbol{K}$ und $x \in X$. Wir bezeichnen mit $\varrho(\tau)$ die durch $\varrho(\tau)(x) = \tau(x)$ bei $x \neq 0$ und durch $\varrho(\tau)(0) = \tau(0) \vee \boldsymbol{V}\tau(0)$ definierte Limitierung von X. Mittels (2.5.2) und 5.2.8 folgt leicht

5.7.3 (Nächstgröbere schwach verträgliche Limitierung). *$\varrho(\tau)$ ist die feinste schwach verträgliche Limitierung des Radialraumes X, die gröber als τ ist. Eine homogene Abbildung f von X in einen Radialraum Y ist bezüglich der Limitierung τ und einer beliebigen schwach verträglichen Limitierung τ' von Y an einer Stelle x genau dann stetig, wenn f bez. $\varrho(\tau)$ und τ' in x stetig ist.*

Da $\alpha p(\tau)(x) \subseteqq p(\tau)(\alpha x)$ und $\alpha m(\tau)(x) \subseteqq m(\tau)(\alpha x)$ zu jedem $\alpha \in \boldsymbol{K}$ und $x \in X$ gilt, können wir $p^{\varrho}(\tau) = \varrho(p(\tau))$ und $m^{\varrho}(\tau) = \varrho(m(\tau))$ bilden und erhalten unter Berücksichtigung von 3.6.7 und 5.7.3

5.7.4 (Nächstgröbere schwach verträgliche Pseudotopologie und mehrstufige Topologie). *$p^{\varrho}(\tau)$ ist die feinste schwach verträgliche Pseudotopologie des Radialraumes X, die gröber als τ ist, und $m^{\varrho}(\tau)$ die feinste schwach verträgliche mehrstufige Topologie von X, die gröber als τ ist. Eine homogene Abbildung f von X in einen $\boldsymbol{K}$-Radialraum Y ist bez. τ und einer schwach verträglichen Pseudotopologie bzw.*

bez. τ und einer schwach verträglichen mehrstufigen Topologie τ' von Y an einer Stelle x genau dann stetig, wenn f bez. $p^\varrho(\tau)$ und τ' bzw. bez. $m^\varrho(\tau)$ und τ' in x stetig ist.

Offenbar gilt wegen 5.2.8 stets $p^\varrho(\tau) = p(\varrho(\tau))$, so daß sich in dem Fall, daß τ schwach verträglich ist, $p^\varrho(\tau) = p(\tau)$ ergibt. $m^\varrho(\tau)$ stimmt im allgemeinen nicht mit $m(\tau)$ überein, wenn τ eine schwach verträgliche Pseudotopologie ist, wie wir an Hand des folgenden Beispiels zeigen. Es sei X die Menge $\boldsymbol{K}^2$, versehen mit der natürlichen Radialstruktur. $\mathfrak{F}$ sei der aus der Folge (1, 1), (1, 2), (1, 3), ... erzeugte Filter in X und τ die durch $\tau(x) = [[x]]$ bei $x \neq 0$ und $\tau(0) = \boldsymbol{V}[\mathfrak{F}] \vee \bigvee_{\alpha \in \boldsymbol{K}} \alpha[\mathfrak{F}]$ definierte schwach verträgliche Pseudotopologie. Man zeigt mühelos

$$\varrho(m(\tau))(0) = [\boldsymbol{V} \bigcap_{\alpha \in \boldsymbol{K}} \alpha\mathfrak{F} \cap \bigcap_{\alpha \in \boldsymbol{K}} \alpha\mathfrak{F}] \supsetneqq [\boldsymbol{V}\mathfrak{F} \cap \bigcap_{\alpha \in \boldsymbol{K}} \alpha\mathfrak{F}] = m(\tau)(0)\,.$$

$\mathfrak{U}(x)$ sei zu beliebigem $x \in X$ der Umgebungsraster von X bez. $\varrho(\tau)$. Mit $t^\varrho(\tau)$ bezeichnen wir diejenige mehrstufige Topologie von X, für die $t^\varrho(\tau)(x) = [\operatorname{im}_{\subseteq} \mathfrak{U}(x)]$ im Falle $\mathfrak{U}(x) \nsubseteq [0]$ und $t^\varrho(\tau)(x) = [\operatorname{im}_{\subseteq} \mathfrak{U}(x) \cap \boldsymbol{V} \operatorname{im}_{\subseteq} \mathfrak{U}(0)]$ im Falle $\mathfrak{U}(x) \subseteq [0]$ gilt.

5.7.5 (Nächstgröbere schwach verträgliche Topologie). *$t^\varrho(\tau)$ ist die feinste schwach verträgliche Topologie des Radialraumes X, die gröber als τ ist. Eine homogene Abbildung f von X in einen $\boldsymbol{K}$-Radialraum Y ist bez. τ und einer schwach verträglichen Topologie τ' von Y genau dann stetig, wenn f bez. $t^\varrho(\tau)$ und τ' stetig ist.*

Beweis. 1. Es folgt leicht, daß $t^\varrho(\tau)$ schwach verträglich ist und $\tau \leqq t^\varrho(\tau)$ gilt. σ sei eine schwach verträgliche Topologie, die gröber als τ ist. Für die Umgebungsraster $\mathfrak{B}(x)$ bez. σ gilt $\mathfrak{B}(x) \subseteq \mathfrak{U}(x)$ und $\operatorname{im}_{\subseteq} \mathfrak{B}(0) = \boldsymbol{V} \operatorname{im}_{\subseteq} \mathfrak{B}(0)$. Im Falle $\mathfrak{B}(x) \nsubseteq [0]$ folgt $\mathfrak{U}(x) \nsubseteq [0]$ und $\operatorname{im}_{\subseteq} \mathfrak{B}(x) \subseteq \operatorname{im}_{\subseteq} \mathfrak{U}(x)$, im Falle $\mathfrak{B}(x) \subseteq [0]$ ferner $\mathfrak{B}(x) \subseteq \mathfrak{B}(0)$ und damit

$$\operatorname{im}_{\subseteq} \mathfrak{B}(x) = \operatorname{im}_{\subseteq} \mathfrak{B}(x) \cap \boldsymbol{V} \operatorname{im}_{\subseteq} \mathfrak{B}(0) \subseteq \operatorname{im}_{\subseteq} \mathfrak{U}(x) \cap \boldsymbol{V} \operatorname{im}_{\subseteq} \mathfrak{U}(0)\,,$$

somit $t^\varrho(\tau) \leqq \sigma$.

2. Wir zeigen, daß $t^\varrho(\tau)$ eine Topologie ist. Gegeben sei ein $x \in X$. Ist $\mathfrak{U}(x) \nsubseteq [0]$, so existiert zu beliebigem $N \in \operatorname{im}_{\subseteq} \mathfrak{U}(x)$ ein $M \in \mathfrak{U}(x)$ mit $0 \notin M \subseteq N$ und gilt $M \in \mathfrak{U}(y)$ und damit $N \in \operatorname{im}_{\subseteq} \mathfrak{U}(y)$ und $\mathfrak{U}(y) \nsubseteq [0]$ zu jedem $y \in M$. Nun sei $\mathfrak{U}(x) \subseteq [0]$. Wir setzen $\mathfrak{W}(z) = \operatorname{im}_{\subseteq} \mathfrak{U}(z) \cap \boldsymbol{V} \operatorname{im}_{\subseteq} \mathfrak{U}(0)$ für jedes $z \in X$. Zu beliebigem $N \in \mathfrak{W}(x)$ existieren ein $V \in \boldsymbol{V}$, $U \in \mathfrak{U}(x)$ und $U_0 \in \mathfrak{U}(0)$ mit $U \cup VU_0 \subseteq N$. $M = U \cup VU_0$ gehört $\mathfrak{W}(x)$ an, und zu beliebigem $z \in M$ folgt $M \in \mathfrak{U}(z)$ und wegen $M \cup VU_0 \subseteq N$ damit $N \in \mathfrak{W}(z)$. $t^\varrho(\tau)$ ist daher eine Topologie.

3. Die Richtigkeit des zweiten Teiles der Behauptung ergibt sich mühelos.

Ist τ schwach verträglich, so stimmt im allgemeinen $t^\varrho(\tau)$ nicht mit $t(\tau)$ überein, wie man an Hand des Beispiels nach 5.7.4 zeigt; in diesem ist $m(\tau) = t(\tau)$.

Aus 5.7.4 und 5.7.5 folgt

5.7.6. *f sei eine homogene Abbildung des $\boldsymbol{K}$-Radialraumes X in einen $\boldsymbol{K}$-Radialraum Y. τ und τ' seien schwach verträgliche Limitierungen von X bzw. Y. Ist f an einer Stelle $x \in X$ bez. τ und τ' stetig, so ist f auch in x bez. $p^\varrho(\tau)$ und $p^\varrho(\tau')$ und bez. $m^\varrho(\tau)$ und $m^\varrho(\tau')$ stetig. Ist f bez. τ und τ' stetig, so auch bez. $t^\varrho(\tau)$ und $t^\varrho(\tau')$.*

Wir kommen nun zur Definition der limitierten linearen Gruppe. Und zwar heißt ein mit einer Limitierung τ versehener $\boldsymbol{K}$-Vektorraum X eine **limitierte $\boldsymbol{K}$-lineare Gruppe,** wenn die Vektoraddition $(x, y) \mapsto x + y$ $(x, y \in X)$ (an jeder Stelle), die skalare Multiplikation $(\alpha, x) \mapsto \alpha x$ $(\alpha \in \boldsymbol{K}, x \in X)$ in $(0, 0)$ und zu beliebigem $\alpha \in \boldsymbol{K}$ die Abbildung $x \mapsto \alpha x$ $(x \in X)$ stetig ist. X selbst heißt dann der der limitierten linearen Gruppe **unterliegende Vektorraum.** Ist die betreffende Limitierung eine Pseudotopologie bzw. Topologie, so sprechen wir natürlich auch von einer **pseudotopologischen** bzw. **topologischen $\boldsymbol{K}$-linearen Gruppe.**

Eine Limitierung τ eines $\boldsymbol{K}$-Vektorraumes X heißt **schwach verträglich,** wenn X, versehen mit τ, eine limitierte lineare Gruppe ist. Natürlich ist eine Limitierung eines $\boldsymbol{K}$-Vektorraumes X genau dann schwach verträglich, wenn sie eine verträgliche Limitierung der X unterliegenden Gruppe und eine schwach verträgliche Limitierung des X unterliegenden Radialraumes ist.

Mittels 5.4.1, 5.4.2 und 5.7.1 folgt

5.7.7 (Schwach verträgliche Limitierungen und Pseudotopologien von Vektorräumen). *Eine Limitierung τ eines $\boldsymbol{K}$-Vektorraumes X ist genau dann schwach verträglich, wenn*

$$\tau(x) + \tau(y) \subseteqq \tau(x + y)\,, \quad \alpha\tau(x) \subseteqq \tau(\alpha x) \quad \text{und} \quad \boldsymbol{V}\tau(0) \subseteqq \tau(0) \qquad (5.7.2)$$

$(\alpha \in \boldsymbol{K};\, x, y \in X)$ gilt. Eine Pseudotopologie τ eines $\boldsymbol{K}$-Vektorraumes X ist genau dann schwach verträglich, wenn

$$\tau(0) + \tau(0) \subseteqq \tau(0)\,, \quad \alpha\tau(0) \subseteqq \tau(0) \quad \text{und} \quad \boldsymbol{V}\tau(0) \subseteqq \tau(0) \qquad (5.7.3)$$

und

$$\tau(x) = x + \tau(0) \qquad (5.7.4)$$

$(\alpha \in \boldsymbol{K}, x \in X)$ gilt.

Korollar. *Eine schwach verträgliche Pseudotopologie τ eines $\boldsymbol{K}$-Vektorraumes X ist genau dann verträglich, wenn $\boldsymbol{V}x \in \tau(0)$ $(x \in X)$ gilt.*

Ist τ eine schwach verträgliche Pseudotopologie eines $\boldsymbol{K}$-Vektorraumes X, so bilden — wie man mühelos mittels 5.4.2 und 5.7.7 zeigt — zu beliebigem $x \in X$ die Filter $\mathfrak{F} + \boldsymbol{V}x_1 + \cdots + \boldsymbol{V}x_n$ $\big(\mathfrak{F} \in \tau(x);\, x_1, \ldots, x_n \in X\big)$ eine Basis des $\wedge$-Ideals $v(\tau)(x) = p^v(\tau)(x)$.

Als Ergänzung zu 5.4.3 erhalten wir mittels 5.7.7 und des zugehörigen Korollars

5.7.8. *X sei ein $\boldsymbol{K}$-Vektorraum und $\mathfrak{B}$ ein Dualfilter in X. Es gibt genau dann eine schwach verträgliche bzw. verträgliche Pseudotopologie $\tau^{\mathfrak{B}}$ von X mit $\tau^{\mathfrak{B}}(0) = \operatorname{im}_{\subseteq} \{[B] \mid B \in \mathfrak{B}\}$, wenn $\mathfrak{B}$ ungleich $\{\emptyset\}$ ist und $\mathfrak{B}$ die nachstehenden Eigenschaften* 1 *und* 2 *bzw.* 1, 2 *und* 3 *hat:*

1. *Mit B und C gehört $B + C$ zu $\mathfrak{B}$.*
2. *Zu beliebigem $V \in \boldsymbol{V}$ und $B \in \mathfrak{B}$ gilt $VB \in \mathfrak{B}$.*
3. *Jede einelementige Teilmenge von X gehört $\mathfrak{B}$ an.*

Mittels des Korollars zu 5.4.6 (vergleiche die Beweisbemerkungen) und des Korollars zu 5.7.7 ergibt sich

5.7.9 (Charakterisierung schwach verträglicher Pseudotopologien und Topologien von Vektorräumen). *Ist $\tau(0)$ ein $\wedge$-Ideal von Filtern in einem $\boldsymbol{K}$-Vektorraum X, so wird durch* (5.7.4) *genau dann eine schwach verträgliche Pseudotopologie von X definiert, wenn $[0] \in \tau(0)$ und* (5.7.3) *gilt. Ist $\mathfrak{N}(0)$ ein Filter in einem $\boldsymbol{K}$-Vektorraum X, so wird durch $\tau(x) = x + [\mathfrak{N}(0)]$ genau dann eine schwach verträgliche Topologie von X definiert, wenn $\mathfrak{N}(0) \subseteq [0]$, $\mathfrak{N}(0) \subseteq \mathfrak{N}(0) + \mathfrak{N}(0)$ und $\mathfrak{N}(0) = \boldsymbol{V}\mathfrak{N}(0)$ gilt.*

Durch Modifikation des Beweises von 5.4.11 ergibt sich, daß 5.4.11 die folgende Ausdehnung besitzt:

5.7.10 (Schwach verträgliche separierte Pseudotopologien endlichdimensionaler Vektorräume). *τ sei eine schwach verträgliche separierte Pseudotopologie eines endlichdimensionalen $\boldsymbol{K}$-Vektorraumes X und T der Teilvektorraum von X aus allen x mit $\boldsymbol{V}x \in \tau(0)$. Zu jeder Basis $\{e_1, \ldots, e_m\}$ von T ist τ diejenige schwach verträgliche Topologie von X, die $\boldsymbol{V}e_1 + \cdots + \boldsymbol{V}e_m$ als Nullnachbarschaftsfilter hat.*

Wir fragen als nächstes danach, wann verallgemeinerte limitierte Radialräume zusammenhängend sind. Es gilt

5.7.11. *Jeder pseudotopologische Radialraum ist zusammenhängend. Verallgemeinerte limitierte Radialräume sind im allgemeinen nicht zusammenhängend. Es gibt sogar limitierte Vektorräume und topologische lineare Gruppen, die nicht zusammenhängend sind.*

Beweis. 1. X sei ein pseudotopologischer Radialraum. Da $\boldsymbol{E}$ zusammenhängend und zu beliebigem $x \in X$ die Abbildung $\alpha \mapsto \alpha x$ ($\alpha \in \boldsymbol{K}$) stetig ist, ist wegen 3.18.5 auch $\boldsymbol{E}x$ zusammenhängend. Mittels 3.18.4 und $X = \bigcup_{x \in X} \boldsymbol{E}x$ folgt, daß daher auch X zusammenhängend ist.

2. X sei ein Vektorraum einer von 0 verschiedenen Dimension und τ die feinste Limitierung von X. $p(\tau)$ ist die diskrete Topologie, somit X, versehen mit τ, ein unzusammenhängender limitierter Vektorraum und X, versehen mit $p(\tau)$, eine unzusammenhängende topologische lineare Gruppe

Für das Weitere sei X ein $\boldsymbol{K}$-Vektorraum und τ eine Limitierung von X mit $\alpha\tau(x) \subseteqq \tau(\alpha x)$ zu jedem $\alpha \in \boldsymbol{K}$ und $x \in X$. $\nu(\tau)$ sei diejenige Limitierung von X, für die zu beliebigem $x \in X$ die Menge der Filter $\mathfrak{F} + \boldsymbol{V}\mathfrak{G}_1 + \cdots + \boldsymbol{V}\mathfrak{G}_m$ $\big(\mathfrak{F} \in g(\tau)(x)$; $m \in \boldsymbol{N}^+$; $\mathfrak{G}_1, \ldots, \mathfrak{G}_m \in g(\tau)(0)$; g gemeint bezüglich der Vektoraddition$\big)$ eine Subbasis von $\nu(\tau)(x)$ ist. Man zeigt leicht (vergleiche den Beweis von 5.5.13)

5.7.12 (Nächstgröbere schwach verträgliche Limitierung). *$\nu(\tau)$ ist die feinste schwach verträgliche Limitierung des Vektorraumes X, die gröber als τ ist. Eine lineare Abbildung f von X in einen $\boldsymbol{K}$-Vektorraum Y ist bez. τ und einer schwach verträglichen Limitierung τ' von Y an einer Stelle $x \in X$ genau dann stetig, wenn f bez. $\nu(\tau)$ und τ' in x stetig ist.*

$\nu(\tau)$ ist eine Pseudotopologie, wenn τ eine Pseudotopologie ist. Wir können ν auf $p(\tau)$ anwenden und setzen

$$p^\nu(\tau) = \nu\big(p(\tau)\big) .$$

Mittels 3.6.7 und 5.7.12 folgt

5.7.13 (Nächstgröbere schwach verträgliche Pseudotopologie). *$p^\nu(\tau)$ ist die feinste schwach verträgliche Pseudotopologie des Vektorraumes X, die gröber als τ ist. Eine lineare Abbildung f von X in einen $\boldsymbol{K}$-Vektorraum Y ist bez. τ und einer schwach verträglichen Pseudotopologie τ' von Y an einer Stelle $x \in X$ genau dann stetig, wenn f bez. $p^\nu(\tau)$ und τ' in x stetig ist.*

Unter Berücksichtigung einer Bemerkung nach 5.5.3 erhält man, daß in dem Fall, daß τ eine nicht entartete schwach verträgliche Limitierung ist, $p^\nu(\tau)(0)$ die Menge aller Filter

$$\mathfrak{F} - x + \boldsymbol{V}(\mathfrak{G}_1 - y_1) + \cdots + \boldsymbol{V}(\mathfrak{G}_m - y_m) \qquad (5.7.5)$$

$\big(m \in \boldsymbol{N}^+$; $x, y_1, \ldots, y_m \in X$; $\mathfrak{F} \in \tau(x)$, $\mathfrak{G}_1 \in \tau(y_1), \ldots, \mathfrak{G}_m \in \tau(y_m)\big)$ als eine Subbasis hat.

Wir bezeichnen mit $\mathfrak{B}(0)$ den maximalen Unterfilter des Nullnachbarschaftsfilters $\mathfrak{N}(0)$ bez. $p^\nu(\tau)$, für den $\mathfrak{B}(0) \subseteqq \mathfrak{B}(0) + \mathfrak{B}(0)$ und $\mathfrak{B}(0) \subseteqq \boldsymbol{V}\mathfrak{B}(0)$ gilt, und führen eine Limitierung $t^\nu(\tau)$ durch

$$t^\nu(\tau)(x) = x + [\mathfrak{B}(0)]$$

$(x \in X)$ ein. Ähnlich wie 5.5.17 läßt sich zeigen

5.7.14 (Nächstgröbere schwach verträgliche Topologie). *$t^\nu(\tau)$ ist die feinste schwach verträgliche Topologie des Vektorraumes X, die gröber als τ ist. Eine lineare*

Abbildung f von X in einen $\boldsymbol{K}$-Vektorraum Y ist bez. τ und einer schwach verträglichen Topologie τ' von Y genau dann stetig, wenn f bez. $t^\nu(\tau)$ und τ' stetig ist.

Offenbar gilt: Ist τ eine verträgliche Pseudotopologie des Vektorraumes X, so stimmt $t^\nu(\tau)$ mit $t^v(\tau)$ überein. Wenn τ lediglich eine verträgliche Limitierung von X ist, sind im allgemeinen weder $p^\nu(\tau)$ und $p^v(\tau)$ noch $t^\nu(\tau)$ und $t^v(\tau)$ gleich, zum Beispiel nicht, wenn τ die feinste Limitierung von X und $\dim X \neq 0$ ist.

Mittels 5.7.13 und 5.7.14 folgt

5.7.15. *f sei eine lineare Abbildung des $\boldsymbol{K}$-Vektorraumes X in einen $\boldsymbol{K}$-Vektorraum Y. τ und τ' seien schwach verträgliche Limitierungen von X bzw. Y. Ist f an einer Stelle $x \in X$ bez. τ und τ' stetig, so ist f auch in x bez. $p^\nu(\tau)$ und $p^\nu(\tau')$ stetig. Ist f bez. τ und τ' stetig, so auch bez. $t^\nu(\tau)$ und $t^\nu(\tau')$.*

Mit VLRAD und LLING bezeichnen wir die Kategorie aller verallgemeinerten limitierten $\boldsymbol{K}$-Radialräume bzw. aller limitierten $\boldsymbol{K}$-linearen Gruppen. VLRAD hat als Objekte alle verallgemeinerten limitierten $\boldsymbol{K}$-Radialräume und als Morphismen alle stetigen homogenen Abbildungen von $\boldsymbol{K}$-Radialräumen in $\boldsymbol{K}$-Radialräume und LLING als Objekte alle limitierten $\boldsymbol{K}$-linearen Gruppen und als Morphismen alle stetigen linearen Abbildungen limitierter $\boldsymbol{K}$-linearer Gruppen in limitierte $\boldsymbol{K}$-lineare Gruppen. Die Morphismenkomposition ist wie üblich definiert.

Die vollen Unterkategorien von VLRAD, die als Objekte alle verallgemeinerten pseudotopologischen, mehrstufig topologischen bzw. topologischen $\boldsymbol{K}$-Radialräume haben, bezeichnen wir mit VPRAD, VMRAD bzw. VTRAD und die vollen Unterkategorien von LLING, die als Objekte alle pseudotopologischen bzw. topologischen $\boldsymbol{K}$-linearen Gruppen haben, mit PLING bzw. TLING. Wollen wir bei den angegebenen Kategorien die Abhängigkeit von $\boldsymbol{K}$ mit ausdrücken, so fügen wir bei den Bezeichnungen derselben $\boldsymbol{K}$ als unteren Index an. Entsprechend wie $\boldsymbol{p}^g$ und $\boldsymbol{t}^g$ können wir wegen 5.7.6 und 5.7.15 Funktoren $\boldsymbol{p}^\varrho$: VLRAD → VPRAD, $\boldsymbol{m}^\varrho$: VLRAD → VMRAD und $\boldsymbol{t}^\varrho$: VLRAD → VTRAD und Funktoren $\boldsymbol{p}^\nu$: LLING → PLING und $\boldsymbol{t}^\nu$: LLING → TLING einführen, wegen 5.5.12 und 5.5.18 entsprechend Funktoren $\boldsymbol{r}$: VLRAD → LRAD, $\boldsymbol{p}^r$: VLRAD → PRAD, $\boldsymbol{m}^r$: VLRAD → MRAD und $\boldsymbol{t}^r$: VLRAD → TRAD und Funktoren $\boldsymbol{v}$: LLING → LVEK, $\boldsymbol{p}^v$: LLING → PVEK und $\boldsymbol{t}^v$: LLING → TVEK; $\boldsymbol{p}^r$, $\boldsymbol{m}^r$, $\boldsymbol{t}^r$, $\boldsymbol{p}^v$ und $\boldsymbol{t}^v$ sind Erweiterungen von Funktoren aus Abschnitt 5.5.

5.8. Gleichförmigkeit, Kreisförmigkeit und Ausgeglichenheit

Ein Filter $\mathfrak{F}$ in einem $\boldsymbol{K}$-Radialraum X mit $\boldsymbol{K} = \boldsymbol{R}$ oder $\boldsymbol{C}$ heißt **kegelartig**, wenn $\mathfrak{F} = \alpha\mathfrak{F}$ zu beliebigem $\alpha > 0$ gilt, **kreisförmig** oder **äquilibriert**, wenn $\mathfrak{F} = \boldsymbol{E}\mathfrak{F}$ gilt, und nach Frölicher und Bucher [1] **gleichförmig** (engl.: equable), wenn $\mathfrak{F} = \boldsymbol{V}\mathfrak{F}$ gilt.

Dafür, daß ein Filter $\mathfrak{F}$ kegelartig ist, ist $\mathfrak{F} \subseteq \alpha\mathfrak{F}$ $(\alpha > 0)$ und ebenfalls $\mathfrak{F} \supseteq \alpha\mathfrak{F}$ $(\alpha > 0)$ notwendig und hinreichend. Offenbar ist ein Hauptfilter $[F]$ genau dann kegelartig, wenn aus $x \in F$ stets $\{\alpha x \mid \alpha > 0\} \subseteq F$ folgt. Ein Filter $\mathfrak{F}$ ist genau dann kreisförmig, wenn er eine Basis aus kreisförmigen Mengen hat. Für jeden Filter $\mathfrak{F}$ in einem $\boldsymbol{K}$-Radialraum gilt $\boldsymbol{E}\mathfrak{F} \subseteq \mathfrak{F}$, so daß ein Filter $\mathfrak{F}$ genau dann kreisförmig ist, wenn $\mathfrak{F} \subseteq \boldsymbol{E}\mathfrak{F}$ gilt.

5.8.1. *Ein Filter $\mathfrak{F}$ in einem $\boldsymbol{K}$-Radialraum ist genau dann gleichförmig, wenn er kegelartig und kreisförmig ist.*

Beweis. Aus $\mathfrak{F} = \boldsymbol{V}\mathfrak{F}$ folgt mittels (5.4.1) $\alpha\mathfrak{F} = \alpha\boldsymbol{V}\mathfrak{F} = \boldsymbol{V}\mathfrak{F} = \mathfrak{F}$ zu beliebigem $\alpha > 0$ und $\boldsymbol{E}\mathfrak{F} = \boldsymbol{E}\boldsymbol{V}\mathfrak{F} = \boldsymbol{V}\mathfrak{F} = \mathfrak{F}$. Gilt $\mathfrak{F} = \alpha\mathfrak{F}$ $(\alpha > 0)$ und $\mathfrak{F} = \boldsymbol{E}\mathfrak{F}$, so folgt $\mathfrak{F} \subseteq \boldsymbol{V}\mathfrak{F}$ wegen $\boldsymbol{E} \in \boldsymbol{V}$ und existieren zu beliebigem $F \in \boldsymbol{V}\mathfrak{F}$ ein $\alpha > 0$ und $G \in \mathfrak{F}$ mit $F \supseteq \boldsymbol{E}\alpha G$. Da αG, damit $\boldsymbol{E}\alpha G$ und somit F zu $\mathfrak{F}$ gehört, gilt dann sogar $\mathfrak{F} = \boldsymbol{V}\mathfrak{F}$.

Für jeden gleichförmigen Filter $\mathfrak{F}$ gilt $\mathfrak{F} = \alpha\mathfrak{F}$ zu beliebigem $\alpha \in \boldsymbol{K} \setminus \{0\}$. Ohne Mühe erhält man

5.8.2 (Maximale kegelartige, kreisförmige und gleichförmige Unterfilter). *Für jeden Filter $\mathfrak{F}$ in einem $\boldsymbol{K}$-Radialraum ist $\bigcap_{\alpha>0} \alpha\mathfrak{F}$, $\boldsymbol{E}\mathfrak{F}$ bzw. $\boldsymbol{E} \bigcap_{\alpha>0} \alpha\mathfrak{F}$ $(= \bigcap_{\alpha>0} \alpha\boldsymbol{E}\mathfrak{F})$ der bezüglich der mengentheoretischen Ordnung größte Filter unter allen kegelartigen, kreisförmigen bzw. gleichförmigen Unterfiltern von $\mathfrak{F}$.*

Für jeden kegelartigen Filter $\mathfrak{F}$ gilt wegen $\boldsymbol{V}\boldsymbol{E} = \boldsymbol{V}$ damit

$$\boldsymbol{V}\mathfrak{F} = \boldsymbol{E}\mathfrak{F}\,. \tag{5.8.1}$$

5.8.3. *Für jede Familie $(\mathfrak{F}_\iota)_{\iota\in I}$ von kegelartigen, kreisförmigen bzw. gleichförmigen Filtern in einem $\boldsymbol{K}$-Radialraum X sind auch die Filter $\bigwedge_{\iota\in I} \mathfrak{F}_\iota$ und $\bigvee_{\iota\in I} \mathfrak{F}_\iota$ kegelartig, kreisförmig bzw. gleichförmig.*

Beweis. Offensichtlich sind die Filter $\mathsf{P}X$ und $\{X\}$ gleichförmig und damit auch kegelartig und kreisförmig, so daß wir uns im Beweis auf $I \neq \emptyset$ beschränken. Mit den $\mathfrak{F}_\iota$ sind offensichtlich auch $\bigwedge_{\iota\in I} \mathfrak{F}_\iota$ und $\bigvee_{\iota\in I} \mathfrak{F}_\iota$ kegelartig. Im folgenden seien die $\mathfrak{F}_\iota$ kreisförmig. Für beliebige Mengen $F_\iota \in \mathfrak{F}_\iota$ $(\iota \in I)$ gilt $\boldsymbol{E} \bigcup_{\iota\in I} F_\iota = \bigcup_{\iota\in I} \boldsymbol{E}F_\iota$ und zu jeder nichtleeren endlichen Teilmenge J von I auch $\boldsymbol{E} \bigcap_{\iota\in J} F_\iota \subseteq \bigcap_{\iota\in J} \boldsymbol{E}F_\iota$. Somit folgt $\bigwedge_{\iota\in I} \mathfrak{F}_\iota = \bigwedge_{\iota\in I} \boldsymbol{E}\mathfrak{F}_\iota = \boldsymbol{E} \bigwedge_{\iota\in I} \mathfrak{F}_\iota$ und $\bigvee_{\iota\in I} \mathfrak{F}_\iota = \bigvee_{\iota\in I} \boldsymbol{E}\mathfrak{F}_\iota \subseteq \boldsymbol{E} \bigvee_{\iota\in I} \mathfrak{F}_\iota$ und, da stets $\boldsymbol{E} \bigvee_{\iota\in I} \mathfrak{F}_\iota \subseteq \bigvee_{\iota\in I} \mathfrak{F}_\iota$ gilt, daß $\bigwedge_{\iota\in I} \mathfrak{F}_\iota$ und $\bigvee_{\iota\in I} \mathfrak{F}_\iota$ kreisförmig sind. Auf Grund des Bewiesenen und wegen 5.8.1 sind mit den $\mathfrak{F}_\iota$ auch $\bigwedge_{\iota\in I} \mathfrak{F}_\iota$ und $\bigvee_{\iota\in I} \mathfrak{F}_\iota$ gleichförmig.

5.8.4 (Bild- und Urbildfilter kegelartiger, kreisförmiger und gleichförmiger Filter). *X und Y seien $\boldsymbol{K}$-Radialräume, und f sei eine homogene Abbildung von X in Y. $\mathfrak{F}$ sei ein Filter in X und $\mathfrak{G}$ ein Filter in Y. Ist $\mathfrak{F}$ kegelartig, kreisförmig bzw. gleichförmig, so auch $f(\mathfrak{F})$. Ist $\mathfrak{G}$ kegelartig, kreisförmig bzw. gleichförmig, so auch $f^{-1}(\mathfrak{G})$.*

Beweis. Der erste Teil der Behauptung gilt offensichtlich. Der zweite Teil folgt leicht unter Beachtung, daß $f^{-1}\{\alpha y\} = \alpha f^{-1}\{y\}$ zu beliebigen $\alpha \in \boldsymbol{K} \setminus \{0\}$ und $y \in Y$ und damit auch $f^{-1}[\boldsymbol{E}G] = \boldsymbol{E}f^{-1}[G]$ für jede Teilmenge G von Y mit $0 \in G$ gilt.

Für jeden kegelartigen, kreisförmigen bzw. gleichförmigen Filter $\mathfrak{F}$ in einem $\boldsymbol{K}$-Radialraum X und jeden Teilraum Y von X ist damit auch der Spurfilter $\{F \cap Y \mid F \in \mathfrak{F}\}$ in Y kegelartig, kreisförmig bzw. gleichförmig.

5.8.5 (Produkte kegelartiger, kreisförmiger und gleichförmiger Filter). *$(X_\iota)_{\iota \in I}$ sei eine Familie von $\boldsymbol{K}$-Radialräumen mit einer Menge als Indexbereich. Zu beliebigem $\iota \in I$ sei $\mathfrak{F}_\iota$ ein kegelartiger, kreisförmiger bzw. gleichförmiger Filter in X_ι. Dann ist auch der Produktfilter $\prod\limits_{\iota \in I} \mathfrak{F}_\iota$ in $\prod\limits_{\iota \in I} X_\iota$ kegelartig, kreisförmig bzw. gleichförmig.*

Beweis. Mit den $\mathfrak{F}_\iota$ ist offenbar $\prod\limits_{\iota \in I} \mathfrak{F}_\iota$ kegelartig. Im folgenden seien die $\mathfrak{F}_\iota$ kreisförmig. Wegen (5.2.8) gilt $\prod\limits_{\iota \in I} \boldsymbol{E}\mathfrak{F}_\iota \subseteq \boldsymbol{E} \prod\limits_{\iota \in I} \mathfrak{F}_\iota$. Offenbar gilt auch $\boldsymbol{E} \prod\limits_{\iota \in I} \mathfrak{F}_\iota \subseteq \prod\limits_{\iota \in I} \mathfrak{F}_\iota = \prod\limits_{\iota \in I} \boldsymbol{E}\mathfrak{F}_\iota$, so daß auch $\prod\limits_{\iota \in I} \mathfrak{F}_\iota$ kreisförmig ist. Wegen 5.8.1 ist mit den $\mathfrak{F}_\iota$ daher ebenfalls $\prod\limits_{\iota \in I} \mathfrak{F}_\iota$ gleichförmig.

5.8.6. *Sind $\mathfrak{F}$ und $\mathfrak{G}$ kegelartige, kreisförmige bzw. gleichförmige Filter in einem $\boldsymbol{K}$-Vektorraum, so ist auch $\mathfrak{F} + \mathfrak{G}$ kegelartig, kreisförmig bzw. gleichförmig.*

Beweis. Mit $\mathfrak{F}$ und $\mathfrak{G}$ ist offenbar auch $\mathfrak{F} + \mathfrak{G}$ kegelartig. Im weiteren seien $\mathfrak{F}$ und $\mathfrak{G}$ kreisförmig. Wegen 5.3.9 gilt $\boldsymbol{E}\mathfrak{F} + \boldsymbol{E}\mathfrak{G} \subseteq \boldsymbol{E}(\mathfrak{F} + \mathfrak{G})$. Da auch $\boldsymbol{E}(\mathfrak{F} + \mathfrak{G}) \subseteq \mathfrak{F} + \mathfrak{G} = \boldsymbol{E}\mathfrak{F} + \boldsymbol{E}\mathfrak{G}$ gilt, ist ebenfalls $\mathfrak{F} + \mathfrak{G}$ kreisförmig. Mit $\mathfrak{F}$ und $\mathfrak{G}$ ist damit auch $\mathfrak{F} + \mathfrak{G}$ gleichförmig.

Wir nennen eine limitierte lineare Gruppe X und ebenfalls ihre Limitierung **gleichförmig** bzw. **kreisförmig,** wenn $\tau(x) - x$ für jeden Vektor $x \in X$ eine Basis aus gleich- bzw. kreisförmigen Filtern besitzt. Eine pseudotopologische lineare Gruppe X ist wegen (5.7.4) genau dann gleich- bzw. kreisförmig, wenn das $\wedge$-Ideal $\tau(0)$ aller Nullfilter in X eine Basis aus gleich- bzw. kreisförmigen Filtern besitzt, und damit genau dann, wenn $\tau(0) = \boldsymbol{V}\tau(0)$ bzw. $\tau(0) = \boldsymbol{E}\tau(0)$ ist. Jede gleichförmige Limitierung ist kreisförmig.

Es gibt limitierte lineare Gruppen, ja sogar separierte pseudotopologische Vektorräume, die nicht kreisförmig und damit auch nicht gleichförmig sind, wie wir an Hand des folgenden Beispiels zeigen. X sei ein $\boldsymbol{K}$-Vektorraum ($\boldsymbol{K} = \boldsymbol{R}$

oder $\boldsymbol{C}$) mit abzählbar-unendlicher Dimension und $e_1, e_2, \ldots$ eine Folge von Vektoren aus X, die eine Basis bilden. $\mathfrak{E}$ sei der aus $e_1, e_2, \ldots$ erzeugte Elementarfilter in X. Mit $\tau(0)$ bezeichnen wir das $\wedge$-Ideal von Filtern in X, das als eine Subbasis die Menge aller Summen

$$\mathfrak{F}_{\alpha_1 \cdots \alpha_l} = (\alpha_1 \mathfrak{E} + \boldsymbol{V}\mathfrak{E} + \boldsymbol{V}e_1) + \cdots + (\alpha_l \mathfrak{E} + \boldsymbol{V}\mathfrak{E} + \boldsymbol{V}e_l) \qquad (l \in \boldsymbol{N}^+; \alpha_1, \ldots, \alpha_l \in \boldsymbol{K})$$

hat. Unter Berücksichtigung von 5.1.10 folgt $\tau(0) + \tau(0) \subseteqq \tau(0)$. Offensichtlich gilt $\alpha\tau(0) \subseteqq \tau(0)$ zu beliebigem $\alpha \in \boldsymbol{K}$, auch für $\alpha = 0$. Wegen 5.3.9 gilt stets $\mathfrak{F}_{\underbrace{0 \ldots 0}_{2l}} \subseteqq \boldsymbol{V}\mathfrak{F}_{\alpha_1 \cdots \alpha_l}$ und wegen 5.2.7 damit $\boldsymbol{V}\tau(0) \subseteqq \tau(0)$. Zu beliebigem $x = \alpha_1 e_1 + \cdots + \alpha_l e_l$ $(l \in \boldsymbol{N}^+; \alpha_1, \ldots, \alpha_l \in \boldsymbol{K})$ haben wir $\boldsymbol{V}e_1 + \cdots + \boldsymbol{V}e_n \subseteqq \boldsymbol{V}x$ und somit $\mathfrak{F}_{\underbrace{0 \ldots 0}_{l}} \subseteqq \boldsymbol{V}x$, also $\boldsymbol{V}x \in \tau(0)$. Mittels des Korollars 2 zu 5.4.2 folgt, daß die durch $\tau(x) = x + \tau(0)$ definierte Pseudotopologie τ verträglich ist. τ ist die feinste Vektorraumpseudotopologie von X, für die $\mathfrak{E}$ ein Nullfilter ist. Man zeigt ohne Mühe mittels 2.2.8, daß kein Filter $[x]$ mit $x \neq 0$ gegen 0 konvergiert, τ also separiert ist. Wir beweisen nun, daß τ nicht kreisförmig ist. Zu beliebigem $n \in \boldsymbol{N}^+$ setzen wir $\boldsymbol{E}_n = \{e_m \mid m \geqq n\}$. Wäre τ doch kreisförmig, so gäbe es $\alpha_{ij} \in \boldsymbol{K}$ $(i = 1, \ldots, k; j = 1, \ldots, l)$ mit

$$\mathfrak{F}_{\alpha_{11} \cdots \alpha_{1l}} \cap \cdots \cap \mathfrak{F}_{\alpha_{k1} \cdots \alpha_{kl}} \subseteqq \boldsymbol{E}\mathfrak{E}$$

und zu jedem positivem α daher ein $n \in \boldsymbol{N}^+$ mit

$$\begin{aligned} \boldsymbol{E}\boldsymbol{E}_n \subseteqq (\alpha_{11}\boldsymbol{E}_1 + \cdots + \alpha_{1l}\boldsymbol{E}_1 + \underbrace{\alpha \boldsymbol{E}\boldsymbol{E}_1 + \cdots + \alpha \boldsymbol{E}\boldsymbol{E}_1}_{2l}) \cup \cdots \\ \cup (\alpha_{k1}\boldsymbol{E}_1 + \cdots + \alpha_{kl}\boldsymbol{E}_1 + \underbrace{\alpha \boldsymbol{E}\boldsymbol{E}_1 + \cdots + \alpha \boldsymbol{E}\boldsymbol{E}_1}_{2l}), \end{aligned}$$

was aber unmöglich ist.

Es gibt auch kreisförmige limitierte lineare Gruppen, ja sogar kreisförmige separierte pseudotopologische Vektorräume, die nicht gleichförmig sind. Ein Beispiel erhält man, indem man beim vorangehenden Beispiel $\mathfrak{E}$ durch $\boldsymbol{E}\mathfrak{E}$ ersetzt. τ ist dann die feinste Vektorraumpseudotopologie von $X = \bigoplus_{n \in \boldsymbol{N}^+} \boldsymbol{K}e_n$, für die $\boldsymbol{E}\mathfrak{E}$ ein Nullfilter ist. Offenbar hat dann $\tau(0)$ die Menge aller Summen

$$\mathfrak{G}_{\alpha_1 \cdots \alpha_l} = (\alpha_1 \boldsymbol{E}\mathfrak{E} + \boldsymbol{V}e_1) + \cdots + (\alpha_l \boldsymbol{E}\mathfrak{E} + \boldsymbol{V}e_l) \qquad (l \in \boldsymbol{N}^+; \alpha_1, \ldots, \alpha_l \in \boldsymbol{K})$$

als eine Subbasis. Mittels 2.2.8 folgt, daß τ separiert ist. Wir zeigen im weiteren, daß τ nicht gleichförmig ist. Wäre τ doch gleichförmig, so gäbe es $\alpha_{ij} \in \boldsymbol{K}$ $(i = 1, \ldots, k; j = 1, \ldots, l)$ mit $\boldsymbol{V}(\mathfrak{G}_{\alpha_{11} \cdots \alpha_{1l}} \cap \cdots \cap \mathfrak{G}_{\alpha_{k1} \cdots \alpha_{kl}}) \subseteqq \boldsymbol{E}\mathfrak{E}$ und zu jedem positiven α daher ein $n \in \boldsymbol{N}^+$ mit

$$\begin{aligned} \boldsymbol{E}\boldsymbol{E}_n \subseteqq \alpha(\alpha_{11}\boldsymbol{E}\boldsymbol{E}_1 + \cdots + \alpha_{1l}\boldsymbol{E}\boldsymbol{E}_1 + \alpha \boldsymbol{E}e_1 + \cdots + \alpha \boldsymbol{E}e_l) \cup \cdots \\ \cup \alpha(\alpha_{k1}\boldsymbol{E}\boldsymbol{E}_1 + \cdots + \alpha_{kl}\boldsymbol{E}\boldsymbol{E}_1 + \alpha \boldsymbol{E}e_1 + \cdots + \alpha \boldsymbol{E}e_l), \end{aligned}$$

was aber unmöglich ist.

Mit Hilfe des eben konstruierten pseudotopologischen Vektorraumes X zeigen wir, daß es stetige nicht gleichmäßig stetige Abbildungen kompakter Zahlenintervalle in pseudotopologische Vektorräume gibt. Wir bilden eine Abbildung $f\colon [0,1] \to X$, indem wir $f(0) = 0$ und zu beliebigem $n \in \boldsymbol{N}^+$ ferner $f(\alpha) = \left|\sin\left(\frac{1}{\alpha} - n\right)\pi\right| e_n$ bei $\alpha \in \left[\frac{1}{n+1}, \frac{1}{n}\right]$ setzen. Die Abbildung f ist stetig, denn es gilt $\boldsymbol{E}\mathfrak{E} \subseteq f(\boldsymbol{V})$ und für jedes $\alpha \in \,]0,1]$ und geeignetes n ferner $f(\alpha) + \boldsymbol{V}e_n + \boldsymbol{V}e_{n+1} \subseteq f(\boldsymbol{V} + \alpha)$. $\mathfrak{F}$ sei der Filter in X mit der Basis $\{F_\varepsilon \mid \varepsilon > 0\}$ bei $F_\varepsilon = \{f(\alpha) - f(\beta) \mid \alpha, \beta \in [0,1], |\alpha - \beta| \leqq \varepsilon\}$. Da zu beliebigen $\varepsilon > 0$ und $n \in \boldsymbol{N}^+$ ein $\delta > 0$ mit $\delta \boldsymbol{E} e_n \subseteq F_\varepsilon$ existiert, gilt $\mathfrak{F} \subseteq \bigcap_{n \in \boldsymbol{N}^+} \boldsymbol{V}e_n$. f ist nicht gleichmäßig stetig; andernfalls wäre nämlich $\mathfrak{F}$ und damit auch $\bigcap_{n \in \boldsymbol{N}^+} \boldsymbol{V}e_n$ ein Nullfilter, was aber zur Folge hätte, daß $\{e_n \mid n \in \boldsymbol{N}^+\}$ bereits einen echten Teilraum von X aufspannt.

Um zu zeigen, daß es kompakte Teilmengen pseudotopologischer Vektorräume gibt, die nicht totalbeschränkt sind, führen wir noch ein zweites Beispiel eines kreisförmigen, nicht gleichförmigen pseudotopologischen Vektorraumes an. X sei ein $\boldsymbol{K}$-Vektorraum mit $\boldsymbol{K} = \boldsymbol{R}$ oder $\boldsymbol{C}$, der als Dimension die erste nichtabzählbare Ordinalzahl Ω hat. $(e_i)_{i \in \Omega}$ sei eine Familie von Vektoren, die eine Basis von X bilden. $\{E_j \mid j \in \Omega\}$ mit $E_j = \{e_k \mid j \leqq k\}$ ist die Basis eines Filters $\mathfrak{E}_\Omega$ in X, und zu beliebigem $i \in \Omega$ ist $\{E_j \setminus E_i \mid j < i\}$ die Basis eines Filters $\mathfrak{E}_i$ in X. Ähnlich wie im vorangehenden Beispiel folgt, daß eine separierte kreisförmige nicht gleichförmige Vektorraumpseudotopologie τ von X existiert, so daß $\tau(0)$ die Menge aller Summen

$$\mathfrak{G}_{\alpha_1 \ldots \alpha_l\, i_1 \ldots i_l\, j_1 \ldots j_l} = (\alpha_1 \boldsymbol{E}\mathfrak{E}_{i_1} + \boldsymbol{V}e_{j_1}) + \cdots + (\alpha_l \boldsymbol{E}\mathfrak{E}_{i_l} + \boldsymbol{V}e_{j_l})$$
$$(l \in \boldsymbol{N}^+; \alpha_1, \ldots, \alpha_l \in \boldsymbol{K}; i_1, \ldots, i_l \in \Omega \cup \{\Omega\}; j_1, \ldots, j_l \in \Omega)$$

als eine Subbasis hat. $E_0 \cup \{0\}$ erweist sich als kompakt und als nicht totalbeschränkt.

Während im allgemeinen limitierte lineare Gruppen, ja sogar pseudotopologische Vektorräume nicht gleichförmig sind, gilt wegen 5.7.2

5.8.7. *Jede topologische lineare Gruppe ist gleichförmig.*

Gleichförmige Limitierungen lassen sich weitestgehend mittels kegelartiger Filter definieren. Wir zeigen nämlich

5.8.8 (Gleichförmigkeit schwach verträglicher Pseudotopologien im weiten Sinne). *X sei eine limitierte lineare Gruppe, deren Limitierung τ eine Pseudotopologie im weiten Sinne ist. Unter dieser Voraussetzung ist τ genau dann gleichförmig, wenn $\tau(x) - x$ für jeden Vektor $x \in X$ eine Basis aus kegelartigen Filtern hat.*

Beweis. Wegen 5.8.1 ist nur eine Richtung zu zeigen. $\tau(x) - x$ habe für jedes $x \in X$ eine Basis aus kegelartigen Filtern. $\mathsf{P}X$ ist offenbar ein gleichförmiger Filter. Für ein $x \in X$ existiere ein eigentlicher Filter $\mathfrak{F} \in \tau(x)$. Dann gilt $[x] \in \tau(x)$

und gibt es einen kegelartigen Unterfilter $\mathfrak{G} \in \tau(x) - x$ von $\mathfrak{F} - x$. $\mathfrak{G}$ und wegen (5.7.3) auch $\boldsymbol{V}\mathfrak{G}$ ist ein Nullfilter, so daß $\mathfrak{H} = x + \boldsymbol{V}\mathfrak{G}$ gegen x konvergiert. $\mathfrak{H} - x$ ist gleichförmig, und wegen (5.8.1) ist $\mathfrak{H}$ ein Unterfilter von $\mathfrak{G} + x$ und damit von $\mathfrak{F}$. τ ist somit gleichförmig.

Die in 5.8.8 angegebene Forderung, daß τ eine Pseudotopologie im weiten Sinne ist, ist nach dem folgenden Satz für jede kreisförmige Limitierung erfüllt.

5.8.9. *Jede kreisförmige Limitierung τ ist eine Pseudotopologie im weiten Sinne.*

Beweis. Zu beliebigem $x \in X$ mit $\tau(x) \neq \{\mathsf{P}X\}$ gibt es einen eigentlichen Filter $\mathfrak{F} \in \tau(x)$, für den $\mathfrak{F} - x$ kreisförmig ist. Da $\mathfrak{F} - x$ ebenfalls eigentlich ist, folgt $\mathfrak{F} - x = \boldsymbol{E}(\mathfrak{F} - x) \subseteqq [0]$ und damit $\mathfrak{F} \subseteqq [x]$, also $[x] \in \tau(x)$.

Nach M. P. Kaz [2] gilt

5.8.10. *Jede* CHOQUET*sche pseudotopologische lineare Gruppe X ist kreisförmig.*

Beweis. $\mathfrak{F}$ sei ein Nullfilter in X und $\mathfrak{R}$ ein Ultraoberfilter von $\boldsymbol{E}\mathfrak{F}$. Für die skalare Multiplikation μ: $(\alpha, x) \mapsto \alpha x$ $(\alpha \in \boldsymbol{K}, x \in X)$ gilt $\boldsymbol{E}\mathfrak{F} = \mu([\boldsymbol{E}] \times \mathfrak{F})$. Wegen 2.5.2 und des Korollars zu 2.6.1 existieren Ultraoberfilter $\mathfrak{B}$ von $[\boldsymbol{E}]$ und $\mathfrak{G}$ von $\mathfrak{F}$ mit $\boldsymbol{E}\mathfrak{F} \subseteqq \mathfrak{B}\mathfrak{G} = \mu(\mathfrak{B} \times \mathfrak{G}) \subseteqq \mathfrak{R}$. Da $\boldsymbol{E}$ kompakt ist, konvergiert $\mathfrak{B}$ gegen eine Zahl α, so daß $(\mathfrak{B} - \alpha)\,\mathfrak{F}$, damit $\mathfrak{B}\mathfrak{F}$ und somit auch $\mathfrak{R}$ ein Nullfilter in X ist. Auf Grund der CHOQUET-Eigenschaft ist $\boldsymbol{E}\mathfrak{F}$ ein Nullfilter, so daß X kreisförmig ist.

In 5.7.11 haben wir eine Aussage über den Zusammenhang verallgemeinerter limitierter Radialräume angeführt. Wir gehen im folgenden auf das Problem ein, wann verallgemeinerte limitierte Radialräume lokal zusammenhängend sind. Wir zeigen:

5.8.11. *Jeder kreisförmige pseudotopologische Vektorraum ist lokal zusammenhängend. Verallgemeinerte limitierte Radialräume sind im allgemeinen nicht lokal zusammenhängend. Es gibt sogar topologische lineare Gruppen, die nicht lokal zusammenhängend sind.*

Beweis. 1. X sei ein kreisförmiger pseudotopologischer Vektorraum. Dem Beweis von 5.7.11 entnehmen wir, daß $\boldsymbol{E}x$ zu beliebigem $x \in X$ eine zusammenhängende Teilmenge von X ist. Jeder eigentliche kreisförmige Filter besitzt eine Basis aus nichtleeren kreisförmigen Mengen F. Da jeweils $F = \bigcup_{x \in F} \boldsymbol{E}x$ gilt, ergeben sich diese Mengen unter Berücksichtigung von 3.18.4 als zusammenhängend. X ist daher lokal zusammenhängend.

2. X sei ein unendlichdimensionaler $\boldsymbol{K}$-Vektorraum. Wie mittels 5.7.9 folgt, bilden die Teilräume von X einer endlichen Codimension eine Basis des Null-

nachbarschaftsfilters bezüglich einer schwach verträglichen Topologie τ von X. F sei eine Nullnachbarschaft bez. τ. Wir finden einen in F enthaltenen Teilraum N' von X einer endlichen Codimension und einen echt in N' enthaltenen Teilraum N einer endlichen Codimension. Es gilt $F \setminus N \neq \emptyset$, wegen $(x + N) \cap N = \emptyset$ $(x \in F \setminus N)$ ferner $\overline{N} \cap (F \setminus N) = \emptyset$ und wegen $(x + N) \cap (F \setminus N) = \emptyset$ $(x \in N)$ schließlich $N \cap \overline{F \setminus N} = \emptyset$. F ist daher nicht zusammenhängend, X bez. τ also nicht lokal zusammenhängend.

Wir ordnen nun jeder schwach verträglichen Limitierung τ eines $\boldsymbol{K}$-Vektorraumes X die durch

$$\tau^{\#}(x) = \operatorname*{im}_{\subseteq} \{\mathfrak{F} \in \tau(x) \mid \mathfrak{F} - x \text{ gleichförmig}\}$$

und

$$\tau^{+}(x) = \operatorname*{im}_{\subseteq} \{\mathfrak{F} \in \tau(x) \mid \mathfrak{F} - x \text{ kreisförmig}\}$$

$(x \in X)$ definierten Limitierungen $\tau^{\#}$ und τ^{+} zu. $\tau^{\#}(x)$ und $\tau^{+}(x)$ sind natürlich zu beliebigem $x \in X$ $\wedge$-Ideale, da $\{\mathfrak{F} \in \tau(x) \mid \mathfrak{F} - x \text{ gleichförmig}\}$ und $\{\mathfrak{F} \in \tau(x) \mid \mathfrak{F} - x \text{ kreisförmig}\}$ nichtleer sind und für beliebige Filter $\mathfrak{F}, \mathfrak{G} \in \tau(x)$, für die $\mathfrak{F} - x$ und $\mathfrak{G} - x$ gleich- bzw. kreisförmig sind, wegen 5.1.10 die Beziehung $(\mathfrak{F} \cap \mathfrak{G}) - x = (\mathfrak{F} - x) \cap (\mathfrak{G} - x)$ besteht und wegen 5.8.3 daher auch $(\mathfrak{F} \cap \mathfrak{G}) - x$ gleich- bzw. kreisförmig ist.

Für jede schwach verträgliche Limitierung τ eines $\boldsymbol{K}$-Vektorraumes gilt $\tau^{\#} \leqq \tau^{+}$. Ferner zeigt man mühelos mittels 5.8.6:

5.8.12 (Nächstfeinere gleich- bzw. kreisförmige Limitierung). *Für jede schwach verträgliche bzw. jede verträgliche Limitierung τ eines $\boldsymbol{K}$-Vektorraumes X ist $\tau^{\#}$ die gröbste schwach verträgliche bzw. gröbste verträgliche gleichförmige Limitierung von X, die feiner als τ ist. Entsprechend ist τ^{+} für jede schwach verträgliche bzw. jede verträgliche Limitierung τ eines $\boldsymbol{K}$-Vektorraumes X die gröbste schwach verträgliche bzw. gröbste verträgliche kreisförmige Limitierung von X, die feiner als τ ist.*

Eine schwach verträgliche Limitierung τ eines $\boldsymbol{K}$-Vektorraumes ist genau dann gleichförmig bzw. kreisförmig, wenn sie mit $\tau^{\#}$ bzw. τ^{+} übereinstimmt.

Als eine leicht zu beweisende Folgerung von 5.8.2 erhält man

5.8.13. *Für jede schwach verträgliche Limitierung τ eines $\boldsymbol{K}$-Vektorraumes gilt*

$$\tau^{\#}(x) = \{\mathfrak{F} \in \mathcal{F}X \mid x + \boldsymbol{E} \bigcap_{\alpha>0} \alpha(\mathfrak{F} - x) \in \tau(x)\}$$

und

$$\tau^{+}(x) = \{\mathfrak{F} \in \mathcal{F}X \mid x + \boldsymbol{E}(\mathfrak{F} - x) \in \tau(x)\}$$

zu beliebigem $x \in X$.

Ist τ eine schwach verträgliche Pseudotopologie im weiten Sinne, so gilt wegen 5.8.8 sogar $\tau^{\#}(x) = \{\mathfrak{F} \in \mathcal{F}X \mid x + \bigcap_{\alpha>0} \alpha(\mathfrak{F} - x) \in \tau(x)\}$ für jedes $x \in X$.

5.8.14. *Für jede schwach verträgliche Limitierung τ eines $\boldsymbol{K}$-Vektorraumes X gilt*

$$\tau^{\#}(x) \subseteqq x + \boldsymbol{V}(\tau(x) - x) \tag{5.8.2}$$

zu beliebigem $x \in X$. Bei dieser Beziehung trifft für $x = 0$ und, wenn τ eine Pseudotopologie im weiten Sinne ist, für beliebiges $x \in X$ das Gleichheitszeichen zu. Im allgemeinen gilt es bei dieser Beziehung nicht.

Beweis. 1. Für jeden Filter $\mathfrak{F}$, für den $\mathfrak{F} - x$ gleichförmig ist, gilt $\mathfrak{F} = x + \boldsymbol{V}(\mathfrak{F} - x)$, weshalb (5.8.2) folgt.

$\mathfrak{F}$ sei ein beliebiger Filter aus $\tau(x)$ $(x \in X)$. Der daraus gebildete Filter $\big(x + \boldsymbol{V}(\mathfrak{F} - x)\big) - x = \boldsymbol{V}(\mathfrak{F} - x)$ ist gleichförmig. Im Falle $x = 0$ gilt wegen (5.7.2) $x + \boldsymbol{V}(\mathfrak{F} - x) \in \tau(x)$ und daher bei (5.8.2) das Gleichheitszeichen. Ist τ eine Pseudotopologie im weiten Sinne, so gilt, falls $\mathfrak{F}$ eigentlich ist, $[x] \in \tau(x)$, damit $\mathfrak{F} - x \in \tau(0)$, wegen (5.7.2) folglich $\boldsymbol{V}(\mathfrak{F} - x) \in \tau(0)$ und deshalb ebenfalls $x + \boldsymbol{V}(\mathfrak{F} - x) \in \tau(x)$. Falls $\mathfrak{F}$ uneigentlich ist, besteht natürlich auch die Beziehung $x + \boldsymbol{V}(\mathfrak{F} - x) \in \tau(x)$. Wenn τ eine Pseudotopologie im weiten Sinne ist, trifft daher bei (5.8.2) für jedes $x \in X$ das Gleichheitszeichen zu.

2. X besitze eine von 0 verschiedene Dimension, und es sei $\tau(x) = [[0]]$ zu beliebigem $x \in X$ (erstes Beispiel nach 5.6.1). Für $x \neq 0$ gilt $\tau^{\#}(x) = \{\mathsf{P}X\}$ und $x + \boldsymbol{V}\big(\tau(x) - x\big) = [x + \boldsymbol{V}x]$, bei (5.8.2) also keine Gleichheit.

5.8.15. *X sei ein $\boldsymbol{K}$-Vektorraum und τ eine schwach verträgliche Limitierung von X. Es gilt*

$$p^{\nu}(\tau^{\#}) \leqq p^{\nu}(\tau)^{\#}\,, \quad p^{\nu}(\tau^{+}) \leqq p^{\nu}(\tau)^{+} \quad \textit{und} \quad t^{\nu}(\tau^{\#}) \leqq t^{\nu}(\tau^{+}) \leqq t^{\nu}(\tau) \tag{5.8.3}$$

und

$$p^{v}(\tau^{\#}) \leqq p^{v}(\tau)^{\#}\,, \quad p^{v}(\tau^{+}) \leqq p^{v}(\tau)^{+} \quad \textit{und} \quad t^{v}(\tau^{\#}) \leqq t^{v}(\tau^{+}) \leqq t^{v}(\tau)\,. \tag{5.8.4}$$

Beweis. $p^{\nu}(\tau)^{\#}$ ist eine schwach verträgliche Limitierung. Zu beliebigem $x \in X$ gilt $[x] \in p^{\nu}(\tau)(x)$ und, da $[0] = [x] - x$ gleichförmig ist, sogar $[x] \in p^{\nu}(\tau)^{\#}(x)$. $p^{\nu}(\tau)^{\#}$ ist daher eine Pseudotopologie. Folglich gilt $p^{\nu}\big(p^{\nu}(\tau)^{\#}\big) = p^{\nu}(\tau)^{\#}$ und damit die erste Beziehung von (5.8.3). Entsprechend ergibt sich die zweite Beziehung von (5.8.3) und wegen $\tau^{\#} \leqq \tau^{+} \leqq \tau$ auch die dritte. (5.8.4) folgt analog wie (5.8.3).

Den ersten beiden Beziehungen von (5.8.3) und (5.8.4) entnimmt man das

Korollar. *X sei ein $\boldsymbol{K}$-Vektorraum und τ eine schwach verträgliche Limitierung von X. Mit τ sind auch $\tau^{\#}$ und τ^{+} Pseudotopologien. Ist τ gleich- bzw. kreisförmig, so sind auch $p^{\nu}(\tau)$ und $p^{v}(\tau)$ gleich- bzw. kreisförmig.*

Trivialerweise sind mit τ auch $\tau^{\#}$ und τ^{+} Topologien und folgt aus der Gleich- bzw. Kreisförmigkeit von τ die Gleich- bzw. Kreisförmigkeit von $t^{\nu}(\tau)$ und $t^{v}(\tau)$.

5.8.16. *Eine lineare Abbildung f einer gleich- bzw. kreisförmigen limitierten **K**-linearen Gruppe X in eine limitierte **K**-lineare Gruppe Y ist genau dann bezüglich der Limitierungen τ von X und σ von Y stetig, wenn sie bez. τ und $\sigma^{\#}$ bzw. bez. τ und σ^{+} stetig ist.*

Beweis. X sei gleichförmig. Ist f bez. τ und $\sigma^{\#}$ stetig, so wegen $\sigma^{\#} \leqq \sigma$ auch bez. τ und σ. Nun sei f bez. τ und σ stetig. Zu beliebigem $x \in X$ und jedem Filter $\mathfrak{F} \in \tau(x)$, für den $\mathfrak{F} - x$ gleichförmig ist, gilt $f(\mathfrak{F}) \in \sigma(f(x))$ und $Vf(\mathfrak{F} - x) = (fV(\mathfrak{F} - x)) = f(\mathfrak{F} - x)$, wegen $f(\mathfrak{F} - x) = f(\mathfrak{F}) - f(x)$ also $f(\mathfrak{F}) \in \sigma^{\#}(f(x))$, so daß dann also auch f bez. τ und $\sigma^{\#}$ stetig ist. Der eine Teil der Behauptung ist damit gezeigt. Der andere Teil folgt analog.

Offensichtlich besteht das

Korollar. *Ist f eine lineare Abbildung einer limitierten **K**-linearen Gruppe X in eine limitierte **K**-lineare Gruppe Y, die bezüglich der Limitierungen τ von X und σ von Y stetig ist, so ist f auch bez. $\tau^{\#}$ und $\sigma^{\#}$ und bez. τ^{+} und σ^{+} stetig.*

Die vollen Unterkategorien von LLING, PLING, LVEK und PVEK, die als Objekte alle gleichförmigen limitierten bzw. pseudotopologischen **K**-linearen Gruppen bzw. alle gleichförmigen limitierten bzw. pseudotopologischen **K**-Vektorräume haben, bezeichnen wir mit LLING$^{\#}$, PLING$^{\#}$, LVEK$^{\#}$ bzw. PVEK$^{\#}$. Auf Grund des Korollars zu 5.8.16 gibt es einen Funktor $\#$: LLING $\to$ LLING$^{\#}$ der folgenden Art: $\#$ ordnet jeder limitierten **K**-linearen Gruppe X diejenige limitierte lineare Gruppe $X^{\#}$ zu, die sich von X nur dadurch unterscheidet, daß deren Limitierung τ durch $\tau^{\#}$ ersetzt ist. Ferner ordnet $\#$ jedem Morphismus (f, X, Y) von LLING den Morphismus $(f, X^{\#}, Y^{\#})$ zu. Aus $\#$ ergeben sich durch Einschränkung Funktoren von PLING in PLING$^{\#}$, von LVEK in LVEK$^{\#}$ und von PVEK in PVEK$^{\#}$. Unter Benutzung von $p^{\nu}(\tau^{\#})$, $p^{\nu}(\tau)^{\#}$, $p^{v}(\tau^{\#})$ und $p^{v}(\tau)^{\#}$ lassen sich leicht Funktoren von LLING in PLING$^{\#}$ und von LVEK in PVEK$^{\#}$ bilden.

LLING^{+}, PLING^{+}, LVEK^{+} und PVEK^{+} seien die vollen Unterkategorien von LLING, PLING, LVEK bzw. PVEK, die als Objekte alle kreisförmigen limitierten bzw. pseudotopologischen **K**-linearen Gruppen bzw. alle kreisförmigen limitierten bzw. pseudotopologischen **K**-Vektorräume haben. Entsprechend wie $\#$ läßt sich ein Funktor $+$ von LLING in LLING^{+} bilden, und aus $+$ ergeben sich entsprechend wie bei $\#$ Funktoren von PLING in PLING^{+}, von LVEK in LVEK^{+}, von PVEK in PVEK^{+}, von LLING in PLING^{+} und von LVEK in PVEK^{+}; die den Objekten X von LLING durch $+$ zugeordneten Objekte von LLING bezeichnen wir mit X^{+}.

Wir gehen im folgenden auf eine weitere Eigenschaft limitierter linearer Gruppen ein, die jeder topologische Vektorraum besitzt, und beginnen mit einer Definition. Wir nennen einen Filter $\mathfrak{F}$ in einem **K**-Radialraum **ausgeglichen** oder **absorbierend,** wenn er aus ausgeglichenen Mengen besteht. Jeder ausgeglichene Filter $\mathfrak{F}$ ist eigentlich, und für ihn gilt $\mathfrak{F} \subseteqq [0]$. Jeder Unterfilter eines ausgeglichenen Filters ist ausgeglichen. Ein kreisförmiger Filter $\mathfrak{F}$ in einem $\boldsymbol{K}$-Radialraum X ist genau dann ausgeglichen, wenn

$$\mathfrak{F} \subseteqq \boldsymbol{V}x \tag{5.8.5}$$

zu beliebigem $x \in X$ gilt. Damit folgt

5.8.17. *Für jede Familie $(\mathfrak{F}_i)_{i \in I}$ ausgeglichener kreisförmiger Filter in einem Radialraum ist auch $\bigvee_{i \in I} \mathfrak{F}_i$ ausgeglichen.*

Offenbar gilt

5.8.18. *X und Y seien $\boldsymbol{K}$-Radialräume, und f sei eine homogene Abbildung von X in Y. $\mathfrak{F}$ sei ein Filter in X und $\mathfrak{G}$ ein Filter in Y. Ist f eine Surjektion, so ist mit $\mathfrak{F}$ auch $f(\mathfrak{F})$ ausgeglichen. Mit $\mathfrak{G}$ ist stets $f^{-1}(\mathfrak{G})$ ausgeglichen.*

Eine limitierte lineare Gruppe X und ebenfalls ihre Limitierung heißt **ausgeglichen** oder **absorbierend,** wenn $\tau(x) - x$ zu beliebigem $x \in X$ eine Basis aus ausgeglichenen Filtern hat.

5.8.19. *Jede ausgeglichene limitierte lineare Gruppe ist ein pseudotopologischer Vektorraum. Eine topologische lineare Gruppe ist genau dann ausgeglichen, wenn sie ein topologischer Vektorraum ist.*

Beweis. X sei eine ausgeglichene limitierte lineare Gruppe und τ ihre Limitierung. Zu beliebigem $x \in X$ gehört mindestens ein ausgeglichener Filter und damit $[0]$ dem $\wedge$-Ideal $\tau(x) - x$ an, weshalb sich τ als Pseudotopologie ergibt. Da mindestens ein ausgeglichener Filter $\mathfrak{F}$ und somit auch der ausgeglichene und kreisförmige Filter $\boldsymbol{V}\mathfrak{F}$ dem $\wedge$-Ideal $\tau(0)$ angehört, folgt mittels (5.8.5) $\boldsymbol{V}x \in \tau(0)$ zu beliebigem $x \in X$, auf Grund des Korollars zu 5.7.7 also, daß τ verträglich ist. Damit ist der erste Teil der Behauptung gezeigt. Der zweite Teil ergibt sich daraus mittels des Korollars zu 5.4.6.

Es gibt ausgeglichene pseudotopologische Vektorräume, die keine topologischen Vektorräume sind, wie das folgende Beispiel zeigt. X sei ein unendlichdimensionaler $\boldsymbol{K}$-Vektorraum und B eine lineare Basis von X. Zu jeder Abbildung $\delta\colon B \to]0, \infty[$ sei C_δ die Menge aller endlichen Summen $\alpha_1 e_1 + \cdots + \alpha_n e_n$ mit $e_1, \ldots, e_n \in B$, $\alpha_1, \ldots, \alpha_n \in \boldsymbol{K}$ und $|\alpha_1| \leqq \delta(e_1), \ldots, |\alpha_n| \leqq \delta(e_n)$. Zu beliebigen Abbildungen $\delta\colon B \to]0, \infty[$ und $\delta'\colon B \to]0, \infty[$ und beliebigem $\alpha > 0$ gilt $C_\delta \cup C_{\delta'} \subseteqq C_{\max\{\delta, \delta'\}}$, $C_\delta + C_{\delta'} \subseteqq C_{\delta+\delta'}$ und $\alpha C_\delta = C_{\alpha\delta}$, wobei $\max\{\delta, \delta'\}$, $\delta + \delta'$ und $\alpha\delta$ in naheliegender Weise erklärt sind. Jede Menge C_δ ist ausgeglichen und kreisförmig. $\mathfrak{B}$ sei der Dualfilter in X mit $\{C_\delta \mid \delta\colon B \to]0, \infty[\}$ als einer Basis und $\tau^{\mathfrak{B}}$ die damit wie in 5.7.8 definierte Vektorraumpseudotopologie. X sei mit $(\tau^{\mathfrak{B}})^{\#}$ versehen. X ist dann ein ausgeglichener pseudotopologischer Vektorraum. Für keinen Punkt $x \neq 0$ und keine Abbildung $\delta\colon B \to]0, \infty[$ gilt $\boldsymbol{V}C_\delta \subseteqq [x]$, so daß X separiert ist. Nach Voraussetzung gibt es paarweise verschiedene Vektoren $e_1, e_2, \ldots$ aus B. Für jede Abbildung $\delta\colon B \to]0, \infty[$ und die durch $\delta'(e_n) = n\delta(e_n)$ und $\delta'(e) = \delta(e)$ $(e \in B \setminus \{e_n \mid n \in \boldsymbol{N}^+\})$ definierte Abbildung $\delta' : B \to]0, \infty[$ gilt $\alpha C_{\delta'} \subsetneqq C_\delta$ zu beliebigem $\alpha > 0$ und folglich $VC_\delta \subsetneqq VC_{\delta'}$. X ist deshalb kein topologischer Vektorraum.

Wir fragen als nächstes nach der feinsten ausgeglichenen Vektorraumpseudotopologie eines Vektorraumes. Es gilt

5.8.20 (Feinste ausgeglichene Vektorraumpseudotopologie). *X sei ein Vektorraum und $\mathfrak{A}$ der Filter in X, der als eine Basis die Menge aller ausgeglichenen und kreisförmigen Teilmengen von X hat. Die Summen $\underbrace{\mathfrak{A} + \cdots + \mathfrak{A}}_{n}$ ($n \in \boldsymbol{N}^+$) bilden die Basis eines $\wedge$-Ideals $\tau(0)$ von Filtern in X, und durch $\tau(x) = x + \tau(0)$ wird die feinste verträgliche ausgeglichene Pseudotopologie τ von X definiert. τ ist gleichförmig und genau dann eine Topologie, wenn X endlichdimensional ist.*

Beweis. 1. Aus $\mathfrak{A} \subseteqq [0]$ folgt $\mathfrak{A} + \mathfrak{F} \subseteqq \mathfrak{F}$ zu jedem Filter $\mathfrak{F}$ in X und damit, daß die Summen $\mathfrak{A} + \cdots + \mathfrak{A}$ die Basis eines $\wedge$-Ideals $\tau(0)$ bilden. Offenbar gilt $\mathfrak{A} = \boldsymbol{V}\mathfrak{A} = \alpha\mathfrak{A}$ ($\alpha \neq 0$) und demnach auch

$$\boldsymbol{V}(\mathfrak{A} + \cdots + \mathfrak{A}) \supseteqq \boldsymbol{V}\mathfrak{A} + \cdots + \boldsymbol{V}\mathfrak{A} = \mathfrak{A} + \cdots + \mathfrak{A}$$

und $\alpha(\mathfrak{A} + \cdots + \mathfrak{A}) = \mathfrak{A} + \cdots + \mathfrak{A}$ ($\alpha \neq 0$), ferner $\mathfrak{A} \subseteqq \boldsymbol{V}x$ ($x \in X$), so daß die wie im Satz definierte Abbildung τ eine verträgliche gleichförmige Pseudotopologie ist. Wegen $\mathfrak{A} + \cdots + \mathfrak{A} \subseteqq \mathfrak{A}$ ist τ ausgeglichen. Ist σ eine verträgliche ausgeglichene Pseudotopologie von X, so gehört $\sigma(0)$ ein ausgeglichener Filter $\mathfrak{F}$ und damit $\boldsymbol{V}\mathfrak{F}$ und wegen $\boldsymbol{V}\mathfrak{F} \subseteqq \mathfrak{A}$ auch $\mathfrak{A}$ an. τ ist deshalb die feinste verträgliche ausgeglichene Pseudotopologie von X.

2. Ist X endlichdimensional und n die Dimension von X, so ist offenbar $\underbrace{\mathfrak{A} + \cdots + \mathfrak{A}}_{n}$ der Nullnachbarschaftsfilter bezüglich der natürlichen Topologie τ_{nat} von X und daher $\tau = \tau_{\text{nat}}$. Nun sei X unendlichdimensional. Wir finden eine Folge $e_1, e_2, \ldots$ voneinander verschiedener Punkte von X, die eine linear unabhängige Menge bilden. Zu beliebigem $l \in \boldsymbol{N}^+$ sei $A_l = \{\alpha_1 e_1 + \cdots + \alpha_l e_l \mid \alpha_i \in \boldsymbol{K}$ mit $|\alpha_i| \leqq 1/l\}$ und sei $A = \bigcup_{l \in \boldsymbol{N}^+} A_l$. B sei ein Komplementärraum der linearen Hülle von A. Es gilt $A + B \in \mathfrak{A}$. Gegeben sei ein $n \in \boldsymbol{N}^+$. Wir nehmen an, daß

$$\underbrace{C + \cdots + C}_{n+1} \subseteqq \underbrace{(A + B) + \cdots + (A + B)}_{n} \tag{5.8.6}$$

für ein $C \in \mathfrak{A}$ gilt, und wählen für $i = 1, \ldots, n + 1$ Punkte $\alpha_i e_{k_i} \in C$ mit $\alpha_i \neq 0$ und $k_1 = 1$ und mit

$$k_{i+1} > \frac{n}{|\alpha_i|} \tag{5.8.7}$$

und $k_{i+1} > k_i$ ($i = 1, \ldots, n$). Zu beliebigem $i = 1, \ldots, n$ existieren ein $l_i \in \boldsymbol{N}^+$ und $a_i \in A_{l_i}$ mit

$$\alpha_1 e_{k_1} + \cdots + \alpha_{n+1} e_{k_{n+1}} = a_1 + \cdots + a_n\,.$$

Es gibt $\alpha_{ij} \in \boldsymbol{K}$ $(i = 1, \dots, n;\ j = 1, \dots, l_i)$ mit $|\alpha_{ij}| \leqq \frac{1}{l_i}$ und $a_i = \alpha_{i1}e_1 + \cdots + \alpha_{il_i}e_{l_i}$. Wir erhalten $\alpha_j = \sum_{\substack{i \text{ mit} \\ k_j \leqq l_i}} \alpha_{ik_j}$ und damit

$$|\alpha_j| \leqq \sum_{\substack{i \text{ mit} \\ k_j \leqq l_i}} \frac{1}{l_i}. \tag{5.8.8}$$

Zu jedem $j = 1, \dots, n$ existieren i mit $k_j \leqq l_i < k_{j+1}$, da andernfalls $|\alpha_j| \leqq \frac{n}{k_{j+1}}$ aus (5.8.8) im Widerspruch zu (5.8.7) folgen würde. Wegen $\alpha_{n+1} \neq 0$ existiert mindestens ein weiteres i mit $k_{n+1} \leqq l_i$, was aber der Anzahl der i widerspricht. Daher gilt (5.8.6) für kein $C \in \mathfrak{A}$, und es folgt $\underbrace{\mathfrak{A} + \cdots + \mathfrak{A}}_{n+1} \subsetneqq \underbrace{\mathfrak{A} + \cdots + \mathfrak{A}}_{n}$. τ ist deshalb keine Topologie.

Wegen 5.8.19 ist die feinste verträgliche ausgeglichene Pseudotopologie eines Vektorraumes X gleichzeitig die feinste schwach verträgliche ausgeglichene Limitierung von X.

Die ausgeglichenen Limitierungen lassen sich einfach charakterisieren. Und zwar gilt

5.8.21 (Ausgeglichene Limitierungen). *X sei eine limitierte lineare Gruppe und τ die Limitierung von X. Dann sind äquivalent:*

1. *X ist ausgeglichen.*
2. *Zu beliebigem $x \in X$ gehört $\tau(x) - x$ mindestens ein ausgeglichener Filter an.*
3. *τ ist gröber als die feinste ausgeglichene verträgliche Pseudotopologie des X unterliegenden Vektorraumes.*

Beweis. Offenbar gilt $1 \Rightarrow 3 \Rightarrow 2$. Wir zeigen $2 \Rightarrow 1$ und nehmen dazu an, daß zu jedem $x \in X$ ein Filter $\mathfrak{F}_0 \in \tau(x)$ existiert, für den $\mathfrak{F}_0 - x$ ausgeglichen ist. $\mathfrak{F}$ sei ein beliebiger Filter aus $\tau(x)$. Der Unterfilter $\mathfrak{G} = \mathfrak{F}_0 \cap \mathfrak{F}$ von $\mathfrak{F}$ gehört $\tau(x)$ an, und $\mathfrak{G} - x$ ist als Unterfilter von $\mathfrak{F}_0 - x$ ausgeglichen. Daher ist X ausgeglichen.

5.9. Lokale Konvexität

Für eine beliebige Teilmenge A eines $\boldsymbol{K}$-Vektorraumes X ($\boldsymbol{K} = \boldsymbol{R}$ oder $\boldsymbol{C}$) bezeichnet man als **konvexe Hülle** von A die Menge

$$A^\wedge = \left\{ \sum_{i=1}^{n} \alpha_i x_i \mid n \in \boldsymbol{N}^+,\ x_i \in A \text{ und } \alpha_i > 0\ (i = 1, \dots, n) \text{ mit } \sum_{i=1}^{n} \alpha_i = 1 \right\}$$

und als **absolutkonvexe Hülle** von A die Menge

$$A^\cap = \left\{ \sum_{i=1}^{n} \alpha_i x_i \mid n \in \boldsymbol{N}^+,\ x_i \in A \text{ und } \alpha_i \in \boldsymbol{K}\ (i = 1, \dots, n) \text{ mit } \sum_{i=1}^{n} |\alpha_i| \leqq 1 \right\}.$$

Es gilt stets $A \subseteq A^\wedge \subseteq A^\cap$, $(\alpha A)^\wedge = \alpha A^\wedge$ und $(\alpha A)^\cap = \alpha A^\cap$ $(\alpha \in \boldsymbol{K})$ sowie $nA^\cap = \underbrace{A^\cap + \cdots + A^\cap}_{n}$ $(n \in \boldsymbol{N}^+)$ und folgt aus $A \subseteq B$ stets $A^\wedge \subseteq B^\wedge$ und $A^\cap \subseteq B^\cap$. Ferner ergibt sich

5.9.1. *Für beliebige Teilmengen A und B eines* **K**-*Vektorraumes X bestehen die Beziehungen*

$$(A + B)^\wedge = A^\wedge + B^\wedge\,, \qquad (A + B)^\cap \subseteq A^\cap + B^\cap\,, \tag{5.9.1}$$

$$\boldsymbol{E}A^\wedge \subseteq \boldsymbol{E}A^\cap = A^\cap = (\boldsymbol{E}A)^\wedge = (\boldsymbol{E}A)^\cap \tag{5.9.2}$$

und

$$A^{\wedge\wedge} = A^\wedge\,, \qquad A^{\cap\cap} = A^\cap\,. \tag{5.9.3}$$

Bei der zweiten Beziehung von (5.9.1) *und links bei* (5.9.2) *trifft im allgemeinen das Gleichheitszeichen nicht zu.*

Beweis. 1. Offenbar gilt $(A + B)^\wedge \subseteq A^\wedge + B^\wedge$ und $(A + B)^\cap \subseteq A^\cap + B^\cap$. Zu beliebigen $x_i \in A$, $\alpha_i > 0$ $(i = 1, \dots, n)$ und $y_j \in B$, $\beta_j > 0$ $(j = 1, \dots, m)$ mit $\sum_{i=1}^{n} \alpha_i = \sum_{j=1}^{m} \beta_j = 1$ folgt $\sum_{i=1}^{n} \alpha_i x_i + \sum_{j=1}^{m} \beta_j y_j = \sum_{i=1}^{n} \sum_{j=1}^{m} \gamma_{ij} (x_i + x_j)$, $\gamma_{ij} > 0$ und $\sum_{i=1}^{n} \sum_{j=1}^{m} \gamma_{ij} = 1$ bei $\gamma_{ij} = \alpha_i \beta_j$. Daher gilt sogar $(A + B)^\wedge = A^\wedge + B^\wedge$ und damit (5.9.1).

Wegen $A^\wedge \subseteq A^\cap$ ist $\boldsymbol{E}A^\wedge \subseteq \boldsymbol{E}A^\cap$. Aus $x_i \in A$, $\alpha_i \in \boldsymbol{E}$ und $\beta_i > 0$ $(i = 1, \dots, n)$ mit $\sum_{i=1}^{n} \beta_i = 1$ folgt $\sum_{i=1}^{n} \beta_i \alpha_i x_i = \sum_{i=1}^{n} \gamma_i x_i$, $\gamma_i \in \boldsymbol{K}$ und $\sum_{i=1}^{n} |\gamma_i| \leqq 1$ bei $\gamma_i = \beta_i \alpha_i$. Aus $x_i \in A$, $\gamma_i \in \boldsymbol{K} \setminus \{0\}$ $(i = 1, \dots, n)$ mit $\sum_{i=1}^{n} |\gamma_i| \leqq 1$ ergibt sich $\sum_{i=1}^{n} \gamma_i x_i = \sum_{i=1}^{n} \beta_i \alpha_i x_i$, $\alpha_i \in \boldsymbol{E}$, $\beta_i > 0$ und $\sum_{i=1}^{n} \beta_i = 1$ bei $\alpha_i = \frac{\gamma_i}{|\gamma_i|} \sum_{j=1}^{n} |\gamma_j|$ und $\beta_i = |\gamma_i| \,/\, \sum_{j=1}^{n} |\gamma_j|$. Natürlich gilt $0 \in (\boldsymbol{E}A)^\wedge$ und damit $A^\cap = (\boldsymbol{E}A)^\wedge$. Offenbar gilt $A^\cap \subseteq \boldsymbol{E}A^\cap$, zu beliebigem $\alpha \in \boldsymbol{E}$ ferner $\alpha A^\cap = (\alpha A)^\cap \subseteq (\boldsymbol{E}A)^\cap$ und damit $\boldsymbol{E}A^\cap \subseteq (\boldsymbol{E}A)^\cap$. Schließlich folgt leicht $(\boldsymbol{E}A)^\cap = A^\cap$ und damit (5.9.2).

Zu beliebigen $x_{ij} \in A$ und $\alpha_i, \beta_{ij} > 0$ $(i = 1, \dots, n;\ j = 1, \dots, m_i)$ mit $\sum_{i=1}^{n} \alpha_i = 1$ und $\sum_{j=1}^{m_i} \beta_{ij} = 1$ folgt $\sum_{i=1}^{n} \alpha_i \left(\sum_{j=1}^{m_i} \beta_{ij} x_{ij} \right) = \sum_{i=1}^{n} \sum_{j=1}^{m_i} \gamma_{ij} x_{ij}$, $\gamma_{ij} > 0$ und $\sum_{i=1}^{n} \sum_{j=1}^{m_i} \gamma_{ij} = 1$ bei $\gamma_{ij} = \alpha_i \beta_{ij}$. Daher gilt $A^{\wedge\wedge} \subseteq A^\wedge$ und damit natürlich $A^{\wedge\wedge} = A^\wedge$. Analog zeigt man $A^{\cap\cap} = A^\cap$. Es gilt also (5.9.3).

2. Für $X = \boldsymbol{K}^2$, $A = \{(0, 1)\}$ und $B = \{(1, 0)\}$ ist $(A + B)^\cap = \boldsymbol{E}(A + B) = \boldsymbol{E}(1, 1) \neq \boldsymbol{E} \times \boldsymbol{E} = \boldsymbol{E}A + \boldsymbol{E}B = A^\cap + B^\cap$.

3. Für $X = \boldsymbol{K}^2$ und $A = \{(0, 1), (1, 0)\}$ gilt $\boldsymbol{E}A^\wedge \neq A^\cap$.

Eine Teilmenge A eines $\boldsymbol{K}$-Vektorraumes X heißt **konvex,** wenn $A = A^\wedge$ gilt, und **absolutkonvex,** wenn $A = A^\cap$ ist.

Für jede Teilmenge A eines $\boldsymbol{K}$-Vektorraumes (allgemeiner eines $\boldsymbol{K}$-Radialraumes) bezeichnet man $\boldsymbol{E}A$ als die **kreisförmige Hülle** von A. Nach (5.9.2) ist die absolutkonvexe Hülle einer Teilmenge A eines $\boldsymbol{K}$-Vektorraumes X gleich der konvexen Hülle der kreisförmigen Hülle von A. Damit folgt leicht, daß eine Teilmenge A von X genau dann absolutkonvex ist, wenn sie konvex und kreisförmig ist.

Eine Teilmenge A eines $\boldsymbol{K}$-Vektorraumes X ist genau dann konvex, wenn

$$(1 - \alpha)\, x + \alpha y \in A$$

zu beliebigen $x, y \in A$ und $\alpha \in [0, 1]$ gilt, denn ist A konvex, so gilt natürlich diese Bedingung, und ist diese Bedingung erfüllt und bereits gezeigt, daß jede Linearkombination $\sum_{i=1}^{n-1} \beta_i x_i$ von je $n - 1$ Vektoren von A mit $\beta_i > 0$ und $\sum_{i=1}^{n-1} \beta_i = 1$ zu A gehört, so gehört auch jede Linearkombination $\sum_{i=1}^{n} \alpha_i x_i$ von n Vektoren von A mit $\alpha_i > 0$ und $\sum_{i=1}^{n} \alpha_i = 1$ wegen

$$\sum_{i=1}^{n} \alpha_i x_i = (1 - \alpha_n) \left(\sum_{i=1}^{n-1} \frac{\alpha_i}{1 - \alpha_n} x_i \right) + \alpha_n x_n$$

zu A. Da die absolutkonvexen Mengen die konvexen kreisförmigen Mengen sind, folgt damit leicht, daß eine Teilmenge A von X genau dann absolutkonvex ist, wenn $\alpha x + \beta y \in A$ zu beliebigen $x, y \in A$ und $\alpha, \beta \in \boldsymbol{K}$ mit $|\alpha| + |\beta| \leqq 1$ gilt.

Für jeden Filter $\mathfrak{F}$ in einem $\boldsymbol{K}$-Vektorraum X setzen wir

$$\mathfrak{F}^\wedge = \operatorname*{im}_{\subseteq} \{F^\wedge \mid F \in \mathfrak{F}\} \qquad \text{und} \qquad \mathfrak{F}^\cap = \operatorname*{im}_{\subseteq} \{F^\cap \mid F \in \mathfrak{F}\}$$

und erhalten unter Beachtung von (5.9.3), daß $\mathfrak{F}^\wedge$ und $\mathfrak{F}^\cap$ gerade diejenigen Filter in X sind, die als Basis die Menge aller konvexen bzw. absolutkonvexen Mengen $F \in \mathfrak{F}$ haben. Die obigen Eigenschaften über konvexe und absolutkonvexe Hüllen führen zu zahlreichen Eigenschaften über die Filter $\mathfrak{F}^\wedge$ und $\mathfrak{F}^\cap$. Natürlich gilt stets

$$\mathfrak{F}^\cap \subseteqq \mathfrak{F}^\wedge \subseteqq \mathfrak{F}\,.$$

Einige weitere Eigenschaften fassen wir in dem folgenden Satz zusammen.

5.9.2. *Für beliebige Filter $\mathfrak{F}$ und $\mathfrak{G}$ in einem $\boldsymbol{K}$-Vektorraum X und beliebiges $\alpha \in \boldsymbol{K}$ und $n \in \boldsymbol{N}^+$ gilt*

$$(\mathfrak{F} + \mathfrak{G})^\wedge = \mathfrak{F}^\wedge + \mathfrak{G}^\wedge\,, \qquad (\mathfrak{F} + \mathfrak{G})^\cap \supseteqq \mathfrak{F}^\cap + \mathfrak{G}^\cap\,, \tag{5.9.4}$$

$$(\alpha\mathfrak{F})^\wedge = \alpha\mathfrak{F}^\wedge\,, \qquad (\alpha\mathfrak{F})^\cap = \alpha\mathfrak{F}^\cap\,, \tag{5.9.5}$$

$$n\mathfrak{F}^\cap = \underbrace{\mathfrak{F}^\cap + \cdots + \mathfrak{F}^\cap}_{n} \tag{5.9.6}$$

und

$$V\mathfrak{F}^\wedge \supseteqq V\mathfrak{F}^\cap = (V\mathfrak{F})^\wedge = (V\mathfrak{F})^\cap . \tag{5.9.7}$$

Bei der zweiten Beziehung von (5.9.4) *und links bei* (5.9.7) *trifft im allgemeinen das Gleichheitszeichen nicht zu.*

Später benötigen wir die im folgenden Satz angegebenen Eigenschaften.

5.9.3. *Für jeden Filter $\mathfrak{F}$ in einem reellen Vektorraum mit $\mathfrak{F} = -\mathfrak{F}$ gilt*

$$2\mathfrak{F}^\wedge \subseteqq \mathfrak{F}^\cap ,$$

für jeden Filter $\mathfrak{F}$ in einem komplexen Vektorraum mit $\mathfrak{F} = -\mathfrak{F} = i\mathfrak{F} = -i\mathfrak{F}$ ferner

$$4\mathfrak{F}^\wedge \subseteqq \mathfrak{F}^\cap .$$

Beweis. Wir beweisen den zweiten Teil, der erste folgt analog. Die Mengen $F \cap (-F) \cap iF \cap (-iF)$ $(F \in \mathfrak{F})$ bilden eine Basis $\mathfrak{B}$ von $\mathfrak{F}$ mit $B = -B = iB = -iB$ zu jedem $B \in \mathfrak{B}$. Gegeben sei ein $B \in \mathfrak{B}$ und ein beliebiges Element $\sum_{j=1}^{n} (\alpha_j + i\beta_j)\, x_j$ von $B^\cap$ $(x_j \in B;\, \alpha_j, \beta_j \in \boldsymbol{R}$ $(j = 1, \ldots, n)$ mit $\sum_{j=1}^{n} \sqrt{\alpha_j^2 + \beta_j^2} \leqq 1)$. Wir bilden $\alpha_j^+ = \frac{1}{2}(|\alpha_j| + \alpha_j)$ und $\alpha_j^- = \frac{1}{2}(|\alpha_j| - \alpha_j)$ und entsprechend β_j^+ und β_j^-. Alle diese Zahlen sind nicht negativ, und es gilt $\sum_{j=1}^{n} \alpha_j^+ \leqq 1$, $\sum_{j=1}^{n} \alpha_j^- \leqq 1$, $\sum_{j=1}^{n} \beta_j^+ \leqq 1$ und $\sum_{j=1}^{n} \beta_j^- \leqq 1$.

Wegen $B = -B$ gehört stets $\sum_{j=1}^{n} \gamma_j x_j$ mit $\gamma_j \geqq 0$ und $\sum_{j=1}^{n} \gamma_j \leqq 1$ zu $B^\wedge$. Im Falle $\gamma_1 = \cdots = \gamma_n = 0$ ist das klar. In dem Fall, daß $\gamma = \sum_{j=1}^{n} \gamma_j$ positiv ist, gehört $\pm \frac{1}{\gamma} \sum_{j=1}^{n} \gamma_j x_j$ und wegen $B^{\wedge\wedge} = B^\wedge$ damit auch

$$\sum_{j=1}^{n} \gamma_j x_j = \left(1 - \frac{1-\gamma}{2}\right) \frac{1}{\gamma} \sum_{j=1}^{n} \gamma_j x_j + \left(\frac{1-\gamma}{2}\right)\left(-\frac{1}{\gamma} \sum_{j=1}^{n} \gamma_j x_j\right)$$

zu $B^\wedge$. Aus dem Bewiesenen folgt, daß $\sum \alpha_j^+ x_j$, $\sum \alpha_j^- x_j$, $\sum \beta_j^+ x_j$ und $\sum \beta_j^- x_j$ zu $B^\wedge$ gehören. Da $B^\wedge = -B^\wedge = iB^\wedge = -iB^\wedge$ ist, gehört

$$\sum (\alpha_j + i\beta_j)\, x_j = \sum \alpha_j^+ x_j - \sum \alpha_j^- x_j + i \sum \beta_j^+ x_j - i \sum \beta_j^- x_j$$

daher zu $4B^\wedge$. Es ergibt sich damit $B^\cap \subseteqq 4B^\wedge$ und somit $4\mathfrak{F}^\wedge \subseteqq \mathfrak{F}^\cap$.

Sind X und Y $\boldsymbol{K}$-Vektorräume und ist f eine lineare Abbildung von X in Y, so gilt $f[A^\wedge] = f[A]^\wedge$ und $f[A^\cap] = f[A]^\cap$ für jede Teilmenge A von X und somit

$$f(\mathfrak{F}^\wedge) = f(\mathfrak{F})^\wedge \quad \text{und} \quad f(\mathfrak{F}^\cap) = f(\mathfrak{F})^\cap \tag{5.9.8}$$

für jeden Filter $\mathfrak{F}$ in X.

5.9.4. *$(X_\iota)_{\iota\in I}$ sei eine Familie von $\boldsymbol{K}$-Vektorräumen mit einer Menge als Indexbereich, ferner $(\mathfrak{F}_\iota)_{\iota\in I}$ eine Familie von Filtern $\mathfrak{F}_\iota$ in X_ι. Dann gilt*

$$(\prod_{\iota\in I} \mathfrak{F}_\iota)^\wedge = \prod_{\iota\in I} \mathfrak{F}_\iota^\wedge \quad \textit{und} \quad (\prod_{\iota\in I} \mathfrak{F}_\iota)^\cap \supseteqq \prod_{\iota\in I} \mathfrak{F}_\iota^\cap .$$

Bei der zweiten Beziehung trifft das Gleichheitszeichen im allgemeinen nicht zu, nicht einmal, wenn I zweielementig ist.

Beweis. 1. Sind F und G Teilmengen von $\boldsymbol{K}$-Vektorräumen, so gibt es zu jedem $(x, y) \in F^\wedge \times G^\wedge$ Zahlen $\alpha_1, \dots, \alpha_n, \beta_1, \dots, \beta_m > 0$ und Elemente $x_1, \dots, x_n \in F$ und $y_1, \dots, y_m \in G$ mit $x = \sum_{i=1}^{n} \alpha_i x_i$, $y = \sum_{j=1}^{m} \beta_j y_j$, $\sum_{i=1}^{n} \alpha_i = 1$ und $\sum_{j=1}^{m} \beta_j = 1$. Auf Grund der letzten beiden Beziehungen folgt $\sum_{i=1}^{n} \sum_{j=1}^{m} \alpha_i\beta_j(x_i, y_j) = (x, y)$ und $\sum_{i=1}^{n} \sum_{j=1}^{m} \alpha_i\beta_j = 1$, also $(x, y) \in (F \times G)^\wedge$. Zu jedem $(x, y) \in (F \times G)^\wedge$ existieren Zahlen $\gamma_1, \dots, \gamma_l > 0$ und Elemente $(x_1, y_1), \dots, (x_l, y_l) \in F \times G$ mit $(x, y) = \sum_{k=1}^{l} \gamma_k(x_k, y_k) = \left(\sum_{k=1}^{l} \gamma_k x_k, \sum_{k=1}^{l} \gamma_k y_k\right)$ und $\sum_{k=1}^{l} \gamma_k = 1$, woraus $(x, y) \in F^\wedge \times G^\wedge$ und damit

$$(F \times G)^\wedge = F^\wedge \times G^\wedge$$

folgt. Aus der letzten Beziehung erhält man leicht, daß zu jeder endlichen Teilmenge J von I und beliebigen $F_\iota \in \mathfrak{F}_\iota$ $(\iota \in I)$ mit $F_\iota = X_\iota$ für $\iota \in I \setminus J$

$$(\prod_{\iota\in I} F_\iota)^\wedge = \prod_{\iota\in I} F_\iota^\wedge$$

gilt, wegen $(\prod_{\iota\in I\setminus J} F_\iota)^\wedge = \prod_{\iota\in I\setminus J} F_\iota^\wedge$ auch für nicht endliches I. Damit ergibt sich die Richtigkeit der ersten im Satz angegebenen Beziehung. Aus dieser folgt mittels (5.2.8) und (5.9.2)

$$(\prod_{\iota\in I} \mathfrak{F}_\iota)^\cap = (\boldsymbol{E} \prod_{\iota\in I} \mathfrak{F}_\iota)^\wedge \supseteqq (\prod_{\iota\in I} \boldsymbol{E}\mathfrak{F}_\iota)^\wedge = \prod_{\iota\in I} (\boldsymbol{E}\mathfrak{F}_\iota)^\wedge = \prod_{\iota\in I} \mathfrak{F}_\iota^\cap ,$$

also die Richtigkeit der zweiten Beziehung.

2. Es sei $I = \{1, 2\}$, $X_1 = X_2 = \boldsymbol{K}$ und $\mathfrak{F}_1 = \mathfrak{F}_2 = [1]$. Dann gilt

$$(\mathfrak{F}_1 \times \mathfrak{F}_2)^\cap = \boldsymbol{E}[(1, 1)] \neq [\boldsymbol{E} \times \boldsymbol{E}] = \mathfrak{F}_1^\cap \times \mathfrak{F}_2^\cap .$$

Ein Filter $\mathfrak{F}$ in einem $\boldsymbol{K}$-Vektorraum heißt **konvex** bzw. **absolutkonvex**, wenn $\mathfrak{F} = \mathfrak{F}^\wedge$ bzw. $\mathfrak{F} = \mathfrak{F}^\cap$ gilt. Jeder absolutkonvexe Filter ist konvex und kreisförmig.

Wir nennen eine limitierte $\boldsymbol{K}$-lineare Gruppe X und ebenfalls ihre Limitierung τ **lokalkonvex** bzw. **absolut lokalkonvex,** wenn $\tau(x) - x$ zu beliebigem $x \in X$ eine Basis aus konvexen bzw. absolutkonvexen Filtern besitzt. Wegen $[x] = [x]^\wedge$ und (5.9.4) gilt $\mathfrak{F}^\wedge = \mathfrak{F}$ genau dann, wenn $(\mathfrak{F} - x)^\wedge = \mathfrak{F} - x$ ist. Eine limitierte $\boldsymbol{K}$-lineare Gruppe ist genau dann lokalkonvex bzw. absolut lokalkonvex, wenn aus $\mathfrak{F} \to x$ stets $\mathfrak{F}^\wedge \to x$ bzw. $(\mathfrak{F} - x)^\cap + x \to x$ folgt.

5.9.5 (Absolut lokalkonvexe Limitierungen). *Eine schwach verträgliche Limitierung eines $\boldsymbol{K}$-Vektorraumes ist genau dann absolut lokalkonvex, wenn sie lokalkonvex und kreisförmig ist, ferner genau dann, wenn sie lokalkonvex und eine Pseudotopologie im weiten Sinne ist. Es gibt lokalkonvexe Vektorraumlimitierungen, die nicht absolut lokalkonvex sind.*

Beweis. 1. Aus (5.9.2) folgt, daß jede absolut lokalkonvexe Limitierung lokalkonvex und kreisförmig, wegen 5.8.9 also auch eine Pseudotopologie im weiten Sinne ist. X sei nun eine limitierte $\boldsymbol{K}$-lineare Gruppe, deren Limitierung τ lokalkonvex und eine Pseudotopologie im weiten Sinne ist. Wir nehmen $\boldsymbol{K} = \boldsymbol{C}$ an, im Falle $\boldsymbol{K} = \boldsymbol{R}$ verläuft der Beweis analog. x sei ein Element von X. Für den uneigentlichen Filter gilt natürlich $(\mathsf{P}X - x)^\cap = \mathsf{P}X - x$. Gibt es mindestens einen eigentlichen Filter $\mathfrak{G} \in \tau(x)$, dann ist $[x] \in \tau(x)$ und gehört $\mathfrak{G} - x$ und wegen 5.7.1 auch

$$\mathfrak{F} = (\mathfrak{G} - x) \cap (-\mathfrak{G} + x) \cap (i\mathfrak{G} - ix) \cap (-i\mathfrak{G} + ix)$$

zu $\tau(0)$. Da $\mathfrak{F} = -\mathfrak{F} = i\mathfrak{F} = -i\mathfrak{F}$ ist, folgt $4\mathfrak{F}^\wedge \subseteq \mathfrak{F}^\cap$ aus 5.9.3. Es gehört $\mathfrak{F}^\wedge$, wegen 5.7.1 damit auch $4\mathfrak{F}^\wedge$ und somit $\mathfrak{F}^\cap$ zu $\tau(0)$. Daher gehört $x + \mathfrak{F}^\cap$ und somit auch $\mathfrak{H} = x + (\mathfrak{G} - x)^\cap$ zu $\tau(x)$. $\mathfrak{H}$ ist ein Unterfilter von $\mathfrak{G}$ mit $(\mathfrak{H} - x)^\cap = \mathfrak{H} - x$. Folglich ist τ absolut lokalkonvex.

2. Es sei $X = \boldsymbol{K}^2$ und τ die durch $\tau(\xi, \eta) = [(\xi, 0) + (\boldsymbol{V} \times \boldsymbol{V})]$ definierte Limitierung von X. τ hängt mit der natürlichen Topologie τ_{nat} von $\boldsymbol{K}^2$ durch $\tau(\xi, \eta) = \tau_{\text{nat}}(\xi, 0)$ zusammen und ist daher genauso wie τ_{nat} verträglich. τ ist keine Pseudotopologie im weiten Sinne, da für Punkte $x = (\xi, \eta)$ mit $\eta \neq 0$ sowohl $\tau(x) \neq \{\mathsf{P}X\}$ als auch $[x] \notin \tau(x)$ gilt. Nach Teil 1 ist τ daher nicht absolut lokalkonvex. τ ist aber lokalkonvex, da $\mathfrak{F}^\wedge = \mathfrak{F}$ für jeden Filter $\mathfrak{F} = (\xi, 0) + (\boldsymbol{V} \times \boldsymbol{V})$ gilt.

Korollar. *Jede schwach verträgliche lokalkonvexe Pseudotopologie eines $\boldsymbol{K}$-Vektorraumes ist kreisförmig.*

Eine schwach verträgliche Pseudotopologie τ eines $\boldsymbol{K}$-Vektorraumes ist wegen (5.7.4) genau dann lokalkonvex, wenn $\tau(0)$ eine Basis aus Filtern $\mathfrak{F}$ mit $\mathfrak{F}^\wedge = \mathfrak{F}$ besitzt, und wegen 5.9.5 auch genau dann, wenn $\tau(0)$ eine Basis aus Filtern $\mathfrak{F}$ mit $\mathfrak{F}^\cap = \mathfrak{F}$ hat, schließlich genau dann, wenn aus $\mathfrak{F} \in \tau(0)$ stets $\mathfrak{F}^\wedge \in \tau(0)$ oder stets $\mathfrak{F}^\cap \in \tau(0)$ folgt. Eine schwach verträgliche Topologie τ eines $\boldsymbol{K}$-Vektorraumes ist genau dann lokalkonvex, wenn $\mathfrak{N}(0)^\wedge = \mathfrak{N}(0)$, und auch genau dann, wenn $\mathfrak{N}(0)^\cap = \mathfrak{N}(0)$ für den Nullnachbarschaftsfilter $\mathfrak{N}(0)$ bez. τ gilt.

5.9.6 (Lokalkonvexe Pseudotopologien). *Ist τ eine schwach verträgliche bzw. verträgliche lokalkonvexe Pseudotopologie eines $\boldsymbol{K}$-Vektorraumes X, so besitzt $\tau(0)$ eine Basis $\mathfrak{b}$ aus eigentlichen Filtern mit den nachstehenden Eigenschaften* 1 *und* 2 *bzw.* 1, 2 *und* 3:

1. *Jeder Filter $\mathfrak{F} \in \mathfrak{b}$ ist absolutkonvex.*
2. *Zu jedem $\mathfrak{F} \in \mathfrak{b}$ und $\alpha > 0$ existiert ein $\mathfrak{G} \in \mathfrak{b}$ mit $\mathfrak{G} \subseteq \alpha\mathfrak{F}$.*
3. *Zu beliebigem $x \in X$ gibt es ein $\mathfrak{F} \in \mathfrak{b}$ mit $\mathfrak{F} \subseteq \boldsymbol{V}x$.*

Ist umgekehrt $\mathfrak{b}$ *die Basis eines* $\wedge$*-Ideals* $\tau(0)$ *von Filtern in* X *mit den Eigenschaften* 1 *und* 2 *bzw.* 1, 2 *und* 3, *so wird durch* $\tau(x) = x + \tau(0)$ *eine schwach verträgliche bzw. verträgliche lokalkonvexe Pseudotopologie* τ *von* X *definiert.*

Beweis. 1. τ sei eine schwach verträgliche lokalkonvexe Pseudotopologie. Wir setzen $\mathfrak{b} = \{\mathfrak{F}^{\cap} \mid \mathfrak{F} \in \tau(0), \mathfrak{F} \neq \mathsf{P}X\}$. Unter Berücksichtigung von 5.9.5 folgt, daß $\mathfrak{b}$ eine Basis von $\tau(0)$ ist. Wegen $\mathfrak{F}^{\cap\cap} = \mathfrak{F}^{\cap}$ besitzt $\mathfrak{b}$ die Eigenschaft 1. Da $\alpha\mathfrak{F} \in \tau(0)$ zu beliebigem $\mathfrak{F} \in \mathfrak{b}$ und $\alpha > 0$ gilt, besitzt $\mathfrak{b}$ auch die Eigenschaft 2. Ist τ verträglich, so hat $\mathfrak{b}$ wegen $\boldsymbol{V}x \in \tau(0)$ $(x \in X)$ auch die Eigenschaft 3.

2. $\mathfrak{b}$ sei die Basis eines $\wedge$-Ideals $\tau(0)$ mit den Eigenschaften 1 und 2. Für jede konvexe Teilmenge A von X gilt $A + A = 2A$, somit $2\mathfrak{F} \subseteqq \mathfrak{F} + \mathfrak{F}$ zu jedem $\mathfrak{F} \in \mathfrak{b}$. Wegen Eigenschaft 2 gibt es zu beliebigem $\mathfrak{F} \in \mathfrak{b}$ ein $\mathfrak{G} \in \mathfrak{b}$ mit $\mathfrak{G} \subseteqq 2\mathfrak{F}$, also $\mathfrak{G} \subseteqq \mathfrak{F} + \mathfrak{F}$. Folglich gilt $\tau(0) + \tau(0) \subseteqq \tau(0)$. Da $\mathfrak{b}$ mindestens ein eigentlicher Filter $\mathfrak{F}$ angehört und wegen Eigenschaft 1 $\mathfrak{F} \subseteqq [0]$ gilt, folgt $0\tau(0) = [[0]] \subseteqq \tau(0)$. Zu beliebigen $\alpha \in \boldsymbol{K} \setminus \{0\}$ und $\mathfrak{F} \in \mathfrak{b}$ existiert auf Grund der Eigenschaften 1 und 2 ein $\mathfrak{G} \in \mathfrak{b}$ mit $\mathfrak{G} \subseteqq |\alpha|\ \mathfrak{F} = \alpha\mathfrak{F}$, gilt also $\alpha\tau(0) \subseteqq \tau(0)$. Da die absolutkonvexen Mengen kreisförmig sind, folgt wegen Eigenschaft 1 $\boldsymbol{V}\mathfrak{F} \supseteqq \boldsymbol{E}\mathfrak{F} = \mathfrak{F}$ zu beliebigem $\mathfrak{F} \in \mathfrak{b}$, also $\boldsymbol{V}\tau(0) \subseteqq \tau(0)$. Die durch $\tau(x) = x + \tau(0)$ definierte Pseudotopologie τ ist wegen 5.7.7 deshalb schwach verträglich. Auf Grund der Eigenschaft 1 ist sie lokalkonvex. Besitzt $\mathfrak{b}$ auch die Eigenschaft 3, so ist τ natürlich verträglich.

Aus 5.9.6 folgt leicht

5.9.7 (Lokalkonvexe Topologien). *Ist* τ *eine schwach verträgliche bzw. verträgliche lokalkonvexe Topologie eines* $\boldsymbol{K}$*-Vektorraumes* X, *so besitzt der Nullnachbarschaftsfilter* $\mathfrak{N}(0)$ *bez.* τ *die nachstehenden Eigenschaften* 1 *und* 2 *bzw.* 1, 2 *und* 3:

1. *Es ist* $\mathfrak{N}(0) = \mathfrak{N}(0)^{\cap}$.
2. *Zu beliebigem* $\alpha > 0$ *ist* $\mathfrak{N}(0) = \alpha\mathfrak{N}(0)$.
3. *Zu jedem* $x \in X$ *gilt* $\mathfrak{N}(0) \subseteqq \boldsymbol{V}x$.

Ist umgekehrt $\mathfrak{N}(0)$ *ein eigentlicher Filter in* X *mit den Eigenschaften* 1 *und* 2 *bzw.* 1, 2 *und* 3, *so wird durch* $\tau(x) = x + [\mathfrak{N}(0)]$ *eine schwach verträgliche bzw. verträgliche lokalkonvexe Topologie* τ *von* X *definiert.*

Anmerkung. Die Eigenschaften 1 und 2 bzw. 1, 2 und 3 von $\mathfrak{N}(0)$ besagen, daß $\mathfrak{N}(0)$ eine Basis $\mathfrak{B}$ aus absolutkonvexen bzw. ausgeglichenen absolutkonvexen Mengen besitzt (Eigenschaft 1 bzw. 1 und 3), derart, daß zu beliebigem $\alpha > 0$ und $B \in \mathfrak{B}$ ein $C \in \mathfrak{B}$ mit $\alpha C \subseteqq B$ existiert (Eigenschaft 2).

Im weiteren geben wir Charakterisierungen lokalkonvexer Pseudotopologien mittels gewisser Familien von Pseudonormen an. Wir gehen zunächst auf den Begriff der Pseudonorm und eine Reihe weiterer Begriffe ein.

Ist X ein $\boldsymbol{K}$-Vektorraum, so bezeichnen wir zu jeder Teilmenge A von X die durch

$$g(x) = \inf\{\gamma \in \boldsymbol{R} \mid \gamma \geqq 0, x \in \gamma A\} \qquad (x \in X)$$

definierte Funktion q von X in $[0, \infty]$ als **Distanzfunktion** von A, wobei $[0, \infty]$ die Menge der nichtnegativen reellen Zahlen, erweitert mit einem maximalen Element ∞, ist. Das Infimum ist bezüglich der natürlichen Ordnung in $[0, \infty]$ gemeint. Für die Distanzfunktion q einer Teilmenge A von X gilt

$$A \subseteqq \{x \in X \mid q(x) \leqq 1\} \tag{5.9.9}$$

und, wenn A kreisförmig ist, ferner

$$\{x \in X \mid q(x) < 1\} \subseteqq A\,. \tag{5.9.10}$$

Im Falle $0 \in A$ ist die Distanzfunktion q von A genau dann endlich (d. h. gilt genau dann $q(x) \neq \infty$ zu jedem $x \in X$), wenn A ausgeglichen ist. Eine Abbildung $q: X \to [0, \infty]$ heißt **absoluthomogen**, wenn $q(0) = 0$ und $q(\alpha x) = |\alpha|\, q(x)$ zu beliebigem $\alpha \in \boldsymbol{K} \setminus \{0\}$ und $x \in X$ gilt, wobei wir $\gamma\, \infty = \infty$ zu jedem $\gamma > 0$ setzen. Eine Abbildung $q: X \mapsto [0, \infty]$ heißt **subadditiv**, wenn $q(x + y) \leqq q(x) + q(y)$ zu beliebigen $x, y \in X$ ist. Wir erklären dabei die Addition mit ∞ durch $\infty + \gamma = \gamma + \infty = \infty$ bei $\gamma \in [0, \infty]$. Eine Abbildung $q: X \mapsto [0, \infty]$ heißt **Pseudonorm** von X, wenn sie absoluthomogen und subadditiv ist; ferner heißt X, versehen mit einer Pseudonorm von X, ein **pseudonormierter Raum**. Häufig benutzen wir das Zeichen $\|\cdot\|$ für eine Pseudonorm, zum Teil zur genaueren Unterscheidung noch mit einem unteren Index versehen. Für $\|\cdot\|\,(x)$ schreiben wir $\|x\|$. Eine Abbildung $\|\cdot\|: X \to [0, \infty]$ ist also genau dann eine Pseudonorm, wenn gilt:

1. $\|0\| = 0$.
2. $\|\alpha x\| = |\alpha|\, \|x\|$ für alle $\alpha \in \boldsymbol{K} \setminus \{0\}$ und $x \in X$.
3. $\|x + y\| \leqq \|x\| + \|y\|$ für alle $x, y \in X$.

5.9.8. *X sei ein $\boldsymbol{K}$-Vektorraum. Die Distanzfunktion jeder nichtleeren und kreisförmigen Teilmenge von X ist eine absoluthomogene Abbildung und die Distanzfunktion jeder nichtleeren und absolutkonvexen Teilmenge von X eine Pseudonorm. Ist $q: X \to [0, \infty]$ eine absoluthomogene Abbildung bzw. eine Pseudonorm, so ist $A = \{x \in X \mid q(x) \leqq 1\}$ eine nichtleere kreisförmige bzw. absolutkonvexe Teilmenge von X und q die Distanzfunktion von A.*

Beweis. 1. A sei eine nichtleere kreisförmige Teilmenge von X und q die Distanzfunktion von A. Es gilt $q(0) = 0$, und zu beliebigen $x \in X$, $\alpha \in \boldsymbol{K} \setminus \{0\}$ und $\gamma \geqq 0$ besteht die Äquivalenz $\alpha x \in |\alpha|\, \gamma A \Leftrightarrow x \in \gamma A$ und gilt somit $q(\alpha x) = |\alpha|\, q(x)$. Ist A absolutkonvex, so gilt zu beliebigen $x, y \in X$ und $\gamma, \delta \geqq 0$ mit $x \in \gamma A$ und $y \in \delta A$ im Falle $\gamma + \delta > 0$

$$x + y = (\gamma + \delta)\left(\left(1 - \frac{\delta}{\gamma + \delta}\right)\frac{x}{\gamma} + \frac{\delta}{\gamma + \delta}\,\frac{y}{\delta}\right)$$

und somit $x + y \in (\gamma + \delta)\, A$ und im Falle $\gamma + \delta = 0$ wegen $\gamma, \delta \geqq 0$ natürlich ebenfalls $x + y \in (\gamma + \delta)\, A$, somit stets $q(x + y) \leqq q(x) + q(y)$. q ist dann also eine Pseudonorm.

2. $q: X \to [0, \infty]$ sei eine absoluthomogene Abbildung, und es sei $A = \{x \in X \mid q(x) \leqq 1\}$. Es ist $0 \in A$, A also nicht leer. Für jedes $x \in A$ und $\alpha \in \boldsymbol{E}$ gilt $q(x) \leqq 1$, $|\alpha| \leqq 1$ und daher $q(\alpha x) = |\alpha|\, q(x) \leqq 1$, also $\alpha x \in A$. A ist deshalb kreisförmig. Ist q eine Pseudonorm, so gilt zu beliebigen $x, y \in A$ und jedem $\alpha \in [0, 1]$

$$q\big((1-\alpha)\, x + \alpha y\big) \leqq (1-\alpha)\, q(x) + \alpha q(y) \leqq 1\,,$$

also $(1-\alpha)\, x + \alpha y \in A$. A ist daher dann konvex und somit absolutkonvex. Zu beliebigen $x \in X$ und $\gamma \geqq 0$ ist $x \in \gamma A$ offenbar äquivalent zu $q(x) \leqq \gamma$, weshalb sich leicht ergibt, daß q die Distanzfunktion von A ist.

Jede endliche Pseudonorm $\|\cdot\|$ eines $\boldsymbol{K}$-Vektorraumes X heißt eine **Halbnorm** von X und X, versehen mit $\|\cdot\|$, ein **halbnormierter Raum.** Eine Abbildung $\|\cdot\|$ von X in $[0, \infty[$ ist genau dann eine Halbnorm, wenn gilt:

1. $\|\alpha x\| = |\alpha|\, \|x\|$ für alle $\alpha \in \boldsymbol{K}$ und $x \in X$.
2. $\|x + y\| \leqq \|x\| + \|y\|$ für alle $x, y \in X$.

Für jede Halbnorm $\|\cdot\|$ von X ist $\{x \in X \mid \|x\| \leqq 1\}$ ausgeglichen und absolutkonvex. Die Distanzfunktion jeder ausgeglichenen und absolutkonvexen Teilmenge von X ist eine Halbnorm von X.

Eine Halbnorm $\|\cdot\|$ eines $\boldsymbol{K}$-Vektorraumes X heißt eine **Norm** von X und X, versehen mit $\|\cdot\|$, ein **normierter Raum,** wenn zusätzlich gilt

$$\|x\| = 0 \Leftrightarrow x = 0\,.$$

Wir kommen nun zur Charakterisierung der lokalkonvexen Pseudotopologien mittels Pseudonormen. X sei dazu ein beliebiger $\boldsymbol{K}$-Vektorraum. Wir denken uns die Menge aller Pseudonormen von X mit der argumentweise, also durch $q \leqq r \Leftrightarrow q(x) \leqq r(x)$ $(x \in X)$ definierten Ordnung versehen. Sie ist dann ein vollständiger Verband, da jede Teilmenge Q dieser Menge das Supremum besitzt (vergleiche 2.1.2); offenbar gilt stets $(\sup Q)(x) = \sup\{q(x) \mid q \in Q\}$ zu beliebigem $x \in X$.

I sei eine nichtleere Menge und zu beliebigem $i \in I$ ferner $(\|\cdot\|_{i\alpha})_{\alpha \in \Gamma_i}$ eine nichtleere Familie von Pseudonormen von X. Wir fordern die folgenden beiden Eigenschaften:

P_1. Zu beliebigen $i, j \in I$ gibt es ein $k \in I$ derart, daß zu beliebigem $\gamma \in \Gamma_k$ endlich viele $\alpha_1, \dots, \alpha_r \in \Gamma_i$ und $\beta_1, \dots, \beta_s \in \Gamma_j$ mit

$$\left.\begin{aligned} &\|\cdot\|_{k\gamma} \leqq \sup\{\|\cdot\|_{i\alpha_1}, \dots, \|\cdot\|_{i\alpha_r}\} \\ \text{und}\quad & \\ &\|\cdot\|_{k\gamma} \leqq \sup\{\|\cdot\|_{j\beta_1}, \dots, \|\cdot\|_{j\beta_s}\} \end{aligned}\right\} \qquad (5.9.11)$$

existieren.

P_2. Zu jedem $i \in I$ und $\varepsilon > 0$ existiert ein $j \in I$ derart, daß es zu beliebigem $\beta \in \Gamma_j$ ein $\gamma \in \Gamma_i$ mit $\|\cdot\|_{j\beta} \leqq \varepsilon\, \|\cdot\|_{i\gamma}$ gibt.

P_1 läßt sich offensichtlich einfacher formulieren, wenn jede Pseudonormenfamilie $(\|\cdot\|_{i\alpha})_{\alpha \in \Gamma_i}$ **normal** ist, worunter wir verstehen, daß zu beliebigen

$\alpha_1, \ldots, \alpha_r \in \Gamma_i$ ein $\alpha \in \Gamma_i$ mit $\|\cdot\|_{i\alpha} = \sup\{\|\cdot\|_{i\alpha_1}, \ldots, \|\cdot\|_{i\alpha_r}\}$ existiert. Zu jedem $i \in I$ bilden wir den Filter $\mathfrak{A}_i$ in X, der die Gesamtheit aller Mengen $A_{i\alpha} = \{x \in X \mid \|x\|_{i\alpha} \leqq 1\}$ $(\alpha \in \Gamma_i)$ als eine Subbasis hat; diese Gesamtheit ist eine Basis von $\mathfrak{A}_i$, wenn $(\|\cdot\|_{i\alpha})_{\alpha \in \Gamma_i}$ normal ist.

5.9.9 (Charakterisierung lokalkonvexer Pseudotopologien mittels Pseudonormen). *$\{\mathfrak{A}_i \mid i \in I\}$ ist die Basis eines $\wedge$-Ideals $\tau(0)$ des Vektorraumes X. Durch $\tau(x) = x + \tau(0)$ $(x \in X)$ wird eine schwach verträgliche lokalkonvexe Pseudotopologie τ von X definiert. τ ist verträglich, wenn noch die folgende Bedingung gilt:*

P_3. *Zu jedem $x \in X$ existiert ein $i \in I$ mit $\|x\|_{i\alpha} < \infty$ zu beliebigem $\alpha \in \Gamma_i$.*

Beweis. Zu beliebigen $i, j \in I$ finden wir auf Grund der Eigenschaft P_1 ein $k \in I$ derart, daß zu jedem $\gamma \in \Gamma_k$ endlich viele $\alpha_1, \ldots, \alpha_r \in \Gamma_i$ und $\beta_1, \ldots, \beta_s \in \Gamma_j$ existieren mit (5.9.11), wegen

$$\{x \in X \mid \sup\{\|\cdot\|_{i\alpha_1}, \ldots, \|\cdot\|_{i\alpha_r}\}(x) \leqq 1\} = A_{i\alpha_1} \cap \cdots \cap A_{i\alpha_r}$$

und

$$\{x \in X \mid \sup\{\|\cdot\|_{j\beta_1}, \ldots, \|\cdot\|_{j\beta_s}\}(x) \leqq 1\} = A_{j\beta_1} \cap \cdots \cap A_{j\beta_s},$$

also mit

$$A_{k\gamma} \supseteqq (A_{i\alpha_1} \cap \cdots \cap A_{i\alpha_r}) \cup (A_{j\beta_1} \cap \cdots \cap A_{j\beta_s}),$$

weshalb $\mathfrak{A}_k \subseteqq \mathfrak{A}_i \cap \mathfrak{A}_j$ und somit die behauptete Basiseigenschaft folgt.

Zu beliebigem $i \in I$ ergibt sich $\mathfrak{A}_i = \mathfrak{A}_i^{\cap}$ unter Berücksichtigung von 5.9.8. Zu jedem $i \in I$ und $\varepsilon > 0$ existiert wegen Eigenschaft P_2 ein $j \in I$ mit $\mathfrak{A}_j \subseteqq \varepsilon\mathfrak{A}_i$. Die Menge aller $\mathfrak{A}_i$ $(i \in I)$ ist somit die Basis eines $\wedge$-Ideals $\tau(0)$ mit den in 5.9.6 angegebenen Eigenschaften 1 und 2. Durch $\tau(x) = x + \tau(0)$ wird nach 5.9.6 daher eine schwach verträgliche lokalkonvexe Pseudotopologie definiert. Trifft noch P_3 zu, so gibt es zu beliebigem $x \in X$ ein $i \in I$ mit $\|x\|_{i\alpha} < \infty$ $(\alpha \in \Gamma_i)$, so daß wir zu jedem $\alpha \in \Gamma_i$ ein $\beta_\alpha > 0$ mit $\beta_\alpha x \in A_{i\alpha}$ und, da $A_{i\alpha}$ kreisförmig ist, mit $\beta_\alpha \boldsymbol{E} x \subseteqq A_{i\alpha}$ finden, weshalb $\mathfrak{A}_i \subseteqq \boldsymbol{V}x$ folgt. Mittels 5.9.6 ergibt sich, daß τ dann sogar verträglich ist.

Wir sagen, daß τ **von der Familie der Pseudonormenfamilien** $(\|\cdot\|_{i\alpha})_{\alpha \in \Gamma_i}$ $(i \in I)$ **erzeugt** wird.

Ist I einelementig, d. h., ist lediglich eine nichtleere Familie $(\|\cdot\|_\alpha)_{\alpha \in \Gamma}$ von Pseudonormen gegeben, so trifft P_1 trivialerweise zu und stimmt die Eigenschaft P_2 mit der folgenden Eigenschaft von $(\|\cdot\|_\alpha)_{\alpha \in \Gamma}$ überein:

H: Zu beliebigem $\varepsilon > 0$ und $\beta \in \Gamma$ gibt es ein $\gamma \in \Gamma$ mit $\|\cdot\|_\beta \leqq \varepsilon \|\cdot\|_\gamma$.

Die gemäß 5.9.9 erzeugte Pseudotopologie ist in diesem Falle eine Topologie. Wir sagen, daß sie **von der Pseudonormenfamilie** $(\|\cdot\|_\alpha)_{\alpha \in \Gamma}$ **erzeugt** wird. Offenbar besagt die Eigenschaft P_3 in diesem Falle, daß alle Pseudonormen $\|\cdot\|_\alpha$ Halbnormen sind.

Im folgenden Satz geben wir ein Konvergenzkriterium bezüglich der Pseudotopologie aus 5.9.9 an.

5.9.10. *τ sei die von der Familie der Pseudonormenfamilien $(\|\cdot\|_{i\alpha})_{\alpha\in\Gamma_i}$ $(i \in I)$ erzeugte Pseudotopologie. Eine gefilterte Familie $(x_j)_{j\in J}$ von Punkten von X konvergiert bez. τ genau dann gegen einen Punkt x von X, wenn ein $i \in I$ existiert derart, daß es zu beliebigem $\alpha \in \Gamma_i$ ein $K \in \mathfrak{K}$ mit $\|x_j - x\|_{i\alpha} \leqq 1$ $(j \in K)$ gibt; $\mathfrak{K}$ ist dabei der Filter von I.*

Beweis. $(x_j)_{j\in J}$ konvergiert bez. τ genau dann gegen x, wenn ein $i \in I$ existiert, so daß der aus $(x_j - x)_{j\in J}$ erzeugte Filter ein Oberfilter von $\mathfrak{A}_i$ ist. Dazu ist aber äquivalent, daß es zu beliebigem $\alpha \in \Gamma_i$ ein $K \in \mathfrak{K}$ mit $\{x_j - x \mid j \in K\} \subseteqq A_{i\alpha}$, d. h. mit $\|x_j - x\|_{i\alpha} \leqq 1$ $(j \in K)$ gibt.

Wir zeigen als nächstes, daß jede schwach verträgliche lokalkonvexe Pseudotopologie des Vektorraumes X von einer Familie von Pseudonormenfamilien erzeugt werden kann. τ sei dazu eine schwach verträgliche lokalkonvexe Pseudotopologie von X. I sei die Menge aller eigentlichen Filter aus $\tau(0)$, zu beliebigem $\mathfrak{F} \in I$ ferner $\Gamma_{\mathfrak{F}}$ die Menge $\{F^\cap \mid F \in \mathfrak{F}\}$. Zu jedem $\mathfrak{F} \in I$ und $A \in \Gamma_{\mathfrak{F}}$ sei schließlich $\|\cdot\|_{\mathfrak{F}A}$ die Distanzfunktion von A; sie ist (da A nichtleer und absolutkonvex ist) wegen 5.9.8 eine Pseudonorm.

5.9.11 (Charakterisierung lokalkonvexer Pseudotopologien mittels Pseudonormen; Fortsetzung). *Die Familie $\mathfrak{P}$ der Pseudonormenfamilien $(\|\cdot\|_{\mathfrak{F}A})_{A\in\Gamma_{\mathfrak{F}}}$ $(\mathfrak{F} \in I)$ besitzt die Eigenschaften P_1 und P_2, und sie erzeugt die vorgegebene Pseudotopologie τ. Wenn τ verträglich ist, besitzt $\mathfrak{P}$ auch die Eigenschaft P_3.*

Beweis. Zu beliebigen $\mathfrak{F}, \mathfrak{G} \in I$ gehört $\mathfrak{H} = \mathfrak{F} \cap \mathfrak{G}$ zu I und gilt $\Gamma_{\mathfrak{H}} \subseteqq \Gamma_{\mathfrak{F}} \cap \Gamma_{\mathfrak{G}}$ und zu jedem $A \in \Gamma_{\mathfrak{H}}$ ferner $\|\cdot\|_{\mathfrak{H}A} = \|\cdot\|_{\mathfrak{F}A} = \|\cdot\|_{\mathfrak{G}A}$. Zu beliebigem $\mathfrak{F} \in I$ und $\varepsilon > 0$ gilt $\varepsilon\mathfrak{F} \in I$ und zu beliebigem $A \in \Gamma_{\varepsilon\mathfrak{F}}$ ferner $B \in \Gamma_{\mathfrak{F}}$ und $\|\cdot\|_{\varepsilon\mathfrak{F}A} = \varepsilon \|\cdot\|_{\mathfrak{F}B}$ bei $B = \frac{1}{\varepsilon} A$. $\mathfrak{P}$ besitzt daher die Eigenschaften P_1 und P_2. Wir benutzen die Bezeichnungsweise vor 5.9.9 und erhalten wegen 5.9.8 für jedes $\mathfrak{F} \in I$

$$F^\cap \subseteqq A_{\mathfrak{F}F^\cap} \subseteqq (2F)^\cap \qquad (F \in \mathfrak{F})$$

und somit $\mathfrak{F}^\cap \supseteqq \mathfrak{A}_{\mathfrak{F}} \supseteqq (2\mathfrak{F})^\cap$ und natürlich auch $2\mathfrak{F} \in I$. Da τ lokalkonvex ist, besitzt $\tau(0)$ die Menge aller Filter $\mathfrak{F}^\cap$ $(\mathfrak{F} \in I)$ und auf Grund der letzten Beziehung damit auch die Menge aller Filter $\mathfrak{A}_{\mathfrak{F}}$ $(\mathfrak{F} \in I)$ als Basis. $\mathfrak{P}$ erzeugt daher τ. Ist τ verträglich, so gehört zu jedem $x \in X$ der Filter $\mathbf{V}x$ zu I. $\Gamma_{\mathbf{V}x}$ besteht aus allen Mengen EVx $(V \in \mathbf{V})$, und es gilt daher $\|x\|_{\mathbf{V}xA} < \infty$ zu beliebigem $A \in \Gamma_{\mathbf{V}x}$. $\mathfrak{P}$ besitzt dann also auch die Eigenschaft P_3.

Wie man leicht überprüft, gilt sogar das

Korollar. *I' sei eine Teilmenge von I mit $\tau(0) = \operatorname{im}_{\subseteqq} I'$ und $\Gamma'_{\mathfrak{F}}$ zu beliebigem $\mathfrak{F} \in I'$ eine Teilmenge von $\Gamma_{\mathfrak{F}}$ mit $\mathfrak{F}^\cap = \operatorname{im}_{\subseteqq} \Gamma'_{\mathfrak{F}}$. Dann besitzt auch die Familie $\mathfrak{P}'$ der Pseudonormenfamilien $(\|\cdot\|_{\mathfrak{F}A})_{A\in\Gamma'_{\mathfrak{F}}}$ $(\mathfrak{F} \in I')$ die Eigenschaften P_1 und P_2,* *und sie erzeugt die vorgegebene Pseudotopologie τ. Ist τ verträglich, so besitzt dann auch $\mathfrak{P}'$ die Eigenschaft* P_3.

Nach 5.9.11 bzw. dem zugehörigen Korollar kann man insbesondere mittels Familien von Pseudonormenfamilien alle schwach verträglichen und damit auch alle verträglichen lokalkonvexen Topologien erzeugen. Auf eine derartige Möglichkeit gehen wir genauer ein. τ sei dazu eine beliebige schwach verträgliche lokalkonvexe Topologie von X. Als I' wählen wir die Einermenge, die lediglich aus dem betreffenden Nullnachbarschaftsfilter $\mathfrak{N}(0)$ besteht. Wir setzen $\|\cdot\|_{\mathfrak{N}(0)A} = \|\cdot\|_A$ und bilden die Familie $(\|\cdot\|_A)_{A\in\Gamma_{\mathfrak{N}(0)}}$. Diese Familie besteht aus allen Distanzfunktionen absolutkonvexer Nullnachbarschaften. Ist τ verträglich, so sind diese Distanzfunktionen aber gerade die bez. τ und der natürlichen Topologie τ_{nat} von $\boldsymbol{R}$ stetigen Halbnormen von X. Es gilt nämlich

5.9.12. *X sei ein pseudotopologischer $\boldsymbol{K}$-Vektorraum und A eine Teilmenge von X. Die Distanzfunktion q von A ist genau dann eine bezüglich der Pseudotopologie τ von X und τ_{nat} stetige Halbnorm, wenn A eine absolutkonvexe Nullnachbarschaft bez. τ ist.*

Beweis. 1. A sei eine absolutkonvexe Nullnachbarschaft bez. τ. A ist ausgeglichen; es gäbe nämlich sonst ein $x \neq 0$ mit $x \notin nA$, also $\frac{1}{n} x \notin A$ zu beliebigem $n \in \boldsymbol{N}^+$, woraus $0 \notin \underline{A}$ im Widerspruch dazu, daß A eine Nullnachbarschaft ist, folgen würde. Auf Grund von Bemerkungen nach 5.9.8 ist q daher eine Halbnorm. Wegen 5.4.5 ist εA zu beliebigem $\varepsilon > 0$ eine Nullnachbarschaft, und wegen (5.9.9) gilt $q(x) \leqq \varepsilon$ für jedes $x \in \varepsilon A$. q ist daher in 0 bez. $m(\tau)$ und τ_{nat} stetig. Da q eine Halbnorm ist, gilt $q(x - y) = q(y - x)$, $q(x) \leqq q(x - y) + q(y)$ und $q(y) \leqq q(y - x) + q(x)$, also $|q(y) - q(x)| \leqq q(y - x)$ zu beliebigen $x, y \in X$, wegen (5.4.12) ferner $\mathfrak{N}(x) = x + \mathfrak{N}(0)$ zu beliebigem $x \in X$. q ist somit in jedem Punkt von X bez. $m(\tau)$ und τ_{nat} und somit auch bez. τ und τ_{nat} stetig.

2. q sei bez. τ und τ_{nat} stetig. Dann ist $\{x \in X \mid q(x) < 1\}$ wegen 3.6.3 eine offene Teilmenge von X, wegen (5.9.10) also A eine Nullnachbarschaft bez. τ.

Wir erhalten das folgende Resultat:

5.9.13 (Charakterisierung lokalkonvexer Topologien mittels Halbnormen). *Jede nichtleere Familie $(\|\cdot\|_\alpha)_{\alpha\in\Gamma}$ von Halbnormen des Vektorraumes X mit der Eigenschaft* H *erzeugt eine verträgliche lokalkonvexe Topologie. Umgekehrt läßt sich jede verträgliche lokalkonvexe Topologie τ von X von einer nichtleeren Familie von Halbnormen mit der Eigenschaft* H, *insbesondere von der Familie aller bez. τ und der natürlichen Topologie von $\boldsymbol{R}$ stetigen Halbnormen, erzeugen.*

Natürlich gilt auch: Die schwach verträglichen lokalkonvexen Topologien des Vektorraumes X und nur diese werden von den nichtleeren Familien $(\|\cdot\|_\alpha)_{\alpha\in\Gamma}$ von Pseudonormen von X mit der Eigenschaft H erzeugt.

Häufig geht man bei der Erzeugung lokalkonvexer Topologien etwas anders vor. Und zwar geht man von einer nichtleeren Familie $(\|\cdot\|_\alpha)_{\alpha\in\Gamma}$ von Pseudonormen des betreffenden Vektorraumes X aus, bildet daraus die Pseudonormenfamilie $\left(\frac{1}{\varepsilon}\|\cdot\|_\alpha\right)_{(\alpha,\varepsilon)\in\Gamma\times]0,\infty[}$, die natürlich die Eigenschaft H besitzt, und erzeugt aus dieser (auf die angegebene Art) eine lokalkonvexe Topologie τ. Wir sagen dann, daß τ **auf kanonische Art** aus $(\|\cdot\|_\alpha)_{\alpha\in\Gamma}$ **erzeugt** wird. Der Nullnachbarschaftsfilter bezüglich der erzeugten Topologie τ hat gerade die Gesamtheit aller Mengen $A_{(\alpha,\varepsilon)} = \{x \in X \mid \|x\|_\alpha \leqq \varepsilon\}$ als eine Subbasis, und eine gefilterte Familie $(x_j)_{j\in J}$ von Punkten von X konvergiert bezüglich dieser Topologie genau dann gegen einen Punkt x von X, wenn es zu beliebigem $\alpha \in \Gamma$ und $\varepsilon > 0$ ein $K \in \mathfrak{K}$ mit $\|x_j - x\|_\alpha \leqq \varepsilon$ $(j \in K)$ gibt; $\mathfrak{K}$ ist dabei der Filter in I.

Wir nennen eine nichtleere Familie $(\|\cdot\|_\alpha)_{\alpha\in\Gamma}$ von Pseudonormen einer lokalkonvexen topologischen linearen Gruppe **definierend**, wenn diese Familie auf kanonische Art die betreffende Topologie erzeugt, also die Mengen $A_{(\alpha,\varepsilon)}$ eine Subbasis des Nullnachbarschaftsfilters bilden. Natürlich ist die Familie aller stetigen Halbnormen eines lokalkonvexen topologischen Vektorraumes definierend.

Aus jeder definierenden Familie von Pseudonormen einer lokalkonvexen topologischen linearen Gruppe X läßt sich leicht durch eventuelle Hinzunahme der Suprema nichtleerer endlicher Mengen von Pseudonormen der Familie eine (bezüglich der für Pseudonormen definierten Ordnung) monoton wachsende gerichtete Familie $(\|\cdot\|_\alpha)_{\alpha\in\Gamma}$ von Pseudonormen herstellen, die ebenfalls definierend ist. Die betreffenden Mengen $A_{(\alpha,\varepsilon)}$ bilden dann sogar eine Basis des Nullnachbarschaftsfilters. Selbstverständlich ist die Familie $(\|\cdot\|_\alpha)_{\alpha\in\Gamma}$ aller stetigen Halbnormen eines lokalkonvexen topologischen Vektorraumes auf natürliche Weise (und zwar definiert durch $\alpha \leqq \beta \Leftrightarrow \|\cdot\|_\alpha \leqq \|\cdot\|_\beta$) eine monoton wachsende gerichtete Familie.

Jeden halbnormierten Raum fassen wir als einen topologischen Vektorraum auf, dessen Topologie aus der Halbnorm $\|\cdot\|$ des Raumes, d. h. aus der Halbnormenfamilie $\left(\frac{1}{\varepsilon}\|\cdot\|\right)_{\varepsilon>0}$ erzeugt wird.

Wir führen als nächstes eine einfache Ausdehnung des Satzes von HAHN-BANACH an (vergleiche BJON [7]).

5.9.14 (Satz von HAHN-BANACH). *X sei ein $\boldsymbol{R}$-Vektorraum, q eine Pseudonorm von X und f eine Linearform auf einem Teilraum Y von X mit $f(x) \leqq q(x)$ $(x \in Y)$. Dann existiert eine Linearform g auf X mit $g(x) \leqq q(x)$ $(x \in X)$, die eine Fortsetzung von f ist, d. h. für die $g \mid Y = f$ gilt.*

Zum Beweis: $Z = \{x \in X \mid q(x) < \infty\}$ ist ein Teilraum von X und $q \mid Z$ eine Halbnorm auf Z. Nach dem üblichen Satz von HAHN-BANACH für Halbnormen besitzt $f \mid (Y \cap Z)$ eine Fortsetzung zu einer Linearform f' auf Z mit $f'(x) \leqq q(x)$ $(x \in Z)$. Ohne Mühe findet man eine Linearform g auf X, die eine Fortsetzung von f und f' ist. Es gilt $g(x) \leqq q(x)$ $(x \in X)$.

Wie im Falle der Halbnormen zeigt man, daß der Satz 5.9.14 richtig bleibt, wenn in ihm $f(x)$ und $g(x)$ durch $|f(x)|$ und $|g(x)|$ ersetzt werden, und daß er dann sogar gilt, wenn zusätzlich $\boldsymbol{R}$ durch $\boldsymbol{C}$ ersetzt wird; zum Beweis des letzten Teiles bildet man eine Fortsetzung l des Realteiles von f mit $|l(x)| \leqq q(x)$ $(x \in X)$ und definiert g durch $g(x) = l(x) - il(ix)$. Wie bei lokalkonvexen topologischen Vektorräumen folgt:

5.9.15 (Fortsetzung stetiger Linearformen). *X sei eine lokalkonvexe topologische $\boldsymbol{K}$-lineare Gruppe mit $\boldsymbol{K} = \boldsymbol{R}$ oder $\boldsymbol{C}$ und f eine stetige Linearform auf einer topologischen linearen Untergruppe Y von X. Dann existiert eine stetige Linearform g auf X, die eine Fortsetzung von f ist.*

5.10. Die assoziierten lokalkonvexen Limitierungen

Im weiteren führen wir zu jeder schwach verträglichen Limitierung τ eines $\boldsymbol{K}$-Vektorraumes X eine gewisse lokalkonvexe Limitierung ein. Und zwar ordnen wir τ die durch

$$\tau^\wedge(x) = \operatorname*{im}_{\subseteq} \{\mathfrak{F}^\wedge \mid \mathfrak{F} \in \tau(x)\} \tag{5.10.1}$$

definierte Limitierung $\tau^\wedge$ zu. Wegen (5.9.4) und $[x] = [x]^\wedge$ gilt $\tau^\wedge(x) = \operatorname*{im}_{\subseteq} \{x + (\mathfrak{F} - x)^\wedge \mid \mathfrak{F} \in \tau(x)\}$ zu beliebigem $x \in X$. Ferner folgt mittels (5.9.4), (5.9.5) und (5.9.7) leicht

5.10.1 (Nächstgröbere lokalkonvexe Limitierung). *Zu jeder schwach verträglichen bzw. verträglichen Limitierung τ eines $\boldsymbol{K}$-Vektorraumes X ist $\tau^\wedge$ die feinste schwach verträgliche bzw. verträgliche lokalkonvexe Limitierung von X, die gröber als τ ist.*

Wir setzen für jede schwach verträgliche Limitierung τ eines $\boldsymbol{K}$-Vektorraumes

$$p^{\hat{}}(\tau) = \left(p^{\mathbf{v}}(\tau)\right)^\wedge, \qquad t^{\hat{}}(\tau) = \left(t^{\mathbf{v}}(\tau)\right)^\wedge,$$

und

$$p^\wedge(\tau) = \left(p^{v}(\tau)\right)^\wedge, \qquad t^\wedge(\tau) = \left(t^{v}(\tau)\right)^\wedge.$$

5.10.2. *X sei ein $\boldsymbol{K}$-Vektorraum. Für jede schwach verträgliche Limitierung τ von X gilt*

$$p^{\mathbf{v}}(\tau^\wedge) \leqq p^{\hat{}}(\tau) \quad \textit{und} \quad t^{\mathbf{v}}(\tau^\wedge) \leqq t^{\hat{}}(\tau), \tag{5.10.2}$$

ferner

$$p^{v}(\tau^\wedge) \leqq p^\wedge(\tau) \quad \textit{und} \quad t^{v}(\tau^\wedge) \leqq t^\wedge(\tau). \tag{5.10.3}$$

Ist τ eine schwach verträgliche Pseudotopologie oder Topologie von X, so ist auch $\tau^\wedge$ eine Pseudotopologie bzw. Topologie. Im allgemeinen trifft bei keiner der Be-

ziehungen von (5.10.2) *und* (5.10.3) *das Gleichheitszeichen zu. Es gibt sogar verträgliche lokalkonvexe Limitierungen, für die* $p^{\nu}(\tau)$ *und* $p^{v}(\tau)$ *nicht lokalkonvex sind, und verträgliche lokalkonvexe Pseudotopologien, für die* $t^{\nu}(\tau)$ *und* $t^{v}(\tau)$ *nicht lokalkonvex sind.*

Beweis. 1. τ sei eine schwach verträgliche Limitierung von X. Wenn τ eine Pseudotopologie ist, so wegen $\tau \leqq \tau^{\wedge}$ auch $\tau^{\wedge}$. Ist τ eine Topologie und $\mathfrak{N}(0)$ der Nullnachbarschaftsfilter bez. τ, so gilt $\tau^{\wedge}(0) = [\mathfrak{N}(0)^{\wedge}]$ und ergibt sich $\tau^{\wedge}$ unter Berücksichtigung von 5.4.6 damit als eine Topologie.

Aus $\tau \leqq p^{\nu}(\tau)$ folgt $\tau^{\wedge} \leqq p^{\hat{}}(\tau)$. Nach dem eben Bewiesenen ist $p^{\hat{}}(\tau)$ eine Pseudotopologie, so daß sogar $p^{\nu}(\tau^{\wedge}) \leqq p^{\hat{}}(\tau)$ gilt. Analog ergibt sich die zweite Beziehung von (5.10.2). Ferner ergibt sich analog (5.10.3).

2. Es sei $X = \boldsymbol{K}$ und τ die durch $\tau(x) = [[0]]$ $(x \in X)$ definierte verträgliche Limitierung von X. τ ist lokalkonvex, es ist $p^{\nu}(\tau) = p^{v}(\tau)$, und $p^{\nu}(\tau)(0)$ hat als Subbasis die Menge aller Filter $x + \boldsymbol{V}$ $(x \in X)$ (vergleiche den Beweis zu 5.8.14). Der Filter $\mathfrak{F} = \boldsymbol{V} \cap (1 + \boldsymbol{V})$ konvergiert bez. $p^{\nu}(\tau)$ gegen 0, der Filter $\mathfrak{F}^{\wedge} = [0, 1] + \boldsymbol{V}$ hingegen nicht. $p^{\nu}(\tau) = p^{v}(\tau)$ ist daher nicht lokalkonvex.

3. Aus dem übernächsten Satz folgt, daß es verträgliche lokalkonvexe Pseudotopologien τ gibt, für die $t^{v}(\tau)$ nicht lokalkonvex ist. Auf Grund einer Bemerkung nach 5.7.14 gilt für jede derartige Pseudotopologie $t^{\nu}(\tau) = t^{v}(\tau)$.

Wegen 5.10.2 sind für jede schwach verträgliche Limitierung τ eines Vektorraumes $p^{\hat{}}(\tau)$ und $p^{\wedge}(\tau)$ Pseudotopologien und $t^{\hat{}}(\tau)$ und $t^{\wedge}(\tau)$ Topologien. Aus 5.5.15, 5.5.17, 5.7.13, 5.7.14 und 5.10.1 folgt deshalb

5.10.3 (Assoziierte lokalkonvexe Pseudotopologien und Topologien). *Zu jeder schwach verträglichen Limitierung* τ *eines* $\boldsymbol{K}$*-Vektorraumes* X *sind* $p^{\hat{}}(\tau)$ *und* $t^{\hat{}}(\tau)$ *die feinste schwach verträgliche lokalkonvexe Pseudotopologie bzw. Topologie von* X *und* $p^{\wedge}(\tau)$ *und* $t^{\wedge}(\tau)$ *die feinste verträgliche lokalkonvexe Pseudotopologie bzw. Topologie von* X*, die gröber als* τ *sind.*

Im nächsten Satz führen wir Eigenschaften der feinsten verträglichen Pseudotopologie an. Weitere Eigenschaften dieser Pseudotopologie bringen wir in 5.19.16.

5.10.4 (Feinste Vektorraumpseudotopologie). X *sei ein beliebiger* $\boldsymbol{K}$*-Vektorraum und* τ *die feinste verträgliche Pseudotopologie von* X*.* τ *ist eine gleichförmige und lokalkonvexe Pseudotopologie. Es gilt stets* $m(\tau) = t(\tau)$*. Die* τ *assoziierte verträgliche Topologie* $t^{v}(\tau)$ *ist die feinste verträgliche Topologie von* X*.* τ *und ebenfalls* $t(\tau)$ *stimmt mit* $t^{v}(\tau)$ *genau dann überein, wenn* X *endlichdimensional ist. Die* τ *zugeordnete verträgliche lokalkonvexe Topologie* $t^{\wedge}(\tau)$ *ist die feinste verträgliche lokalkonvexe Topologie von* X*; sie und damit ebenfalls* $t^{v}(\tau)$*,* $t(\tau)$ *und* τ *sind separiert.* $t^{v}(\tau)$ *stimmt genau dann mit* $t^{\wedge}(\tau)$ *überein, wenn die Dimension von* X *endlich oder abzählbar unendlich ist.*

Beweis. 1. Auf Grund der Bemerkungen nach 5.5.15 hat $\tau(0)$ die Menge aller Filter $\boldsymbol{V}x_1 + \cdots + \boldsymbol{V}x_n$ $(x_1, \ldots, x_n \in X)$ als Basis. Aus 5.8.6 ergibt sich daher, daß

τ gleichförmig ist. Wegen (5.9.4) und $\boldsymbol{V}x = (\boldsymbol{V}x)^\wedge$ $(x \in X)$ ist τ lokalkonvex. $\{e_i \mid i \in I\}$ sei eine Basis von X mit $e_i \neq e_j$ bei $i \neq j$. Für jeden Vektor $x = \alpha_1 e_{i_1} + \cdots + \alpha_n e_{i_n}$ von X ergibt sich $\boldsymbol{V}e_{i_1} + \cdots + \boldsymbol{V}e_{i_n} \subseteqq \boldsymbol{V}x$ mittels 5.3.9 und (5.4.1), so daß $\tau(0)$ die Menge aller Filter $\boldsymbol{V}e_{j_1} + \cdots + \boldsymbol{V}e_{j_m}$ $(j_1, \ldots, j_m \in I)$ als Basis besitzt. Daher ist

$$\mathfrak{N}(0) = \bigcap_{J \in \mathfrak{J}} \sum_{j \in J} \boldsymbol{V}e_j$$

der Nullnachbarschaftsfilter bez. τ; $\mathfrak{J}$ bezeichnet dabei die Gesamtheit aller nichtleeren endlichen Teilmengen von I. Wegen (5.4.12) gilt $\mathfrak{N}(x) = x + \mathfrak{N}(0)$ für den Nachbarschaftsfilter eines beliebigen Punktes x von X bez. τ. N sei eine Nachbarschaft eines Punktes x bez. τ. Es gibt zu jedem $J \in \mathfrak{J}$ Zahlen $\alpha_{jJ} > 0$ $(j \in J)$ derart, daß $M = x + \bigcup_{J \in \mathfrak{J}} \sum_{j \in J} \alpha_{jJ} \underline{E} e_j$ bei $\underline{E} = \{\alpha \in K \mid |\alpha| < 1\}$ eine Nachbarschaft von x ist und $M \subseteqq N$ gilt. Gegeben sei ein $y \in M$. Zu beliebigem $J \in \mathfrak{J}$ mit $y - x \in \sum_{j \in J} \alpha_{jJ} \underline{E} e_j$ existieren $\beta_{jJ} \in \underline{E}$ mit $y - x = \sum_{j \in J} \alpha_{jJ} \beta_{jJ} e_j$. Für jedes $J \in \mathfrak{J}$ mit $y - x \notin \sum_{j \in J} \alpha_{jJ} \underline{E} e_j$ setzen wir $\beta_{jJ} = 0$ $(j \in J)$. Wir bilden die Nachbarschaft $L = y + \bigcup_{J \in \mathfrak{J}} \sum_{j \in J} \alpha_{jJ} (1 - |\beta_{jJ}|) \underline{E} e_j$ von y bez. τ. Zu beliebigem $z \in L$ existiert ein $J \in \mathfrak{J}$ und zu beliebigem $j \in J$ ein $\gamma_{jJ} \in \underline{E}$ mit $z = y + \sum_{j \in J} \alpha_{jJ} (1 - |\beta_{jJ}|) \gamma_{jJ} e_j$, also mit $z = x + \sum_{j \in J} \alpha_{jJ} \big(\beta_{jJ} + (1 - |\beta_{jJ}|) \gamma_{jJ}\big) e_j$. Nun gilt $|\beta_{jJ} + (1 - |\beta_{jJ}|) \gamma_{jJ}| < 1$ für jedes $j \in J$, somit $z \in M$ und daher $L \subseteqq M$. Folglich ist $m(\tau)$ eine Topologie und gilt deshalb $m(\tau) = t(\tau)$.

2. Mittels 5.5.17 folgt, daß $t^v(\tau)$ die feinste verträgliche Topologie von X ist. 5.10.3 entnimmt man, daß $t^\wedge(\tau)$ die feinste verträgliche lokalkonvexe Topologie von X ist. Aus 5.9.7 folgt, daß der Nullnachbarschaftsfilter $\mathfrak{B}(0)$ bez. $t^\wedge(\tau)$ als Basis die Menge aller ausgeglichenen absolutkonvexen Mengen hat. Zu jedem von 0 verschiedenen Punkt x von X bilden wir mittels eines Komplementärraumes H von $\boldsymbol{K}x$ die ausgeglichene und absolutkonvexe Menge $\frac{1}{2} \boldsymbol{E}x + H$. Sie ist eine Nullnachbarschaft bez. $t^\wedge(\tau)$, der x nicht angehört. Wegen 5.6.2 ist deshalb $t^\wedge(\tau)$ und wegen $\tau \leqq t(\tau) \leqq t^v(\tau) \leqq t^\wedge(\tau)$ damit auch $t^v(\tau)$, $t(\tau)$ und τ separiert.

3. Ist X endlichdimensional, so ist τ nach 5.4.11 die natürliche Topologie von X, somit $\tau = t(\tau) = t^v(\tau) = t^\wedge(\tau)$. Falls τ eine Topologie ist, gibt es Elemente $x_1, \ldots, x_n$ von X derart, daß $\boldsymbol{V}x_1 + \cdots + \boldsymbol{V}x_n$ der Nullnachbarschaftsfilter bez. τ ist, somit $\boldsymbol{V}x_1 + \cdots + \boldsymbol{V}x_n \subseteqq \boldsymbol{V}x$ zu beliebigem $x \in X$ gilt, jedes Element von X daher als Linearkombination der Elemente $x_1, \ldots, x_n$ darstellbar ist, X also endlichdimensional ist. Wir nehmen nun an, daß X unendlichdimensional ist, und zeigen, daß dann $t(\tau)$ nicht mit $t^v(\tau)$ übereinstimmt. $\{e_i \mid i \in I\}$ sei wieder eine Basis von X mit $e_i \neq e_j$ bei $i \neq j$. Da X unendlichdimensional ist, können wir annehmen, daß $I = D \times \boldsymbol{N}^+$ ist, wobei D die Dimension von X bezeichnet (vergleiche den Beweis von 5.3.7). Wir bilden die Nullnachbarschaft $N = \bigcup_{J \in \mathfrak{J}} \sum_{j \in J} \frac{1}{n_J} \boldsymbol{E} e_j$ bez. $t(\tau)$, wobei $\mathfrak{J}$ wie oben die Gesamtheit aller nichtleeren end-

lichen Teilmengen von I und n_J jeweils das Maximum der zweiten Glieder der Paare $(\varkappa, n) \in J$ ist. M sei eine beliebige Nullnachbarschaft bez. $t(\tau)$ und $\varkappa$ irgendein Element von D. Zu beliebigem $n \in \boldsymbol{N}^+$ enthält M eine Menge $\alpha_{1n}\boldsymbol{E}e_{(\varkappa,1)} + \cdots + \alpha_{nn}\boldsymbol{E}e_{(\varkappa,n)}$ mit $\alpha_{1n}, \ldots, \alpha_{nn} > 0$. Wir wählen ein n mit $\alpha_{11} > \frac{1}{n}$. $\alpha_{11}e_{(\varkappa,1)}$ und $\alpha_{nn}e_{(\varkappa,n)}$ gehören M an. Wäre $M + M \subseteqq N$, so müßte $\alpha_{11}e_{(\varkappa,1)} + \alpha_{nn}e_{(\varkappa,n)}$ in N liegen, was aber nicht der Fall ist. Im betrachteten Fall ist $t(\tau)$ daher nicht verträglich und somit ungleich $t^v(\tau)$.

4. Die Dimension von X sei $\aleph_0$. Wir zeigen, daß $t^v(\tau)$ dann gleich $t^\wedge(\tau)$ ist. $\{e_n \mid n \in \boldsymbol{N}^+\}$ sei eine Basis von X mit $e_n \neq e_m$ bei $n \neq m$. Nach 5.4.10 wird $t^v(\tau)$ von der Familie aller invarianten Halbmetriken von X, bezüglich der die Kugeln um 0 kreisförmig und ausgeglichen sind, erzeugt. δ sei eine derartige Halbmetrik. Gegeben sei eine Kugel $S = \{x \in X \mid \delta(0, x) \leqq \varepsilon\}$ um 0. Es genügt zu zeigen, daß S eine ausgeglichene und absolutkonvexe Menge enthält. Da die Kugeln um 0 ausgeglichen sind, gibt es zu beliebigem $n \in \boldsymbol{N}^+$ ein $\lambda_n > 0$ mit $\delta(0, \lambda_n e_n) \leqq \frac{\varepsilon}{2^{n+1}}$. A sei die absolutkonvexe Hülle von $\{\lambda_n e_n \mid n \in \boldsymbol{N}^+\}$. Zu beliebigem $x = \xi_{i_1}\lambda_{i_1}e_{i_1} + \cdots + \xi_{i_n}\lambda_{i_n}e_{i_n}$ mit $|\xi_{i_1}| + \cdots + |\xi_{i_n}| \leqq 1$ gilt, wie unter Beachtung der Kreisförmigkeit der Kugeln um 0 folgt,

$$\delta(0, x) \leqq \delta(0, \xi_{i_1}\lambda_{i_1}e_{i_1}) + \cdots + \delta(0, \xi_{i_n}\lambda_{i_n}e_{i_n}) < \varepsilon\,,$$

somit also $A \subseteqq S$. Da sich jeder Punkt $x = \xi_{i_1}e_{i_1} + \cdots + \xi_{i_n}e_{i_n} \neq 0$ von X in die Form $\gamma\left(\frac{\xi_{i_1}}{\gamma\lambda_{i_1}}\lambda_{i_1}e_{i_1} + \cdots + \frac{\xi_{i_n}}{\gamma\lambda_{i_n}}\lambda_{i_n}e_{i_n}\right)$ mit $\gamma = \left|\frac{\xi_{i_1}}{\lambda_{i_1}}\right| + \cdots + \left|\frac{\xi_{i_n}}{\lambda_{i_n}}\right|$ bringen läßt, ist A ausgeglichen. Damit ist $t^v(\tau) = t^\wedge(\tau)$ in dem betrachteten Fall gezeigt.

5. Nun sei $\dim X > \aleph_0$. $\{e_n \mid i \in I\}$ sei wieder eine Basis von X mit $e_i \neq e_j$ bei $i \neq j$. Man überprüft leicht, daß durch $\delta(0, x) = |\xi_{i_1}|^{1/2} + \cdots + |\xi_{i_n}|^{1/2}$ für $x = \xi_{i_1}e_{i_1} + \cdots + \xi_{i_n}e_{i_n}$ ($i_1, \ldots, i_n$ paarweise ungleich) eine invariante Halbmetrik δ von X definiert wird, bezüglich der die Kugeln um 0 kreisförmig und ausgeglichen sind. $S = \{x \in X \mid \delta(0, x) \leqq 1\}$ ist daher nach 5.4.10 eine Nullnachbarschaft bez. $t^v(\tau)$. Wir zeigen, daß S keine ausgeglichene absolutkonvexe Teilmenge enthält, und damit, daß $t^v(\tau)$ in dem betrachteten Fall ungleich $t^\wedge(\tau)$ ist. Angenommen, es gäbe eine ausgeglichene absolutkonvexe Teilmenge A von S. Auf Grund der Ausgeglichenheit von A gäbe es zu beliebigem $i \in I$ ein $\lambda_i > 0$ mit $\lambda_i e_i \in A$. Wegen der absoluten Konvexität von A würde zu jeder nichtleeren endlichen Teilmenge J von I die Beziehung

$$\sum_{j \in J} \frac{\alpha}{\lambda_j}\lambda_j e_j \in A$$

bei $\frac{1}{\alpha} = \sum_{j \in J} \frac{1}{\lambda_j}$, wegen $A \subseteqq S$ also auch die Beziehung $n\alpha^{1/2} \leqq 1$ und damit die Beziehung

$$n^2 \leqq \sum_{j \in J} \frac{1}{\lambda_j}$$

bei $n = \operatorname{card} J$ gelten. Zu beliebigem $n \in \boldsymbol{N}^+$ würden deshalb $I_n = \left\{i \in I \mid \lambda_i > \frac{1}{n}\right\}$ höchstens $n - 1$ Elemente angehören. Da aber $I = \bigcup_{n \in \boldsymbol{N}^+} I_n$ wäre, würde $\operatorname{card} I \leqq \aleph_0$, im Widerspruch zu $\dim X > \aleph_0$, gelten.

Für eine beliebige schwach verträgliche Limitierung τ eines $\boldsymbol{K}$-Vektorraumes gilt

$$p^{\hat{}}(\tau)(0) \supseteqq \underset{\subseteqq}{\operatorname{im}} \{\mathfrak{F}^{\wedge} \mid \mathfrak{F} \in p(\tau)(0)\} \tag{5.10.4}$$

und

$$t^{\hat{}}(\tau)(0) \supseteqq \underset{\subseteqq}{\operatorname{im}} \{\mathfrak{F}^{\wedge} \mid \mathfrak{F} \in m(\tau)(0)\} \tag{5.10.5}$$

wegen $p(\tau) \leqq p^{\nu}(\tau)$ und $m(\tau) \leqq t^{\nu}(\tau)$. Im allgemeinen trifft bei keiner dieser Beziehungen das Gleichheitszeichen zu, auch nicht, wenn τ verträglich ist. Ist etwa $X = \boldsymbol{K}$ und τ die durch $\tau(x) = [[0]]$ $(x \in X)$ definierte verträgliche Limitierung, so gilt $p(\tau)(0) = m(\tau)(0) = [[0]]$ und gehört $p^{\hat{}}(\tau)$ (0) der Filter $\boldsymbol{V}$ an (vergleiche den Beweis von 5.8.14), so daß sich in diesem Falle $t^{\hat{}}(\tau)(0) \supseteqq p^{\hat{}}(\tau)(0) \supsetneqq \underset{\subseteqq}{\operatorname{im}} \{\mathfrak{F}^{\wedge} \mid \mathfrak{F} \in p(\tau)(0)\} = \underset{\subseteqq}{\operatorname{im}} \{\mathfrak{F}^{\wedge} \mid \mathfrak{F} \in m(\tau)(0)\}$ ergibt. Bei (5.10.5) trifft aber in dem Fall, daß τ eine schwach verträgliche Pseudotopologie ist, das Gleichheitszeichen zu und, wenn τ eine verträgliche Pseudotopologie ist, ist sogar $t^{\wedge}(\tau)(0) = \underset{\subseteqq}{\operatorname{im}} \{\mathfrak{F}^{\wedge} \mid \mathfrak{F} \in m(\tau)(0)\}$; es gilt nämlich

5.10.5 (Nullnachbarschaftsfilter bez. $t^{\hat{}}(\tau)$ und $t^{\wedge}(\tau)$). *τ sei eine schwach verträgliche Limitierung eines $\boldsymbol{K}$-Vektorraumes. $\mathfrak{N}(0)$ sei der Nullnachbarschaftsfilter bez. $p^{\nu}(\tau)$ bzw. bez. $p^{v}(\tau)$. Der Filter $\mathfrak{N}(0)^{\wedge}$ stimmt dann mit $\mathfrak{N}(0)^{\cap}$ überein und ist gleich dem Nullnachbarschaftsfilter bez. $t^{\hat{}}(\tau)$ bzw. bez. $t^{\wedge}(\tau)$.*

Beweis. Es gilt $\mathfrak{N}(0)^{\wedge} \subseteqq \mathfrak{N}(0)$. Zu beliebigem $N \in \mathfrak{N}(0)^{\wedge}$ gibt es eine konvexe Menge $M \in \mathfrak{N}(0)$ mit $M \subseteqq N$. Da $\mathfrak{N}(0) = \alpha\mathfrak{N}(0)$ (vergleiche 5.7.2) und wegen (5.9.5) damit

$$\mathfrak{N}(0)^{\wedge} = \alpha\mathfrak{N}(0)^{\wedge} \tag{5.10.6}$$

zu beliebigem $\alpha \neq 0$ aus $\boldsymbol{K}$, insbesondere für $\alpha = \frac{1}{2}$ gilt, folgt

$$N \supseteqq M \supseteqq \tfrac{1}{2} M + \tfrac{1}{2} M \in \mathfrak{N}(0)^{\wedge} + \mathfrak{N}(0)^{\wedge}$$

und deshalb $\mathfrak{N}(0)^{\wedge} \subseteqq \mathfrak{N}(0)^{\wedge} + \mathfrak{N}(0)^{\wedge}$. Wegen $\mathfrak{N}(0)^{\cap} \subseteqq \mathfrak{N}(0)^{\wedge}$, 5.9.3 und (5.10.6) ergibt sich $\mathfrak{N}(0)^{\cap} = \mathfrak{N}(0)^{\wedge}$, wegen 5.9.1 ferner $\mathfrak{N}(0)^{\cap} = \boldsymbol{E}\mathfrak{N}(0)^{\cap}$, wegen 5.8.1 und (5.10.6) somit $\mathfrak{N}(0)^{\wedge} = \boldsymbol{V}\mathfrak{N}(0)^{\wedge}$. Auf Grund der Definition von $t^{\nu}(\tau)$ bzw. $t^{v}(\tau)$ erhält man daher $\mathfrak{N}(0)^{\wedge} \subseteqq \mathfrak{V}(0)$ und deshalb auch $\mathfrak{N}(0)^{\wedge} \subseteqq \mathfrak{V}(0)^{\wedge}$ für den Nullnachbarschaftsfilter $\mathfrak{V}(0)$ bez. $t^{\nu}(\tau)$ bzw. bez. $t^{v}(\tau)$. Wegen $\mathfrak{V}(0) \subseteqq \mathfrak{N}(0)$ ist dann aber $\mathfrak{N}(0)^{\wedge} = \mathfrak{V}(0)^{\wedge}$. $\mathfrak{V}(0)^{\wedge}$ und damit auch $\mathfrak{N}(0)^{\wedge}$ und $\mathfrak{N}(0)^{\cap}$ ist der Nullnachbarschaftsfilter bez. $t^{\hat{}}(\tau)$ bzw. $t^{\wedge}(\tau)$.

Anmerkung. Es gibt separierte verträgliche Limitierungen, ja sogar separierte verträgliche Topologien τ von $\boldsymbol{K}$-Vektorräumen, für die $\tau^{\wedge}$ nicht separiert ist. Ein Beispiel liefert die Topologie von L^p für p mit $0 < p < 1$. Wir entnehmen KÖTHE [1], S. 161 und 196, daß für beliebiges p mit $0 < p < 1$ die Menge aller auf einem Zahlenintervall $[\alpha, \beta]$ meßbaren Funktionen f mit $\int_\alpha^\beta |f(t)|^p \, dt < \infty$ (Funktionen, deren Werte sich nur über einer Menge vom Maße 0 unterscheiden, sind zu identifizieren) einen separierten topologischen Vektorraum L^p bildet, wobei die Vektoraddition und skalare Multiplikation wie üblich argumentweise definiert wird und als Basis des Nullnachbarschaftsfilters die Gesamtheit aller Mengen $\{f \in L^p \mid \|f\|_p \leqq \varepsilon\}$ $(\varepsilon > 0)$ mit $\|f\|_p = \left(\int_\alpha^\beta |f(t)|^p \, dt\right)^{1/p}$ genommen wird, und daß in L^p keine von L^p verschiedene konvexe Nullnachbarschaft existiert. Die der Topologie von L^p zugeordnete lokalkonvexe Topologie ist daher die triviale Topologie und somit nicht separiert.

5.10.6. *τ sei eine schwach verträgliche Limitierung eines $\boldsymbol{K}$-Vektorraumes, die eine Pseudotopologie im weiten Sinne ist. Es gilt $\tau^{\wedge\#} = \tau^{\#\wedge}$. Ist τ gleichförmig, so auch $\tau^\wedge$; ist τ lokalkonvex, so auch $\tau^\#$.*

Beweis. Gegeben sei ein $x \in X$. Wegen 5.8.14 gilt $\tau^{\#\wedge}(x) = \operatorname{im}_{\subseteq} \{x + (\boldsymbol{V}(\mathfrak{F} - x))^\wedge \mid \mathfrak{F} \in \tau(x)\}$ und wegen (5.9.7) damit

$$\tau^{\#\wedge}(x) = \operatorname{im}_{\subseteq} \{x + \boldsymbol{V}(\mathfrak{F} - x)^\cap \mid \mathfrak{F} \in \tau(x)\} . \tag{5.10.7}$$

$\tau^{\#\wedge}$ ist daher gleichförmig, d. h., es gilt

$$\tau^{\#\wedge} = \tau^{\#\wedge\#} . \tag{5.10.8}$$

Da mit τ auch $\tau^\wedge$ eine Pseudotopologie im weiten Sinne ist, folgt wegen 5.8.14 $\tau^{\wedge\#}(x) = \operatorname{im}_{\subseteq} \{x + \boldsymbol{V}(\mathfrak{F} - x)^\wedge \mid \mathfrak{F} \in \tau(x)\}$, wegen (5.10.7) damit $\tau^{\wedge\#} \leqq \tau^{\#\wedge}$, somit $\tau^{\wedge\#} \leqq \tau^{\#\wedge\#}$, wegen $\tau^\# \leqq \tau$ also $\tau^{\wedge\#} = \tau^{\#\wedge\#}$, zusammen mit (5.10.8) deshalb $\tau^{\wedge\#} = \tau^{\#\wedge}$. Der zweite Teil der Behauptung ergibt sich unmittelbar aus dieser Beziehung.

5.10.7. *Eine lineare Abbildung f einer limitierten $\boldsymbol{K}$-linearen Gruppe X in eine lokalkonvexe limitierte $\boldsymbol{K}$-lineare Gruppe Y ist genau dann bezüglich der Limitierungen τ und σ von X bzw. Y stetig, wenn sie bez. $\tau^\wedge$ und σ stetig ist.*

Beweis. Ist f bez. $\tau^\wedge$ und σ stetig, so wegen $\tau \leqq \tau^\wedge$ auch bez. τ und σ. Wenn f bez. τ und σ stetig ist, folgt zu jedem $x \in X$ und $\mathfrak{F} \in \tau(x)$ unter Berücksichtigung von $f(\mathfrak{F}) \in \sigma(f(x))$, (5.9.8) und (5.10.1)

$$f(\mathfrak{F}^\wedge) \in \sigma(f(x)) ,$$

d. h., daß f bez. $\tau^\wedge$ und σ stetig ist.

Korollar. *Ist f eine lineare Abbildung einer limitierten $\boldsymbol{K}$-linearen Gruppe X in eine limitierte $\boldsymbol{K}$-lineare Gruppe Y, die bezüglich der Limitierungen τ und σ von X und Y stetig ist, so ist f auch bez. $\tau^\wedge$ und $\sigma^\wedge$ stetig.*

Die vollen Unterkategorien von LLING, PLING, TLING, LVEK, PVEK und TVEK, die als Objekte alle lokalkonvexen limitierten, pseudotopologischen bzw. topologischen linearen Gruppen bzw. alle lokalkonvexen limitierten, pseudotopologischen bzw. topologischen Vektorräume haben, bezeichnen wir mit LLING^, PLING^, TLING^, LVEK^, PVEK^ bzw. TVEK^. Wie man dem Korollar zu 5.10.7 entnimmt, gibt es einen Funktor $\wedge$: LLING $\to$ LLING^ der folgenden Art: $\wedge$ ordnet jeder limitierten $\boldsymbol{K}$-linearen Gruppe X diejenige lokalkonvexe limitierte lineare Gruppe $X^\wedge$ zu, die sich von X nur dadurch unterscheidet, daß deren Limitierung τ durch $\tau^\wedge$ ersetzt ist. Ferner ordnet $\wedge$ jedem Morphismus (f, X, Y) von LLING den Morphismus $(f, X^\wedge, Y^\wedge)$ von LLING^ zu. Aus $\wedge$ ergibt sich durch Einschränkung der Urbild- und Bildkategorie ein Funktor von LVEK in LVEK^. Neben $\wedge$ und dieser Einschränkung interessieren noch die Funktoren $\boldsymbol{p}^\wedge$: LLING $\to$ PLING^, $\boldsymbol{t}^\wedge$: LLING $\to$ TLING^, $\boldsymbol{p}^\wedge$: LLING $\to$ PVEK^ und $\boldsymbol{t}^\wedge$: LLING $\to$ TVEK^, die als Zusammensetzung von $\boldsymbol{p}^v$, $\boldsymbol{t}^v$, $\boldsymbol{p}^v$ bzw. $\boldsymbol{t}^v$ mit dem sich aus $\wedge$ durch Einschränkung der Urbild- und Bildkategorie ergebenden Funktor von PLING in PLING^, TLING in TLING^, PVEK in PVEK^ bzw. TVEK in TVEK^ definiert sind.

5.11. Initiallimitierungen

Wir gehen zuerst auf Initiallimitierungen bezüglich Gruppenhomomorphismen ein. Es sei dazu E eine Gruppe, $(X_\iota)_{\iota\in I}$ eine Familie limitierter Gruppen und zu beliebigem $\iota \in I$ ferner p_ι ein Homomorphismus von E in X_ι und τ_ι die Limitierung von X_ι. Dann gilt

5.11.1 (Verträglichkeit von Initiallimitierungen). *Die Initiallimitierung* $\operatorname{init}\tau_\iota$ *der* τ_ι *bezüglich der Abbildungen* p_ι *ist (mit der Gruppenstruktur von* E*) verträglich. Es ist*

$$\boldsymbol{p}^g(\operatorname{init}\tau_\iota) \leqq \operatorname{init}\boldsymbol{p}^g(\tau_\iota) \quad \textit{und} \quad \boldsymbol{t}^g(\operatorname{init}\tau_\iota) \leqq \operatorname{init}\boldsymbol{t}^g(\tau_\iota)$$

(wobei die Ordnung stets bezüglich des Verbandes $\mathcal{T}E$ *der Limitierungen von* E *gemeint ist).*

Beweis. 1. x und y seien Elemente von E. Da die Limitierungen τ_ι verträglich und die Abbildungen p_ι Homomorphismen sind, gilt $(\tau_\iota \circ p_\iota)(x)^{-1} \subseteqq (\tau_\iota \circ p_\iota)(x^{-1})$ und $(\tau_\iota \circ p_\iota)(x)\,(\tau_\iota \circ p_\iota)(y) \subseteqq (\tau_\iota \circ p_\iota)(xy)$ zu beliebigem $\iota \in I$. Für beliebige Filter $\mathfrak{F}$ und $\mathfrak{G}$ in E mit $p_\iota(\mathfrak{F}) \in (\tau_\iota \circ p_\iota)(x)$ und $p_\iota(\mathfrak{G}) \in (\tau_\iota \circ p_\iota)(y)$ $(\iota \in I)$ ergibt sich unter Berücksichtigung von (5.1.13) und (5.1.14) deshalb $p_\iota(\mathfrak{F}^{-1}) \in (\tau_\iota \circ p_\iota)(x^{-1})$ und $p_\iota(\mathfrak{F}\mathfrak{G}) \in (\tau_\iota \circ p_\iota)(xy)$ $(\iota \in I)$, wegen (3.8.1) also $(\operatorname{init}\tau_\iota)(x)^{-1} \subseteqq (\operatorname{init}\tau_\iota)(x^{-1})$ und $(\operatorname{init}\tau_\iota)(x)\,(\operatorname{init}\tau_\iota)(y) \subseteqq (\operatorname{init}\tau_\iota)(xy)$. Mittels 5.4.1 folgt damit die Verträglichkeit von $\operatorname{init}\tau_\iota$.

2. Wegen 3.8.7 und des im Teil 1 Bewiesenen ist $\operatorname{init}\boldsymbol{p}^g(\tau_\iota)$ eine verträgliche Pseudotopologie, wegen $\operatorname{init}\tau_\iota \leqq \operatorname{init}\boldsymbol{p}^g(\tau_\iota)$ gilt deshalb $\boldsymbol{p}^g(\operatorname{init}\tau_\iota) \leqq \operatorname{init}\boldsymbol{p}^g(\tau_\iota)$. Entsprechend ergibt sich die zweite Beziehung.

Im weiteren bringen wir Anwendungen dieses Satzes.

a. Wenn die p_i speziell identische Abbildungen von E auf X_i sind, stimmt $\operatorname{init}\tau_i$ mit $\bigwedge_{i\in I} \tau_i$ überein. Für eine beliebige Gruppe E und eine beliebige Familie $(\tau_i)_{i\in I}$ verträglicher Limitierungen dieser Gruppe ist somit auch $\bigwedge_{i\in I} \tau_i$ verträglich. $\mathcal{T}^g E$, $\mathcal{T}^{pg} E$ und $\mathcal{T}^{tg} E$ seien die aus allen verträglichen Limitierungen, Pseudotopologien bzw. Topologien bestehenden geordneten Teilmengen des Verbandes $\mathcal{T} E$ aller Limitierungen einer Gruppe E. Mittels 5.11.1 folgt, daß in $\mathcal{T}^g E$, $\mathcal{T}^{pg} E$ und $\mathcal{T}^{tg} E$ jede Teilmenge das Infimum besitzt und es mit dem Infimum bez. $\mathcal{T} E$ übereinstimmt. Wegen 2.1.2 sind somit $\mathcal{T}^g E$, $\mathcal{T}^{pg} E$ und $\mathcal{T}^{tg} E$ vollständige Verbände.

b. Wir nehmen nun an, daß die Voraussetzungen vom Anfang dieses Abschnittes gelten. Die Gruppe E, versehen mit der Limitierung $\operatorname{init}\tau_i$, bezeichnen wir mit X. Wegen 3.8.2 erhalten wir für die an den Vergißfunktor $V: \mathrm{LGR} \to \mathrm{GR}$ gebundenen Produkte

5.11.2 (Gebundene Produkte in LGR). *Die limitierte Gruppe X ist, zusammen mit der Familie der Abbildungen $p_i: X \to X_i$ $(i \in I)$, gleich dem V-Produkt der X_i $(i \in I)$ über E, $(p_i)_{i\in I}$.*

Für die an die Vergißfunktoren $V^p: \mathrm{PGR} \to \mathrm{GR}$ und $V^t: \mathrm{TGR} \to \mathrm{GR}$ gebundenen Produkte gilt wegen 3.2.11 und (5.5.15):

5.11.3 (Gebundene Produkte in PGR und TGR). *Sind die X_i pseudotopologische bzw. topologische Gruppen, so ist X, zusammen mit der Familie der Abbildungen $p_i: X \to X_i$ $(i \in I)$, gleich dem V^p- bzw. V^t-Produkt der X_i $(i \in I)$ über E, $(p_i)_{i\in I}$.*

Nach 5.11.2 und 5.11.3 existieren alle an die Vergißfunktoren $V: \mathrm{LGR} \to \mathrm{GR}$, $V^p: \mathrm{PGR} \to \mathrm{GR}$ und $V^t: \mathrm{TGR} \to \mathrm{GR}$ gebundenen Produkte, und zwar stets eindeutig. Da nach einer Bemerkung nach 5.1.6 in GR alle projektiven Limites existieren, folgt mittels 3.2.13, daß auch in den Kategorien LGR, PGR und TGR alle projektiven Limites existieren. Über die angegebene natürliche Auswahl der projektiven Limites in GR gelangen wir zu natürlichen Auswahlen der projektiven Limites in LGR, PGR und TGR. Offensichtlich existieren auch in den Kategorien LAB, PAB und TAB aller limitierten, pseudotopologischen bzw. topologischen abelschen Gruppen alle projektiven Limites. Ist T ein Funktor einer kleinen Kategorie $\mathfrak{D}$ in LGR, für den alle Bildobjekte $T(D)$ $(D \in \mathrm{Ob}\mathfrak{D})$ Objekte von PGR, TGR, LAB, PAB bzw. TAB sind, und ist S derjenige Funktor von $\mathfrak{D}$ in PGR, TGR, LAB, PAB bzw. TAB, der den Objekten und Morphismen von $\mathfrak{D}$ die gleichen Objekte und Morphismen wie T zuordnet, so ist jeder projektive Limes von T ein projektiver Limes von S und umgekehrt.

c. Eine limitierte Gruppe Y heißt **limitierte Untergruppe** einer limitierten Gruppe X, wenn die Y unterliegende Gruppe Untergruppe der X unterliegenden Gruppe und die Limitierung von Y gleich der von der Limitierung von X auf Y

induzierten Limitierung ist. Limitierte Untergruppen einer pseudotopologischen bzw. topologischen Gruppe X werden auch **pseudotopologische** bzw. **topologische Untergruppen** von X genannt. Ist X eine limitierte Gruppe und G eine Untergruppe der X unterliegenden Gruppe, so ist G, versehen mit der von der Limitierung von X auf G induzierten Limitierung, wegen 5.11.1 eine limitierte Untergruppe von X.

Die limitierten Untergruppen limitierter, pseudotopologischer bzw. topologischer Gruppen bilden die Differenzkerne in LGR, PGR bzw. TGR, d. h., es gilt:

5.11.4 (Differenzkerne in LGR, PGR und TGR). *Zu beliebigen Morphismen $f: X \to Y$ und $g: X \to Y$ von* LGR, PGR *bzw.* TGR *mit gleicher Quelle und gleichem Ziel bildet die Menge $\{x \in X \mid f(x) = g(x)\}$ eine limitierte Untergruppe K von X, und K ist, zusammen mit der identischen Einbettung von K in X, ein Differenzkern von f und g. Jede limitierte Untergruppe K einer limitierten Gruppe X tritt, zusammen mit der identischen Einbettung von K in X, als Differenzkern von Morphismen $f: X \to Y$ und $g: X \to Y$ von* LGR *und, wenn X eine pseudotopologische bzw. topologische Gruppe ist, auch als Differenzkern von Morphismen von $f: X \to Y$ und $g: X \to Y$ von* PGR *bzw.* TGR *auf.*

Zum Beweis: Die Behauptung läßt sich analog beweisen wie 3.9.2. Es sind lediglich die Kategorien LIM und ENS durch die Kategorien LGR und GR zu ersetzen (als V ist demnach der Vergißfunktor von LGR in GR zu verwenden), und anstelle der Sätze 3.1.2, 3.8.4 und 3.8.6 sind die Sätze 5.1.6, 5.11.2 und 5.11.3 zu benutzen. Die triviale Topologie einer Gruppe ist natürlich verträglich (Anmerkung 1 nach 5.4.1).

Die limitierten Untergruppen von limitierten, pseudotopologischen bzw. topologischen abelschen Gruppen bilden die Differenzkerne in LAB, PAB bzw. TAB.

Für die Bildung von limitierten Untergruppen (und ebenfalls von limitierten Faktorgruppen, vergleiche Abschnitt 5.13) ist der folgende Satz (H. R. Fischer [3]) nützlich.

5.11.5 (Adhärenz von Untergruppen und Normalteilern). *X sei eine pseudotopologische Gruppe und H eine Untergruppe bzw. ein Normalteiler der X unterliegenden Gruppe G. Dann ist auch die Adhärenz $\overline{H}$ von H eine Untergruppe bzw. ein Normalteiler von G. Für beliebige limitierte Gruppen gilt diese Aussage im allgemeinen nicht.*

Beweis. 1. τ sei die Pseudotopologie von X. Zu beliebigen Elementen x und y von $\overline{H}$ gibt es Filter $\mathfrak{F} \in \tau(x)$ und $\mathfrak{G} \in \tau(y)$ mit $F \cap H \neq \emptyset$ $(F \in \mathfrak{F})$ und $G \cap H \neq \emptyset$ $(G \in \mathfrak{G})$. Es folgt $\mathfrak{F}\mathfrak{G} \in \tau(xy)$ und ferner leicht $FG \cap H \neq \emptyset$ $(F \in \mathfrak{F}, G \in \mathfrak{G})$, also $xy \in \overline{H}$. Entsprechend zeigt man, daß $x \in \overline{H}$ stets $x^{-1} \in \overline{H}$ nach sich zieht. $\overline{H}$ ist daher eine Untergruppe von G. Im weiteren sei H ein Normalteiler von G. Zu jedem $x \in \overline{H}$ und $\mathfrak{F} \in \tau(x)$ mit $F \cap H \neq \emptyset$ $(F \in \mathfrak{F})$ folgt für jedes $a \in G$ wegen

$aHa^{-1} \subseteqq H$ auch $aFa^{-1} \cap H \neq \emptyset$ $(F \in \mathfrak{F})$, wegen $a\mathfrak{F}a^{-1} \in \tau(axa^{-1})$, daher $axa^{-1} \in \overline{H}$, d. h., daß $\overline{H}$ ein Normalteiler von G ist.

2. Wir zeigen an Hand des nach 5.6.2 angeführten Beispiels, daß die im ersten Teil des Satzes angeführte Aussage für beliebige limitierte Gruppen im allgemeinen falsch ist. τ sei die in diesem Beispiel angeführte Limitierung von $\boldsymbol{K}^2$. Wir fassen $\boldsymbol{K}^2$ bezüglich der Vektoraddition als Gruppe auf. $\boldsymbol{K} \times \{0\}$ bildet eine Untergruppe von $\boldsymbol{K}^2$. Die Adhärenz dieser Untergruppe, d. h. $(\boldsymbol{K} \times \{0\}) \cup (\{0\} \times \boldsymbol{K})$, ist hingegen keine Untergruppe von $\boldsymbol{K}^2$.

In Ergänzung zu 5.11.5 gilt

5.11.5′ (Abgeschlossene Hülle von Untergruppen und Normalteilern). *X sei eine pseudotopologische Gruppe und τ die Pseudotopologie von X. H sei eine Untergruppe bzw. ein Normalteiler der X unterliegenden Gruppe G. Dann ist auch die abgeschlossene Hülle $\overline{H}^{t(\tau)}$ bezüglich der zu τ nächstgröberen Topologie eine Untergruppe bzw. ein Normalteiler von G.*

Beweis. H sei eine Untergruppe von G. $\mathfrak{M}$ sei die Menge aller Untergruppen M von G mit $H \subseteqq M \subseteqq \overline{H}^{t(\tau)}$, in der durch $M \leqq N \Leftrightarrow M = N$ oder $\overline{M} \subseteqq N$ eine partielle Ordnung erklärt ist. Für jede Kette $\mathfrak{K}$ in $\mathfrak{M}$ ist $\bigcup_{K \in \mathfrak{K}} K$ und wegen 5.11.5 damit auch $\overline{\bigcup_{K \in \mathfrak{K}} K}$ eine Untergruppe von G. $\overline{\bigcup_{K \in \mathfrak{K}} K}$ ist offenbar eine obere Schranke von $\mathfrak{K}$ in $\mathfrak{M}$. Nach dem ZORNschen Lemma existiert daher ein maximales Element M_0 in $\mathfrak{M}$. Da mit M_0 auch $\overline{M}_0$ zu $\mathfrak{M}$ gehört, folgt $M_0 = \overline{M}_0$ und damit $M_0 = \overline{H}^{t(\tau)}$ wegen 3.5.8. $\overline{H}^{t(\tau)}$ ist somit eine Untergruppe von G. Ist H ein Normalteiler von G, so ergibt sich entsprechend $\overline{H}^{t(\tau)}$ als Normalteiler von G.

d. Ist $(X_i)_{i \in I}$ eine Familie limitierter Gruppen mit einer Menge als Indexbereich, so verstehen wir unter dem **Produkt** $\prod_{i \in I} X_i$ der limitierten Gruppen X_i $(i \in I)$ das Produkt der X_i unterliegenden Gruppen, versehen mit dem Produkt der Limitierungen der X_i. Mittels 5.11.1 folgt, daß $\prod_{i \in I} X_i$ natürlich eine limitierte Gruppe ist. Wenn $I = \{1, \ldots, n\}$ für ein $n \in \boldsymbol{N}^+$ ist, schreiben wir für $\prod_{i \in I} X_i$ auch $X_1 \times \cdots \times X_n$.

Im weiteren sei X ein Produkt limitierter Gruppen X_i $(i \in I)$ und E die X unterliegende Gruppe. Wegen 5.11.2 und 5.11.3 stimmt X, zusammen mit der Familie der Projektionen $\pi_i \colon X \to X_i$ $(i \in I)$, mit dem V-Produkt der X_i $(i \in I)$ über E, $(\pi_i)_{i \in I}$ und unter der Einschränkung, daß die X_i pseudotopologische bzw. topologische Gruppen sind, auch mit dem V^p- bzw. V^t-Produkt der X_i $(i \in I)$ über E, $(\pi_i)_{i \in I}$ überein; V, V^p und V^t sind natürlich die Vergißfunktoren von LGR, PGR bzw. TGR in GR. Aus 3.2.13 und 5.1.2 folgt damit

5.11.6 (Produkte in LGR, PGR und TGR). *Die limitierte Gruppe X ist, zusammen mit den natürlichen Projektionen $\pi_\iota: X \to X_\iota$ $(i \in I)$, ein Produkt der X_ι $(i \in I)$ in* LGR *und, wenn die X_ι pseudotopologische bzw. topologische Gruppen sind, auch ein Produkt der X_ι $(i \in I)$ in* PGR *bzw.* TGR.

Entsprechend zeigt man: Sind die X_ι limitierte, pseudotopologische bzw. topologische abelsche Gruppen, so ist X, zusammen mit den natürlichen Projektionen $\pi_\iota: X \to X_\iota$, ein Produkt der X_ι in LAB, PAB bzw. TAB.

Als nächstes kommen wir zu Initiallimitierungen bezüglich homogener Abbildungen. Es sei E ein $\boldsymbol{K}$-Radialraum ($\boldsymbol{K} = \boldsymbol{R}$ oder $\boldsymbol{C}$), $(X_\iota)_{\iota \in I}$ eine Familie verallgemeinerter limitierter $\boldsymbol{K}$-Radialräume und zu beliebigem $i \in I$ ferner p_ι eine homogene Abbildung von E in X_ι und τ_ι die Limitierung von X_ι. Dann gilt

5.11.7 (Schwache Verträglichkeit und Verträglichkeit von Initiallimitierungen). *Die Initiallimitierung* init τ_ι *der τ_ι bezüglich der Abbildungen p_ι ist (mit der Radialstruktur von E) schwach verträglich und, wenn die X_ι limitierte Radialräume sind, sogar (damit) verträglich. Es gilt*

$$p^a(\operatorname{init} \tau_\iota) \leqq \operatorname{init} p^a(\tau_\iota)\,, \quad m^a(\operatorname{init} \tau_\iota) \leqq \operatorname{init} m^a(\tau_\iota) \quad \textit{und} \quad t^a(\operatorname{init} \tau_\iota) \leqq \operatorname{init} t^a(\tau_\iota)$$

für $a = \varrho$ und r.

Beweis. Die τ_ι seien verträglich. x sei ein Punkt von X und α ein Element von $\boldsymbol{K}$. Da die p_ι homogene Abbildungen sind, gilt $(\boldsymbol{V} + \alpha)\,(\tau_\iota \circ p_\iota)(x) \subseteqq (\tau_\iota \circ p_\iota)(\alpha x)$ zu beliebigem $i \in I$ (vergleiche (5.4.3)). Für jeden Filter $\mathfrak{F}$ in E mit $p_\iota(\mathfrak{F}) \in (\tau_\iota \circ p_\iota)(x)$ $(i \in I)$ ergibt sich unter Berücksichtigung von (5.2.7) deshalb $p_\iota((\boldsymbol{V} + \alpha)\,\mathfrak{F}) \in (\tau_\iota \circ p_\iota)(\alpha x)$, wegen (3.8.1) also $(\boldsymbol{V} + \alpha)\,(\operatorname{init} \tau_\iota)(x) \subseteqq (\operatorname{init} \tau_\iota)(\alpha x)$. Mittels 5.4.1 folgt damit die Verträglichkeit von initτ_ι. Wenn die τ_ι lediglich schwach verträglich sind, ergibt sich mittels 5.7.1 analog, daß initτ_ι schwach verträglich ist. Die Richtigkeit der angeführten Beziehungen beweist man analog wie die der Beziehungen aus 5.11.1.

Wir gehen im weiteren auf Anwendungen dieses Satzes ein.

a. Für einen beliebigen $\boldsymbol{K}$-Radialraum E und eine beliebige Familie $(\tau_\iota)_{\iota \in I}$ schwach verträglicher bzw. verträglicher Limitierungen von E ist auch $\bigwedge_{\iota \in I} \tau_\iota$ schwach verträglich bzw. verträglich. $\mathcal{T}^\varrho E$, $\mathcal{T}^{p\varrho} E$, $\mathcal{T}^{m\varrho} E$ und $\mathcal{T}^{t\varrho} E$ seien die aus allen schwach verträglichen Limitierungen, Pseudotopologien, mehrstufigen Topologien bzw. Topologien bestehenden geordneten Teilmengen des Verbandes $\mathcal{T} E$ aller Limitierungen von E. Mittels 5.11.7 folgt, daß in $\mathcal{T}^\varrho E$, $\mathcal{T}^{p\varrho} E$, $\mathcal{T}^{m\varrho} E$ und $\mathcal{T}^{t\varrho} E$ jede Teilmenge das Infimum besitzt und es mit dem Infimum bez. $\mathcal{T} E$ übereinstimmt. Wegen 2.1.2 sind somit $\mathcal{T}^\varrho E$, $\mathcal{T}^{p\varrho} E$, $\mathcal{T}^{m\varrho} E$ und $\mathcal{T}^{t\varrho} E$ vollständige Verbände. Für die aus allen verträglichen Limitierungen, Pseudotopologien, mehrstufigen Topologien bzw. Topologien bestehenden geordneten Teilmengen $\mathcal{T}^r E$, $\mathcal{T}^{pr} E$, $\mathcal{T}^{mr} E$ und $\mathcal{T}^{tr} E$ von $\mathcal{T} E$ gilt die entsprechende Aussage.

b. Wir nehmen an, daß die Voraussetzungen vor 5.11.7 gelten. E, versehen mit initτ_i, bezeichnen wir mit X. Ähnlich wie 5.11.2 und 5.11.3 zeigt man, daß für die an die Vergißfunktoren V: VLRAD → RAD, V^p: VPRAD → RAD, V^m: VMRAD → RAD und V^t: VTRAD → RAD gebundenen Produkte gilt:

5.11.8 (Gebundene Produkte in VLRAD, VPRAD, VMRAD und VTRAD). *Der verallgemeinerte limitierte Radialraum X ist, zusammen mit der Familie der Abbildungen $p_i: X \to X_i$ $(i \in I)$, gleich dem V-Produkt der X_i $(i \in I)$ über E, $(p_i)_{i\in I}$. Sind die X_i verallgemeinerte pseudotopologische, mehrstufig topologische bzw. topologische Radialräume, so ist X, zusammen mit der Familie der Abbildungen $p_i: X \to X_i$ $(i \in I)$, gleich dem V^p-, V^m- bzw. V^t-Produkt der X_i $(i \in I)$ über E, $(p_i)_{i\in I}$.*

Wenn die X_i limitierte Radialräume sind, besteht ein entsprechender Satz bezüglich der Vergißfunktoren von LRAD, PRAD und TRAD in RAD.

Wie im Falle der Kategorien LGR, PGR und TGR folgt, daß auch in den Kategorien VLRAD, VPRAD, VMRAD und VTRAD und ebenfalls in den Kategorien LRAD, PRAD, MRAD und TRAD alle projektiven Limites existieren und daß man über die angegebenen natürlichen Auswahlen der projektiven Limites in RAD zu natürlichen Auswahlen dieser projektiven Limites kommt.

c. Wenn X und Y verallgemeinerte limitierte $\boldsymbol{K}$-Radialräume sind und der Y unterliegende Radialraum ein Teilraum des X unterliegenden Radialraumes und die Limitierung von Y gleich der von der Limitierung von X auf Y induzierten Limitierung ist, heißt Y ein **Teilraum** von X. Die Teilräume von verallgemeinerten limitierten, pseudotopologischen, mehrstufig topologischen und topologischen und von limitierten, pseudotopologischen, mehrstufig topologischen und topologischen Radialräumen bilden gerade die Differenzkerne in den Kategorien VLRAD, VPRAD, VMRAD, VTRAD, LRAD, PRAD, MRAD bzw. TRAD. Unter Benutzung von 5.2.1, 5.11.8 und der Bemerkung nach 5.11.8 zeigt man nämlich, daß bezüglich dieser Kategorien entsprechende Sätze wie 5.11.4 bestehen.

d. Ist $(X_i)_{i\in I}$ eine Familie verallgemeinerter limitierter $\boldsymbol{K}$-Radialräume mit einer Menge als Indexbereich, so verstehen wir unter dem **Produkt** $\prod_{i\in I} X_i$ der X_i das Produkt der den X_i unterliegenden Radialräume, versehen mit dem Produkt der Limitierungen der X_i. Wegen 5.11.7 ist $\prod_{i\in I} X_i$ natürlich ein verallgemeinerter limitierter Radialraum und, wenn die X_i limitierte Radialräume sind, ebenfalls ein limitierter Radialraum.

Für jedes Produkt X verallgemeinerter limitierter $\boldsymbol{K}$-Radialräume X_i $(i \in I)$ ergibt sich unter Berücksichtigung von 5.2.2 und 5.11.8 entsprechend wie 5.11.6:

5.11.9 (Produkte in VLRAD, VPRAD, VMRAD und VTRAD). *Der verallgemeinerte limitierte $\boldsymbol{K}$-Radialraum X ist, zusammen mit den natürlichen Projek-*

tionen $\pi_i: X \to X_i$ $(i \in I)$, *ein Produkt der* X_i $(i \in I)$ *in* VLRAD *und, wenn die* X_i *verallgemeinerte pseudotopologische, mehrstufig topologische bzw. topologische Radialräume sind, auch ein Produkt der* X_i $(i \in I)$ *in* VPRAD, VMRAD *bzw.* VTRAD.

Sind die X_i limitierte Radialräume, so ergibt sich natürlich X, zusammen mit den π_i, als ein Produkt der X_i in LRAD und, wenn die X_i pseudotopologische, mehrstufig topologische bzw. topologische Radialräume sind, auch als ein Produkt der X_i in PRAD, MRAD bzw. TRAD.

Schließlich gehen wir auf Initiallimitierungen bezüglich linearer Abbildungen ein. Es sei E ein $\boldsymbol{K}$-Vektorraum, $(X_i)_{i \in I}$ eine Familie limitierter $\boldsymbol{K}$-linearer Gruppen und zu beliebigem $i \in I$ ferner p_i eine lineare Abbildung von E in X_i und τ_i die Limitierung von X_i.

5.11.10 (Schwache Verträglichkeit und Verträglichkeit von Initiallimitierungen). *Die Initiallimitierung* $\operatorname{init} \tau_i$ *der* τ_i *bezüglich der Abbildungen* p_i *ist (mit der Vektorraumstruktur von* E*) schwach verträglich und, wenn die* X_i *limitierte* $\boldsymbol{K}$-*Vektorräume sind, sogar (damit) verträglich. Es gilt*

$$p^a(\operatorname{init} \tau_i) \leqq \operatorname{init} p^a(\tau_i) \quad \textit{und} \quad t^a(\operatorname{init} \tau_i) \leqq \operatorname{init} t^a(\tau_i)$$

für $a = \nu$ *und* v.

Beweis. Die schwache Verträglichkeit bzw. Verträglichkeit von $\operatorname{init} \tau_i$ folgt aus 5.11.1 und 5.11.7. Die Richtigkeit der angeführten Beziehungen beweist man analog wie die der beiden Beziehungen aus 5.11.1.

Wir befassen uns im folgenden mit Anwendungen dieses Satzes.

a. Für einen beliebigen $\boldsymbol{K}$-Vektorraum E und eine beliebige Familie $(\tau_i)_{i \in I}$ schwach verträglicher bzw. verträglicher Limitierungen von E ist auch $\bigwedge_{i \in I} \tau_i$ schwach verträglich bzw. verträglich. $\mathcal{T}^\nu E$, $\mathcal{T}^{p\nu} E$ und $\mathcal{T}^{t\nu} E$ seien die aus allen schwach verträglichen Limitierungen, Pseudotopologien bzw. Topologien bestehenden geordneten Teilmengen des Verbandes $\mathcal{T} E$ aller Limitierungen von E. Mittels 2.1.2 und 5.11.10 folgt, daß $\mathcal{T}^\nu E$, $\mathcal{T}^{p\nu} E$ und $\mathcal{T}^{t\nu} E$ vollständige Verbände sind und für jede Teilmenge von $\mathcal{T}^\nu E$, $\mathcal{T}^{p\nu} E$ bzw. $\mathcal{T}^{t\nu} E$ das Infimum bez. $\mathcal{T}^\nu E$, $\mathcal{T}^{p\nu} E$ bzw. $\mathcal{T}^{t\nu} E$ gleich dem Infimum bez. $\mathcal{T} E$ ist. Für die aus allen verträglichen Limitierungen, Pseudotopologien bzw. Topologien bestehenden geordneten Teilmengen $\mathcal{T}^v E$, $\mathcal{T}^{pv} E$ bzw. $\mathcal{T}^{tv} E$ von $\mathcal{T} E$ gilt die entsprechende Aussage.

b. Im weiteren seien die Voraussetzungen vor 5.11.10 erfüllt. X sei der Vektorraum E, versehen mit $\operatorname{init} \tau_i$. Ähnlich wie 5.11.2 und 5.11.3 ergibt sich, daß für die an die Vergißfunktoren V: LLING $\to$ VEK, V^p: PLING $\to$ VEK und V^t: TLING $\to$ VEK gebundenen Produkte gilt:

5.11.11 (Gebundene Produkte in LLING, PLING und TLING). *Die limitierte lineare Gruppe* X *ist, zusammen mit der Familie der Abbildungen* $p_i: X \to X_i$

$(i \in I)$, gleich dem V-Produkt der X_i $(i \in I)$ über E, $(p_i)_{i \in I}$. Sind die X_i pseudotopologische bzw. topologische lineare Gruppen, so ist X, zusammen mit der Familie der Abbildungen $p_i\colon X \to X_i$ $(i \in I)$, gleich dem V^p- bzw. V^t-Produkt der X_i $(i \in I)$ über E, $(p_i)_{i \in I}$.

Wenn die X_i limitierte Vektorräume sind, besteht ein entsprechender Satz bezüglich der Vergißfunktoren von LVEK, PVEK und TVEK in VEK.

Wie im Falle der Kategorien LGR, PGR und TGR folgt damit, daß auch in den Kategorien LLING, PLING, TLING, LVEK, PVEK und TVEK alle projektiven Limites existieren und daß man über die angegebenen natürlichen Auswahlen der projektiven Limites in VEK zu natürlichen Auswahlen dieser projektiven Limites kommt.

c. Sind X und Y beliebige limitierte $\boldsymbol{K}$-lineare Gruppen und ist der Y unterliegende Vektorraum ein Teilraum des X unterliegenden Vektorraumes und die Limitierung von Y gleich der von X auf Y induzierten Limitierung, so heißt Y eine **limitierte lineare Untergruppe** von X, falls X eine pseudotopologische oder topologische lineare Gruppe ist, auch eine **pseudotopologische** bzw. **topologische lineare Untergruppe** von X und, falls X ein limitierter Vektorraum ist, auch ein **Teilraum** von X.

Mittels 5.3.1 und 5.11.11 ergibt sich, daß bezüglich der Kategorien LLING, PLING und TLING und ebenfalls bezüglich der Kategorien LVEK, PVEK und TVEK entsprechende Sätze wie 5.11.4 bestehen, die limitierten, pseudotopologischen bzw. topologischen linearen Untergruppen also gerade die Differenzkerne in LLING, PLING und TLING und die Teilräume limitierter, pseudotopologischer bzw. topologischer Vektorräume also gerade die Differenzkerne in LVEK, PVEK und TVEK bilden.

Als gewisse Ergänzung zu 5.11.5 erhalten wir

5.11.12 (Adhärenzen von Teilräumen). *X sei eine pseudotopologische lineare Gruppe und τ die Pseudotopologie von X. T sei ein Teilraum des X unterliegenden Vektorraumes E. Die Adhärenz $\overline{T}$ von T bez. τ und die Adhärenz $\overline{T}^{t^g(\tau)}$ von T bez. $t^g(\tau)$ sind dann ebenfalls Teilräume von E ($t^g(\tau)$ ist bezüglich der Vektoraddition gemeint). Für eine beliebige limitierte lineare Gruppe X ist die Adhärenz $\overline{T}$ eines Teilraumes T des X unterliegenden Vektorraumes E im allgemeinen kein Teilraum von E.*

Beweis. 1. 5.5.6 und 5.7.1 entnimmt man, daß $\alpha\tau(x) \subseteqq \tau(\alpha x)$ und damit auch $\alpha t^g(\tau)(x) \subseteqq t^g(\tau)(\alpha x)$ zu beliebigen $\alpha \in \boldsymbol{K}$ und $x \in E$ gilt. Aus $x, y \in \overline{T}$ ergibt sich wegen 5.11.5 $x + y \in \overline{T}$. Zu beliebigem $x \in \overline{T}$ existiert ein Filter $\mathfrak{F} \in \tau(x)$ mit $F \cap T \neq \emptyset$ $(F \in \mathfrak{F})$ und daher mit $\alpha\mathfrak{F} \in \tau(\alpha x)$ und $\alpha F \cap T \neq \emptyset$ $(\alpha \in \boldsymbol{K},\ F \in \mathfrak{F})$, weshalb $\alpha x \in \overline{T}$ $(\alpha \in \boldsymbol{K})$ gilt, $\overline{T}$ also ein Teilraum von E ist. Entsprechend ergibt sich $\overline{T}^{t^g(\tau)}$ als Teilraum von E.

2. Daß $\overline{T}$ im allgemeinen kein Teilraum von E ist, folgt mittels Teil 2 des Beweises von 5.11.5. $\boldsymbol{K}^2$, versehen mit der angegebenen Limitierung τ, ist ein limitierter Vektorraum, und $\boldsymbol{K} \times \{0\}$ bildet natürlich einen Teilraum des Vektorraumes $\boldsymbol{K}^2$.

Analog wie 5.11.5′ zeigt man (S. Gähler, W. Gähler, G. Kneis [1]):

5.11.12′ (Abgeschlossene Hülle von Teilräumen). *X sei eine pseudotopologische lineare Gruppe und τ die Pseudotopologie von X. T sei ein Teilraum des unterliegenden Vektorraumes E. Dann ist auch die abgeschlossene Hülle $\overline{T}^{t(\tau)}$ von T ein Teilraum von E.*

d. Ist $(X_\iota)_{\iota \in I}$ eine beliebige Familie limitierter $\boldsymbol{K}$-linearer Gruppen mit einer Menge als Indexbereich, so bezeichnet man als **Produkt** $\prod_{\iota \in I} X_\iota$ der X_ι ($\iota \in I$) das Produkt der den X_ι unterliegenden Vektorräume, versehen mit dem Produkt der Limitierungen der X_ι. $\prod_{\iota \in I} X_\iota$ ist eine limitierte lineare Gruppe und, wenn die X_ι limitierte Vektorräume sind, ebenfalls ein limitierter Vektorraum. Ist $I = \{1, \dots, n\}$ für ein $n \in \boldsymbol{N}^+$, so schreiben wir auch $X_1 \times \cdots \times X_n$ anstelle von $\prod_{\iota \in I} X_\iota$.

Für jedes Produkt X limitierter linearer Gruppen X_ι ($\iota \in I$) erhält man unter Beachtung von 5.3.2 und 5.11.11 analog wie 5.11.6

5.11.13 (Produkte in LLING, PLING und TLING). *Die limitierte $\boldsymbol{K}$-lineare Gruppe X ist, zusammen mit den natürlichen Projektionen $\pi_\iota \colon X \to X_\iota$ ($\iota \in I$), ein Produkt der X_ι ($\iota \in I$) in* LLING *und, wenn die X_ι pseudotopologische bzw. topologische lineare Gruppen sind, auch ein Produkt der X_ι ($\iota \in I$) in* PLING *bzw.* TLING.

Sind die X_ι limitierte Vektorräume, so ergibt sich X, zusammen mit den π_ι, als ein Produkt der X_ι in LVEK und, wenn die X_ι pseudotopologische bzw. topologische Vektorräume sind, auch als ein Produkt der X_ι in PVEK bzw. TVEK.

Wir fragen als nächstes nach der Ausgeglichenheit von Initiallimitierungen. E sei dazu ein $\boldsymbol{K}$-Vektorraum, $(X_\iota)_{\iota \in I}$ eine Familie limitierter $\boldsymbol{K}$-linearer Gruppen und zu beliebigem $\iota \in I$ ferner p_ι eine lineare Abbildung von E in X_ι und τ_ι die Limitierung von X_ι.

5.11.14 (Ausgeglichenheit von init τ_ι). *Die τ_ι seien ausgeglichen. Dann ist auch* initτ_ι *ausgeglichen.*

Beweis. Gegeben sei ein $x \in E$. Zu beliebigem $\iota \in I$ existiert wegen 5.8.20 und 5.8.21 ein Filter $\mathfrak{G}_\iota \in (\tau_\iota \circ p_\iota)(x)$, für den $\mathfrak{G}_\iota - p_\iota(x)$ ausgeglichen und kreisförmig ist. Wir setzen $\mathfrak{G} = x + \bigvee_{\iota \in I} p_\iota^{-1}(\mathfrak{G}_\iota - p_\iota(x))$ und erhalten wegen 5.8.4, 5.8.17 und 5.8.18, daß $\mathfrak{G} - x$ ausgeglichen ist. Es folgt $\mathfrak{G}_\iota \subseteq p_\iota(x) + (p_\iota \circ p_\iota^{-1})\,(\mathfrak{G}_\iota - p_\iota(x)) \subseteq$

$p_\iota(\mathfrak{G})$ $(\iota \in I)$ und damit $p_\iota(\mathfrak{G}) \in (\tau_\iota \circ p_\iota)(x)$ zu beliebigem $\iota \in I$, also $\mathfrak{G} \in (\operatorname{init} \tau_\iota)(x)$. Wegen 5.8.21 ist daher $\operatorname{init} \tau_\iota$ ausgeglichen.

Wir erinnern daran, daß ausgeglichene schwach verträgliche Limitierungen verträgliche Pseudotopologien sind. Ist E ein $\boldsymbol{K}$-Vektorraum und ist $(\tau_\iota)_{\iota \in I}$ eine Familie ausgeglichener verträglicher Pseudotopologien von E, so ist wegen 5.11.14 auch $\bigwedge_{\iota \in I} \tau_\iota$ ausgeglichen. Jeder Teilraum eines ausgeglichenen pseudotopologischen Vektorraumes ist nach 5.11.14 ausgeglichen. Für jede Familie $(X_\iota)_{\iota \in I}$ ausgeglichener pseudotopologischer Vektorräume mit einer Menge I als Indexbereich ist $\prod_{\iota \in I} X_\iota$ nach 5.11.14 ausgeglichen.

5.12. Beziehungen zwischen Initiallimitierungen und den Funktoren $\#$, $+$ und $\wedge$

Als erstes gehen wir auf Beziehungen zwischen Initiallimitierungen und dem Funktor $\#$ ein (vergleiche S. Courant [1]). E sei wieder ein $\boldsymbol{K}$-Vektorraum, $(X_\iota)_{\iota \in I}$ eine Familie limitierter $\boldsymbol{K}$-linearer Gruppen und zu beliebigem $\iota \in I$ ferner p_ι eine lineare Abbildung von E in X_ι und τ_ι die Limitierung von X_ι.

5.12.1. *Es gilt*

$$(\operatorname{init} \tau_\iota)^{\#} = \operatorname{init} \tau_\iota^{\#}. \tag{5.12.1}$$

Mit den τ_ι ist auch $\operatorname{init}\tau_\iota$ *gleichförmig.*

Beweis. 1. Gegeben sei ein $x \in E$ und ein Filter $\mathfrak{F} \in (\operatorname{init} \tau_\iota)^{\#}(x)$. Es existiert ein Unterfilter $\mathfrak{G}$ von $\mathfrak{F}$ derart, daß $\mathfrak{G} \in (\operatorname{init} \tau_\iota)(x)$ gilt und $\mathfrak{G} - x$ gleichförmig ist. Wegen (3.8.1) gilt $p_\iota(\mathfrak{G}) \in (\tau_\iota \circ p_\iota)(x)$ $(\iota \in I)$, und wegen 5.8.4 ist $p_\iota(\mathfrak{G}) - p_\iota(x)$ zu beliebigem $\iota \in I$ gleichförmig. Damit folgt $p_\iota(\mathfrak{G}) \in (\tau_\iota^{\#} \circ p_\iota)(x)$ und somit auch $p_\iota(\mathfrak{F}) \in (\tau_\iota^{\#} \circ p_\iota)(x)$ zu beliebigem $\iota \in I$, also $\mathfrak{F} \in (\operatorname{init} \tau_\iota^{\#})(x)$ und deshalb

$$(\operatorname{init} \tau_\iota)^{\#} \leqq \operatorname{init} \tau_\iota^{\#}. \tag{5.12.2}$$

2. Gegeben sei ein $x \in E$ und ein Filter $\mathfrak{F} \in (\operatorname{init} \tau_\iota^{\#})(x)$. Wegen (3.8.1) gilt $p_\iota(\mathfrak{F}) \in (\tau_\iota^{\#} \circ p_\iota)(x)$ $(\iota \in I)$, so daß zu beliebigem $\iota \in I$ ein Filter $\mathfrak{G}_\iota \in (\tau_\iota \circ p_\iota)(x)$ existiert, der Unterfilter von $p_\iota(\mathfrak{F})$ ist und für den $\mathfrak{G}_\iota - p_\iota(x)$ gleichförmig ist. Wir setzen $\mathfrak{G} = x + \bigvee_{\iota \in I} p_\iota^{-1}\big(\mathfrak{G}_\iota - p_\iota(x)\big)$ und erhalten wegen 5.8.3 und 5.8.4, daß $\mathfrak{G} - x$ gleichförmig ist. Es folgt $p_\iota(\mathfrak{G}) \supseteqq \mathfrak{G}_\iota$ wie im Beweis von 5.11.14, also $p_\iota(\mathfrak{G}) \in (\tau_\iota \circ p_\iota)(x)$ zu beliebigem $\iota \in I$ und damit $\mathfrak{G} \in (\operatorname{init} \tau_\iota)^{\#}(x)$ unter Berücksichtigung der Gleichförmigkeit von $\mathfrak{G} - x$. Schließlich gilt $\mathfrak{G} \subseteqq x + \bigvee_{\iota \in I} p_\iota^{-1}\big(p_\iota(\mathfrak{F}) - p_\iota(x)\big) \subseteqq \mathfrak{F}$ (vergleiche (5.1.13)) und somit $\mathfrak{F} \in (\operatorname{init} \tau_\iota)^{\#}(x)$, womit $\operatorname{init} \tau_\iota^{\#} \leqq (\operatorname{init} \tau_\iota)^{\#}$ und wegen (5.12.2) damit (5.12.1) folgt.

3. Wegen (5.12.1) ist mit den τ_ι auch $\operatorname{init} \tau_\iota$ gleichförmig.

Wir bringen im weiteren Spezialfälle von 5.12.1.

a. Es sei E ein $\boldsymbol{K}$-Vektorraum und $(\tau_i)_{i\in I}$ eine Familie schwach verträglicher Limitierungen von E. Aus 5.12.1 folgt, daß

$$(\bigwedge_{i\in I}\tau_i)^{\#} = \bigwedge_{i\in I}\tau_i^{\#} \tag{5.12.3}$$

gilt und mit den τ_i auch $\bigwedge_{i\in I}\tau_i$ gleichförmig ist. $\mathcal{T}^{v\#}E$ und $\mathcal{T}^{pv\#}E$ seien die aus allen schwach verträglichen gleichförmigen Limitierungen bzw. Pseudotopologien bestehenden geordneten Teilmengen des Verbandes $\mathcal{T}E$ aller Limitierungen von E. (5.12.3) entnimmt man, daß in $\mathcal{T}^{v\#}E$ und $\mathcal{T}^{pv\#}E$ jede Teilmenge das Infimum besitzt und dieses mit dem Infimum bez. $\mathcal{T}E$ übereinstimmt, so daß sich $\mathcal{T}^{v\#}E$ und $\mathcal{T}^{pv\#}E$ als vollständige Verbände ergeben. Bezüglich der geordneten Teilmengen von $\mathcal{T}E$, die aus allen verträglichen gleichförmigen Limitierungen bzw. Pseudotopologien bestehen, gilt die entsprechende Aussage.

b. X sei eine limitierte lineare Gruppe und Y eine limitierte lineare Untergruppe von X. Aus 5.12.1 folgt, daß $Y^{\#}$ eine limitierte lineare Untergruppe von $X^{\#}$ ist und daß mit X auch Y gleichförmig ist. Die limitierten linearen Untergruppen gleichförmiger limitierter bzw. pseudotopologischer linearer Gruppen bilden die Differenzkerne in LLING# bzw. PLING# und die Teilräume gleichförmiger limitierter bzw. pseudotopologischer Vektorräume die Differenzkerne in LVEK# bzw. PVEK#.

c. $(X_i)_{i\in I}$ sei eine Familie limitierter $\boldsymbol{K}$-linearer Gruppen mit einer Menge als Indexbereich. Aus 5.12.1 folgt, daß

$$(\prod_{i\in I} X_i)^{\#} = \prod_{i\in I} X_i^{\#} \tag{5.12.4}$$

gilt und mit den X_i auch $\prod_{i\in I} X_i$ gleichförmig ist. Die Produkte gleichförmiger limitierter bzw. pseudotopologischer linearer Gruppen X_i $(i \in I)$ sind gleich den Produkten der X_i in LLING# bzw. PLING# und die Produkte gleichförmiger limitierter bzw. pseudotopologischer Vektorräume X_i $(i \in I)$ gleich den Produkten der X_i in LVEK# bzw. PVEK#.

Im folgenden führen wir einen auf Frölicher und Bucher [1] zurückgehenden Satz an. Wir nehmen speziell an, daß $I = \{1, \dots, n\}$ für ein $n \in \boldsymbol{N}^+$ ist.

5.12.2 (Stetigkeit multilinearer Abbildungen). *$X_1, \dots, X_n$ seien limitierte $\boldsymbol{K}$-Vektorräume, deren Limitierungen Pseudotopologien im weiten Sinne sind. Y sei eine pseudotopologische $\boldsymbol{K}$-lineare Gruppe. f sei eine multilineare Abbildung von $X_1 \times \dots \times X_n$ in Y. Ist f im Nullpunkt von $X_1 \times \dots \times X_n$ stetig, so ist f als Abbildung von $X_1^{\#} \times \dots \times X_n^{\#}$ in $Y^{\#}$ stetig. Sind die $X_1, \dots, X_n$ gleichförmig, so ist f genau dann im Nullpunkt stetig, wenn f stetig ist.*

Beweis. τ_i seien die Limitierungen von X_i, σ sei die Limitierung von Y. f sei im Nullpunkt stetig. Zu beliebigem $i = 1, \dots, n$ sei x_i ein Element von X_i und sei $\mathfrak{F}_i$ ein eigentlicher Filter aus $\tau_i(x_i)$, für den $\mathfrak{F}_i - x_i$ gleichförmig ist. Aus (5.1.13′) und wegen $\mathfrak{F}_i = x_i + V(\mathfrak{F}_i - x_i)$ folgt, daß $f(\mathfrak{F}_1 \times \cdots \times \mathfrak{F}_n)$ Oberfilter einer Summe endlich vieler Filter

$$f(\mathfrak{G}_1 \times \cdots \times \mathfrak{G}_n) \tag{5.12.5}$$

ist, wobei jeder der Filter $\mathfrak{G}_i$ entweder mit $[x_i]$ oder mit $V(\mathfrak{F}_i - x_i)$ übereinstimmt. Als (5.12.5) tritt der Filter $[f(x)]$ mit $x = (x_1, \ldots, x_n)$ auf. Die anderen Filter (5.12.5) sind mit mindestens einem Filter $V(\mathfrak{F}_i - x_i)$ gebildet, wegen (5.2.7) und $VV = V$ (siehe (5.4.1)) stimmen diese Filter (5.12.5) mit $Vf(V\mathfrak{G}_1 \times \cdots \times V\mathfrak{G}_n)$ überein. Da die τ_i Pseudotopologien im weiten Sinne sind und den $\tau_i(x_i)$ die eigentlichen Filter $\mathfrak{F}_i$ angehören, folgt jeweils $V\mathfrak{G}_i \in \tau_i(0)$ zu beliebigem $i = 1, \ldots, n$ für die Filter aus (5.12.5) und somit $f(V\mathfrak{G}_1 \times \cdots \times V\mathfrak{G}_n) \in \sigma(0)$, also $f(\mathfrak{G}_1 \times \cdots \times \mathfrak{G}_n) \in \sigma^{\#}(0)$. Unter Berücksichtigung von $[f(x)] \in \sigma^{\#}(f(x))$ ergibt sich damit $f(\mathfrak{F}_1 \times \cdots \times \mathfrak{F}_n) \in \sigma^{\#}(f(x))$ und folglich, daß f als Abbildung von $X_1^{\#} \times \cdots \times X_n^{\#}$ in $Y^{\#}$ stetig ist. Der weitere Teil der Behauptung folgt unmittelbar aus dem bewiesenen Teil.

Unter der Voraussetzung des Satzes gibt es im allgemeinen multilineare Abbildungen $f\colon X_1 \times \cdots \times X_n \to Y$, die im Nullpunkt stetig und in anderen Punkten unstetig sind, wie wir an Hand eines B e i s p i e l s zeigen; $X_1, \ldots, X_n$ sind in diesem Beispiel natürlich nicht gleichförmig. Wir wählen als $X_1, \ldots, X_n$ speziell den im ersten Beispiel vor 5.8.7 angeführten nicht kreisförmigen pseudotopologischen $\boldsymbol{K}$-Vektorraum X ($\boldsymbol{K} = \boldsymbol{R}$ oder $\boldsymbol{C}$). Ferner setzen wir $Y = \boldsymbol{K}$ und definieren zu einer beliebigen natürlichen Zahl $n \geqq 2$ eine n-lineare Abbildung $f\colon X^n \to Y$, $X^n = \underbrace{X \times \cdots \times X}_{n}$, durch

$$f(e_{i_1}, \ldots, e_{i_n}) = \frac{1}{i_1} + \cdots + \frac{1}{i_n},$$

wobei $e_1, e_2, \ldots$ wie in dem erwähnten Beispiel gewählt sind. $\mathfrak{E}$ sei wie dort der aus der Folge $e_1, e_2, \ldots$ erzeugte Filter. Man zeigt mühelos, daß $V \subseteqq f(\mathfrak{F}_1 \times \cdots \times \mathfrak{F}_n)$ gilt, wobei $\mathfrak{F}_i$ zu jedem $i = 1, \ldots, n$ ein beliebiger der Filter $\alpha\mathfrak{E}$ ($\alpha \in \boldsymbol{K}$), $V\mathfrak{E}$ oder Ve_m ($m \in \boldsymbol{N}^+$) ist. Mittels (2.5.2), 2.6.5 und (5.1.13′) folgt, daß deshalb f im Nullpunkt von X^n stetig ist. f ist nicht in $(e_1, \ldots, e_1)$ stetig, da $f(e_1, \ldots, e_1) = n$ gilt und die Folge der Zahlen $f(e_1 + e_n, e_1, \ldots, e_1)$ ($n \in \boldsymbol{N}^+$) gegen $2n - 1$ konvergiert.

5.12.2 gilt im allgemeinen nicht, falls die $X_1, \ldots, X_n$ nicht als limitierte Vektorräume, sondern lediglich als limitierte lineare Gruppen angenommen werden. Wir zeigen an einem B e i s p i e l, daß es sogar für den Fall, daß $X_1, \ldots, X_n$ topologische lineare Gruppen sind, im allgemeinen multilineare Abbildungen von $X_1 \times \cdots \times X_n$ in Y gibt, die im Nullpunkt stetig, aber nicht überall stetig sind. Es seien X_1 und Y topologische lineare Gruppen mit dem gleichen unterliegenden Vektorraum, so daß die Topologie von Y echt feiner als die von X_1 ist. X_2 sei gleich $\boldsymbol{K}$, versehen mit der diskreten Topologie. Die bilineare Abbildung $f\colon (x, \eta) \mapsto \eta x$ ($x \in X_1$, $\eta \in X_2$) ist im Nullpunkt $(0, 0)$, aber nicht in $(0, 1)$ stetig.

d. Die in 5.11.11 angeführte Aussage über die V- und V^p-Produkte bleibt wegen 3.2.11 richtig, falls in dieser X, X_i, V und V^p durch $X^{\#}$, $X_i^{\#}$ und die (in naheliegender Weise definierten) Vergißfunktoren $V^{\#}$: LLING$^{\#}$ → VEK und $V^{\#p}$: PLING$^{\#}$ → VEK ersetzt werden. Damit folgt wegen der Existenz der projektiven Limites in VEK und wegen 3.2.13, daß auch in den Kategorien LLING$^{\#}$ und PLING$^{\#}$ alle projektiven Limites existieren. Entsprechend ergibt sich die Existenz aller projektiven Limites in LVEK$^{\#}$ und PVEK$^{\#}$. Man erhält genauer: Wenn T ein Funktor einer kleinen Kategorie $\mathfrak{D}$ in LLING, PLING, LVEK bzw. PVEK und X, zusammen mit einer Familie von Abbildungen $p_D: X \to T(D)$ ($D \in \mathrm{Ob}\mathfrak{D}$), ein projektiver Limes von T ist, so ist $X^{\#}$, zusammen mit der Familie der Abbildungen $p_D: X^{\#} \to T(D)^{\#}$ ($D \in \mathrm{Ob}\mathfrak{D}$), ein projektiver Limes desjenigen Funktors $T^{\#}$ von $\mathfrak{D}$ in LLING$^{\#}$, PLING$^{\#}$, LVEK$^{\#}$ bzw. PVEK$^{\#}$, der sich als Zusammensetzung von T mit $\#$ bzw. von T mit einer Einschränkung von $\#$ ergibt. Aus dem in b und c Angeführten erhält man dann auf Grund der Konstruierbarkeit der projektiven Limites mittels Differenzkernen und Produkten, daß in dem Fall, daß die $T(D)$ gleichförmig sind, auch X gleichförmig ist.

Wie man leicht überprüft, bleiben — abgesehen von 5.12.2 und den darauf folgenden Beispielen — die in diesem Abschnitt bisher angeführten Aussagen richtig, wenn $\#$ durch $+$, **#** durch **+** und gleichförmig durch kreisförmig ersetzt wird. Wir überlassen die genaue Formulierung dem Leser und führen lediglich das Analogon zu 5.12.1 an. Ist E ein $\boldsymbol{K}$-Vektorraum, $(X_i)_{i \in I}$ eine Familie limitierter $\boldsymbol{K}$-linearer Gruppen und zu beliebigem $i \in I$ ferner p_i eine ineare Abbildung von E in X_i und τ_i die Limitierung von X_i, so gilt

5.12.3. *Es ist*

$$(\mathrm{init}\,\tau_i)^+ = \mathrm{init}\,\tau_i^+ \,. \tag{5.12.6}$$

Mit den τ_i ist auch initτ_i *kreisförmig.*

Wir geben nun Beziehungen zwischen Initialstrukturen und dem Funktor ∧ an. E sei wieder ein $\boldsymbol{K}$-Vektorraum, $(X_i)_{i \in I}$ eine Familie limitierter $\boldsymbol{K}$-linearer Gruppen und zu beliebigem $i \in I$ ferner p_i eine lineare Abbildung von E in X_i und τ_i die Limitierung von X_i.

5.12.4. *Es gilt*

$$(\mathrm{init}\,\tau_i)^\wedge \leqq \mathrm{init}\,\tau_i^\wedge \,. \tag{5.12.7}$$

Im allgemeinen trifft bei dieser Beziehung das Gleichheitszeichen nicht zu, nicht einmal, wenn I einelementig und τ_i eine verträgliche Topologie ist. Wenn die τ_i lokalkonvex sind, ist auch initτ_i *lokalkonvex.*

Beweis. 1. Zu beliebigen $x \in E$ und $\mathfrak{F} \in (\mathrm{init}\,\tau_i)(x)$ gilt $p_i(\mathfrak{F}) \in (\tau_i \circ p_i)(x)$ wegen (3.8.1) und damit $p_i(\mathfrak{F}^\wedge) \in (\tau_i^\wedge \circ p_i)(x)$ wegen (5.9.8) für jedes $i \in I$, also $\mathfrak{F}^\wedge \in (\mathrm{init}\,\tau_i^\wedge)(x)$, d. h. (5.12.7). Sind die τ_i lokalkonvex, so ist wegen 5.10.1 und (5.12.7) auch init τ_i lokalkonvex.

2. Es sei I einelementig, X_ι ein Raum L^p mit $0 < p < 1$ (vergleiche die Anmerkung nach 5.10.5), E ein eindimensionaler Teilraum des Vektorraumes L^p und p_ι die identische Einbettung von E in L^p. Da die Topologie τ_ι von X_ι separiert ist, ist nach einer Bemerkung am Ende von Abschnitt 3.9 auch die Topologie $\operatorname{init}\tau_\iota$ separiert. Mittels 5.4.11 folgt, daß $\operatorname{init}\tau_\iota$ genauso wie die natürliche Topologie von $\boldsymbol{K}$ lokalkonvex ist. Es gilt somit $(\operatorname{init}\tau_\iota)^\wedge = \operatorname{init}\tau_\iota$. $\tau_\iota^\wedge$ ist die triviale Topologie von L^p, damit $\operatorname{init}\tau_\iota^\wedge$ die triviale Topologie von E. In diesem Beispiel trifft also bei (5.12.7) das Gleichheitszeichen nicht zu.

Wir erhalten aus 5.11.10 und 5.12.4 das

Korollar. *Es gilt*

$$p^{\boldsymbol{\wedge}}(\operatorname{init}\tau_\iota) \leqq \operatorname{init} p^{\boldsymbol{\wedge}}(\tau_\iota)\,, \qquad t^{\boldsymbol{\wedge}}(\operatorname{init}\tau_\iota) \leqq \operatorname{init} t^{\boldsymbol{\wedge}}(\tau_\iota)\,,$$
$$p^\wedge(\operatorname{init}\tau_\iota) \leqq \operatorname{init} p^\wedge(\tau_\iota)\,, \qquad t^\wedge(\operatorname{init}\tau_\iota) \leqq \operatorname{init} t^\wedge(\tau_\iota)\,.$$

Bei keiner dieser Beziehungen trifft im allgemeinen das Gleichheitszeichen zu.

Im folgenden befassen wir uns mit Spezialfällen.

a. Es sei E ein $\boldsymbol{K}$-Vektorraum und $(\tau_\iota)_{\iota\in I}$ eine Familie schwach verträglicher Limitierungen von E. Aus (5.12.7) folgt

$$\Big(\bigwedge_{\iota\in I}\tau_\iota\Big)^\wedge \leqq \bigwedge_{\iota\in I}\tau_\iota^\wedge \tag{5.12.8}$$

und damit, daß $\bigwedge_{\iota\in I}\tau_\iota$ lokalkonvex ist, wenn die Limitierungen τ_ι lokalkonvex sind. $\mathcal{T}^{v\wedge}E$, $\mathcal{T}^{pv\wedge}E$ und $\mathcal{T}^{tv\wedge}E$ seien die aus allen schwach verträglichen lokalkonvexen Limitierungen, Pseudotopologien bzw. Topologien bestehenden geordneten Teilmengen des Verbandes $\mathcal{T}E$ aller Limitierungen eines $\boldsymbol{K}$-Vektorraumes E. 5.12.4 und dem Korollar entnimmt man, daß in $\mathcal{T}^{v\wedge}E$, $\mathcal{T}^{pv\wedge}E$ und $\mathcal{T}^{tv\wedge}E$ jede Teilmenge das Infimum besitzt und dieses mit dem Infimum bez. $\mathcal{T}E$ übereinstimmt, so daß sich $\mathcal{T}^{v\wedge}E$, $\mathcal{T}^{pv\wedge}E$ und $\mathcal{T}^{tv\wedge}E$ als vollständige Verbände ergeben. Bezüglich der geordneten Teilmengen von $\mathcal{T}E$, die aus allen verträglichen lokalkonvexen Limitierungen, Pseudotopologien bzw. Topologien von E bestehen, gilt die entsprechende Aussage.

b. Es sei X eine limitierte lineare Gruppe und Y eine limitierte lineare Untergruppe von X. τ und σ seien die Limitierungen von X bzw. Y. Nach 5.12.4 ist die lokalkonvexe Limitierung $\sigma^\wedge$ feiner als die von $\tau^\wedge$ auf Y induzierte Limitierung. Im allgemeinen trifft dabei keine Gleichheit zu, zum Beispiel nach Teil 2 des Beweises von 5.12.4 nicht für den topologischen Vektorraum $X = L^p$ $(0 < p < 1)$ und einen beliebigen eindimensionalen Teilraum Y. Ist X eine lokalkonvexe limitierte lineare Gruppe, so ist wegen 5.12.4 jede limitierte lineare Untergruppe ebenfalls lokalkonvex. Die limitierten linearen Untergruppen lokalkonvexer limitierter, pseudotopologischer bzw. topologischer linearer Gruppen bilden die Differenzkerne in LLING^, PLING^ bzw. TLING^ und die Teilräume lokalkonvexer limitierter, pseudotopologischer bzw. topologischer Vektorräume die Differenzkerne in LVEK^, PVEK^ bzw. TVEK^.

c. $(X_\iota)_{\iota\in I}$ sei eine Familie limitierter $\boldsymbol{K}$-linearer Gruppen mit einer Menge als Indexbereich. Mittels 5.9.4 folgt, daß

$$(\prod_{\iota\in I} X_\iota)^\wedge = \prod_{\iota\in I} X_\iota^\wedge \tag{5.12.9}$$

gilt, mit den X_ι somit $\prod_{\iota\in I} X_\iota$ lokalkonvex ist. Die Produkte lokalkonvexer limitierter, pseudotopologischer bzw. topologischer linearer Gruppen X_ι $(\iota \in I)$ bilden die Produkte der X_ι in LLING^, PLING^ bzw. TLING^ und die Produkte lokalkonvexer limitierter, pseudotopologischer bzw. topologischer Vektorräume X_ι $(\iota \in I)$ die Produkte der X_ι in LVEK^, PVEK^ bzw. TVEK^.

d. Die in 5.11.11 angeführte Aussage bleibt wegen 3.2.11 richtig, falls die X_ι als lokalkonvex vorausgesetzt werden und V, V^p und V^t durch die (in naheliegender Weise definierten) Vergißfunktoren $V^\wedge$: LLING^ → VEK, $V^{p\wedge}$: PLING^ → VEK bzw. $V^{t\wedge}$: TLING^ → VEK ersetzt werden. X ist dann ebenfalls lokalkonvex. Wegen der Existenz der projektiven Limites in VEK und wegen 3.2.13 folgt, daß auch in den Kategorien LLING^, PLING^ und TLING^ alle projektiven Limites existieren. Entsprechend folgt die Existenz der projektiven Limites in LVEK^, PVEK^ und TVEK^. Es gilt: Ist T ein Funktor einer kleinen Kategorie $\mathfrak{D}$ in LLING, PLING, TLING, LVEK, PVEK bzw. TVEK mit lokalkonvexen $T(D)$ $(D \in \mathrm{Ob}\mathfrak{D})$ und ist $T^\wedge$ der sich durch Einschränkung der Bildkategorie aus T ergebende Funktor von $\mathfrak{D}$ in LLING^, PLING^, TLING^, LVEK^, PVEK^ bzw. TVEK^, so ist jeder projektive Limes von T auch projektiver Limes von $T^\wedge$. Nun sei T ein beliebiger Funktor einer kleinen Kategorie $\mathfrak{D}$ in LLING, PLING, TLING, LVEK, PVEK bzw. TVEK und $T^\wedge$ derjenige Funktor von $\mathfrak{D}$ in LLING^, PLING^, TLING^, LVEK^, PVEK^ bzw. TVEK^, der sich als Zusammensetzung von T mit ∧ bzw. von T mit einer gewissen Einschränkung von ∧ ergibt. Ist X, zusammen mit einer Familie von Abbildungen $p_D\colon X \to T(D)$ $(D \in \mathrm{Ob}\mathfrak{D})$, ein projektiver Limes von T, so erhält man über die Konstruktion der projektiven Limites mittels Differenzkernen und Produkten und mittels des in b und c Angeführten, daß eine gewisse limitierte lineare Gruppe Y mit $Y \leqq X^\wedge$ (die Ordnung $\leqq$ ist bezüglich des Vergißfunktors von LLING in VEK durch (3.2.8) definiert), zusammen mit der Familie der Abbildungen $p_D\colon Y \to T(D)^\wedge$ $(D \in \mathrm{Ob}\mathfrak{D})$, ein projektiver Limes von $T^\wedge$ ist, und daß im allgemeinen $Y \neq X^\wedge$ gilt.

e. E sei ein $\boldsymbol{K}$-Vektorraum und τ_{nat} die natürliche Topologie von $\boldsymbol{K}$. Zu jedem Teilraum F des algebraischen Duals E^* von E heißt die Initiallimitierung von τ_{nat} bezüglich der Abbildungen $f \in F$ die **schwache Topologie** von E bez. F oder auch die **(E, F)-Topologie**. Wir bezeichnen sie mit $\omega(E, F)$. Da τ_{nat} eine verträgliche lokalkonvexe Topologie ist, ist $\omega(E, F)$ ebenfalls eine verträgliche lokalkonvexe Topologie. Nach Definition ist

$$\omega(E, F) = \bigwedge_{f\in F} (f^{-1})^{\mathfrak{J}} \circ \tau_{\mathrm{nat}} \circ f\,. \tag{5.12.10}$$

5.12.5 (Nullnachbarschaftsfilter bez. $\omega(E, F)$). *Die Mengen* $\{x \in E \mid |\langle x, f\rangle| \leqq 1\}$ $(f \in F)$ *bilden eine Subbasis des Nullnachbarschaftsfilters bez.* $\omega(E, F)$.

Beweis. Mittels 3.8.9 folgt, daß $\mathfrak{N}(0) = \bigvee_{f \in F} f^{-1}(V)$ der Nullnachbarschaftsfilter bez. $\omega(E, F)$ ist. Zu jedem $f \in F$ gehört $f^{-1}[E] = \{x \in E \mid |\langle x, f\rangle| \leqq 1\}$ zu $\mathfrak{N}(0)$. Andererseits existieren zu jedem $N \in \mathfrak{N}(0)$ endlich viele $f_1, \ldots, f_n \in F$ und $\varepsilon_1, \ldots, \varepsilon_n > 0$ mit $N \supseteqq f_1^{-1}[\varepsilon_1 E] \cap \cdots \cap f_n^{-1}[\varepsilon_n E]$, also mit $N \supseteqq (\varepsilon_1 f_1)^{-1}[E] \cap \cdots \cap (\varepsilon_n f_n)^{-1}[E_n]$. Wegen $\varepsilon_1 f_1, \ldots, \varepsilon_n f_n \in F$ ergibt sich damit die Behauptung.

5.6.2 und 5.12.5 entnimmt man leicht, daß $\omega(E, F)$ genau dann separiert ist, wenn F total ist. Ist X eine limitierte lineare Gruppe mit E als unterliegendem Vektorraum, so bildet die Menge $L(X, \boldsymbol{K})$ aller stetigen linearen Abbildungen $f: X \to \boldsymbol{K}$ einen Teilraum von E^*; er heißt der **Dualraum** X' von X. Ist X eine limitierte lineare Gruppe mit E als unterliegendem Vektorraum, so wird $\omega(E, X')$ die **schwache Topologie** von X genannt.

5.12.6 (Die schwache Topologie $\omega(E, X')$). *X sei eine limitierte lineare Gruppe mit E als unterliegendem Vektorraum. τ sei die Limitierung von X. Die schwache Topologie $\omega(E, X')$ ist gröber als τ. Ist τ selbst eine schwache Topologie bezüglich eines gewissen Teilraumes von E^*, so stimmt τ mit $\omega(E, X')$ überein.*

Beweis. Wegen $X' = \{f \in E^* \mid \tau \leqq (f^{-1})^{\mathfrak{I}} \circ \tau_{\text{nat}} \circ f\}$ und (5.12.10) gilt $\tau \leqq \omega(E, X')$. Ist $\tau = \omega(E, F)$, wobei F irgendein Teilraum von E^* ist, so gilt $F \subseteqq X'$ und damit $\omega(E, X') \leqq \omega(E, F)$, wegen $\tau \leqq \omega(E, X')$ also $\tau = \omega(E, X')$.

5.12.7 (Schwache Topologien). *Eine verträgliche Topologie τ von E ist genau dann eine schwache Topologie (bezüglich eines gewissen Teilraumes von E^*), wenn in jeder Nullnachbarschaft bez. τ ein Teilraum einer endlichen Codimension enthalten ist.*

Beweis. 1. τ sei eine schwache Topologie und N eine Nullnachbarschaft bez. τ. Wegen 5.12.5 gibt es endlich viele Linearformen $f_1, \ldots, f_n$ auf E mit $N \supseteqq f^{-1}[E] \cap \cdots \cap f^{-1}[E]$. Daher ist auch die Menge $f_1^{-1}\{0\} \cap \cdots \cap f_n^{-1}\{0\}$ in N enthalten. Sie bildet einen Teilraum von E, und aus (5.3.8) und (5.3.10) folgt, daß dieser eine Codimension $\leqq n$ hat.

2. Jede Nullnachbarschaft bez. τ enthalte einen Teilraum einer endlichen Codimension. N sei eine Nullnachbarschaft bez. τ. Da τ verträglich und wegen 5.6.11 regulär ist, existiert eine Umgebung U von 0 bez. τ mit $\overline{U} + \overline{U} \subseteqq N$. Nach Voraussetzung gibt es einen in $\overline{U}$ liegenden Teilraum T von E einer endlichen Codimension. Wegen 5.11.12 ist auch die abgeschlossene Hülle $\overline{T}$ von T ein Teilraum von E, der wegen $T \subseteqq \overline{T}$ ebenfalls eine endliche Codimension hat. Es sei $n = \operatorname{codim} \overline{T}$. Wir bilden den n-dimensionalen Quotientenvektorraum $E/\overline{T}$ und bezüglich der durch $x \varrho y \Leftrightarrow y - x \in \overline{T}$ definierten Äquivalenzrelation in E die Quotientenlimitierung τ_ϱ. Wir entnehmen Abschnitt 5.15.c, daß τ_ϱ eine ver-

trägliche separierte Topologie ist. $\varkappa$ sei die kanonische Abbildung von E auf $E/\overline{T}$. $\varkappa[U]$ ist eine Umgebung des Nullpunktes von $E/\overline{T}$ bez. τ_ϱ, da $(\varkappa^{-1} \circ \varkappa)\,[U] = U + \overline{T}$ eine Umgebung von 0 bez. τ ist (vergleiche 3.13.5). Wie aus 5.4.11 folgt, ist τ_ϱ die natürliche Topologie des n-dimensionalen Vektorraumes $E/\overline{T}$. Es gibt deshalb n linear unabhängige bez. τ_ϱ stetige Linearformen $l_1, \dots, l_n$ auf $E/\overline{T}$ mit $l_1^{-1}[E] \cap \dots \cap l_n^{-1}[E] \subseteqq \varkappa[U]$. Wir bilden die bez. τ stetigen Linearformen $f_i = l_i \circ \varkappa$ $(i = 1, \dots, n)$ auf E. Unter Beachtung von 1.11.4 und $\overline{T} \subseteqq \overline{U}$ folgt

$$f_1^{-1}[E] \cap \dots \cap f_n^{-1}[E] \subseteqq (\varkappa^{-1} \circ \varkappa)\,[U] \subseteqq N\,.$$

Daher gilt $\omega(E, F) \leqq \tau$ bei $F = \{f \in E^* \mid f$ bez. τ und τ_{nat} stetig$\}$. Aus 5.12.6 ergibt sich damit sogar $\omega(E, F) = \tau$ und deshalb, daß τ eine schwache Topologie ist.

Unmittelbar aus 5.12.7 erhalten wir (K. Kutzler [3]):

5.12.8. *Jede verträgliche Topologie von E, die gröber als eine schwache Topologie ist, ist selbst eine schwache Topologie.*

5.13. Finallimitierungen bezüglich Gruppenhomomorphismen

Wir gehen wie bei den Initiallimitierungen zuerst auf den Fall der Gruppen ein. E sei eine Gruppe, $(X_i)_{i\in I}$ eine Familie mit Limitierungen τ_i versehener Gruppen X_i und zu beliebigem $i \in I$ ferner g_i ein Homomorphismus von X_i in E. Wir fordern zweckmäßigerweise im allgemeinen nicht, daß die X_i limitierte Gruppen sind, sondern lediglich, daß $\tau_i(x_i)^{-1} = \tau_i(x_i^{-1})$ zu beliebigem $i \in I$ und $x_i \in X_i$ gilt, d. h. die Inversenbildungen stetig sind.

$\operatorname{fin}\tau_i$ sei die Finallimitierung der τ_i bezüglich der Homomorphismen g_i. Zu beliebigem $x \in E$ folgt wegen (3.12.1), (5.1.10), (5.1.14) und $g_i^{-1}\{x\}^{-1} = g_i^{-1}\{x^{-1}\}$ $(i \in I)$

$$\begin{aligned}(\operatorname{fin}\tau_i)\,(x)^{-1} &= \bigvee_{i\in I}\ \bigvee_{x_i\in g_i^{-1}\{x\}} (g_i^{\mathfrak{J}} \circ \tau_i)\,(x_i)^{-1}\\ &= \bigvee_{i\in I}\ \bigvee_{x_i\in g_i^{-1}\{x\}} (g_i^{\mathfrak{J}} \circ \tau_i)\,(x_i^{-1}) = (\operatorname{fin}\tau_i)\,(x^{-1})\,,\end{aligned}$$

so daß wir zu $\operatorname{fin}\tau_i$ die assoziierte verträgliche Limitierung, Pseudotopologie und Topologie bilden können.

5.13.1. *Es ist*

$$\operatorname{fin} g(\tau_i) \leqq g(\operatorname{fin}\tau_i)\,, \qquad \operatorname{fin} p^g(\tau_i) \leqq p^g(\operatorname{fin}\tau_i) \quad \textit{und}$$
$$\operatorname{fin} t^g(\tau_i) \leqq t^g(\operatorname{fin}\tau_i)\,, \tag{5.13.1}$$

wobei auch die Finallimitierungen $\operatorname{fin} g(\tau_i)$, $\operatorname{fin} p^g(\tau_i)$ *und* $\operatorname{fin} t^g(\tau_i)$ *bezüglich der Homomorphismen g_i gemeint sind. Im allgemeinen trifft bei keiner der Beziehungen* *das Gleichheitszeichen zu. Es gilt sogar: Wenn die* τ_i *verträgliche Limitierungen, Pseudotopologien bzw. Topologien sind, ist* fin τ_i *im allgemeinen keine verträgliche Limitierung, Pseudotopologie bzw. Topologie, auch nicht bei* $I \neq \emptyset$.

Beweis. 1. Die erste Beziehung von (5.13.1) gilt bei $I = \emptyset$ mit dem Gleichheitszeichen, da die in dieser auftretenden Finallimitierungen dann stets gleich der feinsten Limitierung von E sind und die feinste Limitierung von E verträglich ist. Im weiteren sei vorerst $I \neq \emptyset$. Zu beliebigem $x \in E$ hat dann $(\text{fin}\, g(\tau_i))(x)$ die Menge aller Filter $g_j(\mathfrak{F})$ ($j \in I$, $y \in X_j$ und $\mathfrak{F} \in g(\tau_j)(y)$ mit $g_j(y) = x$) und — wie mittels (2.5.2) folgt — daher auch die Menge aller Filter

$$g_j(\mathfrak{F}_1 \cdots \mathfrak{F}_n)$$

$$\big(j \in I,\ n \in N^+,\ y_k \in X_j \text{ und } \mathfrak{F}_k \in \tau_j(y_k) \quad (k = 1, \ldots, n) \text{ mit } g_j(y_1 \cdots y_n) = x\big)$$

als Subbasis. Es gilt jeweils $g_j(y_1 \cdots y_n) = g_j(y_1) \cdots g_j(y_n)$ und wegen (5.1.13) ferner $g_j(\mathfrak{F}_1 \cdots \mathfrak{F}_n) = g_j(\mathfrak{F}_1) \cdots g_j(\mathfrak{F}_n)$, folglich $g_j(\mathfrak{F}_1 \cdots \mathfrak{F}_n) \in g(\text{fin}\, \tau_i)(x)$. Damit ergibt sich die Richtigkeit der ersten Beziehung von (5.13.1) auch für $I \neq \emptyset$. Aus dieser Beziehung und 3.12.9 erhält man

$$\text{fin}\, p^g(\tau_i) \leqq g\big(\text{fin}\, p(\tau_i)\big) \leqq p^g(\text{fin}\, \tau_i)\,,$$

also die zweite Beziehung von (5.13.1).

2. Zu beliebigem $i \in I$ sei $\mathfrak{N}_i(e_i)$ der Nachbarschaftsfilter des Einselementes e_i von X_i bez. $p^g(\tau_i)$ und ferner $\mathfrak{V}_i$ der maximale Unterfilter von $\mathfrak{N}_i(e_i)$ mit $\mathfrak{V}_i \subseteqq \mathfrak{V}_i\mathfrak{V}_i$ und $x_i\mathfrak{V}_i = \mathfrak{V}_i x_i$ ($x_i \in X_i$) und $\mathfrak{W}_i$ der maximale Unterfilter von $g_i\big(\mathfrak{N}_i(e_i)\big)$ mit $\mathfrak{W}_i \subseteqq \mathfrak{W}_i\mathfrak{W}_i$ und $x\mathfrak{W}_i = \mathfrak{W}_i x$ ($x \in E$). Da $g_i^{-1}[F]\, g_i^{-1}[G] \subseteqq g_i^{-1}[FG]$ für beliebige Teilmengen F und G von E gilt, ergibt sich

$$g_i^{-1}(\mathfrak{W}_i) \subseteqq g_i^{-1}(\mathfrak{W}_i\mathfrak{W}_i) \subseteqq g_i^{-1}(\mathfrak{W}_i)\, g_i^{-1}(\mathfrak{W}_i)\,. \qquad (5.13.2)$$

Für jedes Element x_i von X_i und jede Teilmenge F von E folgt $x_i g_i^{-1}[F] \subseteqq g_i^{-1}[g_i(x_i)\, F]$ und entsprechend $x_i^{-1} g_i^{-1}[g_i(x_i)\, F] \subseteqq g_i^{-1}[g_i(x_i^{-1})\, g_i(x_i)\, F]$, also $x_i g_i^{-1}[F] = g_i^{-1}[g_i(x_i)\, F]$. Analog ergibt sich $g_i^{-1}[F]\, x_i = g_i^{-1}[F g_i(x_i)]$ und damit

$$x_i g_i^{-1}(\mathfrak{W}_i) = g_i^{-1}\big(g_i(x_i)\, \mathfrak{W}_i\big) = g_i^{-1}\big(\mathfrak{W}_i g_i(x_i)\big) = g_i^{-1}(\mathfrak{W}_i)\, x_i\,. \qquad (5.13.3)$$

Da $g_i^{-1}(\mathfrak{W}_i) \subseteqq (g_i^{-1} \circ g_i)\, \big(\mathfrak{N}_i(e_i)\big) \subseteqq \mathfrak{N}_i(e_i)$ gilt, folgt mittels (5.13.2) und (5.13.3) $g_i^{-1}(\mathfrak{W}_i) \subseteqq \mathfrak{V}_i$ und damit

$$\mathfrak{W}_i \subseteqq (g_i \circ g_i^{-1})\, (\mathfrak{W}_i) \subseteqq g_i(\mathfrak{V}_i)\,. \qquad (5.13.4)$$

$\mathfrak{V}'$ sei der maximale Unterfilter von $\bigwedge_{i \in I} g_i\big(\mathfrak{N}_i(e_i)\big)$ mit $\mathfrak{V}' \subseteqq \mathfrak{V}'\mathfrak{V}'$ und $x\mathfrak{V}' = \mathfrak{V}'x$ ($x \in E$). Zu beliebigem $i \in I$ gilt $\mathfrak{V}' \subseteqq \mathfrak{W}_i$ und wegen (5.13.4) damit

$$\mathfrak{V}' \subseteqq g_i(\mathfrak{V}_i)\,. \qquad (5.13.5)$$

Unter Berücksichtigung von (3.12.5) und der zweiten Beziehung von (5.13.1) ergibt sich für den Nachbarschaftsfilter $\mathfrak{N}(e)$ von e bez. $p^g(\text{fin}\, \tau_i)$

$$\mathfrak{N}(e) \subseteqq \bigwedge_{i \in I} g_i\big(\mathfrak{N}_i(e_i)\big)\,.$$

Für den maximalen Unterfilter $\mathfrak{V}$ von $\mathfrak{N}(e)$ mit $\mathfrak{V} \subseteqq \mathfrak{V}\mathfrak{V}$ und $x\mathfrak{V} = \mathfrak{V}x$ $(x \in E)$ gilt daher $\mathfrak{V} \subseteqq \mathfrak{V}'$, wegen (5.13.5) also

$$\mathfrak{V} \subseteqq g_i(\mathfrak{V}_i)$$

zu beliebigem $i \in I$. Aus den letzten Beziehungen folgt mittels (3.12.1) und (5.4.8)

$$\left(\operatorname{fin} t^g(\tau_i)\right)(x) = \bigvee_{i \in I} \bigvee_{x_i \in g_i^{-1}\{x\}} \left(g_i^g \circ t^g(\tau_i)\right)(x_i) \subseteqq x \bigvee_{i \in I} [g_i(\mathfrak{V}_i)]$$

und

$$x[\mathfrak{V}] = t^g(\operatorname{fin} \tau_i)(x)$$

zu beliebigem $x \in E$, d. h. die dritte Beziehung von (5.13.1).

3. Wir bilden das Produkt $E = E_1 \times E_2$ zweier unendlichdimensionalen $\boldsymbol{K}$-Vektorräume und fassen es bezüglich der Vektoraddition als additive Gruppe auf. $\mathfrak{B}_1$ sei die Menge aller Produkte $E_1 \times L_2$, die mittels beliebiger endlichdimensionaler Teilräume L_2 von E_2 gebildet sind. Entsprechend sei $\mathfrak{B}_2$ die Menge aller Produkte $L_1 \times E_2$, die mittels beliebiger endlichdimensionaler Teilräume L_1 von E_1 gebildet sind. Zu beliebigem $i = 1, 2$ gehört mit F und G stets $F + G$ zu $\mathfrak{B}_i$ und gilt $F \cup G \subseteqq F + G$. Durch $\tau_i(x) = x + \operatorname{im}_{\subseteqq} \{[F] \mid F \in \mathfrak{B}_i\}$ wird deshalb für $i = 1, 2$ eine verträgliche Pseudotopologie τ_i von E definiert. E, versehen mit τ_i, sei X_i. g_i sei für $i = 1, 2$ die identische Abbildung von E auf sich, so daß $\operatorname{fin} \tau_i = \tau_1 \vee \tau_2$ gilt. Es folgt $(\operatorname{fin} \tau_i)(0) = \operatorname{im}_{\subseteqq} \{[F_1 \cup F_2] \mid F_i \in \mathfrak{B}_i\}$, und es gilt $[F_1 \cup F_2] + [G_1 \cup G_2] = \{E\} \notin (\operatorname{fin} \tau_i)(0)$ zu beliebigem $F_1, G_1 \in \mathfrak{B}_1$ und $F_2, G_2 \in \mathfrak{B}_2$ und somit $(\operatorname{fin} \tau_i)(0) + (\operatorname{fin} \tau_i)(0) \nsubseteq (\operatorname{fin} \tau_i)(0)$. Die Pseudotopologie $\operatorname{fin} \tau_i$ ist deshalb nicht verträglich. $g(\operatorname{fin} \tau_i)$ und damit auch $p^g(\operatorname{fin} \tau_i)$ ist die triviale Topologie von E.

4. E sei ein unendlichdimensionaler $\boldsymbol{K}$-Vektorraum. Wir fassen ihn bezüglich der Vektoraddition als Gruppe auf. I sei die Menge aller endlichdimensionalen Teilräume von E. Zu beliebigem $i \in I$ bilden wir mittels einer Basis $\{y_1, \dots, y_n\}$ von i den Filter $\mathfrak{N}_i = \boldsymbol{V}y_1 + \cdots + \boldsymbol{V}y_n$ in E. Offensichtlich gibt es zu jedem $i \in I$ eine mit der Vektoraddition verträgliche Topologie τ_i von E, bezüglich der $\mathfrak{N}_i$ der Nullnachbarschaftsfilter ist. E, versehen mit τ_i, sei X_i. g_i sei zu beliebigem $i \in I$ die identische Abbildung von E auf sich, so daß $\operatorname{fin} \tau_i$ mit $\bigvee_{i \in I} \tau_i$ übereinstimmt. $\bigvee_{i \in I} \tau_i$ ist keine Topologie (nach einer Bemerkung nach 5.5.15 ist $\bigvee_{i \in I} \tau_i$ die feinste mit der linearen Struktur verträgliche Pseudotopologie von E, nach 5.10.4 also keine Topologie). Aus dem Angeführten ergibt sich die Richtigkeit der Behauptung.

Während im allgemeinen $\operatorname{fin} \tau_i$ für verträgliche Limitierungen τ_i nicht verträglich ist, trifft das jedoch für einen wichtigen Spezialfall zu, auf den wir jetzt eingehen.

5.13.2. (Verträglichkeit von fin $\boldsymbol{\tau_i}$). *Die τ_i seien verträgliche Limitierungen der Gruppen X_i. Zu beliebigen $i, j \in I$ gebe es ein $k \in I$ und stetige Abbildungen*

$g_{ik}\colon X_i \to X_k$ und $g_{jk}\colon X_j \to X_k$ mit $g_k \circ g_{ik} = g_i$ und $g_k \circ g_{jk} = g_j$. Dann ist auch $\operatorname{fin} \tau_i$ *verträglich.*

Beweis. Ist $I = \emptyset$, so ist $\operatorname{fin}\tau_i$ die feinste Limitierung von E, also verträglich. Nun sei $I \neq \emptyset$. Gegeben seien $x, y \in E$ und Filter $\mathfrak{F} \in (\operatorname{fin} \tau_i)(x)$, $\mathfrak{G} \in (\operatorname{fin} \tau_i)(y)$. Es existieren $i_1, \dots, i_n \in I$ und Filter $\mathfrak{K}_\varkappa \in (g^{\mathfrak{J}}_{i_\varkappa} \circ \tau_{i_\varkappa} \circ g^{-1}_{i_\varkappa})\{x\}$ $(\varkappa = 1, \dots, n)$ mit $\bigcap\limits_{\varkappa=1,\dots,n} \mathfrak{K}_\varkappa \subseteqq \mathfrak{F}$ und $j_1, \dots, j_m \in I$ und Filter $\mathfrak{L}_\lambda \in (g^{\mathfrak{J}}_{j_\lambda} \circ \tau_{j_\lambda} \circ g^{-1}_{j_\lambda})\{y\}$ $(\lambda = 1, \dots, m)$ mit $\bigcap\limits_{\lambda=1,\dots,m} \mathfrak{L}_\lambda \subseteqq \mathfrak{G}$. Mittels 5.1.10 folgt

$$\bigcap_{\substack{\varkappa=1,\dots,n\\ \lambda=1,\dots,m}} \mathfrak{K}_\varkappa \mathfrak{L}_\lambda \subseteqq \mathfrak{F}\mathfrak{G}\,. \tag{5.13.6}$$

Zu jedem Paar $(\varkappa, \lambda) \in \{1, \dots, n\} \times \{1, \dots, m\}$ gibt es ein $k \in I$ und stetige Abbildungen $g_{i_\varkappa k}\colon X_{i_\lambda} \to X_k$ und $g_{j_\lambda k}\colon X_{j_\lambda} \to X_k$ mit $g_k \circ g_{i_\varkappa k} = g_{i_\varkappa}$ und $g_k \circ g_{j_\lambda k} = g_{j_\lambda}$, weshalb $\mathfrak{K}_\varkappa \in (g^{\mathfrak{J}}_{k} \circ g^{\mathfrak{J}}_{i_\varkappa k} \circ \tau_{i_\varkappa} \circ g^{-1}_{i_\varkappa})\{x\} \subseteqq (g^{\mathfrak{J}}_k \circ \tau_k \circ g^{-1}_k)\{x\}$ und somit $\mathfrak{K}_\varkappa \in (g^{\mathfrak{J}}_k \circ \tau_k \circ g^{-1}_k)\{x\}$, ferner $\mathfrak{L}_\lambda \in (g^{\mathfrak{J}}_k \circ \tau_k \circ g^{-1}_k)\{y\}$ und daher $\mathfrak{K}_\varkappa\mathfrak{L}_\lambda \in (g^{\mathfrak{J}}_k \circ \tau_k \circ g^{-1}_k)\{xy\}$ gilt. Unter Berücksichtigung von (5.13.6) ergibt sich $\mathfrak{F}\mathfrak{G} \in (\operatorname{fin} \tau_i)(xy)$, also $(\operatorname{fin} \tau_i)(x)\,(\operatorname{fin} \tau_i)(y) \subseteqq (\operatorname{fin} \tau_i)(xy)$. $\operatorname{fin} \tau_i$ ist daher verträglich.

5.13.3. *Die τ_i seien verträgliche Pseudotopologien der Gruppen X_i. Unter diesen Voraussetzungen gilt genau dann $g(\operatorname{fin} \tau_i) = p^g(\operatorname{fin} \tau_i)$, wenn $\bigcup\limits_{i \in I} \operatorname{wb} g_i$ ein Erzeugendensystem der Gruppe E ist.*

Beweis. Zu beliebigem $x \in E \setminus \bigcup\limits_{i\in I} \operatorname{wb} g_i$ gilt $(\operatorname{fin} \tau_i)(x) = \{\mathsf{P}E\}$. Gibt es ein Element x von E, das nicht der von $\bigcup\limits_{i\in I} \operatorname{wb} g_i$ erzeugten Untergruppe von E angehört, so ist auch $g(\operatorname{fin} \tau_i)(x) = \{\mathsf{P}E\}$ und damit $g(\operatorname{fin} \tau_i) \neq p^g(\operatorname{fin} \tau_i)$.

Im weiteren sei $\bigcup\limits_{i\in I} \operatorname{wb} g_i$ ein Erzeugendensystem der Gruppe E. x sei ein Element von E. Es existieren $i_1, \dots, i_n \in I$ und $x_1 \in \operatorname{wb} g_{i_1}, \dots, x_n \in \operatorname{wb} g_{i_n}$ mit $x = x_1 \cdots x_n$. Zu beliebigem $j = 1, \dots, n$ gehört $g^{-1}_{i_j}\{x_j\}$ mindestens ein Element y_j und $(\operatorname{fin} \tau_i)(x_j)$ damit jeder Filter $g_{i_j}(\mathfrak{F})$ mit $\mathfrak{F} \in \tau_{i_j}(y_j)$ an. Insbesondere gehört $[x_j] = g_{i_j}([y_j])$ zu $(\operatorname{fin} \tau_i)(x_j)$ und damit $[x] = [x_1] \cdots [x_n]$ zu $g(\operatorname{fin} \tau_i)(x)$. $g(\operatorname{fin} \tau_i)$ ist daher eine Pseudotopologie, weshalb $g(\operatorname{fin} \tau_i) = p^g(\operatorname{fin} \tau_i)$ gilt.

Wegen 3.12.4, 5.5.1, 5.5.3 und 5.5.5 gilt

5.13.4. *$g(\operatorname{fin} \tau_i)$ ist die feinste verträgliche Limitierung der Gruppe E mit der Eigenschaft, daß alle Homomorphismen g_i bez. τ_i und dieser Limitierung stetig sind. $p^g(\operatorname{fin} \tau_i)$ ist die feinste verträgliche Pseudotopologie von E und $t^g(\operatorname{fin} \tau_i)$ die feinste verträgliche Topologie von E derart, daß alle Homomorphismen g_i bez. τ_i und dieser Pseudotopologie bzw. Topologie stetig sind.*

Aus 3.12.1 und 5.5.2 folgt

5.13.5 (Stetigkeit bez. $g(\text{fin}\,\tau_i)$). *Ein Homomorphismus f von E in eine limitierte Gruppe Y ist an einer Stelle $x \in E$ bezüglich $g(\text{fin}\,\tau_i)$ und der Limitierung τ' von Y genau dann stetig, wenn jede Abbildung $f \circ g_i$ über $g_i^{-1}\{x\}$ bez. τ_i und τ' stetig ist.*

Aus 3.12.1, 5.5.3 und 5.5.5 ergibt sich das

Korollar (**Stetigkeit bez. $p^g(\text{fin}\,\tau_i)$ und $t^g(\text{fin}\,\tau_i)$**). *Ist Y eine pseudotopologische bzw. topologische Gruppe, so ist ein Homomorphismus f von E in Y bez. $p^g(\text{fin}\,\tau_i)$ und der Pseudotopologie τ' von Y bzw. bez. $t^g(\text{fin}\,\tau_i)$ und der Topologie τ' von Y genau dann stetig, wenn jede Abbildung $f \circ g_i$ bez. $p^g(\tau_i)$ und τ' bzw. bez. $t^g(\tau_i)$ und τ' stetig ist.*

Als nächstes kommen wir zu Spezialfällen.

a. Wir nehmen zuerst an, daß die Limitierungen τ_i verträglich und die g_i gleich der identischen Abbildung von E auf sich sind. Dann ist $\text{fin}\,\tau_i = \bigvee_{i\in I} \tau_i$. $\mathcal{T}^g E$, $\mathcal{T}^{pg} E$ und $\mathcal{T}^{tg} E$ seien wie in Abschnitt 5.11 der vollständige Verband aller verträglichen Limitierungen, Pseudotopologien bzw. Topologien der Gruppe E. Unter Berücksichtigung von 5.13.4 folgt, daß $g(\bigvee_{i\in I} \tau_i)$ das Supremum von $\{\tau_i \mid i \in I\}$ in $\mathcal{T}^g E$ und — falls die τ_i Pseudotopologien bzw. Topologien sind — $p^g(\bigvee_{i\in I} \tau_i)$ das Supremum von $\{\tau_i \mid i \in I\}$ in $\mathcal{T}^{pg} E$ bzw. $t^g(\bigvee_{i\in I} \tau_i)$ das Supremum von $\{\tau_i \mid i \in I\}$ in $\mathcal{T}^{tg} E$ ist. Teil 3 und 4 des Beweises von 5.13.1 entnimmt man, daß $\bigvee_{i\in I} \tau_i$ im allgemeinen nicht mit $g(\bigvee_{i\in I} \tau_i)$ und — falls die τ_i Pseudotopologien bzw. Topologien sind — $\bigvee_{i\in I} \tau_i$ im allgemeinen auch nicht mit $p^g(\bigvee_{i\in I} \tau_i)$ bzw. $t^g(\bigvee_{i\in I} \tau_i)$ übereinstimmt, auch nicht bei $I \neq \emptyset$. Sind die τ_i Pseudotopologien, so gilt $g(\bigvee_{i\in I} \tau_i) = p^g(\bigvee_{i\in I} \tau_i)$ genau dann, wenn $I \neq \emptyset$ ist, wie aus 5.13.3 folgt. Wenn die τ_i Topologien sind, stimmt im allgemeinen $p^g(\bigvee_{i\in I} \tau_i)$ nicht mit $t^g(\bigvee_{i\in I} \tau_i)$ überein, auch nicht bei $I \neq \emptyset$, wie aus Teil 4 des Beweises von 5.13.1 hervorgeht. Allerdings gilt

5.13.6. *Die Gruppe E sei abelsch, I sei nichtleer und endlich und die τ_i seien Topologien. Dann ist $p^g(\bigvee_{i\in I} \tau_i) = t^g(\bigvee_{i\in I} \tau_i)$.*

Beweis. Zu beliebigem $i \in I$ sei $\mathfrak{V}_i$ der Nachbarschaftsfilter von e bez. τ_i. Es gilt $\mathfrak{V}_i \subseteqq \mathfrak{V}_i\mathfrak{V}_i$ $(i \in I)$ und, da $[e]$ Oberfilter aller Filter $\mathfrak{V}_i$ ist, ferner $\mathfrak{V}_i\mathfrak{V}_j \subseteqq \mathfrak{V}_i \cap \mathfrak{V}_j$ $(i, j \in I)$. Sind $i_1, \ldots, i_n$ die Elemente von I, so folgt unter Berücksichtigung, daß E abelsch ist, daß $\mathfrak{V}_{i_1} \cdots \mathfrak{V}_{i_n}$ jedes endliche Produkt von $\mathfrak{V}_{i_1} \cap \cdots \cap \mathfrak{V}_{i_n}$ mit sich als Oberfilter besitzt.. Wegen $p(\bigvee_{i\in I} \tau_i)(x) = [x\mathfrak{V}_{i_1} \cap \cdots \cap x\mathfrak{V}_{i_n}] = x[\mathfrak{V}_{i_1} \cap \cdots \cap \mathfrak{V}_{i_n}]$ $(x \in E)$ erhalten wir $p^g(\bigvee_{i\in I} \tau_i)(e) = [\mathfrak{V}_{i_1} \cdots \mathfrak{V}_{i_n}]$ und damit, daß $p^g(\bigvee_{i\in I} \tau_i)$ eine Topologie ist, somit $p^g(\bigvee_{i\in I} \tau_i) = t^g(\bigvee_{i\in I} \tau_i)$ gilt.

b. Wir nehmen nun die τ_i als verträglich an und bezeichnen E, versehen mit $g(\text{fin}\,\tau_i)$, mit X. Aus 5.13.4 folgt für die an den Vergißfunktor V: LGR → GR gebundenen Coprodukte

5.13.7 (Gebundene Coprodukte in LGR). *Die limitierte Gruppe X ist, zusammen mit der Familie der Abbildungen $g_i: X_i \to X$ $(i \in I)$, gleich dem V-Coprodukt der X_i $(i \in I)$ über E, $(g_i)_{i \in I}$.*

E, versehen mit $p^g(\text{fin}\,\tau_i)$ bzw. $t^g(\text{fin}\,\tau_i)$, ist offenbar gleich $\boldsymbol{p}^g(X)$ bzw. $\boldsymbol{t}^g(X)$. Aus dem Korollar von 5.13.5 ergibt sich für die an die Vergißfunktoren V^p: PGR → GR bzw. V^t: TGR → GR gebundenen Coprodukte

5.13.8 (Gebundene Coprodukte in PGR und TGR). *$\boldsymbol{p}^g(X)$ ist, zusammen mit der Familie der Abbildungen $g_i: \boldsymbol{p}^g(X_i) \to \boldsymbol{p}^g(X)$ $(i \in I)$, gleich dem V^p-Coprodukt der $\boldsymbol{p}^g(X_i)$ $(i \in I)$ über E, $(g_i)_{i \in I}$, und $\boldsymbol{t}^g(X)$ ist, zusammen mit der Familie der Abbildungen $g_i: \boldsymbol{t}^g(X_i) \to \boldsymbol{t}^g(X)$ $(i \in I)$, gleich dem V^t-Coprodukt der $\boldsymbol{t}^g(X_i)$ $(i \in I)$ über E, $(g_i)_{i \in I}$.*

Nach 5.13.7 und 5.13.8 existieren alle V-, V^p- und V^t-Coprodukte, und zwar stets eindeutig. Da nach einer Bemerkung nach 5.1.6 in GR alle induktiven Limites existieren, folgt mittels 3.2.23, daß auch in den Kategorien LGR, PGR und TGR alle induktiven Limites existieren. Über natürliche Auswahlen der induktiven Limites in GR gelangt man zu natürlichen Auswahlen der induktiven Limites in LGR, PGR und TGR. Entsprechend folgt, daß auch in den Kategorien LAB, PAB bzw. TAB alle induktiven Limites existieren und man über die natürlichen Auswahlen der induktiven Limites in AB zu natürlichen Auswahlen der induktiven Limites in LAB, PAB bzw. TAB kommt.

T sei für das Folgende ein Funktor einer kleinen Kategorie $\mathfrak{D}$ in LGR bzw. LAB. T^{pg} und T^{tg} seien die Zusammensetzungen von T mit $\boldsymbol{p}^g$ bzw. $\boldsymbol{t}^g$ bzw. von T mit den sich durch Einschränkung der Urbild- und Bildkategorie von $\boldsymbol{p}^g$ bzw. $\boldsymbol{t}^g$ ergebenden Funktoren von LAB in PAB bzw. von LAB in TAB. Ist eine limitierte Gruppe X, zusammen mit einer Familie von Abbildungen $\varphi_D: T(D) \to X$ $(D \in \text{Ob}\,\mathfrak{D})$, ein induktiver Limes von T, dann ist wegen 5.13.8 $\boldsymbol{p}^g(X)$, zusammen mit der Familie der Abbildungen $\varphi_D: T^{pg}(D) \to \boldsymbol{p}^g(X)$, ein induktiver Limes von T^{pg} und $\boldsymbol{t}^g(X)$, zusammen mit der Familie der Abbildungen $\varphi_D: T^{tg}(D) \to \boldsymbol{t}^g(X)$, ein induktiver Limes von T^{tg}.

Im weiteren sei T ein induktives Spektrum $\big((X_i)_{i \in I}, (\varphi_{ij})_{(i,j) \in \leq}\big)$ in LGR bzw. LAB über einer gerichteten Menge I. Zu beliebigem $i \in I$ sei E_i die X_i unterliegende Gruppe und τ_i die Limitierung von X_i. E sei, zusammen mit einer Familie von Homomorphismen $\varphi_i: E_i \to E$, ein induktiver Limes von VT, wobei V der Vergißfunktor von LGR in GR bzw. der (in naheliegender Weise definierte) Vergißfunktor von LAB in AB ist. $\text{fin}\,\tau_i$ sei die Finallimitierung der τ_i bez. der φ_i. Wir bezeichnen E, versehen mit $\text{fin}\,\tau_i$, mit X. Da I gerichtet ist und $\varphi_j \circ \varphi_{ij} = \varphi_i$ für jedes Paar $(i, j) \in \leq$ gilt, folgt aus 5.13.2, daß $\text{fin}\,\tau_i$ eine verträgliche Limitierung der Gruppe E ist, somit X, zusammen mit der Familie der Abbildungen $\varphi_\iota\colon X_\iota \to X$, ein induktiver Limes von T ist.

Wir nehmen nun speziell an, daß T ein induktives Einbettungsspektrum $\big((X_\iota)_{\iota\in I}, (\varphi_{ij})_{(i,j)\in\leq}\big)$ über einer nichtleeren gerichteten Menge I ist. Als E wählen wir speziell die Gruppe $\bigcup_{\iota\in I} E_\iota$ (vergleiche Abschnitt 5.1); φ_ι sind dann die identischen Einbettungen von E_ι in E. X bezeichnen wir in diesem Falle auch mit $\bigcup_{\iota\in I} X_\iota$. Wegen $I \neq \emptyset$ ist die Finallimitierung $\operatorname{fin} p^g(\tau_\iota)$ der $p^g(\tau_\iota)$ bezüglich der Abbildungen φ_ι eine Pseudotopologie, gilt somit $\operatorname{fin} p^g(\tau_\iota) = p^g\big(\operatorname{fin} p^g(\tau_\iota)\big)$ und wegen (5.13.1) daher

$$\bigcup_{\iota\in I} \boldsymbol{p}^g(X_\iota) = \boldsymbol{p}^g\big(\bigcup_{\iota\in I} X_\iota\big)\,. \tag{5.13.7}$$

Im folgenden geben wir ein Kriterium dafür an, daß die Limitierung $\operatorname{fin}\tau_\iota$ von $\bigcup_{\iota\in I} X_\iota$ eine Topologie ist (siehe K. Kutzler [1] und [3]).

5.13.9. *Sind die X_ι zusammenhängende topologische Gruppen, so ist* $\operatorname{fin}\tau_\iota$ *genau dann eine Topologie, wenn die gerichtete Familie $(X_\iota)_{\iota\in I}$* **stationär** *wird, d. h. ein $i_0 \in I$ existiert, so daß X_ι für alle $i \geqq i_0$ mit X_{i_0} übereinstimmt.*

Beweis. 1. $(X_\iota)_{\iota\in I}$ werde stationär, es gebe also ein $i_0 \in I$ mit $X_\iota = X_{i_0}$ für jedes $i \geqq i_0$. Dann ist natürlich $E = E_{i_0}$. Zu beliebigem $i \in I$ existiert ein $j \in I$ mit $i, i_0 \leqq j$ und $\varphi_{ij}^{\mathfrak{J}} \circ \tau_i \leqq \tau_j \circ \varphi_{ij}$ und gilt deshalb $\varphi_i^{\mathfrak{J}} \circ \tau_i \leqq \tau_{i_0} \circ \varphi_{i_0}$. Es folgt $\operatorname{fin}\tau_\iota = \tau_{i_0}$ und damit natürlich, daß $\operatorname{fin}\tau_\iota$ eine Topologie ist.

2. $\operatorname{fin}\tau_\iota$ sei eine Topologie. Mittels (3.15.2) folgt, daß ein $i_0 \in I$ existiert, so daß für die Nachbarschaftsfilter $\mathfrak{V}$ und $\mathfrak{V}_{i_0}$ von e bez. $\operatorname{fin}\tau_\iota$ und τ_{i_0} die Beziehung $\mathfrak{V} = \varphi_{i_0}(\mathfrak{V}_{i_0})$ besteht. Gegeben sei ein $i \in I$ mit $i \geqq i_0$. Unter Berücksichtigung der Stetigkeit der Abbildungen $\varphi_{i_0 i}$ folgt $\varphi_{i_0 i}(\mathfrak{V}_{i_0}) \supseteqq \mathfrak{V}_i$, wegen $\mathfrak{V} \subseteqq \varphi_i(\mathfrak{V}_i)$ sogar

$$\varphi_{i_0 i}(\mathfrak{V}_{i_0}) = \mathfrak{V}_i\,. \tag{5.13.8}$$

Für jedes $x \in E_{i_0}$ ergibt sich $E_{i_0} = xE_{i_0} \in x\mathfrak{V}_i$ und damit, daß E_{i_0} eine offene Untergruppe von X_i ist. Dann sind alle linksseitigen Nebenklassen xE_{i_0} $(x \in E_i)$ von E_{i_0} in X_i offen. Da X_i zusammenhängend ist, tritt als Nebenklasse aber nur E_{i_0} auf, d. h., es ist $E_{i_0} = E_i$, wegen (5.13.8) sogar $X_{i_0} = X_i$.

Genau dann, wenn die Familie $\big(\boldsymbol{t}^g(X_\iota)\big)_{\iota\in I}$ stationär wird, gilt

$$\bigcup_{\iota\in I} \boldsymbol{t}^g(X_\iota) = \boldsymbol{t}^g\big(\bigcup_{\iota\in I} X_\iota\big); \tag{5.13.9}$$

wegen 5.13.9 ist nämlich genau in diesem Falle $\operatorname{fin} \boldsymbol{t}^g(X_\iota)$ eine Topologie, woraus analog wie (5.13.7) die Beziehung (5.13.9) folgt.

c. Als nächstes führen wir die Begriffe limitierte, pseudotopologische und topologische Faktorgruppe ein. X sei dazu eine beliebige limitierte Gruppe, E die unterliegende Gruppe und τ die Limitierung von X. Ferner sei N ein Normalteiler von E, ϱ die durch (5.1.1), also durch $x\varrho y \Leftrightarrow yx^{-1} \in N$ definierte Äquivalenzrelation in E und $\varkappa$ die kanonische Abbildung von E auf E/N.

5.13.10. *Die Quotientenlimitierung τ_ϱ von τ bez. ϱ ist eine verträgliche Limitierung der Faktorgruppe E/N. Es gilt*

$$p^g(\tau)_\varrho = p^g(\tau_\varrho) \quad \textit{und} \quad t^g(\tau)_\varrho = t^g(\tau_\varrho)\,. \tag{5.13.10}$$

Ist τ eine Pseudotopologie bzw. Topologie, so auch τ_ϱ. Für das Einselement N der Faktorgruppe E/N gilt, wenn τ eine Pseudotopologie ist,

$$\tau_\varrho(N) = \varkappa(\tau(e))\,. \tag{5.13.11}$$

Beweis. τ_ϱ ist die Finallimitierung von τ bez. $\varkappa$. Aus 5.13.2 folgt daher, daß τ_ϱ verträglich ist. Ist τ eine Pseudotopologie, so wegen 3.13.9 auch τ_ϱ. Es gilt daher $p^g(\tau)_\varrho = p^g(p^g(\tau)_\varrho)$ und wegen (5.13.1) daher die erste Beziehung von (5.13.10). Mittels (2.10.2), (3.13.1) und (5.4.8) ergibt sich, wenn τ eine Pseudotopologie ist,

$$\tau_\varrho(N) = \varkappa\big(\bigvee_{x\in N} x\tau(e)\big) = \bigvee_{x\in N} \varkappa\big(x\tau(e)\big) = \varkappa\big(\tau(e)\big)\,,$$

also (5.13.11). Ist τ eine Topologie und $\mathfrak{B}$ der Nachbarschaftsfilter des Einselementes e von E, so folgt aus (5.13.11) $\tau_\varrho(N) = [\varkappa(\mathfrak{B})]$ und damit, daß auch τ_ϱ eine Topologie ist. Damit ergibt sich $t^g(\tau)_\varrho = t^g(t^g(\tau)_\varrho)$ und wegen (5.13.1) daher die zweite Beziehung von (5.13.10).

Aus 3.13.10, (5.4.8) und 5.6.2 erhält man

5.13.11. *Ist τ eine Pseudotopologie, so ist τ_ϱ genau dann separiert, wenn N bez. τ abgeschlossen ist.*

E/N, versehen mit τ_ϱ, ist nach 5.13.10 eine limitierte Gruppe. Wir bezeichnen sie mit X/N und nennen sie die **limitierte Faktorgruppe** von X nach N. Ist X eine pseudotopologische oder topologische Gruppe, so nennen wir X/N auch **pseudotopologische** bzw. **topologische Faktorgruppe** von X nach N; wegen 5.13.10 ist X/N dann eine pseudotopologische bzw. topologische Gruppe, d. h., es gilt dann $p^g(X/N) = X/N$ bzw. $t^g(X/N) = X/N$. Die limitierten Faktorgruppen limitierter, pseudotopologischer bzw. topologischer Gruppen bilden nach dem folgenden Satz gerade die Differenzcokerne in LGR, PGR bzw. TGR.

5.13.12 (Differenzcokerne in LGR, PGR und TGR). *Zu beliebigen Morphismen $f\colon Y \to X$ und $g\colon Y \to X$ von* LGR *mit gleicher Quelle und X als Ziel ist die limitierte Gruppe X/N_{fg}, zusammen mit der kanonischen Abbildung von X auf X/N_{fg}, ein Differenzcokern von f und g. Ist X eine pseudotopologische bzw. topologische Gruppe, so ist zu beliebigen Morphismen $f\colon Y \to X$ und $g\colon Y \to X$ von* PGR *bzw.* TGR *mit gleicher Quelle und X als Ziel die pseudotopologische bzw. topologische Gruppe X/N_{fg}, zusammen mit der kanonischen Abbildung von X auf X/N_{fg}, ein Differenzcokern von f und g. N_{fg} ist jeweils der von $\{g(y)\,f(y)^{-1} \mid y \in Y\}$ erzeugte Normalteiler von X.*

Bezüglich des vorgegebenen Normalteilers N gilt: X/N tritt, zusammen mit der kanonischen Abbildung $\varkappa\colon X \to X/N$, stets als Differenzcokern von Morphismen

$f\colon Y \to X$ und $g\colon Y \to X$ von LGR *und, wenn X eine pseudotopologische bzw. topologische Gruppe ist, auch als Differenzcokern von Morphismen $f\colon Y \to X$ und $g\colon Y \to X$ von* PGR *bzw.* TGR *auf.*

Zum Beweis: Die Behauptung läßt sich unter Beachtung von 5.13.10 ähnlich beweisen wie 3.13.1 für den Fall der Kategorien LIM, PTOP und TOP. Es sind dabei die Kategorien LIM, PTOP, TOP und ENS durch die Kategorien LGR, PGR, TGR und GR zu ersetzen, und anstelle der Sätze 3.1.5, 3.12.3 und 3.12.5 sind die Sätze 5.1.1, 5.13.7 und 5.13.8 zu benutzen. Für jede Gruppe sind die entartete Limitierung und die diskrete Topologie verträglich.

Entsprechend zeigt man, daß die limitierten Faktorgruppen limitierter, pseudotopologischer bzw. topologischer abelscher Gruppen die Differenzcokerne in LAB, PAB bzw. TAB bilden.

d. Im weiteren sei $(X_\iota)_{\iota \in I}$ eine Familie limitierter Gruppen mit einer Menge als Indexbereich. Zu beliebigem $i \in I$ sei τ_i die Limitierung von X_i, E_i die X_i unterliegende Gruppe und e_i das Einselement von E_i.

F sei das freie Produkt der E_i $(i \in I)$ und $\varkappa_i$ zu beliebigem $i \in I$ die natürliche Injektion von E_i in F. Für die Finallimitierung $\operatorname{fin} \tau_i$ der τ_i bezüglich der $\varkappa_i$ gilt

$$(\operatorname{fin} \tau_\iota)(\emptyset) = \bigvee_{i \in I} (\varkappa_i^{\mathfrak{J}} \circ \tau_i)(e_i)\,, \tag{5.13.12}$$

$$(\operatorname{fin} \tau_\iota)(x) = (\varkappa_j^{\mathfrak{J}} \circ \tau_j \circ \varkappa_j^{-1})(x) \tag{5.13.13}$$

zu beliebigem $j \in I$ und $x \in \varkappa_j[E_j] \setminus \{\emptyset\}$ und

$$(\operatorname{fin} \tau_\iota)(x) = \{\mathsf{P}F\} \tag{5.13.14}$$

für $x \in F \setminus \bigcup_{i \in I} \varkappa_i[E_i]$.

5.13.13 (Limitierungen freier Produkte). *Es sei $I \neq \emptyset$. Zu beliebigem $x \in F$ hat dann $g(\operatorname{fin} \tau_\iota)(x)$ die Menge aller Filter $\mathfrak{F}_1 \cdots \mathfrak{F}_n$ mit $\mathfrak{F}_k \in (\varkappa_{i_k}^{\mathfrak{J}} \circ \tau_{i_k})(a_k)$ $(k = 1, \dots, n)$ und $x = \varkappa_{i_1}(a_1) \cdots \varkappa_{i_n}(a_n)$ als Subbasis.*

Beweis. Nach Definition von g hat $g(\operatorname{fin} \tau_\iota)(x)$ die Menge aller Filter $\mathfrak{G}_1 \cdots \mathfrak{G}_m$ mit $\mathfrak{G}_k \in (\operatorname{fin} \tau_\iota)(x_k)$ $(k = 1, \dots, m)$ und $x = x_1 \cdots x_m$ als Subbasis. Gegeben sei ein derartiger Filter $\mathfrak{G}_1 \cdots \mathfrak{G}_m$. Zu jedem eigentlichen Filter $\mathfrak{G}_k$ mit $x_k \neq \emptyset$ existieren wegen (5.13.13) und (5.13.14) ein $j \in I$ und $a_j \in E_j$ mit $\mathfrak{G}_k \in (\varkappa_j^{\mathfrak{J}} \circ \tau_j)(a_j)$ und $x_k = \varkappa_j(a_j)$. Zu jedem eigentlichen Filter $\mathfrak{G}_k$ mit $x_k = \emptyset$ finden wir wegen (5.13.12) endlich viele $j_1, \dots, j_l \in I$ und Filter $\mathfrak{H}_1 \in (\varkappa_{j_1}^{\mathfrak{J}} \circ \tau_{j_1})(e_{j_1}), \dots, \mathfrak{H}_l \in (\varkappa_{j_l}^{\mathfrak{J}} \circ \tau_{j_l})(e_{j_l})$ mit $\mathfrak{H}_1 \cap \dots \cap \mathfrak{H}_l \subseteq \mathfrak{G}_k$. Wir ersetzen in $\mathfrak{G}_1 \cdots \mathfrak{G}_m$ jeden eigentlichen Filter $\mathfrak{G}_k$ mit $x_k = \emptyset$ durch einen wie eben angegebenen Filterdurchschnitt $\mathfrak{H}_1 \cap \dots \cap \mathfrak{H}_l$. Den entstehenden Filter formen wir unter Beachtung von 5.1.10 (Gleichheit bei (5.1.11) für endliche Indexmengen) in einen geeigneten Filterdurchschnitt um. Damit ergibt sich leicht die Richtigkeit der Behauptung.

Anmerkung. Offenbar können wir annehmen, daß jeweils benachbarte Indizes $i_1, \ldots, i_n$ voneinander verschieden sind.

5.13.14. $\operatorname{fin} \tau_i$ *stimmt genau dann mit* $g(\operatorname{fin} \tau_i)$ *überein, falls die* τ_i *bis auf höchstens ein i entartet sind. Wenn* $I \neq \emptyset$ *ist und die* τ_i *Pseudotopologien sind, ist auch* $g(\operatorname{fin} \tau_i)$ *eine Pseudotopologie. Ist* $I \neq \emptyset$ *und sind die* τ_i *Topologien, so ist* $g(\operatorname{fin} \tau_i)$ *genau dann eine Topologie, wenn die* τ_i *diskrete Topologien sind oder bis auf höchstens ein i alle* E_i *einelementig sind.*

Beweis. Wir setzen $\tau = \operatorname{fin} \tau_i$.

1. Ist $\tau = g(\tau)$, so folgt aus (5.13.14), daß nur der uneigentliche Filter bez. $g(\tau)$ gegen Elemente von $F \setminus \bigcup_{i \in I} \varkappa_i[E_i]$ konvergiert. Das ist aber nur möglich, wenn τ_i bis auf höchstens ein i entartet ist. Trifft diese Bedingung zu, so gilt natürlich umgekehrt $\tau = g(\tau)$.

2. Ist $I \neq \emptyset$ und sind die τ_i Pseudotopologien, so ist wegen 5.13.3 auch $g(\operatorname{fin} \tau_i)$ eine Pseudotopologie.

3. Es sei $I \neq \emptyset$, und die τ_i seien Topologien. $\mathfrak{B}_i$ sei zu beliebigem $i \in I$ der Nachbarschaftsfilter von e_i bez. τ_i. F_m sei zu beliebigem $m \in \boldsymbol{N}^+$ die Menge aller Elemente $\big((i_1, a_1), \ldots, (i_n, a_n)\big)$ von F mit $n \leqq m$.

Wir nehmen zuerst an, daß $g(\tau)$ eine Topologie ist. Wegen (5.13.12) und (5.13.13) folgt, daß der Nachbarschaftsfilter $\mathfrak{N}(\emptyset)$ von $\emptyset$ bez. $g(\tau)$ ein endlicher Durchschnitt von Filtern $\varkappa_{i_1}(a_1 \mathfrak{B}_{i_1}) \cdots \varkappa_{i_n}(a_n \mathfrak{B}_{i_n})$ mit $\emptyset = \varkappa_{i_1}(a_1) \cdots \varkappa_{i_n}(a_n)$ ist. Es gibt daher ein $m \in \boldsymbol{N}^+$, so daß $\mathfrak{N}(\emptyset)$ eine Basis aus Mengen besitzt, die in F_m enthalten sind. Würde es zwei voneinander verschiedene Elemente j und k von I geben derart, daß τ_j und τ_k ungleich der diskreten Topologie von E_j bzw. E_k sind, also $\varkappa_j(\mathfrak{B}_j)$ und $\varkappa_k(\mathfrak{B}_k)$ nicht mit $[\emptyset]$ übereinstimmen, so würde das Produkt

$$\underbrace{\varkappa_j(\mathfrak{B}_j)\, \varkappa_k(\mathfrak{B}_k) \cdots \varkappa_j(\mathfrak{B}_j)\, \varkappa_k(\mathfrak{B}_k)}_{m+1}$$

bez. $g(\tau)$ gegen 0 konvergieren, also Oberfilter von $\mathfrak{N}(\emptyset)$ sein, diesem Filter aber kein in F_m liegendes Element angehören, was unmöglich ist. Ist für ein $l \in I$ τ_l nicht die diskrete Topologie, so ist zu beliebigem $j \neq l$ und $a_j \in E_j$

$$\underbrace{\varkappa_j(a_j)\, \varkappa_l(\mathfrak{B}_l) \cdots \varkappa_j(a_j)\, \varkappa_l(\mathfrak{B}_l)}_{m+1} \varkappa_j(\underbrace{a_j^{-1} \cdots a_j^{-1}}_{m+1})$$

ein bezüglich $g(\tau)$ gegen $\emptyset$ konvergierender Filter, was $a_j = e_j$, also $E_j = \{e_j\}$ zur Folge hat. Es sind daher alle τ_i diskrete Topologien oder alle E_i bis auf höchstens ein i einelementig. Wenn diese Bedingung erfüllt ist, folgt unter Berücksichtigung des Korollars zu 5.4.6 und mittels 5.13.13 leicht, daß $g(\tau)$ eine Topologie ist.

F, versehen mit $g(\operatorname{fin} \tau_i)$, heißt **limitiertes freies Produkt** der X_i $(i \in I)$. Sind die X_i pseudotopologische bzw. topologische Gruppen, so heißt F, versehen mit $p^g(\operatorname{fin} \tau_i)$ bzw. $t^g(\operatorname{fin} \tau_i)$, **pseudotopologisches** bzw. **topologisches freies Produkt** der X_ι ($\iota \in I$). Ist $I \neq \emptyset$ und sind die X_ι pseudotopologische Gruppen, so ist nach 5.13.14 das limitierte freie Produkt der X_ι gleich dem pseudotopologischen freien Produkt der X_ι. Wenn $I \neq \emptyset$ ist und die X_ι topologische Gruppen sind, stimmt das pseudotopologische freie Produkt der X_ι nach 5.13.14 nur in Ausnahmefällen mit dem topologischen freien Produkt der X_ι überein.

Wir bezeichnen das limitierte freie Produkt der X_ι ($\iota \in I$), also F, versehen mit $g(\text{fin}\, \tau_\iota)$, mit X. Zu beliebigem $i \in I$ sei p_i diejenige Abbildung von X in X_i, die jedem Element $((i_1, a_1), \ldots, (i_n, a_n))$ von X das Einselement e_i von X_i bei $i \notin \{i_1, \ldots, i_n\}$ und das Produkt $a_{k_1} \cdots a_{k_l}$ bei $k_1 < \cdots < k_l$, $i = i_j$ genau für $j = k_1, \ldots, k_l$ zuordnet. p_i sind Gruppenhomomorphismen derart, daß $p_i \circ \varkappa_j$ die identische Abbildung von X_i auf sich bei $i = j$ und die konstante Abbildung $x_i \mapsto e_j$ ($x_i \in X_i$) bei $i \neq j$ ist. Wenn keine der Limitierungen τ_i der X_i entartet ist, sind alle Kompositionen $p_i \circ \varkappa_j\colon X_j \to X_i$ stetig. Wegen 5.13.5 sind dann auch alle Abbildungen p_i und damit auch deren Einschränkungen $\varkappa_i^{-1} = p_i \mid \varkappa_i[X_i]$ stetig, die $\varkappa_i$ also Isomorphismen von X_i in X.

$\mathfrak{J}$ sei die Gesamtheit aller nichtleeren endlichen Teilmengen von I. Wir denken uns $\mathfrak{J}$ mit der mengentheoretischen Ordnung versehen; $\mathfrak{J}$ ist damit gerichtet. Zu beliebigem $J \in \mathfrak{J}$ bezeichnen wir das limitierte freie Produkt der X_j ($j \in J$) mit $\mathfrak{X}_J$. Für beliebige $J, K \in \mathfrak{J}$ mit $J \subseteq K$ ist die identische Einbettung von $\mathfrak{X}_J$ in $\mathfrak{X}_K$ ein stetiger Gruppenhomomorphismus, so daß unter der Einschränkung $I \neq \emptyset$, d. h. $\mathfrak{J} \neq \emptyset$, die limitierte Gruppe $\bigcup_{J \in \mathfrak{J}} \mathfrak{X}_J$ gebildet werden kann.

5.13.15 (Limitierte freie Produkte als induktive Limites). *Es sei* $I \neq \emptyset$. *Zwischen dem limitierten freien Produkt* X *und den endlichen limitierten freien Produkten* $\mathfrak{X}_J$ ($J \in \mathfrak{J}$) *besteht die Beziehung*

$$X = \bigcup_{J \in \mathfrak{J}} \mathfrak{X}_J\,. \tag{5.13.15}$$

Beweis. Die X unterliegende Gruppe F stimmt mit $\bigcup_{J \in \mathfrak{J}} F_J$ überein, wobei F_J für jedes J die $\mathfrak{X}_J$ unterliegende Gruppe ist. Daher ist nur die Übereinstimmung der Limitierungen von X und $\bigcup_{J \in \mathfrak{J}} \mathfrak{X}_J$ zu zeigen. Zu beliebigem $J \in \mathfrak{J}$ sei τ'_J die Limitierung von $\mathfrak{X}_J$ und σ_J die Finallimitierung von τ'_J bezüglich der identischen Einbettung von F_J in F. $\bigvee_{J \in \mathfrak{J}} \sigma_J$ ist die Limitierung von $\bigcup_{J \in \mathfrak{J}} \mathfrak{X}_J$. Gegeben sei ein $x \in F$. $\mathfrak{F}$ sei ein Filter aus $(\bigvee_{J \in \mathfrak{J}} \sigma_J)(x)$. Es gibt wegen (3.15.2) ein $J_0 \in \mathfrak{J}$ mit $x \in F_{J_0}$ und ein $\mathfrak{G} \in \tau'_{J_0}(x)$ mit $\operatorname{im}_{\subseteq, F} \mathfrak{G} \subseteq \mathfrak{F}$, wegen 5.13.13 also Elemente i_{kl} von J_0, a_{kl} von $F_{i_{kl}}$ und Filter $\mathfrak{F}_{kl} \in (\overset{\mathfrak{J}}{\varkappa_{i_{kl}}} \circ \tau_{i_{kl}})(a_{kl})$ ($k = 1, \ldots, m$; $l = 1, \ldots, n(k)$) mit

$$x = \varkappa_{i_{11}}(a_{11}) \cdots \varkappa_{i_{1\,n(1)}}(a_{1\,n(1)}) = \cdots = \varkappa_{i_{m1}}(a_{m1}) \cdots \varkappa_{i_{m\,n(m)}}(a_{m\,n(m)}) \tag{5.13.16}$$

und

$$\varkappa_{i_{11}}(\mathfrak{F}_{11}) \cdots \varkappa_{i_{1\,n(1)}}(\mathfrak{F}_{1\,n(1)}) \cap \cdots \cap \varkappa_{i_{m1}}(\mathfrak{F}_{m1}) \cdots \varkappa_{i_{m\,n(m)}}(\mathfrak{F}_{m\,n(m)}) \subseteq \mathfrak{F}\,. \tag{5.13.17}$$

Wegen 5.13.13 gilt daher $\mathfrak{F} \in g(\text{fin}\, \tau_\iota)(x)$.

Nun sei $\mathfrak{F}$ ein Filter aus $g(\operatorname{fin}\tau_i)(x)$. Wegen 5.13.13 existieren Elemente i_{kl} von I und a_{kl} von $F_{i_{kl}}$ und Filter $\mathfrak{F}_{kl} \in (\varkappa_{i_{kl}}^{\mathfrak{J}} \circ \tau_{i_{kl}})(a_{kl})$ $(k = 1, \dots, m;\ l = 1, \dots, n(k))$ mit (5.13.16) und (5.13.17). Wir bilden die nichtleere endliche Teilmenge $J_0 = \{i_{kl} \mid k = 1, \dots, m;\ l = 1, \dots, n(k)\}$ von I und bezeichnen zu beliebigem $j \in J_0$ mit $\varkappa'_j$ die natürliche Injektion von X_j in das freie Produkt F_{J_0}. Der Filter

$$\mathfrak{G} = \varkappa'_{i_{11}}(\mathfrak{F}_{11}) \cdots \varkappa'_{i_{1n(1)}}(\mathfrak{F}_{1\,n(1)}) \cap \cdots \cap \varkappa'_{i_{m1}}(\mathfrak{F}_{m1}) \cdots \varkappa'_{i_{m\,n(m)}}(\mathfrak{F}_{mn(m)})$$

gehört $\tau'_{J_0}(x)$ an, und wegen (5.13.17) gilt im $\mathfrak{G} \underset{\subseteq, F}{\subseteq} \mathfrak{F}$, wegen (3.15.2) also $\mathfrak{F} \in (\bigvee_{J \in \mathfrak{J}} \sigma_J)(x)$. Damit folgt $g(\operatorname{fin}\tau_i) = \bigvee_{J \in \mathfrak{J}} \sigma_J$, was zu beweisen war.

Wegen 5.13.7 stimmt das limitierte freie Produkt X der X_i $(i \in I)$, zusammen mit der Familie der Abbildungen $\varkappa_i\colon X_i \to X$, mit dem V-Coprodukt der X_i über F, $(\varkappa_i)_{i \in I}$ überein. Wenn die X_i pseudotopologische bzw. topologische Gruppen sind, ist wegen 5.13.8 $\boldsymbol{p}^g(X)$, zusammen mit der Familie der Abbildungen $\varkappa_i\colon X_i \to \boldsymbol{p}^g(X)$, gleich dem V^p-Coprodukt der X_i über F, $(\varkappa_i)_{i \in I}$ bzw. $\boldsymbol{t}^g(X)$, zusammen mit der Familie der Abbildungen $\varkappa_i\colon X_i \to \boldsymbol{t}^g(X)$, gleich dem V^t-Coprodukt der X_i über F, $(\varkappa_i)_{i \in I}$. Aus 3.2.23 und 5.1.3 ergibt sich daher

5.13.16 (Coprodukte in LGR, PGR und TGR). *Das limitierte freie Produkt X ist, zusammen mit den natürlichen Injektionen $\varkappa_i\colon X_i \to X$ $(i \in I)$, ein Coprodukt der X_i $(i \in I)$ in* LGR. *Sind die X_i pseudotopologische bzw. topologische Gruppen, so ist das pseudotopologische freie Produkt $\boldsymbol{p}^g(X)$, zusammen mit den natürlichen Injektionen $\varkappa_i\colon X_i \to \boldsymbol{p}^g(X)$, ein Coprodukt der X_i $(i \in I)$ in* PGR *bzw. das topologische freie Produkt $\boldsymbol{t}^g(X)$, zusammen mit den natürlichen Injektionen $\varkappa_i\colon X_i \to \boldsymbol{t}^g(X)$, ein Coprodukt der X_i $(i \in I)$ in* TGR.

D sei das direkte Produkt der E_i $(i \in I)$, e das Einselement $(e_i)_{i \in I}$ von D und ι_i zu beliebigem $i \in I$ die natürliche Injektion von E_i in D. Für die Finallimitierung $\operatorname{fin}\tau_i$ der τ_i bezüglich der ι_i gilt in Analogie zu (5.13.12) bis (5.13.14)

$$(\operatorname{fin}\tau_i)(e) = \bigvee_{i \in I} (\iota_i^{\mathfrak{J}} \circ \tau_i)(e_i)\,, \tag{5.13.18}$$

$$(\operatorname{fin}\tau_i)(x) = (\iota_j^{\mathfrak{J}} \circ \tau_j \circ \iota_j^{-1})(x) \tag{5.13.19}$$

zu beliebigem $j \in I$ und $x \in \iota_j[E_j] \setminus \{e_j\}$ und

$$(\operatorname{fin}\tau_i)(x) = \{\mathsf{P}D\} \tag{5.13.20}$$

für $x \in D \setminus \bigcup_{i \in I} \iota_i[E_i]$.

Analog wie 5.13.13 beweist man

5.13.17 (Limitierungen direkter Produkte). *Es sei $I \neq \emptyset$. Zu beliebigem $x \in D$ hat dann $g(\operatorname{fin}\tau_i)(x)$ die Menge aller Filter $\mathfrak{F}_1 \cdots \mathfrak{F}_n$ mit $\mathfrak{F}_k \in (\iota_{i_k}^{\mathfrak{J}} \circ \tau_{i_k})(x_k)$ $(k = 1, \dots, n)$ und $x = \iota_{i_1}(x_1) \cdots \iota_{i_n}(x_n)$ als Subbasis.*

Anmerkung. Es folgt leicht, daß wir in diesem Satz annehmen können, daß jeweils alle Indizes $i_1, \dots, i_n$ voneinander verschieden sind.

Zum Teil gilt für $\operatorname{fin} \tau_i$ eine entsprechende Aussage wie die von 5.13.14 für die dort auftretende Finallimitierung.

5.13.18. $\operatorname{fin} \tau_i$ *stimmt genau dann mit* $g(\operatorname{fin} \tau_i)$ *überein, falls die Limitierungen* τ_i *bis auf höchstens ein i entartet sind. Wenn* $I \neq \emptyset$ *ist und die* τ_i *Pseudotopologien sind, ist auch* $g(\operatorname{fin} \tau_i)$ *eine Pseudotopologie. Ist* $I \neq \emptyset$ *und sind die* τ_i *Topologien, so ist* $g(\operatorname{fin} \tau_i)$ *genau dann eine Topologie, wenn die* τ_i *bis auf endlich viele i die diskrete Topologie von* E_i *sind.*

Beweis. Die ersten beiden Teile beweist man analog wie die ersten beiden Teile der Behauptung von 5.13.14. Im weiteren sei $I \neq \emptyset$ und seien die τ_i Topologien. $\mathfrak{B}_i$ sei zu beliebigem $i \in I$ der Nachbarschaftsfilter von e_i bez. τ_i. Wir setzen $\tau = \operatorname{fin} \tau_i$ und erhalten aus 5.13.17 und der nachfolgenden Anmerkung, daß $g(\tau)(e)$ die Menge aller Filter $\iota_{i_1}(\mathfrak{B}_{i_1}) \cdots \iota_{i_n}(\mathfrak{B}_{i_n})$ ($i_1, \dots, i_n \in I$, alle ungleich) als Subbasis hat. Ist $g(\tau)$ eine Topologie, so folgt wegen $\iota_i(\mathfrak{B}_i) \subseteqq [e]$, daß ein Filter $\iota_{i_1}(\mathfrak{B}_{i_1}) \cdots \iota_{i_n}(\mathfrak{B}_{i_n})$ ($i_1, \dots, i_n \in I$, alle ungleich) der Nachbarschaftsfilter von e bez. $g(\tau)$ ist. Dann muß aber $\iota_i(\mathfrak{B}_i)$ für alle von $i_1, \dots, i_n$ verschiedenen i gleich $[e]$ und damit τ_i die diskrete Topologie von E_i sein. Wenn bis auf endlich viele Elemente $i_1, \dots, i_n$ von I alle Topologien τ_i diskret sind, folgt $g(\tau)(e) = [\iota_{i_1}(\mathfrak{B}_{i_1}) \cdots \iota_{i_n}(\mathfrak{B}_{i_n})]$ und damit umgekehrt, daß $g(\tau)$ eine Topologie ist.

D, versehen mit $g(\operatorname{fin} \tau_i)$, nennen wir **limitiertes direktes Produkt** der X_i ($i \in I$). Sind die X_i pseudotopologische bzw. topologische Gruppen, so nennen wir D, versehen mit $p^g(\operatorname{fin} \tau_i)$ bzw. $t^g(\operatorname{fin} \tau_i)$, **pseudotopologisches** bzw. **topologisches direktes Produkt** der X_i ($i \in I$). Wenn die E_i additive abelsche Gruppen sind, wir nach einer Vereinbarung also auch D als additive Gruppe auffassen, sagen wir anstelle limitiertes, pseudotopologisches bzw. topologisches direktes Produkt der X_i **limitierte, pseudotopologische** bzw. **topologische direkte Summe** der X_i; die limitierte direkte Summe bezeichnen wir auch mit $\bigoplus_{i \in I} X_i$ und, wenn $I = \{1, \dots, n\}$ für ein $n \in N^+$ ist, auch mit $X_1 \oplus \cdots \oplus X_n$. Falle I nichtleer ist und die X_i pseudotopologische Gruppen sind, ist nach 5.13.18 das limitierte direkte Produkt der X_i gleich dem pseudotopologischen direkten Produkt der X_i. Ist I nichtleer und sind die X_i topologische Gruppen, so stimmt nach 5.13.18 das pseudotopologische direkte Produkt der X_i im allgemeinen nicht mit dem topologischen direkten Produkt der X_i überein, das trifft allerdings zu, wenn I nichtleer und endlich ist.

Wir bezeichnen das limitierte direkte Produkt der X_i ($i \in I$), also D, versehen mit $g(\operatorname{fin} \tau_i)$, mit X. Unter Benutzung der natürlichen Projektionen folgt ähnlich wie die entsprechende Aussage für limitierte freie Produkte: Wenn keine der Limitierungen τ_i der X_i entartet ist, sind die ι_i Isomorphismen von X_i in X.

Die Gesamtheit $\mathfrak{J}$ aller nichtleeren endlichen Teilmengen von I denken wir uns wieder mit der mengentheoretischen Ordnung versehen. Zu beliebigem

$J \in \mathfrak{J}$ sei $\mathfrak{X}_J$ das limitierte direkte Produkt der X_j $(j \in J)$, D_j die $\mathfrak{X}_J$ unterliegende Gruppe, τ'_J die Limitierung von $\mathfrak{X}_J$ und ferner ι_J die (in naheliegender Weise definierte) natürliche Einbettung von $\mathfrak{X}_J$ in X. Wir bezeichnen zu jedem $J \in \mathfrak{J}$ die Untergruppe $\iota_J[D_J]$ von D, versehen mit der Finallimitierung von τ'_J bez. ι_J, mit $\iota_J[\mathfrak{X}_J]$. Für beliebige $J, K \in \mathfrak{J}$ mit $J \subseteqq K$ ist die identische Einbettung von $\iota_J[\mathfrak{X}_J]$ in $\iota_K[\mathfrak{X}_K]$ ein stetiger Gruppenhomomorphismus, so daß unter der Einschränkung $I \neq \emptyset$ die limitierte Gruppe $\bigcup_{J \in \mathfrak{J}} \iota_J[\mathfrak{X}_J]$ gebildet werden kann. Ähnlich wie 5.13.15 zeigt man unter Berücksichtigung von 5.13.17

5.13.19 (Limitierte direkte Produkte als induktive Limites). *Es sei $I \neq \emptyset$. Zwischen dem limitierten direkten Produkt X und den endlichen limitierten direkten Produkten $\mathfrak{X}_J$ $(J \in \mathfrak{J})$ besteht die Beziehung*

$$X = \bigcup_{J \in \mathfrak{J}} \iota_J[\mathfrak{X}_J]\,. \tag{5.13.21}$$

Die endlichen limitierten direkten Produkte besitzen die folgende einfache Charakterisierung.

5.13.20 (Endliche limitierte direkte Produkte). *I sei nichtleer und endlich. Dann stimmt das limitierte direkte Produkt der X_i mit dem limitierten Produkt $\prod_{i \in I} X_i$ überein.*

Beweis. Auf Grund der Voraussetzung ist D das Produkt der Gruppen E_i. Wir nehmen ohne Einschränkung der Allgemeinheit an, daß $I = \{1, \dots, n\}$ ist. Aus 5.13.17 und der nachfolgenden Anmerkung ergibt sich, daß $g(\text{fin}\ \tau_i)$ für jedes Element $x = (x_1, \dots, x_n)$ von D die Menge aller Filter $\iota_1(\mathfrak{G}_1) \cdots \iota_n(\mathfrak{G}_n) = \mathfrak{G}_1 \times \cdots \times \mathfrak{G}_n$ mit $\mathfrak{G}_k \in \tau_k(x_k)$ $(k = 1, \dots, n)$ als Subbasis hat. Daraus folgt aber die Behauptung.

Analog wie 5.13.16 erhalten wir

5.13.21 (Coprodukte in LAB, PAB und TAB). *Sind die X_i limitierte, pseudotopologische bzw. topologische abelsche Gruppen, so ist das limitierte direkte Produkt X der X_i $(i \in I)$, zusammen mit den natürlichen Injektionen $\iota_i\colon X_i \to X$, ein Coprodukt der X_i in* LAB, *ist $\mathbf{p}^g(X)$, zusammen mit den natürlichen Injektionen $\iota_i\colon X_i \to \mathbf{p}^g(X)$, ein Coprodukt der X_i in* PAB *bzw. ist $\mathbf{t}^g(X)$, zusammen mit den natürlichen Injektionen $\iota_i\colon X_i \to \mathbf{t}^g(X)$, ein Coprodukt der X_i in* TAB.

Ähnlich wie 5.1.7 folgt unter Beachtung von 5.11.4, 5.11.6, 5.13.12, 5.13.16 und 5.13.21 sowie der Anmerkungen nach 5.11.4, 5.11.6 und 5.13.12

5.13.22. *In* LGR, PGR, TGR, LAB, PAB *und* TAB *sind die Mono- und Epimorphismen diejenigen Morphismen, die Injektionen bzw. Surjektionen sind.*

5.14. Finallimitierungen bezüglich homogener Abbildungen

E sei ein $\boldsymbol{K}$-Radialraum ($\boldsymbol{K} = \boldsymbol{R}$ oder $\boldsymbol{C}$), $(X_i)_{i \in I}$ eine Familie mit Limitierungen τ_i versehener $\boldsymbol{K}$-Radialräume X_i und zu beliebigem $i \in I$ ferner g_i eine homogene Abbildung von X_i in E. 0_i sei jeweils der Nullpunkt von X_i. Zu beliebigem $\alpha \in \boldsymbol{K}$, $i \in I$ und $x_i \in X_i$ gelte $\alpha\tau_i(x_i) \subseteq \tau_i(\alpha x_i)$, d. h., zu beliebigem $\alpha \in \boldsymbol{K}$ und $i \in I$ sei die Abbildung $x_i \mapsto \alpha x_i$ ($x_i \in X_i$) von X_i in sich bez. τ_i, τ_i stetig.

fin τ_i sei die Finallimitierung der τ_i bezüglich der Abbildung g_i. Zu beliebigen $\alpha \in \boldsymbol{K}$ und $x \in E$ ergibt sich unter Berücksichtigung von (3.12.1) und $\alpha g_i^{-1}\{x\} \subseteq g_i^{-1}\{\alpha x\}$ $(i \in I)$

$$\begin{aligned}\alpha(\operatorname{fin}\tau_i)(x) &= \bigvee_{i\in I}\ \bigvee_{x_i\in g_i^{-1}\{x\}} \alpha(g_i^{\mathfrak{I}} \circ \tau_i)(x) \\ &\subseteq \bigvee_{i\in I}\ \bigvee_{x_i\in g_i^{-1}\{x\}} (g_i^{\mathfrak{I}} \circ \tau_i)(\alpha x_i) \subseteq (\operatorname{fin}\tau_i)(\alpha x)\,, \end{aligned} \tag{5.14.1}$$

so daß wir zu fin τ_i die assoziierte verträgliche Limitierung, Pseudotopologie, mehrstufige Topologie und Topologie des Radialraumes E bilden können.

5.14.1. *Es gilt*

$$\begin{aligned} &\operatorname{fin} r(\tau_i) = r(\operatorname{fin}\tau_i)\,, \qquad \operatorname{fin} p^r(\tau_i) \leqq p^r(\operatorname{fin}\tau_i) \\ &\operatorname{fin} m^r(\tau_i) \leqq m^r(\operatorname{fin}\tau_i) \quad \textit{und} \quad \operatorname{fin} t^r(\tau_i) \leqq t^r(\operatorname{fin}\tau)\,, \end{aligned} \tag{5.14.2}$$

wobei alle angegebenen Finallimitierungen bezüglich der Abbildungen g_i gemeint sind. Bei der zweiten Beziehung von (5.14.2) *trifft das Gleichheitszeichen genau dann zu, wenn $E = \bigcup_{i\in I} \operatorname{wb} g_i$ ist. Bei der dritten und vierten Beziehung von* (5.14.2) *gilt das Gleichheitszeichen im allgemeinen nicht, auch nicht bei $E = \bigcup_{i\in I} \operatorname{wb} g_i$. Im allgemeinen ist fin$\tau_i$ nicht einmal eine mehrstufige Topologie, wenn die τ_i verträgliche Topologien sind und $E = \bigcup_{i\in I} \operatorname{wb} g_i$ gilt.*

Beweis. 1. Die erste Beziehung von (5.14.2) gilt bei $I = \emptyset$ mit dem Gleichheitszeichen, da die in dieser auftretenden Finallimitierungen dann stets gleich der feinsten Limitierung von E sind und die feinste Limitierung von E verträglich ist. Im weiteren sei vorerst $I \neq \emptyset$. Zu beliebigem $x \in E$ hat dann $(\operatorname{fin}(r(\tau_i)))(x)$ die Menge aller Filter $g_j(\mathfrak{F})$ $(j \in I,\ y \in X_j$ und $\mathfrak{F} \in r(\tau_j)(y)$ mit $g_j(y) = x)$ als Subbasis. Wie sich mittels (2.5.2) und (5.2.7) ergibt, ist daher im Falle $x \neq 0$ auch die Menge aller Filter $(\boldsymbol{V} + 1)\, g_j(\mathfrak{F})$ $(j \in I,\ y \in X_j$ und $\mathfrak{F} \in \tau_j(y)$ mit $g_j(y) = x)$ und im Falle $x = 0$ auch die Menge aller Filter $(\boldsymbol{V} + 1)\, g_j(\mathfrak{F})$ $(j \in I,\ y \in X_j$ und $\mathfrak{F} \in \tau_j(y)$ mit $g_j(y) = 0)$ und $\boldsymbol{V} g_j(\mathfrak{G})$ $(j \in I,\ y \in X_j$ und $\mathfrak{G} \in \tau_j(y))$ eine Subbasis von $(\operatorname{fin} r(\tau_i))(x)$ und natürlich auch von $r(\operatorname{fin}\tau_i)(x)$. Die erste Beziehung von (5.14.2) gilt daher auch im Falle $I \neq \emptyset$. Aus dieser Beziehung und 3.12.9 erhält man

$$\operatorname{fin} p^r(\tau_i) = r\big(\operatorname{fin} p(\tau_i)\big) \leqq p^r(\operatorname{fin}\tau_i)\,,$$

also die zweite Beziehung von (5.14.2). Ferner ergibt sich, daß bei der zweiten Beziehung das Gleichheitszeichen zutrifft, wenn $E = \bigcup_{i \in I} \operatorname{wb} g_i$ ist. Für jeden Punkt $x \in E \setminus \bigcup_{i \in I} \operatorname{wb} g_i$ gilt $(\operatorname{fin} p^r(\tau_i))(x) = \{\mathsf{P}E\}$, im Falle $E \neq \bigcup_{i \in I} \operatorname{wb} g_i$ also bei der zweiten Beziehung von (5.14.2) das Gleichheitszeichen nicht.

2. Zu beliebigem $x \in E$ sei $\mathfrak{N}(x)$ der Nachbarschaftsfilter von x bez. $p^r(\operatorname{fin} \tau_i)$ und zu beliebigem $i \in I$ und $x_i \in X_i$ ferner $\mathfrak{N}_i(x_i)$ der Nachbarschaftsfilter von x_i bez. $p^r(\tau_i)$. Auf Grund des Korollars zu 3.12.7 und der zweiten Beziehung von (5.14.2) folgt zu beliebigem $x \in E$

$$\mathfrak{N}(x) \subseteqq \bigwedge_{i \in I} \bigwedge_{x_i \in g_i^{-1}\{x\}} g_i(\mathfrak{N}_i(x_i)) \,, \tag{5.14.3}$$

auch im Falle $x \notin \bigcup_{i \in I} \operatorname{wb} g_i$, mittels (5.2.5) damit

$$V\mathfrak{N}(x) \subseteqq \bigwedge_{i \in I} \bigwedge_{x_i \in g_i^{-1}\{x\}} Vg_i(\mathfrak{N}_i(x_i)) \,. \tag{5.14.4}$$

Wegen (3.12.1), (5.5.3), (5.5.4), (5.14.3) und (5.14.4) ergibt sich

$$\begin{aligned}(\operatorname{fin} m^r(\tau_i))(0) &= \bigvee_{i \in I} \bigvee_{x_i \in g_i^{-1}\{0\}} [(V+1)\, g_i(\mathfrak{N}_i(x_i))] \vee \bigvee_{i \in I} [\bigcap_{y_i \in X_i} Vg_i(\mathfrak{N}_i(y_i))] \\ &\subseteqq [(V+1) \bigwedge_{i \in I} \bigwedge_{x_i \in g_i^{-1}\{0\}} g_i(\mathfrak{N}_i(x_i)) \cap \bigcap_{y \in E} \bigwedge_{i \in I} \bigwedge_{y_i \in g_i^{-1}\{y\}} Vg_i(\mathfrak{N}_i(y_i))] \\ &\subseteqq m^r(\operatorname{fin} \tau_i)\,(0)\end{aligned}$$

und zu beliebigem $x \neq 0$ aus E

$$\begin{aligned}(\operatorname{fin} m^r(\tau_i))(x) &= \bigvee_{i \in I} \bigvee_{x_i \in g_i^{-1}\{x\}} [(V+1)\, g_i(\mathfrak{N}_i(x_i))] \\ &\subseteqq [(V+1) \bigwedge_{i \in I} \bigwedge_{x_i \in g_i^{-1}\{x\}} g_i(\mathfrak{N}_i(x_i))] \subseteqq m^r(\operatorname{fin} \tau_i)\,(x) \,.\end{aligned}$$

Es gilt daher auch die dritte Beziehung von (5.14.2).

Zu beliebigem $x \in E$ sei $\mathfrak{U}(x)$ der Umgebungsraster von x bez. $p^r(\operatorname{fin} \tau_i)$ und zu beliebigem $i \in I$ und $x_i \in X_i$ ferner $\mathfrak{U}_i(x_i)$ der Umgebungsraster von x_i bez. $p^r(\tau_i)$. Auf Grund des Korollars zu 3.12.8 und der zweiten Beziehung von (5.14.2) gilt zu jedem $x \in E$

$$\operatorname{im}_{\subseteqq} \mathfrak{U}(x) \subseteqq \bigwedge_{i \in I} \bigwedge_{x_i \in g_i^{-1}\{x\}} g_i(\operatorname{im}_{\subseteqq} \mathfrak{U}_i(x_i)) \,, \tag{5.14.5}$$

wegen (5.2.5) damit

$$V \operatorname{im}_{\subseteqq} \mathfrak{U}(x) \subseteqq \bigwedge_{i \in I} \bigwedge_{x_i \in g_i^{-1}\{x\}} Vg_i(\operatorname{im}_{\subseteqq} \mathfrak{U}_i(x_i)) \,. \tag{5.14.6}$$

Aus (3.12.1), (5.5.6) und (5.5.7) ergibt sich für beliebiges $x \in E$

$$(\operatorname{fin} t^r(\tau_i))\,(x) = \bigvee_{i \in I} \bigvee_{x_i \in g_i^{-1}\{x\}} [(V+1)\, g_i(\operatorname{im} \mathfrak{U}_i(x_i))] \vee \bigvee [\bigcap_{y_i \in X_i} Vg_i(\operatorname{im} \mathfrak{U}_i(y_i))] \,,$$

wobei die letzte Vereinigung über alle $i \in I$, für die $\mathfrak{U}_i(x_i) \subseteqq [0_i]$ für mindestens ein $x_i \in g_i^{-1}\{x\}$ ist, zu erstrecken ist. Mittels (5.14.5) und (5.14.6) folgt im Falle

$\mathfrak{U}(x) \subseteqq [0]$ damit

$$(\text{fin}\, t^r(\tau_i))\,(x) \subseteqq [(V+1) \bigwedge_{i\in I} \bigwedge_{x_i\in g_i^{-1}\{x\}} \underset{\subseteqq}{g_i(\text{im}\,\mathfrak{U}_i(x_i))} \cap \bigcap_{y\in E} \bigwedge_{i\in I} \bigwedge_{y_i\in g_i^{-1}\{y\}} \underset{\subseteqq}{Vg_i(\text{im}\,\mathfrak{U}_i(y_i))}]$$
$$\subseteqq (t^r(\text{fin}\,\tau_i))\,(x)$$

und im Falle $\mathfrak{U}(x) \nsubseteq [0]$ — da in diesem $\mathfrak{U}_i(x_i) \nsubseteq [0_i]$ zu jedem $i \in I$ und $x_i \in g_i^{-1}\{x\}$ gilt —

$$(\text{fin}\, t^r(\tau_i))\,(x) \subseteqq [(V+1) \bigwedge_{i\in I} \bigwedge_{x_i\in g_i^{-1}\{x\}} \underset{\subseteqq}{g_i(\text{im}\,\mathfrak{U}_i(x_i))}] \subseteqq t^r(\text{fin}\,\tau_i)\,(x)\,.$$

Daher ist auch die vierte Beziehung von (5.14.2) richtig.

3. E sei ein unendlichdimensionaler $\boldsymbol{K}$-Vektorraum. Wir fassen ihn bezüglich der äußeren Multiplikation als Radialraum auf. τ_i $(i \in I)$ seien die in Teil 4 des Beweises von 5.13.1 definierten Topologien von E. Jede dieser Topologien ist mit der äußeren Multiplikation von E verträglich. Als g_i wählen wir wieder die identische Abbildung von E auf sich und erhalten natürlich $E = \bigcup_{i\in I} \text{wb}g_i$. fin τ_i ist die feinste mit der linearen Struktur von E verträgliche Pseudotopologie. Sie ist keine Topologie und wegen 5.4.6 auch keine mehrstufige Topologie.

Analog zeigt man

5.14.1′. 5.14.1 *gilt auch, wenn r durch ϱ ersetzt wird.*

Sind die τ_i verträgliche bzw. schwach verträgliche Limitierungen, so ist wegen der ersten Beziehung von (5.14.2) und der entsprechenden Beziehung fin $\varrho(\tau_i) = \varrho(\text{fin}\,\tau_i)$ auch fin τ_i verträglich bzw. schwach verträglich.

Wegen 3.12.4, 5.5.7 und 5.5.9 bis 5.5.11 ergibt sich

5.14.2. $r(\text{fin}\,\tau_i)$ *ist die feinste verträgliche Limitierung des Radialraumes E mit der Eigenschaft, daß alle Abbildungen g_i bez. τ_i und dieser Limitierung stetig sind. $p^r(\text{fin}\,\tau_i)$ ist die feinste verträgliche Pseudotopologie von E, $m^r(\text{fin}\,\tau_i)$ die feinste verträgliche mehrstufige Topologie von E und $t^r(\text{fin}\,\tau_i)$ die feinste verträgliche Topologie von E derart, daß alle Abbildungen g_i bez. τ_i und dieser Pseudotopologie, mehrstufigen Topologie bzw. Topologie stetig sind.*

Mittels 5.7.3 bis 5.7.5 folgt entsprechend

5.14.2′. 5.14.2 *gilt auch, wenn r durch ϱ und verträglich durch schwach verträglich ersetzt wird.*

Aus 3.12.1 und 5.5.8 bis 5.5.11 erhalten wir

5.14.3 (Stetigkeit bez. $r(\text{fin}\,\tau_i)$, $p^r(\text{fin}\,\tau_i)$, $m^r(\text{fin}\,\tau_i)$ und $t^r(\text{fin}\,\tau_i)$). *Ist Y ein limitierter, pseudotopologischer bzw. mehrstufig topologischer $\boldsymbol{K}$-Radialraum, so ist eine homogene Abbildung f von E in Y in einem Punkt $x \in E$ bezüglich $r(\text{fin}\,\tau_i)$ und* *der Limitierung τ' von Y, bezüglich $p^r(\text{fin}\,\tau_i)$ und der Pseudotopologie τ' von Y bzw. bezüglich $m^r(\text{fin}\,\tau_i)$ und der mehrstufigen Topologie τ' von Y genau dann stetig, wenn jede Abbildung $f \circ g_i$ über $g_i^{-1}\{x\}$ bez. τ_i und τ', bez. $p^r(\tau_i)$ und τ' bzw. bez. $m^r(\tau_i)$ und τ' stetig ist. Wenn Y ein topologischer $\mathbf{K}$-Radialraum ist, ist eine homogene Abbildung f von E in Y bezüglich $t^r(\text{fin}\,\tau_i)$ und der Topologie τ' von Y genau dann stetig, wenn die Abbildungen $f \circ g_i$ bez. $t^r(\tau_i)$ und τ' stetig sind.*

Unter Berücksichtigung von 5.7.3 bis 5.7.5 ergibt sich entsprechend

5.14.3'. 5.14.3 *gilt auch, wenn r durch ϱ ersetzt wird und anstelle limitierter, pseudotopologischer, mehrstufig topologischer bzw. topologischer Radialraum verallgemeinerter limitierter, verallgemeinerter pseudotopologischer, verallgemeinerter mehrstufig topologischer bzw. verallgemeinerter topologischer Radialraum gesetzt wird.*

Wir kommen im folgenden zu Spezialfällen.

a. Zuerst nehmen wir an, daß die Limitierungen τ_i verträglich und die g_i gleich der identischen Abbildung von E auf sich sind, so daß $\text{fin}\,\tau_i = \bigvee_{i \in I} \tau_i$ gilt. $\mathcal{T}^r E$, $\mathcal{T}^{pr} E$, $\mathcal{T}^{mr} E$ und $\mathcal{T}^{tr} E$ seien wie in Abschnitt 5.11 der vollständige Verband aller verträglichen Limitierungen, Pseudotopologien, mehrstufigen Topologien bzw. Topologien des Radialraumes E. Aus 5.14.2 und der Anmerkung nach 5.14.1' folgt, daß $\bigvee_{i \in I} \tau_i$ gleich dem Supremum von $\{\tau_i \mid i \in I\}$ in $\mathcal{T}^r E$ und — falls die τ_i Pseudotopologien, mehrstufige Topologien bzw. Topologien sind — $p^r(\bigvee_{i \in I} \tau_i)$ gleich dem Supremum von $\{\tau_i \mid i \in I\}$ in $\mathcal{T}^{pr} E$, $m^r(\bigvee_{i \in I} \tau_i)$ gleich dem Supremum von $\{\tau_i \mid i \in I\}$ in $\mathcal{T}^{mr} E$ bzw. $t^r(\bigvee_{i \in I} \tau_i)$ gleich dem Supremum von $\{\tau_i \mid i \in I\}$ in $\mathcal{T}^{tr} E$ ist. Sind die τ_i Pseudotopologien, so gilt $\bigvee_{i \in I} \tau_i = p^r(\bigvee_{i \in I} \tau_i)$ genau dann, wenn $I \neq \emptyset$ ist, wie mittels 5.14.1 folgt. Teil 3 des Beweises von 5.14.1 entnimmt man, daß $\bigvee_{i \in I} \tau_i$ in dem Fall, daß die τ_i mehrstufige Topologien bzw. Topologien sind, im allgemeinen nicht mit $m^r(\bigvee_{i \in I} \tau_i)$ bzw. $t^r(\bigvee_{i \in I} \tau_i)$ übereinstimmt, auch nicht bei $I \neq \emptyset$.

Diese Aussagen gelten auch, wenn wir die τ_i lediglich als schwach verträglich annehmen und r durch ϱ ersetzen.

b. Wir setzen für das Folgende die τ_i als verträglich voraus und stellen an die homogenen Abbildungen g_i keine Forderungen. E, versehen mit $\text{fin}\,\tau_i$, bezeichnen wir mit X. E, versehen mit $p^r(\text{fin}\,\tau_i)$, $m^r(\text{fin}\,\tau_i)$ bzw. $t^r(\text{fin}\,\tau_i)$, ist natürlich gleich $\boldsymbol{p}^r(X)$, $\boldsymbol{m}^r(X)$ bzw. $\boldsymbol{t}^r(X)$. Aus 5.14.3 ergibt sich für die an die Vergißfunktoren V: LRAD $\to$ RAD, V^p: PRAD $\to$ RAD, V^m: MRAD $\to$ RAD und V^t: TRAD $\to$ RAD gebundenen Coprodukte

5.14.4 (Gebundene Coprodukte in LRAD, PRAD, MRAD und TRAD). *Der limitierte Radialraum X ist, zusammen mit der Familie der Abbildungen*

$g_i: X_i \to X$ ($i \in I$), gleich dem V-Coprodukt der X_i ($i \in I$) über E, $(g_i)_{i \in I}$. $\mathbf{p}^r(X)$ ist, zusammen mit der Familie der Abbildungen $g_i: \mathbf{p}^r(X_i) \to \mathbf{p}^r(X)$ ($i \in I$), gleich dem V^p-Coprodukt der $\mathbf{p}^r(X_i)$ über E, $(g_i)_{i \in I}$, $\mathbf{m}^r(X)$ ist, zusammen mit der Familie der Abbildungen $g_i: \mathbf{m}^r(X_i) \to \mathbf{m}^r(X)$ ($i \in I$), gleich dem V^m-Coprodukt der $\mathbf{m}^r(X_i)$ über E, $(g_i)_{i \in I}$ und $\mathbf{t}^r(X)$ ist, zusammen mit der Familie der Abbildungen $g_i: \mathbf{t}^r(X_i) \to \mathbf{t}^r(X)$ ($i \in I$), gleich dem V^t-Coprodukt der $\mathbf{t}^r(X_i)$ über E, $(g_i)_{i \in I}$.

Wegen 5.14.4 existieren alle an die Vergißfunktoren V, V^p, V^m und V^t gebundenen Coprodukte, und zwar stets eindeutig. Da nach einer Bemerkung nach 5.2.5 in RAD alle induktiven Limites existieren, ergibt sich mittels 3.2.23, daß auch in den Kategorien LRAD, PRAD, MRAD bzw. TRAD alle induktiven Limites existieren. Über natürliche Auswahlen der induktiven Limites in RAD gelangt man zu natürlichen Auswahlen der induktiven Limites in LRAD, PRAD, MRAD und TRAD.

Es folgt leicht, daß die entsprechenden Aussagen bezüglich der Kategorien VLRAD, VPRAD, VMRAD und VTRAD gelten, also auch in diesen Kategorien alle induktiven Limites existieren.

c. Im weiteren gehen wir auf die Begriffe limitierter, pseudotopologischer, mehrstufig topologischer und topologischer Quotientenradialraum ein. X sei dazu ein beliebiger limitierter $\boldsymbol{K}$-Radialraum, E der unterliegende Radialraum und τ die Limitierung von X. σ sei eine invariante Äquivalenzrelation von E und $\varkappa$ die kanonische Abbildung von E auf den Quotientenradialraum E/σ (vergleiche Abschnitt 5.2). Wir bezeichnen die Finallimitierung von τ bez. $\varkappa$ mit τ_σ. Aus 5.14.1 folgt, daß τ_σ eine verträgliche Limitierung von E/σ ist und daß τ_σ eine Pseudotopologie ist, wenn das für τ zutrifft. Ähnlich wie die erste Beziehung von (5.13.10) ergibt sich daher

$$p^r(\tau)_\sigma = p^r(\tau_\sigma)\,. \tag{5.14.7}$$

Wenn τ eine mehrstufige Topologie, ja sogar eine Topologie ist, muß τ_σ im allgemeinen keine mehrstufige Topologie sein, wie aus dem Beispiel nach 3.13.7 hervorgeht. Den in diesem Beispiel auftretenden Limesraum $\boldsymbol{K}^2$ fassen wir bezüglich der äußeren Multiplikation von $\boldsymbol{K}^2$ als limitierten $\boldsymbol{K}$-Radialraum auf. Die in diesem Beispiel auftretende Äquivalenzrelation ist natürlich invariant. Falls τ eine Topologie ist, trifft das für $m^r(\tau_\sigma)$ im allgemeinen nicht zu, wie wir mittels des Beispiels nach 3.13.8 zeigen werden. $\boldsymbol{K}^2$ fassen wir wie eben als $\boldsymbol{K}$-Radialraum auf. σ sei die wie im Beispiel nach 3.13.8 definierte Äquivalenzrelation ϱ. Sie ist, wie man leicht bestätigt, invariant. Aus 3.13.4, (5.2.7) und (5.5.3) folgt, daß für den Nachbarschaftsfilter $\mathfrak{N}'(y)$ jedes von 0 verschiedenen Punktes y von $\boldsymbol{K}^2/\sigma$ bez. $m^r(\tau_\sigma)$ die Beziehung

$$\mathfrak{N}'(y) = \varkappa\bigl((\boldsymbol{V} + 1) \bigwedge_{x \in y} \mathfrak{N}(x)\bigr) \tag{5.14.8}$$

besteht, wobei die $\mathfrak{N}(x)$ die Nachbarschaftsfilter der Punkte x bezüglich der Topologie τ von $\boldsymbol{K}^2$ sind. Wir finden ein $V \in \boldsymbol{V}$ und ein $N \in \mathfrak{N}(1, 0)$ derart, daß die Menge $N' = (V + 1)\,N$ abgeschlossen ist und ihr nicht der Punkt $(1, 1)$

angehört, somit $\sigma[N']$ keine Nachbarschaft von (1, 1) bez. τ ist. $\varkappa[N']$ ist wegen (5.14.8) eine Nachbarschaft von $\{(1, 0)\}$ bez. $m^r(\tau_\sigma)$. Es gibt kein $U \in \boldsymbol{V}$ und $M \in \mathfrak{N}(1, 0)$ derart, daß $\varkappa[N']$ Nachbarschaft jedes Punktes von $\varkappa[M']$, $M' = (U + 1)\, M$, ist, da $\varkappa(1, 1)$ zu $\varkappa[M']$ gehört und $\varkappa[N']$ bez. $m^r(\tau_\sigma)$ keine Nachbarschaft von $\varkappa(1, 1)$ ist (es müßte nämlich sonst wegen (5.14.8) ein $W \in \boldsymbol{V}$ und eine Nachbarschaft L der Menge $\left\{\left(1, \frac{1}{n}\right) \mid n \in \boldsymbol{N}^+\right\}$ bez. τ geben mit $(W + 1)\, L \subseteq \sigma\,[N']$, so daß $\sigma[N']$ dann doch Nachbarschaft von (1, 1) wäre). $m^r(\tau_\sigma)$ ist daher keine Topologie.

Wir befassen uns wieder mit dem allgemeinen in c betrachteten Fall und bezeichnen E/σ, versehen mit τ_σ, mit X_σ. Wir nennen X_σ den **limitierten Quotientenradialraum** von X nach σ und — wenn X ein pseudotopologischer Radialraum ist — auch den **pseudotopologischen Quotientenradialraum** von X nach σ. Ist X ein mehrstufig topologischer bzw. topologischer Radialraum, so nennen wir schließlich $\boldsymbol{m}^r(X_\sigma)$ den **mehrstufig topologischen Quotientenradialraum** von X nach σ bzw. $\boldsymbol{t}^r(X_\sigma)$ den **topologischen Quotientenradialraum** von X nach σ.

Die limitierten, pseudotopologischen, mehrstufig topologischen bzw. topologischen Quotientenradialräume bilden nach dem folgenden Satz gerade die Differenzcokerne in LRAD, PRAD, MRAD bzw. TRAD.

5.14.5 (Differenzcokerne in LRAD, PRAD, MRAD und TRAD). *Zu beliebigen Morphismen $f\colon Y \to X$ und $g\colon Y \to X$ von* LRAD *mit gleicher Quelle und X als Ziel ist der limitierte Quotientenradialraum $X_{\sigma_{fg}}$, zusammen mit der kanonischen Abbildung von X auf $X_{\sigma_{fg}}$, ein Differenzcokern von f und g. Ist X ein pseudotopologischer, mehrstufig topologischer bzw. topologischer Radialraum, so ist zu beliebigen Morphismen $f\colon Y \to X$ und $g\colon Y \to X$ von* PRAD, MRAD *bzw.* TRAD *mit gleicher Quelle und X als Ziel $X_{\sigma_{fg}}$, zusammen mit der kanonischen Abbildung von X auf $X_{\sigma_{fg}}$, $\boldsymbol{m}^r(X_{\sigma_{fg}})$, zusammen mit der kanonischen Abbildung von X auf $\boldsymbol{m}^r(X_{\sigma_{fg}})$, bzw. $\boldsymbol{t}^r(X_{\sigma_{fg}})$, zusammen mit der kanonischen Abbildung von X auf $\boldsymbol{t}^r(X_{\sigma_{fg}})$, ein Differenzcokern von f und g. σ_{fg} ist dabei jeweils die durch* (5.2.1) *definierte Äquivalenzrelation.*

Bezüglich der obigen Äquivalenzrelation σ gilt: X_σ tritt, zusammen mit $\varkappa\colon X \to X_\sigma$, als Differenzcokern von Morphismen $f\colon Y \to X$ und $g\colon Y \to X$ von LRAD *auf. Ist X ein pseudotopologischer, mehrstufig topologischer bzw. topologischer Radialraum, so tritt X_σ, zusammen mit $\varkappa\colon X \to X_\sigma$, als Differenzcokern von Morphismen $f\colon Y \to X$ und $g\colon Y \to X$ von* PRAD, *$\boldsymbol{m}^r(X_\sigma)$, zusammen mit $\varkappa\colon X \to \boldsymbol{m}^r(X_\sigma)$, als Differenzcokern von Morphismen $f\colon Y \to X$ und $g\colon Y \to X$ von* MRAD *bzw. $\boldsymbol{t}^r(X_\sigma)$, zusammen mit $\varkappa\colon X \to \boldsymbol{t}^r(X_\sigma)$, als Differenzcokern von Morphismen $f\colon Y \to X$ und $g\colon Y \to X$ von* TRAD *auf.*

Zum Beweis: Die Behauptung beweist man analog wie 3.13.1. Es sind dabei die Kategorien LIM, PTOP, MTOP, TOP und ENS durch die Kategorien LRAD, PRAD, MRAD, TRAD und RAD zu ersetzen, und anstelle der Sätze 3.1.5, 3.12.3 und 3.12.5 sind die Sätze 5.2.3 und 5.14.4 zu nehmen. Für den Fall der Kategorien PRAD, MRAD und TRAD ist bei der Konstruktion von Y die entartete Limitierung nicht durch die diskrete Topologie, sondern die feinste verträgliche Pseudotopologie, mehrstufige Topologie bzw. Topologie zu ersetzen.

Wir nehmen nun X als verallgemeinerten limitierten $\boldsymbol{K}$-Radialraum an und definieren X_σ wie eben. X_σ heißt dann der **verallgemeinerte limitierte Quotientenradialraum** von X nach σ und — wenn X ein verallgemeinerter pseudotopologischer Radialraum ist — auch der **verallgemeinerte pseudotopologische Quotientenradialraum** von X nach σ. Ist X ein verallgemeinerter mehrstufig topologischer bzw. verallgemeinerter topologischer Radialraum, so heißt schließlich $\boldsymbol{m}^\varrho(X_\sigma)$ der **verallgemeinerte mehrstufig topologische Quotientenradialraum** von X nach σ bzw. $\boldsymbol{t}^\varrho(X_\sigma)$ der **verallgemeinerte topologische Quotientenradialraum** von X nach σ. Die verallgemeinerten limitierten, pseudotopologischen, mehrstufig topologischen und topologischen Quotientenradialräume bilden gerade die Differenzcokerne in VLRAD, VPRAD, VMRAD bzw. VTRAD, d. h., für diese Räume und die eben erwähnten Kategorien besteht ein analoger Satz wie 5.14.5.

d. Es sei nun $(X_\iota)_{\iota\in I}$ eine Familie limitierter $\boldsymbol{K}$-Radialräume mit einer Menge I als Indexbereich. Zu beliebigem $i \in I$ sei τ_ι die Limitierung von X_ι, E_ι der X_ι unterliegende Radialraum und 0_ι der Nullpunkt von E_ι. E sei das Sternprodukt der E_ι, 0 der Nullpunkt von E und ι_ι zu beliebigem $i \in I$ die natürliche Injektion von E_ι in E. Für die Finallimitierung $\operatorname{fin}\tau_\iota$ der τ_ι bezüglich der ι_ι gilt

$$(\operatorname{fin}\tau_\iota)(0) = \bigvee_{\iota\in I} (\iota_\iota \circ \tau_\iota)(0_\iota) \tag{5.14.9}$$

und ferner

$$(\operatorname{fin}\tau_\iota)(x) = (\iota_j^{\mathfrak{F}} \circ \tau_j \circ \iota_j^{-1})(x) \tag{5.14.10}$$

zu beliebigem $j \in I$ und $x \in \iota_j[E_j] \setminus \{0\}$. Sind die τ_ι Pseudotopologien, so stimmt genau dann $\operatorname{fin}\tau_\iota$ mit $p^r(\operatorname{fin}\tau_\iota)$ überein, wenn I nichtleer ist.

5.14.6. *Es sei $I \neq \emptyset$, und es seien die τ_ι mehrstufige Topologien bzw. Topologien. Unter dieser Voraussetzung ist* $\operatorname{fin}\tau_\iota$ *genau dann eine mehrstufige Topologie bzw. eine Topologie, wenn* $[0_\iota]$ *bis auf endlich viele i der Nullnachbarschaftsfilter bez.* τ_ι *ist. Ferner ist dann* $m(\operatorname{fin}\tau_\iota)$ *eine verträgliche mehrstufige Topologie bzw. Topologie.*

Beweis. 1. Wir gehen zuerst auf den Fall ein, daß die τ_ι mehrstufige Topologien sind. $\mathfrak{N}_\iota(x_\iota)$ sei stets der Nachbarschaftsfilter von x_ι bez. τ_ι. Wegen (5.14.9) und (5.14.10) gilt $(\operatorname{fin}\tau_\iota)(0) = \bigvee_{\iota\in I} [\iota_\iota(\mathfrak{N}_\iota(0_\iota))]$ und $(\operatorname{fin}\tau_\iota)(x) = [\iota_j(\mathfrak{N}_j(x_j))]$ zu beliebigem $j \in I$ und $x = \iota_j(x_j)$ $(x_j \in E_j \setminus \{0_j\})$. $\operatorname{fin}\tau_\iota$ ist offensichtlich genau dann eine mehrstufige Topologie, wenn $i_1, \dots, i_n \in I$ existieren mit

$$\iota_{i_1}(\mathfrak{N}_{i_1}(0_\iota)) \cap \cdots \cap \iota_{i_n}(\mathfrak{N}_{i_n}(0_{i_n})) \subseteq \iota_j(\mathfrak{N}_j(0_j)) \qquad (j \in I)\,. \tag{5.14.11}$$

Es folgt $(\iota_{i_1}[E_{i_1}] \cup \cdots \cup \iota_{i_n}[E_{i_n}]) \cap \iota_j[E_j] \in \iota_j(\mathfrak{N}_j(0_j))$ zu beliebigem $j \in I$ und damit $\mathfrak{N}_j(0_j) = [0_j]$ für jedes von $i_1, \dots, i_n$ verschiedene j aus I und daraus umgekehrt

(5.14.11). Damit ist in dem betrachteten Fall der erste Teil der Behauptung bewiesen.

$\mathfrak{N}'(x)$ seien die Nachbarschaftsfilter der Punkte x von E bez. $p^r(\operatorname{fin}\tau_i)$. Wegen $I \neq \emptyset$ ist $p^r(\operatorname{fin}\tau_i) = \operatorname{fin}\tau_i$, so daß sich aus (5.14.9) und (5.14.10)

$$\mathfrak{N}'(0) = \bigcap_{i \in I} \iota_i(\mathfrak{N}_i(0_i))$$

und

$$\mathfrak{N}'(x) = \iota_j(\mathfrak{N}_j(x_j))$$

zu beliebigem $j \in I$ und $x = \iota_j(x_j)$ $(x_j \in E_j \setminus \{0_j\})$ ergibt. Da die τ_j verträgliche mehrstufige Topologien sind, folgt wegen 5.4.5 stets $\mathfrak{N}_j(x_j) = (V + 1)\,\mathfrak{N}_j(x_j)$, $\mathfrak{N}_j(0_j) \subseteqq V\mathfrak{N}_j(x_j)$ und somit

$$\mathfrak{N}'(x) = (V + 1)\,\mathfrak{N}'(x) \quad \text{und} \quad \mathfrak{N}'(0) \subseteqq V\mathfrak{N}'(x)$$

zu beliebigem $x \neq 0$ und unter Berücksichtigung von (5.4.1), (5.7.1) und 5.8.3

$$\mathfrak{N}'(0) = V\mathfrak{N}'(0) = (V + 1)\,\mathfrak{N}'(0)\,.$$

Mittels (5.5.3) und (5.5.4) erhalten wir daher

$$m^r(\operatorname{fin}\tau_i)\,(x) = [(V + 1)\,\mathfrak{N}'(x)] = [\mathfrak{N}'(x)]$$

zu beliebigem $x \neq 0$ und

$$m^r(\operatorname{fin}\tau_i)\,(0) = [(V + 1)\,\mathfrak{N}'(0) \cap \bigcap_{y \in E} V\mathfrak{N}'(y)] = [\mathfrak{N}'(0)]\,,$$

also $m^r(\operatorname{fin}\tau_i) = m(\operatorname{fin}\tau_i)$.

2. Im weiteren seien die τ_i Topologien. Ist $\operatorname{fin}\tau_i$ eine Topologie, so ergibt sich aus dem Gezeigten, daß $\mathfrak{N}_j(0_j) = [0_j]$ bis auf endlich viele j gilt. Wenn diese Bedingung erfüllt ist, folgt umgekehrt leicht, daß $\operatorname{fin}\tau_i$ eine Topologie ist. Nach Teil 1 des Beweises ist $m(\operatorname{fin}\tau_i)$ verträglich. Sind $\mathfrak{U}_i(x_i)$ die Umgebungsraster der Punkte $x_i \in E_i$ bezüglich der τ_i, so gilt $m(\operatorname{fin}\tau_i)\,(0) = [\bigcap_{i \in I} \iota_i(\operatorname{im}_{\subseteqq} \mathfrak{U}_i(0_i))]$ und $m(\operatorname{fin}\tau_i)\,(x) = [\iota_j(\operatorname{im}_{\subseteqq} \mathfrak{U}_j(x_j))]$ zu beliebigem $j \in I$ und $x = \iota_j(x_j)$ $(x_j \in E_j \setminus \{0_j\})$. Damit ergibt sich leicht, daß $m(\operatorname{fin}\tau_i)$ eine Topologie ist.

Unter der Voraussetzung dieses Satzes gilt $m(\operatorname{fin}\tau_i) = m^r(\operatorname{fin}\tau_i)$ bzw. $m(\operatorname{fin}\tau_i) = t^r(\operatorname{fin}\tau_i)$.

E, versehen mit $\operatorname{fin}\tau_i$, nennen wir das **limitierte Sternprodukt** der X_i $(i \in I)$. Sind die X_i pseudotopologische, mehrstufig topologische bzw. topologische Radialräume, so nennen wir E, versehen mit $p^r(\operatorname{fin}\tau_i)$, $m^r(\operatorname{fin}\tau_i)$ bzw. $t^r(\operatorname{fin}\tau_i)$ das **pseudotopologische, mehrstufig topologische** bzw. **topologische Sternprodukt** der X_i $(i \in I)$. Ist $I \neq \emptyset$ und sind die X_i pseudotopologische Radialräume, so ist das limitierte Sternprodukt der X_i gleich dem pseudotopologischen Sternprodukt der X_i. Wenn $I \neq \emptyset$ ist und die X_i mehrstufig topologische Radialräume sind, stimmt nach 5.14.6 das pseudotopologische Sternprodukt der X_i im allgemeinen nicht mit dem mehrstufig topologischen Sternprodukt der X_i überein. Ist $I \neq \emptyset$ und sind die X_i topologische Radialräume, so ist nach 5.14.6

hingegen das mehrstufig topologische Sternprodukt der X_ι gleich dem topologischen Sternprodukt der X_ι.

Wir bezeichnen E, versehen mit $\operatorname{fin}\tau_\iota$, mit X und erhalten aus 3.2.23, 5.2.4 und 5.14.4

5.14.7 (Coprodukte in LRAD, PRAD, MRAD und TRAD). *Das limitierte Sternprodukt X ist, zusammen mit den natürlichen Injektionen $\iota_\iota\colon X_\iota \to X$ $(\iota \in I)$, ein Coprodukt der X_ι $(\iota \in I)$ in* LRAD. *Sind die X_ι pseudotopologische, mehrstufig topologische bzw. topologische Radialräume, so ist das pseudotopologische Sternprodukt $\mathbf{p}^r(X)$, zusammen mit den natürlichen Injektionen $\iota_\iota\colon X_\iota \to \mathbf{p}^r(X)$ $(\iota \in I)$, ein Coprodukt der X_ι $(\iota \in I)$ in* PRAD, *das mehrstufig topologische Sternprodukt $\mathbf{m}^r(X)$, zusammen mit den natürlichen Injektionen $\iota_\iota\colon X_\iota \to \mathbf{m}^r(X)$ $(\iota \in I)$, ein Coprodukt der X_ι $(\iota \in I)$ in* MRAD *bzw. das topologische Sternprodukt $\mathbf{t}^r(x)$, zusammen mit den natürlichen Injektionen $\iota_\iota\colon X_\iota \to \mathbf{t}^r(X)$ $(\iota \in I)$, ein Coprodukt der X_ι $(\iota \in I)$ in* TRAD.

Für das Folgende seien die X_ι lediglich verallgemeinerte limitierte Radialräume. Die eingeführten Bezeichnungen behalten wir bei. Der erste Teil von 5.14.6 gilt auch in diesem Fall; der zweite Teil gilt mit naheliegenden Abänderungen, d. h., unter der Voraussetzung, daß $I \neq \emptyset$ ist und die τ_ι mehrstufige Topologien bzw. Topologien sind, ist auch $m(\operatorname{fin}\tau_\iota)$ eine schwach verträgliche mehrstufige Topologie bzw. Topologie. E, versehen mit $\operatorname{fin}\tau_\iota$, nennen wir das **verallgemeinerte limitierte Sternprodukt** der X_ι $(\iota \in I)$. Wenn die X_ι verallgemeinerte pseudotopologische, mehrstufig topologische bzw. topologische Radialräume sind, nennen wir E, versehen mit $p^\varrho(\operatorname{fin}\tau_\iota)$, $m^\varrho(\operatorname{fin}\tau_\iota)$ bzw. $t^\varrho(\operatorname{fin}\tau_\iota)$ das **verallgemeinerte pseudotopologische, mehrstufig topologische** bzw. **topologische Sternprodukt** der X_ι $(\iota \in I)$. 5.14.7 besitzt eine naheliegende Übertragung zu einer Aussage über Coprodukte in VLRAD, VPRAD, VMRAD und VTRAD.

Ähnlich wie 5.1.7 folgt unter Beachtung der in Abschnitt 5.11 und in diesem Abschnitt angeführten Aussagen über Differenzkerne, Differenzcokerne, Produkte und Coprodukte in VLRAD und in Unterkategorien:

5.14.8. *In* VLRAD, VPRAD, VMRAD, VTRAD, LRAD, PRAD, MRAD *und* TRAD *sind die Mono- und Epimorphismen diejenigen Morphismen, die Injektionen bzw. Surjektionen sind.*

5.15. Finallimitierungen bezüglich linearer Abbildungen

E sei ein $\boldsymbol{K}$-Vektorraum ($\boldsymbol{K} = \boldsymbol{R}$ oder $\boldsymbol{C}$), $(X_\iota)_{\iota \in I}$ eine Familie mit Limitierungen τ_ι versehener $\boldsymbol{K}$-Vektorräume X_ι und zu beliebigem $\iota \in I$ ferner g_ι eine lineare Abbildung von X_ι in E. Zu beliebigem $\alpha \in \boldsymbol{K}$, $\iota \in I$ und $x_\iota \in X_\iota$ gelte analog wie zu Anfang des vorigen Abschnittes $\alpha\tau_\iota(x_\iota) \subseteq \tau_\iota(\alpha x_\iota)$. $\operatorname{fin}\tau_\iota$ sei die Finallimitierung der τ_ι bezüglich der Abbildungen g_ι. Mittels (5.14.1) folgt, daß wir zu $\operatorname{fin}\tau_\iota$ die assoziierte verträgliche Limitierung, Pseudotopologie und Topologie des Vektorraumes E bilden können.

5.15.1. *Es ist*

$$\operatorname{fin} v(\tau_\iota) \leqq v(\operatorname{fin} \tau_\iota)\,, \quad \operatorname{fin} p^v(\tau_\iota) \leqq p^v(\operatorname{fin} \tau_\iota) \;\textit{und}\; \operatorname{fin} t^v(\tau_\iota) \leqq t^v(\operatorname{fin} \tau_\iota)\,, \qquad (5.15.1)$$

wobei alle angegebenen Finallimitierungen bezüglich der Abbildungen g_ι gemeint sind. Bei keiner der Beziehungen trifft im allgemeinen das Gleichheitszeichen zu. Es gilt sogar: Wenn die τ_ι verträgliche Limitierungen, Pseudotopologien bzw. Topologien sind, ist $\operatorname{fin} \tau_\iota$ *im allgemeinen keine verträgliche Limitierung, Pseudotopologie bzw. Topologie, auch nicht, wenn I nicht leer ist und die τ_ι gleichförmig und lokalkonvex sind.*

Beweis. 1. Aus 5.5.13, (5.13.1) und (5.14.2) folgt

$$\operatorname{fin} v(\tau_\iota) \leqq g(\operatorname{fin} r(\tau_\iota)) = v(\operatorname{fin} \tau_\iota)\,,$$

also die erste Beziehung von (5.15.1). Mittels 3.12.9 ergibt sich daraus die zweite Beziehung von (5.15.1). Ähnlich wie die dritte Beziehung von (5.13.1) beweist man die dritte Beziehung von (5.15.1). Zu beliebigem $i \in I$ und jedem Filter $\mathfrak{W}_\iota$ in X_ι gilt natürlich $g_i^{-1}(V\mathfrak{W}_i) \subseteqq V g_i^{-1}(\mathfrak{W}_i)$.

2. Der zweite Teil der Behauptung folgt mittels der in Teil 3 und 4 des Beweises von 5.13.1 angeführten Beispiele. Die in diesen Beispielen konstruierten Pseudotopologien bzw. Topologien τ_ι sind mit der linearen Struktur von E verträglich und gleichförmig und lokalkonvex.

Analog zeigt man

5.15.1'. 5.15.1 *gilt auch, wenn v durch ν und verträglich durch schwach verträglich ersetzt wird.*

5.15.2. *Die τ_ι seien mit der skalaren Multiplikation der X_ι verträglich. Dann gilt* $v(\operatorname{fin} \tau_\iota) = g(\operatorname{fin} \tau_\iota)$, *wobei sich g auf die Vektoraddition von E bezieht.*

Beweis. Wegen (5.14.2) und der Voraussetzung gilt $r(\operatorname{fin} \tau_\iota) = \operatorname{fin} \tau_\iota$, wegen 5.5.13 daher die angegebene Beziehung.

Unter Berücksichtigung von 5.14.1' folgt

5.15.2'. 5.15.2 *gilt auch, wenn v durch ν und verträglich durch schwach verträglich ersetzt wird.*

Sind die τ_ι mit der skalaren Multiplikation der X_ι verträglich, so gilt also auch $v(\operatorname{fin} \tau_\iota) = \nu(\operatorname{fin} \tau_\iota)$.

Der Satz 5.13.2 besitzt das folgende Analogon:

5.15.3 (Schwache Verträglichkeit und Verträglichkeit von fin τ_ι). *Die τ_ι seien schwach verträgliche bzw. verträgliche Limitierungen der Vektorräume X_ι. Zu beliebigen $i, j \in I$ gebe es ein $k \in I$ und stetige Abbildungen $g_{ik}\colon X_i \to X_k$ und*

$g_{jk}: X_j \to X_k$ *mit* $g_k \circ g_{ik} = g_i$ *und* $g_k \circ g_{jk} = g_j$. *Dann ist* $\operatorname{fin} \tau_i$ *eine schwach verträgliche bzw. verträgliche Limitierung des Vektorraumes* E.

Beweis. Aus 5.13.2 folgt, daß $\operatorname{fin} \tau_i$ mit der Vektoraddition verträglich ist. Wegen 5.14.1′ und 5.14.1 ist $\operatorname{fin} \tau_i$ mit der skalaren Multiplikation schwach verträglich bzw. verträglich.

5.15.4. *Die* τ_i *seien verträgliche Pseudotopologien der Vektorräume* X_i. *Unter dieser Voraussetzung gilt genau dann* $v(\operatorname{fin} \tau_i) = p^v(\operatorname{fin} \tau_i)$, *wenn* $\bigcup_{i \in I} \operatorname{wbg}_i$ *ganz* E *aufspannt.*

Beweis. Gibt es einen Punkt x von E, der nicht der linearen Hülle von $\bigcup_{i \in I} \operatorname{wbg}_i$ angehört, so ergibt sich unter Berücksichtigung von 5.15.2 $v(\operatorname{fin} \tau_i)(x) = \{\mathsf{P}E\}$ und damit $v(\operatorname{fin} \tau_i) \neq p^v(\operatorname{fin} \tau_i)$. Spannt $\bigcup_{i \in I} \operatorname{wbg}_i$ ganz E auf, so ist $\bigcup_{i \in I} \operatorname{wbg}_i$ auch Erzeugendensystem der E unterliegenden Gruppe. Aus 5.13.3 folgt dann $g(\operatorname{fin} \tau_i) = p^g(\operatorname{fin} \tau_i)$ und unter Berücksichtigung von 5.15.2 damit $v(\operatorname{fin} \tau_i) = v(p^g(\operatorname{fin} \tau_i)) = p^v(\operatorname{fin} \tau_i)$, wobei g bezüglich der Vektoraddition von E gemeint ist.

Entsprechend ergibt sich

5.15.4′. 5.15.4 *gilt auch, wenn* v *durch* ν *und verträglich durch schwach verträglich ersetzt wird.*

Wegen 3.12.4, 5.5.13, 5.5.15 und 5.5.17 folgt

5.15.5. $v(\operatorname{fin} \tau_i)$ *ist die feinste verträgliche Limitierung des Vektorraumes* E *derart, daß alle Abbildungen* g_i *bez.* τ_i *und dieser Limitierung stetig sind.* $p^v(\operatorname{fin} \tau_i)$ *ist die feinste verträgliche Pseudotopologie und* $t^v(\operatorname{fin} \tau_i)$ *die feinste verträgliche Topologie von* E *derart, daß alle Abbildungen* g_i *bez.* τ_i *und dieser Pseudotopologie bzw. Topologie stetig sind.*

Mittels 5.7.12 bis 5.7.14 ergibt sich

5.15.5′. 5.15.5 *gilt auch, wenn* v *durch* ν *und verträglich durch schwach verträglich ersetzt wird.*

Man zeigt leicht, daß entsprechende Aussagen wie die von 5.13.5 und des zugehörigen Korollars gelten, und zwar sowohl für lineare Abbildungen von E in limitierte, pseudotopologische und topologische Vektorräume als auch für lineare Abbildungen von E in limitierte, pseudotopologische und topologische lineare Gruppen (g ist durch v bzw. ν zu ersetzen).

Wir kommen im folgenden zu Spezialfällen.

a. Die τ_i seien speziell verträgliche Limitierungen der Vektorräume X_i und die g_i gleich der identischen Abbildung von E auf sich, so daß $\operatorname{fin} \tau_i = \bigvee_{i \in I} \tau_i$ gilt. Wir erinnern daran, daß wir mit $\mathcal{T}^v E$, $\mathcal{T}^{pv} E$ und $\mathcal{T}^{tv} E$ die vollständigen Verbände aller verträglichen Limitierungen, Pseudotopologien bzw. Topologien des Vektorraumes E bezeichnen. Wegen 5.15.5 ist $v(\bigvee_{i \in I} \tau_i)$ gleich dem Supremum von $\{\tau_i \mid i \in I\}$ in $\mathcal{T}^v E$ und — falls die τ_i Pseudotopologien bzw. Topologien sind — $p^v(\bigvee_{i \in I} \tau_i)$ gleich dem Supremum von $\{\tau_i \mid i \in I\}$ in $\mathcal{T}^{pv} E$ bzw. $t^v(\bigvee_{i \in I} \tau_i)$ gleich dem Supremum von $\{\tau_i \mid i \in I\}$ in $\mathcal{T}^{tv} E$. Mittels Teil 2 des Beweises von 5.15.1 ergibt sich, daß $\bigvee_{i \in I} \tau_i$ im allgemeinen nicht mit $v(\bigvee_{i \in I} \tau_i)$ und — falls die τ_i Pseudotopologien bzw. Topologien sind — $\bigvee_{i \in I} \tau_i$ im allgemeinen auch nicht mit $p^v(\bigvee_{i \in I} \tau_i)$ bzw. $t^v(\bigvee_{i \in I} \tau_i)$ übereinstimmt, auch nicht, wenn $I \neq \emptyset$ ist und die τ_i gleichförmig und lokalkonvex sind. Wegen 3.5.2 gilt in dem Fall, daß die τ_i Pseudotopologien sind, genau dann $v(\bigvee_{i \in I} \tau_i) = p^v(\bigvee_{i \in I} \tau_i)$, wenn I nichtleer ist. Sind die τ_i Topologien, so stimmt im allgemeinen $p^v(\bigvee_{i \in I} \tau_i)$ nicht mit $t^v(\bigvee_{i \in I} \tau_i)$ überein, auch nicht, wenn $I \neq \emptyset$ ist und die τ_i gleichförmig und lokalkonvex sind, wie man Teil 4 des Beweises von 5.13.1 entnimmt. Analog wie 5.13.6 gilt aber

5.15.6. *I sei nichtleer und endlich, und die τ_i seien Topologien. Dann ist* $p^v(\bigvee_{i \in I} \tau_i) = t^v(\bigvee_{i \in I} \tau_i)$.

Beweis. Da I nichtleer ist und die τ_i Topologien sind, stimmt $p(\bigvee_{i \in I} \tau_i)$ mit $\bigvee_{i \in I} \tau_i$, wegen 5.15.2 deshalb $p^v(\bigvee_{i \in I} \tau_i)$ mit $p^g(\bigvee_{i \in I} \tau_i)$ überein. Aus 5.13.6 folgt daher, daß $p^v(\bigvee_{i \in I} \tau_i)$ eine Topologie ist, somit die angeführte Beziehung gilt.

Diese Aussagen gelten auch, wenn wir die τ_i lediglich als schwach verträglich annehmen und v durch ν ersetzen.

b. Wir setzen für das Folgende die τ_i als verträgliche Limitierungen voraus und stellen an die linearen Abbildungen g_i keine Forderungen. E, versehen mit $v(\operatorname{fin} \tau_i)$, bezeichnen wir mit X. Unter Berücksichtigung der Bemerkungen nach 5.15.5' ergibt sich für die an die Vergißfunktoren V: LVEK → VEK, V^p: PVEK → VEK und V^t:TVEK → VEK gebundenen Coprodukte

5.15.7 (Gebundene Coprodukte in LVEK, PVEK und TVEK). *Der limitierte* $\mathbf{K}$-*Vektorraum X ist, zusammen mit der Familie der Abbildungen $g_i \colon X_i \to X$ ($i \in I$), gleich dem V-Coprodukt der X_i ($i \in I$) über E, $(g_i)_{i \in I}$. $\mathbf{p}^v(X)$ ist, zusammen mit der Familie der Abbildungen $g_i \colon \mathbf{p}^v(X_i) \to \mathbf{p}^v(X)$ ($i \in I$), gleich dem V^p-Coprodukt der $\mathbf{p}^v(X_i)$ ($i \in I$) über E, $(g_i)_{i \in I}$, und $\mathbf{t}^v(X)$ ist, zusammen mit der Familie der*

Abbildungen $g_i: \boldsymbol{t}^v(X_i) \to \boldsymbol{t}^v(X)$ $(i \in I)$, *gleich dem* V^t*-Coprodukt der* $\boldsymbol{t}^v(X_i)$ $(i \in I)$ *über* E, $(g_i)_{i\in I}$.

Nach diesem Satz existieren alle V-, V^p- und V^t-Coprodukte, und zwar stets eindeutig. Da nach einer Bemerkung nach 5.3.4 in VEK alle induktiven Limites existieren, ergibt sich mittels 3.2.23, daß auch in LVEK, PVEK und TVEK alle induktiven Limites existieren. Über natürliche Auswahlen der induktiven Limites in VEK gelangt man zu natürlichen Auswahlen der induktiven Limites in LVEK, PVEK und TVEK.

Wir gehen auf diese induktiven Limites etwas genauer ein. T sei dazu ein Funktor einer kleinen Kategorie $\mathfrak{D}$ in LVEK. T^{pv} sei die Zusammensetzung von T mit p^v und T^{tv} die Zusammensetzung von T mit t^v. Ist ein limitierter Vektorraum X, zusammen mit einer Familie von Abbildungen $\varphi_D: T(D) \to X$ $(D \in \mathrm{Ob}\mathfrak{D})$, ein induktiver Limes von T, dann ist $\boldsymbol{p}^v(X)$, zusammen mit der Familie der Abbildungen $\varphi_D: T^{pv}(D) \to \boldsymbol{p}^v(X)$, ein induktiver Limes von T^{pv} und $\boldsymbol{t}^v(X)$, zusammen mit der Familie der Abbildungen $\varphi_D: T^{tv}(D) \to \boldsymbol{t}^v(X)$, ein induktiver Limes von T^{tv}. Im weiteren sei T ein induktives Spektrum $\big((X_i)_{i\in I}, (\varphi_{ij})_{(i,j)\in \leq}\big)$ in LVEK über einer gerichteten Menge I. Zu beliebigem $i \in I$ sei E_i der X_i unterliegende Vektorraum und τ_i die Limitierung von X_i. E sei, zusammen mit einer Familie linearer Abbildungen $\varphi_i: E_i \to E$, ein induktiver Limes von VT, wobei V der Vergißfunktor von LVEK in VEK ist. E, versehen mit der Finallimitierung der τ_i bez. der φ_i, bezeichnen wir mit X. Aus 5.15.3 folgt, daß $\mathrm{fin}\,\tau_i$ eine verträgliche Limitierung des Vektorraumes E, somit X, zusammen mit der Familie der Abbildungen $\varphi_i: X_i \to X$, ein induktiver Limes von T ist. Wegen 3.16.26 ist der limitierte Vektorraum X lokalkompakt, wenn alle limitierten Vektorräume X_i lokalkompakt sind.

Im weiteren sei $T = \big((X_i)_{i\in I}, (\varphi_{ij})_{(i,j)\in\leq}\big)$ speziell ein induktives Einbettungsspektrum in LVEK über einer nichtleeren gerichteten Menge, ferner E der Vektorraum $\bigcup_{i\in I} E_i$ (vergleiche Abschnitt 5.3). Zu beliebigem $i \in I$ ist dann φ_i die identische Einbettung von E_i in E. X (also E, versehen mit $\mathrm{fin}\,\tau_i$) bezeichnen wir in diesem Falle auch mit $\bigcup_{i\in I} X_i$. Es gilt

$$\bigcup_{i\in I} \boldsymbol{p}^v(X_i) = \boldsymbol{p}^v\big(\bigcup_{i\in I} X_i\big)\,, \tag{5.15.2}$$

denn wegen $I \neq \emptyset$ ist $\mathrm{fin}\,\boldsymbol{p}^v(\tau_i)$ eine Pseudotopologie, gilt somit $\mathrm{fin}\,p^v(\tau_i) = p^v\big(\mathrm{fin}\,p^v(\tau_i)\big)$, wegen (5.15.1) also $\mathrm{fin}\,p^v(\tau_i) = p^v(\mathrm{fin}\,\tau_i)$. Genau dann, wenn die Familie $\big(\boldsymbol{t}^v(X_i)\big)_{i\in I}$ stationär wird, also ein $i_0 \in I$ existiert, so daß $\boldsymbol{t}^v(X_i)$ für jedes $i \geq i_0$ mit $\boldsymbol{t}^v(X_{i_0})$ übereinstimmt, gilt

$$\bigcup_{i\in I} \boldsymbol{t}^v(X_i) = \boldsymbol{t}^v\big(\bigcup_{i\in I} X_i\big); \tag{5.15.3}$$

wegen 5.13.9 ist nämlich $\mathrm{fin}\,t^v(\tau_i)$ genau dann eine Topologie, wenn $\big(t^v(X_i)\big)_{i\in I}$ stationär wird, und daraus folgt analog wie (5.15.2) die Beziehung (5.15.3).

Jeder pseudotopologische Vektorraum X, der sich mittels eines aus topologischen Vektorräumen X_i gebildeten induktiven Einbettungsspektrums

$((X_\iota)_{\iota\in I}, (\varphi_{ij})_{(i,j)\in\leqq})$ in PVEK über einer nichtleeren und gerichteten Menge I in der Form $\bigcup_{\iota\in I} X_\iota$ darstellen läßt, wird in Anlehnung an eine Bezeichnungsweise von G. Marinescu [2] **pseudotopologische Vereinigung** der X_ι genannt. Können als X_ι speziell lokalkonvexe topologische Vektorräume genommen werden, so heißt X ein **Marinescu-Raum** und seine Limitierung eine **Marinescu-Pseudotopologie.** Eine pseudotopologische Vereinigung ist genau dann ein Marinescu-Raum, wenn sie lokalkonvex ist. Marinescu-Räume wurden ausführlich von H. Jarchow untersucht. Wir zeigen als nächstes:

5.15.8 (Stetigkeit bez. pseudotopologischer Vereinigungen). *X sei eine pseudotopologische Vereinigung von topologischen Vektorräumen X_ι ($\iota \in I$). Eine lineare Abbildung f eines topologischen Vektorraumes Y in X ist genau dann stetig, wenn es ein $\iota \in I$ gibt derart, daß* wb$f$ *in X_ι enthalten ist und f als Abbildung von Y in X_ι stetig ist.*

Beweis. Zu beliebigem $\iota \in I$ ist die identische Einbettung von X_ι in X stetig, so daß die angegebene Bedingung für die Stetigkeit von f: $Y \to X$ hinreichend ist. Nun sei f stetig .Wegen (3.15.2) gibt es ein $\iota \in I$ mit

$$\operatorname{im}_{\subseteq, X} \mathfrak{N}_\iota(0) \subseteq f(\mathfrak{N}(0)) , \tag{5.15.4}$$

wobei $\mathfrak{N}(0)$ und $\mathfrak{N}_\iota(0)$ die Nullnachbarschaftsfilter in Y bzw. X_ι sind. (5.15.4) entnimmt man, daß das Bild von mindestens einem $N \in \mathfrak{N}(0)$ bez. f in X_ι enthalten ist. Da N ausgeglichen und f linear ist, liegt aber ganz wb$f$ in X_ι. Wegen (5.15.4) folgt leicht, daß f als Abbildung von Y in X_ι im Nullpunkt von Y und damit in jedem Punkt von Y stetig ist.

Aus 5.15.8 folgt (vergleiche H. H. Keller [2])

5.15.9. *X sei eine pseudotopologische Vereinigung von topologischen Vektorräumen X_ι ($\iota \in I$). Es gibt genau dann mindestens eine verträgliche Topologie des X unterliegenden Vektorraumes, die feiner als die Pseudotopologie von X ist, wenn ein $\iota \in I$ derart existiert, daß die X_ι und X unterliegenden Vektorräume übereinstimmen.*

Beweis. 1. σ sei eine verträgliche Topologie des X unterliegenden Vektorraumes, die feiner als die Pseudotopologie τ von X ist. Die identische Abbildung von X auf sich ist bezüglich σ und τ stetig. Wegen 5.15.8 gibt es daher ein $\iota \in I$ derart, daß der X unterliegende Vektorraum in X_ι enthalten ist, somit mit dem X_ι unterliegenden Vektorraum übereinstimmt.

2. Stimmen für ein $\iota \in I$ die X_ι und X unterliegenden Vektorräume überein, so ist die Topologie von X_ι eine verträgliche Topologie des X unterliegenden Vektorraumes, die feiner als die Pseudotopologie von X ist.

Im weiteren geben wir eine auf K. Kutzler [1] zurückgehende Charakterisierung der pseudotopologischen Vereinigungen topologischer Vektorräume und der Marinescu-Räume an.

5.15.10 (Pseudotopologische Vereinigungen und Marinescu-Räume). *X sei ein pseudotopologischer $\boldsymbol{K}$-Vektorraum und τ seine Limitierung. X ist genau dann eine pseudotopologische Vereinigung topologischer Vektorräume bzw. ein Marinescu-Raum, wenn $\tau(0)$ eine Basis aus gleichförmigen eigentlichen Filtern $\mathfrak{F}$ mit $\mathfrak{F} = \mathfrak{F} + \mathfrak{F}$ und $\bigcap_{F \in \mathfrak{F}} \boldsymbol{K}F \in \mathfrak{F}$ bzw. aus absolutkonvexen gleichförmigen eigentlichen Filtern $\mathfrak{F}$ mit $\bigcap_{F \in \mathfrak{F}} \boldsymbol{K}F \in \mathfrak{F}$ besitzt.*

Beweis. 1. X sei eine pseudotopologische Vereinigung $\bigcup_{i \in I} X_i$. Zu beliebigem $i \in I$ sei τ_i die Topologie von X_i, $\mathfrak{V}_i$ der Nullnachbarschaftsfilter bez. τ_i und φ_i die identische Einbettung von X_i in X. Wir setzen $\mathfrak{b} = \{\varphi_i(\mathfrak{V}_i) \mid i \in I\}$. Mittels (3.15.2) folgt, daß $\mathfrak{b}$ eine Basis von $\tau(0)$ ist. Jeder Filter aus $\mathfrak{b}$ ist eigentlich. Wegen (5.2.7) und 5.7.9 ist jeder Filter $\mathfrak{F}$ aus $\mathfrak{b}$ gleichförmig, und wegen (5.1.13) und 5.4.4 gilt für ihn $\mathfrak{F} = \mathfrak{F} + \mathfrak{F}$. (5.4.15) entnimmt man, daß jeder Filter $\mathfrak{V}_i$ aus ausgeglichenen Mengen besteht, somit $\boldsymbol{K}F$ zu jedem $i \in I$ und jedem Element F von $\mathfrak{F} = \varphi_i(\mathfrak{V}_i)$ mit ganz X_i übereinstimmt, daher $\bigcap_{F \in \mathfrak{F}} \boldsymbol{K}F \in \mathfrak{F}$ gilt. Sind die X_i lokalkonvex, so gilt wegen 5.9.7 $\mathfrak{V}_i = \mathfrak{V}_i^{\cap}$ $(i \in I)$ und damit $\mathfrak{F} = \mathfrak{F}^{\cap}$ $(\mathfrak{F} \in \mathfrak{b})$.

2. $\tau(0)$ besitze eine Basis $\mathfrak{b}$ aus gleichförmigen eigentlichen Filtern $\mathfrak{F}$ mit $\mathfrak{F} = \mathfrak{F} + \mathfrak{F}$ und $\bigcap_{F \in \mathfrak{F}} \boldsymbol{K}F \in \mathfrak{F}$. Wir setzen $E_{\mathfrak{F}} = \bigcap_{F \in \mathfrak{F}} \boldsymbol{K}F$ zu beliebigem $\mathfrak{F} \in \mathfrak{b}$ und zeigen zuerst, daß $E_{\mathfrak{F}}$ einen Teilraum des X unterliegenden Vektorraumes E bildet. Natürlich gilt $\alpha x \in E_{\mathfrak{F}}$ zu beliebigem $\alpha \in \boldsymbol{K}$ und $x \in E_{\mathfrak{F}}$. Zu zeigen bleibt, daß für zwei Elemente x und y von $E_{\mathfrak{F}}$ auch $x + y$ zu $E_{\mathfrak{F}}$ gehört. Zu jedem $F \in \mathfrak{F}$ gibt es Zahlen $\alpha_F, \beta_F > 0$ mit $x \in \alpha_F \boldsymbol{E}F$ und $y \in \beta_F \boldsymbol{E}F$. Wegen $\mathfrak{F} = \boldsymbol{E}\mathfrak{F} + \boldsymbol{E}\mathfrak{F}$ (vergleiche 5.8.1) existiert zu beliebigem $G \in \mathfrak{F}$ ein $F \in \mathfrak{F}$ mit $G \supseteqq \boldsymbol{E}F + \boldsymbol{E}F$, also mit $x + y \in \max\{\alpha_F, \beta_F\}\, \boldsymbol{E}G$, weshalb tatsächlich $x + y$ zu $E_{\mathfrak{F}}$ gehört.

Wir bilden die eigentlichen Filter $\mathfrak{V}_{\mathfrak{F}} = \{F \cap E_{\mathfrak{F}} \mid F \in \mathfrak{F}\}$ in $E_{\mathfrak{F}}$. Es folgt $\mathfrak{V}_{\mathfrak{F}} \subseteqq \mathfrak{V}_{\mathfrak{F}} + \mathfrak{V}_{\mathfrak{F}}$. Da $E_{\mathfrak{F}}$ einen Teilraum von E bildet, ergibt sich ferner, daß $\mathfrak{V}_{\mathfrak{F}}$ gleichförmig ist. Daher gilt $\mathfrak{V}_{\mathfrak{F}} \subseteqq \alpha \mathfrak{V}_{\mathfrak{F}}$ (siehe 5.8.1) für jedes $\alpha \in \boldsymbol{K} \setminus \{0\}$ und, da $\mathfrak{V}_{\mathfrak{F}}$ ein eigentlicher Filter ist, auch für $\alpha = 0$. Zu beliebigen $x \in E_{\mathfrak{F}}$, $F \in \mathfrak{F}$ und $\alpha_F > 0$ mit $x \in \alpha_F \boldsymbol{E}F$ folgt $\frac{1}{\alpha_F} \boldsymbol{E}x \subseteqq \boldsymbol{E}F \cap E_{\mathfrak{F}}$, wegen $\mathfrak{F} = \boldsymbol{E}\mathfrak{F}$ damit $\mathfrak{V}_{\mathfrak{F}} \subseteqq \boldsymbol{V}x$. Dem Korollar zu 5.4.6 entnimmt man, daß es zu beliebigem $\mathfrak{F} \in \mathfrak{b}$ einen topologischen Vektorraum $X_{\mathfrak{F}}$ gibt derart, daß $E_{\mathfrak{F}}$ den unterliegenden Vektorraum bildet und $\mathfrak{V}_{\mathfrak{F}}$ der Nullnachbarschaftsfilter ist. $\mathfrak{b}$ ist bezüglich der Umkehrung der mengentheoretischen Ordnung gerichtet. Zu beliebigen Filtern $\mathfrak{F}, \mathfrak{G} \in \mathfrak{b}$ mit $\mathfrak{F} \supseteqq \mathfrak{G}$ folgt $E_{\mathfrak{F}} \subseteqq E_{\mathfrak{G}}$ und $\varphi_{\mathfrak{F}\mathfrak{G}}(\mathfrak{V}_{\mathfrak{F}}) \supseteqq \mathfrak{V}_{\mathfrak{G}}$, wobei $\varphi_{\mathfrak{F}\mathfrak{G}}$ die identische Einbettung von $E_{\mathfrak{F}}$ in $E_{\mathfrak{G}}$ ist. Wir können daher $\bigcup_{\mathfrak{F} \in \mathfrak{b}} X_{\mathfrak{F}}$ bilden und erhalten leicht mittels (3.15.2), daß $\bigcup_{\mathfrak{F} \in \mathfrak{b}} X_{\mathfrak{F}}$ mit X übereinstimmt. Gilt $\mathfrak{F} = \boldsymbol{V}\mathfrak{F}$ und $\mathfrak{F} = \mathfrak{F}^{\cap}$ für einen Filter $\mathfrak{F}$ in X, so wegen 5.8.1 auch $\mathfrak{F} = \alpha\mathfrak{F}$ $(\alpha \in \boldsymbol{K} \setminus \{0\})$ und ferner $\mathfrak{F} = \frac{1}{2}\mathfrak{F} + \frac{1}{2}\mathfrak{F}$, also auch $\mathfrak{F} = \mathfrak{F} + \mathfrak{F}$. Wir brauchen daher zum Nachweis der betreffenden Aussage für die MARINESCU-Räume nur noch zusätzlich $\mathfrak{F} = \mathfrak{F}^{\cap}$ für jeden Filter $\mathfrak{F} \in \mathfrak{b}$ zu fordern. Aus $\mathfrak{F} = \mathfrak{F}^{\cap}$ folgt aber $\mathfrak{V}_{\mathfrak{F}} = \mathfrak{V}_{\mathfrak{F}}^{\cap}$ und damit, daß $X_{\mathfrak{F}}$ lokalkonvex ist.

Im folgenden bringen wir eine Charakterisierung der MARINESCU-Räume mittels Familien von Pseudonormenfamilien.

5.15.11 (Charakterisierung von MARINESCU-Räumen mittels Pseudonormen). *Ein lokalkonvexer pseudotopologischer Vektorraum X ist genau dann ein* MARINESCU-*Raum, wenn sich die Pseudotopologie von X aus einer Familie von Pseudonormenfamilien $(\|\cdot\|_{i\alpha})_{\alpha\in\Gamma_i}$ $(i \in I)$ erzeugen läßt, die die Eigenschaft* P_1 *und die folgenden Verschärfungen der Eigenschaften* P_2 *und* P_3 *besitzt:*

P_2'. *Zu jedem $i \in I$, jedem $\varepsilon > 0$ und jedem $\beta \in \Gamma_i$ gibt es ein $\gamma \in \Gamma_i$ mit $\|\cdot\|_{i\beta} \leqq \varepsilon \|\cdot\|_{i\gamma}$.*

P_3'. *Zu beliebigem $x \in X$ existiert ein $i \in I$ mit $\|x\|_{i\alpha} < \infty$ für jedes $\alpha \in \Gamma_i$. Gilt $\|x\|_{i\alpha} < \infty$ für ein x, i und α, so ist auch $\|x\|_{i\beta} < \infty$ für dieses x und i und jedes $\beta \in \Gamma_i$.*

Beweis. 1. X sei ein MARINESCU-Raum $\bigcup_{i\in I} X_i$. Zu beliebigem $i \in I$ sei $(|\cdot|_{i\alpha})_{\alpha\in\Gamma_i}$ eine Familie von Halbnormen, die die Topologie von X_i erzeugt. Wir definieren Pseudonormen $\|\cdot\|_{i\alpha}$ durch $\|x\|_{i\alpha} = |x|_{i\alpha}$ bei $x \in X_i$ und $\|x\|_{i\alpha} = \infty$ in den anderen Fällen. Offenbar hat die Familie der Pseudonormenfamilien $(\|\cdot\|_{i\alpha})_{\alpha\in\Gamma_i}$ die Eigenschaften P_1, P_2' und P_3'. Mittels (3.15.2) folgt, daß sie die Pseudotopologie von X erzeugt.

2. Gegeben sei eine Familie von Pseudonormenfamilien $(\|\cdot\|_{i\alpha})_{\alpha\in\Gamma_i}$ $(i \in I)$ mit den Eigenschaften P_1, P_2' und P_3', die die Pseudotopologie von X erzeugt. Zu beliebigem $i \in I$ bildet die Menge $\{x \in X \mid \|x\|_{i\alpha} < \infty$ für jedes $\alpha \in \Gamma_i\}$ einen Teilraum X_i des X unterliegenden Vektorraumes. Ferner ist auf Grund der Eigenschaft P_2' zu beliebigem $i \in I$ die Familie $(|\cdot|_{i\alpha})_{\alpha\in\Gamma_i}$ der Einschränkungen der Pseudonormen $\|\cdot\|_{i\alpha}$ auf X_i eine nichtleere Halbnormenfamilie mit der Eigenschaft H. Sie erzeugt eine lokalkonvexe Topologie von X_i, mit der wir uns X_i stets versehen denken. In I definieren wir eine Präordnung durch

$$i \leqq j \Leftrightarrow \text{Zu beliebigem } \beta \in \Gamma_j \text{ existieren endlich viele } \alpha_1, \ldots, \alpha_n \in \Gamma_i \text{ mit}$$
$$\|\cdot\|_{j\beta} \leqq \sup\{\|\cdot\|_{i\alpha_1}, \ldots, \|\cdot\|_{i\alpha_n}\}\,.$$

Auf Grund der Eigenschaft P_1 ist I dann gerichtet. Zu jedem Paar $(i, j) \in I \times I$ mit $i \leqq j$ ist X_i in X_j enthalten und die identische Einbettung von X_i in X_j stetig. Wir können daher den MARINESCU-Raum $\bigcup_{i\in I} X_i$ bilden, der wegen Eigenschaft P_3' den gleichen unterliegenden Vektorraum wie X hat. Unter Beachtung von (3.15.2) und der Eigenschaft P_3' folgt leicht, daß auch die Pseudotopologien von $\bigcup_{i\in I} X_i$ und X übereinstimmen.

Die MARINESCU-Pseudotopologien können ähnlich wie die lokalkonvexen Topologien noch auf eine andere Art erzeugt werden. Man geht von einer beliebigen nichtleeren Familie nichtleerer Pseudonormenfamilien $(\|\cdot\|_{i\alpha})_{\alpha\in\Gamma_i}$ $(i \in I)$ aus, die die Eigenschaften P_1 und P_3' hat, und bildet daraus die Familie der Pseudonormenfamilien $\left(\frac{1}{\varepsilon}\|\cdot\|_{i\alpha}\right)_{(\alpha,\varepsilon)\in\Gamma_i\times]0,\infty[}$ $(i \in I)$, die natürlich die Eigenschaften P_1, P_2' und P_3' besitzt. Aus dieser erzeugt man auf die angegebene Art eine Pseudotopologie τ. Man sagt, daß die Pseudotopologie τ **aus der vorgegebenen Familie von Pseudonormenfamilien** $(\|\cdot\|_{i\alpha})_{\alpha\in\Gamma_i}$ **auf kanonische Art erzeugt** wird. Die Filter $\mathfrak{A}_i$, die jeweils als eine Subbasis die Gesamtheit aller Mengen $A_{i(\alpha,\varepsilon)} = \{x \in X \mid \|x\|_{i\alpha} \leqq \varepsilon\}$ $(\alpha \in \Gamma_i,\ \varepsilon > 0)$ haben, bilden eine Basis des $\wedge$-Ideals $\tau(0)$.

Ist X ein pseudotopologischer Vektorraum, E der unterliegende Vektorraum und τ die Pseudotopologie von X, so bezeichne τ^u die zu τ nächstfeinere Pseudotopologie von E, für die (E, τ^u) eine pseudotopologische Vereinigung ist; anstelle (E, τ^u) schreiben wir auch X^u. Wegen 5.15.10 ist $\{\mathfrak{F} \in \tau(0) \mid \bigcap_{F\in\mathfrak{F}} KF \in \mathfrak{F} = V\mathfrak{F} = \mathfrak{F} + \mathfrak{F}\}$ eine Basis von $\tau^u(0)$. Ist τ lokalkonvex, so ist τ^u die zu τ nächstfeinere MARINESCU-Pseudotopologie. PVEK^u und PVEK$^{\wedge u}$ seien die vollen Unterkategorien von PVEK, die als Objekte alle pseudotopologischen Vereinigungen topologischer Vektorräume bzw. alle MARINESCU-Räume haben. Es gibt einen Funktor $\boldsymbol{u}$: PVEK $\to$ PVEK^u, der jedem Objekt X von PVEK gerade X^u und jedem Morphismus (f, X, Y) von PVEK den Morphismus (f, X^u, Y^u) von PVEK^u zuordnet. Durch Einschränkung von $\boldsymbol{u}$ auf PVEK$^\wedge$ ergibt sich ein Funktor von PVEK$^\wedge$ auf PVEK$^{\wedge u}$.

Die unter b vor 5.15.8 angeführten Aussagen gelten auch, wenn die τ_i lediglich als schwach verträglich angenommen werden und v durch ν und die Kategorien LVEK, PVEK und TVEK durch die Kategorien LLING, PLING bzw. TLING ersetzt werden. Insbesondere folgt, daß ebenfalls in den letzteren Kategorien alle induktiven Limites existieren.

Jede pseudotopologische lineare Gruppe X, die sich mittels eines aus topologischen linearen Gruppen X_i gebildeten induktiven Einbettungsspektrums in PLING über einer nichtleeren gerichteten Menge I in der Form $\bigcup_{i\in I} X_i$ darstellen läßt, nennen wir eine **pseudotopologische Vereinigung im weiten Sinne** der topologischen linearen Gruppen X_i. Eine pseudotopologische Vereinigung im weiten Sinne ist genau dann als pseudotopologische Vereinigung im weiten Sinne von lokalkonvexen topologischen linearen Gruppen darstellbar, wenn sie lokalkonvex ist. Im allgemeinen läßt sich eine pseudotopologische Vereinigung im weiten Sinne von topologischen linearen Gruppen, sogar von lokalkonvexen topologischen linearen Gruppen, die ein pseudotopologischer Vektorraum ist, nicht als pseudotopologische Vereinigung topologischer Vektorräume darstellen, wie man an Hand von Beispielen belegen kann. Jede pseudotopologische Vereinigung im weiten Sinne X kann offenbar als pseudotopologische Vereinigung im weiten Sinne von topologischen linearen Gruppen, die alle denselben unterliegenden Vektorraum wie X haben, dargestellt werden.

In Analogie zu 5.15.10 gilt:

5.15.12 (Pseudotopologische und lokalkonvexe pseudotopologische Vereinigungen im weiten Sinne). *Eine pseudotopologische lineare Gruppe X ist genau dann eine pseudotopologische bzw. eine lokalkonvexe pseudotopologische Vereinigung im weiten Sinne, wenn das $\wedge$-Ideal der Nullfilter eine Basis aus gleichförmigen eigentlichen Filtern $\mathfrak{F}$ mit $\mathfrak{F} = \mathfrak{F} + \mathfrak{F}$ bzw. aus absolutkonvexen gleichförmigen eigentlichen Filtern besitzt; letzteres besagt, daß X lokalkonvex und gleichförmig ist.*

5.15.11 besitzt das folgende Analogon.

5.15.13 (Charakterisierung lokalkonvexer pseudotopologischer Vereinigungen im weiten Sinne mittels Pseudonormen). *Eine lokalkonvexe pseudotopologische lineare Gruppe X ist genau dann eine lokalkonvexe pseudotopologische Vereinigung im weiten Sinne, wenn sich die Pseudotopologie von X aus einer Familie von Pseudonormenfamilien mit den Eigenschaften P_1 und P_2' erzeugen läßt.*

Ähnlich wie $\boldsymbol{u}$ läßt sich wegen 5.5.12 ein Funktor $\boldsymbol{u}'$: PLING $\to$ PLING$^{u'}$ definieren, und durch Einschränkung auf PLING$^\wedge$ entsteht ein Funktor von PLING$^\wedge$ auf PLING$^{\wedge u'}$, dabei sind PLING$^{u'}$ und PLING$^{\wedge u'}$ die vollen Unterkategorien von PLING, die als Objekte alle pseudotopologischen bzw. alle lokalkonvexen pseudotopologischen Vereinigungen im weiten Sinne haben. Anstelle $\boldsymbol{u}'(X)$ schreiben wir auch $X^{u'}$; ist τ die Pseudotopologie von X, so bezeichnen wir mit $\tau^{u'}$ die Pseudotopologie von $X^{u'}$. $\tau^{u'}(0)$ hat $\{\mathfrak{F} \in \tau(0) \mid \mathfrak{F} = \boldsymbol{V}\mathfrak{F} = \mathfrak{F} + \mathfrak{F}\}$ als Basis.

c. Wir gehen nun auf die Begriffe limitierter, pseudotopologischer und topologischer Quotientenvektorraum ein. X sei dazu ein limitierter $\boldsymbol{K}$-Vektorraum, E der X unterliegende Vektorraum und τ die Limitierung von X. Ferner sei T ein Teilraum von E, ϱ die durch $x\varrho y \Leftrightarrow y - x \in T$ definierte Äquivalenzrelation und $\varkappa$ die kanonische Abbildung von E auf den Quotientenvektorraum E/T. Aus 5.15.3 folgt, daß die Quotientenlimitierung τ_ϱ von τ nach ϱ eine verträgliche Limitierung des Vektorraumes E/T ist. Wegen 5.13.10 ist τ_ϱ eine Pseudotopologie bzw. Topologie, wenn das für τ zutrifft. Daher ergibt sich analog wie (5.13.10)

$$\left(p^v(\tau)\right)_\varrho = p^v(\tau_\varrho) \quad \text{und} \quad \left(t^v(\tau)\right)_\varrho = t^v(\tau_\varrho) \tag{5.15.5}$$

E/T, versehen mit τ_ϱ, ist ein limitierter Vektorraum. Wir bezeichnen ihn mit X/T und nennen ihn den **limitierten Quotientenvektorraum** von X nach T. Ist X ein pseudotopologischer bzw. topologischer Vektorraum, so auch X/T. Wir nennen dann X/T auch den **pseudotopologischen** bzw. **topologischen Quotientenvektorraum** von X nach T. Ist X ein pseudotopologischer Vektorraum, so ist wegen 5.13.11 X/T genau dann separiert, wenn T in X abgeschlossen ist.

Die limitierten, pseudotopologischen und topologischen Quotientenvektorräume bilden gerade die Differenzcokerne in LVEK, PVEK bzw. TVEK, genauer gesagt, es besteht für sie ein entsprechender Satz wie 5.13.12; man beweist diesen mittels 5.3.3 und 5.15.7 analog wie 5.13.12.

Unter Benutzung des Begriffs des topologischen Quotientenvektorraumes zeigen wir, daß es MARINESCU-Pseudotopologien τ mit $t(\tau) \neq t^v(\tau)$ gibt. Genauer gilt (K. KUTZLER [3]):

5.15.14. *Jeder unendlichdimensionale $\boldsymbol{K}$-Vektorraum E besitzt eine verträgliche separierte* MARINESCU-*Pseudotopologie τ derart, daß $t(\tau)$ mit der Vektoraddition von E unverträglich und $t^v(\tau)$ die triviale Topologie von E ist.*

Beweis. Nach 5.3.7 gibt es eine Folge $F_0, F_1, \ldots$ totaler Teilräume des algebraischen Duals E^* von E mit $F_0 \supseteqq F_1 \supseteqq \cdots$ und $\bigcap_{k \in \boldsymbol{N}} F_k = \{0\}$. Zu beliebigem $k \in \boldsymbol{N}$ bilden wir die schwache Topologie $\omega(E, F_k)$ von E und bezeichnen E, versehen mit $\omega(E, F_k)$, mit X_k. Für jedes Paar $(k, l) \in \boldsymbol{N} \times \boldsymbol{N}$ mit $k \leqq l$ gilt $F_k \supseteqq F_l$ und ist somit die identische Abbildung φ_{kl} von X_k auf X_l stetig. Wir denken uns $\boldsymbol{N}$ mit der natürlichen Ordnung $\leqq$ versehen und erhalten, daß $\left((X_k)_{k \in \boldsymbol{N}}, (\varphi_{kl})_{(k,l) \in \leqq}\right)$ ein induktives Einbettungsspektrum in LVEK ist. $X = \bigcup_{k \in \boldsymbol{N}} X_k$ ist ein MARINESCU-Raum. Auf Grund der Totalität der F_k sind die X_k separiert. Mittels 3.15.11 folgt, daß daher auch X separiert ist und somit auch dem ersten Trennungsaxiom genügt (vergleiche 5.6.2).

Wir bezeichnen die Pseudotopologie von X mit τ. Da die identischen Einbettungen der X_k in X stetig sind, also τ und damit auch $t^v(\tau)$ gröber als die schwachen Topologien $\omega(E, F_k)$ ist, ist nach 5.12.8 auch $t^v(\tau)$ eine schwache Topologie, $t^v(\tau)$ somit lokalkonvex.

Wir behaupten, daß $t^v(\tau)$ die triviale Topologie ist. Wäre das nicht der Fall, so könnte man leicht einen eindimensionalen Teilraum E_1 von E finden, derart daß $t^v(\tau)$ über E_1 separiert ist. Es gäbe eine von 0 verschiedene bez. $t^v(\tau)$ stetige Linearform auf E_1, wie mittels 5.9.15 folgt, und es ließe sich diese zu einer bez. $t^v(\tau)$ stetigen Linearform auf E erweitern. Es gibt aber keine von 0 verschiedene bez. $t^v(\tau)$ stetige Linearform auf E. Ist nämlich f irgendeine bez. $t^v(\tau)$ und damit auch bez. der $\omega(E, F_k)$ stetige Linearform auf E, so folgt $f \in \bigcap_{k \in \boldsymbol{N}} F_k$, also $f = 0$.

Wir zeigen nun noch, daß $t(\tau)$ nicht mit der Vektoraddition verträglich ist, und nehmen dazu an, daß das doch der Fall ist. τ und nach einer Bemerkung nach 3.7.2 damit auch $t(\tau)$ genügt dem ersten Trennungsaxiom. Da $t(\tau)$ auf Grund der Voraussetzung und wegen 5.6.9 regulär ist, gibt es deshalb eine Nullumgebung U bez. $t(\tau)$, deren abgeschlossene Hülle bez. $t(\tau)$ nicht mit E übereinstimmt. U ist auch Nullumgebung bezüglich der feineren Topologien $\omega(E, F_k)$, weshalb U wegen 5.12.7 mindestens einen Teilraum T einer endlichen Codimension enthält. Mittels 5.11.12 folgt, daß die abgeschlossene Hülle $\overline{T}$ von T bez. $t(\tau) = t^g(\tau)$ ein Teilraum von E einer endlichen Codimension $\geqq 1$ ist. Wegen $\omega(E, F_k) \leqq t(\tau)$ ist $\overline{T}$ bezüglich der Topologien $\omega(E, F_k)$ abgeschlossen und sind somit die endlichdimensionalen topologischen Quotientenvektorräume

$X_k/\overline{T}$ separiert. Wegen 5.4.11 besitzen diese Räume als Topologie die natürliche und sind sie somit alle gleich einem festen endlichdimensionalen topologischen Vektorraum Y. Die kanonische Abbildung $\varkappa: E \to E/\overline{T}$ ist als Abbildung der X_k in Y und damit auch als Abbildung von X in Y stetig. Wir finden wegen $\dim E/\overline{T} \geqq 1$ mindestens eine von 0 verschiedene stetige Linearform l auf Y. Da $\varkappa$ als Wertebereich ganz Y hat, ist $l \circ \varkappa$ eine von 0 verschiedene bez. τ und damit auch bez. $t^v(\tau)$ stetige Linearform auf E. Nach dem oben Bewiesenen existiert aber keine derartige Linearform, so daß $t(\tau)$ mit der Vektoraddition unverträglich ist.

Als Folgerungen erhalten wir

Korollar 1. *Es gibt verträgliche Pseudotopologien τ von Gruppen, für die die zugeordneten Topologien $t(\tau)$ (mit der Gruppenverknüpfung) unverträglich sind.*

Korollar 2. *Jeder unendlichdimensionale **K**-Vektorraum E besitzt eine separierte verträgliche Pseudotopologie τ derart, daß $t^v(\tau)$ nicht separiert ist.*

Die triviale Topologie ist nämlich im Falle $\dim E > 0$ nicht separiert.

Korollar 3. *Ist τ eine verträgliche Pseudotopologie eines **K**-Vektorraumes E und T ein Teilraum von E, so stimmt $t^v(\tau)_T$ im allgemeinen nicht mit $t^v(\tau_T)$ überein; wobei $t^v(\tau)_T$ und τ_T die von $t^v(\tau)$ bzw. τ auf T induzierten Limitierungen sind.*

Beweis. E sei unendlichdimensional, τ eine Pseudotopologie aus 5.15.14 und T ein eindimensionaler Teilraum von E. τ_T ist eine separierte Pseudotopologie von T, wegen 5.4.11 also die natürliche Topologie von T und damit gleich $t^v(\tau_T)$. $t^v(\tau)$ ist die triviale Topologie von E, $t^v(\tau)_T$ deshalb die triviale Topologie von T. Es gilt somit $t^v(\tau_T) \neq t^v(\tau)_T$.

Wir nehmen nun X als limitierte lineare Gruppe an und definieren X/T wie zu Anfang des vorliegenden Abschnittes c. X/T heißt dann **limitierte lineare Faktorgruppe** und, wenn X eine pseudotopologische bzw. topologische lineare Gruppe ist, auch **pseudotopologische** bzw. **topologische lineare Faktorgruppe** von X nach T. Ist τ die Limitierung von X, E der X unterliegende Vektorraum und ϱ die durch $x\varrho y \Leftrightarrow y - x \in T$ definierte Äquivalenzrelation, so ist natürlich τ_ϱ eine schwach verträgliche Limitierung von E/T. Falls τ eine Pseudotopologie bzw. Topologie ist, trifft das auch für τ_ϱ zu, so daß

$$p^v(\tau)_\varrho = p^v(\tau_\varrho) \quad \text{und} \quad t^v(\tau)_\varrho = t^v(\tau_\varrho) \tag{5.15.6}$$

gilt. Die limitierten, pseudotopologischen und topologischen linearen Faktorgruppen bilden gerade die Differenzcokerne in LLING, PLING bzw. TLING.

d. Es sei nun $(X_\iota)_{\iota \in I}$ eine Familie limitierter **K**-Vektorräume mit einer Menge als Indexbereich. Zu beliebigem $\iota \in I$ sei τ_ι die Limitierung von X_ι, E_ι der X_ι unterliegende Vektorraum und 0_ι der Nullvektor von E_ι. E sei die direkte Summe der E_ι $(\iota \in I)$, 0 der Nullpunkt von E und ι_ι zu beliebigem $\iota \in I$ die kanonische Injektion von E_ι in E. fin τ_ι sei die Finallimitierung der τ_ι bez. der ι_ι. Wir bezeichnen $v(\operatorname{fin}\tau_\iota)$ mit $\bigoplus_{\iota\in I}\tau_\iota$ und, wenn $I = \{1, \dots, n\}$ für ein $n \in N^+$ ist, auch mit $\tau_1 \oplus \cdots \oplus \tau_n$.

Aus 5.13.17 und 5.15.2 folgt

5.15.15 (Limitierungen direkter Summen). *Es sei $I \neq \emptyset$. Zu beliebigem $x \in E$ hat dann $(\bigoplus_{\iota\in I}\tau_\iota)(x)$ die Menge aller Filter $\mathfrak{F}_1 + \cdots + \mathfrak{F}_n$ mit $\mathfrak{F}_k \in (\iota_{i_k}^{J} \circ \tau_{i_k})(x_k)$ $(k = 1, \dots, n)$ und $x = \iota_{i_1}(x_1) + \cdots + \iota_{i_n}(x_n)$ als Subbasis.*

Aus 5.13.18 und 5.15.2 ergibt sich das folgende Analogon zu 5.13.18.

5.15.16. $\operatorname{fin}\tau_\iota$ *stimmt genau dann mit $\bigoplus_{\iota\in I}\tau_\iota$ überein, falls die Limitierungen τ_ι bis auf höchstens ein ι entartet sind. Wenn $I \neq \emptyset$ ist und die τ_ι Pseudotopologien sind, ist auch $\bigoplus_{\iota\in I}\tau_\iota$ eine Pseudotopologie. Ist $I \neq \emptyset$ und sind die τ_ι Topologien, so ist $\bigoplus_{\iota\in I}\tau_\iota$ genau dann eine Topologie, wenn die τ_ι bis auf endlich viele ι diskrete Topologien sind.*

Wir beachten, daß eine verträgliche Topologie eines Vektorraumes genau dann diskret ist, wenn der Vektorraum nulldimensional ist.

E, versehen mit $\bigoplus_{\iota\in I}\tau_\iota$, nennen wir **limitierte direkte Summe** der X_ι $(\iota \in I)$. Wir bezeichnen sie mit $\bigoplus_{\iota\in I}X_\iota$ und, falls $I = \{1, \dots, n\}$ für ein $n \in N^+$ ist, auch mit $X_1 \oplus \cdots \oplus X_n$. Sind die X_ι pseudotopologische bzw. topologische Vektorräume, so nennen wir E, versehen mit $p^v(\operatorname{fin}\tau_\iota) = p^v(\bigoplus_{\iota\in I}\tau_\iota)$ bzw. $t^v(\operatorname{fin}\tau_\iota) = t^v(\bigoplus_{\iota\in I}\tau_\iota)$, also $\boldsymbol{p}^v(\bigoplus_{\iota\in I}X_\iota)$ bzw. $\boldsymbol{t}^v(\bigoplus_{\iota\in I}X_\iota)$, **pseudotopologische** bzw. **topologische direkte Summe** der X_ι $(\iota \in I)$. Ist I nichtleer und sind die X_ι pseudotopologische Vektorräume, so gilt nach 5.15.16 $\bigoplus_{\iota\in I}X_\iota = \boldsymbol{p}^v(\bigoplus_{\iota\in I}X_\iota)$. Zusammen mit (5.15.1) folgt, daß im Falle $I \neq \emptyset$ stets

$$\bigoplus_{\iota\in I}\boldsymbol{p}^v(X_\iota) = \boldsymbol{p}^v(\bigoplus_{\iota\in I}X_\iota) \tag{5.15.7}$$

gilt. Wenn I nichtleer ist und die X_ι topologische Vektorräume sind, stimmt nach 5.15.16 $\bigoplus_{\iota\in I}X_\iota$ im allgemeinen nicht mit $\boldsymbol{t}^v(\bigoplus_{\iota\in I}X_\iota)$ überein, das trifft allerdings zu, wenn I nichtleer und endlich ist. Aus (5.15.1) und 5.15.16 erhalten wir, daß im Falle $I \neq \emptyset$ genau dann

$$\bigoplus_{\iota\in I}\boldsymbol{t}^v(X_\iota) = \boldsymbol{t}^v(\bigoplus_{\iota\in I}X_\iota) \tag{5.15.8}$$

gilt, wenn bis auf endlich viele ι die Vektorräume nulldimensional sind.

Die Gesamtheit $\mathfrak{J}$ aller nichtleeren endlichen Teilmengen von I denken wir uns mit der mengentheoretischen Ordnung versehen. Zu beliebigem $J \in \mathfrak{J}$ sei ι_J die (in naheliegender Weise definierte) natürliche Einbettung von $\bigoplus_{j\in J}E_j$ in $\bigoplus_{\iota\in I}E_\iota$. Wir bezeichnen zu beliebigem $J \in \mathfrak{J}$ den Teilvektorraum $\iota_J(\bigoplus_{j\in J}E_j)$ von

$\bigoplus_{i\in I} E_i$, versehen mit der Finallimitierung von $\bigoplus_{j\in J} \tau_j$ bez. ι_J, mit $\iota_J(\bigoplus_{j\in J} X_j)$ und erhalten aus 5.13.19 und 5.15.2 (H. R. Fischer [3])

5.15.17 (Limitierte direkte Summen als induktive Limites). *Es sei $I \neq \emptyset$. Zwischen der limitierten direkten Summe $\bigoplus_{i\in I} X_i$ und den endlichen limitierten direkten Summen $\bigoplus_{j\in J} X_j$ ($J \in \mathfrak{J}$) besteht die Beziehung*

$$\bigoplus_{i\in I} X_i = \bigcup_{J\in\mathfrak{J}} \iota_J(\bigoplus_{j\in J} X_j) . \tag{5.15.9}$$

Wegen 5.15.15 gilt

5.15.18 (Endliche limitierte direkte Summen). *Ist I nichtleer und endlich, so stimmt die limitierte direkte Summe $\bigoplus_{i\in I} X_i$ mit dem limitierten Produkt $\prod_{i\in I} X_i$ überein.*

Wir setzen $X = \bigoplus_{i\in I} X_i$ und erhalten wegen 5.15.7, daß X, zusammen mit der Familie der Abbildungen $\iota_i\colon X_i \to X$ $(i \in I)$, mit dem V-Coprodukt der X_i über E, $(\iota_i)_{i\in I}$ und, wenn die X_i pseudotopologische bzw. topologische Vektorräume sind, $\mathfrak{p}^v(X)$, zusammen mit der Familie der Abbildungen $\iota_i\colon X_i \to \mathfrak{p}^v(X)$, mit dem V^p-Coprodukt der X_i über E, $(\iota_i)_{i\in I}$ bzw. $\mathfrak{t}^v(X)$, zusammen mit der Familie der Abbildungen $\iota_i\colon X_i \to \mathfrak{t}^v(X)$, mit dem V-Coprodukt der X_i über E, $(\iota_i)_{i\in I}$ übereinstimmt, wobei V, V^p und V^t die gleiche Bedeutung wie in 5.15.7 haben. Aus 3.2.23 und 5.3.4 folgt damit

5.15.19 (Coprodukte in LVEK, PVEK und TVEK). *Sind die X_i limitierte, pseudotopologische bzw. topologische Vektorräume, so ist X, zusammen mit den natürlichen Injektionen $\iota_i\colon X_i \to X$, ein Coprodukt der X_i in* LVEK, $\mathfrak{p}^v(X)$, *zusammen mit den natürlichen Injektionen $\iota_i\colon X_i \to \mathfrak{p}^v(X)$, ein Coprodukt der X_i in* PVEK *bzw.* $\mathfrak{t}^v(X)$, *zusammen mit den natürlichen Injektionen $\iota_i\colon X_i \to \mathfrak{t}^v(X)$, ein Coprodukt der X_i in* TVEK.

Für das Weitere seien die X_i lediglich limitierte $\boldsymbol{K}$-lineare Gruppen. Wir bezeichnen $\nu(\operatorname{fin} \tau_i)$ mit $\bigoplus_{i\in I} \tau_i$ und, wenn $I = \{1, \dots, n\}$ für ein $n \in \boldsymbol{N}^+$ ist, auch mit $\tau_1 \oplus \cdots \oplus \tau_n$. Auf Grund der Bemerkung nach 5.15.2′ steht das nicht im Widerspruch zur Bezeichnungsvereinbarung vor 5.15.15. Unter Beachtung von 5.15.2′ folgt, daß 5.15.15 und 5.15.16 auch in dem vorliegenden allgemeineren Fall gelten. Wir nennen wie im vorher betrachteten Spezialfall E, versehen mit $\bigoplus_{i\in I} \tau_i$, **limitierte direkte Summe** der X_i $(i \in I)$ und bezeichnen diese mit $\bigoplus_{i\in I} X_i$ und, falls $I = \{1, \dots, n\}$ für ein $n \in \boldsymbol{N}^+$ ist, auch mit $X_1 \oplus \cdots \oplus X_n$. Sind die X_i pseudotopologische bzw. topologische lineare Gruppen, so nennen wir $\mathfrak{p}^v(\bigoplus_{i\in I} X_i)$ bzw. $\mathfrak{t}^v(\bigoplus_{i\in I} X_i)$ **pseudotopologische** bzw. **topologische direkte Summe** der X_i $(i \in I)$. Auch das widerspricht nicht obigen Bezeichnungsvereinbarungen, da in den Fällen, daß die X_i pseudotopologische bzw. topologische Vektorräume sind, $\boldsymbol{p}^{v}(\bigoplus_{i\in I} X_i) = \boldsymbol{p}^{\nu}(\bigoplus_{i\in I} X_i)$ bzw. $\boldsymbol{t}^{v}(\bigoplus_{i\in I} X_i) = \boldsymbol{t}^{\nu}(\bigoplus_{i\in I} X_i)$ gilt, wie unter Beachtung von (5.15.7), der entsprechenden Beziehung für limitierte lineare Gruppen (v ist durch ν zu ersetzen) und der Bemerkung nach 5.7.14 folgt. 5.15.17 und 5.15.18 lassen sich leicht auf den vorliegenden allgemeineren Fall übertragen.

Wir setzen $X = \bigoplus_{i\in I} X_i$. Mittels 5.15.2′ folgt aus der entsprechenden Aussage für limitierte direkte Produkte limitierter Gruppen: Wenn keine der Limitierungen τ_i der X_i entartet ist, sind die ι_i Isomorphismen von X_i in X.

Analog wie 5.15.19 erhalten wir

5.15.19′ (Coprodukte in LLING, PLING und TLING). *Sind die X_i limitierte, pseudotopologische bzw. topologische lineare Gruppen, so ist X, zusammen mit den natürlichen Injektionen $\iota_i\colon X_i \to X$, ein Coprodukt der X_i in* LLING, *$\boldsymbol{p}^{\nu}(X)$, zusammen mit den natürlichen Injektionen $\iota_i\colon X_i \to \boldsymbol{p}^{\nu}(X)$, ein Coprodukt der X_i in* PLING *bzw. $\boldsymbol{t}^{\nu}(X)$, zusammen mit den natürlichen Injektionen $\iota_i\colon X_i \to \boldsymbol{t}^{\nu}(X)$, ein Coprodukt der X_i in* TLING.

Ähnlich wie 5.1.7 folgt unter Beachtung der in 5.11 und diesem Abschnitt angeführten Aussagen über Differenzkerne, Differenzcokerne, Produkte und Coprodukte in LLING und in Unterkategorien

5.15.20. *In* LLING, PLING, TLING, LVEK, PVEK *und* TVEK *sind die Mono- und Epimorphismen diejenigen Morphismen, die Injektionen bzw. Surjektionen sind.*

Wir fragen als nächstes nach der Ausgeglichenheit von Finalstrukturen. E sei dazu ein $\boldsymbol{K}$-Vektorraum, $(X_i)_{i\in I}$ eine Familie limitierter linearer Gruppen und zu beliebigem $i \in I$ ferner g_i eine lineare Abbildung von X_i in E und τ_i die Limitierung von X_i.

5.15.21 (Ausgeglichenheit von Finalstrukturen). *Die Limitierungen τ_i seien ausgeglichen. Es existiere eine nichtleere endliche Teilmenge $\{i_1, \dots, i_n\}$ von I mit $E = \mathrm{wb}g_{i_1} + \dots + \mathrm{wb}g_{i_n}$. Dann ist $g(\mathrm{fin}\,\tau_i)$ ausgeglichen.*

Beweis. Gegeben sei ein $x \in E$ und seien $x_1, \dots, x_n$ mit $x = g_{i_1}(x_1) + \dots + g_{i_n}(x_n)$. Zu beliebigem $j = 1, \dots, n$ existiert wegen 5.8.21 ein Filter $\mathfrak{F}_j \in \tau_{i_j}(x_j)$ derart, daß $\mathfrak{F}_j - x_j$ ausgeglichen und kreisförmig ist. Auf Grund der Voraussetzung ist $\mathfrak{F} - x$ mit $\mathfrak{F} = g_{i_1}(\mathfrak{F}_1) + \dots + g_{i_n}(\mathfrak{F}_n)$ ausgeglichen. Da $\mathfrak{F}$ in $g(\mathrm{fin}\,\tau_i)(x)$ liegt, ist wegen 5.8.21 auch $g(\mathrm{fin}\,\tau_i)$ ausgeglichen.

Anmerkung. Wegen 5.8.19 5.15.2 und 5.15.2′ gilt unter der Voraussetzung des Satzes $g(\mathrm{fin}\,\tau_i) = v(\mathrm{fin}\,\tau_i) = p^{v}(\mathrm{fin}\,\tau_i) = \nu(\mathrm{fin}\,\tau_i) = p^{\nu}(\mathrm{fin}\,\tau_i)$.

Ist E ein $\boldsymbol{K}$-Vektorraum und ist $(\tau_i)_{i\in I}$ eine nichtleere Familie ausgeglichener verträglicher Pseudotopologien von E, so ist wegen 5.15.21 auch $g(\bigvee_{i\in I} \tau_i)$ ausgeglichen. Jeder pseudotopologische Quotientenvektorraum eines ausgeglichenen pseudotopologischen Vektorraumes ist wegen 5.15.21 ausgeglichen. Für jede nichtleere endliche Familie $(X_\iota)_{\iota\in I}$ ausgeglichener pseudotopologischer Vektorräume ist wegen 5.15.21 $\bigoplus_{\iota\in I} X_\iota = \boldsymbol{p}^v(\bigoplus_{\iota\in I} X_\iota)$ ausgeglichen.

Im weiteren verallgemeinern wir unter Benutzung des Begriffs der Finallimitierung eine bekannte Charakterisierung der Stetigkeit von Linearformen.

5.15.22 (Stetigkeit von Linearformen). *X sei eine pseudotopologische $\boldsymbol{K}$-lineare Gruppe und f eine Linearform auf X. f ist genau dann stetig, wenn der Nullraum N von f abgeschlossen ist.*

Beweis. Ist f stetig, so ist N natürlich abgeschlossen. Nun sei N abgeschlossen. Es sei wb$f \neq 0$ und damit wb$f = \boldsymbol{K}$; f ist sonst stetig. σ sei die Finallimitierung der Limitierung von X bez. f. Wegen 3.12.6 und 5.15.3 ist σ eine schwach verträgliche Pseudotopologie. Zu beliebigem $x \in X$ mit $[f(x)] \in \sigma(0)$ existieren wegen (3.12.1) endlich viele Punkte $x_1, \dots, x_n \in N$ und Filter $\mathfrak{F}_1 \to x_1, \dots, \mathfrak{F}_n \to x_n$, so daß $f(\mathfrak{F}_1) \cap \dots \cap f(\mathfrak{F}_n) \subseteqq [f(x)]$ und für den eigentlichen Nullfilter $\mathfrak{F} = (\mathfrak{F}_1 - x_1) \cap \dots \cap (\mathfrak{F}_n - x_n)$ damit $f(\mathfrak{F} - x) \subseteqq [0]$ gilt. Wir erhalten $(F - x) \cap N \neq \emptyset$ $(F \in \mathfrak{F})$ und somit $x \in \overline{N} = N$, also $f(x) = 0$. σ ist daher separiert (siehe 5.6.2), so daß σ wegen 5.7.10 feiner als die natürliche Topologie τ_{nat} von $\boldsymbol{K}$ ist und f demnach bez. τ_{nat} stetig ist.

Mittels 5.15.22 beweisen wir einen wichtigen Fortsetzungssatz; er geht wie 5.15.22 für den Fall pseudotopologischer Vektorräume auf M. P. Kaz [2] zurück. Wir sagen, daß eine limitierte lineare Gruppe X die **Hahn-Banach-Eigenschaft** hat, wenn sich jede stetige Linearform auf einer beliebigen limitierten linearen Untergruppe von X zu einer stetigen Linearform auf X fortsetzen läßt. Nach 5.9.15 besitzt jede lokalkonvexe topologische lineare Gruppe diese Eigenschaft. Weitere Beispiele von Räumen mit dieser Eigenschaft sind in Kaz [2] und Müller [5] angegeben.

5.15.23 (Fortsetzung stetiger Linearformen). *Eine pseudotopologische $\boldsymbol{K}$-lineare Gruppe X besitzt genau dann die Hahn-Banach-Eigenschaft, wenn für jeden Teilraum T des X unterliegenden Vektorraumes E die Adhärenzen in X und $\mathfrak{t}^\wedge(X)$ übereinstimmen: $\overline{T} = \overline{T}^{t^\wedge}$.*

Beweis. 1. X besitze die Hahn-Banach-Eigenschaft, und es gebe einen Teilraum T von E mit $\overline{T} \neq \overline{T}^{t^\wedge}$. Wir bilden zu einem $x \in \overline{T}^{t^\wedge} \setminus \overline{T}$ die aus $T + \boldsymbol{K}x$ bestehende pseudotopologische lineare Untergruppe Z von X. Ist $\mathfrak{F}$ ein eigentlicher Filter in X mit $T \in \mathfrak{F}$, der gegen einen Punkt $y + \alpha x$ $(y \in T, \alpha \in \boldsymbol{K})$ konvergiert, so kann nicht $\alpha \neq 0$ sein, da sonst $T \in \alpha^{-1}(\mathfrak{F} - y) \to x$ und damit $x \in \overline{T}$ im Widerspruch zur Wahl von x gelten würde. T ist deshalb in Z abgeschlossen. Die Linearform $f\colon y + \alpha x \mapsto \alpha$ $(y \in T, \alpha \in \boldsymbol{K})$ auf Z, die T als Nullraum hat, ist wegen 5.15.22 somit stetig. Auf Grund der Voraussetzung an X läßt sich f zu einer stetigen Linearform g auf X fortsetzen. Es folgt $g[T] = \{0\}$

und, da g auch als Abbildung von $\boldsymbol{t}^\wedge(X)$ in $\boldsymbol{K}$ stetig ist, damit sogar $g[\overline{T}^{t^\wedge}] = \{0\}$, andererseits aber $g(x) = 1$, was der Wahl von x widerspricht.

2. Für jeden Teilraum T von E sei $\overline{T} = \overline{T}^{t^\wedge}$. f sei eine stetige Linearform auf einer pseudotopologischen linearen Untergruppe Z von X. Für den Nullraum N von f gilt wegen (3.9.4) und 5.15.22 $N = Z \cap \overline{N}$ und auf Grund der Voraussetzung $N = Z \cap \overline{N}^{t^\wedge}$, so daß N in der topologischen linearen Untergruppe Z' von $\boldsymbol{t}^\wedge(X)$, die den gleichen unterliegenden Vektorraum wie Z hat, abgeschlossen ist. Wegen 5.15.22 ist f als Abbildung von Z' in $\boldsymbol{K}$ stetig, und wegen 5.9.15 besitzt $f\colon Z' \to \boldsymbol{K}$ eine Fortsetzung zu einer stetigen Linearform g auf $\boldsymbol{t}^\wedge(X)$. $f\colon Z \to \boldsymbol{K}$ hat die stetige Linearform $g\colon X \to \boldsymbol{K}$ als Fortsetzung.

Im Falle $X \in$ ObPVEK ist $\overline{T}^{t^\wedge}$ die Adhärenz von T bez. $\boldsymbol{t}^\wedge(X)$.

5.16. Beziehungen zwischen Finallimitierungen und den Funktoren $\#$, $+$ und $\wedge$

Wir gehen zunächst auf Beziehungen zwischen Finallimitierungen und dem Funktor $\#$ ein. E, X_ι, τ_ι und g_ι ($\iota \in I$) seien wie zu Anfang des vorigen Abschnittes gewählt.

5.16.1. *Es gilt*

$$\operatorname{fin} v(\tau_\iota)^{\#} \leqq v(\operatorname{fin} \tau_\iota)^{\#} \quad \textit{und} \quad \operatorname{fin} p^v(\tau_\iota)^{\#} \leqq p^v(\operatorname{fin} \tau_\iota)^{\#}\,, \tag{5.16.1}$$

wobei alle Finallimitierungen bezüglich der Abbildungen g_ι gemeint sind. Bei keiner der Beziehungen trifft im allgemeinen das Gleichheitszeichen zu, auch nicht im Falle $I \neq \emptyset$. Sind die τ_ι gleichförmige verträgliche Limitierungen bzw. Pseudotopologien, so ist auch $v(\operatorname{fin} \tau_\iota)$ bzw. $p^v(\operatorname{fin} \tau_\iota)$ gleichförmig.

Beweis. 1. Zu beliebigem $\iota \in I$ und $x_\iota \in X_\iota$ folgt mittels (5.1.13) und (5.2.7)

$$\left(g_\iota^{\mathfrak{I}} \circ v(\tau_\iota)^{\#}\right)(x_\iota) \subseteqq \underset{\subseteqq}{\operatorname{im}} \left\{\mathfrak{G} \in \left(g_\iota^{\mathfrak{I}} \circ v(\tau_\iota)\right)(x_\iota) \mid \mathfrak{G} - g_\iota(x_\iota) \text{ gleichförmig}\right\},$$

zu beliebigem $x \in E$ unter Berücksichtigung von (3.12.1) und (5.15.1) damit

$$\left(\operatorname{fin} v(\tau_\iota)^{\#}\right)(x) \subseteqq \underset{\subseteqq}{\operatorname{im}} \left\{\mathfrak{G} \in \left(\operatorname{fin} v(\tau_\iota)\right)(x) \mid \mathfrak{G} - x \text{ gleichförmig}\right\} \subseteqq v(\operatorname{fin} \tau_\iota)^{\#}(x)\,.$$

Es gilt deshalb die erste Beziehung von (5.16.1). Aus ihr und der zweiten Beziehung von (5.15.1) ergibt sich $\operatorname{fin} p^v(\tau_\iota)^{\#} \leqq v\left(\operatorname{fin} p^v(\tau_\iota)\right)^{\#} \leqq p^v(\operatorname{fin} \tau_\iota)^{\#}$, also die zweite Beziehung von (5.16.1).

2. Wenn die τ_ι gleichförmige verträgliche Limitierungen bzw. Pseudotopologien sind, folgt aus (5.16.1), 5.8.12 und dem Korollar zu 5.8.15 $v(\operatorname{fin} \tau_\iota) \leqq v(\operatorname{fin} \tau_\iota)^{\#}$ bzw. $p^v(\operatorname{fin} \tau_\iota) \leqq p^v(\operatorname{fin} \tau_\iota)^{\#}$ und damit, daß $v(\operatorname{fin} \tau_\iota)$ bzw. $p^v(\operatorname{fin} \tau_\iota)$ gleichförmig ist.

3. E und $\operatorname{fin}\tau_i$ seien wie im Beispiel aus Teil 3 des Beweises von 5.13.1 definiert. Die τ_i sind verträgliche gleichförmige Pseudotopologien des Vektorraumes E, und $g(\operatorname{fin}\tau_i)$ und damit auch $v(\operatorname{fin}\tau_i)$ ist die triviale Topologie von E, somit gleichförmig. Wegen $\operatorname{fin}\tau_i < v(\operatorname{fin}\tau_i)$ gilt daher auch $\operatorname{fin} v(\tau_i)^{\#} < v(\operatorname{fin}\tau_i)^{\#}$ und damit auch $\operatorname{fin} p^v(\tau_i)^{\#} < p^v(\operatorname{fin}\tau_i)^{\#}$.

5.16.1'. 5.16.1 *gilt auch, wenn* v *durch* ν *und verträglich durch schwach verträglich ersetzt wird.*

5.16.2. *Die* τ_i *seien schwach verträglich und Pseudotopologien im weiten Sinne. Zu beliebigen* $i, j \in I$ *gebe es ein* $k \in I$ *und stetige Abbildungen* $g_{ik}\colon X_i \to X_k$ *und* $g_{jk}\colon X_j \to X_k$ *mit* $g_k \circ g_{ik} = g_i$ *und* $g_k \circ g_{jk} = g_j$. *Dann gilt* $\operatorname{fin}\tau_i^{\#} = (\operatorname{fin}\tau_i)^{\#}$.

Beweis. Wegen 5.15.3 und 5.16.1' gilt $\operatorname{fin}\tau_i^{\#} \leqq (\operatorname{fin}\tau_i)^{\#}$. Gegeben seien ein $x \in E$ und ein eigentlicher Filter $\mathfrak{F} \in (\operatorname{fin}\tau_i)^{\#}(x)$. Es gibt einen Unterfilter $\mathfrak{G} \in (\operatorname{fin}\tau_i)(x)$ von $\mathfrak{F}$, für den $\mathfrak{G} - x$ gleichförmig ist. Ferner existieren $i_1, \ldots, i_n \in I$ und Filter $\mathfrak{K}_\varkappa \in (g_{i_\varkappa}^{\mathcal{J}} \circ \tau_{i_\varkappa} \circ g_{i_\varkappa}^{-1})\,\{x\}$ $(\varkappa = 1, \ldots, n)$ mit $\bigcap\limits_{\varkappa=1,\ldots,n} \mathfrak{K}_\varkappa \subseteqq \mathfrak{G}$. Aus der Voraussetzung folgt, daß es ein $k \in I$ und stetige Abbildungen $g_{i_\varkappa k}\colon X_{i_\varkappa} \to X_k$ mit $g_k \circ g_{i_\varkappa k} = g_{i_\varkappa}$ $(\varkappa = 1, \ldots, n)$ gibt, weshalb $\mathfrak{K}_\varkappa \in (g_k^{\mathcal{J}} \circ \tau_k \circ g_k^{-1})\,\{x\}$ zu beliebigem $\varkappa = 1, \ldots, n$ und somit $\mathfrak{G} \in (g_k^{\mathcal{J}} \circ \tau_k \circ g_k^{-1})\,\{x\}$ gilt. Es gibt ein $x_k \in g_k^{-1}\,\{x\}$ und ein $\mathfrak{H} \in \tau_k(x_k)$ mit $g_k(\mathfrak{H}) \subseteqq \mathfrak{G}$, und mittels 5.8.14 erhält man $\mathfrak{G} \supseteqq g_k\big(x_k + V(\mathfrak{H} - x_k)\big) \in (g_k^{\mathcal{J}} \circ \tau_k^{\#} \circ g_k^{-1})\,\{x\}$. Damit ergibt sich $\mathfrak{F} \in (\operatorname{fin}\tau_i^{\#})(x)$. Aus dem Bewiesenen folgt die im Satz angegebene Beziehung.

Im weiteren kommen wir zu Spezialfällen.

a. Wir nehmen zuerst an, daß die τ_i verträgliche Limitierungen und die g_i gleich der identischen Abbildung von E auf sich sind. $\mathcal{T}^{v\#}E$ und $\mathcal{T}^{pv\#}E$ seien die vollständigen Verbände aller gleichförmigen verträglichen Limitierungen bzw. Pseudotopologien von E. Wie mittels 5.16.1 folgt, hat $\{\tau_i \mid i \in I\}$ in dem Fall, daß die Limitierungen τ_i gleichförmig sind, in den Verbänden $\mathcal{T}^v E$ und $\mathcal{T}^{v\#}E$ das gleiche Supremum, nämlich $v(\bigvee\limits_{i\in I} \tau_i)$. Ferner folgt mittels 5.16.1, daß in dem Fall, daß die τ_i gleichförmige Pseudotopologien sind, $\{\tau_i \mid i \in I\}$ auch in den Verbänden $\mathcal{T}^{pv}E$ und $\mathcal{T}^{pv\#}E$ das gleiche Supremum, nämlich $p^v(\bigvee\limits_{i\in I} \tau_i)$ hat. Wegen (5.16.1) gilt $\bigvee\limits_{i\in I} \tau_i^{\#} \leqq v(\bigvee\limits_{i\in I} \tau_i)^{\#}$ und $\bigvee\limits_{i\in I} p^v(\tau_i)^{\#} \leqq p^v(\bigvee\limits_{i\in I} \tau_i)^{\#}$. Im allgemeinen trifft bei diesen Beziehungen das Gleichheitszeichen nicht zu, nicht einmal, wenn I eine Zweiermenge ist, wie man Teil 3 des Beweises von 5.16.1 entnimmt.

Die angeführten Aussagen bleiben richtig, wenn wir v durch ν und verträglich durch schwach verträglich ersetzen.

b. Im folgenden seien die τ_i gleichförmige verträgliche Limitierungen; an die linearen Abbildungen g_i stellen wir keine zusätzlichen Forderungen. E, versehen mit $v(\operatorname{fin}\tau_i)$, bezeichnen wir mit X. $V^{v\#}$ und $V^{pv\#}$ seien die (in naheliegender

Weise definierten) Vergißfunktoren von LVEK# bzw. PVEK# in VEK. Aus 3.2.11, 5.15.7 und 5.16.1 ergibt sich

5.16.3 (Gebundene Coprodukte in LVEK# und PVEK#). *Der gleichförmige limitierte Vektorraum X ist, zusammen mit der Familie der Abbildungen $g_i: X_i \to X$, ein $V^{v\#}$-Coprodukt der X_i über E, $(g_i)_{i\in I}$. Der gleichförmige pseudotopologische Vektorraum $\mathbf{p}^v(X)$ ist, zusammen mit der Familie der Abbildungen $g_i: \mathbf{p}^v(X_i) \to \mathbf{p}^v(X)$, ein $V^{pv\#}$-Coprodukt der $\mathbf{p}^v(X_i)$ über E, $(g_i)_{i\in I}$.*

Nach diesem Satz existieren alle $V^{v\#}$- und $V^{pv\#}$-Coprodukte, und zwar stets eindeutig. Unter Berücksichtigung der Existenz der induktiven Limites in VEK ergibt sich mittels 3.2.23, daß in LVEK# und PVEK# alle induktiven Limites existieren.

Ist T ein Funktor einer kleinen Kategorie $\mathfrak{D}$ in LVEK, für den die Bildobjekte $T(D)$ ($D \in \mathrm{Ob}\mathfrak{D}$) gleichförmige limitierte Vektorräume sind, und ist $T^\#$ derjenige Funktor von $\mathfrak{D}$ in LVEK#, der sich aus T durch Einschränkung der Bildkategorie ergibt, so ist jeder induktive Limes von T ein induktiver Limes von $T^\#$ und umgekehrt. Ferner ist dann jeder induktive Limes des aus T und $\mathbf{p}^v$ zusammengesetzten Funktors ein induktiver Limes des aus T, $\mathbf{p}^v$ und # zusammengesetzten Funktors und umgekehrt.

Wenn $T = \big((X_i)_{i\in I}, (\varphi_{ij})_{(i,j)\in \leq}\big)$ ein induktives Einbettungsspektrum in LVEK über einer nichtleeren gerichteten Menge I ist, ergibt sich mittels 5.16.2, falls die Limitierungen der X_i Pseudotopologien im weiten Sinne sind,

$$\bigcup_{i\in I} X_i^\# = (\bigcup_{i\in I} X_i)^\# \tag{5.16.2}$$

und wegen (5.15.2) damit stets

$$\bigcup_{i\in I} \mathbf{p}^v(X_i)^\# = \mathbf{p}^v(\bigcup_{i\in I} X_i)^\# \tag{5.16.3}$$

(vergleiche S. Courant [1]).

Entsprechende Aussagen gelten für die induktiven Limites in LLING# und PLING#, insbesondere ergibt sich, daß in diesen Kategorien alle induktiven Limites existieren.

c. Nun sei X ein limitierter $\boldsymbol{K}$-Vektorraum, τ die Limitierung von X, T ein Teilraum des X unterliegenden Vektorraumes E, ϱ die durch $x\varrho y \Leftrightarrow y - x \in T$ in E definierte Äquivalenzrelation und $\varkappa$ die kanonische Abbildung von E auf den Quotientenvektorraum E/T.

5.16.4. *Es gilt*

$$(\tau^\#)_\varrho \leqq (\tau_\varrho)^\# \quad \textit{und} \quad \big(p^v(\tau)^\#\big)_\varrho = p^v(\tau_\varrho)^\# \,. \tag{5.16.4}$$

Bei der ersten Beziehung trifft das Gleichheitszeichen zu, wenn τ eine Pseudotopologie ist. Im allgemeinen gilt es bei dieser Beziehung nicht.

Beweis. 1. τ sei eine Pseudotopologie. Auf Grund des Korollars zu 5.8.15 ist dann auch $\tau^{\#}$ eine Pseudotopologie. Aus (5.2.7), 5.8.14 und (5.13.11) ergibt sich daher $(\tau_\varrho)^{\#}(T) = \boldsymbol{V}\varkappa(\tau(0)) = \varkappa(\boldsymbol{V}\tau(0)) = \varkappa(\tau^{\#}(0)) = (\tau^{\#})_\varrho(T)$ für den Nullvektor T von E/T und, da τ_ϱ und $(\tau^{\#})_\varrho$ wegen 5.15.3 verträgliche Pseudotopologien sind, damit, daß unter der angegebenen Voraussetzung bei der ersten Beziehung von (5.16.4) das Gleichheitszeichen zutrifft.

2. Im folgenden sei τ beliebig. Wegen (5.16.1) gilt die erste Beziehung von (5.16.4). Aus (5.15.5) und dem im Teil 1 Bewiesenen folgt $(p^v(\tau)^{\#})_\varrho = (p^v(\tau)_\varrho)^{\#} = p^v(\tau_\varrho)^{\#}$, also die zweite Beziehung von (5.16.4).

3. Es sei speziell $E = \boldsymbol{K}^2$ und τ die durch

$$\tau(\xi, \eta) = [\{\boldsymbol{K}\} \times (\xi + \eta + \boldsymbol{V})] , \qquad (\xi, \eta) \in E ,$$

definierte Limitierung von E, die, wie man leicht unter Berücksichtigung von (5.1.16), (5.2.8) und (5.4.1) zeigt, verträglich ist. Schließlich sei T der Teilraum $\{0\} \times \boldsymbol{K}$ von E. Bei $\xi \neq 0$ folgt $\tau^{\#}(\xi, \eta) = \{\mathsf{P}E\}$ und damit $(\tau^{\#})_\varrho((\xi, 0) + T) = \{\mathsf{P}(E/T)\}$. Andererseits gilt $\tau_\varrho((\xi, 0) + T) = [\{E/T\}]$ und deshalb $(\tau^{\#})_\varrho \neq \tau_\varrho = (\tau_\varrho)^{\#}$.

Die limitierten Quotientenvektorräume gleichförmiger limitierter bzw. gleichförmiger pseudotopologischer Vektorräumen bilden gerade die Differenzcokerne in den Kategorien LVEK$^{\#}$ bzw. PVEK$^{\#}$.

5.16.4 gilt auch, wenn X als limitierte $\boldsymbol{K}$-lineare Gruppe angenommen und v durch ν ersetzt wird. Die limitierten linearen Faktorgruppen gleichförmiger limitierter bzw. gleichförmiger pseudotopologischer linearer Gruppen bilden gerade die Differenzcokerne in LLING$^{\#}$ und PLING$^{\#}$.

d. Im weiteren sei $(X_\iota)_{\iota \in I}$ eine Familie limitierter $\boldsymbol{K}$-Vektorräume mit einer Menge als Indexbereich.

5.16.5. *Wenn die Limitierungen der X_ι Pseudotopologien im weiten Sinne sind, gilt*

$$\bigoplus_{\iota \in I} X_\iota^{\#} = (\bigoplus_{\iota \in I} X_\iota)^{\#} . \tag{5.16.5}$$

Im Falle $I \neq \emptyset$ gilt stets

$$\bigoplus_{\iota \in I} p^v(X_\iota)^{\#} = p^v(\bigoplus_{\iota \in I} X_\iota)^{\#} . \tag{5.16.6}$$

Beweis. (5.16.5) gilt im Falle $I = \emptyset$. Im weiteren sei $I \neq \emptyset$. Ist zusätzlich I endlich, so folgt die Gültigkeit von (5.16.5) aus (5.12.4) und 5.15.18. Wir benutzen die Bezeichnungsweise aus 5.15.17. Sind die Limitierungen der X_ι Pseudotopologien im weiten Sinne, so auch die Limitierungen der $\bigoplus_{j \in J} X_j$ und der $\iota_J(\bigoplus_{j \in J} X_j)$ $(J \in \mathfrak{J})$. Aus (5.15.9), 5.16.2 und (5.16.2) ergibt sich damit dann

$$\bigoplus_{\iota \in I} X_\iota^{\#} = \bigcup_{J \in \mathfrak{J}} \iota_J(\bigoplus_{j \in J} X_j^{\#}) = \bigcup_{J \in \mathfrak{J}} \iota_J((\bigoplus_{j \in J} X_j)^{\#}) = \bigcup_{J \in \mathfrak{J}} \iota_J(\bigoplus_{j \in J} X_j)^{\#} = (\bigoplus_{\iota \in I} X_\iota)^{\#} ,$$

also (5.16.5). Aus (5.15.7) und (5.16.5) folgt (5.16.6) im Falle $I \neq \emptyset$. ∎

Die Coprodukte von gleichförmigen limitierten bzw. pseudotopologischen Vektorräumen X_ι ($\iota \in I$) in LVEK bzw. PVEK sind gleich den Coprodukten der X_ι ($\iota \in I$) in LVEK$^\#$ bzw. PVEK$^\#$.

5.16.5 gilt auch, wenn die X_ι als limitierte $\boldsymbol{K}$-lineare Gruppen angenommen werden und v durch ν ersetzt wird. Die Coprodukte von gleichförmigen limitierten bzw. pseudotopologischen linearen Gruppen X_ι ($\iota \in I$) in LLING bzw. PLING sind gleich den Coprodukten der X_ι ($\iota \in I$) in LLING$^\#$ bzw. PLING$^\#$.

Den Beweisen von 5.16.1 und 5.16.2 entnimmt man, daß 5.16.1, 5.16.1′ und 5.16.2 auch gelten, wenn in diesen Sätzen $\#$ durch $+$ und gleichförmig durch kreisförmig ersetzt wird. Ferner zeigt man, daß die in den Spezialfällen a, b und d angeführten Aussagen richtig bleiben, wenn $\#$ durch $+$, $\#$ durch $+$ und gleichförmig durch kreisförmig ersetzt wird.

Für $+$ existiert kein Analogon zu 5.16.4. Aus dem 5.16.1 entsprechenden Satz folgern wir lediglich: Ist X ein limitierter $\boldsymbol{K}$-Vektorraum, τ die Limitierung von X, T ein Teilraum des X unterliegenden Vektorraumes E und ϱ die durch $x\varrho y \Leftrightarrow y - x \in T$ in E definierte Äquivalenzrelation, so gilt

5.16.6. *Es ist* $(\tau^+)_\varrho \leqq (\tau_\varrho)^+$ *und* $(p^v(\tau)^+)_\varrho \leqq p^v(\tau_\varrho)^+$.

Die limitierten Quotientenvektorräume kreisförmiger limitierter bzw. kreisförmiger pseudotopologischer Vektorräume bilden daher die Differenzcokerne in LVEK$^+$ bzw. PVEK$^+$.

5.16.6 gilt auch, wenn X als limitierte $\boldsymbol{K}$-lineare Gruppe angenommen und v durch ν ersetzt wird. Die limitierten linearen Faktorgruppen kreisförmiger limitierter bzw. kreisförmiger pseudotopologischer linearer Gruppen bilden gerade die Differenzcokerne in LLING$^+$ und PLING$^+$.

Wir gehen schließlich auf Beziehungen zwischen Finallimitierungen und dem Funktor $\wedge$ ein. E, X_ι, τ_ι und g_ι ($\iota \in I$) seien wieder wie zu Anfang des vorigen Abschnittes gewählt. Für jede Limitierung τ eines $\boldsymbol{K}$-Vektorraumes, für die $\alpha\tau(x) \subseteqq \tau(\alpha x)$ zu beliebigem $\alpha \in \boldsymbol{K}$ und jeden Punkt x des Raumes gilt, setzen wir

$$v^\wedge(\tau) = v(\tau)^\wedge \quad \text{und} \quad \nu^\wedge(\tau) = \nu(\tau)^\wedge .$$

Ferner benutzen wir für jede derartige Limitierung die Bezeichnungsvereinbarung vor 5.10.2.

5.16.7. *Es ist*

$$\operatorname{fin} v^\wedge(\tau_\iota) \leqq v^\wedge(\operatorname{fin} \tau_\iota)\,, \quad \operatorname{fin} p^\wedge(\tau_\iota) \leqq p^\wedge(\operatorname{fin} \tau_\iota) \quad \textit{und} \quad \operatorname{fin} t^\wedge(\tau_\iota) \leqq t^\wedge(\operatorname{fin} \tau_\iota)\,, \tag{5.16.7}$$

wobei alle Finallimitierungen bezüglich der Abbildungen g_ι gemeint sind. Bei keiner dieser Beziehungen trifft im allgemeinen das Gleichheitszeichen zu.

Beweis. Wegen (3.12.1) gilt

$$(\operatorname{fin} v^\wedge(\tau_\iota))\,(x) = \bigvee_{\iota \in I} \; \bigvee_{x_\iota \in g_\iota^{-1}\{x\}} (g_\iota^J \circ v_\iota^\wedge(\tau_\iota))\,(x_\iota)$$

($x \in E$). Unter Berücksichtigung von (5.9.8) und der für beliebige Filter $\mathfrak{F}_1, \dots, \mathfrak{F}_n$ in E bestehenden Beziehung $(\mathfrak{F}_1 \cap \dots \cap \mathfrak{F}_n)^\wedge \subseteqq \mathfrak{F}_1^\wedge \cap \dots \cap \mathfrak{F}_n^\wedge$ folgt $(\operatorname{fin} v^\wedge(\tau_i))(x) \subseteqq (\operatorname{fin} v(\tau_i))^\wedge(x)$ ($x \in E$), wegen (5.15.1) damit die erste Beziehung von (5.16.7). Aus dieser und (5.15.1) ergibt sich

$$\operatorname{fin} p^\wedge(\tau_i) = \operatorname{fin} v^\wedge(p^v(\tau_i)) \leqq v^\wedge(\operatorname{fin} p^v(\tau_i)) \leqq v^\wedge(p^v(\operatorname{fin} \tau_i)) = p^\wedge(\operatorname{fin} \tau_i)\,,$$

also die zweite Beziehung von (5.16.7) und entsprechend die dritte Beziehung von (5.16.7). Daß bei keiner dieser Beziehungen im allgemeinen das Gleichheitszeichen zutrifft, folgt bereits aus 5.10.1 und 5.15.1.

5.16.7'. 5.16.7 *gilt ebenfalls, wenn* v *durch* ν *und durch* $\wedge$ *durch* $\hat{}$ *ersetzt wird.*

5.16.8. *Sind die* τ_i *verträgliche lokalkonvexe Pseudotopologien, so ist* $v(\operatorname{fin} \tau_i)$ *lokalkonvex. Wenn die* τ_i *lediglich als verträgliche lokalkonvexe Limitierungen vorausgesetzt werden, ist* $v(\operatorname{fin} \tau_i)$ *im allgemeinen nicht lokalkonvex. Sind die* τ_i *verträgliche lokalkonvexe Pseudotopologien und spannt* $\bigcup_{i \in I} \operatorname{wbg}_i$ *ganz* E *auf, so ist auch* $p^v(\operatorname{fin} \tau_i)$ *lokalkonvex. Auch diese Aussage ist im allgemeinen falsch, wenn lediglich gefordert wird, daß die* τ_i *verträgliche lokalkonvexe Limitierungen sind und* $\bigcup_{i \in I} \operatorname{wbg}_i$ *ganz* E *aufspannt.* $t^v(\operatorname{fin} \tau_i)$ *ist im allgemeinen nicht einmal lokalkonvex, wenn die* τ_i *verträgliche lokalkonvexe Topologien sind und* $\bigcup_{i \in I} \operatorname{wbg}_i$ *ganz* E *aufspannt.*

Beweis. 1. Die τ_i seien verträgliche lokalkonvexe Pseudotopologien. Im Falle $I = \emptyset$ ist $v(\operatorname{fin} \tau_i)$ die feinste verträgliche Limitierung von E, also lokalkonvex. Im weiteren sei $I \neq \emptyset$. Zu beliebigem $x \in \bigcup_{i \in I} \operatorname{wbg}_i$ hat $(\operatorname{fin} \tau_i)(x)$ die Menge aller Filterdurchschnitte $g_{i_1}(\mathfrak{F}_1) \cap \dots \cap g_{i_n}(\mathfrak{F}_n)$ $\left(i_j \in I \text{ und } \mathfrak{F}_j \in (\tau_{i_j} \circ g_{i_j}^{-1})\,\{x\} \text{ für } j = 1, \dots, n\right)$ als Basis. Da die τ_i Pseudotopologien sind, gibt es jeweils zu beliebigem $j = 1, \dots, n$ einen bez. τ_{i_j} gegen den Nullpunkt 0_{i_j} von X_{i_j} konvergierenden Filter $\mathfrak{G}_j$ mit $x + g_{i_j}(\mathfrak{G}_j) \subseteqq g_{i_j}(\mathfrak{F}_j)$ und mit $\mathfrak{G}_j \subseteqq [0_{i_j}]$, also $g_{i_j}(\mathfrak{G}_j) \subseteqq [0]$, weshalb stets

$$x + g_{i_1}(\mathfrak{G}_1) + \dots + g_{i_n}(\mathfrak{G}_n) \subseteqq g_{i_1}(\mathfrak{F}_1) \cap \dots \cap g_{i_n}(\mathfrak{F}_n)$$

folgt. Unter Beachtung, daß wegen 5.15.2 $v(\operatorname{fin} \tau_i) = g(\operatorname{fin} \tau_i)$ gilt, ergibt sich daher für jeden Punkt x von E, der der linearen Hülle von $\bigcup_{i \in I} \operatorname{wbg}_i$ angehört, daß $v^\wedge(\operatorname{fin} \tau_i)(x)$ die Menge aller Filter

$$\left(x + g_{k_1}(\mathfrak{H}_1) + \dots + g_{k_m}(\mathfrak{H}_m)\right)^\wedge \quad (k_j \in I \text{ und } \mathfrak{H}_j \in \tau_{k_j}(0_{k_j}) \text{ für } j = 1, \dots, m)$$

als Basis hat. Wegen (5.9.4) und (5.9.8) stimmt jeder dieser Filter mit $x + g_{k_1}(\mathfrak{H}_1^\wedge) + \dots + g_{k_m}(\mathfrak{H}_m^\wedge)$ überein. Unter Berücksichtigung, daß die τ_i lokalkonvex sind, folgt dann aber $v^\wedge(\operatorname{fin} \tau_i)(x) \subseteqq v(\operatorname{fin} \tau_i)(x)$ und damit $v(\operatorname{fin} \tau_i)(x) = v^\wedge(\operatorname{fin} \tau_i)(x)$. Für jeden Punkt x von E, der der linearen Hülle von $\bigcup_{i \in I} \operatorname{wbg}_i$ nicht angehört, gilt $v(\operatorname{fin} \tau_i)(x) = \{\mathsf{P}E\}$ und damit ebenfalls $v(\operatorname{fin} \tau_i)(x) = v^\wedge(\operatorname{fin} \tau_i)(x)$. $v(\operatorname{fin} \tau_i)$ ist daher auch im Falle $I \neq \emptyset$ lokalkonvex.

Spannt $\bigcup_{i \in I} \operatorname{wbg}_i$ ganz E auf, so stimmt $v(\operatorname{fin} \tau_i)$ nach 5.15.4 mit $p^v(\operatorname{fin} \tau_i)$ überein und ist dann natürlich auch $p^v(\operatorname{fin} \tau_i)$ lokalkonvex.

2. Es sei $E = K$. Die natürliche Topologie $\tau_1 = \tau_{\text{nat}}$ von K und die Limitierung $\tau_2 = -\tau_{\text{nat}}$ von K sind lokalkonvex. $\tau_1 \vee \tau_2$ ist Finallimitierung von τ_1 und τ_2 bezüglich der identischen Abbildung von K auf sich. Trivialerweise wird K vom Wertebereich dieser Abbildung aufgespannt. Zu jedem $x \in K$ gilt $(\tau_1 \vee \tau_2)(x) = [\{-x, x\} + V]$. $v(\tau_1 \vee \tau_2)(0)$ besitzt deshalb eine Basis aus Filtern $A + V$, wobei die A gewisse endliche Teilmengen von K sind. Insbesondere gehört $\{-1, 1\} - \{-1, 1\} + V = \{-2, 0, 2\} + V$ dem $\wedge$-Ideal $v(\tau_1 \vee \tau_2)(0)$ an. Da aber $(\{-2, 0, 2\} + V)^\wedge = [-2, 2] + V$ diesem $\wedge$-Ideal nicht angehört, ist die Limitierung $v(\tau_1 \vee \tau_2)$, die natürlich mit $p^v(\tau_1 \vee \tau_2)$ übereinstimmt, nicht lokalkonvex.

3. E sei ein K-Vektorraum mit einer Dimension $> \aleph_0$ und $\{e_i \mid i \in I\}$ eine Basis von E mit $e_i \neq e_j$ bei $i \neq j$. $\mathfrak{J}$ sei die Gesamtheit aller nichtleeren endlichen Teilmengen von I und zu beliebigem $J \in \mathfrak{J}$ ferner X_J der von $\{e_j \mid j \in J\}$ aufgespannte Teilraum von E, versehen mit der natürlichen Topologie τ_J. $\mathfrak{J}$ denken wir uns mit der mengentheoretischen Ordnung versehen und bilden den MARINESCU-Raum $\bigcup_{J \in \mathfrak{J}} X_J$. Die Pseudotopologie $v(\operatorname{fin} \tau_J)$ dieses Raumes ist die feinste verträgliche Pseudotopologie und $t^v(\operatorname{fin} \tau_J)$ daher die feinste verträgliche Topologie von E. Die τ_J sind lokalkonvex, und $t^v(\operatorname{fin} \tau_J)$ ist wegen $\dim E > \aleph_0$ und 5.10.4 nicht lokalkonvex.

Korollar. *Die τ_i seien verträgliche Pseudotopologien. Dann gilt* $v(\operatorname{fin} \tau_i^\wedge) = v^\wedge(\operatorname{fin} \tau_i)$ *und, wenn* $\bigcup_{i \in I} \operatorname{wb} g_i$ *ganz E aufspannt, ferner* $p^v(\operatorname{fin} \tau_i^\wedge) = p^\wedge(\operatorname{fin} \tau_i)$.

Beweis. Wegen 5.10.2 sind auch die $\tau_i^\wedge$ Pseudotopologien. Mittels (5.16.7) und 5.16.8 folgt daher

$$v(\operatorname{fin} \tau_i^\wedge) \leqq v^\wedge(\operatorname{fin} \tau_i) \leqq v^\wedge(\operatorname{fin} \tau_i^\wedge) = v(\operatorname{fin} \tau_i^\wedge)\,,$$

also die erste der angegebenen Beziehungen. Spannt $\bigcup_{i \in I} \operatorname{wb} g_i$ ganz E auf, so ergibt sich wegen 5.15.4 die zweite der angegebenen Beziehungen.

5.16.8′. 5.16.8 *und das zugehörige Korollar gelten auch, wenn v durch ν, $v^\wedge$ durch $\nu^\wedge$, $p^\wedge$ durch $p^\wedge$ und verträglich durch schwach verträglich ersetzt werden.*

Wir befassen uns ebenfalls mit Spezialfällen.

a. Zuerst nehmen wir an, daß die τ_i verträgliche Limitierungen und die g_i gleich der identischen Abbildung von E auf sich sind. $\mathcal{T}^{v\wedge}E$, $\mathcal{T}^{pv\wedge}E$ und $\mathcal{T}^{tv\wedge}E$ seien die vollständigen Verbände aller verträglichen lokalkonvexen Limitierungen, Pseudotopologien bzw. Topologien von E. Sind die Limitierungen τ_i lokalkonvex, so folgt unter Berücksichtigung von 5.10.1 und des Teiles 2 des Beweises von 5.16.8, daß $v^\wedge(\bigvee_{i \in I} \tau_i)$ das Supremum von $\{\tau_i \mid i \in I\}$ bez. $\mathcal{T}^{v\wedge}E$ ist und daß dieses mit dem Supremum von $\{\tau_i \mid i \in I\}$ bez. $\mathcal{T}^vE$ im allgemeinen nicht übereinstimmt, nicht einmal, wenn I zweielementig ist. Sind die τ_i jedoch lokalkonvexe Pseudotopologien, so stimmen nach 5.16.8 die Suprema von

$\{\tau_i \mid i \in I\}$ bez. $\mathcal{T}^v E$ und $\mathcal{T}^{v\wedge} E$ überein. Auf Grund des Korollars zu 5.16.8 gilt unter der Einschränkung, daß die τ_i Pseudotopologien sind, sogar

$$v(\bigvee_{i \in I} \tau_i^\wedge) = v^\wedge(\bigvee_{i \in I} \tau_i) .$$

Sind die τ_i lokalkonvexe Pseudotopologien, so ist $p^\wedge(\bigvee_{i \in I} \tau_i)$ wegen 5.10.3 das Supremum von $\{\tau_i \mid i \in I\}$ bez. $\mathcal{T}^{pv\wedge} E$ und stimmt dieses wegen 5.16.8 mit dem Supremum von $\{\tau_i \mid i \in I\}$ bez. $\mathcal{T}^{pv} E$ überein. Dem Korollar zu 5.16.8 entnimmt man, daß unter der Einschränkung, daß die τ_i Pseudotopologien sind, sogar

$$p^v(\bigvee_{i \in I} \tau_i^\wedge) = p^\wedge(\bigvee_{i \in I} \tau_i)$$

gilt. Wenn die τ_i lokalkonvexe Topologien sind, ist $t^\wedge(\bigvee_{i \in I} \tau_i)$ wegen 5.10.3 das Supremum von $\{\tau_i \mid i \in I\}$ bez. $\mathcal{T}^{tv\wedge} E$.

Für die Suprema in den vollständigen Verbänden $\mathcal{T}^{v\wedge} E$, $\mathcal{T}^{pv\wedge} E$ und $\mathcal{T}^{tv\wedge} E$ aller schwach verträglichen lokalkonvexen Limitierungen, Pseudotopologien bzw. Topologien von E gelten die entsprechenden Aussagen.

b. Im weiteren fordern wir, daß die Limitierungen τ_i verträglich sind. Die g_i seien beliebige lineare Abbildungen von X_i in E. E, versehen mit $v(\text{fin}\, \tau_i)$, bezeichnen wir mit X. Aus 3.2.22 und 5.15.7 ergibt sich für die an die Vergißfunktoren $V^\wedge$: LVEK$^\wedge \to$ VEK, $V^{p\wedge}$: PVEK$^\wedge \to$ VEK und $V^{t\wedge}$: TVEK$^\wedge \to$ VEK gebundenen Coprodukte:

5.16.9 (Gebundene Coprodukte in LVEK$^\wedge$, PVEK$^\wedge$ und TVEK$^\wedge$). *Der lokalkonvexe limitierte Vektorraum $X^\wedge$ ist, zusammen mit der Familie der Abbildungen $g_i: X_i^\wedge \to X^\wedge$, ein $V^\wedge$-Coprodukt der $X_i^\wedge$ über E, $(g_i)_{i \in I}$, der lokalkonvexe pseudotopologische Vektorraum $\mathbf{p}^\wedge(X)$ ist, zusammen mit der Familie der Abbildungen $g_i: \mathbf{p}^\wedge(X_i) \to \mathbf{p}^\wedge(X)$, ein $V^{p\wedge}$-Coprodukt der $\mathbf{p}^\wedge(X_i)$ über E, $(g_i)_{i \in I}$ und der lokalkonvexe topologische Vektorraum $\mathbf{t}^\wedge(X)$ ist, zusammen mit der Familie der Abbildungen $g_i: \mathbf{t}^\wedge(X_i) \to \mathbf{t}^\wedge(X)$, ein $V^{t\wedge}$-Coprodukt der $\mathbf{t}^\wedge(X_i)$ über E, $(g_i)_{i \in I}$.*

Auf Grund dieses Satzes existieren alle $V^\wedge$-, $V^{p\wedge}$- und $V^{t\wedge}$-Coprodukte, und zwar stets eindeutig. Da in VEK alle induktiven Limites existieren, folgt mittels 3.2.23, daß auch in LVEK$^\wedge$, PVEK$^\wedge$ und TVEK$^\wedge$ alle induktiven Limites existieren. Über natürliche Auswahlen der induktiven Limites in VEK gelangt man zu natürlichen Auswahlen der induktiven Limites in LVEK$^\wedge$, PVEK$^\wedge$ und TVEK$^\wedge$.

Wir gehen auf die induktiven Limites in LVEK$^\wedge$, PVEK$^\wedge$ und TVEK$^\wedge$ etwas genauer ein. Es sei dazu T ein Funktor einer kleinen Kategorie $\mathfrak{D}$ in LVEK. Die Zusammensetzung von T mit $\wedge$, $\mathbf{p}^\wedge$ bzw. $\mathbf{t}^\wedge$ bezeichnen wir mit $T^\wedge$, $T^{p\wedge}$ bzw. $T^{t\wedge}$. Ist ein limitierter Vektorraum X, zusammen mit einer Familie von Abbildungen $\varphi_D: T(D) \to X$ $(D \in \text{Ob}\mathfrak{D})$, ein induktiver Limes von T, dann ist wegen 5.16.9 $X^\wedge$, zusammen mit der Familie der Abbildungen $\varphi_D: T^\wedge(D) \to X^\wedge$, ein induktiver Limes von $T^\wedge$, ist $\mathbf{p}^\wedge(X)$, zusammen mit der Familie der Abbildungen $\varphi_D: T^{p\wedge}(D) \to \mathbf{p}^\wedge(X)$, ein induktiver Limes von $T^{p\wedge}$ und ist $\mathbf{t}^\wedge(X)$, zusammen mit der Familie der Abbildungen $\varphi_D\colon T^{t\wedge}(D) \to \boldsymbol{t}^\wedge(X)$, ein induktiver Limes von $T^{t\wedge}$.

Ist T speziell ein induktives Einbettungsspektrum $\big((X_i)_{i\in I}, (\varphi_{ij})_{(i,j)\in \leq}\big)$ in LVEK über einer nichtleeren gerichteten Menge I, so ergibt sich mittels (3.15.2) und (5.9.8)

$$\bigcup_{i\in I} X_i^\wedge = \big(\bigcup_{i\in I} X_i\big)^\wedge \tag{5.16.8}$$

und wegen (5.15.2) damit

$$\bigcup_{i\in I} \boldsymbol{p}^\wedge(X_i) = \boldsymbol{p}^\wedge\big(\bigcup_{i\in I} X_i\big)\,. \tag{5.16.9}$$

Sind die X_i lokalkonvexe limitierte bzw. lokalkonvexe pseudotopologische Vektorräume, so ist deshalb auch $\bigcup_{i\in I} X_i$ bzw. $\boldsymbol{p}^v\big(\bigcup_{i\in I} X_i\big)$ lokalkonvex. Aus 5.13.9 und (5.16.8) folgt schließlich, daß

$$\bigcup_{i\in I} \boldsymbol{t}^\wedge(X_i) = \boldsymbol{t}^\wedge\big(\bigcup_{i\in I} X_i\big) \tag{5.16.10}$$

genau dann gilt, wenn die Familie $\big(\boldsymbol{t}^\wedge(X_i)\big)_{i\in I}$ stationär wird. Wenn die X_i lokalkonvexe topologische Vektorräume sind, ist $\boldsymbol{t}^v\big(\bigcup_{i\in I} X_i\big)$ im allgemeinen nicht lokalkonvex, wie man dem Beispiel aus Teil 3 des Beweises von 5.16.8 entnimmt.

Entsprechende Aussagen gelten für die induktiven Limites in LLING^, PLING^ und TLING^, insbesondere ergibt sich, daß in diesen Kategorien alle induktiven Limites existieren.

c. Wir nehmen nun an, daß X ein limitierter $\boldsymbol{K}$-Vektorraum, τ die Limitierung von X, T ein Teilraum des X unterliegenden Vektorraumes E, ϱ die durch $x\varrho y \Leftrightarrow y - x \in T$ in E definierte Äquivalenzrelation und $\varkappa$ die kanonische Abbildung von E auf den Quotientenvektorraum E/T ist.

5.16.10. *Es gilt*

$$(\tau^\wedge)_\varrho \leqq (\tau_\varrho)^\wedge\,, \qquad \big(p^\wedge(\tau)\big)_\varrho = p^\wedge(\tau_\varrho) \quad \textit{und} \quad \big(t^\wedge(\tau)\big)_\varrho = t^\wedge(\tau_\varrho)\,. \tag{5.16.11}$$

Bei der ersten Beziehung trifft das Gleichheitszeichen zu, wenn τ eine Pseudotopologie ist. Im allgemeinen gilt bei dieser Beziehung das Gleichheitszeichen nicht. Es ist sogar möglich, daß τ lokalkonvex und τ_ϱ nicht lokalkonvex ist.

Beweis. 1. τ sei eine Pseudotopologie. Wegen 5.10.2 ist dann auch $\tau^\wedge$ eine Pseudotopologie. Aus (5.9.8) und (5.13.11) folgt daher für das Einselement T von E/T

$$(\tau_\varrho)^\wedge\,(T) = \varkappa\big(\tau^\wedge(0)\big) = (\tau^\wedge)_\varrho\,(T)$$

und, da τ_ϱ und $(\tau^\wedge)_\varrho$ wegen 5.15.3 verträgliche Pseudotopologien sind, damit, daß unter der angegebenen Voraussetzung bei der ersten Beziehung von (5.16.11) das Gleichheitszeichen zutrifft.

2. Nun sei τ beliebig. Wegen (5.16.7) gilt die erste Beziehung von (5.16.11). Aus (5.15.5) und dem im Teil 1 Bewiesenen erhält man analog wie die zweite Beziehung von (5.16.4) die letzten beiden Beziehungen von (5.16.11).

3. Es sei speziell $E = \boldsymbol{K}^2$ und τ die durch $\tau(\xi, \eta) = [(\eta, -\xi) + (\boldsymbol{V} \times \boldsymbol{V})]$, $(\xi, \eta) \in E$, definierte verträgliche lokalkonvexe Limitierung von E. T sei der Teilraum $\{0\} \times \boldsymbol{K}$ von E. $(\tau_\varrho)(T)$ hat als Basis die Menge aller Filter $\varkappa\big((D + \boldsymbol{V}) \times \boldsymbol{V}\big)$, wobei die D beliebige nichtleere endliche Teilmengen von $\boldsymbol{K}$ sind. $(\tau_\varrho)^\wedge(T)$ hat deshalb die Menge aller Filter $\varkappa\big((D^\wedge + \boldsymbol{V}) \times \boldsymbol{V}\big)$ als Basis. Es gilt daher $(\tau_\varrho)(T) \subsetneqq (\tau_\varrho)^\wedge(T)$, d. h., τ_ϱ ist nicht lokalkonvex.

Wenn X ein lokalkonvexer limitierter, pseudotopologischer bzw. topologischer Vektorraum ist, nennen wir $(X/T)^\wedge$ den **lokalkonvexen limitierten, pseudotopologischen** bzw. **topologischen Quotientenvektorraum** von X nach T. Im allgemeinen stimmt unter der Einschränkung, daß X lokalkonvex ist, der limitierte Quotientenvektorraum X/T mit dem lokalkonvexen limitierten Quotientenvektorraum $(X/T)^\wedge$ nicht überein. Das gilt allerdings, wenn X ein pseudotopologischer Vektorraum ist. Die lokalkonvexen limitierten, pseudotopologischen und topologischen Quotientenvektorräume bilden gerade die Differenzcokerne in den Kategorien LVEK^, PVEK^ bzw. TVEK^.

5.16.10 gilt auch, wenn X als limitierte lineare Gruppe angenommen und $p^\wedge$ durch $p^\frown$ und $t^\wedge$ durch $t^\frown$ ersetzt wird. Ist X eine lokalkonvexe limitierte, pseudotopologische bzw. topologische lineare Gruppe, so nennen wir $(X/T)^\wedge$ die **lokalkonvexe limitierte, pseudotopologische** bzw. **topologische lineare Faktorgruppe** von X nach T. Die lokalkonvexen limitierten, pseudotopologischen bzw. topologischen linearen Faktorgruppen bilden gerade die Differenzcokerne in den Kategorien LLING^, PLING^ bzw. TLING^.

d. $(X_\iota)_{\iota \in I}$ sei eine Familie limitierter $\boldsymbol{K}$-Vektorräume mit einer Menge als Indexbereich. Zu beliebigem $i \in I$ sei τ_ι die Limitierung von X_ι und E_ι der X_ι unterliegende Vektorraum.

5.16.11. *Es gilt*

$$\bigoplus_{\iota \in I} X_\iota^\wedge = \big(\bigoplus_{\iota \in I} X_\iota\big)^\wedge \tag{5.16.12}$$

und im Falle $I \neq \emptyset$

$$\bigoplus_{\iota \in I} \boldsymbol{p}^\wedge(X_\iota) = \boldsymbol{p}^\wedge\big(\bigoplus_{\iota \in I} X_\iota\big)\,. \tag{5.16.13}$$

Genau dann, wenn bis auf endlich viele i die Topologien $t^\wedge(\tau_\iota)$ *diskret sind, die* E_ι *also nulldimensional sind, ist*

$$\bigoplus_{\iota \in I} \boldsymbol{t}^\wedge(X_\iota) = \boldsymbol{t}^\wedge\big(\bigoplus_{\iota \in I} X_\iota\big)\,. \tag{5.16.14}$$

Beweis. Analog wie (5.16.5) beweist man mittels (5.15.9) und (5.16.8) die Beziehung (5.16.12). Aus (5.15.7) und (5.16.12) folgt, daß im Falle $I \neq \emptyset$ (5.16.13) gilt. (5.16.14) gilt wegen (5.16.12) genau dann, wenn $\bigoplus_{\iota \in I} \boldsymbol{t}^\wedge(\tau_\iota)$ eine Topologie ist. 5.15.16 entnimmt man, daß das im Falle $I \neq \emptyset$ genau dann der Fall ist, wenn bis auf endlich viele i die Topologien $t^\wedge(\tau_\iota)$ diskret sind.

Sind die X_ι ($i \in I$) lokalkonvexe limitierte, pseudotopologische bzw. topologische Vektorräume, so heißt $(\bigoplus_{i \in I} X_\iota)^\wedge$, $\boldsymbol{p}^\wedge(\bigoplus_{i \in I} X_\iota)$ bzw. $\boldsymbol{t}^\wedge(\bigoplus_{i \in I} X_\iota)$ **lokalkonvexe limitierte, pseudotopologische** bzw. **topologische direkte Summe** der X_ι ($i \in I$).

Die Coprodukte lokalkonvexer limitierter bzw. pseudotopologischer Vektorräume X_ι ($i \in I$) in LVEK bzw. PVEK sind gleich den Coprodukten der X_ι in LVEK^ bzw. PVEK^. Sind X_ι ($i \in I$) topologische Vektorräume und ist ein topologischer Vektorraum X, zusammen mit Abbildungen $g_\iota: X_\iota \to X$, ein Coprodukt der X_ι ($i \in I$) in TVEK, so ist $X^\wedge$, zusammen mit den Abbildungen $g_\iota: X_\iota \to X^\wedge$, ein Coprodukt der X_ι in TVEK^.

5.16.11 gilt auch, wenn die X_ι als limitierte $\boldsymbol{K}$-lineare Gruppen vorausgesetzt werden und $p^\wedge$ durch $p^\frown$ und $t^\wedge$ durch $t^\frown$ ersetzt wird. Sind die X_ι ($i \in I$) lokalkonvexe limitierte, pseudotopologische bzw. topologische lineare Gruppen, so nennen wir $(\bigoplus_{i \in I} X_\iota)^\wedge$, $\boldsymbol{p}^\frown(\bigoplus_{i \in I} X_\iota)$ bzw. $\boldsymbol{t}^\frown(\bigoplus_{i \in I} X_\iota)$ **lokalkonvexe limitierte, pseudotopologische** bzw. **topologische direkte Summe** der X_ι ($i \in I$), was nicht im Widerspruch zu der vorherigen Definition steht (vergleiche die Definitionen der limitierten, pseudotopologischen bzw. topologischen direkten Summen). Die lokalkonvexe limitierte direkte Summe lokalkonvexer limitierter linearer Gruppen X_ι ($i \in I$) ist stets gleich der limitierten direkten Summe der X_ι. Ebenfalls ist die lokalkonvexe pseudotopologische direkte Summe lokalkonvexer pseudotopologischer linearer Gruppen X_ι ($i \in I$) gleich der pseudotopologischen direkten Summe der X_ι. Die lokalkonvexe topologische direkte Summe von lokalkonvexen topologischen linearen Gruppen, ja sogar von lokalkonvexen topologischen Vektorräumen X_ι ($i \in I$) stimmt hingegen mit der topologischen direkten Summe der X_ι im allgemeinen nicht überein, wie man dem Beispiel aus Teil 3 des Beweises von 5.16.8 entnimmt. (Mittels (5.15.9) folgt, daß $v(\text{fin}\, \tau_J) = \bigoplus_{i \in I} \sigma_\iota$ gilt, wobei σ_ι die natürlichen Topologien der eindimensionalen Teilräume $\boldsymbol{K}e_\iota$ von E sind.)

Die Coprodukte lokalkonvexer limitierter bzw. pseudotopologischer linearer Gruppen X_ι ($i \in I$) in LLING bzw. PLING sind gleich den Coprodukten der X_ι in LLING^ bzw. PLING^. Sind X_ι ($i \in I$) topologische lineare Gruppen und ist eine topologische lineare Gruppe X, zusammen mit Abbildungen $g_\iota: X_\iota \to X$, ein Coprodukt der X_ι ($i \in I$) in TLING, so ist $X^\wedge$, zusammen mit den Abbildungen $g_\iota: X_\iota \to X^\wedge$, ein Coprodukt der X_ι in TLING^.

5.17. Verallgemeinerte Halbmetriken und verallgemeinerte Halbnormen

Als nächstes geben wir eine Verallgemeinerung der in Abschnitt 3.4 angeführten Begriffe des metrischen und halbmetrischen Raumes an. Verallgemeinerungen von metrischen und halbmetrischen Räumen wurden unter anderem von A. Appert, J. Colmez, M. Fréchet und D. Kurepa untersucht (siehe etwa Z. Mamuzic [1]).

X sei für das Folgende eine geordnete Menge. Eine Teilmenge A von X heißt **ordnungskonvex**, wenn zu beliebigen $a, b \in A$ das Intervall $[a, b] =$

$\{x \in X \mid a \leqq x \leqq b\}$ in A enthalten ist. Zu jeder Teilmenge A von X wird $A^{\mathrm{ok}} = \bigcup_{a,b \in A} [a,b]$ die **ordnungskonvexe Hülle** von A genannt. Sie ist die kleinste A enthaltende ordnungskonvexe Teilmenge von X. Für jeden Filter $\mathfrak{F}$ in X ist $\{F^{\mathrm{ok}} \mid F \in \mathfrak{F}\}$ die Basis eines Filters $\mathfrak{F}^{\mathrm{ok}}$ in X. Es gilt stets $\mathfrak{F}^{\mathrm{ok}} \subseteqq \mathfrak{F}$. In der Menge $\mathsf{PP}X$ aller Systeme von Teilmengen von X läßt sich durch

$$\mathfrak{F} \underset{\cdot}{\leqq} \mathfrak{G} \Leftrightarrow \forall G \in \mathfrak{G} \;\; \exists F \in \mathfrak{F} \;\; \forall x \in F \;\; \exists y \in G \;\; (x \leqq y) \tag{5.17.1}$$

eine Präordnung $\underset{\cdot}{\leqq}$ einführen. Aus $\mathfrak{G} \subseteqq \mathfrak{F}$ folgt stets $\mathfrak{F} \underset{\cdot}{\leqq} \mathfrak{G}$, und für jeden Filter $\mathfrak{F}$ in X gilt $\mathfrak{F} \underset{\cdot}{\leqq} \mathfrak{F}^{\mathrm{ok}} \underset{\cdot}{\leqq} \mathfrak{F}$. Sind $(x_i)_{i \in I}$ und $(y_i)_{i \in I}$ gefilterte Familien in einer Menge X mit gleicher gefilterter Indexmenge und gilt $x_i \leqq y_i$ zu jedem $i \in I$, so besteht für die aus $(x_i)_{i \in I}$ und $(y_i)_{i \in I}$ erzeugten Filter $\mathfrak{F}$ und $\mathfrak{G}$ die Beziehung $\mathfrak{F} \underset{\cdot}{\leqq} \mathfrak{G}$. Andererseits gilt:

5.17.1. *Wenn $\mathfrak{F}$ und $\mathfrak{G}$ Filter in einer geordneten Menge X mit $\mathfrak{F} \underset{\cdot}{\leqq} \mathfrak{G}$ sind, dann existieren Netze $(x_i)_{i \in I}$ und $(y_i)_{i \in I}$ in X mit gleicher gerichteter Indexmenge derart, daß $x_i \leqq y_i$ zu jedem $i \in I$ gilt und der aus $(x_i)_{i \in I}$ erzeugte Filter in X gleich $\mathfrak{F}$ und der aus $(y_i)_{i \in I}$ erzeugte Filter in X ein Oberfilter von $\mathfrak{G}$ ist.*

Beweis. Ist $\mathfrak{F}$ uneigentlich, so wählen wir als $(x_i)_{i \in I}$ und $(y_i)_{i \in I}$ das leere Netz ($I = \emptyset$). Im weiteren sei $\mathfrak{F}$ und damit auch $\mathfrak{G}$ eigentlich. Zu jedem $G \in \mathfrak{G}$ existieren ein $F_G \in \mathfrak{F}$ und eine Abbildung $f_G\colon F_G \to G$ mit $x \leqq f_G(x)$ zu beliebigem $x \in F_G$. Wir richten $I = \{(x, F, G) \mid F \in \mathfrak{F}, G \in \mathfrak{G}, x \in F_G \cap F\}$ durch $(x, F, G) \leqq (y, H, K) \Leftrightarrow F \supseteqq H,\ G \supseteqq K$ und bilden die Netze $(x_i)_{i \in I}$ und $(y_i)_{i \in I}$ mit $x_i = x$ und $y_i = f_G(x)$ bei $i = (x, F, G) \in I$. Nach Konstruktion ist $x_i \leqq y_i$ für jedes i. Zu beliebigem $(x, F, G) \in I$ folgt $F_G \cap F \subseteqq \{x_i \mid (x, F, G) \leqq i\}$ und damit, daß $\mathfrak{F}$ der aus $(x_i)_{i \in I}$ erzeugte Filter ist. Zu jedem $G \in \mathfrak{G}$ und beliebig gewählten $F \in \mathfrak{F}$ und $x \in F_G \cap F$ folgt $\{y_i \mid (x, F, G) \leqq i\} \in G$, so daß der aus $(y_i)_{i \in I}$ erzeugte Filter ein Oberfilter von $\mathfrak{G}$ ist.

Eine **geordnete Gruppe** ist eine Gruppe, die mit einer Ordnung versehen ist, derart daß aus $a \leqq b$ und $c \leqq d$ stets $ac \leqq bd$ folgt. Aus $a \leqq b$ ergibt sich dann auch $e \leqq a^{-1}b$ und damit $b^{-1} \leqq a^{-1}$. Insbesondere folgt aus $e \leqq a^{-1}$ dann $a \leqq e$, aus $e \leqq a$ und $e \leqq a^{-1}$ also $a = e$. Für jede geordnete Gruppe X heißt die mit dem Einselement e gebildete Menge $C = \{x \in X \mid e \leqq x\}$ die **Ordnungsmenge** von X. Sie besitzt die Eigenschaften: 1. $CC \subseteqq C$, 2. $Cx = xC$ zu beliebigem $x \in X$ und 3. $C \cap C^{-1} = \{e\}$. Die Ordnung von X hängt auf die folgende Weise mit C zusammen:

$$x \leqq y \Leftrightarrow yx^{-1} \in C\,. \tag{5.17.2}$$

Ist X eine Gruppe und C eine Teilmenge von X mit den Eigenschaften 1 bis 3, so wird durch (5.17.2) in X eine Ordnung $\leqq$ definiert derart, daß X, versehen mit $\leqq$, eine geordnete Gruppe mit C als Ordnungsmenge ist. Jede Ordnungsmenge ist ordnungskonvex. Für beliebige Filter $\mathfrak{F}$ und $\mathfrak{G}$ in einer geordneten Gruppe X gilt $(\mathfrak{F}^{-1})^{\mathrm{ok}} = (\mathfrak{F}^{\mathrm{ok}})^{-1}$ und $(\mathfrak{F}\mathfrak{G})^{\mathrm{ok}} \subseteqq \mathfrak{F}^{\mathrm{ok}}\mathfrak{G}^{\mathrm{ok}}$.

Eine limitierte Gruppe X, die mit einer Ordnung versehen ist, nennen wir eine **geordnete limitierte Gruppe**, wenn die X unterliegende Gruppe bez. $\leqq$ eine geordnete Gruppe ist und wenn die aus der Ordnungsmenge C gebildeten Produkte Cx ($x \in X$) abgeschlossen sind. Die letzte Bedingung ist äquivalent dazu, daß zu beliebigen $x, y \in X$ und einer beliebigen eigentlichen gefilterten (gerichteten) Familie $(x_\iota)_{\iota \in I}$ in X mit $x \leqq x_\iota$ ($\iota \in I$) und $(x_\iota)_{\iota \in I} \to y$ stets $x \leqq y$ folgt. Ist die betreffende Limitierung eine Pseudotopologie, so genügt es, in den beiden äquivalenten Bedingungen als x lediglich das Einselement e von X zu nehmen. Wenn die Limitierung einer geordneten limitierten Gruppe X eine Pseudotopologie bzw. Topologie ist, heißt X auch **geordnete pseudotopologische** bzw. **geordnete topologische Gruppe**.

Für jede geordnete limitierte Gruppe X folgt auf Grund der Stetigkeit der Inversenbildung, daß die mit der Ordnungsmenge C gebildeten Mengen $C^{-1}x$ ($x \in X$) abgeschlossen sind. Daher gilt:

5.17.2. *In jeder geordneten limitierten Gruppe sind alle abgeschlossenen Intervalle* $[\leftarrow, a]$, $[a, b]$ *und* $[b, \rightarrow]$ *bezüglich der Limitierung abgeschlossen.*

Geordnete limitierte Gruppen genügen dem ersten Trennungsaxiom, da in diesen nach 5.17.2 die einelementigen Teilmengen abgeschlossen sind. Geordnete pseudotopologische Gruppen sind demnach stets separiert.

Eine geordnete limitierte Gruppe X heißt **lokal ordnungskonvex**, wenn für jeden gegen das Einselement e konvergierenden Filter $\mathfrak{F}$ auch $\mathfrak{F}^{\mathrm{ok}}$ gegen e konvergiert. Es gilt dann sogar $\mathfrak{F}^{\mathrm{ok}} \to x$ für jedes $x \in X$ und jeden Filter $\mathfrak{F} \to x$, wie mittels $(\mathfrak{F}\mathfrak{F}^{-1})^{\mathrm{ok}} \subseteqq \mathfrak{F}^{\mathrm{ok}}(\mathfrak{F}^{-1})^{\mathrm{ok}} \subseteqq \mathfrak{F}^{\mathrm{ok}}\mathfrak{F}^{-1}$ folgt.

5.17.3. *X sei eine geordnete limitierte Gruppe, C die Ordnungsmenge und e das Einselement von X. Dann sind äquivalent:*

1. *X ist lokal ordnungskonvex.*
2. *Sind $(x_\iota)_{\iota \in I}$ und $(y_\iota)_{\iota \in I}$ gefilterte (gerichtete) Familien in X mit gleichem gefilterten (gerichteten) Indexbereich und gilt $e \leqq x_\iota \leqq y_\iota$ ($\iota \in I$) und $(y_\iota)_{\iota \in I} \to e$, so gilt auch $(x_\iota)_{\iota \in I} \to e$.*
3. *Zu beliebigen Filtern $\mathfrak{F}$ und $\mathfrak{G}$ in X mit $C \in \mathfrak{F}$, $\mathfrak{F} \mathrel{\dot{\leqq}} \mathfrak{G}$ und $\mathfrak{G} \to e$ gilt $\mathfrak{F} \to e$.*

Zum Beweis: Aus 1 folgt leicht 2, aus 2 wegen 5.17.1 ferner 3 und aus 3 wegen $C \in (\mathfrak{F}\mathfrak{F}^{-1} \vee [C])^{\mathrm{ok}} \mathrel{\dot{\leqq}} \mathfrak{F}\mathfrak{F}^{-1} \vee [C]$ und $(\mathfrak{F}\mathfrak{F}^{-1} \vee [C])^{\mathrm{ok}}\,\mathfrak{F} \subseteqq \mathfrak{F}^{\mathrm{ok}}$ ($\mathfrak{F} \in \mathcal{F}X$) leicht 1.

Ist X eine beliebige Menge und G eine geordnete pseudotopologische additive abelsche Gruppe, die lokal ordnungskonvex ist, so nennen wir eine Abbildung δ von $X \times X$ in G eine **verallgemeinerte Halbmetrik** von X und X, versehen mit δ, einen **verallgemeinerten halbmetrischen Raum**, wenn die Werte von δ größer oder gleich 0 sind und wenn die wie bei der Definition der Halbmetrik formulierte Symmetriebedingung, Dreiecksungleichung und schwache Nullbedingung erfüllt ist. Gilt anstelle der schwachen Nullbedingung die starke Nullbedingung

$x = y \Leftrightarrow \delta(x, y) = 0$, so heißt die verallgemeinerte Halbmetrik δ eine **verallgemeinerte Metrik** von X und X, versehen mit δ, ein **verallgemeinerter metrischer Raum.** Natürlich sind halbmetrische und metrische Räume spezielle verallgemeinerte halbmetrische bzw. verallgemeinerte metrische Räume.

In jedem vollständig regulären (also jedem uniformisierbaren) topologischen Raum X, insbesondere in jeder topologischen Gruppe und jedem topologischen Vektorraum, läßt sich bekanntlich die Topologie aus einer Familie $(\delta_i)_{i\in I}$ von Halbmetriken von X **erzeugen**, d. h. existieren Halbmetriken δ_i $(i \in I)$ derart, daß die δ_i-Kugeln um jeden Punkt x von X eine Subbasis des Nachbarschaftsfilters von x bilden (vergleiche etwa den Einbettungssatz 6.16 aus Kelley [1]). Der aus jeder derartigen Familie $(\delta_i)_{i\in I}$ gebildete Abbildungskomplex $\delta = \langle\delta_i\rangle_{i\in I}: X \times Y \to \boldsymbol{R}^I$ ist ein Beispiel einer verallgemeinerten Halbmetrik, die im allgemeinen keine Halbmetrik ist; $\boldsymbol{R}^I$ ist dabei bezüglich der komponentenweise definierten Addition und Ordnung und bezüglich der Produkttopologie als geordnete topologische Gruppe aufzufassen.

Verallgemeinerte halbmetrische Räume sind auf natürliche Weise pseudouniforme Räume, wie sich aus dem folgenden Satz ergibt.

5.17.4. *X sei ein verallgemeinerter halbmetrischer Raum, $\delta: X \times X \to G$ die verallgemeinerte Halbmetrik von X und τ die Pseudotopologie von G. Dann ist $\mathfrak{U} = \{\mathfrak{F} \in \mathcal{F}(X \times X) \mid \delta(\mathfrak{F}) \to 0\}$ eine pseudouniforme Struktur von X. Ist τ eine Topologie, so ist $\mathfrak{U}$ eine uniforme Struktur. δ ist genau dann eine verallgemeinerte Metrik, wenn $\mathfrak{U}$ separiert ist.*

Beweis. Für beliebige Filter $\mathfrak{F}$ und $\mathfrak{G}$ in $X \times X$ mit $\delta(\mathfrak{F}) \to 0$ und $\delta(\mathfrak{G}) \to 0$ folgt mittels (2.5.2)

$$\delta(\mathfrak{F} \cap \mathfrak{G}) = \delta(\mathfrak{F}) \cap \delta(\mathfrak{G}) \to 0 .$$

Für jeden Filter $\mathfrak{F}$ in $X \times X$ mit $\delta(\mathfrak{F}) \to 0$ und jeden Oberfilter $\mathfrak{G}$ von $\mathfrak{F}$ gilt $\delta(\mathfrak{G}) \to 0$. $\{\mathfrak{F} \in \mathcal{F}(X \times X) \mid \delta(\mathfrak{F}) \to 0\}$ ist deshalb ein $\wedge$-Ideal $\mathfrak{U}$ von Filtern in $X \times X$ und damit gleich $\delta(\tau(0))$. Auf Grund der Symmetrie von δ folgt $\mathfrak{F}^{-1} \in \mathfrak{U}$ zu beliebigem $\mathfrak{F} \in \mathfrak{U}$. Zu beliebigen Filtern $\mathfrak{F}, \mathfrak{G} \in \mathfrak{U}$ gilt wegen der Dreiecksungleichung

$$\delta(\mathfrak{G} \circ \mathfrak{F}) \lneqq \delta(\mathfrak{F}) + \delta(\mathfrak{G}), \tag{5.17.3}$$

wegen $\delta(\mathfrak{F}) + \delta(\mathfrak{G}) \to 0$, $\{a \in G \mid 0 \leqq a\} \in \delta(\mathfrak{G} \circ \mathfrak{F})$ und 5.17.3 demnach $\delta(\mathfrak{G} \circ \mathfrak{F}) \to 0$, also $\mathfrak{G} \circ \mathfrak{F} \in \mathfrak{U}$. Auf Grund der schwachen Nullbedingung von δ folgt schließlich $\delta([\varDelta]) = [0] \to 0$ für die Diagonale $\varDelta$ von $X \times X$, also $[\varDelta] \in \mathfrak{U}$.

Für den Nachbarschaftsfilter $\mathfrak{N}(0)$ des Nullelementes von G ergibt sich mittels (2.5.2)

$$\mathfrak{N}(0) \subseteqq \bigcap_{\mathfrak{F}\in\mathfrak{U}} \delta(\mathfrak{F}) = \delta(\bigcap_{\mathfrak{F}\in\mathfrak{U}} \mathfrak{F}) .$$

Ist τ eine Topologie, so ist $\mathfrak{U}$ demnach eine uniforme Struktur.

Wegen 4.3.3′ ist $\mathfrak{U}$ genau dann separiert, wenn $[\delta(x, y)] \to 0$ stets $x = y$ nach sich zieht. Damit ergibt sich unter Beachtung der Separiertheit von G leicht der letzte Teil der Behauptung.

Jeden verallgemeinerten halbmetrischen Raum fassen wir als einen pseudouniformen Raum auf, der als pseudouniforme Struktur die in 5.17.4 angegebene pseudouniforme Struktur $\mathfrak{U}$ hat. Wir sehen ihn damit gleichzeitig als einen pseudotopologischen Raum mit der Pseudotopologie $\lambda(\mathfrak{U})$ an. $\mathfrak{U}$ und $\lambda(\mathfrak{U})$ nennen wir auch die von der verallgemeinerten Halbmetrik **erzeugte pseudouniforme Struktur** bzw. **Pseudotopologie.** Die in dem Beispiel vor 5.17.4 angegebene verallgemeinerte Halbmetrik erzeugt gerade die Ausgangstopologie von X.

5.17.5 (Gleichmäßige Stetigkeit verallgemeinerter Halbmetriken). *Für jeden verallgemeinerten halbmetrischen Raum X ist die verallgemeinerte Halbmetrik $\delta: X \times X \to G$ bezüglich des Produktes der von δ erzeugten pseudouniformen Struktur mit sich und bezüglich der kanonischen pseudouniformen Struktur von G gleichmäßig stetig.*

Beweis. $\mathfrak{F}$ sei ein Filter in $X \times X$ mit $\delta(\mathfrak{F}) \to 0$. Unter Beachtung von 4.6.9 und 5.6.10 ergibt sich, daß es genügt, $w_r\big((\delta \ast \delta)(\mathfrak{F} \circledast \mathfrak{F})\big) \to 0$ zu zeigen. $\big((x_i, y_i)\big)_{i \in I}$ sei ein $\mathfrak{F}$ erzeugendes Netz (vergleiche Abschnitt 2.8). Wir richten $J = I \times I$ durch $(i, k) \leqq (i', k') \Leftrightarrow i \leqq i', \ k \leqq k'$ und bilden das Netz $\big(((x_i, x_k), (y_i, y_k))\big)_{(i,k) \in J}$, das offenbar $\mathfrak{F} \circledast \mathfrak{F}$ erzeugt. Zu beliebigem $(i, k) \in J$ setzen wir $\alpha_{ik} = \delta(x_i, x_k) - \delta(y_i, y_k)$ und $\beta_{ik} = \delta(x_i, y_i) + \delta(x_k, y_k)$ und erhalten wegen der Dreiecksungleichung

$$0 \leqq \alpha_{ik} + \beta_{ik} \leqq \beta_{ik} + \beta_{ik}\,.$$

Da $(\beta_{ik})_{(i,k) \in J} \to 0$ gilt, ergibt sich $(\alpha_{ik} + \beta_{ik})_{(i,k) \in J} \to 0$ und damit $(\alpha_{ik})_{(i,k) \in J} \to 0$ unter Berücksichtigung von 5.17.3. Das Netz $(\alpha_{ik})_{(i,k) \in J}$ erzeugt den Filter $w_r\big((\delta \ast \delta)(\mathfrak{F} \circledast \mathfrak{F})\big)$, der somit ebenfalls gegen 0 konvergiert.

Wegen 4.4.2 ergibt sich das

Korollar. *Für jeden verallgemeinerten halbmetrischen Raum X ist die verallgemeinerte Halbmetrik $\delta: X \times X \to G$ bezüglich des Produktes der von δ erzeugten Pseudotopologie mit sich und bezüglich der Pseudotopologie von G stetig.*

5.17.6. *X sei ein verallgemeinerter halbmetrischer Raum und $\delta: X \times X \to G$ die verallgemeinerte Halbmetrik von X. Zu beliebigem $a \in X$ und $\alpha \geqq 0$ aus G ist dann $\{x \in X \mid \delta(x, a) \leqq \alpha\}$ eine abgeschlossene Teilmenge von X.*

Beweis. x sei ein Element von X und $(x_i)_{i \in I}$ ein Netz in X mit $\delta(x_i, a) \leqq \alpha$ $(i \in I)$ und $(x_i)_{i \in I} \to x$. Es gilt $0 \leqq \alpha - \delta(x_i, a)$ $(i \in I)$ und, da δ wegen des Korollars zu 5.17.5 stetig ist, ferner $\big(\alpha - \delta(x_i, a)\big)_{i \in I} \to \alpha - \delta(x, a)$, also $0 \leqq \alpha - \delta(x, a)$, d. h. $\delta(x, a) \leqq \alpha$.

Wir wenden den Begriff des verallgemeinerten metrischen Raumes in dem folgenden Fixpunktsatz an (vergleiche L. Collatz [1], § 12.1); wir beweisen ihn mit Hilfe des Fixpunktsatzes 4.12.9.

5.17.7 (Fixpunktsatz). *X sei ein verallgemeinerter metrischer Raum und $\delta\colon X \times X \to G$ die verallgemeinerte Metrik von X. M sei eine folgenvollständige Teilmenge von X und f eine stetige Abbildung von M in X. Für einen isotonen Homomorphismus h von G in sich gelte*

$$\delta\bigl(f(x), f(y)\bigr) \leqq h\bigl(\delta(x, y)\bigr) \tag{5.17.4}$$

zu beliebigen $x, y \in M$. Zu jedem $\alpha \in G$ mit $\alpha \geqq 0$ existiere $\sum\limits_{n=0}^{\infty} h^n(\alpha)$[1]*. Es gebe ein $a \in M$ derart, daß die Punkte $x \in X$ mit $\delta(x, a) \leqq \sum\limits_{n=0}^{\infty} h^n\bigl(\delta(f(a), a)\bigr)$ zu M gehören. Dann existiert genau ein $x \in M$ mit $x = f(x)$.*

Wenn h stetig ist, braucht die Stetigkeit von f nicht gefordert zu werden.

Beweis. X ist ein separierter pseudouniformer Raum (vergleiche 5.17.4). Wir setzen $\alpha_\infty = \sum\limits_{n=0}^{\infty} h^n\bigl(\delta(f(a), a)\bigr)$ und wählen ein $\alpha \in G$ mit $\alpha_\infty \leqq \alpha$. Nach 5.17.6 ist die Menge $K_\alpha = \{x \in X \mid \delta(x, a) \leqq \alpha\}$ abgeschlossen, somit $M_\alpha = K_\alpha \cap M$ ebenfalls wie M folgenvollständig. Durch

$$(x, y)\, \Lambda\, (u, v) \Leftrightarrow \delta(u, v) \leqq h\bigl(\delta(x, y)\bigr) \quad (x, y, u, v \in M_\alpha)$$

definieren wir eine Relation Λ in $X \times X$. Wir zeigen, daß Λ eine Lipschitz-relation ist. $\mathfrak{F}$ sei dazu ein Elementarfilter in X mit $\Lambda(\mathfrak{F} \times \mathfrak{F}) \subseteqq \mathfrak{F} \times \mathfrak{F}$ und $\{F_n \mid n \in \boldsymbol{N}\}$ eine Basis von $\mathfrak{F}$. Wir finden eine Folge $n_0, n_1, \ldots$ natürlicher Zahlen mit $\Lambda[F_{n_i} \times F_{n_i}] \supseteqq F_{n_{i+1}} \times F_{n_{i+1}}$ und $F_{n_i} \subseteqq M_\alpha$ zu beliebigem $i \in \boldsymbol{N}$. Es gilt $\delta(x, y) \leqq \beta$ für $\beta = \alpha + \alpha$ und beliebiges $x, y \in F_{n_0}$ und, wie unter Berücksichtigung der Isotonie von h folgt, damit

$$\delta(x, y) \leqq h^i(\beta) \tag{5.17.5}$$

für jedes $i \in \boldsymbol{N}$ und $x, y \in F_{n_i}$. Da die Folge $(\beta_n)_{n \in \boldsymbol{N}}$ mit $\beta_n = \beta + h(\beta) + \cdots + h^n(\beta)$ nach Voraussetzung konvergiert, konvergiert die Folge $(\beta_{n+1} - \beta_n)_{n \in \boldsymbol{N}} = \bigl(h^n(\beta)\bigr)_{n \in \boldsymbol{N}^+}$ gegen 0. Für den aus dieser Nullfolge erzeugten Filter $\mathfrak{G}$ gilt wegen (5.17.5)

$$\delta(\mathfrak{F} \times \mathfrak{F}) \leqq \mathfrak{G},$$

wegen $\{\gamma \in G \mid \gamma \geqq 0\} \in \delta(\mathfrak{F} \times \mathfrak{F})$ damit $\delta(\mathfrak{F} \times \mathfrak{F}) \to 0$, so daß sich $\mathfrak{F}$ als Cauchy-Filter ergibt. Λ ist daher eine Lipschitz-Relation.

---

[1] h^0 ist die identische Abbildung id von G auf sich, und h^n ist zu beliebigem $n \in \boldsymbol{N}^+$ die Komposition $\underbrace{h \circ \cdots \circ h}_{n}$. Unter $\sum\limits_{n=0}^{\infty} h^n(\alpha)$ verstehen wir den Limes der Folge $\bigl(\alpha + h(\alpha) + \cdots + h^n(\alpha)\bigr)_{n \in \boldsymbol{N}}$. Ist h ein stetiger isotoner Homomorphismus von G in sich, existiert $\sum\limits_{n=0}^{\infty} h^n(\alpha)$ für jedes $\alpha \in G$ und konvergiert $\alpha, \alpha + \alpha, \alpha + \alpha + \alpha, \ldots$ für kein von 0 verschiedenes $\alpha \in G$, dann ist die Umkehrung von $\mathrm{id} - h$ eine Abbildung von G in sich und gilt $(\mathrm{id} - h)^{-1}(\alpha) = \sum\limits_{n=0}^{\infty} h^n(\alpha)$ für jedes $\alpha \in G$, wie man leicht zeigt (vergleiche L. Collatz [1], § 6.3).

Wegen (5.17.4) gilt (4.12.1) zu beliebigen $x, y \in M_\alpha$. Aus (5.17.4) folgt leicht, daß $\delta(f^{n+1}(a), f^n(a)) \leqq h^n(\delta(f(a), a))$ und damit $\delta(f^{n+1}(a), a) \leqq \alpha_n$ zu jedem $n \in \boldsymbol{N}$ gilt, wobei $\alpha_n = (\mathrm{id} + h + \cdots + h^n)(\delta(f(a), a))$ gesetzt ist. Wegen $\alpha_0 \leqq \alpha_1 \leqq \cdots$ ergibt sich $\alpha_n \leqq \alpha_\infty$ unter Berücksichtigung von 5.17.3 und damit $\delta(f^n(a), a) \leqq \alpha_\infty$ und somit $f^n(a) \in M_\alpha$ für jedes $n \in \boldsymbol{N}$.

Wenden wir 4.12.9 auf die Einschränkung von f auf M_α an, so erhalten wir, daß in M_α genau ein x mit $x = f(x)$ liegt. Da α beliebig $\geqq \alpha_\infty$ gewählt werden kann, existiert genau ein $x \in M$ mit $x = f(x)$.

Für jeden Filter $\mathfrak{F}$ in $X \times X$ folgt $\delta(\Lambda(\mathfrak{F})) \leqq h(\delta(\mathfrak{F}))$, wenn h stetig ist und $\delta(\mathfrak{F}) \to 0$ gilt, also auch $\delta(\Lambda(\mathfrak{F})) \to 0$. Wegen 4.12.10 braucht damit in dem Fall, daß h stetig ist, die Stetigkeit von f nicht gefordert zu werden.

Als ein Spezialfall von 5.17.7 ergibt sich offensichtlich

5.17.8 (Fixpunktsatz; Spezialfall). *X sei ein metrischer Raum und δ die Metrik von X. M sei eine vollständige (also folgenvollständige) Teilmenge von X und f eine Abbildung von M in X. Für eine reelle Zahl α mit $0 < \alpha < 1$ sei*

$$\delta(f(x), f(y)) \leqq \alpha\delta(x, y)$$

zu beliebigen $x, y \in M$. Es gebe ein $a \in M$ derart, daß die Punkte $x \in X$ mit $\delta(x, a) \leqq \frac{1}{1-\alpha}\delta(f(a), a)$ zu M gehören. Dann existiert genau ein $x \in M$ mit $x = f(x)$.

Im Falle $X = M$, in dem der letzte Teil der Voraussetzung stets erfüllt ist, ist 5.17.8 gerade der BANACHsche Fixpunktsatz.

Ist X eine Gruppe und $\delta: X \times X \to G$ eine verallgemeinerte Halbmetrik von X, so heißt δ **invariant**, wenn $\delta(x, y) = \delta(ax, ay) = \delta(xa, ya)$ zu beliebigen $x, y, a \in X$ gilt. Es ist dann auch stets $\delta(x, y) = \delta(x^{-1}, y^{-1})$.

Die in dem Beispiel vor 5.17.4 angeführte verallgemeinerte Halbmetrik ist in dem Fall, daß X ein topologischer Vektorraum ist und die δ_i invariant sind (vergleiche 5.4.9), ebenfalls invariant.

5.17.9 (Invariante verallgemeinerte Halbmetriken). *X sei eine Gruppe und $\delta: X \times X \to G$ eine invariante verallgemeinerte Halbmetrik von X. Die von δ erzeugte Pseudotopologie $\lambda(\mathfrak{U})$ ist dann eine verträgliche Pseudotopologie der Gruppe X und die von δ erzeugte pseudouniforme Struktur $\mathfrak{U}$ gleich der kanonischen rechts- und der kanonischen links-pseudouniformen Struktur von X bez. $\lambda(\mathfrak{U})$.*

Beweis. Zu beliebigen $x, y, a, b \in X$ gilt $\delta(x, a) = \delta(x^{-1}, a^{-1})$ und $\delta(xy, ab) \leqq \delta(x, a) + \delta(y, b)$, somit zu beliebigen $x, y \in X$ und zu beliebigen Filtern $\mathfrak{F}$ und $\mathfrak{G}$ in X

$$\delta([x] \times \mathfrak{F}) = \delta([x^{-1}] \times \mathfrak{F}^{-1}) \text{ und } \delta([xy] \times \mathfrak{F}\mathfrak{G}) \leqq \delta([x] \times \mathfrak{F}) + \delta([y] \times \mathfrak{G}).$$

Mittels 5.4.1 folgt damit, daß $\lambda(\mathfrak{U})$ eine verträgliche Pseudotopologie von X ist.

$\mathfrak{U}_r = \{\mathfrak{H} \in \mathcal{F}(X \times X) \mid \delta([0] \times w_r(\mathfrak{H})) \to 0\}$ ist auf Grund des Korollars zu 5.6.8′ die kanonische rechts-pseudouniforme Struktur von X bez. $\lambda(\mathfrak{U})$. Wegen der Invarianz von δ gilt $\delta([0] \times w_r(\mathfrak{H})) = \delta(\mathfrak{H})$ für jeden Filter $\mathfrak{H}$ in $X \times X$, somit $\mathfrak{U}_r = \mathfrak{U}$. Entsprechend folgt, daß die kanonische links-pseudouniforme Struktur von X bez. $\lambda(\mathfrak{U})$ mit $\mathfrak{U}$ übereinstimmt.

Als nächstes kommen wir zu einer Verallgemeinerung der in Abschnitt 5.9 eingeführten Begriffe einer Halbnorm und Norm. Es sei stets $\boldsymbol{K} = \boldsymbol{R}$ oder $\boldsymbol{C}$. Unter einem **geordneten $\boldsymbol{K}$-Vektorraum** verstehen wir einen $\boldsymbol{K}$-Vektorraum X, der mit einer Ordnung versehen ist, so daß zu beliebigen $x, y, a \in X$ aus $x \leqq y$ stets $x + a \leqq y + a$ und zu beliebigen $x, y \in X$ und beliebigem reellen $\alpha > 0$ aus $x \leqq y$ stets $\alpha x \leqq \alpha y$ folgt. Jeder geordnete $\boldsymbol{K}$-Vektorraum ist bezüglich der Vektoraddition und Ordnung eine geordnete Gruppe. Die zugehörige Ordnungsmenge $C = \{x \in X \mid 0 \leqq x\}$ heißt in diesem Falle **Ordnungskegel**. Sie besitzt die Eigenschaften: 1. $C + C \subseteqq C$, 2. $\alpha C \subseteqq C$ für jedes $\alpha > 0$ und 3. $C \cap -C = \{0\}$. Die Beziehungen (5.17.2) haben im vorliegenden Fall die Gestalt $x \leqq y \Leftrightarrow y - x \in C$. Ist X ein $\boldsymbol{K}$-Vektorraum und C eine Teilmenge von X mit den Eigenschaften 1 bis 3, so wird durch diese Beziehungen in X eine Ordnung $\leqq$ definiert derart, daß X, versehen mit $\leqq$, ein geordneter $\boldsymbol{K}$-Vektorraum mit C als Ordnungskegel ist. Einen limitierten $\boldsymbol{K}$-Vektorraum, der mit einer Ordnung $\leqq$ versehen ist, nennen wir einen **geordneten limitierten $\boldsymbol{K}$-Vektorraum**, wenn der X unterliegende Vektorraum bezüglich $\leqq$ ein geordneter Vektorraum ist und wenn die aus dem Ordnungskegel C gebildeten Mengen $C + x$ $(x \in X)$ abgeschlossen sind. Ist die Limitierung eines geordneten limitierten Vektorraumes X eine Pseudotopologie bzw. Topologie, so heißt X auch **geordneter pseudotopologischer** bzw. **geordneter topologischer Vektorraum.**

Ist X ein $\boldsymbol{K}$-Vektorraum und L ein geordneter pseudotopologischer reeller Vektorraum, der lokal ordnungskonvex ist, so nennen wir eine Abbildung $\|\cdot\|$ von X in L eine **verallgemeinerte Halbnorm** von X und X, versehen mit $\|\cdot\|$, einen **verallgemeinerten halbnormierten Raum,** wenn wie bei einer Halbnorm gilt:

1. $\|\alpha x\| = |\alpha| \, \|x\|$ für alle $\alpha \in \boldsymbol{K}$ und $x \in X$.
2. $\|x + y\| \leqq \|x\| + \|y\|$ für alle $x, y \in X$.

$\|x\|$ bedeutet natürlich $\|\cdot\|(x)$. Für jede Teilmenge F von X setzen wir entsprechend $\|F\| = \|\cdot\| [F]$ und für jeden Filter $\mathfrak{F}$ in X $\|\mathfrak{F}\| = \|\cdot\| (\mathfrak{F})$.

Wegen Bedingung 1 ist $\|0\| = 0$. Gilt für eine verallgemeinerte Halbnorm $\|\cdot\|$ eines $\boldsymbol{K}$-Vektorraumes X genau dann $\|x\| = 0$, wenn $x = 0$ ist, so heißt $\|\cdot\|$ eine **verallgemeinerte Norm** von X und X, versehen mit $\|\cdot\|$, ein **verallgemeinerter normierter Raum.**

Jeder verallgemeinerten Halbnorm $\|\cdot\|$ eines $\boldsymbol{K}$-Vektorraumes läßt sich durch $\delta(x, y) = \|y - x\|$ eine invariante verallgemeinerte Halbmetrik $\delta\colon X \times X \to L$ zuordnen; ist $\|\cdot\|$ eine verallgemeinerte Norm, so ist δ eine verallgemeinerte Metrik. Die von δ erzeugte pseudouniforme Struktur $\mathfrak{U}$ und Pseudotopologie $\lambda(\mathfrak{U})$ nennen wir auch die von $\|\cdot\|$ **erzeugte pseudouniforme Struktur** bzw. **Pseudotopologie.**

Wenn X ein lokalkonvexer topologischer Vektorraum und $(\|\cdot\|_\iota)_{\iota\in I}$ eine definierende Familie von Halbnormen von X ist, dann ist der Abbildungskomplex $\|\cdot\| = \langle\|\cdot\|_\iota\rangle_{\iota\in I}\colon X \to \boldsymbol{R}^I$ eine verallgemeinerte Halbnorm von X, die die Topologie von X erzeugt; $\boldsymbol{R}^I$ wird dabei bezüglich der komponentenweise definierten Ordnung und der üblichen Produktstruktur als halbgeordneter topologischer Vektorraum aufgefaßt.

Ist X ein $\boldsymbol{K}$-Vektorraum und $\|\cdot\|$ eine verallgemeinerte Halbnorm von X, so konvergiert ein Filter $\mathfrak{F}$ in X bezüglich der aus $\|\cdot\|$ erzeugten Pseudotopologie $\lambda(\mathfrak{U})$ offenbar genau dann gegen 0, wenn $\|\mathfrak{F}\| \to 0$ gilt.

5.17.10 (Verallgemeinerte Halbnormen). *X sei ein $\boldsymbol{K}$-Vektorraum, und es sei $\|\cdot\|\colon X \to L$ eine verallgemeinerte Halbnorm von X. $\|\cdot\|$ ist bezüglich der von $\|\cdot\|$ erzeugten pseudouniformen Struktur $\mathfrak{U}$ und bezüglich der kanonischen pseudouniformen Struktur von L gleichmäßig stetig, somit bez. $\lambda(\mathfrak{U})$ und der Pseudotopologie von L stetig. Die von $\|\cdot\|$ erzeugte Pseudotopologie $\lambda(\mathfrak{U})$ ist eine verträgliche Pseudotopologie des Vektorraumes X. Falls L lokalkonvex ist, ist auch $\lambda(\mathfrak{U})$ lokalkonvex.*

Beweis. Für die durch $\sigma(x) = (0, x)$ definierte Abbildung $\sigma\colon X \to X \times X$ und einen beliebigen Filter $\mathfrak{F}$ in $X \times X$ folgt $(\sigma \ast \sigma)(\mathfrak{F}) = [(0, 0)] \ast \mathfrak{F}$. Wegen $[(0, 0)] \supseteqq [\Delta] \in \mathfrak{U}$ gilt somit $(\sigma \ast \sigma)(\mathfrak{F}) \in \mathfrak{U} \ast \mathfrak{U}$ für jeden Filter $\mathfrak{F} \in \mathfrak{U}$, so daß σ bezüglich $\mathfrak{U}$ und $\mathfrak{U} \ast \mathfrak{U}$ gleichmäßig stetig ist. Mittels 4.4.4 und 5.17.5 folgt, daß $\|\cdot\| = \delta \circ \sigma$ bezüglich $\mathfrak{U}$ und der kanonischen pseudouniformen Struktur von L gleichmäßig stetig ist. Wegen 4.4.2 ist daher $\|\cdot\|$ bez. $\lambda(\mathfrak{U})$ und der Pseudotopologie von L stetig.

$\mathfrak{F}$ sei ein gegen ein Element x von X bez. $\lambda(\mathfrak{U})$ konvergierender Filter. Es gilt $\|\mathfrak{F} - x\| \to 0$ und damit zu beliebigem $\alpha \in \boldsymbol{K}$ auch $|\alpha|\,\|\mathfrak{F} - x\| = \|\alpha\mathfrak{F} - \alpha x\| \to 0$, also $\alpha\mathfrak{F} \to \alpha x$. Da der aus dem Nullnachbarschaftsfilter $\boldsymbol{V}$ von $\boldsymbol{K}$ gebildete Filter $|\boldsymbol{V}| = \underset{\subseteq}{\mathrm{im}}\,\{\{|\alpha| \mid \alpha \in V\} \mid V \in \boldsymbol{V}\}$ ein Oberfilter von $\boldsymbol{V}$ ist, also gegen 0 konvergiert, ergibt sich unter Beachtung der Stetigkeit von $\|\cdot\|$ und der Stetigkeit der skalaren Multiplikation in L, daß $\|\boldsymbol{V}\mathfrak{F}\| = |\boldsymbol{V}|\,\|\mathfrak{F}\| \to 0$, also $\boldsymbol{V}\mathfrak{F} \to 0$ gilt. Mittels 5.4.1 und 5.17.9 erhält man damit, daß $\lambda(\mathfrak{U})$ eine verträgliche Pseudotopologie des Vektorraumes X ist.

Für jeden Filter $\mathfrak{F}$ in X gilt

$$\|\mathfrak{F}^\wedge\| \mathrel{\dot{\leqq}} \|\mathfrak{F}\|^\wedge\,, \tag{5.17.6}$$

da zu jedem $F \in \mathfrak{F}$ und jedem $\alpha \in \|F^\wedge\|$ Vektoren $x_1, \ldots, x_n \in F$ und positive reelle Zahlen $\alpha_1, \ldots, \alpha_n$ mit $\sum_{i=1}^{n} \alpha_i = 1$ und $\alpha = \|\sum_{i=1}^{n} \alpha_i x_i\|$ existieren, für das Element $\beta = \sum_{i=1}^{n} \alpha_i \|x_i\|$ aus $\|F\|^\wedge$ also $\alpha \leqq \beta$ gilt. Ist L lokalkonvex, so folgt für jeden Filter $\mathfrak{F} \to 0$, daß $\|\mathfrak{F}\|^\wedge \to 0$ und wegen (5.17.6) damit $\|\mathfrak{F}^\wedge\| \to 0$, also $\mathfrak{F}^\wedge \to 0$ gilt. $\lambda(\mathfrak{U})$ ist daher dann lokalkonvex.

Wegen 5.17.4 ist eine verallgemeinerte Halbnorm $\|\cdot\|$ genau dann eine verallgemeinerte Norm, wenn die von $\|\cdot\|$ erzeugte Pseudotopologie separiert ist.

5.18. Beschränktheitsbegriffe

X sei für das Folgende ein verallgemeinerter limitierter $\boldsymbol{K}$-Radialraum und τ die Limitierung von X. Eine Teilmenge F von X heißt **beschränkt,** wenn VF bez. τ gegen 0 konvergiert, als $VF \in \tau(0)$ gilt. Nach FRÖLICHER und BUCHER [1] wird ein Filter in X **quasibeschränkt** genannt, wenn $V\mathfrak{F} \in \tau(0)$ gilt. Wir nennen ein $\wedge$-Ideal $\mathfrak{u}$ von Dualfiltern in X **hypobeschränkt,** falls $\bigvee_{\mathfrak{F}\in\mathfrak{u}} \bigwedge_{F\in\mathfrak{F}} VF \in \tau(0)$ ist.

Für jeden Filter $\mathfrak{F}$ in X gilt

$$V\mathfrak{F} = \bigvee_{F\in\mathfrak{F}} VF\,, \tag{5.18.1}$$

und für jedes $\wedge$-Ideal $\mathfrak{u}$ von Dualfiltern in X besteht die Äquivalenz

$$G \in \bigvee_{\mathfrak{F}\in\mathfrak{u}} \bigwedge_{F\in\mathfrak{F}} VF \Leftrightarrow \exists \mathfrak{F} \in \mathfrak{u}\ (G \in \bigwedge_{F\in\mathfrak{F}} VF)\,. \tag{5.18.2}$$

Wir erinnern daran, daß wir in Abschnitt 2.12 Abbildungen β, σ und $\varkappa$ eingeführt haben, die jeder Teilmenge F von X das $\wedge$-Ideal $\beta(F) = [(F)]$, jedem Dualfilter $\mathfrak{F}$ in X das $\wedge$-Ideal $\sigma(\mathfrak{F}) = [\mathfrak{F}]$ und jedem Filter $\mathfrak{F}$ in X das $\wedge$-Ideal $\varkappa(\mathfrak{F}) = \operatorname{im}_{\subseteq} \{[F] \mid F \in \mathfrak{F}\}$ zuordnen. Es folgt leicht, daß eine Teilmenge F von X genau dann beschränkt ist, wenn $\beta(F)$ hypobeschränkt ist, und daß ein Filter $\mathfrak{F}$ in X genau dann quasibeschränkt ist, wenn $\varkappa(\mathfrak{F})$ hypobeschränkt ist.

5.18.1 (Beschränktheitsbegriffe in verallgemeinerten mehrstufig topologischen Radialräumen). *Ist X ein verallgemeinerter mehrstufig topologischer Radialraum (insbesondere ein topologischer Vektorraum), so gilt: Eine Teilmenge F von X ist genau dann beschränkt, wenn zu jeder Nullnachbarschaft N in X ein $\alpha > 0$ mit $F \subseteq \alpha N$ existiert. Ein Filter $\mathfrak{F}$ in X ist genau dann quasibeschränkt, falls es zu jeder Nullnachbarschaft N in X ein $F \in \mathfrak{F}$ und ein $\alpha > 0$ mit $F \subseteq \alpha N$ gibt. Schließlich ist ein $\wedge$-Ideal $\mathfrak{u}$ von Dualfiltern in X genau dann hypobeschränkt, wenn es zu jeder Nullnachbarschaft N in X ein $\mathfrak{F} \in \mathfrak{u}$ gibt, derart daß zu jedem $F \in \mathfrak{F}$ ein $\alpha > 0$ mit $F \subseteq \alpha N$ existiert.*

Beweis. Wir zeigen die Richtigkeit des dritten Teiles der Behauptung. Die ersten beiden Teile beweist man analog. $\mathfrak{u}$ sei ein $\wedge$-Ideal von Dualfiltern in X. $\mathfrak{u}$ ist wegen (5.18.2) genau dann hypobeschränkt, wenn es zu jeder Nullnachbarschaft N von X ein $\mathfrak{F} \in \mathfrak{u}$ mit $N \in \bigwedge_{F\in\mathfrak{F}} VF$ gibt. Wegen 5.7.2 können wir N als kreisförmig voraussetzen. $N \in \bigwedge_{F\in\mathfrak{F}} VF$ hat zur Folge, daß zu jedem $F \in \mathfrak{F}$ ein $\alpha_F > 0$ mit $\frac{1}{\alpha_F} EF \subseteq N$ und daher mit $F \subseteq \alpha_F N$ existiert. Ist N kreisförmig und gibt es zu jedem $F \in \mathfrak{F}$ ein $\alpha_F > 0$ mit $F \subseteq \alpha_F N$ und daher mit $\frac{1}{\alpha_F} EF \subseteq N$, so folgt umgekehrt $N \in \bigwedge_{F\in\mathfrak{F}} VF$. Damit ist die Richtigkeit von Teil 3 gezeigt.

5.18.2 (Adhärenz und abgeschlossene Hülle beschränkter Mengen). *X sei ein verallgemeinerter limitierter $\boldsymbol{K}$-Radialraum und τ seine Limitierung. F sei eine* *beschränkte Teilmenge von X. Ist X regulär bzw. regulär im engeren Sinne, so ist auch die Adhärenz $\overline{F}$ von F bzw. die abgeschlossene Hülle $\overline{F}^t$ von F bezüglich der zu τ nächstgröberen Topologie t(τ) beschränkt.*

Beweis. 1. X sei regulär. Der Filter $\boldsymbol{V}F$ und auf Grund der Regularität von X auch $\mathfrak{F} = \operatorname{im}_{\subseteq} \{\overline{VF} \mid V \in \boldsymbol{V}\}$ konvergiert gegen 0. Wegen der Stetigkeit der skalaren Multiplikation im zweiten Argument gilt $\overline{VF} \supseteq V\overline{F}$ zu jedem $V \in \boldsymbol{V}$ und somit $\mathfrak{F} \subseteq \boldsymbol{V}\overline{F}$, weshalb $\boldsymbol{V}\overline{F} \to 0$, d. h. die Beschränktheit von $\overline{F}$ folgt.

2. Ist X regulär im engeren Sinne, so ergibt sich entsprechend, daß $\overline{F}^t$ beschränkt ist.

Mittels 5.6.9 folgt, daß in jeder topologischen linearen Gruppe die abgeschlossenen Hüllen beschränkter Mengen beschränkt sind.

5.18.3 (Beschränktheit $\aleph_0$-präkompakter Mengen). *In jedem topologischen Vektorraum X sind alle $\aleph_0$-präkompakten (und insbesondere alle präkompakten und folgenpräkompakten) Teilmengen beschränkt.*

Beweis. M sei eine $\aleph_0$-präkompakte Teilmenge von X. Wir nehmen entgegen der Behauptung an, daß M nicht beschränkt ist. Es gibt dann eine Umgebung U des Nullpunktes von X und zu beliebigem $n \in \boldsymbol{N}^+$ ein $x_n \in M$ mit

$$\frac{1}{n} x_n \notin U \,. \tag{5.18.3}$$

Wir wählen eine Umgebung V des Nullpunktes von X mit

$$V + V \subseteq U \,. \tag{5.18.4}$$

Die Folge $x_1, x_2, \ldots$ erzeugt einen eigentlichen Filter $\mathfrak{F}$ in X mit einer abzählbaren Basis, dem M angehört. $\mathfrak{F}$ besitzt somit einen eigentlichen Cauchy-Filter $\mathfrak{G}$ als Oberfilter und damit, wie unter Beachtung von 2.8.4 folgt, ein eigentliches Cauchy-Netz $(y_\iota)_{\iota \in I}$ als Teilnetz. Es gibt eine Abbildung $f\colon I \to \boldsymbol{N}^+$ derart, daß $y_\iota = x_{f(\iota)}$ $(\iota \in I)$ gilt und zu beliebigem $n \in \boldsymbol{N}^+$ ein $\iota_0 \in I$ mit $n \leqq f(\iota)$ für jedes $\iota \geqq \iota_0$ existiert. Unter Berücksichtigung der Stetigkeit der skalaren Multiplikation in (0, 0) folgt, daß es ein $\iota_1 \in I$ mit $\frac{1}{f(\iota)}(y_\iota - y_\jmath) \in V$, also mit

$$\frac{1}{f(\iota)} y_\iota \in \frac{1}{f(\iota)} y_\jmath + V \tag{5.18.5}$$

zu beliebigen $\iota, \jmath \geqq \iota_1$ gibt. Aus (5.18.3) bis (5.18.5) erhält man, daß $\frac{1}{f(\iota)} y_\jmath \notin V$ zu beliebigen $\iota, \jmath \geqq \iota_1$ ist. Das führt aber wegen $\left(\frac{1}{f(\iota)}\right)_{\iota \in I} \to 0$ auf einen Widerspruch. M ist daher beschränkt.

Wir nennen einen $\aleph_0$-Choquetschen limitierten Vektorraum, für den $t^v(X)$ separiert ist, simonnetsch und erhalten in Verallgemeinerung eines Satzes von M. Simonnet [8]:

5.18.4 (Beschränktheit $\aleph_0$-kompakter Mengen). *X sei ein* SIMONNET*scher limitierter Vektorraum. Dann ist jede $\aleph_0$-kompakte (und insbesondere jede kompakte und jede folgenkompakte) Teilmenge von X beschränkt.*

Beweis. K sei eine $\aleph_0$-kompakte Teilmenge von X. Wir nehmen K ohne Einschränkung der Allgemeinheit als kreisförmig an. K ist auch als Teilmenge von $\mathfrak{t}^v(X)$ $\aleph_0$-kompakt und wegen 5.18.3 damit als Teilmenge von $\mathfrak{t}^v(X)$ beschränkt. $\boldsymbol{V}K$ ist somit bezüglich der Topologie von $\mathfrak{t}^v(X)$ ein Nullfilter in X. Die kreisförmige Menge K gehört $\boldsymbol{V}K$ an, und $\boldsymbol{V}K$ besitzt natürlich eine abzählbare Basis. Wegen 3.17.8′ ist daher auch $\boldsymbol{V}K$ bezüglich der Limitierung von X ein Nullfilter in X, d. h. ist $\boldsymbol{V}K$ als Teilmenge von X beschränkt.

Es gibt limitierte, ja sogar pseudotopologische Vektorräume, die kompakte und folgenkompakte unbeschränkte Teilmengen besitzen. Ist etwa X einer der in den ersten beiden Beispielen vor 5.8.7 angeführten pseudotopologischen Vektorräume, so ist die Menge $E_1 \cup \{0\}$ — wir benutzen die dort eingeführten Bezeichnungen — kompakt und folgenkompakt, jedoch nicht beschränkt. Die Folgenkompaktheit ergibt sich unmittelbar, und die Kompaktheit folgt damit, daß für jeden eigentlichen Filter $\mathfrak{F}$, dem $E_1 \cup \{0\}$ angehört, $\mathfrak{F} \subseteqq [x]$ für mindestens ein $x \in E_1 \cup \{0\}$ oder $\mathfrak{G} \subseteqq \mathfrak{F}$ gilt. Daß $E_1 \cup \{0\}$ in keinem der beiden Räume beschränkt ist, zeigt man so: Wäre $E_1 \cup \{0\}$ doch beschränkt, so gäbe es $\alpha_{ij} \in \boldsymbol{K}$ ($i = 1, \ldots, k$; $j = 1, \ldots, l$) mit

$$\mathfrak{G}_{\alpha_{11}\cdots\alpha_{1l}} \cap \cdots \cap \mathfrak{G}_{\alpha_{k1}\cdots\alpha_{kl}} \subseteqq \boldsymbol{V}E_1$$

und zu jedem $\alpha > 0$ damit ein $\beta > 0$ mit

$$\beta \boldsymbol{E}E_1 \subseteqq (\alpha_{11}\boldsymbol{E}E_{l+2} + \cdots + \alpha_{1l}\boldsymbol{E}E_{l+2} + \alpha\boldsymbol{E}e_1 + \cdots + \alpha\boldsymbol{E}e_l) \cup \cdots$$
$$\cup (\alpha_{k1}\boldsymbol{E}E_{l+2} + \cdots + \alpha_{kl}\boldsymbol{E}E_{l+2} + \alpha\boldsymbol{E}e_1 + \cdots + \alpha\boldsymbol{E}e_l),$$

was aber unmöglich ist.

Wir sagen, daß ein verallgemeinerter limitierter $\boldsymbol{K}$-Radialraum und ebenfalls seine Limitierung die **bk-** bzw. **bfk-Eigenschaft** hat, wenn jede beschränkte Teilmenge des Raumes in einer kompakten bzw. folgenkompakten Teilmenge enthalten ist.

Die bk-Eigenschaft haben zum Beispiel die **Montel-Räume**, d. h. diejenigen separierten tonnelierten lokalkonvexen topologischen Vektorräume, in denen alle abgeschlossenen beschränkten Mengen kompakt sind. Dabei heißt ein lokalkonvexer topologischer Vektorraum **tonneliert**, wenn jede **Tonne**, d. h. jede abgeschlossene absolutkonvexe und ausgeglichene Menge eine Nullnachbarschaft ist. Wie sich aus dem Korollar zu dem weiter unten angegebenen Satz 5.19.3 ergibt, hat jede gleichförmige lokalbeschränkte und lokalkompakte pseudotopologische lineare Gruppe, insbesondere jeder mit der feinsten verträglichen Pseudotopologie versehene Vektorraum (vergleiche 5.19.17), die bk-Eigenschaft.

Wir fragen als nächstes nach der bk- bzw. bfk-Eigenschaft von schwachen Topologien. Wichtig ist in diesem Zusammenhang der folgende bekannte Mackeysche Satz, den wir lediglich erwähnen (vergleiche etwa Kelley-Namioka [1]):

5.18.5 (Mackey). *Eine Teilmenge F eines lokalkonvexen topologischen Vektorraumes X ist genau dann beschränkt, wenn sie bezüglich der schwachen Topologie von X beschränkt ist.*

Anmerkung. Offenbar ist nach diesem Satz eine Teilmenge F eines lokalkonvexen topologischen $\boldsymbol{K}$-Vektorraumes X genau dann beschränkt, wenn es zu jeder stetigen Linearform $f\colon X \to \boldsymbol{K}$ und jeder Nullnachbarschaft V in $\boldsymbol{K}$ ein $\alpha > 0$ mit $F \subseteq \alpha f^{-1}[V]$, d. h. mit $f[F] \subseteq \alpha V$ gibt, mit anderen Worten, wenn die Bildmenge $f[F]$ von F bezüglich jeder stetigen Linearform $f\colon X \to \boldsymbol{K}$ in $\boldsymbol{K}$ beschränkt ist.

Ist X ein lokalkonvexer topologischer Vektorraum, so versteht man unter der **starken Topologie** des Dualraumes X' von X diejenige Topologie, bezüglich der die Gesamtheit aller Mengen $\{f \in X' \mid f[B] \subseteq V\}$ (B beschränkte Teilmenge von X, V Nullnachbarschaft in $\boldsymbol{K}$) eine Basis des Nullnachbarschaftsfilters ist [1]). X' ist, versehen mit der starken Topologie, ein topologischer Vektorraum. X'' sei sein Dualraum, der sogenannte **Bidualraum** von X. Ist die durch $\iota(x)(f) = f(x)$ definierte Abbildung $\iota\colon X \to X''$ bezüglich der Topologie von X und der starken Topologie von X'' ein linearer Homöomorphismus von X auf X'', so heißt X **reflexiv.**

Wir erwähnen den folgenden bekannten Satz (siehe etwa Rolewicz [1]):

5.18.6 (Eberlein, Schmuljan). *X sei ein* **Banach-Raum,** *d. h. ein vollständiger normierter Raum. Dann sind äquivalent:*

1. *X ist reflexiv*
2. *Die schwache Topologie von X besitzt die* bk-*Eigenschaft.*
3. *Die schwache Topologie von X besitzt die* bfk-*Eigenschaft.*

Als nächstes zeigen wir

5.18.7 *In jedem ausgeglichenen pseudotopologischen Vektorraum X sind alle* Cauchy-*Filter quasibeschränkt und sind die aus allen Punkten von* Cauchy-*Folgen bestehenden Mengen beschränkt.*

Beweis. 1. $\mathfrak{F}$ sei ein Cauchy-Filter in X. Es existiert ein ausgeglichener Nullfilter $\mathfrak{G}$ in X mit $\mathfrak{G} \subseteq \mathfrak{F} - \mathfrak{F}$. Zu jedem $G \in \mathfrak{G}$ gibt es $F_G \in \mathfrak{F}$ und $x_G \in F_G$ mit $F_G \subseteq x_G + G$, ferner ein positives $\alpha_G < 1$ mit $\alpha_G \boldsymbol{E} x_G \subseteq \boldsymbol{E} G$ und daher mit $\alpha_G \boldsymbol{E} F_G \subseteq \boldsymbol{E} G + \boldsymbol{E} G$. Es folgt $\boldsymbol{V}\mathfrak{G} + \boldsymbol{V}\mathfrak{G} \subseteq \boldsymbol{V}\mathfrak{F}$ und damit, daß $\mathfrak{F}$ quasibeschränkt ist.

2. $x_1, x_2, \ldots$ sei eine Cauchy-Folge in X, $\mathfrak{F}$ der daraus erzeugte Filter in X und $B = \{x_n \mid n \in \boldsymbol{N}^+\}$. Es gibt einen ausgeglichenen Nullfilter $\mathfrak{G}$ in X mit $\mathfrak{G} \subseteq \mathfrak{F} - \mathfrak{F}$ und zu jedem $G \in \mathfrak{G}$ ein $n_G \in \boldsymbol{N}^+$ mit $x_n \in x_{n_G} + G$ zu beliebigem $n \geqq n_G$,

---

1) Die starke Topologie in X' ist gleich der Topologie der beschränkten Konvergenz in X'; auf sie wird in Abschnitt 7.12 eingegangen.

ferner ein positives $\alpha_G < 1$ mit $\alpha_G E x_n \subseteqq EG$ für $n = 1, \ldots, n_G$ und daher mit $\alpha_G EB \subseteqq EG + EG$, weshalb $V\mathfrak{G} + V\mathfrak{G} \subseteqq VB$ gilt, B also beschränkt ist.

Anmerkung. Es gibt pseudotopologische Vektorräume, in denen CAUCHY-Folgen, ja sogar gegen 0 konvergente Folgen existieren, deren Punkte unbeschränkte Mengen bilden. So bildet etwa die Nullfolge $e_1, e_2, \ldots$ in den pseudotopologischen Vektorräumen, die in den beiden ersten Beispielen vor 5.8.7 angeführt sind, eine unbeschränkte Menge. Ein ähnliches Beispiel wurde von KASAHARA [3] gegeben.

X sei im folgenden wieder ein beliebiger verallgemeinerter $\boldsymbol{K}$-Radialraum und τ seine Limitierung.

Wir nennen ein System $\mathfrak{B}$ von Teilmengen von X ein **System gleichartig beschränkter Mengen,** wenn $\bigwedge_{F \in \mathfrak{B}} VF \in \tau(0)$ gilt, ein System $\mathfrak{S}$ von Filtern in X ein **System gleichartig quasibeschränkter Filter,** wenn $\bigwedge_{\mathfrak{F} \in \mathfrak{S}} V\mathfrak{F} \in \tau(0)$ gilt, und ein System $\mathfrak{B}$ von $\wedge$-Idealen von Dualfiltern in X ein **System gleichartig hypobeschränkter $\wedge$-Ideale** wenn $\bigwedge_{\mathfrak{d} \in \mathfrak{B}} \bigvee_{\mathfrak{F} \in \mathfrak{d}} \bigwedge_{F \in \mathfrak{F}} VF \in \tau(0)$ ist. Jedes System gleichartig beschränkter Mengen besteht aus beschränkten Mengen, jedes System gleichartig quasibeschränkter Filter aus quasibeschränkten Filtern und jedes System gleichartig hypobeschränkter $\wedge$-Ideale aus hypobeschränkten $\wedge$-Idealen. Ist X ein verallgemeinerter mehrstufig topologischer Radialraum, so ist umgekehrt jedes aus beschränkten Mengen, quasibeschränkten Filtern bzw. hypobeschränkten $\wedge$-Idealen von Dualfiltern in X bestehende System ein System gleichartig beschränkter Mengen, gleichartig quasibeschränkter Filter bzw. gleichartig hypobeschränkter $\wedge$-Ideale. Ein Dualfilter $\mathfrak{F}$ in X ist genau dann ein System gleichartig beschränkter Mengen, wenn das $\wedge$-Ideal $\sigma(\mathfrak{F}) = [\mathfrak{F}]$ hypobeschränkt ist.

Für den folgenden Satz sei X ein Produkt $\prod_{i \in I} X_i$ von verallgemeinerten limitierten $\boldsymbol{K}$-Radialräumen.

5.18.8 (Produkte bei Beschränktheitsbegriffen). *Sind F_i beschränkte Teilmengen von X_i $(i \in I)$, so ist $\prod_{i \in I} F_i$ eine beschränkte Teilmenge von X, sind $\mathfrak{F}_i$ Dualfilter in X_i $(i \in I)$, die Systeme gleichartig beschränkter Mengen sind, so ist auch der Dualfilter $\boldsymbol{\Pi}_{i \in I} \mathfrak{F}_i$ in X ein System gleichartig beschränkter Mengen, sind $\mathfrak{F}_i$ quasibeschränkte Filter in X_i $(i \in I)$, so ist $\boldsymbol{\Pi}_{i \in I} \mathfrak{F}$ ein quasibeschränkter Filter in X und sind $\mathfrak{d}_i$ hypobeschränkte $\wedge$-Ideale von Dualfiltern in X_i $(i \in I)$, so ist $\boldsymbol{\Pi}_{i \in I} \mathfrak{d}_i$ ein hypobeschränktes $\wedge$-Ideal von Dualfiltern in X.*

Beweis. Wir setzen $\mathfrak{D}_{\mathfrak{F}} = \bigwedge_{F \in \mathfrak{F}} VF$ für jeden Dualfilter $\mathfrak{F}$. Sind F_i Teilmengen von X_i $(i \in I)$, so gilt wegen (5.2.8) natürlich $\boldsymbol{\Pi}_{i \in I} VF_i \subseteqq V \prod_{i \in I} F_i$;

sind $\mathfrak{F}_i$ Dualfilter in X_i $(i \in I)$, so gilt daher

$$\prod_{i\in I} \mathfrak{D}_{\mathfrak{F}_i} \subseteqq \bigwedge_{\prod F_i \in \prod \mathfrak{F}_i} \prod_{i\in I} VF_i \subseteqq \mathfrak{D}_{\prod_{i\in I} \mathfrak{F}_i}. \tag{5.18.6}$$

Wegen (5.2.8) besteht für beliebige Filter $\mathfrak{F}_i$ in X_i $(i \in I)$ die Beziehung $\prod_{i\in I} V\mathfrak{F}_i \subseteqq V \prod_{i\in I} \mathfrak{F}_i)$. Sind $\mathfrak{v}_i$ $\wedge$-Ideale von Dualfiltern in X_i $(i \in I)$, so existiert wegen (5.18.2) zu beliebigem $i \in I$ und $G_i \in \bigvee_{\mathfrak{F}\in\mathfrak{v}_i} \mathfrak{D}_{\mathfrak{F}}$ ein $\mathfrak{F}_i \in \mathfrak{v}_i$ mit $G_i \in \mathfrak{D}_{\mathfrak{F}_i}$, so daß sich wegen (5.18.6) die Beziehung $\prod_{i\in I} \bigvee_{\mathfrak{F}\in\mathfrak{v}_i} \mathfrak{D}_{\mathfrak{F}} \subseteqq \bigvee_{\mathfrak{F}\in\prod \mathfrak{v}_i} \mathfrak{D}_{\mathfrak{F}}$ ergibt. Aus dem Bewiesenen folgt die Behauptung.

X sei wieder ein beliebiger verallgemeinerter limitierter $\boldsymbol{K}$-Radialraum. Mit einer Teilmenge F von X sind auch αF $(\alpha \in \boldsymbol{K})$ und $\boldsymbol{E}F$ beschränkt. (Daß mit F auch $0F$ beschränkt ist, ist für $F = \emptyset$ klar und folgt im Falle $F \neq \emptyset$ wegen $V(0F) = [0] \supseteqq VF \in \tau(0)$.) Zu jedem Dualfilter $\mathfrak{F}$ in X, der ein System gleichartig beschränkter Mengen ist, sind auch die Dualfilter $\alpha\mathfrak{F}$ $(\alpha \in \boldsymbol{K})$ und $\boldsymbol{E}\mathfrak{F}$ Systeme gleichartig beschränkter Mengen. Ist $\mathfrak{F}$ ein quasibeschränkter Filter in X, so sind auch $\alpha\mathfrak{F}$ $(\alpha \in \boldsymbol{K})$ und $\boldsymbol{E}\mathfrak{F}$ quasibeschränkt, und ist $\mathfrak{u}$ ein hypobeschränktes $\wedge$-Ideal von Dualfiltern in X, so sind auch $\alpha\mathfrak{u}$ $(\alpha \in \boldsymbol{K})$ und $\boldsymbol{E}\mathfrak{u}$ hypobeschränkt. (Für den Fall $\alpha = 0$ hat man jeweils entsprechende Überlegungen anzustellen wie bei der betreffenden Aussage über beschränkte Mengen.)

5.18.9. *Für beliebige beschränkte Teilmengen F und G von X ist $F \cup G$ beschränkt. Sind $\mathfrak{F}$ und $\mathfrak{G}$ Dualfilter in X, die Systeme gleichartig beschränkter Mengen sind, so ist auch $\mathfrak{F} \vee \mathfrak{G}$ ein System gleichartig beschränkter Mengen. Für beliebige quasibeschränkte Filter $\mathfrak{F}$ und $\mathfrak{G}$ in X ist auch $\mathfrak{F} \cap \mathfrak{G}$ quasibeschränkt, und für beliebige hypobeschränkte $\wedge$-Ideale $\mathfrak{u}$ und $\mathfrak{v}$ von Dualfiltern in X ist auch $\mathfrak{u} \cap \mathfrak{v}$ hypobeschränkt.*

Ist X eine limitierte lineare Gruppe, so gilt: Für beliebige beschränkte Teilmengen F und G von X ist $F + G$ beschränkt. Sind $\mathfrak{F}$ und $\mathfrak{G}$ Dualfilter in X, die Systeme gleichartig beschränkter Mengen sind, so ist auch $\mathfrak{F} + \mathfrak{G}$ ein System gleichartig beschränkter Mengen. Für beliebige quasibeschränkte Filter $\mathfrak{F}$ und $\mathfrak{G}$ in X ist auch $\mathfrak{F} + \mathfrak{G}$ quasibeschränkt, und für beliebige hypobeschränkte $\wedge$-Ideale $\mathfrak{u}$ und $\mathfrak{v}$ von Dualfiltern in X ist auch $\mathfrak{u} + \mathfrak{v}$ hypobeschränkt.

Beweis. Wir benutzen wieder die Abkürzung $\mathfrak{D}_{\mathfrak{F}} = \bigwedge_{F\in\mathfrak{F}} VF$ für Dualfilter $\mathfrak{F}$. Sind F und G Teilmengen von X, so gilt $VF \cap VG = V(F \cup G)$ wegen 5.2.7. Für beliebige Dualfilter $\mathfrak{F}$ und $\mathfrak{G}$ in X folgt daraus

$$\mathfrak{D}_{\mathfrak{F}} \cap \mathfrak{D}_{\mathfrak{G}} \subseteqq \bigwedge_{F\in\mathfrak{F},\, G\in\mathfrak{G}} V(F \cup G) = \mathfrak{D}_{\mathfrak{F}\vee\mathfrak{G}}. \tag{5.18.7}$$

Für beliebige Filter $\mathfrak{F}$ und $\mathfrak{G}$ in X gilt $V\mathfrak{F} \cap V\mathfrak{G} = V(\mathfrak{F} \cap \mathfrak{G})$ wegen 5.2.7. Sind $\mathfrak{u}$ und $\mathfrak{v}$ $\wedge$-Ideale von Dualfiltern in X, so gibt es wegen (5.18.2) zu beliebigem $G \in \bigvee_{\mathfrak{F} \in \mathfrak{u}} \mathfrak{D}_{\mathfrak{F}} \cap \bigvee_{\mathfrak{G} \in \mathfrak{v}} \mathfrak{D}_{\mathfrak{G}}$ Dualfilter $\mathfrak{F}' \in \mathfrak{u}$ und $\mathfrak{G}' \in \mathfrak{v}$ mit $G \in \mathfrak{D}_{\mathfrak{F}'} \cap \mathfrak{D}_{\mathfrak{G}'}$, wegen (5.18.7) also mit $G \in \mathfrak{D}_{\mathfrak{F}' \vee \mathfrak{G}'}$, weshalb $G \in \bigvee_{\mathfrak{H} \in \mathfrak{u} \cap \mathfrak{v}} \mathfrak{D}_{\mathfrak{H}}$ und somit $\bigvee_{\mathfrak{F} \in \mathfrak{u}} \mathfrak{D}_{\mathfrak{F}} \cap \bigvee_{\mathfrak{G} \in \mathfrak{v}} \mathfrak{D}_{\mathfrak{G}} \subseteqq \bigvee_{\mathfrak{H} \in \mathfrak{u} \cap \mathfrak{v}} \mathfrak{D}_{\mathfrak{H}}$ folgt.

Im weiteren sei X eine limitierte lineare Gruppe. Aus 5.3.9 folgt

$$VF + VG \subseteqq V(F + G) \tag{5.18.8}$$

für beliebige Teilmengen F und G von X und $V\mathfrak{F} + V\mathfrak{G} \subseteqq V(\mathfrak{F} + \mathfrak{G})$ für beliebige Filter $\mathfrak{F}$ und $\mathfrak{G}$ in X. Mittels (5.1.11) und (5.18.8) ergibt sich

$$\mathfrak{D}_{\mathfrak{F}} + \mathfrak{D}_{\mathfrak{G}} \subseteqq \bigwedge_{F \in \mathfrak{F},\, G \in \mathfrak{G}} (VF + VG) \subseteqq \mathfrak{D}_{\mathfrak{F}+\mathfrak{G}} \tag{5.18.9}$$

für beliebige Dualfilter $\mathfrak{F}$ und $\mathfrak{G}$ in X. Sind $\mathfrak{u}$ und $\mathfrak{v}$ $\wedge$-Ideale von Dualfiltern in X, so folgt mittels (5.18.2) und (5.18.9) entsprechend einem obigen Schluß $\bigvee_{\mathfrak{F} \in \mathfrak{u}} \mathfrak{D}_{\mathfrak{F}} + \bigvee_{\mathfrak{G} \in \mathfrak{v}} \mathfrak{D}_{\mathfrak{G}} \subseteqq \bigvee_{\mathfrak{H} \in \mathfrak{u}+\mathfrak{v}} \mathfrak{D}_{\mathfrak{H}}$. Aus dem Angeführten ergibt sich die Behauptung.

Im weiteren gehen wir auf gewisse Verträglichkeitseigenschaften der Systeme von $\wedge$-Idealen von Dualfiltern ein, die für Aussagen in Abbildungsräumen wichtig sind. Wir sagen, daß zu einem $k = 1, \ldots, 5$ ein System $\mathfrak{V}$ von $\wedge$-Idealen von Dualfiltern in X **k-verträglich** (mit der Limitierung τ des verallgemeinerten limitierten Radialraumes X) ist, wenn jeweils folgendes gilt, und zwar bei

$k = 1$: Zu jedem $\mathfrak{v} \in \mathfrak{V}$ existiert ein $\mathfrak{F}_{\mathfrak{v}} \in \mathfrak{v}$ mit $\bigwedge_{\mathfrak{v} \in \mathfrak{V}} \bigwedge_{F \in \mathfrak{F}_{\mathfrak{v}}} VF \in \tau(0)$.

$k = 2$: Es ist $\bigwedge_{\mathfrak{v} \in \mathfrak{V}} \bigvee_{\mathfrak{F} \in \mathfrak{v}} \bigwedge_{F \in \mathfrak{F}} VF \in \tau(0)$.

$k = 3$: Zu jedem $\mathfrak{v} \in \mathfrak{V}$ existiert ein $\mathfrak{F} \in \mathfrak{v}$ mit $\bigwedge_{F \in \mathfrak{F}} VF \in \tau(0)$.

$k = 4$: Zu jedem $\mathfrak{v} \in \mathfrak{V}$ ist $\bigvee_{\mathfrak{F} \in \mathfrak{v}} \bigwedge_{F \in \mathfrak{F}} VF \in \tau(0)$.

$k = 5$: Zu jedem $\mathfrak{v} \in \mathfrak{V}$ existiert ein $\mathfrak{F} \in \mathfrak{v}$ mit $VF \in \tau(0)$ zu beliebigem $F \in \mathfrak{F}$.

Die k-Verträglichkeit hängt eng mit gewissen Beschränktheitseigenschaften zusammen. Man kann diese Bedingung nämlich auch wie folgt formulieren, und zwar bei

$k = 1$: Zu jedem $\mathfrak{v} \in \mathfrak{V}$ existiert ein $\mathfrak{F}_{\mathfrak{v}} \in \mathfrak{v}$ derart, daß $\bigcup_{\mathfrak{v} \in \mathfrak{V}} \mathfrak{F}_{\mathfrak{v}}$ ein System gleichartig beschränkter Mengen ist.

$k = 2$: $\mathfrak{V}$ ist ein System gleichartig hypobeschränkter $\wedge$-Ideale.

$k = 3$: Jedem $\mathfrak{v} \in \mathfrak{V}$ gehört ein Dualfilter an, der ein System gleichartig beschränkter Mengen ist.

$k = 4$: Jedes $\wedge$-Ideal $\mathfrak{v} \in \mathfrak{V}$ ist hypobeschränkt.

$k = 5$: Zu jedem $\mathfrak{v} \in \mathfrak{V}$ besteht ein Dualfilter $\mathfrak{F} \in \mathfrak{v}$ aus beschränkten Mengen.

Uns interessiert die k-Verträglichkeit insbesondere in den in Abschnitt 2.12 bebetrachteten Spezialfällen 1, 2 und 3, in denen $\mathfrak{V}$ aus einem System $\mathfrak{B}$ von Teilmengen von X, einem System $\mathfrak{L}$ von Dualfiltern in X bzw. einem System $\mathfrak{S}$ von

Filtern in X erzeugt wird. In diesen Spezialfällen läßt sich die k-Verträglichkeit auf die folgende Weise formulieren, im Spezialfall 1 bei

$k = 1, 2$: $\mathfrak{B}$ ist ein System gleichartig beschränkter Mengen.
$k = 3, 4, 5$: $\mathfrak{B}$ besteht aus beschränkten Mengen.

im Spezialfall 2 bei

$k = 1, 2$: $\bigcup_{\mathfrak{F}\in\mathfrak{L}} \mathfrak{F}$ ist ein System gleichartig beschränkter Mengen.
$k = 3, 4$: Jeder Dualfilter $\mathfrak{F} \in \mathfrak{L}$ ist ein System gleichartig beschränkter Mengen.
$k = 5$: Jeder Dualfilter $\mathfrak{F} \in \mathfrak{L}$ besteht aus beschränkten Mengen.

im Spezialfall 3 bei

$k = 1$: Jedem Filter $\mathfrak{F} \in \mathfrak{S}$ gehört eine Menge $F_{\mathfrak{F}}$ an derart, daß $\{F_{\mathfrak{F}} \mid \mathfrak{F} \in \mathfrak{S}\}$ ein System gleichartig beschränkter Mengen ist.
$k = 2$: $\mathfrak{S}$ ist ein System gleichartig quasibeschränkter Filter.
$k = 3, 5$: Jedem Filter $\mathfrak{F} \in \mathfrak{S}$ gehört eine beschränkte Menge an.
$k = 4$: $\mathfrak{S}$ besteht aus quasibeschränkten Filtern.

Wenn $\mathfrak{B}$ k-verträglich ist, sagen wir in den drei Spezialfällen, daß auch das betreffende Mengensystem $\mathfrak{B}$, Dualfiltersystem $\mathfrak{L}$ bzw. Filtersystem $\mathfrak{S}$ **k-verträglich** ist.

Im folgenden Satz, der sich leicht mittels 5.18.9 ergibt, tritt die durch (2.12.7), also durch $\mathfrak{B} \leqq \mathfrak{W} \Leftrightarrow \forall \mathfrak{v} \in \mathfrak{B}\ \exists \mathfrak{w}_1, \ldots, \mathfrak{w}_n \in \mathfrak{W}\ (\mathfrak{w}_1 \cap \cdots \cap \mathfrak{w}_n \subseteqq \mathfrak{v})$ definierte Präordnung $\leqq$ der Menge aller Systeme von $\wedge$-Idealen von Dualfiltern in X auf.

5.18.10. *Sind $\mathfrak{B}$ und $\mathfrak{W}$ Systeme von $\wedge$-Idealen von Dualfiltern in X mit $\mathfrak{B} \leqq \mathfrak{W}$, so ist zu beliebigem $k = 1, \ldots, 5$ mit $\mathfrak{W}$ auch $\mathfrak{B}$ k-verträglich.*

Dieser Satz läßt sich auch direkt aus dem später angeführten Satz 7.9.5 unter Beachtung einer Bemerkung vor 7.11.11 folgern. Wir zeigen mit ihm:

5.18.11 (k-Verträglichkeit kegelartiger Systeme). *Ein System $\mathfrak{B}$ von $\wedge$-Idealen von Dualfiltern in X ist für ein $k = 1, \ldots, 5$ genau dann k-verträglich, wenn das zugehörige kegelartige System $\mathfrak{B}^{\mathrm{K}}$ k-verträglich ist.*

Beweis. Aus 5.2.11 und 5.18.10 folgt, daß $\mathfrak{B}$ k-verträglich ist, wenn das für $\mathfrak{B}^{\mathrm{K}}$ zutrifft.

Zu jedem $\mathfrak{v} \in \mathfrak{B}$ und $\mathfrak{F} \in \mathfrak{v}$ gehört $\mathfrak{H} = \bigvee_{\alpha>0} \alpha\mathfrak{F}$ dem $\wedge$-Ideal $\mathfrak{w} = \bigvee_{\mathfrak{G}\in\mathfrak{v}} \bigwedge_{\alpha>0} [\alpha\mathfrak{G}]$ an und gibt es zu jedem $H \in \mathfrak{H}$ endlich viele $\alpha_1, \ldots, \alpha_n > 0$ und $F_1, \ldots, F_n \in \mathfrak{F}$ mit $H \subseteqq \alpha_1 F_1 \cup \cdots \cup \alpha_n F_n$, wegen $F = F_1 \cup \cdots \cup F_n \in \mathfrak{F}$ daher zu jedem $H \in \mathfrak{H}$ ein $F \in \mathfrak{F}$ und zu jedem $V \in \boldsymbol{V}$ ein $W \in \boldsymbol{V}$ mit $WH \subseteqq VF$. Zu jedem $\mathfrak{w} \in \mathfrak{B}^{\mathrm{K}}$ existiert daher ein $\mathfrak{v}_{\mathfrak{w}} \in \mathfrak{B}$ derart, daß es zu jedem $\mathfrak{F} \in \mathfrak{v}_{\mathfrak{w}}$ ein $\mathfrak{H}_{\mathfrak{F}\mathfrak{w}} \in \mathfrak{w}$ gibt, so daß zu jedem $H \in \mathfrak{H}_{\mathfrak{F}\mathfrak{w}}$ ein $F \in \mathfrak{F}$ mit $\boldsymbol{V}F \subseteqq \boldsymbol{V}H$ existiert und damit $\bigwedge_{F\in\mathfrak{F}} \boldsymbol{V}F \subseteqq \bigwedge_{H\in\mathfrak{H}_{\mathfrak{F}\mathfrak{w}}} \boldsymbol{V}H$

zu beliebigem $\mathfrak{F} \in \mathfrak{v}_\mathfrak{w}$ und $\bigvee_{\mathfrak{F}\in\mathfrak{v}_\mathfrak{w}} \bigwedge_{F\in\mathfrak{F}} VF \subseteqq \bigvee_{\mathfrak{H}\in\mathfrak{w}} \bigwedge_{H\in\mathfrak{H}} VH$ gilt. Ist $\mathfrak{B}$ k-verträglich für ein $k = 1, \ldots, 5$, so daher auch $\mathfrak{B}^\mathrm{K}$.

Als einen Spezialfall erhalten wir das

Korollar. *$\mathfrak{B}$ sei ein System von Teilmengen von X, $\mathfrak{L}$ ein System von Dualfiltern in X und $\mathfrak{S}$ ein System von Filtern in X. $\mathfrak{B}$, $\mathfrak{L}$ bzw. $\mathfrak{S}$ ist für ein $k =$ 1, ..., 5 genau dann k-verträglich, wenn das zugehörige kegelartige System $\mathfrak{B}^\mathrm{K}$, $\mathfrak{L}^\mathrm{K}$ bzw. $\mathfrak{S}^\mathrm{K}$ k-verträglich ist.*

Als nächstes führen wir Beispiele von Systemen an, die k-verträglich für gewisse k sind. Wir vereinbaren die folgenden Bezeichnungen: Für eine beliebige Menge X sei

$\mathfrak{B}_\mathrm{s}$ die Menge aller endlichen Teilmengen von X,

für einen beliebigen Limesraum X sei

$\mathfrak{B}_\mathrm{k}$ die Menge aller kompakten Teilmengen von X

und

$\mathfrak{B}_\mathrm{fk}$ die Menge aller folgenkompakten Teilmengen von X.

Für einen beliebigen verallgemeinerten limitierten Radialraum X sei

$\mathfrak{B}_\mathrm{b}$ die Menge aller beschränkten Teilmengen von X,

$\mathfrak{L}_\mathrm{e}$ die Menge aller Dualfilter in X, die Systeme gleichartig beschränkter Mengen sind,

$\mathfrak{L}_\mathrm{b}$ die Menge aller Dualfilter in X, die aus beschränkten Mengen bestehen,

$\mathfrak{S}_\mathrm{b}$ die Menge aller Filter in X, denen eine beschränkte Menge angehört,

$\mathfrak{S}_\mathrm{q}$ die Menge aller quasibeschränkten Filter in X,

$\mathfrak{B}_\mathrm{e}$ die Menge aller $\wedge$-Ideale von Dualfiltern in X, denen ein Dualfilter aus $\mathfrak{L}_\mathrm{e}$ angehört,

$\mathfrak{B}_\mathrm{h}$ die Menge aller hypobeschränkten $\wedge$-Ideale von Dualfiltern in X und

$\mathfrak{B}_\mathrm{b}$ die Menge aller $\wedge$-Ideale von Dualfiltern in X, denen ein Dualfilter aus $\mathfrak{L}_\mathrm{b}$ angehört.

Eine endliche Teilmenge F eines limitierten Radialraumes ist wegen (5.4.4) beschränkt, wenn $[x] \to x$ zu jedem $x \in F$ gilt. Ist X ein pseudotopologischer Radialraum, so sind daher alle endlichen Teilmengen von X beschränkt. Falls X SIMONNETsch ist, sind nach 5.18.4 auch alle kompakten und alle folgenkompakten Teilmengen von X beschränkt. Wegen (5.4.4) sind in jedem limitierten Radialraum alle konvergenten Filter quasibeschränkt. Unter Berücksichtigung von 5.18.11 und des zugehörigen Korollars erhalten wir damit

5.18.12 (k-Verträglichkeit; Spezialfälle). *Ist X ein pseudotopologischer Radialraum, so ist $\mathfrak{B}_\mathrm{s}$ 3-, 4- und 5-verträglich. Wenn X ein SIMONNETscher limitierter*

Vektorraum ist, sind auch $\mathfrak{B}_{\mathsf{k}}$ und $\mathfrak{B}_{\mathsf{fk}}$ 3-, 4- und 5-verträglich. Wenn X ein limitierter Radialraum ist, so ist $\bigcup_{x \in X} \tau(x)$ 4-verträglich. Für einen beliebigen verallgemeinerten limitierten Radialraum X sind die Systeme $\mathfrak{B}_{\mathsf{b}}$, $\mathfrak{L}_{\mathsf{e}}$, $\mathfrak{S}_{\mathsf{b}}$ und $\mathfrak{B}_{\mathsf{e}}$ 3-, 4- und 5-verträglich, die Systeme $\tau(0)$, $\mathfrak{S}_{\mathsf{q}}$ und $\mathfrak{B}_{\mathsf{h}}$ 4-verträglich und die Systeme $\mathfrak{L}_{\mathsf{b}}$ und $\mathfrak{B}_{\mathsf{b}}$ 5-verträglich. Die zugehörigen kegelartigen Systeme haben jeweils dieselbe Eigenschaft.

Wir geben im folgenden einige Beziehungen zwischen den betrachteten Systemen an.

5.18.13. *Falls X ein pseudotopologischer Raum ist, gilt*

$$\mathfrak{B}_{\mathsf{s}} \subseteqq \mathfrak{B}_{\mathsf{k}}\,, \quad \mathfrak{B}_{\mathsf{s}} \subseteqq \mathfrak{B}_{\mathsf{fk}} \quad \textit{und} \quad \beta[\mathfrak{B}_{\mathsf{s}}] \leqq \varkappa[\bigcup_{x \in X} \tau(x)]\,, \tag{5.18.10}$$

falls X ein pseudotopologischer Radialraum ist,

$$\mathfrak{B}_{\mathsf{s}} \subseteqq \mathfrak{B}_{\mathsf{b}}\,, \tag{5.18.11}$$

falls X ein SIMONNET*scher limitierter Vektorraum ist,*

$$\mathfrak{B}_{\mathsf{k}} \subseteqq \mathfrak{B}_{\mathsf{b}} \quad \textit{und} \quad \mathfrak{B}_{\mathsf{fk}} \subseteqq \mathfrak{B}_{\mathsf{b}} \tag{5.18.12}$$

und, falls X ein limitierter Radialraum ist, ferner

$$\bigcup_{x \in X} \tau(x) \subseteqq \mathfrak{S}_{\mathsf{q}}\,. \tag{5.18.13}$$

Die zugehörigen kegelartigen Systeme genügen unter den jeweiligen Voraussetzungen den entsprechenden Beziehungen.

Für einen beliebigen verallgemeinerten limitierten Radialraum X gilt

$$\mathfrak{L}_{\mathsf{e}} \subseteqq \mathfrak{L}_{\mathsf{b}}\,, \quad \mathfrak{S}_{\mathsf{b}} \subseteqq \mathfrak{S}_{\mathsf{q}}\,, \quad \mathfrak{B}_{\mathsf{e}} \subseteqq \mathfrak{B}_{\mathsf{h}}\,, \quad \mathfrak{B}_{\mathsf{e}} \subseteqq \mathfrak{B}_{\mathsf{b}}\,, \tag{5.18.14}$$

$$\tau(0) \subseteqq \mathfrak{S}_{\mathsf{q}}\,, \tag{5.18.15}$$

$$\beta[\mathfrak{B}_{\mathsf{b}}] \subseteqq \sigma[\mathfrak{L}_{\mathsf{e}}] \subseteqq \mathfrak{B}_{\mathsf{e}} \leqq \sigma[\mathfrak{L}_{\mathsf{e}}]\,, \quad \sigma[\mathfrak{L}_{\mathsf{b}}] \subseteqq \mathfrak{B}_{\mathsf{b}} \leqq \sigma[\mathfrak{L}_{\mathsf{b}}]\,, \tag{5.18.16}$$

$$\varkappa[\mathfrak{S}_{\mathsf{b}}] \leqq \beta[\mathfrak{B}_{\mathsf{b}}] \subseteqq \varkappa[\mathfrak{S}_{\mathsf{b}}] \subseteqq \mathfrak{B}_{\mathsf{e}}\,, \quad \varkappa[\mathfrak{S}_{\mathsf{q}}] \subseteqq \mathfrak{B}_{\mathsf{h}}\,, \tag{5.18.17}$$

und es bestehen für die zugehörigen kegelartigen Systeme die entsprechenden Beziehungen.

Schließlich gilt für einen beliebigen verallgemeinerten limitierten Radialraum X

$$\beta[\mathfrak{B}_{\mathsf{b}}] \leqq \sigma[\mathfrak{B}_{\mathsf{b}}^{\mathrm{K}}]\,, \quad \varkappa[\mathfrak{S}_{\mathsf{b}}] \leqq \mathfrak{S}_{\mathsf{b}}^{\mathrm{K}}\,, \quad \varkappa[\mathfrak{S}_{\mathsf{q}}] \leqq \mathfrak{S}_{\mathsf{q}}^{\mathrm{K}} \subseteqq \mathfrak{B}_{\mathsf{h}} \leqq \tau(0)^{\mathrm{K}}\,, \tag{5.18.18}$$

$$\mathfrak{L}_{\mathsf{e}}^{\mathrm{K}} \subseteqq \mathfrak{L}_{\mathsf{e}} \leqq \mathfrak{L}_{\mathsf{e}}^{\mathrm{K}}\,, \quad \mathfrak{L}_{\mathsf{b}}^{\mathrm{K}} \subseteqq \mathfrak{L}_{\mathsf{b}} \leqq \mathfrak{L}_{\mathsf{b}}^{\mathrm{K}} \tag{5.18.19}$$

und

$$\mathfrak{B}_{\mathsf{e}}^{\mathrm{K}} \subseteqq \mathfrak{B}_{\mathsf{e}} \leqq \mathfrak{B}_{\mathsf{e}}^{\mathrm{K}}\,, \quad \mathfrak{B}_{\mathsf{h}}^{\mathrm{K}} \subseteqq \mathfrak{B}_{\mathsf{h}} \leqq \mathfrak{B}_{\mathsf{h}}^{\mathrm{K}}\,, \quad \mathfrak{B}_{\mathsf{b}}^{\mathrm{K}} \subseteqq \mathfrak{B}_{\mathsf{b}} \leqq \mathfrak{B}_{\mathsf{b}}^{\mathrm{K}}\,. \tag{5.18.20}$$

Beweis. 1. Offensichtlich gilt (5.18.10) für einen beliebigen pseudotopologischen Raum; die dritte Beziehung folgt, da es zu beliebigem $F \in \mathfrak{B}_{\mathsf{s}}$ endlich viele $x_1, \ldots, x_n \in X$ mit $F \subseteqq \{x_1, \ldots, x_n\}$ und daher mit $\varkappa([x_1]) \cap \cdots \cap \varkappa([x_n]) \subseteqq \beta(F)$ gibt. Unter Beachtung der Bemerkungen vor 5.18.12 ergibt sich, daß

(5.18.11) bis (5.18.13) unter den angegebenen Voraussetzungen gilt. Mittels 5.2.12 folgt, daß für die zugehörigen kegelartigen Systeme unter den jeweiligen Voraussetzungen die entsprechenden Beziehungen gelten.

2. Offenbar gilt (5.18.14) und wegen (5.7.2) auch (5.18.15). Zu jedem $\mathfrak{v} \in \mathfrak{B}_e$ existiert ein $\mathfrak{F} \in \mathfrak{L}_e$ mit $\sigma(\mathfrak{F}) \subseteqq \mathfrak{v}$. Damit folgt

$$\mathfrak{B}_e \leqq \sigma[\mathfrak{L}_e] \tag{5.18.21}$$

und genauso $\mathfrak{B}_b \leqq \sigma[\mathfrak{L}_b]$. Somit ergibt sich (5.18.16). Analog wie (5.18.21) folgt $\varkappa[\mathfrak{S}_b] \leqq \beta[\mathfrak{B}_b]$ und damit leicht (5.18.17). Für die entsprechenden kegelartigen Systeme gelten natürlich die analogen Beziehungen wie die von (5.18.14) bis (5.18.17). Wegen 5.18.12 gilt $\mathfrak{S}_q^K \subseteqq \mathfrak{B}_h$. Gegeben sei ein $\mathfrak{v} \in \mathfrak{B}_h$. $\mathfrak{G} = \bigvee_{\mathfrak{F} \in \mathfrak{v}} \bigcap_{F \in \mathfrak{F}} VF$ ist ein Filter aus $\tau(0)$. Zu jedem $G \in \mathfrak{G}$ existiert ein $\mathfrak{F} \in \mathfrak{v}$ mit $G \in \bigcap_{F \in \mathfrak{F}} VF$, zu jedem $F \in \mathfrak{F}$ ein $\delta > 0$ mit $\delta F \subseteqq G$, so daß sich $\mathfrak{F} \subseteqq \bigvee_{\alpha > 0} (\alpha G)$ und damit $[\bigwedge_{\alpha > 0} (\alpha G)] \subseteqq \mathfrak{v}$ ergibt. Wir erhalten daher $\bigvee_{G \in \mathfrak{G}} [\bigvee_{\alpha > 0} (\alpha G)] \subseteqq \mathfrak{v}$ und somit $\mathfrak{B}_h \leqq \tau(0)^K$. Mittels 5.2.11 folgt damit (5.18.18). Wegen 5.18.12 ergibt sich die Richtigkeit der linken Teilbeziehungen der Beziehungen aus (5.18.19) und (5.18.20), wegen 5.2.11 die der rechten Teilbeziehungen.

Wir nehmen nun speziell an, daß X eine pseudotopologische $\boldsymbol{K}$-lineare Gruppe ist, deren Pseudotopologie $\tau^{\mathfrak{B}}$ mittels eines Dualfilters $\mathfrak{B}$ in X wie in 5.7.8 definiert ist; $\mathfrak{B}$ sei ungleich $\{\emptyset\}$ und besitze die in 5.7.8 angegebenen Eigenschaften 1 und 2. Ist τ eine schwach verträgliche Limitierung eines Vektorraumes, die nicht entartet ist, so ist das bez. τ gebildete System $\mathfrak{B}_b$ zum Beispiel ein von $\{\emptyset\}$ verschiedener Dualfilter mit diesen beiden Eigenschaften. Wenn τ sogar verträglich ist, sind die bez. τ gebildeten Systeme $\mathfrak{B}_k$ und $\mathfrak{B}_{fk}$ Basen von Dualfiltern im $\underset{\supseteqq, X}{} \mathfrak{B}_k$ und im $\underset{\supseteqq, X}{} \mathfrak{B}_{fk}$, die von $\{\emptyset\}$ verschieden sind und die Eigenschaften 1 und 2 haben. Ist schließlich τ eine verträgliche Pseudotopologie eines Vektorraumes, so besitzen $\mathfrak{B}_b$, im $\underset{\supseteqq, X}{} \mathfrak{B}_k$ und im $\underset{\supseteqq, X}{} \mathfrak{B}_{fk}$ auch die Eigenschaft 3 aus 5.7.8.

Für eine kreisförmige Teilmenge B von X und einen gleichförmigen Filter $\mathfrak{F}$ in X ist $B \in \mathfrak{F}$ äquivalent zu $VB \subseteqq \mathfrak{F}$, weshalb gilt

5.18.14. *$\mathfrak{B}$ ist für ein $k = 1, \ldots, 5$ genau dann mit $\tau^{\mathfrak{B}}$ k-verträglich, wenn $\mathfrak{B}$ mit $(\tau^{\mathfrak{B}})^{\#}$ k-verträglich ist.*

Wie mittels (5.18.2) folgt, läßt sich die k-Verträglichkeit von $\mathfrak{B}$ mit $\tau^{\mathfrak{B}}$ und daher auch mit $(\tau^{\mathfrak{B}})^{\#}$ folgendermaßen formulieren, und zwar für

$k = 1, 2$: Es existiert ein $B \in \mathfrak{B}$ derart, daß es zu jedem $\mathfrak{v} \in \mathfrak{B}$ ein $\mathfrak{F} \in \mathfrak{v}$ mit $B \in \bigwedge_{F \in \mathfrak{F}} VF$ gibt.

$k = 3, 4$: Zu jedem $\mathfrak{v} \in \mathfrak{B}$ existieren ein $B \in \mathfrak{B}$ und $\mathfrak{F} \in \mathfrak{v}$ mit $B \in \bigwedge_{F \in \mathfrak{F}} VF$.

$k = 5$: Zu jedem $\mathfrak{v} \in \mathfrak{B}$ gibt es ein $\mathfrak{F} \in \mathfrak{v}$ derart, daß zu jedem $F \in \mathfrak{F}$ ein $B \in \mathfrak{B}$ mit $B \in VF$ existiert.

Wir können in diesen Bedingungen B stets als kreisförmig annehmen. Eine leichte Überprüfung ergibt, daß für jedes kreisförmige $B \in \mathfrak{B}$ und jeden Dualfilter $\mathfrak{F}$ in X genau dann $B \in \bigwedge_{F \in \mathfrak{F}} VF$ gilt, wenn $\mathfrak{F} \subseteqq \bigvee_{\alpha > 0} (\alpha B)$ ist. Ferner zeigt man leicht, daß für jede Teilmenge F von X genau dann ein kreisförmiges $B \in \mathfrak{B}$ mit $B \in VF$ existiert, wenn F zu $\mathfrak{B}$ gehört. Die k-Verträglichkeit von $\mathfrak{B}$ mit $\tau^{\mathfrak{B}}$ kann daher auch folgendermaßen formuliert werden, und zwar für

$k = 1, 2$: Es gibt ein $B \in \mathfrak{B}$ mit $\bigvee_{\alpha > 0} (\alpha B) \in \mathfrak{v}$ zu beliebigem $\mathfrak{v} \in \mathfrak{B}$.

$k = 3, 4$: Zu jedem $\mathfrak{v} \in \mathfrak{B}$ gibt es ein $B \in \mathfrak{B}$ mit $\bigvee_{\alpha > 0} (\alpha B) \in \mathfrak{v}$.

$k = 5$: $\mathfrak{B}$ gehört jedem $\mathfrak{v} \in \mathfrak{B}$ an.

In den drei Spezialfällen, in denen $\mathfrak{B}$ aus einem Mengensystem $\mathfrak{B}'$, einem Dualfiltersystem $\mathfrak{L}$ bzw. einem Filtersystem $\mathfrak{S}$ erzeugt wird, läßt sich die k-Verträglichkeit mit $\tau^{\mathfrak{B}}$ auf die folgende Weise formulieren, im Spezialfall 1 bei

$k = 1, 2$: Es existiert ein $B \in \mathfrak{B}$ mit $\mathfrak{B}' \subseteqq \bigvee_{\alpha > 0} (\alpha B)$.

$k = 3, 4, 5$: $\mathfrak{B}' \subseteqq \mathfrak{B}$.

im Spezialfall 2 bei

$k = 1, 2$: Es gibt ein $B \in \mathfrak{B}$ mit $\bigcup_{\mathfrak{F} \in \mathfrak{L}} \mathfrak{F} \subseteqq \bigvee_{\alpha > 0} (\alpha B)$.

$k = 3, 4$: Zu beliebigem $\mathfrak{F} \in \mathfrak{L}$ existiert ein $B \in \mathfrak{B}$ mit $\mathfrak{F} \subseteqq \bigvee_{\alpha > 0} (\alpha B)$.

$k = 5$: $\bigcup_{\mathfrak{F} \in \mathfrak{L}} \mathfrak{F} \subseteqq \mathfrak{B}$.

im Spezialfall 3 bei

$k = 1, 2$: Es existiert ein $B \in \mathfrak{B}$ und zu jedem $\mathfrak{F} \in \mathfrak{S}$ ein $\alpha > 0$ mit $\alpha B \in \mathfrak{F}$.

$k = 3, 4, 5$: Jedem $\mathfrak{F} \in \mathfrak{S}$ gehört ein $B \in \mathfrak{B}$ an.

Wir führen nun einige Systeme an, die mit $\tau^{\mathfrak{B}}$ und wegen 5.18.14 damit auch mit $(\tau^{\mathfrak{B}})^{\#}$ k-verträglich sind, wobei wir speziell als $\mathfrak{B}$ das bezüglich einer schwach verträglichen Limitierung τ von X gebildete System $\mathfrak{B}_{\mathfrak{b}}$ aller beschränkten Teilmengen von X nehmen. Die nach dem Korollar zu 5.18.11 getroffenen Bezeichnungsvereinbarungen sind dabei bez. τ gemeint. Wir erhalten

5.18.15 (k-Verträglichkeit; weitere Spezialfälle). $\mathfrak{B}_{\mathfrak{b}}$ *ist* 3-, 4- *und* 5-*verträglich mit* $\tau^{\mathfrak{B}_{\mathfrak{b}}}$ *und* $(\tau^{\mathfrak{B}_{\mathfrak{b}}})^{\#}$, *und* $\mathfrak{L}_{\mathfrak{b}}$ *und* $\mathfrak{B}_{\mathfrak{b}}$ *sind* 5-*verträglich mit* $\tau^{\mathfrak{B}_{\mathfrak{b}}}$ *und* $(\tau^{\mathfrak{B}_{\mathfrak{b}}})^{\#}$. *Die zugehörigen kegelartigen Systeme haben jeweils dieselbe Verträglichkeitseigenschaft.*

Es ist leicht möglich, Beispiele von Systemen anzugeben, die unter gewissen Einschränkungen mit $\tau^{\mathfrak{B}_{\mathfrak{k}}}$ oder $\tau^{\mathfrak{B}_{\mathfrak{fk}}}$ 3-, 4- und 5-verträglich sind. Wir überlassen das dem Leser.

Für das Folgende gehen wir von einem endlichen Produkt $X_1 \times \cdots \times X_n$ verallgemeinerter limitierter $\boldsymbol{K}$-Radialräume, von Systemen $\mathfrak{B}_1, \ldots, \mathfrak{B}_n$ von $\wedge$-Idealen von Dualfiltern in $X_1, \ldots, X_n$ und von einem weiteren verallgemeinerten limitierten $\boldsymbol{K}$-Radialraum Y aus.

5.18.16 (k-Verträglichkeit von Bildsystemen). *f sei eine Abbildung von $X_1 \times \cdots \times X_n$ in Y, die in 0 stetig und die von irgendeinem Grade $m \in \boldsymbol{N}^+$ homogen ist. $\mathfrak{B}_1, \ldots, \mathfrak{B}_n$ seien k-verträglich für ein $k = 1, \ldots, 5$. Dann ist auch $f[\mathfrak{B}_1 \times^e \cdots \times^e \mathfrak{B}_n]$ k-verträglich.*

Beweis. Wir setzen $\overset{m}{V} = \{\alpha^m \mid \alpha \in V\}$ für jede Teilmenge V von $\boldsymbol{K}$. Wegen $\overset{m}{\boldsymbol{E}} = \begin{cases} [0, 1] \text{ bei } \boldsymbol{K} = \boldsymbol{R} \text{ und } m \text{ gerade} \\ \boldsymbol{E} \quad \text{sonst} \end{cases}$ gilt $\boldsymbol{E} \subseteqq \overset{m}{\boldsymbol{E}} - \overset{m}{\boldsymbol{E}}$ und auf Grund der Homogenitätseigenschaft von f damit

$$\delta^m \boldsymbol{E} f[F_1 \times \cdots \times F_n] \subseteqq f[\delta \boldsymbol{E} F_1 \times \cdots \times \delta \boldsymbol{E} F_n] - f[\delta \boldsymbol{E} F_1 \times \cdots \times \delta \boldsymbol{E} F_n] \quad (\delta > 0)$$

und folglich

$$f[VF_1 \times \cdots \times VF_n] - f[VF_1 \times \cdots \times VF_n] \subseteqq Vf[F_1 \times \cdots \times F_n]$$

für beliebige Teilmengen F_1 von $X_1, \ldots, F_n$ von X_n und damit

$$f[\bigwedge_{F \in \mathfrak{F}_1} VF \times \cdots \times \bigwedge_{F \in \mathfrak{F}_n} VF] - f[\bigwedge_{F \in \mathfrak{F}_1} VF \times \cdots \times \bigwedge_{F \in \mathfrak{F}_n} VF] \subseteqq \bigwedge_{F \in \mathfrak{F}_1 \times \cdots \times \mathfrak{F}_n} Vf[F]$$

für beliebige Dualfilter $\mathfrak{F}_1$ in $X_1, \ldots, \mathfrak{F}_n$ in X_n. Mittels (5.18.2) folgt deshalb leicht

$$f[\bigvee_{\mathfrak{F} \in \mathfrak{v}_1} \bigwedge_{F \in \mathfrak{F}} VF \times \cdots \times \bigvee_{\mathfrak{F} \in \mathfrak{v}_n} \bigwedge_{F \in \mathfrak{F}} VF] - f[\bigvee_{\mathfrak{F} \in \mathfrak{v}_1} \bigwedge_{F \in \mathfrak{F}} VF \times \cdots \times \bigvee_{\mathfrak{F} \in \mathfrak{v}_n} \bigwedge_{F \in \mathfrak{F}} VF]$$
$$\subseteqq \bigvee_{\mathfrak{F} \in \mathfrak{v}_1 \times \cdots \times \mathfrak{v}_n} \bigwedge_{F \in \mathfrak{F}} Vf[F]$$

für beliebige $\wedge$-Ideale $\mathfrak{v}_1 \in \mathfrak{B}_1, \ldots, \mathfrak{v}_n \in \mathfrak{B}_n$. Aus dem Angeführten erhält man unter Beachtung, daß mit $\mathfrak{G}$ stets $\mathfrak{G} - \mathfrak{G}$ ein Nullfilter in Y ist, die Behauptung.

Wählen wir speziell $Y = X_1 \times \cdots \times X_n$ und als f die identische Abbildung von Y auf sich (diese ist eine spezielle homogene Abbildung), so ergibt sich das folgende

Korollar. *Sind $\mathfrak{B}_1, \ldots, \mathfrak{B}_n$ k-verträglich für ein $k = 1, \ldots, 5$, so ist auch $\mathfrak{B}_1 \times^e \cdots \times^e \mathfrak{B}_n$ k-verträglich.*

Mit Hilfe des Satzes 5.18.16 lassen sich zahlreiche Beispiele für die in Abschnitt 2.12 eingeführte Treueeigenschaft von Abbildungen finden. Einige Beispiele von Abbildungen mit dieser Treueeigenschaft führen wir an. Wir gehen vorerst wieder von einem endlichen Produkt $X_1 \times \cdots \times X_n$ verallgemeinerter limitierter $\boldsymbol{K}$-Radialräume und einem verallgemeinerten limitierten $\boldsymbol{K}$-Radialraum Y aus. Die entsprechend wie $\mathfrak{B}_b$, $\mathfrak{L}_e$, $\mathfrak{L}_b$, $\mathfrak{S}_b$, $\mathfrak{S}_q$, $\mathfrak{B}_e$, $\mathfrak{B}_h$ und $\mathfrak{B}_b$ bez. X_j $(j = 1, \ldots, n)$ definierten Systeme seien $\mathfrak{B}_{jb}$, $\mathfrak{L}_{je}$, $\mathfrak{L}_{jb}$, $\mathfrak{S}_{jb}$, $\mathfrak{S}_{jq}$, $\mathfrak{B}_{je}$, $\mathfrak{B}_{jh}$ und $\mathfrak{B}_{jb}$ und die entsprechenden bez. Y definierten Systeme ferner $\mathfrak{C}_b$, $\mathfrak{M}_e$, $\mathfrak{M}_b$, $\mathfrak{T}_b$, $\mathfrak{T}_q$, $\mathfrak{W}_e$, $\mathfrak{W}_h$ und $\mathfrak{W}_b$. Beachten wir, daß die letzteren Systeme maximale Systeme von Mengen, Dualfiltern, Filtern bzw. $\wedge$-Idealen von Dualfiltern sind, die k-verträglich für ein gewisses k sind, so folgt aus 5.18.10 und 5.18.16, daß jede Abbildung von $X_1 \times \cdots \times X_n$ in Y, die in 0 stetig und die von irgendeinem Grade $m \in N^+$ homogen ist, $(\mathfrak{B}_{1b} \times^e \cdots \times^e \mathfrak{B}_{nb}), \mathfrak{C}_b$-treu, ..., $(\mathfrak{B}_{1b} \times^e \cdots \times^e \mathfrak{B}_{nb}), \mathfrak{W}_b$-treu ist.

Sind $X_1, \ldots, X_n$ und Y Mengen und sind $\mathfrak{B}_{js}$ $(j = 1, \ldots, n)$ und $\mathfrak{C}_s$ die bez. X_j $(j = 1, \ldots, n)$ und Y entsprechend wie $\mathfrak{B}_s$ definierten Mengensysteme, so ist offenbar jede Abbildung f von $X_1 \times \cdots \times X_n$ in Y $(\mathfrak{B}_{1s} \times^e \cdots \times^e \mathfrak{B}_{ns}), \mathfrak{C}_s$-treu.

Nun seien $X_1, \ldots, X_n$ und Y Limesräume und $\tau_1, \ldots, \tau_n$ und τ deren Limitierungen. $\mathfrak{B}_{jk}$ und $\mathfrak{B}_{jfk}$ seien die bez. X_j $(j = 1, \ldots, n)$ und $\mathfrak{C}_k$ und $\mathfrak{C}_{fk}$ die bez. Y entsprechend wie $\mathfrak{B}_k$ und $\mathfrak{B}_{fk}$ definierten Mengensysteme. Unter Beachtung von 3.16.15, 3.16.17, 3.16.30 und 3.16.31 ergibt sich, daß jede stetige Abbildung f von $X_1 \times \cdots \times X_n$ in Y $(\mathfrak{B}_{1k} \times^e \cdots \times^e \mathfrak{B}_{nk}), \mathfrak{C}_k$- und $(\mathfrak{B}_{1fk} \times^e \cdots \times^e \mathfrak{B}_{nfk}), \mathfrak{C}_{fk}$-treu ist. Jede stetige Abbildung von $X_1 \times \cdots \times X_n$ in Y ist offensichtlich ferner $\left(\bigcup_{x \in X_1} \tau_1(x) \times^e \cdots \times^e \bigcup_{x \in X_n} \tau_n(x), \bigcup_{y \in Y}\right) \tau(y)$-treu.

Unter Berücksichtigung der angeführten Treueeigenschaften zeigen wir

5.18.17 (Produktsysteme; Spezialfälle). *Ist X ein Produkt $\prod_{j \in J} X_j$ verallgemeinerter limitierter **K**-Radialräume, dann gilt für die bez. X definierten Systeme $\mathfrak{B}_b$, $\mathfrak{L}_e$, $\mathfrak{L}_b$, $\mathfrak{S}_b$, $\mathfrak{S}_q$, $\mathfrak{B}_e$, $\mathfrak{B}_h$ und $\mathfrak{B}_b$ und für die bezüglich der X_j entsprechend definierten Systeme $\mathfrak{B}_{jb}, \ldots, \mathfrak{B}_{jb}$*

$$\begin{gathered}\mathfrak{B}_b \leqq \Pi^e \mathfrak{B}_{jb} \subseteqq \mathfrak{B}_b\,, \quad \mathfrak{L}_b \leqq \Pi^e \mathfrak{L}_{jb} \subseteqq \mathfrak{L}_b\,, \quad \mathfrak{L}_e \leqq \Pi^e \mathfrak{L}_{je} \subseteqq \mathfrak{L}_e\,, \\ \mathfrak{S}_q \leqq \Pi^e \mathfrak{S}_{jq} \subseteqq \mathfrak{S}_q\,, \quad \mathfrak{B}_h \leqq \Pi^e \mathfrak{B}_{jh} \subseteqq \mathfrak{B}_h\,,\end{gathered} \tag{5.18.22}$$

ferner

$$\mathfrak{S}_b \leqq \Pi^e \mathfrak{S}_{jb}\,, \quad \mathfrak{B}_e \leqq \Pi^e \mathfrak{B}_{je}\,, \quad \mathfrak{B}_b \leqq \Pi^e \mathfrak{B}_{jb} \tag{5.18.23}$$

und bei endlichem J auch

$$\Pi^e \mathfrak{S}_{jb} \subseteqq \mathfrak{S}_b\,, \quad \Pi^e \mathfrak{B}_{je} \subseteqq \mathfrak{B}_e\,, \quad \Pi^e \mathfrak{B}_{jb} \subseteqq \mathfrak{B}_b\,. \tag{5.18.24}$$

Ist X ein Produkt $\prod_{j \in J} X_j$ von Mengen, dann gilt für das bez. X definierte System $\mathfrak{B}_s$ und für die bezüglich der X_j entsprechend definierten Systeme $\mathfrak{B}_{js}$

$$\mathfrak{B}_s \leqq \Pi^e \mathfrak{B}_{js} \tag{5.18.25}$$

und bei endlichem J auch

$$\Pi^e \mathfrak{B}_{js} \subseteqq \mathfrak{B}_s\,. \tag{5.18.26}$$

Wenn X ein Produkt $\prod_{j \in J} X_j$ von Limesräumen ist, gilt für die Limitierung τ von X und die Limitierungen τ_j der X_j

$$\bigcup_{x \in X} \tau(x) \leqq \Pi^e \bigcup_{x_j \in X_j} \tau_j(x_j) \subseteqq \bigcup_{x \in X} \tau(x) \tag{5.18.27}$$

und ferner für die bez. X definierten Systeme $\mathfrak{B}_k$ und $\mathfrak{B}_{fk}$ und für die bezüglich der X_j entsprechend definierten Systeme $\mathfrak{B}_{jk}$ und $\mathfrak{B}_{jfk}$

$$\mathfrak{B}_k \leqq \Pi^e \mathfrak{B}_{jk}\,, \qquad \mathfrak{B}_{fk} \leqq \Pi^e \mathfrak{B}_{jfk}\,, \tag{5.18.28}$$

bei beliebigem bzw. abzählbaren J auch

$$\Pi^e \mathfrak{B}_{jk} \subseteqq \mathfrak{B}_k \quad \textit{bzw.} \quad \Pi^e \mathfrak{B}_{jfk} \subseteqq \mathfrak{B}_{fk}\,. \tag{5.18.29}$$

Beweis. Die Richtigkeit der linken Teilbeziehungen der Beziehungen aus (5.18.22) und (5.18.27) und die Richtigkeit der Beziehungen (5.18.23), (5.18.25) und (5.18.28) folgt mittels 2.12.8, den Analoga für Mengen-, Dualfilter- und Filtersysteme und mittels 5.18.9. Wegen 5.18.8 erhält man die Richtigkeit der rechten Teilbeziehungen der Beziehungen von (5.18.22) und bei endlichem J offensichtlich auch (5.18.24). Natürlich gilt (5.18.26) bei endlichem J. Daß die rechte Teilbeziehung von (5.18.27) gilt, folgt aus der Definition der Produktlimitierung. Daß (5.18.29) bei beliebigem bzw. abzählbaren J gilt, ergibt sich unter Berücksichtigung von 3.16.17 und 3.16.31.

5.19. Lokale Beschränktheit

In gewissen Fällen läßt sich die k-Verträglichkeit unter Einschränkungen an den betreffenden Raum nachweisen. Ist X ein verallgemeinerter limitierter Radialraum und τ seine Limitierung, so ist offenbar $\tau(0)$ und wegen 5.18.11 damit auch $\tau(0)^{\mathrm{K}}$ genau dann 3-verträglich, wenn jedem Filter $\mathfrak{F} \in \tau(0)$ eine beschränkte Menge angehört. Genau dann, wenn $\tau(0)$ diese Eigenschaft hat, jedem Filter $\mathfrak{F} \in \tau(0)$ also eine beschränkte Menge angehört, nennen wir den verallgemeinerten limitierten Radialraum X und ebenfalls seine Limitierung **lokalbeschränkt.**

Für lokalbeschränkte verallgemeinerte limitierte Radialräume ergeben sich wichtige Beziehungen zwischen einigen der eingeführten Systeme.

5.19.1. *X sei ein lokalbeschränkter verallgemeinerter limitierter Radialraum. Dann gilt* $\mathfrak{L}_{\mathsf{e}} \leqq \mathfrak{B}_{\mathsf{b}}^{\mathrm{K}}$, $\mathfrak{S}_{\mathsf{q}} = \mathfrak{S}_{\mathsf{b}}$ *und* $\mathfrak{B}_{\mathsf{h}} = \mathfrak{B}_{\mathsf{e}}$.

Beweis. τ bezeichne die Limitierung von X.

1. $\mathfrak{F}$ sei ein Dualfilter aus $\mathfrak{L}_{\mathsf{e}}$. Wegen $\bigcap\limits_{F \in \mathfrak{F}} VF \in \tau(0)$ existiert eine beschränkte Menge $B \in \bigcap\limits_{F \in \mathfrak{F}} VF$. Zu jedem $F \in \mathfrak{F}$ gibt es ein $\delta > 0$ mit $\delta F \subseteqq B$, so daß sich $\mathfrak{F} \subseteqq \bigvee\limits_{\alpha > 0} (\alpha B)$ und damit $\mathfrak{L}_{\mathsf{e}} \leqq \mathfrak{B}_{\mathsf{b}}^{\mathrm{K}}$ ergibt.

2. $\mathfrak{F}$ sei ein Filter aus $\mathfrak{S}_{\mathsf{q}}$. Wegen $V\mathfrak{F} \in \tau(0)$ existiert eine beschränkte Menge $B \in V\mathfrak{F}$, somit ein $\delta > 0$ und $F \in \mathfrak{F}$ mit $\delta F \subseteqq B$. Es folgt $VB \subseteqq VF$ und damit, daß F beschränkt ist, also $\mathfrak{F} \in \mathfrak{S}_{\mathsf{b}}$, wegen (5.18.14) damit $\mathfrak{S}_{\mathsf{q}} = \mathfrak{S}_{\mathsf{b}}$.

3. $\mathfrak{u}$ sei ein $\wedge$-Ideal aus $\mathfrak{B}_{\mathsf{h}}$. Es gibt eine beschränkte Menge $B \in \bigvee\limits_{\mathfrak{F} \in \mathfrak{u}} \bigcap\limits_{F \in \mathfrak{F}} VF$, wegen (5.18.2) daher ein $\mathfrak{F} \in \mathfrak{u}$ derart, daß $B \in VF$ und somit $VB \subseteqq VF$ zu beliebigem $F \in \mathfrak{F}$ und daher $VB \subseteqq \bigcap\limits_{F \in \mathfrak{F}} VF$ gilt. Es folgt $\mathfrak{u} \in \mathfrak{B}_{\mathsf{e}}$, wegen (5.18.14) damit $\mathfrak{B}_{\mathsf{h}} = \mathfrak{B}_{\mathsf{e}}$.

Man zeigt leicht unter Beachtung von (5.9.7): Ist X eine lokalbeschränkte limitierte lineare Gruppe, so sind auch $X^{\#}$, X^{+} und $X^{\wedge}$ lokalbeschränkt.

Nach 5.18.7 sind in ausgeglichenen pseudotopologischen Vektorräumen alle CAUCHY-Filter quasibeschränkt. In Ergänzung dazu zeigen wir

5.19.2. *Jeder* CAUCHY-*Filter* $\mathfrak{F}$ *in einem lokalbeschränkten pseudotopologischen Vektorraum ist quasibeschränkt.*

Beweis. $\mathfrak{F}$ sei eigentlich. Dem Nullfilter $\mathfrak{G} = \mathfrak{F} - \mathfrak{F}$ gehört eine beschränkte Menge B an. Zu beliebigem $G \in \mathfrak{G}$ existiert ein $F_G \in \mathfrak{F}$ und ein $x_G \in F_G$ mit $F_G \subseteqq x_G + G$. Wegen $F_G \cap F_B \neq \emptyset$ gilt stets $x_G \in x_B + B - G$ und damit $F_G \subseteqq x_B + B + G - G$, folglich $Vx_B + VB + V(\mathfrak{G} - \mathfrak{G}) \subseteqq V\mathfrak{F}$. $\mathfrak{F}$ ist daher quasibeschränkt. Der uneigentliche Filter ist natürlich auch quasibeschränkt.

Ist X ein $\boldsymbol{K}$-Vektorraum und $\mathfrak{B}$ ein von $\{\emptyset\}$ verschiedener Dualfilter in X mit den Eigenschaften 1 und 2 aus 5.7.8, so ist die in 5.7.8 definierte Pseudotopologie $\tau^{\mathfrak{B}}$ lokalbeschränkt.
Im weiteren führen wir neben anderen Aussagen Charakterisierungssätze für gewisse lokalbeschränkte Limitierungen an, zuerst für schwach verträgliche und verträgliche gleichförmige lokalbeschränkte Pseudotopologien.

5.19.3 (Gleichförmige lokalbeschränkte Pseudotopologien). *Ist τ eine schwach verträgliche bzw. verträgliche gleichförmige und lokalbeschränkte Pseudotopologie eines $\boldsymbol{K}$-Vektorraumes X, so gibt es einen Dualfilter $\mathfrak{B} \neq \{\emptyset\}$ in X mit den Eigenschaften* 1 *und* 2 *bzw.* 1, 2 *und* 3 *aus* 5.7.8, *derart daß $\{VB \mid B \in \mathfrak{B}\}$ eine Basis von $\tau(0)$ ist. Ist $\mathfrak{B}$ ein von $\{\emptyset\}$ verschiedener Dualfilter in X mit den Eigenschaften* 1 *und* 2 *bzw.* 1, 2 *und* 3 *aus* 5.7.8, *dann existiert umgekehrt eine schwach verträgliche bzw. verträgliche gleichförmige und lokalbeschränkte Pseudotopologie τ des Vektorraumes X, so daß $\{VB \mid B \in \mathfrak{B}\}$ eine Basis von $\tau(0)$ ist. τ ist genau dann separiert, wenn $\bigcap_{\alpha>0} \alpha B = \{0\}$ für jede nichtleere kreisförmige Menge $B \in \mathfrak{B}$ gilt.*

Beweis. 1. τ sei eine schwach verträgliche bzw. verträgliche gleichförmige und lokalbeschränkte Pseudotopologie von X. $\tau(0)$ besitzt wegen 5.8.14 die Menge $\{V\mathfrak{F} \mid \mathfrak{F} \in \tau(0)\}$ als Basis. $\mathfrak{B}$ sei gleich der Menge $\mathfrak{B}_b$ aller beschränkten Teilmengen von X bez. τ. Unter Berücksichtigung, daß τ lokalbeschränkt ist, finden wir zu beliebigem $\mathfrak{F} \in \tau(0)$ ein $B \in \mathfrak{B}$ mit $B \in V\mathfrak{F}$, also mit $VB \subseteqq V\mathfrak{F}$, so daß sich $\{VB \mid B \in \mathfrak{B}\}$ als Basis von $\tau(0)$ ergibt. $\mathfrak{B} = \mathfrak{B}_b$ ist, wie bereits in Abschnitt 5.18 angemerkt wurde, ein von $\{\emptyset\}$ verschiedener Dualfilter mit den Eigenschaften 1 und 2 bzw. 1, 2 und 3.

2. $\mathfrak{B}$ sei ein von $\{\emptyset\}$ verschiedener Dualfilter in X mit den Eigenschaften 1 und 2 bzw. 1, 2 und 3. Nach 5.7.8 ist $\tau^{\mathfrak{B}}$ und nach 5.8.12 und dem Korollar zu 5.8.15 damit auch $(\tau^{\mathfrak{B}})^{\#}$ eine schwach verträgliche bzw. verträgliche Pseudotopologie von X. $(\tau^{\mathfrak{B}})^{\#}(0)$ hat natürlich $\{VB \mid B \in \mathfrak{B}\}$ als eine Basis. Offensichtlich ist $(\tau^{\mathfrak{B}})^{\#}$ gleichförmig und lokalbeschränkt.

3. Der letzte Teil der Behauptung folgt aus 5.6.2 unter Beachtung, daß mit einer Menge B auch deren kreisförmige Hülle $\boldsymbol{E}B$ zu $\mathfrak{B}$ gehört.

Anmerkung. Der im Satz auftretende Dualfilter $\mathfrak{B}$ besteht gerade aus allen bez. τ beschränkten Mengen. Offenbar kann im Satz die Eigenschaft 2 aus 5.7.8 durch die Forderung, daß mit B auch EB zu $\mathfrak{B}$ gehört, ersetzt werden. $\mathfrak{B}$ muß dann nicht aus allen bez. τ beschränkten Mengen bestehen.

Korollar. *Jede gleichförmige lokalkompakte und lokalbeschränkte pseudotopologische lineare Gruppe besitzt die* bk-*Eigenschaft.*

Beweis. Zu jeder beschränkten Teilmenge B der pseudotopologischen linearen Gruppe gibt es eine kompakte Menge M mit $M \in VB$. Für ein $\alpha > 0$ gilt $B \subseteqq \alpha M$. Da auch αM kompakt ist, ergibt sich die Richtigkeit der Behauptung.

Zu einem beliebigem Dualfilter $\mathfrak{B} \neq \{\emptyset\}$ in einem $\boldsymbol{K}$-Vektorraum X mit den Eigenschaften 1 und 2 aus 5.7.8 heißt die schwach verträgliche Pseudotopologie $(\tau^{\mathfrak{B}})^{\#}$ die $\mathfrak{B}$ zugeordnete **Pseudotopologie der Mackey-Konvergenz** (vergleiche Hogbe-Nlend [1]) oder einfach eine **Mackey-Pseudotopologie** und X, versehen mit $(\tau^{\mathfrak{B}})^{\#}$, eine **mackeysche pseudotopologische lineare Gruppe**, wenn $(\tau^{\mathfrak{B}})^{\#}$ verträglich ist, auch ein **mackeyscher pseudotopologischer Vektorraum.** Jede Mackey-Pseudotopologie genügt dem ersten Abzählbarkeitsaxiom.

Wir interessieren uns für die Mackey-Konvergenz insbesondere in dem Fall, daß $\mathfrak{B}$ gleich der Gesamtheit $\mathfrak{B}_b$ aller beschränkten Teilmengen von X bezüglich einer schwach verträglichen Pseudotopologie σ von X ist. Wir setzen

$$\sigma^{\delta} = (\tau^{\mathfrak{B}_b})^{\#}$$

und erhalten (vergleiche Awerbuch und Smoljanow [5]):

5.19.4 (Nächstfeinere Mackey-Pseudotopologie). *σ sei eine schwach verträgliche bzw. verträgliche Pseudotopologie eines Vektorraumes X. Dann ist σ^{δ} die gröbste schwach verträgliche bzw. verträgliche gleichförmige lokalbeschränkte Pseudotopologie von X, die feiner als σ ist.*

Beweis. Wegen 5.19.3 ist σ^{δ} eine schwach verträgliche bzw. verträgliche gleichförmige und lokalbeschränkte Pseudotopologie von X. Natürlich gilt $\sigma^{\delta} \leqq \sigma$. Ist τ eine schwach verträgliche gleichförmige lokalbeschränkte Pseudotopologie von X, die feiner als σ ist, so existiert ein von $\{\emptyset\}$ verschiedener Dualfilter $\mathfrak{B}$ in X mit den Eigenschaften 1 und 2 aus 5.7.8 und mit $\tau = (\tau^{\mathfrak{B}})^{\#}$ und $\mathfrak{B} \subseteqq \mathfrak{B}_b$, woraus $\tau \leqq \sigma_{\delta}$ folgt.

Eine schwach verträgliche Pseudotopologie σ eines Vektorraumes X ist offenbar genau dann eine Mackey-Pseudotopologie, wenn sie mit σ^{δ} übereinstimmt.

Man zeigt leicht unter Beachtung von 5.12.2

5.19.5 (Stetigkeit bez. Mackey-Pseudotopologien). *$\sigma_1, \ldots, \sigma_n$ seien verträgliche Pseudotopologien von $\boldsymbol{K}$-Vektorräumen $X_1, \ldots, X_n$ ($n \in \boldsymbol{N}^+$), und τ sei eine schwach* *verträgliche Pseudotopologie eines $\boldsymbol{K}$-Vektorraumes Y. Sind $\sigma_1, \dots, \sigma_n$ gleichförmig und lokalbeschränkt, so ist eine n-lineare Abbildung $f\colon X_1 \times \cdots \times X_n \to Y$ bez. $\sigma_1 \times \cdots \times \sigma_n$ und τ genau dann stetig, wenn sie bez. $\sigma_1 \times \cdots \times \sigma_n$ und τ^δ stetig ist. Ist eine n-lineare Abbildung $f\colon X_1 \times \cdots \times X_n \to Y$ bez. $\sigma_1 \times \cdots \times \sigma_n$ und τ stetig, so auch bez. $\sigma_1^\delta \times \cdots \times \sigma_n^\delta$ und τ^δ. Im Falle $n = 1$ kann σ_1 als schwach verträglich angenommen werden.*

Wir bezeichnen mit PLING$^\delta$ und PVEK$^\delta$ die vollen Unterkategorien von PLING bzw. PVEK, die als Objekte alle MACKEYschen pseudotopologischen $\boldsymbol{K}$-linearen Gruppen bzw. alle MACKEYschen pseudotopologischen $\boldsymbol{K}$-Vektorräume haben. 5.19.5 (bei $n = 1$) gibt Anlaß zur Einführung eines Funktors $\boldsymbol{\delta}\colon$ PLING $\to$ PLING$^\delta$. Wir vereinbaren, daß $\boldsymbol{\delta}$ jeder pseudotopologischen $\boldsymbol{K}$-linearen Gruppe X diejenige pseudotopologische lineare Gruppe X^δ zuordnet, die sich von X nur dadurch unterscheidet, daß deren Limitierung τ durch τ^δ ersetzt ist. Ferner vereinbaren wir, daß $\boldsymbol{\delta}$ jedem Morphismus (f, X, Y) von PLING den Morphismus (f, X^δ, Y^δ) von PLING$^\delta$ zuordnet. Wegen 5.19.5 ergibt sich aus $\boldsymbol{\delta}$ durch Einschränkung ein Funktor von PVEK in PVEK$^\delta$.

Wir führen als nächstes einige Sätze mit Eigenschaften von $\boldsymbol{\delta}$ an.

5.19.6. *Für jede pseudotopologische lineare Gruppe X gilt*

$$(X^\delta)^\wedge \leqq (X^\wedge)^\delta .$$

Zum Beweis: Dieser ergibt sich leicht mittels (5.9.7).

Korollar. *Ist X eine lokalkonvexe pseudotopologische lineare Gruppe, so auch X^δ, und ist X eine MACKEYsche pseudotopologische lineare Gruppe, so auch $X^\wedge$.*

Wir nennen eine limitierte lineare Gruppe X und ebenfalls ihre Limitierung τ **$t^\wedge$-regulär**, wenn aus $\mathfrak{F} \underset{\tau}{\to} x$ stets $\operatorname{im}_{\subseteqq, X} \{\overline{F}^{t^\wedge(\tau)} \mid F \in \mathfrak{F}\} \underset{\tau}{\to} x$ folgt. Ist X eine pseudotopologische lineare Gruppe, so kann in dieser Bedingung als x stets der Nullpunkt von X genommen werden.

5.19.7 ($t^\wedge$-Regularität von MACKEY-Pseudotopologien). *X sei eine pseudotopologische lineare Gruppe, die $t^\wedge$-regulär ist. Dann ist auch X^δ $t^\wedge$-regulär.*

Beweis. τ sei die Pseudotopologie von X und $\mathfrak{F}$ ein Nullfilter in X^δ. Es existiert eine bez. τ beschränkte Menge B mit $\mathfrak{F} \supseteqq \boldsymbol{V}B$, und es folgt $\operatorname{im}_{\subseteqq, X} \{\overline{F}^{t^\wedge(\tau\delta)} \mid F \in \mathfrak{F}\} \supseteqq \operatorname{im}_{\subseteqq, X} \{\overline{VB}^{t^\wedge(\tau)} \mid V \in \boldsymbol{V}\} \underset{\tau}{\to} 0$. Zu beliebigem $\alpha > 0$ gilt $\alpha \boldsymbol{E}\overline{\boldsymbol{E}B}^{t^\wedge(\tau)} \subseteqq \overline{\alpha \boldsymbol{E}B}^{t^\wedge(\tau)}$ und $\frac{1}{\alpha}\overline{\alpha \boldsymbol{E}B}^{t^\wedge(\tau)} \subseteqq \overline{\boldsymbol{E}B}^{t^\wedge(\tau)}$ und daher $\alpha \boldsymbol{E}\overline{\boldsymbol{E}B}^{t^\wedge(\tau)} = \overline{\alpha \boldsymbol{E}B}^{t^\wedge(\tau)}$, folglich $\boldsymbol{V}\overline{\boldsymbol{E}B}^{t^\wedge(\tau)} = \operatorname{im}_{\subseteqq, X} \{\overline{VB}^{t^\wedge(\tau)} \mid V \in \boldsymbol{V}\}$ und somit $\operatorname{im}_{\subseteqq, X} \{\overline{F}^{t^\wedge(\tau\delta)} \mid F \in \mathfrak{F}\} \underset{\tau\delta}{\to} 0$.

5.19.8. *Ist $(X_i)_{i\in I}$ eine Familie pseudotopologischer $\boldsymbol{K}$-linearer Gruppen mit einer Menge als Indexbereich, so gilt*

$$(\bigoplus_{i\in I} X_i)^\delta = \bigoplus_{i\in I} X_i^\delta \quad \textit{und} \quad (\prod_{i\in I} X_i)^\delta \leqq \prod_{i\in I} X_i^\delta \,,$$

wobei $\leqq$ die durch (3.2.8) in Ob PLING bezüglich des Vergißfunktors V: PLING $\to$ VEK definierte Ordnung ist. Wenn I endlich ist, trifft bei der zweiten Beziehung das Gleichheitszeichen zu; im allgemeinen gilt es bei dieser Beziehung nicht.

Zum Beweis: Die Behauptung folgt — bis auf den letzten Zusatz — mittels der Ausdehnungen von 5.15.17 und 5.15.18 auf limitierte lineare Gruppen und mittels 5.19.5. Bei der zweiten Beziehung gilt das Gleichheitszeichen nicht, wenn speziell $I = \boldsymbol{N}$ und $X_i = \boldsymbol{K}$ $(i \in \boldsymbol{N})$ ist.

Es gibt ausgeglichene MACKEYsche pseudotopologische Vektorräume, die keine topologischen Vektorräume sind. Ein derartiger Raum ist zum Beispiel $(\boldsymbol{K}^{\boldsymbol{N}})^\delta$.

Wir geben nun einen weiteren Charakterisierungssatz an. Dabei benutzen wir die in der Menge aller Abbildungen von X in $[0, \infty]$ argumentweise, also durch $q \leqq r \Leftrightarrow q(x) \leqq r(x)$ $(x \in X)$ definierte Ordnung. Die Summe zweier derartigen Abbildungen sei ebenfalls argumentweise definiert.

5.19.9 (Charakterisierung von Mackey-Pseudotopologien mittels absoluthomogener Abbildungen $\|\cdot\|$). *Wenn σ eine schwach verträgliche bzw. verträgliche gleichförmige und lokalbeschränkte Pseudotopologie von X ist, existiert eine nichtleere Familie $(\|\cdot\|_i)_{i\in I}$ absoluthomogener Abbildungen von X in $[0, \infty]$ mit den Eigenschaften*

1. *Zu beliebigen $i, j \in I$ gibt es ein $k \in I$ mit $\|\cdot\|_k \leqq \|\cdot\|_i$ und $\|\cdot\|_k \leqq \|\cdot\|_j$.*

und

2. *Zu beliebigen $i, j \in I$ existiert ein $k \in I$ mit $\|\cdot\|_k \leqq \|\cdot\|_i + \|\cdot\|_j$.*

bzw. 1, 2 *und*

3. *Zu jedem $x \in X$ gibt es ein $i \in I$ mit $\|x\|_i \leqq 1$.*

derart, daß die Filter

$$\operatorname{im}_{\subseteq} \{\{x \in X \mid \|x\|_i \leqq \varepsilon\} \mid \varepsilon > 0\} \quad (i \in I) \tag{5.19.1}$$

eine Basis von $\sigma(0)$ bilden. Ist $(\|\cdot\|_i)_{i\in I}$ eine nichtleere Familie absoluthomogener Abbildungen von X in $[0, \infty]$ mit den Eigenschaften 1 *und* 2 *bzw.* 1, 2 *und* 3, *dann gibt es umgekehrt eine schwach verträgliche bzw. verträgliche gleichförmige und lokalbeschränkte Pseudotopologie σ von X, so daß die Filter* (5.19.1) *eine Basis von $\sigma(0)$ bilden. σ ist genau dann separiert, wenn zu beliebigem $i \in I$ die Beziehung $\|x\|_i = 0$ nur für $x = 0$ besteht.*

Beweis. 1. σ sei eine schwach verträgliche bzw. verträgliche gleichförmige und lokalbeschränkte Pseudotopologie von X. Nach 5.19.3 existiert ein Dualfilter $\mathfrak{B}$ in X mit den Eigenschaften 1 und 2 bzw. 1, 2 und 3 aus 5.7.8 derart, daß $\sigma = (\tau^{\mathfrak{B}})^{\#}$ gilt. I sei die Menge aller nichtleeren kreisförmigen Mengen $B \in \mathfrak{B}$. Wegen 5.9.8 ist zu beliebigem $i \in I$ die Distanzfunktion $\|\cdot\|_i$ der Menge i eine absoluthomogene Abbildung. Wegen $\mathfrak{B} \neq \{\emptyset\}$ und Eigenschaft 2 von $\mathfrak{B}$ ist I eine Basis des Dualfilters $\mathfrak{B}$. Damit folgt leicht, daß $(\|\cdot\|_i)_{i\in I}$ die Eigenschaften 1 und 2 bzw. 1, 2 und 3 hat, und unter Beachtung von (5.9.9) und (5.9.10) ferner, daß die Filter (5.19.1) eine Basis von $\sigma(0)$ bilden.

2. Ist $(\|\cdot\|_i)_{i\in I}$ eine nichtleere Familie absoluthomogener Abbildungen von X in $[0, \infty]$ mit den Eigenschaften 1 und 2 bzw. 1, 2 und 3, dann ist die Gesamtheit aller Mengen $\{x \in X \mid \|x\|_i \leqq \varepsilon\}$ $(i \in I, \varepsilon > 0)$ eine Basis eines Dualfilters $\mathfrak{B} \neq \{\emptyset\}$ in X, der die Eigenschaften 1 und 2 bzw. 1, 2 und 3 aus 5.7.8 hat, und es bilden die Filter (5.19.1) eine Basis von $(\tau^{\mathfrak{B}})^{\#}(0)$.

3. Der letzte Teil der Behauptung folgt leicht aus dem letzten Teil von 5.19.3.

Anstelle $\|\cdot\|_i(x)$ haben wir natürlich $\|x\|_i$ gesetzt.

Aus 5.19.3 ergibt sich unter anderem eine Charakterisierung der schwach verträglichen und verträglichen lokalbeschränkten Topologien. Jedem charakterisierenden Dualfilter $\mathfrak{B}$ gehört eine Menge N an derart, daß VN der Nullnachbarschaftsfilter ist. Man zeigt mühelos, daß sogar gilt:

5.19.10 (Lokalbeschränkte Topologien). *Ist τ eine schwach verträgliche bzw. verträgliche lokalbeschränkte Topologie eines Vektorraumes X, so gibt es eine nichtleere kreisförmige bzw. sogar eine ausgeglichene kreisförmige Teilmenge N von X und ein $\varkappa \geqq 1$ mit $N + N \subseteqq \varkappa N$ derart, daß VN der Nullnachbarschaftsfilter bez. τ ist. Wenn N eine nichtleere kreisförmige bzw. eine ausgeglichene kreisförmige Teilmenge von X mit $N + N \subseteqq \varkappa N$ für ein $\varkappa \geqq 1$ ist, so gibt es umgekehrt eine schwach verträgliche bzw. verträgliche lokalbeschränkte Topologie τ von X, so daß VN der Nullnachbarschaftsfilter bez. τ ist. τ ist genau dann separiert, wenn $\bigcap_{\alpha>0} \alpha N = \{0\}$ gilt.*

Aus (5.9.9), (5.9.10), 5.9.8 und 5.19.10 erhält man

5.19.11 (Charakterisierung lokalbeschränkter Topologien mittels absoluthomogener Abbildungen $\|\cdot\|$). *Falls τ eine schwach verträgliche bzw. verträgliche lokalbeschränkte Topologie von X ist, existiert eine absoluthomogene Abbildung $\|\cdot\|$ von X in $[0, \infty]$ bzw. $[0, \infty[$ und ein $\varkappa \geqq 1$ mit*

$$\|x + y\| \leqq \varkappa(\|x\| + \|y\|) \tag{5.19.2}$$

zu beliebigen $x, y \in X$ derart, daß die Mengen

$$\{x \in X \mid \|x\| \leqq \varepsilon\} \quad (\varepsilon > 0) \tag{5.19.3}$$

eine Basis des Nullnachbarschaftsfilters bez. τ bilden. Ist $\|\cdot\|$ eine absoluthomogene Abbildung von X in $[0, \infty]$ bzw. $[0, \infty[$, so daß (5.19.2) für ein $\varkappa \geqq 1$ und beliebiges

$x, y \in X$ gilt, so gibt es umgekehrt eine schwach verträgliche bzw. verträgliche lokalbeschränkte Topologie von X derart, daß die Mengen (5.19.3) *eine Basis des Nullnachbarschaftsfilters bez. τ bilden. τ ist genau dann separiert, wenn $||x|| = 0$ nur für $x = 0$ gilt.*

Die in diesem Satz auftretenden Abbildungen $|| \cdot ||$ heißen Quasipseudo- bzw. Quasihalbnorm. Man nennt also eine Abbildung $|| \cdot ||$ eines Vektorraumes X in $[0, \infty]$ bzw. $[0, \infty[$ eine **Quasipseudonorm** bzw. eine **Quasihalbnorm** von X und ferner X, versehen mit $|| \cdot ||$, einen **quasipseudonormierten** bzw. **quasihalbnormierten Raum**, wenn gilt

1. $|| \cdot ||$ ist absoluthomogen.
2. Es gibt ein $\varkappa \geqq 1$ mit $||x + y|| \leqq \varkappa(||x|| + ||y||)$ für alle $x, y \in X$.

Ist τ eine schwach verträgliche Topologie des Vektorraumes X und $|| \cdot ||$ eine Quasipseudonorm von X derart, daß die Mengen (5.19.3) eine Basis des Nullnachbarschaftsfilters bez. τ bilden, so sagt man, daß τ **durch** $|| \cdot ||$ **erzeugt** ist. Läßt sich die Topologie einer topologischen linearen Gruppe aus einer Quasipseudonorm bzw. einer Quasihalbnorm erzeugen, so heißt sie **quasipseudonormierbar** bzw. **quasihalbnormierbar.**

5.19.11 entnimmt man, daß die lokalbeschränkten topologischen linearen Gruppen gerade die quasipseudonormierbaren topologischen linearen Gruppen und die lokalbeschränkten topologischen Vektorräume gerade die quasihalbnormierbaren topologischen Vektorräume sind.

Eine Quasihalbnorm $|| \cdot ||$ von X heißt bekanntlich eine **Quasinorm** und X, versehen mit $|| \cdot ||$, ein **quasinormierter Raum**, wenn $||x|| = 0$ genau im Falle $x = 0$ gilt. Die separierten lokalbeschränkten topologischen Vektorräume sind gerade die **quasinormierbaren** topologischen Vektorräume, d. h. diejenigen topologischen Vektorräume, deren Topologien aus Quasinormen erzeugt werden können.

Mittels 5.4.8 folgt, daß die lokalbeschränkten topologischen Vektorräume halbmetrisierbar, die separierten lokalbeschränkten topologischen Vektorräume damit metrisierbar sind.

Wir kommen nun zur Charakterisierung der schwach verträglichen und der verträglichen gleichförmigen lokalkonvexen lokalbeschränkten Pseudotopologien. Aus 5.19.3 ergibt sich ohne Mühe

5.19.12 (Gleichförmige lokalkonvexe lokalbeschränkte Pseudotopologien). *Ist τ eine schwach verträgliche bzw. verträgliche gleichförmige lokalkonvexe lokalbeschränkte Pseudotopologie des Vektorraumes X, so gibt es einen Dualfilter $\mathfrak{B} \neq \{\emptyset\}$ mit der Eigenschaft*

1°. *Mit B gehört dessen absolutkonvexe Hülle $B^{\cap}$ zu $\mathfrak{B}$.*

bzw. mit dieser Eigenschaft und der Eigenschaft 3 *aus* 5.7.8, *derart, daß $\{VB \mid B \in \mathfrak{B}\}$ eine Basis von $\tau(0)$ ist. Wenn $\mathfrak{B}$ ein von $\{\emptyset\}$ verschiedener Dualfilter in X*

mit der Eigenschaft 1° *bzw. mit dieser Eigenschaft und der Eigenschaft* 3 *aus* 5.7.8 *ist, existiert umgekehrt eine schwach verträgliche bzw. verträgliche gleichförmige lokalkonvexe lokalbeschränkte Pseudotopologie* τ *von* X *derart, daß* $\{VB \mid B \in \mathfrak{B}\}$ *eine Basis von* $\tau(0)$ *ist.*

Ähnlich wie die ersten beiden Teile von 5.19.9 folgt

5.19.13 (Charakterisierung gleichförmiger lokalkonvexer lokalbeschränkter Pseudotopologien mit Pseudonormen). *Wenn* τ *eine schwach verträgliche bzw. verträgliche gleichförmige lokalkonvexe lokalbeschränkte Pseudotopologie von* X *ist, existiert eine Familie* $(\|\cdot\|_\iota)_{\iota \in I}$ *von Pseudonormen von* X *mit der Eigenschaft* 1 *bzw. den Eigenschaften* 1 *und* 3 *aus* 5.19.9 *derart, daß die Filter* (5.19.1) *eine Basis von* $\tau(0)$ *bilden. Falls* $(\|\cdot\|_\iota)_{\iota \in I}$ *eine Familie von Pseudonormen von* X *mit der Eigenschaft* 1 *bzw. den Eigenschaften* 1 *und* 3 *aus* 5.19.9 *ist, gibt es umgekehrt eine schwach verträgliche bzw. verträgliche gleichförmige lokalkonvexe lokalbeschränkte Pseudotopologie* τ *von* X*, so daß die Filter* (5.19.1) *eine Basis von* $\tau(0)$ *bilden.*

Aus 5.19.10 erhält man

5.19.14 (Lokalkonvexe lokalbeschränkte Topologien). *Ist* τ *eine schwach verträgliche bzw. verträgliche lokalkonvexe lokalbeschränkte Topologie des Vektorraumes* X*, so existiert eine nichtleere absolutkonvexe bzw. sogar eine ausgeglichene absolutkonvexe Teilmenge* N *von* X*, derart daß* VN *der Nullnachbarschaftsfilter bez.* τ *ist. Wenn* N *eine nichtleere absolutkonvexe bzw. eine ausgeglichene absolutkonvexe Teilmenge von* X *ist, gibt es umgekehrt eine schwach verträgliche bzw. verträgliche lokalkonvexe lokalbeschränkte Topologie* τ *von* X*, so daß* VN *der Nullnachbarschaftsfilter bez.* τ *ist.*

Damit gilt natürlich auch

5.19.15 (Charakterisierung lokalkonvexer lokalbeschränkter Topologien mittels Pseudonormen). *Falls* τ *eine schwach verträgliche bzw. verträgliche lokalkonvexe lokalbeschränkte Topologie des Vektorraumes* X *ist, existiert eine Pseudonorm bzw. eine Halbnorm* $\|\cdot\|$ *von* X *derart, daß die Mengen* (5.19.3) *eine Basis des Nullnachbarschaftsfilters bez.* τ *bilden. Ist* $\|\cdot\|$ *eine Pseudonorm bzw. eine Halbnorm von* X*, so gibt es umgekehrt eine schwach verträgliche bzw. verträgliche lokalkonvexe lokalbeschränkte Topologie von* X *derart, daß die Mengen* (5.19.3) *eine Basis des Nullnachbarschaftsfilters bez.* τ *bilden.*

Läßt sich die Topologie einer topologischen linearen Gruppe aus einer Pseudonorm bzw. Halbnorm erzeugen, so heißt sie **pseudonormierbar** bzw. **halbnormierbar.** 5.19.15 besagt, daß die lokalkonvexen lokalbeschränkten topologischen linearen Gruppen gerade die pseudonormierbaren topologischen linearen Gruppen und die lokalkonvexen lokalbeschränkten topologischen Vektorräume gerade die halbnormierbaren topologischen linearen Gruppen sind. Die separierten lokalkonvexen lokalbeschränkten topologischen Vektorräume sind natürlich gerade die **normierbaren** topologischen linearen Gruppen, d. h. diejenigen topologischen linearen Gruppen, deren Topologien aus Normen erzeugt werden können.

Wir geben im folgenden einige der eingeführten Begriffe und ihre Zusammenhänge in einem Diagramm an.

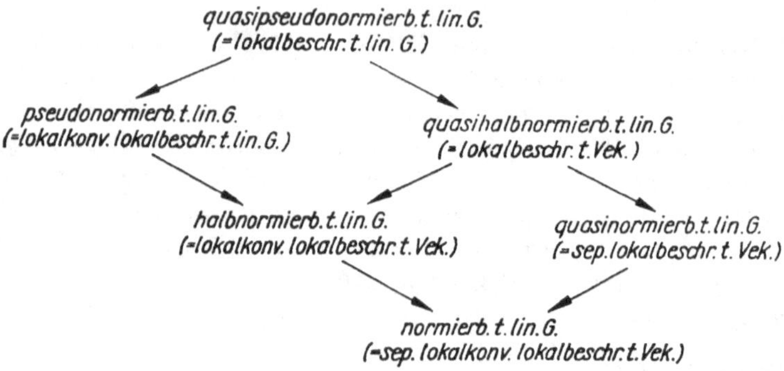

Es erhebt sich nun die Frage nach Beispielen von lokalbeschränkten verallgemeinerten limitierten Radialräumen, insbesondere nach Beispielen von separierten gleichförmigen lokalkonvexen lokalbeschränkten pseudotopologischen Vektorräumen, die keine topologischen Vektorräume sind. Aus dem Folgenden ergibt sich, daß zu den letzteren Räumen jeder unendlichdimensionale Vektorraum, versehen mit der feinsten verträglichen Pseudotopologie, gehört. Wir haben bereits in 5.10.4 Eigenschaften der feinsten verträglichen Pseudotopologie eines Vektorraumes angeführt. In Ergänzung zu diesem Satz zeigen wir

5.19.16 (Feinste Vektorraumpseudotopologie). *X sei ein $\boldsymbol{K}$-Vektorraum einer beliebigen Dimension. Die feinste verträgliche Pseudotopologie τ von X ist eine vollständige lokalbeschränkte und lokalkompakte* MARINESCU-*Pseudotopologie.*

Beweis. $\tau(0)$ hat die Menge aller Filter $\boldsymbol{V}x_1 + \cdots + \boldsymbol{V}x_n$ $(x_1, \ldots, x_n \in X)$ als Basis. Jedem Filter $\boldsymbol{V}x_1 + \cdots + \boldsymbol{V}x_n$ gehört die Menge $\boldsymbol{E}x_1 + \cdots + \boldsymbol{E}x_n$ an; wegen 5.3.9 und (5.4.1) gilt $\boldsymbol{V}x_1 + \cdots + \boldsymbol{V}x_n \subseteqq \boldsymbol{V}(\boldsymbol{E}x_1 + \cdots + \boldsymbol{E}x_n)$ und damit, daß $\boldsymbol{E}x_1 + \cdots + \boldsymbol{E}x_n$ beschränkt ist. τ ist daher lokalbeschränkt.

Ist X nulldimensional, so ist τ trivialerweise eine lokalkompakte MARINESCU-Pseudotopologie. Im weiteren sei $\dim X > 0$. $\{e_i \mid i \in I\}$ sei eine Basis von X mit $e_i \neq e_j$ bei $i \neq j$. $\mathfrak{J}$ sei die Gesamtheit aller nichtleeren endlichen Teilmengen von I und zu beliebigem $J \in \mathfrak{J}$ ferner X_J der von $\{e_j \mid j \in J\}$ aufgespannte Teilraum von X, versehen mit der natürlichen Topologie. Die endlichdimensionalen topologischen Vektorräume X_J sind lokalkonvex. $\mathfrak{J}$ denken wir uns mit der mengentheoretischen Ordnung versehen und bilden den MARINESCU-Raum $\bigcup_{J \in \mathfrak{J}} X_J$. Er hat natürlich X als Trägermenge und die feinste verträgliche Pseudotopologie von X als Limitierung (vergleiche das Beispiel aus Teil 3 des Beweises von 5.16.8). Da die Topologien der X_J lokalkompakt sind, ist τ wegen 3.16.26 auch lokalkompakt, wegen 5.6.21 also auch vollständig.

Während separierte lokalkompakte topologische Vektorräume bekanntlich stets endlichdimensional sind, existieren nach 5.10.4 und 5.19.16 unendlichdimensionale separierte lokalkompakte pseudotopologische Vektorräume. Es gibt auch unendlichdimensionale separierte lokalkompakte topologische lineare Gruppen. Dazu zählen zum Beispiel beliebige unendlichdimensionale Vektorräume, versehen mit der diskreten Topologie.

5.20. Vervollständigung pseudotopologischer Vektorräume

Im vorliegenden Abschnitt führen wir die Konstruktion der Vervollständigung pseudotopologischer Vektorräume von S. Gähler, W. Gähler und G. Kneis [1] an. Unter einer **Vervollständigung** eines pseudotopologischen Vektorraumes X verstehen wir eine Reflexion für X bez. $\widetilde{\mathrm{PVEK}}$, wobei $\widetilde{\mathrm{PVEK}}$ die volle Unterkategorie von PVEK ist, die als Objekte alle separierten vollständigen pseudotopologischen Vektorräume hat. Eine Vervollständigung von X ist also eine stetige lineare Abbildung j von X in einen separierten vollständigen pseudotopologischen Vektorraum $\tilde{X}$ derart, daß es zu jeder stetigen linearen Abbildung f von X in einen separierten vollständigen pseudotopologischen Vektorraum Y genau eine stetige lineare Abbildung $g\colon \tilde{X} \to Y$ gibt, so daß das folgende Diagramm kommutativ ist:

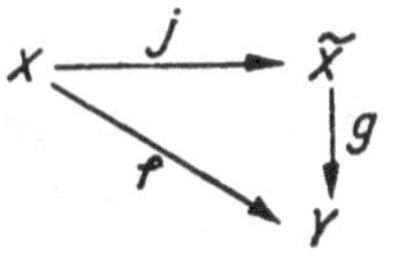

Die Konstruktion der Vervollständigung geschieht in drei Schritten. Im ersten Schritt ordnen wir jedem pseudotopologischen Vektorraum einen gesättigten pseudotopologischen Vektorraum zu. Wir erinnern daran, daß ein pseudouniformer Raum X und ebenfalls seine pseudouniforme Struktur $\mathfrak{u}$ gesättigt heißt, wenn der Filter $[\varrho]$ mit $\varrho = \{(x, y) \in X \times X \mid [x] \times [y] \in \mathfrak{u}\}$ zu $\mathfrak{u}$ gehört. Bei pseudotopologischen Vektorräumen meinen wir die Sättigung natürlich bezüglich der kanonischen pseudouniformen Struktur. Ein pseudotopologischer Vektorraum X ist daher genau dann gesättigt, wenn $[N] \in \tau(0)$ für die Pseudotopologie τ von X und $N = \{x \in X \mid [x] \in \tau(0)\}$ gilt. Wir nennen dann auch τ **gesättigt.** Es ist stets $N = \overline{\{0\}}$. Wegen 5.11.12 bildet N einen Teilraum des X unterliegenden Vektorraumes. Ist X gesättigt, so ist N abgeschlossen.

Pseudotopologische Vektorräume sind nicht immer gesättigt, wie wir an Hand des folgenden Beispiels zeigen. Es sei l^2 der Hilbertsche Folgenraum und M die Gesamtheit aller Punkte von l^2 mit höchstens endlich vielen von 0 verschiedenen Komponenten. $\mathfrak{U}$ sei der Nullnachbarschaftsfilter von l^2. $\tau(0)$ sei das $\wedge$-Ideal von Filtern in l^2, das die Menge aller Filter $\mathfrak{U} + F$, die mit beliebigen endlichen Teilmengen F von M gebildet sind, als Basis hat. Durch $\tau(x) = x + \tau(0)$ wird offenbar eine verträgliche Pseudotopologie τ auf dem l^2 unterliegenden Vektorraum definiert. Diesen Raum, versehen mit τ, bezeichnen wir mit X. Da für jede endliche Teilmenge F von M aus $\mathfrak{U} + F \subseteqq [x]$ stets $x \in M$ folgt, ergibt sich mühelos $M = \overline{\{0\}}$. Zu beliebigem $n \in N^+$ sei $x_n = \left(1, \frac{1}{2}, \ldots, \frac{1}{n}, 0, \ldots\right)$. Der aus $x_1, x_2, \ldots$ erzeugte Elementarfilter konvergiert gegen $x = \left(1, \frac{1}{2}, \frac{1}{3}, \ldots\right)$, weshalb M nicht abgeschlossen und X somit nicht gesättigt ist.

X sei nun ein beliebiger pseudotopologischer Vektorraum und τ seine Pseudotopologie. Wir bilden im folgenden die zu τ nächstgröbere gesättigte Vektorraumpseudotopologie. Dazu bezeichne M den kleinsten abgeschlossenen linearen Teilraum von X. M enthält offenbar $N = \overline{\{0\}}$, und mittels 5.11.12′ ergibt sich $M = \overline{N}^{t(\tau)} = \overline{\{0\}}^{t(\tau)}$. Für beliebige Filter $\mathfrak{F}$ und $\mathfrak{G}$ in X gilt wegen (5.1.11)

$$(\mathfrak{F} \cap \mathfrak{G}) + M \subseteqq (\mathfrak{F} + M) \cap (\mathfrak{G} + M)\,,$$

weshalb die Menge aller Filter $\mathfrak{F} + M$ $(\mathfrak{F} \in \tau(0))$ die Basis eines $\wedge$-Ideals $\tau^{\mathrm{sat}}(0)$ von Filtern in X ist. Durch $\tau^{\mathrm{sat}}(x) = x + \tau^{\mathrm{sat}}(0)$ wird eine Pseudotopologie τ^{sat} definiert. Da M ein Teilvektorraum von X ist, ergibt sich mühelos, daß τ^{sat} mit der linearen Struktur von X verträglich ist. Den X unterliegenden Vektorraum, versehen mit τ^{sat}, bezeichnen wir mit X^{sat}.

5.20.1 (Nächstgröbere gesättigte Vektorraumpseudotopologie). *X sei ein pseudotopologischer Vektorraum und τ seine Pseudotopologie. τ^{sat} ist die feinste gesättigte Vektorraumpseudotopologie des X unterliegenden Vektorraumes, die gröber als τ ist.*

Beweis. Zu jedem Punkt x von $N^{\mathrm{sat}} = \overline{\{0\}}^{\tau^{\mathrm{sat}}}$ gibt es ein $\mathfrak{F} \in \tau(0)$ mit $\mathfrak{F} + M \subseteqq [x]$, und hieraus folgt $x \in \overline{M} = M$. Daher gilt $[M] \subseteqq [N^{\mathrm{sat}}]$ und folglich $[N^{\mathrm{sat}}] \in \tau^{\mathrm{sat}}(0)$. τ^{sat} ist also gesättigt. Offenbar gilt $\tau \leqq \tau^{\mathrm{sat}}$. Ist σ eine weitere gesättigte Vektorraumpseudotopologie des X unterliegenden Vektorraumes mit $\tau \leqq \sigma$, so ist $\overline{\{0\}}^{\sigma}$ bez. σ und damit erst recht bez. τ abgeschlossen. Damit ergibt sich $M \subseteqq \overline{\{0\}}^{\sigma}$ und somit $[M] \in \sigma(0)$ und hieraus $\tau^{\mathrm{sat}} \leqq \sigma$.

5.20.2 (Stetigkeit bez. gesättigter Pseudotopologien). *f sei eine stetige lineare Abbildung eines pseudotopologischen Vektorraumes X in einen gesättigten pseudotopologischen Vektorraum Y. Dann ist f auch als Abbildung von X^{sat} in Y stetig.*

Beweis. τ und σ seien die Pseudotopologien von X und Y. f ist nach dem Korollar zu 3.6.7 bez. $t(\tau)$ und $t(\sigma)$ stetig, weshalb $f[\overline{\{0\}}^{t(\tau)}] \subseteqq \overline{\{0\}}^{t(\sigma)}$ gilt. Da Y

gesättigt ist, gilt $[\overline{\{0\}}^{t(\sigma)}] \in \sigma(0)$ und damit $[f[\overline{\{0\}}^{t(\tau)}]] \in \sigma(0)$, woraus sich die Stetigkeit von f bez. τ^{sat} und σ ergibt.

Korollar. *Ist f eine stetige lineare Abbildung eines pseudotopologischen Vektorraumes X in einen pseudotopologischen Vektorraum Y, so ist f auch als Abbildung von X^{sat} in Y^{sat} stetig.*

PVEK^{sat} sei die volle Unterkategorie von PVEK, die als Objekte alle gesättigten pseudotopologischen Vektorräume hat. Auf Grund des Korollars zu 5.20.2 können wir einen Funktor sat von PVEK in PVEK^{sat} bilden, indem wir vereinbaren, daß sat jedem Objekt X von PVEK gerade X^{sat} und jedem Morphismus $f\colon X \to Y$ von PVEK gerade $f\colon X^{\text{sat}} \to Y^{\text{sat}}$ zuordnet.

Wir kommen nun zum zweiten Schritt unserer Konstruktion, bei dem wir jedem pseudotopologischen Vektorraum einen gewissen pseudotopologischen Vektorraum mit der Cq-Eigenschaft zuordnen. Wir sagen übrigens, daß ein pseudotopologischer Vektorraum X und ebenfalls seine Limitierung die **Cq-Eigenschaft** besitzt, wenn jeder Cauchy-Filter in X quasibeschränkt ist. Da alle konvergenten Filter in einem pseudotopologischen Vektorraum quasibeschränkt sind, hat trivialerweise jeder vollständige pseudotopologische Vektorraum die Cq-Eigenschaft. Aus 5.18.7 und 5.19.2 folgt, daß jeder ausgeglichene pseudotopologische Vektorraum und ebenfalls jeder lokalbeschränkte pseudotopologische Vektorraum die Cq-Eigenschaft besitzt.

Es gibt pseudotopologische Vektorräume, die nicht die Cq-Eigenschaft haben, wie wir an Hand des folgenden Beispiels zeigen. Y sei ein unendlichdimensionaler $\boldsymbol{K}$-Vektorraum mit $\boldsymbol{K} = \boldsymbol{R}$ oder $\boldsymbol{C}$ und σ die feinste Vektorraumpseudotopologie von Y. Wir bilden die direkte Summe $X = \bigoplus_{n \in \boldsymbol{N}^+} Y$. $\tau(0)$ sei die Menge aller Filter $\mathfrak{F}$ in X, zu denen jeweils ein Filter $\mathfrak{G}_{\mathfrak{F}} \in \sigma(0)$ existiert derart, daß es zu beliebigen $G \in \mathfrak{G}_{\mathfrak{F}}$ und $n \in \boldsymbol{N}^+$ ein $F \in \mathfrak{F}$ mit $\{x_m \mid (x_1, x_2, \ldots) \in F,\ m \leqq n\} \subseteqq G$ gibt. $\tau(0)$ ist ein $\wedge$-Ideal von Filtern in X. Für $x = (x_1, \ldots, x_n, 0, \ldots) \in X$ erhält man $\boldsymbol{V}x \in \tau(0)$ mittels $\mathfrak{G}_{\boldsymbol{V}x} = \boldsymbol{V}x_1 \cap \cdots \cap \boldsymbol{V}x_n$. Unter Beachtung von 5.4.2 folgt damit mühelos, daß die Abbildung $\tau\colon x \mapsto \tau(x)$ $(x \in X)$ eine Vektorraumpseudotopologie von X ist. Im weiteren sei X mit τ versehen. $y_1, y_2, \ldots$ sei eine Folge linear unabhängiger Punkte von Y. Wir bilden die Punkte $x_i = (y_1, \ldots, y_i, 0, \ldots)$ $(i \in \boldsymbol{N}^+)$ von X. $\mathfrak{F}_0$ sei der von $x_1, x_2, \ldots$ erzeugte Elementarfilter in X. Da bei $x_i - x_j$ alle n-ten Glieder mit $n \leqq i, j$ der Nullvektor sind, folgt mittels $\mathfrak{G}_{\mathfrak{F}_0 - \mathfrak{F}_0} = [0]$, daß $\mathfrak{F}_0 - \mathfrak{F}_0 \in \tau(0)$ ist. $\mathfrak{F}_0$ ist daher ein Cauchy-Filter in X. Wir nehmen an, daß $\mathfrak{F}_0$ quasibeschränkt ist. Dann existiert ein $\mathfrak{G} \in \tau(0)$ derart, daß es zu beliebigen $G \in \mathfrak{G}$ und $n \in \boldsymbol{N}^+$ ein $V_{Gn} \in \boldsymbol{V}$ und $j_{Gn} \in \boldsymbol{N}^+$ mit $\{\alpha y_m \mid \alpha \in V_{Gn},\ i \geqq j_{Gn},\ m \leqq n, i\} \subseteqq G$ gibt. Es folgt $\bigcup_{n \in \boldsymbol{N}^+} V_{Gn} y_n \subseteqq G$ und damit $\mathfrak{G} \subseteqq \bigcap_{n \in \boldsymbol{N}^+} \boldsymbol{V} y_n$, also $\bigcap_{n \in \boldsymbol{N}^+} \boldsymbol{V} y_n \in \tau(0)$, was aber unmöglich ist. $\mathfrak{F}_0$ ist daher nicht quasibeschränkt, so daß X nicht die Cq-Eigenschaft hat.

X sei für das Folgende ein pseudotopologischer Vektorraum und τ die Pseudotopologie von X. Wir bilden die zu τ nächstgröbere Vektorraumpseudotopologie mit der Cq-Eigenschaft. Dazu führen wir vorerst eine gewisse Pseudotopologie τ_1 ein.

Für beliebige Filter $\mathfrak{F}$ und $\mathfrak{F}'$ in X und eigentliche Filter $\mathfrak{G}_1, \dots, \mathfrak{G}_n, \mathfrak{G}_{n+1}, \dots, \mathfrak{G}_m$ in X gilt wegen $\boldsymbol{V}\mathfrak{G}_i \subseteqq [0]$ $(i = 1, \dots, m)$

$$(\mathfrak{F} \cap \mathfrak{F}') + \boldsymbol{V}\mathfrak{G}_1 + \dots + \boldsymbol{V}\mathfrak{G}_m$$
$$\subseteqq (\mathfrak{F} + \boldsymbol{V}\mathfrak{G}_1 + \dots + \boldsymbol{V}\mathfrak{G}_n) \cap (\mathfrak{F}' + \boldsymbol{V}\mathfrak{G}_{n+1} + \dots + \boldsymbol{V}\mathfrak{G}_m).$$

Daher ist die Menge aller Filter $\mathfrak{F} + \boldsymbol{V}\mathfrak{G}_1 + \dots + \boldsymbol{V}\mathfrak{G}_n$ $(\mathfrak{F}, \mathfrak{G}_1 - \mathfrak{G}_1, \dots, \mathfrak{G}_n - \mathfrak{G}_n \in \tau(0))$ die Basis eines $\wedge$-Ideals $\tau_1(0)$ von Filtern in X. Offenbar gilt $\tau_1(0) + \tau_1(0) \subseteqq \tau_1(0)$ und wegen

$$\alpha(\mathfrak{F} + \boldsymbol{V}\mathfrak{G}_1 + \dots + \boldsymbol{V}\mathfrak{G}_n) = \alpha\mathfrak{F} + \boldsymbol{V}\mathfrak{G}_1 + \dots + \boldsymbol{V}\mathfrak{G}_n \qquad (\alpha \in \boldsymbol{K} \setminus \{0\})$$

auch $\alpha\tau_1(0) \subseteqq \tau_1(0)$ $(\alpha \in \boldsymbol{K})$. Unter Beachtung von $\boldsymbol{V}\boldsymbol{V} = \boldsymbol{V}$ und 5.3.9 folgt

$$\boldsymbol{V}\mathfrak{F} + \boldsymbol{V}\mathfrak{G}_1 + \dots + \boldsymbol{V}\mathfrak{G}_n \subseteqq \boldsymbol{V}(\mathfrak{F} + \boldsymbol{V}\mathfrak{G}_1 + \dots + \boldsymbol{V}\mathfrak{G}_n)$$

für beliebige Filter $\mathfrak{F}, \mathfrak{G}_1, \dots, \mathfrak{G}_n$ in X, somit $\boldsymbol{V}\tau_1(0) \subseteqq \tau_1(0)$. Durch $\tau_1(x) = x + \tau_1(0)$ $(x \in X)$ wird daher eine Vektorraumpseudotopologie τ_1 definiert. Entsprechend bilden wir von τ_1 ausgehend eine Vektorraumpseudotopologie $\tau_2 = (\tau_1)_1$, damit eine Vektorraumpseudotopologie τ_3 usw. Den X unterliegenden Vektorraum, versehen mit τ_n, bezeichnen wir mit X_n; ferner setzen wir $X_0 = X$ und $\tau_0 = \tau$. Zu beliebigem $n, m \in \boldsymbol{N}$ mit $n \leqq m$ ist die identische Abbildung von X_n in X_m stetig und linear, so daß die Räume X_n $(n \in \boldsymbol{N})$ ein induktives Einbettungsspektrum in der Kategorie PVEK aller pseudotopologischen Vektorräume bilden. Dieses hat den pseudotopologischen Vektorraum X^{Cq}, der aus dem X unterliegenden Vektorraum und der Pseudotopologie $\tau^{\mathrm{Cq}} = \bigvee_{n \in \boldsymbol{N}} \tau_n$ besteht, als induktiven Limes.

5.20.3 (Nächstgröbere Vektorraumpseudotopologie mit der Cq-Eigenschaft). *X sei ein pseudotopologischer Vektorraum und τ seine Pseudotopologie. τ^{Cq} ist die feinste Vektorraumpseudotopologie des X unterliegenden Vektorraumes, die gröber als τ ist und die* Cq-*Eigenschaft hat.*

Beweis. $\mathfrak{F}$ sei ein Cauchy-Filter bez. τ^{Cq}. $\mathfrak{F} - \mathfrak{F}$ ist dann ein Nullfilter in X^{Cq}, und es existiert folglich ein $n \in \boldsymbol{N}$ derart, daß $\mathfrak{F} - \mathfrak{F}$ sogar ein Nullfilter in X_n ist. Nach Definition von X_{n+1} ist $\boldsymbol{V}\mathfrak{F}$ ein Nullfilter in X_{n+1} und damit auch in X^{Cq}. $\mathfrak{F}$ ist deshalb bez. τ^{Cq} quasibeschränkt, d. h. τ^{Cq} besitzt die Cq-Eigenschaft. Offenbar gilt $\tau \leqq \tau^{\mathrm{Cq}}$. Nach Konstruktion ist τ^{Cq} die feinste Vektorraumpseudotopologie, die gröber als τ ist und die Cq-Eigenschaft hat.

5.20.4 (Stetigkeit bez. Pseudotopologien mit der Cq-Eigenschaft). *f sei eine stetige lineare Abbildung eines pseudotopologischen Vektorraumes X in einen pseudotopologischen Vektorraum Y, der die* Cq-*Eigenschaft hat. Dann ist f auch als Abbildung von X^{Cq} in Y stetig.*

Beweis. $\mathfrak{F}$ sei ein Nullfilter in X_1. Es gibt einen Nullfilter $\mathfrak{G}$ in X und CAUCHY-Filter $\mathfrak{G}_1, \dots, \mathfrak{G}_n$ in X mit $\mathfrak{G} + V\mathfrak{G}_1 + \dots + V\mathfrak{G}_n \subseteq \mathfrak{F}$ und wegen (5.1.13) daher mit $f(\mathfrak{G}) + Vf(\mathfrak{G}_1) + \dots + Vf(\mathfrak{G}_n) \subseteq f(\mathfrak{F})$. Auf Grund der Voraussetzung an f ist $f(\mathfrak{G})$ ein Nullfilter in Y und sind $f(\mathfrak{G}_1), \dots, f(\mathfrak{G}_n)$ CAUCHY-Filter in Y, so daß sich unter Beachtung von $Y = Y^{Cq}$ der Filter $f(\mathfrak{F})$ als Nullfilter in Y ergibt. f ist somit als Abbildung von X_1 in Y in 0 und damit in jedem Punkt von X_1 stetig. Durch entsprechende Wiederholung dieses Schlusses folgt, daß f zu beliebigem $n \in N$ als Abbildung von X_n in Y stetig ist. Wegen 3.12.1 ist f dann auch als Abbildung von X^{Cq} in Y stetig.

Korollar. *Ist f eine stetige lineare Abbildung eines pseudotopologischen Vektorraumes X in einen pseudotopologischen Vektorraum Y, so ist f auch als Abbildung von X^{Cq} in Y^{Cq} stetig.*

PVEK^{Cq} sei die volle Unterkategorie von PVEK, die als Objekte alle pseudotopologischen Vektorräume mit der Cq-Eigenschaft hat. Auf Grund des Korollars zu 5.20.4 können wir einen Funktor **Cq** von PVEK in PVEK^{Cq} bilden, indem wir vereinbaren, daß **Cq** jedem Objekt X von PVEK gerade X^{Cq} und jedem Morphismus $f: X \to Y$ von PVEK gerade $f: X^{Cq} \to Y^{Cq}$ zuordnet.

Wir zeigen im weiteren, daß mit X auch X^{Cq} gesättigt ist. Dabei benutzen wir

5.20.5. *X sei ein pseudotopologischer Vektorraum. $\mathfrak{F}, \mathfrak{G}_1, \dots, \mathfrak{G}_n$ seien* CAUCHY-*Filter in X, und x sei ein Punkt von X mit*

$$\mathfrak{F} + V\mathfrak{G}_1 + \dots + V\mathfrak{G}_n \subseteq [x] . \tag{5.20.1}$$

Dann konvergiert $\mathfrak{F}$ gegen x.

Beweis. Wir zeigen, daß die im Satz angegebene Eigenschaft für jedes $n \in N$ richtig ist, wobei wir im Fall $n = 0$ für (5.20.1) natürlich $\mathfrak{F} \subseteq [x]$ zu nehmen haben. Der Beweis geschieht induktiv. Für $n = 0$ ist x wegen (5.20.1) ein Adhärenzpunkt von $\mathfrak{F}$ und konvergiert daher $\mathfrak{F}$ gegen x. Wir nehmen nun an, daß die Aussage für irgendein n richtig ist. $\mathfrak{F}, \mathfrak{G}_1, \dots, \mathfrak{G}_{n+1}$ seien CAUCHY-Filter in X, und x sei ein Punkt von X mit $\mathfrak{F} + V\mathfrak{G}_1 + \dots + V\mathfrak{G}_{n+1} \subseteq [x]$. Wir beweisen den Satz, indem wir zeigen, daß für den CAUCHY-Filter $\mathfrak{F}' = \mathfrak{F} + V(\mathfrak{F} - \mathfrak{F}) + \sum_{i=1}^{n+1} V(\mathfrak{G}_i - \mathfrak{G}_i)$ die Beziehung

$$\mathfrak{F}' + V\mathfrak{G}_1 + \dots + V\mathfrak{G}_n \subseteq [x] \tag{5.20.2}$$

gilt, woraus nach Induktionsvoraussetzung $\mathfrak{F}' \in \tau(x)$ und damit $\mathfrak{F} \in \tau(x)$ folgt. Gegeben seien $F \in \mathfrak{F}$, $G_i \in \mathfrak{G}_i$ $(i = 1, \dots, n + 1)$ und $\varepsilon \in]0, 1[$. Die Beziehung (5.20.2) beweisen wir, indem wir zeigen, daß

$$x \in F + \varepsilon E(F - F) + \sum_{i=1}^{n+1} \varepsilon E(G_i - G_i) + \sum_{i=1}^{n} \varepsilon E G_i \tag{5.20.3}$$

ist. Falls $\nu_i \in \varepsilon E$ $(i = 1, \dots, n)$ mit $x \in F + \sum_{i=1}^{n} \nu_i G_i$ existieren (im Falle $n = 0$ $x \in F$ ist), ist (5.20.3) richtig. Im weiteren nehmen wir an, daß aus $x \in F + \sum_{i=1}^{n+1} \nu_i G_i$,

$\nu_i \in \varepsilon\boldsymbol{E}$ $(i = 1, \ldots, n + 1)$, stets $\nu_{n+1} \neq 0$ folgt. Wir wählen zwei Darstellungen $f + \sum_{i=1}^{n+1} \nu_i g_i$ und $f' + \sum_{i=1}^{n+1} \nu_i' g_i'$ von x mit $f, f' \in F$, $\nu_i, \nu_i' \in \frac{\varepsilon}{3}\boldsymbol{E}$ und $g_i, g_i' \in G_i$ $(i = 1, \ldots, n + 1)$, die wir so einrichten, daß

$$\left|\frac{\nu_{n+1}'}{\nu_{n+1}}\right| < \frac{\varepsilon}{1 + \varepsilon}$$

ist. Mit $\alpha = \dfrac{1}{1 - \dfrac{\nu_{n+1}}{\nu_{n+1}'}}$, $\beta_i = \nu_i'(\alpha - 1)$ $(i = 1, \ldots, n)$, $\beta_{n+1} = \nu_{n+1}\alpha$ und $\gamma_i = (\nu_i - \nu_i')\,\alpha + \nu_i'$ $(i = 1, \ldots, n)$ gilt die Beziehung

$$\begin{aligned} x &= \alpha\left(f + \sum_{i=1}^{n+1} \nu_i g_i\right) + (1 - \alpha)\left(f' + \sum_{i=1}^{n+1} \nu_i' g_i'\right) \\ &= f' + \alpha(f - f') + \sum_{i=1}^{n+1} \beta_i(g_i - g_i') + \sum_{i=1}^{n} \gamma_i g_i\,. \end{aligned}$$

Es folgt $|\alpha| \leqq \dfrac{1}{\left|\dfrac{\nu_{n+1}}{\nu_{n+1}'}\right| - 1} < \varepsilon$. Man zeigt leicht, daß auch $|\beta_i|$ $(i = 1, \ldots, n + 1)$ und $|\gamma_i|$ $(i = 1, \ldots, n)$ kleiner als ε sind. (5.20.3) gilt daher ebenfalls im vorliegenden Fall.

Aus diesem Satz ergibt sich nun

5.20.6 (Sättigung von X^{Cq}). *X sei ein gesättigter pseudotopologischer Vektorraum. Dann ist auch X^{Cq} gesättigt.*

Beweis. τ sei die Pseudotopologie. Zu jedem $i \in \boldsymbol{N}$ sei $N_i = \overline{\{0\}}^{\tau_i}$ gesetzt. x sei für ein $n \in \boldsymbol{N}$ ein Punkt von N_{n+1}. Es gibt einen Nullfilter $\mathfrak{F}$ und CAUCHY-Filter $\mathfrak{G}_i$ $(i = 1, \ldots, k)$ in X_n mit $\mathfrak{F} + \boldsymbol{V}\mathfrak{G}_1 + \cdots + \boldsymbol{V}\mathfrak{G}_k \subseteqq [x]$. Wegen 5.20.5 ist $\mathfrak{F} \in \tau_n(x)$, und hieraus folgt $[x] \in \tau_n(0)$ wegen $\mathfrak{F} \in \tau_n(0)$ und damit $x \in N_n$. Also ist $N_{n+1} \subseteqq N_n$. Nun gilt aber auch $N_n \subseteqq N_{n+1}$, und es folgt, daß alle N_i $(i \in \boldsymbol{N})$ übereinstimmen. $N^{Cq} = \overline{\{0\}}^{\tau Cq}$ besteht aus allen Punkten, die in irgendeinem — und damit in allen — N_i liegen, so daß alle N_i mit N^{Cq} übereinstimmen. Da X gesättigt ist, konvergiert $[N_0] = [N^{Cq}]$ in X_0 und damit in X^{Cq} gegen 0. Also ist X^{Cq} gesättigt.

Ist X separiert, so läßt sich mittels 5.20.5 mühelos die Separiertheit der X_i $(i = 1, 2, \ldots)$ nachweisen, woraus mittels 3.15.11 folgt, daß dann auch X^{Cq} separiert ist.

Wir kommen nun zum dritten Schritt unserer Konstruktion. Bei diesem bilden wir die Vervollständigung in einem Spezialfall, und zwar für einen beliebigen gesättigten pseudotopologischen Vektorraum mit der Cq-Eigenschaft. Die Vervollständigung im allgemeinen Fall ergibt sich damit mühelos.

X sei ein gesättigter pseudotopologischer $\boldsymbol{K}$-Vektorraum mit der Cq-Eigenschaft, und τ sei die Pseudotopologie von X. In der Menge Γ_0 aller eigentlichen Cauchy-Filter in X führen wir durch (4.1.9) eine Äquivalenzrelation $\sim$ ein; wir setzen also für beliebige Filter $\mathfrak{F}, \mathfrak{G} \in \Gamma_0$ genau dann $\mathfrak{F} \sim \mathfrak{G}$, wenn $\mathfrak{F}$ und $\mathfrak{G}$ ähnlich sind, d. h. $\mathfrak{F} \cap \mathfrak{G}$ ein Cauchy-Filter ist. Da für beliebige Filter $\mathfrak{F}$ und $\mathfrak{G}$ in einem Vektorraum wegen 5.1.10

$$(\mathfrak{F} \cap \mathfrak{G}) - (\mathfrak{F} \cap \mathfrak{G}) = (\mathfrak{F} - \mathfrak{F}) \cap (\mathfrak{F} - \mathfrak{G}) \cap (\mathfrak{G} - \mathfrak{F}) \cap (\mathfrak{G} - \mathfrak{G})$$

gilt, folgt, daß Cauchy-Filter $\mathfrak{F}$ und $\mathfrak{G}$ genau dann ähnlich sind, wenn $\mathfrak{F} - \mathfrak{G}$ ein Nullfilter ist. Die Gesamtheit aller Äquivalenzklassen bez. $\sim$ bezeichnen wir mit $\tilde{X}$ und für jeden Cauchy-Filter $\mathfrak{F} \in \Gamma_0$ das Element von $\tilde{X}$, dem $\mathfrak{F}$ angehört, auch mit $\varkappa(\mathfrak{F})$. Wir führen in $\tilde{X}$ eine lineare Struktur ein, indem wir für beliebiges $\alpha, \beta \in \boldsymbol{K}$ und $y, z \in \tilde{X}$

$$\alpha y + \beta z = \varkappa(\alpha\mathfrak{F} + \beta\mathfrak{G})$$

setzen, wobei $\mathfrak{F}$ und $\mathfrak{G}$ beliebige Filter aus den Äquivalenzklassen y bzw. z sind. Diese Definition ist natürlich von der speziellen Wahl von $\mathfrak{F}$ und $\mathfrak{G}$ unabhängig. $\tilde{X}$ sei im folgenden stets mit dieser linearen Struktur versehen. Durch $\iota(x) = \varkappa([x])$ wird eine Abbildung $\iota: X \to \tilde{X}$ erklärt, die linear ist. $\tilde{\tau}(0)$ sei das $\wedge$-Ideal von Filtern in $\tilde{X}$, das die Gesamtheit aller Filter $\iota(\mathfrak{F}) - \varkappa(\mathfrak{F}) + \sum_{j=1}^{n} V\varkappa(\mathfrak{G}_j)$ $(n \in \boldsymbol{N}^+; \mathfrak{F}, \mathfrak{G}_1, \dots, \mathfrak{G}_n \in \Gamma_0)$ als Subbasis hat. Da für jedes $\mathfrak{F} \in \Gamma_0$ und jeden Filter $\tilde{\mathfrak{G}}$ in $\tilde{X}$ wegen $V\varkappa(\mathfrak{F}) \subseteqq [0]$ die Beziehung $\tilde{\mathfrak{G}} + V\varkappa(\mathfrak{F}) \subseteqq \tilde{\mathfrak{G}}$ gilt, ergibt sich, daß $\tilde{\tau}(0)$ die Gesamtheit aller Filter $\bigcap_{i=1}^{m} (\iota(\mathfrak{F}_i) - \varkappa(\mathfrak{F}_i)) + \sum_{j=1}^{n} V\varkappa(\mathfrak{G}_j)$ $(n, m \in \boldsymbol{N}^+;$ $\mathfrak{F}_1, \dots, \mathfrak{F}_m, \mathfrak{G}_1, \dots, \mathfrak{G}_n \in \Gamma_0)$ als Basis hat. $\tilde{\tau}$ sei die durch $\tilde{\tau}(x) = x + \tilde{\tau}(0)$ $(x \in \tilde{X})$ definierte Abbildung. Wir zeigen als nächstes

5.20.7. *$\tilde{\tau}$ ist eine Vektorraumpseudotopologie von $\tilde{X}$.*

B e w e i s. $\tilde{\tau}$ ist nach Konstruktion eine Pseudotopologie von $\tilde{X}$. Da für beliebiges $\mathfrak{H} = \bigcap_{i=1}^{m} (\iota(\mathfrak{F}_i) - \varkappa(\mathfrak{F}_i)) + \sum_{j=1}^{n} V\varkappa(\mathfrak{G}_j)$ und $\mathfrak{H}' = \bigcap_{i=1}^{m'} (\iota(\mathfrak{F}'_i) - \varkappa(\mathfrak{F}'_i)) + \sum_{j=1}^{n'} V\varkappa(\mathfrak{G}'_j)$ aus $\tilde{\tau}(0)$ wegen 5.1.10

$$\mathfrak{H} + \mathfrak{H}' = \bigcap_{i=1}^{m} \bigcap_{i'=1}^{m'} (\iota(\mathfrak{F}_i + \mathfrak{F}'_{i'}) - \varkappa(\mathfrak{F}_i + \mathfrak{F}'_{i'})) + \sum_{j=1}^{n} V\varkappa(\mathfrak{G}_j) + \sum_{j=1}^{n'} V\varkappa(\mathfrak{G}'_j)$$

ist, ergibt sich $\tilde{\tau}(0) + \tilde{\tau}(0) \subseteqq \tilde{\tau}(0)$. Daß $\alpha\tilde{\tau}(0) \subseteqq \tilde{\tau}(0)$ für alle $\alpha \in \boldsymbol{K}$ gilt, ist evident. Berücksichtigen wir, daß in X jeder Cauchy-Filter quasibeschränkt ist, somit $\varkappa(V\mathfrak{F}) = 0$ zu jedem $\mathfrak{F} \in \Gamma_0$ gilt, so erhalten wir für $\mathfrak{H} = \bigcap_{i=1}^{m} (\iota(\mathfrak{F}_i) - \varkappa(\mathfrak{F}_i)) + \sum_{j=1}^{n} V\varkappa(\mathfrak{G}_j)$ die Beziehung

$$V\mathfrak{H} \supseteqq \bigcap_{i=1}^{m} (\iota(V\mathfrak{F}_i) - \varkappa(V\mathfrak{F}_i)) + \sum_{i=1}^{m} V\varkappa(\mathfrak{F}_i) + \sum_{j=1}^{n} V\varkappa(\mathfrak{G}_j) .$$

Also ist $V\tilde{\tau}(0) \subseteqq \tilde{\tau}(0)$. Für jedes $y = \varkappa(\mathfrak{F}) \in \tilde{X}$ ist $Vy = \iota([0]) - \varkappa([0]) + V\varkappa(\mathfrak{F})$ und daher $Vy \in \tilde{\tau}(0)$. $\tilde{\tau}$ ist wegen 5.4.2 somit eine Vektorraumpseudotopologie.

Im weiteren nehmen wir an, daß $\tilde{X}$ mit der Pseudotopologie $\tilde{\tau}$ versehen ist. Dann gilt

5.20.8. *Der pseudotopologische Vektorraum $\tilde{X}$ ist separiert und vollständig.*

Beweis. 1. Wir zeigen zuerst, daß $\tilde{X}$ separiert ist. Gegeben sei dazu ein Filter $\mathfrak{H} \in \Gamma_0$ mit $[\varkappa(\mathfrak{H})] \in \tilde{\tau}(0)$. Da $[\varkappa(\mathfrak{H})]$ ein Ultrafilter ist, folgt aus $[\varkappa(\mathfrak{H})] \in \tilde{\tau}(0)$ mittels 2.2.8, daß $[\varkappa(\mathfrak{H})]$ Oberfilter eines Filters der vor 5.20.7 angegebenen Subbasis von $\tilde{\tau}(0)$ ist, daß also Filter $\mathfrak{F}, \mathfrak{G}_1, \dots, \mathfrak{G}_n \in \Gamma X_0$ mit

$$[\varkappa(\mathfrak{H})] \supseteqq \iota(\mathfrak{F}) - \varkappa(\mathfrak{F}) + \sum_{j=1}^{n} V\varkappa(\mathfrak{G}_j) \qquad (5.20.4)$$

existieren. Diese Aussage läßt sich noch weiter verschärfen, und zwar gibt es, wie wir zeigen werden, sogar einen Filter $\mathfrak{F}_0 \in \Gamma_0$ mit

$$[\varkappa(\mathfrak{H})] \supseteqq \iota(\mathfrak{F}_0) - \varkappa(\mathfrak{F}_0)\,. \qquad (5.20.5)$$

Zum Beweis dieser Behauptung nehmen wir an, daß (5.20.4) gilt mit $\varkappa(\mathfrak{G}_j) \neq 0$ für $j = 1, \dots, n$. Aus (5.20.4) folgt, daß es zu beliebigen $F \in \mathfrak{F}$ und $V \in \boldsymbol{V}$ stets $f \in F$ und $v_j \in V$ $(j = 1, \dots, n)$ mit

$$\varkappa(\mathfrak{H}) = \iota(f) - \varkappa(\mathfrak{F}) + \sum_{j=1}^{n} v_j \varkappa(\mathfrak{G}_j)$$

gibt. Sind dabei die v_j $(j = 1, \dots, n)$ in jedem Fall gleich 0, so ist (5.20.5) trivialerweise (mit $\mathfrak{F}_0 = \mathfrak{F}$) richtig. Wir befassen uns nun im folgenden mit dem Fall, daß es eine Darstellung von $\varkappa(\mathfrak{H})$ der obigen Art gibt, für die nicht alle v_j $(j = 1, \dots, n)$ gleich 0 sind. Es gibt dann eine weitere Darstellung

$$\varkappa(\mathfrak{H}) = \iota(f') - \varkappa(\mathfrak{F}) + \sum_{j=1}^{n} v_j' \varkappa(\mathfrak{G}_j)\,,$$

derart, daß nicht alle $v_j - v_j'$ $(j = 1, \dots, n)$ gleich 0 sind. Ohne Beschränkung der Allgemeinheit können wir $v_n - v_n' \neq 0$ annehmen. Durch Differenzbildung erhalten wir

$$0 = \iota(x) + \sum_{j=1}^{n} (v_j - v_j')\, \varkappa(\mathfrak{G}_j)\,,$$

wobei $x = f - f'$ gesetzt ist. Im Fall $n = 1$ ergibt sich daraus $\iota(\boldsymbol{V}x) = \boldsymbol{V}\varkappa(\mathfrak{G}_1)$ und damit (5.20.5) für $\mathfrak{F}_0 = \mathfrak{F} + \boldsymbol{V}x$. Im Fall $n > 1$ ergibt sich

$$\boldsymbol{V}\varkappa(\mathfrak{G}_n) \supseteqq \iota(\boldsymbol{V}x) + \sum_{j=1}^{n-1} \boldsymbol{V}\varkappa(\mathfrak{G}_j)$$

und, wenn wir $\mathfrak{F}' = \mathfrak{F} + \boldsymbol{V}x$ setzen, erhalten wir aus (5.20.4)

$$[\varkappa(\mathfrak{H})] \supseteqq \iota(\mathfrak{F}') - \varkappa(\mathfrak{F}') + \sum_{j=1}^{n-1} \boldsymbol{V}\varkappa(\mathfrak{G}_j)\,.$$

Das ist eine (5.20.4) entsprechende Beziehung, bei der in der dort auftretenden Summe $\sum V\varkappa(\mathfrak{G}_j)$ die Anzahl der Summanden um 1 reduziert ist. Durch analoge Fortsetzung des Reduktionsverfahrens finden wir schließlich einen eigentlichen CAUCHY-Filter $\mathfrak{F}_0$, für den (5.20.5) gilt. Aus (5.20.5) folgt $\varkappa(\mathfrak{H} + \mathfrak{F}_0) \in \iota[X]$ und damit $\varkappa(\mathfrak{H} + \mathfrak{F}_0) = \iota(x)$ für ein gewisses $x \in X$. Mittels (5.20.5) ergibt sich weiter $[\iota(x)] \supseteq \iota(\mathfrak{F}_0)$. Da für beliebiges $F \in \mathfrak{F}_0$ stets $\iota(x) \in \iota[F]$ mit $x \in F + \overline{\{0\}}$ gleichbedeutend ist, folgt daraus $[x] \supseteq \mathfrak{F}_0 + [\overline{\{0\}}]$. x ist also Adhärenzpunkt des Filters $\mathfrak{F}_0 + [\overline{\{0\}}]$, und da X gesättigt ist, ergibt sich hieraus die Konvergenz von $\mathfrak{F}_0$ gegen x und wegen $\varkappa(\mathfrak{H} + \mathfrak{F}_0) = \iota(x)$ damit $\varkappa(\mathfrak{H}) = 0$. Die Separiertheit von $\tilde{X}$ ist somit bewiesen.

2. Zum Nachweis der Vollständigkeit von $\tilde{X}$ sei $\mathfrak{H}$ ein eigentlicher CAUCHY-Filter in $\tilde{X}$. Es gibt dann Filter $\mathfrak{F}_1, \dots, \mathfrak{F}_m, \mathfrak{G}_1, \dots, \mathfrak{G}_n \in \Gamma_0$ mit

$$\mathfrak{H} - \mathfrak{H} \supseteq \bigcap_{i=1}^{m} \big(\iota(\mathfrak{F}_i) - \varkappa(\mathfrak{F}_i)\big) + \sum_{j=1}^{n} V\varkappa(\mathfrak{G}_j)\,. \tag{5.20.6}$$

Dabei kann angenommen werden, daß $\varkappa(\mathfrak{F}_i - \mathfrak{F}_{i'}) \notin \iota[X]$ für $i \neq i'$ ist, da in dem Fall, daß $\varkappa(\mathfrak{F}_i - \mathfrak{F}_{i'}) = \iota(x)$ für ein $x \in X$ und für $i \neq i'$ gilt, in der Beziehung (5.20.6) der Filter $\big(\iota(\mathfrak{F}_i) - \varkappa(\mathfrak{F}_i)\big) \cap \big(\iota(\mathfrak{F}_{i'}) - \varkappa(\mathfrak{F}_{i'})\big)$ durch den Unterfilter $\iota\big(\mathfrak{F}_i \cap (\mathfrak{F}_{i'} + x)\big) - \varkappa\big(\mathfrak{F}_i \cap (\mathfrak{F}_{i'} + x)\big)$ ersetzt werden kann und man nach eventuellen weiteren derartigen Ersetzungen und geeigneten Umbezeichnungen eine Beziehung der Form (5.20.6) mit der angegebenen Einschränkung erhält. Ferner kann angenommen werden, daß $\mathfrak{F}_1$ nach 0 konvergiert, denn trifft das nicht von vornherein zu, so ersetzen wir in (5.20.6) im Fall, daß kein $\varkappa(\mathfrak{F}_i)$ $(i = 1, \dots, m)$ in $\iota[X]$ liegt, $\bigcap_{i=1}^{m} \big(\iota(\mathfrak{F}_i) - \varkappa(\mathfrak{F}_i)\big)$ durch $\bigcap_{i=1}^{m+1} \big(\iota(\mathfrak{F}_i) - \varkappa(\mathfrak{F}_i)\big)$ mit $\mathfrak{F}_{m+1} = [0]$ und im Fall, daß es ein $i \in \{1, \dots, m\}$ und ein $x \in X$ mit $\varkappa(\mathfrak{F}_i) = \iota(x)$ gibt, $\mathfrak{F}_i$ durch $\mathfrak{F}_i - x$ und führen geeignete Umbezeichnungen durch. Aus (5.20.6) folgt, daß für jedes positive α ein $H_\alpha \in \mathfrak{H}$ mit

$$H_\alpha - H_\alpha \subseteq \bigcup_{i=1}^{m} \big(\iota[X] - \varkappa(\mathfrak{F}_i)\big) + \sum_{j=1}^{n} \alpha E\varkappa(\mathfrak{G}_j)$$

existiert. Mit beliebigem $h_\alpha \in H_\alpha$ setzen wir für $i = 1, \dots, m$

$$K_{i\alpha} = h_\alpha + \iota[X] - \varkappa(\mathfrak{F}_i) + \sum_{j=1}^{n} \alpha E\varkappa(\mathfrak{G}_j)\,. \tag{5.20.7}$$

Wir zeigen, daß es ein positives α' mit

$$K_{1\alpha'} \cap K_{i\alpha'} = \emptyset$$

für alle $i \neq 1$ gibt. Das geschieht indirekt. Wir nehmen also an, daß es ein $i \neq 1$ und eine Nullfolge positiver Zahlen $\alpha_1, \alpha_2, \dots$ gibt mit $K_{1\alpha_l} \cap K_{i\alpha_l} \neq \emptyset$ für jedes $l \in N^+$. Dann existieren $x_l, x_l' \in X$ $(l \in N^+)$ und $\alpha_{lj}, \alpha_{lj}' \in E$ $(l \in N^+, j \in \{1, \dots, n\})$ mit

$$h_{\alpha_l} + \iota(x_l) - \varkappa(\mathfrak{F}_1) + \sum_{j=1}^{n} \alpha_l \alpha_{lj} \varkappa(\mathfrak{G}_j) = h_{\alpha_l} + \iota(x_l') - \varkappa(\mathfrak{F}_i) + \sum_{j=1}^{n} \alpha_l \alpha_{lj}' \varkappa(\mathfrak{G}_j)\,.$$

Hieraus folgt

$$\iota(x_l - x_l') = \varkappa(\mathfrak{F}_1 - \mathfrak{F}_l) + \sum_{j=1}^{n} \alpha_l(\alpha_{lj}' - \alpha_{lj})\, \varkappa(\mathfrak{G}_j) .$$

Y sei der durch $\varkappa(\mathfrak{F}_1 - \mathfrak{F}_l)$ und $\varkappa(\mathfrak{G}_j)$ $(j = 1, \ldots, n)$ erzeugte endlichdimensionale lineare Teilraum von $\tilde{X}$. Die Folge der $\iota(x_l - x_l')$ $(l \in \boldsymbol{N}^+)$ konvergiert bezüglich der natürlichen Vektorraumtopologie von Y gegen $\varkappa(\mathfrak{F}_1 - \mathfrak{F}_l)$. Wegen $\iota(x_l - x_l') \in Y \cap \iota[X]$ $(l \in \boldsymbol{N}^+)$ ergibt sich damit $\varkappa(\mathfrak{F}_1 - \mathfrak{F}_l) \in Y \cap \iota[X] \subseteqq \iota[X]$. Das widerspricht aber einer der Annahmen über die $\mathfrak{F}_l$.

Wir finden nun einen Index i' mit $H \cap K_{i'\,\alpha'/2} \neq \emptyset$ für alle $H \in \mathfrak{H}$, da es andernfalls für jedes $i = 1, \ldots, m$ ein $H_i' \in \mathfrak{H}$ mit $H_i' \cap K_{i\,\alpha'/2} = \emptyset$ gibt, was $\left(\bigcap_{i=1}^{m} H_i'\right) \cap \left(\bigcup_{i=1}^{m} K_{i\,\alpha'/2}\right) = \emptyset$ und wegen $H_{\alpha'/2} \subseteqq \bigcup_{i=1}^{m} K_{i\,\alpha'/2}$ damit $\left(\bigcap_{i=1}^{m} H_i'\right) \cap H_{\alpha'/2} = \emptyset$ nach sich zieht und folglich im Widerspruch dazu steht, daß $\mathfrak{H}$ eigentlich ist. Es sei $K = K_{i'\,\alpha'/2}$. Mittels (5.20.7) ergibt sich für alle $H \in \mathfrak{H}$

$$H \cap K - H \cap K \subseteqq \iota[X] + \sum_{j=1}^{n} \alpha' \boldsymbol{E} \varkappa(\mathfrak{G}_j)$$

und damit unter Berücksichtigung von $\mathfrak{F}_1 \in \tau(0)$ weiter

$$H \cap K - H \cap K \subseteqq \iota[X] - \varkappa(\mathfrak{F}_1) + \sum_{j=1}^{n} \alpha' \boldsymbol{E} \varkappa(\mathfrak{G}_j) = K_{1\alpha'} - h_{\alpha'} . \quad (5.20.8)$$

Wegen (5.20.6) findet man zu beliebigen F_i $(i = 1, \ldots, m)$ ein $H \in \mathfrak{H}$ mit $H \subseteqq H_{\alpha'}$ und

$$H \cap K - H \cap K \subseteqq \bigcup_{i=1}^{m} \left(\iota[F_i] - \varkappa(\mathfrak{F}_i)\right) + \sum_{j=1}^{n} \alpha' \boldsymbol{E} \varkappa(\mathfrak{G}_j) .$$

Schärfer noch gilt

$$H \cap K - H \cap K \subseteqq \iota[F_1] - \varkappa(\mathfrak{F}_1) + \sum_{j=1}^{n} \alpha' \boldsymbol{E} \varkappa(\mathfrak{G}_j) , \quad (5.20.9)$$

da wegen (5.20.7) und (5.20.8) aus $x \in (H \cap K - H \cap K) \cap \left(\iota[X] - \varkappa(\mathfrak{F}_i) + \sum_{j=1}^{n} \alpha' \boldsymbol{E} \varkappa(\mathfrak{G}_j)\right)$ mit $i \neq 1$ die Beziehung $x \in (K_{1\alpha'} - h_{\alpha'}) \cap (K_{i\alpha'} - h_{\alpha'})$ folgt, was aber $K_{1\alpha'} \cap K_{i\alpha'} = \emptyset$ widerspricht. $\mathfrak{H}' = \mathfrak{H} \vee [K]$ ist ein Oberfilter von $\mathfrak{H}$, der wegen $H \cap K \neq \emptyset$ $(H \in \mathfrak{H})$ eigentlich ist und für den auf Grund von (5.20.9)

$$\mathfrak{H}' - \mathfrak{H}' \supseteqq \iota(\mathfrak{F}) + \sum_{j=1}^{n} \boldsymbol{V} \varkappa(\mathfrak{G}_j) \quad (5.20.10)$$

mit $\mathfrak{F} = \mathfrak{F}_1$ ist. Wenn ein $j' \in \{1, \ldots, n\}$, ein $x \in X$ und $\alpha_j \in \boldsymbol{K}$ $(j \in \{1, \ldots, n\}, j \neq j')$ mit

$$\varkappa(\mathfrak{G}_{j'}) = \iota(x) + \sum_{\substack{j=1 \\ j \neq j'}}^{n} \alpha_j \varkappa(\mathfrak{G}_j)$$

existieren, ergibt sich aus (5.20.10)

$$\mathfrak{H}' - \mathfrak{H}' \supseteqq \iota(\mathfrak{F} + \boldsymbol{V}x) + \sum_{\substack{j=1 \\ j \neq j'}}^{n} \boldsymbol{V}\varkappa(\mathfrak{G}_j) .$$

Indem wir eventuell weiter reduzieren und geeignet umbezeichnen, erhalten wir aus (5.20.10) eine Beziehung derselben Gestalt, wobei entweder $n = 0$ ist $\left(\text{also dann } \sum_{j=1}^{n} \boldsymbol{V}\varkappa(\mathfrak{G}_j) \text{ wegfällt}\right)$ oder im Fall $n \geqq 1$ die $\varkappa(\mathfrak{G}_j)$ $(j = 1, \ldots, m)$ linear unabhängig sind und der durch sie erzeugte lineare Teilraum von $\tilde{X}$ mit $\iota[X]$ nur den Punkt 0 gemeinsam hat. Im weiteren nehmen wir an, daß diese Einschränkungen bei (5.20.10) zutreffen.

Wir bilden den Produktfilter $\mathfrak{S} = \mathfrak{F} \times \boldsymbol{V}$ in $X \times \boldsymbol{K}$. Dieser hat $\mathfrak{B} = \{F \times V \mid F \in \mathfrak{F}, V \in \boldsymbol{V}\}$ als Basis. Aus (5.20.10) folgt, daß für jedes $S = F \times V \in \mathfrak{B}$ ein $H'_S \in \mathfrak{H}'$ mit

$$H'_S - H'_S \subseteqq \iota[F] + \sum_{j=1}^{n} V\varkappa(\mathfrak{G}_j) \tag{5.20.11}$$

existiert, woraus sich mit einem beliebig gewählten $h_S \in H'_S$

$$H'_S \subseteqq h_S + \iota[F] + \sum_{j=1}^{n} V\varkappa(\mathfrak{G}_j)$$

ergibt. Mit $h = h_{X \times K}$ ist speziell

$$H'_{X \times K} \subseteqq h + \iota[X] + \sum_{j=1}^{n} \boldsymbol{K}\varkappa(\mathfrak{G}_j) .$$

Da $\mathfrak{H}'$ eigentlich und folglich $H'_S \cap H'_{X \times K} \neq \emptyset$ ist, erhalten wir

$$h_S \in h + \iota[X] + \sum_{j=1}^{n} \boldsymbol{K}\varkappa(\mathfrak{G}_j) .$$

Es existieren demnach ein $x_S \in X$ und $\alpha_{jS} \in \boldsymbol{K}$ $(j = 1, \ldots, n)$ mit

$$h_S = h + \iota(x_S) + \sum_{j=1}^{n} \alpha_{jS}\varkappa(\mathfrak{G}_j) .$$

Für beliebige Elemente $S = F \times V$ und $S' = F' \times V'$ von $\mathfrak{B}$ gilt

$$h_S - h_{S'} = \iota(x_S - x_{S'}) + \sum_{j=1}^{n} (\alpha_{jS} - \alpha_{jS'})\,\varkappa(\mathfrak{G}_j) ,$$

wegen (5.20.11) und $H_S \cap H_{S'} \neq \emptyset$ ferner

$$h_S - h_{S'} \in \iota[F - F'] + \sum_{j=1}^{n} (V - V')\,\varkappa(\mathfrak{G}_j) .$$

Auf Grund der Annahme über die $\varkappa(\mathfrak{G}_j)$ $(j = 1, \ldots, n)$ folgt damit für beliebiges $F, F' \in \mathfrak{F}$, $V, V' \in \boldsymbol{V}$ und $S, S' \in \mathfrak{B}$ mit $S, S' \subseteqq (F \cap F') \times (V \cap V')$

$$\iota(x_S - x_{S'}) \in \iota[F - F']$$

und

$$\alpha_{jS} - \alpha_{jS'} \in V - V'$$

$(j = 1, \ldots, n)$. Die erste dieser Beziehungen ist gleichbedeutend mit

$$x_S - x_{S'} \in F - F' + \overline{\{0\}}\,,$$

und da X gesättigt ist, heißt das, daß der Filter $\mathfrak{E}$ in X, der als eine Basis $\{\{x_{S'} \mid S' \in \mathfrak{B}, S' \subseteqq S\} \mid S \in \mathfrak{S}\}$ hat, ein Cauchy-Filter ist. Für $j = 1, \ldots, n$ sei $\mathfrak{A}_j$ der Filter in $\boldsymbol{K}$ mit $\{\{\alpha_{jS'} \mid S' \in \mathfrak{B}, S' \subseteqq S\} \mid S \in \mathfrak{S}\}$ als Basis. Jeder dieser Filter ist offensichtlich ein Cauchy-Filter und mithin konvergent. Damit folgt weiter, daß $\iota(\mathfrak{E}) + \sum_{j=1}^{n} \mathfrak{A}_j \varkappa(\mathfrak{G}_j)$ in $\tilde{X}$ konvergiert. Für jedes $S = F \times V$ aus $\mathfrak{B}$ gilt

$$H'_S \subseteqq h + \{h_{S'} - h \mid S' \in \mathfrak{B}, S' \subseteqq S\} + \iota[F] + \sum_{j=1}^{n} V\varkappa(\mathfrak{G}_j)\,,$$

woraus sich

$$\mathfrak{H}' \supseteqq h + \iota(\mathfrak{E}) + \sum_{j=1}^{n} \mathfrak{A}_j\varkappa(\mathfrak{G}_j) + \iota(\mathfrak{F}) + \sum_{j=1}^{n} V\varkappa(\mathfrak{G}_j)$$

und folglich die Konvergenz von $\mathfrak{H}'$ gegen einen Punkt x' von $\tilde{X}$ ergibt. Wegen $\mathfrak{H}' \supseteqq \mathfrak{H}$ ist x' aber Adhärenzpunkt von $\mathfrak{H}$, und deshalb konvergiert auch $\mathfrak{H}$ gegen x'. Die Vollständigkeit von $\tilde{X}$ ist damit bewiesen.

5.20.9. *Die Abbildung ι ist stetig und linear, und für alle Filter $\mathfrak{F}$ in X mit $\iota(\mathfrak{F}) \in \tilde{\tau}(0)$ gilt $\mathfrak{F} \in \tau(0)$. $\iota[X]$ ist in $\tilde{X}$ dicht. Zu jeder stetigen linearen Abbildung f von X in einen separierten vollständigen pseudotopologischen Vektorraum Y gibt es genau eine stetige lineare Abbildung $g\colon \tilde{X} \to Y$, so daß das Diagramm*

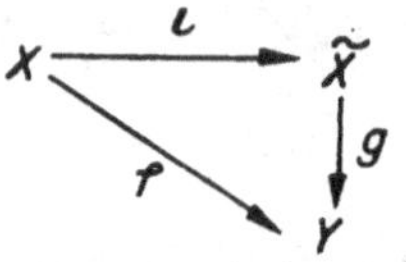

kommutativ ist.

Beweis. 1. Stetigkeit und Linearität von ι sind offensichtlich.

2. Es sei $\mathfrak{F}$ ein Filter in X mit $\iota(\mathfrak{F}) \in \tilde{\tau}(0)$. Dann gibt es Filter $\mathfrak{F}_1, \ldots, \mathfrak{F}_m$, $\mathfrak{G}_1, \ldots, \mathfrak{G}_n \in \Gamma_0$ mit

$$\iota(\mathfrak{F}) \supseteqq \bigcap_{i=1}^{m} \big(\iota(\mathfrak{F}_i) - \varkappa(\mathfrak{F}_i)\big) + \sum_{j=1}^{n} V\varkappa(\mathfrak{G}_j)\,. \tag{5.20.12}$$

Z bezeichne die lineare Hülle von $\iota[X] \cup \{\varkappa(\mathfrak{F}_1), \ldots, \varkappa(\mathfrak{F}_m), \varkappa(\mathfrak{G}_1), \ldots, \varkappa(\mathfrak{G}_n)\}$. r sei die Codimension von $\iota[X]$ in Z. Z läßt sich daher darstellen als direkte Summe $\iota[X] \dotplus X_r$ von $\iota[X]$ und einem r-dimensionalen Teilraum X_r von $\tilde{X}$, für den — nach eventueller Änderung der Indizierung — die Vektoren $\varkappa(\mathfrak{F}_1), \ldots, \varkappa(\mathfrak{F}_p), \varkappa(\mathfrak{G}_1), \ldots, \varkappa(\mathfrak{G}_q)$ mit $0 \leqq p \leqq m$, $0 \leqq q \leqq n$ und $p + q = r$ eine Basis bilden. Für i mit $p < i \leqq m$ und j mit $q < j \leqq n$ hat man Darstellungen

$$\varkappa(\mathfrak{F}_i) = \iota(x_i) + \sum_{k=1}^{p} \varphi_{ki}\varkappa(\mathfrak{F}_k) + \sum_{l=1}^{q} \gamma_{li}\varkappa(\mathfrak{G}_l)$$

und

$$\varkappa(\mathfrak{G}_j) = \iota(x_j') + \sum_{k=1}^{p} \varphi_{kj}'\varkappa(\mathfrak{F}_k) + \sum_{l=1}^{q} \gamma_{lj}'\varkappa(\mathfrak{G}_l)\,,$$

wobei $x_i, x_j' \in X$ und $\varphi_{ki}, \gamma_{li}, \varphi_{kj}', \gamma_{lj}' \in \boldsymbol{K}$ sind. Setzt man diese in (5.20.12) ein, so ergibt sich

$$\begin{aligned}\iota(\mathfrak{F}) \supseteqq &\left(\bigcap_{i=1}^{p} \iota(\mathfrak{F}_i) - \bigcap_{i=1}^{p} \varkappa(\mathfrak{F}_i)\right)\\ &\cap \left(\bigcap_{i=p+1}^{m} (\iota(\mathfrak{F}_i) - \iota(x_i)) - \bigcap_{i=p+1}^{m} \left(\sum_{k=1}^{p} \varphi_{ki}[\varkappa(\mathfrak{F}_k)] + \sum_{l=1}^{q} \gamma_{li}[\varkappa(\mathfrak{G}_l)]\right)\right)\\ &+ \sum_{j=1}^{q} V\varkappa(\mathfrak{G}_j) + \sum_{j=q+1}^{n} \iota(Vx_j') + \sum_{j=q+1}^{n} \left(\sum_{k=1}^{p} V\varkappa(\mathfrak{F}_k) + \sum_{l=1}^{q} V\varkappa(\mathfrak{G}_l)\right).\end{aligned}$$

Wir setzen

$$\mathfrak{H} = \bigcap_{i=1}^{p} \iota(\mathfrak{F}_i) \cap \bigcap_{i=p+1}^{m} (\iota(\mathfrak{F}_i) - \iota(x_i)) + \sum_{j=q+1}^{n} \iota(Vx_j')$$

und

$$\begin{aligned}\mathfrak{H}' = &-\left(\bigcap_{i=1}^{p} [\varkappa(\mathfrak{F}_i)] \cap \bigcap_{i=p+1}^{m} \left(\sum_{k=1}^{p} \varphi_{ki}[\varkappa(\mathfrak{F}_k)] + \sum_{l=1}^{q} \gamma_{li}[\varkappa(\mathfrak{G}_l)]\right)\right)\\ &+ \sum_{k=1}^{p} V\varkappa(\mathfrak{F}_k) + \sum_{l=1}^{q} V\varkappa(\mathfrak{G}_l)\end{aligned}$$

und erhalten damit $\iota(\mathfrak{F}) \supseteqq \mathfrak{H} + \mathfrak{H}'$. Da der Filter $\mathfrak{H}$ eine Basis in $\iota[X]$ und der Filter $\mathfrak{H}'$ eine Basis in X_r besitzt, folgt hieraus $\iota(\mathfrak{F}) \supseteqq \mathfrak{H}$, also

$$\iota(\mathfrak{F}) \supseteqq \iota(\mathfrak{G}) + \bigcap_{i=1}^{m} \iota(\mathfrak{F}_i') \tag{5.20.13}$$

mit

$$\mathfrak{G} = \sum_{j=q+1}^{n} Vx_j' \quad \text{und} \quad \mathfrak{F}_i' = \begin{cases}\mathfrak{F}_i & \text{für } i \text{ mit } 1 \leqq i \leqq p\\ \mathfrak{F}_i - x_i & \text{für } i \text{ mit } p < i \leqq m\,.\end{cases}$$

Man kann, wie wir nun zeigen, in (5.20.13) alle diejenigen Filter $\iota(\mathfrak{F}_i')$ weglassen, die in $\tilde{X}$ nicht nach 0 konvergieren. Für $m = 1$ folgt die Richtigkeit der Behauptung aus der Separiertheit von $\tilde{X}$. Wir nehmen nun an, daß $m > 1$ ist und $\iota(\mathfrak{F}_m')$ nicht nach 0 konvergiert. Dann gibt es wegen der Separiertheit von $\tilde{X}$ jeweils $F_0 \in \mathfrak{F}$, $G_0 \in \mathfrak{G}$ und $F_m' \in \mathfrak{F}_m'$ mit

$$\iota[F_0] \cap (\iota[G_0] + \iota[F_m']) = \emptyset\,.$$

Andererseits gibt es wegen (5.20.13) zu beliebigen $G \in \mathfrak{G}$ und $D \in \bigcap_{i=1}^{m-1} \iota(\mathfrak{F}_i')$ ein $F \in \mathfrak{F}$ mit

$$\iota[F] \subseteqq \iota[G \cap G_0] + (D \cup \iota[F_m'])\,.$$

Hieraus und aus der vorhergehenden Beziehung folgt

$$\iota[F \cap F_0] \subseteqq \iota[G \cap G_0] + D$$

und damit

$$\iota(\mathfrak{F}) \supseteqq \iota(\mathfrak{G}) + \bigcap_{i=1}^{m-1} \iota(\mathfrak{F}_i') \,.$$

Die obige Behauptung ist also allgemein richtig, d. h., wir können annehmen, daß in (5.20.13) alle Filter $\iota(\mathfrak{F}_i')$ in $\tilde{X}$ nach 0 konvergieren. Unter Beachtung der Separiertheit von $\tilde{X}$ folgt damit $\varkappa(\mathfrak{F}_i) = 0$ $(1 \leqq i \leqq p)$ und $\varkappa(\mathfrak{F}_i) - \iota(x_i) = 0$ $(p < i \leqq m)$ und somit, daß die $\mathfrak{F}_i'$ $(i = 1, \dots, m)$ selbst gegen 0 konvergieren. Wegen (5.20.13) ist

$$\mathfrak{F} \supseteqq \mathfrak{G} + \bigcap_{i=1}^{m} \mathfrak{F}_i' + [\overline{\{0\}}] \,.$$

Da X gesättigt ist, ergibt sich daraus $\mathfrak{F} \in \tau(0)$.

3. Die Dichtheit von $\iota[X]$ in $\tilde{X}$ ist evident, da zu jedem $\mathfrak{F} \in \Gamma_0$ die Menge $\iota[X]$ dem Filter $\iota(\mathfrak{F})$ angehört und $\iota(\mathfrak{F})$ gegen $\varkappa(\mathfrak{F})$ konvergiert.

4. Es sei Y ein separierter vollständiger pseudotopologischer Vektorraum mit der Pseudotopologie σ, und f sei eine stetige lineare Abbildung von X in Y. Für jedes $\mathfrak{F} \in \Gamma_0$ ist $f(\mathfrak{F})$ ein eigentlicher CAUCHY-Filter in Y, der also gegen einen eindeutig bestimmten Punkt von $\tilde{X}$, den wir mit $\lim f(\mathfrak{F})$ bezeichnen, konvergiert. Wir definieren eine Abbildung $g\colon \tilde{X} \to Y$ durch $g(\varkappa(\mathfrak{F})) = \lim f(\mathfrak{F})$. Diese Definition ist von der speziellen Wahl von $\mathfrak{F}$ unabhängig, da für jeden zu $\mathfrak{F}$ äquivalenten Filter $\mathfrak{G} \in \Gamma_0$ auch $f(\mathfrak{G})$ ein zu $f(\mathfrak{F})$ äquivalenter CAUCHY-Filter ist. Für beliebiges $x \in X$ gilt

$$(g \circ \iota)(x) = g(\varkappa([x])) = \lim f([x]) = f(x) \,,$$

woraus $g \circ \iota = f$ folgt; das im Satz angegebene Diagramm ist also kommutativ. Für alle $\alpha, \beta \in \boldsymbol{K}$ und $\mathfrak{F}, \mathfrak{G} \in \Gamma_0$ gilt

$$\begin{aligned} g(\alpha\varkappa(\mathfrak{F}) + \beta\varkappa(\mathfrak{G})) &= g(\varkappa(\alpha\mathfrak{F} + \beta\mathfrak{G})) \\ &= \lim f(\alpha\mathfrak{F} + \beta\mathfrak{G}) \\ &= \alpha \lim f(\mathfrak{F}) + \beta \lim f(\mathfrak{G}) \\ &= \alpha g(\varkappa(\mathfrak{F})) + \beta g(\varkappa(\mathfrak{G})) \,, \end{aligned}$$

d. h., die Abbildung g ist linear. Für jedes Element $\bigcap_{i=1}^{m} (\iota(\mathfrak{F}_i) - \varkappa(\mathfrak{F}_i)) + \sum_{j=1}^{n} \boldsymbol{V}\varkappa(\mathfrak{G}_j)$ der vor 5.20.7 angegebenen Basis von $\tilde{\tau}(0)$ hat man

$$\begin{aligned} g\Big(\bigcap_{i=1}^{m} (\iota(\mathfrak{F}_i) - \varkappa(\mathfrak{F}_i)) + \sum_{j=1}^{n} \boldsymbol{V}\varkappa(\mathfrak{G}_j)\Big) &= \bigcap_{i=1}^{m} ((g \circ \iota)(\mathfrak{F}_i) - g(\varkappa(\mathfrak{F}_i))) + \sum_{j=1}^{n} \boldsymbol{V} g(\varkappa(\mathfrak{G}_j)) \\ &= \bigcap_{i=1}^{m} (f(\mathfrak{F}_i) - \lim f(\mathfrak{F}_i)) + \sum_{j=1}^{n} \boldsymbol{V} \lim f(\mathfrak{G}_j) \,, \end{aligned}$$

womit die Stetigkeit von g bewiesen ist. Zum Nachweis der Einzigkeit von g sei eine weitere stetige lineare Abbildung $h\colon \widetilde{X} \to Y$ mit $h \circ \iota = f$ gegeben. Zu beliebigem $\mathfrak{F} \in \Gamma_0$ ergibt sich unter Beachtung, daß $\iota(\mathfrak{F})$ gegen $\varkappa(\mathfrak{F})$ konvergiert,

$$\begin{aligned} h\big(\varkappa(\mathfrak{F})\big) &= \lim h\big(\iota(\mathfrak{F})\big) \\ &= \lim f(\mathfrak{F}) \\ &= \lim g\big(\iota(\mathfrak{F})\big) \\ &= g\big(\varkappa(\mathfrak{F})\big)\,. \end{aligned}$$

Es gilt daher $h = g$.

Genau dann, wenn X separiert ist, ist ι eine eineindeutige Abbildung. Aus 5.20.9 folgt damit das

Korollar. *Genau dann, wenn X separiert ist, ist ι eine Einbettung, also ein linearer Homöomorphismus von X in $\widetilde{X}$.*

Im weiteren sei X ein beliebiger pseudotopologischer Vektorraum. Für $\widehat{(X^{\mathrm{sat}})^{\mathrm{Cq}}}$ schreiben wir $\widetilde{X}$. Wegen 5.20.6 ist $(X^{\mathrm{sat}})^{\mathrm{Cq}}$ gesättigt. Wir setzen die identische Abbildung von X auf X^{sat} mit der identischen Abbildung von X^{sat} auf $(X^{\mathrm{sat}})^{\mathrm{Cq}}$ und der wie oben definierten Abbildung $\iota\colon (X^{\mathrm{sat}})^{\mathrm{Cq}} \to \widetilde{X}$ zusammen. Die sich ergebende Abbildung von X in $\widetilde{X}$ bezeichnen wir mit j.

5.20.10 (Vervollständigung pseudotopologischer Vektorräume). *$\widetilde{X}$ ist ein separierter vollständiger pseudotopologischer Vektorraum und j eine stetige lineare Abbildung von X in $\widetilde{X}$. Zu jeder stetigen linearen Abbildung f von X in einen separierten vollständigen pseudotopologischen Vektorraum Y gibt es genau eine stetige lineare Abbildung $g\colon \widetilde{X} \to Y$, so daß das Diagramm*

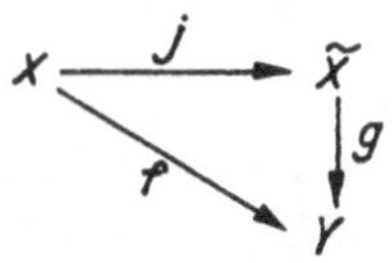

(5.20.14)

kommutativ ist. $j[X]$ ist in $\widetilde{X}$ dicht. j ist genau dann eine Einbettung, wenn X separiert ist und X die Cq-*Eigenschaft besitzt.*

Beweis. $\widetilde{X}$ ist natürlich ein separierter vollständiger pseudotopologischer Vektorraum. $j\colon X \to \widetilde{X}$ ist linear und wegen 5.20.1, 5.20.3 und 5.20.9 stetig. f sei eine stetige lineare Abbildung von X in einen separierten vollständigen pseudotopologischen Vektorraum Y. Auf Grund der Separiertheit und Vollständigkeit von Y ist Y gesättigt (siehe 4.13.1) und hat Y die Cq-Eigenschaft. Wegen 5.20.2 und 5.20.4 ist f daher auch als Abbildung von $(X^{\mathrm{sat}})^{\mathrm{Cq}}$ in Y stetig. 5.20.9 entnimmt man somit, daß eine eindeutig bestimmte stetige lineare Abbildung $g\colon \widetilde{X} \to Y$ existiert derart, daß (5.20.14) kommutativ ist. Aus 5.20.9 folgt, daß

$j[X]$ in $\widetilde{X}$ dicht ist. Wenn X separiert ist und die Cq-Eigenschaft besitzt, gilt $X = (X^{\text{sat}})^{\text{Cq}}$, weshalb j nach dem Korollar zu 5.20.9 eine Einbettung ist. Es sei nun umgekehrt j eine Einbettung. Auf Grund der Separiertheit von $\widetilde{X}$ ist dann X separiert. Für jeden CAUCHY-Filter $\mathfrak{F}$ in X folgt aus der Konvergenz von $j(\mathfrak{F})$, daß $\boldsymbol{V}j(\mathfrak{F}) = j(\boldsymbol{V}\mathfrak{F})$ in $\widetilde{X}$ nach 0 konvergiert, weshalb auch $\boldsymbol{V}\mathfrak{F}$ in X nach 0 konvergieren muß. Alle CAUCHY-Filter in X sind also quasibeschränkt, d. h., X besitzt die Cq-Eigenschaft. Der Satz ist damit bewiesen.

Wegen 5.20.10 ist $j: X \to \widetilde{X}$ eine Reflexion für X bez. $\widehat{\text{PVEK}}$. $\boldsymbol{c}^{pv}$ sei der mittels solcher Reflexionen gebildete Reflektor von PVEK in $\widehat{\text{PVEK}}$. Er heißt der **Komplettierungsfunktor** von PVEK in $\widehat{\text{PVEK}}$.

Wir gehen nun auf die Vervollständigung topologischer Vektorräume ein. Unter der **Vervollständigung** eines topologischen Vektorraumes X verstehen wir natürlich eine Reflexion für X bez. $\widehat{\text{TVEK}}$, wobei $\widehat{\text{TVEK}}$ die volle Unterkategorie von TVEK ist, die als Objekte alle separierten vollständigen topologischen Vektorräume hat. In Abschnitt 4.13 haben wir Vervollständigungen limesuniformer, pseudouniformer und uniformer Räume angegeben. Wir erinnern daran, daß sich mittels der konstruierten Vervollständigungen $\boldsymbol{j}: X \to \boldsymbol{c}(X)$ limesuniformer Räume die betreffenden Vervollständigungen $\boldsymbol{j}: X \to \boldsymbol{c}^{\pi}(X)$ pseudouniformer Räume durch $\boldsymbol{c}^{\pi}(X) = \boldsymbol{\pi}(\boldsymbol{c}(X))$ und die betreffenden Vervollständigungen $\boldsymbol{j}: X \to \boldsymbol{c}^{\mu}(X)$ uniformer Räume durch $\boldsymbol{c}^{\mu}(X) = \boldsymbol{\mu}(\boldsymbol{c}(X))$ ergaben; in Abschnitt 4.13 wurden diese Abbildungen mit j bezeichnet.

Ist X ein uniformer Raum, E die Trägermenge von X und $\mathfrak{B}$ der Nachbarschaftsfilter der uniformen Struktur von X, so hat $\boldsymbol{c}^{\mu}(X)$ die Gesamtheit E aller Äquivalenzklassen bezüglich der durch (4.1.9) in X definierten Äquivalenzrelation als Trägermenge und ist nach 4.13.21 $\widetilde{\mathfrak{B}} = \underset{\subseteq}{\text{im}} \{\widetilde{V} \mid V \in \mathfrak{B}\}$ mit $\widetilde{V} = \{(y, z) \in \widetilde{E} \times \widetilde{E} \mid V \in \mathfrak{C}_y \times \mathfrak{C}_z\}$ der Nachbarschaftsfilter der uniformen Struktur von $\boldsymbol{c}^{\mu}(X)$; $\mathfrak{C}_y$ und $\mathfrak{C}_z$ sind die CAUCHYschen Minimalfilter in y bzw. z. $\boldsymbol{j}$ stimmt in diesem Fall mit der in Abschnitt 4.13 durch $\iota(x) = \varkappa([x])$ definierten Abbildung $\iota: E \to \widetilde{E}$ überein.

Für jeden pseudotopologischen Vektorraum X sei $\boldsymbol{k}(X)$ der pseudouniforme Raum, der aus der mit der kanonischen pseudouniformen Struktur versehenen Trägermenge von X besteht. Ist τ die Pseudotopologie von X, so bezeichne $k(\tau)$ die betreffende kanonische pseudouniforme Struktur.

X sei im weiteren ein topologischer Vektorraum. τ sei die Topologie, $\mathfrak{N}$ der Nullnachbarschaftsfilter und E die Trägermenge von X. In $\widetilde{E}$, gebildet bez. $\boldsymbol{k}(X)$, führen wir entsprechend wie im Fall der pseudotopologischen Vektorräume eine lineare Struktur ein. $\widetilde{E}$ sei mit dieser linearen Struktur versehen. Bezüglich ihr ist ι linear. ι stimmt im vorliegenden Fall nicht nur mit $\boldsymbol{j}$, sondern auch mit der vor 5.20.10 definierten Abbildung j überein.

Aus 4.1.16 und dem Korollar zu 5.6.8′ folgt, daß zu beliebigen $y \in \widetilde{E}$ und $\mathfrak{F} \in y$ für den y angehörenden CAUCHYschen Minimalfilter

$$\mathfrak{C}_y = \mathfrak{N} + \mathfrak{F} \tag{5.20.15}$$

gilt.

5.20.11. *Es gibt eine Vektorraumtopologie* $c^{tv}(\tau)$ *von* $\widetilde{E}$, *bezüglich der* $\widetilde{\mathfrak{N}} = \operatorname*{im}_{\subseteq} \{\widetilde{N} \mid N \in \mathfrak{N}\}$ *mit* $\widetilde{N} = \{y \in \widetilde{E} \mid N \in \mathfrak{C}_y\}$ *der Nullnachbarschaftsfilter ist. Die zugehörige kanonische uniforme Struktur stimmt mit der uniformen Struktur von* $\boldsymbol{c}^{\mu}(\boldsymbol{k}(X))$ *überein, d. h., es gilt*

$$k(c^{tv}(\tau)) = c^{\mu}(k(\tau))\,. \tag{5.20.16}$$

Beweis. 1. Aus (5.20.15) folgt zu beliebigen $y, z \in \widetilde{E}$ wegen $\mathfrak{N} + \mathfrak{N} = \mathfrak{N}$

$$\mathfrak{C}_y + \mathfrak{C}_z = (\mathfrak{N} + \mathfrak{F}) + (\mathfrak{N} + \mathfrak{G}) = \mathfrak{N} + (\mathfrak{F} + \mathfrak{G}) = \mathfrak{C}_{y+z}$$

$(\mathfrak{F} \in y,\ \mathfrak{G} \in z)$, zu beliebigen $y \in \widetilde{E}$ und $\alpha \in \boldsymbol{K} \setminus \{0\}$ ferner $\alpha\mathfrak{C}_y = \mathfrak{C}_{\alpha y}$ und schließlich $\mathfrak{N} = \mathfrak{C}_0$. Damit erhält man mühelos $\widetilde{\mathfrak{N}} \subseteqq \widetilde{\mathfrak{N}} + \widetilde{\mathfrak{N}}$, $\widetilde{\mathfrak{N}} \subseteqq \alpha\widetilde{\mathfrak{N}}$ $(\alpha \in \boldsymbol{K})$ und $\mathfrak{N} \subseteqq \boldsymbol{V}\widetilde{\mathfrak{N}}$. Jeder CAUCHY-Filter in X ist quasibeschränkt, so daß zu beliebigen $y \in \widetilde{E}$ die Beziehung $\mathfrak{N} \subseteqq \boldsymbol{V}\mathfrak{C}_y$ besteht. Aus dieser folgt, daß zu jedem $N \in \mathfrak{N}$ ein $V \in \boldsymbol{V}$ und $C \in \mathfrak{C}_y$ mit $N \supseteqq \alpha C$ $(\alpha \in V)$ existieren, weshalb sich $\alpha y \in \widetilde{N}$ $(\alpha \in V)$ und damit $\widetilde{\mathfrak{N}} \subseteqq \boldsymbol{V}y$ ergibt. Auf Grund des Korollars zu 5.4.6 wird daher durch $c^{tv}(\tau)\,(x) = x + [\widetilde{\mathfrak{N}}]$ $(x \in \widetilde{E})$ eine Vektorraumtopologie $c^{tv}(\tau)$ von $\widetilde{E}$ definiert.

2. Nach (5.6.8) besteht zwischen dem Nullnachbarschaftsfilter $\mathfrak{N}$ von X und dem Nullnachbarschaftsfilter $\mathfrak{B}$ der uniformen Struktur von $\boldsymbol{k}(X)$ die Beziehung $\mathfrak{B} = w^{-1}(\mathfrak{N})$, wobei w die durch $w(a, b) = a - b$ definierte Abbildung von $E \times E$ in E ist. W sei die entsprechende Abbildung von $\widetilde{E} \times \widetilde{E}$ in $\widetilde{E}$. N sei eine Nullnachbarschaft in X. Zu beliebigem $(y, z) \in \widetilde{w^{-1}[N]}$ gilt $w^{-1}[N] \in \mathfrak{C}_y \times \mathfrak{C}_z$, damit $N \in \mathfrak{C}_{y-z}$ und folglich $(y, z) \in W^{-1}[\widetilde{N}]$, also $\widetilde{w^{-1}[N]} \subseteqq W^{-1}[\widetilde{N}]$. Ferner gilt zu beliebigem $(y, z) \in W^{-1}[\widetilde{N}]$ stets $N \in \mathfrak{C}_{y-z}$ und für ein $C \in \mathfrak{C}_z$ mit $C - C \subseteqq N$ damit $w^{-1}[N + N] \supseteqq w^{-1}[N + C - C] \supseteqq (N + C) \times C \in \mathfrak{C}_y \times \mathfrak{C}_z$, somit $(y, z) \in \widetilde{w^{-1}[N + N]}$, also $W^{-1}[\widetilde{N}] \subseteqq \widetilde{w^{-1}[N + N]}$. Damit folgt $\widetilde{\mathfrak{B}} = W^{-1}(\widetilde{\mathfrak{N}})$ und deshalb (5.20.16).

$\widetilde{E}$, versehen mit $c^{tv}(\tau)$, bezeichnen wir mit $\boldsymbol{c}^{tv}(X)$.

j ist als Abbildung von $\boldsymbol{k}(X)$ in $\boldsymbol{c}^{\mu}(\boldsymbol{k}(X))$ gleichmäßig stetig, somit als Abbildung von X in $\boldsymbol{c}^{tv}(X)$ stetig. Dem Beweis von 4.13.12 entnimmt man, daß die zu jeder stetigen linearen Abbildung f von X in einen separierten vollständigen topologischen Vektorraum Y eindeutig existierende gleichmäßig stetige Abbildung $g\colon \boldsymbol{c}^{\mu}(\boldsymbol{k}(Y)) \to \boldsymbol{k}(X)$ mit $g \circ j = f$ wie die entsprechende Abbildung aus dem Beweis von 5.20.9 definiert und damit linear ist. Damit erhalten wir

5.20.12 (Vervollständigung topologischer Vektorräume). $\boldsymbol{c}^{tv}(X)$ *ist ein separierter vollständiger topologischer Vektorraum und* j *eine stetige lineare Abbildung von* X *in* $\boldsymbol{c}^{tv}(X)$. *Zu jeder stetigen linearen Abbildung* f *von* X *in einen separierten vollständigen topologischen Vektorraum* Y *gibt es genau eine stetige lineare Abbildung* $g\colon \boldsymbol{c}^{tv}(X) \to Y$, *so daß das Diagramm*

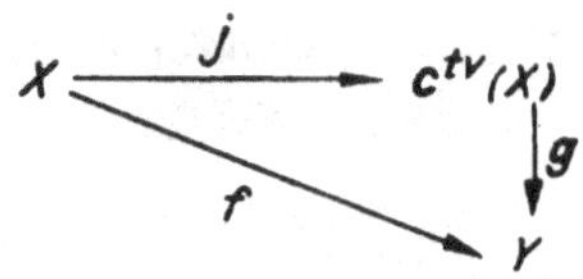

kommutativ ist. $j[X]$ *ist in* $\boldsymbol{c}^{tv}(X)$ *dicht.* j *ist genau dann eine Einbettung, wenn* X *separiert ist.*

$\boldsymbol{c}^{tv}(X)$ hängt eng mit $\tilde{X}$ zusammen. Und zwar gilt

5.20.13. *Es ist* $\boldsymbol{c}^{tv}(X) = \boldsymbol{t}^{v}(\tilde{X})$.

Beweis. Aus 5.20.10 folgt, wenn $Y = \boldsymbol{c}^{tv}(X)$ und $f = j$ gewählt wird, daß die identische Abbildung von $\tilde{X}$ auf $\boldsymbol{c}^{tv}(X)$ stetig ist und daher $\tilde{\tau} \leqq c^{tv}(\tau)$, also $t^{v}(\tilde{\tau}) \leqq c^{tv}(\tau)$ gilt. Da $\boldsymbol{j}\colon \boldsymbol{k}(X) \to \boldsymbol{c}(\boldsymbol{k}(X))$ eine Reflexion für $\boldsymbol{k}(X)$ bez. $\widehat{\text{LUN}}$ ist und $\boldsymbol{j}$ als Abbildung von $\boldsymbol{k}(X)$ in $\boldsymbol{k}(\tilde{X})$ gleichmäßig stetig ist, erhalten wir, daß die identische Abbildung von $\boldsymbol{c}(\boldsymbol{k}(X))$ auf $\boldsymbol{k}(\tilde{X})$ gleichmäßig stetig ist und damit $c(k(\tau)) \leqq k(\tilde{\tau})$, also $c^{\mu}(k(\tau)) \leqq \mu(k(\tilde{\tau})) \leqq k(t^{v}(\tilde{\tau}))$ gilt. Folglich ergibt sich

$$c^{\mu}(k(\tau)) \leqq k(t^{v}(\tilde{\tau})) \leqq k(c^{tv}(\tau))$$

und daraus und aus (5.20.16) die Behauptung.

Nach 5.20.12 ist $j\colon X \to \boldsymbol{c}^{tv}(X)$ eine Reflexion für X bez. $\widehat{\text{TVEK}}$. $\boldsymbol{c}^{tv}$ sei der zu derartigen Reflexionen gebildete Reflektor von TVEK in $\widehat{\text{TVEK}}$. Er heißt der **Komplettierungsfunktor** von TVEK in $\widehat{\text{TVEK}}$.

5.21. Adjungierte Funktoren

Wie wir zeigen werden, ist eine Unterkategorie $\mathfrak{D}$ einer Kategorie $\mathfrak{C}$ genau dann reflektiv in $\mathfrak{C}$, wenn die identische Einbettung $T\colon \mathfrak{D} \to \mathfrak{C}$ einen linksadjungierten Funktor $S\colon \mathfrak{C} \to \mathfrak{D}$ besitzt; S ist der bis auf Isomorphie eindeutig bestimmte Reflektor.

Zunächst gehen wir auf die Begriffe des links- und rechtsadjungierten Funktors ein. Dazu beginnen wir mit einigen Definitionen. Zu jeder Kategorie $\mathfrak{C}$ bezeichnen wir mit $\mathrm{id}_{\mathfrak{C}}$ die identische Einbettung von $\mathfrak{C}$ in sich und nennen sie den **identischen Funktor** von $\mathfrak{C}$. Unter dem **dualen Funktor** $S^{0}\colon \mathfrak{C}^{0} \to \mathfrak{D}^{0}$ eines (kovarianten) Funktors $S\colon \mathfrak{C} \to \mathfrak{D}$ verstehen wir denjenigen (kovarianten)

Funktor der dualen Kategorie $\mathfrak{C}^0$ von $\mathfrak{C}$ in die duale Kategorie $\mathfrak{D}^0$ von $\mathfrak{D}$, der den Objekten und Morphismen von $\mathfrak{C}^0$ die gleichen Objekte und Morphismen wie S zuordnet; geben wir die Kompositionen in $\mathfrak{C}^0$ und $\mathfrak{D}^0$ mit einem Punkt und die in $\mathfrak{C}$ und $\mathfrak{D}$ ohne Kompositionszeichen an, so gilt jeweils $S^0(f \cdot g) = S(gf) = S(g)\,S(f) = S^0(f) \cdot S^0(g)$. Zu beliebigen Funktoren $S: \mathfrak{C} \to \mathfrak{D}$ und $T: \mathfrak{E} \to \mathfrak{F}$ nennen wir den durch $(S \ast T)(X, Y) = (S(X), T(Y))$ $(X \in \operatorname{Ob}\mathfrak{C}, Y \in \operatorname{Ob}\mathfrak{E})$ und $(S \ast T)(f, g) = (S(f), T(g))$ $(f \in \operatorname{Mor}\mathfrak{C}, g \in \operatorname{Mor}\mathfrak{E})$ definierten Funktor $S \ast T: \mathfrak{C} \times \mathfrak{E} \to \mathfrak{D} \times \mathfrak{F}$ das **Funktorprodukt** von S und T. Zu jeder Kategorie $\mathfrak{C}$ verstehen wir unter dem **Hom-Funktor** bezüglich $\mathfrak{C}$ denjenigen Funktor $\operatorname{Hom}_{\mathfrak{C}}: \mathfrak{C}^0 \times \mathfrak{C} \to \mathrm{ENS}$, der jedem Paar von Objekten X und Y von $\mathfrak{C}$ die Menge $\operatorname{Hom}_{\mathfrak{C}}(X, Y) = [X, Y]_{\mathfrak{C}}$ und jedem Paar von Morphismen $f: X' \to X$ und $g: Y \to Y'$ von $\mathfrak{C}$ die Abbildung $\operatorname{Hom}_{\mathfrak{C}}(f, g): a \mapsto gaf$ $(a \in [X, Y_{\mathfrak{C}}])$ von $[X, Y]_{\mathfrak{C}}$ in $[X', Y']_{\mathfrak{C}}$ zuordnet. Sind $\mathfrak{C}$ und $\mathfrak{D}$ Kategorien und S und T Funktoren von $\mathfrak{C}$ in $\mathfrak{D}$, so heißt eine natürliche Transformation $\mu = (\mu_X)_{X \in \operatorname{Ob}\mathfrak{C}}$ von S nach T ein **natürlicher Isomorphismus** oder eine **natürliche Äquivalenz**, wenn μ_X zu beliebigem $X \in \operatorname{Ob}\mathfrak{C}$ ein Isomorphismus in $\mathfrak{D}$ ist.

Sind $S: \mathfrak{C} \to \mathfrak{D}$ und $T: \mathfrak{D} \to \mathfrak{C}$ Funktoren mit vertauschten Urbild- und Bildkategorien, so ist die Komposition $\operatorname{Hom}_{\mathfrak{D}}(S^0 \ast \mathrm{id}_{\mathfrak{D}})$ von $S^0 \ast \mathrm{id}_{\mathfrak{D}}$ mit $\operatorname{Hom}_{\mathfrak{D}}$ und ebenfalls die Komposition $\operatorname{Hom}_{\mathfrak{C}}(\mathrm{id}_{\mathfrak{C}^0} \ast T)$ von $\mathrm{id}_{\mathfrak{C}^0} \ast T$ mit $\operatorname{Hom}_{\mathfrak{C}}$ ein Funktor von $\mathfrak{C}^0 \times \mathfrak{D}$ in ENS. Eine Familie $\mu = (\mu_{XY})_{(X, Y) \in \operatorname{Ob}(\mathfrak{C}^0 \times \mathfrak{D})}$ ist genau dann ein natürlicher Isomorphismus von $\operatorname{Hom}_{\mathfrak{D}}(S^0 \ast \mathrm{id}_{\mathfrak{D}})$ nach $\operatorname{Hom}_{\mathfrak{C}}(\mathrm{id}_{\mathfrak{C}^0} \ast T)$, wenn μ_{XY} zu beliebigen Objekten X von $\mathfrak{C}$ und Y von $\mathfrak{D}$ eine eineindeutige Abbildung von $[S(X), Y]_{\mathfrak{D}}$ auf $[X, T(Y)]_{\mathfrak{C}}$ ist und das Diagramm

$$\begin{array}{ccc} [S(X), Y]_{\mathfrak{D}} & \xrightarrow{\mu_{XY}} & [X, T(Y)]_{\mathfrak{C}} \\ \Big\downarrow {\scriptstyle \operatorname{Hom}_{\mathfrak{D}}(S(f), g)} & & \Big\downarrow {\scriptstyle \operatorname{Hom}_{\mathfrak{C}}(f, T(g))} \\ [S(X'), Y']_{\mathfrak{D}} & \xrightarrow{\mu_{X'Y'}} & [X', T(Y')]_{\mathfrak{C}} \end{array} \tag{5.21.1}$$

zu beliebigen Morphismen $f: X' \to X$ von $\mathfrak{C}$ und $g: Y \to Y'$ von $\mathfrak{D}$ kommutativ ist. Die Kommutativität von (5.21.1) besagt, daß

$$T(g)\,\mu_{XY}(a)\,f = \mu_{X'Y'}(gaS(f)) \tag{5.21.2}$$

für jedes $a \in [S(X), Y]_{\mathfrak{D}}$ gilt.

Ein Tripel (S, T, μ), das aus Funktoren $S: \mathfrak{C} \to \mathfrak{D}$ und $T: \mathfrak{D} \to \mathfrak{C}$ mit vertauschten Urbild- und Bildkategorien und aus einem natürlichen Isomorphismus $\mu: \operatorname{Hom}_{\mathfrak{D}}(S^0 \ast \mathrm{id}_{\mathfrak{D}}) \to \operatorname{Hom}_{\mathfrak{C}}(\mathrm{id}_{\mathfrak{C}^0} \ast T)$ besteht, heißt eine **Adjunktion**, ferner heißen dann S ein **linksadjungierter Funktor** von T und T ein **rechtsadjungierter Funktor** von S.

Kompositionen von links- bzw. rechtsadjungierten Funktoren sind nach dem folgenden Satz wieder links- bzw. rechtsadjungierte Funktoren.

5.21.1 (Kompositionen adjungierter Funktoren). *$(S: \mathfrak{C} \to \mathfrak{D},\ T: \mathfrak{D} \to \mathfrak{C}, \mu)$ und $(U: \mathfrak{D} \to \mathfrak{E},\ V: \mathfrak{E} \to \mathfrak{D}, \nu)$ seien Adjunktionen. Dann bilden die Funktoren*

$US: \mathfrak{C} \to \mathfrak{E}$ und $TV: \mathfrak{E} \to \mathfrak{C}$, zusammen mit $\varrho = (\mu_{XV(Z)} \circ \nu_{S(X)Z})_{(X,Z)\in \mathrm{Ob}(\mathfrak{C}^0 \times \mathfrak{E})}$ ebenfalls eine Adjunktion (US, TV, ϱ).

Beweis. Zu beliebigen Objekten X von $\mathfrak{C}$ und Z von $\mathfrak{E}$ sind $\nu_{S(X)Z}$ und $\mu_{XV(Z)}$ eineindeutige Abbildungen von $[US(X), Z]_{\mathfrak{E}}$ auf $[S(X), V(Z)]_{\mathfrak{D}}$ bzw. von $[S(X), V(Z)]_{\mathfrak{D}}$ auf $[X, TV(Z)]_{\mathfrak{C}}$ und ist daher $\mu_{XV(Z)} \circ \nu_{S(X)Z}$ eine eineindeutige Abbildung von $[US(X), Z]_{\mathfrak{E}}$ auf $[X, TV(Z)]_{\mathfrak{C}}$. Zu beliebigen Morphismen $f: X' \to X$ von $\mathfrak{C}$ und $h: Z \to Z'$ von $\mathfrak{E}$ und jedem $a \in [US(X), Z]_{\mathfrak{E}}$ folgt mittels (5.21.2) und der entsprechenden Beziehungen bezüglich (U, V, ν)

$$\begin{aligned} TV(h)\,(\mu_{XV(Z)} \circ \nu_{S(X)Z})(a)\,f &= \mu_{X'V(Z')}\big(V(h)\,\nu_{S(X)Z}(a)\,S(f)\big) \\ &= (\mu_{X'V(Z')} \circ \nu_{S(X')Z'})\big(haUS(f)\big)\,, \end{aligned}$$

so daß auch die (5.21.2) entsprechenden Beziehungen bezüglich (US, TV, ϱ) gelten.

Der folgende Satz ermöglicht, jeder Aussage über adjungierte Funktoren eine duale Aussage zur Seite zu stellen.

5.21.2 (Dualitätsprinzip für adjungierte Funktoren). *$(S: \mathfrak{C} \to \mathfrak{D}, T: \mathfrak{D} \to \mathfrak{C}, \mu)$ sei eine Adjunktion. Die dualen Funktoren S^0 und T^0 von S und T bilden in umgekehrter Reihenfolge, zusammen mit $\mu^0 = (\mu^{-1}_{XY})_{(X,Y)\in \mathrm{Ob}(\mathfrak{D}^0 \times \mathfrak{C})}$, ebenfalls eine Adjunktion (T^0, S^0, μ^0).*

Beweis. Zu beliebigen Objekten X von $\mathfrak{C}$ und Y von $\mathfrak{D}$ ist μ^{-1}_{XY} eine eineindeutige Abbildung von $[T^0(Y), X]_{\mathfrak{C}^0} = [X, T(Y)]_{\mathfrak{C}}$ auf $[Y, S^0(X)]_{\mathfrak{D}^0} = [S(X), Y]_{\mathfrak{D}}$. Aus (5.21.2) erhält man zu beliebigen Morphismen $f: X' \to X$ von $\mathfrak{C}$, $g: Y \to Y'$ von $\mathfrak{D}$ und $b \in [T^0(Y), X]_{\mathfrak{C}^0}$ bei $a = \mu^{-1}_{XY}(b)$ die Beziehung $\mu^{-1}_{X'Y'}(T(g)\,b\,f) = g\,\mu^{-1}_{XY}(b)\,S(f)$ und damit

$$S^0(f) \cdot \mu^{-1}_{XY}(b) \cdot g = \mu^{-1}_{X'Y'}\big(f \cdot b \cdot T^0(g)\big)\,,$$

wobei die Kompositionen bezüglich $\mathfrak{C}^0$ und $\mathfrak{D}^0$ mit einem Punkt und die bezüglich $\mathfrak{C}$ und $\mathfrak{D}$ ohne Kompositionszeichen angegeben sind. Daher ist (T^0, S^0, μ^0) eine Adjunktion.

Im weiteren charakterisieren wir Adjunktionen mittels universeller Paare. Ist $T: \mathfrak{D} \to \mathfrak{C}$ ein Funktor und X ein Objekt der Bildkategorie $\mathfrak{C}$ von T, so nennen wir ein Paar (Y, u), das aus einem Objekt Y von $\mathfrak{D}$ und einem Morphismus $u: X \to T(Y)$ von $\mathfrak{C}$ besteht, ein **universelles Paar** von X nach T, wenn zu jedem Objekt Y' von $\mathfrak{D}$ und jedem Morphismus $f: X \to T(Y')$ von $\mathfrak{C}$ genau ein Morphismus $g: Y \to Y'$ von $\mathfrak{D}$ existiert, so daß das Diagramm

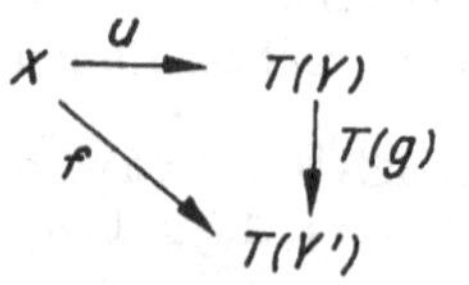

(5.21.3)

kommutativ ist. Die so definierten universellen Paare sind bis auf Isomorphie eindeutig bestimmt, d. h., es gilt

5.21.3. *$T\colon \mathfrak{D} \to \mathfrak{C}$ sei ein Funktor und X ein Objekt der Bildkategorie $\mathfrak{C}$ von T. Sind (Y, u) und (Y', u') universelle Paare von X nach T, so existiert ein Isomorphismus $g\colon Y \to Y'$ in $\mathfrak{D}$ mit $u' = T(g)\, u$.*

Beweis. Da (Y, u) und (Y', u') universelle Paare sind, existieren eindeutig bestimmte Morphismen $g\colon Y \to Y'$ und $g'\colon Y' \to Y$ von $\mathfrak{D}$ mit $u' = T(g)\, u$ und $u = T(g')\, u'$ und daher mit $u = T(g'g)\, u$ und $u' = T(gg')\, u'$. Aus dem gleichen Grunde existieren eindeutig bestimmte Morphismen $h\colon Y \to Y$ und $h'\colon Y' \to Y'$ von $\mathfrak{D}$ mit $u = T(h)\, u$ und $u' = T(h')\, u'$ und daher mit $g'g = h$ und $gg' = h'$. Offenbar ist $h = 1_Y$ und $h' = 1_{Y'}$, g also ein Isomorphismus.

Ist $\mathfrak{D}$ eine reflektive Unterkategorie einer Kategorie $\mathfrak{C}$ und T die identische Einbettung von $\mathfrak{D}$ in $\mathfrak{C}$, so ist zu beliebigem $X \in \operatorname{Ob}\mathfrak{C}$ das mit einer Reflexion $r_X\colon X \to X'$ von X bez. $\mathfrak{D}$ gebildete Paar (X', r_X) ein universelles Paar von X nach T. Im folgenden Satz seien $\mathfrak{D}$ und $\mathfrak{C}$ beliebige Kategorien und sei T ein beliebiger Funktor von $\mathfrak{D}$ in $\mathfrak{C}$. Wir zeigen, daß genau dann zu beliebigem $X \in \operatorname{Ob}\mathfrak{C}$ ein universelles Paar von X nach T existiert, wenn T einen linksadjungierten Funktor besitzt.

5.21.4 (Charakterisierung der Adjunktionen mittels universeller Paare). *Ist $T\colon \mathfrak{D} \to \mathfrak{C}$ ein Funktor und ist (Y_X, u_X) zu beliebigem $X \in \operatorname{Ob}\mathfrak{C}$ ein universelles Paar von X nach T, dann gibt es einen (eindeutig bestimmten) Funktor $S\colon \mathfrak{C} \to \mathfrak{D}$, der jedem Objekt X von $\mathfrak{C}$ gerade Y_X und jedem Morphismus $f\colon X \to X'$ von $\mathfrak{C}$ den eindeutig bestimmten Morphismus $S(f)\colon Y_X \to Y_{X'}$ von $\mathfrak{D}$, für den das Diagramm*

$$\begin{array}{ccc} X & \xrightarrow{u_X} & T(Y_X) \\ {\scriptstyle f}\downarrow & & \downarrow{\scriptstyle TS(f)} \\ X' & \xrightarrow{u_{X'}} & T(Y_{X'}) \end{array} \qquad (5.21.4)$$

kommutativ ist, zuordnet. $u = (u_X)_{X \in \operatorname{Ob}\mathfrak{C}}$ ist dann eine natürliche Transformation von $\mathrm{id}_{\mathfrak{C}}$ nach TS, und S, T und $\mu = (\mu_{XY})_{(X,Y) \in \operatorname{Ob}(\mathfrak{C}^\circ \times \mathfrak{D})}$ mit

$$\mu_{XY}(a) = T(a)\, u_X \qquad (5.21.5)$$

zu beliebigen $X \in \operatorname{Ob}\mathfrak{C}$, $Y \in \operatorname{Ob}\mathfrak{D}$ und $a \in [S(X), Y]_{\mathfrak{D}}$ bilden dann eine Adjunktion (S, T, μ).

Wenn $(S\colon \mathfrak{C} \to \mathfrak{D}, T\colon \mathfrak{D} \to \mathfrak{C}, \mu)$ eine beliebige Adjunktion ist, so ist zu jedem $X \in \operatorname{Ob}\mathfrak{C}$ das Paar (Y_X, u_X) mit $Y_X = S(X)$ und $u_X = \mu_{XS(X)}(1_{S(X)})$ ein universelles Paar von X nach T und ist die sich aus T und diesen universellen Paaren wie im ersten Teil des Satzes ergebende Adjunktion gerade (S, T, μ).

Beweis. 1. $T\colon \mathfrak{D} \to \mathfrak{C}$ sei ein Funktor und zu beliebigem $X \in \operatorname{Ob}\mathfrak{C}$ ferner (Y_X, u_X) ein universelles Paar von X nach T. Für Morphismen $f\colon X \to X'$ und

$g: X' \to X''$ von $\mathfrak{C}$ ist das Diagramm (5.21.4) und das bez. g entsprechend gebildete Diagramm kommutativ und folgt unter Berücksichtigung der Funktoreigenschaft von T, daß auch das Diagramm

$$\begin{array}{ccc} X & \xrightarrow{u_X} & T(Y_X) \\ {\scriptstyle gf}\downarrow & & \downarrow{\scriptstyle T(S(g)S(f))} \\ X'' & \xrightarrow{u_{X''}} & T(Y_{X''}) \end{array}$$

kommutativ ist. Daher ist $S(g)\,S(f) = S(gf)$ und ist S somit ein Funktor. (5.21.4) besagt, daß u eine natürliche Transformation von $\mathrm{id}_{\mathfrak{C}}$ nach TS ist. Zu beliebigen $X \in \mathrm{Ob}\,\mathfrak{C}$ und $Y \in \mathrm{Ob}\,\mathfrak{D}$ folgt unter Beachtung, daß $(S(X), u_X)$ ein universelles Paar von X nach T ist, daß Morphismen $a, b \in [S(X), Y]_{\mathfrak{D}}$ mit $\mu_{XY}(a) = \mu_{XY}(b)$, also mit $T(a)\,u_X = T(b)\,u_X$, stets übereinstimmen und es zu jedem $a' \in [X, T(Y)]_{\mathfrak{C}}$ ein $a \in [S(X), Y]_{\mathfrak{D}}$ mit $a' = T(a)\,u_X$, also mit $a' = \mu_{XY}(a)$, gibt. μ_{XY} ist somit zu beliebigen $X \in \mathrm{Ob}\,\mathfrak{C}$ und $Y \in \mathrm{Ob}\,\mathfrak{D}$ eine eineindeutige Abbildung von $[S(X), Y]_{\mathfrak{D}}$ auf $[X, T(Y)]_{\mathfrak{C}}$.

Im weiteren seien Morphismen $f: X' \to X$ von $\mathfrak{C}$, $g: Y \to Y'$ von $\mathfrak{D}$ und $a \in [S(X), Y]_{\mathfrak{D}}$ gegeben. Da das aus (5.21.4) nach Vertauschung von X und X' entstehende Diagramm kommutativ ist und T ein Funktor ist, folgt mittels (5.21.5)

$$T(g)\,\mu_{XY}(a)\,f = T(ga)\,u_X f = T(ga)\,TS(f)\,u_{X'} = \mu_{X'Y'}\big(gaS(f)\big)\,,$$

also (5.21.2). (S, T, μ) ist somit eine Adjunktion.

2. $(S: \mathfrak{C} \to \mathfrak{D}, T: \mathfrak{D} \to \mathfrak{C}, \mu)$ sei eine Adjunktion. Wir setzen $Y_X = S(X)$ und $u_X = \mu_{XS(X)}(1_{S(X)})$ zu beliebigem $X \in \mathrm{Ob}\,\mathfrak{C}$. Für jeden Morphismus $g: S(X) \to Y'$ von $\mathfrak{D}$ gilt wegen (5.21.2)

$$T(g)\,u_X = \mu_{XY'}(g) \tag{5.21.6}$$

und ist somit $T(g)\,u_X = f$ äquivalent zu $g = \mu_{XY'}^{-1}(f)$. Zu beliebigem $X \in \mathrm{Ob}\,\mathfrak{C}$ ist daher (Y_X, u_X) ein universelles Paar von X nach T und ist der jedem Morphismus $f: X \to T(Y')$ von $\mathfrak{C}$ eindeutig zugeordnete Morphismus $g: Y_X \to Y'$ von $\mathfrak{D}$ mit $T(g)\,u_X = f$ gerade $\mu_{XY'}^{-1}(f)$.

Zu jedem Morphismus $f: X \to X'$ von $\mathfrak{C}$ gilt wegen (5.21.2)

$$u_{X'}f = \mu_{X'S(X')}(1_{S(X')})\,f = \mu_{XS(X')}\big(S(f)\big)\,,$$

wegen (5.21.6) damit $u_{X'}f = TS(f)\,u_X$. Zusammen mit (5.21.6) folgt, daß die sich aus T und den universellen Paaren (Y_X, u_X) $(X \in \mathrm{Ob}\,\mathfrak{C})$ wie im ersten Teil des Satzes ergebende Adjunktion gerade (S, T, μ) ist.

Aus diesem Satz folgt die Behauptung von Anfang des Abschnittes, daß eine Unterkategorie $\mathfrak{D}$ einer Kategorie $\mathfrak{C}$ genau dann reflektiv in $\mathfrak{C}$ ist, wenn die identische Einbettung $T: \mathfrak{D} \to \mathfrak{C}$ einen linksadjungierten Funktor $S: \mathfrak{C} \to \mathfrak{D}$ besitzt; S ist dann ein Reflektor.

Wir geben die zu 5.21.4 duale Aussage an. Dual zu dem in 5.21.4 auftretenden Begriff des universellen Paares von einem Objekt nach einem Funktor ist der Begriff des universellen Paares von einem Funktor nach einem Objekt. Ist $S: \mathfrak{C} \to \mathfrak{D}$ ein Funktor und Y ein Objekt der Bildkategorie $\mathfrak{D}$ von S, so heißt ein Paar (X, v), das aus einem Objekt X von $\mathfrak{C}$ und einem Morphismus $v: S(X) \to Y$ von $\mathfrak{D}$ besteht, ein **universelles Paar** von S nach Y, wenn zu jedem Objekt X' von $\mathfrak{C}$ und jedem Morphismus $g: S(X') \to Y$ von $\mathfrak{D}$ genau ein Morphismus $f: X' \to X$ von $\mathfrak{C}$ existiert, so daß das Diagramm

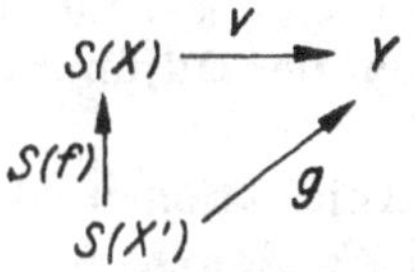

kommutativ ist. 5.21.3 entnimmt man mittels Dualisierung, daß auch die so definierten universellen Paare bis auf Isomorphie eindeutig bestimmt sind.

Aus 5.21.4 folgt unter Berücksichtigung von 5.21.2 mittels Dualisierung

5.21.5 (Charakterisierung der Adjunktionen mittels universeller Paare). *Ist $S: \mathfrak{C} \to \mathfrak{D}$ ein Funktor und ist (X_Y, v_Y) zu beliebigem $Y \in \mathrm{Ob}\,\mathfrak{D}$ ein universelles Paar von S nach Y, dann gibt es einen (eindeutig bestimmten) Funktor $T: \mathfrak{D} \to \mathfrak{C}$, der jedem Objekt Y von $\mathfrak{D}$ gerade X_Y und jedem Morphismus $g: Y' \to Y$ von $\mathfrak{D}$ den eindeutig bestimmten Morphismus $T(f): X_{Y'} \to X_Y$ von $\mathfrak{C}$, für den das Diagramm*

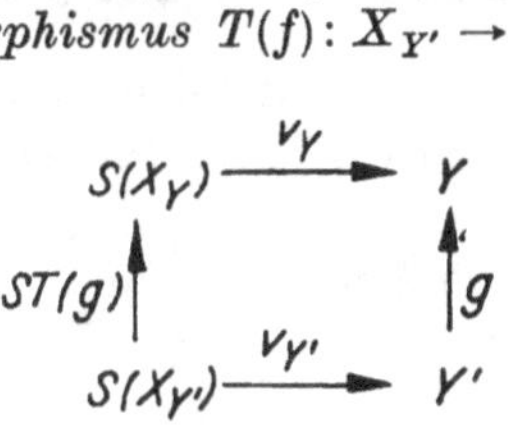

kommutativ ist, zuordnet. $v = (v_Y)_{Y \in \mathrm{Ob}\,\mathfrak{D}}$ ist dann eine natürliche Transformation von ST nach $\mathrm{id}_{\mathfrak{D}}$, und S, T und $\mu = (\mu_{XY})_{(X,Y) \in \mathrm{Ob}(\mathfrak{C}^\circ \times \mathfrak{D})}$ mit

$$\mu_{XY}^{-1}(b) = v_Y S(b) \tag{5.21.7}$$

zu beliebigen $X \in \mathrm{Ob}\,\mathfrak{C}$, $Y \in \mathrm{Ob}\,\mathfrak{D}$ und $b \in [X, T(Y)]_{\mathfrak{C}}$ bilden dann eine Adjunktion (S, T, μ).

Wenn $(S: \mathfrak{C} \to \mathfrak{D}, T: \mathfrak{D} \to \mathfrak{C}, \mu)$ eine beliebige Adjunktion ist, so ist zu jedem $Y \in \mathrm{Ob}\,\mathfrak{D}$ das Paar (X_Y, v_Y) mit $X_Y = T(Y)$ und $v_Y = \mu_{T(Y)Y}^{-1}(1_{T(Y)})$ ein universelles Paar von S nach Y und ist die sich aus S und diesen universellen Paaren wie im ersten Teil des Satzes ergebende Adjunktion gerade (S, T, μ).

Dual zum Begriff der reflektiven Unterkategorie ist der Begriff der coreflektiven Unterkategorie. Eine Unterkategorie $\mathfrak{D}$ einer Kategorie $\mathfrak{C}$ heißt **coreflektiv** in $\mathfrak{C}$, wenn es zu jedem Objekt X von $\mathfrak{C}$ einen Morphismus $c_X: X' \to X$ von $\mathfrak{C}$ mit $X' \in \mathrm{Ob}\,\mathfrak{D}$ gibt, eine sogenannte **Coreflexion** für X bez. $\mathfrak{D}$, derart, daß zu jedem Morphismus $f: Y \to X$ von $\mathfrak{C}$ mit $Y \in \mathrm{Ob}\,\mathfrak{D}$ genau ein Morphismus

$g\colon Y \to X'$ von $\mathfrak{D}$ existiert mit $f = c_X g$. Wegen 5.21.5 ist eine Unterkategorie $\mathfrak{D}$ einer Kategorie $\mathfrak{C}$ genau dann in $\mathfrak{C}$ coreflektiv, wenn die identische Einbettung von $\mathfrak{D}$ in $\mathfrak{C}$ einen rechtsadjungierten Funktor besitzt. Jeder rechtsadjungierte Funktor der identischen Einbettung einer coreflektiven Unterkategorie einer Kategorie in diese Kategorie heißt ein **Coreflektor.**

Zu jeder Adjunktion $(S\colon \mathfrak{C} \to \mathfrak{D},\ T\colon \mathfrak{D} \to \mathfrak{C},\ \mu)$ wird die in 5.21.4 auftretende natürliche Transformation $u = (u_X)_{X \in \mathrm{Ob}\,\mathfrak{C}}$, für die $u_X = \mu_{XS(X)}(1_{S(X)})$ zu beliebigem $X \in \mathrm{Ob}\,\mathfrak{C}$ gilt, die **Einheit** der Adjunktion und die in 5.21.5 auftretende natürliche Transformation $v = (v_Y)_{Y \in \mathrm{Ob}\,\mathfrak{D}}$, für die $v_Y = \mu^{-1}_{T(Y)Y}(1_{T(Y)})$ zu beliebigem $Y \in \mathrm{Ob}\,\mathfrak{D}$ gilt, die **Coeinheit** der Adjunktion genannt.

5.21.6 (Charakterisierung der Adjunktionen mittels der Einheit und Coeinheit). *Sind $S\colon \mathfrak{C} \to \mathfrak{D}$ und $T\colon \mathfrak{D} \to \mathfrak{C}$ Funktoren mit vertauschten Urbild- und Bildkategorien und sind $u\colon \mathrm{id}_{\mathfrak{C}} \to TS$ und $v\colon ST \to \mathrm{id}_{\mathfrak{D}}$ natürliche Transformationen derart, daß*

$$v_{S(X)}S(u_X) = 1_{S(X)} \quad \textit{und} \quad T(v_Y)\, u_{T(Y)} = 1_{T(Y)} \tag{5.21.8}$$

zu beliebigen Objekten X von $\mathfrak{C}$ und Y von $\mathfrak{D}$ gilt, dann bilden S, T und $\mu = (\mu_{XY})_{(X,\,Y) \in \mathrm{Ob}\,(\mathfrak{C}^0 \times \mathfrak{D})}$, wobei jeweils μ_{XY} durch (5.21.5) (*durch* (5.21.7)) *definiert ist, eine Adjunktion (S, T, μ), die u als Einheit und v als Coeinheit hat.*

Für die Einheit u und Coeinheit v jeder Adjunktion $(S\colon \mathfrak{C} \to \mathfrak{D},\ T\colon \mathfrak{D} \to \mathfrak{C},\ \mu)$ gilt (5.21.8) *zu beliebigen Objekten X von $\mathfrak{C}$ und Y von $\mathfrak{D}$.*

Beweis. 1. $S\colon \mathfrak{C} \to \mathfrak{D}$ und $T\colon \mathfrak{D} \to \mathfrak{C}$ seien Funktoren und $u\colon \mathrm{id}_{\mathfrak{C}} \to TS$ und $v\colon ST \to \mathrm{id}_{\mathfrak{D}}$ natürliche Transformationen derart, daß (5.21.8) zu beliebigen $X \in \mathrm{Ob}\,\mathfrak{C}$ und $Y \in \mathrm{Ob}\,\mathfrak{D}$ gilt. $\mu = (\mu_{XY})_{(X,\,Y) \in \mathrm{Ob}\,(\mathfrak{C}^0 \times \mathfrak{D})}$ sei durch (5.21.5) definiert.

Gegeben seien Objekte X von $\mathfrak{C}$ und Y von $\mathfrak{D}$. Zu beliebigem $a \in [S(X), Y]_{\mathfrak{D}}$ gilt $\mu_{XY}(a) \in [X, T(Y)]_{\mathfrak{C}}$ und folgt mittels (5.21.8) unter Beachtung, daß v eine natürliche Transformation ist,

$$v_Y S(\mu_{XY}(a)) = v_Y ST(a)\, S(u_X) = a v_{S(X)} S(u_X) = a\,.$$

Zu beliebigem $b \in [X, T(Y)]_{\mathfrak{C}}$ gehört $a = v_Y S(b)$ der Menge $[S(X), Y]_{\mathfrak{C}}$ an und folgt mittels (5.21.8) unter Beachtung, daß u eine natürliche Transformation ist,

$$\mu_{XY}(a) = T(v_Y)\, TS(b)\, u_X = T(v_Y)\, u_{T(Y)} b = b\,.$$

μ_{XY} ist daher eine eineindeutige Abbildung von $[S(X), Y]_{\mathfrak{D}}$ auf $[X, T(Y)]_{\mathfrak{C}}$.

Für beliebige Morphismen $f\colon X' \to X$ von $\mathfrak{C}$, $g\colon Y \to Y'$ von $\mathfrak{D}$ und $a \in [S(X), Y]_{\mathfrak{D}}$ ergibt sich unter Beachtung, daß u eine natürliche Transformation ist,

$$T(g)\, \mu_{XY}(a) f = T(ga)\, u_X f = T(ga)\, TS(f)\, u_{X'} = \mu_{X'Y'}(gaS(f))\,,$$

also (5.21.2). (S, T, μ) ist somit eine Adjunktion. Mittels Dualisierung folgt, daß (S, T, μ) eine Adjunktion ist, falls μ durch (5.21.7) definiert wird.

2. Sind u und v die Einheit bzw. Coeinheit einer Adjunktion $(S\colon \mathfrak{C} \to \mathfrak{D},$ $T\colon \mathfrak{D} \to \mathfrak{C},\ \mu)$, so folgt aus (5.21.5) und (5.21.7) zu beliebigen $X \in \mathrm{Ob}\,\mathfrak{C}$ und

$Y \in \mathrm{Ob}\,\mathfrak{D}$ bei $a = 1_{S(X)}$ und $b = \mu_{XY}(a)$ die Beziehung $v_{S(X)}S(u_X) = 1_{S(X)}$ und bei $b = 1_{T(Y)}$ und $a = \mu_{XY}^{-1}(b)$ die Beziehung $T(v_Y)\,u_{T(Y)} = 1_{T(Y)}$, d. h. (5.21.8).

Linksadjungierte Funktoren eines Funktors sind nach dem folgenden Satz bis auf natürliche Isomorphie eindeutig bestimmt.

5.21.7. *S und S' seien linksadjungierte Funktoren eines Funktors $T\colon \mathfrak{D} \to \mathfrak{C}$. Dann gibt es einen natürlichen Isomorphismus γ von S nach S'.*

Beweis. (S', T, μ') und (S, T, μ) seien Adjunktionen und u bzw. u' ihre Einheiten. Nach 5.21.3 gibt es zu beliebigem $X \in \mathrm{Ob}\,\mathfrak{C}$ einen Isomorphismus $\gamma_X\colon S(X) \to S'(X)$ mit $u'_X = T(\gamma_X)\,u_X$. Zu jedem Morphismus $f\colon X \to X'$ von $\mathfrak{C}$ sind die beiden Diagramme

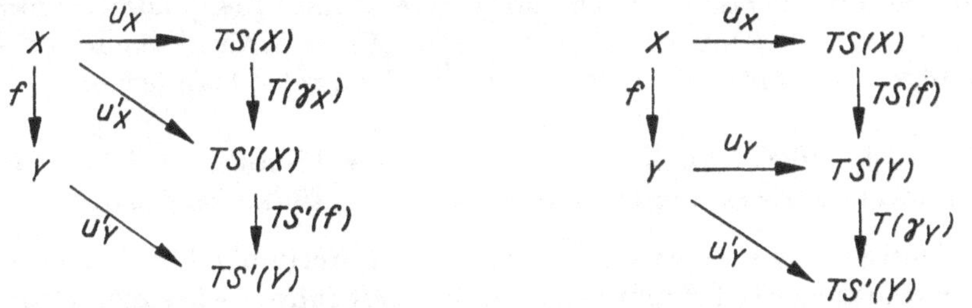

kommutativ. Da $(S(X), u_X)$ ein universelles Paar von X nach T ist, folgt $S'(f)\,\gamma_X = \gamma_Y S(f)$ und damit, daß $\gamma = (\gamma_X)_{X \in \mathrm{Ob}\,\mathfrak{C}}$ ein natürlicher Isomorphismus von S nach S' ist.

Durch Dualisierung von 5.21.7 erhält man, daß auch rechtsadjungierte Funktoren eines Funktors bis auf natürliche Isomorphie eindeutig bestimmt sind.

Wir sagen, daß ein Funktor $T\colon \mathfrak{D} \to \mathfrak{C}$ projektive (induktive) Limites **respektiert**, wenn gilt: Ist U ein Funktor einer kleinen Kategorie $\mathfrak{E}$ in die Kategorie $\mathfrak{D}$ und ist ein Objekt Y von $\mathfrak{D}$, zusammen mit einer natürlichen Transformation $\varphi = (\varphi_E)_{E \in \mathrm{Ob}\,\mathfrak{E}}$, ein projektiver (induktiver) Limes von U, so ist $T(Y)$, zusammen mit $T\varphi = (T(\varphi_E))_{E \in \mathrm{Ob}\,\mathfrak{E}}$, ein projektiver (induktiver) Limes von TU.

5.21.8 (Adjungierte Funktoren und projektive Limites). *Jeder Funktor, der einen linksadjungierten Funktor besitzt, respektiert projektive Limites.*

Beweis. $(S\colon \mathfrak{C} \to \mathfrak{D},\ T\colon \mathfrak{D} \to \mathfrak{C},\ \mu)$ sei eine Adjunktion und U ein Funktor einer kleinen Kategorie $\mathfrak{E}$ in $\mathfrak{D}$. Y sei, zusammen mit einer natürlichen Transformation $\varphi\colon Y_{\mathfrak{E}} \to U$, ein projektiver Limes von U. Gegeben sei eine natürliche Transformation $\nu\colon X_{\mathfrak{E}} \to TU$ mit $X \in \mathrm{Ob}\,\mathfrak{C}$. Zu jedem $E \in \mathrm{Ob}\,\mathfrak{E}$ bilden wir den Morphismus $\psi_E = \mu_{X\,U(E)}^{-1}(\nu_E)\colon S(X) \to U(E)$ von $\mathfrak{D}$. Für jeden Morphismus $f\colon E \to F$ von $\mathfrak{E}$ folgt unter Beachtung, daß ν eine natürliche Transformation ist,

$TU(f)\,\nu_E = \nu_F$ und wegen (5.21.2)

$$U(f)\,\mu^{-1}_{XU(E)}(\nu_E) = \mu^{-1}_{XU(F)}\big(TU(f)\,\nu_E\big)\,,$$

also $U(f)\,\psi_E = \psi_F$, so daß $\psi = (\psi_E)_{E\in \mathrm{Ob}\,\mathfrak{E}}$ eine natürliche Transformation von $S(X)_{\mathfrak{E}}$ nach U ist. Da Y, zusammen mit φ, ein projektiver Limes von U ist, existiert ein eindeutig bestimmter Morphismus $\varrho\colon S(X) \to Y$ von $\mathfrak{D}$ mit $\psi = \varphi\varrho_{\mathfrak{E}}$, d. h. mit $\psi_E = \varphi_E\varrho$ zu beliebigem $E \in \mathrm{Ob}\,\mathfrak{E}$. Wegen (5.21.2) gilt $\nu_E = \mu_{XU(E)}(\varphi_E\varrho)$ $= T(\varphi_E)\,\omega$ zu beliebigem $E \in \mathrm{Ob}\,\mathfrak{E}$, d. h. $\nu = T\varphi\omega_{\mathfrak{E}}$ für $\omega = \mu_{XY}(\varrho)\colon X \to T(Y)$. Ist ω' irgendein Morphismus von X nach $T(Y)$ mit $\nu_E = T(\varphi_E)\,\omega'$ ($E \in \mathrm{Ob}\,\mathfrak{E}$), so folgt mittels (5.21.2) $\psi_E = \mu^{-1}_{XU(E)}\big(T(\varphi_E)\,\omega\big) = \varphi_E\mu^{-1}_{XY}(\omega')$ ($E \in \mathrm{Ob}\,\mathfrak{E}$) und damit $\omega' = \mu_{XY}(\varrho)$, so daß ω wie ϱ eindeutig bestimmt ist. $T(Y)$, zusammen mit $T\varphi$, ist daher ein projektiver Limes von TU.

Ist $U\colon \mathfrak{E} \to \mathfrak{D}$ ein Funktor einer kleinen Kategorie $\mathfrak{E}$ in eine Kategorie $\mathfrak{D}$ und ist ein Objekt Y von $\mathfrak{D}$ (d. h. von $\mathfrak{D}^0$), zusammen mit einer natürlichen Transformation $\varphi\colon Y_{\mathfrak{E}^0} \to U^0$, ein projektiver Limes des dualen Funktors U^0 von U, so ist Y, zusammen mit $\varphi\colon U \to Y_{\mathfrak{E}}$, ein induktiver Limes von U. Aus 5.21.8 folgt daher unter Beachtung von 5.21.2 mittels Dualisierung:

5.21.9 (Adjungierte Funktoren und induktive Limites). *Jeder Funktor, der einen rechtsadjungierten Funktor besitzt, respektiert induktive Limites.*

Im nächsten Satz bringen wir ein wichtiges Kriterium dafür, daß ein Funktor einen linksadjungierten Funktor besitzt. Vorerst führen wir einige Definitionen an. Zu beliebigen Funktoren $S\colon \mathfrak{E} \to \mathfrak{D}$ und $T\colon \mathfrak{E} \to \mathfrak{F}$ mit gemeinsamer Urbildkategorie bezeichnen wir den durch $\langle S, T\rangle\,(X) = \big(S(X), T(X)\big)$ ($X \in \mathrm{Ob}\,\mathfrak{E}$) und $\langle S, T\rangle\,(f) = \big(S(f), T(f)\big)$ ($f \in \mathrm{Mor}\,\mathfrak{E}$) definierten Funktor $\langle S, T\rangle\colon \mathfrak{E} \to \mathfrak{D} \times \mathfrak{F}$ als das **Funktorpaar** von S und T. Einen Funktor $T\colon \mathfrak{D} \to \mathrm{ENS}$ einer beliebigen Kategorie $\mathfrak{D}$ in die Kategorie ENS nennen wir **eigentlich**, wenn $\mathrm{Ob}\,\mathfrak{D}$ eine Menge M enthält (M ist also keine Unmenge), für die gilt: Zu beliebigen $Y \in \mathrm{Ob}\,\mathfrak{D}$ und $y \in T(Y)$ existieren ein $X \in M$, ein $x \in T(X)$ und ein Morphismus $f\colon X \to Y$ von $\mathfrak{D}$ mit $y = T(f)(x)$.

Für jeden Funktor $T\colon \mathfrak{D} \to \mathfrak{C}$ und jedes Objekt X von $\mathfrak{C}^0$ ist die Komposition $\mathrm{Hom}_{\mathfrak{C}}\,\langle X_{\mathfrak{D}}, T\rangle\colon \mathfrak{D} \to \mathrm{ENS}$ des Funktorpaares von $X_{\mathfrak{D}}\colon \mathfrak{D} \to \mathfrak{C}^0$ und T mit $\mathrm{Hom}_{\mathfrak{C}}$ genau dann ein eigentlicher Funktor, wenn $\mathrm{Ob}\,\mathfrak{D}$ eine Menge M enthält, so daß die folgende Bedingung gilt:

Zu beliebigen $Y \in \mathrm{Ob}\,\mathfrak{D}$ und $f \in [X, T(Y)]_{\mathfrak{C}}$ existieren ein $A \in M$, ein $g \in [X, T(A)]_{\mathfrak{C}}$ und ein Morphismus $h\colon A \to Y$ von $\mathfrak{D}$ mit $f = T(h)\,g$.

Eine Kategorie heißt **vollständig** bzw. **covollständig**, wenn in ihr alle projektiven bzw. induktiven Limites existieren.

5.21.10 (Hauptsatz von Freyd [1] über adjungierte Funktoren). *Ein Funktor* $T\colon \mathfrak{D} \to \mathfrak{C}$ *einer vollständigen Kategorie* $\mathfrak{D}$ *in eine Kategorie* $\mathfrak{C}$ *besitzt genau dann einen linksadjungierten Funktor, wenn er projektive Limites respektiert und wenn zu jedem* $X \in \mathrm{Ob}\,\mathfrak{C}^0$ *der Funktor* $\mathrm{Hom}_{\mathfrak{C}}\,\langle X_{\mathfrak{D}}, T\rangle\colon \mathfrak{D} \to \mathrm{ENS}$ *eigentlich ist.*

Beweis. 1. T besitze einen linksadjungierten Funktor $S: \mathfrak{C} \to \mathfrak{D}$. $u = (u_X)_{X \in \mathrm{Ob}\,\mathfrak{C}}$ sei die Einheit einer zugehörigen Adjunktion. Wegen 5.21.8 respektiert T projektive Limites. Wir bilden zu einem $X \in \mathrm{Ob}\,\mathfrak{C}^0$ die Einermenge $M = \{S(X)\}$. Da $(S(X), u_X)$ ein universelles Paar von $S(X)$ nach T ist, gibt es zu beliebigen $Y \in \mathrm{Ob}\,\mathfrak{D}$ und $f \in [X, T(Y)]_{\mathfrak{D}}$ ein $h: S(X) \to Y$ mit $f = T(h)\, u_X$. $\mathrm{Hom}_{\mathfrak{C}} \langle X_{\mathfrak{D}}, T \rangle$ ist daher eigentlich.

2. T respektiere projektive Limites, und zu beliebigem $X \in \mathrm{Ob}\,\mathfrak{C}^0$ sei $\mathrm{Hom}_{\mathfrak{C}} \langle X_{\mathfrak{D}}, T \rangle$ eigentlich. Gegeben sei ein $X \in \mathrm{Ob}\,\mathfrak{C}^0$. Es existiert eine Menge $M \subseteqq \mathrm{Ob}\,\mathfrak{D}$, für die die vor dem Satz angeführte Bedingung gilt. Wegen 1.12.3 ist $L = \{(A, f) \mid A \in M,\, f \in [X, T(A)]_{\mathfrak{C}}\}$ eine Menge. $P \in \mathrm{Ob}\,\mathfrak{D}$ sei, zusammen mit Morphismen $\pi_{A,f}: P \to A$ $((A, f) \in L)$, ein Produkt der A $((A, f) \in L)$ in $\mathfrak{D}$; die Existenz ergibt sich auf Grund der Vollständigkeit von $\mathfrak{D}$. Da T projektive Limites respektiert, ist $T(P)$, zusammen mit $T(\pi_{A,f})$ $((A, f) \in L)$, ein Produkt der $T(A)$ $((A, f) \in L)$ in $\mathfrak{C}$. Aus der Produktdefinition folgt, daß ein eindeutig bestimmter Morphismus $v: X \to T(P)$ in $\mathfrak{C}$ existiert, so daß zu jedem $(A, f) \in L$ das Diagramm

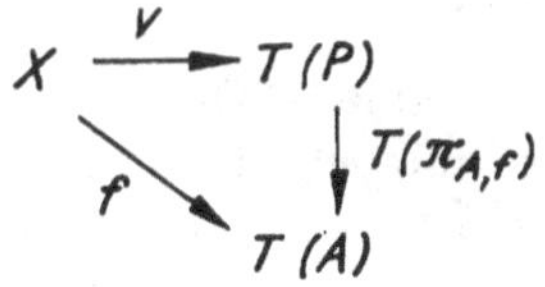

kommutativ ist, also

$$f = T(\pi_{A,f})\, v \tag{5.21.9}$$

gilt. $\mathfrak{E}$ sei eine Kategorie, die lediglich zwei Objekte E und F hat, und für die $[E, F]_{\mathfrak{E}} = \{f \in [P, P]_{\mathfrak{D}} \mid v = T(f)\, v\}$, $[F, E]_{\mathfrak{E}} = \emptyset$ und $[E, E]_{\mathfrak{E}} = [F, F]_{\mathfrak{E}} = \{1_P\}$ ist. Wir bilden den Funktor $R: \mathfrak{E} \to \mathfrak{D}$ mit $R(E) = R(F) = P$ und $R(f) = f$ zu beliebigem $f \in \mathrm{Mor}\,\mathfrak{E}$. Y, zusammen mit $\iota = (\iota_G)_{G \in \mathrm{Ob}\,\mathfrak{E}}$, sei ein projektiver Limes von R; die Existenz eines projektiven Limes von R folgt wegen der Vollständigkeit von $\mathfrak{D}$. Da T projektive Limites respektiert, ist $T(Y)$, zusammen mit der natürlichen Transformation $T\iota = (T(\iota_G))_{G \in \mathrm{Ob}\,\mathfrak{E}}$ von $T(Y)_{\mathfrak{E}}$ nach TR, ein projektiver Limes von TR. Unter Beachtung, daß $\nu = (\nu_G)_{G \in \mathrm{Ob}\,\mathfrak{E}}$ mit $\nu_E = \nu_F = v$ eine natürliche Transformation von $X_{\mathfrak{E}}$ nach TR ist und $T(Y)$, zusammen mit $T\iota$, ein projektiver Limes von TR ist, finden wir einen eindeutig bestimmten Morphismus $u: X \to T(Y)$ mit

$$v = T(\iota_E)\, u \tag{5.21.10}$$

(und daher auch mit $v = T(\iota_F)\, u$).

Wir zeigen als nächstes, daß (Y, u) ein universelles Paar von X nach T ist. Gegeben seien dazu ein $Y' \in \mathrm{Ob}\,\mathfrak{D}$ und ein $f \in [X, T(Y')]_{\mathfrak{D}}$. Da M die vor dem Satz angegebene Bedingung erfüllt, existieren ein $A \in M$, ein $f' \in [X, T(A)]_{\mathfrak{D}}$ und ein Morphismus $f^*: A \to Y'$ von $\mathfrak{D}$ mit $f = T(f^*)\, f'$. Für die Komposition $g = f^* \pi_{A,f'} \iota_E: Y \to Y'$ folgt mittels (5.21.9) und (5.21.10)

$$f = T(g)\, u\,. \tag{5.21.11}$$

$h: Y \to Y'$ sei ein weiterer Morphismus mit $f = T(h)\,u$. Nach Voraussetzung existiert ein $Z \in \mathrm{Ob}\mathfrak{D}$, das, zusammen mit einem Morphismus $\varkappa: Z \to Y$ von $\mathfrak{D}$, ein Differenzkern von g und h ist. Da T projektive Limites respektiert, ist $T(Z)$, zusammen mit $T(\varkappa)$, ein Differenzkern von $T(g)$ und $T(h)$. Wegen $T(g)\,u = T(h)\,u$ gibt es einen Morphismus $w: X \to T(Z)$ mit

$$u = T(\varkappa)\,w\,. \tag{5.21.12}$$

Da M die vor dem Satz angegebene Bedingung erfüllt, existieren ein $A \in M$, ein $w' \in [X, T(A)]_{\mathfrak{D}}$ und ein Morphismus $w^*: A \to Z$ von $\mathfrak{D}$ mit $w = T(w^*)\,w'$. Für $j = w^*\pi_{A,w'}: P \to Z$ gilt wegen (5.21.9) $w = T(j)\,v$, woraus mittels (5.21.10) und (5.21.12) $v = T(\iota_E \varkappa j)\,v$ folgt. Aus dieser Beziehung und $v = T(1_P)\,v$ ergibt sich unter Beachtung, daß ι eine natürliche Transformation ist, $\iota_E \varkappa j\, \iota_E = 1_P\, \iota_E = \iota_E 1_Y$. Man zeigt mühelos, daß ι_E analog wie jede Einbettung ein Monomorphismus ist (siehe den Beweis zu 3.1.1). Damit folgt $\varkappa j\, \iota_E = 1_Y$ und wegen $g\varkappa = h\varkappa$ also $g = h$, so daß g der einzige Morphismus von Y nach Y' mit (5.21.11) ist. (Y, u) ist somit ein universelles Paar von X nach T. Wegen 5.21.4 besitzt T daher einen linksadjungierten Funktor.

Für jeden Funktor $S: \mathfrak{C} \to \mathfrak{D}$ und jedes Objekt Y von $\mathfrak{D}$ stimmt $\mathrm{Hom}_{\mathfrak{D}}\langle S^0, Y_{\mathfrak{C}^0}\rangle$ mit $\mathrm{Hom}_{\mathfrak{D}^0}\langle Y_{\mathfrak{C}^0}, S^0\rangle$ überein und ist dieser Funktor genau dann eigentlich, wenn $\mathrm{Ob}\,\mathfrak{C}$ eine Menge enthält, so daß es zu beliebigen $X \in \mathrm{Ob}\,\mathfrak{C}$ und $f \in [S(X), Y]_{\mathfrak{D}}$ ein $A \in M$, ein $g \in [S(A), Y]_{\mathfrak{D}}$ und einen Morphismus $h: X \to A$ von $\mathfrak{C}$ mit $f = gS(h)$ gibt.

Aus 5.21.10 folgt durch Dualisierung

5.21.11 (Existenz adjungierter Funktoren). *Ein Funktor $S: \mathfrak{C} \to \mathfrak{D}$ einer covollständigen Kategorie $\mathfrak{C}$ in eine Kategorie $\mathfrak{D}$ besitzt genau dann einen rechtsadjungierten Funktor, wenn er induktive Limites respektiert und wenn zu jedem $Y \in \mathrm{Ob}\,\mathfrak{D}$ der Funktor $\mathrm{Hom}_{\mathfrak{D}}\langle S^0, Y_{\mathfrak{C}^0}\rangle: \mathfrak{C}^0 \to \mathrm{ENS}$ eigentlich ist.*

5.22. Über reflektive und coreflektive Unterkategorien

Wir gehen im weiteren genauer auf reflektive und coreflektive Unterkategorien von Kategorien ein. Wir haben bereits zahlreiche reflektive und coreflektive Unterkategorien und zugehörige Reflektoren bzw. Coreflektoren angeführt. So sind zum Beispiel die Funktoren **ach**, **Cq**, $\boldsymbol{m}$, $\boldsymbol{m}^r$, $\boldsymbol{m}^\varrho$, $\boldsymbol{p}$, $\boldsymbol{p}^g$, $\boldsymbol{p}^r$, $\boldsymbol{p}^v$, $\boldsymbol{p}^\nu$, $\boldsymbol{p}^\varrho$, $\boldsymbol{p}^\wedge$, $\boldsymbol{p}^\wedge$, **sat**, $\boldsymbol{t}$, $\boldsymbol{t}^g$, $\boldsymbol{t}^r$, $\boldsymbol{t}^v$, $\boldsymbol{t}^\nu$, $\boldsymbol{t}^\varrho$, $\boldsymbol{t}^\wedge$, $\boldsymbol{t}^\wedge$, $\boldsymbol{v}$, $\boldsymbol{\mu}$, $\boldsymbol{\pi}$ und $\wedge$ Reflektoren und **l**, **S**, $\boldsymbol{u}$, $\boldsymbol{u}'$, $\boldsymbol{\delta}$, $+$ und $\#$ Coreflektoren. In all diesen Fällen sind die betreffenden Unterkategorien sogar bireflektiv bzw. bicoreflektiv, wobei eine reflektive bzw. coreflektive Unterkategorie einer Kategorie $\mathfrak{C}$ **bireflektiv** bzw. **bicoreflektiv** in $\mathfrak{C}$ heißt, wenn die zugehörigen bis auf Isomorphie eindeutig bestimmten Reflexionen r_X ($X \in \mathrm{Ob}\mathfrak{C}$) bzw. Coreflexionen c_X ($X \in \mathrm{Ob}\mathfrak{C}$) Bimorphismen sind.

Ist $\mathfrak{D}$ eine Unterkategorie einer Kategorie $\mathfrak{C}$, so wird ein Funktor $S: \mathfrak{C} \to \mathfrak{D}$ eine **Retraktion** genannt, wenn sich die identische Einbettung $T: \mathfrak{D} \to \mathfrak{C}$ mit S zum identischen Funktor von $\mathfrak{D}$ zusammensetzt: $ST = \mathrm{id}_{\mathfrak{D}}$.

5.22.1. *$\mathfrak{D}$ sei eine reflektive bzw. coreflektive Unterkategorie einer Kategorie $\mathfrak{C}$. Dann existiert stets ein Reflektor bzw. Coreflektor $S: \mathfrak{C} \to \mathfrak{D}$, der eine Retraktion ist.*

Beweis. $\mathfrak{D}$ sei reflektiv in $\mathfrak{C}$. Zu beliebigem $X \in \mathrm{Ob}\,\mathfrak{C} \setminus \mathrm{Ob}\,\mathfrak{D}$ sei r_X eine Reflexion für X bez. $\mathfrak{D}$. Für jedes $X \in \mathrm{Ob}\mathfrak{D}$ ist offenbar 1_X eine Reflexion für X bez. $\mathfrak{D}$. Der mittels dieser Reflexionen gebildete Reflektor ist offenbar eine Retraktion. Ist $\mathfrak{D}$ coreflektiv in $\mathfrak{C}$, so erhält man analog einen Coreflektor, der eine Retraktion ist.

Alle oben angeführten Reflektoren und Coreflektoren sind Retraktionen.

5.22.2. (Covollständigkeit reflektiver Unterkategorien). *$\mathfrak{D}$ sei eine reflektive Unterkategorie einer covollständigen Kategorie $\mathfrak{C}$. Dann ist auch $\mathfrak{D}$ covollständig. Wenn R ein Funktor einer kleinen Kategorie $\mathfrak{E}$ in $\mathfrak{D}$, $T: \mathfrak{D} \to \mathfrak{C}$ die identische Einbettung von $\mathfrak{D}$ in $\mathfrak{C}$ und $S: \mathfrak{C} \to \mathfrak{D}$ ein Reflektor ist, der eine Retraktion ist, so gilt: Ist ein Objekt X von $\mathfrak{C}$, zusammen mit einer natürlichen Transformation φ, ein induktiver Limes von TR, dann ist $S(X)$, zusammen mit $S\varphi$, ein induktiver Limes von R.*

Beweis. Ist ein Objekt X von $\mathfrak{C}$, zusammen mit einer natürlichen Transformation φ, ein induktiver Limes von TR, so ist $S(X)$, zusammen mit $S\varphi$, wegen 5.21.9 ein induktiver Limes von STR, d. h. von R.

Mittels Dualisierung folgt

5.22.3. (Vollständigkeit coreflektiver Unterkategorien). *$\mathfrak{D}$ sei eine coreflektive Unterkategorie einer vollständigen Kategorie $\mathfrak{C}$. Dann ist auch $\mathfrak{D}$ vollständig. Wenn R ein Funktor einer kleinen Kategorie $\mathfrak{E}$ in $\mathfrak{D}$, $T: \mathfrak{D} \to \mathfrak{C}$ die identische Einbettung von $\mathfrak{D}$ in $\mathfrak{C}$ und $S: \mathfrak{C} \to \mathfrak{D}$ ein Coreflektor ist, der eine Retraktion ist, so gilt: Ist ein Objekt X von $\mathfrak{C}$, zusammen mit einer natürlichen Transformation φ, ein projektiver Limes von TR, dann ist $S(X)$, zusammen mit $S\varphi$, ein projektiver Limes von R.*

Die am Anfang des Abschnittes angeführten Reflektoren und Coreflektoren sind offenbar auch treue Funktoren. Mittels Retraktionen, die treue Funktoren sind, ergeben sich leicht Beziehungen zwischen Mono- und Epimorphismen von Kategorien und von Unterkategorien, und zwar gilt:

5.22.4. *$\mathfrak{D}$ sei eine Unterkategorie einer Kategorie $\mathfrak{C}$ und $S: \mathfrak{C} \to \mathfrak{D}$ ein treuer Funktor, der eine Retraktion ist. Unter dieser Voraussetzung ist ein Morphismus f von $\mathfrak{C}$ genau dann ein Mono- bzw. Epimorphismus, wenn $S(f)$ ein Mono- bzw. Epimorphismus von $\mathfrak{D}$ ist.*

Beweis. 1. f sei ein Monomorphismus von $\mathfrak{C}$. Für Morphismen g und h von $\mathfrak{D}$ mit $S(f)\,g = S(f)\,h$ folgt dann $S(fg) = S(fh)$ und somit $fg = fh$ auf Grund der Treue von S, also $g = h$, so daß $S(f)$ ein Monomorphismus von $\mathfrak{D}$ ist.

2. f sei ein Morphismus von $\mathfrak{C}$ derart, daß $S(f)$ ein Monomorphismus in $\mathfrak{D}$ ist. Für Morphismen g und h von $\mathfrak{C}$ mit $fg = fh$ folgt $S(f)\,S(g) = S(f)\,S(h)$ und damit $S(g) = S(h)$, also $g = h$, so daß f ein Monomorphismus in $\mathfrak{C}$ ist.

3. Für Epimorphismen ergibt sich die Behauptung analog.

Offensichtlich sind Zusammensetzungen von treuen Funktoren wieder treue Funktoren und von Retraktionen wieder Retraktionen. Nach 5.21.1 sind Zusammensetzungen von Reflektoren bzw. Coreflektoren wieder Reflektoren bzw. Coreflektoren. Ist $S: \mathfrak{C} \to \mathfrak{D}$ ein Funktor und ist U ein Funktor einer Unterkategorie $\mathfrak{E}$ von $\mathfrak{C}$ in eine Unterkategorie $\mathfrak{F}$ von $\mathfrak{D}$, der sich aus S durch Einschränkung ergibt, so gilt: Mit S ist auch U treu. Wenn S eine Retraktion ist und $\mathfrak{F}$ speziell die Unterkategorie von $\mathfrak{D}$ mit $\mathrm{Ob}\,\mathfrak{F} = \{S(X) \mid X \in \mathrm{Ob}\,\mathfrak{E}\}$ und $\mathrm{Mor}\,\mathfrak{F} = \{S(f) \mid f \in \mathrm{Mor}\,\mathfrak{E}\}$ ist, so ist auch U eine Retraktion; ist zusätzlich S ein Reflektor bzw. Coreflektor, so auch U.

Unter Berücksichtigung des Angeführten lassen sich für zahlreiche Kategorien die Mono- und Epimorphismen bestimmen. Für einige Kategorien geben wir diese im folgenden an, zuerst für die vollen Unterkategorien $\mathrm{LIM}_{t\mathrm{sep}}$, $\mathrm{PTOP}_{t\mathrm{sep}}$ und $\mathrm{MTOP}_{t\mathrm{sep}}$ von LIM, PTOP bzw. MTOP, die als Objekte alle diejenigen Objekte X von LIM, PTOP bzw. MTOP haben, für die $\boldsymbol{t}(X)$ separiert ist.

5.22.5. *In* $\mathrm{LIM}_{t\mathrm{sep}}$, $\mathrm{PTOP}_{t\mathrm{sep}}$ *und* $\mathrm{MTOP}_{t\mathrm{sep}}$ *sind die Monomorphismen diejenigen Morphismen, die Injektionen sind, und die Epimorphismen diejenigen Morphismen* $f: X \to Y$, *für die* $f[X]$ *in* Y *im weiten Sinne dicht ist.*

Zum Beweis: Die Behauptung folgt durch Anwendung von 5.22.4 auf die aus $\boldsymbol{t}$ durch Einschränkung entstehenden Funktoren von $\mathrm{LIM}_{t\mathrm{sep}}$, $\mathrm{PTOP}_{t\mathrm{sep}}$ bzw. $\mathrm{MTOP}_{t\mathrm{sep}}$ in $\mathrm{TOP}_{\mathrm{sep}}$ unter Berücksichtigung von 3.14.14.

$\mathrm{LIM}_{t\mathrm{sep}}$, $\mathrm{PTOP}_{t\mathrm{sep}}$ und $\mathrm{MTOP}_{t\mathrm{sep}}$ sind Unterkategorien von $\mathrm{LIM}_{\mathrm{sep}}$, $\mathrm{PTOP}_{\mathrm{sep}}$ bzw. $\mathrm{MTOP}_{\mathrm{sep}}$. Sie stimmen mit diesen nicht überein, wie sich aus dem folgenden auf M. P. Kaz zurückgehenden Beispiel eines separierten kompakten nicht regulären mehrstufig topologischen Raum ergibt; für den betreffenden mehrstufig topologischen Raum X ist $\boldsymbol{t}(X)$ nicht separiert, da X sonst wegen 3.17.8 ein topologischer Raum und damit bekanntlich doch regulär sein müßte.

Wir definieren rekursiv Mengen E_n $(n \in \boldsymbol{N})$ auf die folgende Weise: Es sei E_0 eine unendliche Menge und zu beliebigem $n > 0$ ferner E_n die Menge aller Ultrafilter in E_{n-1}, die keine Hauptfilter sind. Zusätzlich geben wir uns eine einelementige Menge $E_\omega = \{x_\omega\}$ vor, wobei x_ω keinem der E_n $(n \in \boldsymbol{N})$ angehöre. Zu jedem $k \in \boldsymbol{N}$ sei $[k, \omega] = \{n \in \boldsymbol{N} \mid n \geqq k\} \cup \{\omega\}$. In $X = \bigcup_{n \in [0, \omega]} E_n$ definieren wir eine mehrstufige Topologie τ, indem wir zu beliebigem $x \in X$ als Nachbarschaftsfilter bez. τ

$$\mathfrak{N}(x) = \begin{cases} [x] & \text{bei } x \in E_0 \\ [x] \cap \iota_{n-1}^{\mathcal{F}}(x) & \text{bei } x \in E_n \text{ und } n \in \boldsymbol{N}^+ \\ \operatorname{im}_{\subseteq, X} \{ \bigcup_{n \in [k, \omega]} E_n \mid k \in \boldsymbol{N}\} & \text{bei } x = x_\omega \end{cases}$$

nehmen, dabei ist jeweils ι_{n-1} die identische Einbettung von E_{n-1} in X und ist $\iota_{n-1}^{\mathcal{F}}(x)$ das Bild des Filters x bezüglich der von ι_{n-1} induzierten Filterabbildung.

X sei mit τ versehen. Wir zeigen zuerst, daß X dann kompakt ist. $\mathfrak{F}$ sei dazu ein Ultrafilter in X. Gilt $\mathfrak{N}(x_\omega) \subseteq \mathfrak{F}$, so folgt $\mathfrak{F} \to x_\omega$. Nun sei $\mathfrak{N}(x_\omega) \nsubseteq \mathfrak{F}$, so daß für ein $k \in \boldsymbol{N}^+$

$$E_0 \cup \cdots \cup E_{k-1} = X \setminus \bigcup_{n \in [k, \omega]} E_n \in \mathfrak{F}$$

und wegen 2.2.8 damit $E_n \in \mathfrak{F}$ für ein $n \in \{0, \dots, k-1\}$ gilt. $y = \{F \cap E_n \mid F \in \mathfrak{F}\}$ ist ein Ultrafilter in E_n. Ist y ein Hauptfilter, so auch $\mathfrak{F}$, weshalb $\mathfrak{F}$ dann konvergiert. Wenn y kein Hauptfilter ist, gilt $y \in E_{n+1}$ und wegen $\mathfrak{F} = \iota_n^{\mathcal{F}}(y)$ damit $\mathfrak{F} \to y$. X ist daher kompakt.

Als nächstes zeigen wir, daß X separiert ist. Wir nehmen dazu an, daß es Punkte $x, y \in X$ mit $x \neq y$ und einen eigentlichen gegen x und y konvergierenden Filter $\mathfrak{F}$ gibt. Es sei $E_{-1} = \emptyset$; die E_n $(n = -1, 0, 1, \dots, \omega)$ sind paarweise elementfremd. Ist $x = x_\omega$, dann ist $y \in E_n$ für ein $n \in \boldsymbol{N}$ und folgt $E_{n-1} \cup E_n \in \mathfrak{F}$ (bei $n = 0$ und $n > 0$), was aber $\mathfrak{N}(x_\omega) \subseteq \mathfrak{F}$, d. h. $\mathfrak{F} \to x$ widerspricht. Nun sei $x \in E_n$ und $y \in E_m$ bei $n, m \in \boldsymbol{N}$ mit $n < m$. Dann ist

$$\{x\} \cap E_{m-1} = (\{x\} \cup E_{n-1}) \cap (E_{m-1} \cup \{y\}) \in \mathfrak{F}$$

und damit $x \in E_{m-1}$, also $n = m - 1$, somit $\{x\} \in \mathfrak{F}$. Es folgt $[x] = \mathfrak{F} \supseteq [y] \cap \iota_{m-1}^{\mathcal{F}}(y)$, wegen 2.2.8 damit $[x] \supseteq \iota_{m-1}^{\mathcal{F}}(y)$ und wegen Korollar 2 zu 2.5.1 somit $[x] = \iota_{m-1}^{\mathcal{F}}(y)$, so daß y im Widerspruch zu $y \in E_m$ ein Hauptfilter sein müßte. Schließlich sei $x, y \in E_n$ für ein $n \in \boldsymbol{N}$. Es kann nur $n > 0$ sein, und es folgt

$$\big([x] \cap \iota_{n-1}^{\mathcal{F}}(x)\big) \cup \big([y] \cap \iota_{n-1}^{\mathcal{F}}(y)\big) \subseteq \mathfrak{F} \tag{5.22.1}$$

und wegen $x \neq y$ damit $E_{n-1} \in \mathfrak{F}$, so daß $\mathfrak{G} = \{F \cap E_{n-1} \mid F \in \mathfrak{F}\}$ ein eigentlicher Filter ist und sich wegen (5.22.1) damit $\mathfrak{G} \supseteq x$ und $\mathfrak{G} \supseteq y$ ergibt, was aber $x \neq y$ widerspricht. Bis auf eine Vertauschung von x und y treten keine weiteren Fälle auf. X ist deshalb separiert.

Wir zeigen noch, daß X nicht regulär ist. Dazu sei ein $x \in E_1$ gegeben. $\mathfrak{F} = \iota_0^{\mathcal{F}}(x)$ konvergiert gegen x. A sei ein Element von $\mathfrak{F}^-$. Es gibt ein $F \in \mathfrak{F}$ mit $\overline{F} \subseteq A$. Da $\mathfrak{F}$ kein Hauptfilter ist, ist F eine unendliche Menge. Es gilt $\overline{F} \cap E_1 = \{y \in E_1 \mid \text{für einen eigentlichen Filter } \mathfrak{G} \text{ in } X \text{ ist } F \in \mathfrak{G} \to y\}$. $\mathfrak{G} \to y$, d. h. $\mathfrak{G} \supseteq [y] \cap \iota_0^{\mathcal{F}}(y)$ ist, da y keinem Element von $\mathfrak{G}$ angehört, äquivalent zu $\mathfrak{G} \supseteq \iota_0^{\mathcal{F}}(y)$, womit

$$\overline{F} \cap E_1 = \{y \in E_1 \mid F \in y\} \tag{5.22.2}$$

folgt. Da $\mathfrak{F}$ kein Hauptfilter ist, ist F und wegen 2.4.4 und (5.22.2) damit auch $\overline{F} \cap E_1$ eine unendliche Menge. Somit ist auch $A \cap E_1$ eine unendliche Menge. Würde $\mathfrak{F}^- \to x$ gelten, so auch $\{x\} \cup E_0 \in \mathfrak{F}^-$, so daß $(\{x\} \cup E_0) \cap E_1$ eine unendliche Menge sein müßte. Es gilt aber $(\{x\} \cup E_0) \cap E_1 = \{x\}$. X ist daher nicht regulär.

Da X als separierter mehrstufig topologischer Raum nach 3.12.11 und 3.12.12 ein polytopologischer Raum ist, gibt es ein induktives Einbettungsspektrum separierter topologischer Räume in PTOP, das X als induktiven Limes hat und das, aufgefaßt als induktives Einbettungsspektrum in TOP, einen nicht separierten topologischen Raum, nämlich $\boldsymbol{t}(X)$, als induktiven Limes hat.

Aus 5.15.20 und 5.22.4 erhält man mittels $\wedge$ bzw. mittels geeigneter Einschränkungen dieses Funktors

5.22.6. *In* LLING^, PLING^, TLING^, LVEK^, PVEK^ *und* TVEK^ *sind die Mono- und Epimorphismen diejenigen Morphismen, die Injektionen bzw. Surjektionen sind.*

Analog lassen sich die Mono- und Epimorphismen in $\mathfrak{C}^{\#}$ und $\mathfrak{C}^{+}$ für $\mathfrak{C} =$ LLING, PLING, LVEK und PVEK beschreiben.

Für jede Unterkategorie $\mathfrak{C}$ von PLING bezeichnen wir mit $\mathfrak{C}_{\text{sep}}$, $\mathfrak{C}_{t^\nu\text{sep}}$, $\mathfrak{C}_{t^v\text{sep}}$, $\mathfrak{C}_{t^\wedge\text{sep}}$ und $\mathfrak{C}_{t\wedge\text{sep}}$ diejenige volle Unterkategorie von $\mathfrak{C}$, die als Objekte alle Objekte X von $\mathfrak{C}$ hat, für die X, $\boldsymbol{t}^\nu(X)$, $\boldsymbol{t}^v(X)$, $\boldsymbol{t}^\wedge(X)$ bzw. $\boldsymbol{t}^{\wedge}(X)$ separiert ist.

Zunächst zeigen wir

5.22.7. *In* $\text{PLING}_{\text{sep}}$, $\text{TLING}_{\text{sep}}$, PVEK_{sep} *und* TVEK_{sep} *sind die Monomorphismen diejenigen Morphismen, die Injektionen sind, und die Epimorphismen diejenigen Morphismen $f: X \to Y$, für die $f[X]$ in Y im weiten Sinne dicht ist.*

Beweis. Die Behauptung folgt analog wie die von 3.14.14. Wir gehen nur auf den Teil des Beweises ein, daß $\overline{f[X]}^t = Y$ für jeden Epimorphismus $f: X \to Y$ jeder im Satz auftretenden Kategorie $\mathfrak{C}$ gilt. Dazu sei $f: X \to Y$ irgendein Morphismus von $\mathfrak{C}$. Nach 5.11.12′ ist $A = \overline{f[X]}^t$ ein Teilraum des Y unterliegenden Vektorraumes. ι bezeichne die natürliche Einbettung von A in Y, $\varkappa_1$ die Abbildung $y \mapsto (y, 0)$ und $\varkappa_2$ die Abbildung $y \mapsto (0, y)$ von Y in $Y \times Y$, T den Teilraum $\{(y, -y) \mid y \in A\}$ des $Y \times Y$ unterliegenden Vektorraumes und $\varkappa$ die kanonische Abbildung von $Y \times Y$ auf $(Y \times Y)/T$. Da T in $Y \times Y$ abgeschlossen ist, ist $(Y \times Y)/T$ nach 5.13.11 separiert. Mittels 5.11.13 und der nachfolgenden Bemerkungen sowie mittels (5.15.5) und (5.15.6) folgt damit, daß $(Y \times Y)/T$ ein Objekt von $\mathfrak{C}$ ist. Ist $A \neq Y$, so sind $g = \varkappa \circ \varkappa_1$ und $h = \varkappa \circ \varkappa_2$ ungleich, es gilt jedoch $g \circ f = h \circ f$, so daß dann f kein Epimorphismus von $\mathfrak{C}$ ist.

Aus 5.22.4 und 5.22.7 und einer Bemerkung nach 5.7.13 folgt mittels $\boldsymbol{t}^\nu$, $\boldsymbol{t}^v$, $\boldsymbol{t}^\wedge$ und $\boldsymbol{t}^{\wedge}$ bzw. geeigneten Einschränkungen dieser Funktoren

5.22.8. $\mathfrak{C}$ *sei eine der Kategorien* PLING, TLING, PVEK *bzw.* TVEK.

In $\mathfrak{C}_{t^\nu\mathrm{sep}}$, $\mathfrak{C}_{t^v\mathrm{sep}}$, $\mathfrak{C}_{t^{\hat{}}\mathrm{sep}}$ *und* $\mathfrak{C}_{t^\wedge\mathrm{sep}}$ *sind die Monomorphismen diejenigen Morphismen, die Injektionen sind, und die Epimorphismen diejenigen Morphismen* $f\colon X \to Y$, *für die die Adhärenzen* $\overline{f[X]}^{t^\nu}$, $\overline{f[X]}^{t^v}$, $\overline{f[X]}^{t^{\hat{}}}$ *bzw.* $\overline{f[X]}^{t^\wedge}$ *von* $f[X]$ *bez.* $t^\nu(\tau)$, $t^v(\tau)$, $t^{\hat{}}(\tau)$ *bzw.* $t^\wedge(\tau)$ *mit* Y *übereinstimmen.*

In $\mathfrak{C}^\wedge_{t^{\hat{}}\mathrm{sep}}$ *und* $\mathfrak{C}^\wedge_{t^\wedge\mathrm{sep}}$ *sind die Monomorphismen diejenigen Morphismen, die Injektionen sind, und die Epimorphismen diejenigen Morphismen* $f\colon X \to Y$, *für die die Adhärenzen* $\overline{f[X]}^{t^{\hat{}}}$ *bzw.* $\overline{f[X]}^{t^\wedge}$ *von* $f[X]$ *bez.* $t^{\hat{}}(\tau)$ *bzw.* $t^\wedge(\tau)$ *mit* Y *übereinstimmen.* τ *sei jeweils die Limitierung von* Y.

Zum Beweis: Der zweite Teil des Satzes folgt aus dem ersten unter Benutzung des Funktors $\wedge$ und unter Beachtung, daß $\boldsymbol{t}^{\hat{}}(X) = \boldsymbol{t}^{\hat{}}(X^\wedge)$ und $\boldsymbol{t}^\wedge(X) = \boldsymbol{t}^\wedge(X^\wedge)$ für jede limitierte lineare Gruppe X gilt.

Für jede Unterkategorie $\mathfrak{C}$ von PGR bezeichnen wir mit $\mathfrak{C}_{\mathrm{sep}}$ und $\mathfrak{C}_{t^g\mathrm{sep}}$ die volle Unterkategorie von $\mathfrak{C}$, die als Objekte alle diejenigen Objekte X von $\mathfrak{C}$ hat, für die X bzw. $\boldsymbol{t}^g(X)$ separiert ist. Die Mono- und Epimorphismen von $\mathrm{PGR}_{\mathrm{sep}}$, $\mathrm{TGR}_{\mathrm{sep}}$, $\mathrm{PAB}_{\mathrm{sep}}$ und $\mathrm{TAB}_{\mathrm{sep}}$ lassen sich analog beschreiben wie die der Kategorien aus 5.22.7 und die Mono- und Epimorphismen von $\mathrm{PGR}_{t^g\mathrm{sep}}$ und $\mathrm{PAB}_{t^g\mathrm{sep}}$ ähnlich wie die der Kategorien aus dem ersten Teil von 5.22.8.

Wir werden in den Sätzen 5.22.23 und 5.22.24 wichtige Charakterisierungen spezieller reflektiver und coreflektiver Unterkategorien, sogenannter epireflektiver und monocoreflektiver Unterkategorien, angeben. Eine Unterkategorie einer Kategorie $\mathfrak{C}$ heißt übrigens **epireflektiv** in $\mathfrak{C}$, wenn sie reflektiv in $\mathfrak{C}$ ist und die zugehörigen bis auf Isomorphie eindeutig bestimmten Reflexionen r_X ($X \in \mathrm{Ob}\,\mathfrak{C}$) Epimorphismen sind, ferner **monocoreflektiv** in $\mathfrak{C}$, wenn sie coreflektiv in $\mathfrak{C}$ ist und die zugehörigen bis auf Isomorphie eindeutig bestimmten Coreflexionen c_X ($X \in \mathrm{Ob}\,\mathfrak{C}$) Monomorphismen sind. Genau dann, wenn eine Unterkategorie $\mathfrak{D}$ einer Kategorie $\mathfrak{C}$ monocoreflektiv in $\mathfrak{C}$ ist, ist $\mathfrak{D}^0$ in $\mathfrak{C}^0$ epireflektiv. Jede bireflektive Unterkategorie ist epireflektiv und jede bicoreflektive monocoreflektiv. Für die erwähnten Charakterisierungen benötigen wir gewisse Aussagen über Differenzkerne und Differenzcokerne, auf die wir zunächst eingehen. Wir nennen einen Monomorphismus f einer Kategorie einen **extremen Monomorphismus**, wenn sich f nur dann als Komposition hg eines Epimorphismus g und eines Morphismus h darstellen läßt, falls g ein Isomorphismus ist.

5.22.9. *Jede Einbettung, also jeder zu einem Differenzkern gehörige Morphismus, ist ein extremer Monomorphismus. Besitzt jeder Morphismus f einer Kategorie $\mathfrak{C}$ eine Faktorisierung $f = hg$, wobei g ein Epimorphismus und h eine Einbettung ist, dann sind die extremen Monomorphismen von $\mathfrak{C}$ gerade die Einbettungen bez. $\mathfrak{C}$.*

Beweis. 1. K, zusammen mit einem Morphismus $k\colon K \to X$, sei ein Differenzkern von Morphismen f und g einer Kategorie $\mathfrak{C}$. Nach 3.1.1 ist k ein Monomorphismus. Für einen Epimorphismus $l\colon K \to Y$ und einen Morphismus $m\colon Y \to X$ gelte $k = ml$. Es folgt $fml = gml$ und, da l ein Epimorphismus ist, $fm = gm$, so daß genau ein Morphismus u mit $m = ku$ existiert. Es gilt $k = kul$ und, da k ein Monomorphismus ist, $ul = 1_K$. Damit folgt $lul = l$ und, da l ein Epimorphismus ist, $lu = 1_Y$, so daß l ein Isomorphismus ist. k ist somit ein extremer Monomorphismus.

2. f sei ein Morphismus, der eine Faktorisierung $f = hg$ mit einem Epimorphismus g und einer Einbettung h besitzt. Ist f ein extremer Monomorphismus, so ist g ein Isomorphismus und folglich f eine Einbettung.

Wir haben gezeigt, daß in zahlreichen Kategorien gerade die üblichen Teilobjekte die Differenzkerne bilden, so zum Beispiel in ENS die Teilmengen, in LIM und LUN die Teilräume und in GR die Untergruppen. Wir zeigen nun

5.22.10. *In* $\mathfrak{C} = \mathrm{LIM}_{\mathrm{sep}}$, $\mathrm{LIM}_{t\mathrm{sep}}$, $\mathrm{PTOP}_{\mathrm{sep}}$, $\mathrm{PTOP}_{t\mathrm{sep}}$, $\mathrm{MTOP}_{\mathrm{sep}}$, $\mathrm{MTOP}_{t\mathrm{sep}}$ *und* $\mathrm{TOP}_{\mathrm{sep}}$ *bilden die abgeschlossenen Teilräume der Objekte von* $\mathfrak{C}$ *die Differenzkerne.*

Beweis. $\mathfrak{C}$ sei eine der Kategorien LIM, PTOP, MTOP bzw. TOP.

1. Zu beliebigen Morphismen $f\colon X \to Y$ und $g\colon X \to Y$ von $\mathfrak{C}_{\mathrm{sep}}$ ist wegen 3.9.2 der Teilraum $K = \{x \in X \mid f(x) = g(x)\}$ von X, zusammen mit der identischen Einbettung von K in X, ein Differenzkern von f und g in $\mathfrak{C}$ und daher auch in $\mathfrak{C}_{\mathrm{sep}}$. Wegen 3.7.6 ist K in X abgeschlossen.

2. K sei ein abgeschlossener Teilraum eines Objektes X von $\mathfrak{C}_{\mathrm{sep}}$. Mittels Bemerkungen nach 3.9.9 folgt, daß K separiert, also auch ein Objekt von $\mathfrak{C}_{\mathrm{sep}}$ ist. Mit ähnlichen Überlegungen wie die im Teil 3 des Beweises von 3.14.14 folgt, daß es ein Objekt Y von $\mathfrak{C}$ und Morphismen $f\colon X \to Y$ und $g\colon X \to Y$ von $\mathfrak{C}_{\mathrm{sep}}$ gibt mit $K = \{y \in Y \mid f(x) = g(x)\}$. ($K$ entspricht im Beweis von 3.14.14 A, f ferner g und g ferner h.) K, zusammen mit der identischen Einbettung von K in X, ist ein Differenzkern von f und g in $\mathfrak{C}_{\mathrm{sep}}$.

3. Ist $\mathfrak{C} = \mathrm{LIM}$, PTOP oder MTOP, so folgt für $\mathfrak{C}_{t\mathrm{sep}}$ die Behauptung aus dem in 1 und 2 Angeführten durch leichte Modfikation unter Benutzung des Funktors $\boldsymbol{t}$; 3.9.9 entnimmt man, daß für jeden Teilraum K eines Objektes von $\mathfrak{C}_{t\mathrm{sep}}$ auch $\boldsymbol{t}(K)$ separiert ist.

Ähnlich zeigt man mittels 3.7.6 und der in Abschnitt 5.11 angegebenen Aussagen über Differenzkerne in PLING und in Unterkategorien unter Berücksichtigung des Beweises von 5.22.7

5.22.11. $\mathfrak{C}$ *sei eine der Kategorien* PLING, TLING, PVEK *bzw.* TVEK.
In jeder der Kategorien $\mathfrak{D} = \mathfrak{C}_{\mathrm{sep}}$, $\mathfrak{C}_{t^v\mathrm{sep}}$, $\mathfrak{C}_{t^{\mathrm{v}}\mathrm{sep}}$, $\mathfrak{C}_{t^\wedge\mathrm{sep}}$ *und* $\mathfrak{C}_{t^{\Lambda}\mathrm{sep}}$ *bilden gerade alle pseudotopologischen linearen Untergruppen* X *der pseudotopologischen linearen Gruppen aus* Ob $\mathfrak{D}$, *für die* X, $\boldsymbol{t}^v(X)$, $\boldsymbol{t}^{\mathrm{v}}(X)$, $\boldsymbol{t}^\wedge(X)$ *bzw.* $\boldsymbol{t}^{\Lambda}(X)$ *abgeschlossen sind, die Differenzkerne.*

In jeder der Kategorien $\mathfrak{D} = \mathfrak{C}^{\wedge}_{t^{\wedge}\mathrm{sep}}$ *und* $\mathfrak{C}^{\wedge}_{t\wedge\mathrm{sep}}$ *bilden gerade alle pseudotopologischen linearen Untergruppen* X *der pseudotopologischen linearen Gruppen aus* $\mathrm{Ob}\mathfrak{D}$, *für die* $\mathfrak{t}^{\wedge}(X)$ *bzw.* $\mathfrak{t}^{\wedge}(X)$ *abgeschlossen sind, die Differenzkerne.*

Die Differenzkerne in $\mathrm{PGR}_{\mathrm{sep}}$, $\mathrm{PGR}_{t\sigma\mathrm{sep}}$, $\mathrm{TGR}_{\mathrm{sep}}$, $\mathrm{PAB}_{\mathrm{sep}}$, $\mathrm{PAB}_{t\sigma\mathrm{sep}}$ und $\mathrm{TAB}_{\mathrm{sep}}$ lassen sich analog beschreiben.

Man zeigt ohne Mühe, daß in jeder der Kategorien, für die wir die Epimorphismen und Differenzkerne angegeben haben, die Morphismen eine Faktorisierung hg mit einem Epimorphismus g und einer Einbettung h besitzen, so daß nach 5.22.9 in diesen Kategorien die extremen Monomorphismen gerade die Einbettungen sind.

Dual zum Begriff des extremen Monomorphismus ist der Begriff des extremen Epimorphismus. Wir nennen also einen Epimorphismus f einer Kategorie einen **extremen Epimorphismus**, wenn sich f nur dann als Komposition gh eines Monomorphismus g und eines Morphismus h darstellen läßt, falls g ein Isomorphismus ist. Durch Dualisierung von 5.22.9 folgt

5.22.12. *Jeder zu einem Differenzcokern gehörige Morphismus ist ein extremer Epimorphismus. Besitzt jeder Morphismus* f *einer Kategorie* $\mathfrak{C}$ *eine Faktorisierung* $f = gh$, *wobei* g *ein Monomorphismus und* h *ein zu einem Differenzcokern gehöriger Morphismus ist, dann sind die extremen Epimorphismen von* $\mathfrak{C}$ *gerade die zu Differenzcokernen in* $\mathfrak{C}$ *gehörigen Morphismen.*

Für zahlreiche Kategorien haben wir bereits die Differenzcokerne angegeben. Zum Beispiel bilden in ENS die Quotientenmengen, in LIM die Quotientenlimesräume, in LUN die limesuniformen Quotientenräume und in GR die Faktorgruppen die Differenzcokerne.

Zur Angabe von Differenzcokernen in gewissen anderen Kategorien gehen wir zunächst auf einige Separierungsfunktoren ein. X sei dazu ein Limesraum, τ seine Limitierung und E die X unterliegende Menge. Zu jeder Äquivalenzrelation ϱ in E sei $\varkappa_\varrho$ die kanonische Abbildung von E auf E/ϱ. Ω, Ω^m und Ω^t seien die Mengen aller Äquivalenzrelationen ϱ in X, für die τ_ϱ, $m(\tau_\varrho)$ bzw. $t(\tau_\varrho)$ separiert sind. Jeder dieser Mengen gehört $E \times E$ an, so daß keine dieser Mengen leer ist. Der Durchschnitt aller Äquivalenzrelationen aus Ω, Ω^m bzw. Ω^t ist wieder eine Äquivalenzrelation; wir bezeichnen ihn mit δ, δ^m bzw. δ^t und zeigen

5.22.13. *Es gilt* $\delta \in \Omega$, $\delta^m \in \Omega^m$ *und* $\delta^t \in \Omega^t$.

Beweis. 1. $\mathfrak{F}$ sei ein eigentlicher Filter in E/δ, der bez. τ_δ gegen Punkte $u, v \in E/\delta$ konvergiert. Es gibt Punkte $x_1, \dots, x_n \in u$ und $y_1, \dots, y_m \in v$ und Filter $\mathfrak{G}_1 \to x_1, \dots, \mathfrak{G}_n \to x_n$ und $\mathfrak{H}_1 \to y_1, \dots, \mathfrak{H}_m \to y_m$ in X mit

$$\varkappa_\delta(\mathfrak{G}_1 \cap \dots \cap \mathfrak{G}_n) \vee \varkappa_\delta(\mathfrak{H}_1 \cap \dots \cap \mathfrak{H}_m) \subseteqq \mathfrak{F} \tag{5.22.3}$$

(siehe (3.13.2)). Zu beliebigem $\varrho \in \Omega$ existiert eine Äquivalenzrelation μ in E/δ, so daß $\varkappa_\mu \circ \varkappa_\delta = \varkappa_\varrho$ für die kanonische Abbildung $\varkappa_\mu$ von E/δ auf $(E/\delta)/\mu$ gilt, aus (5.22.3) somit $\varkappa_\varrho(\mathfrak{G}_1 \cap \cdots \cap \mathfrak{G}_n) \vee \varkappa_\varrho(\mathfrak{H}_1 \cap \cdots \cap \mathfrak{H}_m) \subseteqq \varkappa_\mu(\mathfrak{F})$ folgt, der eigentliche Filter $\varkappa_\mu(\mathfrak{F})$ bez. τ_ϱ also gegen $\varkappa_\mu(u)$ und $\varkappa_\mu(v)$ konvergiert. Auf Grund der Separiertheit von τ_ϱ ergibt sich $\varkappa_\mu(u) = \varkappa_\mu(v)$ und damit $x_1 \varrho y_1$ und, da ϱ beliebig aus Ω gewählt wurde, $u = v$ und damit $\delta \in \Omega$.

2. $\mathfrak{F}$ sei ein eigentlicher Filter in E/δ^m, der bez. $m(\tau_{\delta^m})$ gegen Punkte $u, v \in E/\delta^m$ konvergiert. Wegen 3.13.4 gilt

$$\varkappa_{\delta^m}\Big(\bigcap_{x \in u} \mathfrak{N}(x)\Big) \vee \varkappa_{\delta^m}\Big(\bigcap_{y \in v} \mathfrak{N}(y)\Big) \subseteqq \mathfrak{F}\,. \tag{5.22.4}$$

Zu beliebigem $\varrho \in \Omega$ existiert eine Äquivalenzrelation μ in E/δ^m, so daß $\varkappa_\mu \circ \varkappa_{\delta^m} = \varkappa_\varrho$ für die kanonische Abbildung $\varkappa_\mu$ von E/δ^m auf $(E/\delta^m)/\mu$ gilt, aus (5.22.4) somit $\varkappa_\varrho\Big(\bigcap_{x \in \varkappa_\mu(u)} \mathfrak{N}(x)\Big) \vee \varkappa_\varrho\Big(\bigcap_{y \in \varkappa_\mu(v)} \mathfrak{N}(y)\Big) \subseteqq \varkappa_\mu(\mathfrak{F})$ folgt, der eigentliche Filter $\varkappa_\mu(\mathfrak{F})$ bez. τ_ϱ also gegen $\varkappa_\mu(u)$ und $\varkappa_\mu(v)$ konvergiert. Analog wie im Teil 1 folgt dann $u = v$, d. h. $\delta^m \in \Omega^m$.

3. u und v seien Punkte von E/δ^t derart, daß

$$U \cap V \neq \emptyset \tag{5.22.5}$$

für beliebige Umgebungen U und V von u bzw. v bez. τ_{δ^t} gilt. Zu jedem $\varrho \in \Omega$ existiert eine Äquivalenzrelation μ in E/δ^t, so daß $\varkappa_\mu \circ \varkappa_{\delta^t} = \varkappa_\varrho$ für die kanonische Abbildung $\varkappa_\mu$ von E/δ^t auf $(E/\delta^t)/\mu$ und $\tau_\varrho = (\tau_{\delta^t})_\mu$ (Dualisierung von 3.2.6) gilt. Für beliebige Umgebungen U' von $\varkappa_\mu(u)$ und V' von $\varkappa_\mu(v)$ bez. τ_ϱ sind $U = \varkappa_\mu^{-1}[U']$ und $V = \varkappa_\mu^{-1}[V']$ wegen 3.13.5 Umgebungen von u bzw. v bez. τ_{δ^t} und folgt wegen (5.22.5) $U' \cap V' \neq \emptyset$, auf Grund der Separiertheit von τ_ϱ also $\varkappa_\mu(u) = \varkappa_\mu(v)$. Analog wie im Teil 1 erhält man damit $u = v$, d. h. $\delta^t \in \Omega^t$.

Wir bezeichnen die bez. $\boldsymbol{p}(X)$ wie δ gebildete Äquivalenzrelation mit δ^p und setzen $\mathbf{sep}^l(X) = X_\delta$, $\mathbf{sep}^p(X) = \boldsymbol{p}(X_{\delta^p})$, $\mathbf{sep}^m(X) = \boldsymbol{m}(X_{\delta^m})$ und $\mathbf{sep}^t(X) = \boldsymbol{t}(X_{\delta^t})$. Wegen 3.13.9 gilt $\boldsymbol{p}(X_{\delta^p}) = \boldsymbol{p}(X)_{\delta^p}$. Wir zeigen

5.22.14. *Zu jedem Limesraum X sind die kanonischen Abbildungen von X auf* $\mathbf{sep}^l(X)$, $\mathbf{sep}^p(X)$, $\mathbf{sep}^m(X)$ *bzw.* $\mathbf{sep}^t(X)$ *Reflexionen für X bez.* $\mathrm{LIM_{sep}}$, $\mathrm{PTOP_{sep}}$, $\mathrm{MTOP_{sep}}$ *bzw.* $\mathrm{TOP_{sep}}$.

Beweis. Y sei ein Objekt von $\mathrm{LIM_{sep}}$, $\mathrm{PTOP_{sep}}$, $\mathrm{MTOP_{sep}}$ bzw. $\mathrm{TOP_{sep}}$ und f eine stetige Abbildung von X in Y. Ist Y ein pseudotopologischer, mehrstufig topologischer bzw. topologischer Raum, so ist f auch als Abbildung von $\boldsymbol{p}(X)$, von $\boldsymbol{m}(X)$ bzw. von $\boldsymbol{t}(X)$ in Y stetig. Da die Limesquotientenräume die Differenzcokerne in LIM bilden, folgt mittels der Funktoren $\boldsymbol{p}$, $\boldsymbol{m}$ bzw. $\boldsymbol{t}$, daß eine stetige Abbildung g von $\mathbf{sep}^l(X)$, $\mathbf{sep}^p(X)$, $\mathbf{sep}^m(X)$ bzw. $\mathbf{sep}^t(X)$ in Y existiert, so daß f mit $g \circ \varkappa_\delta$, $g \circ \varkappa_{\delta^p}$, $g \circ \varkappa_{\delta^m}$ bzw. $g \circ \varkappa_{\delta^t}$ übereinstimmt. g ist eindeutig definiert.

Die mittels der Reflexionen aus 5.22.14 gebildeten Reflektoren $\mathbf{sep}^l$: LIM $\to$ $\mathrm{LIM_{sep}}$, $\mathbf{sep}^p$: LIM $\to$ $\mathrm{PTOP_{sep}}$, $\mathbf{sep}^m$: LIM $\to$ $\mathrm{MTOP_{sep}}$ und $\mathbf{sep}^t$: LIM $\to$ $\mathrm{TOP_{sep}}$

nennen wir die **Separierungsfunktoren** von LIM in die Kategorien $\mathrm{LIM}_{\mathrm{sep}}$, $\mathrm{PTOP}_{\mathrm{sep}}$, $\mathrm{MTOP}_{\mathrm{sep}}$ bzw. $\mathrm{TOP}_{\mathrm{sep}}$. Sie sind Retraktionen.

Mittels 5.21.9 folgt mühelos

5.22.15. *In* $\mathfrak{C} = \mathrm{LIM}_{\mathrm{sep}}, \mathrm{PTOP}_{\mathrm{sep}}, \mathrm{MTOP}_{\mathrm{sep}}$ *und* $\mathrm{TOP}_{\mathrm{sep}}$ *bilden alle diejenigen Quotientenlimesräume, pseudotopologischen Quotientenräume, mehrstufig topologischen Quotientenräume bzw. topologischen Quotientenräume der Objekte von* $\mathfrak{C}$, *die separiert, d. h. selbst Objekte von* $\mathfrak{C}$ *sind, die Differenzcokerne.*

Zu einem beliebigen Limesraum X setzen wir $\boldsymbol{tsep}^l(X) = X_{\delta^t}$, $\boldsymbol{tsep}^p(X) = \boldsymbol{p}(X_{\delta^t})$ und $\boldsymbol{tsep}^m(X) = \boldsymbol{m}(X_{\delta^t})$, wobei δ^t wie vor 5.22.13 definiert ist. Ähnlich wie 5.22.14 folgt, daß die kanonischen Abbildungen von X auf $\boldsymbol{tsep}^l(X)$, $\boldsymbol{tsep}^p(X)$ bzw. $\boldsymbol{tsep}^m(X)$ Reflexionen für X bez. $\mathrm{LIM}_{t\mathrm{sep}}$, $\mathrm{PTOP}_{t\mathrm{sep}}$ bzw. $\mathrm{MTOP}_{t\mathrm{sep}}$ sind. Unter Benutzung der mit diesen Reflexionen gebildeten Reflektoren $\boldsymbol{tsep}^l\colon \mathrm{LIM} \to \mathrm{LIM}_{t\mathrm{sep}}$, $\boldsymbol{tsep}^p\colon \mathrm{LIM} \to \mathrm{PTOP}_{t\mathrm{sep}}$ und $\boldsymbol{tsep}^m\colon \mathrm{LIM} \to \mathrm{MTOP}_{t\mathrm{sep}}$ folgt mittels 5.21.9

5.22.16. *In* $\mathfrak{C} = \mathrm{LIM}_{t\mathrm{sep}}, \mathrm{PTOP}_{t\mathrm{sep}}$ *und* $\mathrm{MTOP}_{t\mathrm{sep}}$ *bilden alle diejenigen Quotientenlimesräume, pseudotopologischen Quotientenräume bzw. mehrstufig topologischen Quotientenräume* X *der Objekte von* $\mathfrak{C}$, *für die die topologischen Räume* $\boldsymbol{t}(X)$ *separiert sind, d. h., die selbst Objekte von* $\mathfrak{C}$ *sind, die Differenzcokerne.*

Für jede limitierte lineare Gruppe X setzen wir $X' = X/\overline{\{0\}}^t$ und damit $\mathbf{sep}^{p\nu}(X) = \boldsymbol{p}^\nu(X)'$, $\mathbf{sep}^{t\nu}(X) = \boldsymbol{t}^\nu(X)'$, $\mathbf{sep}^{pv}(X) = \boldsymbol{p}^v(X)'$ und $\mathbf{sep}^{tv}(X) = \boldsymbol{t}^v(X')$. Wegen 5.11.12′ ist $\overline{\{0\}}^t$ ein Teilraum des X unterliegenden Vektorraumes, und wegen 5.13.11 ist X' separiert. Mittels (5.15.5) und (5.15.6) folgt, daß $\mathbf{sep}^{p\nu}(X)$, $\mathbf{sep}^{t\nu}(X)$, $\mathbf{sep}^{pv}(X)$ und $\mathbf{sep}^{tv}(X)$ eine pseudotopologische lineare Gruppe, eine topologische lineare Gruppe, ein pseudotopologischer Vektorraum bzw. ein topologischer Vektorraum sind. Damit ergibt sich mühelos, daß die kanonischen Abbildungen von X auf $\mathbf{sep}^{p\nu}(X)$, $\mathbf{sep}^{t\nu}(X)$, $\mathbf{sep}^{pv}(X)$ bzw. $\mathbf{sep}^{tv}(X)$ Reflexionen für X bez. $\mathrm{PLING}_{\mathrm{sep}}$, $\mathrm{TLING}_{\mathrm{sep}}$, $\mathrm{PVEK}_{\mathrm{sep}}$ bzw. $\mathrm{TVEK}_{\mathrm{sep}}$ sind. Die mit diesen Reflexionen gebildeten Reflektoren $\mathbf{sep}^{p\nu}\colon \mathrm{LLING} \to \mathrm{PLING}_{\mathrm{sep}}$, $\mathbf{sep}^{t\nu}\colon \mathrm{LLING} \to \mathrm{TLING}_{\mathrm{sep}}$, $\mathbf{sep}^{pv}\colon \mathrm{LLING} \to \mathrm{PVEK}_{\mathrm{sep}}$ und $\mathbf{sep}^{tv}\colon \mathrm{LLING} \to \mathrm{TVEK}_{\mathrm{sep}}$ nennen wir die **Separierungsfunktoren** von LLING in die Kategorien $\mathrm{PLING}_{\mathrm{sep}}$, $\mathrm{TLING}_{\mathrm{sep}}$, $\mathrm{PVEK}_{\mathrm{sep}}$ bzw. $\mathrm{TVEK}_{\mathrm{sep}}$. Sie sind Retraktionen.

Mittels 5.21.9 folgt

5.22.17. *In* $\mathfrak{C} = \mathrm{PLING}_{\mathrm{sep}}, \mathrm{TLING}_{\mathrm{sep}}, \mathrm{PVEK}_{\mathrm{sep}}$ *und* $\mathrm{TVEK}_{\mathrm{sep}}$ *bilden alle diejenigen pseudotopologischen linearen Faktorgruppen, topologischen linearen Faktorgruppen, pseudotopologischen Quotientenvektorräume bzw. topologischen Quotientenvektorräume der Objekte von* $\mathfrak{C}$, *die separiert, d. h. selbst Objekte von* $\mathfrak{C}$ *sind, die Differenzcokerne.*

Entsprechend wie die Separierungsfunktoren $\mathbf{sep}^{p\nu}$, $\mathbf{sep}^{t\nu}$, $\mathbf{sep}^{pv}$ und $\mathbf{sep}^{tv}$ lassen sich für $\mathfrak{C}$ = PLING, TLING, PVEK und TVEK Reflektoren von LLING in

$\mathfrak{C}_{t\nu\mathrm{sep}}$, $\mathfrak{C}_{t\mathfrak{v}\mathrm{sep}}$, $\mathfrak{C}_{t\hat{}\mathrm{sep}}$ und $\mathfrak{C}_{t\wedge\mathrm{sep}}$ bilden; zu jeder limitierten linearen Gruppe X sind anstelle der Adhärenz $\overline{\{0\}}^{t}$ die (wie in 5.22.8 gebildeten) Adhärenzen $\overline{\{0\}}^{t\nu}$, $\overline{\{0\}}^{t\mathfrak{v}}$, $\overline{\{0\}}^{t\hat{}}$ bzw. $\overline{\{0\}}^{t\wedge}$ zu nehmen. Zu jeder der Kategorien $\mathfrak{C}$ = PLING, TLING, PVEK und TVEK ergeben sich aus den Reflektoren von LLING in $\mathfrak{C}_{t\hat{}\mathrm{sep}}$ und $\mathfrak{C}_{t\wedge\mathrm{sep}}$ durch Zusammensetzung mit Einschränkungen von $\wedge$ Reflektoren von LLING in $\mathfrak{C}^{\wedge}_{t\hat{}\mathrm{sep}}$ und $\mathfrak{C}^{\wedge}_{t\wedge\mathrm{sep}}$.

Mittels 5.21.9 folgt

5.22.18. $\mathfrak{C}$ *sei eine der Kategorien* PLING, TLING, PVEK *bzw.* TVEK. *In jeder der Kategorien* $\mathfrak{D} = \mathfrak{C}_{t\nu\mathrm{sep}}$, $\mathfrak{C}_{t\mathfrak{v}\mathrm{sep}}$, $\mathfrak{C}_{t\hat{}\mathrm{sep}}$, $\mathfrak{C}_{t\wedge\mathrm{sep}}$, $\mathfrak{C}^{\wedge}_{t\hat{}\mathrm{sep}}$ *und* $\mathfrak{C}^{\wedge}_{t\wedge\mathrm{sep}}$ *bilden alle diejenigen pseudotopologischen linearen Faktorgruppen, topologischen linearen Faktorgruppen, pseudotopologischen Quotientenvektorräume bzw. topologischen Quotientenvektorräume der Objekte von* $\mathfrak{D}$*, die selbst Objekte von* $\mathfrak{D}$ *sind, die Differenzcokerne.*

Die Differenzcokerne in $\mathrm{PGR}_{\mathrm{sep}}$, $\mathrm{PGR}_{t\mathfrak{v}\mathrm{sep}}$, $\mathrm{TGR}_{\mathrm{sep}}$, $\mathrm{PAB}_{\mathrm{sep}}$, $\mathrm{PAB}_{t\mathfrak{v}\mathrm{sep}}$ und $\mathrm{TAB}_{\mathrm{sep}}$ lassen sich analog beschreiben.

In allen den Kategorien, in denen wir die Monomorphismen und Differenzcokerne angegeben haben, besitzen die Morphismen eine Faktorisierung gh mit einem Monomorphismus g und einem zu einem Differenzcokern gehörigen Morphismus h, so daß nach 5.22.12 in diesen Kategorien die extremen Epimorphismen gerade die zu den Differenzcokernen zugehörigen Morphismen sind.

Wir sagen, daß eine Unterkategorie $\mathfrak{D}$ einer Kategorie $\mathfrak{C}$ **isomorphieabgeschlossen** in $\mathfrak{C}$ ist, wenn zu jedem Isomorphismus $f\colon X \to Y$ in $\mathfrak{C}$ aus $X \in \mathrm{Ob}\mathfrak{D}$ stets $Y \in \mathrm{Ob}\mathfrak{D}$ folgt. Alle angegebenen Unterkategorien der Kategorien LIM, LUN, LGR, VLRAD und LLING sind isomorphieabgeschlossen in diesen.

Eine Unterkategorie $\mathfrak{D}$ einer Kategorie $\mathfrak{C}$ heißt in $\mathfrak{C}$ **abgeschlossen bezüglich der Bildung von Produkten** bzw. **Differenzkernen**, wenn gilt: Ist X, zusammen mit Morphismen π_i $(i \in I)$, ein in $\mathfrak{C}$ gebildetes Produkt von Objekten X_i $(i \in I)$ von $\mathfrak{D}$, so ist auch X ein Objekt von $\mathfrak{D}$, bzw. ist K, zusammen mit einem Morphismus $k\colon K \to X$, ein Differenzkern von Morphismen f und g von $\mathfrak{C}$ und ist X ein Objekt von $\mathfrak{D}$, so auch K.

Entsprechend definiert man den Begriff der **bezüglich der Bildung von Coprodukten** bzw. **Differenzcokernen abgeschlossenen** Unterkategorie, so daß eine Unterkategorie $\mathfrak{D}$ einer Kategorie $\mathfrak{C}$ genau dann in $\mathfrak{C}$ bezüglich der Bildung von Produkten bzw. Differenzkernen abgeschlossen ist, wenn $\mathfrak{D}^0$ in $\mathfrak{C}^0$ bezüglich der Bildung von Coprodukten und Differenzcokernen abgeschlossen ist.

Offenbar gilt

5.22.19. $\mathfrak{D}$ *sei eine Unterkategorie einer Kategorie* $\mathfrak{C}$. *Ist* $\mathfrak{C}$ *vollständig und ist* $\mathfrak{D}$ *bezüglich der Bildung von Produkten und Differenzkernen abgeschlossen, so ist auch* $\mathfrak{D}$ *vollständig. Ist* $\mathfrak{C}$ *covollständig und ist* $\mathfrak{D}$ *bezüglich der Bildung von Coprodukten und Differenzcokernen abgeschlossen, so ist auch* $\mathfrak{D}$ *covollständig.*

Man kann ohne Mühe zahlreiche Beispiele von Unterkategorien angeben, die bezüglich der Bildung von Produkten und von Differenzkernen abgeschlossen sind. Da Produkte und Teilräume von im weiten Sinne pseudotopologischen Räumen offenbar wieder im weiten Sinne pseudotopologische Räume sind, ist die volle Unterkategorie von LIM aller im weiten Sinne pseudotopologischen Räume bezüglich der Bildung von Produkten und Differenzkernen in LIM abgeschlossen und damit eine vollständige Kategorie. Natürlich sind auch PTOP, MTOP und TOP in LIM bezüglich der Bildung von Produkten und Differenzkernen abgeschlossen. Mittels der Aussagen über Trennungsaxiome in den Abschnitten 3.9 und 3.10 erhält man: Ist $\mathfrak{D}$ eine Unterkategorie von LIM, die bezüglich der Bildung von Produkten und Differenzkernen in LIM abgeschlossen ist, so sind auch die vollen Unterkategorien $\mathfrak{D}_{T_{1w}}$ und $\mathfrak{D}_{T_1}$ aller Limesräume aus Ob $\mathfrak{D}$, die dem schwachen ersten bzw. dem ersten Trennungsaxiom genügen, bezüglich der Bildung von Produkten und Differenzkernen in LIM abgeschlossen und damit vollständige Kategorien, das gleiche trifft für die vollen Unterkategorien $\mathfrak{D}_{\mathrm{wsep}}$, $\mathfrak{D}_{\mathrm{sep}}$, $\mathfrak{D}_{\mathrm{reg}}$, $\mathfrak{D}_{\mathrm{sreg}}$ und $\mathfrak{D}_{\mathrm{creg}}$ aller schwach separierten, separierten, regulären, im engeren Sinne regulären bzw. vollständig regulären Limesräume aus Ob $\mathfrak{D}$ zu. Unter Berücksichtigung von 4.3.1, 4.3.4 und 4.3.5 erhält man insbesondere

5.22.20. *Die vollen Unterkategorien* $\mathrm{LIM}_{\mathrm{lun}}$, $\mathrm{PTOP}_{\mathrm{pun}}$ *und* $\mathrm{TOP}_{\mathrm{un}}$ *von* LIM, *die als Objekte alle limesuniformisierbaren, alle pseudouniformisierbaren bzw. alle uniformisierbaren Limesräume haben, sind bezüglich der Bildung von Produkten und Differenzkernen in* LIM *abgeschlossen und damit vollständige Kategorien.*

Ist $\mathfrak{D}$ eine Unterkategorie von LIM, die bezüglich der Bildung von Produkten und Differenzkernen in LIM abgeschlossen ist, so ist — wie sich mittels 3.9.9 und 3.10.7 ergibt — auch die volle Unterkategorie $\mathfrak{D}_{t\mathrm{sep}}$ aller Limesräume X aus Ob $\mathfrak{D}$, für die die topologischen Räume $\boldsymbol{t}(X)$ separiert sind, bezüglich der Bildung von Produkten und Differenzkernen abgeschlossen und damit eine vollständige Kategorie.

Ohne Mühe lassen sich auch Beispiele von Unterkategorien angeben, die bezüglich der Bildung von Coprodukten und Differenzcokernen abgeschlossen sind. Für zahlreiche Unterkategorien von Kategorien trifft das aber nicht zu. So sind zum Beispiel TOP und MTOP bezüglich der Bildung von Differenzcokernen in LIM nicht abgeschlossen, wie mittels der beiden Beispiele nach 3.13.7 und 3.13.8 folgt, und sind zum Beispiel PUN und UN bezüglich der Bildung von Coprodukten in LUN nicht abgeschlossen, wie man 4.9.15 entnimmt.

Eine Kategorie $\mathfrak{C}$ heißt **lokal klein**, wenn es zu jedem Objekt Y von $\mathfrak{C}$ eine Menge (also nicht lediglich eine Klasse) G von Monomorphismen mit Y als Ziel gibt derart, daß zu jedem Monomorphismus f von $\mathfrak{C}$ mit Y als Ziel ein $g \in G$ und ein Isomorphismus h in $\mathfrak{C}$ mit $f = gh$ existieren. Ferner heißt eine Kategorie $\mathfrak{C}$ **lokal coklein**, wenn $\mathfrak{C}^0$ lokal klein ist, d. h., wenn es zu jedem Objekt X von $\mathfrak{C}$ eine Menge G von Epimorphismen mit X als Quelle gibt derart, daß es zu jedem

Epimorphismus f von $\mathfrak{C}$ mit X als Quelle ein $g \in G$ und einen Isomorphismus h in $\mathfrak{C}$ mit $f = hg$ gibt.

Zunächst zeigen wir

5.22.21. *$\mathfrak{C}$ sei eine Kategorie und V ein Funktor von $\mathfrak{C}$ in* ENS *mit den folgenden beiden Eigenschaften*

1. *Für jede Menge M ist $\{X \in \operatorname{Ob}\mathfrak{C} \mid V(X) = M\}$ ebenfalls eine Menge.*
2. *Zu jedem $X \in \operatorname{Ob}\mathfrak{C}$ und jeder eineindeutigen Abbildung φ von $V(X)$ auf eine Menge M existiert ein Isomorphismus f in $\mathfrak{C}$ mit $V(f) = \varphi$ und X als Quelle.*

Wenn es zu jedem Objekt Y von $\mathfrak{C}$ eine Kardinalzahl k gibt, so daß $\operatorname{card} V(X) \leqq k$ *für jedes Objekt X von $\mathfrak{C}$ gilt, für das ein Monomorphismus von X nach Y existiert, dann ist $\mathfrak{C}$ lokal klein.*

Gibt es zu jedem Objekt X von $\mathfrak{C}$ eine Kardinalzahl k, so daß $\operatorname{card} V(Y) \leqq k$ *für jedes Objekt Y von $\mathfrak{C}$ gilt, für das ein Epimorphismus von X nach Y existiert, dann ist andererseits $\mathfrak{C}$ lokal coklein.*

Beweis. Y sei ein Objekt von $\mathfrak{C}$ und k eine Kardinalzahl mit $\operatorname{card} V(X) \leqq k$ für jeden Monomorphismus $f\colon X \to Y$. Wegen Eigenschaft 1 von V ist $\{X \in \operatorname{Ob}\mathfrak{C} \mid V(X) \subseteqq k\}$ und daher auch $G = \{g\colon X \to Y \mid g$ Monomorphismus, $V(X) \subseteqq k\}$ eine Menge. Zu jedem Monomorphismus $f\colon X \to Y$ existiert wegen $\operatorname{card} V(X) \leqq k$ eine eineindeutige Abbildung χ von $V(X)$ auf eine Teilmenge von k, wegen Eigenschaft 2 von V deshalb ein Isomorphismus h mit $V(h) = \chi$ und somit ein $g \in G$ mit $f = gh$. Damit ist der erste Teil der Behauptung bewiesen. Der zweite Teil folgt daraus mittels Dualisierung.

Wir beweisen damit

5.22.22. *$\mathfrak{C}$ sei eine Kategorie und V ein Funktor von $\mathfrak{C}$ in* ENS *mit den Eigenschaften* 1 *und* 2 *aus* 5.22.21. *Sind die Mono- bzw. Epimorphismen von $\mathfrak{C}$ diejenigen Morphismen f, für die $V(f)$ Injektionen bzw. Surjektionen sind, so ist $\mathfrak{C}$ lokal klein bzw. lokal coklein. Existiert ein Funktor T von $\mathfrak{C}$ in* $\mathrm{LIM}_{\mathrm{sep}}$, *der, zusammengesetzt mit dem Vergißfunktor von* $\mathrm{LIM}_{\mathrm{sep}}$ *in* ENS, *V ergibt, und sind die Epimorphismen von $\mathfrak{C}$ diejenigen Morphismen $f\colon X \to Y$, für die die Abbildungen $V(f)$ dichte Wertebereiche in $T(Y)$ haben, dann ist ebenfalls $\mathfrak{C}$ lokal coklein.*

Beweis. Für jeden Morphismus $f\colon X \to Y$, für den $V(f)$ eine Injektion bzw. Surjektion ist, gilt $\operatorname{card} V(X) \leqq \operatorname{card} V(Y)$ bzw. $\operatorname{card} V(X) \geqq \operatorname{card} V(Y)$, weshalb aus 5.22.21 der erste Teil der Behauptung folgt. Im weiteren seien die Voraussetzungen des zweiten Teiles der Behauptung erfüllt. $f\colon X \to Y$ sei ein Morphismus von $\mathfrak{C}$, für den die Abbildung $\varphi = V(f)$ einen dichten Wertebereich in $T(Y)$ hat. Zu jedem Punkt y von $\overline{\mathrm{wb}\varphi} = T(Y)$ gibt es einen eigentlichen Filter $\mathfrak{F}$ in $\mathrm{wb}\varphi$, so daß $\mathrm{im}_{\subseteqq, V(Y)}\, \mathfrak{F}$ gegen y und auf Grund der Separiertheit von $T(Y)$ nur gegen y konvergiert. Daher gilt

$$\operatorname{card} V(Y) \leqq \operatorname{card} \mathcal{F} \operatorname{wb}\varphi \leqq \operatorname{card} \mathsf{PP} \operatorname{wb}\varphi \leqq \operatorname{card} \mathsf{PP} V(X)\,,$$

so daß aus 5.22.21 der zweite Teil der Behauptung folgt.

Mit Hilfe dieses Satzes läßt sich für eine Reihe von Kategorien leicht nachweisen, daß diese lokal klein und lokal coklein sind. So folgt zum Beispiel aus diesem Satz — zusammen mit den entsprechenden Charakterisierungen der Mono- und Epimorphismen —, daß die Kategorien LIM, PTOP, MTOP, TOP, $\mathrm{LIM}_{t\mathrm{sep}}$, $\mathrm{PTOP}_{t\mathrm{sep}}$, $\mathrm{MTOP}_{t\mathrm{sep}}$, $\mathrm{TOP}_{\mathrm{sep}}$, LLING, PLING, TLING, LVEK, PVEK, TVEK und für $\mathfrak{C} =$ PLING, TLING, PVEK und TVEK die Kategorien $\mathfrak{C}_{t^{\vee}\mathrm{sep}}$, $\mathfrak{C}_{t\vee\mathrm{sep}}$, $\mathfrak{C}_{t^{\wedge}\mathrm{sep}}$, $\mathfrak{C}_{t\wedge\mathrm{sep}}$, $\hat{\mathfrak{C}}_{t^{\wedge}\mathrm{sep}}$ und $\hat{\mathfrak{C}}_{t\wedge\mathrm{sep}}$ lokal klein und lokal coklein sind.

Wir zeigen nun (vergleiche Isbell [1], Kennison [1] und Herrlich [1])

5.22.23 (Charakterisierung epireflektiver Unterkategorien). *$\mathfrak{C}$ sei eine lokal cokleine Kategorie, in der alle Produkte existieren. Jeder Morphismus f von $\mathfrak{C}$ besitze eine Faktorisierung $f = hg$ mit einem Epimorphismus g und einer Einbettung h. $\mathfrak{D}$ sei eine volle Unterkategorie von $\mathfrak{C}$, die in $\mathfrak{C}$ isomorphieabgeschlossen ist. Unter diesen Voraussetzungen ist $\mathfrak{D}$ genau dann epireflektiv in $\mathfrak{C}$, wenn $\mathfrak{D}$ in $\mathfrak{C}$ abgeschlossen bezüglich der Bildung von Produkten und Differenzkernen ist.*

Beweis. 1. $\mathfrak{D}$ sei epireflektiv in $\mathfrak{C}$. P sei, zusammen mit Morphismen π_ι $(\iota \in I)$, ein in $\mathfrak{C}$ gebildetes Produkt von Objekten X_ι $(\iota \in I)$ von $\mathfrak{D}$. $r_P\colon P \to P'$ sei eine Reflexion für P bez. $\mathfrak{D}$. Zu beliebigem $\iota \in I$ gibt es genau einen Morphismus $f_\iota\colon P' \to X_\iota$ von $\mathfrak{D}$ mit $\pi_\iota = f_\iota r_P$. Auf Grund der Produkteigenschaft von P existiert ferner genau ein Isomorphismus $s\colon P' \to P$ in $\mathfrak{C}$ mit $f_\iota = \pi_\iota s$ für jedes $\iota \in I$. Es folgt $\pi_\iota = \pi_\iota s r_P$ $(\iota \in I)$ und auf Grund der Produkteigenschaft von P damit $s r_P = 1_P$, somit $r_P s r_P = r_P$, da r_P eine Reflexion ist, damit auch $r_P s = 1_{P'}$, so daß r_P ein Isomorphismus ist und wegen der Isomorphieabgeschlossenheit von $\mathfrak{D}$ also $P \in \operatorname{Ob} \mathfrak{D}$ gilt. K sei, zusammen mit einem Morphismus $k\colon K \to X$, ein Differenzkern von Morphismen von $\mathfrak{C}$ mit $X \in \operatorname{Ob} \mathfrak{D}$. $r_K\colon K \to K'$ sei eine Reflexion für K bez. $\mathfrak{D}$. Es gibt einen eindeutig bestimmten Morphismus $f\colon K' \to X$ mit $k = f r_K$. Da k nach 5.22.9 ein extremer Monomorphismus und r_K ein Epimorphismus ist, ist r_K sogar ein Isomorphismus und folgt auf Grund der Isomorphieabgeschlossenheit von $\mathfrak{D}$ damit $K \in \operatorname{Ob} \mathfrak{D}$.

2. $\mathfrak{D}$ sei in $\mathfrak{C}$ abgeschlossen bezüglich der Bildung von Produkten und Differenzkernen. X sei ein Objekt von $\mathfrak{C}$. Da $\mathfrak{C}$ lokal coklein und $\mathfrak{D}$ in $\mathfrak{C}$ isomorphieabgeschlossen ist, gibt es eine Menge E von Epimorphismen $g\colon X \to A_g$ mit $A_g \in \operatorname{Ob}\mathfrak{D}$ derart, daß zu jedem Epimorphismus f mit X als Quelle und einem Objekt von $\mathfrak{D}$ als Ziel ein $g \in E$ und ein Isomorphismus h in $\mathfrak{C}$ mit $f = hg$ existieren. P sei, zusammen mit Morphismen π_g $(g \in E)$, ein Produkt der A_g $(g \in E)$. Es gibt genau einen Morphismus $f\colon X \to P$ von $\mathfrak{C}$, so daß $g = \pi_g f$ zu beliebigem $g \in E$ ist. Nach Voraussetzung existieren ein Epimorphismus $r_X\colon X \to X'$ und eine Einbettung $k\colon X' \to P$ mit $f = k r_X$. Da $\mathfrak{D}$ in $\mathfrak{C}$ abgeschlossen bezüglich der Bildung von Differenzkernen ist, gilt $X' \in \operatorname{Ob} \mathfrak{D}$. Wir zeigen, daß r_X eine Re-

flexion für X bezüglich $\mathfrak{D}$ ist, weshalb $\mathfrak{D}$ epireflektiv in $\mathfrak{C}$ ist. Gegeben sei dazu ein Morphismus $h: X \to Y$ von $\mathfrak{C}$ mit $Y \in \mathrm{Ob}\,\mathfrak{D}$. Auf Grund der Definition von E und der vorausgesetzten Faktorisierbarkeit der Morphismen existieren ein $g \in G$ und eine Einbettung l mit $h = lg$. Da $\mathfrak{D}$ in $\mathfrak{C}$ bezüglich der Bildung von Differenzkernen abgeschlossen ist, gilt $A_g \in \mathrm{Ob}\,\mathfrak{D}$. Das Diagramm

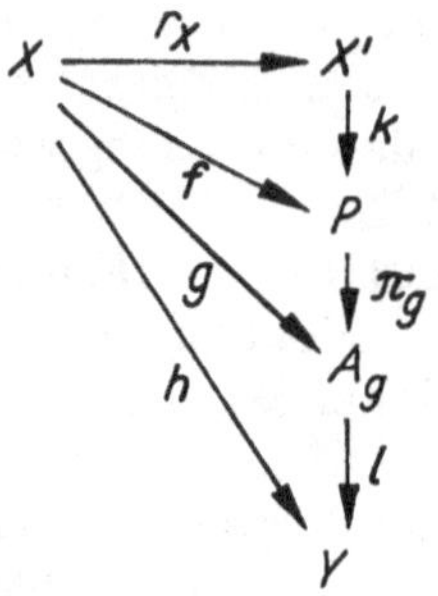

ist kommutativ. Da r_X ein Epimorphismus ist, ist $l\pi_g k$ der einzige Morphismus h' mit $h = h' r_X$. r_X ist daher eine Reflexion für X bez. $\mathfrak{D}$.

Durch Dualisierung folgt aus 5.22.23

5.22.24 (Charakterisierung monocoreflektiver Unterkategorien). *$\mathfrak{C}$ sei eine lokal kleine Kategorie, in der alle Coprodukte existieren. Jeder Morphismus f von $\mathfrak{C}$ besitze eine Faktorisierung $f = gh$ mit einem Monomorphismus g und einem zu einem Differenzcokern gehörigen Morphismus h. $\mathfrak{D}$ sei eine volle Unterkategorie von $\mathfrak{C}$, die in $\mathfrak{C}$ isomorphieabgeschlossen ist. Unter dieser Voraussetzung ist $\mathfrak{D}$ genau dann monocoreflektiv in $\mathfrak{C}$, wenn $\mathfrak{D}$ in $\mathfrak{C}$ abgeschlossen bezüglich der Bildung von Coprodukten und Differenzcokernen ist.*

Im folgenden gehen wir auf Anwendungen von 5.22.23 und 5.22.24 ein, zuerst auf solche von 5.22.23.

Ist $\mathfrak{D}$ eine Unterkategorie von LIM, die bezüglich der Bildung von Produkten und Differenzkernen in LIM abgeschlossen ist, so folgt mittels Bemerkungen vor und nach 5.22.20, daß jede der Kategorien $\mathfrak{D}_{T_{1w}}$, $\mathfrak{D}_{T_1}$, $\mathfrak{D}_{wsep}$, $\mathfrak{D}_{sep}$, $\mathfrak{D}_{tsep}$, $\mathfrak{D}_{reg}$, $\mathfrak{D}_{sreg}$ und $\mathfrak{D}_{creg}$ in LIM epireflektiv und wegen 5.22.2 damit covollständig ist.

Wegen 5.22.2, 5.22.20 und 5.22.23 sind LIM_{lun}, PTOP_{pun} und TOP_{un} covollständige Kategorien, die in LIM epireflektiv sind. $\varepsilon: \mathrm{LIM} \to \mathrm{LIM}_{lun}$, $\varepsilon^{\pi}: \mathrm{LIM} \to \mathrm{PTOP}_{pun}$ und $\varepsilon^{\mu}: \mathrm{LIM} \to \mathrm{TOP}_{un}$ seien Epireflektoren. Nach 4.4.3 gibt es einen Funktor $\boldsymbol{\nu}: \mathrm{LIM}_{lun} \to \mathrm{LUN}$, der jedem limesuniformisierbaren Limesraum X denjenigen limesuniformen Raum zuordnet, der aus der Trägermenge von X und der feinsten limesuniformen Struktur, die die Limitierung von X erzeugt, besteht. $\boldsymbol{\nu}^{\pi}$ und $\boldsymbol{\nu}^{\mu}$ seien die Funktoren von PTOP_{pun} in PUN bzw. von TOP_{un} in UN, die sich durch Einschränkung von $\boldsymbol{\pi\nu}$ bzw. $\boldsymbol{\mu\nu}$ ergeben. Wie unter Berücksichtigung von 4.1.11 und 4.1.21 folgt, ordnen sie jedem pseudouniformisierbaren bzw. uniformisierbaren Limesraum X den pseudouniformen bzw.

uniformen Raum zu, der aus der Trägermenge von X und der feinsten pseudouniformen bzw. uniformen Struktur, die die Limitierung von X erzeugt, gebildet ist. Die Kompositionen $\boldsymbol{\nu\varepsilon}$: LIM → LUN, $\boldsymbol{\nu^\pi\varepsilon^\pi}$: LIM → PUN und $\boldsymbol{\nu^\mu\varepsilon^\mu}$: LIM → UN sind linksadjungierte Funktoren von $\boldsymbol{\lambda}$: LUN → LIM bzw. den aus $\boldsymbol{\lambda}$ durch Einschränkung entstehenden Funktoren von PUN bzw. von UN in LIM.

Nach 3.16.18 ist die volle Unterkategorie $\mathrm{LIM}_{\mathrm{sep\,reg\,k}}$ von LIM, die als Objekte alle separierten regulären kompakten Limesräume hat, auch eine Unterkategorie von $\mathrm{LIM}_{t\mathrm{sep}}$. Mittels 3.16.13 folgt, daß $\mathrm{LIM}_{\mathrm{sep\,reg\,k}}$ mit der vollen Unterkategorie $\mathrm{PTOP}_{\mathrm{sep\,reg\,k}}$ von LIM übereinstimmt, die als Objekte alle separierten regulären kompakten pseudotopologischen Räume hat. Unter Beachtung, daß $\mathrm{LIM}_{t\mathrm{sep}}$ bezüglich der Bildung von Produkten und Differenzkernen in LIM abgeschlossen ist, folgt mittels 3.16.12, 3.16.17 und 5.22.10, daß $\mathrm{LIM}_{\mathrm{sep\,reg\,k}}$ bezüglich der Bildung von Produkten und Differenzkernen in $\mathrm{LIM}_{t\mathrm{sep}}$ abgeschlossen ist. 5.22.23 entnimmt man damit, daß $\mathrm{LIM}_{\mathrm{sep\,reg\,k}}$ in $\mathrm{LIM}_{t\mathrm{sep}}$ epireflektiv ist. Da auch $\mathrm{LIM}_{t\mathrm{sep}}$ in LIM epireflektiv ist, folgt (vergleiche Wyler [1] u. Ramaley u. Wyler [2], ferner Richardson [3])

5.22.25. $\mathrm{LIM}_{\mathrm{sep\,reg\,k}}$ *ist eine reflektive Unterkategorie in* LIM.

Jeder Reflektor von LIM im $\mathrm{LIM}_{\mathrm{sep\,reg\,k}}$ heißt eine **reguläre Stone-Čech-Kompaktifizierung.**

Aus 5.12.1, 5.12.3 und 5.22.23 folgt, daß LLING^+ und $\mathrm{LLING}^\#$ nicht nur coreflektive, sondern auch reflektive Unterkategorien von LLING sind. Unter Beachtung von 5.8.2 lassen sich leicht zugehörige Reflektoren angeben.

Wir erinnern daran, daß ein topologischer Raum X kompakt erzeugt bzw. schwach sequentiell heißt, wenn er mit $\boldsymbol{t}(\boldsymbol{l}(X))$ bzw. mit $\boldsymbol{t}(\boldsymbol{S}(X))$ übereinstimmt. $\mathrm{TOP}_{\mathrm{sep\,ke}}$ und $\mathrm{TOP}_{\mathrm{sep\,sseq}}$ seien die vollen Unterkategorien von LIM, die als Objekte alle separierten kompakt erzeugten bzw. alle separierten schwach sequentiellen topologischen Räume haben. $\mathrm{TOP}_{\mathrm{sep\,sseq}}$ ist eine Unterkategorie von $\mathrm{TOP}_{\mathrm{sep\,ke}}$. Es gilt nämlich

5.22.26. *Jeder schwach sequentielle topologische Raum X ist kompakt erzeugt.*

Beweis. M sei eine Teilmenge von X derart, daß $M \cap K$ für jeden kompakten Teilraum K von X in K abgeschlossen ist. $x_1, x_2, \ldots$ sei eine Folge von Punkten von M, die gegen einen Punkt x_0 von X konvergiert. $K = \{x_n \mid n \in N\}$ ist kompakt, so daß $M \cap K$ in K abgeschlossen ist. Da $x_1, x_2, \ldots$ auch in K gegen x_0 konvergiert und die Punkte dieser Folge in $M \cap K$ liegen, folgt $x_0 \in M$. M ist daher folgenabgeschlossen und, da X schwach sequentiell ist, demnach abgeschlossen. Wegen 3.16.27 ist X somit kompakt erzeugt.

Mittels 3.16.25 und (3.19.2) folgt für jede Topologie

$$t(S(\tau)) \leqq t(l(\tau)) \leqq \tau\,. \tag{5.22.6}$$

Mittels des Korollars zu 3.6.7 und mittels Bemerkungen nach 3.16.25 und 3.19.4 erhält man mühelos, daß für jeden separierten topologischen Raum X die identischen Abbildungen von $\boldsymbol{t}(\boldsymbol{l}(X))$ bzw. $\boldsymbol{t}(\boldsymbol{S}(X))$ in X Coreflexionen für X bez. $\mathrm{TOP}_{\mathrm{sep\,ke}}$ bzw. $\mathrm{TOP}_{\mathrm{sep\,sseq}}$ sind. Die mit diesen Coreflexionen gebildeten Coreflektoren seien $\boldsymbol{l}^t\colon \mathrm{TOP}_{\mathrm{sep}} \to \mathrm{TOP}_{\mathrm{sep\,ke}}$ und $\boldsymbol{S}^t\colon \mathrm{TOP}_{\mathrm{sep}} \to \mathrm{TOP}_{\mathrm{sep\,sseq}}$; sie sind Retraktionen. Wegen 5.22.3 sind $\mathrm{TOP}_{\mathrm{sep\,ke}}$ und $\mathrm{TOP}_{\mathrm{sep\,sseq}}$ vollständige Kategorien. 5.22.24 entnimmt man, daß $\mathrm{TOP}_{\mathrm{sep\,ke}}$ und $\mathrm{TOP}_{\mathrm{sep\,sseq}}$ bezüglich der Bildung von Coprodukten und Differenzcokernen abgeschlossen sind, so daß $\mathrm{TOP}_{\mathrm{sep\,ke}}$ und $\mathrm{TOP}_{\mathrm{sep\,sseq}}$ auch covollständig sind. Unter Berücksichtigung von 3.9.7 und 3.16.12 zeigt man leicht

5.22.27. *Jeder abgeschlossene Teilraum eines kompakt erzeugten bzw. schwach sequentiellen topologischen Raumes ist ebenfalls kompakt erzeugt bzw. schwach sequentiell.*

Damit folgt, daß die Kategorien $\mathrm{TOP}_{\mathrm{sep\,ke}}$ und $\mathrm{TOP}_{\mathrm{sep\,sseq}}$ in $\mathrm{TOP}_{\mathrm{sep}}$ bezüglich der Bildung von Differenzkernen abgeschlossen sind. Bezüglich der Bildung von Produkten sind sie in $\mathrm{TOP}_{\mathrm{sep}}$ nicht abgeschlossen. Ist nämlich $(X_i)_{i\in I}$ eine beliebige mit einer Menge indizierte Familie von Objekten von $\mathrm{TOP}_{\mathrm{sep\,ke}}$ bzw. $\mathrm{TOP}_{\mathrm{sep\,sseq}}$, so folgt mittels 5.22.3, daß $\boldsymbol{t}(\boldsymbol{l}(\prod_{i\in I} X_i))$ bzw. $\boldsymbol{t}(\boldsymbol{S}(\prod_{i\in I} X_i))$, zusammen mit den natürlichen Projektionen, ein Produkt der X_i $(i \in I)$ in $\mathrm{TOP}_{\mathrm{sep\,ke}}$ bzw. $\mathrm{TOP}_{\mathrm{sep\,sseq}}$ ist. Im allgemeinen ist jedoch $\boldsymbol{t}(\boldsymbol{l}(\prod_{i\in I} X_i))$ bzw. $\boldsymbol{t}(\boldsymbol{S}(\prod_{i\in I} X_i))$ für separierte kompakt erzeugte bzw. separierte schwach sequentielle topologische Räume X_i $(i \in I)$ ungleich dem topologischen Produkt $\prod_{i\in I} X_i$, auch, wenn I zweielementig ist, wie mittels des Beispiels aus Dugundji [1], Seite 133 (siehe auch dort Seite 249) folgt; die in diesem Beispiel angegebenen topologischen Räume X und Y sind schwach sequentiell, $X \times Y$ ist jedoch nicht kompakt erzeugt.

5.23. Tensorprodukte und monoidale Kategorien

Zu beliebigen $\boldsymbol{K}$-Vektorräumen X, Y und Z (mit $\boldsymbol{K} = \boldsymbol{R}$ oder $\boldsymbol{C}$) seien $\mathcal{L}(X, Y)$ der $\boldsymbol{K}$-Vektorraum aller linearen Abbildungen von X in Y und $\mathcal{L}(X, Y; Z)$ der $\boldsymbol{K}$-Vektorraum aller bilinearen Abbildungen von $X \times Y$ in Z, wobei die Vektoraddition und skalare Multiplikation jeweils argumentweise, also durch $(f + g)(x) = f(x) + g(x)$ und $(\alpha f)(x) = \alpha f(x)$ zu beliebigem $x \in X$ bzw. $x \in X \times Y$ und beliebigem $\alpha \in \boldsymbol{K}$ definiert sind.

X und Y seien $\boldsymbol{K}$-Vektorräume. Zu jedem Paar $(x, y) \in X \times Y$ ist die Abbildung $\varphi \mapsto \varphi(x, y)$ $(\varphi \in \mathcal{L}(X, Y; \boldsymbol{K}))$ eine Linearform auf $\mathcal{L}(X, Y; \boldsymbol{K})$, d. h. ein Element des algebraischen Duals $\mathcal{L}(X, Y; \boldsymbol{K})^*$; wir bezeichnen es mit $x \otimes y$. Die lineare Hülle von $\{x \otimes y \mid (x, y) \in X \times Y\}$ in $\mathcal{L}(X, Y; \boldsymbol{K})^*$ wird mit $X \otimes Y$ bezeichnet und das **Tensorprodukt** von X und Y genannt. $X \otimes Y$ besteht aus allen endlichen Linearkombinationen $\alpha_1(x_1 \otimes y_1) + \cdots + \alpha_n(x_n \otimes y_n)$ $(\alpha_1, \ldots, \alpha_n \in \boldsymbol{K};\ x_1, \ldots, x_n \in X;\ y_1, \ldots, y_n \in Y)$. Die Abbildung $\varkappa\colon (x, y) \mapsto x \otimes y$ $((x, y) \in$

$X \times Y)$ von $X \times Y$ in $X \otimes Y$ ist offensichtlich bilinear; sie heißt die **kanonische Abbildung** von $X \times Y$ in $X \otimes Y$. Im allgemeinen ist $\mathrm{wb}\varkappa \neq X \otimes Y$. Die Bilinearität von $\varkappa$ besagt, daß $\alpha(x \otimes y) = \alpha x \otimes y = x \otimes \alpha y$ sowie $(x + u) \otimes y = x \otimes y + u \otimes y$ und $x \otimes (y + v) = x \otimes y + x \otimes v$ zu beliebigen $\alpha \in \boldsymbol{K}$, $x, u \in X$ und $y, v \in Y$ gilt. Aus der ersten dieser Beziehungen folgt $0 = 0 \otimes y = x \otimes 0$ zu beliebigen $x \in X$ und $y \in Y$. Ferner folgt aus dieser Beziehung, daß jedes Element von $X \otimes Y$ auf die Gestalt $(x_1 \otimes y_1) + \cdots + (x_n \otimes y_n)$ gebracht werden kann.

Über den Begriff des Tensorprodukts können den bilinearen Abbildungen eineindeutig lineare Abbildungen zugeordnet werden, wie aus dem folgenden Satz hervorgeht.

5.23.1. *X, Y und Z seien $\boldsymbol{K}$-Vektorräume. $\varkappa$ sei die kanonische Abbildung von $X \times Y$ in $X \otimes Y$. Zu jeder bilinearen Abbildung $f \colon X \times Y \to Z$ gibt es genau eine lineare Abbildung $l_f \colon X \otimes Y \to Z$, so daß das Diagramm*

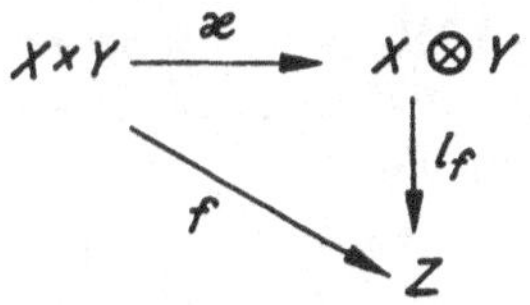

(5.23.1)

kommutativ ist. Die Abbildung $f \mapsto l_f$ $(f \in \mathscr{L}(X, Y; Z))$ ist ein Isomorphismus des Vektorraumes $\mathscr{L}(X, Y; Z)$ auf den Vektorraum $\mathscr{L}(X \otimes Y, Z)$.

Beweis. 1. Zu jeder Abbildung $f \in \mathscr{L}(X, Y; Z)$ wird durch

$$l_f\left(\sum_{i=1}^{n} x_i \otimes y_i\right) = \sum_{i=1}^{n} f(x_i, y_i) \tag{5.23.2}$$

eine Abbildung $l_f \colon X \otimes Y \to Z$ definiert; aus $\sum_{i=1}^{n} x_i \otimes y_i = \sum_{j=1}^{m} u_j \otimes v_j$ folgt $\sum_{i=1}^{n} \varphi(x_i, y_i) = \sum_{j=1}^{m} \varphi(u_j, v_j)$ für jedes $\varphi \in \mathscr{L}(X, Y; \boldsymbol{K})$ und, da zu beliebigem $z \neq 0$ aus Z ein $m \in Z^*$ mit $m(z) \neq 0$ existiert, auch $\sum_{i=1}^{n} f(x_i, y_i) = \sum_{j=1}^{m} f(u_j, v_j)$. Offenbar ist l_f linear und gilt $f = l_f \circ \varkappa$. Jede lineare Abbildung $l \colon X \otimes Y \to Z$ mit $f = l \circ \varkappa$ genügt der Definitionsbeziehung (5.23.2) von l_f und stimmt daher mit l_f überein.

2. Zu beliebigem $l \in \mathscr{L}(X \otimes Y, Z)$ gilt $l \circ \varkappa \in \mathscr{L}(X, Y; Z)$. Für Abbildungen $f, g \in \mathscr{L}(X, Y; Z)$ mit $l_f = l_g$ ist $f = l_f \circ \varkappa = l_g \circ \varkappa = g$. $f \mapsto l_f$ $(f \in \mathscr{L}(X, Y; Z))$ ist daher eine eineindeutige Abbildung von $\mathscr{L}(X, Y; Z)$ auf $\mathscr{L}(X \otimes Y, Z)$. Zu beliebigen $\alpha, \beta \in \boldsymbol{K}$ und $f, g \in \mathscr{L}(X, Y; Z)$ gilt $(\alpha l_f + \beta l_g) \circ \varkappa = \alpha(l_f \circ \varkappa) + \beta(l_g \circ \varkappa) = \alpha f + \beta g$ und damit auf Grund des in Teil 1 Bewiesenen $\alpha l_f + \beta l_g = l_{\alpha f + \beta g}$, so daß die Abbildung $f \mapsto l_f$ $(f \in \mathscr{L}(X, Y; Z))$ auch linear und somit ein Vektorraumisomorphismus von $\mathscr{L}(X, Y; Z)$ auf $\mathscr{L}(X \otimes Y, Z)$ ist.

Sind X, X', Y und Y' $\boldsymbol{K}$-Vektorräume und $\varkappa$ und $\varkappa'$ die kanonischen Abbildungen von $X \times Y$ in $X \otimes Y$ bzw. von $X' \times Y'$ in $X' \otimes Y'$, so folgt aus 5.23.1, daß es zu beliebigen linearen Abbildungen $f\colon X \to X'$ und $g\colon Y \to Y'$ genau eine lineare Abbildung $f \otimes g\colon X \otimes Y \to X' \otimes Y'$ gibt, für die das Diagramm

$$\begin{array}{ccc} X \times Y & \xrightarrow{\varkappa} & X \otimes Y \\ \big\downarrow{\scriptstyle f * g} & & \big\downarrow{\scriptstyle f \otimes g} \\ X' \times Y' & \xrightarrow{\varkappa'} & X' \otimes Y' \end{array}$$

kommutativ ist. Für diese Abbildung gilt

$$(f \otimes g)\left(\sum_{i=1}^{n} x_i \otimes y_i\right) = \sum_{i=1}^{n} f(x_i) \otimes g(y_i) \tag{5.23.3}$$

zu beliebigen $x_i \in X$ und $y_i \in Y$ $(i = 1, \ldots, n)$. Mittels 5.23.1 folgt, daß es einen Funktor $\otimes$: VEK $\times$ VEK $\to$ VEK gibt, der jedem Paar (X, Y) von $\boldsymbol{K}$-Vektorräumen das Tensorprodukt $X \otimes Y$ und jedem Paar (f, g) von linearen Abbildungen die Abbildung $f \otimes g$ zuordnet.

Zu jeder Kategorie $\mathfrak{C}$ setzen wir $\mathfrak{C} \times \mathfrak{C} \times \mathfrak{C} = (\mathfrak{C} \times \mathfrak{C}) \times \mathfrak{C}$ und identifizieren dieses Produkt in naheliegender Weise mit $\mathfrak{C} \times (\mathfrak{C} \times \mathfrak{C})$.

$S_{\mathfrak{C}}$ sei zu jeder Kategorie $\mathfrak{C}$ der Funktor von $\mathfrak{C} \times \mathfrak{C}$ in sich, der jedem Paar (X, Y) von Objekten von $\mathfrak{C}$ das Paar (Y, X) und jedem Paar (f, g) von Morphismen von $\mathfrak{C}$ das Paar (g, f) zuordnet.

5.23.2 (Isomorphieeigenschaften des Tensorprodukts). *$\mathfrak{C}$ sei die Kategorie VEK aller $\boldsymbol{K}$-Vektorräume. Es gibt einen natürlichen Isomorphismus* $\alpha = (\alpha_{X,Y,Z})_{(X,Y,Z)\in \mathrm{Ob}(\mathfrak{C}\times\mathfrak{C}\times\mathfrak{C})}$ *von* $\otimes(\mathrm{id}_{\mathfrak{C}} * \otimes)\colon \mathfrak{C} \times \mathfrak{C} \times \mathfrak{C} \to \mathfrak{C}$ *nach* $\otimes(\otimes * \mathrm{id}_{\mathfrak{C}})\colon \mathfrak{C} \times \mathfrak{C} \times \mathfrak{C} \to \mathfrak{C}$ *mit*

$$\alpha_{X,Y,Z}\big(x \otimes (y \otimes z)\big) = (x \otimes y) \otimes z \tag{5.23.4}$$

zu beliebigen Objekten X, Y und Z von $\mathfrak{C}$ und beliebigen $x \in X$, $y \in Y$ und $z \in Z$ **(Assoziativität des Tensorprodukts)**, *ferner natürliche Isomorphismen* $\lambda = (\lambda_X)_{X\in \mathrm{Ob}\,\mathfrak{C}}$ *von* $\otimes\langle \boldsymbol{K}_{\mathfrak{C}}, \mathrm{id}_{\mathfrak{C}}\rangle\colon \mathfrak{C} \to \mathfrak{C}$ *nach* $\mathrm{id}_{\mathfrak{C}}\colon \mathfrak{C} \to \mathfrak{C}$ *und* $\varrho = (\varrho_X)_{X\in \mathrm{Ob}\,\mathfrak{C}}$ *von* $\otimes\langle \mathrm{id}_{\mathfrak{C}}, \boldsymbol{K}_{\mathfrak{C}}\rangle\colon \mathfrak{C} \to \mathfrak{C}$ *nach* $\mathrm{id}_{\mathfrak{C}}\colon \mathfrak{C} \to \mathfrak{C}$ *mit*

$$\lambda_X(1 \otimes x) = x \tag{5.23.5}$$

und

$$\varrho_X(x \otimes 1) = x \tag{5.23.6}$$

zu jedem Objekt X von $\mathfrak{C}$ und jedem $x \in X$ und schließlich einen natürlichen Isomorphismus $\gamma = (\gamma_{X,Y})_{(X,Y)\in \mathrm{Ob}(\mathfrak{C}\times\mathfrak{C})}$ *von* $\otimes\colon \mathfrak{C} \times \mathfrak{C} \to \mathfrak{C}$ *nach* $\otimes S_{\mathfrak{C}}\colon \mathfrak{C} \times \mathfrak{C} \to \mathfrak{C}$ *mit*

$$\gamma_{X,Y}(x \otimes y) = y \otimes x \tag{5.23.7}$$

zu beliebigen Objekten X und Y von $\mathfrak{C}$ *und beliebigen* $x \in X$ *und* $y \in Y$ **(Kommutativität des Tensorprodukts).**

Zu beliebigen Objekten X, Y, Z und U von $\mathfrak{C}$ *sind die folgenden drei Diagramme*

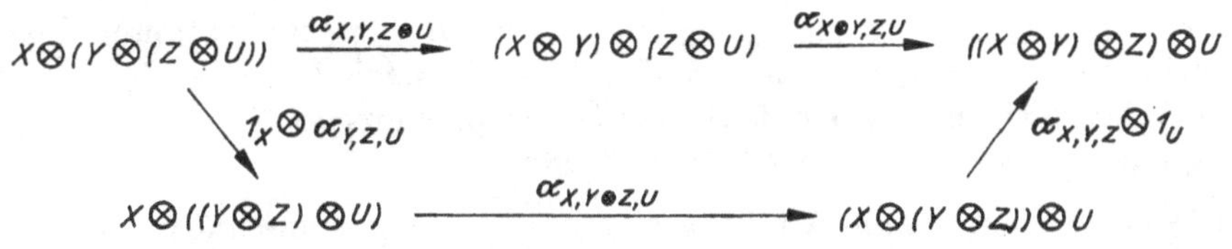

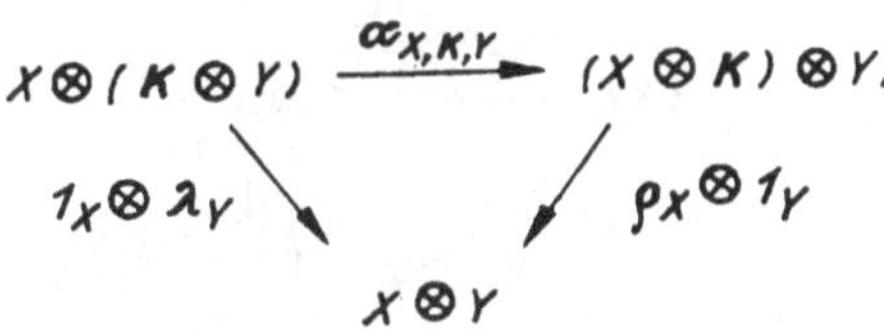

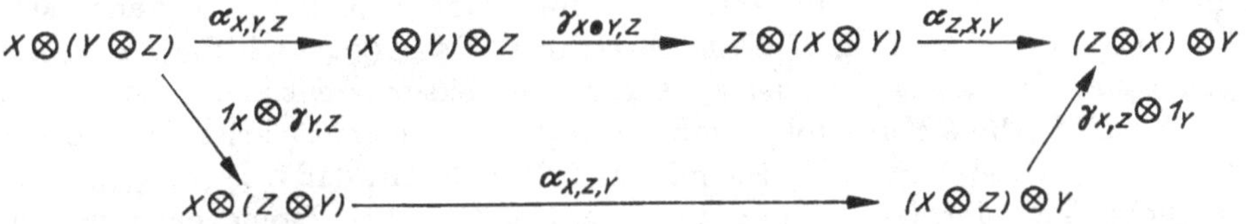

kommutativ und gilt

$$\lambda_K = \varrho_K \tag{5.23.8}$$

und

$$1_{X \otimes Y} = \gamma_{Y,X} \circ \gamma_{X,Y}, \qquad \varrho_X = \lambda_X \circ \gamma_{X,K}. \tag{5.23.9}$$

Beweis. Zu beliebigen K-Vektorräumen X, Y und Z ist die Abbildung $a_{X,Y,Z}: (x, (y, z)) \mapsto ((x, y), z)$ $(x \in X, y \in Y, z \in Z)$ ein Vektorraumisomorphismus von $X \times (Y \times Z)$ auf $(X \times Y) \times Z$ und existiert wegen 5.23.1 genau ein Vektorraumisomorphismus $\alpha_{X,Y,Z}$ von $X \otimes (Y \otimes Z)$ auf $(X \otimes Y) \otimes Z$, so daß das Diagramm

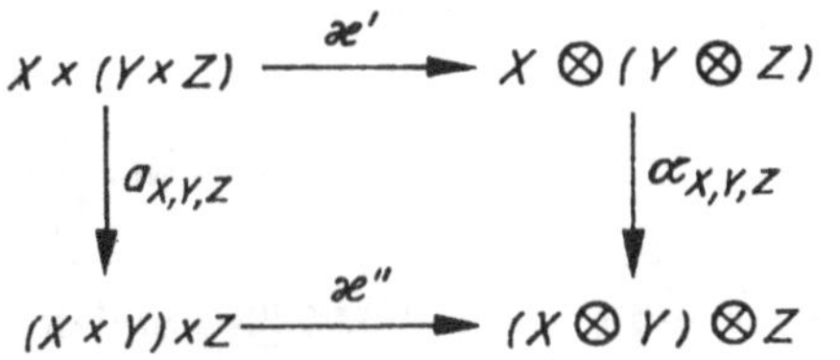

kommutativ ist; dabei seien $\varkappa'$ und $\varkappa''$ die Abbildungen $(x, (y, z)) \mapsto x \otimes (y \otimes z)$ und $((x, y), z) \mapsto (x \otimes y) \otimes z$. Aus der Definition von $\alpha_{X,Y,Z}$ folgt unmittelbar, daß (5.23.4) zu beliebigen $x \in X$, $y \in Y$ und $z \in Z$ gilt. Offenbar ist

$a = (a_{X,Y,Z})_{(X,Y,Z)\in \mathrm{Ob}(\mathfrak{C}\times\mathfrak{C}\times\mathfrak{C})}$ eine natürliche Transformation von $\times(\mathrm{id}_{\mathfrak{C}} * \times)$ nach $\times(\times * \mathrm{id}_{\mathfrak{C}})$, wobei $\times$ der Funktor von $\mathfrak{C} \times \mathfrak{C}$ in $\mathfrak{C}$ ist, der jedem Paar (X, Y) von Vektorräumen das Produkt $X \times Y$ und jedem Paar (f, g) von linearen Abbildungen das Abbildungsprodukt $f * g$ zuordnet. Wegen 5.23.1 ist daher $\alpha = (\alpha_{X,Y,Z})_{(X,Y,Z)\in \mathrm{Ob}(\mathfrak{C}\times\mathfrak{C}\times\mathfrak{C})}$ eine natürliche Transformation und damit ein natürlicher Isomorphismus von $\otimes(\mathrm{id}_{\mathfrak{C}} * \otimes)$ nach $\otimes(\otimes * \mathrm{id}_{\mathfrak{C}})$. Ähnlich zeigt man die Existenz eines natürlichen Isomorphismus $\gamma = (\gamma_{X,Y})_{(X,Y)\in \mathrm{Ob}(\mathfrak{C}\times\mathfrak{C})}$ von $\otimes$ nach $\otimes S_{\mathfrak{C}}$, so daß jeweils (5.23.7) gilt.

Zu jedem $\boldsymbol{K}$-Vektorraum X gibt es wegen 5.23.1 genau eine lineare Abbildung $\lambda_X\colon \boldsymbol{K} \otimes X \to X$, so daß das Diagramm

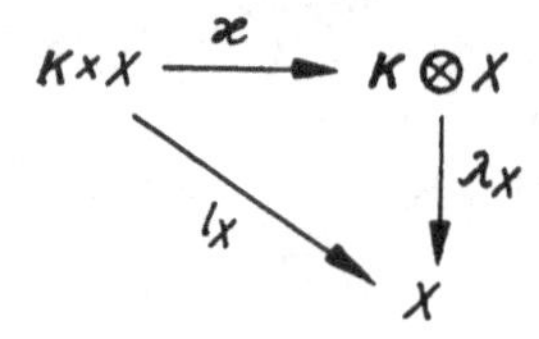

kommutativ ist, wobei l_X die skalare Multiplikation in X und $\varkappa$ die kanonische Abbildung von $\boldsymbol{K} \times X$ in $\boldsymbol{K} \otimes X$ bezeichnet. Da $\alpha \otimes x = 1 \otimes \alpha x$ zu beliebigen $\alpha \in \boldsymbol{K}$ und $x \in X$ gilt, ist λ_X sogar ein Vektorraumisomorphismus von $\boldsymbol{K} \otimes X$ auf X. Ohne Mühe folgt, daß $l = (l_X)_{X\in \mathrm{Ob}\,\mathfrak{C}}$ eine natürliche Transformation von $\times\langle \boldsymbol{K}_{\mathfrak{C}}, \mathrm{id}_{\mathfrak{C}}\rangle$ nach $\mathrm{id}_{\mathfrak{C}}$ ist, mittels 5.23.1 damit, daß $\lambda = (\lambda_X)_{X\in \mathrm{Ob}\,\mathfrak{C}}$ eine natürliche Transformation und somit ein natürlicher Isomorphismus von $\otimes\langle \boldsymbol{K}_{\mathfrak{C}}, \mathrm{id}_{\mathfrak{C}}\rangle$ nach $\mathrm{id}_{\mathfrak{C}}$ ist. Offenbar gilt stets (5.23.5). Entsprechend zeigt man, daß ein natürlicher Isomorphismus $\varrho = (\varrho_X)_{X\in \mathrm{Ob}\,\mathfrak{C}}$ von $\otimes\langle \mathrm{id}_{\mathfrak{C}}, \boldsymbol{K}_{\mathfrak{C}}\rangle$ nach $\mathrm{id}_{\mathfrak{C}}$ existiert, so daß jeweils (5.23.6) gilt.

Daß die drei im Satz angegebenen Diagramme kommutativ sind, folgt mittels 5.23.1 und wegen der leicht zu beweisenden Kommutativität der entsprechenden Diagramme für Produkte. Die Kommutativität des ersten der angegebenen Diagramme ergibt sich zum Beispiel wegen der Kommutativität von

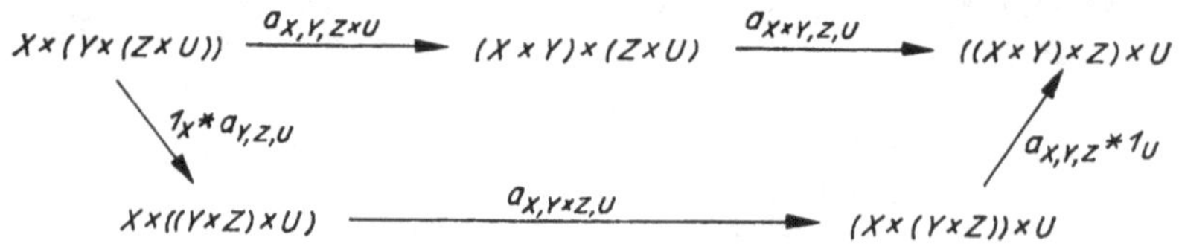

(5.23.8) und (5.23.9) folgen mühelos mittels 5.23.1 und der leicht zu beweisenden entsprechenden Beziehungen für Produkte.

Aus beliebigen Basen von $\boldsymbol{K}$-Vektorräumen X und Y kann man leicht eine Basis des Tensorprodukts $X \otimes Y$ bilden.

5.23.3 (Basen von Tensorprodukten). *B und C seien Basen von $\boldsymbol{K}$-Vektorräumen X bzw. Y. Dann bilden die Vektoren $x \otimes y$ ($x \in B$, $y \in C$) eine Basis von $X \otimes Y$.*

Beweis. Es sei $\sum_{x \in B', y \in C'} \alpha_{xy} (x \otimes y) = 0$ für nichtleere endliche Mengen $B' \subseteqq B$ und $C' \subseteqq C$ und für $\alpha_{xy} \in \boldsymbol{K}$ ($x \in B'$, $y \in C'$). Für beliebige lineare Funktionale l auf X und m auf Y ist $(x, y) \mapsto l(x)\, m(y)$ ($x \in X$, $y \in Y$) ein Element von $\mathcal{L}(X, Y; \boldsymbol{K})$ und gilt damit $\sum_{x \in B', y \in C'} \alpha_{xy} l(x)\, m(y) = 0$, d. h. $m(\sum_{x \in B', y \in C'} \alpha_{xy} l(x)\, y) = 0$, also $\sum_{x \in B', y \in C'} \alpha_{xy} l(x)\, y = 0$. Da C eine Basis ist, folgt $\sum_{x \in B'} \alpha_{xy} l(x) = l(\sum_{x \in B'} \alpha_{xy} x) = 0$ und somit $\sum_{x \in B'} \alpha_{xy} x = 0$ zu beliebigem $y \in C'$. Da B eine Basis ist, ergibt sich schließlich $\alpha_{xy} = 0$ zu beliebigen $x \in B'$ und $y \in C'$. Folglich ist $(x, y) \mapsto x \otimes y$ ($x \in B$, $y \in C$) eine eineindeutige Abbildung und ist $D = \{x \otimes y \mid x \in B, y \in C\}$ eine linear unabhängige Menge. Jeder Vektor von X ist eine endliche Linearkombination von Vektoren aus B, jeder Vektor von Y eine endliche Linearkombination von Vektoren aus C und auf Grund der Bilinearität der kanonischen Abbildung $\varkappa: X \times Y \to X \otimes Y$ damit jeder Vektor von $\varkappa[X \times Y]$ und somit jeder Vektor von $X \otimes Y$ eine endliche Linearkombination von Vektoren aus D. D ist deshalb eine Basis.

Aus 5.23.3 folgt das

Korollar. *Für beliebige $\boldsymbol{K}$-Vektorräume X und Y gilt*
$$\dim X \otimes Y = \dim X \cdot \dim Y .$$

5.23.4. *X und Y seien $\boldsymbol{K}$-Vektorräume. Jedes Element $z \neq 0$ von $X \otimes Y$ besitzt eine Darstellung $z = \sum_{i=1}^{r} x_i \otimes y_i$, wobei die $x_1, \dots, x_r$ und die $y_1, \dots, y_r$ linear unabhängige Vektoren sind.*

Beweis. Nach 5.23.3 besitzt z eine Darstellung $\sum_{i=1}^{s} \sum_{j=1}^{t} \alpha_{ij}(u_i \otimes v_j)$, wobei die $u_1, \dots, u_s$ und die $v_1, \dots, v_t$ linear unabhängige Vektoren sind. U und V seien die linearen Hüllen von $\{u_1, \dots, u_s\}$ bzw. $\{v_1, \dots, v_t\}$. $\sum_{i=1}^{s} \xi_i u_i \mapsto \sum_{i=1}^{s} \sum_{j=1}^{t} \alpha_{ij} \xi_i v_j$ ist eine lineare Abbildung l von U in V. Es existieren Vektoren $u'_1, \dots, u'_s$ derart, daß für ein $r \leqq s$ die Vektoren $u'_1 + l^{-1}\{0\}, \dots, u'_r + l^{-1}\{0\}$ des Quotientenraumes $U/l^{-1}\{0\}$ eine Basis dieses Raumes und bei $r < s$ die Vektoren $u'_{r+1}, \dots, u'_s$ eine Basis von $l^{-1}\{0\}$ bilden. $\{u'_1, \dots, u'_s\}$ ist eine Basis von U. Für $k = 1, \dots, r$ setzen wir $y_k = l(u'_k)$ und wählen Vektoren $y_{r+1}, \dots, y_t$, so daß $\{y_1, \dots, y_t\}$ eine Basis von V ist. Es gelten Beziehungen $u'_k = \sum_i \beta_{ik} u_i$ und $v_j = \sum_m \gamma_{jm} y_m$. Wegen
$$l(u'_k) = \begin{cases} y_k & \text{für } k \leqq r \\ 0 & \text{sonst} \end{cases}$$
gilt
$$\sum_{i,j} \alpha_{ij} \beta_{ik} \gamma_{jm} = \begin{cases} 1 & \text{bei } k \leqq r \text{ und } m = k \\ 0 & \text{sonst.} \end{cases} \tag{5.23.10}$$

$\{x_1, \ldots, x_s\}$ mit $u_i = \sum_r \sum_k \beta_{ik} x_k$ $(i = 1, \ldots, s)$ ist eine Basis von U, und mittels (5.23.10) folgt $z = \sum_{i=1} x_i \otimes y_i$.

Wir sagen, daß ein Element $z \neq 0$ eines Tensorprodukts $X \otimes Y$ den **Rang** r hat, wenn z eine Darstellung $\sum_{i=1}^{r} x_i \otimes y_i$ mit linear unabhängigen Vektoren $x_1, \ldots, x_r$ und $y_1, \ldots, y_r$ besitzt. Dem folgenden Satz entnimmt man, daß für die Elemente $z \neq 0$ von $X \otimes Y$ der Rang eindeutig bestimmt ist.

5.23.5. *X und Y seien $\boldsymbol{K}$-Vektorräume. z sei ein von 0 verschiedenes Element von $X \otimes Y$ mit einem Rang r. Dann besitzt z keine Darstellung $\sum_{i=1}^{r-1} u_i \otimes v_i$.*

Beweis. Nach Voraussetzung gibt es linear unabhängige Vektoren $x_1, \ldots, x_r$ von X und $y_1, \ldots, y_r$ von Y mit $z = x_1 \otimes y_1 + \cdots + x_r \otimes y_r$. Wir nehmen an, daß Vektoren $u_1, \ldots, u_{r-1}$ von X und $v_1, \ldots, v_{r-1}$ von Y mit $z = u_1 \otimes v_1 + \cdots + u_{r-1} \otimes v_{r-1}$ existieren. X' und Y' seien Komplementärräume der linearen Hüllen von $\{x_1, \ldots, x_r\}$ bzw. $\{y_1, \ldots, y_r\}$. Die Vektoren u_k und v_k $(k = 1, \ldots, r-1)$ besitzen Darstellungen $u_k = \alpha_{1k} x_1 + \cdots + \alpha_{rk} x_r + u_k'$, $v_k = \beta_{1k} y_1 + \cdots + \beta_{rk} y_r + v_k'$ mit $u_k' \in X'$ und $v_k' \in Y'$. Mittels 5.23.3 folgt

$$\sum_{k=1}^{r-1} \alpha_{ik} \beta_{jk} = \begin{cases} 0 & \text{bei } i, j \in \{1, \ldots, r\} \text{ und } j \neq i \\ 1 & \text{bei } i \in \{1, \ldots, r\} \text{ und } j = i\,. \end{cases}$$

Zu beliebigem $j \in \{1, \ldots, r\}$ hat das Gleichungssystem $\sum_{k=1}^{r-1} \alpha_{ik} \xi_k = 0$ $(i \in \{1, \ldots, r\} \setminus \{j\})$ als Lösung $\xi_k = \beta_{jk}$ $(k = 1, \ldots, r-1)$, die wegen $\sum_{k=1}^{r-1} \alpha_{jk} \beta_{jk} = 1$ ungleich der trivialen Lösung $\xi_k = 0$ $(k = 1, \ldots, r-1)$ ist. Die Matrix $\begin{pmatrix} \alpha_{11} & \cdots & \alpha_{1r-1} \\ \cdots & \cdots & \cdots \\ \alpha_{r1} & \cdots & \alpha_{rr-1} \end{pmatrix}$ hat daher einen Rang $s < r - 1$. Wir können annehmen, daß $\begin{pmatrix} \alpha_{11} & \cdots & \alpha_{1r-1} \\ \cdots & \cdots & \cdots \\ \alpha_{s1} & \cdots & \alpha_{sr-1} \end{pmatrix}$ den Rang s hat. Das Gleichungssystem

$$\sum_{k=1}^{r-1} \alpha_{ik} \xi_k = \begin{cases} 0 & \text{bei } i = 1, \ldots, s \\ 1 & \text{bei } i = s + 1 \end{cases}$$

hat eine Lösung, und zwar $\xi_k = \beta_{s+1\,k}$ $(k = 1, \ldots, r-1)$, im Widerspruch dazu, daß der Rang der Koeffizientenmatrix $\begin{pmatrix} \alpha_{11} & \cdots & \alpha_{1r-1} \\ \cdots & \cdots & \cdots \\ \alpha_{s+11} & \cdots & \alpha_{s+1r-1} \end{pmatrix}$ gleich s und der Rang der um die Spalte $\begin{pmatrix} 0 \\ \vdots \\ 0 \\ 1 \end{pmatrix}$ erweiterten Matrix gleich $s + 1$ ist.

Für das Folgende seien X und Y limitierte $\boldsymbol{K}$-lineare Gruppen. τ und σ seien die Limitierungen von X bzw. Y und E und F die X bzw. Y unterliegenden Vektorräume. Zu beliebigem $z \in E \otimes F$ sei $S(z)$ die Menge aller Filtersummen

$$\varkappa(\mathfrak{F}_1 \times \mathfrak{G}_1) + \cdots + \varkappa(\mathfrak{F}_n \times \mathfrak{G}_n),$$

die mittels beliebiger Filter $\mathfrak{F}_1 \in \tau(x_1), \dots, \mathfrak{F}_n \in \tau(x_n)$, $\mathfrak{G}_1 \in \sigma(y_1), \dots, \mathfrak{G}_n \in \sigma(y_n)$ für Punkte $x_1, \dots, x_n \in E$ und $y_1, \dots, y_n \in F$ mit $z = x_1 \otimes y_1 + \cdots + x_n \otimes y_n$ gebildet sind. Mit $(\tau \otimes \sigma)(z)$ bezeichnen wir zu jedem $z \in E \otimes F$ das $\wedge$-Ideal von $\mathcal{F}(E \otimes F)$, das die Menge aller Summen $\mathfrak{H} + \boldsymbol{V}\mathfrak{H}_1 + \cdots + \boldsymbol{V}\mathfrak{H}_m$ mit $\mathfrak{H} \in S(z)$ und $\mathfrak{H}_1, \dots, \mathfrak{H}_m \in S(0)$ als eine Subbasis hat. $\varkappa$ sei die kanonische Abbildung von $E \times F$ in $E \otimes F$.

5.23.6. $\tau \otimes \sigma : z \mapsto (\tau \otimes \sigma)(z)$ $(z \in E \otimes F)$ *ist die feinste schwach verträgliche Limitierung von* $E \otimes F$, *so daß* $\varkappa$ *bezüglich* $\tau \times \sigma$ *und* $\tau \otimes \sigma$ *stetig ist.*

Beweis. 1. Zu beliebigen $z, w \in E \otimes F$ und $\mathfrak{F} \in (\tau \otimes \sigma)(z)$, $\mathfrak{G} \in (\tau \otimes \sigma)(w)$ existieren $\mathfrak{H}_j \in S(z)$, $\mathfrak{H}_{ij} \in S(0)$ $(j = 1, \dots, m;\ i = 1, \dots, u)$ und $\mathfrak{K}_j \in S(w)$, $\mathfrak{K}_{ij} \in S(0)$ $(j = 1, \dots, n;\ i = 1, \dots, v)$ mit $\mathfrak{F} \supseteqq \bigcap_{j \in \{1, \dots, m\}} (\mathfrak{H}_j + \boldsymbol{V}\mathfrak{H}_{1j} + \cdots + \boldsymbol{V}\mathfrak{H}_{uj})$ und $\mathfrak{G} \supseteqq \bigcap_{j \in \{1, \dots, n\}} (\mathfrak{K}_j + \boldsymbol{V}\mathfrak{K}_{1j} + \cdots + \boldsymbol{V}\mathfrak{K}_{vj})$. Mittels 5.1.10 folgt

$$\mathfrak{F} + \mathfrak{G} \supseteqq \bigcap_{\substack{j \in \{1, \dots, m\} \\ l \in \{1, \dots, n\}}} (\mathfrak{H}_j + \mathfrak{K}_l + \boldsymbol{V}\mathfrak{H}_{1j} + \cdots + \boldsymbol{V}\mathfrak{H}_{uj} + \boldsymbol{V}\mathfrak{K}_{1l} + \cdots + \boldsymbol{V}\mathfrak{K}_{vl})$$

und damit $\mathfrak{F} + \mathfrak{G} \in (\tau \otimes \sigma)(z + w)$. Im Falle $z = 0$ folgt mittels 5.2.7 und 5.3.9 $\boldsymbol{V}\mathfrak{F} \supseteqq \bigcap_{j \in \{1, \dots, m\}} (\boldsymbol{V}\mathfrak{H}_j + \boldsymbol{V}\mathfrak{H}_{1j} + \cdots + \boldsymbol{V}\mathfrak{H}_{uj})$, aus $\mathfrak{F} \in (\tau \otimes \sigma)(0)$ also $\boldsymbol{V}\mathfrak{F} \in (\tau \otimes \sigma)(0)$. Unter Berücksichtigung der Bilinearität von $\varkappa$ ergibt sich mühelos $\alpha\mathfrak{F} \in (\tau \otimes \sigma)(\alpha z)$ zu beliebigen $z \in E \otimes F$, $\mathfrak{F} \in (\tau \otimes \sigma)(z)$ und $\alpha \in \boldsymbol{K}$. $\tau \otimes \sigma$ ist deshalb eine schwach verträgliche Limitierung von $E \otimes F$.

2. Zu beliebigen $x \in E$, $y \in F$, $\mathfrak{F} \in \tau(x)$ und $\mathfrak{G} \in \sigma(y)$ folgt $\varkappa(\mathfrak{F} \times \mathfrak{G}) \in S(x \otimes y)$ und, da $\varkappa(\mathfrak{F} \times \mathfrak{G}) + \boldsymbol{V}\mathfrak{H} \subseteqq \varkappa(\mathfrak{F} \times \mathfrak{G})$ für jeden eigentlichen Filter $\mathfrak{H}$ in $E \otimes F$ gilt, $\varkappa(\mathfrak{F} \times \mathfrak{G}) \in (\tau \otimes \sigma)(x \otimes y)$. $\varkappa$ ist deshalb bezüglich $\tau \times \sigma$ und $\tau \otimes \sigma$ stetig. Ist ϱ eine schwach verträgliche Limitierung von $E \otimes F$ derart, daß $\varkappa$ bezüglich $\tau \times \sigma$ und ϱ stetig ist, so ergibt sich ohne Mühe $\tau \otimes \sigma \leqq \varrho$.

Aus 5.23.6 folgt $\tau \otimes \sigma = \nu(\operatorname{fin}(\tau \times \sigma))$, wobei die Finallimitierung $\operatorname{fin}(\tau \times \sigma)$ bezüglich der bilinearen Abbildung $\varkappa$ gemeint ist. Wir bezeichnen $E \otimes F$, versehen mit $\tau \otimes \sigma$, mit $X \otimes Y$. Nach 5.23.6 ist $X \otimes Y$ eine limitierte lineare Gruppe. $X \otimes Y$ heißt das **projektive Tensorprodukt** von X und Y in LLING und $\tau \otimes \sigma$ das **projektive Tensorprodukt** von τ und σ in LLING.

Als nächstes gehen wir auf einige Eigenschaften ein, die sich von X und Y auf $X \otimes Y$ übertragen lassen. Ferner zeigen wir, daß sich in einigen Spezialfällen $\tau \otimes \sigma$ einfacher darstellen läßt.

5.23.7. *Die Limitierung τ von X und ebenfalls die Limitierung σ von Y sei verträglich. Dann ist auch $\tau \otimes \sigma$ verträglich, und es ist $S(z)$ zu beliebigem $z \in E \otimes F$ eine Subbasis von $(\tau \otimes \sigma)(z)$.*

Beweis. Gegeben sei ein $z \in E \otimes F$. Mittels 5.3.9. und unter Beachtung, daß $V\varkappa(\mathfrak{F} \times \mathfrak{G}) = \varkappa(V\mathfrak{F} \times V\mathfrak{G})$, $V\mathfrak{F} \in \tau(0)$ und $V\mathfrak{G} \in \sigma(0)$ zu beliebigen $x \in E$, $y \in F$, $\mathfrak{F} \in \tau(x)$ und $\mathfrak{G} \in \sigma(y)$ gilt, folgt $V\mathfrak{H} \in S(0)$ für jedes $\mathfrak{H} \in S(z)$. Somit ist $S(z)$ eine Subbasis von $(\tau \otimes \sigma)(z)$. Zu jedem $\mathfrak{F} \in (\tau \otimes \sigma)(z)$ existieren $\mathfrak{H}_j \in S(z)$ $(j = 1, \ldots, m)$ mit $\mathfrak{F} \supseteqq \bigcap_{j \in \{1, \ldots, m\}} \mathfrak{H}_j$. Mittels 5.2.7 folgt $V\mathfrak{F} \supseteqq \bigcap_{j \in \{1, \ldots, m\}} V\mathfrak{H}_j \in (\tau \otimes \sigma)(0)$ und damit, daß $\tau \otimes \sigma$ eine verträgliche Limitierung ist.

Wenn τ und σ verträgliche Limitierungen sind, gilt $\tau \otimes \sigma = v(\text{fin}(\tau \times \sigma))$ nach 5.23.7 und einer Bemerkung nach 5.23.6.

Ohne Mühe zeigt man

5.23.8. *Sind die Limitierungen τ von X und σ von Y Pseudotopologien, so ist auch $\tau \otimes \sigma$ eine Pseudotopologie. Wenn τ und σ gleichförmige, kreisförmige bzw. lokalbeschränkte Pseudotopologien sind, ist auch $\tau \otimes \sigma$ gleichförmig, kreisförmig bzw. lokalbeschränkt.*

Nach dem folgenden Satz läßt sich $\tau \otimes \sigma$ besonders einfach darstellen, wenn τ und σ gleichförmige verträgliche Pseudotopologien sind; nach 5.23.7 und 5.23.8 ist in diesem Falle $\tau \otimes \sigma$ ebenfalls eine gleichförmige verträgliche Pseudotopologie.

5.23.9. *τ und σ seien gleichförmige verträgliche Pseudotopologien. Dann ist die Menge G aller Filtersummen $\varkappa(\mathfrak{F}_1 \times \mathfrak{G}_1) + \cdots + \varkappa(\mathfrak{F}_n \times \mathfrak{G}_n)$, die jeweils mittels gleichförmiger Nullfilter $\mathfrak{F}_1, \ldots, \mathfrak{F}_n$ in X und $\mathfrak{G}_1, \ldots, \mathfrak{G}_n$ in Y gebildet sind, eine Basis von $(\tau \otimes \sigma)(0)$.*

Beweis. Nach 5.23.7 ist $S(0)$ und damit auch die Menge aller Filtersummen

$$\sum_{i=1}^{n} \varkappa((x_i + \mathfrak{F}_i) \times (y_i + \mathfrak{G}_i)), \qquad (5.23.11)$$

wobei jeweils $\sum_{i=1}^{n} x_i \otimes y_i = 0$ ist und $\mathfrak{F}_1, \ldots, \mathfrak{F}_n$ gleichförmige Nullfilter in X und $\mathfrak{G}_1, \ldots, \mathfrak{G}_n$ gleichförmige Nullfilter in Y sind, eine Subbasis von $(\tau \otimes \sigma)(0)$. Unter Berücksichtigung der Bilinearität von $\varkappa$ folgt, daß die in (5.23.11) angegebene Filtersumme stets ein Oberfilter von $\sum_{i=1}^{n} \varkappa(\mathfrak{F}_i \times \mathfrak{G}_i) + \sum_{i=1}^{n} \varkappa(Vx_i \times \mathfrak{G}_i) + \sum_{i=1}^{n} \varkappa(\mathfrak{F}_i \times Vy_i) + \sum_{i=1}^{n} \varkappa([x_i] \times [y_i])$ ist. Da $\sum_{i=1}^{n} \varkappa([x_i] \times [y_i]) = \sum_{i=1}^{n} [x_i \otimes y_i] = [0]$ ist und Vx_i und Vy_i zu beliebigem $i = 1, \ldots, n$ gleichförmige Nullfilter in X bzw. Y sind, ergibt sich G als Subbasis von $(\tau \otimes \sigma)(0)$. Für eigentliche gleichförmige Filter $\mathfrak{F}$ in X und $\mathfrak{G}$ in Y ist auch $\varkappa(\mathfrak{F} \times \mathfrak{G})$ ein eigentlicher gleichförmiger Filter und gilt daher $\varkappa(\mathfrak{F} \times \mathfrak{G}) + \mathfrak{H} \subseteq \mathfrak{H}$ $(\mathfrak{H} \in \mathcal{F}(E \otimes F))$, so daß G eine Basis von $(\tau \otimes \sigma)(0)$ ist.

Wenn speziell τ und σ verträgliche Topologien sind, bildet sogar die Menge aller Filtersummen $\varkappa(\mathfrak{U} \times \mathfrak{V}) + \cdots + \varkappa(\mathfrak{U} \times \mathfrak{V})$, wobei $\mathfrak{U}$ und $\mathfrak{V}$ die Nullnachbarschaftsfilter in X bzw. Y sind, eine Basis von $(\tau \otimes \sigma)(0)$. Im allgemeinen ist dann $\tau \otimes \sigma$ keine Topologie, wie aus dem folgenden Satz hervorgeht.

5.23.10. *X und Y seien unendlichdimensionale topologische Vektorräume. Dann ist $X \otimes Y$ kein topologischer Vektorraum.*

Beweis. Wir nehmen an, daß $X \otimes Y$ ein topologischer Vektorraum ist. Es gibt dann eine natürliche Zahl m, so daß die mit den Nullnachbarschaftsfiltern $\mathfrak{U}$ von X und $\mathfrak{V}$ von Y gebildete Summe $\mathfrak{W} = \underbrace{\varkappa(\mathfrak{U} \times \mathfrak{V}) + \cdots + \varkappa(\mathfrak{U} \times \mathfrak{V})}_{m}$ der Nullnachbarschaftsfilter in $X \otimes Y$ ist. Somit ist $\mathfrak{W} \subseteq \underbrace{\varkappa(\mathfrak{U} \times \mathfrak{V}) + \cdots + \varkappa(\mathfrak{U} \times \mathfrak{V})}_{m+1}$, so daß es ein $U \in \mathfrak{U}$ und ein $V \in \mathfrak{V}$ mit

$$\underbrace{\varkappa[U \times V] + \cdots + \varkappa[U \times V]}_{m+1} \subseteq \underbrace{\varkappa[E \times F] + \cdots + \varkappa[E \times F]}_{m}$$

gibt. Nach Voraussetzung und unter Beachtung, daß U und V ausgeglichen sind, finden wir linear unabhängige Vektoren $x_1, \ldots, x_{m+1}$ von U und $y_1, \ldots, y_{m+1}$ von V. Es folgt $x_1 \otimes y_1 + \cdots + x_{m+1} \otimes y_{m+1} \in \underbrace{\varkappa[E \times F] + \cdots + \varkappa[E \times F]}_{m}$, was aber 5.23.5 widerspricht.

Aus 3.12.1, 5.7.12, 5.23.1 und der nach 5.23.6 angeführten Beziehung folgt

5.23.11. *X, Y und Z seien limitierte lineare Gruppen. $\varkappa$ sei die kanonische Abbildung von $X \times Y$ in $X \otimes Y$. Zu jeder stetigen bilinearen Abbildung $f\colon X \times Y \to Z$ gibt es genau eine stetige lineare Abbildung $l_f\colon X \otimes Y \to Z$, so daß $f = l_f \circ \varkappa$ gilt, also das* (5.23.1) *entsprechende Diagramm kommutativ ist.*

Ist $\mathfrak{C}$ eine reflektive Unterkategorie von LLING, die bezüglich der Bildung von Produkten abgeschlossen ist, und ist r ein zugehöriger Reflektor, so nennen wir $r(X \otimes Y)$ für beliebige Objekte X und Y von $\mathfrak{C}$ das **projektive Tensorprodukt** von X und Y **in** $\mathfrak{C}$ bez. r und ferner die Limitierung von $r(X \otimes Y)$ das **projektive Tensorprodukt** der Limitierungen von X und Y **in** $\mathfrak{C}$ bez. r. Für eine Reihe reflektiver Unterkategorien von LLING haben wir zugehörige Reflektoren ausgewählt (für PLING, TLING, LLING^, PLING^ und TLING^ etwa $\boldsymbol{p}^v$, $\boldsymbol{t}^v$, $\wedge$, $\boldsymbol{p}^v$ und $\boldsymbol{t}^v$); bei den projektiven Tensorprodukten, die sich auf diese Reflektoren beziehen, lassen wir den Zusatz „bez. r" weg.

Für eine beliebige reflektive Unterkategorie $\mathfrak{C}$ von LLING, die bezüglich der Bildung von Produkten abgeschlossen ist, für beliebige zugehörige Reflexionen r_X ($X \in$ ObLLING) und für den daraus erzeugten Reflektor r gilt offenbar in Verallgemeinerung von 5.23.11

5.23.12. *X, Y und Z seien Objekte von $\mathfrak{C}$, und $\varkappa$ sei die kanonische Abbildung von $X \times Y$ in $X \otimes Y$. Zu jeder stetigen bilinearen Abbildung $f\colon X \times Y \to Z$ gibt es genau eine stetige lineare Abbildung $l_f\colon r(X \otimes Y) \to Z$, so daß $f = l_f \circ (r_{X \otimes Y} \circ \varkappa)$ gilt.*

Im weiteren gehen wir zunächst auf projektive Tensorprodukte in LLING^ ein. Es seien wieder X und Y limitierte $\boldsymbol{K}$-lineare Gruppen, und es seien τ und σ die Limitierungen von X bzw. Y und E und F die X bzw. Y unterliegenden Vektorräume. Unter gewissen Einschränkungen besitzt das projektive Tensorprodukt $(\tau \otimes \sigma)^\wedge$ von τ und σ in LLING^ eine einfache Charakterisierung mittels Familien von Pseudonormenfamilien, wie wir im folgenden zeigen (vergleiche S. Bjon [5]). Ist p eine Pseudonorm von E und q eine Pseudonorm von F, so wird offenbar durch

$$(p \otimes q)(z) = \inf\{p(x_1)\, q(y_1) + \cdots + p(x_r)\, q(y_r) \mid z = x_1 \otimes y_1 + \cdots + x_r \otimes y_r\}$$

$(z \in E \otimes F)$ die größte Pseudonorm $p \otimes q$ auf $E \otimes F$ mit $(p \otimes q)(x \otimes y) \leqq p(x)\, q(y)$ $(x \in E,\ y \in F)$ definiert.

5.23.13. *τ und σ seien verträgliche gleichförmige lokalkonvexe Pseudotopologien. $\mathfrak{P}$ sei eine Familie normaler Pseudonormenfamilien $(p_{i\alpha})_{\alpha \in \Gamma_i}$ $(i \in I)$, die τ erzeugt, und $\mathfrak{Q}$ eine Familie normaler Pseudonormenfamilien $(q_{j\beta})_{\beta \in \Delta_j}$ $(j \in J)$, die σ erzeugt. Dann wird $(\tau \otimes \sigma)^\wedge$ von der Familie $\mathfrak{R}$ der Pseudonormenfamilien $(p_{i\alpha} \otimes q_{j\beta})_{(\alpha,\beta) \in \Gamma_i \times \Delta_j}$ $((i,j) \in I \times J)$ erzeugt.*

Beweis. Da die Pseudonormenfamilien aus $\mathfrak{P}$ und $\mathfrak{Q}$ normal sind, folgt leicht, daß $\mathfrak{R}$ die Eigenschaft P_1 hat. Ferner folgt leicht, daß $\mathfrak{R}$ auch die Eigenschaft P_2 besitzt. Zu jedem $z = x_1 \otimes y_1 + \cdots + x_r \otimes y_r$ existieren $i_1, \ldots, i_r \in I$ und $j_1, \ldots, j_r \in J$ mit $p_{i_k\alpha_k}(x_k) < \infty$ und $q_{j_k\beta_k}(y_k) < \infty$ für $k = 1, \ldots, r$ und $\alpha_k \in \Gamma_{i_k}$, $\beta_k \in \Delta_{j_k}$. Wegen der Normalität der Pseudonormenfamilien aus $\mathfrak{P}$ und $\mathfrak{Q}$ gibt es ein $i \in I$ und ein $j \in J$ und zu jedem $k \in \{1, \ldots, r\}$, $\alpha \in \Gamma_i$ und $\beta \in \Delta_j$ ferner $\alpha_k \in \Gamma_{i_k}$, $\beta_k \in \Delta_{j_k}$ mit $p_{i\alpha} \leqq p_{i_k\alpha_k}$ und $q_{j\beta} \leqq q_{j_k\beta_k}$ und daher mit $(p_{i\alpha} \otimes q_{j\beta})(z) \leqq p_{i_1\alpha_1}(x_1)\, q_{j_1\beta_1}(y_1) + \cdots + p_{i_r\alpha_r}(x_r)\, q_{j_r\beta_r}(y_r) < \infty$. Somit hat $\mathfrak{R}$ auch die Eigenschaft P_3. Wegen 5.9.9 erzeugt $\mathfrak{R}$ deshalb eine verträgliche lokalkonvexe Pseudotopologie ϱ von $E \otimes F$.

Zu beliebigen $i \in I$ und $j \in J$ sei $\mathfrak{A}_i$ der Filter in E, der die Menge aller $A_{i\alpha} = \{x \in E \mid p_{i\alpha}(x) \leqq 1\}$ $(\alpha \in \Gamma_i)$ als eine Basis hat, sei $\mathfrak{B}_j$ der Filter in F, der die Menge aller $B_{j\beta} = \{y \in F \mid q_{j\beta}(y) \leqq 1\}$ $(\beta \in \Delta_j)$ als eine Basis hat, und sei $\mathfrak{C}_{ij}$ der Filter in $E \otimes F$, der die Menge aller $C_{i\alpha j\beta} = \{z \in E \otimes F \mid (p_{i\alpha} \otimes q_{j\beta})(z) \leqq 1\}$ $(\alpha \in \Gamma_i, \beta \in \Delta_j)$ als eine Subbasis hat. Es gilt $\mathfrak{C}_{ij} \subseteq \varkappa(\mathfrak{A}_i \times \mathfrak{B}_j)$, so daß die kanonische Abbildung $\varkappa\colon E \times F \to E \otimes F$ bez. $\tau \otimes \sigma$ und ϱ in $(0, 0)$ und wegen 5.12.2 damit in jedem Punkt von $E \times F$ stetig ist. Deshalb ist $(\tau \otimes \sigma)^\wedge \leqq \varrho$. Zu beliebigen $i \in I, \alpha \in \Gamma_i, j \in J$ und $\beta \in \Delta_j$ ist $C_{i\alpha j\beta}$ in der Menge aller Vektoren $2z$ enthalten, zu denen jeweils $x_1, \ldots, x_r \in E$ und $y_1, \ldots, y_r \in F$ und reelle Zahlen $\xi_1, \ldots, \xi_r, \eta_1, \ldots, \eta_r > 0$ mit $z = x_1 \otimes y_1 + \cdots + x_r \otimes y_r$, mit $p_{i\alpha}(\xi_k^{-1}x_k) \leqq 1$ und $q_{j\beta}(\eta_k^{-1}y_k) \leqq 1$ für $k = 1, \ldots, r$ und mit $\xi_1\eta_1 + \cdots + \xi_r\eta_r \leqq 1$ existieren. Damit folgt $C_{i\alpha j\beta} \subseteqq 2\varkappa(A_{i\alpha} \times B_{j\beta})^\cap$. Zu beliebigen $i \in I$ und $j \in J$ gilt deshalb $2\varkappa(\mathfrak{A}_i \times \mathfrak{B}_j)^\cap \subseteqq \mathfrak{C}_{ij}$. Da $\varkappa$ bez. $\tau \times \sigma$ und $(\tau \otimes \sigma)^\wedge$ stetig ist, ist $2\varkappa(\mathfrak{A}_i \times \mathfrak{B}_j)^\cap$ und somit auch $\mathfrak{C}_{ij}$ ein Nullfilter bez. $(\tau \otimes \sigma)^\wedge$, so daß sogar $(\tau \otimes \sigma)^\wedge = \varrho$ gilt.

Eine weitere Charakterisierung von $(\tau \otimes \sigma)^\wedge$ liefert

5.23.14. *τ und σ seien verträgliche gleichförmige lokalkonvexe Pseudotopologien. Dann ist die Menge aller Filter $\varkappa(\mathfrak{F} \times \mathfrak{G})^\cap$, die zu beliebigen (gleichförmigen konvexen) Nullfiltern $\mathfrak{F}$ in X und $\mathfrak{G}$ in Y gebildet sind, eine Basis von $(\tau \otimes \sigma)^\wedge(0)$.*

Beweis. Wir wählen wie in 5.9.11 eine Familie $\mathfrak{P}$ normaler Pseudonormenfamilien $(p_{i\alpha})_{\alpha \in \Gamma_i}$ $(i \in I)$, die τ erzeugt, und entsprechend eine Familie $\mathfrak{Q}$ normaler Pseudonormenfamilien $(q_{j\beta})_{\beta \in \Delta_j}$ $(j \in J)$, die σ erzeugt. Zu beliebigen $i \in I$ und $j \in J$ seien $\mathfrak{A}_i$, $\mathfrak{B}_j$ und $\mathfrak{C}_{ij}$ wie im Beweis von 5.23.13 definiert. Für alle Filter $\mathfrak{F} \in I$ und $\mathfrak{G} \in J$ gilt, wie man dem Beweis von 5.9.11 entnimmt, $2\mathfrak{F}^\cap \subseteqq \mathfrak{A}_\mathfrak{F} \subseteqq \mathfrak{F}^\cap$ und $2\mathfrak{G}^\cap \subseteqq \mathfrak{B}_\mathfrak{G} \subseteqq \mathfrak{G}^\cap$ und, wie man dem Beweis von 5.23.13 entnimmt, $2\varkappa(\mathfrak{A}_\mathfrak{F} \times \mathfrak{B}_\mathfrak{G})^\cap \subseteqq \mathfrak{C}_{\mathfrak{F}\mathfrak{G}} \subseteqq \varkappa(\mathfrak{A}_\mathfrak{F} \times \mathfrak{B}_\mathfrak{G})$ und damit $8\varkappa(\mathfrak{F}^\cap \times \mathfrak{G}^\cap)^\cap \subseteqq \mathfrak{C}_{\mathfrak{F}\mathfrak{G}} \subseteqq \varkappa(\mathfrak{F}^\cap \times \mathfrak{G}^\cap)^\cap$. Wegen 5.9.9 bilden die Filter $\mathfrak{C}_{\mathfrak{F}\mathfrak{G}}$ $(\mathfrak{F} \in I, \mathfrak{G} \in J)$ und damit auch die Filter $\varkappa(\mathfrak{F}^\cap \times \mathfrak{G}^\cap)^\cap$ $(\mathfrak{F} \in I, \mathfrak{G} \in J)$ eine Basis von $(\tau \otimes \sigma)^\wedge(0)$. Aus dem Bewiesenen folgt die Behauptung.

Wegen 5.23.14 gilt (siehe Bjon [5] und Jarchow [1]):

5.23.15. *X und Y seien lokalkonvexe topologische Vektorräume. Dann ist $(X \otimes Y)^\wedge$ ebenfalls ein lokalkonvexer topologischer Vektorraum und damit gleich dem projektiven Tensorprodukt von X und Y in* TVEK$^\wedge$. *Sind $\mathfrak{U}$ und $\mathfrak{B}$ die Nullnachbarschaftsfilter von X bzw. Y, so ist $\varkappa(\mathfrak{U} \times \mathfrak{B})^\cap$ der Nullnachbarschaftsfilter von $(X \otimes Y)^\wedge$.*

Nach diesem Satz ist $(\tau \otimes \sigma)^\wedge$ für lokalkonvexe Vektorraumtopologien τ und σ die übliche Tensorprodukttopologie von τ und σ. Im folgenden zeigen wir (S. Bjon [7]):

5.23.16. *X und Y seien gleichförmige lokalkonvexe pseudotopologische Vektorräume. Wenn X und Y separiert sind, ist $(X \otimes Y)^\wedge$ separiert. Sind X und Y nicht nulldimensional, so gilt auch die Umkehrung.*

Beweis. 1. X und Y seien separiert. Wir wählen wie in 5.9.11 eine Familie von Pseudonormenfamilien $(p_{i\alpha})_{\alpha \in \Gamma_i}$ $(i \in I)$, die τ erzeugt, und analog eine Familie von Pseudonormenfamilien $(q_{j\beta})_{\beta \in \Delta_j}$ $(j \in J)$, die σ erzeugt. Gegeben sei ein $z \neq 0$ aus $E \otimes F$. Nach 5.23.4 besitzt z eine Darstellung $\sum_{k=1}^{r} x_k \otimes y_k$, wobei die $x_1, \ldots, x_r$ und die $y_1, \ldots, y_r$ linear unabhängig sind. Mit X und Y sind auch die aus den linearen Hüllen von $\{x_1, \ldots, x_r\}$ und $\{y_1, \ldots, y_r\}$ bestehenden Teilräume X_0 und Y_0 separiert. Wegen 5.4.11 gibt es daher stetige Linearformen f auf X_0 und g auf Y_0 mit $f(x_1) = g(y_1) = 1$ und $f(x_k) = g(y_k) = 0$ bei $k = 0$. Gegeben seien ein $i \in I$ und ein $j \in J$. Auf Grund der Stetigkeit von f existiert ein $\alpha \in \Gamma_i$, so daß $|f(x)| \leqq 1$ zu jedem $x \in X_0$ mit $p_{i\alpha}(x) \leqq 1$ und daher $|f(x)| \leqq p_{i\alpha}(x)$ zu jedem $x \in X_0$ gilt. Nach Bemerkungen nach 5.9.14 läßt sich f zu einer stetigen Linearform l auf X mit $|l(x)| \leqq p_{i\alpha}(x)$ $(x \in X)$ fortsetzen. Entsprechend folgt die Existenz eines $\beta \in \Delta_j$ und einer stetigen Linearform m auf Y mit $|m(y)| \leqq q_{j\beta}(y)$ $(y \in Y)$, die eine Fortsetzung von g ist. Wir identifizieren $\boldsymbol{K} \otimes \boldsymbol{K}$ mit $\boldsymbol{K}$ und erhalten $|(l \otimes m)(x \otimes y)| \leqq p_{i\alpha}(x)\, q_{j\beta}(y)$ zu beliebigen $x \in E$ und $y \in F$, damit $|(l \otimes m)(u)| \leqq (p_{i\alpha} \otimes q_{j\beta})(u)$ zu jedem $u \in E \otimes F$ und demnach $1 \leqq (p_{i\alpha} \otimes q_{j\beta})(z)$. Mittels 5.23.13 folgt, daß $[z]$ kein Nullfilter bez. $(\tau \otimes \sigma)^\wedge$ ist, wegen 5.6.2 also $(\tau \otimes \sigma)^\wedge$ separiert ist.

2. X und Y seien nicht nulldimensional. Ist X nicht separiert, so existiert ein $x \neq 0$ aus E mit $[x] \in \tau(x)$. Zu einem $y \neq 0$ aus F folgt $[x \otimes y] \in (\tau \otimes \sigma)^\wedge(0)$, so daß $(X \otimes Y)^\wedge$ nicht separiert ist. Wenn Y nicht separiert ist, folgt analog, daß $(X \otimes Y)^\wedge$ nicht separiert ist.

Aus 5.23.13 und 5.23.16 erhält man offenbar

5.23.17. *Sind X und Y halbnormierbare (normierbare) topologische Vektorräume, so ist auch $(X \otimes Y)^\wedge$ ein halbnormierbarer (normierbarer) topologischer Vektorraum.*

Aus 5.23.12 folgt, daß man zu einer beliebigen reflektiven Unterkategorie $\mathfrak{C}$ von LLING, die bezüglich der Bildung von Produkten abgeschlossen ist, und einem beliebig gewählten zugehörigen Reflektor r: LLING $\to \mathfrak{C}$ entsprechend wie $\otimes$: VEK $\times$ VEK $\to$ VEK einen Funktor $\otimes^{\mathfrak{C}}: \mathfrak{C} \times \mathfrak{C} \to \mathfrak{C}$ bilden kann, der jedem Paar (X, Y) von Objekten von $\mathfrak{C}$ das projektive Tensorprodukt $r(X \otimes Y)$ in $\mathfrak{C}$ bez. r und jedem Paar (f, g) von Morphismen von $\mathfrak{C}$ die stetige lineare Abbildung $r(f \otimes g)$ zuordnet. Wegen 5.23.7, 5.23.8, 5.23.15 und 5.23.16 ergeben sich einige dieser Funktoren aus anderen Funktoren dieser Art durch Einschränkung. So erhält man etwa $\otimes^{\mathfrak{C}}$ für $\mathfrak{C}$ = PLING, LVEK und PVEK durch Einschränkung von $\otimes^{\text{LLING}}$ und $\otimes^{\mathfrak{C}}$ für $\mathfrak{C}$ = PLING^, LVEK^, PVEK^, TVEK^, $\text{PVEK}^{\#\wedge}_{\text{sep}}$ und $\text{TVEK}^{\wedge}_{\text{sep}}$ durch Einschränkung von $\otimes^{\text{LLING}^\wedge}$; $\text{PVEK}^{\#\wedge}_{\text{sep}}$ ist natürlich die volle Unterkategorie von PVEK, die als Objekte alle separierten gleichförmigen lokalkonvexen pseudotopologischen Vektorräume hat.

Für den folgenden Satz, den man ähnlich wie 5.23.2 mittels 5.23.12 zeigt, seien $\mathfrak{C}$, r_X $(X \in \text{Ob LLING})$ und r wie vor 5.23.12 gegeben. Zu beliebigen $X \in \text{Ob}\,\mathfrak{C}$ und $x \in X$ schreiben wir zur Vereinfachung $r(x)$ anstelle $r_X(x)$.

5.23.18. 5.23.2 *gilt auch, wenn $\mathfrak{C}$ wie vor diesem Satz gewählt ist, wenn $\otimes$ durch $\otimes^{\mathfrak{C}}$ ersetzt ist und wenn anstelle der Beziehungen* (5.23.4) *bis* (5.23.7) *der Reihe nach die Beziehungen $\alpha_{X,Y,Z}(r(x \otimes r(y \otimes z))) = r(r(x \otimes y) \otimes z)$, $\lambda_X(r(1 \otimes x)) = r(x)$, $\varrho_X(r(x \otimes 1)) = r(x)$ bzw. $\gamma_{X,Y}(r(x \otimes y)) = r(y \otimes x)$ gesetzt werden.*

Aus VEK und ebenfalls aus jeder der in 5.23.18 erwähnten Kategorien läßt sich in geeigneter Weise eine monoidale Kategorie bilden, wie wir im folgenden genauer ausführen. Zunächst bringen wir eine Definition des Begriffs der monoidalen Kategorie.

Eine Kategorie $\mathfrak{C}$, zusammen mit einem Funktor $\square\colon \mathfrak{C} \times \mathfrak{C} \to \mathfrak{C}$, einem Objekt E von $\mathfrak{C}$ und drei natürlichen Isomorphismen $\alpha = (\alpha_{X,Y,Z})_{(X,Y,Z)\in \mathrm{Ob}(\mathfrak{C}\times\mathfrak{C}\times\mathfrak{C})}$ von $\square(\mathrm{id}_{\mathfrak{C}} \ast \square)$ nach $\square(\square \ast \mathrm{id}_{\mathfrak{C}})$, $\lambda = (\lambda_X)_{X\in \mathrm{Ob}\,\mathfrak{C}}$ von $\square\langle E_{\mathfrak{C}}, \mathrm{id}_{\mathfrak{C}}\rangle$ nach $\mathrm{id}_{\mathfrak{C}}$ und $\varrho = (\varrho_X)_{X\in\mathrm{Ob}\,\mathfrak{C}}$ von $\square\langle \mathrm{id}_{\mathfrak{C}}, E_{\mathfrak{C}}\rangle$ nach $\mathrm{id}_{\mathfrak{C}}$, also das 6-Tupel $(\mathfrak{C}, \square, E, \alpha, \lambda, \varrho)$, heißt eine **monoidale Kategorie**, wenn zu beliebigen Objekten X, Y, Z und U von $\mathfrak{C}$ die beiden Diagramme

$$\begin{array}{ccccc}
X\square(Y\square(Z\square U)) & \xrightarrow{\alpha_{X,Y,Z\square U}} & (X\square Y)\square(Z\square U) & \xrightarrow{\alpha_{X\square Y,Z,U}} & ((X\square Y)\square Z)\square U \\
\downarrow{\scriptstyle 1_X\square\alpha_{Y,Z,U}} & & & & \uparrow{\scriptstyle \alpha_{X,Y,Z}\square 1_U} \\
X\square((Y\square Z)\square U) & & \xrightarrow{\alpha_{X,Y\square Z,U}} & & (X\square(Y\square Z))\square U
\end{array} \tag{5.23.12}$$

$$\begin{array}{ccc}
X\square(E\square Y) & \xrightarrow{\alpha_{X,E,Y}} & (X\square E)\square Y \\
{\scriptstyle 1_X\square\lambda_Y}\searrow & & \swarrow{\scriptstyle \varrho_X\square 1_Y} \\
& X\square Y &
\end{array} \tag{5.23.13}$$

kommutativ sind und

$$\lambda_E = \varrho_E \tag{5.23.14}$$

gilt; für beliebige Objekte X und Y von $\mathfrak{C}$ ist dabei $X \square Y = \square(X, Y)$ und für beliebige Morphismen f und g von $\mathfrak{C}$ ferner $f \square g = \square(f, g)$ gesetzt.

Eine monoidale Kategorie $(\mathfrak{C}, \square, E, \alpha, \lambda, \varrho)$, versehen mit einem natürlichen Isomorphismus $\gamma = (\gamma_{X,Y})_{(X,Y)\in\mathrm{Ob}(\mathfrak{C}\times\mathfrak{C})}$ von $\square$ nach $\square S_{\mathfrak{C}}$, also ein 7-Tupel $(\mathfrak{C}, \square, E, \alpha, \lambda, \varrho, \gamma)$, heißt eine **symmetrische monoidale Kategorie**, wenn zu beliebigen Objekten X, Y und Z von $\mathfrak{C}$ das Diagramm

$$\begin{array}{ccccccc}
X\square(Y\square Z) & \xrightarrow{\alpha_{X,Y,Z}} & (X\square Y)\square Z & \xrightarrow{\gamma_{X\square Y,Z}} & Z\square(X\square Y) & \xrightarrow{\alpha_{Z,X,Y}} & (Z\square X)\square Y \\
\downarrow{\scriptstyle 1_X\square\gamma_{Y,Z}} & & & & & & \uparrow{\scriptstyle \gamma_{X,Z}\square 1_Y} \\
X\square(Z\square Y) & & & \xrightarrow{\alpha_{X,Z,Y}} & & & (X\square Z)\square Y
\end{array} \tag{5.23.15}$$

kommutativ ist und

$$1_{X\square Y} = \gamma_{Y,X}\gamma_{X,Y} \quad \text{und} \quad \varrho_X = \lambda_X\gamma_{X,E} \tag{5.23.16}$$

gilt.

Aus 5.23.2 und 5.23.18 folgt:

5.23.19. VEK *ist, zusammen mit dem Funktor* $\otimes$, *mit* $\boldsymbol{K}$ *und mit den in* 5.23.2 *auftretenden natürlichen Isomorphismen* α, λ, ϱ *und* γ, *eine symmetrische monoidale Kategorie. Sind* $\mathfrak{C}$, r_X ($X \in \mathrm{Ob}\,$LLING) *und* r *wie vor* 5.23.12 *gewählt, so ist* $\mathfrak{C}$, *zusammen mit* $\otimes^{\mathfrak{C}}$, *mit* $\boldsymbol{K}$ *und mit den betreffenden natürlichen Isomorphismen* α, λ, ϱ *und* γ, *ebenfalls eine symmetrische monoidale Kategorie.*

Es gibt noch wichtige andere Arten monoidaler Kategorien. Zwei derselben führen wir im folgenden an.

Wir gehen zuerst von einer Kategorie $\mathfrak{C}$ aus, in der alle endlichen Produkte existieren und in der für diese eine Auswahl vorliegt; zu jeder endlichen Familie $(X_i)_{i\in I}$ von Objekten von $\mathfrak{C}$ sind also ein Objekt $X = \prod\limits_{i\in I} X_i$ von $\mathfrak{C}$ und eine Familie von Morphismen $\pi_i \colon X \to X_i$ $(i \in I)$ von $\mathfrak{C}$ gegeben, so daß X, zusammen mit den π_i, ein Produkt der X_i $(i \in I)$ ist. Wir lassen $I = \emptyset$ zu und bezeichnen in diesem Fall das betreffende Produktobjekt X mit E. Es ist ein ausgewähltes terminales Objekt, wobei ein Objekt D einer Kategorie **terminal** heißt, wenn es zu jedem Objekt C der Kategorie genau einen Morphismus von C nach D gibt. Im Falle $I = \{1, 2\}$ schreiben wir anstelle $\prod\limits_{i\in I} X_i$ auch $X_1 \sqcap X_2$.

Auf Grund der Produkteigenschaft gibt es zu beliebigen Morphismen $f \colon X \to U$ und $g \colon Y \to V$ von $\mathfrak{C}$ genau einen Morphismus $f \sqcap g \colon X \sqcap Y \to U \sqcap V$ derart, daß das Diagramm

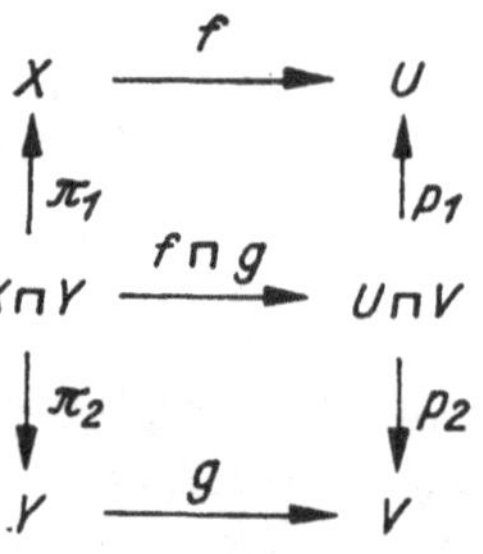

(5.23.17)

kommutativ ist; dabei sind π_1 und π_2 bzw. p_1 und p_2 die erste und zweite Projektion von $X \sqcap Y$ bzw. $U \sqcap V$. Unter Berücksichtigung der Produktdefinition folgt mühelos, daß es einen Funktor $\sqcap \colon \mathfrak{C} \times \mathfrak{C} \to \mathfrak{C}$, den **Produktfunktor** von $\mathfrak{C}$, gibt, der jedem Paar (X, Y) von Objekten von $\mathfrak{C}$ gerade $X \sqcap Y$ und jedem Paar (f, g) von Morphismen von $\mathfrak{C}$ gerade $f \sqcap g$ zuordnet.

Sind X, Y und Z Objekte von $\mathfrak{C}$ und sind π_1 und π_2, p_1 und p_2, π_1' und π_2' bzw. p_1' und p_2' die erste und zweite Projektion von $X \sqcap (Y \sqcap Z)$, $(X \sqcap Y) \sqcap Z$, $Y \sqcap Z$ bzw. $X \sqcap Y$, so ist $X \sqcap (Y \sqcap Z)$, zusammen mit π_1, $\pi_1'\pi_2$ und $\pi_2'\pi_2$, und ebenfalls $(X \sqcap Y) \sqcap Z$, zusammen mit $p_1'p_1$, $p_2'p_1$ und p_2, ein Produkt von X, Y und Z in $\mathfrak{C}$, so daß ein eindeutig bestimmter Isomorphismus $\alpha_{X,Y,Z}\colon X \sqcap (Y \sqcap Z) \to (X \sqcap Y) \sqcap Z$ existiert mit $\pi_1 = p_1'p_1\alpha_{X,Y,Z}$, $\pi_1'\pi_2 = p_2'p_1\alpha_{X,Y,Z}$ und $\pi_2'\pi_2 = p_2\alpha_{X,Y,Z}$. Man zeigt leicht, daß $\alpha = (\alpha_{X,Y,Z})_{(X,Y,Z)\in \mathrm{Ob}(\mathfrak{C}\times\mathfrak{C}\times\mathfrak{C})}$ ein natürlicher Isomorphismus von $\sqcap(\mathrm{id}_{\mathfrak{C}} * \sqcap)$ nach $\sqcap(\sqcap * \mathrm{id}_{\mathfrak{C}})$ ist. Jedes Objekt X von $\mathfrak{C}$ ist, zusammen mit dem eindeutig bestimmten Morphismus von X nach E und mit 1_X, ein Produkt von E und X, so daß die Projektion $\lambda_X \colon E \sqcap X \to X$ ein Isomorphismus ist. Der Kommutativität von (5.23.17) entnimmt man, daß $\lambda = (\lambda_X)_{X\in \mathrm{Ob}\,\mathfrak{C}}$ ein natürlicher Isomorphismus von $\sqcap\langle E_{\mathfrak{C}}, \mathrm{id}_{\mathfrak{C}}\rangle$ nach $\mathrm{id}_{\mathfrak{C}}$ ist. Ähnlich wie λ erhält man einen natürlichen Isomorphismus ϱ von $\sqcap\langle \mathrm{id}_{\mathfrak{C}}, E_{\mathfrak{C}}\rangle$ nach $\mathrm{id}_{\mathfrak{C}}$ und ähnlich wie α einen natürlichen Isomorphismus γ von $\sqcap$ nach $\sqcap S_{\mathfrak{C}}$. Man überprüft unter Berücksichtigung der jeweiligen Beziehungen zu Projektionen, daß im vorliegenden Falle mit $\sqcap$ als $\square$ die Diagramme (5.23.12), (5.23.13) und (5.23.15) kommutativ sind und stets (5.23.14) und (5.23.16) gilt. Damit erhält man

5.23.20. *$\mathfrak{C}$, zusammen mit dem Produktfunktor $\sqcap$, dem terminalen Objekt E und den natürlichen Isomorphismen α, λ, ϱ, und γ ist eine symmetrische monoidale Kategorie.*

Ist $\mathfrak{C}$ eine Kategorie, in der alle endlichen Coprodukte existieren und in der für diese eine natürliche Auswahl vorliegt, so folgt durch Dualisierung von 5.23.20, daß auch $\mathfrak{C}$, zusammen mit dem Coproduktfunktor $\sqcup : \mathfrak{C} \times \mathfrak{C} \to \mathfrak{C}$, dem ausgewählten initialen Objekt E von $\mathfrak{C}$ und mit gewissen natürlichen Isomorphismen, eine symmetrische monoidale Kategorie bildet. Dabei sind der Begriff des Coproduktfunktors und des initialen Objekts dual zum Begriff des Produktfunktors und des terminalen Objekts definiert. Ein Objekt C einer Kategorie heißt demnach **initial**, wenn es zu jedem Objekt D der Kategorie genau einen Morphismus von C nach D gibt. In ENS, LIM und LUN und in allen vollen Unterkategorien dieser Kategorien ist das leere Objekt (soweit es existiert) initial und ist jedes einelementige Objekt terminal. In GR, RAD, VEK, LGR, VLRAD und LLING und in allen vollen Unterkategorien dieser Kategorien ist jedes einelementige Objekt initial und terminal.

5.24. Hypobornologien

X sei eine Menge. Ein System $\mathfrak{B}$ von $\wedge$-Idealen von Dualfiltern in X, das ein $\wedge$-Ideal des Verbandes $\mathcal{J}X$ ist, dem also mit einem $\wedge$-Ideal $\mathfrak{v}$ jedes $\wedge$-Ideal $\mathfrak{w}$ von Dualfiltern in X mit $\mathfrak{v} \subseteqq \mathfrak{w}$ und mit zwei $\wedge$-Idealen $\mathfrak{v}$ und $\mathfrak{w}$ auch $\mathfrak{v} \cap \mathfrak{w}$ angehört, heißt eine **Hypobornologie** von X und X, versehen mit $\mathfrak{B}$, ein **hypobornologischer Raum.** Ferner heißt jeder Dualfilter in X eine **Bornologie**, jedes $\vee$-Ideal von Dualfiltern in X eine **Semibornologie** und jedes $\wedge$-Ideal von Filtern in X eine **Quasibornologie** von X und X, versehen mit einer Bornologie, Semibornologie bzw. Quasibornologie von X ein **bornologischer, semibornologischer** bzw. **quasibornologischer Raum.** X heißt jeweils die **Trägermenge** des betreffenden Raumes. Der Begriff der Quasibornologie tritt bei Berquier [1] auf. Bezüglich des Bornologiebegriffs vergleiche etwa Hogbe-Nlend [1].

Unter einer **Basis** bzw. **Subbasis** einer Hypobornologie $\mathfrak{B}$ verstehen wir eine Basis bzw. Subbasis des $\wedge$-Ideals $\mathfrak{B}$. Entsprechend erklären wir die Begriffe **Basen** und **Subbasen** von Bornologien, Semibornologien und Quasibornologien.

Wir identifizieren jede Bornologie $\mathfrak{B}$, Semibornologie $\mathfrak{L}$ und Quasibornologie $\mathfrak{S}$ von X mit derjenigen Hypobornologie $\mathfrak{B}^{\sim}$, $\mathfrak{L}^{\sim}$ bzw. $\mathfrak{S}^{\sim}$ von X, die $\beta[\mathfrak{B}]$, $\sigma[\mathfrak{L}]$ bzw. $\varkappa[\mathfrak{S}]$ als eine Basis hat; dabei sind β, σ und $\varkappa$ die in Abschnitt 2.12 definierten Abbildungen von $\mathsf{P}X$, $\mathcal{D}X$ bzw. $\mathcal{F}X$ in $\mathcal{J}X$. Wir identifizieren damit gleichzeitig jede Bornologie $\mathfrak{B}$ mit derjenigen Semibornologie bzw. Quasibornologie, die $\{(B) \mid B \in \mathfrak{B}\}$ bzw. $\{[B] \mid B \in \mathfrak{B}\}$ als Basis hat. Auf Grund dieser Vereinbarungen sind Bornologien, Semibornologien und Quasibornologien spezielle Hypobornologien und natürlich Bornologien auch spezielle Semibornologien und Quasibornologien.

Für Hypobornologien ist $\mathfrak{B} \leqq \mathfrak{W}$ stets gleichbedeutend mit $\mathfrak{B} \subseteqq \mathfrak{W}$; $\leqq$ ist dabei die in Abschnitt 2.12 eingeführte Präordnung. Entsprechendes gilt für Bornologien, Semibornologien und Quasibornologien. Wenn $\mathfrak{B} \subseteqq \mathfrak{W}$ für Hypobornologien $\mathfrak{B}$ und $\mathfrak{W}$ von X gilt, sagen wir, daß $\mathfrak{B}$ **feiner** als $\mathfrak{W}$ oder $\mathfrak{W}$ **gröber** als $\mathfrak{B}$ ist. Auf Grund der Identifizierungsvereinbarung sind damit auch die Bezeichnungen **feiner** und **gröber** für Bornologien, Semibornologien und Quasibornologien festgelegt; wir sagen demnach, daß eine Bornologie, Semibornologie bzw. Quasibornologie feiner als eine Bornologie, Semibornologie bzw. Quasibornologie ist, wenn die erstere in der letzteren enthalten ist.

Wir führen als nächstes Beispiele von Bornologien und von Semi-, Quasi- und Hypobornologien an. Die feinste Hypobornologie einer Menge X besteht nur aus $[(\emptyset)]$. Sie heißt **entartet**, und sie ist — nach Identifikation — gleichzeitig die feinste Bornologie, Semibornologie und Quasibornologie von X. Das System $\mathfrak{B}_s$ aller endlichen Teilmengen einer Menge X ist offenbar eine Bornologie. Sie heißt die **diskrete Bornologie** von X, und sie hat, falls X nichtleer ist, $\{\{x\} \mid x \in X\}$ als eine Subbasis. Für jeden Limesraum X sind die Gesamtheiten $\mathfrak{B}_k$ und $\mathfrak{B}_{fk}$ aller kompakten bzw. folgenkompakten Teilmengen von X Basen von Bornologien. Ist X ein nichtleerer Limesraum und τ die Limitierung von X, so ist ferner $\bigcup_{x \in X} \tau(x)$ die Subbasis einer Quasibornologie von X.

Wir benutzen im weiteren die Bezeichnungsvereinbarungen aus Abschnitt 5.18 und erhalten

5.24.1 (Spezielle Bornologien und spezielle Semi-, Quasi- und Hypobornologien). *Für jeden verallgemeinerten limitierten Radialraum X gilt: $\mathfrak{B}_b$ ist eine Bornologie, und es sind $\mathfrak{L}_e$ und $\mathfrak{L}_b$ Semibornologien, $\mathfrak{S}_b$ und $\mathfrak{S}_q$ Quasibornologien und $\mathfrak{B}_e$, $\mathfrak{B}_h$ und $\mathfrak{B}_b$ Hypobornologien. Nach Identifikation ist $\mathfrak{B}_b$ gleich $\mathfrak{S}_b$, $\mathfrak{L}_e$ gleich $\mathfrak{B}_e$ und $\mathfrak{L}_b$ gleich $\mathfrak{B}_b$. $\sigma[\mathfrak{B}_b^K]$ und $\mathfrak{S}_b^K$ sind Basen ein und derselben Hypobornologie. $\sigma[\mathfrak{L}_e^K]$ und $\mathfrak{B}_e^K$ sind Basen von $\mathfrak{B}_e$, $\sigma[\mathfrak{L}_b^K]$ und $\mathfrak{B}_b^K$ Basen von $\mathfrak{B}_b$ und $\tau(0)^K$, $\mathfrak{S}_q^K$ und $\mathfrak{B}_h^K$-Basen von $\mathfrak{B}_h$; τ ist dabei die Limitierung von X. Wenn X ein limitierter Radialraum ist, so ist $\left(\bigcup_{x \in X} \tau(x)\right)^K$ eine Subbasis von $\mathfrak{B}_h$.*

Beweis. 1. Mit jeder Menge ist auch jede Teilmenge derselben beschränkt. Ist $\mathfrak{F}$ ein Dualfilter in X, der ein System gleichartig beschränkter Mengen ist, so ist auch jeder Dualfilter $\mathfrak{G} \subseteqq \mathfrak{F}$ ein System gleichartig beschränkter Mengen. Mit jedem Filter ist auch jeder Oberfilter quasibeschränkt, und mit jedem $\wedge$-Ideal $\mathfrak{u}$ von Dualfiltern in X ist auch jedes $\wedge$-Ideal $\mathfrak{v}$ von Dualfiltern in X, das $\mathfrak{u}$ enthält, hypobeschränkt. Zusammen mit 5.18.9 folgt damit, daß $\mathfrak{B}_b$ eine Bornologie, $\mathfrak{L}_e$ eine Semibornologie, $\mathfrak{S}_q$ eine Quasibornologie und $\mathfrak{B}_h$ eine Hypobornologie ist. Daher ist auch $\mathfrak{L}_b$ eine Semibornologie und $\mathfrak{S}_b$ eine Quasibornologie und sind $\mathfrak{B}_e$ und $\mathfrak{B}_b$ Hypobornologien.

2. Aus (5.18.16) und (5.18.17) erhält man

$$\mathfrak{B}_b^{\sim} = \mathfrak{S}_b^{\sim}\,, \qquad \mathfrak{L}_e^{\sim} = \mathfrak{B}_e \quad \text{und} \quad \mathfrak{L}_b^{\sim} = \mathfrak{B}_b\,. \tag{5.24.1}$$

Wegen der ersten Beziehung von (5.24.1) sind $\sigma[\mathfrak{B}_b^K]$ und $\mathfrak{S}_b^K$ Basen ein und derselben Hypobornologie. Aus der zweiten und dritten dieser Beziehungen und aus (5.18.20) ergibt sich, daß $\sigma[\mathfrak{L}_e^K]$ und $\mathfrak{B}_e^K$ Basen von $\mathfrak{B}_e$ und $\sigma[\mathfrak{L}_b^K]$ und $\mathfrak{B}_b^K$ Basen von $\mathfrak{B}_b$ sind und $\mathfrak{B}_h^K$ eine Basis von $\mathfrak{B}_h$ ist. Da $\tau(0)^K \subseteqq \mathfrak{S}_q^K \subseteqq \mathfrak{B}_h \leqq \tau(0)^K$ wegen (5.18.15) und (5.18.18) gilt, sind ebenfalls $\tau(0)^K$ und $\mathfrak{S}_q^K$ Basen von $\mathfrak{B}_h$. Ist X ein limitierter Radialraum, so folgt mittels (5.18.13), daß $\left(\bigcup_{x \in X} \tau(x)\right)^K$ eine Subbasis von $\mathfrak{B}_h$ ist.

Anmerkung. Wenn X ein Produkt $X_1 \times \cdots \times X_n$ ist, lassen sich mittels 5.18.17 und unter Berücksichtigung von 5.2.13 offensichtlich weitere Basen der erwähnten Bornologien, Semibornologien, Quasibornologien und Hypobornologien angeben.

Im weiteren sei X wieder eine beliebige Menge. Jeder Hypobornologie ordnen wir die Bornologie

$$b(\mathfrak{B}) = \{\bigcap_{\mathfrak{F} \in \mathfrak{v}} \bigcup_{F \in \mathfrak{F}} F \mid \mathfrak{v} \in \mathfrak{B}\}\,,$$

die Semibornologie

$$s(\mathfrak{B}) = \{\bigcap_{\mathfrak{F} \in \mathfrak{v}} \mathfrak{F} \mid \mathfrak{v} \in \mathfrak{B}\}$$

und die Quasibornologie

$$q(\mathfrak{B}) = \{\bigvee_{\mathfrak{F} \in \mathfrak{v}} \bigwedge_{F \in \mathfrak{F}} [F] \mid \mathfrak{v} \in \mathfrak{B}\}$$

zu. $\bigvee_{\mathfrak{F} \in \mathfrak{v}} \bigwedge_{F \in \mathfrak{F}} [F]$ hat stets $\{\bigcup_{F \in \mathfrak{F}} F \mid \mathfrak{F} \in \mathfrak{v}\}$ als Basis. Es folgt leicht, daß $b(\mathfrak{B})$, $s(\mathfrak{B})$ und $q(\mathfrak{B})$ tatsächlich eine Bornologie, Semibornologie bzw. Quasibornologie ist. Daß $b(\mathfrak{B})$ eine Bornologie ist, zeigt man so: Zu beliebigen $\mathfrak{v}, \mathfrak{w} \in \mathfrak{B}$ gilt

$$\bigcap_{\mathfrak{F} \in \mathfrak{v}} \bigcup_{F \in \mathfrak{F}} F \cup \bigcap_{\mathfrak{G} \in \mathfrak{w}} \bigcup_{G \in \mathfrak{G}} G \subseteqq \bigcap_{\mathfrak{H} \in \mathfrak{v} \cap \mathfrak{w}} \bigcup_{H \in \mathfrak{H}} H$$

und zu beliebigen $\mathfrak{v} \in \mathfrak{B}$ und $B \subseteqq \bigcap_{\mathfrak{F} \in \mathfrak{v}} \bigcup_{F \in \mathfrak{F}} F$ ist $\mathfrak{w} = [(B)] \vee \mathfrak{v}$ ein $\wedge$-Ideal mit $\mathfrak{w} \supseteqq \mathfrak{v}$, also mit $\mathfrak{w} \in \mathfrak{B}$ und mit

$$\bigcap_{\mathfrak{G} \in \mathfrak{w}} \bigcup_{G \in \mathfrak{G}} G = \bigcap_{\mathfrak{F} \in \mathfrak{v}} \bigcup_{F \in \mathfrak{F}} (B \cap F) = B\,.$$

Offensichtlich gilt

5.24.2. *Ist $\mathfrak{B}$, $\mathfrak{L}$ bzw. $\mathfrak{S}$ eine Bornologie, Semibornologie bzw. Quasibornologie von X, so ist $\mathfrak{B} = b(\mathfrak{B}^{\sim})$, $\mathfrak{L} = s(\mathfrak{L}^{\sim})$ bzw. $\mathfrak{S} = q(\mathfrak{S}^{\sim})$.*

Wir ordnen noch jeder Semibornologie $\mathfrak{L}$ von X die Bornologie

$$b^s(\mathfrak{L}) = \{ \bigcup_{F \in \mathfrak{F}} F \mid \mathfrak{F} \in \mathfrak{L}\}$$

und jeder Quasibornologie $\mathfrak{S}$ von X die Bornologie

$$b^q(\mathfrak{S}) = \{ \bigcap_{F \in \mathfrak{F}} F \mid \mathfrak{F} \in \mathfrak{S}\}$$

zu. $b^s(\mathfrak{L})$ und $b^q(\mathfrak{S})$ sind tatsächlich stets Bornologien. Für jede Hypobornologie $\mathfrak{B}$ von X besteht die Beziehung

$$b(\mathfrak{B}) = b^s(s(\mathfrak{B})) = b^q(q(\mathfrak{B})) \, , \tag{5.24.2}$$

wie leicht damit folgt, daß $\bigcup_{\substack{(F_{\mathfrak{F}})_{\mathfrak{F}\in\mathfrak{v}} \text{ mit} \\ F_{\mathfrak{F}} \in \mathfrak{F} (\mathfrak{F}\in\mathfrak{v})}} \bigcap_{\mathfrak{F}\in\mathfrak{v}} F_{\mathfrak{F}} = \bigcap_{\mathfrak{F}\in\mathfrak{v}} \bigcup_{F\in\mathfrak{F}} F$ für jedes $\wedge$-Ideal $\mathfrak{v} \in \mathcal{J}X$ gilt.

Zu jeder Hypobornologie $\mathfrak{B}$ von X haben die mit $b(\mathfrak{B})$, $s(\mathfrak{B})$ und $q(\mathfrak{B})$ identifizierten Hypobornologien die Gestalt

$$b(\mathfrak{B})^{\sim} = \operatorname*{im}_{\subseteq, \mathcal{J}X} \{[\bigcap_{\mathfrak{F}\in\mathfrak{v}} (\bigcup_{F\in\mathfrak{F}} F)] \mid \mathfrak{v} \in \mathfrak{B}\} \, ,$$

$$s(\mathfrak{B})^{\sim} = \operatorname*{im}_{\subseteq, \mathcal{J}X} \{[\bigcap_{\mathfrak{F}\in\mathfrak{v}} \mathfrak{F}] \mid \mathfrak{v} \in \mathfrak{B}\} \, ,$$

$$q(\mathfrak{B})^{\sim} = \operatorname*{im}_{\subseteq, \mathcal{J}X} \{\bigvee_{\mathfrak{F}\in\mathfrak{v}} [(\bigcup_{F\in\mathfrak{F}} F)] \mid \mathfrak{v} \in \mathfrak{B}\} \, .$$

Es ist stets $\bigvee_{\mathfrak{F}\in\mathfrak{v}} [(\bigcup_{F\in\mathfrak{F}} F)] = \bigvee_{G \in \operatorname{im}_{\subseteq} \{ \bigcup_{F\in\mathfrak{F}} F \mid \mathfrak{F}\in\mathfrak{v}\}} [(G)]$.

5.24.3. *Für jede Hypobornologie $\mathfrak{B}$ der Menge X gilt*

$$s(\mathfrak{B})^{\sim} \subseteq \mathfrak{B} \subseteq q(\mathfrak{B})^{\sim} \quad \textit{und} \quad s(\mathfrak{B})^{\sim} \subseteq b(\mathfrak{B})^{\sim} \subseteq q(\mathfrak{B})^{\sim} \, . \tag{5.24.3}$$

Ist $\mathfrak{B}$ die mit einer Semibornologie identifizierte Hypobornologie, so gilt $\mathfrak{B} \subseteq b(\mathfrak{B})^{\sim}$, und ist $\mathfrak{B}$ die mit einer Quasibornologie identifizierte Hypobornologie, so gilt $b(\mathfrak{B})^{\sim} \subseteq \mathfrak{B}$. Im allgemeinen ist weder $\mathfrak{B} \subseteq b(\mathfrak{B})^{\sim}$ noch $b(\mathfrak{B})^{\sim} \subseteq \mathfrak{B}$.

Beweis. 1. Für jedes $\wedge$-Ideal $\mathfrak{v} \in \mathcal{J}X$ bestehen die Beziehungen

$$[\bigcap_{\mathfrak{F}\in\mathfrak{v}} \mathfrak{F}] \supseteq \mathfrak{v} \supseteq \bigvee_{\mathfrak{F}\in\mathfrak{v}} [(\bigcup_{F\in\mathfrak{F}} F)] \quad \text{und} \quad [\bigcap_{\mathfrak{F}\in\mathfrak{v}} \mathfrak{F}] \supseteq [\bigcap_{\mathfrak{F}\in\mathfrak{v}} (\bigcup_{F\in\mathfrak{F}} F)] \supseteq \bigvee_{\mathfrak{F}\in\mathfrak{v}} [(\bigcup_{F\in\mathfrak{F}} F)] \, ,$$

aus denen (5.24.3) folgt. Ist $\mathfrak{B}$ die mit einer Semibornologie bzw. Quasibornologie identifizierte Hypobornologie, so ergibt sich unter Berücksichtigung der rechten Beziehung von (5.24.3), daß $\mathfrak{B} = s(\mathfrak{B})^{\sim} \subseteq b(\mathfrak{B})^{\sim}$ bzw. $b(\mathfrak{B})^{\sim} \subseteq q(\mathfrak{B})^{\sim} = \mathfrak{B}$ gilt.

2. Es sei $X = \boldsymbol{K}$ ($\boldsymbol{K} = \boldsymbol{R}$ oder $\boldsymbol{C}$). Für $\mathfrak{B} = [[\operatorname*{im}_{\supseteq, X} \{\alpha \boldsymbol{E} \mid \alpha > 0\}]]$ erhalten wir $[(\boldsymbol{K})] \in b(\mathfrak{B})^{\sim} \setminus \mathfrak{B}$, also $\mathfrak{B} \subsetneqq b(\mathfrak{B})^{\sim}$, für $\mathfrak{B} = [\operatorname*{im}_{\subseteq, \mathfrak{D}X} \{(\alpha \boldsymbol{E}) \mid \alpha > 0\}]$ schließlich $b(\mathfrak{B})^{\sim} = [[(0)]]$ und daher $b(\mathfrak{B})^{\sim} \subsetneqq \mathfrak{B}$.

5.24.4 (Nächstfeinere Semibornologie, nächstgröbere Quasibornologie, bez. $s(\mathfrak{B})^\sim$ nächstgröbere und bez. $q(\mathfrak{B})^\sim$ nächstfeinere Bornologie). *Für jede Hypobornologie $\mathfrak{B}$ der Menge X gilt: $s(\mathfrak{B})$ ist die gröbste Semibornologie von X, so daß die mit ihr identifizierte Hypobornologie feiner als $\mathfrak{B}$ ist, und $q(\mathfrak{B})$ ist die feinste Quasibornologie von X, so daß die mit ihr identifizierte Hypobornologie gröber als $\mathfrak{B}$ ist. $b(\mathfrak{B})$ ist einerseits die feinste Bornologie von X derart, daß die mit ihr identifizierte Hypobornologie gröber als $s(\mathfrak{B})^\sim$ ist, und andererseits die gröbste Bornologie von X derart, daß die mit ihr identifizierte Hypobornologie feiner als $q(\mathfrak{B})^\sim$ ist.*

Beweis. Wegen (5.24.3) ist $s(\mathfrak{B})^\sim \subseteq \mathfrak{B}$. Für jede Semibornologie $\mathfrak{L}$ von X mit $\mathfrak{L}^\sim \subseteq \mathfrak{B}$ gilt wegen 5.24.2 ferner $\mathfrak{L} = s(\mathfrak{L}^\sim) \subseteq s(\mathfrak{B})$. $s(\mathfrak{B})$ ist also die gröbste Semibornologie $\mathfrak{L}$ von X mit $\mathfrak{L}^\sim \subseteq \mathfrak{B}$. Entsprechend folgt, daß $q(\mathfrak{B})$ die feinste Quasibornologie $\mathfrak{S}$ von X mit $\mathfrak{B} \subseteq \mathfrak{S}^\sim$ ist. Wegen (5.24.3) ist $s(\mathfrak{B})^\sim \subseteq b(\mathfrak{B})^\sim$. Für jede Bornologie $\mathfrak{B}$ von X mit $s(\mathfrak{B})^\sim \subseteq \mathfrak{B}^\sim$ folgt aus 5.24.2 $s(\mathfrak{B}) = s\big(s(\mathfrak{B})^\sim\big) \subseteq s(\mathfrak{B}^\sim)$ und mittels (5.24.2) damit $b(\mathfrak{B}) = b^s\big(s(\mathfrak{B})\big) \subseteq b(\mathfrak{B}^\sim) = \mathfrak{B}$. Also ist $b(\mathfrak{B})$ die feinste Bornologie $\mathfrak{B}$ von X mit $s(\mathfrak{B})^\sim \subseteq \mathfrak{B}^\sim$. Die andere Charakterisierung von $b(\mathfrak{B})$ ergibt sich analog.

Aus dem zweiten Teil von 5.24.4 folgt das

Korollar. *Für jede Semibornologie $\mathfrak{L}$ von X ist $b^s(\mathfrak{L})$ die feinste Bornologie von X derart, daß die mit ihr identifizierte Semibornologie gröber als $\mathfrak{L}$ ist. Für jede Quasibornologie $\mathfrak{S}$ von X ist $b^q(\mathfrak{S})$ die gröbste Bornologie von X derart, daß die mit ihr identifizierte Quasibornologie feiner als $\mathfrak{S}$ ist.*

5.24.5 ($\mathfrak{B},\mathfrak{B}$-Treue; Spezialfälle). *$f$ sei eine Abbildung aus X in eine Menge Y. $\mathfrak{B}$ und $\mathfrak{W}$ seien Hypobornologien von X bzw. Y. Ist $\mathfrak{B}$ bis auf Identifikation eine Semibornologie, so ist f genau dann $\mathfrak{B},\mathfrak{W}$-treu, wenn f $\mathfrak{B},s(\mathfrak{W})^\sim$-treu ist. Ist $\mathfrak{W}$ bis auf Identifikation eine Quasibornologie, so ist f genau dann $\mathfrak{B},\mathfrak{W}$-treu, wenn f $q(\mathfrak{B})^\sim,\mathfrak{W}$-treu ist. Wenn $\mathfrak{B}$ bis auf Identifikation eine Semibornologie und $\mathfrak{W}$ bis auf Identifikation eine Bornologie ist, ist f genau dann $\mathfrak{B},\mathfrak{W}$-treu, wenn f $b(\mathfrak{B})^\sim,\mathfrak{W}$-treu ist. Falls $\mathfrak{B}$ bis auf Identifikation eine Bornologie und $\mathfrak{W}$ bis auf Identifikation eine Quasibornologie ist, ist f genau dann $\mathfrak{B},\mathfrak{W}$-treu, wenn f $\mathfrak{B},b(\mathfrak{W})^\sim$-treu ist.*

Beweis. 1. $\mathfrak{L}$ sei eine Semibornologie von X mit $\mathfrak{B} = \mathfrak{L}^\sim$. Ist f $\mathfrak{B},s(\mathfrak{W})^\sim$-treu, so ist f wegen (5.24.3) auch $\mathfrak{B},\mathfrak{W}$-treu. Wenn f $\mathfrak{B},\mathfrak{W}$-treu ist, gilt zu beliebigem $\mathfrak{F} \in \mathfrak{L}$ stets $[f(\mathfrak{F})] \in \mathfrak{W}$ und damit $f(\mathfrak{F}) \in s(\mathfrak{W})$, also $[f(\mathfrak{F})] \in s(\mathfrak{W})^\sim$, d. h. ist f $\mathfrak{B},s(\mathfrak{W})^\sim$-treu.

2. $\mathfrak{T}$ sei eine Quasibornologie von Y mit $\mathfrak{W} = \mathfrak{T}^\sim$. Falls f $q(\mathfrak{B})^\sim,\mathfrak{W}$-treu ist, ist f wegen (5.24.3) auch $\mathfrak{B},\mathfrak{W}$-treu. Nun sei f $\mathfrak{B},\mathfrak{W}$-treu. Es gibt dann zu beliebigem $\mathfrak{v} \in \mathfrak{B}$ ein $\mathfrak{F} \in \mathfrak{T}$, so daß $f(\mathfrak{v}) \supseteq \operatorname{im}_{\subseteq,\mathfrak{D}Y} \{(F) \mid F \in \mathfrak{F}\}$ gilt, also zu jedem $F \in \mathfrak{F}$ ein $\mathfrak{G} \in \mathfrak{v}$ mit $f[\bigcup_{G\in\mathfrak{G}} G] \subseteq F$ und daher mit $[(f[\bigcup_{G\in\mathfrak{G}} G])] \supseteq [(F)]$ existiert.

Zu jedem $\mathfrak{v} \in \mathfrak{V}$ finden wir somit ein $\mathfrak{F} \in \mathfrak{T}$ mit

$$f(\bigvee_{\mathfrak{G}\in\mathfrak{v}} [(\bigcup_{G\in\mathfrak{G}} G)]) \supseteqq \bigvee_{\mathfrak{G}\in\mathfrak{v}} [(f[\bigcup_{G\in\mathfrak{G}} G])] \supseteqq \bigvee_{F\in\mathfrak{F}} [(F)] .$$

Daher ist f $q(\mathfrak{V})^{\sim}$,$\mathfrak{W}$-treu.

3. $\mathfrak{L}$ sei eine Semibornologie von X mit $\mathfrak{V} = \mathfrak{L}^{\sim}$ und $\mathfrak{C}$ eine Bornologie von Y mit $\mathfrak{W} = \mathfrak{C}^{\sim}$. Ist f $b(\mathfrak{V})^{\sim}$,$\mathfrak{W}$-treu, so ist f wegen 5.24.2 und (5.24.3) auch $\mathfrak{V}$,$\mathfrak{W}$-treu. Falls f $\mathfrak{V}$,$\mathfrak{W}$-treu ist, gibt es zu beliebigem $\mathfrak{F} \in \mathfrak{L}$ ein $C \in \mathfrak{C}$ mit $[f(\mathfrak{F})] \supseteqq [(C)]$, also mit $f[\bigcup_{F\in\mathfrak{F}} F] \subseteqq C$, so daß sich wegen $b^s(\mathfrak{L})^{\sim} = b(\mathfrak{V})^{\sim}$ die Abbildung f als $b(\mathfrak{V})^{\sim}$,$\mathfrak{W}$-treu ergibt.

4. $\mathfrak{B}$ sei eine Bornologie von X mit $\mathfrak{V} = \mathfrak{B}^{\sim}$ und $\mathfrak{T}$ eine Quasibornologie von Y mit $\mathfrak{W} = \mathfrak{T}^{\sim}$. Falls f $\mathfrak{V}$,$b(\mathfrak{W})^{\sim}$-treu ist, so ist f wegen 5.24.2 und (5.24.3) auch $\mathfrak{V}$,$\mathfrak{W}$-treu. Ist f $\mathfrak{V}$,$\mathfrak{W}$-treu, so gibt es zu beliebigem $B \in \mathfrak{B}$ ein $\mathfrak{F} \in \mathfrak{T}$ mit $f[B] \subseteqq \bigcap_{F\in\mathfrak{F}} F$, so daß sich wegen $b^q(\mathfrak{T})^{\sim} = b(\mathfrak{W})^{\sim}$ die Abbildung f als $\mathfrak{V}$,$b(\mathfrak{W})^{\sim}$-treu ergibt.

Aus 2.12.6, (5.24.3) und 5.24.5 folgt das

Korollar. *$\mathfrak{V}$ sei eine Hypobornologie der Menge X und $\mathfrak{W}$ eine Hypobornologie einer Menge Y. Ist eine Abbildung f aus X in Y $\mathfrak{V}$,$\mathfrak{W}$-treu, so ist sie auch $b(\mathfrak{V})$,$b(\mathfrak{W})$-, $s(\mathfrak{V})$,$s(\mathfrak{W})$- und $q(\mathfrak{V})$,$q(\mathfrak{W})$-treu.*

Wir bezeichnen mit HBORN die Kategorie aller hypobornologischen Räume. Sie hat als Objekte alle hypobornologischen Räume und als Morphismen alle Abbildungen f von hypobornologischen Räumen X in hypobornologische Räume Y, die bezüglich der Hypobornologien $\mathfrak{V}$ von X und $\mathfrak{W}$ von Y $\mathfrak{V}$,$\mathfrak{W}$-treu sind. Komposition der Morphismen ist wie üblich die Abbildungskomposition $g \circ f$ unter der Einschränkung der Übereinstimmung des Bildraumes von f mit dem Urbildraum von g. Daß sich tatsächlich eine Kategorie ergibt, folgt mit der Bemerkung vor 2.12.6 und mit 2.12.7.

Entsprechend wie HBORN definieren wir die Kategorie BORN aller bornologischen Räume, SBORN aller semibornologischen Räume und QBORN aller quasibornologischen Räume. Unter Berücksichtigung der obigen Identifikationsvereinbarung sind BORN, SBORN und QBORN volle Unterkategorien von HBORN.

Wie man dem Korollar zu 5.24.5 entnimmt, gibt es Funktoren $\boldsymbol{b}$: HBORN → BORN, $\boldsymbol{s}$: HBORN → SBORN, $\boldsymbol{q}$: HBORN → QBORN, $\boldsymbol{b}^s$: SBORN → BORN und $\boldsymbol{b}^q$: QBORN → BORN der folgenden Art: $\boldsymbol{b}$ ordnet jedem hypobornologischen Raum X denjenigen bornologischen Raum $\boldsymbol{b}(X)$ zu, der sich von X nur dadurch unterscheidet, daß die Hypobornologie $\mathfrak{V}$ von X durch $b(\mathfrak{V})$ ersetzt ist. Ferner ordnet $\boldsymbol{b}$ jedem Morphismus $(f, X; Y)$ von HBORN den Morphismus $(f, \boldsymbol{b}(X), \boldsymbol{b}(Y))$ von BORN zu. Die anderen Funktoren $\boldsymbol{s}$, $\boldsymbol{q}$, $\boldsymbol{b}^s$ und $\boldsymbol{b}^q$ sind entsprechend definiert. q und b^s sind Reflektoren und s und b^q Coreflektoren. Wegen (5.24.2) ist das folgende Diagramm kommutativ:

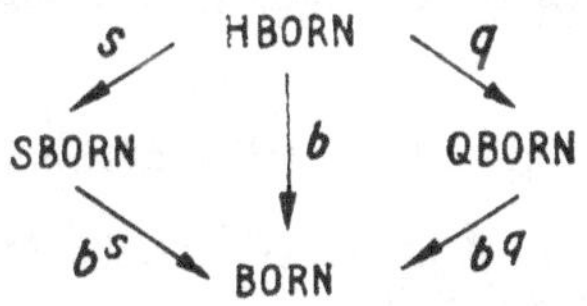

In naheliegender Weise definieren wir Vergißfunktoren von BORN, SBORN QBORN und HBORN in ENS.

Für das Folgende sei E eine Menge, $(X_i)_{i\in I}$ eine Familie hypobornologischer Räume und $\mathfrak{B}_i$ zu beliebigem $i \in I$ die Hypobornologie von X_i. Zu jeder Familie $(p_i)_{i\in I}$ von Abbildungen von E in X_i heißt

$$\operatorname{init} \mathfrak{B}_i = \bigwedge_{i\in I} p_i^{-1}(\mathfrak{B}_i) \tag{5.24.4}$$

die **Initialhypobornologie** der $\mathfrak{B}_i$ bez. der p_i und zu jeder Familie $(g_i)_{i\in I}$ von Abbildungen von X_i in E

$$\operatorname{fin} \mathfrak{B}_i = \bigvee_{i\in I} g_i(\mathfrak{B}_i) \tag{5.24.5}$$

die **Finalhypobornologie** der $\mathfrak{B}_i$ bez. der g_i. Der Durchschnitt und die Vereinigung sind natürlich bezüglich des Verbandes $\widehat{\mathcal{J}E}$ aller $\wedge$-Ideale von $\mathcal{J}E$ gemeint, und $p_i^{-1}(\mathfrak{B}_i)$ und $g_i(\mathfrak{B}_i)$ sind die $\wedge$-Ideale von $\mathcal{J}E$, die $\{p_i^{-1}(\mathfrak{v}) \mid \mathfrak{v} \in \mathfrak{B}_i\}$ bzw. $\{g_i(\mathfrak{v}) \mid \mathfrak{v} \in \mathfrak{B}_i\}$ als eine Basis haben. init $\mathfrak{B}_i$ ist die gröbste Hypobornologie $\mathfrak{B}$ von E derart, daß alle Abbildungen p_i $\mathfrak{B},\mathfrak{B}_i$-treu sind, und fin $\mathfrak{B}_i$ ist die feinste Hypobornologie $\mathfrak{B}$ von E derart, daß alle Abbildungen g_i $\mathfrak{B}_i,\mathfrak{B}$-treu sind. Wie man leicht bestätigt, gilt für die an den Vergißfunktor V: HBORN $\to$ ENS gebundenen Produkte und Coprodukte:

5.24.6 (Gebundene Produkte und Coprodukte in HBORN). *X sei ein hypobornologischer Raum mit E als Trägermenge und* init $\mathfrak{B}_i$ *bzw.* fin $\mathfrak{B}_i$ *als Hypobornologie. Dann ist X, zusammen mit der Familie der Abbildungen $p_i: X \to X_i$ ($i \in I$), gleich dem V-Produkt der X_i ($i \in I$) über E, $(p_i)_{i\in I}$, bzw., zusammen mit der Familie der Abbildungen $g_i: X_i \to X$ ($i \in I$), gleich dem V-Coprodukt der X_i ($i \in I$) über E, $(g_i)_{i\in I}$.*

5.24.7. *Existieren Bornologien $\mathfrak{B}_i$, Semibornologien $\mathfrak{L}_i$ bzw. Quasibornologien $\mathfrak{S}_i$ ($i \in I$) derart, daß $\mathfrak{B}_i$ zu beliebigem $i \in I$ mit $\mathfrak{B}_i^{\sim}$, $\mathfrak{L}_i^{\sim}$ bzw. $\mathfrak{S}_i^{\sim}$ übereinstimmt, dann gilt*

$$b(\operatorname{init} \mathfrak{B}_i)^{\sim} \subseteqq \operatorname{init} \mathfrak{B}_i \quad \textit{und} \quad b(\operatorname{fin} \mathfrak{B}_i)^{\sim} = \operatorname{fin} \mathfrak{B}_i\,, \tag{5.24.6}$$

$$s(\operatorname{init} \mathfrak{B}_i)^{\sim} \subseteqq \operatorname{init} \mathfrak{B}_i \quad \textit{und} \quad s(\operatorname{fin} \mathfrak{B}_i)^{\sim} = \operatorname{fin} \mathfrak{B}_i \tag{5.24.7}$$

bzw.

$$q(\operatorname{init} \mathfrak{B}_i)^{\sim} = \operatorname{init} \mathfrak{B}_i \quad \textit{und} \quad q(\operatorname{fin} \mathfrak{B}_i)^{\sim} = \operatorname{fin} \mathfrak{B}_i\,. \tag{5.24.8}$$

Bei den ersten Beziehungen von (5.24.6) *und* (5.24.7) *trifft unter der zusätzlichen Voraussetzung, daß I endlich ist, das Gleichheitszeichen zu. Im allgemeinen gilt bei diesen beiden Beziehungen ohne zusätzliche Voraussetzungen das Gleichheitszeichen nicht.*

Beweis. 1. Zu beliebigem $i \in I$ folgt mittels 2.9.1

$$b\big(p_i^{-1}(\mathfrak{B}_i)\big)^{\sim} = \operatorname*{im}_{\subseteq, \mathfrak{I}E} \{[\bigcap_{\mathfrak{F} \in \mathfrak{v}} (\bigcup_{F \in \mathfrak{F}} p_i^{-1}[F])] \mid \mathfrak{v} \in \mathfrak{B}_i\} = p_i^{-1}\big(b(\mathfrak{B}_i)^{\sim}\big) \qquad (5.24.9)$$

und analog

$$s\big(p_i^{-1}(\mathfrak{B}_i)\big)^{\sim} = p_i^{-1}\big(s(\mathfrak{B}_i)^{\sim}\big) \qquad (5.24.10)$$

und mittels 2.11.1 ferner

$$q\big(p_i^{-1}(\mathfrak{B}_i)\big)^{\sim} = \operatorname*{im}_{\subseteq, \mathfrak{I}E} \{\bigvee_{\mathfrak{F} \in \mathfrak{v}} [(\bigcup_{F \in \mathfrak{F}} p_i^{-1}[F])] \mid \mathfrak{v} \in \mathfrak{B}_i\} = p_i^{-1}\big(q(\mathfrak{B}_i)^{\sim}\big)\,. \qquad (5.24.11)$$

Existieren Bornologien $\mathfrak{B}_i$ mit $\mathfrak{B}_i = \mathfrak{B}_i^{\sim}$, so ergibt sich mittels (5.24.9)

$$b(\operatorname{init} \mathfrak{B}_i)^{\sim} \subseteq \bigwedge_{i \in I} b\big(p_i^{-1}(\mathfrak{B}_i)\big)^{\sim} = \operatorname{init} \mathfrak{B}_i\,,$$

bei endlichem I ferner

$$\mathfrak{v} \in \bigwedge_{i \in I} b\big(p_i^{-1}(\mathfrak{B}_i)\big)^{\sim}$$

$$\Leftrightarrow \forall i \in I\, \exists \mathfrak{v}_i \in \mathfrak{B}_i\, \big(\mathfrak{v} \supseteq \bigvee_{i \in I} [\bigcap_{\mathfrak{F} \in p_i^{-1}(\mathfrak{v}_i)} (\bigcup_{F \in \mathfrak{F}} F)] = [\bigcap_{\mathfrak{F} \in \bigvee p_i^{-1}(\mathfrak{v}_i)} (\bigcup_{F \in \mathfrak{F}} F)]\big)\,,$$

also $b(\operatorname{init} \mathfrak{B}_i)^{\sim} = \operatorname{init} \mathfrak{B}_i$, schließlich bei beliebigem I

$$\operatorname{fin} \mathfrak{B}_i = \operatorname*{im}_{\subseteq} \{[(\bigcap_{j \in J} g_j[B_j])] \mid J \subseteq I \text{ endlich, } B_j \in \mathfrak{B}_j \text{ für jedes } j \in J\}$$

und daher $b(\operatorname{fin} \mathfrak{B}_i)^{\sim} = \operatorname{fin} \mathfrak{B}_i$.

Wenn Semibornologien $\mathfrak{L}_i$ mit $\mathfrak{B}_i = \mathfrak{L}_i^{\sim}$ existieren, erhalten wir analog $s(\operatorname{init} \mathfrak{B}_i)^{\sim} \subseteq \operatorname{init} \mathfrak{B}_i$ mittels (5.24.10), bei endlichem I $s(\operatorname{init} \mathfrak{B}_i)^{\sim} = \operatorname{init} \mathfrak{B}_i$ und schließlich stets

$$\operatorname{fin} \mathfrak{B}_i = \operatorname*{im}_{\subseteq} \{[\bigcup_{j \in J} g_j(\mathfrak{F}_j)] \mid J \subseteq I \text{ endlich, } \mathfrak{F}_j \in \mathfrak{L}_j \text{ für jedes } j \in J\}$$

und daher $s(\operatorname{fin} \mathfrak{B}_i)^{\sim} = \operatorname{fin} \mathfrak{B}_i$.

Gibt es Quasibornologien $\mathfrak{S}_i$ mit $\mathfrak{B}_i = \mathfrak{S}_i^{\sim}$, so folgt $q(\operatorname{init} \mathfrak{B}_i)^{\sim} \subseteq \operatorname{init} \mathfrak{B}_i$ mittels (5.24.11) und daher $q(\operatorname{init} \mathfrak{B}_i)^{\sim} = \operatorname{init} \mathfrak{B}_i$ wegen (5.24.3), ferner

$$\operatorname{fin} \mathfrak{B}_i = \operatorname*{im}_{\subseteq} \{\operatorname*{im}_{\subseteq} \{(G) \mid G \in \bigwedge_{j \in J} g_j(\mathfrak{F}_j)\} \mid J \subseteq I \text{ endlich, } \mathfrak{F}_j \in \mathfrak{S}_j \text{ für jedes } j \in J\}$$

und somit $q(\operatorname{fin} \mathfrak{B}_i)^{\sim} = \operatorname{fin} \mathfrak{B}_i$.

2. I sei unendlich, E das cartesische Produkt der Trägermengen der X_i und p_i zu beliebigem $i \in I$ die natürliche i-te Projektion von E. Zu beliebigem $i \in I$ sei ferner B_i eine echte nichtleere Teilmenge von X_i mit $\mathfrak{B}_i = [[(B_i)]]$. Es ist stets $\mathfrak{B}_i = \mathfrak{B}_i^{\sim} = \mathfrak{L}_i^{\sim}$ bei $\mathfrak{B}_i = (B_i)$ und $\mathfrak{L}_i = ((B_i))$, und es gilt $\operatorname{init} \mathfrak{B}_i = [\bigvee_{i \in I} [(p_i^{-1}[B_i])]] = [\operatorname*{im}_{\subseteq} \{(\bigcap_{j \in J} p_j^{-1}[B_j]) \mid J \subseteq I \text{ nichtleer und endlich}\}] \supsetneqq [[(\prod_{i \in I} B_i)]] = b(\operatorname{init} \mathfrak{B}_i)^{\sim} = s(\operatorname{init} \mathfrak{B}_i)^{\sim}$.

Existieren Bornologien $\mathfrak{B}_\iota$, Semibornologien $\mathfrak{L}_\iota$ bzw. Quasibornologien $\mathfrak{S}_\iota$ $(i \in I)$ derart, daß $\mathfrak{B}_\iota$ zu beliebigem $i \in I$ mit $\mathfrak{B}_i^\sim$, $\mathfrak{L}_i^\sim$ bzw. $\mathfrak{S}_i^\sim$ übereinstimmt, so ergibt sich, wie man der Reihe nach mühelos zeigt,

$$b(\text{init } \mathfrak{B}_\iota) = \bigwedge_{i \in I} p_i^{-1}(\mathfrak{B}_\iota) \quad \text{und} \quad b(\text{fin } \mathfrak{B}_\iota) = \bigvee_{i \in I} g_\iota(\mathfrak{B}_\iota)\,, \tag{5.24.12}$$

$$s(\text{init } \mathfrak{B}_\iota) = \bigwedge_{i \in I} p_i^{-1}(\mathfrak{L}_\iota) \quad \text{und} \quad s(\text{fin } \mathfrak{B}_\iota) = \bigvee_{i \in I} g_\iota(\mathfrak{L}_\iota) \tag{5.24.13}$$

bzw.

$$q(\text{init } \mathfrak{B}_\iota) = \bigwedge_{i \in I} p_i^{-1}(\mathfrak{S}_\iota) \quad \text{und} \quad q(\text{fin } \mathfrak{B}_\iota) = \bigvee_{i \in I} g_\iota(\mathfrak{S}_\iota)\,; \tag{5.24.14}$$

wir setzen init $\mathfrak{B}_\iota = \bigwedge_{i \in I} p_i^{-1}(\mathfrak{B}_\iota)$, fin $\mathfrak{B}_\iota = \bigvee_{i \in I} g_\iota(\mathfrak{B}_\iota)$, init $\mathfrak{L}_\iota = \bigwedge_{i \in I} p_i^{-1}(\mathfrak{L}_\iota)$, fin $\mathfrak{L}_\iota = \bigvee_{i \in I} g_\iota(\mathfrak{L}_\iota)$, init $\mathfrak{S}_\iota = \bigwedge_{i \in I} p_i^{-1}(\mathfrak{S}_\iota)$ und fin $\mathfrak{S}_\iota = \bigwedge_{i \in I} g_\iota(\mathfrak{S}_\iota)$ und nennen init $\mathfrak{B}_\iota$ und fin $\mathfrak{B}_\iota$ die **Initial-** bzw. **Finalbornologie** der $\mathfrak{B}_\iota$ bez. der p_ι bzw. g_ι, init $\mathfrak{L}_\iota$ und fin $\mathfrak{L}_\iota$ die **Initial-** bzw. **Finalsemibornologie** der $\mathfrak{L}_\iota$ bez. der p_ι bzw. g_ι und init $\mathfrak{S}_\iota$ bzw. fin $\mathfrak{S}_\iota$ die **Initial-** bzw. **Finalquasibornologie** der $\mathfrak{S}_\iota$ bez. der p_ι bzw. g_ι. Die betreffenden Durchschnitte und Vereinigungen sind natürlich analog wie die rechten Seiten von (5.24.4) und (5.24.5) erklärt. init $\mathfrak{B}_\iota$ ist die gröbste Bornologie $\mathfrak{B}$ von E derart, daß alle Abbildungen p_ι $\mathfrak{B},\mathfrak{B}_\iota$-treu sind, und fin $\mathfrak{B}_\iota$ ist die feinste Bornologie $\mathfrak{B}$ von E derart, daß alle Abbildungen g_ι $\mathfrak{B}_\iota,\mathfrak{B}$-treu sind. init $\mathfrak{L}_\iota$, fin $\mathfrak{L}_\iota$, init $\mathfrak{S}_\iota$ und fin $\mathfrak{S}_\iota$ besitzen die entsprechenden Eigenschaften.

Analog wie 5.24.6 kann man zeigen, daß für die an die Vergißfunktoren V^b: BORN → ENS, V^s: SBORN → ENS und V^q: QBORN → ENS gebundenen Produkte und Coprodukte gilt:

5.24.8 (Gebundene Produkte und Coprodukte in BORN, SBORN und QBORN). *Sind $\mathfrak{B}_\iota$ $(i \in I)$ Bornologien mit $\mathfrak{B}_\iota = \mathfrak{B}_i^\sim$ und ist X derjenige bornologische Raum mit E als Trägermenge und* init $\mathfrak{B}_\iota$ *bzw.* fin $\mathfrak{B}_\iota$ *als Bornologie, dann ist X, zusammen mit der Familie der Abbildungen $p_\iota\colon X \to X_\iota$ $(i \in I)$, gleich dem V^b-Produkt der X_ι $(i \in I)$ über E, $(p_\iota)_{i \in I}$ bzw., zusammen mit der Familie der Abbildungen $g_\iota\colon X_\iota \to X$ $(i \in I)$, gleich dem V^b-Coprodukt der X_ι $(i \in I)$ über E, $(g_\iota)_{i \in I}$.*

Wenn $\mathfrak{L}_\iota$ $(i \in I)$ Semibornologien mit $\mathfrak{B}_\iota = \mathfrak{L}_i^\sim$ sind, X derjenige semibornologische Raum mit E als Trägermenge und init $\mathfrak{L}_\iota$ *bzw.* fin $\mathfrak{L}_\iota$ *als Semibornologie ist, so ist X, zusammen mit der Familie der Abbildungen $p_\iota\colon X \to X_\iota$ $(i \in I)$, gleich dem V^s-Produkt der X_ι $(i \in I)$ über E, $(p_\iota)_{i \in I}$ bzw., zusammen mit der Familie der Abbildungen $g_\iota\colon X_\iota \to X$ $(i \in I)$, gleich dem V^s-Coprodukt der X_ι $(i \in I)$ über E, $(g_\iota)_{i \in I}$.*

Sind schließlich $\mathfrak{S}_\iota$ $(i \in I)$ Quasibornologien mit $\mathfrak{B}_\iota = \mathfrak{S}_i^\sim$ und ist X derjenige quasibornologische Raum mit E als Trägermenge und init $\mathfrak{S}_\iota$ *bzw.* fin $\mathfrak{S}_\iota$ *als Quasibornologie, dann ist X, zusammen mit der Familie der Abbildungen $p_\iota\colon X \to X_\iota$ $(i \in I)$, gleich dem V^q-Produkt der X_ι $(i \in I)$ über E, $(p_\iota)_{i \in I}$ bzw., zusammen mit der Familie der Abbildungen $g_\iota\colon X_\iota \to X$ $(i \in I)$, gleich dem V^p-Coprodukt der X_ι $(i \in I)$ über E, $(g_\iota)_{i \in I}$.*

Auf Grund der Existenz aller projektiven und induktiven Limites in ENS folgt mittels 3.2.13, 3.2.23, 5.24.6 und 5.24.8, daß in den Kategorien BORN, SBORN, QBORN und HBORN alle projektiven und induktiven Limites existieren. Über die natürliche Auswahl der projektiven und induktiven Limites in ENS ergeben sich natürliche Auswahlen der projektiven und induktiven Limites in den Kategorien BORN, SBORN, QBORN und HBORN. 5.24.7 entnimmt man leicht Beziehungen zwischen den projektiven und induktiven Limites in diesen Kategorien.

Im folgenden führen wir einige Bemerkungen über Produkte in diesen Kategorien an. Es sei $(X_i)_{i\in I}$ eine Familie bornologischer, semibornologischer, quasibornologischer bzw. hypobornologischer Räume mit einer Menge als Indexbereich. Zu beliebigem $i \in I$ sei E_i die Trägermenge von X_i und $\mathfrak{B}_i$, $\mathfrak{L}_i$, $\mathfrak{S}_i$ bzw. $\mathfrak{B}_i$ die Bornologie, Semibornologie, Quasibornologie bzw. Hypobornologie von X_i. Ferner sei E das cartesische Produkt der E_i und zu beliebigem $i \in I$ schließlich π_i die i-te natürliche Projektion von E. $\bigwedge_{i\in I} \pi_i^{-1}(\mathfrak{B}_i)$ und $\bigwedge_{i\in I} \pi_i^{-1}(\mathfrak{S}_i)$ sind die in Abschnitt 2.9 und 2.10 eingeführten Produkte $\prod_{i\in I} \mathfrak{B}_i$ der Dualfilter $\mathfrak{B}_i$ bzw. $\prod_{i\in I} \mathfrak{S}_i$ der $\wedge$-Ideale $\mathfrak{S}_i$. $\bigwedge_{i\in I} \pi_i^{-1}(\mathfrak{L}_i)$ und $\bigwedge_{i\in I} \pi_i^{-1}(\mathfrak{B}_i)$ nennen wir das **Produkt** der $\vee$-Ideale $\mathfrak{L}_i$ bzw. der $\wedge$-Ideale $\mathfrak{B}_i$ und bezeichnen sie analog mit $\prod_{i\in I} \mathfrak{L}_i$ bzw. $\prod_{i\in I} \mathfrak{B}_i$. Ist $I = \{1, \dots, n\}$ für ein $n \in \boldsymbol{N}^+$, so schreiben wir für $\prod_{i\in I} \mathfrak{L}_i$ und $\prod_{i\in I} \mathfrak{B}_i$ natürlich $\mathfrak{L}_1 \times \cdots \times \mathfrak{L}_n$ und $\mathfrak{B}_1 \times \cdots \times \mathfrak{B}_n$. Offensichtlich haben $\prod \mathfrak{B}_i$, $\prod \mathfrak{L}_i$, $\prod \mathfrak{S}_i$ und $\prod \mathfrak{B}_i$ die in Abschnitt 2.12 eingeführten Produkte $\Pi^e \mathfrak{B}_i$, $\Pi^e \mathfrak{L}_i$, $\Pi^e \mathfrak{S}_i$ bzw. $\Pi^e \mathfrak{B}_i$ als Basen. Wie man Teil 2 des Beweises von 5.24.7 entnimmt, stimmt im allgemeinen $(\prod \mathfrak{B}_i)^{\sim}$ nicht mit $\prod \mathfrak{B}_i^{\sim}$ und $(\prod \mathfrak{L}_i)^{\sim}$ nicht mit $\prod \mathfrak{L}_i^{\sim}$ überein.

Wir bezeichnen E, versehen mit $\prod \mathfrak{B}_i$, $\prod \mathfrak{L}_i$, $\prod \mathfrak{S}_i$ bzw. $\prod \mathfrak{B}_i$, mit X und erhalten, daß X, zusammen mit den natürlichen Projektionen π_i: $X \to X_i$ $(i \in I)$, ein Produkt der X_i $(i \in I)$ in BORN, SBORN, QBORN bzw. HBORN ist.

Als nächstes befassen wir uns mit Hypobornologien von Vektorräumen. Wir nennen eine Hypobornologie $\mathfrak{B}$ eines $\boldsymbol{K}$-Vektorraumes X ($\boldsymbol{K} = \boldsymbol{R}$ oder $\boldsymbol{C}$) **schwach zulässig**, wenn sie nicht entartet ist und wenn die Vektoraddition eine $(\mathfrak{B} \times \mathfrak{B}),\mathfrak{B}$-treue Abbildung von $X \times X$ in X und die skalare Multiplikation eine $(\mathfrak{B}(\boldsymbol{K})^{\sim} \times \mathfrak{B}),\mathfrak{B}$-treue Abbildung von $\boldsymbol{K} \times X$ in X ist, wobei $\mathfrak{B}(\boldsymbol{K})$ die Bornologie der beschränkten Teilmengen von $\boldsymbol{K}$ ist. Unter Beachtung der Identifizierungsvereinbarung haben wir damit auch den Begriff der **schwachen Zulässigkeit** für Bornologien, Semibornologien und Quasibornologien von Vektorräumen eingeführt. Eine Bornologie $\mathfrak{B}$ eines $\boldsymbol{K}$-Vektorraumes X ist offenbar genau dann schwach zulässig, wenn die Vektoraddition eine $(\mathfrak{B} \times \mathfrak{B}),\mathfrak{B}$-treue Abbildung und die skalare Multiplikation eine $(\mathfrak{B}(\boldsymbol{K}) \times \mathfrak{B}),\mathfrak{B}$-treue Abbildung ist. Die schwache Zulässigkeit von Semibornologien und Quasibornologien läßt sich entsprechend beschreiben.

5.24.9 (Schwache Zulässigkeit von Hypobornologien). *$\mathfrak{B}$ sei eine Hypobornologie eines $\boldsymbol{K}$-Vektorraumes X. Sie ist genau dann schwach zulässig, wenn gilt*

1. *Mit* $\mathfrak{u}$ *und* $\mathfrak{v}$ *gehört* $\mathfrak{u} + \mathfrak{v}$ *zu* $\mathfrak{B}$.
2. *Zu beliebigen* $\alpha \in \boldsymbol{K}$ *und* $\mathfrak{u} \in \mathfrak{B}$ *gilt* $\alpha\mathfrak{u} \in \mathfrak{B}$.
3. *Für jedes* $\mathfrak{u} \in \mathfrak{B}$ *ist* $\boldsymbol{E}\mathfrak{u} \in \mathfrak{B}$.
4. $[(0)] \in \mathfrak{B}$.

Beweis. Bedingung 1 ist offenbar zur $(\mathfrak{B} \times \mathfrak{B}), \mathfrak{B}$-Treue der Vektoraddition äquivalent. Unter Beachtung, daß $\{\alpha\} \in \mathfrak{B}(\boldsymbol{K})$ $(\alpha \in \boldsymbol{K})$ und $\boldsymbol{E} \in \mathfrak{B}(\boldsymbol{K})$ gilt und zu beliebigem $B \in \mathfrak{B}(\boldsymbol{K})$ ein $\alpha \in \boldsymbol{K}$ mit $B \subseteq \alpha \boldsymbol{E}$ existiert, folgt mühelos, daß die Bedingungen 2 und 3 zur $(\mathfrak{B}(\boldsymbol{K})^{\sim} \times \mathfrak{B}), \mathfrak{B}$-Treue der skalaren Multiplikation äquivalent sind. Ist $\mathfrak{B}$ nicht entartet, so hat die Bedingung 2 die Bedingung 4 zur Folge. Aus Bedingung 4 folgt andererseits, daß $\mathfrak{B}$ nicht entartet ist.

Offenbar kann man die schwache Zulässigkeit der Bornologien, Semibornologien und Quasibornologien von Vektorräumen analog charakterisieren. Bezüglich des Falles der Quasibornologien vergleiche Berqieur [1].

Wir nennen einen $\boldsymbol{K}$-Vektorraum X, versehen mit einer schwach zulässigen Hypobornologie $\mathfrak{B}$ von X, eine **hypobornologische lineare Gruppe.** Ist $\mathfrak{B}$ — nach Identifikation — speziell eine Bornologie, Semibornologie bzw. Quasibornologie, so sprechen wir auch von einer **bornologischen, semibornologischen** bzw. **quasibornologischen linearen Gruppe.** X selbst heißt der **unterliegende Vektorraum.**

Eine Hypobornologie $\mathfrak{B}$ eines $\boldsymbol{K}$-Vektorraumes X wird **zulässig** oder eine **Vektorraumhypobornologie** genannt, wenn $\mathfrak{B}$ schwach zulässig ist und $\{[(x)] \mid x \in X\} \subseteq \mathfrak{B}$ gilt. Natürlich haben wir damit den Begriff der **Zulässigkeit** auch für Bornologien, Semibornologien und Quasibornologien von Vektorräumen eingeführt. Zulässige Bornologien, Semibornologien und Quasibornologien heißen auch **Vektorraumbornologien, Vektorraumsemibornologien** bzw. **Vektorraumquasibornologien.** Ein $\boldsymbol{K}$-Vektorraum X, versehen mit einer zulässigen Hypobornologie $\mathfrak{B}$, wird ein **hypobornologischer Vektorraum** genannt. Ist $\mathfrak{B}$ — nach Identifikation — speziell eine Bornologie, Semibornologie bzw. Quasibornologie, so sagen wir dafür auch **bornologischer, semibornologischer** bzw. **quasibornologischer Vektorraum.**

Wir führen als nächstes einige Beispiele schwach zulässiger bzw. zulässiger Bornologien, Semibornologien, Quasibornologien und Hypobornologien an. X sei dazu eine pseudotopologische lineare Gruppe bzw. ein pseudotopologischer Vektorraum. Für die bez. X gebildeten Systeme $\mathfrak{B}_b$, $\mathfrak{L}_e$, $\mathfrak{L}_b$, $\mathfrak{S}_q$ und $\mathfrak{B}_h$ gilt dann, wie mittels 5.18.9 und der vor diesem Satz angeführten Bemerkungen folgt: $\mathfrak{B}_b$ ist eine schwach zulässige bzw. eine zulässige Bornologie, $\mathfrak{L}_e$ und $\mathfrak{L}_b$ sind schwach zulässige bzw. zulässige Semibornologien, $\mathfrak{S}_q$ ist eine schwach zulässige bzw. eine zulässige Quasibornologie und $\mathfrak{B}_h$ ist eine schwach zulässige bzw. eine zulässige Hypobornologie.

Mit HLING bezeichnen wir diejenige Kategorie, die als Objekte alle hypobornologischen linearen Gruppen hat und als Morphismen alle $\mathfrak{B},\mathfrak{W}$-treuen linearen Abbildungen $f\colon X \to Y$ von hypobornologischen linearen Gruppen in hypobornologische lineare Gruppen, wobei jeweils $\mathfrak{B}$ und $\mathfrak{W}$ die Hypobornologien von X bzw. Y sind. Morphismenkomposition ist die übliche Abbildungskomposition. Die volle Unterkategorie von HLING, die als Objekte alle bornologischen, semibornologischen bzw. quasibornologischen linearen Gruppen hat, bezeichnen wir mit BLING, SLING bzw. QLING und die volle Unterkategorie von HLING, die als Objekte alle bornologischen, semibornologischen, quasibornologischen bzw. hypobornologischen Vektorräume hat, mit BVEK, SVEK, QVEK bzw. HVEK.

X sei ein $\boldsymbol{K}$-Vektorraum und $\mathfrak{B}$ eine Hypobornologie von X. Man kann leicht die zu $\mathfrak{B}$ nächstgröbere schwach zulässige Hypobornologie $\mathfrak{B}^{\nu}$ und die zu $\mathfrak{B}$ nächstgröbere zulässige Hypobornologie $\mathfrak{B}^{v}$ bilden. $\mathfrak{B}^{\nu}$ und $\mathfrak{B}^{v}$ sind diejenigen $\wedge$-Ideale von $\mathcal{J}X$, die die Menge aller $\wedge$-Ideale $[(0)]$ und $\alpha_1\boldsymbol{E}\mathfrak{u}_1 + \cdots + \alpha_n\boldsymbol{E}\mathfrak{u}_n$ ($n \in \boldsymbol{N}^+$; $\alpha_1, \ldots, \alpha_n > 0$; $\mathfrak{u}_1, \ldots, \mathfrak{u}_n \in \mathfrak{B}$) bzw. die Menge aller $\wedge$-Ideale $[(0)]$ und $\alpha_1\boldsymbol{E}\mathfrak{u}_1 + \cdots + \alpha_n\boldsymbol{E}\mathfrak{u}_n + \beta_1\boldsymbol{E}x_1 + \cdots + \beta_m\boldsymbol{E}x_m$ ($n, m \in \boldsymbol{N}^+$; $\alpha_1, \ldots, \alpha_n, \beta_1, \ldots, \beta_m > 0$; $\mathfrak{u}_1, \ldots, \mathfrak{u}_n \in \mathfrak{B}$; $x_1, \ldots, x_m \in X$) als Basis haben. Offenbar gilt

5.24.10. *$\mathfrak{B}$ sei eine Hypobornologie eines Vektorraumes X. M sei eine Teilmenge von X, die ganz X als lineare Hülle hat. Zu beliebigem $x \in M$ sei $[(x)] \in \mathfrak{B}$. Dann ist $\mathfrak{B}^{v} = \mathfrak{B}^{\nu}$.*

Für jede Bornologie $\mathfrak{B}$, jede Semibornologie $\mathfrak{L}$ und jede Quasibornologie $\mathfrak{S}$ eines Vektorraumes X lassen sich entsprechend einfach wie $\mathfrak{B}^{\nu}$ und $\mathfrak{B}^{v}$ die zu $\mathfrak{B}$, $\mathfrak{L}$ bzw. $\mathfrak{S}$ nächstgröbere schwach zulässige Bornologie $\mathfrak{B}^{\nu}$, Semibornologie $\mathfrak{L}^{\nu}$ bzw. Quasibornologie $\mathfrak{S}^{\nu}$ und die zu $\mathfrak{B}$, $\mathfrak{L}$ bzw. $\mathfrak{S}$ nächstgröbere zulässige Bornologie $\mathfrak{B}^{v}$, Semibornologie $\mathfrak{L}^{v}$ bzw. Quasibornologie $\mathfrak{S}^{v}$ bilden. Durch Spezialisierung von 5.24.10 ergeben sich für diese entsprechende Aussagen wie 5.24.10.

Im weiteren gehen wir auf gewisse Initial- und Finalhypobornologien ein. $\boldsymbol{E}$ sei ein $\boldsymbol{K}$-Vektorraum und $(X_\iota)_{\iota\in I}$ eine Familie von $\boldsymbol{K}$-Vektorräumen X_ι, die mit Hypobornologien $\mathfrak{B}_\iota$ versehen sind. Zu beliebigem i sei p_ι eine lineare Abbildung von E in X_ι und g_ι eine lineare Abbildung von X_ι in E. init $\mathfrak{B}_\iota$ sei die Initialhypobornologie der $\mathfrak{B}_\iota$ bez. der p_ι und fin $\mathfrak{B}_\iota$ die Finalhypobornologie der $\mathfrak{B}_\iota$ bez. der g_ι.

5.24.11 (Schwache Zulässigkeit bzw. Zulässigkeit von init $\mathfrak{B}_\iota$). *Sind die $\mathfrak{B}_\iota$ schwach zulässig bzw. zulässig, so ist auch* init $\mathfrak{B}_\iota$ *schwach zulässig bzw. zulässig.*

Beweis. 1. Die $\mathfrak{B}_\iota$ seien schwach zulässig. Aus $\mathfrak{u}, \mathfrak{v} \in \operatorname{init} \mathfrak{B}_\iota$ folgt, daß $p_\iota(\mathfrak{u}), p_\iota(\mathfrak{v}) \in \mathfrak{B}_\iota$ ($i \in I$) und damit $p_\iota(\mathfrak{u} + \mathfrak{v}) \in \mathfrak{B}_\iota$ ($i \in I$), also $\mathfrak{u} + \mathfrak{v} \in \operatorname{init} \mathfrak{B}_\iota$ gilt. Entsprechend zeigt man, daß $\mathfrak{u} \in \operatorname{init} \mathfrak{B}_\iota$ stets $\alpha\mathfrak{u} \in \operatorname{init} \mathfrak{B}_\iota$ ($\alpha \in \boldsymbol{K}$) und $\boldsymbol{E}\mathfrak{u} \in \operatorname{init} \mathfrak{B}_\iota$ nach sich zieht. Offenbar gilt $[(0)] \in \operatorname{init} \mathfrak{B}_\iota$.

2. Sind die $\mathfrak{B}_\iota$ zulässig, so gilt $p_\iota([(x)]) \in \mathfrak{B}_\iota$ ($i \in I$) und damit $[(x)] \in \operatorname{init} \mathfrak{B}_\iota$ zu beliebigem $x \in E$.

Im allgemeinen ist fin $\mathfrak{B}_\iota$ nicht schwach zulässig bzw. zulässig, wenn die $\mathfrak{B}_\iota$ schwach zulässig bzw. zulässig sind, wie man leicht an Hand eines Beispiels zeigt, in dem E die direkte Summe der X_ι ist. Es gilt aber

5.24.12 (Schwache Zulässigkeit bzw. Zulässigkeit von fin $\mathfrak{B}_\iota$). *Zu beliebigen $i, j \in I$ gebe es ein $k \in I$, eine $\mathfrak{B}_i,\mathfrak{B}_k$-treue Abbildung $g_{ik}: X_i \to X_k$ und eine $\mathfrak{B}_j,\mathfrak{B}_k$-treue Abbildung $g_{jk}: X_j \to X_k$ mit $g_k \circ g_{ik} = g_i$ und $g_k \circ g_{jk} = g_j$. Dann ist mit den $\mathfrak{B}_\iota$ auch* fin $\mathfrak{B}_\iota$ *schwach zulässig. Hat* $\bigcup_{\iota \in I}$ wbg_ι *ganz X als lineare Hülle, so ist dann ferner mit den $\mathfrak{B}_\iota$ auch* fin $\mathfrak{B}_\iota$ *zulässig.*

Beweis. 1. Die $\mathfrak{B}_\iota$ seien schwach zulässig. fin $\mathfrak{B}_\iota$ hat die Menge aller $\wedge$-Ideale $g_{i_1}(\mathfrak{u}_{i_1}) \cap \cdots \cap g_{i_n}(\mathfrak{u}_{i_n})$ $(n \in N^+;\ i_1, \ldots, i_n \in I;\ \mathfrak{u}_{i_1} \in \mathfrak{B}_{i_1}, \ldots, \mathfrak{u}_{i_n} \in \mathfrak{B}_{i_n})$ als Basis. Jedes $\wedge$-Ideal $\alpha E(g_{i_1}(\mathfrak{u}_{i_1}) \cap \cdots \cap g_{i_n}(\mathfrak{u}_{i_n}))$ enthält $g_{i_1}(\alpha E \mathfrak{u}_{i_1}) \cap \cdots \cap g_{i_n}(\alpha E \mathfrak{u}_{i_n})$, gehört also auch fin $\mathfrak{B}_\iota$ an. Man zeigt leicht auf Grund der Voraussetzung, daß auch jede endliche Summe derartiger $\wedge$-Ideale zu fin $\mathfrak{B}_\iota$ gehört. fin $\mathfrak{B}_\iota$ ist daher schwach zulässig.

2. Der zweite Teil der Behauptung folgt aus dem ersten und aus 5.24.10.

Sind die $\mathfrak{B}_\iota$ schwach zulässig bzw. zulässig, so ist init $\mathfrak{B}_\iota$ die gröbste schwach zulässige bzw. zulässige Hypobornologie $\mathfrak{B}$ von E derart, daß alle Abbildungen p_ι $\mathfrak{B},\mathfrak{B}_\iota$-treu sind. Ferner ist dann (fin $\mathfrak{B}_\iota)^{\mathrm{v}}$ die feinste schwach zulässige Hypobornologie $\mathfrak{B}$ von E und (fin $\mathfrak{B}_\iota)^{\mathrm{v}}$ die feinste zulässige Hypobornologie $\mathfrak{B}$ von E derart, daß alle Abbildungen g_ι $\mathfrak{B}_\iota,\mathfrak{B}$-treu sind. V sei der Vergißfunktor von HLING in VEK. Offenbar gilt

5.24.13 (Gebundene Produkte und Coprodukte in HLING). *X_ι seien hypobornologische lineare Gruppen. X sei die hypobornologische lineare Gruppe mit E als unterliegenden Vektorraum und* init $\mathfrak{B}_\iota$ *bzw.* (fin $\mathfrak{B}_\iota)^{\mathrm{v}}$ *als Hypobornologie. Dann ist X, zusammen mit der Familie der Abbildungen $p_\iota: X \to X_\iota$ $(\iota \in I)$, gleich dem V-Produkt der X_ι $(\iota \in I)$ über E, $(p_\iota)_{\iota \in I}$ bzw., zusammen mit der Familie der Abbildungen $g_\iota: X_\iota \to X$ $(\iota \in I)$, gleich dem V-Coprodukt der X_ι $(\iota \in I)$ über E, $(g_\iota)_{\iota \in I}$.*

Für die gebundenen Produkte und Coprodukte in HVEK gilt ein analoger Satz, d. h. 5.24.13 bleibt richtig, wenn in diesem Satz die X_ι als hypobornologische Vektorräume angenommen werden, (fin $\mathfrak{B}_\iota)^{\mathrm{v}}$ durch (fin $\mathfrak{B}_\iota)^{\mathrm{v}}$ ersetzt wird und unter V der Vergißfunktor von HVEK in VEK verstanden wird.

Man zeigt ohne Mühe, daß für die Initial- und Finalbornologien, die Initial- und Finalsemibornologien und die Initial- und Finalquasibornologien von Vektorräumen entsprechende Aussagen wie die hier angeführten Aussagen über Initial- und Finalhyperbornologien gelten.

Auf Grund der Existenz aller projektiven und induktiven Limites in VEK folgt unter Berücksichtigung von 3.2.13 und 3.2.23, daß in den Kategorien BLING, SLING, QLING, HLING, BVEK, SVEK, QVEK und HVEK alle projektiven und induktiven Limites existieren.

Für das Folgende sei E ein $\boldsymbol{K}$-Vektorraum und sei $\mathfrak{B}$ eine Hypobornologie von E. Für die Dualfilter $\mathfrak{F}$ in E setzen wir wie früher $\mathfrak{D}_{\mathfrak{F}} = \bigwedge_{F \in \mathfrak{F}} VF$. Offenbar ist $\{ \bigvee_{\mathfrak{F} \in \mathfrak{v}} \mathfrak{D}_{\mathfrak{F}} \mid \mathfrak{v} \in \mathfrak{B}\}$ die Basis eines $\wedge$-Ideals $\Phi(\mathfrak{B})(0)$ von Filtern in E. Wir zeigen

5.24.14. *Ist $\mathfrak{B}$ schwach zulässig bzw. zulässig, so ist die durch $\Phi(\mathfrak{B})(x) = x + \Phi(\mathfrak{B})(0)$ $(x \in E)$ definierte Abbildung $\Phi(\mathfrak{B})$ die feinste schwach verträgliche bzw. verträgliche Pseudotopologie von E, bezüglich der $\mathfrak{B}$ aus (aus allen) hypobeschränkten $\wedge$-Idealen besteht.*

Beweis. 1. $\mathfrak{B}$ sei schwach zulässig. Wegen $[(0)] \in \mathfrak{B}$ gilt $[0] \in \Phi(\mathfrak{B})(0)$, so daß $\Phi(\mathfrak{B})$ eine Pseudotopologie ist. Für beliebige Teilmengen F und G von E gilt $V(EF + EG) = VF + VG$, für beliebige Dualfilter $\mathfrak{F}$ und $\mathfrak{G}$ in E damit $\mathfrak{D}_{E\mathfrak{F}+E\mathfrak{G}} = \mathfrak{D}_{\mathfrak{F}} + \mathfrak{D}_{\mathfrak{G}}$, für beliebige $\wedge$-Ideale $\mathfrak{u}, \mathfrak{v} \in \mathfrak{B}$ folglich $\bigvee_{\mathfrak{H} \in E\mathfrak{u}+E\mathfrak{v}} \mathfrak{D}_{\mathfrak{H}} \subseteqq \bigvee_{\mathfrak{F} \in \mathfrak{u}} \mathfrak{D}_{\mathfrak{F}} + \bigvee_{\mathfrak{G} \in \mathfrak{v}} \mathfrak{D}_{\mathfrak{G}}$. Somit gilt $\Phi(\mathfrak{B})(0) + \Phi(\mathfrak{B})(0) \subseteqq \Phi(\mathfrak{B})(0)$. Wegen $\alpha\mathfrak{u} \in \mathfrak{B}$ $(\alpha \in \boldsymbol{K}, \mathfrak{u} \in \mathfrak{B})$ folgt $\alpha\Phi(\mathfrak{B})(0) \subseteqq \Phi(\mathfrak{B})(0)$ zu jedem $\alpha \in \boldsymbol{K}$. Wegen 5.8.3 ist $\bigvee_{\mathfrak{F} \in \mathfrak{u}} \mathfrak{D}_{\mathfrak{F}}$ zu beliebigem $\mathfrak{u} \in \mathfrak{B}$ gleichförmig, so daß auch $V\Phi(\mathfrak{B})(0) \subseteqq \Phi(\mathfrak{B})(0)$ gilt. $\Phi(\mathfrak{B})$ ist somit schwach verträglich.

2. Nun sei $\mathfrak{B}$ zulässig. Zu beliebigem $x \in E$ folgt $Vx \in \Phi(\mathfrak{B})(0)$ wegen $[(x)] \in \mathfrak{B}$. $\Phi(\mathfrak{B})$ ist daher verträglich.

3. Die behauptete Minimaleigenschaft erhält man unmittelbar aus der Konstruktion von $\Phi(\mathfrak{B})$.

Ist $\mathfrak{B}$ eine Bornologie mit $\mathfrak{B} = \mathfrak{B}^{\sim}$, $\mathfrak{L}$ eine Semibornologie mit $\mathfrak{B} = \mathfrak{L}^{\sim}$ bzw. $\mathfrak{S}$ eine Quasibornologie mit $\mathfrak{B} = \mathfrak{S}^{\sim}$, so schreiben wir für $\Phi(\mathfrak{B})$ auch $\Phi(\mathfrak{B})$, $\Phi(\mathfrak{L})$ bzw. $\Phi(\mathfrak{S})$.

Da eine Menge B genau dann beschränkt ist, wenn $\beta(B)$ hypobeschränkt ist, ein Dualfilter $\mathfrak{F}$ genau dann gleichartig beschränkt ist, wenn $\sigma(\mathfrak{F})$ hypobeschränkt ist, und ein Filter $\mathfrak{F}$ genau dann quasibeschränkt ist, wenn $\varkappa(\mathfrak{F})$ hypobeschränkt ist, folgt aus 5.24.14:

5.24.14'. *Für jede schwach zulässige bzw. zulässige Bornologie $\mathfrak{B}$ eines Vektorraumes E ist $\Phi(\mathfrak{B})$ die feinste schwach verträgliche bzw. verträgliche Pseudotopologie von E, bezüglich der $\mathfrak{B}$ aus (aus allen) beschränkten Mengen besteht, für jede schwach zulässige bzw. zulässige Semibornologie $\mathfrak{L}$ eines Vektorraumes E ist $\Phi(\mathfrak{L})$ die feinste schwach verträgliche bzw. verträgliche Pseudotopologie von E, bezüglich der $\mathfrak{L}$ aus (aus allen) gleichartig beschränkten Mengen besteht, und für jede schwach zulässige bzw. zulässige Quasibornologie $\mathfrak{S}$ eines Vektorraumes E ist $\Phi(\mathfrak{S})$ die feinste schwach verträgliche bzw. verträgliche Pseudotopologie von E, bezüglich der $\mathfrak{S}$ aus (aus allen) quasibeschränkten Filtern besteht.*

5.24.15 (Stetigkeit $\mathfrak{B},\mathfrak{W}$-treuer linearer Abbildungen). *X und Y seien hypobornologische lineare Gruppen und $\mathfrak{B}$ und $\mathfrak{W}$ ihre Hypobornologien. Dann ist jede $\mathfrak{B},\mathfrak{W}$-treue lineare Abbildung f von X in Y bez. $\Phi(\mathfrak{B})$ und $\Phi(\mathfrak{W})$ stetig.*

Beweis. Zu beliebigem $\mathfrak{v} \in \mathfrak{B}$ gilt $G \in \bigvee_{\mathfrak{F}\in\mathfrak{v}} \mathfrak{D}_{\mathfrak{F}} \Leftrightarrow \exists \mathfrak{F} \in \mathfrak{v}\ (G \in \mathfrak{D}_{\mathfrak{F}})$ und damit

$$H \in f(\bigvee_{\mathfrak{F}\in\mathfrak{v}} \mathfrak{D}_{\mathfrak{F}}) \Leftrightarrow \exists \mathfrak{F} \in \mathfrak{v}\ (H \in f(\mathfrak{D}_{\mathfrak{F}}))\ .$$

Da $f(\mathfrak{D}_{\mathfrak{F}}) = \mathfrak{D}_{f(\mathfrak{F})}$ für jeden Dualfilter $\mathfrak{F}$ in X ist, folgt $f(\bigvee_{\mathfrak{F}\in\mathfrak{v}} \mathfrak{D}_{\mathfrak{F}}) = \bigvee_{\mathfrak{H}\in f(\mathfrak{v})} \mathfrak{D}_{\mathfrak{H}}$ und wegen $f(\mathfrak{v}) \in \mathfrak{W}$ damit die Behauptung.

Ist X eine hypobornologische lineare Gruppe, E der X unterliegende Vektorraum und $\mathfrak{B}$ die Hypobornologie von X, so bezeichnen wir mit $\boldsymbol{\Phi}(X)$ die pseudotopologische lineare Gruppe, die E als unterliegenden Vektorraum und $\Phi(\mathfrak{B})$ als Pseudotopologie hat.

Aus 5.24.15 folgt, daß es einen Funktor $\boldsymbol{\Phi}^{\mathsf{h}}$ von HLING in PLING gibt, der jedem Objekt X von HLING die pseudotopologische lineare Gruppe $\boldsymbol{\Phi}(X)$ und jedem Morphismus $f\colon X \to Y$ von HLING die Abbildung $f\colon \boldsymbol{\Phi}(X) \to \boldsymbol{\Phi}(Y)$ zuordnet 5.24.14 und 5.24.14′ entnimmt man, daß sich aus $\boldsymbol{\Phi}^{\mathsf{h}}$ durch Einschränkung Funktoren $\boldsymbol{\Phi}^{\mathsf{b}}$, $\boldsymbol{\Phi}^{\mathsf{e}}$ und $\boldsymbol{\Phi}^{\mathsf{q}}$ von BLING, SLING bzw. QLING in PLING und φ^{b}, φ^{e}, φ^{q} und φ^{h} von BVEK, SVEK, QVEK bzw. HVEK in PVEK ergeben.

Im weiteren sei X eine pseudotopologische lineare Gruppe und sei E der X unterliegende Vektorraum und τ die Pseudotopologie von X. Wir bezeichnen die bez. X gebildeten Systeme $\mathfrak{B}_{\mathsf{b}}$, $\mathfrak{L}_{\mathsf{e}}$, $\mathfrak{S}_{\mathsf{q}}$ und $\mathfrak{B}_{\mathsf{h}}$ auch mit $\Psi^{\mathsf{b}}(\tau)$, $\Psi^{\mathsf{e}}(\tau)$, $\Psi^{\mathsf{q}}(\tau)$ bzw. $\Psi^{\mathsf{h}}(\tau)$ und ferner E, versehen mit $\mathfrak{B}_{\mathsf{b}}$, $\mathfrak{L}_{\mathsf{e}}$, $\mathfrak{S}_{\mathsf{q}}$ bzw. $\mathfrak{B}_{\mathsf{h}}$ auch mit $\boldsymbol{\Psi}^{\mathsf{b}}(X)$, $\boldsymbol{\Psi}^{\mathsf{e}}(X)$, $\boldsymbol{\Psi}^{\mathsf{q}}(X)$ bzw. $\boldsymbol{\Psi}^{\mathsf{h}}(X)$. Nach bereits Angeführtem sind $\boldsymbol{\Psi}^{\mathsf{b}}(X)$, $\boldsymbol{\Psi}^{\mathsf{e}}(X)$, $\boldsymbol{\Psi}^{\mathsf{q}}(X)$ bzw. $\boldsymbol{\Psi}^{\mathsf{h}}(X)$ eine bornologische, semibornologische, quasibornologische bzw. hypobornologische lineare Gruppe und, wenn X ein pseudotopologischer Vektorraum ist, ein bornologischer, semibornologischer, quasibornologischer bzw. hypobornologischer Vektorraum. Unter Beachtung der vor 5.18.17 angeführten Treueeigenschaften erhält man, daß es Funktoren $\boldsymbol{\Psi}^{\mathsf{b}}\colon$ PLING $\to$ BLING, $\boldsymbol{\Psi}^{\mathsf{e}}\colon$ PLING $\to$ SLING, $\boldsymbol{\Psi}^{\mathsf{q}}\colon$ PLING $\to$ QLING und $\boldsymbol{\Psi}^{\mathsf{h}}\colon$ PLING $\to$ HLING gibt, wobei $\boldsymbol{\Psi}^{\mathsf{b}}$ jedem Objekt X von PLING gerade $\boldsymbol{\Psi}^{\mathsf{b}}(X)$ und jedem Morphismus $f\colon X \to Y$ von PLING gerade $f\colon \boldsymbol{\Psi}^{\mathsf{b}}(X) \to \boldsymbol{\Psi}^{\mathsf{b}}(Y)$ zuordnet und $\boldsymbol{\Psi}^{\mathsf{e}}$, $\boldsymbol{\Psi}^{\mathsf{q}}$ und $\boldsymbol{\Psi}^{\mathsf{h}}$ entsprechend gebildet sind. Aus $\boldsymbol{\Psi}^{\mathsf{b}}$, $\boldsymbol{\Psi}^{\mathsf{e}}$, $\boldsymbol{\Psi}^{\mathsf{q}}$ und $\boldsymbol{\Psi}^{\mathsf{h}}$ ergeben sich durch Einschränkung Funktoren ψ^{b}, ψ^{e}, ψ^{q} und ψ^{h} von PVEK in BVEK, SVEK, QVEK bzw. HVEK.

Sind X und Y pseudotopologische lineare Gruppen und τ und τ' ihre Pseudotopologien, so sagen wir anstelle $\Psi^{\mathsf{b}}(\tau),\Psi^{\mathsf{b}}(\tau')$-treu, ... , $\Psi^{\mathsf{h}}(\tau),\Psi^{\mathsf{h}}(\tau')$-treu auch einfach **b-, ... , h-treu**, für $\Psi^{\mathsf{b}}(\tau),\Psi^{\mathsf{b}}(\tau')$-treu auch **beschränkt.**

Wegen 5.24.14′ und 5.24.15 ist für jede pseudotopologische lineare Gruppe (jeden pseudotopologischen Vektorraum) Y das aus $\boldsymbol{\Psi}^{\mathsf{b}}(Y)$ und der identischen Abbildung von $\boldsymbol{\Phi\Psi}^{\mathsf{b}}(Y)$ auf Y bestehende Paar ein universelles Paar von $\boldsymbol{\Phi}^{\mathsf{b}}$ (von φ^{b}) nach Y. Aus 5.21.5 folgt damit

5.24.16. *$\boldsymbol{\Psi}^{\mathsf{b}}$ ist ein rechtsadjungierter Funktor von $\boldsymbol{\Phi}^{\mathsf{b}}$ und ψ^{b} ein rechtsadjungierter Funktor von φ^{b}.*

Ohne Mühe zeigt man das

Korollar. 5.24.16 *gilt auch, wenn* b *durch* e, q *bzw.* h *ersetzt wird.*

$\mathfrak{C}$ sei für das Folgende eine volle bireflektive Unterkategorie von PLING. Zu jeder pseudotopologischen linearen Gruppe X gibt es genau eine Reflexion $R_X: X \to X^{\mathfrak{C}}$ für X bez. $\mathfrak{C}$, die als Mengenabbildung die identische Abbildung ist; X und $X^{\mathfrak{C}}$ haben jeweils den gleichen unterliegenden Vektorraum, und für die Pseudotopologien τ von X und $\tau^{\mathfrak{C}}$ von $X^{\mathfrak{C}}$ gilt $\tau \leq \tau^{\mathfrak{C}}$. R sei der aus diesen Reflexionen gebildete Reflektor und J die identische Einbettung von $\mathfrak{C}$ in PLING. $\mathfrak{c}$ sei die volle bireflektive Unterkategorie von PLING, die als Objekte alle pseudotopologischen Vektorräume aus Ob $\mathfrak{C}$ hat. Wenn zum Beispiel $\mathfrak{C}$ gleich PLING, PLING^, TLING bzw. TLING^ ist, so ist $\mathfrak{c}$ gleich PVEK, PVEK^, TVEK bzw. TVEK^. r sei der wie R gebildete Reflektor von PVEK in $\mathfrak{c}$ und j die identische Einbettung von $\mathfrak{c}$ in PVEK. r und j sind Einschränkungen von R und J. Wegen 5.21.1, 5.24.16 und dem zugehörigen Korollar sowie Bemerkungen nach 5.21.4 ist $\boldsymbol{\Psi}^a J$ ein rechtsadjungierter Funktor von $R\boldsymbol{\Phi}^a$ und $\psi^a j$ ein rechtsadjungierter Funktor von $r\varphi^a$ für $a = \mathsf{b}, \mathsf{e}, \mathsf{q}$ und h.

Die volle Unterkategorie von BLING, die als Objekte alle bornologischen linearen Gruppen X mit $X = \boldsymbol{\Psi}^b JR\boldsymbol{\Phi}(X)$ hat, bezeichnen wir mit BLING$^{\mathfrak{C}}$ und die volle Unterkategorie von BVEK, die als Objekte alle bornologischen Vektorräume X mit $X^b = \psi jr\varphi(X)$ hat, also alle $X \in$ ObBVEK $\cap$ ObBLING$^{\mathfrak{C}}$, mit BVEK$^{\mathfrak{c}}$.

5.24.17 (Objekte von BLING$^{\mathfrak{C}}$ und BVEK$^{\mathfrak{c}}$). *Eine bornologische lineare Gruppe (ein bornologischer Vektorraum) X ist genau gann ein Objekt von* BLING$^{\mathfrak{C}}$ *(von* BVEK$^{\mathfrak{c}}$*), wenn gilt: Zu jedem Objekt Y von* BLING *(von* BVEK*) sind alle stetigen linearen Abbildungen von $R\boldsymbol{\Phi}(Y)$ in $R\boldsymbol{\Phi}(X)$ $\mathfrak{B}',\mathfrak{B}$-treu; dabei seien $\mathfrak{B}$ und $\mathfrak{B}'$ die Bornologien von X bzw. Y.*

Beweis. 1. Ist X ein Objekt von BLING$^{\mathfrak{C}}$ (von BVEK$^{\mathfrak{c}}$) und ist f zu einem Objekt Y von BLING (von BVEK) eine stetig lieneare Abbildung von $R\boldsymbol{\Phi}(X)$ in $R\boldsymbol{\Phi}(Y)$, so ist f $\mathfrak{B}, \mathfrak{B}''$-treu und damit auch $\mathfrak{B}, \mathfrak{B}'$-treu, wobei $\mathfrak{B}, \mathfrak{B}'$ und $\mathfrak{B}''$ die Bornologien von $X = \boldsymbol{\Psi}^{\mathsf{b}} JR\boldsymbol{\Phi}(X)$, Y bzw. $\boldsymbol{\Psi}^{\mathsf{b}} JR\boldsymbol{\Phi}(Y)$ sind.

2. Für $Y = \boldsymbol{\Psi}^{\mathsf{b}} JR\boldsymbol{\Phi}(X)$ ist die identische Abbildung von $R\boldsymbol{\Phi}(Y)$ auf $R\boldsymbol{\Phi}(X)$ stetig und linear und, wenn die im Satz angegebene Bedingung zutrifft, auch $\mathfrak{B},\mathfrak{B}'$-treu, wobei $\mathfrak{B}$ und $\mathfrak{B}'$ die Bornologien von X und $\boldsymbol{\Psi}^{\mathsf{b}} JR\boldsymbol{\Phi}(X)$ sind, weshalb dann X ein Objekt von BLING$^{\mathfrak{C}}$ (von BVEK$^{\mathfrak{c}}$) ist.

Die analog wie BLING$^{\mathfrak{C}}$ und BVEK$^{\mathfrak{c}}$ gebildeten vollen Unterkategorien von SLING, QLING, HLING, SVEK, QVEK und HVEK bezeichnen wir entsprechend mit SLING$^{\mathfrak{C}}$, QLING$^{\mathfrak{C}}$, HLING$^{\mathfrak{C}}$, SVEK$^{\mathfrak{c}}$, QVEK$^{\mathfrak{c}}$ und HVEK$^{\mathfrak{c}}$. Für die Objekte dieser Kategorien kann man mühelos entsprechende Charakterisierungssätze beweisen wie 5.24.17, was wir dem Leser überlassen.

Wir nennen eine pseudotopologische lineare Gruppe $X \in$ Ob $\mathfrak{C}$ **bornologisch, semibornologisch, quasibornologisch** bzw. **hypobornologisch bez.** $\mathfrak{C}$, wenn $X = R\boldsymbol{\Phi}\boldsymbol{\Psi}^{\mathsf{b}}(X)$, $X = R\boldsymbol{\Phi}\boldsymbol{\Psi}^{\mathsf{e}}(X)$, $X = R\boldsymbol{\Phi}\boldsymbol{\Psi}^{\mathsf{q}}(X)$ bzw. $X = R\boldsymbol{\Phi}\boldsymbol{\Psi}^{\mathsf{h}}(X)$ ist.

5.24.18 (Bornologisch bez. $\mathfrak{C}$). *Eine pseudotopologische lineare Gruppe $X \in \mathrm{Ob}\,\mathfrak{C}$ ist genau dann bornologisch bez. $\mathfrak{C}$, wenn jede beschränkte lineare Abbildung f von X in eine pseudotopologische lineare Gruppe $Y \in \mathrm{Ob}\,\mathfrak{C}$ stetig ist.*

Beweis. 1. X sei bornologisch bez. $\mathfrak{C}$. f sei eine beschränkte lineare Abbildung von X in eine pseudotopologische lineare Abbildung $Y \in \mathrm{Ob}\,\mathfrak{C}$. $\mathfrak{F}$ sei ein Nullfilter in X. Auf Grund der Beschränktheit von f ist f als Abbildung von $\Phi\Psi^{\mathrm{b}}(X)$ in Y und damit auch als Abbildung von $X = R\Phi\Psi^{\mathrm{b}}(X)$ in Y stetig.

2. Jede beschränkte lineare Abbildung $f\colon X \to Y$ mit $Y \in \mathrm{Ob}\,\mathfrak{C}$ sei stetig. τ sei die Pseudotopologie von X. ι sei die identische Abbildung von X auf $\Phi\Psi^{\mathrm{b}}(X)$. ι ist als Abbildung von X auf $\Phi\Psi^{\mathrm{b}}(X)$ beschränkt. Damit ist ι auch als Abbildung von X auf $R\Phi\Psi^{\mathrm{b}}(X)$ beschränkt und somit stetig. Es folgt $\tau \leqq \Phi\Psi^{\mathrm{b}}(\tau)^{\mathfrak{C}}$ und mittels $\Phi\Psi^{\mathrm{b}}(\tau) \leqq \tau$ ferner $\Phi\Psi^{\mathrm{b}}(\tau)^{\mathfrak{C}} \leqq \tau^{\mathfrak{C}}$, wegen $\tau = \tau^{\mathfrak{C}}$ also $\tau = \Phi\Psi^{\mathrm{b}}(\tau)^{\mathfrak{C}}$. X ist daher bornologisch bez. $\mathfrak{C}$.

Entsprechend wie 5.24.18 zeigt man

5.24.18′ (Semi-, quasi- und hypobornologisch bez. $\mathfrak{C}$). *Eine pseudotopologische lineare Gruppe (ein pseudotopologischer Vektorraum) $X \in \mathrm{Ob}\,\mathfrak{C}$ ist genau dann semi-, quasi- bzw. hypobornologisch bez. $\mathfrak{C}$, wenn jede* e-, q- *bzw.* h-*treue lineare Abbildung f von X in eine pseudotopologische lineare Gruppe (einem pseudotopologischen Vektorraum) $Y \in \mathrm{Ob}\,\mathfrak{C}$ stetig ist.*

Für das Weitere sei X eine pseudotopologische lineare Gruppe und τ die Pseudotopologie von X. Da $\Phi\Psi^{\mathrm{b}}(\tau)\,(0)$ die Menge $\{VF \mid F \in \Psi^{\mathrm{b}}(\tau)\}$ als Basis hat, gilt

$$X^{\delta} = \Phi\Psi^{\mathrm{b}}(X)\,. \tag{5.24.15}$$

Wir setzen $\tau^{\varepsilon} = \Phi\Psi^{\mathrm{e}}(\tau)$ und

$$X^{\varepsilon} = \Phi\Psi^{\mathrm{e}}(X)\,. \tag{5.24.16}$$

$\tau^{\varepsilon}(0)$ hat $\{\bigwedge_{F\in\mathfrak{F}} VF \mid \mathfrak{F} \in \Psi^{\mathrm{e}}(\tau)\}$ als Basis. Ist τ verträglich, so auch τ^{ε}. Ferner gilt

5.24.19 (Die Pseudotopologie τ^{ε}). *Es ist*

$$\tau^{\delta} \leqq \tau^{\varepsilon} \leqq \tau^{\#}\,. \tag{5.24.17}$$

Ist τ eine Topologie, so ist auch τ^{ε} eine Topologie und gilt

$$\tau^{\varepsilon} = t^{\nu}(\tau^{\delta})\,, \tag{5.24.18}$$

ist τ zusätzlich verträglich, so gilt ferner $\tau^{\varepsilon} = t^{v}(\tau^{\delta})$.

Beweis. Die Richtigkeit von (5.24.17) folgt ohne Mühe. τ sei im weiteren eine Topologie. Dann ist $\Psi^{\mathrm{b}}(\tau)$ der größte Dualfilter aus $\Psi^{\mathrm{e}}(\tau)$ und gilt somit $\tau^{\varepsilon}(0) = [\bigwedge_{F\in\Psi^{\mathrm{b}}(\tau)} VF]$. τ^{ε} ist somit eine mehrstufige Topologie und wegen 5.4.6 eine Topologie. Aus (5.24.17) folgt damit $t^{\nu}(\tau^{\delta}) \leqq \tau^{\varepsilon}$. Nun gilt aber $\tau^{\varepsilon} = m(\tau^{\delta}) \leqq t^{\nu}(\tau^{\delta})$ und damit (5.24.18). Ist τ verträglich, so auch τ^{ε}, so daß dann sogar $\tau^{\varepsilon} = t^{v}(\tau^{\delta})$ gilt.

Unter Beachtung, daß $\Phi\Psi^{\mathrm{q}}(\tau)(0)$ und $\Phi\Psi^{\mathrm{h}}(\tau)(0)$ Basen aus gleichförmigen Filtern haben, folgt $\tau^{\#} \geqq \Phi\Psi^{\mathrm{q}}(\tau)$ und $\tau^{\#} \geqq \Phi\Psi^{\mathrm{h}}(\tau)$. Für jeden Filter $\mathfrak{F} \in \tau(0)$ gilt $V\mathfrak{F} \in \Phi\Psi^{\mathrm{q}}(\tau)(0)$ und wegen $V\mathfrak{F} = \bigvee_{\mathfrak{G} \in \varkappa(\mathfrak{F})} \mathfrak{D}_{\mathfrak{G}}$ und $\varkappa(\mathfrak{F}) \in \Psi^{\mathrm{h}}(\tau)$ auch $V\mathfrak{F} \in \Phi\Psi^{\mathrm{h}}(\tau)(0)$, so daß mittels 5.8.14 sogar $\tau^{\#} = \Phi\Psi^{\mathrm{q}}(\tau) = \Phi\Psi^{\mathrm{h}}(\tau)$, also

$$X^{\#} = \boldsymbol{\Phi}\boldsymbol{\Psi}^{\mathrm{q}}(X) = \boldsymbol{\Phi}\boldsymbol{\Psi}^{\mathrm{h}}(X) \tag{5.24.19}$$

folgt.

Den Eigenschaften von $\boldsymbol{\Phi}$, $\boldsymbol{\Psi}^{\mathrm{b}}$, $\boldsymbol{\Psi}^{\mathrm{e}}$, $\boldsymbol{\Psi}^{\mathrm{q}}$ und $\boldsymbol{\Psi}^{\mathrm{h}}$ entnimmt man, daß für jeden pseudotopologischen Vektorraum $X \in \operatorname{Ob} \mathfrak{C}$ die Begriffe bornologisch bez. $\mathfrak{C}$ und bez. $\mathfrak{c}$, die Begriffe semibornologisch bez. $\mathfrak{C}$ und bez. $\mathfrak{c}$, die Begriffe quasibornologisch bez. $\mathfrak{C}$ und bez. $\mathfrak{c}$ und die Begriffe hypobornologisch bez. $\mathfrak{C}$ und bez. $\mathfrak{c}$ zusammenfallen. Das gilt ohne Einschränkung an $\mathfrak{C}$ und trifft insbesondere für die oben erwähnten Spezialfälle zu.

Aus (5.24.15) folgt, daß eine pseudotopologische lineare Gruppe genau dann bornologisch bez. PLING ist, wenn sie MACKEYsch, d. h. gleichförmig und lokalbeschränkt ist. Für lokalkonvexe pseudotopologische lineare Gruppen fallen wegen 5.19.6 die Begriffe bornologisch bez. PLING und bornologisch bez. PLING^ zusammen.

Aus (5.24.18) folgt, daß eine topologische lineare Gruppe X genau dann bez. TLING bornologisch ist, wenn $\bigwedge_{F \in \Psi^{\mathrm{b}}(\tau)} VF$ der Nullnachbarschaftsfilter in X ist, und mittels 5.10.5 erhält man, daß eine lokalkonvexe topologische lineare Gruppe X genau dann bez. TLING^ bornologisch ist, wenn $(\bigwedge_{F \in \Psi^{\mathrm{b}}(\tau)} VF)^{\wedge} = (\bigwedge_{F \in \Psi^{\mathrm{b}}(\tau)} VF)^{\wedge}$ der Nullnachbarschaftsfilter in X ist; τ ist dabei jeweils die Pseudotopologie von X. Damit ergibt sich mühelos

5.24.20 (Bornologisch bez. TLING und TLING^). *Eine topologische lineare Gruppe X ist genau dann bornologisch bez.* TLING, *wenn jede Teilmenge M von X, die alle beschränkten Mengen* **absorbiert** *(d. h., für die $B \subseteqq \alpha_B M$ für jede beschränkte Menge B und geeignetes $\alpha_B > 0$ gilt), eine Nullnachbarschaft ist. Eine lokalkonvexe topologische lineare Gruppe ist genau dann bornologisch bez.* TLING^, *wenn jede absolutkonvexe (konvexe) Teilmenge M von X, die alle beschränkten Mengen absorbiert, eine Nullnachbarschaft ist.*

Unter Beachtung von (5.16.2), (5.16.8) und 5.24.20 zeigt man ferner

5.24.21 (Bornologisch bez. PLING^ und TLING^). *Eine (separierte) lokalkonvexe pseudotopologische lineare Gruppe ist genau dann bornologisch bez.* PLING^, *wenn sie eine pseudotopologische Vereinigung im weiten Sinne aus pseudonormierbaren (separierten pseudonormierbaren) topologische linearen Gruppen ist, und ein (separierter) lokalkonvexer pseudotopologischer Vektorraum ist genau dann bornologisch bez.* PLING^ *und auch bez.* PVEK^, *wenn er eine pseudo-*

topologische Vereinigung aus halbnormierbaren (normierbaren) topologischen Vektorräumen ist.

Eine (separierte) lokalkonvexe topologische lineare Gruppe ist genau dann bornologisch bez. TLING^, *wenn sie sich mittels eines induktiven Einbettungsspektrums in* TLING^ *aus pseudonormierbaren (separierten pseudonormierbaren) topologischen linearen Gruppen* X_i *über einer nichtleeren gerichteten Menge* I *in der Form* $\mathfrak{t}^\wedge(\bigcup_{i \in I} X_i)$ *darstellen läßt, und ein (separierter) lokalkonvexer topologischer Vektorraum ist genau dann bornologisch bez.* TLING^ *und auch bez.* TVEK^, *wenn er sich mittels eines induktiven Einbettungsspektrums in* TVEK^ *aus halbnormierbaren (normierbaren) topologischen Vektorräumen* X_i *über einer nichtleere gerichteten Menge* I *in der Form* $\mathfrak{t}^\wedge(\bigcup_{i \in I} X_i)$ *darstellen läßt.*

Die bez. TVEK (bez. TLING) bornologischen topologischen Vektorräume sind die im üblichen Sinne bornologischen topologischen Vektorräume (siehe etwa Hogbe-Nlend [1]) und die bez. TVEK^ (bez. TLING^) bornologischen lokalkonvexen topologischen Vektorräume die im üblichen Sinne bornologischen lokalkonvexen topologischen Vektorräume (siehe etwa Köthe [1]).

Wie mittels (5.24.18) folgt, fallen für topologische lineare Gruppen die Begriffe semibornologisch bez. PLING, semibornologisch bez. TLING und bornologisch bez. TLING und für lokalkonvexe topologische lineare Gruppen die Begriffe semibornologisch bez. PLING^, semibornologisch bez. TLING^ und bornologisch bez. TLING^ zusammen. Die Begriffe semibornologisch bez. PLING und semibornologisch bez. PLING^ stellen also Erweiterungen der Begriffe bornologisch bez. TLING und bornologisch bez. TLING^ dar.

(5.24.19) entnimmt man, daß die Begriffe quasibornologisch bez. $\mathfrak{C}$ und hypobornologisch bez. $\mathfrak{C}$ stets zusammenfallen.

Wegen (5.24.19) ist eine pseudotopologische lineare Gruppe genau dann quasibornologisch bez. PLING, wenn sie gleichförmig ist. Mittels 5.10.6 ergibt sich, daß für lokalkonvexe pseudotopologische lineare Gruppen die Begriffe quasibornologisch bez. PLING und bez. PLING^ zusammenfallen. Jede topologische lineare Gruppe ist quasibornologisch bez. TLING und jede lokalkonvexe topologische lineare Gruppe quasibornologisch bez. TLING^.

6. MENGENKONVERGENZ

Im Kapitel 6 befassen wir uns zuerst mit dem auf HAUSDORFF zurückgehenden Begriff des abgeschlossenen Limes. Der betreffende Ausgangsraum X ist ein Limesraum, und der abgeschlossene Limes wird für gefilterte Familien von Teilmengen von X bzw. — was im wesentlichen auf dasselbe hinausläuft — für Filter in einer Menge $\mathfrak{X}$ von Teilmengen von X erklärt. Die damit eingeführte Konvergenz in $\mathfrak{X}$, die sogenannte abgeschlossene Konvergenz, definiert eine Limitierung τ_a von $\mathfrak{X}$. Wir geben Kriterien dafür an, daß τ_a eine Pseudotopologie, eine mehrstufige Topologie bzw. eine Topologie ist. So zeigen wir, daß in dem Fall, daß X ein pseudotopologischer Raum ist, τ_a genau dann eine Pseudotopologie ist, wenn $\mathfrak{X}$ aus abgeschlossenen Mengen besteht.

Neben dem Begriff des abgeschlossenen Limes studieren wir einen eng damit zusammenhängenden Limesbegriff, den Begriff des offenen Limes. Wir verwenden diesen bei der Definition der stetigen Konvergenz für Abbildungen mit im allgemeinen unterschiedlichen Definitionsbereichen. Wenn die Limitierung von X die diskrete Topologie ist, fällt der Begriff des abgeschlossenen Limes mit dem Begriff des offenen Limes zusammen. Wir bezeichnen in diesem Falle den abgeschlossenen und offenen Limes auch als einfachen Mengenlimes. Die zugehörige Konvergenz, die einfache Mengenkonvergenz, definiert stets eine Topologie.

Schließlich befassen wir uns in Kapitel 6 mit einer Mengenkonvergenz, die nicht von einer Limitierung, sondern von einem System $\mathfrak{B}$ von $\wedge$-Idealen von Dualfiltern in der Ausgangsmenge, etwa einer Hypobornologie, abhängt. Sie wird $\mathfrak{B}$-Konvergenz genannt. Wir benötigen diese zur Einführung wichtiger Begriffe der gleichmäßigen Konvergenz von Abbildungen. Dabei lassen wir wie im Falle der stetigen Konvergenz zu, daß die Abbildungen im allgemeinen unterschiedliche Definitionsbereiche haben. Die $\mathfrak{B}$-Konvergenz definiert stets eine Pseudotopologie. Wir untersuchen sie unter anderem in den drei Fällen, in denen $\mathfrak{B}$ aus einem Mengensystem $\mathfrak{B}$, einem Dualfiltersystem $\mathfrak{L}$ bzw. einem Filtersystem $\mathfrak{S}$ erzeugt wird. Im ersten Fall definiert die $\mathfrak{B}$-Konvergenz stets eine mehrstufige Topologie. Ein wichtiges Beispiel des dritten Falles ergibt sich, wenn $\mathfrak{S}$ aus allen bezüglich einer Pseudotopologie konvergenten Filtern besteht. Die $\mathfrak{B}$-Konvergenz hängt dann eng mit der offenen Konvergenz zusammen.

6.1. Der abgeschlossene Limes

Wir gehen im weiteren auf den auf HAUSDORFF [1] zurückgehenden Begriff des abgeschlossenen Limes ein. (Vergleiche W. GÄHLER [4].) X sei dazu ein Limesraum und τ seine Limitierung. Wir erinnern daran, daß eine gefilterte Familie eigentlich heißt, wenn der Filter des Indexbereiches eigentlich ist. Ist $(A_i)_{i \in I}$ eine eigentliche gefilterte Familie von Teilmengen von X, $\mathfrak{K}$ der Filter von I und $\mathfrak{K}^*$ das Gitter von $\mathfrak{K}$, so bezeichnen wir als **oberen** bzw. **unteren abgeschlossenen Limes** $\mathfrak{a}\text{-}\overline{\lim}\, A_i$ bzw. $\mathfrak{a}\text{-}\underline{\lim}\, A_i$ von $(A_i)_{i \in I}$ die Menge aller Punkte x von X, zu denen es jeweils einen Filter $\mathfrak{F} \in \tau(x)$ gibt derart, daß zu jedem $F \in \mathfrak{F}$ ein Element K des Gitters $\mathfrak{K}^*$ bzw. des Filters $\mathfrak{K}$ mit $F \cap A_i \neq \emptyset$ zu beliebigem $i \in K$ existiert:

$$\mathfrak{a}\text{-}\overline{\lim}\, A_i = \{x \in X \mid \exists \mathfrak{F} \in \tau(x)\ \forall F \in \mathfrak{F}\ \exists K \in \mathfrak{K}^*\ \forall i \in K\ (F \cap A_i \neq \emptyset)\}\,,$$

$$\mathfrak{a}\text{-}\underline{\lim}\, A_i = \{x \in X \mid \exists \mathfrak{F} \in \tau(x)\ \forall F \in \mathfrak{F}\ \exists K \in \mathfrak{K}\ \forall i \in K\ (F \cap A_i \neq \emptyset)\}\,.$$

In dem Fall, daß X ein mehrstufig topologischer Raum ist, vereinfacht sich die Definition des oberen und unteren abgeschlossenen Limes. Es ist dann $\mathfrak{a}\text{-}\overline{\lim}\, A_i$ bzw. $\mathfrak{a}\text{-}\underline{\lim}\, A_i$ die Menge aller Punkte x von X derart, daß zu jeder Nachbarschaft N von x ein Element K des Gitters $\mathfrak{K}^*$ bzw. des Filters $\mathfrak{K}$ mit $N \cap A_i \neq \emptyset$ für jedes $i \in K$ existiert. Eine andere Charakterisierung in diesem Falle liefert

6.1.1 (Oberer und unterer abgeschlossener Limes in mehrstufig topologischen Räumen). *Ist X ein mehrstufig topologischer Raum, so gilt für jede eigentliche gefilterte Familie $(A_i)_{i \in I}$ von Teilmengen von X*

$$\mathfrak{a}\text{-}\overline{\lim}\, A_i = \bigcap_{K \in \mathfrak{K}} \overline{\bigcup_{i \in K} A_i} \quad \textit{und} \quad \mathfrak{a}\text{-}\underline{\lim}\, A_i = \bigcap_{K \in \mathfrak{K}^*} \overline{\bigcup_{i \in K} A_i}\,,$$

wobei natürlich $\mathfrak{K}$ der Filter von I und $\mathfrak{K}^*$ das Gitter von $\mathfrak{K}$ ist.

Beweis. $x \in \mathfrak{a}\text{-}\overline{\lim}\, A_i$ ist äquivalent dazu, daß es zu jeder Nachbarschaft N von x und jedem $K \in \mathfrak{K}$ ein $i \in K$ mit $N \cap A_i \neq \emptyset$ gibt. Diese Bedingung ist äquivalent dazu, daß zu jeder Nachbarschaft N von x und jedem $K \in \mathfrak{K}$ die Beziehung $N \cap \bigcup_{i \in K} A_i \neq \emptyset$ gilt, wegen (3.3.5) also $x \in \bigcap_{K \in \mathfrak{K}} \overline{\bigcup_{i \in K} A_i}$ ist. Folglich ist $\mathfrak{a}\text{-}\overline{\lim}\, A_i = \bigcap_{K \in \mathfrak{K}} \overline{\bigcup_{i \in K} A_i}$. Unter Berücksichtigung, daß nach dem Korollar zu 2.3.2 das Gitter des Gitters von $\mathfrak{K}$ gleich $\mathfrak{K}$ ist, ergibt sich analog die zweite Beziehung.

Da der Durchschnitt beliebig vieler abgeschlossener Mengen abgeschlossen ist, folgt aus diesem Satz, daß in dem Fall, daß X ein topologischer Raum ist, die oberen und unteren abgeschlossenen Limites stets abgeschlossene Mengen sind.

$\mathfrak{X}$ bezeichne eine beliebige Menge von Teilmengen von X. Wir identifizieren jeden eigentlichen Filter $\mathfrak{K}$ in $\mathfrak{X}$ mit der gefilterten Familie $(A_i)_{i \in I}$, für die I die mit $\mathfrak{K}$ versehene Menge $\mathfrak{X}$ ist und zu beliebigem $i \in \mathfrak{X}$ stets $A_i = i$ gilt (vergleiche

Abschnitt 2.8). Damit haben wir auch den eigentlichen Filtern $\mathfrak{K}$ in $\mathfrak{X}$ **obere** und **untere abgeschlossene Limites** zugeordnet; wir bezeichnen sie mit $\mathfrak{a}\text{-}\overline{\lim}\ \mathfrak{K}$ und $\mathfrak{a}\text{-}\underline{\lim}\ \mathfrak{K}$.

Wie der folgende Satz besagt, stimmen für jede eigentliche gefilterte Familie $(A_\iota)_{\iota \in I}$ von Elementen von $\mathfrak{X}$ die oberen abgeschlossenen Limites und ebenfalls die unteren abgeschlossenen Limites der eigentlichen gefilterten Familie $(A_\iota)_{\iota \in I}$ und des daraus erzeugten Filters überein.

6.1.2. *Für jede eigentliche gefilterte Familie $(A_\iota)_{\iota \in I}$ von Elementen von $\mathfrak{X}$ und den daraus erzeugten Filter $\mathfrak{L} = \operatorname*{im}_{\subseteq,\mathfrak{X}} \{\{A_\iota \mid \iota \in K\} \mid K \in \mathfrak{K}\}$ gilt*

$$\mathfrak{a}\text{-}\overline{\lim}\ A_\iota = \mathfrak{a}\text{-}\overline{\lim}\ \mathfrak{L} \tag{6.1.1}$$

und

$$\mathfrak{a}\text{-}\underline{\lim}\ A_\iota = \mathfrak{a}\text{-}\underline{\lim}\ \mathfrak{L}; \tag{6.1.2}$$

$\mathfrak{K}$ ist dabei der Filter in I.

Beweis. Das Gitter $\mathfrak{L}^*$ von $\mathfrak{L}$ ist gleich der Menge aller Teilmengen von $\mathfrak{X}$, die einen nichtleeren Durchschnitt mit allen Mengen $\{A_\iota \mid \iota \in K\}$ $(K \in \mathfrak{K})$ haben, und somit gleich der Menge aller Teilmengen von $\mathfrak{X}$, die jeweils mindestens eine Menge $\{A_\iota \mid \iota \in K\}$ $(K \in \mathfrak{K}^*)$ enthalten. Damit folgt leicht die Richtigkeit von (6.1.1). Da $\mathfrak{L}$ die Menge aller Teilmengen von $\mathfrak{X}$ ist, die jeweils mindestens eine Menge $\{A_\iota \mid \iota \in K\}$ $(K \in \mathfrak{K})$ enthalten, ergibt sich entsprechend die Richtigkeit von (6.1.2).

Auf Grund dieses Satzes ist es keine Einschränkung, sich bei Aussagen über obere und untere abgeschlossene Limites auf eigentliche Filter in $\mathfrak{X}$ zu beschränken, falls jeweils $\mathfrak{X}$ geeignet umfassend gewählt ist.

6.1.3. *Für beliebige eigentliche Filter $\mathfrak{K}$ und $\mathfrak{L}$ in $\mathfrak{X}$ folgt aus $\mathfrak{K} \subseteq \mathfrak{L}$ stets*

$$\mathfrak{a}\text{-}\underline{\lim}\ \mathfrak{K} \subseteq \mathfrak{a}\text{-}\underline{\lim}\ \mathfrak{L} \subseteq \mathfrak{a}\text{-}\overline{\lim}\ \mathfrak{L} \subseteq \mathfrak{a}\text{-}\overline{\lim}\ \mathfrak{K} \tag{6.1.3}$$

und gilt

$$\mathfrak{a}\text{-}\overline{\lim}\ (\mathfrak{K} \cap \mathfrak{L}) = \mathfrak{a}\text{-}\overline{\lim}\ \mathfrak{K} \cup \mathfrak{a}\text{-}\overline{\lim}\ \mathfrak{L} \tag{6.1.4}$$

und

$$\mathfrak{a}\text{-}\underline{\lim}\ (\mathfrak{K} \cap \mathfrak{L}) = \mathfrak{a}\text{-}\underline{\lim}\ \mathfrak{K} \cap \mathfrak{a}\text{-}\underline{\lim}\ \mathfrak{L}\,. \tag{6.1.5}$$

Beweis. 1. $\mathfrak{K}$ und $\mathfrak{L}$ seien zwei eigentliche Filter in $\mathfrak{X}$. Aus $\mathfrak{K} \subseteq \mathfrak{L}$ folgt mittels des Korollars zu 2.3.1, daß $\mathfrak{K} \subseteq \mathfrak{L} \subseteq \mathfrak{L}^* \subseteq \mathfrak{K}^*$ und damit (6.1.3) gilt. Daher ergibt sich

$$\mathfrak{a}\text{-}\overline{\lim}\ (\mathfrak{K} \cap \mathfrak{L}) \supseteq \mathfrak{a}\text{-}\overline{\lim}\ \mathfrak{K} \cup \mathfrak{a}\text{-}\overline{\lim}\ \mathfrak{L} \tag{6.1.6}$$

und

$$\mathfrak{a}\text{-}\underline{\lim}\ (\mathfrak{K} \cap \mathfrak{L}) \subseteq \mathfrak{a}\text{-}\underline{\lim}\ \mathfrak{K} \cap \mathfrak{a}\text{-}\underline{\lim}\ \mathfrak{L}\,. \tag{6.1.7}$$

Gegeben sei ein $x \in X$ mit $x \notin \mathfrak{a}\text{-}\lim \mathfrak{K} \cup \mathfrak{a}\text{-}\lim \mathfrak{L}$. Zu jedem $\mathfrak{F} \in \tau(x)$ existieren dann $G, H \in \mathfrak{F}$, so daß zu beliebigem $K \in \mathfrak{K}^*$ und $L \in \mathfrak{L}$ die Beziehungen

$G \cap M = \emptyset$ und $H \cap N = \emptyset$ für mindestens ein $M \in K$ und ein $N \in L$ bestehen, das Element $F = G \cap H$ von $\mathfrak{F}$ also zu beliebigem $V \in \mathfrak{K}^* \cup \mathfrak{L}^*$ mit mindestens einem Element von V einen leeren Durchschnitt hat. Da $\mathfrak{K}^* \cup \mathfrak{L}^*$ nach (2.3.2) gleich dem Gitter von $\mathfrak{K} \cap \mathfrak{L}$ ist, folgt $x \notin \mathfrak{a}\text{-}\lim (\mathfrak{K} \cap \mathfrak{L})$, zusammen mit (6.1.6) also (6.1.4).

Gegeben sei nun ein $x \in \mathfrak{a}\text{-}\underline{\lim}\, \mathfrak{K} \cap \mathfrak{a}\text{-}\underline{\lim}\, \mathfrak{L}$. Da $\tau(x)$ ein $\wedge$-Ideal ist, existiert ein $\mathfrak{F} \in \tau(x)$, so daß es zu beliebigem $F \in \mathfrak{F}$ ein $K \in \mathfrak{K}$ und ein $L \in \mathfrak{L}$ mit $F \cap H \neq \emptyset$ für jedes $H \in K \cup L$ gibt. Wegen $K \cup L \in \mathfrak{K} \cap \mathfrak{L}$ folgt daher $x \in \mathfrak{a}\text{-}\underline{\lim}\, (\mathfrak{K} \cap \mathfrak{L})$, zusammen mit (6.1.7) somit (6.1.5).

Wenn für eine eigentliche gefilterte Familie $(A_\iota)_{\iota \in I}$ von Teilmengen von X $\mathfrak{a}\text{-}\overline{\lim}\, A_\iota$ und $\mathfrak{a}\text{-}\underline{\lim}\, A_\iota$ ein und dieselbe Menge sind, bezeichnen wir diese Menge mit $\mathfrak{a}\text{-}\lim A_\iota$ und nennen sie den **abgeschlossenen Limes** von $(A_\iota)_{\iota \in I}$. Für einen eigentlichen Filter $\mathfrak{K}$ in $\mathfrak{X}$ bezeichnen wir den abgeschlossenen Limes natürlich mit $\mathfrak{a}\text{-}\lim \mathfrak{K}$.

Wir vereinbaren noch, daß jede uneigentliche gefilterte Familie von Teilmengen von X und damit auch der uneigentliche Filter in $\mathfrak{X}$ jede Teilmenge von X als oberen abgeschlossenen, als unteren abgeschlossenen und als abgeschlossenen Limes hat.

6.1.4 (Abgeschlossener Limes von Hauptfiltern $[A]$). *X sei ein pseudotopologischer Raum. Dann besitzt zu beliebigem $A \in \mathfrak{X}$ der aus der Einermenge $\{A\}$ erzeugte Hauptfilter $[A]$ $(= [\{A\}])$ den abgeschlossenen Limes und dieser stimmt mit der Adhärenz von A überein:* $\mathfrak{a}\text{-}\lim [A] = \overline{A}$.

Beweis. Mittels (3.3.8) folgt $\mathfrak{a}\text{-}\underline{\lim}\, [A] = \{x \in X \mid \exists \mathfrak{F} \in \tau(x)\ \forall F \in \mathfrak{F}\ (F \cap A \neq \emptyset)\} = \overline{A}$. Da $[A]$ ein Ultrafilter ist, also mit seinem Gitter übereinstimmt, ergibt sich, daß $\mathfrak{a}\text{-}\lim [A]$ existiert.

Zu beliebigem $A \in \mathfrak{X}$ sei $\tau_{\mathfrak{a}}(A)$ die Menge aller Filter in $\mathfrak{X}$, die A als abgeschlossenen Limes haben.

6.1.5 (Die Limitierung $\tau_{\mathfrak{a}}$). *Die Abbildung $\tau_{\mathfrak{a}}\colon A \mapsto \tau_{\mathfrak{a}}(A)$ $(A \in \mathfrak{X})$ ist eine separierte Limitierung. Im allgemeinen ist sie keine Pseudotopologie. Ist X ein pseudotopologischer Raum, so ist $\tau_{\mathfrak{a}}$ genau dann eine Pseudotopologie, wenn $\mathfrak{X}$ aus abgeschlossenen Mengen besteht.*

Beweis. Mittels 6.1.3 folgt, daß $\tau_{\mathfrak{a}}(A)$ zu beliebigem $A \in \mathfrak{X}$ ein $\wedge$-Ideal, $\tau_{\mathfrak{a}}$ also eine Limitierung ist. Da nach Definition des abgeschlossenen Limes ein eigentlicher Filter $\mathfrak{K}$ in $\mathfrak{X}$ nicht zwei verschiedene Mengen als abgeschlossenen Limes haben kann, ist $\tau_{\mathfrak{a}}$ separiert. Aus 6.1.4 ergibt sich, daß in dem Fall, daß X ein pseudotopologischer Raum ist, $\tau_{\mathfrak{a}}$ genau dann eine Pseudotopologie ist, wenn $\mathfrak{X}$ aus abgeschlossenen Teilmengen von X besteht.

Wir nennen $\tau_{\mathfrak{a}}$ die **Limitierung der abgeschlossenen Konvergenz** in $\mathfrak{X}$.

6.1.6 (Kompaktheit der Limitierung $\tau_{\mathfrak{a}}$). *Besteht $\mathfrak{X}$ aus allen Teilmengen von X oder, wenn X ein topologischer Raum ist, aus allen abgeschlossenen Teilmengen von X, so ist die Limitierung $\tau_{\mathfrak{a}}$ kompakt.*

Beweis. Wir haben zu zeigen, daß jeder Ultrafilter in $\mathfrak{X}$ bez. $\tau_{\mathfrak{a}}$ gegen eine Menge aus $\mathfrak{X}$ konvergiert. Da jeder Ultrafilter $\mathfrak{K}$ in $\mathfrak{X}$ nach 2.3.5 mit seinem Gitter übereinstimmt, folgt unmittelbar, daß der abgeschlossene Limes A von $\mathfrak{K}$ existiert. Unter Berücksichtigung einer Bemerkung nach 6.1.1 ergibt sich, daß im zweiten Fall A eine abgeschlossene Menge ist, sie also $\mathfrak{X}$ angehört.

Für die folgende Aussage nehmen wir an, daß $\mathfrak{Y}$ eine Teilmenge von $\mathfrak{X}$ ist. Wie bisher bezeichnen wir mit $\tau_{\mathfrak{a}}$ die Limitierung der abgeschlossenen Konvergenz in $\mathfrak{X}$, ferner bezeichnen wir mit $\tau_{\mathfrak{a}}'$ die Limitierung der abgeschlossenen Konvergenz in $\mathfrak{Y}$.

6.1.7 (Abgeschlossene Konvergenz in Teilsystemen). *$\tau_{\mathfrak{a}}'$ stimmt mit der von $\tau_{\mathfrak{a}}$ auf $\mathfrak{Y}$ induzierten Limitierung überein.*

Beweis. $\mathfrak{K}$ sei ein eigentlicher Filter in $\mathfrak{Y}$. $(A_i)_{i\in I}$ sei diejenige gefilterte Familie von Teilmengen von X, für die I die mit $\mathfrak{K}$ versehene Menge $\mathfrak{Y}$ ist und $A_i = i$ zu beliebigem $i \in I$ gilt. Da diese gefilterte Familie in $\mathfrak{Y}$ den Filter $\mathfrak{K}$ und in $\mathfrak{X}$ den Filter $\operatorname{im}_{\subseteqq,\mathfrak{X}} \mathfrak{K}$ erzeugt, gilt wegen 6.1.2 sowohl $\mathfrak{a}\text{-}\overline{\lim}\, \mathfrak{K} = \mathfrak{a}\text{-}\overline{\lim}\, \operatorname{im}_{\subseteqq,\mathfrak{X}} \mathfrak{K}$ als auch $\mathfrak{a}\text{-}\underline{\lim}\, \mathfrak{K} = \mathfrak{a}\text{-}\underline{\lim}\, \operatorname{im}_{\subseteqq,\mathfrak{X}} \mathfrak{K}$. Damit folgt leicht

$$\tau_{\mathfrak{a}}'(A) = \{\mathfrak{K} \in \mathcal{F}\mathfrak{Y} \mid \operatorname{im}_{\subseteqq,\mathfrak{X}} \mathfrak{K} \in \tau_{\mathfrak{a}}(A)\}$$

zu beliebigem $A \in \mathfrak{Y}$, wegen 3.9.1 somit die Behauptung.

In $\mathsf{PP}\mathfrak{X}$, also der Menge aller Mengen von Teilmengen von $\mathfrak{X}$, führen wir Präordnungen $\dot{\subseteqq}$ und $\underset{\cdot}{\subseteqq}$ ein durch

$$\mathfrak{K} \dot{\subseteqq} \mathfrak{L} \Leftrightarrow \forall K \in \mathfrak{K}\, \exists L \in \mathfrak{L}\, \forall D \in L\, \exists C \in K\, (C \subseteqq D)$$

und

$$\mathfrak{K} \underset{\cdot}{\subseteqq} \mathfrak{L} \Leftrightarrow \forall L \in \mathfrak{L}\, \exists K \in \mathfrak{K}\, \forall C \in K\, \exists D \in L\, (C \subseteqq D)\,.$$

Daß $\dot{\subseteqq}$ und $\underset{\cdot}{\subseteqq}$ tatsächlich Präordnungen sind, ergibt sich leicht. $\underset{\cdot}{\subseteqq}$ ist ein Spezialfall der durch (5.17.1) eingeführten Präordnung $\underset{\cdot}{\leqq}$. Für beliebige Mengen $\mathfrak{K}$ und $\mathfrak{L}$ von Teilmengen von $\mathfrak{X}$ folgt $\mathfrak{K} \dot{\subseteqq} \mathfrak{L}$ aus $\mathfrak{K} \subseteqq \mathfrak{L}$, $\mathfrak{K} \underset{\cdot}{\subseteqq} \mathfrak{L}$ jedoch aus $\mathfrak{K} \supseteqq \mathfrak{L}$. Sind $(A_i)_{i\in I}$ und $(B_i)_{i\in I}$ gefilterte Familien von Elementen von $\mathfrak{X}$ mit gleicher gefilterter Indexmenge I und gilt $A_i \subseteqq B_i$ zu beliebigem $i \in I$, so bestehen für die aus $(A_i)_{i\in I}$ und $(B_i)_{i\in I}$ erzeugten Filter $\mathfrak{K}$ und $\mathfrak{L}$ in $\mathfrak{X}$ die Beziehungen $\mathfrak{K} \dot{\subseteqq} \mathfrak{L}$ und $\mathfrak{K} \underset{\cdot}{\subseteqq} \mathfrak{L}$.

6.1.8. *Für beliebige Filter $\mathfrak{K}$ und $\mathfrak{L}$ in $\mathfrak{X}$ und die zugehörigen Gitter $\mathfrak{K}^*$ und $\mathfrak{L}^*$ folgt aus $\mathfrak{K} \underset{\cdot}{\subseteqq} \mathfrak{L}$ stets $\mathfrak{K}^* \dot{\subseteqq} \mathfrak{L}^*$ und aus $\mathfrak{K} \dot{\subseteqq} \mathfrak{L}$ stets $\mathfrak{K}^* \underset{\cdot}{\subseteqq} \mathfrak{L}^*$.*

Beweis. Es gelte $\mathfrak{K} \underset{\cdot}{\subseteqq} \mathfrak{L}$. Dann existieren zu beliebigem $K^* \in \mathfrak{K}^*$ und $L \in \mathfrak{L}$ ein $K \in \mathfrak{K}$, ein $C \in K \cap K^*$ und ein $D \in L$ mit $C \subseteqq D$. Folglich existiert zu beliebigem $K^* \in \mathfrak{K}^*$ ein $L^* \in \mathfrak{L}^*$ derart, daß es zu beliebigem $D \in L^*$ ein $C \in K^*$ mit $C \subseteqq D$ gibt. Es gilt demnach $\mathfrak{K}^* \overset{\cdot}{\subseteqq} \mathfrak{L}^*$. Aus $\mathfrak{K} \overset{\cdot}{\subseteqq} \mathfrak{L}$ folgt analog $\mathfrak{K}^* \underset{\cdot}{\subseteqq} \mathfrak{L}^*$.

Unter Benutzung der Präordnungen $\overset{\cdot}{\subseteqq}$ und $\underset{\cdot}{\subseteqq}$ läßt sich leicht der erste Teil der Aussage von 6.1.3 verallgemeinern.

6.1.9. *$\mathfrak{K}$ und $\mathfrak{L}$ seien eigentliche Filter in $\mathfrak{X}$. Dann zieht $\mathfrak{K} \underset{\cdot}{\subseteqq} \mathfrak{L}$ stets $\mathfrak{a}\text{-}\overline{\lim}\, \mathfrak{K} \subseteqq \mathfrak{a}\text{-}\overline{\lim}\, \mathfrak{L}$ und $\mathfrak{K} \overset{\cdot}{\subseteqq} \mathfrak{L}$ stets $\mathfrak{a}\text{-}\underline{\lim}\, \mathfrak{K} \subseteqq \mathfrak{a}\text{-}\underline{\lim}\, \mathfrak{L}$ nach sich.*

Beweis. Unter Berücksichtigung, daß wegen 6.1.8 aus $\mathfrak{K} \underset{\cdot}{\subseteqq} \mathfrak{L}$ stets $\mathfrak{K}^* \overset{\cdot}{\subseteqq} \mathfrak{L}^*$ folgt, ergibt sich aus der Definition der oberen und unteren abgeschlossenen Limites ohne Mühe die Richtigkeit der Behauptung.

Korollar. *Hat ein Filter $\mathfrak{L}$ in $\mathfrak{X}$ die leere Menge als abgeschlossenen Limes, so auch jeder Filter $\mathfrak{K}$ in $\mathfrak{X}$ mit $\mathfrak{K} \underset{\cdot}{\subseteqq} \mathfrak{L}$.*

Sind $\mathfrak{K}_1, \ldots, \mathfrak{K}_n$ Filter in $\mathfrak{X}$, so bezeichnen wir mit $\mathfrak{K}_1 \dot\cup \cdots \dot\cup \mathfrak{K}_n$ den Filter in $\mathfrak{X}$ mit der Basis $\{\{C_1 \cup \cdots \cup C_n \mid C_1 \in K_1, \ldots, C_n \in K_n\} \mid K_1 \in \mathfrak{K}_1, \ldots, K_n \in \mathfrak{K}_n\}$; damit $\mathfrak{K}_1 \dot\cup \cdots \dot\cup \mathfrak{K}_n$ überhaupt existiert, ist $\{C_1 \cup \cdots \cup C_n \mid C_1 \in K_1, \ldots, C_n \in K_n\} \subseteqq \mathfrak{X}$ zu beliebigem $K_1 \in \mathfrak{K}_1, \ldots, K_n \in \mathfrak{K}_n$ vorauszusetzen. $\mathfrak{K}_1 \dot\cup \cdots \dot\cup \mathfrak{K}_n$ nennen wir **punktierte Vereinigung** der Filter $\mathfrak{K}_1, \ldots, \mathfrak{K}_n$. Für jedes $j = 1, \ldots, n$ gilt

$$\mathfrak{K}_j \overset{\cdot}{\subseteqq} \mathfrak{K}_1 \dot\cup \cdots \dot\cup \mathfrak{K}_n \tag{6.1.8}$$

und, wenn die Filter $\mathfrak{K}_1, \ldots, \mathfrak{K}_n$ alle eigentlich sind, ferner

$$\mathfrak{K}_j \underset{\cdot}{\subseteqq} \mathfrak{K}_1 \dot\cup \cdots \dot\cup \mathfrak{K}_n\,. \tag{6.1.9}$$

6.1.10 (Oberer abgeschlossener, unterer abgeschlossener und abgeschlossener Limes punktierter Filtervereinigungen). *$\mathfrak{K}_j$ $(j = 1, \ldots, n)$ seien eigentliche Filter in $\mathfrak{X}$ derart, daß $\mathfrak{K}_1 \dot\cup \cdots \dot\cup \mathfrak{K}_n$ existiert. Dann ist*

$$\mathfrak{a}\text{-}\overline{\lim}\, (\mathfrak{K}_1 \dot\cup \cdots \dot\cup \mathfrak{K}_n) = \mathfrak{a}\text{-}\overline{\lim}\, \mathfrak{K}_1 \cup \cdots \cup \mathfrak{a}\text{-}\overline{\lim}\, \mathfrak{K}_n \tag{6.1.10}$$

und

$$\mathfrak{a}\text{-}\underline{\lim}\, (\mathfrak{K}_1 \dot\cup \cdots \dot\cup \mathfrak{K}_n) = \mathfrak{a}\text{-}\underline{\lim}\, \mathfrak{K}_1 \cup \cdots \cup \mathfrak{a}\text{-}\underline{\lim}\, \mathfrak{K}_n\,. \tag{6.1.11}$$

Besitzt jeder Filter $\mathfrak{K}_j$ den abgeschlossenen Limes, so existiert auch der abgeschlossene Limes von $\mathfrak{K}_1 \dot\cup \cdots \dot\cup \mathfrak{K}_n$ und gilt

$$\mathfrak{a}\text{-}\lim\, (\mathfrak{K}_1 \dot\cup \cdots \dot\cup \mathfrak{K}_n) = \mathfrak{a}\text{-}\lim\, \mathfrak{K}_1 \cup \cdots \cup \mathfrak{a}\text{-}\lim\, \mathfrak{K}_n\,.$$

Genau dann, wenn jeder Filter $\mathfrak{K}_j$ den abgeschlossenen Limes besitzt und dieser gleich $\emptyset$ ist, existiert der abgeschlossene Limes von $\mathfrak{K}_1 \dot\cup \cdots \dot\cup \mathfrak{K}_n$ und ist er gleich $\emptyset$.

Beweis. Aus 6.1.9, (6.1.8) und (6.1.9) folgt

$$\mathfrak{a}\text{-}\overline{\lim}\, (\mathfrak{K}_1 \dot\cup \cdots \dot\cup \mathfrak{K}_n) \supseteqq \mathfrak{a}\text{-}\overline{\lim}\, \mathfrak{K}_1 \cup \cdots \cup \mathfrak{a}\text{-}\overline{\lim}\, \mathfrak{K}_n$$

und

$$\mathfrak{a}\text{-}\underline{\lim}\,(\mathfrak{K}_1 \,\dot\cup \cdots \dot\cup\, \mathfrak{K}_n) \supseteqq \mathfrak{a}\text{-}\underline{\lim}\,\mathfrak{K}_1 \cup \cdots \cup \mathfrak{a}\text{-}\underline{\lim}\,\mathfrak{K}_n \,.$$

x sei ein Punkt von X, der $\mathfrak{a}\text{-}\overline{\lim}\,\mathfrak{K}_1 \cup \cdots \cup \mathfrak{a}\text{-}\overline{\lim}\,\mathfrak{K}_n$ nicht angehört. Dann gibt es zu beliebigem $j = 1, \ldots, n$ und $\mathfrak{F} \in \tau(x)$ ein $F_j \in \mathfrak{F}$ derart, daß jedem $K_j^* \in \mathfrak{K}_j^*$ ein C_j mit $F_j \cap C_j = \emptyset$ angehört. Wegen $\mathfrak{K}_j^{**} = \mathfrak{K}_j$ (Korollar zu 2.3.2) existieren deshalb zu beliebigem $j = 1, \ldots, n$ und $\mathfrak{F} \in \tau(x)$ ein $F_j \in \mathfrak{F}$ und ein $K_j \in \mathfrak{K}_j$, so daß $F_j \cap C_j = \emptyset$ zu beliebigem $C_j \in K_j$ gilt. Unter Beachtung, daß aus $F_j \cap C_j = \emptyset$ $(j = 1, \ldots, n)$ stets $(F_1 \cap \cdots \cap F_n) \cap (C_1 \cup \cdots \cup C_n) = \emptyset$ folgt und mit den F_j auch deren Durchschnitt $\mathfrak{F}$ angehört, ergibt sich, daß zu beliebigem $\mathfrak{F} \in \tau(x)$ ein $F \in \mathfrak{F}$ und ein $K \in \mathfrak{K}_1 \,\dot\cup \cdots \dot\cup\, \mathfrak{K}_n$ mit $F \cap C = \emptyset$ $(C \in K)$ existiert, es zu beliebigem $\mathfrak{F} \in \tau(x)$ also ein $F \in \mathfrak{F}$ derart gibt, daß jedem $K^* \in (\mathfrak{K}_1 \,\dot\cup \cdots \dot\cup\, \mathfrak{K}_n)^*$ ein C mit $F \cap C = \emptyset$ angehört. x liegt daher auch nicht in $\mathfrak{a}\text{-}\overline{\lim}\,(\mathfrak{K}_1 \,\dot\cup \cdots \dot\cup\, \mathfrak{K}_n)$. Es gilt deshalb (6.1.10). Gehört ein Punkt x von X nicht $\mathfrak{a}\text{-}\underline{\lim}\,\mathfrak{K}_1 \cup \cdots \cup \mathfrak{a}\text{-}\underline{\lim}\,\mathfrak{K}_n$ an, so ergibt sich leicht, daß er auch nicht in $\mathfrak{a}\text{-}\underline{\lim}\,(\mathfrak{K}_1 \,\dot\cup \cdots \dot\cup\, \mathfrak{K}_n)$ liegt. Es gilt somit auch (6.1.11).

Aus (6.1.10) und (6.1.11) folgt ohne Mühe die Richtigkeit der letzten beiden Teile des Satzes.

Korollar. $(A_{ji})_{i\in I}$ $(j = 1, \ldots, n)$ *seien eigentliche gefilterte Familien von Mengen* $A_{ji} \in \mathfrak{X}_j$ *mit gleicher gefilterter Indexmenge. Für jedes* $i \in I$ *gelte* $A_{1i} \cup \cdots \cup A_{ni} \in \mathfrak{X}$. *Besitzt jeder dieser gefilterten Familien den abgeschlossenen Limes, so existiert auch der abgeschlossene Limes der (mit dem gleichen Filter) gefilterten Familie* $(A_{1i} \cup \cdots \cup A_{ni})_{i\in I}$ *und gilt*

$$\mathfrak{a}\text{-}\lim\,(A_{1i} \cup \cdots \cup A_{ni}) = \mathfrak{a}\text{-}\lim A_{1i} \cup \cdots \cup \mathfrak{a}\text{-}\lim A_{ni} \,.$$

Genau dann, wenn jede gefilterte Familie $(A_{ji})_{i\in I}$ *den abgeschlossenen Limes besitzt und dieser gleich* $\emptyset$ *ist, existiert der abgeschlossene Limes von* $(A_{1i} \cup \cdots \cup A_{ni})_{i\in I}$ *und ist er gleich* $\emptyset$.

Beweis. $\mathfrak{K}_j$ $(j = 1, \ldots, n)$ und $\mathfrak{K}$ seien die aus $(A_{ji})_{i\in I}$ $(j = 1, \ldots, n)$ und $(A_{1i} \cup \cdots \cup A_{ni})_{i\in I}$ erzeugten Filter in $\mathfrak{X}$. Da $\mathfrak{K}$ ein Oberfilter von $\mathfrak{K}_1 \,\dot\cup \cdots \dot\cup\, \mathfrak{K}_n$ ist, folgt mittels 6.1.5 und 6.1.10, daß der erste Teil und die Richtung $\Rightarrow$ des zweiten Teiles des Korollars richtig sind. Wegen $\mathfrak{K}_j \subseteqq \mathfrak{K}$ $(j = 1, \ldots, n)$ und 6.1.9 ergibt sich schließlich, daß auch die Richtung $\Leftarrow$ des zweiten Teiles des Korollars zutrifft.

Nun sei X ein Produkt $X_1 \times \cdots \times X_n$ einer von 0 verschiedenen endlichen Anzahl von Limesräumen. Zu jedem $j = 1, \ldots, n$ sei τ_j die Limitierung von X_j, ferner $\mathfrak{X}_j$ eine Menge von Teilmengen von X_j. Schließlich sei $\mathfrak{X}$ eine Menge von Teilmengen von X, die $\{A_1 \times \cdots \times A_n \mid A_1 \in \mathfrak{X}_1, \ldots, A_n \in \mathfrak{X}_n\}$ enthält. Für beliebige Filter $\mathfrak{K}_j$ in $\mathfrak{X}_j$ $(j = 1, \ldots, n)$ bezeichnen wir mit $\mathfrak{K}_1 \,\dot\times \cdots \dot\times\, \mathfrak{K}_n$ den Filter in $\mathfrak{X}$ mit der Basis $\{\{G_1 \times \cdots \times G_n \mid G_1 \in K_1, \ldots, G_n \in K_n\} \mid K_1 \in \mathfrak{K}_1, \ldots, K_n \in \mathfrak{K}_n\}$ (er stimmt im allgemeinen nicht mit dem Produktfilter überein). Wir nennen ihn das **punktierte Produkt** der Filter $\mathfrak{K}_1, \ldots, \mathfrak{K}_n$.

6.1.11 (Oberer abgeschlossener, unterer abgeschlossener und abgeschlossener Limes punktierter Filterprodukte). *Zu beliebigem $j = 1, \dots, n$ sei $\mathfrak{K}_j$ ein eigentlicher Filter in $\mathfrak{X}_j$. Es ist*

$$\mathfrak{a}\text{-}\overline{\lim}\,(\mathfrak{K}_1 \dot{\times} \cdots \dot{\times} \mathfrak{K}_n) = \mathfrak{a}\text{-}\overline{\lim}\,\mathfrak{K}_1 \times \cdots \times \mathfrak{a}\text{-}\overline{\lim}\,\mathfrak{K}_n \tag{6.1.12}$$

und

$$\mathfrak{a}\text{-}\underline{\lim}\,(\mathfrak{K}_1 \dot{\times} \cdots \dot{\times} \mathfrak{K}_n) = \mathfrak{a}\text{-}\underline{\lim}\,\mathfrak{K}_1 \times \cdots \times \mathfrak{a}\text{-}\underline{\lim}\,\mathfrak{K}_n\,. \tag{6.1.13}$$

Wenn jeder Filter $\mathfrak{K}_j$ den abgeschlossenen Limes besitzt, existiert auch der abgeschlossene Limes von $\mathfrak{K}_1 \dot{\times} \cdots \dot{\times} \mathfrak{K}_n$ und gilt

$$\mathfrak{a}\text{-}\lim\,(\mathfrak{K}_1 \dot{\times} \cdots \dot{\times} \mathfrak{K}_n) = \mathfrak{a}\text{-}\lim\,\mathfrak{K}_1 \times \cdots \times \mathfrak{a}\text{-}\lim\,\mathfrak{K}_n\,. \tag{6.1.14}$$

Genau dann, wenn jeder Filter $\mathfrak{K}_j$ den abgeschlossenen Limes besitzt und dieser ungleich $\emptyset$ ist, existiert auch der abgeschlossene Limes von $\mathfrak{K}_1 \dot{\times} \cdots \dot{\times} \mathfrak{K}_n$ und ist er ungleich $\emptyset$.

Beweis. Unter Berücksichtigung der Definition der Produktlimitierungen folgt

$$\begin{aligned}&\mathfrak{a}\text{-}\overline{\lim}\,(\mathfrak{K}_1 \dot{\times} \cdots \dot{\times} \mathfrak{K}_n)\\ &= \{(x_1, \dots, x_n) \in X \mid \exists \mathfrak{F}_1 \in \tau_1(x_1) \cdots \exists \mathfrak{F}_n \in \tau_n(x_n)\, \forall F_1 \in \mathfrak{F}_1 \cdots \forall F_n \in \mathfrak{F}_n\\ &\qquad \exists K \in (\mathfrak{K}_1 \dot{\times} \cdots \dot{\times} \mathfrak{K}_n)^*\, \forall G \in K\big((F_1 \times \cdots \times F_n) \cap G \neq \emptyset\big)\}\,.\end{aligned}$$

Da

$$\begin{aligned}&K \in (\mathfrak{K}_1 \dot{\times} \cdots \dot{\times} \mathfrak{K}_n)^*\\ &\Leftrightarrow \forall K_1 \in \mathfrak{K}_1 \cdots \forall K_n \in \mathfrak{K}_n\, \exists G_1 \in K_1 \cdots \exists G_n \in K_n\, (G_1 \times \cdots \times G_n \in K)\\ &\Leftrightarrow \exists K_1 \in \mathfrak{K}_1^* \dots \exists K_n \in \mathfrak{K}_n^*\, (\{G_1 \times \cdots \times G_n \mid G_1 \in K_1, \dots, G_n \in K_n\} \subseteq K)\end{aligned} \tag{6.1.15}$$

gilt, ergibt sich damit die Richtigkeit von (6.1.12). (6.1.13) folgt analog wegen

$$\begin{aligned}&K \in \mathfrak{K}_1 \dot{\times} \cdots \dot{\times} \mathfrak{K}_n\\ &\Leftrightarrow \exists K_1 \in \mathfrak{K}_1 \cdots \exists K_n \in \mathfrak{K}_n\, (\{G_1 \times \cdots \times G_n \mid G_1 \in K_1 \dots G_n \in K_n\} \subseteq K)\,.\end{aligned} \tag{6.1.16}$$

Aus (6.1.12) und (6.1.13) ergibt sich leicht die Richtigkeit der letzten beiden Teile der Behauptung.

Korollar. *$(A_{ji})_{i \in I}$ $(j = 1, \dots, n)$ seien eigentliche gefilterte Familien von Mengen $A_{ji} \in \mathfrak{X}_j$ mit gleicher gefilterter Indexmenge. Existieren die abgeschlossenen Limites dieser gefilterten Familien, so besitzt auch die (mit dem gleichen Filter) gefilterte Familie $(A_{1i} \times \cdots \times A_{ni})_{i \in I}$ den abgeschlossenen Limes und ist*

$$\mathfrak{a}\text{-}\lim\,(A_{1i} \times \cdots \times A_{ni}) = \mathfrak{a}\text{-}\lim\,A_{1i} \times \cdots \times \mathfrak{a}\text{-}\lim\,A_{ni}\,.$$

Im Falle $X \neq \emptyset$ gilt: Genau dann, wenn jede gefilterte Familie $(A_{ji})_{i \in I}$ den abgeschlossenen Limes besitzt und dieser gleich X_j ist, existiert der abgeschlossene Limes von $(A_{1i} \times \cdots \times A_{ni})_{i \in I}$ und ist er gleich X.

Beweis. $\mathfrak{K}_j$ sei zu beliebigem $j = 1, \dots, n$ der aus $(A_{ji})_{i \in I}$ erzeugte Filter in $\mathfrak{X}_j$. $(A_{1i} \times \cdots \times A_{ni})_{i \in I}$ erzeugt einen Oberfilter von $\mathfrak{K}_1 \dot{\times} \cdots \dot{\times} \mathfrak{K}_n$. Existiert $\mathfrak{a}$-lim $(\mathfrak{K}_1 \dot{\times} \cdots \dot{\times} \mathfrak{K}_n)$, so folgt mittels 6.1.5, daß auch $\mathfrak{a}$-lim $(A_{1i} \times \cdots \times A_{ni})$ existiert und beide abgeschlossenen Limites gleich sind. Mittels 6.1.11 ergibt sich damit die Richtigkeit des ersten Teiles und damit auch die Richtigkeit der Richtung $\Rightarrow$ des zweiten Teiles des Korollars. Man verifiziert leicht

$$\mathfrak{a}\text{-}\underline{\lim}\ (A_{1i} \times \cdots \times A_{ni}) \subseteqq \mathfrak{a}\text{-}\underline{\lim}\ A_{1i} \times \cdots \times \mathfrak{a}\text{-}\underline{\lim}\ A_{ni}\,,$$

womit unter der Voraussetzung $X \neq \emptyset$ auch die Richtung $\Leftarrow$ des zweiten Teiles des Korollars folgt.

6.2. Der Fall der mehrstufigen Topologie und der Topologie

Im folgenden nehmen wir an, daß X ein mehrstufig topologischer Raum und $\mathfrak{X}$ ein System abgeschlossener Teilmengen von X ist. Wegen 6.1.5 ist $\tau_{\mathfrak{a}}$ eine Pseudotopologie. Wir fragen als nächstes unter den angeführten Einschränkungen nach den Nachbarschaftsfiltern bez. $\tau_{\mathfrak{a}}$. Zu jeder Teilmenge N von X führen wir dazu die Mengen

$$D_N = \{G \in \mathfrak{X} \mid N \cap G \neq \emptyset\}$$

und

$$E_N = \{G \in \mathfrak{X} \mid N \cap G = \emptyset\}$$

ein. Offensichtlich folgt aus $M \subseteqq N \subseteqq X$ stets $D_M \subseteqq D_N$ und $E_M \supseteqq E_N$.

6.2.1. *Für jeden eigentlichen Filter $\mathfrak{K}$ in $\mathfrak{X}$ bestehen die Äquivalenzen*

$$x \in \mathfrak{a}\text{-}\underline{\lim}\ \mathfrak{K} \Leftrightarrow D_N \in \mathfrak{K} \text{ zu jedem } N \in \mathfrak{N}(x)$$

und

$$x \notin \mathfrak{a}\text{-}\overline{\lim}\ \mathfrak{K} \Leftrightarrow \text{Es gibt ein } N \in \mathfrak{N}(x) \text{ mit } E_N \in \mathfrak{K};$$

$\mathfrak{N}(x)$ ist dabei der Nachbarschaftsfilter von x.

Beweis. 1. $x \in \mathfrak{a}\text{-}\underline{\lim}\ \mathfrak{K}$ ist äquivalent dazu, daß zu jeder Nachbarschaft $N \in \mathfrak{N}(x)$ ein $K \in \mathfrak{K}$ mit $N \cap G \neq \emptyset$ $(G \in K)$, also mit $K \subseteqq D_N$ existiert, somit dazu, daß $D_N \in \mathfrak{K}$ zu jedem $N \in \mathfrak{N}(x)$ gilt.

2. $x \notin \mathfrak{a}\text{-}\overline{\lim}\ \mathfrak{K}$ ist äquivalent dazu, daß ein $N \in \mathfrak{N}(x)$ existiert derart, daß zu jedem Element K des Gitters $\mathfrak{K}^*$ von $\mathfrak{K}$ für mindestens ein $G \in K$ die Beziehung $N \cap G = \emptyset$ besteht. Da das Gitter des Gitters von $\mathfrak{K}$ mit $\mathfrak{K}$ übereinstimmt, ist die letzte Bedingung und damit $x \notin \mathfrak{a}\text{-}\overline{\lim}\ \mathfrak{K}$ äquivalent dazu, daß ein $N \in \mathfrak{N}(x)$ existiert, so daß die Menge aller $G \in \mathfrak{X}$ mit $N \cap G = \emptyset$, d. h. E_N, dem Filter $\mathfrak{K}$ angehört.

6.2.2 (Die Filter $\mathfrak{D}_A$ und $\mathfrak{E}_M$). *A sei eine Menge aus $\mathfrak{X}$. Ist $A \neq \emptyset$, so ist $\{D_N \mid N \in \bigcup_{x \in A} \mathfrak{N}(x)\}$ die Subbasis eines eigentlichen Filters $\mathfrak{D}_A$ in $\mathfrak{X}$ und gilt*

$$A \subseteqq \mathfrak{a}\text{-}\underline{\lim}\ \mathfrak{D}_A\,. \tag{6.2.1}$$

Ist $A \neq X$, so ist zu jeder Familie $M = (M_x)_{x \in X \setminus A}$ von Nachbarschaften $M_x \in \mathfrak{N}(x)$ $(x \in X \setminus A)$ mit $M_x \cap A = \emptyset$ ferner $\{E_{M_x} \mid x \in X \setminus A\}$ die Subbasis eines eigentlichen Filters $\mathfrak{E}_M$ in $\mathfrak{X}$ und gilt

$$\mathfrak{a}\text{-}\overline{\lim}\, \mathfrak{E}_M \subseteqq A\,. \tag{6.2.2}$$

Beweis. 1. Es sei $A \neq \emptyset$. Für jede Nachbarschaft N eines Punktes $x \in A$ gilt wegen $A \cap N \neq \emptyset$ dann $A \in D_N$, so daß $\{D_N \mid N \in \bigcup_{x \in A} \mathfrak{N}(x)\}$ tatsächlich die Subbasis eines eigentlichen Filters $\mathfrak{D}_A$ in $\mathfrak{X}$ ist. Zu beliebigem $x \in A$ und jeder Nachbarschaft N von x gilt $D_N \in \mathfrak{D}_A$, nach 6.2.1 folglich $x \in \mathfrak{a}\text{-}\underline{\lim}\, \mathfrak{D}_A$ und damit (6.2.1).

2. Nun sei $A \neq X$. $M = (M_x)_{x \in X \setminus A}$ sei eine Familie von Nachbarschaften M_x der Punkte $x \in X \setminus A$ mit $M_x \subseteqq X \setminus A$. Wegen $M_x \cap A = \emptyset$ gilt stets $A \in E_{M_x}$. Damit folgt, daß auch $\{E_{M_x} \mid x \in X \setminus A\}$ die Subbasis eines eigentlichen Filters $\mathfrak{E}_M$ in $\mathfrak{X}$ ist. Zu beliebigem $x \in X \setminus A$ gilt $E_{M_x} \in \mathfrak{E}_M$, nach 6.2.1 folglich $x \notin \mathfrak{a}\text{-}\overline{\lim}\, \mathfrak{E}_M$ und damit (6.2.2).

Wir vereinbaren, unter $\mathfrak{D}_\emptyset$ und $\mathfrak{E}_\emptyset$ den Filter $\{\mathfrak{X}\}$ zu verstehen. Zu beliebigem $A \in \mathfrak{X} \setminus \{X\}$ bezeichnen wir mit $\boldsymbol{M}(A)$ die Menge aller in 6.2.2 auftretenden Familien $M = (M_x)_{x \in X \setminus A}$; ist $X \in \mathfrak{X}$ so setzen wir ferner $\boldsymbol{M}(X) = \{\emptyset\}$.

6.2.3 (Abgeschlossene Konvergenz). *Ein eigentlicher Filter $\mathfrak{K}$ in $\mathfrak{X}$ besitzt eine Menge $A \in \mathfrak{X}$ genau dann als abgeschlossenen Limes, wenn ein $M \in \boldsymbol{M}(A)$ mit $\mathfrak{D}_A \vee \mathfrak{E}_M \subseteqq \mathfrak{K}$ existiert.*

Beweis. 1. Es gebe ein $M \in \boldsymbol{M}(A)$ mit $\mathfrak{D}_A \vee \mathfrak{E}_M \subseteqq \mathfrak{K}$. Ist $A \neq \emptyset$, so folgt wegen $\mathfrak{D}_A \subseteqq \mathfrak{K}$ aus (6.1.3) und (6.2.1) leicht $A \subseteqq \mathfrak{a}\text{-}\underline{\lim}\, \mathfrak{K}$. Ist $A \neq X$, so folgt wegen $\mathfrak{E}_M \subseteqq \mathfrak{K}$ aus (6.1.3) und (6.2.2), daß $\mathfrak{a}\text{-}\overline{\lim}\, \mathfrak{K} \subseteqq A$ gilt. Da stets $\emptyset \subseteqq \mathfrak{a}\text{-}\underline{\lim}\, \mathfrak{K}$ und $\mathfrak{a}\text{-}\overline{\lim}\, \mathfrak{K} \subseteqq X$ ist, ergibt sich $\mathfrak{K} \in \tau_{\mathfrak{a}}(A)$.

2. Nun gelte $\mathfrak{K} \in \tau_{\mathfrak{a}}(A)$. Wenn $A \neq \emptyset$ ist, folgt $\mathfrak{D}_A \subseteqq \mathfrak{K}$ mittels 6.2.1. Ist $A \neq X$, so gibt es wegen 6.2.1 zu beliebigem $x \in X \setminus A$ ein $N_x \in \mathfrak{N}(x)$ mit $E_{N_x} \in \mathfrak{K}$. Es ist dann auch $M_x = N_x \cap (X \setminus A)$ Nachbarschaft jedes Punktes $x \in X \setminus A$ und gilt wegen $E_{M_x} \supseteqq E_{N_x}$ auch stets $E_{M_x} \in \mathfrak{K}$, somit $\mathfrak{E}_M \subseteqq \mathfrak{K}$ für die $\boldsymbol{M}(A)$ angehörende Familie $M = (M_x)_{x \in X \setminus A}$. Da stets $\mathfrak{D}_\emptyset \subseteqq \mathfrak{K}$ und $\mathfrak{E}_\emptyset \subseteqq \mathfrak{K}$ gilt, existiert also stets ein $M \in \boldsymbol{M}(A)$ mit $\mathfrak{D}_A \vee \mathfrak{E}_M \subseteqq \mathfrak{K}$.

Auf Grund dieses Satzes können wir die Nachbarschaftsfilter bez. $\tau_{\mathfrak{a}}$ leicht angeben, und zwar gilt

6.2.4 (Nachbarschaftsfilter bez. $\tau_{\mathfrak{a}}$). *Zu beliebigem $A \in \mathfrak{X}$ ist $\mathfrak{N}_{\mathfrak{a}}(A) = \bigcap_{M \in \boldsymbol{M}(A)} (\mathfrak{D}_A \vee \mathfrak{E}_M)$ der Nachbarschaftsfilter von A bez. $\tau_{\mathfrak{a}}$.*

Da stets $\mathfrak{D}_A \subseteqq \mathfrak{N}_a(A)$ gilt, folgt aus 6.2.3 und 6.2.4:

6.2.5 (Kriterium dafür, daß τ_a eine mehrstufige Topologie ist). *τ_a ist genau dann eine mehrstufige Topologie, wenn zu beliebigem $A \in \mathfrak{X}$ ein $M_0 \in \boldsymbol{M}(A)$ mit $\mathfrak{E}_{M_0} \subseteqq \mathfrak{N}_a(A)$ existiert.*

Auf Grund dieses Satzes läßt sich eine wichtige hinreichende Bedingung dafür angeben, daß τ_a eine mehrstufige Topologie ist. Bevor wir diese anführen, bringen wir zwei Hilfssätze.

6.2.6. *A sei eine Menge aus $\mathfrak{X}$ und K eine kompakte Teilmenge von X mit $A \cap K = \emptyset$. Dann gilt $E_K \in \bigcap_{M \in \boldsymbol{M}(A)} \mathfrak{E}_M$.*

Beweis. Zu beliebigem $M = (M_x)_{x \in X \setminus A}$ aus $\boldsymbol{M}(A)$ existiert auf Grund des Korollars zu 3.16.9 eine nichtleere endliche Teilmenge P von $X \setminus A$ mit $K \subseteqq \bigcup_{x \in P} M_x$, also mit $E_K \supseteqq \bigcap_{x \in P} E_{M_x}$ und folglich mit $E_K \in \mathfrak{E}_M$. Damit ergibt sich die Behauptung.

6.2.7. *X sei punktalkompakt. Dann gibt es zu beliebigem $A \in \mathfrak{X}$ eine aus kompakten Mengen bestehende Familie $M_0 \in \boldsymbol{M}(A)$ mit $\mathfrak{E}_{M_0} = \bigcap_{M \in \boldsymbol{M}(A)} \mathfrak{E}_M$.*

Beweis. Auf Grund der punktalen Kompaktheit von X existiert zu beliebigem $A \in \mathfrak{X}$ eine kompakte Nachbarschaft M_{0x} jedes Punktes $x \in X \setminus A$, die zu A elementfremd ist. Wegen 6.2.6 besitzt $M_0 = (M_{0x})_{x \in X \setminus A}$ die im Satz behauptete Eigenschaft.

Aus 6.2.4, 6.2.5 und 6.2.7 folgt offensichtlich

6.2.8 (τ_a bei punktalkompaktem X). *Ist X punktalkompakt, so ist τ_a eine mehrstufige Topologie. Ferner ist dann $\mathfrak{D}_A \vee \bigcap_{M \in \boldsymbol{M}(A)} \mathfrak{E}_M$ zu beliebigem $A \in \mathfrak{X}$ gleich dem Nachbarschaftsfilter $\mathfrak{N}_a(A)$ von A bez. τ_a.*

Unter einer gewissen Einschränkung ist die punktale Kompaktheit von X auch notwendig dafür, daß τ_a eine mehrstufige Topologie ist. Es gilt nämlich

6.2.9 (Kriterium dafür, daß τ_a eine mehrstufige Topologie ist). *Jede nichtleere endliche Teilmenge von X gehöre $\mathfrak{X}$ an. X sei regulär im engeren Sinne. Unter dieser Voraussetzung ist τ_a genau dann eine mehrstufige Topologie, wenn X punktalkompakt ist.*

Beweis. Wir brauchen nur noch eine Richtung zu beweisen. Da X regulär im engeren Sinne ist, ist X nach 3.16.29 genau dann punktalkompakt, wenn X lokalkompakt ist. Wir nehmen an, daß X nicht punktal- und damit auch nicht lokalkompakt ist. Dann existiert ein Punkt y von X, der keine kompakte Nachbarschaft besitzt. Gegeben sei eine einelementige Menge A, der y nicht angehört.

L sei eine beliebige Nachbarschaft von y mit $L \cap A = \emptyset$. Auf Grund der Regularitätsvoraussetzung gibt es eine in L enthaltene abgeschlossene Nachbarschaft N von y. Da N nicht kompakt ist, existiert wegen des Korollars zu 3.16.9 eine Familie $(N_i)_{i \in I}$ von Teilmengen von X derart, daß $N \subseteq \bigcup_{i \in I} \underline{N_i}$ gilt und je endlich viele der N_i die Menge N nicht überdecken. Wegen $\underline{N_i \setminus A} = \underline{N_i} \setminus A$ $(i \in I)$ (A ist abgeschlossen) und $N \cap A = \emptyset$ können wir $N_i \cap A = \emptyset$ zu beliebigem $i \in I$ annehmen. Wir bezeichnen dann zu beliebigem $x \in N$ mit M_x ein N_i, für das $x \in \underline{N_i}$ gilt, ferner zu beliebigem $x \in X \setminus (N \cup A)$ mit M_x die Menge $X \setminus \overline{(N \cup A)}$. Offensichtlich gehört $M = (M_x)_{x \in X \setminus A}$ der Menge $\boldsymbol{M}(A)$ an. Zu jeder Nachbarschaft N_A von A und jeder nichtleeren endlichen Teilmenge Y von $X \setminus A$ gibt es eine einelementige Menge $B \subseteq N \setminus \bigcup_{x \in Y} M_x$ und gehört die Menge $A \cup B$ zu $D_{N_A} \cap \bigcap_{x \in Y} E_{M_x}$, jedoch nicht zu E_N. Daher folgt $E_N \notin \mathfrak{D}_A \vee \mathfrak{E}_M$, wegen $E_L \subseteq E_N$ damit auch $E_L \notin \mathfrak{D}_A \vee \mathfrak{E}_M$ und somit $E_L \notin \mathfrak{N}_a(A)$. τ_a ist wegen 6.2.5 deshalb keine mehrstufige Topologie.

Da $\mathfrak{X}$ aus abgeschlossenen Teilmengen von X besteht, hat die Voraussetzung des Satzes, daß jede nichtleere endliche Teilmenge von X zu $\mathfrak{X}$ gehört, zur Folge, daß X dem ersten Trennungsaxiom genügt. Die betreffende Voraussetzung ist etwa erfüllt, wenn X dem ersten Trennungsaxiom genügt und $\mathfrak{X}$ aus allen abgeschlossenen oder allen nichtleeren abgeschlossenen Teilmengen von X besteht.

Wir können in $\mathfrak{X}$ eine mehrstufige Topologie τ_{1a} und eine Pseudotopologie τ_{2a} einführen, bezüglich der $\{\mathfrak{D}_A\}$ bzw. $\{\mathfrak{E}_M \mid M \in \boldsymbol{M}(A)\}$ zu beliebigem $A \in \mathfrak{X}$ das $\wedge$-Ideal $\tau_{1a}(A)$ bzw. $\tau_{2a}(A)$ erzeugt. $\{\mathfrak{E}_M \mid M \in \boldsymbol{M}(A)\}$ ist natürlich eine $\wedge$-Idealbasis. Aus 6.2.3 folgt, daß τ_a mit dem Durchschnitt von τ_{1a} und τ_{2a} (bezüglich des Verbandes $\mathcal{T}\mathfrak{X}$ der Limitierungen von $\mathfrak{X}$) übereinstimmt. Als nächstes fragen wir, wann τ_{1a} und τ_{2a} Topologien sind.

6.2.10 (Kriterium dafür, daß τ_{1a} eine Topologie ist). *Ist X ein topologischer Raum, so ist τ_{1a} eine Topologie und bilden die Mengen D_U ($U \subseteq X$ nichtleer und offen) und $\mathfrak{X}$ eine Subbasis dieser Topologie. Wenn $\mathfrak{X}$ alle einelementigen Teilmengen von X angehören, ist τ_{1a} genau dann eine Topologie, wenn X ein topologischer Raum ist.*

Beweis. 1. X sei ein topologischer Raum. Ist $A \neq \emptyset$, so ist $\{D_U \mid U \in \bigcup_{x \in A} \mathfrak{U}(x)\}$ sicher eine Subbasis von $\mathfrak{D}_A$; $\mathfrak{U}(x)$ ist dabei stets der Umgebungsraster von x. Für $A = \emptyset$ folgt $\mathfrak{D}_A = \{\mathfrak{X}\}$. Aus $B \in D_U$ ($U \subseteq X$ nichtleer und offen) folgt $D_U \in \mathfrak{D}_B$ und aus $B \in \mathfrak{X}$ natürlich $\mathfrak{X} \in \mathfrak{D}_B$. Damit ergibt sich leicht, daß τ_{1a} eine Topologie ist und die Mengen D_U ($U \subseteq X$ nichtleer und offen) und $\mathfrak{X}$ eine Subbasis von τ_{1a} bilden.

2. $\mathfrak{X}$ besitze die Menge $\mathfrak{X}_0$ aller einelementigen Teilmengen von X als Teilmenge. Mittels (3.9.6) folgt, daß zu beliebigem $x \in X$ die Menge $\{D_N \cap \mathfrak{X}_0 \mid N \in \mathfrak{N}(x)\} = \{\{\{y\} \mid y \in N\} \mid N \in \mathfrak{N}(x)\}$ der Nachbarschaftsfilter von $\{x\}$ bezüglich der von

$\tau_{1\mathfrak{a}}$ auf $\mathfrak{X}_0$ induzierten mehrstufigen Topologie σ ist. Die Abbildung $x \mapsto \{x\}$ $(x \in X)$ ist offensichtlich ein Homöomorphismus bezüglich der Topologie τ von X und bez. σ. Ist $\tau_{1\mathfrak{a}}$ eine Topologie, so ist wegen 3.9.3 auch σ und damit auch τ eine Topologie.

Wenn X punktalkompakt ist, so ist $\tau_{2\mathfrak{a}}$ wegen 6.2.7 eine mehrstufige Topologie. Es gilt sogar

6.2.11 (Kriterium dafür, daß $\tau_{2\mathfrak{a}}$ eine Topologie ist). *X sei punktalkompakt. Dann ist $\tau_{2\mathfrak{a}}$ eine Topologie, und die Mengen E_K ($K \subseteqq X$ kompakt) bilden eine Basis dieser Topologie.*

Beweis. Zu jedem $A \in \mathfrak{X}$ ist wegen 6.2.6 und 6.2.7 die Menge $\{E_K \mid K \subseteqq X \setminus A$ kompakt$\}$ eine Basis des Nachbarschaftsfilters $\bigcap_{M \in \boldsymbol{M}(A)} \mathfrak{E}_M$ von A bez. $\tau_{2\mathfrak{a}}$. Aus $B \in E_K$ (K kompakt) folgt $K \subseteqq X \setminus B$ und damit $E_K \in \bigcap_{M \in \boldsymbol{M}(B)} \mathfrak{E}_M$. $\tau_{2\mathfrak{a}}$ ist deshalb eine Topologie.

Wie die folgenden beiden Sätze besagen, besteht zwischen $\tau_{1\mathfrak{a}}$ und den unteren abgeschlossenen Limites und zwischen $\tau_{2\mathfrak{a}}$ und den oberen abgeschlossenen Limites ein enger Zusammenhang.

6.2.12 (Charakterisierung von $\tau_{1\mathfrak{a}}$). *Für jeden eigentlichen Filter $\mathfrak{K}$ in $\mathfrak{X}$ und jede Menge $A \in \mathfrak{X}$ gilt*

$$\mathfrak{K} \in \tau_{1\mathfrak{a}}(A) \Leftrightarrow \mathfrak{a}\text{-}\underline{\lim}\, \mathfrak{K} \supseteqq A .$$

Beweis. Im Falle $A = \emptyset$ gilt wegen $\mathfrak{D}_\emptyset \subseteqq \mathfrak{K}$ natürlich $\mathfrak{K} \in \tau_{1\mathfrak{a}}(A)$, ferner $\mathfrak{a}\text{-}\underline{\lim}\, \mathfrak{K} \supseteqq A$. Im weiteren sei $A \neq \emptyset$. $\mathfrak{a}\text{-}\underline{\lim}\, \mathfrak{K} \supseteqq A$ besagt dann wegen 6.2.1, daß $D_N \in \mathfrak{K}$ zu beliebigem $N \in \bigcup_{x \in A} \mathfrak{N}(x)$ gilt, also $\mathfrak{D}_A \subseteqq \mathfrak{K}$, d. h. $\mathfrak{K} \in \tau_{1\mathfrak{a}}(A)$ gilt.

Diese Aussage wurde in dem Fall, daß X ein topologischer Raum ist, von J. Flachsmeyer [1] und ebenfalls von H. Poppe in seiner Dissertation bewiesen.

6.2.13 (Charakterisierung von $\tau_{2\mathfrak{a}}$). *Für jeden eigentlichen Filter $\mathfrak{K}$ in $\mathfrak{X}$ und jede Menge $A \in \mathfrak{X}$ besteht die Äquivalenz*

$$\mathfrak{K} \in \tau_{2\mathfrak{a}}(A) \Leftrightarrow \mathfrak{a}\text{-}\overline{\lim}\, \mathfrak{K} \subseteqq A .$$

Beweis. Im Falle $A = X$ gilt wegen $\mathfrak{E}_\emptyset \subseteqq \mathfrak{K}$ natürlich $\mathfrak{K} \in \tau_{2\mathfrak{a}}(A)$, ferner $\mathfrak{a}\text{-}\overline{\lim}\, \mathfrak{K} \subseteqq A$. Im weiteren sei $A \neq X$. $\mathfrak{a}\text{-}\overline{\lim}\, \mathfrak{K} \subseteqq A$ ist wegen 6.2.1 äquivalent dazu, daß zu jedem $x \in X \setminus A$ ein $N \in \mathfrak{N}(x)$ mit $E_N \in \mathfrak{K}$ existiert. Da stets $N \cap A = \emptyset$ angenommen werden kann, ist deshalb $\mathfrak{a}\text{-}\overline{\lim}\, \mathfrak{K} \subseteqq A$ äquivalent dazu, daß ein $M \in \boldsymbol{M}(A)$ mit $\mathfrak{E}_M \subseteqq \mathfrak{K}$ existiert. Damit folgt leicht die Richtigkeit der angegebenen Äquivalenz.

Unter der Einschränkung, daß X ein punktalkompakter topologischer Raum ist, wurde ebenfalls diese Aussage von J. Flachsmeyer in [1] angegeben.

Beachten wir, daß τ_a eine Topologie ist, wenn τ_{1a} und τ_{2a} Topologien sind, und daß in topologischen Räumen Regularität und Regularität im engeren Sinne zusammenfallen, so ergibt sich mittels 6.2.9 bis 6.2.11 (vergleiche R. Arens und J. Dugundji [1] und J. Flachsmeyer [1]):

6.2.14 (Kriterien dafür, daß τ_a eine Topologie ist). *Ist X ein punktalkompakter topologischer Raum, so ist τ_a eine Topologie. Falls jede nichtleere endliche Teilmenge von X zu $\mathfrak{X}$ gehört und X ein regulärer topologischer Raum ist, ist τ_a genau dann eine Topologie, wenn X punktalkompakt ist.*

6.3. Der offene Limes

Wir gehen als nächstes auf einen Mengenlimes, den sogenannten offenen Limes, ein, der sich durch Komplementärbildung aus dem Begriff des abgeschlossenen Limes ergibt. X sei dazu wieder ein beliebiger Limesraum und τ die Limitierung von X. Ist $(A_\iota)_{\iota\in I}$ eine eigentliche gefilterte Familie von Teilmengen von X, $\mathfrak{K}$ der Filter von I und $\mathfrak{K}^*$ das Gitter von $\mathfrak{K}$, so bezeichnen wir als **oberen** bzw. **unteren offenen Limes** $\mathrm{o}\text{-}\overline{\lim}\, A_\iota$ bzw. $\mathrm{o}\text{-}\underline{\lim}\, A_\iota$ von $(A_\iota)_{\iota\in I}$ die Menge aller Punkte x von X, zu denen zu beliebigem $\mathfrak{F} \in \tau(x)$ ein $F \in \mathfrak{F}$ und ein Element K von $\mathfrak{K}^*$ bzw. $\mathfrak{K}$ existieren, so daß $F \subseteq A_\iota$ zu beliebigem $\iota \in K$ gilt. Offensichtlich ist stets

$$\mathrm{o}\text{-}\overline{\lim}\, A_\iota = \{x \in X \mid \forall \mathfrak{F} \in \tau(x)\ \exists K \in \mathfrak{K}^*\ (\bigcap_{\iota\in K} A_\iota \in \mathfrak{F})\}$$

und

$$\mathrm{o}\text{-}\underline{\lim}\, A_\iota = \{x \in X \mid \forall \mathfrak{F} \in \tau(x)\ \exists K \in \mathfrak{K}\ (\bigcap_{\iota\in K} A_\iota \in \mathfrak{F})\}\,.$$

Wenn X ein mehrstufig topologischer Raum ist, so ist $\mathrm{o}\text{-}\overline{\lim}\, A_\iota$ bzw. $\mathrm{o}\text{-}\underline{\lim}\, A_\iota$ die Menge aller Punkte x von X, zu denen ein Element K von $\mathfrak{K}^*$ bzw. $\mathfrak{K}$ existiert derart, daß $\bigcap_{\iota\in K} A_\iota$ eine Nachbarschaft von x ist.

6.3.1 (Komplementäreigenschaften). *Zu jeder eigentlichen gefilterten Familie $(A_\iota)_{\iota\in I}$ von Teilmengen von X und der zugehörigen gefilterten Familie $(X \setminus A_\iota)_{\iota\in I}$ gilt*

$$\mathrm{o}\text{-}\overline{\lim}\, A_\iota = X \setminus \mathrm{a}\text{-}\underline{\lim}\, (X \setminus A_\iota) \tag{6.3.1}$$

und

$$\mathrm{o}\text{-}\underline{\lim}\, A_\iota = X \setminus \mathrm{a}\text{-}\overline{\lim}\, (X \setminus A_\iota)\,. \tag{6.3.2}$$

Beweis. $x \notin \mathrm{o}\text{-}\overline{\lim}\, A_\iota$ ist äquivalent dazu, daß ein $\mathfrak{F} \in \tau(x)$ existiert, so daß zu jedem $F \in \mathfrak{F}$ und jedem Element K des Gitters $\mathfrak{K}^*$ des Filters $\mathfrak{K}$ von I die Beziehung $F \cap (X \setminus A_\iota) \neq \emptyset$ für mindestens ein $\iota \in K$ gilt. Dazu ist aber wegen $\mathfrak{K}^{**} = \mathfrak{K}$ (Korollar zu 2.3.2) äquivalent, daß ein $\mathfrak{F} \in \tau(x)$ existiert derart, daß es zu jedem $F \in \mathfrak{F}$ ein $K \in \mathfrak{K}$ mit $F \cap (X \setminus A_i) \neq \emptyset$ für jedes $i \in K$ gibt, d. h., daß $x \in \mathfrak{a}\text{-}\underline{\lim}\,(X \setminus A_i)$ ist. Es gilt daher (6.3.1). Analog folgt (6.3.2).

$\mathfrak{X}$ sei im weiteren eine beliebige Menge von Teilmengen von X. Indem wir wie in Abschnitt 6.1 eigentliche Filter in $\mathfrak{X}$ mit eigentlichen gefilterten Familien identifizieren, haben wir auch den eigentlichen Filtern $\mathfrak{K}$ in $\mathfrak{X}$ **obere** und **untere offene Limites** $\mathfrak{o}\text{-}\overline{\lim}\,\mathfrak{K}$ und $\mathfrak{o}\text{-}\underline{\lim}\,\mathfrak{K}$ zugeordnet. Für jede Menge $\mathfrak{K}$ von Teilmengen von $\mathfrak{X}$ bezeichnen wir mit $\mathfrak{C}\mathfrak{K}$ die Menge $\{\{X \setminus A \mid A \in K\} \mid K \in \mathfrak{K}\}$. Ist $\mathfrak{K}$ ein Filter in $\mathfrak{X}$, so ist $\mathfrak{C}\mathfrak{K}$ ein Filter in $\mathsf{C}[\mathfrak{X}] = \{X \setminus A \mid A \in \mathfrak{X}\}$. Wegen 6.3.1 gilt

$$\mathfrak{o}\text{-}\overline{\lim}\,\mathfrak{K} = X \setminus \mathfrak{a}\text{-}\underline{\lim}\,\mathfrak{C}\mathfrak{K}$$

und

$$\mathfrak{o}\text{-}\underline{\lim}\,\mathfrak{K} = X \setminus \mathfrak{a}\text{-}\overline{\lim}\,\mathfrak{C}\mathfrak{K}$$

für jeden eigentlichen Filter $\mathfrak{K}$ in $\mathfrak{X}$ und den Filter $\mathfrak{C}\mathfrak{K}$ in $\mathsf{C}[\mathfrak{X}]$.

Unter Berücksichtigung der Beziehungen (6.3.1) und (6.3.2) und der eben angeführten Spezialfälle kann man die angeführten Aussagen über obere und untere abgeschlossene Limites leicht auf Aussagen über obere und untere offene Limites übertragen. Aus 6.1.1 folgt unter Berücksichtigung der Regeln von DE MORGAN speziell, daß unter der Voraussetzung, daß X ein mehrstufig topologischer Raum ist, für jede eigentliche gefilterte Familie $(A_i)_{i \in I}$ von Teilmengen von X

$$\mathfrak{o}\text{-}\overline{\lim}\,A_i = \bigcup_{K \in \mathfrak{K}^*} \underline{\bigcap_{i \in K} A_i} \quad \text{und} \quad \mathfrak{o}\text{-}\underline{\lim}\,A_i = \bigcup_{K \in \mathfrak{K}} \underline{\bigcap_{i \in K} A_i} \tag{6.3.3}$$

gilt, wobei $\mathfrak{K}$ natürlich der Filter von I und $\mathfrak{K}^*$ das Gitter von $\mathfrak{K}$ ist und die Unterstreichung auf der rechten Seite der Beziehungen Innerenbildung bedeutet. Die Sätze 6.1.2 und 6.1.3 gehen bei dieser Übertragung, bis auf eine Ersetzung von $\mathfrak{a}\text{-}\overline{\lim}$ durch $\mathfrak{o}\text{-}\overline{\lim}$ und von $\mathfrak{a}\text{-}\underline{\lim}$ durch $\mathfrak{o}\text{-}\underline{\lim}$, in sich über.

Sind für eine eigentliche gefilterte Familie $(A_i)_{i \in I}$ von Teilmengen von X $\mathfrak{o}\text{-}\overline{\lim}\,A_i$ und $\mathfrak{o}\text{-}\underline{\lim}\,A_i$ gleich ein und derselben Menge, so bezeichnen wir diese Menge mit $\mathfrak{o}\text{-}\lim A_i$ und nennen sie den **offenen Limes** von $(A_i)_{i \in I}$. Für Filter $\mathfrak{K}$ in $\mathfrak{X}$ haben wir entsprechend einer obigen Vereinbarung damit ebenfalls den offenen Limes erklärt, wir bezeichnen diesen natürlich mit $\mathfrak{o}\text{-}\lim \mathfrak{K}$.

Wir vereinbaren, daß jede uneigentliche gefilterte Familie von Teilmengen von X und damit auch der uneigentliche Filter in $\mathfrak{X}$ jede Teilmenge von X als oberen offenen, als unteren offenen und als offenen Limes hat.

Die Sätze 6.1.4 bis 6.1.7 behalten bei einer Übertragung auf offene Limites — bis auf naheliegende Ersetzungen — die Gestalt. Aus diesen Übertragungen folgt unter anderem: Die Abbildung $\tau_o\colon A \mapsto \tau_o(A)$ $(A \in \mathfrak{X})$, die jedem $A \in \mathfrak{X}$ die Menge aller Filter in $\mathfrak{X}$, die A als offenen Limes haben, zuordnet, ist eine separierte Limitierung. Im allgemeinen ist sie keine Pseudotopologie. Ist X ein pseudotopologischer Raum, so ist τ_o genau dann eine Pseudotopologie, wenn $\mathfrak{X}$ aus offenen Mengen besteht. Wir nennen τ_o die **Limitierung der offenen Konvergenz in** $\mathfrak{X}$.

Für beliebige Mengen $\mathfrak{K}$ und $\mathfrak{L}$ von Teilmengen von $\mathfrak{X}$ ist $\mathfrak{K} \mathrel{\dot{\subseteq}} \mathfrak{L}$ äquivalent zu $\mathfrak{C}\mathfrak{L} \subseteq \mathfrak{C}\mathfrak{K}$ und $\mathfrak{K} \subseteq \mathfrak{L}$ äquivalent zu $\mathfrak{K}\mathfrak{L} \mathrel{\dot{\subseteq}} \mathfrak{C}\mathfrak{X}$, wobei $\mathrel{\dot{\subseteq}}$ und $\subseteq$ die wie vor 6.1.8. definierten Präordnungen sind.

Wir bezeichnen für beliebige Filter $\mathfrak{K}_1, \ldots, \mathfrak{K}_n$ in $\mathfrak{X}$ mit $\mathfrak{K}_1 \mathbin{\dot{\cap}} \cdots \mathbin{\dot{\cap}} \mathfrak{K}_n$ den Filter in $\mathfrak{X}$ mit der Basis $\{\{C_1 \cap \cdots \cap C_n \mid C_1 \in K_1, \ldots, C_n \in K_n\} \mid K_1 \in \mathfrak{K}_1, \ldots, K_n \in \mathfrak{K}_n\}$; damit dieser Filter überhaupt existiert, ist $\{C_1 \cap \cdots \cap C_n \mid C_1 \in K_1, \ldots, C_n \in K_n\} \subseteq \mathfrak{X}$ zu beliebigem $K_1 \in \mathfrak{K}_1, \ldots, K_n \in \mathfrak{K}_n$ vorauszusetzen. $\mathfrak{K}_1 \mathbin{\dot{\cap}} \cdots \mathbin{\dot{\cap}} \mathfrak{K}_n$ nennen wir **punktierter Durchschnitt** der Filter $\mathfrak{K}_1, \ldots, \mathfrak{K}_n$. Es gilt stets

$$\mathfrak{K}_1 \mathbin{\dot{\cap}} \cdots \mathbin{\dot{\cap}} \mathfrak{K}_n = \mathfrak{C}(\mathfrak{C}\mathfrak{K}_1 \mathbin{\dot{\cup}} \cdots \mathbin{\dot{\cup}} \mathfrak{C}\mathfrak{K}_n)\,.$$

Durch Übertragung von 6.1.10 ergibt sich daher

6.3.2 (Oberer offener, unterer offener und offener Limes punktierter Filterdurchschnitte). $\mathfrak{K}_j$ $(j = 1, \ldots, n)$ *seien eigentliche Filter in* $\mathfrak{X}$ *derart, daß* $\mathfrak{K}_1 \mathbin{\dot{\cap}} \cdots \mathbin{\dot{\cap}} \mathfrak{K}_n$ *existiert. Dann ist*

$$\text{o-}\overline{\lim}\,(\mathfrak{K}_1 \mathbin{\dot{\cap}} \cdots \mathbin{\dot{\cap}} \mathfrak{K}_n) = \text{o-}\overline{\lim}\,\mathfrak{K}_1 \cap \cdots \cap \text{o-}\overline{\lim}\,\mathfrak{K}_n$$

und

$$\text{o-}\underline{\lim}\,(\mathfrak{K}_1 \mathbin{\dot{\cap}} \cdots \mathbin{\dot{\cap}} \mathfrak{K}_n) = \text{o-}\underline{\lim}\,\mathfrak{K}_1 \cap \cdots \cap \text{o-}\underline{\lim}\,\mathfrak{K}_n\,.$$

Besitzt jeder Filter $\mathfrak{K}_j$ *den offenen Limes, so existiert auch der offene Limes von* $\mathfrak{K}_1 \mathbin{\dot{\cap}} \cdots \mathbin{\dot{\cap}} \mathfrak{K}_n$ *und gilt*

$$\text{o-}\lim\,(\mathfrak{K}_1, \mathbin{\dot{\cap}} \cdots \mathbin{\dot{\cap}} \mathfrak{K}_n) = \text{o-}\lim\,\mathfrak{K}_1 \cap \cdots \cap \text{o-}\lim\,\mathfrak{K}_n\,.$$

Genau dann, wenn jeder Filter $\mathfrak{K}_j$ *den offenen Limes besitzt und dieser gleich* X *ist, existiert der offene Limes von* $\mathfrak{K}_1 \mathbin{\dot{\cap}} \cdots \mathbin{\dot{\cap}} \mathfrak{K}_n$ *und ist er gleich* X.

Aus dem Korollar zu 6.1.10 folgt das

Korollar. $(A_{ji})_{i \in I}$ $(j = 1, \ldots, n)$ *seien eigentliche gefilterte Familien von Mengen* $A_{ji} \in \mathfrak{X}$ *mit gleicher gefilterter Indexmenge derart, daß* $A_{1i} \cap \cdots \cap A_{ni} \in \mathfrak{X}$ *zu beliebigem* $i \in I$ *gilt. Besitzt jede dieser gefilterten Familien den offenen Limes, so existiert auch der offene Limes der (mit dem gleichen Filter) gefilterten Familie* $(A_{1i} \cap \cdots \cap A_{ni})_{i \in I}$ *und gilt*

$$\text{o-}\lim\,(A_{1i} \cap \cdots \cap A_{ni}) = \text{o-}\lim\,A_{1i} \cap \cdots \cap \text{o-}\lim\,A_{in}\,.$$

Genau dann, wenn jede gefilterte Familie $(A_{ji})_{i \in I}$ *den offenen Limes besitzt und dieser gleich* X *ist, existiert der offene Limes von* $(A_{1i} \cap \cdots \cap A_{ni})_{i \in I}$ *und ist er gleich* X.

6.1.11 geht bei der Übertragung nicht in eine analoge Aussage über offene Limites über. Eine 6.1.11 entsprechende Aussage ist jedoch unter einer geringen Einschränkung richtig. Wir treffen die gleichen Voraussetzungen wie vor 6.1.11 und erhalten den Satz

6.3.3 (Oberer offener, unterer offener und offener Limes punktierter Filterprodukte). *Die Limitierungen* τ_j $(j = 1, \ldots, n)$ *seien nicht entartet.* $\mathfrak{K}_j$ *sei für jedes* j

ein eigentlicher Filter in $\mathfrak{X}_j$. Dann ist

$$\text{o-}\overline{\lim}\,(\mathfrak{K}_1 \dot{\times} \cdots \dot{\times} \mathfrak{K}_n) = \text{o-}\overline{\lim}\,\mathfrak{K}_1 \times \cdots \times \text{o-}\overline{\lim}\,\mathfrak{K}_n \tag{6.3.4}$$

und

$$\text{o-}\underline{\lim}\,(\mathfrak{K}_1 \dot{\times} \cdots \dot{\times} \mathfrak{K}_n) = \text{o-}\underline{\lim}\,\mathfrak{K}_1 \times \cdots \times \text{o-}\underline{\lim}\,\mathfrak{K}_n\,. \tag{6.3.5}$$

Wenn jeder Filter $\mathfrak{K}_j$ den offenen Limes besitzt, existiert auch der offene Limes von $\mathfrak{K}_1 \dot{\times} \cdots \dot{\times} \mathfrak{K}_n$ und gilt

$$\text{o-lim}\,(\mathfrak{K}_1 \dot{\times} \cdots \dot{\times} \mathfrak{K}_n) = \text{o-lim}\,\mathfrak{K}_1 \times \cdots \times \text{o-lim}\,\mathfrak{K}_n\,. \tag{6.3.6}$$

Genau dann, wenn jeder Filter $\mathfrak{K}_j$ den offenen Limes besitzt und dieser ungleich $\emptyset$ ist, existiert auch der offene Limes von $\mathfrak{K}_1 \dot{\times} \cdots \dot{\times} \mathfrak{K}_n$ und ist er ungleich $\emptyset$.

Der Beweis verläuft ähnlich wie der von 6.1.11 mittels (6.1.15) und (6.1.16). Es ist lediglich zu beachten, daß von $F_1 \times \cdots \times F_n \subseteqq \bigcap_{G_1 \in K_1, \ldots, G_n \in K_n} (G_1 \times \cdots \times G_n)$ auf $F_j \subseteqq \bigcap_{G_j \in K_j} G_j$ $(j = 1, \ldots, n)$ nicht stets geschlossen werden kann, dieses jedoch unter der Einschränkung, daß alle F_j nichtleer sind, möglich ist.

Ähnlich wie das Korollar zu 6.1.11 zeigt man, daß unter den gleichen Voraussetzungen wie vor 6.1.11 gilt:

Korollar. *Die Limitierungen τ_j $(j = 1, \ldots, n)$ seien nicht entartet. $(A_{ji})_{i \in I}$ $(j = 1, \ldots, n)$ seien eigentliche gefilterte Familien von Mengen $A_{ji} \in \mathfrak{X}_j$ mit gleicher gefilterter Indexmenge. Besitzt jede dieser gefilterten Familien den offenen Limes, so existiert auch der offene Limes der (mit dem gleichen Filter) gefilterten Familie $(A_{1i} \times \cdots \times A_{ni})_{i \in I}$ und gilt*

$$\text{o-lim}\,(A_{1i} \times \cdots \times A_{ni}) = \text{o-lim}\,A_{1i} \times \cdots \times \text{o-lim}\,A_{ni}\,.$$

Im Falle $X \neq \emptyset$ gilt: Genau dann, wenn jede gefilterte Familie $(A_{ji})_{i \in I}$ den offenen Limes besitzt und dieser gleich X_j ist, existiert der offene Limes von $(A_{1i} \times \cdots \times A_{ni})_{i \in I}$ und ist er gleich X.

Die in Abschnitt 6.2 angeführten Aussagen über abgeschlossene Limites lassen sich leicht auf Aussagen über offene Limites übertragen. Wir überlassen das dem Leser.

Im folgenden bringen wir einige Bemerkungen zu dem Spezialfall, daß τ die diskrete Topologie ist. Es ergibt sich leicht, daß in diesem Spezialfall die oberen offenen mit den oberen abgeschlossenen, die unteren offenen mit den unteren abgeschlossenen und die offenen mit den abgeschlossenen Limites zusammenfallen. Wir bezeichnen die betreffenden Limites auch als **obere einfache**, als **untere einfache** bzw. als **einfache Mengenlimites** und ersetzen in diesem Falle $\text{o-}\overline{\lim}$ und $\text{a-}\overline{\lim}$, $\text{o-}\underline{\lim}$ und $\text{a-}\underline{\lim}$ bzw. o-lim und a-lim auch durch $\overline{\text{Lim}}$, $\underline{\text{Lim}}$ bzw. Lim. Unter Berücksichtigung von 6.1.1 und (6.3.3) folgt für jede eigentliche gefilterte Familie $(A_i)_{i\in I}$ von Teilmengen von X

$$\overline{\mathrm{Lim}}\, A_i = \bigcup_{K\in\mathfrak{K}^*} \bigcap_{i\in K} A_i = \bigcap_{K\in\mathfrak{K}} \bigcup_{i\in K} A_i \quad \text{und} \quad \underline{\mathrm{Lim}}\, A_i = \bigcup_{K\in\mathfrak{K}} \bigcap_{i\in K} A_i = \bigcap_{K\in\mathfrak{K}^*} \bigcup_{i\in K} A_i, \tag{6.3.7}$$

wobei natürlich $\mathfrak{K}$ wieder der Filter von I und $\mathfrak{K}^*$ das Gitter von $\mathfrak{K}$ ist.

Da die diskrete Topologie punktalkompakt ist, ergibt sich mittels 6.2.14, daß unter der Voraussetzung, daß τ die diskrete Topologie ist, die Limitierung $\tau_{\mathfrak{a}}$ $(= \tau_{\mathfrak{o}})$ von $\mathfrak{X}$ eine Topologie ist; wir nennen sie die **Topologie der einfachen Mengenkonvergenz** von $\mathfrak{X}$.

τ sei für den folgenden Satz die diskrete Topologie. Zu beliebigem $A \in \mathfrak{X}$ folgt $\mathfrak{E}_{M_0} = \bigcap_{M\in M(A)} \mathfrak{E}_M$ für $M_0 = (\{x\})_{x\in X\setminus A}$ wegen 6.2.6 und damit, daß $\mathfrak{D}_A \vee \mathfrak{E}_{M_0}$ der Nachbarschaftsfilter von A bez. der Topologie der einfachen Mengenkonvergenz ist. Nun bilden die Mengen $D_{\{x\}} = \{G \in \mathfrak{X} \mid x \in G\}$ $(x \in A)$ eine Subbasis von $\mathfrak{D}_A$ und die Mengen $E_{\{x\}} = \{G \in \mathfrak{X} \mid x \notin G\}$ $(x \in X \setminus A)$ eine Subbasis von $\mathfrak{E}_{M_0}$, so daß wir erhalten:

6.3.4 (Nachbarschaftsfilter bezüglich der Topologie der einfachen Mengenkonvergenz). *Für jedes $A \in \mathfrak{X}$ bilden die Mengen $\{G \in \mathfrak{X} \mid x \in G\}$ $(x \in A)$ und $\{G \in \mathfrak{X} \mid x \notin G\}$ $(x \in X \setminus A)$ eine Subbasis des Nachbarschaftsfilters von A bezüglich der Topologie der einfachen Mengenkonvergenz von $\mathfrak{X}$.*

Bei den oberen und unteren offenen Limites kommen höchstens Punkte hinzu und die oberen und unteren abgeschlossenen Limites verkleinern sich höchstens, wenn man die Limitierung des betreffenden Raumes durch eine feinere ersetzt. Damit ergibt sich, daß in dem Fall, daß X ein pseudotopologischer Raum ist, für eine beliebige eigentliche gefilterte Familie $(A_i)_{i\in I}$ von Teilmengen von X

$$\mathfrak{o}\text{-}\overline{\mathrm{lim}}\, A_i \subseteqq \overline{\mathrm{Lim}}\, A_i \subseteqq \mathfrak{a}\text{-}\overline{\mathrm{lim}}\, A_i \tag{6.3.8}$$

und

$$\mathfrak{o}\text{-}\underline{\mathrm{lim}}\, A_i \subseteqq \underline{\mathrm{Lim}}\, A_i \subseteqq \mathfrak{a}\text{-}\underline{\mathrm{lim}}\, A_i \tag{6.3.9}$$

gilt.

Wir nehmen nun an, daß wieder τ die diskrete Topologie und daß speziell $\mathfrak{X}$ die Gesamtheit $\mathsf{P}X$ aller Teilmengen von X ist. $\mathfrak{X}$ denken wir uns mit der mengentheoretischen Ordnung versehen. $\overline{\mathrm{int}}$, $\underline{\mathrm{int}}$ und int seien die obere Intervalltopologie, die untere Intervalltopologie bzw. die Intervalltopologie des Teilmengenverbandes $\mathfrak{X}$. Mittels 3.4.15 und (6.3.7) folgt, daß für jede Menge $A \in \mathfrak{X}$ und jeden Filter $\mathfrak{K}$ in $\mathfrak{X}$

$$\overline{\mathrm{Lim}}\, \mathfrak{K} \subseteqq A \Leftrightarrow \mathfrak{K} \xrightarrow[\overline{\mathrm{int}}]{} A \quad \text{und} \quad \underline{\mathrm{Lim}}\, \mathfrak{K} \supseteqq A \Leftrightarrow \mathfrak{K} \xrightarrow[\underline{\mathrm{int}}]{} A \tag{6.3.10}$$

gilt, wegen 6.2.12 und 6.2.13 also im vorliegenden Falle die in Abschnitt 6.2 definierten Topologien $\tau_{1\mathfrak{a}}$ und $\tau_{2\mathfrak{a}}$ mit $\underline{\mathrm{int}}$ bzw. $\overline{\mathrm{int}}$ übereinstimmen. Die Topologie der einfachen Mengenkonvergenz von $\mathfrak{X}$ ist daher im vorliegenden Falle gerade gleich der Intervalltopologie int von $\mathfrak{X}$.

Die in Abschnitt 3.6 gegebenen Definitionen der Oberhalb- und Unterhalbstetigkeit kann man in dem Fall, daß die betreffende geordnete Menge Y wie in dem eben betrachteten Fall ein Teilmengenverband $\mathsf{P}M$ ist, mittels der oberen und unteren einfachen Mengenlimites ausdrücken. Wegen (6.3.10) ergibt sich nämlich, daß eine Abbildung f aus einen Limesraum in einen Teilmengenverband $\mathsf{P}M$ in einem Punkt x des Definitionsbereiches von f genau dann oberhalb- bzw. unterhalbstetig ist, wenn die folgende Bedingung erfüllt ist: Für jede gegen x konvergierende eigentliche gefilterte Familie $(x_\iota)_{\iota\in I}$ von Elementen des Definitionsbereiches von f gilt

$$\overline{\operatorname{Lim}}\, f(x_\iota) \subseteq f(x) \quad \text{bzw.} \quad \underline{\operatorname{Lim}}\, f(x_\iota) \supseteq f(x)\,. \tag{6.3.11}$$

Nimmt man als M einen pseudotopologischen Raum und ersetzt in dieser Bedingung $\overline{\operatorname{Lim}}\, f(x_\iota)$ durch den oberen abgeschlossenen Limes $\mathsf{a}\text{-}\overline{\lim}\, f(x_\iota)$ und $\underline{\operatorname{Lim}}\, f(x_\iota)$ durch den unteren offenen Limes $\mathsf{o}\text{-}\underline{\lim}\, f(x_\iota)$, so erhält man wegen (6.3.8) und (6.3.9) natürlich eine hinreichende Bedingung für die Oberhalb- bzw. Unterhalbstetigkeit von f in x.

6.4. Mengenkonvergenz, die von Systemen von $\wedge$-Idealen von Dualfiltern abhängt

Später benötigen wir neben den bisher betrachteten Arten der Mengenkonvergenz noch eine wichtige andere Art. Sie hängt im allgemeinen nicht von einer Limitierung, sondern von einem vorgegebenen System von $\wedge$-Idealen von Dualfiltern, etwa einer Hypobornologie, ab. (Vergleiche bezüglich dieser Konvergenz W. Gähler [7].)

X sei eine Menge und $\mathfrak{B}$ ein System von $\wedge$-Idealen von Dualfiltern in X. Wir erklären einen Begriff der Mengenkonvergenz unter Benutzung von $\mathfrak{B}$. Für jede Familie $(A_\iota)_{\iota\in I}$ von Teilmengen von X, deren Indexbereich I eine Menge ist, die mit einem System $\mathfrak{K}$ von Teilmengen von I versehen ist, setzen wir

$$\mathfrak{B}_{(A_\iota)_{\iota\in I}} = \{\mathfrak{b} \in \mathfrak{B} \mid \exists \mathfrak{F} \in \mathfrak{b}\ \forall F \in \mathfrak{F}\ \exists K \in \mathfrak{K}\ (F \subseteq \bigcap_{\iota\in K} A_\iota)\}\,.$$

In den Anwendungen ist $\mathfrak{K}$ ein Filter in I oder das Gitter eines Filters in I. In gewissen Fällen hat $\mathfrak{B}_{(A_\iota)_{\iota\in I}}$ eine einfachere Gestalt, es gilt nämlich

6.4.1. *Für jede eigentliche gefilterte Familie $(A_\iota)_{\iota\in I}$ von Teilmengen von X ist*

$$\mathfrak{B}_{(A_\iota)_{\iota\in I}} = \{\mathfrak{b} \in \mathfrak{B} \mid \bigvee_{K\in\mathfrak{K}} (\bigcap_{\iota\in K} A_\iota) \in \mathfrak{b}\}\,; \tag{6.4.1}$$

wobei $\mathfrak{K}$ der Filter von I ist.

Beweis. Gehört eine Menge F dem Dualfilter $\bigvee_{K \in \mathfrak{K}} (\bigcap_{i \in K} A_i)$ an, so gibt es endlich viele $K_1, \ldots, K_n \in \mathfrak{K}$ mit $F \subseteqq \bigcap_{i \in K_1} A_i \cup \cdots \cup \bigcap_{i \in K_n} A_i$. $K_0 = K_1 \cap \cdots \cap K_n$ gehört $\mathfrak{K}$ an, und es gilt $F \subseteqq \bigcap_{i \in K_0} A_i$. Für jede Menge F und jedes $K_0 \in \mathfrak{K}$ mit $F \subseteqq \bigcap_{i \in K_0} A_i$ folgt natürlich umgekehrt $F \in \bigvee_{K \in \mathfrak{K}} (\bigcap_{i \in K} A_i)$. Für jedes $\mathfrak{v} \in \mathfrak{B}$ ist daher äquivalent dazu, daß ein $\mathfrak{F} \in \mathfrak{v}$ existiert, so daß es zu jedem $F \in \mathfrak{F}$ ein $K \in \mathfrak{K}$ mit $F \subseteqq \bigcap_{i \in K} A_i$ gibt, daß ein $\mathfrak{F} \in \mathfrak{v}$ mit $\mathfrak{F} \subseteqq \bigvee_{K \in \mathfrak{K}} (\bigcap_{i \in K} A_i)$ existiert, und folglich, daß $\bigvee_{K \in \mathfrak{K}} (\bigcap_{i \in K} A_i) \in \mathfrak{v}$ gilt.

(6.4.1) besagt, daß $\mathfrak{B}_{(A_i)_{i \in I}} = \mathfrak{B} \cap [[\bigvee_{K \in \mathfrak{K}} (\bigcap_{i \in K} A_i)]]$ gilt. Wenn $\mathfrak{B}$ eine Hypobornologie und $(A_i)_{i \in I}$ eine eigentliche gefilterte Familie ist, so ist deshalb auch $\mathfrak{B}_{(A_i)_{i \in I}}$ eine Hypobornologie.

Ist A eine beliebige Teilmenge von X und $(A_i)_{i \in I}$ eine daraus gebildete konstante eigentliche gefilterte Familie, also eine eigentliche gefilterte Familie mit $A_i = A$ für $i \in I$, so schreiben wir anstelle von $\mathfrak{B}_{(A_i)_{i \in I}}$ auch einfach $\mathfrak{B}_A$ und erhalten wegen 6.4.1

$$\mathfrak{B}_A = \{\mathfrak{v} \in \mathfrak{B} \mid (A) \in \mathfrak{v}\} .$$

Da jedem $\wedge$-Ideal $\mathfrak{v} \in \mathfrak{B}$ der uneigentliche Dualfilter $(X) = \mathsf{P}X$ angehört, gilt $\mathfrak{B}_X = \mathfrak{B}$.

Wir sagen, daß eine eigentliche gefilterte Familie $(A_i)_{i \in I}$ von Teilmengen von X eine Teilmenge A von X als **$\mathfrak{B}$-Limes** hat, wenn

$$\mathfrak{B}_A = \mathfrak{B}_{(A_i)_{i \in I}} = \mathfrak{B}_{(A_i)_{i \in I^*}}$$

gilt, wobei I^* der Indexbereich I, versehen mit dem Gitter $\mathfrak{K}^*$ des Filters $\mathfrak{K}$ von I, ist. Ferner vereinbaren wir, daß eine uneigentliche gefilterte Familie $(A_i)_{i \in I}$ von Teilmengen von X jede Teilmenge A von X als **$\mathfrak{B}$-Limes** hat.

$\mathfrak{X}$ bezeichne im weiteren eine beliebige Menge von Teilmengen von X. Wir identifizieren jedes System $\mathfrak{K}$ von Teilmengen von $\mathfrak{X}$ mit derjenigen Familie $(A_i)_{i \in I}$, für die I die mit $\mathfrak{K}$ versehene Menge $\mathfrak{X}$ ist und zu beliebigem $i \in \mathfrak{X}$ stets $A_i = i$ gilt. Damit haben wir auch für Filter $\mathfrak{K}$ in $\mathfrak{X}$ $\mathfrak{B}$-Limites erklärt. Entsprechend dieser Identifikation setzen wir für jedes System $\mathfrak{K}$ von Teilmengen von $\mathfrak{X}$

$$\mathfrak{B}_{\mathfrak{K}} = \{\mathfrak{v} \in \mathfrak{B} \mid \exists \mathfrak{F} \in \mathfrak{v}\ \forall F \in \mathfrak{F}\ \exists K \in \mathfrak{K}\ (F \subseteqq \bigcap_{C \in K} C)\}$$

und erhalten wegen (6.4.1) für jeden eigentlichen Filter $\mathfrak{K}$ in $\mathfrak{X}$

$$\mathfrak{B}_{\mathfrak{K}} = \{\mathfrak{v} \in \mathfrak{B} \mid \bigvee_{K \in \mathfrak{K}} (\bigcap_{C \in K} C) \in \mathfrak{v}\} . \tag{6.4.2}$$

In Übereinstimmung mit einer obigen Vereinbarung schreiben wir zu beliebigem $A \in \mathfrak{X}$ für $\mathfrak{B}_{[A]}$ auch $\mathfrak{B}_A$, wobei $[A]$ der aus $\{A\}$ erzeugte Hauptfilter in $\mathfrak{X}$ ist

Ein eigentlicher Filter $\mathfrak{K}$ in $\mathfrak{X}$ besitzt offenbar eine Teilmenge A von X genau dann als $\mathfrak{V}$-Limes, wenn

$$\mathfrak{V}_A = \mathfrak{V}_{\mathfrak{K}} = \mathfrak{V}_{\mathfrak{K}^*}$$

ist, wobei $\mathfrak{K}^*$ das Gitter von $\mathfrak{K}$ bezeichnet. Offensichtlich hat ein eigentlicher Filter $\mathfrak{K}$ in $\mathfrak{X}$ genau dann ganz X als $\mathfrak{V}$-Limes, wenn $\mathfrak{V} = \mathfrak{V}_{\mathfrak{K}}$ gilt. Der uneigentliche Filter $\mathsf{P}\mathfrak{X}$ hat jede Teilmenge von X als $\mathfrak{V}$-Limes.

Auf Grund des folgenden Satzes ist es keine Einschränkung, sich bei Aussagen über $\mathfrak{V}$-Limites auf Filter in $\mathfrak{X}$ zu beschränken, falls jeweils $\mathfrak{X}$ geeignet umfassend gewählt ist.

6.4.2. *Für jede eigentliche gefilterte Familie $(A_\iota)_{\iota \in I}$ von Elementen von $\mathfrak{X}$ und den daraus (wie in Abschnitt 2.8) erzeugten Filter $\mathfrak{L} = \operatorname{im}_{\subseteq, \mathfrak{X}} \{\{A_\iota \mid \iota \in K\} \mid K \in \mathfrak{K}\}$ in $\mathfrak{X}$ gilt*

$$\mathfrak{V}_{(A_\iota)_{\iota \in I}} = \mathfrak{V}_{\mathfrak{L}} \quad \textit{und} \quad \mathfrak{V}_{(A_\iota)_{\iota \in I^*}} = \mathfrak{V}_{\mathfrak{L}^*}\,.$$

Dabei ist $\mathfrak{K}$ der Filter von I, I^* der mit dem Gitter von $\mathfrak{K}$ versehene Indexbereich I und $\mathfrak{L}^*$ das Gitter von $\mathfrak{L}$.

Der **Beweis** verläuft analog wie der von 6.1.2.

6.4.3. *Für beliebige Mengen $\mathfrak{K}$ und $\mathfrak{L}$ von Teilmengen von $\mathfrak{X}$ folgt aus $\mathfrak{K} \subseteq \mathfrak{L}$ stets*

$$\mathfrak{V}_{\mathfrak{K}} \subseteq \mathfrak{V}_{\mathfrak{L}}\,. \tag{6.4.3}$$

Ist $(\mathfrak{K}_\iota)_{\iota \in I}$ eine nichtleere Familie eigentlicher Filter in $\mathfrak{X}$ und $\mathfrak{K}_\iota^*$ zu beliebigem $\iota \in I$ das Gitter von $\mathfrak{K}_\iota$, so gilt

$$\mathfrak{V}_{\bigcap_{\iota \in I} \mathfrak{K}_\iota} \subseteq \bigcap_{\iota \in I} \mathfrak{V}_{\mathfrak{K}_\iota} \tag{6.4.4}$$

und

$$\bigcup_{\iota \in I} \mathfrak{V}_{\mathfrak{K}_\iota^*} \subseteq \mathfrak{V}_{\bigcup_{\iota \in I} \mathfrak{K}_\iota^*}\,. \tag{6.4.5}$$

Wenn I endlich ist, trifft bei (6.4.4) *und* (6.4.5) *das Gleichheitszeichen zu. Ferner gilt das Gleichheitszeichen bei* (6.4.4), *wenn $\mathfrak{V}$ nur aus Haupt-$\wedge$-Idealen $[\mathfrak{F}]$ besteht, und bei* (6.4.5), *wenn jedes $\mathfrak{v} \in \mathfrak{V}$ eine Basis aus Hauptdualfiltern (F) hat. Im allgemeinen gilt bei* (6.4.4) *und* (6.4.5) *das Gleichheitszeichen nicht.*

Beweis. 1. Der erste Teil des Satzes ist sicher richtig. Für das Weitere sei $(\mathfrak{K}_\iota)_{\iota \in I}$ eine nichtleere Familie eigentlicher Filter in $\mathfrak{X}$. Aus dem ersten Teil des Satzes folgt leicht, daß (6.4.4) und (6.4.5) gilt.

Wir nehmen nun zusätzlich an, daß I endlich ist oder $\mathfrak{V}$ nur aus Haupt-$\wedge$-Idealen besteht. Gegeben sei ein $\mathfrak{v} \in \bigcap_{\iota \in I} \mathfrak{V}_{\mathfrak{K}_\iota}$. Zu beliebigem $\iota \in I$ existiert ein $\mathfrak{F}_\iota \in \mathfrak{v}$ derart, daß es zu jedem $F_\iota \in \mathfrak{F}_\iota$ ein $K_\iota \in \mathfrak{K}_\iota$ gibt mit $F_\iota \subseteq \bigcap_{C \in K_\iota} C$. Auf Grund der Voraussetzung gehört $\mathfrak{F} = \bigcap_{\iota \in I} \mathfrak{F}_\iota$ zu $\mathfrak{v}$. Zu jedem $F \in \mathfrak{F}$ existiert ein $K_{\iota F} \in \mathfrak{K}_\iota$ mit $F \subseteq \bigcap_{C \in K_{\iota F}} C$ zu beliebigem $\iota \in I$ und gilt folglich $F \subseteq \bigcap_{C \in K_F} C$ für das Element $K_F = \bigcup_{i \in I} K_{iF}$ von $\bigcap_{i \in I} \mathfrak{K}_i$. Daher ist $\mathfrak{v} \in \mathfrak{B}_{\bigcap_{i \in I} \mathfrak{K}_i}$. Bei (6.4.4) trifft somit unter der angegebenen Voraussetzung das Gleichheitszeichen zu.

Im folgenden setzen wir voraus, daß I endlich ist oder jedes $\mathfrak{v} \in \mathfrak{B}$ eine Basis aus Hauptdualfiltern besitzt. Gegeben sei ein $\mathfrak{v} \in \mathfrak{B}_{\bigcup_{i \in I} \mathfrak{K}_i^*}$. Es existiert ein $\mathfrak{F} \in \mathfrak{v}$ und zu beliebigem $F \in \mathfrak{F}$ ein $K \in \bigcup_{i \in I} \mathfrak{K}_i^*$ mit $F \subseteqq \bigcap_{C \in K} C$. Zu beliebigem $i \in I$ sei $\mathfrak{F}_i$ die Menge aller $F \in \mathfrak{F}$, zu denen jeweils ein $K \in \mathfrak{K}_i^*$ mit $F \subseteqq \bigcap_{C \in K} C$ existiert. Jedem $\mathfrak{F}_i$ gehört mit jeder Menge auch jede Teilmenge derselben an. Ferner gilt $\mathfrak{F} = \bigcup_{i \in I} \mathfrak{F}_i$. Ist I endlich, so folgt durch Übertragung von 2.4.1 mittels Komplementärbildung auf Dualfilter, daß $\mathfrak{F}$ mit einem $\mathfrak{F}_i$ übereinstimmt. Im anderen Falle können wir $\mathfrak{F}$ als Hauptdualfilter annehmen; in diesem stimmt dann natürlich auch $\mathfrak{F}$ mit einem $\mathfrak{F}_i$ überein. In beiden Fällen gibt es also ein i mit $\mathfrak{F} = \mathfrak{F}_i$, folglich mit $\mathfrak{v} \in \mathfrak{B}_{\mathfrak{K}_i^*}$. Unter der angegebenen Voraussetzung trifft daher auch bei (6.4.5) das Gleichheitszeichen zu.

2. Als nächstes zeigen wir, daß bei (6.4.4) das Gleichheitszeichen im allgemeinen nicht zutrifft. Wir setzen $X = I = \boldsymbol{N}^+$, $A_i = \{n \in \boldsymbol{N}^+ \mid n \geqq i\}$ zu beliebigem $i \in I$ und $\mathfrak{X} = \{A_i \mid i \in I\}$. $\mathfrak{B}$ gehöre lediglich das $\wedge$-Ideal im $\underset{\subseteqq, \mathfrak{D}X}{\{(A_i) \mid i \in I\}}$ an. Zu beliebigem $i \in I$ sei $\mathfrak{K}_i$ der aus $\{A_i\}$ erzeugte Hauptfilter $[A_i]$ in $\mathfrak{X}$. Da sich $\bigcap_{i \in I} \mathfrak{K}_i$ als der aus $\mathfrak{X}$ erzeugte Hauptfilter ergibt, also gleich der Einermenge $\{\mathfrak{X}\}$ ist, folgt mittels (6.4.2)

$$\mathfrak{B}_{\bigcap_{i \in I} \mathfrak{K}_i} = \{\mathfrak{v} \in \mathfrak{B} \mid (\emptyset) \in \mathfrak{v}\} = \emptyset .$$

Zu beliebigem $i \in I$ gilt schließlich

$$\mathfrak{B}_{\mathfrak{K}_i} = \{\mathfrak{v} \in \mathfrak{B} \mid (A_i) \in \mathfrak{v}\} = \mathfrak{B}$$

und damit $\mathfrak{B}_{\bigcap_{i \in I} \mathfrak{K}_i} \subsetneqq \bigcap_{i \in I} \mathfrak{B}_{\mathfrak{K}_i}$.

3. Wir zeigen nun, daß bei (6.4.5) das Gleichheitszeichen im allgemeinen nicht zutrifft. Als X nehmen wir die Menge $\boldsymbol{N}^+$ und als $\mathfrak{X}$ die Gesamtheit aller nichtleeren endlichen Teilmengen von $\boldsymbol{N}^+$. Wir setzen $I = \mathfrak{X}$. Zu beliebigem $i \in I$ sei $\mathfrak{K}_i$ der aus $\{j \mid \emptyset \neq j \subseteqq i\}$ erzeugte Hauptfilter in $\mathfrak{X}$; sein Gitter $\mathfrak{K}_i^*$ besteht aus allen in $\mathfrak{X}$ liegenden Obermengen der Einermengen $\{j\}$ $(\emptyset \neq j \subseteqq i)$. $\bigcup_{i \in I} \mathfrak{K}_i^*$ ist deshalb die Gesamtheit aller in $\mathfrak{X}$ liegenden Obermengen der Einermengen $\{i\}$ $(i \in I)$. $\mathfrak{B}$ gehöre lediglich das aus dem Dualfilter $\{\emptyset\} \cup I$ erzeugte Haupt-$\wedge$-Ideal an. Es ergibt sich

$$\mathfrak{B}_{\bigcup_{i \in I} \mathfrak{K}_i^*} = \{\mathfrak{v} \in \mathfrak{B} \mid \exists \mathfrak{F} \in \mathfrak{v} \; \forall F \in \mathfrak{F} \; \exists i \in I \; (F \subseteqq i)\} = \mathfrak{B}$$

und zu beliebigem $i \in I$

$$\mathfrak{B}_{\mathfrak{K}_i^*} = \{\mathfrak{v} \in \mathfrak{B} \mid \exists \mathfrak{F} \in \mathfrak{v} \; \forall F \in \mathfrak{F} \; (F \subseteqq i)\} = \emptyset ,$$

somit $\bigcup_{i \in I} \mathfrak{B}_{\mathfrak{K}_i^*} \subsetneqq \mathfrak{B}_{\bigcup_{i \in I} \mathfrak{K}_i^*}$.

Zu beliebigem $A \in \mathfrak{X}$ sei $\tau_{\mathfrak{B}}(A)$ die Menge aller Filter $\mathfrak{K}$ in $\mathfrak{X}$, die A als $\mathfrak{B}$-Limes haben.

6.4.4 (Die Pseudotopologie $\tau_{\mathfrak{B}}$). *Die Abbildung $\tau_{\mathfrak{B}}: A \mapsto \tau_{\mathfrak{B}}(A)$ $(A \in \mathfrak{X})$ ist eine Pseudotopologie. Im allgemeinen ist sie keine mehrstufige Topologie. Folgt zu beliebigen $A, B \in \mathfrak{X}$ aus $\mathfrak{B}_A = \mathfrak{B}_B$ stets $A = B$, so ist $\tau_{\mathfrak{B}}$ eine separierte Pseudotopologie.*

Beweis. 1. A sei eine Menge aus $\mathfrak{X}$. Gegeben sei ein Filter $\mathfrak{K} \in \tau_{\mathfrak{B}}(A)$ und ein eigentlicher Filter $\mathfrak{L}$ in $\mathfrak{X}$, der Oberfilter von $\mathfrak{K}$ ist. Wegen (2.3.1) ist $\mathfrak{K} \subseteqq \mathfrak{L} \subseteqq \mathfrak{L}^* \subseteqq \mathfrak{K}^*$, so daß $\mathfrak{B}_A = \mathfrak{B}_{\mathfrak{K}} \subseteqq \mathfrak{B}_{\mathfrak{L}} \subseteqq \mathfrak{B}_{\mathfrak{L}^*} \subseteqq \mathfrak{B}_{\mathfrak{K}^*} = \mathfrak{B}_A$ unter Berücksichtigung von 6.4.3 folgt. Daher ist $\mathfrak{L} \in \tau_{\mathfrak{B}}(A)$. Für den uneigentlichen Filter $\mathfrak{L}$ in $\mathfrak{A}$ gilt nach Definition $\mathfrak{L} \in \tau_{\mathfrak{B}}(A)$.

Im weiteren seien zwei Filter $\mathfrak{K}$ und $\mathfrak{L}$ aus $\tau_{\mathfrak{B}}(A)$ gegeben. Ist mindestens einer der Filter $\mathfrak{K}, \mathfrak{L}$ uneigentlich, so stimmt $\mathfrak{K} \cap \mathfrak{L}$ mit $\mathfrak{K}$ oder $\mathfrak{L}$ überein, so daß $\mathfrak{K} \cap \mathfrak{L} \in \tau_{\mathfrak{B}}(A)$ in diesem Falle gilt. Im folgenden seien $\mathfrak{K}$ und $\mathfrak{L}$ eigentlich. Dann ergibt sich wegen (2.3.2) und 6.4.3

$$\mathfrak{B}_{\mathfrak{K} \cap \mathfrak{L}} = \mathfrak{B}_{\mathfrak{K}} \cap \mathfrak{B}_{\mathfrak{L}} \quad \text{und} \quad \mathfrak{B}_{(\mathfrak{K} \cap \mathfrak{L})^*} = \mathfrak{B}_{\mathfrak{K}^*} \cup \mathfrak{B}_{\mathfrak{L}^*},$$

wegen $\mathfrak{B}_A = \mathfrak{B}_{\mathfrak{K}} = \mathfrak{B}_{\mathfrak{K}^*} = \mathfrak{B}_{\mathfrak{L}} = \mathfrak{B}_{\mathfrak{L}^*}$ also

$$\mathfrak{B}_A = \mathfrak{B}_{\mathfrak{K} \cap \mathfrak{L}} = \mathfrak{B}_{(\mathfrak{K} \cap \mathfrak{L})^*}.$$

Damit folgt auch in diesem Falle $\mathfrak{K} \cap \mathfrak{L} \in \tau_{\mathfrak{B}}(A)$.

Zu beliebigem $A \in \mathfrak{X}$ stimmt der aus $\{A\}$ erzeugte Filter $[A]$ in $\mathfrak{X}$ mit seinem Gitter überein, so daß $\mathfrak{B}_A = \mathfrak{B}_{[A]} = \mathfrak{B}_{[A]^*}$ und damit $[A] \in \tau_{\mathfrak{B}}(A)$ gilt. $\tau_{\mathfrak{B}}$ ist deshalb eine Pseudotopologie. Zieht $\mathfrak{B}_A = \mathfrak{B}_B$ zu beliebigen $A, B \in \mathfrak{X}$ stets $A = B$ nach sich, so ist die Pseudotopologie $\tau_{\mathfrak{B}}$ natürlich separiert.

2. Wir haben noch zu zeigen, daß $\tau_{\mathfrak{B}}$ im allgemeinen keine mehrstufige Topologie ist. Wir wählen dazu X, $\mathfrak{X}$ und $\mathfrak{B}$ wie im Teil 2 des Beweises von 6.4.3. Wie dort sei zu beliebigem $i \in \boldsymbol{N}^+$ stets $A_i = \{n \in \boldsymbol{N}^+ \mid n \geqq i\}$ und $\mathfrak{K}_i$ der aus $\{A_i\}$ erzeugte Hauptfilter in $\mathfrak{X}$. Offensichtlich ist $\boldsymbol{N}^+ = A_1$ ein $\mathfrak{B}$-Limes jedes Filters $\mathfrak{K}_i$ und hat $\bigcap_{i \in \boldsymbol{N}^+} \mathfrak{K}_i$ diese Menge nicht als $\mathfrak{B}$-Limes. $\tau_{\mathfrak{B}}$ ist in diesem Beispiel also keine mehrstufige Topologie.

$\tau_{\mathfrak{B}}$ nennen wir die **Pseudotopologie der $\mathfrak{B}$-Konvergenz** in $\mathfrak{X}$.

Für die folgende Aussage nehmen wir an, daß $\mathfrak{Y}$ eine Teilmenge von $\mathfrak{X}$ ist. Wir bezeichnen wie bisher mit $\tau_{\mathfrak{B}}$ die Limitierung der $\mathfrak{B}$-Konvergenz in $\mathfrak{X}$, ferner mit $\tau'_{\mathfrak{B}}$ die Limitierung der $\mathfrak{B}$-Konvergenz in $\mathfrak{Y}$.

6.4.5 ($\mathfrak{B}$-Konvergenz in Teilsystemen). *$\tau'_{\mathfrak{B}}$ stimmt mit der von $\tau_{\mathfrak{B}}$ auf $\mathfrak{Y}$ induzierten Limitierung überein.*

Beweis. $\mathfrak{K}$ sei ein eigentlicher Filter in $\mathfrak{Y}$. $(A_i)_{i \in I}$ sei diejenige gefilterte Familie von Elementen von $\mathfrak{Y}$, für die I die mit $\mathfrak{K}$ versehene Menge $\mathfrak{Y}$ ist und

$A_i = i$ zu beliebigem $i \in I$ gilt. Da diese gefilterte Familie in $\mathfrak{Y}$ den Filter $\mathfrak{K}$ und in $\mathfrak{X}$ den Filter $\underset{\subseteq,\mathfrak{X}}{\mathrm{im}}\,\mathfrak{K}$ erzeugt, gilt wegen 6.4.2 sowohl $\mathfrak{B}_{\mathfrak{K}} = \mathfrak{B}_{\underset{\subseteq,\mathfrak{X}}{\mathrm{im}}\,\mathfrak{K}}$ als auch $\mathfrak{B}_{\mathfrak{K}^*} = \mathfrak{B}_{(\underset{\subseteq,\mathfrak{X}}{\mathrm{im}}\,\mathfrak{K})^*}$. Damit folgt leicht

$$\tau'_{\mathfrak{B}}(A) = \{\mathfrak{K} \in \mathcal{F}\mathfrak{Y} \mid \underset{\subseteq,\mathfrak{X}}{\mathrm{im}}\,\mathfrak{K} \in \tau_{\mathfrak{B}}(A)\}$$

zu beliebigem $A \in \mathfrak{X}$, wegen 3.9.1 somit die Behauptung.

Im folgenden Satz benutzen wir die in Abschnitt 2.12 eingeführte Präordnung $\leqq$. $\mathfrak{W}$ sei neben $\mathfrak{B}$ ein weiteres System von $\wedge$-Idealen von Dualfiltern in X. Wir erinnern daran, daß $\mathfrak{B} \leqq \mathfrak{W}$ genau dann gilt, wenn zu beliebigem $\mathfrak{v} \in \mathfrak{B}$ endlich viele $\mathfrak{w}_1, \ldots, \mathfrak{w}_n \in \mathfrak{W}$ mit $\mathfrak{w}_1 \cap \cdots \cap \mathfrak{w}_n \subseteq \mathfrak{v}$ existieren.

6.4.6. *$\mathfrak{K}$ sei ein Filter in $\mathfrak{X}$. Besitzt $\mathfrak{K}$ eine Teilmenge A von X als $\mathfrak{W}$-Limes und gilt $\mathfrak{B} \subseteq \mathfrak{W}$, so hat $\mathfrak{K}$ die Menge A auch als $\mathfrak{B}$-Limes. Besitzt $\mathfrak{K}$ ganz X als $\mathfrak{W}$-Limes und gilt $\mathfrak{B} \leqq \mathfrak{W}$, so hat $\mathfrak{K}$ ganz X auch als $\mathfrak{B}$-Limes.*

Beweis. Wenn $\mathfrak{K}$ uneigentlich ist, gilt die Behauptung natürlich. $\mathfrak{K}$ sei im weiteren eigentlich. Wir nehmen zuerst $\mathfrak{B} \subseteq \mathfrak{W}$ an. Gilt $\mathfrak{W}_{\mathfrak{L}} = \mathfrak{W}_{\mathfrak{M}}$ für zwei Systeme $\mathfrak{L}$ und $\mathfrak{M}$ von Teilmengen von $\mathfrak{X}$, so auch $\mathfrak{B}_{\mathfrak{L}} = \mathfrak{B}_{\mathfrak{M}}$. Wenn $\mathfrak{K}$ eine Teilmenge A von X als $\mathfrak{W}$-Limes besitzt, folgt wegen $\mathfrak{W}_{[A]} = \mathfrak{W}_{\mathfrak{K}} = \mathfrak{W}_{\mathfrak{K}^*}$ deshalb auch $\mathfrak{B}_A = \mathfrak{B}_{\mathfrak{K}} = \mathfrak{B}_{\mathfrak{K}^*}$, d. h., daß A auch $\mathfrak{B}$-Limes von $\mathfrak{K}$ ist.

Im folgenden gelte $\mathfrak{B} \leqq \mathfrak{W}$. Zu beliebigem $\mathfrak{v} \in \mathfrak{B}$ gibt es also $\mathfrak{w}_{1\mathfrak{v}}, \ldots, \mathfrak{w}_{n\mathfrak{v}} \in \mathfrak{W}$ mit $\mathfrak{w}_{1\mathfrak{v}} \cap \cdots \cap \mathfrak{w}_{n\mathfrak{v}} \subseteq \mathfrak{v}$. Besitzt $\mathfrak{K}$ ganz X als $\mathfrak{W}$-Limes, d. h. gilt $\mathfrak{W} = \mathfrak{W}_{\mathfrak{K}}$, so existieren zu beliebigem $\mathfrak{v} \in \mathfrak{B}$ Dualfilter $\mathfrak{F}_1 \in \mathfrak{w}_{1\mathfrak{v}}, \ldots, \mathfrak{F}_n \in \mathfrak{w}_{n\mathfrak{v}}$ derart, daß es zu beliebigem $j = 1, \ldots, n$ und $F_j \in \mathfrak{F}_j$ ein $K_{jF_j} \in \mathfrak{K}$ mit $F_j \subseteq \bigcap_{C \in K_{jF_j}} C$ gibt. $\mathfrak{F} = \mathfrak{F}_1 \vee \cdots \vee \mathfrak{F}_n$ gehört stets $\mathfrak{v}$ an, und zu beliebigem $F \in \mathfrak{F}$ existieren $F_1 \in \mathfrak{F}_1, \ldots, F_n \in \mathfrak{F}_n$ mit $F \subseteq F_1 \cup \cdots \cup F_n$ und daher mit $F \subseteq \bigcap_{C \in K_F} C$, wobei K_F die $\mathfrak{K}$ angehörende Menge $K_{1F_1} \cap \cdots \cap K_{nF_n}$ ist. Daher gilt $\mathfrak{B} = \mathfrak{B}_{\mathfrak{K}}$ und ist X somit $\mathfrak{B}$-Limes von $\mathfrak{K}$.

Hat ein Filter $\mathfrak{K}$ in $\mathfrak{X}$ eine Teilmenge A von X als $\mathfrak{W}$-Limes und gilt $\mathfrak{B} \leqq \mathfrak{W}$, so hat $\mathfrak{K}$ die Menge A im allgemeinen nicht als $\mathfrak{B}$-Limes, wie wir an Hand eines Beispiels zeigen. Es sei $X = \boldsymbol{K}$ ($\boldsymbol{K} = \boldsymbol{R}$ oder $\boldsymbol{C}$), ferner $\mathfrak{B} = [[(X)]]$ und $\mathfrak{W} = \{[(X)]\}$. $\mathfrak{B}$ ist die gröbste Hypobornologie $\mathcal{J}X$ von X und $\mathfrak{W}$ eine Basis von $\mathfrak{B}$. Es gilt daher $\mathfrak{B} \leqq \mathfrak{W}$. $\mathfrak{X}$ sei die Potenzmenge von X und $\mathfrak{K}$ der aus der Folge $A_1, A_2, \ldots$ mit $A_n = \left(1 - \dfrac{1}{n}\right)\boldsymbol{E}$ erzeugte Filter in $\mathfrak{X}$. Da $[(\boldsymbol{E})] \in \mathfrak{B}_{\boldsymbol{E}} \setminus \mathfrak{B}_{\mathfrak{K}}$ gilt, ist $\boldsymbol{E}$ nicht $\mathfrak{B}$-Limes von $\mathfrak{K}$. Wegen $\mathfrak{W}_{\boldsymbol{E}} = \mathfrak{W}_{\mathfrak{K}} = \mathfrak{W}_{\mathfrak{K}^*} = \emptyset$ ist $\boldsymbol{E}$ jedoch $\mathfrak{W}$-Limes von $\mathfrak{K}$.

Auf Grund dieses Beispiels ist der Begriff des $\mathfrak{B}$-Limes für nichtleeres $\mathfrak{B}$ im allgemeinen nicht nur von der aus $\mathfrak{B}$ erzeugten Hypobornologie abhängig. Wegen 6.4.6 trifft das aber für den $\mathfrak{B}$-Limes X zu, d. h., sind $\mathfrak{B}$ und $\mathfrak{W}$ beliebige nichtleere Systeme von $\wedge$-Idealen von Dualfiltern in X, die Subbasen ein und derselben Hypobornologie sind, so hat ein Filter $\mathfrak{K}$ in einem System $\mathfrak{X}$ von Teilmengen von $\mathfrak{K}$ die Menge X genau dann als $\mathfrak{B}$-Limes, wenn $\mathfrak{K}$ die Menge X als $\mathfrak{W}$-Limes hat.

Mittels 6.4.6 zeigen wir

6.4.7 ($\mathfrak{B}^K$-Konvergenz). *X sei ein reeller oder komplexer Radialraum und $\mathfrak{K}$ ein Filter in $\mathfrak{X}$ mit der Eigenschaft*

$$\forall \alpha > 0 \, \forall K \in \mathfrak{K} \, \exists L \in \mathfrak{K} \, \forall C \in L \, (\alpha C \in K) \, .$$

Unter dieser Voraussetzung ist X genau dann ein $\mathfrak{B}$-Limes von $\mathfrak{K}$, wenn X ein $\mathfrak{B}^K$-Limes von $\mathfrak{K}$ ist.

Beweis. Ist X ein $\mathfrak{B}^K$-Limes von $\mathfrak{K}$, so ist X wegen 5.2.11 und 6.4.6 auch ein $\mathfrak{B}$-Limes von $\mathfrak{K}$. Wenn X ein $\mathfrak{B}$-Limes von $\mathfrak{K}$ ist, gilt

$$\forall \mathfrak{v} \in \mathfrak{B} \, \exists \mathfrak{F} \in \mathfrak{v} \, \forall F \in \mathfrak{F} \, \exists K \in \mathfrak{K} \, (F \subseteq \bigcap_{C \in K} C)$$

und auf Grund der Voraussetzung an $\mathfrak{K}$ damit

$$\forall \mathfrak{v} \in \mathfrak{B} \, \exists \mathfrak{F} \in \mathfrak{v} \, \forall F \in \mathfrak{F} \, \forall \alpha > 0 \, \exists L \in \mathfrak{K} \, (F \subseteq \alpha \bigcap_{C \in L} C) \, ,$$

weshalb sich X als $\mathfrak{B}^K$-Limes von $\mathfrak{K}$ ergibt.

Im weiteren benutzen wir die vor 6.1.8 eingeführte Präordnung $\dot{\subseteq}$.

6.4.8. *$\mathfrak{K}$ und $\mathfrak{L}$ seien Filter in $\mathfrak{X}$ mit $\mathfrak{K} \dot{\subseteq} \mathfrak{L}$. Hat $\mathfrak{K}$ ganz X als $\mathfrak{B}$-Limes, so auch $\mathfrak{L}$.*

Beweis. Ist $\mathfrak{L}$ der uneigentliche Filter, so hat $\mathfrak{L}$ natürlich X als $\mathfrak{B}$-Limes. Da mit $\mathfrak{K}$ auch $\mathfrak{L}$ uneigentlich ist, genügt es, sich im folgenden auf den Fall zu beschränken, daß $\mathfrak{K}$ und $\mathfrak{L}$ eigentlich sind. $\mathfrak{K}$ habe X als $\mathfrak{B}$-Limes, d. h., es gelte $\mathfrak{B} = \mathfrak{B}_{\mathfrak{K}}$, existiere also zu beliebigem $\mathfrak{v} \in \mathfrak{B}$ ein $\mathfrak{F} \in \mathfrak{v}$, so daß es zu jedem $F \in \mathfrak{F}$ ein $K \in \mathfrak{K}$ mit $F \subseteq \bigcap_{C \in K} C$ gibt. Da nach Voraussetzung zu jedem $K \in \mathfrak{K}$ ein $L \in \mathfrak{L}$ mit $\bigcap_{C \in K} C \subseteq \bigcap_{D \in L} D$ existiert, folgt $\mathfrak{B} = \mathfrak{B}_{\mathfrak{L}}$ und damit, daß X auch $\mathfrak{B}$-Limes von $\mathfrak{L}$ ist.

Im folgenden Satz tritt der vor 6.3.2 definierte Durchschnittsbegriff $\mathfrak{K}_1 \dot{\cap} \cdots \dot{\cap} \mathfrak{K}_n$ auf.

6.4.9 ($\mathfrak{B}$-Konvergenz punktierter Filterdurchschnitte). $\mathfrak{K}_1, \ldots, \mathfrak{K}_n$ $(n \in N^+)$ *seien eigentliche Filter in $\mathfrak{X}$. Genau dann, wenn jeder dieser Filter ganz X als $\mathfrak{B}$-Limes besitzt, hat auch $\mathfrak{K}_1 \dot{\cap} \cdots \dot{\cap} \mathfrak{K}_n$ ganz X als $\mathfrak{B}$-Limes.*

Beweis. 1. Jeder Filter $\mathfrak{K}_j$ habe ganz X als $\mathfrak{B}$-Limes. Es gilt also $\mathfrak{B}_{\mathfrak{K}_1} = \cdots = \mathfrak{B}_{\mathfrak{K}_n} = \mathfrak{B}$, d. h., es existieren zu beliebigem $\mathfrak{v} \in \mathfrak{B}$ Dualfilter $\mathfrak{F}_{1\mathfrak{v}}, \ldots, \mathfrak{F}_{n\mathfrak{v}} \in \mathfrak{v}$, so daß es zu jedem $j = 1, \dots, n$ und $F \in \mathfrak{F}_{j\mathfrak{v}}$ ein $K_{j\mathfrak{v}F} \in \mathfrak{K}_j$ mit $F \subseteqq \bigcap_{C \in K_{j\mathfrak{v}F}} C$ gibt. Wir bilden zu beliebigem $\mathfrak{v} \in \mathfrak{V}$ den Dualfilter $\mathfrak{G}_\mathfrak{v} = \mathfrak{F}_{1\mathfrak{v}} \cap \cdots \cap \mathfrak{F}_{n\mathfrak{v}}$ aus $\mathfrak{v}$ und erhalten zu jedem $G \in \mathfrak{G}_\mathfrak{v}$

$$G \subseteqq \bigcap_{C_1 \in K_{1\mathfrak{v}G}} C_1 \cap \cdots \cap \bigcap_{C_n \in K_{n\mathfrak{v}G}} C_n = \bigcap_{C_1 \in K_{1\mathfrak{v}G}, \dots, C_n \in K_{n\mathfrak{v}G}} (C_1 \cap \cdots \cap C_n) .$$

Folglich hat auch $\mathfrak{K}_1 \dot{\cap} \cdots \dot{\cap} \mathfrak{K}_n$ ganz X als $\mathfrak{V}$-Limes.

2. Zu beliebigem $j = 1, \dots, n$ gilt $\mathfrak{K}_1 \dot{\cap} \cdots \dot{\cap} \mathfrak{K}_n \subseteqq \mathfrak{K}_j$. Hat $\mathfrak{K}_1 \dot{\cap} \cdots \dot{\cap} \mathfrak{K}_n$ ganz X als $\mathfrak{V}$-Limes, so wegen 6.4.8 dann auch jeder Filter $\mathfrak{K}_j$.

Korollar. $(A_{ji})_{i \in I}$ $(j = 1, \dots, n)$ *seien eigentliche gefilterte Familien von Mengen* $A_{ji} \in \mathfrak{X}$ *mit gleicher gefilterter Indexmenge. Genau dann, wenn diese ganz* X *als* $\mathfrak{V}$*-Limes besitzen, hat auch die (mit dem gleichen Filter) gefilterte Familie* $(A_{1i} \cap \cdots \cap A_{ni})_{i \in I}$ *ganz* X *als* $\mathfrak{V}$*-Limes.*

Beweis. $\mathfrak{K}_1, \dots, \mathfrak{K}_n$ und $\mathfrak{K}$ seien die von $(A_{1i})_{i\in I}, \dots, (A_{ni})_{i \in I}$ und $(A_{1i} \cap \cdots \cap A_{ni})_{i \in I}$ erzeugten Filter in $\mathfrak{X}$. Da $\mathfrak{K}$ ein Oberfilter von $\mathfrak{K}_1 \dot{\cap} \cdots \dot{\cap} \mathfrak{K}_n$ ist, folgt mittels 6.4.4 und 6.4.9, daß mit $(A_{1i})_{i\in I}, \dots, (A_{ni})_{i\in I}$ auch $(A_{1i} \cap \cdots \cap A_{ni})_{i \in I}$ ganz X als $\mathfrak{V}$-Limes hat. Wegen $\mathfrak{K} \subseteqq \mathfrak{K}_j$ $(j = 1, \dots, n)$ ergibt sich mittels 6.4.8, daß umgekehrt mit $(A_{1i} \cap \cdots \cap A_{ni})_{i\in I}$ auch $(A_{1i})_{i\in I}, \dots, (A_{ni})_{i \in I}$ ganz X als $\mathfrak{V}$-Limes besitzen.

Für das Weitere sei X ein cartesisches Produkt $X_1 \times \cdots \times X_n$ $(n \in N^+)$ von Mengen. Zu beliebigem $j = 1, \dots, n$ sei $\mathfrak{V}_j$ ein System von $\wedge$-Idealen von Dualfiltern in X_j und ferner $\mathfrak{X}_j$ ein System von Teilmengen von X_j. $\mathfrak{V}$ sei wie bisher ein System von $\wedge$-Idealen von Dualfiltern in X, ferner $\mathfrak{X}$ eine Menge von Teilmengen von X, die $\{A_1 \times \cdots \times A_n \mid A_1 \in \mathfrak{X}_1, \dots, A_n \in \mathfrak{X}_n\}$ enthält. Im folgenden benutzen wir den in Abschnitt 2.12 für Systeme von $\wedge$-Idealen von Dualfiltern eingeführten Begriff des einfachen Produkts. Nach diesem ist speziell $\mathfrak{V}_1 \times^e \cdots \times^e \mathfrak{V}_n = \{\mathfrak{v}_1 \times \cdots \times \mathfrak{v}_n \mid \mathfrak{v}_1 \in \mathfrak{V}_1, \dots, \mathfrak{v}_n \in \mathfrak{V}_n\}$. Ferner benutzen wir im folgenden den vor 6.1.11 für Filter definierten Begriff des punktierten Produkts.

6.4.10. $\mathfrak{K}_j$ *sei zu beliebigem* $j = 1, \dots, n$ *ein eigentlicher Filter in* $\mathfrak{X}_j$. *Es gilt*

$$\mathfrak{V}_{1\mathfrak{K}_1} \times^e \cdots \times^e \mathfrak{V}_{n\mathfrak{K}_n} \subseteqq (\mathfrak{V}_1 \times^e \cdots \times^e \mathfrak{V}_n)_{\mathfrak{K}_1 \dot{\times} \cdots \dot{\times} \mathfrak{K}_n} , \tag{6.4.6}$$

und es trifft bei dieser Beziehung das Gleichheitszeichen zu, wenn jedem System $\mathfrak{V}_j$ *das uneigentliche* $\wedge$*-Ideal* $\mathcal{D}X_j$ *angehört.*

Beweis. Mittels (6.1.16) ergibt sich

$$(\mathfrak{V}_1 \times^e \cdots \times^e \mathfrak{V}_n)_{\mathfrak{K}_1 \dot{\times} \cdots \dot{\times} \mathfrak{K}_n}$$

$$= \{\mathfrak{v}_1 \times \cdots \times \mathfrak{v}_n \in \mathfrak{V}_1 \times^e \cdots \times^e \mathfrak{V}_n \mid \exists \mathfrak{F}_1 \in \mathfrak{v}_1 \cdots \exists \mathfrak{F}_n \in \mathfrak{v}_n \, \forall F_1 \in \mathfrak{F}_1 \cdots \forall F_n \in \mathfrak{F}_n$$

$$\exists K_1 \in \mathfrak{K}_1 \cdots \exists K_n \in \mathfrak{K}_n \; (F_1 \times \cdots \times F_n \subseteqq \bigcap_{G_1 \in K_1, \dots, G_n \in K_n} (G_1 \times \cdots \times G_n))\} \tag{6.4.7}$$

und damit (6.4.6).

Im folgenden gelte $\mathcal{D}X_j \in \mathfrak{B}_j$ für jedes j. Der rechten und linken Seite von (6.4.6) gehört das uneigentliche $\wedge$-Ideal $\mathcal{D}X = \mathcal{D}X_1 \times \cdots \times \mathcal{D}X_n$ an. Ist $\mathfrak{v}_1 \times \cdots \times \mathfrak{v}_n$ ein eigentliches $\wedge$-Ideal, das der rechten Seite von (6.4.6) angehört, so besitzt jeder Dualfilter $\mathfrak{F}_j \in \mathfrak{v}_j$ $(j = 1, \ldots, n)$ mindestens eine nichtleere Menge F_j als Element. Aus (6.4.7) folgt dann aber, daß $\mathfrak{v}_1 \times \cdots \times \mathfrak{v}_n$ auch der linken Seite von (6.4.6) angehört, bei (6.4.6) also das Gleichheitszeichen zutrifft.

6.4.11 ($\mathfrak{B}$-Konvergenz punktierter Filterprodukte). *$\mathfrak{K}_j$ sei zu beliebigem $j = 1, \ldots, n$ ein eigentlicher Filter in $\mathfrak{X}_j$. Besitzt $\mathfrak{K}_j$ zu jedem j ganz X_j als $\mathfrak{B}_j$-Limes und gilt $\mathfrak{B} \leqq \mathfrak{B}_1 \times^e \cdots \times^e \mathfrak{B}_n$, so hat $\mathfrak{K}_1 \times^e \cdots \times^e \mathfrak{K}_n$ ganz X als $\mathfrak{B}$-Limes. Wenn jedes System $\mathfrak{B}_j$ nichtleer und ungleich $\{\mathcal{D}X_j\}$ ist und $\mathfrak{B}_1 \times^e \cdots \times^e \mathfrak{B}_n \leqq \mathfrak{B}$ gilt, folgt umgekehrt daraus, daß $\mathfrak{K}_1 \dot{\times} \cdots \dot{\times} \mathfrak{K}_n$ ganz X als $\mathfrak{B}$-Limes hat, daß jeder Filter $\mathfrak{K}_j$ ganz X_j als $\mathfrak{B}_j$-Limes besitzt.*

Beweis. Der erste Teil der Behauptung ergibt sich offensichtlich aus 6.4.6 und (6.4.6). Nun sei jedes System $\mathfrak{B}_j$ nichtleer und ungleich $\{\mathcal{D}X_j\}$, gelte $\mathfrak{B}_1 \times^e \cdots \times^e \mathfrak{B}_n \leqq \mathfrak{B}$ und sei X ein $\mathfrak{B}$-Limes von $\mathfrak{K}_1 \dot{\times} \cdots \dot{\times} \mathfrak{K}_n$. Mittels 2.11.5 folgt, daß auch $\widetilde{\mathfrak{B}}_1 \times^e \cdots \times^e \widetilde{\mathfrak{B}}_n \leqq \mathfrak{B}$ gilt, wobei jeweils $\widetilde{\mathfrak{B}}_j$ diejenige Hypobornologie von X_j mit $\mathfrak{B}_j$ als Subbasis ist. Aus 6.4.6 erhält man, daß X ein $(\widetilde{\mathfrak{B}}_1 \times^e \cdots \times^e \widetilde{\mathfrak{B}}_n)$-Limes von $\mathfrak{K}_1 \dot{\times} \cdots \dot{\times} \mathfrak{K}_n$ ist. Wegen 6.4.10 gilt deshalb

$$\widetilde{\mathfrak{B}}_1 \times^e \cdots \times^e \widetilde{\mathfrak{B}}_n = \widetilde{\mathfrak{B}}_{1\mathfrak{K}_1} \times^e \cdots \times^e \widetilde{\mathfrak{B}}_{n\mathfrak{K}_n}. \tag{6.4.8}$$

$\mathfrak{v}_j$ sei ein eigentliches $\wedge$-Ideal aus einem System $\widetilde{\mathfrak{B}}_j$. Auf Grund der Voraussetzung finden wir eigentliche $\wedge$-Ideale $\mathfrak{v}_i \in \widetilde{\mathfrak{B}}_i$ zu beliebigem $i \neq j$ und erhalten $\mathfrak{v}_1 \times \cdots \times \mathfrak{v}_n \in \widetilde{\mathfrak{B}}_{1\mathfrak{K}_1} \times^e \cdots \times^e \widetilde{\mathfrak{B}}_{n\mathfrak{K}_n}$ aus (6.4.8), wegen (2.11.4) damit $\mathfrak{v}_j \in \widetilde{\mathfrak{B}}_{j\mathfrak{K}_j}$ und folglich $\widetilde{\mathfrak{B}}_j = \widetilde{\mathfrak{B}}_{j\mathfrak{K}_j}$. Unter der angegebenen Voraussetzung besitzt deshalb jeder Filter $\mathfrak{K}_j$ ganz X_j als $\widetilde{\mathfrak{B}}_j$-Limes und damit auch als $\mathfrak{B}_j$-Limes.

Anmerkungen. Zu der im Satz angegebenen Bedingung $\mathfrak{B} \leqq \mathfrak{B}_1 \times^e \cdots \times^e \mathfrak{B}_n$ ist wegen 2.12.8 die Forderung äquivalent, daß die natürlichen Projektionen π_j von X $\mathfrak{B}$, $\mathfrak{B}_j$-treu sind. $\mathfrak{B} \leqq \mathfrak{B}_1 \times^e \cdots \times^e \mathfrak{B}_n$ und $\mathfrak{B}_1 \times^e \cdots \times^e \mathfrak{B}_n \leqq \mathfrak{B}$ gelten offensichtlich, wenn $\mathfrak{B}, \mathfrak{B}_1, \ldots, \mathfrak{B}_n$ Hypobornologien sind und $\mathfrak{B}$ mit dem Hypobornologienprodukt $\mathfrak{B}_1 \times \cdots \times \mathfrak{B}_n$ übereinstimmt.

Ohne Mühe beweist man unter Berücksichtigung von 6.4.4 das

Korollar. *$(A_{ji})_{i \in I}$ $(j = 1, \ldots, n)$ seien eigentliche gefilterte Familien von Mengen $A_{ji} \in \mathfrak{X}_i$ mit gleicher gefilterte Indexmenge. Besitzt $(A_{ji})_{i \in I}$ zu beliebigem j ganz X_j als $\mathfrak{B}_j$-Limes und gilt $\mathfrak{B} \leqq \mathfrak{B}_1 \times^e \cdots \times^e \mathfrak{B}_n$, so hat die (mit dem gleichen Filter) gefilterte Familie $(A_{1i} \times \cdots \times A_{ni})_{i \in I}$ ganz X als $\mathfrak{B}$-Limes. Wenn jedes System $\mathfrak{B}_j$ nichtleer und ungleich $\{\mathcal{D}X_j\}$ ist und $\mathfrak{B}_1 \times^e \cdots \times^e \mathfrak{B}_n \leqq \mathfrak{B}$ gilt, folgt umgekehrt daraus, daß $(A_{1i} \times \cdots \times A_{ni})_{i \in I}$ ganz X als $\mathfrak{B}$-Limes hat, daß jede gefilterte Familie $(A_{ji})_{i \in I}$ ganz X_j als $\mathfrak{B}_j$-Limes besitzt.*

Wir leiten als nächstes eine leichte Folgerung aus dem zweiten Teil des Satzes 6.4.11 her. $a = (a_1, \dots, a_n)$ sei dazu ein Element von X und zu beliebigem $j = 1, \dots, n$ ferner ι_{ja} die natürliche Einbettung von X_j in X bez. a.

6.4.12. *j sei eine der Zahlen $1, \dots, n$ und ι_{ja} eine $\mathfrak{V}_j,\mathfrak{V}$-treue Abbildung. Zu beliebigem $j' = 1, \dots, n$ sei $\mathfrak{K}_{j'}$ ein eigentlicher Filter in $\mathfrak{X}_{j'}$. Besitzt $\mathfrak{K}_1 \dot{\times} \cdots \dot{\times} \mathfrak{K}_n$ ganz X als $\mathfrak{V}$-Limes, so hat $\mathfrak{K}_j$ ganz X_j als $\mathfrak{V}_j$-Limes.*

Beweis. Wenn $\mathfrak{V}_j = \emptyset$ oder $\mathfrak{V}_j = \{\mathcal{D}X_j\}$ ist, hat $\mathfrak{K}_j$ trivialerweise X_j als $\mathfrak{V}_j$-Limes. Im weiteren sei $\mathfrak{V}_j \neq \emptyset$ und $\mathfrak{V}_j \neq \{\mathcal{D}X_j\}$. Wegen 2.12.9 gilt $\mathfrak{U}_{j1} \times^e \cdots \times^e \mathfrak{U}_{jn} \leqq \mathfrak{V}$ bei $\mathfrak{U}_{jj} = \mathfrak{V}_j$ und bei $\mathfrak{U}_{jk} = \{[(a_k)]\}$ für $k \neq j$. Wenden wir 6.4.11 auf die Systeme $\mathfrak{U}_{jk}$ an, so folgt, daß $\mathfrak{K}_j$ ganz X_j als $\mathfrak{V}_j$-Limes hat.

Analog wie 6.4.12 aus 6.4.11 ergibt sich das

Korollar. *Ist j eine der Zahlen $1, \dots, n$ und ι_{ja} eine $\mathfrak{V}_j,\mathfrak{V}$-treue Abbildung, sind $(A_{j'i})_{i\in I}$ $(j' = 1, \dots, n)$ eigentliche gefilterte Familien von Mengen $A_{j'i} \in \mathfrak{X}_i$ mit gleicher gefilterter Indexmenge und hat $(A_{1i} \times \cdots \times A_{ni})_{i\in I}$ ganz X als $\mathfrak{V}$-Limes, so hat $(A_{ji})_{i\in I}$ ganz X_j als $\mathfrak{V}_j$-Limes.*

6.5. Drei Spezialfälle

Im weiteren gehen wir auf $\mathfrak{V}$-Limites ein in den Fällen, daß $\mathfrak{V}$ aus einem Mengensystem, einem Dualfiltersystem bzw. einem Filtersystem erzeugt wird (siehe Abschnitt 2.12).

X sei, wenn nicht ausdrücklich etwas anderes angegeben ist, eine beliebige Menge, ferner $\mathfrak{V}$ ein System von $\wedge$-Idealen von Dualfiltern in X.

Spezialfall 1. Es existiere eine Menge $\mathfrak{B}$ von Teilmengen von X (etwa eine Bornologie von X) mit $\mathfrak{V} = \{[(B)] \mid B \in \mathfrak{B}\}$, d. h. mit $\mathfrak{V} = \beta[\mathfrak{B}]$, wobei β die wie in Abschnitt 2.12 durch $\beta(B) = [(B)]$ definierte Abbildung von $\mathsf{P}X$ in $\mathcal{J}X$ ist. In diesem Fall ist die $\mathfrak{V}$-Konvergenz eine Mengenkonvergenz bezüglich eines Mengensystems. Für jede Familie $(A_i)_{i\in I}$ von Teilmengen von X, deren Indexbereich I eine Menge ist, die mit einem System $\mathfrak{K}$ von Teilmengen von X versehen ist, setzen wir $\mathfrak{B}_{(A_i)_{i\in I}} = \beta^{-1}[\beta[\mathfrak{B}]_{(A_i)_{i\in I}}]$ und erhalten

$$\mathfrak{B}_{(A_i)_{i\in I}} = \{B \in \mathfrak{B} \mid \exists K \in \mathfrak{K} \, (B \subseteqq \bigcap_{i\in K} A_i)\} .$$

Natürlich setzen wir auch $\mathfrak{B}_A = \beta^{-1}[\beta[\mathfrak{B}]_A]$ für jede Teilmenge A von X; es gilt stets

$$\mathfrak{B}_A = \{B \in \mathfrak{B} \mid B \subseteqq A\} .$$

Anstelle $\mathfrak{V}$-Limes sagen wir im vorliegenden Fall auch **$\mathfrak{B}$-Limes.** Offensichtlich besitzt eine eigentliche gefilterte Familie $(A_i)_{i\in I}$ von Teilmengen von X eine

Teilmenge A von X genau dann als $\mathfrak{B}$-Limes, wenn

$$\mathfrak{B}_A = \mathfrak{B}_{(A_i)_{i\in I}} = \mathfrak{B}_{(A_i)_{i\in I^*}}$$

gilt, wobei I^* der Indexbereich I, versehen mit dem Gitter $\mathfrak{K}^*$ des Filters $\mathfrak{K}$ von I, ist.

$\mathfrak{X}$ sei ein beliebiges System von Teilmengen von X. In Übereinstimmung mit einer in Abschnitt 6.4 vereinbarten Identifikation setzen wir $\mathfrak{B}_{\mathfrak{K}} = \beta^{-1}[\beta[\mathfrak{B}]_{\mathfrak{K}}]$ für jede Menge $\mathfrak{K}$ von Teilmengen von $\mathfrak{X}$. Es gilt stets

$$\mathfrak{B}_{\mathfrak{K}} = \{B \in \mathfrak{B} \mid \exists K \in \mathfrak{K}\,(B \subseteqq \bigcap_{C \in K} C)\}\,,$$

und es hat ein eigentlicher Filter $\mathfrak{K}$ in $\mathfrak{X}$ eine Teilmenge A von X genau dann als $\mathfrak{B}$-Limes, wenn

$$\mathfrak{B}_A = \mathfrak{B}_{\mathfrak{K}} = \mathfrak{B}_{\mathfrak{K}^*}$$

ist, wobei $\mathfrak{K}^*$ das Gitter von $\mathfrak{K}$ bezeichnet.

Die Pseudotopologie $\tau_{\mathfrak{B}}$ der $\mathfrak{B}$-Konvergenz in $\mathfrak{X}$ bezeichnen wir im vorliegenden Fall auch mit $\tau_{\mathfrak{B}}$.

6.5.1 (Die mehrstufige Topologie $\tau_{\mathfrak{B}}$). *$\tau_{\mathfrak{B}}$ ist stets eine mehrstufige Topologie. Wenn $A = \bigcup_{B \in \mathfrak{B}_A} B$ zu beliebigem $A \in \mathfrak{X}$ gilt, ist $\tau_{\mathfrak{B}}$ eine separierte mehrstufige Topologie.*

Beweis. 1. Gegeben sei ein $A \in \mathfrak{X}$. Der Nachbarschaftsfilter $\mathfrak{N}(A)$ von A bez. $\tau_{\mathfrak{B}}$ kann natürlich in der Form $\bigcap_{\mathfrak{K} \in \tau_{\mathfrak{B}}(A),\, \mathfrak{K} \neq P\mathfrak{X}} \mathfrak{K}$ geschrieben werden. Wegen (2.4.3) besteht für sein Gitter die Beziehung $\mathfrak{N}(A)^* = \bigcup_{\mathfrak{K} \in \tau_{\mathfrak{B}}(A),\, \mathfrak{K} \neq P\mathfrak{X}} \mathfrak{K}^*$. Wegen 6.4.3 gilt deshalb

$$\mathfrak{B}_{\mathfrak{N}(A)} = \bigcap_{\mathfrak{K} \in \tau_{\mathfrak{B}}(A),\, \mathfrak{K} \neq P\mathfrak{X}} \mathfrak{B}_{\mathfrak{K}} = \mathfrak{B}_A = \bigcup_{\mathfrak{K} \in \tau_{\mathfrak{B}}(A),\, \mathfrak{K} \neq P\mathfrak{X}} \mathfrak{B}_{\mathfrak{K}^*} = \mathfrak{B}_{\mathfrak{N}(A)^*}$$

und folglich $\mathfrak{N}(A) \in \tau_{\mathfrak{B}}(A)$. $\tau_{\mathfrak{B}}$ ist daher eine mehrstufige Topologie.

2. Zu beliebigem $A \in \mathfrak{X}$ sei $A = \bigcup_{C \in \mathfrak{B}_A} C$. Für Mengen $A, B \in \mathfrak{X}$ mit $\mathfrak{B}_A = \mathfrak{B}_B$ ist dann $A = \bigcup_{C \in \mathfrak{B}_A} C = \bigcup_{C \in \mathfrak{B}_B} C = B$, so daß $\tau_{\mathfrak{B}}$ nach 6.4.4 separiert ist.

Die Forderung, daß $A = \bigcup_{B \in \mathfrak{B}_A} B$ zu beliebigem $A \in \mathfrak{X}$ gilt, ist insbesondere erfüllt, wenn $\mathfrak{B}$ jede einelementige Teilmenge von X angehört, ferner, wenn $\mathfrak{X} \subseteqq \mathfrak{B}$ gilt.

$\tau_{\mathfrak{B}}$ nennen wir die **mehrstufige Topologie der $\mathfrak{B}$-Konvergenz** in $\mathfrak{X}$.

Ist $\mathfrak{B}$ ein nichtleeres Mengensystem und $\tilde{\mathfrak{B}}$ die Bornologie in X mit $\mathfrak{B}$ als Subbasis, so ist $\tau_{\mathfrak{B}}$ feiner als $\tau_{\tilde{\mathfrak{B}}}$ und gilt $\tau_{\mathfrak{B}}(X) = \tau_{\tilde{\mathfrak{B}}}(X)$ im Falle $X \in \mathfrak{X}$, wie aus 6.4.6 folgt. Im allgemeinen stimmen dann jedoch $\tau_{\mathfrak{B}}$ und $\tau_{\tilde{\mathfrak{B}}}$ nicht überein. Sind zum Beispiel X, $\mathfrak{X}$ und $\mathfrak{K}$ wie im Beispiel nach 6.4.6 gewählt und ist $\mathfrak{B} = \{X\}$, so ist $\boldsymbol{E}$ ein $\mathfrak{B}$-Limes und kein $\tilde{\mathfrak{B}}$-Limes von $\mathfrak{K}$. Andererseits gilt

6.5.2. *Ist $\mathfrak{B}$ eine Bornologie in X und $\mathfrak{B}^\sim$ die mit $\mathfrak{B}$ identifizierte Hypobornologie, so ist $\tau_{\mathfrak{B}} = \tau_{\mathfrak{B}^\sim}$.*

Beweis. A sei ein Element von $\mathfrak{X}$ und $\mathfrak{K}$ ein eigentlicher Filter in $\mathfrak{X}$. Ist A $\mathfrak{B}^\sim$-Limes von $\mathfrak{K}$, so folgt wegen $\beta[\mathfrak{B}] \subseteqq \mathfrak{B}^\sim$ aus 6.4.6, daß A auch $\beta[\mathfrak{B}]$-Limes und damit auch $\mathfrak{B}$-Limes von $\mathfrak{K}$ ist.

Im weiteren sei A ein $\mathfrak{B}$-Limes von $\mathfrak{K}$. Dann gilt

$$\forall B \in \mathfrak{B}\ (B \subseteqq A \Rightarrow \exists K \in \mathfrak{K}\ (B \subseteqq \bigcap_{C \in K} C)) \tag{6.5.1}$$

und

$$\forall B \in \mathfrak{B}\ (\exists K \in \mathfrak{K}^*\ (B \subseteqq \bigcap_{C \in K} C) \Rightarrow B \subseteqq A)\,. \tag{6.5.2}$$

Zu jedem $\mathfrak{v} \in (\mathfrak{B}^\sim)_A$ existiert ein $B \in \mathfrak{B}$ mit $(B \cap A) \in \mathfrak{v}$, wegen $B \cap A \in \mathfrak{B}$ und (6.5.1) also ein $K \in \mathfrak{K}$ mit $B \cap A \subseteqq \bigcap_{C \in K} C$, weshalb $\mathfrak{v} \in (\mathfrak{B}^\sim)_{\mathfrak{K}}$ und damit

$$(\mathfrak{B}^\sim)_A \subseteqq (\mathfrak{B}^\sim)_{\mathfrak{K}}$$

gilt. Zu jedem $\mathfrak{v} \in (\mathfrak{B}^\sim)_{\mathfrak{K}^*}$ existiert ein $B \in \mathfrak{B}$ und ein $\mathfrak{F} \in \mathfrak{v}$ derart, daß es zu jedem $F \in \mathfrak{F}$ ein $K \in \mathfrak{K}^*$ mit $F \subseteqq B \cap \bigcap_{C \in K} C$ gibt. Wegen $\mathfrak{F} \subseteqq \mathfrak{B}$ und (6.5.2) folgt $F \subseteqq A$ zu jedem $F \in \mathfrak{F}$, also $\mathfrak{F} \subseteqq (A)$, somit $(B \cap A) \in \mathfrak{v}$ und damit $\mathfrak{v} \in (\mathfrak{B}^\sim)_A$, also

$$(\mathfrak{B}^\sim)_{\mathfrak{K}^*} \subseteqq (\mathfrak{B}^\sim)_A\,.$$

Offensichtlich gilt $(\mathfrak{B}^\sim)_{\mathfrak{K}} \subseteqq (\mathfrak{B}^\sim)_{\mathfrak{K}^*}$, so daß sich A als $\mathfrak{B}^\sim$-Limes von $\mathfrak{K}$ ergibt.

Unter einer gewissen Einschränkung an $\mathfrak{B}$ gibt es eine einfache notwendige und hinreichende Bedingung für die $\mathfrak{B}$-Konvergenz.

6.5.3 (Kriterium für die $\mathfrak{B}$-Konvergenz). *Der Durchschnitt der Elemente jeder nichtleeren Teilmenge von $\mathfrak{X}$ gehöre $\mathfrak{B}$ an. Unter dieser Voraussetzung hat ein eigentlicher Filter $\mathfrak{K}$ in $\mathfrak{X}$ eine Menge $A \in \mathfrak{X}$ genau dann als $\mathfrak{B}$-Limes, wenn gilt:*

1. *Es gibt ein $K \in \mathfrak{K}$ mit $\bigcap_{C \in K} C = A$.*

2. *Zu jedem $K \in \mathfrak{K}^*$ ist $\bigcap_{C \in K} C \subseteqq A$.*

Beweis. 1. Gegeben sei ein $A \in \mathfrak{X}$ und ein eigentlicher Filter $\mathfrak{K} \in \tau_{\mathfrak{B}}(A)$. Zu jedem $K \in \mathfrak{K}^*$ gilt wegen $\emptyset \neq K \subseteqq \mathfrak{X}$ auf Grund der Voraussetzung $\bigcap_{C \in K} C \in \mathfrak{B}$, somit $\bigcap_{C \in K} C \in \mathfrak{B}_{\mathfrak{K}^*}$, wegen $\mathfrak{B}_{\mathfrak{K}^*} = \mathfrak{B}_A$ folglich $\bigcap_{C \in K} C \subseteqq A$. Aus der Voraussetzung folgt $A \in \mathfrak{B}$ und damit $A \in \mathfrak{B}_A$. Da $\mathfrak{B}_A = \mathfrak{B}_{\mathfrak{K}}$ ist, existiert ein $K \in \mathfrak{K}$ mit $A \subseteqq \bigcap_{C \in K} C$. Auf Grund des bereits Bewiesenen ist natürlich $\bigcap_{C \in K} C = A$. Die Bedingungen 1 und 2 sind also erfüllt.

2. Gegeben seien ein $A \in \mathfrak{X}$ und ein eigentlicher Filter $\mathfrak{K}$ in $\mathfrak{X}$ derart, daß die Bedingungen 1 und 2 erfüllt sind. Es gilt

$$\mathfrak{B}_A = \{B \in \mathfrak{B} \mid B \subseteqq A\} \subseteqq \mathfrak{B}_{\mathfrak{K}}$$

und

$$\mathfrak{B}_{\mathfrak{K}^*} = \{B \in \mathfrak{B} \mid \exists K \in \mathfrak{K}^* \, (B \subseteqq \bigcap_{C \in K} C)\} \subseteqq \mathfrak{B}_A ,$$

wegen $\mathfrak{B}_{\mathfrak{K}} \subseteqq \mathfrak{B}_{\mathfrak{K}^*}$ also $\mathfrak{B}_A = \mathfrak{B}_{\mathfrak{K}} = \mathfrak{B}_{\mathfrak{K}^*}$. $\mathfrak{K}$ besitzt deshalb A als $\mathfrak{B}$-Limes.

Aus 6.5.3 folgt, daß unter der in diesem Satz angegebenen Voraussetzung die $\mathfrak{B}$-Konvergenz nicht von der noch freien Wahl von $\mathfrak{B}$ abhängt. Ist $\mathfrak{B}$ speziell eine Bornologie, so besagt die Voraussetzung, daß $\mathfrak{X} \subseteqq \mathfrak{B}$ gilt. Im Falle $X \in \mathfrak{X}$ kommt daher als Bornologie $\mathfrak{B}$ nur $\mathsf{P}X$ in Frage.

6.5.3 entnimmt man, daß unter der in 6.5.3 angegebenen Voraussetzung jede Folge $A_1, A_2, \ldots$ bezüglich der mengentheoretischen Ordnung monoton fallender Mengen $A_i \in \mathfrak{X}$ mit $\bigcap_{i \in N^+} A_i \in \mathfrak{X}$ und keine Folge $A_1, A_2, \ldots$ bezüglich der mengentheoretischen Ordnung streng monoton wachsender Mengen $A_i \in \mathfrak{X}$ einen $\mathfrak{B}$-Limes hat.

Unter der Voraussetzung aus 6.5.3 lassen sich leicht die Nachbarschaftsfilter bez. $\tau_{\mathfrak{B}}$ angeben.

6.5.4 (Nachbarschaftsfilter bez. $\tau_{\mathfrak{B}}$). *Der Durchschnitt der Elemente jeder nichtleeren Teilmenge von $\mathfrak{X}$ gehöre $\mathfrak{B}$ an. Zu beliebigem $A \in \mathfrak{X}$ bilden dann die Mengen $K_A = \{C \in \mathfrak{X} \mid A \subseteqq C\}$ und $L_y = \{C \in \mathfrak{X} \mid y \notin C\}$ $(y \in X \setminus A)$ eine Subbasis des Nachbarschaftsfilters $\mathfrak{N}(A)$ von A bez. $\tau_{\mathfrak{B}}$.*

Beweis. Gegeben sei ein $A \in \mathfrak{X}$. $\mathfrak{M}(A)$ sei der Filter in $\mathfrak{X}$ mit der Subbasis $\{K_A\} \cup \{L_y \mid y \in X \setminus A\}$. Wegen $A \in K_A$ und $A \in L_y$ $(y \in X \setminus A)$ ist er natürlich eigentlich. Selbstverständlich gilt $\bigcap_{C \in K_A} C = A$. Für jedes Element K des Gitters $\mathfrak{M}(A)^*$ erhält man $K \cap L_y \neq \emptyset$ und somit $y \notin \bigcap_{C \in K} C$ zu beliebigem $y \in X \setminus A$, folglich $\bigcap_{C \in K} C \subseteqq A$. Wegen 6.5.3 besitzt deshalb $\mathfrak{M}(A)$ die Menge A als $\mathfrak{B}$-Limes.

$\mathfrak{K}$ sei ein eigentlicher Filter in $\mathfrak{X}$ mit A als $\mathfrak{B}$-Limes. Wegen 6.5.3 gibt es ein $K \in \mathfrak{K}$ mit $\bigcap_{C \in K} C = A$, folglich mit $K \subseteqq K_A$, so daß sich $K_A \in \mathfrak{K}$ ergibt. Zu beliebigem $y \in X \setminus A$ gilt ferner $L_y \in \mathfrak{K}$. Denn wäre $L_y \notin \mathfrak{K}$ für ein $y \in X \setminus A$, so würde $L_y \not\supseteq K$ zu beliebigem $K \in \mathfrak{K}$ gelten, es also zu beliebigem $K \in \mathfrak{K}$ ein $C_K \in K$ mit $y \in C_K$ geben, und es wäre $\{C_K \mid K \in \mathfrak{K}\}$ ein Element von $\mathfrak{K}^*$ mit $y \in \bigcap_{K \in \mathfrak{K}} C_K$, was aber 6.5.3 widersprechen würde. Es gilt folglich $\mathfrak{M}(A) \subseteqq \mathfrak{K}$ und damit, daß $\mathfrak{M}(A)$ gleich dem Nachbarschaftsfilter $\mathfrak{N}(A)$ von A bez. $\tau_{\mathfrak{B}}$ ist.

Unter Benutzung der angegebenen Darstellung der Nachbarschaftsfilter bez. $\tau_{\mathfrak{B}}$ zeigen wir, daß $\tau_{\mathfrak{B}}$ unter der Voraussetzung aus 6.5.3 eine separierte Topologie ist, also gilt

6.5.5 (Hinreichende Bedingung dafür, daß $\tau_{\mathfrak{B}}$ eine separierte Topologie ist). *Der Durchschnitt der Elemente jeder nichtleeren Teilmenge von $\mathfrak{X}$ gehöre $\mathfrak{B}$ an. Dann ist $\tau_{\mathfrak{B}}$ eine separierte Topologie.*

Beweis. A sei ein Element von $\mathfrak{X}$. Zu beliebigem $B \in K_A$ gilt $A \subseteqq B$, damit $K_B \subseteqq K_A$ und folglich $K_A \in \mathfrak{N}(B)$. Zu beliebigem $y \in X \setminus A$ und $B \in L_y$ ergibt sich $y \in X \setminus B$, also $L_y \in \mathfrak{N}(B)$. Damit folgt leicht, daß zu beliebigem $N \in \mathfrak{N}(A)$ ein $M \in \mathfrak{N}(A)$ mit $N \in \mathfrak{N}(B)$ zu beliebigem $B \in M$ existiert. $\tau_{\mathfrak{B}}$ ist deshalb eine Topologie. Auf Grund der Voraussetzung ist $\mathfrak{X} \subseteqq \mathfrak{B}$, so daß wegen 6.5.1 die Topologie $\tau_{\mathfrak{B}}$ separiert ist.

Spezialfall 2. Es existiere eine Menge $\mathfrak{L}$ von Dualfiltern in X mit $\mathfrak{B} = \{[\mathfrak{F}] \mid \mathfrak{F} \in \mathfrak{L}\}$, also mit $\mathfrak{B} = \sigma[\mathfrak{L}]$, wobei σ die wie in Abschnitt 2.12 durch $\sigma(\mathfrak{F}) = [\mathfrak{F}]$ definierte Abbildung von $\mathcal{D}X$ in $\mathcal{J}X$ ist. In diesem Falle ist die $\mathfrak{B}$-Konvergenz eine Mengenkonvergenz bezüglich eines Dualfiltersystems. Wir setzen für jede Familie $(A_\iota)_{\iota\in I}$ von Teilmengen von X, deren Indexbereich I eine Menge ist, die mit einem System $\mathfrak{K}$ von Teilmengen von X versehen ist, $\mathfrak{L}_{(A_\iota)_{\iota\in I}} = \sigma^{-1}[\sigma[\mathfrak{L}]_{(A_\iota)_{\iota\in I}}]$ und erhalten

$$\mathfrak{L}_{(A_\iota)_{\iota\in I}} = \{\mathfrak{F} \in \mathfrak{L} \mid \forall F \in \mathfrak{F}\ \exists K \in \mathfrak{K}\ (F \subseteqq \bigcap_{\iota\in K} A_\iota)\}\,.$$

Ist $(A_\iota)_{\iota\in I}$ eine eigentliche gefilterte Familie von Teilmengen von X und $\mathfrak{K}$ der Filter von I, so gilt wegen (6.4.1)

$$\mathfrak{L}_{(A_\iota)_{\iota\in I}} = \{\mathfrak{F} \in \mathfrak{L} \mid \mathfrak{F} \subseteqq \bigvee_{K\in\mathfrak{K}} (\bigcap_{\iota\in K} A_\iota)\}\,.$$

Für jede Teilmenge A von X setzen wir $\mathfrak{L}_A = \sigma^{-1}[\sigma[\mathfrak{L}]_A]$ und erhalten

$$\mathfrak{L}_A = \{\mathfrak{F} \in \mathfrak{L} \mid \mathfrak{F} \subseteqq (A)\}\,.$$

Anstelle $\mathfrak{B}$-Limes sagen wir im vorliegenden Falle auch **$\mathfrak{L}$-Limes**. Eine eigentliche gefilterte Familie $(A_\iota)_{\iota\in I}$ von Teilmengen von X besitzt eine Teilmenge A von X genau dann als $\mathfrak{L}$-Limes, wenn

$$\mathfrak{L}_A = \mathfrak{L}_{(A_\iota)_{\iota\in I}} = \mathfrak{L}_{(A_\iota)_{\iota\in I^*}}$$

gilt, wobei I^* der Indexbereich I, versehen mit dem Gitter des Filters von I, ist.

$\mathfrak{X}$ sei ein beliebiges System von Teilmengen von X. In Übereinstimmung mit einer in Abschnitt 6.4 vereinbarten Identifikation setzen wir $\mathfrak{L}_{\mathfrak{K}} = \sigma^{-1}[\sigma[\mathfrak{L}]_{\mathfrak{K}}]$ für jede Menge $\mathfrak{K}$ von Teilmengen von $\mathfrak{X}$. Es gilt stets

$$\mathfrak{L}_{\mathfrak{K}} = \{\mathfrak{F} \in \mathfrak{L} \mid \forall F \in \mathfrak{F}\ \exists K \in \mathfrak{K}\ (F \subseteqq \bigcap_{C\in K} C)\}\,.$$

Ein eigentlicher Filter $\mathfrak{K}$ in $\mathfrak{X}$ hat eine Teilmenge A von X genau dann als $\mathfrak{L}$-Limes, wenn

$$\mathfrak{L}_A = \mathfrak{L}_{\mathfrak{K}} = \mathfrak{L}_{\mathfrak{K}^*}$$

ist.

Die Pseudotopologie der $\mathfrak{B}$-Konvergenz in $\mathfrak{X}$ bezeichnen wir im vorliegenden Falle auch mit $\tau_{\mathfrak{L}}$ und nennen sie die **Pseudotopologie der $\mathfrak{L}$-Konvergenz** in $\mathfrak{X}$.

6.5.6. (Separiertheit von $\tau_{\mathfrak{L}}$). *Wenn* $\bigvee_{\mathfrak{F} \in \mathfrak{L}_A} \mathfrak{F} = (A)$ *zu beliebigem* $A \in \mathfrak{X}$ *gilt, ist* $\tau_{\mathfrak{L}}$ *separiert.*

Beweis. Auf Grund der angeführten Bedingung hat $\mathfrak{B}_A = \mathfrak{B}_B$, also $\mathfrak{L}_A = \mathfrak{L}_B$ stets $A = B$ zur Folge. Wegen 6.4.4 ist deshalb $\tau_{\mathfrak{L}}$ separiert.

Wenn $\mathfrak{L}$ ein nichtleeres Dualfiltersystem und $\tilde{\mathfrak{L}}$ die Semibornologie in X mit $\mathfrak{L}$ als Subbasis ist, so ist wegen 6.4.6 $\tau_{\mathfrak{L}}$ feiner als $\tau_{\tilde{\mathfrak{L}}}$ und gilt $\tau_{\mathfrak{L}}(X) = \tau_{\tilde{\mathfrak{L}}}(X)$, falls überhaupt $X \in \mathfrak{X}$ ist. Im allgemeinen stimmen dann jedoch $\tau_{\mathfrak{L}}$ und $\tau_{\tilde{\mathfrak{L}}}$ nicht überein. Denn sind etwa X, $\mathfrak{X}$ und $\mathfrak{K}$ wie im Beispiel nach 6.4.6 gewählt und ist $\mathfrak{L} = \{(X)\}$, so gilt $\mathfrak{L}_E = \mathfrak{L}_{\mathfrak{K}} = \mathfrak{L}_{\mathfrak{K}^*} = \emptyset$ und $(E) \in \tilde{\mathfrak{L}}_E \setminus \tilde{\mathfrak{L}}_{\mathfrak{K}}$, es ist also dann E ein $\mathfrak{L}$-Limes und kein $\tilde{\mathfrak{L}}$-Limes von $\mathfrak{K}$.

Ähnlich wie 6.5.2 beweist man

6.5.7. *Ist $\mathfrak{L}$ eine Semibornologie von X und $\mathfrak{L}^{\sim}$ die mit $\mathfrak{L}$ identifizierte Hyperbornologie, so ist $\tau_{\mathfrak{L}} = \tau_{\mathfrak{L}^{\sim}}$.*

Spezialfall 3. Es existiere eine Menge $\mathfrak{S}$ von Filtern in X mit $\mathfrak{B} = \{\bigvee_{F \in \mathfrak{F}} [(F)] \mid \mathfrak{F} \in \mathfrak{S}\}$, also mit $\mathfrak{B} = \varkappa[\mathfrak{S}]$, wobei $\varkappa$ die wie in Abschnitt 2.12 durch $\varkappa(\mathfrak{F}) = \bigvee_{F \in \mathfrak{F}} [(F)]$ definierte Abbildung von $\mathcal{F}X$ in $\mathcal{J}X$ ist. Wie wir bereits angemerkt haben, ist $\bigvee_{F \in \mathfrak{F}} [(F)]$ gerade dasjenige $\wedge$-Ideal aus $\mathcal{J}X$ mit $\{(F) \mid F \in \mathfrak{F}\}$ als Basis. Im vorliegenden Spezialfall ist die $\mathfrak{B}$-Konvergenz eine Mengenkonvergenz bezüglich eines Filtersystems. Wir setzen $\mathfrak{S}_{(A_i)_{i \in I}} = \varkappa^{-1}[\varkappa[\mathfrak{S}]_{(A_i)_{i \in I}}]$ für jede Familie $(A_i)_{i \in I}$ von Teilmengen von X, deren Indexbereich I eine Menge ist, die mit einem System $\mathfrak{K}$ von Teilmengen von X versehen ist, und erhalten

$$\mathfrak{S}_{(A_i)_{i \in I}} = \{\mathfrak{F} \in \mathfrak{S} \mid \exists K \in \mathfrak{K} \, (\bigcap_{i \in K} A_i \in \mathfrak{F})\} .$$

Für jede Teilmenge A von X setzen wir ferner $\mathfrak{S}_A = \varkappa^{-1}[\varkappa[\mathfrak{S}]_A]$ und erhalten

$$\mathfrak{S}_A = \{\mathfrak{F} \in \mathfrak{S} \mid A \in \mathfrak{F}\} .$$

Anstelle $\mathfrak{B}$-Limes sagen wir im vorliegenden Fall auch **$\mathfrak{S}$-Limes**. Eine eigentliche gefilterte Familie $(A_i)_{i \in I}$ von Teilmengen von X hat eine Teilmenge A von X genau dann als $\mathfrak{S}$-Limes, wenn

$$\mathfrak{S}_A = \mathfrak{S}_{(A_i)_{i \in I}} = \mathfrak{S}_{(A_i)_{i \in I^*}}$$

gilt, wobei I^* der Indexbereich I, versehen mit dem Gitter des Filters von I, ist.

$\mathfrak{X}$ sei ein beliebiges System von Teilmengen von X. Wir setzen in Übereinstimmung mit einer in Abschnitt 6.4 vereinbarten Identifikation $\mathfrak{S}_{\mathfrak{K}} =$

$\varkappa^{-1}[\varkappa[\mathfrak{S}]_{\mathfrak{K}}]$ für jede Menge $\mathfrak{K}$ von Teilmengen von $\mathfrak{X}$. Es gilt stets

$$\mathfrak{S}_{\mathfrak{K}} = \{\mathfrak{F} \in \mathfrak{S} \mid \exists K \in \mathfrak{K} \, (\bigcap_{C \in K} C \in \mathfrak{F})\},$$

und es hat ein eigentlicher Filter $\mathfrak{K}$ in $\mathfrak{X}$ eine Teilmenge A von X genau dann als $\mathfrak{S}$-Limes, wenn

$$\mathfrak{S}_A = \mathfrak{S}_{\mathfrak{K}} = \mathfrak{S}_{\mathfrak{K}^*}$$

ist.

Die Pseudotopologie $\tau_{\mathfrak{B}}$ der $\mathfrak{B}$-Konvergenz in $\mathfrak{X}$ bezeichnen wir im vorliegenden Falle auch mit $\tau_{\mathfrak{S}}$ und nennen sie **Pseudotopologie der $\mathfrak{S}$-Konvergenz** in $\mathfrak{X}$.

6.5.8 (Separiertheit von $\tau_{\mathfrak{S}}$). *Zu beliebigem $x \in X$ sei $[x] \in \mathfrak{S}$. Dann ist $\tau_{\mathfrak{S}}$ separiert.*

Beweis. Gegeben seien Mengen $A, B \in \mathfrak{X}$ mit $\mathfrak{S}_A = \mathfrak{S}_B$. Wäre $A \subsetneqq B$, so gäbe es einen Punkt $x \in B \setminus A$. Es wäre $[x] \in \mathfrak{S}_B$ und $[x] \notin \mathfrak{S}_A$ im Widerspruch zu $\mathfrak{S}_A = \mathfrak{S}_B$. Daher folgt $A \subseteqq B$ und analog $B \subseteqq A$, somit $A = B$. Wegen 6.4.4 ist $\tau_{\mathfrak{S}}$ deshalb separiert.

Falls $\mathfrak{S}$ ein nichtleeres Filtersystem und $\tilde{\mathfrak{S}}$ die Quasibornologie in X mit $\mathfrak{S}$ als Subbasis ist, dann ist $\tau_{\mathfrak{S}}$ feiner als $\tau_{\tilde{\mathfrak{S}}}$ und gilt $\tau_{\mathfrak{S}}(X) = \tau_{\tilde{\mathfrak{S}}}(X)$, falls überhaupt $X \in \mathfrak{X}$ ist, wie mittels 6.4.6 folgt. Im allgemeinen stimmen dann $\tau_{\mathfrak{S}}$ und $\tau_{\tilde{\mathfrak{S}}}$ nicht überein. Sind etwa X, $\mathfrak{X}$ und $\mathfrak{K}$ wie im Beispiel nach 6.4.6 gewählt und ist $\mathfrak{S} = \{[X]\}$, dann gilt $\mathfrak{S}_E = \mathfrak{S}_{\mathfrak{K}} = \mathfrak{S}_{\mathfrak{K}^*} = \emptyset$ und $[E] \in \tilde{\mathfrak{S}}_E \setminus \tilde{\mathfrak{S}}_{\mathfrak{K}}$, d. h. ist E ein $\mathfrak{S}$-Limes von $\mathfrak{K}$, jedoch kein $\tilde{\mathfrak{S}}$-Limes von $\mathfrak{K}$.

Ist $\mathfrak{S}$ eine Quasibornologie und $\mathfrak{S}^\sim$ die mit $\mathfrak{S}$ identifizierte Hyperbornologie, dann ist wegen 6.4.6 $\tau_{\mathfrak{S}}$ feiner als $\tau_{\mathfrak{S}^\sim}$ und gilt $\tau_{\mathfrak{S}}(X) = \tau_{\mathfrak{S}^\sim}(X)$, falls überhaupt $X \in \mathfrak{X}$ ist. Die Sätze 6.5.2 und 6.5.7 besitzen im vorliegenden Fall kein Analogon. Wir zeigen nämlich an Hand eines Beispiels, daß für eine Quasibornologie $\mathfrak{S}$ und die mit ihr identifizierte Hypobornologie $\mathfrak{S}^\sim$ im allgemeinen $\tau_{\mathfrak{S}}$ und $\tau_{\mathfrak{S}^\sim}$ nicht übereinstimmen. Es sei $X = \boldsymbol{K}$ ($\boldsymbol{K} = \boldsymbol{R}$ oder $\boldsymbol{C}$) und $\mathfrak{S} = [\boldsymbol{V}]$. Ferner sei $\mathfrak{X}$ die Potenzmenge von X und $\mathfrak{K}$ der aus der Folge $A_1, A_2, \ldots$ mit $A_n = \left\{x \in \boldsymbol{K} \mid \frac{1}{n} \leqq |x| \leqq 1\right\}$ erzeugte Filter in $\mathfrak{X}$. $\mathfrak{S}_\emptyset$ besteht nur aus dem uneigentlichen Filter, so daß $\mathfrak{S}_\emptyset \subseteqq \mathfrak{S}_{\mathfrak{K}}$ gilt. Zu jedem $\mathfrak{F} \in \mathfrak{S}_{\mathfrak{K}^*}$ gilt $\boldsymbol{V} \subseteqq \mathfrak{F}$ und existiert ein $K \in \mathfrak{K}^*$ mit $\bigcap_{C \in K} C \in \mathfrak{F}$. Es gibt ein $n \in \boldsymbol{N}^+$ mit $\bigcap_{C \in K} C \subseteqq A_n$, also mit $A_n \in \mathfrak{F}$. Wegen $X \setminus A_n \in \boldsymbol{V} \subseteqq \mathfrak{F}$ ist $\mathfrak{F}$ daher uneigentlich. Daher folgt $\mathfrak{S}_{\mathfrak{K}^*} \subseteqq \mathfrak{S}_\emptyset$, wegen $\mathfrak{S}_{\mathfrak{K}} \subseteqq \mathfrak{S}_{\mathfrak{K}^*}$ also, daß $\emptyset$ ein $\mathfrak{S}$-Limes von $\mathfrak{K}$ ist. $\mathfrak{G}$ sei der Dualfilter in X mit der Basis $\{A_n \mid n \in \boldsymbol{N}^+\}$. Da es zu beliebigem $G \in \mathfrak{G}$ ein $K \in \mathfrak{K}$ mit $G \subseteqq \bigcap_{C \in K} C$ gibt, erhält man, daß das $\wedge$-Ideal $\mathfrak{v} = \bigvee_{F \in \boldsymbol{V}} [(F)] \vee [\mathfrak{G}]$ dem System $(\mathfrak{S}^\sim)_{\mathfrak{K}}$ angehört. Für jedes $F \in \boldsymbol{V}$ ist $(F) \cap \mathfrak{G}$ ungleich dem uneigentlichen Dualfilter $(\emptyset)$, somit ist $\mathfrak{v}$ eigentlich. Da $(\mathfrak{S}^\sim)_\emptyset$ nur das uneigentliche $\wedge$-Ideal $[(\emptyset)]$ angehört, ergibt sich $(\mathfrak{S}^\sim)_\emptyset \neq (\mathfrak{S}^\sim)_{\mathfrak{K}}$ und damit, daß $\emptyset$ kein $\mathfrak{S}^\sim$-Limes von $\mathfrak{K}$ ist.

Bemerkenswert ist, daß mit dem Spezialfall 3 zum Teil der offene Limes erfaßt wird. Wir gehen darauf genauer ein. X sei dazu ein pseudotopologischer Raum und τ die Pseudotopologie von X. Es sei $\mathfrak{S} = \bigcup_{x \in X} \tau(x)$. Dann gilt

6.5.9 (Beziehungen zwischen $\bigcup_{x \in X} \tau(x)$-Limites und offenen Limites). *Besitzt ein eigentlicher Filter $\mathfrak{K}$ in $\mathfrak{X}$ den $\mathfrak{S}$-Limes*[1]), *so auch den offenen Limes. Beide stimmen dann im allgemeinen nicht überein. Das trifft jedoch zu, wenn der $\mathfrak{S}$-Limes von $\mathfrak{K}$ eine offene Menge ist. Ein eigentlicher Filter $\mathfrak{K}$ in $\mathfrak{X}$ besitzt genau dann ganz X als $\mathfrak{S}$-Limes, wenn er ganz X als offenen Limes hat.*

Beweis. 1. $\mathfrak{K}$ sei ein eigentlicher Filter in $\mathfrak{X}$, der eine Menge $A \in \mathfrak{X}$ als $\mathfrak{S}$-Limes hat. Zu beliebigem $x \in \text{o-}\overline{\lim}\, \mathfrak{K}$ und $\mathfrak{F} \in \tau(x)$ existiert ein $K \in \mathfrak{K}^*$ mit $\bigcap_{C \in K} C \in \mathfrak{F}$, wegen $\mathfrak{S}_{\mathfrak{K}} = \mathfrak{S}_{\mathfrak{K}^*}$ also auch ein $K \in \mathfrak{K}$ mit $\bigcap_{C \in K} C \in \mathfrak{F}$. Daher ist $x \in \text{o-}\underline{\lim}\, \mathfrak{K}$, weshalb $\text{o-}\lim \mathfrak{K}$ existiert.

Zu beliebigem $y \in X \setminus A$ ergibt sich $[y] \notin \mathfrak{S}_A$ und damit $\bigcap_{C \in K} C \notin [y]$ für jedes $K \in \mathfrak{K}$, folglich $y \in X \setminus \text{o-}\underline{\lim}\, \mathfrak{K}$ und deshalb

$$\text{o-}\lim \mathfrak{K} \subseteqq A \,.$$

Ist A offen, so folgt zu beliebigem $x \in A$ und $\mathfrak{F} \in \tau(x)$ stets $A \in \mathfrak{F}$ und somit $\mathfrak{F} \in \mathfrak{S}_A = \mathfrak{S}_{\mathfrak{K}}$, deshalb $x \in \text{o-}\underline{\lim}\, \mathfrak{K}$ und daher $\text{o-}\lim \mathfrak{K} = A$.

2. Offensichtlich ist $\mathfrak{S} = \mathfrak{S}_{\mathfrak{K}}$ äquivalent zu $\text{o-}\underline{\lim}\, \mathfrak{K} = X$ für jeden eigentlichen Filter $\mathfrak{K}$ in $\mathfrak{X}$, so daß ein eigentlicher Filter $\mathfrak{K}$ in $\mathfrak{X}$ genau dann ganz X als $\mathfrak{S}$-Limes hat, wenn er ganz X als offenen Limes besitzt.

3. Wegen 6.4.4 hat zu jeder Menge $A \in \mathfrak{X}$ der aus $\{A\}$ erzeugte Filter $[A]$ die Menge A als $\mathfrak{S}$-Limes. Durch Übertragung von 6.1.4 auf offene Limites ergibt sich, daß $[A]$ auch stets den offenen Limes besitzt, dieser aber gleich dem Inneren von A ist. Ist A nicht offen, so stimmen demnach der $\mathfrak{S}$-Limes von $[A]$ und der offene Limes von $[A]$ nicht überein.

Auf Grund einer obigen Bemerkung und wegen 6.5.9 gilt $\tau_o(X) = \tau_{\mathfrak{S}}(X) = \tau_{\tilde{\mathfrak{S}}}(X)$ für $\mathfrak{S} = \bigcup_{x \in X} \tau(x)$ und die Quasibornologie $\tilde{\mathfrak{S}}$, die $\mathfrak{S}$ als Subbasis hat, vorausgesetzt, X gehört $\mathfrak{X}$ an.

[1]) Ein eigentlicher Filter $\mathfrak{K}$ in $\mathfrak{X}$ hat im vorliegenden Fall höchstens eine Menge als $\mathfrak{S}$-Limes.

7. ABBILDUNGSRÄUME

In diesem Kapitel befassen wir uns mit Konvergenzbegriffen für Abbildungen. In den ersten vier Abschnitten 7.1 bis 7.4 gehen wir auf die stetige Konvergenz ein. Wir definieren diese für Abbildungen mit im allgemeinen unterschiedlichen Definitionsbereichen, wozu wir den Begriff des offenen Mengenlimes benötigen. Die stetige Konvergenz spielt unter den Konvergenzbegriffen für Abbildungen eine ausgezeichnete Rolle; ist $\mathfrak{A}$ eine Menge von Abbildungen eines Limesraumes X in einen Limesraum Y, so definiert die stetige Konvergenz in $\mathfrak{A}$ die feinste Limitierung von $\mathfrak{A}$, bezüglich der die Evaluationsabbildung $(f, x) \mapsto f(x)$ $(f \in \mathfrak{A}, x \in X)$ stetig ist. Aus der stetigen Konvergenz von Abbildungen folgt die abgeschlossene Konvergenz derselben, wobei die Abbildungen als Teilmengen des Produktes des Urbild- und Bildraumes zu verstehen sind. In gewissen Fällen läßt sich unter Benutzung dieser abgeschlossenen Konvergenz die stetige Konvergenz sogar charakterisieren. Die stetige Konvergenz definiert stets eine Limitierung und genau dann eine Pseudotopologie, wenn die zugelassenen Abbildungen stetig sind und offene Mengen als Definitionsbereiche haben. Im Abschnitt 7.3 führen wir Kriterien dafür an, daß die Limitierung der stetigen Konvergenz eine mehrstufige Topologie bzw. eine Topologie ist.

Ein Spezialfall der stetigen Konvergenz ist die punktweise Konvergenz, und zwar ist sie gleich der stetigen Konvergenz in dem Fall, daß der Urbildraum als Limitierung die diskrete Topologie hat. Wir gehen auf sie in Abschnitt 7.5 ein. Unter Benutzung der Begriffe der gleichartigen Stetigkeit und der Gleichstetigkeit geben wir Beziehungen zwischen der punktweisen und der stetigen Konvergenz an. In Abschnitt 7.6 beweisen wir mit einigen dieser Beziehungen Aussagen über die Kompaktheit und die relative Kompaktheit von Abbildungsmengen bezüglich der Limitierung der stetigen Konvergenz.

Abschnitt 7.7 ist einem speziellen Konvergenzbegriff gewidmet, dem Begriff der Marinescu-Konvergenz. Mit ihm beweisen wir den Satz von Keller-Maissen. Wir benötigen diesen unter anderem für in Abschnitt 7.8 angegebene Aussagen über abgeschlossene Kategorien.

In den weiteren Abschnitten studieren wir Begriffe der verallgemeinerten gleichmäßigen Konvergenz. Wir lassen auch hier zu, daß die Abbildungen im allgemeinen unterschiedliche Definitionsbereiche haben. Die betreffenden Konvergenzbegriffe hängen von Systemen $\mathfrak{B}$ von $\wedge$-Idealen von Dualfiltern ab. Wir unterscheiden fünf Arten dieser Konvergenz, die wir als $\mathfrak{B},k$-Konvergenz $(k = 1, \dots, 5)$ bezeichnen. Der Bildraum Y ist im allgemeinen ein limesuniformer

Raum. Die $\mathfrak{B},k$-Konvergenz definiert stets eine Limitierung $\tau_{\mathfrak{B},k}$. Lassen wir nur Abbildungen zu, die den ganzen Urbildraum als Definitionsbereich haben, so kann $\tau_{\mathfrak{B},k}$ aus einer limesuniformen Struktur $\mathfrak{U}_{\mathfrak{B},k}$ erzeugt werden. Uns interessiert die $\mathfrak{B},k$-Konvergenz insbesondere in dem Fall, daß Y eine abelsche pseudotopologische Gruppe ist. Wenn speziell Y eine pseudotopologische lineare Gruppe ist und die zugelassenen Abbildungen ganz X als Definitionsbereich haben und bezüglich der argumentweise definierten Vektoraddition und skalaren Multiplikation einen Vektorraum bilden, so ist dieser Vektorraum, versehen mit $\tau_{\mathfrak{B},k}$, selbst eine pseudotopologische lineare Gruppe. Im allgemeinen ist diese kein pseudotopologischer Vektorraum, auch nicht, wenn Y ein pseudotopologischer Vektorraum ist. Es hängt wesentlich von $\mathfrak{B}$ ab, ob sich ein pseudotopologischer Vektorraum ergibt oder nicht. Die $\mathfrak{B},k$-Konvergenz untersuchen wir unter anderem in den Fällen, daß $\mathfrak{B}$ aus einem Mengensystem $\mathfrak{B}$, einem Dualfiltersystem $\mathfrak{L}$ bzw. einem Filtersystem $\mathfrak{S}$ erzeugt wird. Zum ersten Fall gehört die punktweise, die kompakte und die beschränkte Konvergenz, zum zweiten Fall die gleichartig beschränkte Konvergenz und zum dritten Fall die MB- und die quasibeschränkte Konvergenz. Die MB-Konvergenz hängt eng mit der stetigen Konvergenz zusammen; über $C(X, Y)$ stimmen beide Konvergenzarten überein. Weitere wichtige spezielle Arten der verallgemeinerten Konvergenz sind die hypobeschränkte Konvergenz und die KELLER-Modifikation der hypobeschränkten Konvergenz und schließlich die δ-, ε- und $\#$-Modifikation der beschränkten, gleichartig beschränkten, quasibeschränkten und hypobeschränkten Konvergenz. In Abschnitt 7.15 untersuchen wir die k-Uniformität und die $\mathfrak{B},k$-Gleichförmigkeit. Wir benötigen diese Begriffe für die Aussagen über die Stetigkeit der Kompositionsabbildungen in Abschnitt 7.16.

7.1. Stetige Konvergenz

Wir befassen uns mit der stetigen Konvergenz von Abbildungen unter der Voraussetzung, daß die betreffenden Grundräume X und Y Limesräume sind. Wir lassen dabei im allgemeinen Abbildungen aus X in Y zu.

Es seien X und Y Limesräume und τ und τ' ihre Limitierungen. Wir bringen als nächstes die Definition der stetigen Konvergenz. Ist $(f_i)_{i \in I}$ eine gefilterte Familie von Abbildungen aus X in Y und $\mathfrak{K}$ der Filter von I, so bezeichnen wir zu jedem Filter $\mathfrak{F}$ in X mit $f_{\mathfrak{K}}(\mathfrak{F})$ den Filter in Y mit der Basis $\{f_K[F] \mid K \in \mathfrak{K}, F \in \mathfrak{F}\}$, wobei stets

$$f_K[F] = \{f_i(x) \mid i \in K, x \in F \cap \mathrm{db} f_i\}$$

gesetzt ist. Offensichtlich ist zu jedem Filter $\mathfrak{F}$ in X die Menge $\{f_K[F] \mid K \in \mathfrak{K}, F \in \mathfrak{F}\}$ eine Filterbasis.

Wir sagen, daß eine gefilterte Familie $(f_i)_{i \in I}$ von Abbildungen aus X in Y (bez. τ und τ') **stetig** gegen eine Abbildung f aus X in Y **konvergiert** und schreiben $(f_i)_{i \in I} \underset{c}{\rightarrow} f$, wenn die folgenden beiden Bedingungen erfüllt sind:

1. Der offene Limes der gefilterten Familie $(\mathrm{db}f_i)_{i\in I}$ der Definitionsbereiche der f_i existiert und stimmt mit dem Definitionsbereich $\mathrm{db}f$ von f überein.

2. Zu beliebigem $x \in \mathrm{db}f$ und $\mathfrak{F} \in \tau(x)$ gilt $f_{\mathfrak{K}}(\mathfrak{F}) \in \tau'(f(x))$, wobei $\mathfrak{K}$ der Filter von I ist.

Für stetige Konvergenz sagen wir auch **c-Konvergenz.**[1])

Die Bedingung 1 der stetigen Konvergenz sichert, daß in dem Fall, daß die gefilterte Familie $(f_i)_{i\in I}$ eigentlich ist, zu jedem $x \in \mathrm{db}f$ und jedem eigentlichen Filter $\mathfrak{F} \in \tau(x)$ der Filter $f_{\mathfrak{K}}(\mathfrak{F})$ eigentlich ist. Wäre nämlich $f_{\mathfrak{K}}(\mathfrak{F})$ für ein $x \in \mathrm{db}f$ und einen eigentlichen Filter $\mathfrak{F} \in \tau(x)$ uneigentlich, so wäre $f_K[F] = \emptyset$ für ein $F \in \mathfrak{F}$ und $K \in \mathfrak{K}$, somit $F \cap \mathrm{db}f_i = \emptyset$ zu beliebigem $i \in K$, was aber $x \in \text{o-}\underline{\lim}\, \mathrm{db}f_i$ und damit der Bedingung 1 widersprechen würde. Unter Berücksichtigung der Bedingung 1 erhält man, daß für die Bedingung 2 gesetzt werden kann:

Zu beliebigem $x \in \mathrm{db}f$ und $\mathfrak{F} \in \tau(x)$ gibt es einen Filter $\mathfrak{G} \in \tau'(f(x))$ derart, daß zu beliebigem $G \in \mathfrak{G}$ ein $K \in \mathfrak{K}$ und $F \in \mathfrak{F}$ mit $F \subseteqq \mathrm{db}f_i$ und $f_i[F] \subseteqq G$ $(i \in K)$, also $F \subseteqq f_i^{-1}[G]$ $(i \in K)$ existieren.

Die Bedingung 2 läßt sich auch durch die Forderung ersetzen, daß zu beliebigem $x \in \mathrm{db}f$ und jeder gegen x konvergierenden gefilterten Familie $(x_j)_{j\in J}$ von Punkten aus X die bezüglich des Produktes der Filter von I und J gefilterte Familie $(f_i(x_j))_{(i,j)\in I\times J}$ gegen $f(x)$ konvergiert. Dabei ist für alle Paare $(i, j) \in I \times J$ mit $x_j \notin \mathrm{db}f_i$ als $f_i(x_j)$ irgendein Punkt von Y zu nehmen.

Sind X und Y mehrstufig topologische Räume, so kann die Bedingung 2 ferner durch die Forderung ersetzt werden, daß $\mathfrak{N}'(f(x)) \subseteqq f_{\mathfrak{K}}(\mathfrak{N}(x))$ zu beliebigem $x \in \mathrm{db}f$ gilt, wobei $\mathfrak{N}(x)$ der Nachbarschaftsfilter von x und $\mathfrak{N}'(f(x))$ der Nachbarschaftsfilter von $f(x)$ ist. Eine leichte Variante dieser Forderung ist, daß zu beliebigem $x \in \mathrm{db}f$ und $L \in \mathfrak{N}'(f(x))$ ein $K \in \mathfrak{K}$ und ein $N \in \mathfrak{N}(x)$ mit $N \subseteqq \mathrm{db}f_i$ und $f_i[N] \subseteqq L$ $(i \in K)$ existieren. Sind X und Y mehrstufig topologische Räume, so kann anstelle der Forderung 2 auch diese Bedingung gesetzt werden.

Wenn $(f_i)_{i\in I}$ bez. τ und τ' stetig gegen f konvergiert, so ist $(f_i)_{i\in I}$ natürlich auch bez. τ und jeder Limitierung von Y, die gröber als τ' ist, gegen f stetig konvergent.

In gewissen Fällen kann man die stetige Konvergenz von Abbildungsfolgen mittels konvergenter Punktfolgen ausdrücken. Und zwar gilt

7.1.1 (Stetige Konvergenz von Folgen). *X sei ein Limesraum, der dem ersten Abzählbarkeitsaxiom genügt. Y sei ein mehrstufig topologischer Raum. Unter diesen Voraussetzungen konvergiert eine Folge $f_1, f_2, \ldots$ von Abbildungen aus X in Y genau dann stetig gegen eine Abbildung f aus X in Y, wenn gilt:*

---

[1]) Zu beachten ist, daß in der Literatur der Buchstabe c zum Teil für die Bezeichnung der kompakten Konvergenz benutzt wird.

1. *Der offene Limes der Folge* $\mathrm{db} f_1, \mathrm{db} f_2, \ldots$ *existiert und ist gleich* $\mathrm{db} f$.
2. *Zu jedem* $x \in \mathrm{db} f$ *und jeder gegen* x *konvergierenden Folge* $x_1, x_2, \ldots$ *von Punkten von* X *konvergiert die Doppelfolge* $(f_i(x_j))_{(i,j) \in \mathbf{N}^+ \times \mathbf{N}^+}$ *mit* $i, j \to \infty$[1] *gegen* $f(x)$. *Dabei ist für alle Paare* $(i, j) \in \mathbf{N}^+ \times \mathbf{N}^+$ *mit* $x_j \notin \mathrm{db} f_i$ *anstelle* $f_i(x_j)$ *irgendein Punkt von* Y *zu nehmen.*

Beweis. Die Bedingungen 1 und 2 des Satzes seien erfüllt. Gegeben sei ein $x \in \mathrm{db} f$ und ein eigentlicher Filter $\mathfrak{F} \to x$ mit abzählbarer Basis. $\mathfrak{K}$ sei der Fréchet-Filter in $\mathbf{N}^+$ und g die durch $g(i, a) = f_i(a)$ $(i \in I, a \in \mathrm{db} f_i)$ definierte Abbildung aus $\mathbf{N}^+ \times X$ in Y. $\mathfrak{K} \times \mathfrak{F}$ hat eine abzählbare Basis. Ähnlich wie 2.8.6 zeigt man

$$\mathfrak{K} \times \mathfrak{F} = \bigcap_{\mathfrak{G} \text{ el. Oberfilter von } \mathfrak{F}} (\mathfrak{K} \times \mathfrak{G}),$$

wegen (2.5.2) somit

$$f_{\mathfrak{K}}(\mathfrak{F}) = g(\mathfrak{K} \times \mathfrak{F}) = \bigcap_{\mathfrak{G} \text{ el. Oberfilter von } \mathfrak{F}} f_{\mathfrak{K}}(\mathfrak{G}).$$

Jeder elementare Oberfilter $\mathfrak{G}$ von $\mathfrak{F}$ konvergiert gegen x; auf Grund der Voraussetzung gilt für ihn $f_{\mathfrak{K}}(\mathfrak{G}) \to f(x)$. Da Y ein mehrstufig topologischer Raum ist, folgt $f_{\mathfrak{K}}(\mathfrak{F}) \to f(x)$, so daß $f_1, f_2, \ldots$ stetig gegen f konvergiert. Damit ist die eine Richtung der Behauptung gezeigt. Die Umkehrung gilt trivialerweise.

$\mathfrak{A}$ sei im weiteren eine Menge von Abbildungen aus X in Y. Indem wir jeden Filter $\mathfrak{K}$ in $\mathfrak{A}$ mit derjenigen gefilterten Familie $(f_i)_{i \in I}$ identifizieren, für die $I = \mathfrak{A}, f_i = i$ $(i \in I)$ und $\mathfrak{K}$ der Filter von I ist, haben wir die stetige Konvergenz für Filter in $\mathfrak{A}$ erklärt.

$\mathrm{db}[\mathfrak{A}]$ sei die Menge aller Definitionsbereiche $\mathrm{db} f$ der Abbildungen $f \in \mathfrak{A}$. Zu jedem Filter $\mathfrak{K}$ in $\mathfrak{A}$ sei $\mathrm{db}\mathfrak{K}$ der Filter in $\mathrm{db}[\mathfrak{A}]$ mit der Basis $\{\mathrm{db}[K] \mid K \in \mathfrak{K}\}$, wobei stets

$$\mathrm{db}[K] = \{\mathrm{db} f \mid f \in K\}$$

gesetzt ist. Für jeden Filter $\mathfrak{K}$ in $\mathfrak{A}$ und jeden Filter $\mathfrak{F}$ in X sei schließlich $\mathfrak{K}(\mathfrak{F})$ der Filter in Y mit der Basis $\{K[F] \mid K \in \mathfrak{K}, F \in \mathfrak{F}\}$, wobei stets

$$K[F] = \{f(x) \mid f \in K, x \in F \cap \mathrm{db} f\}$$

gesetzt ist. $\{\mathrm{db}[K] \mid K \in \mathfrak{K}\}$ und $\{K[F] \mid K \in \mathfrak{K}, F \in \mathfrak{F}\}$ sind natürlich jeweils Filterbasen.

Die durch $\mathrm{db}\,\omega = \{(f, x) \in \mathfrak{A} \times X \mid x \in \mathrm{db} f\}$ und $\omega(f, x) = f(x)$ $\big((f, x) \in \mathrm{db}\,\omega\big)$ definierte Abbildung $\omega\colon \mathfrak{A} \times X \circ\!\!\to Y$ heißt **Evaluationsabbildung** aus $\mathfrak{A} \times X$ in Y. Für jeden Filter $\mathfrak{K}$ in $\mathfrak{A}$ und jeden Filter $\mathfrak{F}$ in X gilt

$$\mathfrak{K}(\mathfrak{F}) = \omega(\mathfrak{K} \times \mathfrak{F}). \tag{7.1.1}$$

Ein Filter $\mathfrak{K}$ in $\mathfrak{A}$ konvergiert offenbar genau dann stetig gegen eine Abbildung f aus X in Y, wenn gilt:

1. Der offene Limes von $\mathrm{db}\mathfrak{K}$ existiert und ist gleich $\mathrm{db} f$.
2. Zu beliebigen $x \in \mathrm{db} f$ und $\mathfrak{F} \in \tau(x)$ ist $\mathfrak{K}(\mathfrak{F}) \in \tau'\big(f(x)\big)$.

[1]) Die Doppelfolge wird also bezüglich des Produkts des Fréchet-Filters mit sich als gefilterte Familie aufgefaßt.

Konvergiert ein Filter $\mathfrak{K}$ in $\mathfrak{A}$ stetig gegen eine Abbildung f aus X in Y, so schreiben wir dafür auch $\mathfrak{K} \underset{c}{\to} f$.

7.1.2. *Eine gefilterte Familie* $(f_i)_{i\in I}$ *von Abbildungen* $f_i \in \mathfrak{A}$ *konvergiert genau dann stetig gegen eine Abbildung* f *aus* X *in* Y*, wenn der daraus erzeugte Filter* $\mathfrak{L} = \operatorname{im}_{\subseteq, \mathfrak{A}} \{\{f_i \mid i \in K\} \mid K \in \mathfrak{K}\}$ *stetig gegen* f *konvergiert.* $\mathfrak{K}$ *ist dabei der Filter in* I.

Beweis. Offensichtlich stimmt der aus $(\mathrm{db} f_i)_{i\in I}$ erzeugte Filter $\operatorname{im}_{\subseteq, \mathrm{db}[\mathfrak{A}]} \{\mathrm{db}[f_K] \mid K \in \mathfrak{K}\}$ $(f_K = \{f_i \mid i \in K\})$ mit dem Filter $\mathrm{db}\mathfrak{L}$ überein. Auf Grund einer Aussage über offene Limites (Übertragung von 6.1.2) existiert daher der offene Limes von $(\mathrm{db} f_i)_{i\in I}$ genau dann, wenn der offene Limes von $\mathrm{db}\mathfrak{L}$ existiert, und es sind dann diese beiden offenen Limites gleich.

Für jeden Filter $\mathfrak{F}$ in X ist

$$f_{\mathfrak{K}}(\mathfrak{F}) = \operatorname*{im}_{\subseteq, Y} \{f_K[F] \mid K \in \mathfrak{K}, F \in \mathfrak{F}\} = \mathfrak{L}(\mathfrak{F}) .$$

Aus dem bisher Bewiesenen folgt leicht die Richtigkeit der Behauptung.

Auf Grund dieses Satzes ist es keine Einschränkung, sich bei Aussagen über stetige Konvergenz auf Filter zu beschränken, falls nur jeweils die betreffende Menge $\mathfrak{A}$ geeignet umfassend gewählt ist.

7.1.3. f *sei eine Abbildung aus* X *in* Y. $\mathfrak{K}$ *und* $\mathfrak{L}$ *seien Filter in* $\mathfrak{A}$. *Aus* $\mathfrak{K} \underset{c}{\to} f$ *und* $\mathfrak{K} \subseteq \mathfrak{L}$ *folgt* $\mathfrak{L} \underset{c}{\to} f$ *und aus* $\mathfrak{K} \underset{c}{\to} f$ *und* $\mathfrak{L} \underset{c}{\to} f$ *ferner* $\mathfrak{K} \cap \mathfrak{L} \underset{c}{\to} f$.

Beweis. 1. Es sei $\mathfrak{K} \underset{c}{\to} f$ und $\mathfrak{K} \subseteq \mathfrak{L}$. Dann gilt $\mathrm{db}\mathfrak{K} \subseteq \mathrm{db}\mathfrak{L}$, so daß aus einer Aussage über offene Limites (Übertragung von 6.1.5) folgt, daß der offene Limes von $\mathrm{db}\mathfrak{L}$ existiert und mit $\mathrm{db} f$ übereinstimmt. Zu beliebigem $x \in \mathrm{db} f$ und $\mathfrak{F} \in \tau(x)$ gilt $\mathfrak{K}(\mathfrak{F}) \subseteq \mathfrak{L}(\mathfrak{F})$, wegen $\mathfrak{K}(\mathfrak{F}) \in \tau'(f(x))$ damit $\mathfrak{L}(\mathfrak{F}) \in \tau'(f(x))$. Somit ergibt sich $\mathfrak{L} \underset{c}{\to} f$.

2. Im weiteren gelte $\mathfrak{K} \underset{c}{\to} f$ und $\mathfrak{L} \underset{c}{\to} f$. Es ist $\mathrm{db}\mathfrak{K} = \mathrm{db}_{\mathfrak{A}}(\mathfrak{K})$ und $\mathrm{db}\mathfrak{L} = \mathrm{db}_{\mathfrak{A}}(\mathfrak{L})$, wobei $\mathrm{db}_{\mathfrak{A}}$ diejenige Abbildung von $\mathfrak{A}$ in $\mathrm{db}[\mathfrak{A}]$ ist, die jeder Abbildung aus $\mathfrak{A}$ ihren Definitionsbereich zuordnet, und $\mathrm{db}_{\mathfrak{A}}(\mathfrak{K})$ und $\mathrm{db}_{\mathfrak{A}}(\mathfrak{L})$ entsprechend der in Abschnitt 2.5 eingeführten Bezeichnungsweise die Bilder von $\mathfrak{K}$ und $\mathfrak{L}$ bezüglich der von $\mathrm{db}_{\mathfrak{A}}$ induzierten Filterabbildung sind. Wegen (2.5.2) ist

$$\mathrm{db}(\mathfrak{K} \cap \mathfrak{L}) = \mathrm{db}_{\mathfrak{A}}(\mathfrak{K} \cap \mathfrak{L}) = \mathrm{db}\mathfrak{K} \cap \mathrm{db}\mathfrak{L} .$$

Da die offenen Limites von $\mathrm{db}\mathfrak{K}$ und $\mathrm{db}\mathfrak{L}$ existieren und mit $\mathrm{db} f$ übereinstimmen, existiert auf Grund einer Aussage über offene Limites (Übertragung von 6.1.5) deshalb auch der offene Limes von $\mathrm{db}(\mathfrak{K} \cap \mathfrak{L})$, und er ist gleich $\mathrm{db} f$. Zu beliebigen $x \in \mathrm{db} f$ und $\mathfrak{F} \in \tau(x)$ gilt

$$\begin{aligned}(\mathfrak{K} \cap \mathfrak{L})(\mathfrak{F}) &= \operatorname*{im}_{\subseteq, \mathfrak{A}} \{(K \cup L)[F] \mid K \in \mathfrak{K}, L \in \mathfrak{L}, F \in \mathfrak{F}\} \\ &= \operatorname*{im}_{\subseteq, \mathfrak{A}} \{K[F] \cup L[F] \mid K \in \mathfrak{K}, L \in \mathfrak{L}, F \in \mathfrak{F}\}\end{aligned}$$

und, wie sich leicht ergibt, damit $(\mathfrak{K} \cap \mathfrak{L})(\mathfrak{F}) = \mathfrak{K}(\mathfrak{F}) \cap \mathfrak{L}(\mathfrak{F})$, wegen $\mathfrak{K}(\mathfrak{F}) \in \tau'(f(x))$ und $\mathfrak{L}(\mathfrak{F}) \in \tau'(f(x))$ also $(\mathfrak{K} \cap \mathfrak{L})(\mathfrak{F}) \in \tau'(f(x))$. Daher folgt $\mathfrak{K} \cap \mathfrak{L} \underset{c}{\to} f$.

7.1.4 (Stetige Konvergenz der Hauptfilter $[f]$). *X sei ein pseudotopologischer Raum. Unter dieser Voraussetzung konvergiert zu jeder Abbildung $f \in \mathfrak{A}$ der aus $\{f\}$ erzeugte Filter $[f]$ in $\mathfrak{A}$ genau dann stetig gegen f, wenn der Definitionsbereich von f offen und f stetig ist. Im Falle* $\mathrm{db}f = X$ *genügt es, X als Limesraum anzunehmen.*

Beweis. Offensichtlich stimmt $\mathrm{db}[f]$ mit dem aus $\{\mathrm{db}f\}$ erzeugten Filter $[\mathrm{db}f]$ in $\mathrm{db}[\mathfrak{A}]$ überein. Nach einer Aussage über offene Limites (Übertragung von 6.1.4) existiert daher der offene Limes von $\mathrm{db}[f]$ und ist er gleich dem Inneren $\underline{\mathrm{db}f}$ von $\mathrm{db}f$.

Zu jedem $x \in \mathrm{db}f$ und $\mathfrak{F} \in \tau(x)$ folgt $[f](\mathfrak{F}) = f(\mathfrak{F})$. Aus dem Bewiesenen ergibt sich leicht die Richtigkeit der Behauptung.

$\mathfrak{c}(f)$ sei zu beliebigem $f \in \mathfrak{A}$ die Menge aller Filter in $\mathfrak{A}$, die stetig gegen f konvergieren. Aus 7.1.3 und 7.1.4 folgt:

7.1.5 (Die Limitierung $\mathfrak{c}$). *Die Abbildung $\mathfrak{c}: f \mapsto \mathfrak{c}(f)$ $(f \in \mathfrak{A})$ ist eine Limitierung; im allgemeinen ist sie keine Pseudotopologie. Ist X ein pseudotopologischer Raum oder* $\mathrm{db}f = X$ $(f \in \mathfrak{A})$ *und besteht $\mathfrak{A}$ aus stetigen Abbildungen, die offene Mengen als Definitionsbereiche haben, so ist $\mathfrak{c}$ eine Pseudotopologie.*

$\mathfrak{c}$ nennen wir die **Limitierung der stetigen Konvergenz** in $\mathfrak{A}$. Zum Teil geben wir bei der Bezeichnung der Limitierung der stetigen Konvergenz die Räume X und Y mit an und schreiben anstelle $\mathfrak{c}$ ausführlicher

$$\mathfrak{c}(X, Y)\,. \tag{7.1.2}$$

Wir denken uns $\mathfrak{A}$ im weiteren mit der Limitierung $\mathfrak{c}$ versehen. Als nächstes führen wir Aussagen über Trennbarkeitseigenschaften von $\mathfrak{c}$ an. Im Spezialfall, daß alle Abbildungen aus $\mathfrak{A}$ ganz X als Definitionsbereich haben, wurden diese Aussagen bereits von H. Poppe [1] bewiesen.

7.1.6 (Trennungsaxiome bez. $\mathfrak{c}$). *Ist X ein pseudotopologischer Raum und genügt der Limesraum Y dem ersten Trennungsaxiom, so erfüllt auch $\mathfrak{A}$ dieses Axiom. Mit Y ist auch $\mathfrak{A}$ separiert. Wenn sowohl* $\mathrm{db}[\mathfrak{A}]$ *bezüglich der Limitierung der offenen Konvergenz als auch Y regulär ist, so ist auch $\mathfrak{A}$ regulär.*

Beweis. 1. X sei ein pseudotopologischer Raum, und der Limesraum Y genüge dem ersten Trennungsaxiom. f und g seien zwei voneinander verschiedene Abbildungen aus $\mathfrak{A}$. Ferner sei $\mathfrak{K}$ ein beliebiger Filter aus $\mathfrak{c}(f)$. Für den Nachweis, daß $\mathfrak{A}$ das Axiom T_1 erfüllt, genügt es zu zeigen, daß $\mathfrak{K} \subsetneqq [g]$ gilt, also ein $K \in \mathfrak{K}$ mit $g \notin K$ existiert.

Es sei zuerst $\mathrm{db}f \neq \mathrm{db}g$. Auf Grund der Separiertheit von $\mathrm{db}[\mathfrak{A}]$ bezüglich der Limitierung der offenen Konvergenz (Übertragung von 6.1.5) finden wir ein Element F des Filters $\text{db}\mathfrak{K} \in \tau_0(\text{db}f)$ mit $\text{db}g \notin F$. Ferner finden wir ein $K \in \mathfrak{K}$ mit $\text{db}[K] \subseteqq F$. Es gilt $\text{db}g \notin \text{db}[K]$ und damit $g \notin K$.

Nun sei $\text{db}f = \text{db}g$. Wegen $f \neq g$ existiert ein $x \in \text{db}f$ ($= \text{db}g$) mit $f(x) \neq g(x)$. Da X ein pseudotopologischer Raum ist, gilt $[x] \in \tau(x)$, somit $\mathfrak{K}([x]) \in \tau'(f(x))$. Unter Berücksichtigung, daß Y das Axiom T_1 erfüllt, finden wir ein $F \in \mathfrak{K}([x])$ mit $g(x) \notin F$. Ferner finden wir ein $K \in \mathfrak{K}$ mit $K[\{x\}] \subseteqq F$. Es gilt daher $g(x) \notin K[\{x\}]$, woraus $g \notin K$ folgt.

2. Im folgenden sei Y separiert. Gegeben seien zwei voneinander verschiedene Abbildungen $f, g \in \mathfrak{A}$ und eigentliche Filter $\mathfrak{K} \in \mathsf{c}(f)$ und $\mathfrak{L} \in \mathsf{c}(g)$. Um nachzuweisen, daß $\mathfrak{A}$ separiert ist, reicht es aus zu zeigen, daß Elemente $K \in \mathfrak{K}$ und $L \in \mathfrak{L}$ mit $K \cap L = \emptyset$ existieren.

Wir nehmen zuerst $\text{db}f \neq \text{db}g$ an. Dann gibt es auf Grund der Separiertheit von $\text{db}[\mathfrak{A}]$ ein $F \in \text{db}\mathfrak{K}$ und ein $G \in \text{db}\mathfrak{L}$ mit $F \cap G = \emptyset$; die Filter $\text{db}\mathfrak{K}$ und $\text{db}\mathfrak{L}$ sind natürlich eigentlich. Wir finden ein $K \in \mathfrak{K}$ und ein $L \in \mathfrak{L}$ mit $\text{db}[K] \subseteqq F$ und $\text{db}[L] \subseteqq G$, folglich mit $\text{db}[K] \cap \text{db}[L] = \emptyset$ und daher mit $K \cap L = \emptyset$.

Es sei nun $\text{db}f = \text{db}g$. Wegen $f \neq g$ existiert ein $x \in \text{db}f$ ($= \text{db}g$) mit $f(x) \neq g(x)$. Gegeben sei ein eigentlicher Filter $\mathfrak{F} \in \tau(x)$. Auf Grund einer Bemerkung nach der Definition der stetigen Konvergenz sind $\mathfrak{K}(\mathfrak{F})$ und $\mathfrak{L}(\mathfrak{F})$ eigentliche Filter. Da Y separiert ist, finden wir ein $F \in \mathfrak{K}(\mathfrak{F})$ und ein $G \in \mathfrak{L}(\mathfrak{F})$ mit $F \cap G = \emptyset$. Ferner finden wir ein $K \in \mathfrak{K}$, ein $L \in \mathfrak{L}$ und ein $H \in \mathfrak{F}$ mit $K[H] \subseteqq F$ und $L[H] \subseteqq G$, also mit $K[H] \cap L[H] = \emptyset$. Wegen $x \in \mathsf{o}\text{-}\underline{\lim}\ \text{db}\mathfrak{K}$ und $x \in \mathsf{o}\text{-}\underline{\lim}\ \text{db}\mathfrak{L}$ ist es keine Einschränkung, $H \subseteqq \text{db}f$ und $H \subseteqq \text{db}g$ zu beliebigem $f \in K$ und $g \in L$ anzunehmen. Es folgt dann $K \cap L = \emptyset$.

3. Schließlich seien $\text{db}[\mathfrak{A}]$ bezüglich der Limitierung der offenen Konvergenz und der Limesraum Y regulär. Gegeben seien eine Abbildung $f \in \mathfrak{A}$ und ein Filter $\mathfrak{K} \in \mathsf{c}(f)$. $\mathfrak{K}^-$ sei der Filter in $\mathfrak{A}$ mit der Filterbasis $\{\overline{K} \mid K \in \mathfrak{K}\}$; $\overline{K}$ ist dabei die Adhärenz von K bez. c. Da zu beliebigem $K \in \mathfrak{K}$ und jeder gegen eine Abbildung $g \in \mathfrak{A}$ stetig konvergierenden gefilterten Familie $(g_i)_{i \in I}$ von Abbildungen g_i aus K der offene Limes der gefilterten Familie $(\text{db}g_i)_{i \in I}$ existiert und gleich $\text{db}g$ ist, folgt $\text{db}[\overline{K}] \subseteqq \overline{\text{db}[K]}$ ($K \in \mathfrak{K}$). Es ist daher $\text{db}\mathfrak{K}^-$ ein Oberfilter des Filters in $\text{db}[\mathfrak{A}]$ mit der Basis $\{\overline{\text{db}[K]} \mid K \in \mathfrak{K}\}$, d. h. des Filters mit der Basis $\{\overline{F} \mid F \in \text{db}\mathfrak{K}\}$. Auf Grund der Regularitätsvoraussetzung besitzt der letztere Filter $\text{db}f$ als offenen Limes, weshalb $\text{db}f$ auch offener Limes von $\text{db}\mathfrak{K}^-$ ist.

Im folgenden seien ein $x \in \text{db}f$ und ein $\mathfrak{F} \in \tau(x)$ gegeben. Der Filter $\mathfrak{K}^-(\mathfrak{F})$ hat als eine Basis $\{\overline{K}[F] \mid K \in \mathfrak{K}, F \in \mathfrak{F}\}$. Es gilt stets

$$\overline{K}[F] \subseteqq \overline{K[F]}\,, \tag{7.1.3}$$

wie als nächstes gezeigt wird. Gegeben sei dazu ein $y \in \overline{K}[F]$. Es existiert eine Abbildung $g \in \overline{K}$ und ein $x' \in F \cap \text{db}g$ mit $y = g(x')$. Ist $g \in K$, so folgt $y \in \overline{K[F]}$. Im Falle $g \notin K$ finden wir eine eigentliche gefilterte Familie $(g_i)_{i \in I}$ von Abbildungen aus K, die stetig gegen g konvergiert; es ist keine Einschränkung

$x' \in \mathrm{db}g_i$ $(i \in I)$ anzunehmen. Da $(g_i(x'))_{i \in I}$ gegen y konvergiert und stets $g_i(x') \in K[F]$ gilt, folgt $y \in \overline{K[F]}$ auch im Falle $g \notin K$, somit (7.1.3).

Auf Grund der Beziehungen (7.1.3) ist $\mathfrak{K}^-(\mathfrak{F})$ ein Oberfilter des Filters mit der Basis $\{\overline{K[F]} \mid K \in \mathfrak{K}, F \in \mathfrak{F}\}$, d. h. des Filters mit der Basis $\{\overline{G} \mid G \in \mathfrak{K}(\mathfrak{F})\}$. Der letztere Filter konvergiert wegen $\mathfrak{K}(\mathfrak{F}) \in \tau'(f(x))$ und der Regularitätsvoraussetzung gegen $f(x)$, so daß auch $\mathfrak{K}^-(\mathfrak{F})$ gegen $f(x)$ konvergiert.

Aus dem Bewiesenen ergibt sich $\mathfrak{K}^- \in \mathfrak{c}(f)$. Damit ist gezeigt, daß $\mathfrak{A}$ unter der angegebenen Voraussetzung regulär ist.

Offensichtlich ist die im Satz auftretende Voraussetzung, daß $\mathrm{db}[\mathfrak{A}]$ bezüglich der Limitierung der offenen Konvergenz regulär ist, zum Beispiel erfüllt, wenn alle Abbildungen aus $\mathfrak{A}$ als Definitionsbereiche ganz X haben, im Falle $\mathfrak{A} \neq \emptyset$ also, wenn $\mathrm{db}[\mathfrak{A}] = \{X\}$ gilt. Auf Grund von Aussagen über offene Limites (Übertragung von 6.1.6 und 6.2.14) ist das ferner der Fall, wenn X ein punktalkompakter topologischer Raum ist und $\mathrm{db}[\mathfrak{A}]$ aus offenen Teilmengen von X besteht, da dann die Menge aller offenen Teilmengen von X bezüglich der Limitierung der offenen Konvergenz ein separierter kompakter topologischer Raum ist und bekanntlich damit dieser und somit auch $\mathrm{db}[\mathfrak{A}]$ regulär ist.

Für die folgende Aussage nehmen wir an, daß $\mathfrak{B}$ eine Teilmenge von $\mathfrak{A}$ ist. Wie bisher bezeichnen wir mit $\mathfrak{c}$ die Limitierung der stetigen Konvergenz in $\mathfrak{A}$, ferner mit $\mathfrak{c}'$ die Limitierung der stetigen Konvergenz in $\mathfrak{B}$.

7.1.7 (Stetige Konvergenz in Teilmengen von Abbildungsmengen). $\mathfrak{c}'$ *stimmt mit der von* $\mathfrak{c}$ *auf* $\mathfrak{B}$ *induzierten Limitierung überein.*

Beweis. $\mathfrak{K}$ sei ein eigentlicher Filter in $\mathfrak{B}$. $(f_i)_{i \in I}$ sei diejenige gefilterte Familie, für die I die mit $\mathfrak{K}$ versehene Menge $\mathfrak{B}$ ist und $f_i = i$ zu beliebigem $i \in I$ gilt. Da diese gefilterte Familie in $\mathfrak{B}$ den Filter $\mathfrak{K}$ und in $\mathfrak{A}$ den Filter $\operatorname{im}_{\subseteq, \mathfrak{A}} \mathfrak{K}$ erzeugt, gilt wegen 7.1.2 genau dann $\mathfrak{K} \in \mathfrak{c}'(f)$, wenn $\operatorname{im}_{\subseteq, \mathfrak{A}} \mathfrak{K} \in \mathfrak{c}(f)$ ist. Damit folgt $\mathfrak{c}'(f) = \{\mathfrak{K} \in \mathcal{F}\mathfrak{B} \mid \operatorname{im}_{\subseteq, \mathfrak{A}} \mathfrak{K} \in \mathfrak{c}(f)\}$ zu beliebigem $f \in \mathfrak{B}$, wegen 3.9.1 somit die Behauptung.

7.1.8 (Stetigkeit des Limes). *X sei ein pseudotopologischer Raum und Y ein regulärer Limesraum. f sei eine Abbildung aus X in Y, gegen die ein eigentlicher Filter $\mathfrak{K}$ in $\mathfrak{A}$ stetig konvergiert. Dann ist f stetig.*

Beweis. Gegeben seien ein $x \in \mathrm{db}f$ und ein Filter $\mathfrak{F} \in \tau(x)$. Auf Grund der stetigen Konvergenz von $\mathfrak{K}$ gilt $x \in \mathfrak{o}\text{-}\underline{\lim}\, \mathrm{db}\mathfrak{K}$ und $\mathfrak{K}(\mathfrak{F}) \in \tau'(f(x))$, so daß es einen Filter $\mathfrak{G} \in \tau'(f(x))$ gibt derart, daß zu jedem $G \in \mathfrak{G}$ ein $K_G \in \mathfrak{K}$ und ein $F_G \in \mathfrak{F}$ existieren mit $F_G \subseteq \bigcap_{g \in K_G} \mathrm{db}g$ und $K_G[F_G] \subseteq G$. Da X ein pseudotopologischer Raum ist und $\mathfrak{K}$ stetig konvergiert, folgt $\mathfrak{K}([a]) \in \tau'(f(a))$ $(a \in F_G)$ und wegen $K[\{a\}] \cap K_G[F_G] \neq \emptyset$ $(a \in F_G, K \in \mathfrak{K})$ damit

$$f[F_G] \subseteq \overline{K_G[F_G]} \subseteq \overline{G}$$

zu beliebigem $G \in \mathfrak{G}$. $f(\mathfrak{F})$ ist deshalb ein Oberfilter des Filters $\mathfrak{G}^-$ in Y, der $\{\overline{G} \mid G \in \mathfrak{G}\}$ als eine Basis hat. Auf Grund der Regularität von Y konvergiert $\mathfrak{G}^-$ und damit auch $f(\mathfrak{F})$ gegen $f(x)$. f ist folglich stetig.

Im Falle $\mathrm{db}[\mathfrak{A}] = \{X\}$ gibt es einfache Charakterisierungen der stetigen Konvergenz, die wir im folgenden angeben (vergleiche E. Binz und H. H. Keller [1]). Die Evaluationsabbildung bezüglich $\mathfrak{A}$ ist in diesem Falle eine Abbildung von $\mathfrak{A} \times X$ in Y. Wegen (7.1.1) gilt

7.1.9 (Charakterisierung der stetigen Konvergenz mittels der Evaluationsabbildung). *Es sei* $\mathrm{db}[\mathfrak{A}] = \{X\}$. *Die Limitierung der stetigen Konvergenz in* $\mathfrak{A}$ *ist dann die gröbste Limitierung* σ *von* $\mathfrak{A}$ *derart, daß die Evaluationsabbildung* ω *bez.* $\sigma \times \tau$ *und* τ' *stetig ist.*

Aus den folgenden beiden Sätzen ergibt sich eine weitere Charakterisierung der stetigen Konvergenz.

7.1.10. *Es gelte* $\mathrm{db}[\mathfrak{A}] = \{X\}$. *$f$ sei eine Abbildung eines Limesraumes Z in $\mathfrak{A}$ und $\chi(f)$ die durch $\chi(f)(z, x) = f(z)(x)$ definierte Abbildung von $Z \times X$ in Y. f ist bezüglich der Limitierung von Z und der Limitierung der stetigen Konvergenz in $\mathfrak{A}$ genau dann stetig, wenn $\chi(f)$ stetig ist.*

Beweis. f ist bezüglich der Limitierung von Z und bezüglich $\mathfrak{c}$ genau dann stetig, wenn $f(\mathfrak{G}) \underset{\mathfrak{c}}{\to} f(z)$ für beliebige Filter $\mathfrak{G} \to z$ $(z \in Z)$, also

$$\chi(f)(\mathfrak{G} \times \mathfrak{F}) = f(\mathfrak{G})(\mathfrak{F}) \to f(z)(x) = \chi(f)(z, x)$$

für beliebige Filter $\mathfrak{G} \to z$ $(z \in Z)$ und $\mathfrak{F} \to x$ $(x \in X)$ gilt, d. h. $\chi(f)$ stetig ist.

7.1.11. *Es sei* $\mathrm{db}[\mathfrak{A}] = \{X\}$. *Ist σ eine Limitierung von $\mathfrak{A}$ derart, daß jede Abbildung f eines Limesraumes Z in $\mathfrak{A}$ bezüglich der Limitierung von Z und bez. σ genau dann stetig ist, wenn $\chi(f)$ stetig ist, so ist σ die Limitierung der stetigen Konvergenz in $\mathfrak{A}$. Wenn X ein pseudotopologischer Raum ist, $\mathfrak{A}$ nur aus stetigen Abbildungen besteht und σ eine Pseudotopologie von $\mathfrak{A}$ ist derart, daß jede Abbildung f eines pseudotopologischen Raumes Z in $\mathfrak{A}$ bezüglich der Pseudotopologie von Z und bez. σ genau dann stetig ist, wenn $\chi(f)$ stetig ist, dann ist ebenfalls σ die Limitierung der stetigen Konvergenz in $\mathfrak{A}$.*

Beweis. σ sei eine Limitierung von $\mathfrak{A}$ derart, daß jede Abbildung f eines Limesraumes Z in $\mathfrak{A}$ bezüglich der Limitierung von Z und der Limitierung σ genau dann stetig ist, wenn $\chi(f)$ stetig ist. Wir wählen als Z die Menge $\mathfrak{A}$, einmal versehen mit σ und das andere Mal versehen mit der Limitierung der stetigen Konvergenz. Als f wählen wir die identische Abbildung von $\mathfrak{A}$ auf sich. $\chi(f)$ ist dann die Evaluationsabbildung $\omega: \mathfrak{A} \times X \to Y$. Da f bez. σ, σ trivialerweise stetig ist, folgt, daß ω bez. $\sigma \times \tau$ und τ' stetig ist, wegen 7.1.9 also $\sigma \leqq \mathfrak{c}$ gilt.

Da ω bez. $\mathfrak{c} \times \tau$ und τ' stetig ist, folgt andererseits, daß f bez. $\mathfrak{c}$ und σ stetig ist, also auch $\mathfrak{c} \leqq \sigma$ und damit $\sigma = \mathfrak{c}$ gilt.

Da nach 7.1.5 die Limitierung der stetigen Konvergenz in $\mathfrak{A}$ eine Pseudotopologie ist, wenn X ein pseudotopologischer Raum ist und $\mathfrak{A}$ nur aus stetigen Abbildungen besteht, ergibt sich leicht die Richtigkeit des zweiten Teiles der Behauptung.

Im Falle $\mathrm{db}[\mathfrak{A}] = \{X\}$ überträgt sich die Eigenschaft CHOQUETsch von Y auf $\mathfrak{A}$, d. h. es gilt

7.1.12 (CHOQUET-Eigenschaft von $\mathfrak{c}$). *Es sei* $\mathrm{db}[\mathfrak{A}] = \{X\}$ *und* Y CHOQUET*sch. Dann ist auch* $\mathfrak{A}$ *(versehen mit der Limitierung der stetigen Konvergenz)* CHOQUET*sch.*

Beweis. Gegeben seien ein $x \in X$, ein Filter $\mathfrak{F} \to x$, eine Abbildung $f \in \mathfrak{A}$ und ein eigentlicher Filter $\mathfrak{K}$ in $\mathfrak{A}$, dessen sämtliche Ultraoberfilter gegen f stetig konvergieren. $\mathfrak{G}$ sei ein beliebiger Ultraoberfilter von $\mathfrak{K}(\mathfrak{F})$. Da $\mathfrak{K}(\mathfrak{F}) = \omega(\mathfrak{K} \times \mathfrak{F})$ für die Evaluationsabbildung $\omega\colon \mathfrak{A} \times X \to Y$ gilt, finden wir unter Berücksichtigung von 2.5.2 und des Korollars zu 2.6.1 einen Ultraoberfilter $\mathfrak{L}$ von $\mathfrak{K}$ mit $\omega(\mathfrak{L} \times \mathfrak{F}) \subseteqq \mathfrak{G}$. Wegen $\mathfrak{L} \underset{\mathfrak{c}}{\to} f$ folgt $\mathfrak{L}(\mathfrak{F}) \to f(x)$ und damit $\mathfrak{G} \to f(x)$, da Y CHOQUETsch ist, also $\mathfrak{K}(\mathfrak{F}) \to f(x)$. Somit gilt $\mathfrak{K} \underset{\mathfrak{c}}{\to} f$, d. h. ist $\mathfrak{A}$ CHOQUETsch.

Als nächstes zeigen wir, daß Zusammensetzungen stetig konvergierender Abbildungen unter einer gewissen Einschränkung wieder stetig konvergieren. Z sei dazu neben X und Y ein weiterer Limesraum. τ'' bezeichne die Limitierung von Z. $\mathfrak{B}$ sei eine Menge von Abbildungen aus Y in Z, ferner $\mathfrak{C}$ eine Menge von Abbildungen aus X in Z, der jede Abbildung $g \circ f$ ($f \in \mathfrak{A}$, $g \in \mathfrak{B}$) angehört. Zu beliebigen Filtern $\mathfrak{K}$ in $\mathfrak{A}$ und $\mathfrak{L}$ in $\mathfrak{B}$ bezeichnen wir mit $\mathfrak{L} \mathbin{\dot\circ} \mathfrak{K}$ den Filter in $\mathfrak{C}$ mit der Basis $\{\{g \circ f \mid f \in K, g \in L\} \mid K \in \mathfrak{K}, L \in \mathfrak{L}\}$.

7.1.13. *$\mathfrak{K}$ sei ein Filter in $\mathfrak{A}$, der gegen eine Abbildung f aus X in Y stetig konvergiert, und $\mathfrak{L}$ ein Filter in $\mathfrak{B}$, der gegen eine Abbildung g aus Y in Z stetig konvergiert. Ist noch* $\mathrm{wb}f \subseteqq \mathrm{db}g$, *so konvergiert $\mathfrak{L} \mathbin{\dot\circ} \mathfrak{K}$ stetig gegen $g \circ f$.*

Beweis. Ist $\mathfrak{K}$ oder $\mathfrak{L}$ uneigentlich, so auch $\mathfrak{L} \mathbin{\dot\circ} \mathfrak{K}$, und es konvergiert dann $\mathfrak{L} \mathbin{\dot\circ} \mathfrak{K}$ stetig gegen $g \circ f$.

Im folgenden seien die Filter $\mathfrak{K}$ und $\mathfrak{L}$ eigentlich. Die bezüglich des Produktfilters $\mathfrak{K} \times \mathfrak{L}$ gefilterte Familie $(g \circ f)_{(f,g) \in \mathfrak{A} \times \mathfrak{B}}$ erzeugt offensichtlich den Filter $\mathfrak{L} \mathbin{\dot\circ} \mathfrak{K}$, die bez. $\mathfrak{K} \times \mathfrak{L}$ gefilterte Familie $\left(\mathrm{db}(g \circ f)\right)_{(f,g) \in \mathfrak{A} \times \mathfrak{B}}$ daher den Filter $\mathrm{db}(\mathfrak{L} \mathbin{\dot\circ} \mathfrak{K})$. Ist x ein Punkt von $\mathfrak{o}\text{-}\overline{\lim}\, \mathrm{db}(\mathfrak{L} \mathbin{\dot\circ} \mathfrak{K})$, so gibt es deshalb zu beliebigem $\mathfrak{F} \in \tau(x)$ ein $F \in \mathfrak{F}$ und ein Element H des Gitters von $\mathfrak{K} \times \mathfrak{L}$ mit $F \subseteqq \mathrm{db}(l \circ k) \subseteqq \mathrm{db}k$ für jedes Paar $(k, l) \in H$. Da das Bild von H bezüglich der natürlichen Projektion pr_1 dem Gitter von $\mathfrak{K}$ angehört, folgt daher $x \in \mathrm{db}f = \mathfrak{o}\text{-}\overline{\lim}\, \mathrm{db}\mathfrak{K}$ und somit

$$\mathfrak{o}\text{-}\overline{\lim}\, \mathrm{db}(\mathfrak{L} \mathbin{\dot\circ} \mathfrak{K}) \subseteqq \mathrm{db}f\,. \tag{7.1.4}$$

x sei nun ein Punkt von db$f$ und $\mathfrak{F}$ wieder ein Filter aus $\tau(x)$. Wegen $x \in$ o-$\underline{\lim}$ db$\mathfrak{K}$ existieren ein $F' \in \mathfrak{F}$ und ein $K' \in \mathfrak{K}$ mit

$$F' \subseteqq \mathrm{db}k \tag{7.1.5}$$

zu beliebigem $k \in K'$. Da

$$f(x) \in \mathrm{wb}f \subseteqq \mathrm{db}g = \text{o-}\underline{\lim}\ \mathrm{db}\mathfrak{L}$$

und $\mathfrak{K}(\mathfrak{F}) \in \tau'(f(x))$ gilt, existiert ein $G \in \mathfrak{K}(\mathfrak{F})$ und ein $L \in \mathfrak{L}$ mit

$$G \subseteqq \mathrm{db}l \tag{7.1.6}$$

zu beliebigem $l \in L$. Es gibt ein $F'' \in \mathfrak{F}$ und ein $K'' \in \mathfrak{K}$ mit

$$K''[F''] \subseteqq G\,. \tag{7.1.7}$$

Für die Elemente $F = F' \cap F''$ von $\mathfrak{F}$ und $K = K' \cap K''$ von $\mathfrak{K}$ gilt wegen (7.1.5) bis (7.1.7)

$$F \subseteqq k^{-1}[\mathrm{db}l] = \mathrm{db}(l \circ k)$$

zu beliebigen $(k, l) \in K \times L$. Es ist daher $x \in$ o-$\underline{\lim}$ db$(\mathfrak{L} \mathbin{\dot\circ} \mathfrak{K})$ und somit

$$\mathrm{db}f \subseteqq \text{o-}\underline{\lim}\ \mathrm{db}(\mathfrak{L} \mathbin{\dot\circ} \mathfrak{K})\,. \tag{7.1.8}$$

Aus (7.1.4) und (7.1.8) folgt, daß o-lim db$(\mathfrak{L} \mathbin{\dot\circ} \mathfrak{K})$ existiert und gleich db$f$ ist.

Wegen $\mathfrak{K}(\mathfrak{F}) \in \tau'(f(x))$ und der stetigen Konvergenz von $\mathfrak{L}$ folgt

$$\mathfrak{L}(\mathfrak{K}(\mathfrak{F})) \in \tau''((g \circ f)(x))\,.$$

Da $\mathfrak{L}(\mathfrak{K}(\mathfrak{F})) = (\mathfrak{L} \mathbin{\dot\circ} \mathfrak{K})(\mathfrak{F})$ ist, ergibt sich somit, daß $\mathfrak{L} \mathbin{\dot\circ} \mathfrak{K}$ auch in dem Fall, daß $\mathfrak{K}$ und $\mathfrak{L}$ eigentlich sind, stetig gegen $g \circ f$ konvergiert.

Anmerkung. Die Voraussetzung wb$f \subseteqq$ db$g$ darf bei diesem Satz nicht wegbleiben, wie man dem folgenden Beispiel entnimmt. Es sei $X = Y = Z = \boldsymbol{R}$. $\mathfrak{A} = \mathfrak{B} = \mathfrak{C}$ sei die Menge aller Abbildungen aus $\boldsymbol{R}$ in sich. Wir bilden die Abbildungen $f\colon]0, 1[\cup]2, 3[\to \boldsymbol{R}$, $g\colon]0, 1[\to \boldsymbol{R}$ und $h\colon]0, 1[\cup \{2\} \to \boldsymbol{R}$, indem wir vereinbaren, daß diese $]0, 1[$ identisch abbilden und $f(x) = 2$ zu beliebigem $x \in]2, 3[$ und $h(2) = 2$ ist. Offensichtlich konvergieren die Filter $[f]$ und $[h]$ in $\mathfrak{A}$ stetig gegen f bzw. g. $[h] \mathbin{\dot\circ} [f]$ stimmt mit $[f]$ überein, konvergiert also stetig gegen f und nicht gegen $g \circ f = g$.

Wir bezeichnen die durch $\gamma(f, g) = g \circ f$ definierte Abbildung $\gamma\colon \mathfrak{A} \times \mathfrak{B} \to \mathfrak{C}$ als **Kompositionsabbildung** von $\mathfrak{A} \times \mathfrak{B}$ in $\mathfrak{C}$. Für beliebige Filter $\mathfrak{K}$ in $\mathfrak{A}$ und $\mathfrak{L}$ in $\mathfrak{B}$ gilt

$$\gamma(\mathfrak{K} \times \mathfrak{L}) = \mathfrak{L} \mathbin{\dot\circ} \mathfrak{K}\,,$$

so daß wir, von der unwesentlichen Einschränkung $f \in \mathfrak{A}$, $g \in \mathfrak{B}$ abgesehen, als eine andere Formulierung von 7.1.13 erhalten

7.1.13' (Stetigkeit der Kompositionsabbildung). *Die Kompositionsabbildung $\gamma\colon \mathfrak{A} \times \mathfrak{B} \to \mathfrak{C}$ ist an jeder Stelle $(f, g) \in \mathfrak{A} \times \mathfrak{B}$ mit* wb$f \subseteqq$ db$g$ *bezüglich des Produktes der Limitierungen der stetigen Konvergenz in $\mathfrak{A}$ und $\mathfrak{B}$ und bezüglich der Limitierung der stetigen Konvergenz in $\mathfrak{C}$ stetig.*

Korollar zu 7.1.13. *Es seien* $(f_i)_{i\in I}$ *und* $(g_i)_{i\in I}$ *gefilterte Familien von Abbildungen* $f_i \in \mathfrak{A}$ *und* $g_i \in \mathfrak{B}$ *mit gleicher gefilterter Indexmenge, die gegen eine Abbildung* f *aus* X *in* Y *bzw.* g *aus* Y *in* Z *stetig konvergieren. Ist noch* $\mathrm{wb}f \subseteqq \mathrm{db}g$, *so konvergiert die (mit dem gleichen Filter) gefilterte Familie* $(g_i \circ f_i)_{i\in I}$ *stetig gegen* $g \circ f$.

Beweis. Ist $\mathfrak{K}$ der aus $(f_i)_{i\in I}$ erzeugte Filter in $\mathfrak{A}$ und $\mathfrak{L}$ der aus $(g_i)_{i\in I}$ erzeugte Filter in $\mathfrak{B}$, so erzeugt $(g_i \circ f_i)_{i\in I}$ einen Oberfilter von $\mathfrak{L} \dot{\circ} \mathfrak{K}$ in $\mathfrak{C}$. Mittels 7.1.2, 7.1.5 und 7.1.13 folgt damit die Richtigkeit der Behauptung.

Für das Weitere nehmen wir an, daß Y ein Produkt $\prod_{j\in J} Y_j$ von Limesräumen Y_j $(j \in J)$ ist, wobei J eine nichtleere Menge sei. τ_j' sei zu beliebigem $j \in J$ die Limitierung von Y_j. Ferner sei $\mathfrak{A}_j$ zu beliebigem $j \in J$ eine Menge von Abbildungen aus X in Y_j derart, daß jeder aus Abbildungen $f_j \in \mathfrak{A}_j$ $(j \in J)$ gebildete Abbildungskomplex $\langle f_j\rangle_{j\in J}$ zu $\mathfrak{A}$ gehört. ζ sei die Abbildung $(f_j)_{j\in J} \mapsto \langle f_j\rangle_{j\in J}$ $(f_j \in \mathfrak{A}_j$ für jedes $j \in J)$ von $\prod_{j\in J} \mathfrak{A}_j$ in $\mathfrak{A}$. Für jede Familie $(\mathfrak{K}_j)_{j\in J}$ von Filtern $\mathfrak{K}_j$ in $\mathfrak{A}_j$ $(j \in J)$ setzen wir

$$\langle \mathfrak{K}_j\rangle^{\cdot}_{j\in J} = \zeta\Big(\prod_{j\in J} \mathfrak{K}_j\Big)\,. \tag{7.1.9}$$

Ist $J = \{1, \dots, n\}$ für ein $n \in \boldsymbol{N}^+$, so bezeichnen wir $\langle \mathfrak{K}_j\rangle^{\cdot}_{j\in J}$ auch mit $\langle \mathfrak{K}_1, \dots, \mathfrak{K}_n\rangle^{\cdot}$ und erhalten, daß dieser Filter die Menge $\{\{\langle f_1, \dots, f_n\rangle \mid f_1 \in K_1, \dots, f_n \in K_n\} \mid K_1 \in \mathfrak{K}_1, \dots, K_n \in \mathfrak{K}_n\}$ als eine Basis hat. Unter Berücksichtigung von (1.12.1) folgt in diesem Falle

$$\mathrm{db}\langle \mathfrak{K}_1, \dots, \mathfrak{K}_n\rangle^{\cdot} = \mathrm{db}\mathfrak{K}_1 \mathbin{\dot\cap} \cdots \mathbin{\dot\cap} \mathrm{db}\mathfrak{K}_n\,, \tag{7.1.10}$$

wobei die Durchschnittsbildung wie vor 6.3.2 erklärt sei.

7.1.14 (Stetige Konvergenz von $\langle \mathfrak{K}_j\rangle^{\cdot}_{j\in J}$). *Zu beliebigem* $j \in J$ *sei* $\mathfrak{K}_j$ *ein eigentlicher Filter in* $\mathfrak{A}_j$ *und* f_j *eine Abbildung aus* X *in* Y_j. *Ist* J *endlich oder gilt* $\mathrm{db}[\mathfrak{A}_j] = \{X\}$ *für jedes* $j \in J$ *und konvergiert jeder Filter* $\mathfrak{K}_j$ *stetig gegen* f_j, *so konvergiert auch* $\langle \mathfrak{K}_j\rangle^{\cdot}_{j\in J}$ *stetig gegen* $\langle f_j\rangle_{j\in J}$. *Gilt* $\mathrm{db}f_j = X$ *für jedes* $j \in J$, *so folgt umgekehrt aus der stetigen Konvergenz von* $\langle \mathfrak{K}_j\rangle^{\cdot}_{j\in J}$ *gegen* $\langle f_j\rangle_{j\in J}$, *daß jeder Filter* $\mathfrak{K}_j$ *stetig gegen* f_j *konvergiert.*

Beweis. Wir setzen $\mathfrak{K} = \langle \mathfrak{K}_j\rangle^{\cdot}_{j\in J}$ und $f = \langle f_j\rangle_{j\in J}$.

1. J sei endlich oder es gelte $\mathrm{db}[\mathfrak{A}_j] = \{X\}$ $(j \in J)$.

Jeder Filter $\mathfrak{K}_j$ konvergiere stetig gegen f_j. Dann existiert der offene Limes jedes Filters $\mathrm{db}\mathfrak{K}_j$ und gilt o-lim $\mathrm{db}\mathfrak{K}_j = \mathrm{db}f_j$. Ist J endlich, so folgt aus 6.3.2 und (7.1.10), daß auch der offene Limes von $\mathrm{db}\mathfrak{K}$ existiert und dieser gleich $\mathrm{db}f$ ist. Im Falle $\mathrm{db}[\mathfrak{A}_j] = \{X\}$ $(j \in J)$ gilt das trivialerweise. x sei ein Punkt von $\mathrm{db}f = \bigcap_{j\in J} \mathrm{db}f_j$ und $\mathfrak{F}$ ein Filter aus $\tau(x)$. Jedes $G \in \prod_{j\in J} \mathfrak{K}_j(\mathfrak{F})$ enthält ein Produkt $\prod_{j\in J} A_j$ derart, daß für alle Elemente j einer endlichen Teilmenge E von J ein $K_j \in \mathfrak{K}_j$ und $F_j \in \mathfrak{F}$ mit $A_j = K_j[F_j]$ existieren und $A_j = Y_j$ für alle $j \in J \setminus E$

gilt. Setzen wir $K_j = \mathfrak{A}_j$ für $j \in J \setminus E$ und $F = \bigcap_{j\in E} F_j$, so folgt $\zeta(\prod_{j\in J} K_j)\,[F] \subseteqq \prod_{j\in J} A_j$ und wegen (7.1.9) damit $G \in \mathfrak{K}(\mathfrak{F})$, also

$$\prod_{j\in J} \mathfrak{K}_j(\mathfrak{F}) \subseteqq \mathfrak{K}(\mathfrak{F})\,. \tag{7.1.11}$$

Wegen $\mathfrak{K}_j(\mathfrak{F}) \in \tau_j'(f_j(x))$ $(j \in J)$ ergibt sich deshalb $\mathfrak{K}(\mathfrak{F}) \in \tau'(f(x))$, so daß $\mathfrak{K}$ stetig gegen f konvergiert.

2. Nun gelte $\mathrm{db} f_j = X$ $(j \in J)$ und konvergiere $\mathfrak{K}$ stetig gegen f. Wegen $\mathrm{db}\mathfrak{K} \subseteqq \mathrm{db}\mathfrak{K}_j$ $(j \in J)$ folgt durch Übertragung des Korollars zu 6.1.9 auf offene Limites, daß jeder Filter $\mathrm{db}\mathfrak{K}_j$ ganz X als offenen Limes hat.

x sei ein Punkt von X und $\mathfrak{F}$ ein eigentlicher Filter aus $\tau(x)$. Zu beliebigem $j \in J$ gehört wegen $\dot{\text{o}}\text{-}\underline{\lim}\,\mathrm{db}\mathfrak{K}_j = X$ dem Filter $\mathfrak{K}_j$ eine Menge K_{0j} und $\mathfrak{F}$ eine Menge F_{0j} an mit $F_{0j} \subseteqq \mathrm{db}k$ für jedes $k \in K_{0j}$. Wir nehmen ohne Einschränkung der Allgemeinheit an, daß die F_{0j} gleich einem festen Element F_0 von $\mathfrak{F}$ sind, wenn J nicht endlich ist, sogar, daß $F_0 = X$ und $K_{0j} = \mathfrak{A}_j$ $(j \in J)$ ist. Für jedes $j \in J$ folgt

$$\pi_j[\{\langle k_i\rangle_{i\in J} \mid k_i \in K_i \text{ für jedes } i \in J\}\ [F]] = K_j[F]$$

für beliebige $K_i \in \mathfrak{K}_i$ $(i \in J)$ mit $K_i \subseteqq K_{0i}$ und beliebiges $F \in \mathfrak{F}$ mit $F \subseteqq F_0$ und somit

$$\pi_j(\mathfrak{K}(\mathfrak{F})) = \mathfrak{K}_j(\mathfrak{F})\,, \tag{7.1.12}$$

wobei π_j die j-te natürliche Projektion von Y ist. Da $\mathfrak{K}(\mathfrak{F}) \in \tau'(f(x))$ gilt und die π_j stetig sind, ergibt sich $\mathfrak{K}_j(\mathfrak{F}) \in \tau_j'(f_j(x))$ zu beliebigem $j \in J$ und damit, daß jeder Filter $\mathfrak{K}_j$ stetig gegen f_j konvergiert.

Korollar. *$(f_{ji})_{i\in I}$ $(j \in J)$ seien eigentliche gefilterte Familien von Abbildungen $f_{ji} \in \mathfrak{A}_j$ mit gleicher gefilterter Indexmenge, ferner sei f_j zu beliebigem $j \in J$ eine Abbildung aus X in Y_j. Gibt es endlich viele $j_1, \dots, j_n \in J$ mit $\mathrm{db} f_{ji} \in \{\mathrm{db} f_{j_1 i}, \dots, \mathrm{db} f_{j_n i}\}$ $(j \in J, i \in I)$ und konvergiert jede gefilterte Familie $(f_{ji})_{i\in I}$ stetig gegen f_j, so konvergiert die (mit dem gleichen Filter) gefilterte Familie $(\langle f_{ji}\rangle_{j\in J})_{i\in I}$ stetig gegen $\langle f_j\rangle_{j\in J}$. Gilt $\mathrm{db} f_j = X$ $(j \in J)$, so ergibt sich umgekehrt aus der stetigen Konvergenz von $(\langle f_{ji}\rangle_{j\in J})_{i\in I}$ gegen $\langle f_j\rangle_{j\in J}$, daß jede gefilterte Familie $\langle f_{ji}\rangle_{i\in I}$ stetig gegen f_j konvergiert.*

Beweis. $\mathfrak{K}_j$ sei zu beliebigem $j \in J$ der aus $(f_{ji})_{i\in I}$ erzeugte Filter in $\mathfrak{A}_j$ und $\mathfrak{K}$ der aus $(\langle f_{ji}\rangle_{j\in J})_{i\in I}$ erzeugte Filter in $\mathfrak{A}$.

1. Es gebe endlich viele $j_1, \dots, j_n \in J$ mit $\mathrm{db} f_{ji} \in \{\mathrm{db} f_{j_1 i}, \dots, \mathrm{db} f_{j_n i}\}$ $(j \in J, i \in I)$, und es konvergiere jede gefilterte Familie $(f_{ji})_{i\in I}$ stetig gegen f_j. Wegen des Korollars zu 6.3.2 hat $\mathrm{db}\mathfrak{K}$ ganz X als offenen Limes. Da $\mathfrak{K}$ ein Oberfilter von $\langle \mathfrak{K}_j\rangle_{j\in J}$ ist, folgt mittels Teil 1 des Beweises von 7.1.14, daß $(\langle f_{ji}\rangle_{j\in J})_{i\in I}$ stetig gegen $\langle f_j\rangle_{j\in J}$ konvergiert.

2. Nun gelte $\mathrm{db} f_j = X$ $(j \in J)$ und konvergiere $(\langle f_{ji}\rangle_{j\in J})_{i\in I}$ stetig gegen $\langle f_j\rangle_{j\in J}$. Wegen $\mathrm{db} f_{ji} \subseteqq \mathrm{db} f_j$ $(j \in J, i \in I)$ hat jede gefilterte Familie $(\mathrm{db} f_{ji})_{i\in I}$ ganz X als

offenen Limes. Mit ähnlichen Schlüssen wie im Teil 2 des Beweises von 7.1.14 folgt, daß zu beliebigem $x \in X$ und jedem eigentlichen Filter $\mathfrak{F} \in \tau(x)$

$$\pi_j(\mathfrak{K}(\mathfrak{F})) = \mathfrak{K}_j(\mathfrak{F}) \qquad (j \in J)$$

gilt, unter Berücksichtigung der Stetigkeit der Projektionen π_j also, daß $\mathfrak{K}_j(\mathfrak{F}) \in \tau_j'(f_j(x))$ für jedes $j \in J$ ist, und damit, daß jede gefilterte Familie $(f_{ji})_{i \in I}$ stetig gegen f_j konvergiert.

Wir nehmen nun an, daß X und Y Produkte $\prod_{j \in J} X_j$ und $\prod_{j \in J} Y_j$ von Limesräumen mit übereinstimmender Indexmenge sind. Zu jedem $j \in J$ und $a \in X$ sei ι_{ja} die natürliche Einbettung von X_j in X bez. a, ferner sei π_j zu jedem $j \in J$ die natürliche Projektion von Y auf Y_j. τ_j und τ_j' seien die Limitierungen von X_j bzw. Y_j. $\mathfrak{A}_j$ sei zu beliebigem $j \in J$ eine Menge von Abbildungen aus X_j in Y_j derart, daß jedes aus Abbildungen $f_j \in \mathfrak{A}_j$ $(j \in J)$ gebildete Abbildungsprodukt $\divideontimes_{j \in J} f_j$ (vergleiche die Definition in Abschnitt 1.12) zu $\mathfrak{A}$ gehört. ϑ sei die Abbildung $(f_j)_{j \in J} \mapsto \divideontimes_{j \in J} f_j$ $(f_j \in \mathfrak{A}_j$ für jedes $j \in J)$ von $\prod_{j \in J} \mathfrak{A}_j$ in $\mathfrak{A}$. Für jede Familie $(\mathfrak{K}_j)_{j \in J}$ von Filtern in $\mathfrak{A}_j$ $(j \in J)$ setzen wir

$$\divideontimes^{\cdot}_{j \in J} \mathfrak{K}_j = \vartheta\Big(\prod_{j \in J} \mathfrak{K}_j\Big)\,. \tag{7.1.13}$$

Wenn $J = \{1, \ldots, n\}$ für ein $n \in \boldsymbol{N}^+$ ist, bezeichnen wir den Filter $\divideontimes^{\cdot}_{j \in J} \mathfrak{K}_j$ auch mit $\mathfrak{K}_1 \mathbin{\dot{\divideontimes}} \cdots \mathbin{\dot{\divideontimes}} \mathfrak{K}_n$ und erhalten, daß er $\{\{f_1 \divideontimes \cdots \divideontimes f_n \mid f_1 \in K_1, \ldots, f_n \in K_n\} \mid K_1 \in \mathfrak{K}_1, \ldots, K_n \in \mathfrak{K}_n\}$ als eine Basis hat. Unter Berücksichtigung von (1.12.3) folgt in diesem Spezialfall

$$\mathrm{db}(\mathfrak{K}_1 \mathbin{\dot{\divideontimes}} \cdots \mathbin{\dot{\divideontimes}} \mathfrak{K}_n) = \mathrm{db}\mathfrak{K}_1 \mathbin{\dot{\times}} \cdots \mathbin{\dot{\times}} \mathrm{db}\mathfrak{K}_n\,, \tag{7.1.14}$$

wobei das rechtsstehende Produkt wie vor 6.1.11 gebildet ist.

7.1.15 (Stetige Konvergenz von $\divideontimes^{\cdot}_{j \in J} \mathfrak{K}_j$). *Zu jedem $j \in J$ sei $\mathfrak{K}_j$ ein eigentlicher Filter in $\mathfrak{A}_j$. Keine der Limitierungen τ_j sei entartet. J sei endlich oder es gelte $\mathrm{db}[\mathfrak{A}_j] = \{X_j\}$ für jedes $j \in J$. Konvergiert jeder Filter $\mathfrak{K}_j$ stetig gegen eine Abbildung f_j aus X_j in Y_j, so konvergiert $\divideontimes^{\cdot}_{j \in J} \mathfrak{K}_j$ stetig gegen $\divideontimes_{j \in J} f_j$. Wenn $\divideontimes^{\cdot}_{j \in J} \mathfrak{K}_j$ stetig gegen eine Abbildung $f\colon X \to Y$ konvergiert, so konvergiert zu beliebigem $a \in X$ jeder Filter $\mathfrak{K}_j$ stetig gegen $\pi_j \circ f \circ \iota_{ja}$*[1]*).*

Beweis. Wir setzen $\mathfrak{K} = \divideontimes^{\cdot}_{j \in J} \mathfrak{K}_j$.

1. Jeder Filter $\mathfrak{K}_j$ konvergiere stetig gegen eine Abbildung $f_j\colon X_j \circ\!\!\rightarrow Y_j$. Wir setzen $f = \divideontimes_{j \in J} f_j$. Es existiert der offene Limes jedes Filters $\mathrm{db}\mathfrak{K}_j$ und gilt o-lim $\mathrm{db}\mathfrak{K}_j = \mathrm{db} f_j$. Ist J endlich, so existiert deshalb wegen 6.3.3 und (7.1.14)

[1]) Hat f die Form $\divideontimes f_j$ (wenn Y separiert ist, trifft das zu), so gilt $f_j = \tau_j \circ f \circ \iota_{ja}$ für jedes $j \in J$.

auch der offene Limes von $\mathrm{db}\mathfrak{K}$ und ist er gleich $\mathrm{db}f$. Im Falle $\mathrm{db}[\mathfrak{A}_j] = \{X_j\}$ $(j \in J)$ gilt das trivialerweise.

Zu beliebigem $j \in J$ sei x_j ein Punkt von $\mathrm{db}f_j$ und $\mathfrak{F}_j$ ein Filter aus $\tau_j(x_j)$. $x = (x_j)_{j\in J}$ ist ein Punkt von $\mathrm{db}f = \prod_{j\in J} \mathrm{db}f_j$. Jedes $G \in \boldsymbol{\prod}_{j\in J} \mathfrak{K}_j(\mathfrak{F}_j)$ enthält ein Produkt $\prod_{j\in J} A_j$ derart, daß für alle Elemente einer endlichen Teilmenge E von J ein $K_j \in \mathfrak{K}_j$ und $F_j \in \mathfrak{F}_j$ mit $A_j = K_j[F_j]$ existieren und $A_j = Y_j$ für alle $j \in J \setminus E$ gilt. Setzen wir $K_j = \mathfrak{A}_j$ und $F_j = X_j$ für $j \in J \setminus E$, so folgt $\vartheta[\prod_{j\in J} K_j]\,[\prod_{j\in J} F_j] \subseteqq \prod_{j\in J} A_j$ und wegen (7.1.13) damit $G \in \mathfrak{K}(\boldsymbol{\prod}_{j\in J} \mathfrak{F}_j)$, also

$$\boldsymbol{\prod_{j\in J}} \mathfrak{K}_j(\mathfrak{F}_j) \subseteqq \mathfrak{K}(\boldsymbol{\prod_{j\in J}} \mathfrak{F}_j)\,. \tag{7.1.15}$$

Wegen $\mathfrak{K}_j(\mathfrak{F}_j) \in \tau_j'(f_j(x_j))$ $(j \in J)$ ergibt sich deshalb $\mathfrak{K}(\boldsymbol{\prod}_{j\in J} \mathfrak{F}_j) \in \tau'(f(x))$. Daher konvergiert $\mathfrak{K}$ stetig gegen f.

2. $\mathfrak{K}$ konvergiere stetig gegen eine Abbildung $f\colon X \to Y$. Unter Berücksichtigung von 6.3.3 und (7.1.14) folgt, daß in dem Falle, daß J endlich ist, der offene Limes jedes Filters $\mathrm{db}\mathfrak{K}_j$ existiert und mit X_j übereinstimmt. Im Falle $\mathrm{db}[\mathfrak{A}_j] = \{X_j\}$ $(j \in J)$ trifft das trivialerweise zu.

Gegeben seien ein $j \in J$, zwei Punkte $a = (a_k)_{k\in J}$ und $x = (x_k)_{k\in J}$ von X mit $a_k = x_k$ bei $k \neq j$ und zu jedem $k \in J$ ein eigentlicher Filter $\mathfrak{F}_k \in \tau_k(x_k)$. Wegen $\text{o-}\underline{\lim}\,\mathrm{db}\mathfrak{K}_j = X_j$ gehört jedem Filter $\mathfrak{K}_j$ eine Menge K_{0j} und jedem Filter $\mathfrak{F}_j$ eine Menge F_{0j} mit $F_{0j} \subseteqq \mathrm{db}k$ für jedes $k \in K_{0j}$ an. In dem Fall, daß J nicht endlich ist, können wir natürlich $K_{0j} = \mathfrak{A}_j$ und $F_{0j} = X_j$ $(j \in J)$ annehmen. Für jedes $j \in J$ gilt $\pi_j[\vartheta[\prod_{i\in J} K_i]\,[\prod_{i\in J} F_i]] = K_j[F_j]$ für beliebige $K_i \in \mathfrak{K}_i$ $(i \in J)$ mit $K_i \subseteqq K_{0i}$ und $F_i \in \mathfrak{F}_i$ $(i \in J)$ mit $F_i \subseteqq F_{0i}$ und somit

$$\pi_j\big(\mathfrak{K}(\boldsymbol{\prod_{k\in J}} \mathfrak{F}_k)\big) = \mathfrak{K}_j(\mathfrak{F}_j)\,. \tag{7.1.16}$$

Da $\mathfrak{K}(\boldsymbol{\prod}_{k\in J} \mathfrak{F}_k) \in \tau'(f(x))$ gilt und π_j stetig ist, folgt $\mathfrak{K}_j(\mathfrak{F}_j) \in \tau_j'((\pi_j \circ f \circ \iota_{ja})\,(x_j))$ und damit, daß $\mathfrak{K}_j$ stetig gegen $\pi_j \circ f \circ \iota_{ja}$ konvergiert.

Korollar. *Zu beliebigem $j \in J$ sei $(f_{ji})_{i\in I}$ eine eigentliche gefilterte Familie von Abbildungen $f_{ji} \in \mathfrak{A}_j$ mit gleicher gefilterter Indexmenge. Keine der Limitierungen τ_j sei entartet. J sei endlich oder es gelte $\mathrm{db}[\mathfrak{A}_j] = \{X_j\}$ für jedes $j \in J$. Konvergiert jede der gefilterten Familien $(f_{ji})_{i\in I}$ stetig gegen eine Abbildung f_j aus X_j in Y_j, so konvergiert die (mit dem gleichen Filter) gefilterte Familie $(\divideontimes_{j\in J} f_{ji})_{i\in I}$ stetig gegen $\divideontimes_{j\in J} f_j$. Wenn $(\divideontimes_{j\in J} f_{ji})_{i\in I}$ stetig gegen eine Abbildung $f\colon X \to Y$ konvergiert, so konvergiert zu beliebigem $a \in X$ jede gefilterte Familie $(f_{ji})_{i\in I}$ stetig gegen $\pi_j \circ j \circ \iota_{ja}$.*

Beweis. $\mathfrak{K}_j$ sei zu beliebigem $j \in J$ der aus $(f_{ji})_{i\in I}$ erzeugte Filter in $\mathfrak{A}_j$ und $\mathfrak{K}$ der aus $(\divideontimes_{j\in J} f_{ji})_{i\in I}$ erzeugte Filter in $\mathfrak{A}$. Da $\mathfrak{K}$ ein Oberfilter von $\divideontimes^{\cdot}_{j\in J} \mathfrak{K}_j$ ist, konvergiert mit $\underset{j \in J}{\divideontimes}{}^{\cdot}\, \mathfrak{K}_j$ wegen 7.1.2 auch $\mathfrak{K}$ stetig gegen dieselbe Abbildung. Mittels 7.1.15 ergibt sich damit die Richtigkeit des ersten Teiles des Korollars.

$(\underset{j \in J}{\divideontimes} f_{ji})_{i \in I}$ konvergiere im folgenden stetig gegen eine Abbildung $f\colon X \to Y$. Mittels des Korollars zu 6.3.3 folgt in dem Falle, daß J endlich ist, daß der offene Limes jeder gefilterten Familie $(\mathrm{db} f_{ji})_{i \in I}$ existiert und mit X_j übereinstimmt. Im Falle $\mathrm{db}[\mathfrak{A}_j] = \{X_j\}$ $(j \in J)$ trifft das trivialerweise zu.

Gegeben seien ein $j \in J$, zwei Punkte $a = (a_k)_{k \in J}$ und $x = (x_k)_{k \in J}$ von X mit $a_k = x_k$ bei $k \neq j$ und zu jedem $k \in J$ ein eigentlicher Filter $\mathfrak{F}_k \in \tau_k(x_k)$. Zu beliebigem $k \in J$ existiert wegen $\text{o-}\underline{\lim}\, \mathrm{db} f_{ki} = X_k$ ein Element L_{0k} des Filters $\mathfrak{L}$ von I und ein $F_{0k} \in \mathfrak{F}_k$ mit $F_{0k} \subseteqq \mathrm{db} f_{ki}$ zu beliebigem $k \in J$ und $i \in L_{0k}$. Wir können annehmen, daß die L_{0k} gleich einem festen Element L_0 von $\mathfrak{L}$ sind und, wenn J nicht endlich ist, daß sogar $L_0 = I$ und $F_{0k} = X_k$ gilt. Es folgt

$$\pi_j[\{\underset{k \in J}{\divideontimes} f_{ki} \mid i \in L\}\ [\prod_{k \in J} F_k]] = \{f_{ji} \mid i \in L\}\ [F_j]$$

zu beliebigem $L \in \mathfrak{L}$ mit $L \subseteqq L_0$ und $F_k \in \mathfrak{F}_k$ $(k \in J)$ mit $F_k \subseteqq F_{0k}$ und somit

$$\pi_j(\mathfrak{K}(\prod_{k \in J} \mathfrak{F}_k)) = \mathfrak{K}_j(\mathfrak{F}_j)\,.$$

Damit ergibt sich, daß $(f_{ji})_{i \in I}$ stetig gegen $\pi_j \circ f \circ \iota_{ja}$ konvergiert.

7.2. Abgeschlossene Konvergenz der Graphen

Im folgenden bringen wir eine Ausdehnung eines bekannten Graphensatzes auf den Fall der Limesräume. Zu beachten ist, daß wir zwischen Abbildungen und deren Graphen nicht unterscheiden.

X sei ein pseudotopologischer Raum und Y ein Limesraum. τ sei die Pseudotopologie von X und τ' die Limitierung von Y. $\mathfrak{A}$ sei wieder eine beliebige Menge von Abbildungen aus X in Y. Wir fassen $\mathfrak{A}$ als eine Menge von Teilmengen des Produktraumes $X \times Y$ auf. Es ist dann sinnvoll, nach dem abgeschlossenen Limes der Filter in $\mathfrak{A}$ zu fragen.

7.2.1 (Satz über die abgeschlossene Konvergenz der Graphen). *Der Limesraum Y sei separiert. $\mathfrak{K}$ sei ein Filter in $\mathfrak{A}$, der gegen eine Abbildung f von ganz X in Y stetig konvergiert. Dann existiert der abgeschlossene Limes von $\mathfrak{K}$ und ist er gleich f.*

Beweis. Wenn $\mathfrak{K}$ uneigentlich ist, besitzt $\mathfrak{K}$ natürlich f als abgeschlossenen Limes. Im weiteren sei $\mathfrak{K}$ eigentlich. Gegeben sei ein $x \in X$. Wegen $[x] \in \tau(x)$ und $\mathfrak{K} \underset{c}{\to} f$ existiert ein Filter $\mathfrak{F}' \in \tau'(f(x))$ und zu jedem $F' \in \mathfrak{F}'$ ein $K \in \mathfrak{K}$ mit $x \in \mathrm{db} k$ und $k(x) \in F'$ für jedes $k \in K$. Zu jedem $F \in [x] \times \mathfrak{F}'$ gibt es demnach ein $K \in \mathfrak{K}$ mit $(x, k(x)) \in F \cap k$[1]) für jedes $k \in K$. Da der Produktfilter $[x] \times \mathfrak{F}'$

[1]) Zu beachten ist, daß k eine Teilmenge von $X \times Y$ ist.

bezüglich der Produktlimitierung $\tau \times \tau'$ gegen $(x, f(x))$ konvergiert, folgt $(x, f(x)) \in \mathfrak{a}\text{-}\underline{\lim}\, \mathfrak{K}$, somit

$$f \subseteqq \mathfrak{a}\text{-}\underline{\lim}\, \mathfrak{K} . \tag{7.2.1}$$

Gegeben sei nun ein Paar $(x, y) \in \mathfrak{a}\text{-}\overline{\lim}\, \mathfrak{K}$. Es gibt eigentliche Filter $\mathfrak{F} \in \tau(x)$ und $\mathfrak{F}' \in \tau'(y)$ derart, daß zu beliebigem $F \in \mathfrak{F}$ und $F' \in \mathfrak{F}'$ ein Element K^* des Gitters von $\mathfrak{K}$ existiert mit $(F \times F') \cap k \neq \emptyset$, d. h.

$$k[F] \cap F' \neq \emptyset \tag{7.2.2}$$

für jedes $k \in K^*$. Wegen $\mathfrak{K} \underset{c}{\rightarrow} f$ finden wir einen eigentlichen Filter $\mathfrak{G} \in \tau'(f(x))$ und zu jedem $G \in \mathfrak{G}$ ein $F \in \mathfrak{F}$ und $K \in \mathfrak{K}$ mit

$$K[F] \subseteqq G . \tag{7.2.3}$$

Wäre $y \neq f(x)$, so gäbe es auf Grund der Separiertheit von Y mindestens ein $F' \in \mathfrak{F}'$ und ein $G \in \mathfrak{G}$ mit $F' \cap G = \emptyset$. (7.2.2) und (7.2.3) würden dann wegen $K \cap K^* \neq \emptyset$ einen Widerspruch liefern. Somit ist

$$\mathfrak{a}\text{-}\overline{\lim}\, \mathfrak{K} \subseteqq f ,$$

woraus zusammen mit (7.2.1) in dem vorliegenden Fall, daß $\mathfrak{K}$ eigentlich ist, folgt, daß der abgeschlossene Limes von $\mathfrak{K}$ existiert und gleich f ist.

In gewissen Fällen kann man die Bedingung 2 der stetigen Konvergenz $\mathfrak{K} \underset{c}{\rightarrow} f$ durch die Forderung, daß f der abgeschlossene Limes von $\mathfrak{K}$ ist, ersetzen. Es gilt nämlich (vergleiche W. Rinow [1]):

7.2.2 (Charakterisierung der stetigen Konvergenz; Spezialfall). *X sei ein lokal zusammenhängender pseudotopologischer Raum und Y ein separierter punktalkompakter topologischer Raum. f sei eine Abbildung von X in Y und $\mathfrak{K}$ ein Filter in $\mathfrak{A}$, dem mindestens eine aus stetigen Abbildungen bestehende Menge angehört. Unter diesen Voraussetzungen konvergiert $\mathfrak{K}$ genau dann stetig gegen f, wenn* db$\mathfrak{K}$ *ganz X als offenen Limes hat und f der abgeschlossene Limes von $\mathfrak{K}$ ist.*

Beweis. Wir brauchen nur noch die eine Richtung zu beweisen und nehmen dazu an, daß db$\mathfrak{K}$ ganz X als offenen Limes hat und f der abgeschlossene Limes von $\mathfrak{K}$ ist. Ferner nehmen wir an, daß $\mathfrak{K}$ nicht stetig gegen f konvergiert, so daß ein Punkt x von X, ein Filter $\mathfrak{F} \in \tau(x)$ und eine Nachbarschaft N von $f(x)$ existieren derart, daß zu beliebigem $F \in \mathfrak{F}$ die Beziehung $k[F] \not\subseteqq N$ für mindestens eine Abbildung k aus jeder Menge $K \in \mathfrak{K}$,d. h. für alle Abbildungen k aus einer dem Gitter von $\mathfrak{K}$ angehörenden Menge K_F^* besteht. Zu beliebigen $F \in \mathfrak{F}$ und $k \in K_F^*$ gibt es demnach ein $x_k \in F$ mit

$$k(x_k) \notin N . \tag{7.2.4}$$

Da N punktalkompakt ist, können wir N als kompakt annehmen, und, da $\mathfrak{K}$ die Abbildung f als abgeschlossenen Limes hat, können wir uns $\mathfrak{F}$ so eingerichtet denken, daß zu beliebigem $F \in \mathfrak{F}$ ein $K_F \in \mathfrak{K}$ und zu beliebigem $k \in K_F$ ein

$y_k \in F$ mit

$$k(y_k) \in N \tag{7.2.5}$$

existiert. Wegen 3.16.14 ist N und damit auch $\partial N = N \setminus \underline{N}$ abgeschlossen; $\underline{N}$ ist natürlich das Innere von N. Wegen 3.16.12 ist deshalb ∂N kompakt. Da X als lokal zusammenhängend vorausgesetzt ist, finden wir einen Unterfilter $\mathfrak{G} \in \tau(x)$ von $\mathfrak{F}$, der eine aus zusammenhängenden Mengen bestehende Basis $\mathfrak{B}$ besitzt. Auf Grund der Voraussetzung an $\mathfrak{K}$ gibt es eine Menge $F_0 \in \mathfrak{G}$ und eine aus stetigen Abbildungen bestehende Menge $K_0 \in \mathfrak{K}$ mit

$$F_0 \subseteqq \mathrm{db}k \tag{7.2.6}$$

zu beliebigem $k \in K_0$. Wir nehmen ohne Einschränkung der Allgemeinheit

$$F \subseteqq F_0 \quad \text{und} \quad K_F \subseteqq K_0 \tag{7.2.7}$$

zu beliebigem $F \in \mathfrak{B}$ an. Wegen (7.2.4) und (7.2.5) hat zu beliebigem $F \in \mathfrak{B}$ und $k \in K_F \cap K_F^*$ die Menge $k[F]$ mindestens einen Punkt mit N und mindestens einen Punkt mit $Y \setminus N$ gemeinsam. Zu beliebigem $F \in \mathfrak{B}$ und $k \in K_F \cap K_F^*$ gilt wegen (7.2.6) und (7.2.7) stets $F \subseteqq \mathrm{db}k$. Da die Mengen $F \in \mathfrak{B}$ zusammenhängend und die Abbildungen $k \in K_F \cap K_F^*$ stetig sind, sind wegen 3.18.5 auch die betreffenden Bildmengen $k[F]$ zusammenhängend. Jede dieser Bildmengen hat deshalb auch mindestens einen Punkt mit ∂N gemeinsam, da sonst $k[F] \cap \underline{N}$ und $k[F] \cap (Y \setminus N)$ nichtleere elementfremde Mengen wären, die $k[F]$ überdecken würden und die bezüglich der induzierten Limitierung $\tau_{k[F]}$ offen wären. Zu jedem Element $i = (F, K)$ von $I = \mathfrak{B} \times \mathfrak{K}$ existiert deshalb und wegen $K \cap K_F \cap K_F^* \neq \emptyset$ mindestens ein

$$z_i \in F \tag{7.2.8}$$

und

$$k_i \in K \tag{7.2.9}$$

mit $k_i(z_i) \in \partial N$. Wir richten I durch $(F, K) \leqq (F', K') \Leftrightarrow F \supseteqq F', K \supseteqq K'$. Die (auf diese Weise) gerichtete Familie $\mathfrak{a} = \big(k_i(z_i)\big)_{i \in I}$ besitzt auf Grund der Kompaktheit von ∂N eine gegen einen Punkt $b \in \partial N$ konvergierende gerichtete Teilfamilie $\mathfrak{b} = (b_j)_{j \in J}$ (vergleiche 3.16.1 und 3.16.6). Daß $\mathfrak{b}$ gerichtete Teilfamilie von $\mathfrak{a}$ ist, bedeutet, daß es eine Abbildung $g \colon J \to I$ gibt, so daß stets

$$b_j = k_{g(j)}(z_{g(j)}) \tag{7.2.10}$$

ist und zu beliebigem $i' \in I$ ein $j' \in J$ mit $i' \leqq g(j)$ für jedes $j \in J$ mit $j' \leqq j$ existiert.

Gegeben seien nun eine Nachbarschaft M von b und ein $G \in \mathfrak{G}$. Wegen der Konvergenzeigenschaft von $\mathfrak{b}$ existiert ein $j_1 \in J$ mit

$$b_j \in M \tag{7.2.11}$$

zu beliebigem $j \in J$ mit $j_1 \leqq j$. F_1 und K_1 seien diejenigen Elemente von $\mathfrak{B}$ bzw. $\mathfrak{K}$, für die $g(j_1) = (F_1, K_1)$ ist. Wir nehmen ohne Einschränkung der Allgemeinheit

$$F_1 \subseteqq G \tag{7.2.12}$$

an. Da $\mathfrak{b}$ gerichtete Teilfamilie von $\mathfrak{a}$ ist, existiert zu beliebigem $K \in \mathfrak{K}$ ein $j \in J$ mit $j_1 \leqq j$ und $(F_1, K) \leqq g(j)$, woraus sich mittels (7.2.9) die Beziehung $k_{g(j)} \in K$ ergibt. $K^* = \{k_{g(j)} \mid j_1 \leqq j\}$ gehört somit dem Gitter von $\mathfrak{K}$ an. Zu beliebigem $j \in J$ mit $j_1 \leqq j$ folgt mittels (7.2.8) und (7.2.12)

$$z_{g(j)} \in G ,$$

wegen (7.2.10) und (7.2.11) ferner

$$k_{g(j)}(z_{g(j)}) \in M .$$

Jedes $k \in K^*$ hat daher mit $G \times M$ Punkte gemeinsam, weshalb (x, b) dem abgeschlossenen Limes von $\mathfrak{K}$, also f angehört, folglich $b = f(x)$ im Widerspruch zu $b \in \partial N$ ist. Damit ergibt sich die Richtigkeit des Satzes.

Anmerkung. Bei 7.2.2 darf der Zusatz, daß $\mathrm{db}\,\mathfrak{K}$ ganz X als offenen Limes besitzt, im allgemeinen nicht wegbleiben. Ist nämlich $X = Y = \boldsymbol{R}$, $\mathfrak{A}$ die Menge aller Abbildungen aus X in Y, f die identische Abbildung von $\boldsymbol{R}$ auf sich und $\mathfrak{K}$ der Filter $[f \setminus \{(0, 0)\}]$ in $\mathfrak{A}$, so sind nämlich alle Voraussetzungen des Satzes erfüllt, und es hat $\mathfrak{K}$ als abgeschlossenen Limes f (vergleiche 6.1.4), es konvergiert $\mathfrak{K}$ jedoch nicht stetig gegen f (vergleiche 7.1.4).

7.3. Der Fall, daß c eine mehrstufige Topologie bzw. eine Topologie ist

Im folgenden nehmen wir an, daß X, Y und $\mathrm{db}[\mathfrak{A}] = \{\mathrm{db}f \mid f \in \mathfrak{A}\}$ (bezüglich der Limitierung der offenen Konvergenz) mehrstufig topologische Räume sind und $\mathfrak{A}$ aus stetigen Abbildungen mit offenen Mengen als Definitionsbereichen besteht. Mittels 7.1.5 folgt, daß die Limitierung $\mathfrak{c}$ der stetigen Konvergenz in $\mathfrak{A}$ eine Pseudotopologie ist.

Wir fragen als nächstes nach den Nachbarschaftsfiltern bez. $\mathfrak{c}$. Zu jeder Abbildung $f \in \mathfrak{A}$ sei dazu $\boldsymbol{A}(f)$ die Menge aller Abbildungen $h\colon (x, N) \mapsto h(x, N)$ $(x \in \mathrm{db}f,\ N \in \mathfrak{N}'(f(x)))$, für die stets $h(x, N)$ eine in $f^{-1}[N]$ liegende Nachbarschaft von x ist. $\mathfrak{N}'(f(x))$ ist dabei der Nachbarschaftsfilter von $f(x)$ bezüglich der mehrstufigen Topologie τ' von Y. Jeder Menge $\boldsymbol{A}(f)$ gehört natürlich die durch $h(x, N) = f^{-1}[N]$ $(x \in \mathrm{db}f,\ N \in \mathfrak{N}'(f(x)))$ definierte Abbildung h an, da sich unter Berücksichtigung von (3.6.2) und der Offenheit von $\mathrm{db}f$ ergibt, daß stets $f^{-1}[N]$ eine Nachbarschaft von x ist.

Für jede Teilmenge M von X und jede Teilmenge N von Y setzen wir

$$[M, N] = \{g \in \mathfrak{A} \mid M \subseteqq g^{-1}[N]\} ;$$

$M \subseteqq g^{-1}[N]$ ist für jedes $g \in \mathfrak{A}$ mit $\mathrm{db}g = X$ zu $g[M] \subseteqq N$ äquivalent. Wir bilden zu beliebigem $h \in \bigcup_{f \in \mathfrak{A}} \boldsymbol{A}(f)$ den Filter $\mathfrak{L}_h$ in $\mathfrak{A}$, der als eine Subbasis die Gesamtheit aller Mengen $[h(x, N), N]$ mit $x \in \mathrm{db}f$ und $N \in \mathfrak{N}'(f(x))$ hat. Jeder dieser Mengen gehört f an, weshalb stets $\mathfrak{L}_h$ ein Unterfilter des aus $\{f\}$ erzeugten Filters $[f]$ in $\mathfrak{A}$ ist.

$\mathrm{db}_{\mathfrak{A}}$ sei diejenige Abbildung von $\mathfrak{A}$ auf $\mathrm{db}[\mathfrak{A}]$, die jeder Abbildung $f \in \mathfrak{A}$ ihren Definitionsbereich $\mathrm{db}f$ zuordnet. Zu jeder Abbildung $f \in \mathfrak{A}$ sei $\mathfrak{N}_0(\mathrm{db}f)$ der Nachbarschaftsfilter von $\mathrm{db}f$ bezüglich der Limitierung der offenen Konvergenz in $\mathrm{db}[\mathfrak{A}]$. Wir bilden zu jeder Abbildung $f \in \mathfrak{A}$ den Bildfilter

$$\mathfrak{M}_f = \mathrm{db}_{\mathfrak{A}}^{-1}(\mathfrak{N}_o(\mathrm{db}f))$$

von $\mathfrak{N}_o(\mathrm{db}f)$ bezüglich der von $\mathrm{db}_{\mathfrak{A}}^{-1}$ induzierten Filterabbildung. Offensichtlich gehört f jedem Element von $\mathfrak{M}_f$ an, ist also $\mathfrak{M}_f$ ein Unterfilter von $[f]$. Natürlich gilt

$$\mathrm{db}\mathfrak{M}_f = \mathrm{db}_{\mathfrak{A}}(\mathfrak{M}_f) = \mathfrak{N}_o(\mathrm{db}f) \tag{7.3.1}$$

zu beliebigem $f \in \mathfrak{A}$.

7.3.1 (Kriterium für die stetige Konvergenz). *Ein eigentlicher Filter $\mathfrak{K}$ in $\mathfrak{A}$ konvergiert genau dann stetig gegen eine Abbildung $f \in \mathfrak{A}$, wenn ein $h \in \boldsymbol{A}(f)$ mit $\mathfrak{M}_f \vee \mathfrak{L}_h \subseteqq \mathfrak{K}$ existiert.*

Beweis. 1. Gegeben seien eine Abbildung $f \in \mathfrak{A}$ und eine Abbildung $h \in \boldsymbol{A}(f)$. Unter Berücksichtigung von (7.3.1) folgt

$$\mathrm{db}(\mathfrak{M}_f \vee \mathfrak{L}_h) \supseteqq \mathfrak{N}_o(\mathrm{db}f)\,.$$

Da $\mathrm{db}[\mathfrak{A}]$ bezüglich der Limitierung der offenen Konvergenz ein mehrstufig topologischer Raum ist, besitzt $\mathfrak{N}_o(\mathrm{db}f)$ und damit auch $\mathrm{db}(\mathfrak{M}_f \vee \mathfrak{L}_h)$ die Menge $\mathrm{db}f$ als offenen Limes.

x sei ein Punkt von $\mathrm{db}f$. Zu jeder Nachbarschaft N von $f(x)$ gilt $K[M] \subseteqq N$ für die Nachbarschaft $M = h(x, N)$ von x und das Element $K = [M, N]$ von $\mathfrak{L}_h$. Daher folgt $\mathfrak{L}_h(\mathfrak{N}(x)) \in \tau'(f(x))$ und wegen $(\mathfrak{M}_f \vee \mathfrak{L}_h)(\mathfrak{N}(x)) \supseteqq \mathfrak{L}_h(\mathfrak{N}(x))$ auch $(\mathfrak{M}_f \vee \mathfrak{L}_h)(\mathfrak{N}(x)) \in \tau'(f(x))$; $\mathfrak{N}(x)$ ist dabei der Nachbarschaftsfilter von x. Aus dem Bewiesenen ergibt sich, daß $\mathfrak{M}_f \vee \mathfrak{L}_h$ und damit auch jeder Oberfilter von $\mathfrak{M}_f \vee \mathfrak{L}_h$ stetig gegen f konvergiert.

2. Gegeben seien nun eine Abbildung $f \in \mathfrak{A}$ und ein beliebiger gegen f stetig konvergierender Filter $\mathfrak{K}$ in $\mathfrak{A}$. Es existiert der offene Limes von $\mathrm{db}\mathfrak{K} = \mathrm{db}_{\mathfrak{A}}(\mathfrak{K})$, und er ist gleich $\mathrm{db}f$. Daher folgt $\mathfrak{N}_o(\mathrm{db}f) \subseteqq \mathrm{db}\mathfrak{K}$ und somit

$$\mathfrak{M}_f \subseteqq (\mathrm{db}_{\mathfrak{A}}^{-1} \circ \mathrm{db}_{\mathfrak{A}})(\mathfrak{K}) \subseteqq \mathfrak{K}\,. \tag{7.3.2}$$

Wir bilden eine Abbildung $h \in \boldsymbol{A}(f)$, indem wir zu jedem Punkt $x \in \mathrm{db}f$ und jeder Nachbarschaft N von $f(x)$ als $h(x, N)$ eine Nachbarschaft M von x nehmen, so daß $M \subseteqq g^{-1}[N]$ $(g \in K)$, d. h. $M \subseteqq \mathrm{db}g$ $(g \in K)$ und $K[M] \subseteqq N$ für mindestens ein $K \in \mathfrak{K}$ gilt. Auf Grund der stetigen Konvergenz von $\mathfrak{K}$ ist eine derartige Konstruktion möglich. Zu beliebigem $x \in \mathrm{db}f$ und $N \in \mathfrak{N}'(f(x))$ ist dann mindestens ein $K \in \mathfrak{K}$ in $[h(x, N), N]$ enthalten, so daß $\mathfrak{L}_h \subseteqq \mathfrak{K}$ und wegen (7.3.2) damit $\mathfrak{M}_f \vee \mathfrak{L}_h \subseteqq \mathfrak{K}$ folgt.

Auf Grund dieses Satzes können wir leicht die Nachbarschaftsfilter bez. c angeben. Es gilt

7.3.2 (Nachbarschaftsfilter bez. c). *Zu jedem $f \in \mathfrak{A}$ ist $\mathfrak{N}_{\mathsf{c}}(f) = \bigcap_{h \in \boldsymbol{A}(f)} (\mathfrak{M}_f \vee \mathfrak{L}_h)$ der Nachbarschaftsfilter von f bez. c.*

Da stets $\mathfrak{M}_f \subseteqq \mathfrak{N}_c(f)$ ist, folgt aus 7.3.1 und 7.3.2

7.3.3 (Kriterium dafür, daß $\mathfrak{c}$ eine mehrstufige Topologie ist). $\mathfrak{c}$ *ist genau dann eine mehrstufige Topologie, wenn zu beliebigem* $f \in \mathfrak{A}$ *ein* $h_0 \in \boldsymbol{A}(f)$ *mit* $\mathfrak{L}_{h_0} \subseteqq \mathfrak{N}_c(f)$ *existiert.*

Unter Benutzung dieser Aussage geben wir eine hinreichende Bedingung dafür an, daß $\mathfrak{c}$ eine mehrstufige Topologie ist. Bevor wir diese anführen, bringen wir zwei Hilfssätze.

Wir nehmen an, daß $\mathfrak{B}(x)$ zu beliebigem $x \in X$ eine Basis des Nachbarschaftsfilters $\mathfrak{N}(x)$ von x und $\mathfrak{B}'(y)$ zu beliebigem $y \in Y$ eine Basis des Nachbarschaftsfilters $\mathfrak{N}'(y)$ von y ist. Zu jeder Abbildung $f \in \mathfrak{A}$ sei $\boldsymbol{A}^0(f)$ die Menge aller Abbildungen $h\colon (x, N) \mapsto h(x, N)$ $\big(x \in \operatorname{db} f, N \in \mathfrak{B}'(f(x))\big)$ mit $h(x, N) \in \mathfrak{B}(x)$ und $h(x, N) \subseteqq f^{-1}[N]$. Zu jeder Abbildung $h \in \boldsymbol{A}^0(f)$ sei ferner $\mathfrak{L}_h^0$ der Filter in $\mathfrak{A}$, der als eine Subbasis die Gesamtheit aller Mengen $[h(x, N), N]$ $\big(x \in \operatorname{db} f, N \in \mathfrak{B}'(f(x))\big)$ hat. Es gilt

7.3.4. *f sei eine Abbildung aus $\mathfrak{A}$. Zu beliebigem $h \in \boldsymbol{A}(f)$ existiert dann ein $k \in \boldsymbol{A}^0(f)$ mit*

$$\mathfrak{L}_k^0 \subseteqq \mathfrak{L}_h \tag{7.3.3}$$

und zu beliebigem $k \in \boldsymbol{A}^0(f)$ ein $h \in \boldsymbol{A}(f)$ mit

$$\mathfrak{L}_h \subseteqq \mathfrak{L}_k^0 \,. \tag{7.3.4}$$

Beweis. 1. Gegeben sei ein $h \in \boldsymbol{A}(f)$. Wir bilden eine Abbildung $k\colon (x, N) \mapsto k(x, N)$ $\big(x \in \operatorname{db} f, N \in \mathfrak{B}'(f(x))\big)$, indem wir stets als $k(x, N)$ eine in $h(x, N)$ liegende Nachbarschaft aus $\mathfrak{B}(x)$ nehmen. Mit $h(x, N)$ liegt natürlich auch stets $k(x, N)$ in $f^{-1}[N]$, so daß sich $k \in \boldsymbol{A}^0(f)$ ergibt. Da zu beliebigem $x \in \operatorname{db} f$ und $N \in \mathfrak{N}'\big(f(x)\big)$

$$[k(x, N), N] \supseteqq [h(x, N), N]$$

gilt, folgt (7.3.3).

2. Gegeben sei ein $k \in \boldsymbol{A}^0(f)$. Wir bilden eine Abbildung $h\colon (x, N) \mapsto h(x, N)$ $\big(x \in \operatorname{db} f, N \in \mathfrak{N}'(f(x))\big)$, indem wir stets $h(x, N) = k(x, N^0)$ für ein $N^0 \in \mathfrak{B}'\big(f(x)\big)$ mit $N^0 \subseteqq N$ setzen. Es gilt stets

$$h(x, N) \subseteqq f^{-1}[N^0] \subseteqq f^{-1}[N] \,,$$

folglich $h \in \boldsymbol{A}(f)$. Zu beliebigem $x \in \operatorname{db} f$ und $N \in \mathfrak{N}'\big(f(x)\big)$ folgt

$$[h(x, N), N] \supseteqq [k(x, N^0), N^0]$$

und damit (7.3.4).

Aus 7.3.4 erhält man, daß unter den vor 7.3.4 angegebenen Vereinbarungen zu beliebigem $f \in \mathfrak{A}$ der Nachbarschaftsfilter $\mathfrak{N}_c(f)$ mit $\bigcap\limits_{h \in \boldsymbol{A}^0(f)} (\mathfrak{M}_f \vee \mathfrak{L}_h^0)$ übereinstimmt.

7.3.5. *X sei punktalkompakt. Y sei ein topologischer Raum. Dann gibt es zu beliebigem $f \in \mathfrak{A}$ eine Abbildung $h_0 \in \boldsymbol{A}(f)$ mit $\mathfrak{L}_{h_0} = \bigcap\limits_{h \in \boldsymbol{A}(f)} \mathfrak{L}_h$.*

Beweis. Gegeben sei ein $f \in \mathfrak{A}$. Bezüglich der Nachbarschaftsfilter $\mathfrak{B}(x) = \mathfrak{N}(x)$ der Punkte $x \in \mathrm{db}f$ und der Umgebungsraster $\mathfrak{B}'(y) = \mathfrak{U}'(y)$ der Punkte $y \in \mathrm{wb}f$ seien $A^0(f)$ und $\mathfrak{L}_h^0$ $\bigl(h \in A^0(f)\bigr)$ wie vor 7.3.4 gebildet. Auf Grund der Stetigkeit von f und der punktalen Kompaktheit von X finden wir ein $k_0 \in A^0(f)$ derart, daß $k_0(x, N)$ zu beliebigem $x \in \mathrm{db}f$ und $N \in \mathfrak{U}'\bigl(f(x)\bigr)$ eine kompakte Nachbarschaft von x ist. h sei eine beliebige Abbildung aus $A(f)$. Zu jedem $x \in \mathrm{db}f$ und $N \in \mathfrak{U}'\bigl(f(x)\bigr)$ gibt es auf Grund der Kompaktheit von $h_0(x, N)$ (vergleiche das Korollar zu 3.16.9) eine endliche Teilmenge E von $k_0(x, N)$ mit $k_0(x, N) \subseteqq \bigcup_{y \in E} h(y, N)$. Da N offen ist und $k_0(x, N) \subseteqq f^{-1}[N]$ gilt, ist N natürlich Nachbarschaft aller Punkte $f(y)$, $y \in k_0(x, N)$. Es folgt

$$[k_0(x, N), N] \supseteqq \bigcap_{y \in E} [h(y, N), N] \tag{7.3.5}$$

und damit $\mathfrak{L}_{k_0}^0 \subseteqq \mathfrak{L}_h$. Wegen 7.3.4 existiert ein $h_0 \in A(f)$ mit $\mathfrak{L}_{h_0} \subseteqq \mathfrak{L}_{k_0}^0$ und daher mit $\mathfrak{L}_{h_0} \subseteqq \mathfrak{L}_h$. Daraus ergibt sich leicht die Richtigkeit der Behauptung.

Aus 7.3.2, 7.3.3 und 7.3.5 folgt

7.3.6. *Ist X punktalkompakt und Y ein topologischer Raum, so ist $\mathfrak{c}$ eine mehrstufige Topologie. Ferner ist dann $\mathfrak{M}_f \vee \bigcap_{h \in A(f)} \mathfrak{L}_h$ zu beliebigem $f \in \mathfrak{A}$ gleich dem Nachbarschaftsfilter $\mathfrak{N}_{\mathfrak{c}}(f)$ von f bez. $\mathfrak{c}$.*

Unter gewissen Einschränkungen ist die punktale Kompaktheit von X auch notwendig dafür, daß $\mathfrak{c}$ eine mehrstufige Topologie ist. Es gilt nämlich

7.3.7. *X sei regulär im engeren Sinne. $\mathfrak{A}$ bestehe lediglich aus Abbildungen mit ganz X als Definitionsbereich. Es gebe zwei voneinander verschiedene Punkte a und b von Y mit den Eigenschaften*

1. *Die konstante Abbildung $x \mapsto a$ $(x \in X)$ gehört $\mathfrak{A}$ an.*
2. *Es existiert mindestens eine Nachbarschaft N von a, der b nicht angehört.*
3. *Zu jeder abgeschlossenen Teilmenge F von X und jedem Punkt $x \in X \setminus F$ gibt es eine Abbildung $g \in \mathfrak{A}$ mit $g(y) = a$ für $y \in F$ und $g(x) = b$.*

Wenn noch $\mathfrak{c}$ eine mehrstufige Topologie ist, ist dann X punktalkompakt.

Beweis. $\mathfrak{c}$ sei eine mehrstufige Topologie, und X sei nicht punktalkompakt. Wegen 3.16.29 ist dann X auch nicht lokalkompakt, so daß ein Punkt x_0 von X existiert, der keine kompakte Nachbarschaft besitzt. f sei die Abbildung $x \mapsto a$ $(x \in X)$. Bezüglich der aus den Nachbarschaftsfiltern $\mathfrak{N}(x)$ der Punkte $x \in X$ gebildeten Mengen $\mathfrak{B}(x) = \{N \in \mathfrak{N}(x) \mid N \text{ abgeschlossen}\}$ und bezüglich des Nachbarschaftsfilters $\mathfrak{B}'(a) = \mathfrak{N}'(a)$ von a seien $A^0(f)$ und $\mathfrak{L}_h^0$ $\bigl(h \in A^0(f)\bigr)$ wie vor 7.3.4 definiert. h_0 sei eine beliebige Abbildung aus $A(f)$. Wegen 7.3.4 gibt es eine Abbildung $k_0 \in A^0(f)$ mit

$$\mathfrak{L}_{k_0}^0 \subseteqq \mathfrak{L}_{h_0}. \tag{7.3.6}$$

N_0 sei eine Nachbarschaft von a mit $b \notin N_0$. $k_0(x_0, N_0)$ ist nicht kompakt. Auf Grund des Korollars zu 3.16.9 gibt es somit eine Familie $(M_\iota)_{\iota \in I}$ von Teilmengen von X mit $k_0(x_0, N_0) \subseteqq \bigcup_{\iota \in I} \overline{M_\iota}$ derart, daß endlich viele der Mengen M_ι die Menge $k_0(x_0, N_0)$ nicht überdecken. Wir können auf Grund der Regularitätsvoraussetzung an X die M_ι als abgeschlossen annehmen und bilden eine Abbildung $h \in \boldsymbol{A}(f)$, indem wir zu beliebigem $x \in k_0(x_0, N_0)$ und $N \in \mathfrak{N}'(a)$ als $h(x, N)$ eine der abgeschlossenen Mengen M_ι mit $x \in \overline{M_\iota}$ nehmen und zu beliebigem $x \in X \setminus k_0(x_0, N_0)$ und $N \in \mathfrak{N}'(a)$ als $h(x, N)$ eine abgeschlossene zu $k_0(x_0, N_0)$ punktfremde Nachbarschaft von x wählen. Letzteres ist möglich, da $k_0(x_0, N_0)$ abgeschlossen und X regulär im engeren Sinne ist. Es gilt $\mathfrak{L}_{k_0}^0 \subsetneqq \mathfrak{L}_h$ und wegen (7.3.6) damit auch

$$\mathfrak{L}_{h_0} \subsetneqq \mathfrak{L}_h \,, \tag{7.3.7}$$

denn es gehört zum Beispiel $[k_0(x_0, N_0), N_0]$ nicht $\mathfrak{L}_h$ an, wie wir im folgenden zeigen. Würde $[k_0(x_0, N_0), N_0] \in \mathfrak{L}_h$ gelten, so gäbe es eine endliche Teilmenge E von X und zu beliebigem $y \in E$ eine Nachbarschaft N_y von a mit

$$[h_0(x_0, N_0), N_0] \supseteqq \bigcap_{y \in E} [h(y, N_y), N_y] \,. \tag{7.3.8}$$

Auf Grund der Konstruktion von h könnte $k_0(x_0, N_0)$ nicht in der abgeschlossenen Menge $F = \bigcup_{y \in E} h(y, N_y)$ enthalten sein. Es würde somit einen Punkt $x \in k_0(x_0, N_0) \setminus F$ und damit eine Abbildung $g_0 \in \mathfrak{A}$ mit $g_0[F] = \{a\}$ und $g_0(x) = b$ existieren. g_0 würde der rechten und nicht der linken Seite von (7.3.8) angehören, was unmöglich ist. (7.3.7) ist damit bewiesen.

Da $\mathfrak{M}_f = \{\mathfrak{A}\}$ gilt, ergibt sich mittels 7.3.3 und (7.3.7), daß $\mathfrak{c}$ keine mehrstufige Topologie ist. Damit folgt die Richtigkeit der Behauptung.

Korollar 1. *Die in 7.3.7 angegebenen Voraussetzungen seien erfüllt, und es existiere eine gröbste mehrstufige Topologie σ von $\mathfrak{A}$, die feiner als $\mathfrak{c}$ ist. Dann ist X punktalkompakt.*

Beweis. Man zeigt leicht, daß nur der Fall $\sigma = \mathfrak{c}$ möglich ist, so daß X nach 7.3.7 punktalkompakt ist.

Korollar 2 (**Kriterium dafür, daß $\mathfrak{c}$ eine mehrstufige Topologie ist**). *Sind die in 7.3.7 angegebenen Voraussetzungen erfüllt und ist Y ein topologischer Raum, so ist $\mathfrak{c}$ genau dann eine mehrstufige Topologie, wenn X punktalkompakt ist.*

Zum Beweis: Die Behauptung folgt aus 7.3.6 und 7.3.7.

Ist $Y = \boldsymbol{R}$ und $\mathfrak{A}$ die Menge aller stetigen Abbildungen von X in $\boldsymbol{R}$, so gibt es genau dann zwei voneinander verschiedene Punkte a und b von Y mit der in 7.3.7 angegebenen Eigenschaft 3, wenn X vollständig regulär ist; die Eigenschaften 1 und 2 sind in diesem Spezialfall natürlich stets erfüllt. Wählt man als $\mathfrak{A}$ die Menge aller stetigen Abbildungen von X in Y, so kann die Forderung, daß es zwei voneinander verschiedene Punkte a und b von Y mit der in 7.3.7 angegebenen Eigenschaft 3 gibt, als eine verallgemeinerte vollständige Regularität aufgefaßt werden (vergleiche H. Poppe [1]).

Das Korollar 1 zu 7.3.7 besitzt für topologische Räume das folgende Analogon (vergleiche H. Poppe [5]):

7.3.8. *X sei regulär, und Y sei ein beliebiger topologischer Raum. $\mathfrak{A}$ bestehe lediglich aus Abbildungen mit ganz X als Definitionsbereich. Es gebe zwei voneinander verschiedene Punkte a und b von Y mit den Eigenschaften* 1 *bis* 3 *aus* 7.3.7. *Ferner existiere eine gröbste Topologie σ von $\mathfrak{A}$, die feiner als $\mathfrak{c}$ ist. Dann ist X punktalkompakt.*

Beweis. f sei die Abbildung $x \mapsto a$ $(x \in X)$, $\mathfrak{U}$ der Nachbarschaftsfilter von f bez. σ und x_0 ein Punkt von X. Nach 7.1.9 ist die Evaluationsabbildung $\omega: \mathfrak{A} \times X \to Y$ bez. $\sigma \times \tau$ und τ' stetig. Es gibt somit eine Umgebung V von x_0 und ein $U \in \mathfrak{U}$ mit $\omega[U \times V] \subseteq N$. Wir zeigen, daß die Adhärenz $\overline{V}$ kompakt ist, womit folgt, daß X lokalkompakt und wegen der Regularität von X auch punktalkompakt ist. $\mathfrak{M}$ sei ein System offener Teilmengen von X, die $\overline{V}$ überdecken. $\mathfrak{B}$ sei das System aller abgeschlossenen Teilmengen von X, die in Elementen von $\mathfrak{M} \cup \{X \setminus \overline{V}\}$ enthalten sind. σ' sei diejenige Topologie von X, für die die Mengen $[B, W]$ $(B \in \mathfrak{B}, W \subseteq Y$ offen) eine Subbasis bilden. Zu beliebigen $g \in \mathfrak{A}$ und $x \in X$ und jeder Umgebung W von $g(x)$ existiert auf Grund der Stetigkeit von g und der Regularität von X eine Nachbarschaft $B \in \mathfrak{B}$ von x mit $g[B] \subseteq W$. Wegen $g \in [B, W]$ und $\omega[[B, W] \times B] \subseteq W$ folgt, daß ω bez. $\sigma' \times \tau$ und τ' stetig ist, also $\sigma' \leqq \mathfrak{c}$ und damit $\sigma' \leqq \sigma$ gilt. U ist deshalb eine Nachbarschaft von f bez. σ', so daß $B_1, \dots, B_n \in \mathfrak{B}$ und offene Teilmengen $W_1, \dots, W_n$ von Y existieren mit

$$f \in [B_1, W_1] \cap \dots \cap [B_n, W_n] \subseteq U .$$

Es genügt zu zeigen, daß $M = V \setminus (B_1 \cup \dots \cup B_n)$ leer ist. Gibt es ein $x \in M$, so existiert auf Grund der Eigenschaft 3 aus 7.3.7 ein $g \in \mathfrak{A}$ mit $g(y) = a$ für $y \in B_1 \cup \dots \cup B_n$ und $g(x) = b$, so daß $g \in [B_1, W_1] \cap \dots \cap [B_n, W_n]$, also $g \in U$ und wegen $x \in V$ damit $g(x) \in \omega[U \times V]$, also $b \in N$ folgt, was einen Widerspruch liefert. M ist deshalb leer.

Wir können in $\mathfrak{A}$ eine mehrstufige Topologie $\mathfrak{c}_1$ und eine Pseudotopologie $\mathfrak{c}_2$ einführen, bezüglich der zu beliebigem $f \in \mathfrak{A}$ die Mengen $\{\mathfrak{M}_f\}$ bzw. $\{\mathfrak{L}_h \mid h \in \boldsymbol{A}(f)\}$ Basen der $\wedge$-Ideale $\mathfrak{c}_1(f)$ bzw. $\mathfrak{c}_2(f)$ sind. $\{\mathfrak{L}_h \mid h \in \boldsymbol{A}(f)\}$ ist natürlich stets eine $\wedge$-Idealbasis. Aus 7.3.1 folgt, daß $\mathfrak{c}$ mit dem Durchschnitt von $\mathfrak{c}_1$ und $\mathfrak{c}_2$ (bezüglich des Verbandes $\mathscr{T}\mathfrak{A}$ der Limitierungen von $\mathfrak{A}$) übereinstimmt.

Als nächstes fragen wir, wann $\mathfrak{c}_1$ und $\mathfrak{c}_2$ Topologien sind.

Unter Berücksichtigung, daß wir am Anfang dieses Abschnittes db[$\mathfrak{A}$] als mehrstufig topologischen Raum bezüglich der Limitierung τ_o der offenen Konvergenz vorausgesetzt haben, erhalten wir mittels 3.8.9, daß $\mathfrak{c}_1$ die Initiallimitierung von τ_o bezüglich der Abbildung $\mathrm{db}_{\mathfrak{A}}: \mathfrak{A} \to \mathrm{db}[\mathfrak{A}]$ ist. Mittels 3.8.7 folgt damit, daß $\mathfrak{c}_1$ eine Topologie ist, wenn das für τ_0 zutrifft. Durch Übertragung von 6.2.14 auf offene Limites ergibt sich damit:

7.3.9 (Hinreichende Bedingung dafür, daß $\mathfrak{c}_1$ eine Topologie ist). *Ist X ein punktalkompakter topologischer Raum, so ist $\mathfrak{c}_1$ eine Topologie.*

Wir zeigen nun

7.3.10 (Hinreichende Bedingung dafür, daß $\mathfrak{c}_2$ eine Topologie ist). *X sei ein punktalkompakter topologischer Raum und Y ein topologischer Raum. Dann ist $\mathfrak{c}_2$ eine Topologie und bilden die Mengen $[M, N]$ ($M \subseteqq X$ kompakt, $N \subseteqq Y$ offen) eine Subbasis dieser Topologie.*

Beweis. Wegen 7.3.5 ist $\mathfrak{c}_2$ unter der angegebenen Voraussetzung eine mehrstufige Topologie. Zu jeder Abbildung $f \in \mathfrak{A}$ ist der im Beweis von 7.3.5 konstruierte Filter $\mathfrak{L}_{k_0}^0$ der Nachbarschaftsfilter von f bez. $\mathfrak{c}_2$, wie unter Berücksichtigung von 7.3.4 folgt. Er besitzt natürlich eine Subbasis aus Mengen $[M, N]$, wobei jeweils M eine kompakte Teilmenge von X und N eine offene Teilmenge von Y ist. Für jede Abbildung $f \in \mathfrak{A}$, jede kompakte Teilmenge M von X und jede offene Teilmenge N von Y folgt aus $f \in [M, N]$ mittels ähnlicher Überlegungen wie beim Beweis von (7.3.5) $[M, N] \in \mathfrak{L}_h$ zu beliebigem $h \in \boldsymbol{A}(f)$ und damit, daß $[M, N]$ eine Nachbarschaft von f bez. $\mathfrak{c}_2$ ist. Offensichtlich bilden die Mengen $[M, N]$ ($M \subseteqq X$ kompakt, $N \subseteqq Y$ offen) die Subbasis einer Topologie von $\mathfrak{A}$. Aus dem Bewiesenen folgt, daß diese Topologie mit $\mathfrak{c}_2$ übereinstimmt.

In dem Fall, daß $\mathfrak{A}$ lediglich aus Abbildungen mit ganz X als Definitionsbereich besteht, fällt natürlich $\mathfrak{c}_2$ mit $\mathfrak{c}$ überein. In diesem Falle wurde 7.3.10 von H. Poppe [1] und unter einer geringen Verschärfung der Voraussetzungen von R. Arens [1] bewiesen. 7.3.10 besagt in diesem Fall: Ist X ein punktalkompakter und Y irgendein topologischer Raum, so fällt $\mathfrak{c}$ mit der kompaktoffenen Topologie zusammen. Die **kompakt-offene Topologie** wird im allgemeinen für den Fall, daß X und Y beliebige topologische Räume sind und $\mathfrak{A}$ irgendeine Menge von Abbildungen von X in Y ist, definiert, und zwar als diejenige Topologie, für die die Mengen $[M, N]$ ($M \subseteqq X$ kompakt, $N \subseteqq Y$ offen) eine Subbasis bilden.

Die Voraussetzung vom Anfang dieses Abschnittes, daß db$[\mathfrak{A}]$ bezüglich der Limitierung der offenen Konvergenz ein mehrstufig topologischer Raum ist, ist unter der in 7.3.9 und 7.3.10 angeführten Voraussetzung, daß X punktalkompakt ist, von selbst erfüllt.

Beachten wir, daß $\mathfrak{c}$ eine Topologie ist, wenn $\mathfrak{c}_1$ und $\mathfrak{c}_2$ Topologien sind, und daß für topologische Räume Regularität und Regularität im engeren Sinne zusammenfallen, so ergibt sich mittels 7.3.9 und 7.3.10

7.3.11 (Kriterien dafür, daß $\mathfrak{c}$ eine Topologie ist). *Ist X ein punktalkompakter topologischer Raum und Y ein beliebiger topologischer Raum, so ist $\mathfrak{c}$ eine Topo-*

logie. Wenn X ein regulärer topologischer Raum ist, $\mathfrak{A}$ lediglich aus Abbildungen besteht, die ganz X als Definitionsbereich haben, und zwei voneinander verschiedene Punkte a und b von Y mit den in 7.3.7 angegebenen drei Eigenschaften existieren, ist $\mathfrak{c}$ genau dann eine Topologie, wenn X punktalkompakt ist.

Der zweite Teil dieses Satzes ist eine von H. Poppe [1] vorgenommene Verallgemeinerung eines Satzes von R. Arens und J. Dugundji.

7.4. Die Räume $C_c(X, Y)$ und $L_c^n(X, Y)$

In diesem Abschnitt bringen wir einige Aussagen über spezielle Räume von Abbildungen, die mit der Limitierung der stetigen Konvergenz versehen sind, insbesondere über die Räume $C_c(X, Y)$ und $L_c^n(X, Y)$. $\boldsymbol{K}$ sei gleich $\boldsymbol{R}$ oder $\boldsymbol{C}$.

Wir beginnen mit einigen Verträglichkeitsaussagen. Dazu sei vorerst $\mathfrak{A}$ eine Menge von Abbildungen aus einer Menge X in eine Gruppe Y. Für beliebige Abbildungen $f, g \in \mathfrak{A}$ definieren wir Abbildungen f^{-1} und fg aus X in Y durch $\operatorname{db} f^{-1} = \operatorname{db} f$ und $f^{-1}(x) = f(x)^{-1}$ ($x \in \operatorname{db} f$) bzw. $\operatorname{db} fg = \operatorname{db} f \cap \operatorname{db} g$ und $(fg)(x) = f(x)\, g(x)$ ($x \in \operatorname{db} f \cap \operatorname{db} g$). ($f^{-1}$ ist also hier nicht die Umkehrabbildung von f.) Wir setzen voraus, daß mit f auch f^{-1} und mit f und g auch fg zu $\mathfrak{A}$ gehört. Es kann dann zu jedem Filter $\mathfrak{K}$ in $\mathfrak{A}$ der Filter $\mathfrak{K}^{-1} = \{K^{-1} \mid K \in \mathfrak{K}\}$ und zu beliebigen Filtern $\mathfrak{K}$ und $\mathfrak{L}$ in $\mathfrak{A}$ der Filter $\mathfrak{K}\mathfrak{L}$ in $\mathfrak{A}$ mit der Basis $\{KL \mid K \in \mathfrak{K}, L \in \mathfrak{L}\}$ gebildet werden, wobei jeweils $K^{-1} = \{f^{-1} \mid f \in K\}$ und $KL = \{fg \mid f \in K, g \in L\}$ ist. Wenn Y eine additive abelsche Gruppe ist, schreiben wir anstelle f^{-1}, fg, $\mathfrak{K}^{-1}$ und $\mathfrak{K}\mathfrak{L}$ natürlich $-f$, $f + g$, $-\mathfrak{K}$ und $\mathfrak{K} + \mathfrak{L}$.

7.4.1. *Für beliebige Filter $\mathfrak{F}$ in X und $\mathfrak{K}$ und $\mathfrak{L}$ in $\mathfrak{A}$ gilt*

$$\mathfrak{K}^{-1}(\mathfrak{F}) = \mathfrak{K}(\mathfrak{F})^{-1} \tag{7.4.1}$$

und

$$(\mathfrak{K}\mathfrak{L})(\mathfrak{F}) \supseteqq \mathfrak{K}(\mathfrak{F})\, \mathfrak{L}(\mathfrak{F})\,. \tag{7.4.2}$$

Ist X zu einem $n \in \boldsymbol{N}^+$ ein Produkt $X_1 \times \cdots \times X_n$ von Gruppen und besteht $\mathfrak{A}$ aus Multihomomorphismen von X in Y, so gilt zu beliebigem $i \in \{1, \ldots, n\}$ und beliebigen Filtern $\mathfrak{F}_1$ in $X_1, \ldots, \mathfrak{F}_n$ in X_n, $\mathfrak{G}_i$ in X_i und $\mathfrak{K}$ in $\mathfrak{A}$

$$\mathfrak{K}(\cdots \times \mathfrak{F}_i^{-1} \times \cdots) = \mathfrak{K}(\cdots \times \mathfrak{F}_i \times \cdots)^{-1} \tag{7.4.3}$$

und

$$\mathfrak{K}(\cdots \times \mathfrak{F}_i\mathfrak{G}_i \times \cdots) \supseteqq \mathfrak{K}(\cdots \times \mathfrak{F}_i \times \cdots)\, \mathfrak{K}(\cdots \times \mathfrak{G}_i \times \cdots)\,, \tag{7.4.4}$$

wobei jeweils für $\cdots$ links und rechts in den Klammern $\mathfrak{F}_1 \times \cdots \times \mathfrak{F}_{i-1}$ bzw. $\mathfrak{F}_{i+1} \times \cdots \times \mathfrak{F}_n$ zu setzen ist.

Bei (7.4.2) trifft das Gleichheitszeichen zu, wenn $\mathfrak{F}$ ein aus einer Einermenge $\{x\}$ erzeugter Filter $[x]$ ist. Im allgemeinen gilt das Gleichheitszeichen weder bei (7.4.2) noch bei (7.4.4) (auch nicht für $n = 1$).

Beweis. 1. Die Richtigkeit von (7.4.1) bis (7.4.4) folgt leicht. Für jedes Element x von X gilt $(KL)[\{x\}] = K[\{x\}]\,L[\{x\}]$ zu beliebigen Teilmengen K und L von $\mathfrak{A}$ und daher für $\mathfrak{F} = [x]$ bei (7.4.2) das Gleichheitszeichen.

2. Es sei $X = Y$ die Gruppe $\boldsymbol{K}$ mit der Addition als Gruppenverknüpfung. $\mathfrak{A}$ bestehe aus allen Abbildungen $l_\alpha\colon \xi \mapsto \alpha\xi$ $(\xi \in \boldsymbol{K})$ $(\alpha \in \boldsymbol{K})$. Wir fassen $\mathfrak{A}$ als additive Gruppe auf. Für $\mathfrak{K} = \mathfrak{L} = [l_1]$ und $\mathfrak{F} = [\{0, 1\}]$ gilt $(\mathfrak{K} + \mathfrak{L})(\mathfrak{F}) = [\{0, 2\}] \underset{\neq}{\supset} [\{0, 1, 2\}] = \mathfrak{K}(\mathfrak{F}) + \mathfrak{L}(\mathfrak{F})$ und für $\mathfrak{K} = [\{l_1, l_2\}]$ und $\mathfrak{F} = \mathfrak{G} = [1]$ ferner $\mathfrak{K}(\mathfrak{F} + \mathfrak{G}) = [\{2, 4\}] \underset{\neq}{\supset} [\{2, 3, 4\}] = \mathfrak{K}(\mathfrak{F}) + \mathfrak{K}(\mathfrak{G})$.

Aus 6.3.2, (7.4.1) und (7.4.2) folgt

7.4.2. *X sei ein Limesraum und Y eine limitierte Gruppe. Für beliebige Abbildungen $f, g \in \mathfrak{A}$ und Filter $\mathfrak{K} \underset{c}{\to} f$ und $\mathfrak{L} \underset{c}{\to} g$ in $\mathfrak{A}$ gilt dann $\mathfrak{K}^{-1} \underset{c}{\to} f^{-1}$ und $\mathfrak{K}\mathfrak{L} \underset{c}{\to} fg$.*

Besteht $\mathfrak{A}$ nur aus Abbildungen mit ganz X als Definitionsbereich, so ist $\mathfrak{A}$ bezüglich der Verknüpfung $(f, g) \mapsto fg$ eine Gruppe. Damit erhalten wir das

Korollar **(Verträglichkeit von c).** *Ist X ein Limesraum und Y eine limitierte Gruppe und besteht $\mathfrak{A}$ nur aus Abbildungen mit ganz X als Definitionsbereich, dann ist $\mathfrak{A}$ bezüglich der Verknüpfung $(f, g) \mapsto fg$ und bezüglich der Limitierung der stetigen Konvergenz eine limitierte Gruppe.*

Im weiteren sei $\mathfrak{A}$ eine Menge von Abbildungen aus einer Menge X in einen $\boldsymbol{K}$-Radialraum Y. Für jedes $\alpha \in \boldsymbol{K}$ und jede Abbildung $f \in \mathfrak{A}$ definieren wir eine Abbildung αf durch $\operatorname{db}(\alpha f) = \operatorname{db} f$ und $(\alpha f)(x) = \alpha f(x)$ $(x \in \operatorname{db} f)$. Wir setzen voraus, daß mit f zu beliebigem $\alpha \in \boldsymbol{K}$ auch αf zu $\mathfrak{A}$ gehört. Es kann dann zu jedem Filter $\mathfrak{U}$ in $\boldsymbol{K}$ und jedem Filter $\mathfrak{K}$ in $\mathfrak{A}$ der Filter $\mathfrak{U}\mathfrak{K}$ gebildet werden, der als eine Basis $\{UK \mid U \in \mathfrak{U}, K \in \mathfrak{K}\}$ hat, wobei jeweils $UK = \{\alpha f \mid \alpha \in U, f \in K\}$ ist. Ohne Mühe zeigt man

7.4.3. *Für jeden Filter $\mathfrak{F}$ in X, jeden Filter $\mathfrak{U}$ in $\boldsymbol{K}$ und jeden Filter $\mathfrak{K}$ in $\mathfrak{A}$ gilt*

$$(\mathfrak{U}\mathfrak{K})(\mathfrak{F}) = \mathfrak{U}\,\mathfrak{K}(\mathfrak{F}) \,. \tag{7.4.5}$$

Ist X zu einem $n \in \boldsymbol{N}^+$ ein Produkt $X_1 \times \cdots \times X_n$ von $\boldsymbol{K}$-Radialräumen und besteht $\mathfrak{A}$ aus multihomogenen Abbildungen, so gilt zu beliebigem $i = 1, \ldots, n$ und beliebigen Filtern $\mathfrak{F}_1$ in $X_1, \ldots, \mathfrak{F}_n$ in X_n, $\mathfrak{U}$ in $\boldsymbol{K}$ und $\mathfrak{K}$ in $\mathfrak{A}$

$$\mathfrak{K}(\cdots \times \mathfrak{U}\mathfrak{F}_i \times \cdots) = \mathfrak{U}\mathfrak{K}(\cdots \times \mathfrak{F}_i \times \cdots)\,, \tag{7.4.6}$$

wobei jeweils für $\cdots$ links und rechts in den Klammern $\mathfrak{F}_1 \times \cdots \times \mathfrak{F}_{i-1}$ bzw. $\mathfrak{F}_{i+1} \times \cdots \times \mathfrak{F}_n$ zu setzen ist.

Wegen (7.4.5) gilt

7.4.4. *X sei ein Limesraum und Y ein verallgemeinerter limitierter $\boldsymbol{K}$-Radialraum. Die Nullabbildung $0\colon h \mapsto 0$ $(h \in X)$ gehöre $\mathfrak{A}$ an. Für jede Abbildung $f \in \mathfrak{A}$*

und jeden Filter $\mathfrak{K}$ *in* $\mathfrak{A}$ *hat* $\mathfrak{K} \underset{c}{\rightarrow} f$ *dann* $\alpha\mathfrak{K} \underset{c}{\rightarrow} \alpha f$ $(\alpha \in \boldsymbol{K})$ *und* $\mathfrak{K} \underset{c}{\rightarrow} 0$ *ferner* $\boldsymbol{V}\mathfrak{K} \underset{c}{\rightarrow} 0$ *und, wenn X ein limitierter Radialraum ist, sogar* $\mathfrak{K} \underset{c}{\rightarrow} f$ *stets* $\boldsymbol{V}\mathfrak{K} \underset{c}{\rightarrow} 0$ *und* $(\boldsymbol{V} + 1)\,\mathfrak{K} \underset{c}{\rightarrow} f$ *zur Folge.*

Falls $\mathfrak{A}$ nur aus Abbildungen mit ganz X als Definitionsbereich besteht, ist $\mathfrak{A}$ bez. $(\alpha, f) \mapsto \alpha f$ ein $\boldsymbol{K}$-Radialraum. Damit folgt das

Korollar **(Schwache Verträglichkeit und Verträglichkeit von c).** *Ist X ein Limesraum und Y ein verallgemeinerter limitierter bzw. ein limitierter* $\boldsymbol{K}$*-Radialraum und besteht* $\mathfrak{A}$ *nur aus Abbildungen mit ganz X als Definitionsbereich, dann ist* $\mathfrak{A}$ *bezüglich der Radialstruktur* $(\alpha, f) \mapsto \alpha f$ *und bezüglich der Limitierung der stetigen Konvergenz ein verallgemeinerter limitierter bzw. ein limitierter* $\boldsymbol{K}$*-Radialraum.*

Aus 7.4.2, 7.4.4 und den zugehörigen Korollaren folgen schließlich Aussagen bezüglich linearer Strukturen. Einige dieser führen wir an. Dazu sei $\mathfrak{A}$ eine Menge von Abbildungen von einer Menge X in einen $\boldsymbol{K}$-Vektorraum Y derart, daß mit f und g stets $f + g$ und αf $(\alpha \in \boldsymbol{K})$ zu $\mathfrak{A}$ gehört. $\mathfrak{A}$ ist bezüglich der Vektoraddition $(f, g) \mapsto f + g$ und der skalaren Multiplikation $(\alpha, f) \mapsto \alpha f$ ein $\boldsymbol{K}$-Vektorraum. Aus den Korollaren zu 7.4.2 und 7.4.4 erhalten wir

7.4.5 (Schwache Verträglichkeit und Verträglichkeit von c). *Ist X ein Limesraum und Y eine limitierte* $\boldsymbol{K}$*-lineare Gruppe bzw. ein limitierter* $\boldsymbol{K}$*-Vektorraum, dann ist* $\mathfrak{A}$ *im vorliegenden Fall bezüglich der Vektoraddition* $(f, g) \mapsto f + g$, *der skalaren Multiplikation* $(\alpha, f) \mapsto \alpha f$ *und der Limitierung der stetigen Konvergenz ebenfalls eine limitierte* $\boldsymbol{K}$*-lineare Gruppe bzw. ein limitierter* $\boldsymbol{K}$*-Vektorraum.*

Wir sehen im weiteren erst einmal von algebraischen Strukturen von Y ab. Und zwar nehmen wir zunächst als X und Y beliebige Limesräume. Die aus allen bzw. allen stetigen Abbildungen von X in Y bestehenden Mengen $F(X, Y)$ und $C(X, Y)$, versehen mit der Limitierung der stetigen Konvergenz, bezeichnen wir mit

$$F_c(X, Y) \quad \text{und} \quad C_c(X, Y)\,.$$

Aus 7.1.7 und 7.1.8 folgt

7.4.6. $C_c(X, Y)$ *ist ein Teilraum des Limesraumes* $F_c(X, Y)$. *Ist X ein pseudotopologischer Raum und Y ein regulärer Limesraum, so ist* $C(X, Y)$ *in* $F_c(X, Y)$ *abgeschlossen.*

$F_c(X, Y)$ ist nur in Ausnahmefällen ein pseudotopologischer Raum. Genauer gesagt gilt wegen 7.1.4: Wenn mindestens eine unstetige Abbildung von X in Y existiert, ist $F_c(X, Y)$ kein pseudotopologischer Raum. $C_c(X, Y)$ hat weit bessere Eigenschaften. Aus 7.1.5, 7.3.6, 7.3.7 und 7.3.11 folgt nämlich

7.4.7 (Eigenschaften von $C_c(X, Y)$). *Ist X ein beliebiger Limesraum und Y ein pseudotopologischer Raum, so ist* $C_c(X, Y)$ *ein pseudotopologischer Raum.*

Wenn X und Y mehrstufig topologische Räume sind, ist $C_c(X, Y)$ im allgemeinen kein mehrstufig topologischer Raum. $C_c(X, Y)$ ist ein mehrstufig topologischer Raum, wenn X ein punktalkompakter mehrstufig topologischer Raum und Y ein topologischer Raum ist. Im allgemeinen ist $C_c(X, Y)$ kein topologischer Raum, wenn X und Y topologische Räume sind. Ist X ein punktalkompakter und Y irgendein topologischer Raum, so ist auch $C_c(X, Y)$ ein topologischer Raum.

Anmerkung. Wegen 7.1.6 genügt der Limesraum $F_c(X, Y)$ und jeder seiner Teilräume dem ersten Trennungsaxiom, wenn Y dieses Axiom erfüllt und X ein pseudotopologischer Raum ist, und ist $F_c(X, Y)$ und jeder Teilraum von $F_c(X, Y)$ separiert bzw. regulär, wenn Y separiert bzw. regulär ist.

Ist Y eine limitierte Gruppe, ein verallgemeinerter limitierter Radialraum bzw. eine limitierte lineare Gruppe, so gehört natürlich mit f und g auch fg und f^{-1}, mit f zu jedem $\alpha \in \boldsymbol{K}$ auch αf bzw. mit f und g auch $f + g$ und zu jedem $\alpha \in \boldsymbol{K}$ auch αf zu $C(X, Y)$, wie mittels (7.4.1), (7.4.2) und (7.4.5) unter Beachtung der Beziehungen $[f]\,(\mathfrak{F}) = f(\mathfrak{F})$ $(f \in C(X, Y),\ \mathfrak{F} \in \mathcal{F}X)$ folgt. Wir fassen in diesen Fällen $C(X, Y)$ und ebenfalls $F(X, Y)$ bezüglich der wie oben definierten Gruppenverknüpfung, Radialstruktur und linearen Struktur als Gruppe, als $\boldsymbol{K}$-Radialraum bzw. als $\boldsymbol{K}$-Vektorraum auf.

Aus den Korollaren zu 7.4.2 und 7.4.4 und aus 7.4.5 folgt

7.4.8 (Eigenschaften von $F_c(X, Y)$ und $C_c(X, Y)$). *Mit Y ist auch $F_c(X, Y)$ und ebenfalls $C_c(X, Y)$ eine limitierte Gruppe, ein verallgemeinerter limitierter Radialraum, ein limitierter Radialraum, eine limitierte lineare Gruppe bzw. ein limitierter Vektorraum.*

Wir benutzen im folgenden die Bezeichnungsweise (7.1.2).

7.4.9 (Stetige Konvergenz und $\boldsymbol{p}^g, \boldsymbol{p}^\varrho, \boldsymbol{p}^r, \boldsymbol{p}^\nu$ bzw. $\boldsymbol{p}^v$). *Y sei eine limitierte Gruppe, ein verallgemeinerter limitierter Radialraum, ein limitierter Radialraum, eine limitierte lineare Gruppe bzw. ein limitierter Vektorraum. Dann gilt*

$$p^\alpha(\mathfrak{c}(X, Y)) \leqq \mathfrak{c}(X, \boldsymbol{p}^\alpha(Y)) \tag{7.4.7}$$

bei $\alpha = g, \varrho, r, \nu$ bzw. v, wobei die auftretenden Limitierungen stets als Limitierungen von $C(X, Y)$ gemeint sind.

Beweis. Ist Y eine limitierte Gruppe, so ergibt sich $\mathfrak{c}(X, Y) \leqq \mathfrak{c}(X, \boldsymbol{p}^g(Y))$ und, da $\mathfrak{c}(X, \boldsymbol{p}^g(Y))$ nach 7.1.5 und dem Korollar zu 7.4.2 eine verträgliche Pseudotopologie ist, somit die Richtigkeit von (7.4.7) bei $\alpha = g$. Entsprechend folgt die Richtigkeit von (7.4.7) in den anderen Fällen.

Anmerkung. Die entsprechenden Beziehungen bez. $F(X, Y)$ gelten im allgemeinen nicht. Wie man 7.4.7 entnimmt, sind auch die Beziehungen, die sich aus (7.4.7) durch Ersetzung von p durch t und von $\boldsymbol{p}$ durch $\boldsymbol{t}$ ergeben, im allgemeinen nicht richtig. Die entsprechenden Beziehungen bez. $F(X, Y)$ gelten natürlich im allgemeinen erst recht nicht.

7.4.10 (Stetige Konvergenz und $+$). *Y sei eine limitierte $\boldsymbol{K}$-lineare Gruppe. Dann gilt*

$$\mathsf{c}(X, Y^+) \leqq \mathsf{c}(X, Y)^+ ,$$

wobei die auftretenden Limitierungen als Limitierungen von $C(X, Y^+)$ zu verstehen sind. Wenn Y kreisförmig ist, ist auch $C_\mathsf{c}(X, Y)$ kreisförmig.

Beweis. Zu beliebigen $x \in X$, $f \in C(X, Y^+)$ und Filtern $\mathfrak{F}$ in X und $\mathfrak{K}$ in $C(X, Y^+)$ mit $\mathfrak{F} \to x$ und $\mathfrak{K} \xrightarrow[\mathsf{c}(X, Y^+)]{} f$ gilt, wie mittels 5.8.13 folgt, in Y $f(x) + \boldsymbol{E}(\mathfrak{K}(\mathfrak{F}) - f(x)) \to f(x), f(x) + \boldsymbol{E}(f(\mathfrak{F}) - f(x)) \to f(x)$ und $f(\mathfrak{F}) \to f(x)$ und damit

$$(f + \boldsymbol{E}(\mathfrak{K} - f))(\mathfrak{F}) \supseteqq f(\mathfrak{F}) + \boldsymbol{E}(\mathfrak{K}(\mathfrak{F}) - f(x)) - \boldsymbol{E}(f(\mathfrak{F}) - f(x)) \to f(x) ,$$

woraus die Behauptung folgt.

7.4.11 (Stetige Konvergenz und $\wedge$). *Y sei eine limitierte $\boldsymbol{K}$-lineare Gruppe. Dann gilt*

$$\mathsf{c}(X, Y)^{\wedge} \leqq \mathsf{c}(X, Y^{\boldsymbol{\wedge}}) , \qquad (7.4.8)$$

wobei die auftretenden Limitierungen als Limitierungen von $F(X, Y)$ oder als Limitierungen von $C(X, Y)$ verstanden werden können. Wenn Y lokalkonvex ist, sind auch $F_\mathsf{c}(X, Y)$ und $C_\mathsf{c}(X, Y)$ lokalkonvex.

Beweis. Wir führen den Beweis für $F(X, Y)$, für $C(X, Y)$ ergibt er sich entsprechend. Für jede Teilmenge F von X und jede Teilmenge K von $F(X, Y)$ gilt $K^{\wedge}[F] \subseteqq K[F]^{\wedge}$, für jeden Filter $\mathfrak{F}$ in X und jeden Filter $\mathfrak{K}$ in $F(X, Y)$ damit

$$\mathfrak{K}^{\wedge}(\mathfrak{F}) \supseteqq \mathfrak{K}(\mathfrak{F})^{\wedge}$$

(bezüglich der Bezeichnungen siehe Abschnitt 5.9). Zu beliebigem $f \in F(X, Y)$ und $\mathfrak{K} \in \mathsf{c}(X, Y)(f)$ gilt dann aber $\mathfrak{K}^{\wedge} \in \mathsf{c}(X, Y^{\boldsymbol{\wedge}})(f)$, d. h., es gilt (7.4.8). Ist Y lokalkonvex, so dann auch $F_\mathsf{c}(X, Y)$.

Anmerkung. Aus (7.4.7) und (7.4.8) folgt in dem Fall, daß Y eine limitierte lineare Gruppe bzw. ein limitierter Vektorraum ist,

$$p^{\hat{}}(\mathsf{c}(X, Y)) \leqq \mathsf{c}(X, \boldsymbol{p}^{\hat{}}(Y)) \quad \text{bzw.} \quad p^{\wedge}(\mathsf{c}(X, Y)) \leqq \mathsf{c}(X, \boldsymbol{p}^{\wedge}(Y)) , \qquad (7.4.9)$$

wobei die Limitierungen bez. $C(X, Y)$ gemeint sind. Die entsprechenden Beziehungen bez. $F(X, Y)$ sind im allgemeinen falsch. 7.3.7 entnimmt man, daß auch die Beziehungen, die sich aus (7.4.9) durch Ersetzung von p durch t und von $\boldsymbol{p}$ durch $\boldsymbol{t}$ ergeben, im allgemeinen nicht gelten. Die entsprechenden Beziehungen bez. $F(X, Y)$ sind im allgemeinen erst recht falsch.

Wie mittels (7.4.8), (7.4.9) und einer Anmerkung nach 7.4.7 folgt, ist für jeden Limesraum X und jede limitierte lineare Gruppe mit $Y^{\boldsymbol{\wedge}}$ auch $C_\mathsf{c}(X, Y)^{\boldsymbol{\wedge}}$, mit $\boldsymbol{p}^{\hat{}}(Y)$ auch $\boldsymbol{p}^{\hat{}}(C_\mathsf{c}(X, Y))$ und, wenn Y ein limitierter Vektorraum ist, mit $\boldsymbol{p}^{\wedge}(Y)$ auch $\boldsymbol{p}^{\wedge}(C_\mathsf{c}(X, Y))$ separiert. Unter gewissen Einschränkungen ist mit $\boldsymbol{t}^{\hat{}}(Y)$ auch $\boldsymbol{t}^{\hat{}}(C_\mathsf{c}(X, Y))$ und mit $\boldsymbol{t}^{\wedge}(Y)$ auch $\boldsymbol{t}^{\wedge}(C_\mathsf{c}(X, Y))$ separiert. Es gilt nämlich (vergleiche G. Kneis [1]):

7.4.12 (Separiertheit von $\boldsymbol{t}^{\hat{}}(C_{\mathfrak{c}}(X, Y))$ und $\boldsymbol{t}^{\wedge}(C_{\mathfrak{c}}(X, Y))$. *$X$ sei ein pseudotopologischer Raum und Y eine pseudotopologische lineare Gruppe derart, daß $\boldsymbol{t}^{\hat{}}(Y)$ bzw. $\boldsymbol{t}^{\wedge}(Y)$ separiert ist. Dann ist auch $\boldsymbol{t}^{\hat{}}\big(C_{\mathfrak{c}}(X, Y)\big)$ bzw. $\boldsymbol{t}^{\wedge}\big(C_{\mathfrak{c}}(X, Y)\big)$ separiert.*

Beweis. 1. $\boldsymbol{t}^{\hat{}}(Y)$ sei separiert. Wegen 7.4.7 und 7.4.8 ist $C_{\mathfrak{c}}(X, Y)$ eine pseudotopologische lineare Gruppe. Wir nehmen an, daß $\boldsymbol{t}^{\hat{}}\big(C_{\mathfrak{c}}(X, Y)\big)$ nicht separiert ist, so daß wegen 5.10.5 eine von 0 verschiedene Abbildung $f \in C(X, Y)$ existiert derart, daß

$$\mathfrak{N}_{\mathfrak{c}}(0)^{\wedge} \subseteqq [f] \tag{7.4.10}$$

für den Nullnachbarschaftsfilter $\mathfrak{N}_{\mathfrak{c}}(0)$ von $C_{\mathfrak{c}}(X, Y)$ gilt. Es gibt ein $x \in X$ mit $f(x) \neq 0$. Für den Nullnachbarschaftsfilter $\mathfrak{N}(0)$ von Y gilt $\mathfrak{N}(0) \subseteqq \bigcap\limits_{\mathfrak{K} \xrightarrow[\mathfrak{c}]{} 0} \mathfrak{K}([x]) = \mathfrak{N}_{\mathfrak{c}}(0)([x])$, weshalb unter Berücksichtigung von (7.4.10)

$$\mathfrak{N}(0)^{\wedge} \subseteqq \mathfrak{N}_{\mathfrak{c}}(0)^{\wedge}([x]) \subseteqq [f(x)]$$

folgt, was aber der Separiertheit von $\boldsymbol{t}^{\hat{}}(Y)$ widerspricht. Daher ist auch $\boldsymbol{t}^{\hat{}}\big(C_{\mathfrak{c}}(X, Y)\big)$ separiert.

2. Ist $\boldsymbol{t}^{\wedge}(Y)$ separiert, so folgt mit ähnlichen Überlegungen wie im Teil 1, daß auch $\boldsymbol{t}^{\wedge}\big(C_{\mathfrak{c}}(X, Y)\big)$ separiert ist. Als $\mathfrak{N}(0)$ und $\mathfrak{N}_{\mathfrak{c}}(0)$ sind in diesem Falle die Nullnachbarschaftsfilter von $\boldsymbol{v}(Y)$ bzw. $\boldsymbol{v}\big(C_{\mathfrak{c}}(X, Y)\big)$ zu nehmen, und es ist zu beachten, daß auf Grund der Bemerkungen vor 5.7.8 dann $\mathfrak{N}(0) = \bigcap\limits_{\substack{\mathfrak{G} \to 0 \\ y_1, \ldots, y_n \in Y}} (\mathfrak{G} + Vy_1 + \cdots + Vy_n)$ und $\mathfrak{N}_{\mathfrak{c}}(0) = \bigcap\limits_{\substack{\mathfrak{K} \xrightarrow[\mathfrak{c}]{} 0 \\ f_1, \ldots, f_n \in C(X, Y)}} (\mathfrak{K} + Vf_1 + \cdots + Vf_n)$ und damit ebenfalls $\mathfrak{N}(0) \subseteqq \mathfrak{N}_{\mathfrak{c}}(0)([x])$ gilt.

7.4.13 ($\boldsymbol{t}^{\wedge}$-Regularität von $C_{\mathfrak{c}}(X, Y)$). *X sei ein pseudotopologischer Raum und Y eine $t^{\wedge}$-reguläre pseudotopologische lineare Gruppe. Dann ist auch $C_{\mathfrak{c}}(X, Y)$ $t^{\wedge}$-regulär.*

Beweis. τ sei die Pseudotopologie von Y. Wir zeigen, daß für jede Teilmenge F von X und jede Teilmenge K von $C(X, Y)$

$$\overline{K}^{t^{\wedge}}[F] \subseteqq \overline{K[F]}^{t^{\wedge}} \tag{7.4.11}$$

gilt, wobei die Hüllenbildungen bezüglich der $\mathfrak{c}$ bzw. τ zugeordneten nächstgröberen lokalkonvexen verträglichen Topologien gemeint sind. Gegeben sei ein $y \in \overline{K}^{t^{\wedge}}[F]$. Es existiert ein $x \in F$ und ein $g \in \overline{K}^{t^{\wedge}}$ mit $y = g(x)$, ferner eine eigentliche gefilterte Familie $(g_i)_{i \in I} \xrightarrow[t^{\wedge}(\mathfrak{c})]{} g$ mit $g_i \in K$ $(i \in I)$. Für die Nachbarschaftsfilter $\mathfrak{N}(y)$ von y bez. $v(\tau)$ und $\mathfrak{N}_{\mathfrak{c}}(g)$ von g bez. $v(\mathfrak{c})$ gilt auf Grund entsprechender Überlegungen wie im Teil 2 des Beweises von 7.14.12 $\mathfrak{N}(y) \subseteqq \mathfrak{N}_{\mathfrak{c}}(g)([x])$. Unter Berücksichtigung von 5.10.5 folgt

$$\mathfrak{N}(y)^{\wedge} \subseteqq \mathfrak{N}_{\mathfrak{c}}(g)^{\wedge}([x]) \subseteqq \mathfrak{K}([x]),$$

wobei $\mathfrak{K}$ der aus $(g_i)_{i\in I}$ erzeugte Filter in $C(X, Y)$ ist. Wegen 5.10.5 gilt daher $(g_i(x))_{i\in I} \xrightarrow[t^\wedge(\tau)]{} y$ und damit $y \in \overline{K[F]}^{t^\wedge}$, also (7.4.11). Aus (7.4.11) folgt offensichtlich die Behauptung.

Im weiteren führen wir einige Isomorphiesätze an (vergleiche etwa E. Binz und H. H. Keller [1]).

7.4.14 (Isomorphieeigenschaften von χ). *Z sei neben X und Y ein weiterer Limesraum. Dann wird durch $\chi(f)(x, y) = f(x)(y)$ ein Homöomorphismus χ von $F_c(X, F_c(Y, Z))$ auf $F_c(X \times Y, Z)$ definiert. Ist X ein pseudotopologischer Raum, so bildet χ den Teilraum $C_c(X, C_c(Y, Z))$ von $F_c(X, F_c(Y, Z))$ auf $C_c(X \times Y, Z)$ ab. Ist Z eine limitierte lineare Gruppe, so ist χ ein linearer Homöomorphismus.*

Beweis. 1. χ ist offenbar eine eineindeutige Abbildung von $F(X, F(Y, Z))$ auf $F(X \times Y, Z)$. Ein Filter $\mathfrak{K}$ in $F(X, F_c(Y, Z))$ konvergiert genau dann stetig gegen eine Abbildung $f \in F(X, F(Y, Z))$, wenn $\mathfrak{K}(\mathfrak{F}) \xrightarrow[c]{} f(x)$ für jeden Filter $\mathfrak{F} \to x$ $(x \in X)$, also $\chi(\mathfrak{K})(\mathfrak{F} \times \mathfrak{G}) = \mathfrak{K}(\mathfrak{F})(\mathfrak{G}) \to \chi(f)(x, y) = f(x)(y)$ für beliebige Filter $\mathfrak{F} \to x$ $(x \in X)$ und $\mathfrak{G} \to y$ $(y \in Y)$, also $\chi(\mathfrak{K}) \xrightarrow[c]{} \chi(f)$ gilt. Folglich ist χ ein Homöomorphismus. χ ist linear, wenn Z zusätzlich ein Vektorraum ist.

2. X sei ein pseudotopologischer Raum. χ bildet offensichtlich $C_c(X, C_c(Y, Z))$ in $C_c(X \times Y, Z)$ ab. Da X ein pseudotopologischer Raum ist, ist mit jeder Abbildung $g: X \times Y \to Z$ zu beliebigem $x \in X$ auch $y \mapsto g(x, y)$ $(y \in Y)$ stetig (vergleiche 3.10.10). Unter Beachtung von 7.1.10 ergibt sich damit, daß $C_c(X, C_c(Y, Z))$ durch χ auf $C_c(X \times Y, Z)$ abgebildet wird.

7.4.15 (Isomorphieeigenschaften von ζ). *X sei ein Limesraum und $(Y_j)_{j\in J}$ eine Familie pseudotopologischer Räume mit einer nichtleeren Menge als Indexbereich. Die Abbildung $\zeta: (f_j)_{j\in J} \mapsto \langle f_j \rangle_{j\in J}$ $(f_j \in F(X, Y_j)$ für jedes $j \in J)$ ist ein Homöomorphismus von $\prod_{j\in J} F_c(X, Y_j)$ auf $F_c(X, \prod_{j\in J} Y_j)$. ζ bildet den Teilraum $\prod_{j\in J} C_c(X, Y_j)$ von $\prod_{j\in J} F_c(X, Y_j)$ auf $C_c(X, \prod_{j\in J} Y_j)$ ab. Sind die Y_j limitierte lineare Gruppen, so ist ζ ein linearer Homöomorphismus.*

Beweis. Wir setzen $Y = \prod_{j\in J} Y_j$.

1. ζ ist offenbar eine eineindeutige Abbildung von $\prod_{j\in J} F(X, Y_j)$ auf $F(X, Y)$. Ist $\mathfrak{K}_j$ zu beliebigem $j \in J$ ein eigentlicher Filter in $F(X, Y_j)$, der gegen eine Abbildung $f_j \in F(X, Y_j)$ stetig konvergiert, so konvergiert wegen 7.1.14 $\zeta(\prod_{j\in J} \mathfrak{K}_j) = \langle \mathfrak{K}_j \rangle_{j\in J}$ stetig gegen $\zeta((f_j)_{j\in J}) = \langle f_j \rangle_{j\in J}$. Damit folgt, daß ζ stetig ist.

$\mathfrak{K}$ sei ein Filter in $F(X, Y)$. Für die mittels der natürlichen Projektionen π_j von Y durch $p_j(f) = \pi_j \circ f$ definierten Abbildungen $p_j: F(X, Y) \to F(X, Y_j)$

gilt $\langle p_j \rangle_{j\in J} = \zeta^{-1}$ und $\prod_{j\in J} p_j(\mathfrak{R}) \subseteqq \langle p_j \rangle_{j\in J}(\mathfrak{R})$ und damit

$$\prod_{j\in J} [\pi_j] \mathbin{\dot\circ} \mathfrak{R} \subseteqq \zeta^{-1}(\mathfrak{R}) \,. \tag{7.4.12}$$

Konvergiert $\mathfrak{R}$ stetig gegen eine Abbildung $f \in F(X, Y)$, so konvergiert wegen 7.1.4 und 7.1.13 zu jedem $j \in J$ der Filter $[\pi_j] \mathbin{\dot\circ} \mathfrak{R}$ stetig gegen $\pi_j \circ f$, wegen (7.4.12) also $\zeta^{-1}(\mathfrak{R})$ bezüglich der Produktlimitierung von $\prod_{j\in J} F_c(X, Y_j)$ stetig gegen $\zeta^{-1}(f) = (\pi_j \circ f)_{j\in J}$. Daher ist ζ sogar ein Homöomorphismus.

Es folgt leicht, daß ζ linear ist, wenn die Y_j zusätzlich als Vektorräume angenommen werden.

2. $\prod_{j\in J} C_c(X, Y_j)$ ist natürlich ein Teilraum des Limesraumes $\prod_{j\in J} F_c(X, Y_j)$ (vergleiche 3.2.7 und die anschließenden Bemerkungen). Unter Berücksichtigung von 3.10.4′ ergibt sich, daß $\prod_{j\in J} C_c(X, Y_j)$ durch ζ auf $C_c(X, Y)$ abgebildet wird.

7.4.16 (Isomorphieeigenschaften von ϑ). *$(X_j)_{j\in J}$ und $(Y_j)_{j\in J}$ seien Familien pseudotopologischer Räume mit ein und derselben Menge als Indexbereich. Die Abbildung $\vartheta\colon (f_j)_{j\in J} \mapsto \mathop{\LARGE\ast}_{j\in J} f_j$ $\big(f_j \in F(X_j, Y_j)$ für jedes $j \in J\big)$ ist ein Homöomorphismus von $\prod_{j\in J} F_c(X_j, Y_j)$ in (also auf einen Unterraum von) $F_c(\prod_{j\in J} X_j, \prod_{j\in J} Y_j)$. ϑ bildet den Teilraum $\prod_{j\in J} C_c(X_j, Y_j)$ von $\prod_{j\in J} F_c(X_j, Y_j)$ in $C_c(\prod_{j\in J} X_j, \prod_{j\in J} Y_j)$ ab. Sind die Y_j limitierte lineare Gruppen, so ist ϑ ein linearer Homöomorphismus.*

Beweis. Wir setzen $X = \prod_{j\in J} X_j$ und $Y = \prod_{j\in J} Y_j$.

1. ϑ ist eine eineindeutige Abbildung von $\prod_{j\in J} F(X_j, Y_j)$ in $F(X, Y)$. Wenn $\mathfrak{R}_j$ zu beliebigem $j \in J$ ein eigentlicher Filter in $F(X_j, Y_j)$ ist, der gegen eine Abbildung $f_j \in F(X_j, Y_j)$ stetig konvergiert, so konvergiert wegen (7.1.13) und 7.1.15 $\vartheta(\prod_{j\in J} \mathfrak{R}_j)$ stetig gegen $\vartheta\big((f_j)_{j\in J}\big)$. ϑ ist deshalb stetig.

$\mathfrak{R}$ sei ein Filter in $F_c(X, Y)$. Zu einem beliebigem $a \in X$ bilden wir durch $g_j(f) = \pi_j \circ f \circ \iota_{ja}$ Abbildungen $g_j\colon F(X, Y) \to F(X_j, Y_j)$, wobei jeweils ι_{ja} die natürliche Einbettung von X_j in X bez. a (siehe 2.12) und π_j die natürliche j-te Projektion von Y ist. Es gilt $\langle g_j \rangle_{j\in J} \mid \mathrm{wb}\vartheta = \vartheta^{-1}$ und $\prod_{j\in J} g_j(\mathfrak{R}) \subseteqq \langle g_j \rangle_{j\in J}(\mathfrak{R})$, also

$$\prod_{j\in J} [\pi_j] \mathbin{\dot\circ} \mathfrak{R} \mathbin{\dot\circ} [\iota_{ja}] \subseteqq \vartheta^{-1}(\mathfrak{R}) \,. \tag{7.4.13}$$

Die Abbildungen π_j und ι_{ja} sind natürlich stetig (vergleiche 3.10.10). Konvergiert $\mathfrak{R}$ stetig gegen eine Abbildung $\mathop{\LARGE\ast}_{j\in J} f_j \in \mathrm{db}\vartheta^{-1}$, so konvergiert wegen 7.1.4 und 7.1.13 zu jedem $j \in J$ der Filter $[\pi_j] \mathbin{\dot\circ} \mathfrak{R} \mathbin{\dot\circ} [\iota_{ja}]$ stetig gegen f_j, wegen (7.4.13) also $\vartheta^{-1}(\mathfrak{R})$ bezüglich der Produktlimitierung von $\prod_{j\in J} F_c(X_j, Y_j)$ stetig gegen $(f_j)_{j\in J}$. Ist X leer, so daß kein $a \in X$ gefunden werden kann, dann gilt diese

Aussage trivialerweise. ϑ ist damit stets ein Homöomorphismus. Wenn die Y_j zusätzlich Vektorräume sind, ergibt sich ϑ leicht als linear.

2. $\prod_{j\in J} C_c(X_j, Y_j)$ ist ein Teilraum des Limesraumes $\prod_{j\in J} F_c(X_j, Y_j)$, und mittels 3.10.5 folgt, daß $\prod_{j\in J} C_c(X_j, Y_j)$ durch ϑ in $C_c(X, Y)$ abgebildet wird.

Als Spezialfall von 7.1.9 ergibt sich, daß für beliebige Limesräume X und Y die Evaluationsabbildung $\omega\colon F_c(X, Y) \times X \to Y$ und damit auch die Einschränkung von ω auf $C_c(X, Y) \times X$ stetig ist. Für beliebige Limesräume X, Y und Z ist die Kompositionsabbildung $\gamma\colon F_c(X, Y) \times F_c(Y, Z) \to F_c(X, Z)$ wegen 7.1.13′ stetig. γ bildet auf Grund der Stetigkeit der Zusammensetzung $g \circ f$ stetiger Abbildungen f und g den Teilraum $C_c(X, Y) \times C_c(Y, Z)$ von $F_c(X, Y) \times F_c(Y, Z)$ in $C_c(X, Z)$ ab.

Im weiteren seien X und Y limitierte $\boldsymbol{K}$-lineare Gruppen. Wir bezeichnen zu beliebigem $n \in \boldsymbol{N}^+$ die Menge aller stetigen multilinearen Abbildungen von $X^n = \underbrace{X \times \cdots \times X}_{n}$ in Y mit $L^n(X, Y)$, im Falle $n = 1$ auch mit $L(X, Y)$. Mit f und g gehört $f + g$ und zu beliebigem $\alpha \in \boldsymbol{K}$ auch αf zu $L^n(X, Y)$. $L^n(X, Y)$ bildet daher einen Teilvektorraum von $C(X^n, Y)$. Wir denken uns stets $L^n(X, Y)$ mit der betreffenden linearen Struktur versehen. $L^n(X, Y)$, zusätzlich versehen mit der Limitierung der stetigen Konvergenz, bezeichnen wir mit

$$L_c^n(X, Y)\,,$$

im Falle $n = 1$ auch mit $L_c(X, Y)$.

7.4.17 (Eigenschaften von $L_c^n(X, Y)$). *Zu beliebigem $n \in \boldsymbol{N}^+$ ist $L_c^n(X, Y)$ eine limitierte lineare Untergruppe von $C_c(X^n, Y)$. Ist X ein limitierter Vektorraum und Y eine pseudotopologische lineare Gruppe, so ist $L_c^n(X, Y)$ sogar ein pseudotopologischer Vektorraum. Wenn X eine pseudotopologische lineare Gruppe und Y eine separierte limitierte lineare Gruppe ist, ist $L^n(X, Y)$ in $C_c(X^n, Y)$ abgeschlossen.*

Beweis. 1. Der erste Teil der Behauptung folgt mittels 7.1.7. Nun sei X ein limitierter Vektorraum und Y eine pseudotopologische lineare Gruppe. Mittels 7.4.7 und 7.4.8 folgt, daß $L_c^n(X, Y)$ ebenfalls eine pseudotopologische lineare Gruppe ist. Zu beliebigem $f \in L^n(X, Y)$ und beliebigen konvergenten Filtern $\mathfrak{F}_1, \dots, \mathfrak{F}_n$ in X gilt $\boldsymbol{V}f(\mathfrak{F}_1 \times \cdots \times \mathfrak{F}_n) \supseteqq f(\boldsymbol{V}\mathfrak{F}_1 \times \cdots \times \boldsymbol{V}\mathfrak{F}_n) \to 0$ wegen $\boldsymbol{V}\mathfrak{F}_1, \dots, \boldsymbol{V}\mathfrak{F}_n \to 0$ und damit $\boldsymbol{V}f \underset{c}{\to} 0$, so daß $L_c^n(X, Y)$ sogar ein pseudotopologischer Vektorraum ist.

2. Wenn X und damit auch X^n eine pseudotopologische lineare Gruppe und Y separiert ist, so ist offenbar jede stetige Abbildung $f\colon X^n \to Y$, gegen die eine eigentliche gefilterte Familie $(f_i)_{i\in I}$ von Abbildungen aus $L^n(X, Y)$ stetig konvergiert, multilinear, $L^n(X, Y)$ somit in $C_c(X^n, Y)$ abgeschlossen.

Aus 7.4.10 folgt

7.4.18. *Es gilt*

$$\mathfrak{c}(X^n, Y^+) \leqq \mathfrak{c}(X^n, Y)^+ ,$$

wobei die auftretenden Limitierungen als Limitierungen von $L^n(X, Y^+)$ gemeint sind. Mit Y ist auch $L_c^n(X, Y)$ kreisförmig.

Aus 5.11.10, 5.12.4, 7.4.9 und 7.4.11 erhalten wir

7.4.19. *Es gilt*

$$\boldsymbol{p}^\vee(\mathfrak{c}(X^n, Y)) \leqq \mathfrak{c}(X, \boldsymbol{p}^\vee(Y)) \quad \textit{und} \quad \mathfrak{c}(X^n, Y)^\wedge \leqq \mathfrak{c}(X^n, Y^\wedge) \qquad (7.4.14)$$

und, wenn Y ein limitierter Vektorraum ist, auch

$$p^v(\mathfrak{c}(X^n, Y)) \leqq \mathfrak{c}(X, \boldsymbol{p}^v(Y)) . \qquad (7.4.15)$$

Die auftretenden Limitierungen sind dabei als Limitierungen von $L^n(X, Y)$ gemeint. Mit Y ist auch $L_c^n(X, Y)$ lokalkonvex.

Wegen (7.4.14) und (7.4.15) gilt $p^\wedge(\mathfrak{c}(X^n, Y)) \leqq \mathfrak{c}(X, \boldsymbol{p}^\wedge(Y))$ und, wenn Y ein limitierter Vektorraum ist, auch $p^\wedge(\mathfrak{c}(X^n, Y)) \leqq \mathfrak{c}(X, \boldsymbol{p}^\wedge(Y))$.

Mit $Y^\wedge$ ist auch $L_c^n(X, Y)^\wedge$, mit $\boldsymbol{p}^\wedge(Y)$ auch $\boldsymbol{p}^\wedge(L_c^n(X, Y))$ und, wenn Y ein limitierter Vektorraum ist, mit $\boldsymbol{p}^\wedge(Y)$ auch $\boldsymbol{p}^\wedge(L_c^n(X, Y))$ separiert. Mittels des Korollars zu 5.12.4 und mittels 7.4.12 ergibt sich ferner

7.4.20. *X und Y seien pseudotopologische lineare Gruppen. Ist $\boldsymbol{t}^\wedge(Y)$ bzw. $\boldsymbol{t}^\wedge(Y)$ separiert, so auch $\boldsymbol{t}^\wedge(L_c^n(X, Y))$ bzw. $\boldsymbol{t}^\wedge(L_c^n(X, Y))$.*

Ähnlich folgt aus dem Korollar zu 5.12.4 und aus 7.4.13

7.4.21. *X und Y seien pseudotopologische lineare Gruppen. Mit Y ist auch $L_c^n(X, Y)$ $t^\wedge$-regulär.*

Als nächstes zeigen wir

7.4.22 (Isomorphieeigenschaft von ι). *X sei ein pseudotopologischer $\boldsymbol{K}$-Vektorraum. Dann ist die Abbildung $\iota: f \mapsto f(1)$ $(f \in L_c(\boldsymbol{K}, X))$ ein linearer Homöomorphismus von $L_c(\boldsymbol{K}, X)$ auf X.*

Beweis. Da X ein pseudotopologischer $\boldsymbol{K}$-Vektorraum ist, ist für jedes $x \in X$ die lineare Abbildung $\xi \mapsto \xi x$ $(\xi \in \boldsymbol{K})$ stetig; sie ist das Bild von x bez. ι^{-1}. ι ergibt sich damit als eine eineindeutige lineare Abbildung von $L(\boldsymbol{K}, X)$ auf X.

Ist $\mathfrak{K}$ ein Filter in $L(\boldsymbol{K}, X)$, der stetig gegen eine Abbildung $f \in L(\boldsymbol{K}, X)$ konvergiert, so folgt wegen $\iota(\mathfrak{K}) = \mathfrak{K}([1])$, daß $\iota(\mathfrak{K})$ gegen $\iota(f)$ konvergiert, ι also stetig ist. Für beliebige Filter $\mathfrak{F} \to x$ $(x \in X)$ und $\mathfrak{U} \to \alpha$ $(\alpha \in \boldsymbol{K})$ ergibt sich wegen $\iota^{-1}(\mathfrak{F})(\mathfrak{U}) = \mathfrak{U}\mathfrak{F} \to \alpha x = \iota^{-1}(x)(\alpha)$, daß $\iota^{-1}(\mathfrak{F})$ stetig gegen $\iota^{-1}(x)$ konvergiert, also auch ι^{-1} stetig ist.

Mittels 7.1.7, 7.4.14 und 7.4.15 erhält man leicht

7.4.23 (Isomorphieeigenschaften von χ^{nm} und ζ^n). *Ist X eine pseudotopologische lineare Gruppe und Y eine beliebige limitierte lineare Gruppe, so wird zu beliebigen $n, m \in \boldsymbol{N}^+$ durch $\chi^{nm}(f)(x_1, \ldots, x_{n+m}) = f(x_1, \ldots, x_n)(x_{n+1}, \ldots, x_{n+m})$ ein linearer Homöomorphismus χ^{nm} von $L_c^n(X, L_c^m(X, Y))$ auf $L_c^{n+m}(X, Y)$ definiert.*

Ist X eine limitierte lineare Gruppe und $(Y_j)_{j \in J}$ eine Familie von pseudotopologischen linearen Gruppen mit einer nichtleeren Menge als Indexbereich, so ist zu beliebigem $n \in \boldsymbol{N}^+$ die Abbildung $\zeta^n : (f_j)_{j \in J} \mapsto \langle f_j \rangle_{j \in J}$ $(f_j \in L^n(X, Y_j)$ für jedes $j \in J)$ ein linearer Homöomorphismus von $\prod_{j \in J} L_c^n(X, Y_j)$ auf $L_c^n(X, \prod_{j \in J} Y_j)$.

Aus 7.1.9 folgt, daß die Evaluationsabbildung $\omega : L_c^n(X, Y) \times X^n \to Y$ für beliebige limitierte lineare Gruppen X und Y stetig ist.

Mittels 7.1.13′ ergibt sich

7.4.24 (Kompositionsabbildung). *Für einen beliebigenLimesraum X und beliebige limitierte $\boldsymbol{K}$-lineare Gruppen Y und Z ist die Kompositionsabbildung von $F_c(X, Y) \times L_c(Y, Z)$ in $F_c(Y, Z)$ stetig und bilinear. Für beliebige limitierte $\boldsymbol{K}$-lineare Gruppen X, Y und Z und beliebiges $n \in \boldsymbol{N}^+$ ist die Kompositionsabbildung von $L_c^n(X, Y) \times L_c(Y, Z)$ in $L_c^n(X, Z)$ stetig und bilinear.*

Selbstverständlich ist die zweite im Satz auftretende Kompositionsabbildung überhaupt erklärt.

Im weiteren benutzen wir eine Abschwächung des Begriffs der Vollständigkeit einer pseudotopologischen linearen Gruppe. Wir erinnern an die Vereinbarung aus Abschnitt 5.6 über die von limesuniformen Strukturen abhängigen Begriffe bei pseudotopologischen abelschen Gruppen und haben demzufolge, daß eine Teilmenge M einer pseudotopologischen linearen Gruppe X genau dann vollständig ist, wenn jeder Cauchy-Filter von X (also jeder Filter $\mathfrak{F}$ in X mit $\mathfrak{F} - \mathfrak{F} \to 0$), dem M angehört, gegen ein Element von M konvergiert.

In Abschwächung des Begriffs der Vollständigkeit einer pseudotopologischen linearen Gruppe nennen wir eine pseudotopologische lineare Gruppe X **quasivollständig,** wenn jeder Cauchy-Filter von X, dem eine beschränkte Menge angehört, konvergiert.

Nach dem folgenden Satz ist jede pseudotopologische lineare Gruppe X, die regulär im engeren Sinne ist, insbesondere jede topologische lineare Gruppe X, genau dann quasivollständig, wenn die abgeschlossenen beschränkten Teilmengen von X vollständig sind (G. Kneis).

7.4.25 (Quasivollständigkeit). *X sei eine pseudotopologische lineare Gruppe. Ist X quasivollständig, so ist jede abgeschlossene beschränkte Teilmenge von X vollständig. Wenn X regulär im engeren Sinne ist, gilt auch die Umkehrung.*

Beweis. 1. X sei quasivollständig und M eine abgeschlossene beschränkte Teilmenge von X. Jeder eigentliche CAUCHY-Filter $\mathfrak{F}$ von X, dem M angehört, konvergiert gegen ein $x \in X$, und wegen $\overline{M} = M$ gilt $x \in M$. M ist daher vollständig.

2. X sei regulär im engeren Sinne, und jede abgeschlossene beschränkte Teilmenge von X sei vollständig. $\mathfrak{F}$ sei ein eigentlicher CAUCHY-Filter von X, dem eine beschränkte Teilmenge M von X angehört. $\overline{M}^t$ ist nach 5.18.2 ebenfalls beschränkt. Da $\overline{M}^t$ abgeschlossen ist, ist $\overline{M}^t$ vollständig. Wegen $\overline{M}^t \in \mathfrak{F}$ konvergiert $\mathfrak{F}$ deshalb (gegen einen Punkt von $\overline{M}^t$). X ist daher quasivollständig.

Jeder quasivollständige ausgeglichene pseudotopologische Vektorraum ist folgenvollständig, wie mittels 5.18.7 folgt.

Es gilt nun (vergleiche G. KNEIS [1]):

7.4.26 (Quasivollständigkeit von $L_c^n(X, Y)$). *X sei eine gleichförmige pseudotopologische $\boldsymbol{K}$-lineare Gruppe, ferner Y eine separierte und reguläre quasivollständige pseudotopologische $\boldsymbol{K}$-lineare Gruppe. Dann ist zu beliebigem $n \in \boldsymbol{N}^+$ auch $L_c^n(X, Y)$ quasivollständig.*

Beweis. Wegen 7.1.6, 7.4.7 und 7.4.17 ist $L_c^n(X, Y)$ zu beliebigem $n \in \boldsymbol{N}^+$ eine separierte und reguläre pseudotopologische $\boldsymbol{K}$-lineare Gruppe. 7.4.23 (erster Teil) entnimmt man daher, daß es genügt, die Behauptung für $n = 1$ zu beweisen.

$\mathfrak{K}$ sei ein eigentlicher CAUCHY-Filter von $L_c(X, Y)$, dem eine beschränkte Menge K angehört. Es gilt $\mathfrak{K} - \mathfrak{K} \to 0$, unter Berücksichtigung von 7.4.1 zu beliebigem $x \in X$ damit $\mathfrak{K}([x]) - \mathfrak{K}([x]) = (\mathfrak{K} - \mathfrak{K})([x]) \to 0$, so daß die $\mathfrak{K}([x])$ CAUCHY-Filter in Y sind. Da K beschränkt ist, gilt $\boldsymbol{V}K \to 0$, wegen (7.4.5) somit $\boldsymbol{V}K[\{x\}] = (\boldsymbol{V}K)([x]) \to 0$ für jedes $x \in X$, so daß auch die Mengen $K[\{x\}]$ beschränkt sind. $K[\{x\}]$ ist natürlich ein Element von $\mathfrak{K}([x])$. Auf Grund der Quasivollständigkeit und Separiertheit von Y konvergiert deshalb jeder Filter $\mathfrak{K}([x])$ gegen genau einen Punkt $f(x)$ von Y.

Für beliebige Vektoren x und y von X und beliebiges $\alpha \in \boldsymbol{K}$ gilt

$$\mathfrak{K}([x + y]) \supseteq \mathfrak{K}([x]) + \mathfrak{K}([y]) \to f(x) + f(y)$$

und

$$\mathfrak{K}([\alpha x]) = \alpha \mathfrak{K}([x]) \to \alpha f(x) .$$

Die Abbildung $f: x \mapsto f(x)$ $(x \in X)$ ist deshalb linear.

$\mathfrak{F}$ sei ein Filter in X, der gegen ein Element x von X konvergiert. Da X eine gleichförmige pseudotopologische lineare Gruppe ist, existiert ein Filter $\mathfrak{G} \to 0$ mit $\mathfrak{F} \supseteq x + \boldsymbol{V}\mathfrak{G}$. Mittels (7.4.4) und (7.4.6) folgt

$$\mathfrak{K}(\mathfrak{F}) \supseteq \mathfrak{K}([x]) + \mathfrak{K}(\boldsymbol{V}\mathfrak{G}) \supseteq \mathfrak{K}([x]) + (\boldsymbol{V}K)(\mathfrak{G})$$

und wegen $\mathfrak{K}([x]) \to f(x)$ und $(VK)(\mathfrak{G}) \to 0$ damit $\mathfrak{K}(\mathfrak{F}) \to f(x)$, also $\mathfrak{K} \underset{c}{\to} f$. Aus 7.1.8 folgt unter Berücksichtigung der Regularität von Y, daß f stetig ist, f damit $L(X, Y)$ angehört. $L_c(X, Y)$ ist deshalb quasivollständig.

Unter gewissen Einschränkungen kann man auch die Vollständigkeit von $L_c^n(X, Y)$ nachweisen. Wir zeigen das aus Gründen der Zweckmäßigkeit erst in Abschnitt 7.14.

Zum Schluß dieses Abschnittes geben wir in einem Spezialfall eine Charakterisierung der beschränkten Teilmengen von $L_c^n(X, Y)$ an. Und zwar nehmen wir als X speziell einen lokalkonvexen topologischen Vektorraum und als Y speziell einen normierten Vektorraum. $(\|\cdot\|_\alpha)_{\alpha\in\Gamma}$ sei eine definierende monoton wachsende gerichtete Halbnormenfamilie von X und $\|\cdot\|$ die Norm von Y. Zu beliebigem $\alpha \in \Gamma$ und $f \in L^n(X, Y)$ bilden wir das Supremum

$$|f|_\alpha = \sup \{\|f(x_1, \dots, x_n)\| \mid \|x_1\|_\alpha, \dots, \|x_n\|_\alpha \leqq 1\}$$

in $[0, \infty]$ und bezeichnen mit $L_\alpha^n(X, Y)$ den aus allen Abbildungen $f \in L^n(X, Y)$ mit $|f|_\alpha < \infty$ bestehenden Teilraum des Vektorraumes $L^n(X, Y)$. $|\cdot|_\alpha : f \mapsto |f|_\alpha$ $\big(f \in L_\alpha^n(X, Y)\big)$ ist eine Halbnorm in $L_\alpha^n(X, Y)$. Wir denken uns $L_\alpha^n(X, Y)$ stets mit der aus dieser Halbnorm erzeugten Topologie versehen.

7.4.27 (Beschränktheit in $L_c^n(X, Y)$). *In dem vorliegenden Fall, daß X ein lokalkonvexer topologischer Vektorraum und Y ein normierter Vektorraum ist, ist eine Teilmenge B von $L_c^n(X, Y)$ genau dann beschränkt, wenn ein $\alpha \in \Gamma$ existiert derart, daß B eine beschränkte Teilmenge von $L_\alpha^n(X, Y)$ ist.*

Beweis. B sei eine Teilmenge von $L^n(X, Y)$, $\mathfrak{N}(0)$ der Nullnachbarschaftsfilter in X und $\mathfrak{N}'(0)$ der Nullnachbarschaftsfilter in Y. $\mathfrak{N}(0)$ hat die Gesamtheit aller Mengen $A_{(\alpha, \varepsilon)} = \{x \in X \mid \|x\|_\alpha \leqq \varepsilon\}$ $(\alpha \in \Gamma, \varepsilon > 0)$ als eine Basis.

Ist B in $L_c^n(X, Y)$ beschränkt, so gilt

$$\mathfrak{N}'(0) \subseteqq (VB)\big(\mathfrak{N}(0) \times \cdots \times \mathfrak{N}(0)\big) \tag{7.4.16}$$

und gibt es folglich ein $\alpha \in \Gamma$, ein $\varepsilon > 0$ und ein $\delta > 0$ mit

$$\|f(x_1, \dots, x_n)\| \leqq \delta \qquad (f \in B;\, x_1, \dots, x_n \in A_{(\alpha, \varepsilon)}) \tag{7.4.17}$$

und daher mit

$$|f|_\alpha \leqq \varkappa \qquad (f \in B) \tag{7.4.18}$$

bei $\varkappa = \dfrac{\delta}{\varepsilon^n}$, so daß B in $L_\alpha^n(X, Y)$ beschränkt ist.

Ist umgekehrt B in einem $L_\alpha^n(X, Y)$ beschränkt, d. h., gilt (7.4.18) für ein $\varkappa > 0$, so gilt (7.4.17) zu beliebigem $\delta > 0$ für $\varepsilon = \left(\dfrac{\delta}{\varkappa}\right)^{1/n}$ und somit (7.4.16). Für beliebige konvergente Filter $\mathfrak{F}_1, \dots, \mathfrak{F}_n$ in X besteht daher wegen $\mathfrak{N}(0) \subseteqq V\mathfrak{F}_i$ $(i = 1, \dots, n)$ die Beziehung

$$\mathfrak{N}'(0) \subseteqq (VB)(V\mathfrak{F}_1 \times \cdots \times V\mathfrak{F}_n) = (VB)(\mathfrak{F}_1 \times \cdots \times \mathfrak{F}_n),$$

so daß dann B eine beschränkte Teilmenge von $L_c^n(X, Y)$ ist.

Wenn X ebenfalls wie Y normiert ist, können wir als $\|\cdot\|_\alpha$ die Norm von X nehmen und erhalten $|\cdot| = |\cdot|_\alpha$ als Norm von $L^n(X, Y)$. Aus 7.4.27 folgt in diesem Spezialfall: Eine Teilmenge B von $L^n(X, Y)$ ist genau dann bezüglich der Limitierung der stetigen Konvergenz in $L^n(X, Y)$ beschränkt, wenn B bezüglich der **Normtopologie** von $L^n(X, Y)$, also der von $|\cdot|$ erzeugten Topologie beschränkt ist.

7.5. Punktweise Konvergenz

Wir befassen uns im folgenden mit einem Spezialfall der stetigen Konvergenz, der sogenannten punktweisen Konvergenz. Sie ergibt sich, wenn die Limitierung von X speziell die diskrete Topologie ist.

X geben wir uns bis auf Weiteres lediglich als Menge vor. Y sei ein beliebiger Limesraum und τ seine Limitierung. Ist $(f_i)_{i\in I}$ eine gefilterte Familie von Abbildungen aus X in Y und $\mathfrak{K}$ der Filter in I, so bezeichnen wir zu beliebigem $x \in X$ mit $f_{\mathfrak{K}}(x)$ den Filter in Y mit der Basis $\{f_K(x) \mid K \in \mathfrak{K}\}$, wobei stets $f_K(x) = \{f_i(x) \mid i \in K,\ x \in \mathrm{db} f_i\}$ gesetzt ist. Wir beachten, daß im Falle der diskreten Topologie der offene Limes und der einfache Mengenlimes übereinstimmen.

In Übereinstimmung mit der obigen Festlegung der punktweisen Konvergenz sagen wir, daß eine gefilterte Familie $(f_i)_{i\in I}$ von Abbildungen aus X in Y (bez. τ) **punktweise** gegen eine Abbildung f aus X in Y **konvergiert**, und schreiben $(f_i)_{i\in I} \underset{s}{\to} f$, wenn gilt:

1. Der einfache Mengenlimes von $(\mathrm{db} f_i)_{i\in I}$ existiert und stimmt mit $\mathrm{db} f$ überein.
2. Zu beliebigem $x \in \mathrm{db} f$ gilt $f_{\mathfrak{K}}(x) \in \tau(f(x))$, wobei $\mathfrak{K}$ der Filter von I ist.

Anstelle punktweise Konvergenz sagen wir auch **s-Konvergenz**.

Auf Grund der Bedingung 1 ist in dem Fall, daß die gefilterte Familie $(f_i)_{i\in I}$ eigentlich ist, auch jeder Filter $f_{\mathfrak{K}}(x)$ $(x \in \mathrm{db} f)$ eigentlich. Unter Berücksichtigung der Bedingung 1 erhält man, daß für die Bedingung 2 gesetzt werden kann:

Zu beliebigem $x \in \mathrm{db} f$ gibt es einen Filter $\mathfrak{G} \in \tau(f(x))$ derart, daß zu beliebigem $G \in \mathfrak{G}$ ein $K \in \mathfrak{K}$ existiert mit $x \in \mathrm{db} f_i$ und $f_i(x) \in G$ zu jedem $i \in K$.

Die Bedingung 2 kann auch durch die Forderung ersetzt werden, daß zu beliebigem $x \in \mathrm{db} f$ die gefilterte Familie $(f_i(x))_{i\in I}$ gegen $f(x)$ konvergiert, wobei für alle $i \in I$ mit $x \notin \mathrm{db} f_i$ als $f_i(x)$ irgendein Punkt von Y zu nehmen ist. Ist Y ein mehrstufig topologischer Raum, so kann Bedingung 2 ferner durch die Forderung, daß $\mathfrak{N}(f(x)) \subseteq f_{\mathfrak{K}}(x)$ zu beliebigem $x \in \mathrm{db} f$ gilt (wobei $\mathfrak{N}(f(x))$ der Nachbarschaftsfilter von $f(x)$ ist), oder durch die leichte Variante dieser Forderung, daß zu beliebigen $x \in \mathrm{db} f$ und $L \in \mathfrak{N}(f(x))$ ein $K \in \mathfrak{K}$ mit $x \in \mathrm{db} f_i$ und $f_i(x) \in L$ $(i \in K)$ existiert, ersetzt werden.

$\mathfrak{A}$ sei im weiteren eine Menge von Abbildungen aus X in Y. Wie in Abschnitt 7.1 identifizieren wir jeden Filter $\mathfrak{K}$ in $\mathfrak{A}$ mit einer gewissen gefilterten Familie von

Abbildungen und haben damit die punktweise Konvergenz auch für Filter $\mathfrak{K}$ in $\mathfrak{A}$ erklärt. db[$\mathfrak{A}$] sowie db$\mathfrak{K}$ für jeden Filter $\mathfrak{K}$ in $\mathfrak{A}$ seien wie in Abschnitt 7.1 definiert. Für jeden Filter $\mathfrak{K}$ in $\mathfrak{A}$ und jeden Punkt $x \in X$ sei $\mathfrak{K}(x)$ der Filter in Y mit der Basis $\{K(x) \mid K \in \mathfrak{K}\}$, wobei stets $K(x) = \{f(x) \mid f \in K, x \in \mathrm{db} f\}$ gesetzt sei.

Ein Filter $\mathfrak{K}$ in $\mathfrak{A}$ konvergiert offenbar genau dann punktweise gegen eine Abbildung f aus X in Y, wenn gilt:

1. Der einfache Mengenlimes von db$\mathfrak{K}$ existiert und ist gleich db$f$.
2. Zu beliebigem $x \in \mathrm{db} f$ ist $\mathfrak{K}(x) \in \tau(f(x))$.

Konvergiert ein Filter $\mathfrak{K}$ in $\mathfrak{A}$ punktweise gegen eine Abbildung f aus X in Y, so schreiben wir dafür auch $\mathfrak{K} \underset{s}{\to} f$.

Im allgemeinen ist es nicht möglich, zu einer vorgegebenen Limitierung von X die Begriffe der stetigen Konvergenz und der punktweisen Konvergenz in $\mathfrak{A}$ zu vergleichen. Das trifft nicht einmal bezüglich einer beliebigen Pseudotopologie von X zu, da in diesem Falle aus Bedingung 1 für die stetige Konvergenz nicht stets die Bedingung 1 für die punktweise Konvergenz und aus der Bedingung 2 für die punktweise Konvergenz nicht stets die Bedingung 2 für die stetige Konvergenz folgt, wie man leicht an Beispielen belegt. Anders verhält es sich in dem Fall, daß die Grenzabbildung ganz X als Definitionsbereich hat. Mittels (6.3.9) folgt nämlich

7.5.1. *X sei ein pseudotopologischer Raum. Ist $\mathfrak{K}$ ein Filter in $\mathfrak{A}$, der stetig gegen eine Abbildung f von X in Y konvergiert, so konvergiert $\mathfrak{K}$ auch punktweise gegen f.*

Wir geben im weiteren Bedingungen an, unter denen die punktweise Konvergenz die stetige Konvergenz nach sich zieht. X sei ein pseudotopologischer Raum und Y wie bisher ein beliebiger Limesraum. Einen Filter $\mathfrak{K}$ in $\mathfrak{A}$ nennen wir **gleichartig stetig** (engl.: evenly continuous), wenn der untere offene Limes von db$\mathfrak{K}$ mit X übereinstimmt und zu beliebigen $x \in X$, $y \in Y$ und jedem gegen x konvergierenden Filter $\mathfrak{F}$ aus $\mathfrak{K}(x) \to y$ stets $\mathfrak{K}(\mathfrak{F}) \to y$ folgt. Ferner nennen wir eine gefilterte Familie von Abbildungen aus $\mathfrak{A}$ **gleichartig stetig**, wenn der aus ihr erzeugte Filter in $\mathfrak{A}$ gleichartig stetig ist. Eine Teilmenge H von $\mathfrak{A}$ heißt **gleichartig stetig** (vergleiche J. L. Kelley [1] und H. Poppe [5]), wenn H aus Abbildungen von X in Y besteht und zu beliebigen $x \in X$, $y \in Y$, jedem gegen x konvergierenden Filter $\mathfrak{F}$ und jedem Filter $\mathfrak{K}$ in $\mathfrak{A}$, dem H angehört, aus $\mathfrak{K}(x) \to y$ stets $\mathfrak{K}(\mathfrak{F}) \to y$ folgt. Da für jede Teilmenge H von $\mathfrak{A}$ die Forderung, daß der untere offene Limes von db[H] mit X übereinstimmt, äquivalent zu $\mathrm{db} h = X$ ($h \in H$) ist, ergibt sich: Eine Teilmenge H von $\mathfrak{A}$ ist genau dann gleichartig stetig, wenn jeder Oberfilter von [H] gleichartig stetig ist.

Eine hinreichende Bedingung für die gleichartige Stetigkeit bringt der folgende Satz (siehe Poppe [5])

7.5.2 (Hinreichende Bedingung für gleichartige Stetigkeit). *X sei ein pseudotopologischer Raum und Y ein separierter* Choquet*scher Limesraum. H sei eine*

Teilmenge von $\mathfrak{A}$, die aus Abbildungen von X in Y besteht und bezüglich der Limitierung der stetigen Konvergenz in $\mathfrak{A}$ relativ kompakt im weiten Sinne ist. Dann ist H gleichartig stetig.

Beweis. Die leere Menge ist gleichartig stetig, so daß wir $H \neq \emptyset$ annehmen können. Gegeben seien $x \in X$, $y \in Y$ und eigentliche Filter $\mathfrak{F}$ in X und $\mathfrak{K}$ in $\mathfrak{A}$ mit $\mathfrak{F} \to x$, $H \in \mathfrak{K}$ und $\mathfrak{K}(x) \to y$. $\mathfrak{K}(\mathfrak{F})$ ist ein eigentlicher Filter. $\mathfrak{G}$ sei ein Ultraoberfilter von $\mathfrak{K}(\mathfrak{F})$. Wegen 2.5.2 und (7.1.1) existiert ein Ultraoberfilter $\mathfrak{H}$ von $\mathfrak{K} \times \mathfrak{F}$ mit $\mathfrak{G} = \omega(\mathfrak{H})$, wegen des Korollars zu 2.6.1 ein Ultraoberfilter $\mathfrak{L}$ von $\mathfrak{K}$ mit $\mathfrak{L} \times \mathfrak{F} \subseteqq \mathfrak{H}$, also mit $\mathfrak{L}(\mathfrak{F}) \subseteqq \mathfrak{G}$. Auf Grund der Voraussetzung von H konvergiert $\mathfrak{L}$ stetig gegen eine Abbildung $f\colon X \to Y$ aus $\mathfrak{A}$. Es folgt $\mathfrak{L}(x) \to f(x)$ und wegen $\mathfrak{K}(x) \to y$ und der Separiertheit von Y damit $y = f(x)$, somit $\mathfrak{L}(\mathfrak{F}) \to y$ und damit $\mathfrak{G} \to y$. Da Y CHOQUETsch ist, erhalten wir $\mathfrak{K}(\mathfrak{F}) \to y$ und damit, daß H gleichartig stetig ist.

Ohne Mühe ergibt sich

7.5.3 (Kriterium für die stetige Konvergenz). *X sei ein pseudotopologischer Raum und Y ein beliebiger Limesraum. Konvergiert ein Filter $\mathfrak{K}$ in $\mathfrak{A}$ punktweise gegen eine Abbildung f von X in Y und ist $\mathfrak{K}$ gleichartig stetig, so konvergiert $\mathfrak{K}$ auch stetig gegen f. Wenn Y separiert ist, gilt auch die Umkehrung.*

Jeder Filter in $\mathfrak{A}$, dem eine gleichartig stetige Menge angehört, ist gleichartig stetig. Damit folgt das

Korollar. *X sei ein pseudotopologischer Raum und Y ein Limesraum. Jeder Filter $\mathfrak{K}$ in $\mathfrak{A}$, dem eine gleichartig stetige Menge angehört, konvergiert genau dann stetig gegen eine Abbildung f von X in Y, wenn er punktweise gegen f konvergiert.*

Für das Folgende sei X ein pseudotopologischer Raum und Y ein limesuniformer Raum. $\mathfrak{u}$ bezeichne die limesuniforme Struktur von Y. Zu beliebigem $x \in X$ sei ζ_x die durch $\mathrm{db}\zeta_x = \{(g, u) \in \mathfrak{A} \times X \mid x, u \in \mathrm{db}g\}$ und

$$\zeta_x(g, u) = \big(g(x), g(u)\big)$$

$\big((g, u) \in \mathrm{db}\zeta_x\big)$ definierte Abbildung aus $\mathfrak{A} \times X$ in $Y \times Y$. Wir nennen einen Filter $\mathfrak{K}$ in $\mathfrak{A}$ **gleichstetig** (engl.: equicontinuous), wenn der untere offene Limes von $\mathrm{db}\mathfrak{K}$ mit X übereinstimmt und $\zeta_x(\mathfrak{K} \times \mathfrak{F}) \in \mathfrak{u}$ zu jedem $x \in X$ und jedem gegen x konvergierenden Filter $\mathfrak{F}$ gilt. Ferner nennen wir eine gefilterte Familie von Abbildungen aus $\mathfrak{A}$ **gleichstetig,** wenn der aus ihr erzeugte Filter in $\mathfrak{A}$ gleichstetig ist. Eine Teilmenge H von $\mathfrak{A}$ wird nach COOK und FISCHER [1] **gleichstetig** genannt, wenn H aus Abbildungen von X in Y besteht und $\zeta_x([H] \times \mathfrak{F}) \in \mathfrak{u}$ zu beliebigem $x \in X$ und jeden gegen x konvergierenden Filter $\mathfrak{F}$ gilt, wenn also der Filter $[H]$ gleichstetig ist. Die Gleichstetigkeit einer Menge H ist von der Menge $\mathfrak{A}$, in der H liegt, unabhängig. Offenbar ist ein Filter in $\mathfrak{A}$, dem eine gleichstetige Menge angehört, gleichstetig.

Wir bringen im folgenden Satz eine Charakterisierung der Gleichstetigkeit in einem gewissen Spezialfall.

7.5.4 (Gleichstetigkeit; Spezialfall). *X sei zu einem $n \in \boldsymbol{N}^+$ das n-fache Produkt $(X')^n$ einer pseudotopologischen Gruppe X' mit sich. Ferner sei Y eine pseudotopologische Gruppe. $\mathfrak{A}$ bestehe aus (nicht notwendig stetigen) n-Homomorphismen von X in Y. Unter dieser Voraussetzung ist ein Filter $\mathfrak{K}$ in $\mathfrak{A}$ genau dann bezüglich der kanonischen rechts-pseudouniformen (kanonischen links-pseudouniformen) Struktur von Y gleichstetig, wenn $\mathfrak{K}$ die folgende Eigenschaft hat:*

(G). *Für beliebige Punkte $x_1, \ldots, x_n \in X'$ und Filter $\mathfrak{F}_1 \to x_1, \ldots, \mathfrak{F}_n \to x_n$ mit $x_i = e'$ für mindestens ein i und mit $\mathfrak{F}_i = [x_i]$ für alle i mit $x_i \neq e'$ gilt $\mathfrak{K}(\mathfrak{F}_1 \times \cdots \times \mathfrak{F}_n) \to e$, wobei e' und e die Einselemente von X' und Y sind.*

Beweis. Wir zeigen die Behauptung bezüglich der kanonischen rechts-pseudouniformen Struktur $\mathfrak{U}$ von Y; bezüglich der kanonischen links-pseudouniformen Struktur folgt sie analog.

Für jeden Filter $\mathfrak{F}$ in X und jeden Punkt $x = (x_1, \ldots, x_n) \in X$ mit $x_i = e'$ für mindestens ein i gilt $\mathfrak{K}(\mathfrak{F}) = w_r(\zeta_x(\mathfrak{K} \times \mathfrak{F})^{-1})$, weshalb unter der Voraussetzung, daß $\mathfrak{K}$ gleichförmig ist, mittels 5.6.8′ folgt, daß $\mathfrak{K}$ die Eigenschaft (G) hat.

$\mathfrak{K}$ besitze die Eigenschaft (G). $\mathfrak{F}$ sei ein gegen einen Punkt $x = (x_1^0, \ldots, x_n^0) \in X$ konvergierender Filter.

$$\mathfrak{H} = \underset{\subseteq}{\mathrm{im}} \left\{\{g(u)\, g(x)^{-1} \mid g \in K,\, u \in F\} \mid K \in \mathfrak{K},\, F \in \mathfrak{F}\right\}$$

ergibt sich als Oberfilter eines Produkts (gebildet bezüglich der Gruppenverknüpfung) von Filtern der Form $\mathfrak{K}(\mathfrak{F}_1 \times \cdots \times \mathfrak{F}_n)$, wobei jeweils $\mathfrak{F}_1, \ldots, \mathfrak{F}_n$ gegen Punkte $x_1 \in \{x_1^0, e'\}, \ldots, x_n \in \{x_n^0, e'\}$ konvergierende Filter sind und $x_i = e'$ für mindestens ein i und $\mathfrak{F}_i = [x_i]$ für alle i mit $x_i \neq e'$ gilt. Auf Grund der Voraussetzung konvergieren diese Filter $\mathfrak{K}(\mathfrak{F}_1 \times \cdots \times \mathfrak{F}_n)$ gegen e, so daß auch $\mathfrak{H}$ gegen e konvergiert. Wegen 5.6.8′ und $w_r^{-1}(\mathfrak{H})^{-1} \subseteq \zeta_x(\mathfrak{K} \times \mathfrak{F})$ gilt $\zeta_x(\mathfrak{K} \times \mathfrak{F}) \in \mathfrak{U}$, ist also $\mathfrak{K}$ gleichstetig.

Im Falle $n = 1$ besagt (G) einfach, daß aus $\mathfrak{F} \to e'$ stets $\mathfrak{K}(\mathfrak{F}) \to e$ folgt. Unter gewissen Einschränkungen kann (G) stets durch eine derartige Bedingung ersetzt werden. Es gilt nämlich

7.5.4′ (Gleichstetigkeit; Spezialfall). *X sei zu einem $n \in \boldsymbol{N}^+$ das n-fache Produkt $(X')^n$ eines gleichförmigen pseudotopologischen Vektorraumes X' mit sich. Y sei eine pseudotopologische lineare Gruppe. $\mathfrak{A}$ bestehe aus (nicht notwendig stetigen) n-linearen Abbildungen von X in Y. Unter dieser Voraussetzung ist ein Filter $\mathfrak{K}$ in $\mathfrak{A}$ genau dann bezüglich der kanonischen pseudouniformen Struktur von Y gleichstetig, wenn $\mathfrak{K}$ die folgende Eigenschaft hat:*

(G_0). *Für jeden Nullfilter $\mathfrak{F}$ in X gilt $\mathfrak{K}(\mathfrak{F}) \to 0$.*

Zum Beweis: Aus (G) folgt leicht (G_0), und die Umkehrung gilt, da mindestens ein Filter $\mathfrak{F}_i$ in (G) als gleichförmig angenommen werden kann und dann $\mathfrak{K}(\mathfrak{F}) \subseteqq \mathfrak{K}(\mathfrak{F}_1 \times \cdots \times \mathfrak{F}_n)$ für den Nullfilter $\mathfrak{F} = V\mathfrak{F}_1 \times \cdots \times V\mathfrak{F}_n$ gilt.

Die Begriffe gleichartig stetig und gleichstetig besitzen folgenden Zusammenhang.

7.5.5 (Gleichartig stetig und gleichstetig). *X sei ein pseudotopologischer Raum und Y ein limesuniformer Raum. Gleichstetige Filter in $\mathfrak{A}$ und gleichstetige Teilmengen von $\mathfrak{A}$ sind gleichartig stetig. Ist Y gleichmäßig* CHOQUET*sch und ist H eine gleichartig stetige Teilmenge von $\mathfrak{A}$, für die $H(x)$ zu beliebigem $x \in X$ relativ kompakt im weiten Sinne ist, so ist H auch gleichstetig.*

Beweis. 1. Ist $\mathfrak{K}$ ein gleichstetiger Filter in $\mathfrak{A}$, so existiert mindestens ein $K \in \mathfrak{K}$ mit $x \in \mathrm{db}g$ ($g \in K$) und gilt somit zu beliebigen $x \in X$, $y \in Y$ und jeden Filter $\mathfrak{F}$ in X

$$\zeta_x(\mathfrak{K} \times \mathfrak{F}) \circ ([y] \times \mathfrak{K}(x)) \subseteqq [y] \times \mathfrak{K}(\mathfrak{F}),$$

so daß $\mathfrak{F} \to x$ und $\mathfrak{K}(x) \to y$ stets $\mathfrak{K}(\mathfrak{F}) \to y$ nach sich zieht, $\mathfrak{K}$ daher gleichartig stetig ist. Gleichstetige Teilmengen von $\mathfrak{A}$ sind damit ebenfalls gleichartig stetig.

2. Y sei gleichmäßig CHOQUETsch, und H sei eine gleichartig stetige Teilmenge von $\mathfrak{A}$, für die $H(x)$ zu beliebigem $x \in X$ relativ kompakt im weiten Sinne ist. Gegeben seien ein $x \in X$ und ein Filter $\mathfrak{F} \to x$. $\mathfrak{G}$ sei ein Ultraoberfilter von $\zeta_x([H] \times \mathfrak{F})$. Wegen 2.5.2 und des Korollars zu 2.6.1 existiert ein Ultraoberfilter $\mathfrak{K}$ von $[H]$ mit $\zeta_x(\mathfrak{K} \times \mathfrak{F}) \subseteqq \mathfrak{G}$. Man zeigt leicht, daß auch $\mathfrak{K} \times [x]$ und damit auch $\mathfrak{K}(x) = \omega(\mathfrak{K} \times [x])$ ein Ultrafilter ist. Wegen $H(x) \in \mathfrak{K}(x)$ und der Voraussetzung an H konvergiert $\mathfrak{K}(x)$ und damit auch $\mathfrak{K}(\mathfrak{F})$ gegen einen Punkt y. Es gilt

$$([y] \times \mathfrak{K}(\mathfrak{F})) \circ ([y] \times \mathfrak{K}(x))^{-1} = \mathfrak{K}(x) \times \mathfrak{K}(\mathfrak{F}) \subseteqq \zeta_x(\mathfrak{K} \times \mathfrak{F}),$$

so daß $\zeta_x(\mathfrak{K} \times \mathfrak{F})$ und damit auch $\mathfrak{G}$ der limesuniformen Struktur $\mathfrak{U}$ von Y angehört. Da $\mathfrak{U}$ gleichmäßig CHOQUETsch ist, folgt $\zeta_x([H] \times \mathfrak{F}) \in \mathfrak{U}$, d. h., daß H gleichstetig ist.

Wir zeigen nun

7.5.6 (Kriterium für die stetige Konvergenz). *X sei ein pseudotopologischer und Y ein limesuniformer Raum. Ein Filter $\mathfrak{K}$ in $\mathfrak{A}$ konvergiert genau dann stetig gegen eine Abbildung f von X in Y, wenn $\mathfrak{K}$ punktweise gegen f konvergiert und $\mathfrak{K}$ gleichstetig ist.*

Beweis. Die Richtung $\Leftarrow$ folgt unmittelbar aus 7.5.3 und 7.5.5. $\mathfrak{U}$ sei die limesuniforme Struktur von Y. Konvergiert $\mathfrak{K}$ stetig gegen f, so nach 7.5.1 auch punktweise, und es gilt o-lim $\mathrm{db}\mathfrak{K} = X$ und zu beliebigem $x \in X$ und jedem Filter $\mathfrak{F} \to x$ ferner $[f(x)] \times \mathfrak{K}(x) \in \mathfrak{U}$ und $[f(x)] \times \mathfrak{K}(\mathfrak{F}) \in \mathfrak{U}$, somit $\zeta_x(\mathfrak{K} \times \mathfrak{F}) \supseteqq \mathfrak{K}(x) \times \mathfrak{K}(\mathfrak{F}) \in \mathfrak{U}$, so daß dann auch $\mathfrak{K}$ gleichstetig ist.

Aus 7.5.4, 7.5.4' und 7.5.6 folgt (vergleiche E. Binz und H. H. Keller [1])

7.5.7 (Kriterium für die stetige Konvergenz; Spezialfall). *X sei zu einem $n \in N^+$ das n-fache Produkt $(X')^n$ einer pseudotopologischen Gruppe X' mit sich. Ferner sei Y eine pseudotopologische Gruppe. $\mathfrak{A}$ bestehe aus (nicht notwendig stetigen) n-Homomorphismen von X in Y. Unter dieser Voraussetzung konvergiert ein Filter $\mathfrak{K}$ in $\mathfrak{A}$ genau dann stetig gegen eine Abbildung f von X in Y, wenn $\mathfrak{K}$ punktweise gegen f konvergiert und $\mathfrak{K}$ die Eigenschaft* (G) *aus 7.5.4 hat. Ist X' ein gleichförmiger pseudotopologischer Vektorraum, Y eine pseudotopologische lineare Gruppe und besteht $\mathfrak{A}$ aus n-linearen Abbildungen von X in Y, so kann dabei* (G) *durch* (G_0) *ersetzt werden.*

Als Anwendung dieses Satzes erhalten wir

7.5.8 (Kriterium für die stetige Konvergenz; Spezialfall). *X sei zu einem $n \in N^+$ das n-fache Produkt $(X')^n$ eines gleichförmigen pseudotopologischen Vektorraumes X' mit sich. Y sei eine pseudotopologische lineare Gruppe. $\mathfrak{K}$ sei ein Filter in $L^n(X, Y)$ und f eine Abbildung aus $L^n(X, Y)$. Konvergiert $\mathfrak{K}$ punktweise gegen f und gehört $\mathfrak{K}$ eine beschränkte Teilmenge von $L^n_c(X, Y)$ an, so konvergiert $\mathfrak{K}$ auch stetig gegen f. Wenn X ein topologischer Vektorraum und Y eine gleichförmige lokalbeschränkte pseudotopologische lineare Gruppe ist, gilt auch die Umkehrung.*

Beweis. 1. Es gelte $\mathfrak{K} \underset{s}{\to} f$ und gehöre $\mathfrak{K}$ eine beschränkte Teilmenge B von $L^n_c(X, Y)$ an. Für jeden gleichförmigen Nullfilter $\mathfrak{F}$ in X gilt $\mathfrak{K}(\mathfrak{F}) \supseteqq B(\mathfrak{F}) = VB(\mathfrak{F}) \to 0$. $\mathfrak{K}$ besitzt daher die Eigenschaft (G_0), so daß sich $\mathfrak{K} \underset{c}{\to} f$ mittels 7.5.7 ergibt.

2. Die Voraussetzungen des zweiten Teiles der Behauptung seien erfüllt. Es gelte $\mathfrak{K} \underset{c}{\to} f$. Dann folgt $\mathfrak{K} \underset{s}{\to} f$ und gibt es wegen 5.19.3 eine beschränkte Teilmenge C von Y mit $VC \subseteqq \mathfrak{K}(\mathfrak{N})$, wobei $\mathfrak{N}$ der Nullnachbarschaftsfilter in X ist. Wir finden ein $B \in \mathfrak{K}$ und ein $N \in \mathfrak{N}$ mit $B[N] \subseteqq EC$, und es ergibt sich $VC \subseteqq VB(\mathfrak{N})$ und zu beliebigem $x \in X$ wegen $\mathfrak{N} \subseteqq Vx$ damit auch $VC \subseteqq VB(x)$ und folglich $VC + VC \subseteqq VB(\mathfrak{N} + x)$ und daher, daß B in $L^n_c(X, Y)$ beschränkt ist.

Unter der Voraussetzung von 7.4.27 folgt (wir benutzen die dort auftretenden Bezeichnungen): Ein Filter $\mathfrak{K}$ in $L^n(X, Y)$ konvergiert genau dann stetig gegen eine Abbildung $f \in L^n(X, Y)$, wenn $\mathfrak{K}$ punktweise gegen f konvergiert und ein $B \in \mathfrak{K}$ und ein $\alpha \in \Gamma$ existieren derart, daß B eine beschränkte Teilmenge von $L^n_\alpha(X, Y)$ ist.

Wenn X und Y insbesondere normierte Vektorräume sind, konvergiert ein Filter $\mathfrak{K}$ in $L^n(X, Y)$ genau dann stetig gegen eine Abbildung $f \in L^n(X, Y)$, wenn $\mathfrak{K}$ punktweise gegen f konvergiert und $\mathfrak{K}$ eine bezüglich der Normtopologie von $L^n(X, Y)$ beschränkte Teilmenge angehört.

Wir führen nun in zwei speziellen Fällen hinreichende Bedingungen dafür an, daß aus der punktweisen Konvergenz die stetige Konvergenz folgt. Zunächst betrachten wir den Fall, daß X ein beliebiger Limesraum, Y speziell die Zahlengerade $\boldsymbol{R}$ und $\mathfrak{A}$ die Menge $C(X)$ aller stetigen Abbildungen von X in $\boldsymbol{R}$ ist. In $C(X)$ führen wir durch $f \leqq g \Leftrightarrow f(x) \leqq g(x)$ $(x \in X)$ eine Ordnung $\leqq$ ein. Nach KUTZLER [5] gilt die folgende Verallgemeinerung des Satzes von DINI:

7.5.9 (DINI). *$(f_i)_{i \in I}$ sei ein Netz in $C(X)$, das bez. $\leqq$ monoton fallend oder monoton wachsend ist*[1]) *und das punktweise gegen eine Abbildung $f \in C(X)$ konvergiert. Dann konvergiert $(f_i)_{i \in I}$ auch stetig gegen f.*

Beweis. $(f_i)_{i \in I}$ sei monoton fallend. Gegeben seien ein $x \in X$, ein Filter $\mathfrak{F} \to x$ und ein $\varepsilon > 0$. Auf Grund der punktweisen Konvergenz von $(f_i)_{i \in I}$ existiert ein $j \in I$ mit $|f_j(x) - f(x)| \leqq \frac{\varepsilon}{4}$. Da f und f_j stetig sind, finden wir ein $F \in \mathfrak{F}$ mit $|f(y) - f(x)| \leqq \frac{\varepsilon}{4}$ und $|f_j(y) - f_j(x)| \leqq \frac{\varepsilon}{4}$ zu beliebigem $y \in F$. Es folgt

$$f_j(y) - f(y) = |f_j(y) - f(y)| \leqq \frac{3}{4}\varepsilon$$

zu beliebigem $y \in F$, somit $|f_i(y) - f(y)| \leqq \frac{3}{4}\varepsilon$ und damit $|f_i(y) - f(x)| \leqq \varepsilon$ zu jedem $i \in I$ mit $j \leqq i$ und jedem $y \in F$. $(f_i)_{i \in I}$ konvergiert deshalb stetig gegen f. Wenn $(f_i)_{i \in I}$ monoton wachsend ist, verläuft der Beweis analog.

Anmerkung. Wenn wir in Satz 7.5.9 speziell X als punktalkompakten topologischen Raum annehmen, können wir in diesem die stetige Konvergenz durch die Konvergenz bezüglich der kompakt-offenen Topologie ersetzen, da in diesem Fall auf Grund einer Bemerkung nach 7.3.10 die Limitierung der stetigen Konvergenz in $C(X)$ mit der kompakt-offenen Topologie von $C(X)$ übereinstimmt. Wir erhalten dann eine bekannte Formulierung des Satzes von DINI.

Wir zeigen nun

7.5.10 (Beziehung zwischen punktweiser und stetiger Konvergenz). *Es sei n eine positive natürliche Zahl, $X = \boldsymbol{K}$ mit $\boldsymbol{K} = \boldsymbol{R}$ oder $\boldsymbol{C}$ und Y entweder ein limitierter $\boldsymbol{K}$-Vektorraum oder, falls $n = 1$ ist, eine kreisförmige limitierte $\boldsymbol{K}$-lineare Gruppe. $\mathfrak{K}$ sei ein Filter in $\mathfrak{A}$ mit der Eigenschaft*

(E_n). *Zu jedem $K \in \mathfrak{K}$ existiert ein $L \in \mathfrak{K}$ mit $L\alpha \subseteqq \alpha^n K$ $(\alpha \in \boldsymbol{E})$ und zu jedem*

$$\delta > 0 \text{ ein } K \in \mathfrak{K} \text{ mit } \delta \boldsymbol{E} \subseteqq \operatorname{dbg} \ (g \in K)\,.$$

Konvergiert $\mathfrak{K}$ punktweise gegen eine stetige Abbildung $f\colon \boldsymbol{K} \to Y$ aus $\mathfrak{A}$, die homogen vom Grade n ist, so konvergiert $\mathfrak{K}$ auch stetig gegen f.

Beweis. Wegen der Eigenschaft (E_n) hat $\operatorname{db}\mathfrak{K}$ ganz $\boldsymbol{K}$ als offenen Limes. Es gelte $\mathfrak{K} \underset{s}{\to} f$. Wir wählen ein $x \in \boldsymbol{K}$, setzen $\delta = |x| + 1$ und finden einen Filter

[1]) D. h., es ist stets $f_i \geqq f_j$ oder stets $f_i \leqq f_j$ bei $i \leqq j$.

$\mathfrak{G} \in \tau(f(\delta))$ derart, daß es zu jedem $G \in \mathfrak{G}$ ein $K_G \in \mathfrak{K}$ mit $K_G(\delta) \subseteqq G$ gibt. Auf Grund der Eigenschaft (E_n) existiert zu beliebigem $G \in \mathfrak{G}$ ein $L_G \in \mathfrak{K}$ mit $L_G(\alpha\delta) \subseteqq \alpha^n G$ $(\alpha \in \boldsymbol{E})$. Zu beliebigem $G \in \mathfrak{G}$ und $V \in \boldsymbol{V}$ mit $x + \delta V \subseteqq \delta \boldsymbol{E}$ gilt $L_G[x + \delta V] \subseteqq \underbrace{\left(\frac{x}{\delta} + V\right) \cdots \left(\frac{x}{\delta} + V\right)}_{n} G$, für $\mathfrak{H} = \underbrace{\left(\frac{x}{\delta} + \boldsymbol{V}\right) \cdots \left(\frac{x}{\delta} + \boldsymbol{V}\right)}_{n} \mathfrak{G}$ folglich $\mathfrak{H} \subseteqq \mathfrak{K}(x + \boldsymbol{V})$. Bei $n = 1$ erhalten wir $L_G[x + V] \subseteqq {}^{\bullet}f[x - \delta + V] + (f(\delta) + \boldsymbol{E}(G - f(\delta)))$ zu beliebigem $V \in \boldsymbol{V}$ mit $V \subseteqq \boldsymbol{E}$ und damit

$$f(x - \delta + \boldsymbol{V}) + (f(\delta) + \boldsymbol{E}(\mathfrak{G} - f(\delta))) \subseteqq \mathfrak{K}(x + \boldsymbol{V})\,.$$

Ist Y ein limitierter Vektorraum, so gilt $\mathfrak{H} \in \tau(f(x))$, und ist $n = 1$ und Y eine kreisförmige limitierte lineare Gruppe, so gilt $f(x - \delta + \boldsymbol{V}) + (f(\delta) + \boldsymbol{E}(\mathfrak{G} - f(\delta))) \in \tau(f(x))$. In jedem der Fälle ergibt sich $\mathfrak{K}(x + \boldsymbol{V}) \in \tau(f(x))$ und damit $\mathfrak{K} \underset{\mathrm{c}}{\rightarrow} f$.

Im weiteren befassen wir uns zunächst mit Spezialisierungen von Aussagen über stetige Konvergenz auf den Fall der punktweisen Konvergenz. Es sei dazu X eine beliebige Menge und Y ein beliebiger Limesraum. Es ist leicht möglich, die Sätze 7.1.1 bis 7.1.4 auf den Fall der punktweisen Konvergenz zu spezialisieren. Wir überlassen das dem Leser und bemerken lediglich, daß bezüglich der diskreten Topologie die Menge X einen pseudotopologischen Raum bildet, jede Teilmenge von X offen ist und eine Abbildung $f \in \mathfrak{A}$ genau dann stetig ist, wenn $[f(x)] \in \tau(f(x))$ für jeden Punkt $x \in \mathrm{db}f$ gilt (das ist zum Beispiel der Fall, wenn Y ein pseudotopologischer Raum ist).

Wir bezeichnen zu beliebigem $f \in \mathfrak{A}$ die Menge aller Filter in $\mathfrak{A}$, die punktweise gegen f konvergieren, mit $\mathrm{s}(f)$ und erhalten mittels 7.1.5

7.5.11 (Die Limitierung s). *Die Abbildung* $\mathrm{s}: f \mapsto \mathrm{s}(f)$ $(f \in \mathfrak{A})$ *ist eine Limitierung. Im allgemeinen ist sie keine Pseudotopologie. Mit* τ *ist auch* s *eine Pseudotopologie.*

s nennen wir die **Limitierung der punktweisen Konvergenz** in $\mathfrak{A}$.

Aus 7.1.6 und der Bemerkung nach diesem Satz folgt

7.5.12 (Trennungsaxiome bez. s). *Genügt* τ *dem ersten Trennungsaxiom, so auch* s. *Ist* τ *separiert bzw. regulär, so ist auch* s *separiert bzw. regulär.*

Die Spezialisierung von 7.1.7 überlassen wir dem Leser. Aus 7.1.8 folgt, daß Y ein pseudotopologischer Raum ist, wenn Y regulär ist, $Y = \bigcup_{f \in \mathfrak{A}} \mathrm{wb}f$ gilt und s für kein $f \in \mathfrak{A}$ entartet ist. Die Spezialisierung von 7.1.9 auf den Fall der punktweisen Konvergenz besagt: Unter der Einschränkung $\mathrm{db}[\mathfrak{A}] = \{X\}$ ist die Limitierung s der punktweisen Konvergenz in $\mathfrak{A}$ die gröbste Limitierung von $\mathfrak{A}$, bezüglich der zu jedem $x \in X$ die Abbildung $f \mapsto f(x)$ $(f \in \mathfrak{A})$ stetig ist. Besteht speziell $\mathfrak{A}$ aus allen Abbildungen von X in Y, d. h. ist $\mathfrak{A} = Y^X$, so ist zu jedem $x \in X$ die Abbildung $f \mapsto f(x)$ $(f \in \mathfrak{A})$ gerade die x-te Projektion des

Produktes Y^X, und es folgt, daß die punktweise Konvergenz $\mathfrak{s}$ in diesem Falle gerade die Produktlimitierung von Y^X ist. Zusammen mit 7.1.7 (Spezialfall der punktweisen Konvergenz) erhalten wir etwas allgemeiner

7.5.13 (Charakterisierung von $\mathfrak{s}$). *Gilt* $\mathrm{db}[\mathfrak{A}] = \{X\}$, *so stimmt* $\mathfrak{s}$ *mit der von der Produktlimitierung von* Y^X *auf* $\mathfrak{A}$ *induzierten Limitierung überein.*

Ist $\mathfrak{A} = Y^X$ und ist X speziell eine einelementige Menge $\{x\}$, so ist die Abbildung $f \mapsto f(x)$ $(f \in \mathfrak{A})$ ein Homöomorphismus von $\mathfrak{A}$, versehen mit $\mathfrak{s}$, auf Y.

Die Spezialisierung von 7.1.10 bis 7.1.12 überlassen wir dem Leser.

Zusammensetzungen punktweise konvergenter Abbildungen sind im allgemeinen nicht punktweise konvergent. Wir zeigen das an einem Beispiel. f und g seien die durch

$$f(x) = \begin{cases} \left(\xi + \eta^2 \sin \dfrac{1}{|\eta|}, \eta\right) & \text{bei } \eta \neq 0 \\ 0 & \text{sonst} \end{cases}$$

und

$$g(x) = \begin{cases} x & \text{bei } \xi = \eta^2 \\ 0 & \text{sonst} \end{cases}$$

$(x = (\xi, \eta) \in \boldsymbol{K}^2)$ gebildeten Abbildungen von $\boldsymbol{K}^2$ in sich ($\boldsymbol{K} = \boldsymbol{R}$ oder $\boldsymbol{C}$). Wir setzen $\boldsymbol{K}_0 = \boldsymbol{K} \setminus \{0\}$. Zu beliebigem $\varepsilon \in \boldsymbol{K}_0$ seien f_ε und g_ε die durch $f_\varepsilon(x) = \dfrac{1}{\varepsilon} f(\varepsilon x)$ und $g_\varepsilon(x) = \dfrac{1}{\varepsilon} g(\varepsilon x)$ $(x \in \boldsymbol{K}^2)$ definierten Abbildungen von $\boldsymbol{K}^2$ in sich. $\boldsymbol{V}_0$ sei der aus dem Nullnachbarschaftsfilter $\boldsymbol{V}$ von $\boldsymbol{K}$ gebildete Filter $\{V \setminus \{0\} \mid V \in \boldsymbol{V}\}$. $\boldsymbol{K}_0$ sei mit $\boldsymbol{V}_0$ versehen. Die gefilterte Familie $(f_\varepsilon)_{\varepsilon \in \boldsymbol{K}_0}$ konvergiert punktweise gegen die identische Abbildung von $\boldsymbol{K}^2$ auf sich. Da $\varepsilon\xi = \varepsilon^2\eta^2$ bei festem ξ und $\eta \neq 0$ nur für ein ε, nämlich $\varepsilon = \dfrac{\xi}{\eta^2}$ gilt, konvergiert die gefilterte Familie $(g_\varepsilon)_{\varepsilon \in \boldsymbol{K}_0}$ punktweise gegen die Nullabbildung $x \mapsto 0$ $(x \in \boldsymbol{K}^2)$. $(g_\varepsilon \circ f_\varepsilon)_{\varepsilon \in \boldsymbol{K}_0}$ ist hingegen nicht punktweise konvergent, da zu beliebigem $\eta \neq 0$ die gefilterte Punktfamilie $\big((g_\varepsilon \circ f_\varepsilon)(0, \eta)\big)_{\varepsilon \in \boldsymbol{K}_0}$ keinen Limes besitzt.

Während also Zusammensetzungen punktweise konvergierender Abbildungen im allgemeinen nicht punktweise konvergieren, ergibt sich aus 7.1.13 und dem zugehörigen Korollar in dem Fall, daß X mit der diskreten Topologie versehen ist, daß unter einer geringen Einschränkung ($\mathrm{wb}f \subseteq \mathrm{db}g$) Zusammensetzungen von punktweise konvergierenden Abbildungen mit stetig konvergierenden Abbildungen punktweise konvergieren. Zu einer weiteren Spezialisierung von 7.1.13 und des zugehörigen Korollars gelangt man, indem man voraussetzt, daß auch Y mit der diskreten Topologie versehen ist. Die punktweise Konvergenz von Abbildungen aus X in Y bezeichnen wir dann als **diskrete Konvergenz**. Die Spezialisierung besagt, daß unter einer geringen Einschränkung ($\mathrm{wb}f \subseteq \mathrm{db}g$)

Zusammensetzungen von diskret konvergierenden Abbildungen mit punktweise konvergierenden Abbildungen punktweise konvergieren.

Wir überlassen es dem Leser, die Sätze 7.1.14 und 7.1.15 und die zugehörigen Korollare auf den Fall der punktweisen Konvergenz zu spezialisieren. Durch Spezialisierung von 7.2.1 ergibt sich für die punktweise Konvergenz ein analoger Graphensatz wie für die stetige Konvergenz. Wir führen diesen nicht extra an und bemerken lediglich, daß als Limitierung von $X \times Y$ natürlich das Produkt der diskreten Topologie τ_{disc} von X und der Limitierung τ von Y zu nehmen ist. Aus 7.2.2 folgt

7.5.14 (Charakterisierung der punktweisen Konvergenz; Spezialfall). *Ist Y ein separierter punktalkompakter topologischer Raum, so konvergiert ein Filter $\mathfrak{K}$ in $\mathfrak{A}$ genau dann punktweise gegen eine Abbildung f von X in Y, wenn* db$\mathfrak{K}$ *ganz X als einfachen Mengenlimes hat und f der abgeschlossene Limes von $\mathfrak{K}$ bez. $\tau_{\text{disc}} \times \tau$ ist.*

Wir stellten bereits fest, daß s im allgemeinen keine Pseudotopologie ist, dieses jedoch zutrifft, wenn die Limitierung τ von Y eine Pseudotopologie ist. Im folgenden zeigen wir, wobei wir Bezeichnungen aus Abschnitt 7.3 benutzen:

7.5.15 (Eigenschaften von s). *Ist τ eine Pseudotopologie, so ist* s *im allgemeinen keine mehrstufige Topologie. Mit τ ist auch* s *eine mehrstufige Topologie. Ist τ eine mehrstufige Topologie, so ist* s *im allgemeinen keine Topologie. Mit τ ist auch* s *eine Topologie.*

Beweis. Da im allgemeinen Pseudotopologien keine mehrstufigen Topologien und mehrstufige Topologien keine Topologien sind, folgt auf Grund der Bemerkung nach 7.5.13, daß s im allgemeinen keine mehrstufige Topologie bzw. Topologie ist, wenn τ eine Pseudotopologie bzw. mehrstufige Topologie ist.

Wenn τ eine mehrstufige Topologie ist, sind die Voraussetzungen von Anfang des Abschnittes 7.3 natürlich alle erfüllt; db[$\mathfrak{A}$] ist bezüglich der einfachen Mengenkonvergenz selbstverständlich ein topologischer Raum. Zu jeder Abbildung $f \in \mathfrak{A}$ bilden wir die Abbildung $h_0 \in \boldsymbol{A}(f)$ mit $h_0(x, N) = \{x\}$ zu jedem $x \in \text{db}f$ und jeder Nachbarschaft N von $f(x)$. Offensichtlich gilt $\mathfrak{L}_{h_0} \subseteqq \mathfrak{L}_h$ zu beliebigem $h \in \boldsymbol{A}(f)$ und, wie mit 7.3.3 folgt, damit, daß s dann eine mehrstufige Topologie ist.

Aus 7.3.11 ergibt sich, daß s eine Topologie ist, wenn τ eine Topologie ist.

Für die folgenden Bemerkungen nehmen wir an, daß τ eine mehrstufige Topologie ist. Zu beliebigem $f \in \mathfrak{A}$ bestehen für die im Beweis von 7.5.15 konstruierte Abbildung h_0 die Beziehungen $\mathfrak{L}_{h_0} \subseteqq \mathfrak{L}_h$ $(h \in \boldsymbol{A}(f))$, so daß stets $\mathfrak{M}_f \vee \mathfrak{L}_{h_0}$ der Nachbarschaftsfilter von f bez. s ist; $\mathfrak{L}_h$ und $\mathfrak{M}_f$ sind natürlich wie in Abschnitt 7.3 bezüglich der diskreten Topologie von X und bezüglich τ definiert. Mittels 6.3.4 folgt, daß die Mengen $\{g \in \mathfrak{A} \mid x \in \text{db}g\}$ $(x \in \text{db}f)$ und $\{g \in \mathfrak{A} \mid x \notin \text{db}g\}$ $(x \in X \setminus \text{db}f)$ eine Subbasis von $\mathfrak{M}_f$ bilden. Selbstverständlich bilden die Mengen $[\{x\}, N] = \{g \in \mathfrak{A} \mid x \in \mathrm{db}g, g(x) \in N\}$ $(x \in \mathrm{db}f$, N Nachbarschaft von $f(x))$ eine Subbasis von $\mathfrak{L}_{h_0}$. Da stets $[\{x\}, N] \subseteq \{g \in \mathfrak{A} \mid x \in \mathrm{db}g\}$ gilt, ergibt sich damit

7.5.16 (Nachbarschaftsfilter bez. s). *Ist Y ein mehrstufig topologischer Raum, so besitzt zu beliebigem $f \in \mathfrak{A}$ der Nachbarschaftsfilter von f bez. $\mathfrak{s}$ die Gesamtheit aller Mengen $\{g \in \mathfrak{A} \mid x \notin \mathrm{db}g\}$ $(x \in X \setminus \mathrm{db}f)$ und $\{g \in \mathfrak{A} \mid x \in \mathrm{db}g,\ g(x) \in N\}$ $(x \in \mathrm{db}f$, N Nachbarschaft von $f(x))$ als eine Subbasis.*

Wenn Y speziell ein topologischer Raum ist, können in diesem Satz als N beliebige Umgebungen von $f(x)$ genommen werden. Es ergibt sich leicht, daß dann die Mengen $\{g \in \mathfrak{A} \mid x \notin \mathrm{db}g\}$ $(x \in X)$ und $\{g \in \mathfrak{A} \mid x \in \mathrm{db}g, g(x) \in U\}$ $(x \in X$, $U \subseteq Y$ offen) eine Subbasis der Topologie $\mathfrak{s}$ bilden.

Die Menge $F(X, Y)$ aller Abbildungen von X in Y, versehen mit der Limitierung der punktweisen Konvergenz, bezeichnen wir mit

$$F_{\mathfrak{s}}(X, Y)\,.$$

Wie wir bereits erwähnt haben, ist $F_{\mathfrak{s}}(X, Y)$ gerade das „X-fache" Produkt Y^X des Limesraumes Y mit sich. Wenn Y ein pseudotopologischer Raum ist und X mit der diskreten Topologie versehen ist, stimmt $F_{\mathfrak{s}}(X, Y)$ mit $C_{\mathfrak{c}}(X, Y)$ überein. Ist X ein Limesraum, so bezeichnen wir die Menge $C(X, Y)$ aller stetigen Abbildungen von X in Y, versehen mit der Limitierung der punktweisen Konvergenz, mit

$$C_{\mathfrak{s}}(X, Y)\,.$$

Wenn Y ein pseudotopologischer, mehrstufig topologischer bzw. topologischer Raum ist, so ist wegen 7.5.11 und 7.5.15 auch $F_{\mathfrak{s}}(X, Y)$ und, wenn X zusätzlich ein Limesraum ist, auch $C_{\mathfrak{s}}(X, Y)$ ein pseudotopologischer, mehrstufig topologischer bzw. topologischer Raum. Wenn Y eine limitierte Gruppe, ein verallgemeinerter limitierter Radialraum, ein limitierter Radialraum, eine limitierte lineare Gruppe bzw. ein limitierter Vektorraum ist, dann ist auf Grund der Korollare zu 7.4.2 und 7.4.4 und wegen 7.4.5 auch $F_{\mathfrak{s}}(X, Y)$ und, wenn zusätzlich X ein Limesraum ist, damit auch $C_{\mathfrak{s}}(X, Y)$ bezüglich der komponentenweise definierten Gruppenverknüpfung, Radialstruktur bzw. linearen Struktur eine limitierte Gruppe, ein verallgemeinerter limitierter Radialraum, ein limitierter Radialraum, eine limitierte lineare Gruppe bzw. ein limitierter Vektorraum.

Wir überlassen es dem Leser, die Sätze 7.4.9 bis 7.4.13 auf den Fall der punktweisen Konvergenz zu spezialisieren.

Mittels 7.4.14 folgt leicht (vergleiche Binz und Keller [1]):

7.5.17 (Die Abbildung χ). *Sind X und Y Mengen und ist Z ein Limesraum, dann wird durch $\chi(f)(x, y) = f(x)(y)$ ein Homöomorphismus χ von $F_{\mathfrak{s}}(X, F_{\mathfrak{s}}(Y, Z))$ auf $F_{\mathfrak{s}}(X \times Y, Z)$ definiert. Wenn Z ein limitierter Vektorraum ist, ist χ ein linearer Homöomorphismus (bezüglich der komponentenweise definierten linearen*

Struktur). Sind X, Y und Z Limesräume, dann bildet χ *den Teilraum* $C_s(X, C_s(Y,Z))$ *von* $F_s(X, F_s(Y, Z))$ *auf den Teilraum von* $F_s(X \times Y, Z)$ *ab, der aus allen getrennt stetigen Abbildungen*[1]) *von* $X \times Y$ *in Z besteht.*

Zum Beweis: Sind X, Y und Z Limesräume, dann ist $C(X, C_s(Y, Z))$ eine Teilmenge von $F(X, F_s(Y, Z))$; sie wird offenbar durch χ auf die Menge aller getrennt stetigen Abbildungen von $X \times Y$ in Z abgebildet.

7.5.18 (Die Abbildung ζ). *X sei eine Menge und* $(Y_j)_{j\in J}$ *eine Familie pseudotopologischer Räume mit einer nichtleeren Menge als Indexbereich. Die Abbildung* $\zeta: (f_j)_{j\in J} \mapsto \langle f_j\rangle_{j\in J}$ $(f_j \in F(X, Y_j)$ *für jedes* $j \in J)$ *ist ein Homöomorphismus von* $\prod_{j\in J} F_s(X, Y_j)$ *auf* $F_s(X, \prod_{j\in J} Y_j)$. *Sind die* Y_j *limitierte Vektorräume, so ist* ζ *ein linearer Homöomorphismus (bezüglich der komponentenweise definierten linearen Struktur). Ist X ein Limesraum, dann bildet* ζ *den Teilraum* $\prod_{j\in J} C_s(X, Y_j)$ *von* $\prod_{j\in J} F_s(X, Y_j)$ *auf den Teilraum* $C_s(X, \prod_{j\in J} Y_j)$ *von* $F_s(X, \prod_{j\in J} Y_j)$ *ab.*

---

[1]) Getrennt stetige Abbildungen lassen sich nach Binz und Keller [1] als stetige Abbildungen bezüglich einer gewissen Limitierung, der Limitierung der getrennten Stetigkeit definieren. Wir führen diese im folgenden an. Es sei dazu $(X_i)_{i\in I}$ eine Familie von Limesräumen mit einer Menge I als Indexbereich. E sei das cartesische Produkt der Trägermengen der X_i und zu jedem $i \in I$ ferner τ_i die Limitierung von X_i. Die Finallimitierung der τ_i (genauer der τ_{ia} mit $\tau_{ia} = \tau_i$) bezüglich der natürlichen Einbettungen ι_{ia} der X_i in E $(i \in I, a \in E)$ heißt die **Limitierung der getrennten Stetigkeit** in E bez. der τ_i. Sie wird mit $\prod_{g\, i\in I} \tau_i$ und, wenn $I = \{1, \ldots, n\}$ für ein $n \in N^+$ ist, auch mit $\tau_1 \times_g \cdots \times_g \tau_n$ bezeichnet. Ferner wird E, versehen mit $\prod_{g\, i\in I} \tau_i$, mit $\prod_{g\, i\in I} X_i$ und, wenn $I = \{1, \ldots, n\}$ für ein $n \in N^+$ ist, auch mit $X_1 \times_g \cdots \times_g X_n$ bezeichnet. Mittels 3.12.1 folgt, daß eine Abbildung f aus E in einen Limesraum Z in einem Punkt $x = (x_i)_{i\in I}$ ihres Definitionsbereichs bez. $\prod_{g\, i\in I} \tau_i$ und der Limitierung τ' von Z genau dann stetig ist, wenn f in x **getrennt stetig** ist, d. h. jede Abbildung $f \circ \iota_{ix}$ in x_i bez. τ_i und τ' stetig ist. Eine Abbildung f aus E in einen Limesraum Z heißt natürlich **getrennt stetig**, wenn sie in jedem Punkt ihres Definitionsbereichs getrennt stetig ist. 3.10.10 entnimmt man, daß die Limitierung $\prod_{g\, i\in I} \tau_i$ in dem Fall, daß die τ_i Pseudotopologien sind, feiner als die Produktlimitierung $\prod_{i\in I} \tau_i$ ist. Sind die τ_i Pseudotopologien, so ist auch $\prod_{g\, i\in I} \tau_i$ eine Pseudotopologie, sie heißt dann auch **Pseudotopologie der getrennten Stetigkeit.** Sind die τ_i mehrstufige Topologien bzw. Topologien, so ist $\prod_{g\, i\in I} \tau_i$ im allgemeinen keine mehrstufige Topologie bzw. Topologie (letzteres auch nicht, wenn I endlich ist), $m(\prod_{g\, i\in I} \tau_i)$ und $t(\prod_{g\, i\in I} \tau_i)$ werden als **mehrstufige Topologie** bzw. als **Topologie der getrennten Stetigkeit** in E bez. der τ_i bezeichnet. Ist I zweielementig, so heißt die Topologie der getrennten Stetigkeit auch **Bitopologie.** Die Limitierung der getrennten Stetigkeit tritt bei der Definition der induktiven Tensorprodukte auf. Haben X, Y, τ, σ, E, F und $\varkappa$ die gleiche Bedeutung wie vor 5.23.6, so bezeichnen wir mit $\tau \otimes_g \sigma$ die feinste schwach verträgliche Limitierung von $E \otimes F$ derart, daß $\varkappa$ bez. $\tau \times_g \sigma$ und $\tau \otimes_g \sigma$ stetig ist, und mit $X \otimes_g Y$ den Vektorraum $E \otimes F$, versehen mit $\tau \otimes_g \sigma$. $X \otimes_g Y$ und $\tau \otimes_g \sigma$ heißen das **induktive Tensorprodukt** von X und Y bzw. von τ und σ in LLING. Haben $\mathfrak{C}$ und r die gleiche Bedeutung wie nach 5.23.11, so definieren wir analog wie projektive Tensorprodukte in $\mathfrak{C}$ bez. r auch **induktive Tensorprodukte** in $\mathfrak{C}$ bez. r.

Beweis. Bis auf den letzten Teil folgt die Behauptung aus 7.4.15. Wegen 7.4.15 bildet ζ die Menge $\prod_{j\in J} C(X, Y_j)$ auf $C(X, \prod_{j\in J} Y_j)$ ab. Wie man leicht bestätigt, sind $\prod_{j\in J} C_s(X, Y_j)$ und $C_s(X, \prod_{j\in J} Y_j)$ Teilräume von $\prod_{j\in J} F_s(X, Y_j)$ und $F_s(X, \prod_{j\in J} Y_j)$, so daß sich auch die Richtigkeit des letzten Teiles der Behauptung ergibt.

Analog wie 7.5.18 aus 7.4.15 folgt aus 7.4.16 ein entsprechender Satz.

Nun seien X und Y limitierte $\boldsymbol{K}$-lineare Gruppen. Wir bezeichnen zu beliebigem $n \in \boldsymbol{N}^+$ die Menge $L^n(X, Y)$, versehen mit der Limitierung der punktweisen Konvergenz, mit

$$L^n_s(X, Y)\,,$$

im Falle $n = 1$ auch mit $L_s(X, Y)$. Analog wie 7.4.17 zeigt man

7.5.19 (Eigenschaften von $L^n_s(X, Y)$). *Zu beliebigem $n \in \boldsymbol{N}^+$ ist $L^n_s(X, Y)$ eine limitierte lineare Untergruppe von $C_s(X^n, Y)$. Ist X ein pseudotopologischer Vektorraum und Y eine pseudotopologische lineare Gruppe, so ist $L^n_s(X, Y)$ sogar ein pseudotopologischer Vektorraum. Wenn X eine pseudotopologische lineare Gruppe und Y eine separierte limitierte lineare Gruppe ist, ist $L^n(X, Y)$ in $C_s(X^n, Y)$ abgeschlossen.*

Wir überlassen es dem Leser, die Sätze 7.4.18 bis 7.4.21 zu übertragen.
Unter Berücksichtigung von 7.5.18 folgt

7.5.20 (Isomorphieeigenschaften von ζ^n). *Ist X eine limitierte lineare Gruppe und $(Y_j)_{j\in J}$ eine Familie pseudotopologischer linearer Gruppen mit einer nichtleeren Menge als Indexbereich, so ist zu beliebigem $n \in \boldsymbol{N}^+$ die Abbildung $\zeta^n\colon (f_j)_{j\in J} \mapsto \langle f_j\rangle_{j\in J}$ ($f_j \in L^n(X, Y_j)$ für jedes $j \in J$) ein linearer Homöomorphismus von $\prod_{j\in J} L^n_s(X, Y_j)$ auf $L^n_s(X, \prod_{j\in J} Y_j)$.*

Unter Benutzung der Limitierung der punktweisen Konvergenz führen wir als nächstes eine Aussage über gleichstetige Mengen an (vergleiche Cook und Fischer [1]).

7.5.21 (Adhärenz gleichstetiger Mengen). *X sei ein pseudotopologischer Raum und Y ein gleichmäßig regulärer limesuniformer Raum. $\mathfrak{A}$ sei eine beliebige Menge von Abbildungen aus X in Y und H eine gleichstetige Teilmenge von $\mathfrak{A}$. Dann ist auch die Adhärenz $\overline{H}^s$ von H bezüglich der Limitierung der punktweisen Konvergenz in $\mathfrak{A}$ gleichstetig.*

Beweis. $\mathfrak{U}$ sei die limesuniforme Struktur von Y. Gegeben sei ein $x \in X$ und ein Filter $\mathfrak{F} \to x$. Nach Voraussetzung gilt $\zeta_x([H] \times \mathfrak{F}) \in \mathfrak{U}$ und damit auch $\zeta_x([H] \times \mathfrak{F})^- \in \mathfrak{U}$. Zu jedem $f \in \overline{H}^s$ existiert ein Netz $(f_i)_{i\in I}$ in H mit $(f_i)_{i\in I} \underset{s}{\to} f$. Es folgt $(f(x), f(y)) \in \overline{\{(f_i(x), f_i(y)) \mid i \in I \text{ mit } x, y \in \operatorname{db} f\}} \subseteqq \zeta_x[H \times \{y\}]$ bei $x, y \in \operatorname{db} f$

und damit $\zeta_x[\overline{H}^s \times F] \subseteq \overline{\zeta_x[H \times F]}$ zu beliebigem $F \in \mathfrak{F}$, somit

$$\zeta_x([H] \times \mathfrak{F})^- \subseteq \zeta_x([\overline{H}^s] \times \mathfrak{F}),$$

also $\zeta_x([\overline{H}^s] \times \mathfrak{F}) \in \mathfrak{U}$. $\overline{H}^s$ ist daher gleichstetig.

Mittels 7.5.4 leiten wir nun eine bekannte hinreichende Bedingung für die Gleichstetigkeit her.

7.5.22 (Satz von Banach). *X sei ein tonnelierter und Y ein beliebiger lokalkonvexer topologischer Vektorraum. Dann ist jede beschränkte Teilmenge H von $L_s(X, Y)$ gleichstetig.*

Beweis. N sei eine absolutkonvexe und abgeschlossene Nullnachbarschaft in Y. Es ist dann $f^{-1}[N]$ zu beliebigem $f \in H$ und damit auch $M = \bigcap_{f \in H} f^{-1}[N]$ absolutkonvex und abgeschlossen. Zu beliebigem $x \in X$ existiert wegen der Beschränktheit von H ein $\alpha > 0$ mit $\alpha H(x) \subseteq N$ und daher mit $\alpha x \in M$. Somit ist M ausgeglichen, also eine Tonne und deshalb eine Nullnachbarschaft in x. Nach Definition von M gilt $H[M] \subseteq N$, so daß H wegen 7.5.4 gleichstetig ist.

Mittels 7.5.6 und 7.5.22 folgt leicht

7.5.23. *X sei ein tonnelierter und Y ein beliebiger lokalkonvexer topologischer Vektorraum. Eine Folge $f_1, f_2, \ldots$ von Abbildungen aus $L(X, Y)$ konvergiert unter dieser Voraussetzung genau dann stetig gegen eine Abbildung f aus $L(X, Y)$, wenn $f_1, f_2, \ldots$ punktweise gegen f konvergiert.*

Wir zeigen damit (siehe Keller [6])

7.5.24 (Beziehung zwischen punktweiser und stetiger Konvergenz). *X sei ein tonnelierter metrisierbarer und Y ein beliebiger lokalkonvexer topologischer Vektorraum. n sei eine positive natürliche Zahl. Jeder Filter $\mathfrak{K}$ in $L^n(X, Y)$, der eine abzählbare Basis hat und gegen eine Abbildung $f \in L^n(X, Y)$ punktweise konvergiert, konvergiert dann auch stetig gegen f.*

Beweis. 1. Es sei zuerst $n = 1$. $\mathfrak{K}$ konvergiere nicht stetig gegen f. Dann existieren ein Punkt $x \in X$ und ein Filter $\mathfrak{F} \to x$ derart, daß $\mathfrak{K}(\mathfrak{F})$ nicht gegen $f(x)$ konvergiert. Wir können annehmen, daß $\mathfrak{F}$ eine abzählbare Basis $\{F_j \mid j \in N^+\}$ mit $F_1 \supseteq F_2 \supseteq \cdots$ besitzt. $\{K_j \mid j \in N^+\}$ sei eine abzählbare Basis von $\mathfrak{K}$ mit $K_1 \supseteq K_2 \supseteq \cdots$ Es gibt eine Umgebung U von $f(x)$ und zu beliebigem $j \in N^+$ ein $x_j \in F_j$ und $f_j \in K_j$ mit

$$f_j(x_j) \notin U\,. \tag{7.5.1}$$

Wegen $\mathfrak{K} \underset{s}{\to} f$ konvergiert die Folge $f_1, f_2, \ldots$ punktweise und wegen 7.5.23 somit auch stetig gegen f. Das widerspricht aber (7.5.1). Die Behauptung gilt daher für $n = 1$.

2. Im folgenden gelte die Behauptung des Satzes für ein n. $\mathfrak{K}$ sei ein Filter in $L^{n+1}(X, Y)$, der eine abzählbare Basis hat und gegen eine Abbildung $f \in L^{n+1}(X, Y)$ punktweise konvergiert. Mittels der Annahme und unter Beachtung, daß X dem ersten Abzählbarkeitsaxiom genügt, folgt, daß jede stetige lineare Abbildung $l: X \to L_s^n(X, Y)$ auch als Abbildung von X in $L_c^n(X, Y)$ stetig ist und somit $L(X, L_s^n(X, Y)) = L(X, L_c^n(X, Y))$ gilt. Aus $\mathfrak{K} \underset{s}{\to} f$ erhält man damit und auf Grund des in 1 Bewiesenen leicht, daß $\mathfrak{K} \underset{c}{\to} f$ gilt.

Zum Schluß dieses Abschnittes bringen wir noch eine Anwendung des Satzes 7.5.3. Wir gehen dazu von einem pseudotopologischen Vektorraum X aus. Uns interessieren im folgenden Lipschitz-Relationen Λ in $X \times X$ mit den Eigenschaften

1. $(x, y)\Lambda(u, v)$ hat $(y, x)\Lambda(v, u)$ zur Folge.
2. $(x, y)\Lambda(u, v)$ zieht $(x, y)\Lambda(z + u, z + v)$ zu beliebigem $z \in X$ nach sich.
3. Zu beliebigen $x, y \in X$ gilt $(x, x)\Lambda(y, y)$.

Zu jeder Abbildung g und jedem $n \in \boldsymbol{N}^+$ sei g^n die Zusammensetzung $\underbrace{g \circ \cdots \circ g}_{n}$. Wir zeigen

7.5.25 (Umkehrsatz). *X sei ein separierter regulärer pseudotopologischer Vektorraum und M eine folgenvollständige Nullnachbarschaft in X. f sei eine stetige Abbildung von M in X. Es gebe eine* Lipschitz-*Relation Λ in $X \times X$ mit den Eigenschaften* 1 *bis* 3 *und derart, daß*

$$(x - f(x), y - f(y)) \in \Lambda\{(x, y)\} \tag{7.5.2}$$

zu beliebigen $x, y \in M$ gilt. Ferner gebe es eine Nachbarschaft V von $f(0)$ mit $g_x^n(0) \in M$ zu beliebigen $x \in V$ und $n \in \boldsymbol{N}^+$, wobei jeweils g_x die Abbildung $y \mapsto x + y - f(y)$ $(y \in M)$ ist. Die Folge $h_1, h_2, \ldots$ der Abbildungen $h_n: x \mapsto g_x^n(0)$ $(x \in V)$ von V in X sei gleichartig stetig. Dann ist $U = f^{-1}[V]$ eine Nullnachbarschaft in X und ist die Einschränkung von f auf U ein Homöomorphismus von U auf V.

Beweis. Zu jedem $x \in V$ ist g_x eine stetige Abbildung von M in X und gilt wegen (7.5.2) und Eigenschaft 2 von Λ

$$(g_x(y), g_x(z)) \in \Lambda\{(y, z)\}$$

zu beliebigen $y, z \in M$. Auf Grund des Fixpunktsatzes 4.12.9 existiert somit zu beliebigem $x \in V$ genau ein Punkt $h(x)$ von M mit $h(x) = g_x(h(x))$, also mit $f(h(x)) = x$. Die Folge $h_1, h_2, \ldots$ konvergiert wegen 4.12.9 punktweise und wegen 7.5.3 damit auch stetig gegen die Abbildung $h: x \mapsto h(x)$ $(x \in V)$ von V in X. Nach 7.1.8 ist h eine stetige Abbildung. Wir setzen $U = h[V]$ und erhalten, daß die Einschränkung von f auf U ein Homöomorphismus ist.

Als nächstes zeigen wir, daß f eine eineindeutige Abbildung ist. Gegeben seien dazu Punkte $x, y \in M$ mit $f(x) = f(y)$. Wegen (7.5.2) und Eigenschaft 2 von Λ folgt $(x, y) \in \Lambda\{(x, y)\}$, auf Grund der Eigenschaften 1 und 3 von Λ demnach

$\{x, y\} \times \{x, y\} \subseteqq \Delta[\{x, y\} \times \{x, y\}]$ und damit, daß der Elementarfilter $[\{x, y\}]$ ein CAUCHY-Filter von X ist. Da diesem M angehört, konvergiert er auf Grund der Folgenvollständigkeit von M gegen ein Element von M. Unter Berücksichtigung der Separiertheit von X erhält man daraus $x = y$.

Aus dem Bewiesenen ergibt sich $U = f^{-1}[V]$, wegen der Stetigkeit von f (in 0) und wegen (3.6.2) damit, daß U eine Nullnachbarschaft in X ist.

7.6. Kompaktheitskriterien bezüglich der stetigen Konvergenz

Wir beginnen mit einem Kompaktheitskriterium bezüglich der Limitierung der punktweisen Konvergenz (siehe H. POPPE [5]). Es sei dazu X eine Menge und Y ein Limesraum.

7.6.1 (Kompaktheit in $F_s(X, Y)$). *H sei eine Menge von Abbildungen von X in Y. H ist in $F_s(X, Y)$ kompakt, wenn gilt:*

1. *H ist in $F_s(X, Y)$ abgeschlossen.*
2. *Zu jedem $x \in X$ ist $H(x)$ kompakt.*

Wenn Y separiert ist, folgen aus der Kompaktheit von H in $F_s(X, Y)$ umgekehrt die Bedingungen 1 *und* 2.

Beweis. 1. Es seien die Bedingungen 1 und 2 erfüllt. Wegen 3.16.17 ist der Produktraum $P = \prod_{x \in X} H(x)$ kompakt. P ist natürlich (vergleiche 3.2.7) ein Teilraum des Produktraumes Y^X, wegen 7.5.13 also ein Teilraum von $F_s(X, Y)$. Da $H \subseteqq P$ gilt, folgt mittels 3.16.12, daß H in $F_s(X, Y)$ kompakt ist.

2. Y sei separiert, und H sei in $F_s(X, Y)$ kompakt. Wegen 7.5.12 ist $F_s(X, Y)$ separiert, wegen 3.16.14 somit H in $F_s(X, Y)$ abgeschlossen. Zu jedem $x \in X$ ist die Projektion $f \mapsto f(x)$ von Y^X in Y stetig. Da sie H auf $H(x)$ abbildet, folgt mittels 3.16.15, daß auch $H(x)$ kompakt ist.

Wie man (3.9.4) und 3.16.5 entnimmt, kann man in Teil 1 des Satzes $F_s(X, Y)$ durch einen beliebigen abgeschlossenen Teilraum und in der in Teil 2 angegebenen Umkehrung $F_s(X, Y)$ durch einen beliebigen Teilraum ersetzen.

Für das Folgende sei X ein pseudotopologischer Raum und Y ein Limesraum. Mittels 7.6.1 zeigen wir (vergleiche POPPE [5]):

7.6.2 (Kompaktheit in $F_c(X, Y)$). *H sei eine Menge von Abbildungen von X in Y. H ist in $F_c(X, Y)$ kompakt, wenn gilt:*

1. *H ist in $F_c(X, Y)$ abgeschlossen.*
2. *Zu jedem $x \in X$ ist $H(x)$ kompakt.*
3. *H ist gleichartig stetig.*

Wenn Y separiert und CHOQUETsch ist, folgen aus der Kompaktheit von H in $F_c(X, Y)$ umgekehrt die Bedingungen 1 *bis* 3.

Beweis. 1. Es seien die Bedingungen 1 bis 3 erfüllt. 7.5.1 entnimmt man, daß H in $F_s(X, Y)$ abgeschlossen ist. Wegen 7.6.1 ist H damit in $F_s(X, Y)$ kompakt. $\mathfrak{K}$ sei ein eigentlicher Filter in $F(X, Y)$ mit $H \in \mathfrak{K}$. Aus dem eben Bewiesenen folgt, daß ein eigentlicher Filter $\mathfrak{L}$ existiert, der Oberfilter von $\mathfrak{K}$ ist und punktweise gegen eine Abbildung $f \in H$ konvergiert. Da H gleichartig stetig ist, konvergiert $\mathfrak{L}$ auf Grund des Korollars zu 7.5.3 auch stetig gegen f. H ist deshalb sogar in $F_c(X, Y)$ kompakt.

2. Y sei separiert und CHOQUETsch, und H sei in $F_c(X, Y)$ kompakt. Wegen 7.1.6 ist $F_c(X, Y)$ separiert, wegen 3.16.14 somit H in $F_c(X, Y)$ abgeschlossen. Da H auch in $F_s(X, Y)$ kompakt ist, folgt aus 7.6.1, daß $H(x)$ zu jedem $x \in X$ kompakt ist. Wegen 7.5.2 ist H gleichartig stetig.

Mit den gleichen Argumenten wie nach 7.6.1 folgt, daß in Teil 1 von 7.6.2 $F_c(X, Y)$ durch einen beliebigen abgeschlossenen Teilraum und in der in Teil 2 angegebenen Umkehrung $F_c(X, Y)$ durch einen beliebigen Teilraum ersetzt werden kann. Beachten wir, daß $C(X, Y)$ wegen 7.1.8 in $F_c(X, Y)$ abgeschlossen ist, falls Y regulär ist, so folgt

7.6.3 (Kompaktheit in $C_c(X, Y)$). *H sei eine Menge stetiger Abbildungen von X in Y. Wenn Y regulär ist, ist H in $C_c(X, Y)$ kompakt, falls noch gilt:*

1. *H ist in $C_c(X, Y)$ abgeschlossen.*
2. *Zu jedem $x \in X$ ist $H(x)$ kompakt.*
3. *H ist gleichartig stetig.*

Wenn Y separiert und CHOQUETsch ist, folgen aus der Kompaktheit von H in $C_c(X, Y)$ umgekehrt die Bedingungen 1 bis 3.

Im weiteren nehmen wir X als einen pseudotopologischen Raum und Y als einen limesuniformen Raum an. Wir zeigen (vergleiche G. KNEIS [2])

7.6.4 (Relative Kompaktheit in $F_c(X, Y)$). *H sei eine Menge von Abbildungen von X in Y. Ist Y gleichmäßig regulär und CHOQUETsch und ist $\mathfrak{t}(\lambda(Y))$ separiert, so ist H in $F_c(X, Y)$ relativ kompakt, falls noch gilt:*

1. *Zu jedem $x \in X$ ist $H(x)$ t-relativ kompakt.*
2. *H ist gleichstetig.*

Wenn Y separiert und H t-relativ kompakt in $F_c(X, Y)$ ist, ist umgekehrt die Bedingung 1 erfüllt[1]), und wenn Y gleichmäßig CHOQUETsch und H relativ kompakt im weiten Sinne in $F_c(X, Y)$ ist, gilt umgekehrt die Bedingung 2.

Beweis. $\mathfrak{U}$ bezeichne die limesuniforme Struktur von Y und τ die zugehörige Limitierung $\lambda(\mathfrak{U})$.

1. Y sei gleichmäßig regulär und CHOQUETsch und $\mathfrak{t}(\lambda(Y))$ separiert, und es seien die Bedingungen 1 und 2 erfüllt. Wir zeigen zuerst, daß die Adhärenz $\overrightarrow{H}^s$

[1]) Dieser Teil gilt sogar, wenn Y lediglich als separierter Limesraum vorausgesetzt wird.

von H bezüglich der Limitierung von $F_s(X, Y)$ in $F_s(X, Y)$ abgeschlossen ist. $\mathfrak{K}$ sei ein Filter in $F(X, Y)$, dem H angehört. Zu jedem $x \in X$ gilt $\overline{H(x)}^t \in \mathfrak{K}(x)$ für die Adhärenz von $H(x)$ bez. $t(\tau)$, und es stimmen wegen 3.17.8′ die von τ und $t(\tau)$ über $\overline{H(x)}^t$ induzierten Limitierungen überein. Daher konvergiert $\mathfrak{K}(x)$ bez. τ genau dann gegen einen Punkt, wenn $\mathfrak{K}(x)$ bez. $t(\tau)$ gegen diesen Punkt konvergiert. Somit stimmen die Adhärenzen von H bezüglich der Limitierung von $F_s(X, Y)$ und der Limitierung σ von $F_s(X, \boldsymbol{t}(\boldsymbol{\lambda}(Y)))$ überein:

$$\overline{H}^s = \overline{H}^\sigma \tag{7.6.1}$$

Wegen 7.5.15 ist σ eine Topologie. Zu jedem $x \in X$ gilt $\overline{H}^s(x) \subseteq \overline{H(x)}^\tau \subseteq \overline{H(x)}^t$ und damit $\overline{\overline{H}^s(x)}^t = \overline{H(x)}^t$ und ist folglich $\overline{H}^s(x)$ t-relativ kompakt. Wie (7.6.1) ergibt sich daher $\overline{\overline{H}^s}^s = \overline{\overline{H}^s}^\sigma$ und wegen (7.6.1) und der Einstufigkeit der Hüllenbildung bez. σ schließlich $\overline{\overline{H}^s}^s = \overline{H}^s$, d. h., daß $\overline{H}^s$ in $F_s(X, Y)$ abgeschlossen ist.

Aus 7.5.6 folgt, daß $\overline{H}^s$ mit der Adhärenz $\overline{H}^c$ von H bezüglich der Limitierung von $F_c(X, Y)$ übereinstimmt. Um zu zeigen, daß H in $F_c(X, Y)$ relativ kompakt, d. h. $\overline{H}^c$ kompakt ist, sei ein Ultrafilter $\mathfrak{K}$ in $F(X, Y)$, dem $\overline{H}^c$ angehört, gegeben. Für jedes $x \in X$ ist $\mathfrak{K}(x)$ ein Ultrafilter. Da diesem $\overline{H}^c(x)$ und damit auch die Obermenge $\overline{H(x)}^t$ angehört, konvergiert $\mathfrak{K}$ punktweise gegen eine Abbildung $f\colon X \to Y$. Wegen 7.5.21 ist $\overline{H}^s = \overline{H}^c$ gleichstetig, so daß $\mathfrak{K}$ auch stetig gegen f konvergiert, $\overline{H}^c$ somit kompakt ist.

2. Y sei separiert und H t-relativ kompakt. Die Evaluationsabbildung $\omega\colon F_c(X, Y) \times X \to Y$ ist stetig. Daher ist bei festem $x \in X$ auch $\omega_x\colon f \mapsto f(x)$ $(f \in F_c(X, Y))$ stetig. Die Adhärenz $\overline{H}^t$ von H bezüglich der Topologie von $\boldsymbol{t}(F_c(X, Y))$ ist kompakt, und mittels 3.16.15 folgt, daß auch die Bildmenge $\overline{H}^t(x) = \omega_x[\overline{H}^t]$ kompakt ist. 3.16.14 entnimmt man, daß auf Grund der Separiertheit von τ die Menge $\overline{H}^t(x)$ bez. τ und daher auch bez. $t(\tau)$ abgeschlossen ist. Somit gilt $\overline{H(x)}^t \subseteq \overline{\overline{H}^t(x)}^t \subseteq \overline{H}^t(x)$, und hieraus folgt, daß $\overline{H(x)}^t$ als abgeschlossene Teilmenge der kompakten Menge $\overline{H}^t(x)$ ebenfalls kompakt ist.

3. Y sei gleichmäßig CHOQUETsch und H relativ kompakt im weiten Sinne in $F_c(X, Y)$. Gegeben sei ein $x \in X$, ein gegen x konvergierender Filter $\mathfrak{F}$ und ein Ultraoberfilter $\mathfrak{U}$ von $\zeta_x([H] \times \mathfrak{F})$. Wegen 2.5.2 gibt es einen Ultraoberfilter $\mathfrak{G}$ von $[H] \times \mathfrak{F}$ mit $\mathfrak{U} = \zeta_x(\mathfrak{G})$, auf Grund des Korollars zu 2.6.1 ferner einen Ultraoberfilter $\mathfrak{H}$ von $[H]$ mit $\mathfrak{H} \times \mathfrak{F} \subseteq \mathfrak{G}$. Da H relativ kompakt im

weiten Sinne ist, konvergiert $\mathfrak{H}$ stetig gegen eine Abbildung $f: X \to Y$. Es folgt $[f(x)] \times \mathfrak{H}(x) \in \mathfrak{u}$, $[f(x)] \times \mathfrak{H}(\mathfrak{F}) \in \mathfrak{u}$ und wegen

$$([f(x)] \times \mathfrak{H}(\mathfrak{F})) \circ ([f(x)] \times \mathfrak{H}(x))^{-1} = \mathfrak{H}(x) \times \mathfrak{H}(\mathfrak{F}) \subseteqq \zeta_x(\mathfrak{H} \times \mathfrak{F}) \subseteqq \mathfrak{U}$$

damit $\mathfrak{U} \in \mathfrak{u}$, auf Grund der Voraussetzung an Y also $\zeta_x([H] \times \mathfrak{F}) \in \mathfrak{u}$. H ist also gleichstetig.

Mittels 7.5.5 folgt das

Korollar. *Der Satz* 7.6.4 *gilt auch, wenn in ihm* CHOQUET*sch durch gleichmäßig* CHOQUET*sch und gleichstetig durch gleichartig stetig ersetzt wird.*

In 7.6.4 und dem zugehörigem Korollar treten neben der relativen Kompaktheit zwei Varianten dieses Begriffs auf. Unter teilweiser Verschärfung der Voraussetzungen kann an jeder der betreffenden Stellen die relative Kompaktheit genommen werden. Es gilt nämlich

7.6.5 (Arzela-Ascoli). *H sei eine Menge von Abbildungen von X in Y. Ist Y gleichmäßig regulär und* CHOQUET*sch und ist $\mathbf{t}(\boldsymbol{\lambda}(Y))$ separiert, so ist H in $F_c(X, Y)$ relativ kompakt, falls noch gilt:*

1. *Zu jedem $x \in X$ ist $H(x)$ relativ kompakt.*
2. *H ist gleichstetig.*

Wenn Y separiert, regulär und gleichmäßig CHOQUET*sch ist, folgen aus der relativen Kompaktheit von H in $F_c(X, Y)$ umgekehrt die Bedingungen* 1 *und* 2.

Beweis. Y ist in beiden Teilen des Satzes separiert und regulär, so daß wegen 3.16.23 unter der im ersten oder zweiten Teil des Satzes angegebenen Voraussetzung an Y für die Teilmengen von Y die relative Kompaktheit mit der t-relativen Kompaktheit übereinstimmt, die Bedingungen 1 von 7.6.4 und 7.6.5 somit dasselbe besagen. Teil 1 der Behauptung fällt daher mit Teil 1 der Behauptung von 7.6.4 zusammen. Beachten wir, daß aus der Separiertheit von Y wegen 7.1.6 die Separiertheit von $F_c(X, Y)$ folgt und wegen 3.16.23 in diesem Falle jede relativ kompakte Teilmenge von $F_c(X, Y)$ auch t-relativ kompakt und erst recht relativ kompakt im weiten Sinne ist, so erhalten wir aus 7.6.4 mühelos die Richtigkeit des zweiten Teiles des Satzes.

Natürlich folgt aus 7.5.5 und 7.6.5 ein entsprechendes Korollar wie das zu 7.6.4.

Der erste Teil der Behauptung von 7.6.4 und 7.6.5 und die entsprechende Behauptung des Korollars zu 7.6.4 gelten auch, wenn $F_c(X, Y)$ durch einen beliebigen abgeschlossenen Teilraum $\mathfrak{A}$ ersetzt wird, da die bezüglich der Limitierung von $\mathfrak{A}$ und von $F_c(X, Y)$ gebildeten Adhärenzen der Teilmengen von $\mathfrak{A}$ wegen (3.9.4) übereinstimmen. Der weitere Teil der Behauptung von 7.6.4 und 7.6.5 und die entsprechende Behauptung des Korollars zu 7.6.4 gelten auch, wenn $F_c(X, Y)$ durch einen beliebigen Teilraum $\mathfrak{A}$ ersetzt wird, wie leicht damit folgt, daß für jede Teilmenge H von $\mathfrak{A}$ und jede bez. $F_c(X, Y)$ abgeschlossene Teilmenge K von $\mathfrak{A}$ aus $H \subseteqq K \subseteqq \overline{H}^c$ stets $K = \overline{H}^c$ und aus $H \subseteqq K \subseteqq \overline{H}^t$ stets $K = \overline{H}^t$ folgt $(\overline{H}^c$ und $\overline{H}^t$ sind die Adhärenzen in $F_c(X, Y)$ bzw. in $\boldsymbol{t}(F_c(X, Y)))$. Insbesondere kann in 7.6.4, 7.6.5 und dem Korollar zu 7.6.4 stets $F_c(X, Y)$ durch $C_c(X, Y)$ ersetzt werden.

Die in den beiden Teilen von 7.6.5 von Y geforderten Bedingungen besagen zusammengefaßt, daß Y gleichmäßig regulär und gleichmäßig CHOQUETsch und daß $\boldsymbol{t}(\boldsymbol{\lambda}(Y))$ separiert ist. Genügt Y diesen Bedingungen, so ist demnach eine Teilmenge H eines abgeschlossenen Teilraumes $\mathfrak{A}$ von $F_c(X, Y)$ genau dann relativ kompakt in $\mathfrak{A}$, wenn die Bedingungen 1 und 2 aus 7.6.5 gelten. Da für pseudotopologische Gruppen Y die Begriffe gleichmäßig regulär und gleichmäßig CHOQUETsch bezüglich der kanonischen rechts- bzw. links-pseudouniformen Struktur mit den Begriffen regulär und CHOQUETsch zusammenfallen, wie aus 5.6.14 folgt, erhalten wir insbesondere (vergleiche SIMONNET [9], [10]):

7.6.6 (Satz von ARZELA-ASCOLI; Spezialfall). *X sei ein pseudotopologischer Raum. Y sei eine pseudotopologische Gruppe, die regulär und* CHOQUET*sch ist und für die $\boldsymbol{t}(Y)$ separiert ist. $\mathfrak{A}$ sei ein abgeschlossener Teilraum von $F_c(X, Y)$. Unter diesen Voraussetzungen ist eine Teilmenge H von $\mathfrak{A}$ genau dann relativ kompakt in $\mathfrak{A}$, wenn gilt:*

1. *Zu jedem $x \in X$ ist $H(x)$ relativ kompakt.*
2. *H ist bezüglich der kanonischen rechts-pseudouniformen (links-pseudouniformen) Struktur von Y gleichstetig.*

7.7. MARINESCU-Konvergenz

In diesem Abschnitt führen wir im ersten Teil für den Fall lokalkonvexer topologischer Vektorräume entsprechend einem Vorgehen von G. MARINESCU [2] in $L^n(X, Y)$ eine gewisse MARINESCU-Pseudotopologie ein. Fast alle im folgenden angeführten Ergebnisse über diese Pseudotopologie gehen auf H. H. KELLER [2] zurück. Im Abschnitt 7.14 verallgemeinern wir diese Pseudotopologie.

X und Y seien also lokalkonvexe topologische Vektorräume (über $\boldsymbol{K} = \boldsymbol{R}$ oder $\boldsymbol{C}$). $(\|\cdot\|_\alpha)_{\alpha\in\Phi}$ und $(\|\cdot\|_\beta)_{\beta\in\Gamma}$ seien definierende Familien von Halbnormen von X bzw. Y. Φ setzen wir als gerichtet voraus derart, daß $(\|\cdot\|_\alpha)_{\alpha\in\Phi}$ eine gerichtete Familie ist, die (bezüglich der für Pseudonormen definierten Ordnung) monoton wachsend ist. Gegeben sei ein $n \in \boldsymbol{N}^+$. Zu beliebigen $\alpha \in \Phi$ und $\beta \in \Gamma$ ordnen wir jeder stetigen multilinearen Abbildung $f\colon X^n \to Y$ das Supremum

$$\|f\|_{\alpha\beta} = \sup \{\|f(x_1, \dots, x_n)\|_\beta \mid \|x_1\|_\alpha, \dots, \|x_n\|_\alpha \leqq 1\}$$

in $[0, \infty]$ zu. Die Abbildungen $\|\cdot\|_{\alpha\beta}\colon f \mapsto \|f\|_{\alpha\beta}$ $(f \in L^n(X, Y))$ sind Pseudonormen. Zu jeder Abbildung $f \in L^n(X, Y)$ gibt es auf Grund der Stetigkeit von f und der Monotonieeigenschaft von $(\|\cdot\|_\alpha)_{\alpha\in\Phi}$ eine Abbildung $i\colon \Gamma \to \Phi$ mit

$\|f\|_{i(\beta)\beta} < \infty$ $(\beta \in \Gamma)$. I sei die Menge aller Abbildungen von Γ in Φ. Wir denken sie uns durch $i \leqq j \Leftrightarrow i(\beta) \leqq j(\beta)$ $(\beta \in \Gamma)$ gerichtet. Zu jedem $i \in I$ bildet offenbar die Menge $\{f \in L^n(X, Y) \mid \|f\|_{i(\beta)\beta} < \infty$ für jedes $\beta \in \Gamma\}$ einen Teilraum $L_i^n(X, Y)$ des Vektorraumes $L^n(X, Y)$. Die Einschränkung $|\cdot|_{i\beta}$ jeder Pseudonorm $\|\cdot\|_{i(\beta)\beta}$ auf $L_i^n(X, Y)$ ist eine Halbnorm von $L_i^n(X, Y)$. Zu jedem $i \in I$ erzeugt die Halbnormenfamilie $(|\cdot|_{i\beta})_{\beta \in \Gamma}$ auf kanonische Art eine lokalkonvexe verträgliche Topologie von $L_i^n(X, Y)$, mit der wir uns $L_i^n(X, Y)$ stets versehen denken. Ist Y separiert, so finden wir unter Beachtung von 5.6.2 zu beliebigen voneinander verschiedenen Abbildungen $f, g \in L_i^n(X, Y)$ ein $x \in X^n$ und ein $\beta \in \Gamma$ mit $\|f(x) - g(x)\|_\beta \neq 0$, so daß $|f - g|_{i\beta} \neq 0$ gilt und der topologische Vektorraum $L_i^n(X, Y)$ deshalb dann separiert ist. Da aus $i \leqq j$ zu beliebigem $\beta \in \Gamma$ die Beziehung $i(\beta) \leqq j(\beta)$, d. h. $\|\cdot\|_{i(\beta)} \leqq \|\cdot\|_{j(\beta)}$ und damit

$$\|\cdot\|_{j(\beta)\beta} \leqq \|\cdot\|_{i(\beta)\beta} \tag{7.7.1}$$

folgt, ist zu beliebigen $i, j \in I$ mit $i \leqq j$ der Vektorraum $L_i^n(X, Y)$ in $L_j^n(X, Y)$ enthalten und ist die identische Einbettung von $L_i^n(X, Y)$ in $L_j^n(X, Y)$ stetig. Wir können daher den MARINESCU-Raum $\bigcup_{i \in I} L_i^n(X, Y)$ bilden. Er hat $L^n(X, Y)$ als unterliegenden Vektorraum. Die Pseudotopologie von $\bigcup_{i \in I} L_i^n(X, Y)$ bezeichnen wir mit M und nennen sie die **Pseudotopologie der MARINESCU-Konvergenz** in $L^n(X, Y)$. Für den MARINESCU-Raum selbst schreiben wir

$$L_{\mathsf{M}}^n(X, Y)\,.$$

M hängt nicht von der speziellen Wahl der definierenden Halbnormenfamilien ab, wie sich unmittelbar aus der in Abschnitt 7.14 angeführten von Halbnormen unabhängigen Charakterisierung von M ergibt. Ist Y separiert, so wegen 3.15.10 und 5.6.2 auch $L_{\mathsf{M}}^n(X, Y)$.

Es läßt sich leicht eine Familie von Pseudonormenfamilien angeben, die die Pseudotopologie von M erzeugt. Wir definieren Pseudonormen $|\cdot|_{i\eta}$ $(i \in I$, $\eta \in \Gamma \times\,]0, \infty[)$ in $L^n(X, Y)$ durch

$$|f|_{i(\beta,\varepsilon)} = \begin{cases} \dfrac{1}{\varepsilon}\|f\|_{i(\beta)\beta} & \text{für } f \in L_i^n(X, Y) \\ \infty & \text{sonst} \end{cases}$$

und erhalten

7.7.1. *Die Familie der Pseudonormenfamilien* $(|\cdot|_{i\eta})_{\eta \in \Gamma \times]0,\infty[}$ $(i \in I)$ *erzeugt die Pseudotopologie* M.

Beweis. Zu beliebigen $i, j \in I$ gibt es ein $k \in I$ mit $i, j \leqq k$ und wegen (7.7.1) daher mit $|\cdot|_{k\eta} \leqq |\cdot|_{i\eta}$ und $|\cdot|_{k\eta} \leqq |\cdot|_{j\eta}$ $(\eta \in \Gamma \times\,]0, \infty[)$, so daß die betreffende Familie die Eigenschaft P_1 hat. Der Definition der Pseudonormen $|\cdot|_{i\eta}$ entnimmt man, daß diese Familie auch die Eigenschaften P_2' und P_3' hat (siehe 5.15.11). Sie erzeugt daher eine MARINESCU-Pseudotopologie τ. Die Filter $\mathfrak{A}_i$ in $L_i^n(X, Y)$ $(i \in I)$, die die Gesamtheit aller Mengen $A_{i\beta\varepsilon} = \{f \in L_i^n(X, Y) \mid$

$\|f\|_{i(\beta)\beta} \leqq \varepsilon\}$ $(\beta \in \Gamma,\ \varepsilon > 0)$ als eine Subbasis haben, bilden eine Basis des $\wedge$-Ideals $\tau(0)$. Offenbar besteht zu jedem $i \in I$ für den Nullnachbarschaftsfilter $\mathfrak{N}_i(0)$ in $L_i^n(X, Y)$ die Beziehung $\mathfrak{A}_i = \lim_{\subseteq, L^n(X,Y)} \mathfrak{N}_i(0)$. Mittels (3.15.2) folgt damit $\tau = \mathsf{M}$.

Einen Aufschluß darüber, wann M eine Topologie ist, gibt der folgende Satz

7.7.2 (Kriterium dafür, daß M eine Topologie ist). *Die Topologie von Y sei nicht die triviale. Ist X halbnormierbar, so ist M eine lokalkonvexe Topologie. Wenn X nicht halbnormierbar ist, ist M keine Topologie, und es gibt dann auch keine Vektorraumtopologie von $L^n(X, Y)$, die feiner* als M *ist.*

Beweis. 1. X sei halbnormierbar. Φ kann dann einelementig gewählt werden. Dann besteht auch I nur aus einem Element i. Trivialerweise stimmt $L_{\mathsf{M}}^n(X, Y)$ mit $L_i^n(X, Y)$ und damit M mit der Topologie von $L_i^n(X, Y)$ überein.

2. Wir nehmen an, daß es eine Vektorraumtopologie von $L^n(X, Y)$ gibt, die feiner als M ist. Nach 5.15.9 existiert dann ein $i \in I$ mit

$$L_i^n(X, Y) = L^n(X, Y)\,. \tag{7.7.2}$$

Wir behaupten, daß daraus folgt, daß X halbnormierbar ist bzw. — was auf Grund von Bemerkungen nach 5.19.15 dasselbe besagt — daß X lokalbeschränkt ist. Da die Topologie von Y nichttrivial ist, können wir ein $y \in Y$ und ein $\beta \in \Gamma$ mit $\|y\|_\beta \neq 0$ wählen. Wäre X nicht lokalbeschränkt, so wäre die Menge $U = \{x \in X \mid \|x\|_{i(\beta)} \leqq 1\}$ unbeschränkt. Nach 5.18.5 (vergleiche die Anmerkung) gäbe es ein reelles stetiges lineares Funktional l auf X, das über U nicht beschränkt wäre. Durch $f(x_1, \ldots, x_n) = l(x_1) \cdots l(x_n)\, y$ würde eine Abbildung $f \in L^n(X, Y)$ mit $\|f\|_{i(\beta)\beta} = \infty$ definiert, was aber (7.7.2) widersprechen würde. Damit ist auch der zweite Teil des Satzes bewiesen.

Wenn die Topologie von Y trivial ist, ist offenbar M die triviale Topologie von $L^n(X, Y)$. Als nächstes vergleichen wir M und c.

7.7.3 (Vergleich von M und c). *Die Evaluationsabbildung ω von $L_{\mathsf{M}}^n(X, Y) \times X^n$ in Y ist stetig, die* MARINESCU-*Pseudotopologie M somit feiner als die Pseudotopologie der stetigen Konvergenz in $L^n(X, Y)$. Im allgemeinen stimmen beide Pseudotopologien nicht überein.*

Wir verzichten auf eine Beweisangabe, da der weiter unten angeführte Satz 7.7.8 eine Verschärfung von 7.7.3 ist und wir bei diesem Satz einen Beweis angeben.

7.7.4. *Eine lineare Abbildung f eines topologischen Vektorraumes Z in $L^n(X, Y)$ ist genau dann als Abbildung von Z in $L_{\mathsf{c}}^n(X, Y)$ stetig, wenn f als Abbildung von Z in $L_{\mathsf{M}}^n(X, Y)$ stetig ist. Jede Vektorraumtopologie von $L^n(X, Y)$, die feiner als die Pseudotopologie der stetigen Konvergenz in $L^n(X, Y)$ ist, ist auch feiner als M.*

Beweis. Der zweite Teil der Behauptung folgt aus dem ersten, wenn als Z der Raum $L^n(X, Y)$, versehen mit einer Vektorraumtopologie, und als f die identische Abbildung von Z genommen wird. Zum Nachweis des ersten Teiles genügt es wegen 7.7.3 zu zeigen, daß aus der Stetigkeit von f als Abbildung von Z in $L^n_c(X, Y)$ die Stetigkeit von f als Abbildung von Z in $L^n_{\mathsf{M}}(X, Y)$ folgt.

f sei also als Abbildung von Z in $L^n_c(X, Y)$ stetig. $\mathfrak{N}(0)$ sei der Nullnachbarschaftsfilter in Z. Der Filter $f(\mathfrak{N}(0))$ in $L^n(X, Y)$ konvergiert stetig gegen den Nullvektor von $L^n(X, Y)$. Es gibt daher zu jedem $\beta \in \Gamma$ ein $i(\beta) \in \Phi$, ein $U_\beta \in \mathfrak{N}(0)$ und ein $\delta_\beta > 0$ mit

$$||f(z)(x_1, \ldots, x_n)||_\beta \leqq 1$$

zu beliebigen $z \in U_\beta$ und $x_1, \ldots, x_n \in X$ mit $||x_1||_{i(\beta)}, \ldots, ||x_n||_{i(\beta)} \leqq \delta_\beta$. Da U_β ausgeglichen ist, folgt $||f(z)||_{i(\beta)\beta} < \infty$ für jedes $z \in Z$ und $\beta \in \Gamma$, also wb$f \subseteqq L^n_i(X, Y)$ bei $i: \beta \mapsto i(\beta)$ $(\beta \in \Gamma)$. Wir benutzen die Bezeichnungsweise aus dem Beweis von 7.7.1. Zu beliebigem $\beta \in \Gamma$ und $\varepsilon > 0$ ergibt sich $||f(z)||_{i(\beta)\beta} < \varepsilon$ für jedes $z \in \varepsilon\delta^n_\beta U_\beta$ und damit $f[\varepsilon\delta^n_\beta U_\beta] \subseteqq A_{i\beta\varepsilon}$ und deshalb $f(\mathfrak{N}(0)) \supseteqq \mathfrak{A}_i$, so daß f als Abbildung von Z in $L^n_i(X, Y)$ und damit auch als Abbildung von Z in $L^n_{\mathsf{M}}(X, Y)$ stetig ist.

Wir können nun ohne Mühe den folgenden wichtigen Satz herleiten.

7.7.5 (KELLER-MAISSEN). *Die Topologie von Y sei nicht die triviale. Genau dann, wenn X halbnormierbar ist, existiert mindestens eine Vektorraumtopologie von $L^n(X, Y)$, für die die Evaluationsabbildung $\omega: L^n(X, Y) \times X^n \to Y$ stetig ist.*

Beweis. 1. Ist X nicht halbnormierbar, so gibt es nach 7.7.2 keine Vektorraumtopologie von $L^n(X, Y)$, die feiner als M ist, wegen 7.7.4 damit auch keine, die feiner als die Pseudotopologie der stetigen Konvergenz ist, wegen 7.1.9 also auch keine, bezüglich der ω stetig ist.

2. Ist X halbnormierbar, so ist M nach 7.7.2 eine Topologie, und nach 7.7.3 ist ω bez. M stetig.

Für $n = 1$ und $X = Y$ geht dieser Satz auf MAISSEN [1] und im allgemeinen Fall auf KELLER [2] zurück. Bei beiden Autoren wurden die Ausgangsräume einschränkend als separiert vorausgesetzt; die Forderung, daß die Topologie von Y nichttrivial ist, entfällt dann, da sie dann von selbst zutrifft, und die Halbnormierbarkeit von X ist dann äquivalent der Normierbarkeit von X.

Im weiteren führen wir in $L^n(X, Y)$ neben M noch eine gewisse Variante M' dieser Pseudotopologie ein. Als M' nehmen wir $\bigvee_{i \in I} \mathsf{M}_i$, wobei diese Vereinigung bezüglich des Verbandes aller Limitierungen von $L^n(X, Y)$ gemeint ist und M_i zu beliebigem $i \in I$ die schwach verträgliche lokalkonvexe Topologie von $L^n(X, Y)$ ist, die aus der Familie $(||\cdot||_{i(\beta)\beta})_{\beta \in \Gamma}$ kanonisch erzeugt wird. Offenbar gilt $\mathsf{M} \leqq \mathsf{M}'$. Genauso wie M hängt M' nicht von der speziellen Wahl der definierenden Halbnormenfamilien ab, was aus der in Abschnitt 7.14 angeführten von Halbnormen unabhängigen Charakterisierung von M' folgt. Auch für M' kann man leicht eine erzeugende Familie von Pseudonormenfamilien angeben. Wir definieren Pseudonormen $\|\cdot\|_{i\eta}$ ($i \in I$, $\eta \in \Gamma \times]0, \infty[$) in $L^n(X, Y)$ durch

$$\|f\|_{i(\beta,\varepsilon)} = \frac{1}{\varepsilon}\|f\|_{i(\beta)\beta} \quad \text{zu beliebigem } f \in L^n(X, Y)$$

und erhalten

7.7.6. *Die Familie der Pseudonormenfamilien* $(\|\cdot\|_{i\eta})_{\eta\in\Gamma\times]0,\infty[}$ ($i \in I$) *erzeugt* M'. M' *ist eine verträgliche lokalkonvexe Pseudotopologie.*

Beweis. Zu beliebigen $i, j \in I$ gibt es ein $k \in I$ mit $i, j \leqq k$ und wegen (7.7.1) daher mit $\|\cdot\|_{k\eta} \leqq \|\cdot\|_{i\eta}$ und $\|\cdot\|_{k\eta} \leqq \|\cdot\|_{j\eta}$ ($\eta \in \Gamma \times]0, \infty[$), so daß die betreffende Familie die Eigenschaft P_1 hat. Der Definition der Pseudonormen $\|\cdot\|_{i\eta}$ entnimmt man, daß diese Familie auch die Eigenschaft P_2' und damit auch die Eigenschaft P_2 hat. Wie bereits bemerkt wurde, gibt es zu jedem $f \in L^n(X, Y)$ ein $i \in I$ mit $\|f\|_{i(\beta)\beta} < \infty$ ($\beta \in \Gamma$), also mit $\|f\|_{i\eta} < \infty$ ($\eta \in \Gamma \times]0, \infty[$). Wegen 5.9.9 wird daher von der Familie der Pseudonormenfamilien $(\|\cdot\|_{i\eta})_{\eta\in\Gamma\times]0,\infty[}$ eine verträgliche lokalkonvexe Pseudotopologie τ erzeugt. Die Filter $\mathfrak{A}_i'$ in $L^n(X, Y)$ ($i \in I$), die die Gesamtheit aller Mengen $A'_{i\beta\varepsilon} = \{f \in L^n(X, Y) \mid \|f\|_{i(\beta)\beta} \leqq \varepsilon\}$ ($\beta \in \Gamma$, $\varepsilon > 0$) als eine Subbasis haben, bilden eine Basis des $\wedge$-Ideals $\tau(0)$. Offenbar ist $\mathfrak{A}_i'$ zu beliebigem $i \in I$ der Nullnachbarschaftsfilter bez. M_i. Mittels (3.15.2) folgt damit $\tau = \mathsf{M}'$.

In gewisser Analogie zu 7.7.2 gilt

7.7.7. *Die Topologie von Y sei nicht die triviale. Ist X halbnormierbar, so ist* M' *eine Topologie. Wenn X nicht halbnormierbar ist, ist* M' *keine Topologie und gibt es keine gröbste schwach verträgliche Topologie von* $L^n(X, Y)$, *die feiner als* M' *ist.*

Beweis. 1. Ist X halbnormierbar, so kann Φ einelementig gewählt werden, so daß dann auch I einelementig ist und M' eine Topologie ist.

2. Wir nehmen an, daß es eine gröbste schwach verträgliche Topologie τ von $L^n(X, Y)$ gibt, die feiner als M' ist. Mittels (3.15.2) folgt, daß ein $i \in I$ mit $\tau \leqq \mathsf{M}_i$ existiert. Nach Definition von τ ist dann $\tau = \mathsf{M}_j$ für jedes $j \geqq i$ und damit $\tau = \mathsf{M}'$. Wegen 7.7.6 ist M_i eine verträgliche Topologie, so daß zu jedem $f \in L^n(X, Y)$ und jeder Nullnachbarschaft U bez. M_i ein $\alpha > 0$ mit $\alpha f \in U$ existiert, zu jedem $f \in L^n(X, Y)$ und $\beta \in \Gamma$ also $\|f\|_{i(\beta)\beta} < \infty$ ist. Es folgt $L_i^n(X, Y) = L^n(X, Y)$ und damit wie im Beweis von 7.7.2, daß X halbnormierbar ist.

Anmerkung. Es gibt natürlich stets schwach verträgliche Topologien von $L^n(X, Y)$, die feiner als M' sind, etwa die diskrete Topologie.

$L^n(X, Y)$, versehen mit M' bzw. mit M_i für ein $i \in I$, bezeichnen wir mit $L^n_{\mathsf{M}'}(X, Y)$ bzw. mit $L^n_{\mathsf{M}_i}(X, Y)$. 7.7.3 läßt sich verschärfen zu

7.7.8 (Vergleich von M′ und c). *Die Evaluationsabbildung* ω *von* $L^n_{\mathsf{M}'}(X, Y) \times X^n$ *in* Y *ist stetig,* M′ *ist somit feiner als die Pseudotopologie* c *der stetigen Konvergenz in* $L^n(X, Y)$. *Im allgemeinen stimmen* M′ *und* c *nicht überein.*

Beweis. 1. Gegeben seien ein $f \in L^n(X, Y)$ und ein $x \in X^n$. Es existiert ein $i \in I$ mit $\|f\|_{i(\beta)\beta} < \infty$ zu beliebigem $\beta \in \Gamma$ und wegen (7.7.1) daher mit $\|f\|_{j(\beta)\beta} < \infty$ zu beliebigem $j \geqq i$ und $\beta \in \Gamma$. Wir wählen ein $j \geqq i$, ein $\beta \in \Gamma$ und ein $\varepsilon > 0$. Unter Beachtung, daß f multilinear ist und $\|f(u)\|_\beta \leqq \|f\|_{j(\beta)\beta} \|u\|_{j(\beta)}$ $(u \in X^n)$ gilt, finden wir ein $\delta > 0$ mit $\|f(x + y) - f(x)\|_\beta \leqq \frac{\varepsilon}{2}$ zu beliebigem $y \in X^n$ mit $\|y\|_{j(\beta)} \leqq \delta$. ϱ sei eine positive reelle Zahl mit $\varrho(\|x\|_{j(\beta)} + \delta) \leqq \frac{\varepsilon}{2}$. Für jedes $g \in L^n(X, Y)$ mit $\|g\|_{j(\beta)\beta} \leqq \varrho$ und jedes $y \in X^n$ mit $\|y\|_{j(\beta)} \leqq \delta$ folgt

$$\|(f + g)(x + y) - f(x)\|_\beta \leqq \|f(x + y) - f(x)\|_\beta + \|g(x + y)\|_\beta \leqq \varepsilon,$$

so daß $\omega: L^n_{\mathsf{M}_j}(X, Y) \times X^n \to Y$ in (f, x) stetig ist. Mittels 3.15.12 folgt, daß $L^n_{\mathsf{M}'}(X, Y) \times X^n = \bigcup_{j \geq i} (L^n_{\mathsf{M}_j}(X, Y) \times X^n)$ gilt und damit $\omega: L^n_{\mathsf{M}'}(X, Y) \times X^n \to Y$ stetig ist. Wegen 7.1.9 gilt daher $\mathsf{M}' \leqq \mathsf{c}$.

2. Zu zeigen bleibt, daß M′ im allgemeinen ungleich c ist. Wir nehmen speziell $n = 1$, X und Y als normierbar und X als vollständig und damit als tonneliert an. Für eine Folge $f_1, f_2, \ldots$ von Abbildungen aus $L(X, Y)$ stimmt wegen 7.5.23 die punktweise Konvergenz mit der stetigen Konvergenz überein, und die Konvergenz bez. M′ ist natürlich gleich der Konvergenz bezüglich einer Normtopologie. Wie man leicht an Beispielen belegt (siehe etwa LJUSTERNIK, SOBOLEW [1]), stimmen die punktweise Konvergenz und die Konvergenz bezüglich einer Normtopologie von $f_1, f_2, \ldots$ im allgemeinen nicht überein.

In Analogie zu 7.7.4 gilt

7.7.9. *Eine lineare Abbildung* f *einer topologischen linearen Gruppe* Z *in* $L^n(X, Y)$ *ist genau dann als Abbildung von* Z *in* $L^n_{\mathsf{c}}(X, Y)$ *stetig, wenn* f *als Abbildung von* Z *in* $L^n_{\mathsf{M}'}(X, Y)$ *stetig ist. Jede schwach verträgliche Topologie von* $L^n(X, Y)$, *die feiner als die Pseudotopologie der stetigen Konvergenz in* $L^n(X, Y)$ *ist, ist auch feiner als* M′.

Beweis. Es genügt, den ersten Teil des Satzes zu beweisen. Wegen 7.7.8 reicht es aus zu zeigen, daß aus der Stetigkeit von f als Abbildung von Z in $L^n_{\mathsf{c}}(X, Y)$ die Stetigkeit von f als Abbildung von Z in $L^n_{\mathsf{M}'}(X, Y)$ folgt.

f sei also als Abbildung von Z in $L^n_{\mathsf{c}}(X, Y)$ stetig. $\mathfrak{N}(0)$ sei der Nullnachbarschaftsfilter in Z. Wegen $f(\mathfrak{N}(0)) \underset{\mathsf{c}}{\to} 0$ gibt es zu jedem $\beta \in \Gamma$ ein $i(\beta) \in \Phi$, ein $U_\beta \in \mathfrak{N}(0)$ und ein $\delta_\beta > 0$ mit $\|f(z)(x_1, \ldots, x_n)\|_\beta \leqq 1$ zu beliebigen $z \in U_\beta$ und $x_1, \ldots, x_n \in X$ mit $\|x_1\|_{i(\beta)}, \ldots, \|x_n\|_{i(\beta)} \leqq \delta_\beta$. i sei die Abbildung $\beta \mapsto i(\beta)$ $(\beta \in \Gamma)$. Wir benutzen die Bezeichnungsweise aus dem Beweis von 7.7.6 und erhalten zu beliebigem $\beta \in \Gamma$ und $\varepsilon > 0$ die Beziehung $\|f(z)\|_{i(\beta)\beta} < \varepsilon$ für jedes $z \in \varepsilon\delta^n_\beta U_\beta$

und damit $f[\varepsilon\delta_\beta^n U_\beta] \subseteqq A'_{i\beta\varepsilon}$ und deshalb $f(\mathfrak{N}(0)) \supseteqq \mathfrak{A}'_i$, so daß f als Abbildung von Z in $L^n_{\mathsf{M}_i}(X, Y)$ und damit auch als Abbildung von Z in $L^n_{\mathsf{M}'}(X, Y)$ stetig ist.

In Ergänzung zu 7.7.5 gilt

7.7.10. *Die Topologie von Y sei nicht die triviale. Genau dann, wenn X halbnormierbar ist, existiert eine gröbste schwach verträgliche Topologie von $L^n(X, Y)$, für die die Evaluationsabbildung $\omega: L^n(X, Y) \times X^n \to Y$ stetig ist.*

Beweis. 1. Ist X nicht halbnormierbar, so gibt es nach 7.7.7 keine gröbste schwach verträgliche Topologie von $L^n(X, Y)$, die feiner als M' ist, wegen 7.1.9 und 7.7.9 damit auch keine gröbste schwach verträgliche Topologie von $L^n(X, Y)$, bezüglich der ω stetig ist.

2. Wenn X halbnormierbar ist, so ist M' nach 7.7.7 eine Topologie und nach 7.1.9 und 7.7.9 damit die gröbste schwach verträgliche Topologie von $L^n(X, Y)$, bezüglich der ω stetig ist.

7.8. Abgeschlossene Kategorien

Eine symmetrische monoidale Kategorie $(\mathfrak{C}, \square, E, \alpha, \lambda, \varrho, \gamma)$ heißt eine **abgeschlossene monoidale Kategorie** oder einfach eine **abgeschlossene Kategorie,** wenn zu jedem Objekt Y von $\mathfrak{C}$ der Funktor $\square\,\langle \mathrm{id}_{\mathfrak{C}}, Y_{\mathfrak{C}}\rangle: \mathfrak{C} \to \mathfrak{C}$ einen rechtsadjungierten Funktor $\mathrm{id}^Y_{\mathfrak{C}}: \mathfrak{C} \to \mathfrak{C}$ besitzt; für jedes Objekt X von $\mathfrak{C}$ und jeden Morphismus f von $\mathfrak{C}$ setzt man $X^Y = \mathrm{id}^Y_{\mathfrak{C}}(X)$ und $f^Y = \mathrm{id}^Y_{\mathfrak{C}}(f)$. Daß $\mathrm{id}^Y_{\mathfrak{C}}$ ein rechtsadjungierter Funktor von $\square\,\langle \mathrm{id}_{\mathfrak{C}}, Y_{\mathfrak{C}}\rangle$ ist, bedeutet, daß zu beliebigen Objekten X und Z von $\mathfrak{C}$ eine Bijektion $\mu_{XZ}: [X \square Y, Z]_{\mathfrak{C}} \to [X, Z^Y]_{\mathfrak{C}}$ existiert und zu beliebigen Morphismen $f: X' \to X$ und $g: Z \to Z'$ von $\mathfrak{C}$ und a aus $[X \square Y, Z]_{\mathfrak{C}}$ die (5.21.2) entsprechende Beziehung zutrifft, also

$$g^Y \mu_{XZ}(a) f = \mu_{X'Z'}(ga(f \square 1_Y))$$

gilt.

Aus 5.21.5 folgt

7.8.1. *Eine symmetrische monoidale Kategorie $(\mathfrak{C}, \square, E, \alpha, \lambda, \varrho, \gamma)$ ist genau dann eine abgeschlossene Kategorie, wenn zu beliebigen Objekten Y und Z von $\mathfrak{C}$ ein Objekt Z^Y von $\mathfrak{C}$ und ein Morphismus $\omega_{YZ}: Z^Y \square Y \to Z$ von $\mathfrak{C}$ existieren derart, daß (Z^Y, ω_{YZ}) ein universelles Paar von $\square\,\langle \mathrm{id}_{\mathfrak{C}}, Y_{\mathfrak{C}}\rangle$ nach Z ist, was besagt, daß zu jedem Objekt X von $\mathfrak{C}$ und jedem Morphismus $g: X \square Y \to Z$ von $\mathfrak{C}$ genau ein Morphismus $f: X \to Z^Y$ existiert, so daß das Diagramm*

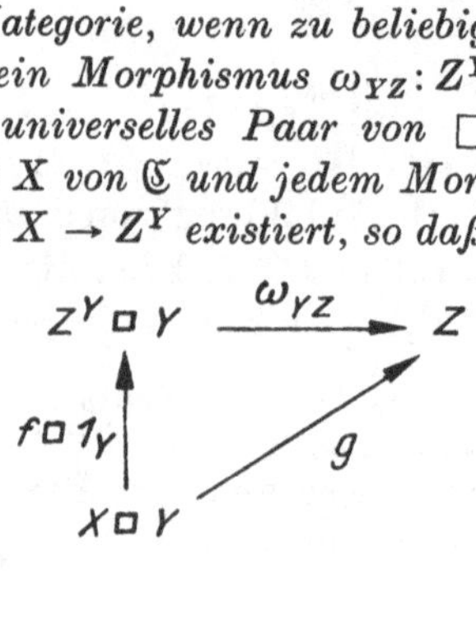

(7.8.1)

kommutativ ist.

Zu beliebigem $Y \in \mathrm{Ob}\mathfrak{C}$ erhält man aus den im Satz auftretenden universellen Paaren (Z^Y, ω_{YZ}) einen rechtsadjungierten Funktor $\mathrm{id}_{\mathfrak{C}}^Y$ von $\square\,\langle \mathrm{id}_{\mathfrak{C}}, Y_{\mathfrak{C}}\rangle$, indem man jedem Objekt Z von $\mathfrak{C}$ gerade Z^Y und jedem Morphismus $g\colon U \to Z$ von $\mathfrak{C}$ den eindeutig bestimmten Morphismus $g^Y\colon U^Y \to Z^Y$ mit

$$\omega_{YZ}(g^Y \square 1_Y) = g\,\omega_{YU} \tag{7.8.2}$$

zuordnet; $\omega_Y = (\omega_{YZ})_{Z \in \mathrm{Ob}\mathfrak{C}}$ ist die Coeinheit der betreffenden Adjunktion.

Ist $\mathfrak{C}$ eine Kategorie, in der alle endlichen Produkte existieren und in der eine Auswahl derselben vorliegt, so ist $\mathfrak{C}$ nach 5.23.20, zusammen mit dem Produktfunktor von $\mathfrak{C}$, dem betreffenden ausgewählten terminalen Objekt E und dem wie vor 5.23.20 angegebenen natürlichen Isomorphismen α, λ, ϱ und γ, eine symmetrische monoidale Kategorie. Wenn diese abgeschlossen ist, heißt $\mathfrak{C}$ **cartesisch abgeschlossen.**

Wir führen im folgenden einige Kategorien an, die cartesisch abgeschlossen sind, und einige Kategorien, die es nicht sind. In jedem dieser Beispiele existieren alle Produkte und liegt für die Produkte eine natürliche Auswahl vor.

7.8.2. ENS *ist cartesisch abgeschlossen.*

Beweis. Für den Produktfunktor $\sqcap$ in ENS gilt $X \sqcap Y = X \times Y$ und $f \sqcap g = f \ast g$. Ausgewähltes terminales Objekt in ENS ist $\{\emptyset\}$. Zu beliebigen Mengen Y und Z sei ω_{YZ} die Evaluationsabbildung von $F(Y, Z) \times Y$ in Z. Mühelos folgt, daß $(F(Y, Z), \omega_{YZ})$ ein universelles Paar von $\sqcap\,\langle \mathrm{id}_{\mathrm{ENS}}, Y_{\mathrm{ENS}}\rangle$ nach Z ist; die jeder Abbildung $g\colon X \times Y \to Z$ eindeutig zugeordnete Abbildung, für die das (7.8.1) entsprechende Diagramm kommutativ ist, ist durch $g(x, y) = f(x)(y)$ $(x \in X, y \in Y)$ bestimmt. ENS ist nach 7.8.1 cartesisch abgeschlossen.

Ein Mangel des Topologiebegriffs ist, daß die Kategorie aller topologischen Räume und die aller separierten topologischen Räume nicht cartesisch abgeschlossen sind. Wir zeigen sogar

7.8.3. MTOP, $\mathrm{MTOP}_{\mathrm{sep}}$, TOP *und* $\mathrm{TOP}_{\mathrm{sep}}$ *sind nicht cartesisch abgeschlossen.*

Beweis. $\mathfrak{C}$ sei eine der Kategorien aus dem Satz. Wir nehmen an, daß $\mathfrak{C}$ cartesisch abgeschlossen ist. Y sei ein Objekt von $\mathfrak{C}$, $\mathrm{id}_{\mathfrak{C}}^Y$ ein rechtsadjungierter Funktor von $\sqcap\,\langle \mathrm{id}_{\mathfrak{C}}, Y_{\mathfrak{C}}\rangle$ und $\omega_Y = (\omega_{YZ})_{Z \in \mathrm{Ob}\mathfrak{C}}$ die Coeinheit der betreffenden Adjunktion. Zu jedem $Z \in \mathrm{Ob}\mathfrak{C}$ erhalten wir eine Bijektion $\beta\colon C(Y, Z) \to Z^Y$ auf die folgende Weise: Jeder stetigen Abbildung $h\colon Y \to Z$ ordnen wir die stetige Abbildung $g\colon \{\emptyset\} \times Y \to Z$ mit $g(\emptyset, y) = h(y)$ $(y \in Y)$ und dieser die eindeutig bestimmte stetige Abbildung $f\colon \{\emptyset\} \to Z^Y$ mit $\omega_{YZ} \circ (f \ast 1_Y) = g$ zu und setzen $\beta(h) = f(\emptyset)$. Es folgt $\omega_{YZ}(\beta(h), y) = h(y)$ zu beliebigem $y \in Y$. σ sei die mehrstufige Topologie von $C(Y, Z)$, bezüglich der β ein Homöomorphismus ist. $C(Y, Z)$, versehen mit σ, bezeichnen wir mit $C_\sigma(Y, Z)$. Wir nehmen ohne Beschränkung der Allgemeinheit an, daß β die identische Abbildung von $C(Y, Z)$ auf sich ist; es ist dann $C_\sigma(Y, Z)$ gleich Z^Y und ω_{YZ} die Evaluationsabbildung von $C_\sigma(Y, Z) \times Y$ in Z. Aus 7.1.9 folgt $\sigma \leqq \mathfrak{c}$ für die Limitierung $\mathfrak{c}$ der stetigen Konvergenz in $C(Y, Z)$.

Es sei nun speziell Y ein vollständig regulärer topologischer Raum, der nicht punktalkompakt ist, und es sei $Z = \boldsymbol{R}$. Nach dem Korollar 1 zu 7.3.7 gibt es in den Fällen $\mathfrak{C} = \mathrm{MTOP}$ und $\mathrm{MTOP}_{\mathrm{sep}}$ eine mehrstufige Topologie σ' und nach 7.3.8 in den Fällen $\mathfrak{C} = \mathrm{TOP}$ und $\mathrm{TOP}_{\mathrm{sep}}$ eine Topologie σ' von $C(Y, Z)$ mit $\sigma < \sigma' \leqq \mathfrak{c}$. Mit Z ist wegen 7.1.6 auch $\mathfrak{c}$ und damit auch σ' separiert. $C(Y, Z)$, versehen mit σ', ist ein Objekt $C_{\sigma'}(Y, Z)$ von $\mathfrak{C}$. Da ω_{YZ} als Abbildung von $C_{\sigma'}(Y, Z) \times Y$ in Z stetig ist, müßte auf Grund der Universalitätseigenschaft von $(C_\sigma(Y, Z), \omega_{YZ})$ die identische Abbildung von $C_{\sigma'}(Y, Z)$ auf $C_\sigma(Y, Z)$ stetig sein, d. h. $\sigma' \leqq \sigma$ gelten, was einen Widerspruch ergibt.

Es gibt Unterkategorien von TOP, die cartesisch abgeschlossen sind. Dazu gehören die Kategorien $\mathrm{TOP}_{\mathrm{sep\,ke}}$ und $\mathrm{TOP}_{\mathrm{sep\,sseq}}$ aller separierten kompakt erzeugten topologischen Räume und aller separierten schwach sequentiellen topologischen Räume. Wie in Abschnitt 5.22 angeführt wurde, stimmen in beiden Kategorien die Produkte im allgemeinen nicht mit den Produkten bezüglich TOP überein. Ausgewählte Produkte sind $\boldsymbol{t}(\boldsymbol{l}(\prod_{i \in I} X_i))$ bzw. $\boldsymbol{t}(\boldsymbol{S}(\prod_{i \in I} X_i))$, zusammen mit den natürlichen Projektionen. Die betreffenden Produktfunktoren bezeichnen wir mit $\sqcap$ bzw. $\sqcap'$. Für beliebige topologische Räume X und Y setzen wir $C_{\mathrm{ke}}(X, Y) = \boldsymbol{t}(\boldsymbol{l}(C_{\mathrm{ko}}(X, Y)))$ und $C_{\mathrm{sseq}}(X, Y) = \boldsymbol{t}(\boldsymbol{S}(C_{\mathrm{ko}}(X, Y)))$, wobei $C_{\mathrm{ko}}(X, Y)$ die Menge $C(X, Y)$, versehen mit der kompakt-offenen Topologie ist.

Wir beweisen nun (siehe Gabriel und Zisman [1])

7.8.4. $\mathrm{TOP}_{\mathrm{sep\,ke}}$ *und* $\mathrm{TOP}_{\mathrm{sep\,sseq}}$ *sind cartesisch abgeschlossen.*

Beweis. 1. Y und Z seien Objekte von $\mathrm{TOP}_{\mathrm{sep\,ke}}$. Wir zeigen zuerst, daß die Evaluationsabbildung $\omega_{YZ}\colon C_{\mathrm{ke}}(Y, Z) \sqcap Y \to Z$ stetig ist. Wegen 3.16.25 ist die Topologie von $C_{\mathrm{ke}}(Y, Z) \sqcap Y$ die Finaltopologie der Topologien kompakter Teilräume von $C_{\mathrm{ke}}(Y, Z) \times Y$ bezüglich der identischen Einbettungen. Für jeden kompakten Teilraum T von $C_{\mathrm{ke}}(Y, Z) \times Y$ gilt $T \subseteqq C(Y, Z) \times \pi_2[T]$ und ist $\pi_2[T]$ kompakt, wobei π_2 die zweite Projektion von $C(Y, Z) \times Y$ ist. Es genügt daher, für eine beliebige kompakte Teilmenge N von Y die Stetigkeit der Einschränkung von ω_{YZ} auf $C_{\mathrm{ke}}(Y, Z) \times N$ zu beweisen. Nun folgt leicht, daß $g\colon f \mapsto f \mid N$ $(f \in C(Y, Z))$ als Abbildung von $C_{\mathrm{ko}}(Y, Z)$ in $C_{\mathrm{ko}}(N, Z)$ und damit auch als Abbildung von $C_{\mathrm{ke}}(Y, Z)$ in $C_{\mathrm{ko}}(N, Z)$ stetig ist, so daß es genügt, die Stetigkeit der Evaluationsabbildung von $C_{\mathrm{ko}}(N, Z) \times N$ in Z zu zeigen. Da N separiert und kompakt und damit punktalkompakt ist, stimmt nach 7.3.10 die kompakt-offene Topologie von $C(N, Z)$ mit der Limitierung der stetigen Konvergenz überein, womit sich die betreffende Stetigkeit ergibt. Wegen (5.22.6) folgt auch, daß $\omega_{YZ}\colon C_{\mathrm{sseq}}(Y, Z) \sqcap' Y \to Z$ stetig ist, insbesondere, wenn Y und Z Objekte von $\mathrm{TOP}_{\mathrm{sep\,sseq}}$ sind.

X sei ein weiteres Objekt von $\mathrm{TOP}_{\mathrm{sep\,ke}}$ und $g\colon X \sqcap Y \to Z$ eine stetige Abbildung. Wir bilden $f\colon X \to F(Y, Z)$ mit $f(x)(y) = g(x, y)$ $(x \in X, y \in Y)$. Zu beliebigem $x \in X$ ist $\iota_x: y \mapsto (x, y)$ $(y \in Y)$ als Abbildung von Y in $X \times Y$ und damit auch als Abbildung von Y in $X \sqcap Y$ stetig, so daß auch $f(x) = g \circ \iota_x: Y \to Z$ stetig ist, somit $\mathrm{wb} f \subseteq C(Y, Z)$ gilt. Wir zeigen, daß f als Abbildung von X in $C_{\mathrm{ko}}(Y, Z)$ stetig ist. Zu beliebigem $x \in X$ seien dazu eine kompakte Teilmenge M von Y und eine offene Teilmenge W von Z gegeben mit $f(x) \in [M, W]$, also mit $g[\{x\} \times M] \subseteq W$ .Unter Beachtung, daß W offen, M kompakt und g stetig ist, folgt die Existenz einer Umgebung U von x mit $g[U \times M] \subseteq W$, also mit $f[U] \in [M, W]$, weshalb f als Abbildung von X in $C_{\mathrm{ko}}(Y, Z)$ und damit auch als Abbildung von X in $C_{\mathrm{ke}}(Y, Z)$ stetig ist. Nach 3.10.5 ist damit $f * 1_Y$ als Abbildung von $X \times Y$ in $C_{\mathrm{ke}}(Y, Z) \times Y$ und somit auch als Abbildung von $X \sqcap Y$ in $C_{\mathrm{ke}}(Y, Z) \sqcap Y$ stetig. $(C_{\mathrm{ke}}(Y, Z), \omega_{YZ})$ ist daher ein universelles Paar von $\sqcap \langle \mathrm{id}_{\mathrm{TOP}_{\mathrm{sep\,ke}}}, Y_{\mathrm{TOP}_{\mathrm{sep\,ke}}} \rangle$ nach Z, so daß $\mathrm{TOP}_{\mathrm{sep\,ke}}$ nach 7.8.1 cartesisch abgeschlossen ist. Sind X, Y und Z Objekte von $\mathrm{TOP}_{\mathrm{sep\,sseq}}$ und ist g eine stetige Abbildung von $X \sqcap' Y$ in Z, so folgt entsprechend, daß f als Abbildung von X in $C_{\mathrm{sseq}}(Y, Z)$ und $f * 1_Y$ als Abbildung von $X \sqcap' Y$ in $C_{\mathrm{sseq}}(Y, Z) \sqcap' Y$ stetig und damit $\mathrm{TOP}_{\mathrm{sep\,sseq}}$ cartesisch abgeschlossen ist.

Die Leistungsfähigkeit des eingeführten Konvergenzbegriffs zeigt sich unter anderem darin, daß die Kategorie aller pseudotopologischen Räume cartesisch abgeschlossen ist und daß ebenfalls gewisse Unterkategorien dieser Kategorie cartesisch abgeschlossen sind, wobei in allen diesen Kategorien die ausgewählten Produkte die üblichen Produkte $\prod_{i \in I} X_i$, zusammen mit den natürlichen Projektionen, sind. $\sqcap$ sei jeweils der zugehörige Produktfunktor. Wir zeigen speziell

7.8.5. PTOP *und die vollen Unterkategorien* $\mathrm{PTOP}_{\mathrm{sep}}$, $\mathrm{PTOP}_{\mathrm{ch}}$ *und* $\mathrm{PTOP}_{\mathrm{sep\,ch}}$ *von* PTOP, *die als Objekte alle separierten, alle* CHOQUET*schen bzw. alle separierten* CHOQUET*schen pseudotopologischen Räume haben, sind cartesisch abgeschlossen.*

Beweis. $\mathfrak{C}$ sei gleich PTOP, $\mathrm{PTOP}_{\mathrm{sep}}$, $\mathrm{PTOP}_{\mathrm{ch}}$ oder $\mathrm{PTOP}_{\mathrm{sep\,ch}}$. X, Y und Z seien Objekte von $\mathfrak{C}$. Nach 7.1.5 ist $C_c(Y, Z)$ ein pseudotopologischer Raum. Ist Z separiert bzw. CHOQUETsch, so nach 7.1.6 und 7.1.12 auch $C_c(Y, Z)$, so daß $C_c(Y, Z) \in \mathrm{Ob}\mathfrak{C}$ gilt. Sind X und Y separiert bzw. CHOQUETsch, so ist nach 3.10.9 und 3.17.6 auch $X \times Y$ separiert bzw. CHOQUETsch, so daß $X \times Y \in \mathrm{Ob}\mathfrak{C}$ gilt. Wegen 7.1.9 ist die Evaluationsabbildung $\omega_{YZ}: C_c(Y, Z) \times Y \to Z$ stetig, wegen 7.4.14 zu jedem $X \in \mathrm{Ob}\mathfrak{C}$ und jeder stetigen Abbildung g von $X \times Y$ in Z auch die Abbildung $f: X \to C_c(Y, Z)$ mit $f(x)(y) = g(x, y)$ $(x \in X, y \in Y)$ und damit auch $f * 1_Y: X \times Y \to C_c(Y, Z) \times Y$. $(C_c(Y, Z), \omega_{YZ})$ ist daher ein universelles Paar von $\sqcap \langle \mathrm{id}_{\mathfrak{C}}, Y_{\mathfrak{C}} \rangle$ nach Z. $\mathfrak{C}$ ist nach 7.8.1 somit cartesisch abgeschlossen.

Wir bemerken, daß MACHADO [3] und BOURDAUD [2] die kleinsten cartesisch abgeschlossenen Unterkategorien von PTOP, die MTOP, $\mathrm{MTOP}_{\mathrm{sep}}$, TOP bzw. $\mathrm{TOP}_{\mathrm{sep}}$ umfassen, studiert haben; die kleinsten MTOP und $\mathrm{TOP}_{\mathrm{sep}}$ umfassenden Unterkategorien von PTOP lassen sich einfach angeben, es sind gerade $\mathrm{PTOP}_{\mathrm{ch}}$ und $\mathrm{PTOP}_{\mathrm{sep\,ch}}$.

Im folgenden gehen wir auf einige symmetrische monoidale Kategorien ein, die abgeschlossen sind, und auf einige, die nicht abgeschlossen sind, wobei jetzt $\square$ kein Produktfunktor ist.

Zuerst zeigen wir, daß VEK **bez. $\otimes$ abgeschlossen** ist, d. h., daß die symmetrische monoidale Kategorie, die aus VEK, $\otimes$: VEK $\times$ VEK $\to$ VEK, $\boldsymbol{K}$ und den im Beweis von 5.23.2 angeführten natürlichen Isomorphismen α, λ, ϱ und γ besteht, abgeschlossen ist.

7.8.6. VEK *ist bez.* $\otimes$ *abgeschlossen.*

Beweis. Y und Z seien $\boldsymbol{K}$-Vektorräume. $\varkappa$ sei die kanonische Abbildung von $\mathcal{L}(Y, Z) \times Y$ in $\mathcal{L}(Y, Z) \otimes Y$, ε_{YZ} die Evaluationsabbildung von $\mathcal{L}(Y, Z) \times Y$ in Z und ω_{YZ} die nach 5.23.1 eindeutig existierende lineare Abbildung von $\mathcal{L}(Y, Z) \otimes Y$ in Z mit $\varepsilon_{YZ} = \omega_{YZ} \circ \varkappa$. Zu jedem $\boldsymbol{K}$-Vektorraum X und jeder linearen Abbildung $g\colon X \otimes Y \to Z$ gibt es genau eine lineare Abbildung $f\colon X \to \mathcal{L}(Y, Z)$ mit $\varepsilon_{YZ}(f \ast 1_Y) = g \circ \varkappa'$, d. h. mit $\omega_{YZ} \circ (f \otimes 1_Y) \circ \varkappa' = g \circ \varkappa'$ und daher mit $\omega_{YZ} \circ (f \otimes 1_Y) = g$, wobei $\varkappa'$ die kanonische Abbildung von $X \times Y$ in $X \otimes Y$ ist. $(\mathcal{L}(Y, Z), \omega_{YZ})$ ist daher ein universelles Paar von $\otimes \langle \mathrm{id}_{\mathrm{VEK}}, Y_{\mathrm{VEK}} \rangle$ nach Z, so daß VEK nach 7.8.1 bez. $\otimes$ abgeschlossen ist.

Ist $\mathfrak{C}$ eine beliebige wie vor 5.23.12 gegebene Kategorie, so sagen wir, daß $\mathfrak{C}$ **bez. $\otimes^{\mathfrak{C}}$ abgeschlossen** ist, wenn die zu beliebigen zugehörigen Reflexionen r_X ($X \in \mathrm{Ob\,LLING}$) und dem daraus gebildeten Reflektor r wie in 5.23.19 definierte symmetrische monoidale Kategorie $(\mathfrak{C}, \otimes^{\mathfrak{C}}, \boldsymbol{K}, \alpha, \lambda, \varrho, \gamma)$ abgeschlossen ist. In gewisser Übereinstimmung mit 7.8.3 gilt

7.8.7. *Ist* $\mathfrak{C}$ *eine beliebige der Kategorien* TLING, TLING^, $\mathrm{TLING}_{t\wedge \mathrm{sep}}$, $\mathrm{TLING}^{\wedge}_{t\wedge \mathrm{sep}}$, TVEK, TVEK^, $\mathrm{TVEK}_{\wedge \mathrm{sep}}$ *bzw.* $\mathrm{TVEK}^{\wedge}_{\mathrm{sep}}$, *so ist* $\mathfrak{C}$ *bez.* $\otimes^{\mathfrak{C}}$ *nicht abgeschlossen.*

Beweis. $\mathfrak{C}$ sei eine beliebige der im Satz angegebenen Kategorien. Wir nehmen an, daß $\mathfrak{C}$ bez. $\otimes^{\mathfrak{C}}$ abgeschlossen ist. Y sei ein Objekt von $\mathfrak{C}$, $\mathrm{id}^{Y}_{\mathfrak{C}}$ ein rechtsadjungierter Funktor von $\otimes^{\mathfrak{C}} \langle \mathrm{id}_{\mathfrak{C}}, Y_{\mathfrak{C}} \rangle$ und $\omega_Y = (\omega_{YZ})_{Z \in \mathrm{Ob}\,\mathfrak{C}}$ die Coeinheit der betreffenden Adjunktion. Zu jedem Objekt Z von $\mathfrak{C}$ erhalten wir einen linearen Isomorphismus β von $L(Y, Z)$ auf Z^Y auf die folgende Weise: Jedem $h \in L(Y, Z)$ ordnen wir die Abbildung $g \in L(\boldsymbol{K} \otimes^{\mathfrak{C}} Y, Z)$ mit $g(1 \otimes y) = h(y)$ $(y \in Y)$ und dieser die eindeutig bestimmte Abbildung $f \in L(\boldsymbol{K}, Z^Y)$ mit $\omega_{YZ} \circ (f \otimes 1_Y) = g$ zu und setzen $\beta(h) = f(1)$. Es folgt $\omega_{YZ}(\beta(h) \otimes y) = h(y)$ zu beliebigem $y \in Y$. σ sei die Topologie von $L(Y, Z)$, bezüglich der β ein Homöomorphismus ist. $L(Y, Z)$, versehen mit σ, sei $L_\sigma(Y, Z)$. Wir nehmen ohne Beschränkung der Allgemeinheit an, daß β die identische Abbildung ist. Es ist dann $L_\sigma(Y, Z)$ gleich Z^Y und ω_{YZ} die aus der Evaluationsabbildung $\varepsilon_{YZ}\colon L(Y, Z) \times Y \to Z$ und der kanonischen Abbildung $\varkappa\colon L_\sigma(Y, Z) \times Y \to L_\sigma(Y, Z) \otimes^{\mathfrak{C}} Y$ durch $\varepsilon_{YZ} = \omega_{YZ} \circ \varkappa$ eindeutig bestimmte Abbildung von $L_\sigma(Y, Z) \otimes^{\mathfrak{C}} Y$ in Z. ω_{YZ} und damit auch ε_{YZ} ist stetig, so daß $\sigma \leqq \mathfrak{c}$ für die Limitierung $\mathfrak{c}$ der stetigen Konvergenz von $L(Y, Z)$ gilt.

Es sei nun speziell Y ein nicht normierbarer und Z irgendein separierter lokalkonvexer topologischer Vektorraum. Ist $\mathfrak{C}$ eine der Kategorien TVEK, TVEK^, $\text{TVEK}_{\wedge\text{sep}}$ bzw. $\text{TVEK}^{\wedge}_{\text{sep}}$, so erhält man aus 7.7.5 einen Widerspruch zur Stetigkeit von ε_{YZ}. Im weiteren sei $\mathfrak{C}$ eine beliebige der anderen Kategorien. Nach 7.7.10 gibt es eine schwach verträgliche Topologie σ' von $L(Y, Z)$ mit $\sigma < \sigma' \leqq \mathsf{c}$. Ist Z lokalkonvex, so wegen 7.4.19 auch c, so daß $(\sigma')^{\wedge} \leqq \mathsf{c}$ gilt; wir nehmen dann, ohne die Allgemeinheit einzuschränken, auch σ' als lokalkonvex an. Ist $\mathbf{t}^{\wedge}(Z)$ separiert, so wegen 7.4.20 auch $\mathbf{t}^{\wedge}(\mathsf{c})$ und damit auch $\mathbf{t}^{\wedge}(\sigma')$. $L(Y, Z)$, versehen mit σ', ist daher stets ein Objekt $L_{\sigma'}(Y, Z)$ von $\mathfrak{C}$. ε_{YZ} ist als Abbildung von $L_{\sigma'}(Y, Z) \times Y$ in Z und damit ω_{YZ} als Abbildung von $L_{\sigma'}(Y, Z) \otimes Y$ in Z stetig. Auf Grund der Universalitätseigenschaft von $(L_{\sigma}(Y, Z), \omega_{YZ})$ müßte die identische Abbildung von $L_{\sigma'}(Y, Z)$ auf $L_{\sigma}(Y, Z)$ stetig sein, d. h. $\sigma' \leqq \sigma$ gelten, was einen Widerspruch ergibt.

Andererseits gilt

7.8.8. *$\mathfrak{C}$ sei eine beliebige der Kategorien* PLING, PLING^, $\text{PLING}_{t\wedge\text{sep}}$, $\text{PLING}^{\wedge}_{t\wedge\text{sep}}$, PVEK, PVEK^, $\text{PVEK}_{t\wedge\text{sep}}$ *bzw.* $\text{PVEK}^{\wedge}_{t\wedge\text{sep}}$. *Dann ist $\mathfrak{C}$ bez. $\otimes^{\mathfrak{C}}$ abgeschlossen.*

Beweis. Y und Z seien Objekte von $\mathfrak{C}$. Wegen 7.1.5 und 7.4.17 ist $L_{\mathsf{c}}(Y, Z)$ eine pseudotopologische lineare Gruppe. Ist Z lokalkonvex, so wegen 7.4.19 auch $L_{\mathsf{c}}(Y, Z)$. Ist $\mathbf{t}^{\wedge}(Z)$ separiert, so wegen 7.4.20 auch $\mathbf{t}^{\wedge}(L_{\mathsf{c}}(Y, Z))$. Sind Y und Z pseudotopologische Vektorräume, so ist wegen 7.4.17 auch $L_{\mathsf{c}}(Y, Z)$ ein pseudotopologischer Vektorraum. Daher ist in jedem Falle $L_{\mathsf{c}}(Y, Z)$ ein Objekt von $\mathfrak{C}$. $\varkappa$ sei die kanonische Abbildung von $L_{\mathsf{c}}(Y, Z) \times Y$ in $L_{\mathsf{c}}(Y, Z) \otimes Y$, ε_{YZ} die Evaluationsabbildung von $L_{\mathsf{c}}(Y, Z) \times Y$ in Z und ω_{YZ} die nach 5.23.18 eindeutig existierende stetige lineare Abbildung von $L_{\mathsf{c}}(Y, Z) \otimes^{\mathfrak{C}} Y$ in Z mit $\varepsilon_{YZ} = \omega_{YZ} \circ \varkappa$. Zu jedem Objekt X von $\mathfrak{C}$ und jeder stetigen linearen Abbildung $g\colon X \otimes^{\mathfrak{C}} Y \to Z$ gibt es wegen 7.4.14 genau eine stetige lineare Abbildung $f\colon X \to L_{\mathsf{c}}(Y, Z)$ mit $\varepsilon_{YZ} \circ (f \ast 1_Y) = g \circ \varkappa'$ und daher mit $\omega_{YZ} \circ (f \otimes 1_Y) = g$, wobei $\varkappa'$ die kanonische Abbildung von $X \times Y$ in $X \otimes Y$ ist. $(L_{\mathsf{c}}(Y, Z), \omega_{YZ})$ ist folglich ein universelles Paar von $\otimes^{\mathfrak{C}} \langle \text{id}_{\mathfrak{C}}, Y_{\mathfrak{C}} \rangle$ nach Z, so daß $\mathfrak{C}$ nach 7.8.1 bez. $\otimes^{\mathfrak{C}}$ abgeschlossen ist.

7.9. Verallgemeinerte gleichmäßige Konvergenz

Im weiteren geben wir fünf verschiedene Typen der gleichmäßigen Konvergenz bezüglich eines Systems von $\wedge$-Idealen von Dualfiltern an. (Vergleiche W. Gähler [7].)

X sei eine Menge, die mit einem System $\mathfrak{B}$ von $\wedge$-Idealen von Dualfiltern in X versehen ist. X ist etwa ein hypobornologischer Raum. Y sei ein limesuniformer Raum. $\mathfrak{U}$ bezeichne die limesuniforme Struktur von Y. Sind f und f_ι

$(i \in K)$ Abbildungen aus X in Y, so setzen wir zu jeder Teilmenge F von X

$$\langle f, f_K \rangle [F] = \{(f(x), f_i(x)) \mid i \in K, x \in F \cap \mathrm{db} f \cap \mathrm{db} f_i\} .$$

Wir sagen, daß zu einem $k = 1, \ldots, 5$ eine gefilterte Familie $(f_i)_{i \in I}$ von Abbildungen aus X in Y gegen eine Abbildung f aus X in Y **$\mathfrak{V}$,k-konvergiert** und schreiben $(f_i)_{i \in I} \xrightarrow[\mathfrak{V}, k]{} f$, wenn die folgenden beiden Bedingungen erfüllt sind:

1. Die gefilterte Familie $(\mathrm{db} f_i)_{i \in I}$ der Definitionsbereiche der f_i besitzt $\mathrm{db} f$ als $\mathfrak{V}$-Limes.
2. Es gilt für

$$\left.\begin{array}{l} k = 1:\ \exists \mathfrak{G} \in \mathfrak{u}\ \forall \mathfrak{v} \in \mathfrak{V}_{\mathrm{db} f}\ \exists \mathfrak{F} \in \mathfrak{v}\ \forall F \in \mathfrak{F}\ \forall G \in \mathfrak{G} \\ k = 2:\ \exists \mathfrak{G} \in \mathfrak{u}\ \forall \mathfrak{v} \in \mathfrak{V}_{\mathrm{db} f}\ \forall G \in \mathfrak{G}\ \exists \mathfrak{F} \in \mathfrak{v}\ \forall F \in \mathfrak{F} \\ k = 3:\ \forall \mathfrak{v} \in \mathfrak{V}_{\mathrm{db} f}\ \exists \mathfrak{G} \in \mathfrak{u}\ \exists \mathfrak{F} \in \mathfrak{v}\ \forall F \in \mathfrak{F}\ \forall G \in \mathfrak{G} \\ k = 4:\ \forall \mathfrak{v} \in \mathfrak{V}_{\mathrm{db} f}\ \exists \mathfrak{G} \in \mathfrak{u}\ \forall G \in \mathfrak{G}\ \exists \mathfrak{F} \in \mathfrak{v}\ \forall F \in \mathfrak{F} \\ k = 5:\ \forall \mathfrak{v} \in \mathfrak{V}_{\mathrm{db} f}\ \exists \mathfrak{F} \in \mathfrak{v}\ \forall F \in \mathfrak{F}\ \exists \mathfrak{G} \in \mathfrak{u}\ \forall G \in \mathfrak{G} \end{array}\right\}\ \exists K \in \mathfrak{K}\ (\langle f, f_K \rangle [F] \subseteqq G);$$

$\mathfrak{K}$ ist dabei der Filter von I, und $\mathfrak{V}_{\mathrm{db} f}$ ist entsprechend einer Vereinbarung aus Abschnitt 6.4 die Menge $\{\mathfrak{v} \in \mathfrak{V} \mid (\mathrm{db} f) \in \mathfrak{v}\}$.

Setzen wir A für $\exists \mathfrak{G} \in \mathfrak{u}$, B für $\forall G \in \mathfrak{G}$, a für $\forall \mathfrak{v} \in \mathfrak{V}_{\mathrm{db} f}$, b für $\exists \mathfrak{F} \in \mathfrak{v}$ und c für $\forall F \in \mathfrak{F}$, so steht vor der geschweiften Klammer

$$\begin{array}{l} k = 1:\ A\, a\, b\, c\, B \\ k = 2:\ A\, a\, B\, b\, c \\ k = 3:\ a\, A\, b\, c\, B \\ k = 4:\ a\, A\, B\, b\, c \\ k = 5:\ a\, b\, c\, A\, B \end{array} \tag{7.9.1}$$

Man zeigt leicht, daß alle zu verschiedenen Konvergenzarten führenden Permutationen von $A\, B\, a\, b\, c$ erfaßt sind. Selbstverständlich müssen die Reihenfolgen $A\, B$ und $a\, b\, c$ beibehalten werden.

$\mathfrak{A}$ sei im weiteren eine Menge von Abbildungen aus X in Y. Wir identifizieren jeden Filter $\mathfrak{K}$ in $\mathfrak{A}$ mit derjenigen gefilterten Familie $(f_i)_{i \in I}$, für die $I = \mathfrak{A}$, $f_i = i$ $(i \in I)$ und $\mathfrak{K}$ der Filter von I ist, und haben damit die $\mathfrak{V}$,k-Konvergenz für Filter in $\mathfrak{A}$ erklärt. Wie in Abschnitt 7.1 sei $\mathrm{db}[\mathfrak{A}]$ und für jeden Filter $\mathfrak{K}$ in $\mathfrak{A}$ ferner $\mathrm{db}\mathfrak{K}$ erklärt. Für jede Teilmenge F von X, jede Abbildung f aus X in Y und jede Teilmenge K von setzen wir

$$\langle f, K \rangle [F] = \{(f(x), g(x)) \mid g \in K, x \in F \cap \mathrm{db} f \cap \mathrm{db} g\} .$$

Ein Filter $\mathfrak{K}$ in $\mathfrak{A}$ ist offenbar genau dann $\mathfrak{V}$,k-konvergent gegen eine Abbildung f aus X in Y, wenn $\mathrm{db} f$ ein $\mathfrak{V}$-Limes von $\mathrm{db}\mathfrak{K}$ ist und die Bedingung 2 von oben erfüllt ist, wobei lediglich $\langle f, f_K \rangle [F]$ durch $\langle f, K \rangle [F]$ ersetzt ist. Ist ein Filter $\mathfrak{K}$ in $\mathfrak{A}$ $\mathfrak{V}$,k-konvergent gegen eine Abbildung f aus X in Y, so schreiben wir dafür auch $\mathfrak{K} \xrightarrow[\mathfrak{V}, k]{} f$.

7.9.1. *Eine gefilterte Familie $(f_i)_{i \in I}$ von Abbildungen $f_i \in \mathfrak{A}$ ist genau dann $\mathfrak{V}$,k-konvergent gegen eine Abbildung f aus X in Y, wenn der daraus erzeugte*

Filter $\mathfrak{L} = \operatorname{im}_{\subseteq,\mathfrak{A}} \{\{f_i \mid i \in K\} \mid K \in \mathfrak{K}\}$ *gegen* f *$\mathfrak{B},k$-konvergiert.* $\mathfrak{K}$ *ist dabei der Filter in* I.

Beweis. Der von $(\mathrm{db}f_i)_{i \in I}$ erzeugte Filter in $\mathrm{db}[\mathfrak{A}]$ stimmt mit $\mathrm{db}\mathfrak{L}$ überein. Wegen 6.4.2 existiert daher der $\mathfrak{B}$-Limes von $(\mathrm{db}f_i)_{i \in I}$ genau dann, wenn der $\mathfrak{B}$-Limes von $\mathrm{db}\mathfrak{L}$ existiert, und es sind dann diese beiden $\mathfrak{B}$-Limites gleich.

Zu jedem $K \in \mathfrak{K}$ gehört $L = \{f_i \mid i \in K\}$ zu $\mathfrak{L}$ und gilt $\langle f, f_K \rangle [F] = \langle f, L \rangle [F]$ zu beliebigem $F \subseteq X$. Zu jedem $L \in \mathfrak{L}$ existiert ein $K \in \mathfrak{K}$ mit $\{f_i \mid i \in K\} \subseteq L$ und daher mit $\langle f, f_K \rangle [F] \subseteq \langle f, L \rangle [F]$ für jedes $F \subseteq X$. Aus dem Angeführten folgt leicht die Richtigkeit der Behauptung.

Wir können uns daher bei Aussagen über die $\mathfrak{B},k$-Konvergenz auf Filter beschränken.

Zu beliebigem $k = 1, \ldots, 5$ und $f \in \mathfrak{A}$ sei $\tau_{\mathfrak{B},k}(f)$ die Menge aller Filter in $\mathfrak{A}$, die gegen f $\mathfrak{B},k$-konvergieren.

7.9.2 (Die Limitierung $\tau_{\mathfrak{B},k}$). *Zu jedem $k = 1, \ldots, 5$ ist die Abbildung $\tau_{\mathfrak{B},k}: f \mapsto \tau_{\mathfrak{B},k}(f)$ $(f \in \mathfrak{A})$ eine Limitierung von $\mathfrak{A}$. Ist Y ein pseudouniformer Raum, so ist $\tau_{\mathfrak{B},k}$ eine Pseudotopologie.*

Beweis. 1. Gegeben seien eine Abbildung $f \in \mathfrak{A}$ und Filter $\mathfrak{K}_i \xrightarrow[\mathfrak{B},1]{} f$ $(i = 1, 2)$. Die Filter $\mathrm{db}\mathfrak{K}_i$ haben $\mathrm{db}f$ als $\mathfrak{B}$-Limes. Da $\mathrm{db}(\mathfrak{K}_1 \cap \mathfrak{K}_2) = \mathrm{db}\mathfrak{K}_1 \cap \mathrm{db}\mathfrak{K}_2$ gilt, folgt mittels 6.4.4, daß $\mathrm{db}f$ auch $\mathfrak{B}$-Limes von $\mathrm{db}(\mathfrak{K}_1 \cap \mathfrak{K}_2)$ ist. Zu beliebigem $i = 1, 2$ existiert ein $\mathfrak{G}_i \in \mathfrak{U}$ derart, daß es zu jedem $\mathfrak{v} \in \mathfrak{B}_{\mathrm{db}f}$ ein $\mathfrak{F}_{i\mathfrak{v}} \in \mathfrak{v}$ gibt, so daß für alle $F \in \mathfrak{F}_{i\mathfrak{v}}$ und $G \in \mathfrak{G}_i$ ein $K_{i\mathfrak{v}FG} \in \mathfrak{K}_i$ mit $\langle f, K_{i\mathfrak{v}FG} \rangle [F] \subseteq G$ existiert. Wir setzen $\mathfrak{G} = \mathfrak{G}_1 \cap \mathfrak{G}_2$, $\mathfrak{F}_\mathfrak{v} = \mathfrak{F}_{1\mathfrak{v}} \cap \mathfrak{F}_{2\mathfrak{v}}$ und $K_{\mathfrak{v}FG} = K_{1\mathfrak{v}FG} \cup K_{2\mathfrak{v}FG}$. Es gilt $\mathfrak{G} \in \mathfrak{U}$, $\mathfrak{F}_\mathfrak{v} \in \mathfrak{v}$ zu beliebigem $\mathfrak{v} \in \mathfrak{B}_{\mathrm{db}f}$, ferner $K_{\mathfrak{v}FG} \in \mathfrak{K}_1 \cap \mathfrak{K}_2$ und $\langle f, K_{\mathfrak{v}FG} \rangle [F] \subseteq G$ zu beliebigen $\mathfrak{v} \in \mathfrak{B}_{\mathrm{db}f}$, $F \in \mathfrak{F}_\mathfrak{v}$ und $G \in \mathfrak{G}$, somit $\mathfrak{K}_1 \cap \mathfrak{K}_2 \xrightarrow[\mathfrak{B},1]{} f$.

Analog ergibt sich für $k = 2, \ldots, 5$, jede Abbildung $f \in \mathfrak{A}$ und Filter $\mathfrak{K}_i \xrightarrow[\mathfrak{B},k]{} f$ $(i = 1, 2)$, daß $\mathfrak{K}_1 \cap \mathfrak{K}_2 \xrightarrow[\mathfrak{B},k]{} f$ gilt.

2. Gegeben seien nun ein $k = 1, \ldots, 5$, eine Abbildung $f \in \mathfrak{A}$, ein Filter $\mathfrak{K} \xrightarrow[\mathfrak{B},k]{} f$ und ein Oberfilter $\mathfrak{L}$ von $\mathfrak{K}$. $\mathrm{db}\mathfrak{L}$ ist ein Oberfilter von $\mathrm{db}\mathfrak{K}$. Mittels 6.4.4 folgt damit leicht, daß $\mathrm{db}\mathfrak{L}$ die Menge $\mathrm{db}f$ als $\mathfrak{B}$-Limes hat. Offensichtlich ist bez. $\mathfrak{L}$ die Bedingung 2 der $\mathfrak{B},k$-Konvergenz erfüllt, so daß sich $\mathfrak{L} \xrightarrow[\mathfrak{B},k]{} f$ ergibt. $\tau_{\mathfrak{B},k}$ ist deshalb eine Limitierung.

3. Für das Weitere sei Y als pseudouniformer Raum vorausgesetzt. f sei eine Abbildung aus $\mathfrak{A}$. Nach 6.4.4 hat der Filter $[\mathrm{db}f]$ in $\mathrm{db}[\mathfrak{A}]$ die Menge $\mathrm{db}f$ als $\mathfrak{B}$-Limes. Da $\mathfrak{U}$ eine pseudouniforme Struktur ist, gehört ihr der aus der Diagonale Δ von $Y \times Y$ erzeugte Filter $[\Delta]$ an. Für jede Teilmenge F von X und jede Menge $G \in [\Delta]$ gilt $\langle f, f \rangle [F] \subseteq G$. Zu beliebigem $k = 1, \ldots, 5$ folgt dann aber $[f] \xrightarrow[\mathfrak{B},k]{} f$ und somit, daß $\tau_{\mathfrak{B},k}$ eine Pseudotopologie ist, wenn Y ein pseudouniformer Raum ist.

$\tau_{\mathfrak{B},k}$ nennen wir die **Limitierung der $\mathfrak{B},k$-Konvergenz** in $\mathfrak{A}$ und k den **Typ** dieser Limitierung. Zum Teil geben wir X und Y bei der Bezeichnung dieser

Limitierung mit an und schreiben für $\tau_{\mathfrak{B},k}$ auch

$$\tau_{\mathfrak{B},k}(X, Y) . \tag{7.9.2}$$

Wenn $\mathfrak{A}$ speziell die Menge $F(X, Y)$ aller Abbildungen von X in Y ist, bezeichnen wir $\mathfrak{A}$, versehen mit $\tau_{\mathfrak{B},k}$, auch mit

$$F_{\mathfrak{B},k}(X, Y) . \tag{7.9.3}$$

Ist Y ein uniformer Raum, so fallen die Typen 1, 3 und 5 und ebenfalls die Typen 2 und 4 zusammen. Für jede Abbildung $f \in \mathfrak{A}$ und jeden Filter $\mathfrak{K}$ in $\mathfrak{A}$ läßt sich die Bedingung 2 der $\mathfrak{B},k$-Konvergenz dann so formulieren: Es gilt für

$$\left.\begin{array}{ll} k = 1, 3, 5\colon & \forall \mathfrak{v} \in \mathfrak{B}_{\mathrm{db}f}\ \exists \mathfrak{F} \in \mathfrak{v}\ \forall F \in \mathfrak{F}\ \forall G \in \mathfrak{G} \\ k = 2, 4\colon & \forall \mathfrak{v} \in \mathfrak{B}_{\mathrm{db}f}\ \forall G \in \mathfrak{G}\ \exists \mathfrak{F} \in \mathfrak{v}\ \forall F \in \mathfrak{F} \end{array}\right\} \exists K \in \mathfrak{K}\ (\langle f, K\rangle [F] \subseteqq G);$$

$\mathfrak{G}$ ist dabei der Nachbarschaftsfilter der uniformen Struktur $\mathfrak{u}$ von Y, also die uniforme Struktur im klassischen Sinne.

Wie sich aus einer Bemerkung nach dem Korollar zu 7.12.2 ergeben wird, ist $\tau_{\mathfrak{B},k}$ in dem Fall, daß Y ein uniformer Raum ist, im allgemeinen keine Topologie, ja nicht einmal eine mehrstufige Topologie.

Im folgenden geben wir eine andere Formulierung der Bedingung 2 der $\mathfrak{B},k$-Konvergenz an. Wir gehen dabei, was völlig ausreicht, nur auf den Fall der $\mathfrak{B},k$-Konvergenz der Filter in $\mathfrak{A}$ ein. Zu jeder Teilmenge F von X, jeder Abbildung $f \in \mathfrak{A}$ und jedem Filter $\mathfrak{K}$ in $\mathfrak{A}$ bezeichnen wir mit $\langle f, \mathfrak{K}\rangle [F]$ den Filter in $Y \times Y$ mit der Basis $\{\langle f, K\rangle [F] \mid K \in \mathfrak{K}\}$.

7.9.3. *Für jede Abbildung $f \in \mathfrak{A}$ und jeden Filter $\mathfrak{K}$ in $\mathfrak{A}$ läßt sich die Bedingung 2 der $\mathfrak{B},k$-Konvergenz auch so formulieren: Es gilt für*

$k = 1$: *Zu jedem $\mathfrak{v} \in \mathfrak{B}_{\mathrm{db}f}$ existiert ein $\mathfrak{F}_\mathfrak{v} \in \mathfrak{v}$ mit* $\bigwedge_{\mathfrak{v} \in \mathfrak{B}_{\mathrm{db}f}} \bigwedge_{F \in \mathfrak{F}_\mathfrak{v}} \langle f, \mathfrak{K}\rangle [F] \in \mathfrak{u}$.

$k = 2$: *Es ist* $\bigwedge_{\mathfrak{v} \in \mathfrak{B}_{\mathrm{db}f}} \bigvee_{\mathfrak{F} \in \mathfrak{v}} \bigwedge_{F \in \mathfrak{F}} \langle f, \mathfrak{K}\rangle [F] \in \mathfrak{u}$.

$k = 3$: *Zu jedem $\mathfrak{v} \in \mathfrak{B}_{\mathrm{db}f}$ existiert ein $\mathfrak{F} \in \mathfrak{v}$ mit* $\bigwedge_{F \in \mathfrak{F}} \langle f, \mathfrak{K}\rangle [F] \in \mathfrak{u}$.

$k = 4$: *Zu jedem $\mathfrak{v} \in \mathfrak{B}_{\mathrm{db}f}$ ist* $\bigvee_{\mathfrak{F} \in \mathfrak{v}} \bigwedge_{F \in \mathfrak{F}} \langle f, \mathfrak{K}\rangle [F] \in \mathfrak{u}$.

$k = 5$: *Zu jedem $\mathfrak{v} \in \mathfrak{B}_{\mathrm{db}f}$ existiert ein $\mathfrak{F} \in \mathfrak{v}$ derart, daß $\langle f, \mathfrak{K}\rangle [F] \in \mathfrak{u}$ zu beliebigem $F \in \mathfrak{F}$ gilt.*

Beweis. Für jede Teilmenge F von X, jede Abbildung $f \in \mathfrak{A}$, jeden Filter $\mathfrak{K}$ in $\mathfrak{A}$ und jeden Filter $\mathfrak{G} \in \mathfrak{u}$ ist $\mathfrak{G} \subseteqq \langle f, \mathfrak{K}\rangle [F]$ äquivalent dazu, daß es zu beliebigem $G \in \mathfrak{G}$ ein $K \in \mathfrak{K}$ mit $\langle f, K\rangle [F] \subseteqq G$ gibt. Damit folgt leicht die Richtigkeit der Formulierung in den Fällen $k = 1$, 3 und 5.

Für jede Abbildung $f \in \mathfrak{A}$, jeden Filter $\mathfrak{K}$ in $\mathfrak{A}$, jeden Filter $\mathfrak{G} \in \mathfrak{u}$ und jedes $\wedge$-Ideal $\mathfrak{v} \in \mathfrak{B}$ ist

$$\mathfrak{G} \subseteqq \bigvee_{\mathfrak{F} \in \mathfrak{v}} \bigwedge_{F \in \mathfrak{F}} \langle f, \mathfrak{K}\rangle [F] \tag{7.9.4}$$

äquivalent dazu, daß zu beliebigem $G \in \mathfrak{G}$ Dualfilter $\mathfrak{F}_i \in \mathfrak{v}$ und Mengen

$$H_i \in \bigwedge_{F \in \mathfrak{F}_i} \langle f, \mathfrak{K} \rangle [F] \tag{7.9.5}$$

($i \in I$, I nichtleer und endlich) existieren mit $\bigcap_{i \in I} H_i \subseteqq G$. Nun bedeutet (7.9.5), daß es zu beliebigem $F \in \mathfrak{F}_i$ ein $K_{iF} \in \mathfrak{K}$ gibt mit $\bigcup_{F \in \mathfrak{F}_i} \langle f, K_{iF} \rangle [F] \subseteqq H_i$. Da für $\mathfrak{F} = \bigcap_{i \in I} \mathfrak{F}_i$ und $K_F = \bigcap_{i \in I} K_{iF}$ $(F \in \mathfrak{F})$ die Beziehungen $\bigcup_{F \in \mathfrak{F}} \langle f, K_F \rangle [F] \subseteqq \bigcap_{i \in I} H_i$, $\mathfrak{F} \in \mathfrak{v}$ und $K_F \in \mathfrak{K}$ $(F \in \mathfrak{F})$ bestehen, ist (7.9.4) äquivalent dazu, daß zu beliebigem $G \in \mathfrak{G}$ ein $\mathfrak{F} \in \mathfrak{v}$ existiert derart, daß $G \in \langle f, \mathfrak{K} \rangle [F]$ zu beliebigem $F \in \mathfrak{F}$ gilt, d. h., es zu beliebigem $F \in \mathfrak{F}$ ein $K \in \mathfrak{K}$ mit $\langle f, K \rangle [F] \subseteqq G$ gibt. Damit ergibt sich die Richtigkeit der Formulierung der Bedingung 2 der $\mathfrak{V},k$-Konvergenz in den Fällen $k = 2$ und 4.

Bringt man unter Beachtung der Reihenfolge $A\ B$ in einer Zeile von (7.9.1) das A mehr nach rechts oder das B mehr nach links, so ist der zu der neuen Zeile zugehörige Konvergenzbegriff schwächer als der zu der alten Zeile zugehörige Konvergenzbegriff. Es gilt deshalb

7.9.4 (Vergleich der Konvergenztypen). *Zu festem $\mathfrak{V}$ hängen die fünf Konvergenztypen in der folgenden Weise voneinander ab:*

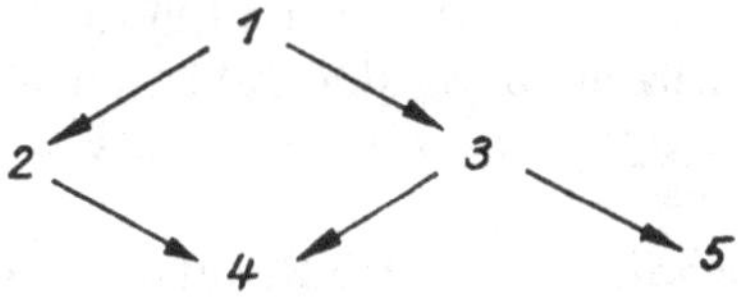

$k \to l$ bedeutet natürlich, daß die Limitierung $\tau_{\mathfrak{V},k}$ feiner als die Limitierung $\tau_{\mathfrak{V},l}$ ist.

Wir bringen einen weiteren Vergleichssatz. In diesem tritt die in 2.12 eingeführte Präordnung $\leqq$ auf.

7.9.5 (Konvergenzvergleich bez. verschiedener Systeme von $\wedge$-Idealen). *$\mathfrak{W}$ sei neben $\mathfrak{V}$ ein weiteres System von $\wedge$-Idealen von Dualfiltern in X. k sei eine der Zahlen 1, ..., 5. Aus $\mathfrak{V} \subseteqq \mathfrak{W}$ folgt $\tau_{\mathfrak{W},k} \leqq \tau_{\mathfrak{V},k}$. Aus $\mathfrak{V} \leqq \mathfrak{W}$ ergibt sich für jede Abbildung $f \in \mathfrak{A}$ mit $\mathrm{db} f = X$ ferner $\tau_{\mathfrak{W},k}(f) \subseteqq \tau_{\mathfrak{V},k}(f)$.*

Beweis. Es sei zuerst $\mathfrak{V} \subseteqq \mathfrak{W}$ und gelte $\mathfrak{K} \xrightarrow[\mathfrak{W},k]{} f$ für einen Filter $\mathfrak{K}$ in $\mathfrak{A}$ und eine Abbildung $f \in \mathfrak{A}$. $\mathrm{db} f$ ist $\mathfrak{W}$-Limes und wegen 6.4.6 auch $\mathfrak{V}$-Limes von $\mathrm{db}\mathfrak{K}$. Wegen $\mathfrak{V} \subseteqq \mathfrak{W}$ ist $\mathfrak{V}_{\mathrm{db} f} \subseteqq \mathfrak{W}_{\mathrm{db} f}$. Die Bedingung 2 für die $\mathfrak{W},k$-Konvergenz hat somit die Bedingung 2 für die $\mathfrak{V},k$-Konvergenz zur Folge. Daher ergibt sich $\mathfrak{K} \xrightarrow[\mathfrak{V},k]{} f$ und somit $\tau_{\mathfrak{W},k} \leqq \tau_{\mathfrak{V},k}$.

Nun gelte $\mathfrak{V} \leqq \mathfrak{W}$, für einen Filter $\mathfrak{K}$ in $\mathfrak{A}$ und eine Abbildung $f \in \mathfrak{A}$ ferner $\mathfrak{K} \xrightarrow[\mathfrak{W},k]{} f$ und $\mathrm{db} f = X$. $\mathrm{db}\mathfrak{K}$ hat X als $\mathfrak{W}$-Limes und wegen 6.4.6 auch als $\mathfrak{V}$-

Limes. Im Falle $k = 1$ existiert ein $\mathfrak{G} \in \mathfrak{U}$ und zu jedem $\mathfrak{w} \in \mathfrak{W}$ ein $\mathfrak{F}_{\mathfrak{w}} \in \mathfrak{w}$ derart, daß es zu jedem $F \in \mathfrak{F}$ und $G \in \mathfrak{G}$ ein $K_{\mathfrak{w}FG} \in \mathfrak{K}$ mit $\langle f, K_{\mathfrak{w}FG}\rangle [F] \subseteqq G$ gibt. Wegen $\mathfrak{V} \leqq \mathfrak{W}$ existieren zu jedem $\mathfrak{v} \in \mathfrak{V}$ endlich viele $\mathfrak{w}_{\mathfrak{v}1}, \ldots, \mathfrak{w}_{\mathfrak{v}n} \in \mathfrak{W}$ mit $\mathfrak{w}_{\mathfrak{v}1} \cap \cdots \cap \mathfrak{w}_{\mathfrak{v}n} \subseteqq \mathfrak{v}$, weshalb stets $\mathfrak{F}_{\mathfrak{w}_{\mathfrak{v}1}} \vee \cdots \vee \mathfrak{F}_{\mathfrak{w}_{\mathfrak{v}n}} \in \mathfrak{v}$ gilt. Damit folgt leicht, daß im Falle $k = 1$ die Bedingung 2 für die $\mathfrak{V},k$-Konvergenz von $\mathfrak{K}$ gegen f erfüllt ist, somit $\mathfrak{K} \xrightarrow[\mathfrak{V},1]{} f$ gilt. Entsprechend ergibt sich $\mathfrak{K} \xrightarrow[\mathfrak{V},k]{} f$ für $k = 2, \ldots, 5$. Aus $\mathfrak{V} \leqq \mathfrak{W}$ folgt damit $\tau_{\mathfrak{W},k}(f) \subseteqq \tau_{\mathfrak{V},k}(f)$ für jede Abbildung $f \in \mathfrak{A}$ mit $\mathrm{db} f = X$.

Wenn ein Filter $\mathfrak{K}$ in $\mathfrak{A}$ eine Abbildung $f \in \mathfrak{A}$ als $\mathfrak{W},k$-Limes hat und $\mathfrak{V} \leqq \mathfrak{W}$ gilt, hat $\mathfrak{K}$ die Abbildung f im allgemeinen nicht als $\mathfrak{V},k$-Limes, wie wir an Hand eines Beispiels zeigen. Wir wählen X, $\mathfrak{V}$ und $\mathfrak{W}$ wie in dem Beispiel nach 6.4.6. Y sei gleich X, versehen mit der natürlichen uniformen Struktur. f_n sei zu jedem $n \in N^+$ die identische Abbildung aus X in sich mit $A_n = \left(1 - \frac{1}{n}\right) E$ als Definitionsbereich und $\mathfrak{K}$ der aus $f_1, f_2, \ldots$ erzeugte Filter in der Menge $\mathfrak{A}$ aller Abbildungen aus X in Y. f sei die identische Abbildung aus X in sich mit E als Definitionsbereich. Für jedes $k = 1, \ldots, 5$ ist $\mathfrak{K}$ gegen f $\mathfrak{W},k$-konvergent, jedoch nicht $\mathfrak{V},k$-konvergent.

Auf Grund dieses Beispiels ist der Begriff der $\mathfrak{V},k$-Konvergenz für nichtleeres $\mathfrak{V}$ und festes k im allgemeinen nicht lediglich von der aus $\mathfrak{V}$ erzeugten Hypobornologie abhängig. Wegen 7.9.5 gilt das aber für die $\mathfrak{V},k$-Konvergenz gegen Abbildungen f mit $\mathrm{db} f = X$. Sind also $\mathfrak{V}$ und $\mathfrak{W}$ beliebige nichtleere Systeme von $\wedge$-Idealen von Dualfiltern in X, die Subbasen ein und derselben Hypobornologie sind, so gilt $\tau_{\mathfrak{V},k}(f) = \tau_{\mathfrak{W},k}(f)$ für jedes $k = 1, \ldots, 5$ und jede Abbildung $f \in \mathfrak{A}$ mit $\mathrm{db} f = X$.

Wir vergleichen in Abschnitt 7.13 unter Benutzung des Satzes 7.9.5 zahlreiche Arten der verallgemeinerten gleichmäßigen Konvergenz. Im folgenden führen wir als einen speziellen Vergleich an:

7.9.6 (Vergleich von $\tau_{\mathfrak{V},k}$ und s). *Es gelte $\{[(x)] \mid x \in X\} \leqq \mathfrak{V}$. $\mathfrak{K}$ sei ein Filter in $\mathfrak{A}$, der für ein $k \in \{1, \ldots, 5\}$ gegen eine Abbildung $f \in \mathfrak{A}$ mit $\mathrm{db} f = X$ $\mathfrak{V},k$-konvergiert. Dann konvergiert $\mathfrak{K}$ auch punktweise gegen f.*

Beweis. Wegen 7.9.5 ist $\mathfrak{K}$ gegen f $\mathfrak{U},k$-konvergent bei $\mathfrak{U} = \{[(x)] \mid x \in X\}$. Offenbar stimmt die $\mathfrak{U},4$-Konvergenz mit der $\mathfrak{U},5$-Konvergenz überein, so daß wegen 7.9.4 der Filter $\mathfrak{K}$ gegen f stets $\mathfrak{U},5$-konvergiert. Es gilt $\mathfrak{U} = \mathfrak{U}_{\mathrm{db}\mathfrak{K}}$, d. h., es existiert zu beliebigem $x \in X$ ein $K \in \mathfrak{K}$ mit $x \in \mathrm{db} g$ für jedes $g \in K$, mit anderen Worten, es ist $X = \underline{\mathrm{Lim}}\, \mathrm{db}\mathfrak{K}$. X ist daher einfacher Mengenlimes von $\mathrm{db}\mathfrak{K}$. Der Bedingung 2 der $\mathfrak{U},5$-Konvergenz entnimmt man damit leicht, daß $\mathfrak{K}$ gegen f auch punktweise konvergiert.

Die im Satz auftretende Bedingung $\{[(x)] \mid x \in X\} \leqq \mathfrak{V}$ ist genau dann erfüllt, wenn

$$X = \bigcup_{\mathfrak{v} \in \mathfrak{V}} \bigcap_{F \in \mathfrak{v}} \bigcup_{F \in \mathfrak{F}} F$$

gilt, d. h. zu beliebigem $x \in X$ ein $\mathfrak{v} \in \mathfrak{B}$ existiert derart, daß es zu beliebigem $\mathfrak{F} \in \mathfrak{v}$ ein $F \in \mathfrak{F}$ mit $x \in F$ gibt. Gilt nämlich

$$\mathfrak{v}_1 \cap \cdots \cap \mathfrak{v}_n \subseteqq [(x)] \tag{7.9.6}$$

für ein $x \in X$ und endlich viele $\mathfrak{v}_1, \ldots, \mathfrak{v}_n \in \mathfrak{B}$, so ist $\mathfrak{v}_i \subseteqq [(x)]$ für mindestens ein i erfüllt. Andernfalls gäbe es zu jedem $i = 1, \ldots, n$ ein $\mathfrak{F}_i \in \mathfrak{v}_i$ mit $(x) \not\subseteqq \mathfrak{F}_i$, was $(x) \not\subseteqq \mathfrak{F}_1 \vee \cdots \vee \mathfrak{F}_n$ im Widerspruch zu (7.9.6) zur Folge hätte.

Wir gehen als nächstes auf Trennbarkeitseigenschaften ein. Einen Limesraum und ebenfalls seine Limitierung τ nennen wir **über einer Teilmenge** M des Raumes **separiert,** wenn zu beliebigen $x, y \in M$ mit $x \neq y$ die $\wedge$-Ideale $\tau(x)$ und $\tau(y)$ keine eigentlichen Filter gemeinsam haben. Ein Limesraum ist natürlich genau dann separiert, wenn er über seiner Trägermenge separiert ist. Ist ein Limesraum über einer Teilmenge separiert, so ist der aus M bestehende Teilraum separiert. Die Umkehrung gilt im allgemeinen nicht, denn der aus drei Punkten x, y, z bestehende Limesraum, dessen Limitierung τ durch $\tau(x) = \tau(z) = [[\{x, z\}]]$ und $\tau(y) = [[\{y, z\}]]$ definiert ist, ist über $\{x, y\}$ nicht separiert, es ist aber der aus $\{x, y\}$ gebildete Teilraum separiert.

7.9.7 (Separiertheit von $\tau_{\mathfrak{B},k}$). *Es gelte $\{[(x)] \mid x \in X\} \leqq \mathfrak{B}$. Der limesuniforme Raum Y sei separiert. Dann ist $\tau_{\mathfrak{B},k}$ zu beliebigem $k = 1, \ldots, 5$ über der Menge aller Abbildungen $f \in \mathfrak{A}$, die X als Definitionsbereich haben, separiert.*

Beweis. Wegen 7.5.12 ist die Limitierung der punktweisen Konvergenz in $\mathfrak{A}$ separiert. Aus 7.9.6 folgt damit die Behauptung.

Korollar. *Gilt $\{[(x)] \mid x \in X\} \leqq \mathfrak{B}$, ist Y separiert und besteht $\mathfrak{A}$ nur aus Abbildungen mit X als Definitionsbereich, so ist $\tau_{\mathfrak{B},k}$ zu beliebigem $k = 1, \ldots, 5$ separiert.*

Wenn $\mathfrak{A}$ gleich der Menge $F(X, Y)$ aller Abbildungen von X in Y ist, läßt sich diese Aussage noch verschärfen, wie wir zeigen werden. Wir nehmen im folgenden $\mathfrak{A} = F(X, Y)$ an und benutzen die Bezeichnungsweise (7.9.3). Zunächst zeigen wir

7.9.8 (Die Abbildung $\varkappa$). *$\mathfrak{B}$ sei nichtleer. Zu beliebigem $k = 1, \ldots, 5$ ist dann die Abbildung $\varkappa$ von Y in $F_{\mathfrak{B},k}(X, Y)$, die jedem $y \in Y$ die konstante Abbildung $x \mapsto y$ $(x \in X)$ zuordnet, ein Homöomorphismus.*

Beweis. 1. $\mathfrak{L}$ sei ein gegen ein $y \in Y$ konvergierender Filter in Y. $\mathfrak{G} = [y] \times \mathfrak{L}$ gehört $\mathfrak{u}$ an. Zu beliebigem $G \in \mathfrak{G}$ existiert ein $L \in \mathfrak{L}$ mit $\langle \varkappa(y), \varkappa[L] \rangle [F] = \{y\} \times L \subseteqq G$ für jede Teilmenge F von X. Daher gilt $\varkappa(\mathfrak{L}) \xrightarrow[\mathfrak{B},k]{} \varkappa(y)$, so daß $\varkappa$ stetig ist.

2. $\mathfrak{K}$ sei ein Filter in $F(X, Y)$ und y ein Element von Y mit $\mathfrak{K} \xrightarrow[\mathfrak{B},k]{} \varkappa(y)$. Wir nehmen vorerst $k = 1$ an. Es existiert dann ein $\mathfrak{G} \in \mathfrak{u}$ derart, daß es zu jedem $\mathfrak{v} \in \mathfrak{B}$ ein $\mathfrak{F} \in \mathfrak{v}$ gibt, so daß zu beliebigen $F \in \mathfrak{F}$ und $G \in \mathfrak{G}$ ein $K \in \mathfrak{K}$ mit

$\{y\} \times \varkappa^{-1}[K] = \langle\varkappa(y), K\rangle\,[F] \subseteqq G$ existiert, also $[y] \times \varkappa^{-1}(\mathfrak{K}) \in \mathfrak{U}$ gilt. In den Fällen $k = 2, \ldots, 5$ ergibt sich analog die letzte Beziehung. $\varkappa^{-1}$ ist deshalb ebenfalls stetig.

Damit beweisen wir

7.9.9 (Kriterium für die Separiertheit von $\tau_{\mathfrak{B},k}$). *$\mathfrak{B}$ sei nichtleer. Y sei ein pseudouniformer Raum, der mindestens zweielementig ist. Unter dieser Voraussetzung ist zu beliebigem $k = 1, \ldots, 5$ genau dann $F_{\mathfrak{B},k}(X, Y)$ separiert, wenn $\{[(x)] \mid x \in X\} \leqq \mathfrak{B}$ gilt und Y separiert ist.*

Beweis. Die eine Richtung der Aussage ist ein Spezialfall des Korollars zu 7.9.7.

Im folgenden sei $F_{\mathfrak{B},k}(X, Y)$ separiert. Dann ist auch der aus allen konstanten Abbildungen bestehende Teilraum von $F_{\mathfrak{B},k}(X, Y)$ und wegen 7.9.8 auch Y separiert. Wir nehmen an, daß

$$\{[(x)] \mid x \in X\} \leqq \mathfrak{B} \tag{7.9.7}$$

falsch ist. Es gibt dann ein $a \in X$ derart, daß zu jedem $\mathfrak{v} \in \mathfrak{B}$ ein $\mathfrak{F}_{\mathfrak{v}} \in \mathfrak{v}$ existiert, so daß $a \notin F$ für jedes $F \in \mathfrak{F}_{\mathfrak{v}}$ gilt. b und c seien zwei voneinander verschiedene Elemente von Y. f und g seien die durch $f(x) = b$ $(x \in X)$ und $g(x) = b$ $(x \neq a)$, $g(a) = c$ definierten Abbildungen von X in Y. Zu beliebigen $\mathfrak{v} \in \mathfrak{B}$ und $F \in \mathfrak{F}_{\mathfrak{v}}$ bestehen die Beziehungen $\langle f, g\rangle\,[F] \subseteqq \Delta$ und $\langle f, f\rangle\,[F] \subseteqq \Delta$ für die Diagonale Δ von $Y \times Y$. Wegen $[\Delta] \in \mathfrak{U}$ folgt $[f] \xrightarrow[\mathfrak{B},k]{} g$ und $[f] \xrightarrow[\mathfrak{B},k]{} f$. Das widerspricht aber der Separiertheit von $F_{\mathfrak{B},k}(X, Y)$, so daß auch (7.9.7) gilt.

Wir bleiben noch bei dem Spezialfall $\mathfrak{A} = F(X, Y)$.

7.9.10. *Es gelte $\{[(x)] \mid x \in X\} \leqq \mathfrak{B}$ und sei Y separiert. Zu beliebigem $k = 1, \ldots, 5$ ist dann die aus den konstanten Abbildungen von X in Y bestehende Teilmenge von $F_{\mathfrak{B},k}(X, Y)$ abgeschlossen.*

Beweis. M sei diese Teilmenge. $\mathfrak{K}$ sei ein eigentlicher Filter in $F(X, Y)$, dem M angehört und der gegen eine Abbildung $f\colon X \to Y$ $\mathfrak{B},k$-konvergiert. Nach 7.9.6 konvergiert $\mathfrak{K}$ auch punktweise gegen f. Für beliebige Elemente a und b von X gilt $[f(a)] \times \mathfrak{K}(a) \in \mathfrak{U}$ und $[f(b)] \times \mathfrak{K}(b) \in \mathfrak{U}$. Wegen $M \in \mathfrak{K}$ ist $\mathfrak{K}(a) \vee \mathfrak{K}(b)$ eigentlich, so daß sich mittels 2.7.8

$$[f(a)] \times [f(b)] = \big([f(b)] \times \mathfrak{K}(b)\big)^{-1} \circ \big([f(a)] \times \mathfrak{K}(a)\big) \in \mathfrak{U}\,,$$

wegen 4.3.3′ also $f(a) = f(b)$ und damit $f \in M$ ergibt.

Im weiteren sei $\mathfrak{A}$ wieder eine beliebige Menge von Abbildungen aus X in Y.

Wir nennen einen Limesraum und ebenfalls seine Limitierung τ **über einer Teilmenge** M des Raumes **regulär,** wenn zu beliebigem $x \in M$ aus $\mathfrak{K} \in \tau(x)$ stets $(\mathfrak{K} \vee [M])^- \in \tau(x)$ folgt. Ein Limesraum ist genau dann regulär, wenn er über seiner Trägermenge regulär ist. Ist ein Limesraum über einer Teilmenge M

regulär, so ist der aus M bestehende Teilraum regulär, wie mittels (3.9.4) folgt. Die Umkehrung gilt im allgemeinen nicht, denn in dem vor 7.9.7 angegebenen Beispiel ist der Limesraum wegen $[\{x, z\}]^- = \{\{x, y, z\}\} \notin \tau(x)$ nicht regulär über $\{x, z\}$, es ist aber der aus $\{x, z\}$ gebildete Teilraum regulär.

7.9.11 (Regularität von $\tau_{\mathfrak{B},k}$). *Es gelte $\{[(x)] \mid x \in X\} \leq \mathfrak{B}$. Y sei ein gleichmäßig regulärer pseudouniformer Raum. Dann ist $\tau_{\mathfrak{B},k}$ zu beliebigem $k = 1, \ldots, 5$ über der Menge aller Abbildungen $f \in \mathfrak{A}$, die X als Definitionsbereich haben, regulär.*

Beweis. M sei die Menge aller Abbildungen aus $\mathfrak{A}$ mit X als Definitionsbereich. Gegeben seien eine Abbildung $f \in M$ und ein eigentlicher Filter $\mathfrak{K} \xrightarrow[\mathfrak{B},k]{} f$. Ferner sei eine Teilmenge K von M gegeben. Zu jeder Abbildung g aus der Adhärenz $\overline{K}$ von K bez. $\tau_{\mathfrak{B},k}$ gibt es ein eigentliches Netz $(g_i)_{i \in I}$ in K, das gegen g $\mathfrak{B},k$-konvergiert. Aus $\{[(x)] \mid x \in X\} \leq \mathfrak{B}$ folgt, daß nur X ein $\mathfrak{B}$-Limes von $(\text{db}\, g_i)_{i \in I}$ ist, also g zu M gehört. Damit erhalten wir, daß X ein $\mathfrak{B}$-Limes von $\text{db}(\mathfrak{K} \vee [M])^-$ ist. Andererseits ergibt sich mittels 7.9.6, daß $(g_i)_{i \in I}$ auch punktweise gegen g konvergiert. Da auf Grund der Voraussetzung an Y auch $[f]$ punktweise gegen f konvergiert, folgt

$$\langle f, g\rangle (x) \in \overline{\{\langle f, g_i\rangle (x) \mid i \in K\}} \subseteq \overline{\langle f, K\rangle \{x\}}$$

zu beliebigem $x \in X$ und damit $\langle f, \overline{K}\rangle [F] \subseteq \overline{\langle f, K\rangle [F]}$ zu jeder Teilmenge F von X. Aus der letzten Beziehung entnimmt man unter Berücksichtigung der gleichmäßigen Regularität von Y, daß auch die Bedingung 2 der $\mathfrak{B},k$-Konvergenz von $(\mathfrak{K} \vee [M])^-$ gegen f erfüllt ist, also $(\mathfrak{K} \vee [M])^- \xrightarrow[\mathfrak{B},k]{} f$ gilt.

Korollar. *Gilt $\{[(x)] \mid x \in X\} \leq \mathfrak{B}$, ist Y ein gleichmäßig regulärer pseudouniformer Raum und besteht $\mathfrak{A}$ nur aus Abbildungen mit X als Definitionsbereich, so ist $\tau_{\mathfrak{B},k}$ zu beliebigem $k = 1, \ldots, 5$ regulär.*

Für den folgenden Satz sei $\mathfrak{B}$ eine Teilmenge von $\mathfrak{A}$. $\tau_{\mathfrak{B},k}$ sei wie bisher die Limitierung der $\mathfrak{B},k$-Konvergenz in $\mathfrak{A}$, ferner $\tau'_{\mathfrak{B},k}$ die Limitierung der $\mathfrak{B},k$-Konvergenz in $\mathfrak{B}$. Analog wie 7.1.7 folgt mittels 7.9.1

7.9.12 ($\mathfrak{B},k$-Konvergenz in Teilmengen von Abbildungsmengen). *$\tau'_{\mathfrak{B},k}$ stimmt mit der von $\tau_{\mathfrak{B},k}$ auf $\mathfrak{B}$ induzierten Limitierung überein.*

Wir gehen im folgenden auf die $\mathfrak{B},k$-Konvergenz von Abbildungskomplexen und anschließend auf die $\mathfrak{B},k$-Konvergenz von Abbildungsprodukten ein. Y sei dazu ein Produkt $\prod_{j \in J} Y_j$ von limesuniformen Räumen mit einer nichtleeren Menge J als Indexbereich. $\mathfrak{U}_j$ sei zu beliebigem $j \in J$ die limesuniforme Struktur von Y_j; $\ast_{j \in J} \mathfrak{U}_j$ ist daher gleich der limesuniformen Struktur $\mathfrak{U}$ von Y. $\mathfrak{A}_j$ sei zu beliebigem $j \in J$ eine Menge von Abbildungen aus X in Y_j derart, daß jeder aus Abbildungen $f_j \in \mathfrak{A}_j$ $(j \in J)$ gebildete Abbildungskomplex $\langle f_j\rangle_{j \in J}$ zu $\mathfrak{A}$ gehört.

Für jede Familie $(\mathfrak{K}_j)_{j\in J}$ von Filtern $\mathfrak{K}_j$ in $\mathfrak{A}_j$ $(j \in J)$ definieren wir durch (7.1.9) einen Filter $\langle\mathfrak{K}_j\rangle^{\cdot}_{j\in J}$. ζ sei die Abbildung $(f_j)_{j\in J} \mapsto \langle f_j\rangle_{j\in J}$ von $\prod_{j\in J}\mathfrak{A}_j$ in $\mathfrak{A}$.

7.9.13 ($\mathfrak{B}$,k-Konvergenz von $\langle\mathfrak{K}_j\rangle^{\cdot}_{j\in J}$). *Zu beliebigem $j \in J$ sei $\mathfrak{K}_j$ ein eigentlicher Filter in $\mathfrak{A}_j$ und f_j eine Abbildung von X in Y_j. k sei eine der Zahlen* 1, ..., 5.

Ist J endlich oder ist $\mathrm{db}[\mathfrak{A}_j] = \{X\}$ *für jedes $j \in J$ und besteht in dem Fall, daß $k = 1, 3$ oder 5 und J nicht endlich ist, $\mathfrak{B}$ nur aus Haupt-$\wedge$-Idealen, so gilt: Wenn jeder Filter $\mathfrak{K}_j$ gegen f_j $\mathfrak{B}$,k-konvergiert, ist $\langle\mathfrak{K}_j\rangle^{\cdot}_{j\in J}$ gegen $\langle f_j\rangle_{j\in J}$ $\mathfrak{B}$,k-konvergent.*

Umgekehrt gilt: Ist $\langle\mathfrak{K}_j\rangle^{\cdot}_{j\in J}$ gegen $\langle f_j\rangle_{j\in J}$ $\mathfrak{B}$,k-konvergent, so ist jeder Filter $\mathfrak{K}_j$ gegen f_j $\mathfrak{B}$,k-konvergent.

Beweis. Wir setzen $\mathfrak{K} = \langle\mathfrak{K}_j\rangle^{\cdot}_{j\in J}$ und $f = \langle f_j\rangle_{j\in J}$.

1. Es sei die Voraussetzung des ersten Teiles der Behauptung erfüllt, und es sei jeder Filter $\mathfrak{K}_j$ gegen f_j $\mathfrak{B}$,k-konvergent. Zu beliebigem $j \in J$ ist X ein $\mathfrak{B}$-Limes von $\mathrm{db}\mathfrak{K}_j$. Wenn J endlich ist, folgt mittels 6.4.4 und (7.1.10), daß X auch ein $\mathfrak{B}$-Limes von $\mathrm{db}\mathfrak{K}$ ist. Ist J nicht endlich, so gilt das auf Grund der Voraussetzung.

Für das Weitere sei zunächst $k = 1$. Zu beliebigem $j \in J$ gibt es dann ein $\mathfrak{G}_j \in \mathfrak{U}_j$ derart, daß zu jedem $\mathfrak{v} \in \mathfrak{B}$ ein $\mathfrak{F}_{j\mathfrak{v}} \in \mathfrak{v}$ existiert, so daß es zu jedem $F \in \mathfrak{F}_{j\mathfrak{v}}$ und $G \in \mathfrak{G}_j$ ein $K_{j\mathfrak{v}FG} \in \mathfrak{K}_j$ mit $\langle f_j, K_{j\mathfrak{v}FG}\rangle[F] \subseteqq G$ gibt. Der Filter $\mathfrak{G} = \mathop{\ast}_{j\in J} \mathfrak{G}_j$ gehört $\mathfrak{U}$ an. Zu beliebigem $\mathfrak{v} \in \mathfrak{B}$ ist ferner auf Grund der Voraussetzung der Filterdurchschnitt $\mathfrak{F}_{\mathfrak{v}} = \bigcap_{j\in J} \mathfrak{F}_{j\mathfrak{v}}$ ein Element von $\mathfrak{v}$. Offenbar existiert zu jedem $\mathfrak{v} \in \mathfrak{B}$, jedem $F \in \mathfrak{F}_{\mathfrak{v}}$ und jedem $G \in \mathfrak{G}$ ein $K_{\mathfrak{v}FG} \in \mathfrak{K}$ mit $\langle f, K_{\mathfrak{v}FG}\rangle[F] \subseteqq G$, weshalb $\mathfrak{K} \xrightarrow[\mathfrak{B},1]{} f$ gilt. Für $k = 3$ und 5 ergibt sich analog $\mathfrak{K} \xrightarrow[\mathfrak{B},k]{} f$.

Nun sei $k = 2$. Zu beliebigem $j \in J$ gibt es dann ein $\mathfrak{G}_j \in \mathfrak{U}_j$ derart, daß zu jedem $\mathfrak{v} \in \mathfrak{B}$ und $G_j \in \mathfrak{G}_j$ ein $\mathfrak{F}_{j\mathfrak{v}G_j} \in \mathfrak{v}$ existiert, so daß es zu jedem $F \in \mathfrak{F}_{j\mathfrak{v}G_j}$ ein $K_{j\mathfrak{v}G_jF} \in \mathfrak{K}_j$ mit $\langle f_j, K_{j\mathfrak{v}G_jF}\rangle[F] \subseteqq G$ gibt. Wir bilden in diesem Falle zu jedem $\mathfrak{v} \in \mathfrak{B}$, jeder nichtleeren endlichen Teilmenge J_0 von J und jedem $G = \mathop{\divideontimes}_{j\in J} G_j$ mit $G_j \in \mathfrak{G}_j$ bei $j \in J_0$ und $G_j = Y_j \times Y_j$ bei $j \in J \setminus J_0$ den Filter $\mathfrak{F}_{\mathfrak{v}G} = \bigcap_{j\in J_0} \mathfrak{F}_{j\mathfrak{v}G_j}$ aus $\mathfrak{v}$ und erhalten, daß zu jedem $F \in \mathfrak{F}_{\mathfrak{v}G}$ ein $K_{\mathfrak{v}GF} \in \mathfrak{K}$ mit $\langle f, K_{\mathfrak{v}GF}\rangle[F] \subseteqq G$ existiert. Es folgt $\mathfrak{K} \xrightarrow[\mathfrak{B},2]{} f$ und für $k = 4$ analog $\mathfrak{K} \xrightarrow[\mathfrak{B},k]{} f$.

2. Nun sei $\mathfrak{K}$ gegen f $\mathfrak{B}$,k-konvergent. Es gilt $\mathrm{db}\mathfrak{K} \mathrel{\dot{\subseteqq}} \mathrm{db}\mathfrak{K}_j$ $(j \in J)$. Wegen 6.4.7 ist X daher $\mathfrak{B}$-Limes jedes Filters $\mathrm{db}\mathfrak{K}_j$.

Für das Weitere sei zunächst wieder $k = 1$. Es gibt dann ein $\mathfrak{G} \in \mathfrak{U}$ derart, daß zu jedem $\mathfrak{v} \in \mathfrak{B}$ ein $\mathfrak{F}_{\mathfrak{v}} \in \mathfrak{v}$ existiert, so daß sich zu jedem $F \in \mathfrak{F}_{\mathfrak{v}}$ und $G \in \mathfrak{G}$ ein $K_{\mathfrak{v}FG} \in \mathfrak{K}$ mit $\langle f, K_{\mathfrak{v}FG}\rangle\,[F] \subseteqq G$ finden läßt. Wir geben ein $j \in J$ vor. Es gilt $\langle f_j, (p_j \circ \zeta^{-1})\,[K_{\mathfrak{v}FG}]\rangle\,[F] \subseteqq (\pi_j \ast \pi_j)\,[G]$ zu jedem $F \in \mathfrak{F}_{\mathfrak{v}}$ und $G \in \mathfrak{G}$, wobei π_j und p_j die j-ten natürlichen Projektionen von Y bzw. $\prod_{i\in J}\mathfrak{A}_j$ sind. Der Filter $\mathfrak{G}_j = (\pi_j \ast \pi_j)(\mathfrak{G})$ gehört der limesuniformen Struktur $\mathfrak{U}_j$ an, und zu beliebigen $j \in J$ und $G_j \in \mathfrak{G}_j$ gibt es natürlich ein $G \in \mathfrak{G}$ mit $(\pi_j \ast \pi_j)[G] \subseteqq G_j$. Wegen (2.6.2) und (7.1.9) erhält man $(p_j \circ \zeta^{-1})(\mathfrak{K}) \subseteqq \mathfrak{K}_j$ und somit stets $(p_j \circ \zeta^{-1})[K_{\mathfrak{v}FG}] \in \mathfrak{K}_j$. Damit folgt leicht $\mathfrak{K}_j \xrightarrow[\mathfrak{B},1]{} f_j$. Ähnlich ergibt sich $\mathfrak{K}_j \xrightarrow[\mathfrak{B},k]{} f_j$ für jedes $j \in J$ in den anderen Fällen $k = 2, \ldots, 5$.

Korollar. *$(f_{ji})_{i\in I}$ ($j \in J$) seien eigentliche gefilterte Familien von Abbildungen $f_{ji} \in \mathfrak{A}_j$ mit gleicher gefilterter Indexmenge. f_j sei zu jedem $j \in J$ eine Abbildung von X in Y_j. k sei eine der Zahlen $1, \ldots, 5$.*

Gibt es endlich viele $j_1, \ldots, j_n \in J$ mit $\mathrm{db} f_{ji} \in \{\mathrm{db} f_{j_1 i}, \ldots, \mathrm{db} f_{j_n i}\}$ ($j \in J$, $i \in I$) und besteht in dem Fall, daß $k = 1$, 3 oder 5 und J nicht endlich ist, $\mathfrak{B}$ nur aus Haupt-$\wedge$-Idealen, so gilt: Wenn jede gefilterte Familie $(f_{ji})_{i\in I}$ gegen f_j $\mathfrak{B},k$-konvergiert, ist die (mit dem gleichen Filter) gefilterte Familie $(\langle f_{ji}\rangle_{j\in J})_{i\in I}$ gegen $\langle f_j\rangle_{j\in J}$ $\mathfrak{B},k$-konvergent.

Umgekehrt gilt: Ist $(\langle f_{ji}\rangle_{j\in J})_{i\in I}$ gegen $\langle f_j\rangle_{j\in J}$ $\mathfrak{B},k$-konvergent, so ist zu jedem $j \in J$ die gefilterte Familie $\langle f_{ji}\rangle_{i\in I}$ gegen f_j $\mathfrak{B},k$-konvergent.

Beweis. $\mathfrak{K}_j$ sei zu beliebigem $j \in J$ der aus $(f_{ji})_{i\in I}$ erzeugte Filter in $\mathfrak{A}_j$ und $\mathfrak{K}$ der aus $(\langle f_{ji}\rangle_{j\in J})_{i\in I}$ erzeugte Filter in $\mathfrak{A}$.

1. Es sei die Voraussetzung des ersten Teiles der Behauptung erfüllt, und es sei jede gefilterte Familie $(f_{ji})_{i\in I}$ gegen f_j $\mathfrak{B},k$-konvergent. Mittels des Korollars zu 6.4.9 ergibt sich, daß $\mathrm{db}\mathfrak{K}$ ganz X als $\mathfrak{B}$-Limes hat. Da $\mathfrak{K}$ ein Oberfilter von $\langle \mathfrak{K}_j\rangle^{\cdot}_{j\in J}$ ist, folgt mittels Teil 1 des Beweises von 7.9.13, daß $(\langle f_{ji}\rangle_{j\in J})_{i\in I}$ gegen $\langle f_j\rangle_{j\in J}$ $\mathfrak{B},k$-konvergiert.

2. Ist $(\langle f_{ji}\rangle_{j\in J})_{i\in I}$ gegen $\langle f_j\rangle_{j\in J}$ $\mathfrak{B},k$-konvergent, so folgt mit ähnlichen Schlüssen wie im Teil 2 des Beweises von 7.9.13 unter Beachtung, daß $(p_j \circ \zeta^{-1})(\mathfrak{K}) \subseteqq \mathfrak{K}_j$ zu jedem $j \in J$ für die j-te natürliche Projektion p_j von $\prod_{i\in J} \mathfrak{A}_i$ gilt, daß jede gefilterte Familie $\langle f_{ji}\rangle_{i\in I}$ gegen f_j $\mathfrak{B},k$-konvergiert.

Für den folgenden Satz sei Y wie eben ein Produkt $\prod_{j\in J} Y_j$ von limesuniformen Räumen mit einer nichtleeren Menge J als Indexbereich. $\mathfrak{U}_j$ bezeichne wieder die limesuniforme Struktur von Y_j; p_j sei zu jedem j die j-te natürliche Projektion von Y. X sei jetzt ein cartesisches Produkt $\prod_{j\in J} X_j$ von Mengen, ebenfalls mit J als Indexmenge. Zu beliebigem $j \in J$ sei π_j die j-te natürliche Projektion von X, zu beliebigen $a \in X$ und $j \in J$ ferner ι_{ja} die natürliche Einbettung von X_j in X bez. a. $\mathfrak{B}_j$ sei zu jedem $j \in J$ ein System von $\wedge$-Idealen von Dualfiltern in X_j und $\mathfrak{B}$ wie bisher ein System von $\wedge$-Idealen von Dualfiltern in X. $\mathfrak{A}_j$ sei zu jedem $j \in J$ eine Menge von Abbildungen aus X_j in Y_j derart, daß jedes aus Abbildungen $f_j \in \mathfrak{A}_j$ ($j \in J$) gebildete Abbildungsprodukt $\ast_{j\in J} f_j$ zu $\mathfrak{A}$ gehört. Für jede Familie $(\mathfrak{K}_j)_{j\in J}$ von Filtern $\mathfrak{K}_j$ in $\mathfrak{A}_j$ ($j \in J$) definieren wir durch (7.1.13) einen Filter $\ast^{\cdot}_{j\in J} \mathfrak{K}_j$. ϑ sei wieder die Abbildung $(f_j)_{j\in J} \mapsto \ast_{j\in J} f_j$ von $\prod_{j\in J} \mathfrak{A}_j$ in $\mathfrak{A}$.

7.9.14 ($\mathfrak{B}$,k-Konvergenz von $\underset{j\in J}{\divideontimes^{\cdot}} \mathfrak{K}_j$). *Zu jedem $j \in J$ sei $\mathfrak{K}_j$ ein eigentlicher Filter in $\mathfrak{A}_j$. k sei eine der Zahlen $1, \ldots, 5$. J sei endlich oder es sei $\mathrm{db}[\mathfrak{A}_j] = \{X_j\}$ für jedes $j \in J$.*

Sind die Projektionen π_j $\mathfrak{B}$,$\mathfrak{B}_j$-treu, so gilt: Wenn jeder Filter $\mathfrak{K}_j$ gegen eine Abbildung $f_j\colon X_j \to Y_j$ $\mathfrak{B}_j$,k-konvergiert, ist $\underset{j\in J}{\divideontimes^{\cdot}} \mathfrak{K}_j$ gegen $\underset{j\in J}{\divideontimes} f_j$ $\mathfrak{B}$,k-konvergent.

Sind für ein $a = (a_j)_{j\in J} \in X$ mit $a_j \in \mathrm{db}g$ ($j \in J$, g beliebig aus einem $K_j \in \mathfrak{K}_j$) die Einbettungen ι_{ja} $\mathfrak{B}_j$,$\mathfrak{B}$-treu, so gilt andererseits: Ist $\underset{j\in J}{\divideontimes^{\cdot}} \mathfrak{K}_j$ gegen eine Abbildung $f\colon X \to Y$ $\mathfrak{B}$,k-konvergent, so ist jeder Filter $\mathfrak{K}_j$ gegen $p_j \circ f \circ \iota_{ja}$ $\mathfrak{B}_j$,k-konvergent.

Beweis. Wir setzen $\mathfrak{K} = \underset{j\in J}{\divideontimes^{\cdot}} \mathfrak{K}_j$.

1. Die π_j seien $\mathfrak{B}$,$\mathfrak{B}_j$-treu, und jeder Filter $\mathfrak{K}_j$ sei gegen eine Abbildung $f_j\colon X_j \to Y_j$ $\mathfrak{B}_j$,k-konvergent. Wir setzen $f = \underset{j\in J}{\divideontimes} f_j$. Ist mindestens ein $\mathfrak{B}_j$ leer, so auch $\mathfrak{B}$, und es gilt dann natürlich der erste Teil der Behauptung. Wegen 7.9.5 nehmen wir daher ohne Einschränkung der Allgemeinheit die $\mathfrak{B}_j$ als Hypobornologien an, so daß für sie

$$\pi_j[\mathfrak{B}] \subseteqq \mathfrak{B}_j \tag{7.9.8}$$

gilt. Wenn J endlich ist, folgt wegen 6.4.11 (vergleiche die Anmerkungen) und (7.1.14), daß X ein $\mathfrak{B}$-Limes von $\mathrm{db}\mathfrak{K}$ ist. Ist J nicht endlich, so gilt das auf Grund der Voraussetzung.

Für das Weitere sei zunächst $k = 1$. Unter Beachtung von (7.9.8) finden wir dann zu beliebigem $j \in J$ ein $\mathfrak{G}_j \in \mathfrak{U}_j$ derart, daß zu jedem $\mathfrak{b} \in \mathfrak{B}$ ein $\mathfrak{F}_{j\mathfrak{b}} \in \pi_j(\mathfrak{b})$ existiert, so daß es zu jedem $F \in \mathfrak{F}_{j\mathfrak{b}}$ und $G \in \mathfrak{G}_j$ ein $K_{j\mathfrak{b}FG} \in \mathfrak{K}_j$ gibt, für das $\langle f_j, K_{j\mathfrak{b}FG}\rangle\,[F] \subseteqq G$ ist. Der Filter $\mathfrak{G} = \underset{j\in J}{\ast} \mathfrak{G}_j$ gehört $\mathfrak{U}$ an. Wegen (2.12.12) ist stets $\mathfrak{F}_{\mathfrak{b}} = \prod_{j\in J} \mathfrak{F}_{j\mathfrak{b}}$ ein Element von $\mathfrak{b}$. Offenbar existiert zu jedem $\mathfrak{b} \in \mathfrak{B}$, jedem $F \in \mathfrak{F}_{\mathfrak{b}}$ und jedem $G \in \mathfrak{G}$ ein $K_{\mathfrak{b}FG} \in \mathfrak{K}$ mit $\langle f, K_{\mathfrak{b}FG}\rangle\,[F] \subseteqq G$, weshalb $\mathfrak{K} \xrightarrow[\mathfrak{B},1]{} f$ gilt. Für $k = 2, \ldots, 5$ folgt ähnlich $\mathfrak{K} \xrightarrow[\mathfrak{B},k]{} f$.

2. Nun sei die Voraussetzung des zweiten Teiles der Behauptung erfüllt. $\mathfrak{K}$ sei gegen eine Abbildung $f\colon X \to Y$ $\mathfrak{B}$,k-konvergent. Wir können ohne Einschränkung der Allgemeinheit $\mathfrak{B}$ als Hypobornologie annehmen, so daß dann

$$\iota_{ja}(\mathfrak{B}_j) \subseteqq \mathfrak{B} \tag{7.9.9}$$

gilt. Ist J endlich, so ergibt sich wegen 6.4.12 und (7.1.14), daß X_j ein $\mathfrak{B}_j$-Limes jedes Filters $\mathrm{db}\mathfrak{K}_j$ ist. Wenn J unendlich ist, gilt das auf Grund der Voraussetzung.

Für das Weitere sei zunächst wieder $k = 1$. Wir wählen ein $j \in J$ und finden unter Beachtung von (7.9.9) ein $\mathfrak{G} \in \mathfrak{U}$ derart, daß es zu jedem $\mathfrak{b}_j \in \mathfrak{B}_j$ ein $\mathfrak{F} \in \mathfrak{b}_j$ gibt, so daß zu jedem $F \in \mathfrak{F}$ und $G \in \mathfrak{G}$ ein $K_{\mathfrak{b}_jFG} \in \mathfrak{K}$ mit $\langle f, K_{\mathfrak{b}_jFG}\rangle\, \iota_{ja}[F] \subseteqq G$ existiert. Unter Beachtung, daß $\mathfrak{G}_j = (p_j \ast p_j)(\mathfrak{G})$ der limesuniformen Struktur

$\mathfrak{u}_j$ angehört und jeweils

$$\{p_j \circ g \circ \iota_{ja} \mid g \in K_{\mathfrak{v}_jFG}\} \in \mathfrak{K}_j$$

bei geeigneter Wahl von $K_{\mathfrak{v}_jFG}$ gilt, ergibt sich $\mathfrak{K}_j \xrightarrow[\mathfrak{B}_j,1]{} p_j \circ f \circ \iota_{ja}$. Analog erhält man $\mathfrak{K}_j \xrightarrow[\mathfrak{B}_j,k]{} p_j \circ f \circ \iota_{ja}$ für jedes $j \in J$ in den anderen Fällen $k = 2, \ldots, 5$.

Unter Berücksichtigung der Korollare zu 6.4.11 und 6.4.12 folgt ähnlich wie 7.9.14 das

Korollar. $(f_{ji})_{i\in I}$ $(j \in J)$ *seien eigentliche gefilterte Familien von Abbildungen* $f_{ji} \in \mathfrak{A}_j$ *mit gleicher gefilterter Indexmenge.* k *sei eine der Zahlen* $1, \ldots, 5$. J *sei endlich oder es sei* $\mathrm{db}[\mathfrak{A}_j] = \{X_j\}$ *für jedes* $j \in J$.

Sind die Projektionen π_j $\mathfrak{B},\mathfrak{B}_j$*-treu, so gilt: Wenn jede gefilterte Familie* $(f_{ji})_{i\in I}$ *gegen eine Abbildung* $f_j\colon X_j \to Y_j$ $\mathfrak{B}_j,k$*-konvergiert, ist die (mit dem gleichen Filter) gefilterte Familie* $(\underset{j\in J}{\divideontimes} f_{ji})_{i\in I}$ *gegen* $\underset{j\in J}{\divideontimes} f_j$ $\mathfrak{B},k$*-konvergent.*

Sind für ein $a = (a_j)_{j\in J} \in X$ *mit* $a_j \in \mathrm{db} f_{ji}$ $(j \in J,\ i \in I)$ *die natürlichen Einbettungen* ι_{ja} $\mathfrak{B}_j,\mathfrak{B}$*-treu, so gilt andererseits: Ist* $(\underset{j\in J}{\divideontimes} f_{ji})_{i\in I}$ *gegen eine Abbildung* $f\colon X \to Y$ $\mathfrak{B},k$*-konvergent, so ist jede Familie* $(f_{ji})_{i\in I}$ *gegen* $p_j \circ f \circ \iota_{ja}$ $\mathfrak{B}_j,k$*-konvergent.*

7.10. Die limesuniforme Struktur der verallgemeinerten gleichmäßigen Konvergenz

Im folgenden sei X wieder eine beliebige Menge und Y wieder ein beliebiger limesuniformer Raum. Wir nehmen an, daß $\mathfrak{A}$ nur aus Abbildungen besteht, die ganz X als Definitionsbereich haben. Man kann dann zu beliebigem $k = 1, \ldots, 5$ die Limitierung $\tau_{\mathfrak{B},k}$ aus einer limesuniformen Struktur $\mathfrak{u}_{\mathfrak{B},k}$ erzeugen, wie genauer ausgeführt wird. Für jede Teilmenge H von $\mathfrak{A} \times \mathfrak{A}$ und jede Teilmenge F von X setzen wir

$$[H, F] = \{(f(x), g(x)) \mid (f, g) \in H, x \in F\}.$$

Zu beliebigem $k = 1, \ldots, 5$ sei $\mathfrak{u}_{\mathfrak{B},k}$ die Menge aller Filter $\mathfrak{H}$ in $\mathfrak{A} \times \mathfrak{A}$, für die gilt im Falle

$$\left.\begin{array}{l} k = 1\colon\ \exists \mathfrak{G} \in \mathfrak{u}\ \forall \mathfrak{v} \in \mathfrak{B}\ \exists \mathfrak{F} \in \mathfrak{v}\ \forall F \in \mathfrak{F}\ \forall G \in \mathfrak{G} \\ k = 2\colon\ \exists \mathfrak{G} \in \mathfrak{u}\ \forall \mathfrak{v} \in \mathfrak{B}\ \forall G \in \mathfrak{G}\ \exists \mathfrak{F} \in \mathfrak{v}\ \forall F \in \mathfrak{F} \\ k = 3\colon\ \forall \mathfrak{v} \in \mathfrak{B}\ \exists \mathfrak{G} \in \mathfrak{u}\ \exists \mathfrak{F} \in \mathfrak{v}\ \forall F \in \mathfrak{F}\ \forall G \in \mathfrak{G} \\ k = 4\colon\ \forall \mathfrak{v} \in \mathfrak{B}\ \exists \mathfrak{G} \in \mathfrak{u}\ \forall G \in \mathfrak{G}\ \exists \mathfrak{F} \in \mathfrak{v}\ \forall F \in \mathfrak{F} \\ k = 5\colon\ \forall \mathfrak{v} \in \mathfrak{B}\ \exists \mathfrak{F} \in \mathfrak{v}\ \forall F \in \mathfrak{F}\ \exists \mathfrak{G} \in \mathfrak{u}\ \forall G \in \mathfrak{G} \end{array}\right\} \exists H \in \mathfrak{H}\ ([H, F] \subseteqq G).$$

7.10.1 (Die limesuniforme Struktur $\mathfrak{u}_{\mathfrak{B},k}$). *Für jedes* $k = 1, \ldots, 5$ *ist* $\mathfrak{u}_{\mathfrak{B},k}$ *eine limesuniforme Struktur in* $\mathfrak{A}$, *die* $\tau_{\mathfrak{B},k}$ *erzeugt. Ist* Y *ein pseudouniformer Raum, so ist* $\mathfrak{u}_{\mathfrak{B},k}$ *zu beliebigem* $k = 1, \ldots, 5$ *eine pseudouniforme Struktur.*

Beweis. 1. Gegeben seien Filter $\mathfrak{H}_1, \mathfrak{H}_2 \in \mathfrak{U}_{\mathfrak{B},1}$. Zu beliebigem $i = 1, 2$ existiert dann ein $\mathfrak{G}_i \in \mathfrak{U}$ und zu jedem $\mathfrak{v} \in \mathfrak{B}$ ein $\mathfrak{F}_{i\mathfrak{v}} \in \mathfrak{v}$, so daß es zu beliebigen $F \in \mathfrak{F}_{i\mathfrak{v}}$ und $G \in \mathfrak{G}_i$ ein $H_{i\mathfrak{v}FG} \in \mathfrak{H}_i$ mit $[H_{i\mathfrak{v}FG}, F] \subseteqq G$ gibt. Wenn wir $\mathfrak{G} = \mathfrak{G}_1 \cap \mathfrak{G}_2$ und $\mathfrak{F}_\mathfrak{v} = \mathfrak{F}_{1\mathfrak{v}} \cap \mathfrak{F}_{2\mathfrak{v}}$ $(\mathfrak{v} \in \mathfrak{B})$ setzen, erhalten wir zu beliebigen $\mathfrak{v} \in \mathfrak{B}$, $F \in \mathfrak{F}_\mathfrak{v}$ und $G \in \mathfrak{G}$ die Beziehung $[H_{1\mathfrak{v}FG} \cup H_{2\mathfrak{v}FG}, F] \subseteqq G$ und damit $\mathfrak{H}_1 \cap \mathfrak{H}_2 \in \mathfrak{U}_{\mathfrak{B},1}$. Setzen wir $\mathfrak{G} = \mathfrak{G}_2 \circ \mathfrak{G}_1$ und $\mathfrak{F}_\mathfrak{v} = \mathfrak{F}_{1\mathfrak{v}} \cap \mathfrak{F}_{2\mathfrak{v}}$ $(\mathfrak{v} \in \mathfrak{B})$, so finden wir zu beliebigem $G \in \mathfrak{G}$ Relationen $G_1 \in \mathfrak{G}_1$ und $G_2 \in \mathfrak{G}_2$ mit $G_1 \circ G_2 \subseteqq G$ und erhalten zu beliebigen $\mathfrak{v} \in \mathfrak{B}$, $F \in \mathfrak{F}_\mathfrak{v}$ und $G \in \mathfrak{G}$ stets $[H_{1\mathfrak{v}FG_1}, F] \subseteqq G_1$ und $[H_{2\mathfrak{v}FG_2}, F] \subseteqq G_2$, wegen $[H_{2\mathfrak{v}FG_2} \circ H_{1\mathfrak{v}FG_1}, F] \subseteqq [H_{2\mathfrak{v}FG_2}, F] \circ [H_{1\mathfrak{v}FG_1}, F]$ also $[H_{2\mathfrak{v}FG_2} \circ H_{1\mathfrak{v}FG_1}, F] \subseteqq G_2 \circ G_1 \subseteqq G$ und daher $\mathfrak{H}_2 \circ \mathfrak{H}_1 \in \mathfrak{U}_{\mathfrak{B},1}$.

Ähnlich folgt aus $\mathfrak{H}_1, \mathfrak{H}_2 \in \mathfrak{U}_{\mathfrak{B},k}$ für $k = 2, \ldots, 5$, daß $\mathfrak{H}_1 \cap \mathfrak{H}_2 \in \mathfrak{U}_{\mathfrak{B},k}$ und $\mathfrak{H}_2 \circ \mathfrak{H}_1 \in \mathfrak{U}_{\mathfrak{B},k}$ gilt.

2. Offensichtlich gehört zu beliebigem $k = 1, \ldots, 5$ mit jedem Filter auch jeder Oberfilter zu $\mathfrak{U}_{\mathfrak{B},k}$. Da sich $[H^{-1}, F] = [H, F]^{-1}$ für beliebige Teilmengen F von X und H von $\mathfrak{A} \times \mathfrak{A}$ ergibt, zieht $\mathfrak{H} \in \mathfrak{U}_{\mathfrak{B},k}$ stets $\mathfrak{H}^{-1} \in \mathfrak{U}_{\mathfrak{B},k}$ nach sich. Zu beliebigem $k = 1, \ldots, 5$ ist daher $\mathfrak{U}_{\mathfrak{B},k}$ eine limesuniforme Struktur.

3. $[f] \times \mathfrak{G} \in \mathfrak{U}_{\mathfrak{B},k}$ ist äquivalent zu $\mathfrak{G} \in \tau_{\mathfrak{B},k}(f)$, so daß $\mathfrak{U}_{\mathfrak{B},k}$ die Limitierung $\tau_{\mathfrak{B},k}$ erzeugt.

4. Ist $\mathfrak{U}$ eine pseudouniforme Struktur, d. h. gilt $[\Delta] \in \mathfrak{U}$ für die identische Abbildung Δ von Y auf sich, so folgt — falls man in der Definition von $\mathfrak{U}_{\mathfrak{B},k}$ für $\mathfrak{G}$ stets $[\Delta]$ setzt —, daß $[\Delta'] \in \mathfrak{U}_{\mathfrak{B},k}$ für die identische Abbildung Δ' von $\mathfrak{A}$ auf sich gilt, also auch $\mathfrak{U}_{\mathfrak{B},k}$ eine pseudouniforme Struktur ist.

$\mathfrak{U}_{\mathfrak{B},k}$ nennen wir die **limesuniforme Struktur der $\mathfrak{B},k$-Konvergenz** in $\mathfrak{A}$ und k den **Typ** dieser limesuniformen Struktur. Zum Teil geben wir bei der Bezeichnung dieser limesuniformen Struktur X und Y mit an und setzen anstelle $\mathfrak{U}_{\mathfrak{B},k}$ auch

$$\mathfrak{U}_{\mathfrak{B},k}(X, Y) .$$

Wenn Y ein uniformer Raum ist, fallen ebenso wie bei $\tau_{\mathfrak{B},k}$ auch bei $\mathfrak{U}_{\mathfrak{B},k}$ die Typen $k = 1, 3$ und 5 und die Typen $k = 2$ und 4 zusammen. Ist Y ein uniformer Raum, so ist $\mathfrak{U}_{\mathfrak{B},k}$ im allgemeinen keine uniforme Struktur, es ist nämlich $\tau_{\mathfrak{B},k}$ auf Grund einer Bemerkung aus Abschnitt 7.9 dann im allgemeinen nicht einmal eine mehrstufige Topologie.

Zu jeder Teilmenge F von X und jedem Filter $\mathfrak{H}$ in $\mathfrak{A} \times \mathfrak{A}$ bezeichnen wir mit $[\mathfrak{H}, F]$ den Filter in $Y \times Y$ mit der Basis $\{[H, F] \mid H \in \mathfrak{H}\}$. Ähnlich wie 7.9.3 beweist man

7.10.2. *Für jeden Filter $\mathfrak{H}$ in $\mathfrak{A} \times \mathfrak{A}$ bestehen die Äquivalenzen:*

$\mathfrak{H} \in \mathfrak{U}_{\mathfrak{B},1} \Leftrightarrow$ *Zu jedem $\mathfrak{v} \in \mathfrak{B}$ existiert ein $\mathfrak{F}_\mathfrak{v} \in \mathfrak{v}$ mit* $\bigwedge_{\mathfrak{v} \in \mathfrak{B}} \bigwedge_{F \in \mathfrak{F}_\mathfrak{v}} [\mathfrak{H}, F] \in \mathfrak{U}$,

$\mathfrak{H} \in \mathfrak{U}_{\mathfrak{B},2} \Leftrightarrow$ *Es ist* $\bigwedge_{\mathfrak{v} \in \mathfrak{B}} \bigvee_{\mathfrak{F} \in \mathfrak{v}} \bigwedge_{F \in \mathfrak{F}} [\mathfrak{H}, F] \in \mathfrak{U}$,

$\mathfrak{H} \in \mathfrak{U}_{\mathfrak{B},3} \Leftrightarrow$ *Zu jedem $\mathfrak{v} \in \mathfrak{B}$ existiert ein $\mathfrak{F} \in \mathfrak{v}$ mit* $\bigwedge_{F \in \mathfrak{F}} [\mathfrak{H}, F] \in \mathfrak{U}$,

$\mathfrak{H} \in \mathfrak{U}_{\mathfrak{B},4} \Leftrightarrow$ *Zu jedem* $\mathfrak{v} \in \mathfrak{B}$ *ist* $\bigvee_{\mathfrak{F} \in \mathfrak{v}} \bigwedge_{F \in \mathfrak{F}} [\mathfrak{H}, F] \in \mathfrak{U}$,

$\mathfrak{H} \in \mathfrak{U}_{\mathfrak{B},5} \Leftrightarrow$ *Zu jedem* $\mathfrak{v} \in \mathfrak{B}$ *existiert ein* $\mathfrak{F} \in \mathfrak{v}$ *mit* $[\mathfrak{H}, F] \in \mathfrak{U}$ *zu beliebigem* $F \in \mathfrak{F}$.

Zwischen den $\mathfrak{U}_{\mathfrak{B},k}$ besteht zu festem $\mathfrak{B}$ und variablem k natürlich ein entsprechender Zusammenhang wie zwischen den $\tau_{\mathfrak{B},k}$ (vergleiche 7.9.4), d. h., es ist $\mathfrak{U}_{\mathfrak{B},k}$ feiner als $\mathfrak{U}_{\mathfrak{B},l}$ für $(k, l) = (1, 2), (1, 3), (2, 4), (3, 4)$ und $(3, 5)$.
Man zeigt leicht (vergleiche den Beweis von 7.9.5):

7.10.3. *Ist* $\mathfrak{W}$ *neben* $\mathfrak{B}$ *ein weiteres System von* $\wedge$*-Idealen von Dualfiltern in* X *und gilt* $\mathfrak{B} \leqq \mathfrak{W}$, *so besteht zu beliebigem* $k = 1, \ldots, 5$ *die Inklusion* $\mathfrak{U}_{\mathfrak{W},k} \subseteqq \mathfrak{U}_{\mathfrak{B},k}$.

In dem betrachteten Fall $\mathrm{db}[\mathfrak{A}] = \{X\}$ läßt sich 7.9.11 verschärfen. Wir zeigen nämlich

7.10.4 (Gleichmäßige Regularität von $\mathfrak{U}_{\mathfrak{B},k}$). *Es gelte* $\{[(x)] \mid x \in X\} \leqq \mathfrak{B}$ *und sei* Y *ein gleichmäßig regulärer limesuniformer Raum. Dann ist zu beliebigem* $k = 1, \ldots, 5$ *auch* $\mathfrak{U}_{\mathfrak{B},k}$ *gleichmäßig regulär.*

Beweis. H sei eine Teilmenge von $\mathfrak{A} \times \mathfrak{A}$. Zu jedem Paar (f, g) aus der Adhärenz $\overline{H}$ von H bez. $\tau_{\mathfrak{B},k} \times \tau_{\mathfrak{B},k}$ gibt es ein nichtleeres Netz $((f_\iota, g_\iota))_{\iota \in I}$ in H, so daß $(f_\iota)_{\iota \in I}$ gegen f und $(g_\iota)_{\iota \in I}$ gegen g $\mathfrak{B},k$- und wegen 7.9.6 damit auch punktweise konvergiert. Es folgt $\langle f, g\rangle(x) \in \overline{[H, \{x\}]}$ für jeden Punkt $x \in X$ und damit $[\overline{H}, F] \subseteqq \overline{[H, F]}$ für jede Teilmenge F von X. Aus den letzten Beziehungen ergibt sich leicht die Richtigkeit der Behauptung.

In gewissen Fällen überträgt sich auch die Eigenschaft, gleichmäßig CHOQUETsch zu sein, von Y auf $\mathfrak{U}_{\mathfrak{B},k}$.

7.10.5. $\mathfrak{B}$ *sei aus einem Filtersystem* $\mathfrak{S}$ *erzeugt.* Y *sei gleichmäßig* CHOQUET*sch. Dann ist für* $k = 3, 4$ *und* 5 *auch* $\mathfrak{U}_{\mathfrak{B},k}$ *gleichmäßig* CHOQUET*sch.*

Beweis. 1. Es sei $k = 3, 5$[1]). $\mathfrak{H}$ sei ein eigentlicher Filter in $\mathfrak{A} \times \mathfrak{A}$, der $\mathfrak{U}_{\mathfrak{B},k}$ nicht angehört. Es existiert dann ein $\mathfrak{F} \in \mathfrak{S}$ derart, daß $[\mathfrak{H}, F] \notin \mathfrak{U}$ zu beliebigem $F \in \mathfrak{F}$ gilt. Da Y gleichmäßig CHOQUETsch ist, gibt es zu jedem $F \in \mathfrak{F}$ einen Ultraoberfilter $\mathfrak{G}_F$ von $[\mathfrak{H}, F]$, der ebenfalls $\mathfrak{U}$ nicht angehört. Wir bilden zu jedem $F \in \mathfrak{F}$, $G \in \mathfrak{G}_F$ und $H \in \mathfrak{H}$ die Menge

$$[H, F, G] = \{h \in H \mid [\{h\}, F] \cap G \neq \emptyset\} . \tag{7.10.1}$$

Da stets $[H, F]$ ein Element von $[\mathfrak{H}, F]$ ist und damit $[H, F] \cap G$ dem eigentlichen Filter $\mathfrak{G}_F$ angehört, also nichtleer ist, ist auch stets $[H, F, G]$ nichtleer. Zu beliebigem $F \in \mathfrak{F}$ ist $\{[H, F, G] \mid G \in \mathfrak{G}_F, H \in \mathfrak{H}\}$ die Basis eines Oberfilters $\mathfrak{K}_F$ von $\mathfrak{H}$, der eigentlich ist. $\mathfrak{L}_F$ sei ein Ultraoberfilter von $\mathfrak{K}_F$ und damit von

[1]) In dem vorliegenden Fall, daß $\mathfrak{B}$ aus einem Filtersystem erzeugt ist, fallen diese Typen zusammen; wir gehen auf diesen Fall ausführlich in Abschnitt 7.12 ein.

$\mathfrak{H}$. Wir zeigen, daß $\mathfrak{L}_F$ für kein $F \in \mathfrak{F}$ zu $\mathfrak{U}_{\mathfrak{B},k}$ gehört, womit die Behauptung des Satzes für $k = 3, 5$ bewiesen ist.

Angenommen, $\mathfrak{L}_F$ gehört für ein $F \in \mathfrak{F}$ zu $\mathfrak{U}_{\mathfrak{B},k}$. Dann gilt $[\mathfrak{L}_F, F] \in \mathfrak{U}$. Wegen $\mathfrak{G}_F \notin \mathfrak{U}$ ist $\mathfrak{G}_F$ kein Oberfilter von $[\mathfrak{L}_F, F]$. Es existiert daher ein $K \in \mathfrak{L}_F$ mit $[K, F] \notin \mathfrak{G}_F$. Wegen 2.2.9 gilt $(Y \times Y) \setminus [K, F] \in \mathfrak{G}_F$, zu beliebigem $H \in \mathfrak{H}$ somit $[H, F, (Y \times Y) \setminus [K, F]] \in \mathfrak{L}_F$. Offenbar ist $[H, F, (Y \times Y) \setminus [K, F]] \cap K$ leer, somit $\emptyset$ ein Element von $\mathfrak{L}_F$, was aber unmöglich ist.

2. Nun sei $k = 4$. $\mathfrak{H}$ sei wieder ein eigentlicher Filter in $\mathfrak{A} \times \mathfrak{A}$, der $\mathfrak{U}_{\mathfrak{B},k}$ nicht angehört. Es existiert dann ein $\mathfrak{F} \in \mathfrak{S}$ mit $[\mathfrak{H}, \mathfrak{F}] \notin \mathfrak{U}$, wobei $[\mathfrak{H}, \mathfrak{F}]$ der Filter in $Y \times Y$ mit $\{[H, F] \mid H \in \mathfrak{H}, F \in \mathfrak{F}\}$ als Basis ist. Wir finden einen Ultraoberfilter $\mathfrak{G}$ von $[\mathfrak{H}, \mathfrak{F}]$, der ebenfalls $\mathfrak{U}$ nicht angehört. (7.10.1) bilden wir zu beliebigen $F \in \mathfrak{F}$, $G \in \mathfrak{G}$ und $H \in \mathfrak{H}$ und erhalten, daß $\{[H, F, G] \mid F \in \mathfrak{F}, G \in \mathfrak{G}, H \in \mathfrak{H}\}$ die Basis eines Oberfilters $\mathfrak{K}$ von $\mathfrak{H}$ ist, der eigentlich ist. $\mathfrak{L}$ sei ein Ultraoberfilter von $\mathfrak{K}$. Mit ähnlichen Schlüssen wie in Teil 1 des Beweises folgt, daß $\mathfrak{L}$ nicht $\mathfrak{U}_{\mathfrak{B},k}$ angehört. Damit ist auch die Behauptung des Satzes für $k = 4$ bewiesen.

Als nächstes bringen wir zwei Hilfssätze für den Nachweis eines wichtigen Vollständigkeitskriteriums.

7.10.6 (Konvergenz von Cauchy-Filtern bez. $\tau_{\mathfrak{B},k}$). *Y sei ein gleichmäßig regulärer pseudouniformer Raum. k sei eine der Zahlen $1, \ldots, 5$. $\mathfrak{K}$ sei ein Filter in $\mathfrak{A}$ und f eine Abbildung aus $\mathfrak{A}$. Ist $\mathfrak{K}$ ein Cauchy-Filter bez. $\mathfrak{U}_{\mathfrak{B},k}$ und ist $\mathfrak{K}$ punktweise konvergent gegen f, dann ist $\mathfrak{K}$ auch $\mathfrak{B},k$-konvergent gegen f. Im Falle $\{[(x)] \mid x \in X\} \leqq \mathfrak{B}$ besteht auch die Umkehrung.*

Beweis. 1. $\mathfrak{K}$ sei ein Cauchy-Filter bez. $\mathfrak{U}_{\mathfrak{B},k}$, der gegen f punktweise konvergiert. Es sei vorerst $k = 1$. Dann existiert ein $\mathfrak{G} \in \mathfrak{U}$ derart, daß es zu jedem $\mathfrak{v} \in \mathfrak{B}$ ein $\mathfrak{F}_\mathfrak{v} \in \mathfrak{v}$ gibt, so daß sich zu beliebigen $F \in \mathfrak{F}$ und $G \in \mathfrak{G}$ ein $K_{\mathfrak{v}FG} \in \mathfrak{K}$ mit $[K_{\mathfrak{v}FG} \times K_{\mathfrak{v}FG}, F] \subseteqq G$ finden läßt. Wir bilden zu beliebigen $\mathfrak{v} \in \mathfrak{B}$, $F \in \mathfrak{F}_\mathfrak{v}$ und $G \in \mathfrak{G}$ eine Moore-Smith-Folge $(g_L)_{L \in I_{\mathfrak{v}FG}}$, wobei $I_{\mathfrak{v}FG}$ die bezüglich der Umkehrung der mengentheoretischen Ordnung gerichtete Menge $\{L \in \mathfrak{K} \mid L \subseteqq K_{\mathfrak{v}FG}\}$ ist und $g_L \in L$ zu beliebigem $L \in I_{\mathfrak{v}FG}$ gilt. Der aus $(g_L)_{L \in I_{\mathfrak{v}FG}}$ erzeugte Filter in $\mathfrak{A}$ ist ein Oberfilter von $\mathfrak{K}$, er konvergiert also auch punktweise gegen f. Zu beliebigen $x \in F$ und $h \in K_{\mathfrak{v}FG}$ folgt damit unter Beachtung, daß Y ein pseudouniformer Raum ist, daß $\big(g_L(x), h(x)\big)_{L \in I_{\mathfrak{v}FG}}$ bez. $\lambda(\mathfrak{U}) \times \lambda(\mathfrak{U})$ gegen $\big(f(x), h(x)\big)$ konvergiert. Zu jedem $\mathfrak{v} \in \mathfrak{B}$, $F \in \mathfrak{F}_\mathfrak{v}$ und $G \in \mathfrak{G}$ gilt deshalb $\langle f, K_{\mathfrak{v}FG}\rangle\, [F] \subseteqq \overline{G}$, wobei die Hüllenbildung bez. $\lambda(\mathfrak{U}) \times \lambda(\mathfrak{U})$ gemeint ist. Da Y gleichmäßig regulär ist, gehört $\mathfrak{G}^-$ zu $\mathfrak{U}$. Damit folgt $\mathfrak{K} \xrightarrow[\mathfrak{B},1]{} f$. Für $k = 2, \ldots, 5$ ergibt sich analog $\mathfrak{K} \xrightarrow[\mathfrak{B},k]{} f$.

2. Gilt $\{[(x)] \mid x \in X\} \leqq \mathfrak{B}$, so ergibt sich mittels 7.9.6 aus $\mathfrak{K} \xrightarrow[\mathfrak{B},k]{} f$, daß $\mathfrak{K}$ punktweise gegen f konvergiert. Jeder $\mathfrak{B},k$-konvergente Filter ist natürlich ein Cauchy-Filter bez. $\mathfrak{U}_{\mathfrak{B},k}$.

Unter

$$F_{\mathfrak{B},k}(X, Y)$$

verstehen wir im folgenden die Menge $F(X, Y)$, versehen mit der limesuniformen Struktur $\mathfrak{U}_{\mathfrak{B},k}$ der $\mathfrak{B},k$-Konvergenz in $F(X, Y)$. Offensichtlich läßt sich 7.9.8 verschärfen zu dem Satz

7.10.7 (Isomorphieeigenschaft von $\varkappa$). *$\mathfrak{B}$ sei nichtleer. Die Abbildung $\varkappa$ aus 7.9.8 ist sogar ein limesuniformer Isomorphismus von Y in $F_{\mathfrak{B},k}(X, Y)$.*

Wir beweisen nun

7.10.8 (Vollständigkeit von $F_{\mathfrak{B},k}(X, Y)$). *$\mathfrak{B}$ sei nichtleer, und es gelte $\{[(x)] \mid x \in X\} \leqq \mathfrak{B}$. Y sei ein separierter und gleichmäßig regulärer pseudouniformer Raum. Unter diesen Voraussetzungen ist zu beliebigem $k = 1, \ldots, 5$ der Raum $F_{\mathfrak{B},k}(X, Y)$ genau dann vollständig, wenn Y vollständig ist.*

Beweis. 1. Y sei vollständig. Wir nehmen ohne Beschränkung der Allgemeinheit $\mathfrak{B}$ als Hypobornologie an (siehe 7.10.3). $\mathfrak{K}$ sei ein Cauchy-Filter bez. $\mathfrak{U}_{\mathfrak{B},k}$. Zu beliebigem $x \in X$ gehört das $\wedge$-Ideal $[(x)]$ zu $\mathfrak{B}$, existiert also ein $\mathfrak{G} \in \mathfrak{U}$ derart, daß es zu beliebigem $G \in \mathfrak{G}$ ein $K \in \mathfrak{K}$ mit $[K \times K, \{x\}] \subseteqq G$ gibt, d. h. $\mathfrak{K}(x) \times \mathfrak{K}(x) \supseteqq \mathfrak{G}$ gilt. Jeder Filter $\mathfrak{K}(x)$ ist daher ein Cauchy-Filter von Y; er konvergiert auf Grund der Vollständigkeit von Y gegen ein Element $f(x)$ von Y. $\mathfrak{K}$ selbst konvergiert daher punktweise gegen die Abbildung $f: x \mapsto f(x)$ $(x \in X)$. Wegen 7.10.6 ist $\mathfrak{K}$ gegen f auch $\mathfrak{B},k$-konvergent. $F_{\mathfrak{B},k}(X, Y)$ ist daher vollständig.

2. Nun sei $F_{\mathfrak{B},k}(X, Y)$ vollständig. Mittels 4.12.2 und 7.9.10 folgt, daß die aus allen konstanten Abbildungen von X in Y bestehende Teilmenge von $F_{\mathfrak{B},k}(X, Y)$ dann vollständig ist. Wegen 7.10.7 ist dann auch Y vollständig.

Wir führen nun einige Sätze an, die wichtige Isomorphieaussagen enthalten. Für den ersten Satz seien X und Y beliebige Mengen und $\mathfrak{B}$ und $\mathfrak{W}$ beliebige Systeme von $\wedge$-Idealen von Dualfiltern in X bzw. Y. Ferner sei Z ein limesuniformer Raum. Es gilt

7.10.9 (Die Abbildung χ). *Durch*

$$\chi(f)(x, y) = f(x)(y)$$

wird eine eineindeutige Abbildung χ von $F_{\mathfrak{B},k}(X, F_{\mathfrak{W},k}(Y, Z))$ auf $F_{\mathfrak{B} \times^{\bullet} \mathfrak{W},k}(X \times Y, Z)$ definiert. χ ist in den Fällen $k = 1$ und 3 gleichmäßig stetig. Wenn $\mathfrak{W}$ aus einem Filtersystem erzeugt ist, ist χ auch in den Fällen $k = 2$ und 4 und, wenn $\mathfrak{B}$ aus einem Filtersystem erzeugt ist, auch im Falle $k = 5$ gleichmäßig stetig. Sind $\mathfrak{B}$ und $\mathfrak{W}$ aus Filtersystemen erzeugt, so ist χ im Falle $k = 4$ sogar ein limesuniformer Isomorphismus. Wenn $\mathfrak{B}$ und $\mathfrak{W}$ aus Mengensystemen erzeugt sind, ist χ auch in den Fällen $k = 3$ und 5 ein limesuniformer Isomorphismus.

Beweis. $\mathfrak{U}$, $\mathfrak{U}_{\mathfrak{W},k}$, $\mathfrak{U}_{\mathfrak{V}\times^e\mathfrak{W},k}$ und $\mathfrak{U}'_{\mathfrak{V},k}$ seien die limesuniformen Strukturen von Z, $F_{\mathfrak{W},k}(Y, Z)$, $F_{\mathfrak{V}\times^e\mathfrak{W},k}(X \times Y, Z)$ bzw. $F_{\mathfrak{V},k}(X, F(_{\mathfrak{W},k}Y, Z))$.

1. Daß χ eine eineindeutige Abbildung mit $F(X \times Y, Z)$ als Wertebereich ist, ist klar. $\mathfrak{K}$ sei ein Filter aus $\mathfrak{U}'_{\mathfrak{V},k}$. Es sei vorerst $k = 1$. Dann existiert ein $\mathfrak{L} \in \mathfrak{U}_{\mathfrak{W},1}$ derart, daß es zu beliebigem $\mathfrak{v} \in \mathfrak{V}$ ein $\mathfrak{F} \in \mathfrak{v}$ gibt, so daß sich zu beliebigen $F \in \mathfrak{F}$ und $L \in \mathfrak{L}$ ein $K \in \mathfrak{K}$ mit $[K, F] \subseteqq L$ finden läßt. Wegen $\mathfrak{L} \in \mathfrak{U}_{\mathfrak{W},1}$ gibt es ein $\mathfrak{G} \in \mathfrak{U}$, so daß zu beliebigem $\mathfrak{w} \in \mathfrak{W}$ ein $\mathfrak{F}' \in \mathfrak{w}$ existiert derart, daß sich zu beliebigen $F' \in \mathfrak{F}'$ und $G \in \mathfrak{G}$ ein $L \in \mathfrak{L}$ mit $[L, F] \subseteqq G$ finden läßt. Folglich gilt $(\chi * \chi)(\mathfrak{K}) \in \mathfrak{U}_{\mathfrak{V}\times^e\mathfrak{W},1}$. Analog ergibt sich $(\chi * \chi)(\mathfrak{K}) \in \mathfrak{U}_{\mathfrak{V}\times^e\mathfrak{W},k}$ bei $k = 3$.

Nun sei $\mathfrak{W}$ aus einem Filtersystem $\mathfrak{T}$ erzeugt. Es sei vorerst $k = 2$. Dann existiert ein $\mathfrak{L} \in \mathfrak{U}_{\mathfrak{W},2}$ derart, daß es zu beliebigen $\mathfrak{v} \in \mathfrak{V}$ und $L \in \mathfrak{L}$ ein $\mathfrak{F} \in \mathfrak{v}$ gibt, so daß sich zu beliebigem $F \in \mathfrak{F}$ ein $K \in \mathfrak{K}$ mit $[K, F] \subseteqq L$ finden läßt. Wegen $\mathfrak{L} \in \mathfrak{U}_{\mathfrak{W},2}$ existiert ein $\mathfrak{G} \in \mathfrak{U}$ derart, daß es zu jedem $\mathfrak{F}' \in \mathfrak{T}$ und jedem $G \in \mathfrak{G}$ ein $F' \in \mathfrak{F}'$ und ein $L \in \mathfrak{L}$ mit $[L, F'] \subseteqq G$ gibt. Damit folgt $(\chi * \chi)(\mathfrak{K}) \in \mathfrak{U}_{\mathfrak{V}\times^e\mathfrak{W},2}$. Ähnlich ergibt sich $(\chi * \chi)(\mathfrak{K}) \in \mathfrak{U}_{\mathfrak{V}\times^e\mathfrak{W},k}$ bei $k = 4$.

Wenn $\mathfrak{V}$ aus einem Filtersystem erzeugt ist, zeigt man ebenso $(\chi * \chi)(\mathfrak{K}) \in \mathfrak{U}_{\mathfrak{V}\times^e\mathfrak{W},k}$ bei $k = 5$.

2. $\mathfrak{V}$ und $\mathfrak{W}$ seien aus Filtersystemen $\mathfrak{S}$ bzw. $\mathfrak{T}$ erzeugt, ferner sei $k = 4$. $\mathfrak{K}$ sei ein Filter aus $\mathfrak{U}_{\mathfrak{V}\times^e\mathfrak{W},4}$. Zu jedem $\mathfrak{E} = \mathfrak{F} \times \mathfrak{F}' \in \mathfrak{S} \times^e \mathfrak{T}$ existiert ein $\mathfrak{G}_{\mathfrak{E}} \in \mathfrak{U}$ derart, daß es zu jedem $G \in \mathfrak{G}_{\mathfrak{E}}$ ein $F_{\mathfrak{E}G} \in \mathfrak{F}$, $F'_{\mathfrak{E}G} \in \mathfrak{F}'$ und $K_{\mathfrak{E}G} \in \mathfrak{K}$ mit $[K_{\mathfrak{E}G}, F_{\mathfrak{E}G} \times F'_{\mathfrak{E}G}] \subseteqq G$ gibt. Wir bilden zu jedem Filter $\mathfrak{F} \in \mathfrak{S}$ den Filter $\mathfrak{L}_{\mathfrak{F}}$ in $F(Y, Z)$ mit der Subbasis

$$\{[(\chi^{-1} * \chi^{-1})[K_{\mathfrak{E}G}], F_{\mathfrak{E}G}] \mid \mathfrak{E} = \mathfrak{F}_1 \times \mathfrak{F}_2 \in \mathfrak{S} \times^e \mathfrak{T} \text{ mit } \mathfrak{F}_1 = \mathfrak{F}, G \in \mathfrak{G}_{\mathfrak{E}}\}\,.$$

Es ergibt sich $\mathfrak{L}_{\mathfrak{F}} \in \mathfrak{U}_{\mathfrak{W},4}$ und unter Benutzung dieser Filter damit $(\chi^{-1} * \chi^{-1})(\mathfrak{K}) \in \mathfrak{U}'_{\mathfrak{V},4}$.

Wenn $\mathfrak{V}$ und $\mathfrak{W}$ aus Mengensystemen erzeugt sind, gilt daher dann auch $(\chi^{-1} * \chi^{-1})(\mathfrak{K}) \in \mathfrak{U}'_{\mathfrak{V},k}$ für jeden Filter $\mathfrak{K} \in \mathfrak{U}_{\mathfrak{V}\times^e\mathfrak{W},k}$ bei $k = 3$ und 5.

Für den folgenden Satz sei X eine Menge. $\mathfrak{V}$ sei ein System von $\wedge$-Idealen von Dualfiltern in X und $(Y_j)_{j\in J}$ eine Familie von limesuniformen Räumen mit einer nichtleeren Menge als Indexbereich. Zu jedem j sei $\mathfrak{U}_j$ die limesuniforme Struktur von Y_j.

7.10.10 (Die Abbildung ζ). *$\zeta: (f_j)_{j\in J} \mapsto \langle f_j\rangle_{j\in J}$ $(f_j \in F(X, Y_j)$ für jedes $j \in J)$ ist eine eineindeutige Abbildung von $\prod_{j\in J} F_{\mathfrak{V},k}(X, Y_j)$ auf $F_{\mathfrak{V},k}(X, \prod_{j\in J} Y_j)$. Sie ist in den Fällen $k = 2$ und 4 und, wenn J endlich ist oder $\mathfrak{V}$ nur aus Haupt-$\wedge$-Idealen besteht, auch in den Fällen $k = 1$, 3 und 5 gleichmäßig stetig. Die Umkehrung ζ^{-1} ist immer gleichmäßig stetig.*

Beweis. Der Satz folgt leicht unter Benutzung von Beweisschlüssen zu 7.9.13. Daß zum Beispiel ζ^{-1} gleichmäßig stetig ist, zeigt man so: $\mathfrak{U}_{\mathfrak{V},k}$ und $\mathfrak{U}^j_{\mathfrak{V},k}$ seien die limesuniformen Strukturen von $F_{\mathfrak{B},k}(X, \prod_{j\in J} Y_j)$ und $F_{\mathfrak{B},k}(X, Y_j)$. Wir setzen $\mathfrak{U} = \underset{j\in J}{*} \mathfrak{U}_j$ und $\mathfrak{U}'_{\mathfrak{B},k} = \underset{j\in J}{*} \mathfrak{U}^j_{\mathfrak{B},k}$. Gegeben sei ein $\mathfrak{K} \in \mathfrak{U}_{\mathfrak{B},k}$. Es sei zunächst $k = 1$. Dann gibt es ein $\mathfrak{G} \in \mathfrak{U}$ derart, daß zu jedem $\mathfrak{v} \in \mathfrak{B}$ ein $\mathfrak{F}_\mathfrak{v} \in \mathfrak{v}$ existiert, so daß sich zu jedem $F \in \mathfrak{F}_\mathfrak{v}$ und $G \in \mathfrak{G}$ ein $K_{\mathfrak{v}FG} \in \mathfrak{K}$ mit $[K_{\mathfrak{v}FG}, F] \subseteqq G$ finden läßt. Wir geben ein $j \in J$ vor. Es folgt

$$[((p_j * p_j) \circ (\zeta^{-1} * \zeta^{-1}))\,[K_{\mathfrak{v}FG}], F] \subseteqq (\pi_j * \pi_j)\,[G]$$

zu jedem $\mathfrak{v} \in \mathfrak{B}$, $F \in \mathfrak{F}_\mathfrak{v}$ und $G \in \mathfrak{G}$, wobei π_j und p_j die j-ten natürlichen Projektionen von $\prod_{i\in J} Y_i$ bzw. $\prod_{i\in J} F(X, Y_i)$ sind. $\mathfrak{G}_j = (\pi_j * \pi_j)(\mathfrak{G})$ gehört $\mathfrak{U}_j$ an, und zu jedem $G_j \in \mathfrak{G}_j$ gibt es natürlich ein $G \in \mathfrak{G}$ mit $(\pi_j * \pi_j)[G] \subseteqq G_j$. Man erhält $(p_j * p_j)\,((\zeta^{-1} * \zeta^{-1})(\mathfrak{K})) \in \mathfrak{U}^j_{\mathfrak{B},1}$ und wegen 4.5.1 damit $(\zeta^{-1} * \zeta^{-1})(\mathfrak{K}) \in \mathfrak{U}'_{\mathfrak{B},1}$. Ähnlich ergibt sich $(\zeta^{-1} * \zeta^{-1})(\mathfrak{K}) \in \mathfrak{U}'_{\mathfrak{B},k}$ bei $k = 2, \dots, 5$.

Schließlich sei $(X_j)_{j\in J}$ eine Familie von Mengen mit einer nichtleeren Menge J als Indexbereich und $(Y_j)_{j\in J}$ eine Familie limesuniformer Räume, ebenfalls mit J als Indexbereich. Zu jedem $j \in J$ und $a \in \prod_{i\in J} X_i$ sei ι_{ja} die natürliche Einbettung von X_j in $\prod_{i\in J} X_i$ bez. a, zu jedem $j \in J$ ferner π_j die j-te natürliche Projektion von $\prod_{i\in J} X_i$, p_j die j-te natürliche Projektion von $\prod_{i\in J} Y_i$ und $\mathfrak{U}_j$ die limesuniforme Struktur von Y_j. $\mathfrak{B}_j$ sei zu jedem $j \in J$ ein System von $\wedge$-Idealen von Dualfiltern in X_j und $\mathfrak{B}$ ein System von $\wedge$-Idealen von Dualfiltern in $\prod_{i\in J} X_i$.

7.10.11 (Die Abbildung ϑ). *$\vartheta\colon (f_j)_{j\in J} \mapsto \underset{j\in J}{*} f_j$ $(f_j \in F(X_j, Y_j)$ für jedes $j \in J)$ ist eine eineindeutige Abbildung von $\prod_{j\in J} F_{\mathfrak{B}_j,k}(X_j, Y_j)$ in $F_{\mathfrak{B},k}(\prod_{j\in J} X_j, \prod_{j\in J} Y_j)$. Sind die Projektionen π_j $\mathfrak{B},\mathfrak{B}_j$-treu, so ist ϑ gleichmäßig stetig. Gibt es ein $a \in \prod_{i\in J} X_i$ derart, daß die Einbettungen ι_{ja} $\mathfrak{B}_j,\mathfrak{B}$-treu sind, so ist ϑ^{-1} gleichmäßig stetig.*

Zum Beweis: Der Satz folgt leicht unter Berücksichtigung von Beweisideen zu 7.9.14. Daß ϑ^{-1} unter der angegebenen Einschränkung gleichmäßig stetig ist, ergibt sich unmittelbar aus der folgenden etwas allgemeineren Behauptung. Die in dieser auftretende Abbildung η_a hat ϑ^{-1} als Einschränkung.

7.10.12 (Die Abbildungen η_a). *Für ein $a \in \prod_{i\in J} X_i$ seien die Einbettungen ι_{ja} $\mathfrak{B}_j,\mathfrak{B}$-treu. Dann ist die Abbildung $\eta_a\colon f \mapsto (p_j \circ f \circ \iota_{ja})_{j\in J}$ $(f \in F(\prod_{j\in J} X_j, \prod_{j\in J} Y_j))$ von $F_{\mathfrak{B},k}(\prod_{j\in J} X_j, \prod_{j\in J} Y_j)$ auf $\prod_{j\in J} F_{\mathfrak{B}_j,k}(X_j, Y_j)$ gleichmäßig stetig.*

Beweis. Wir setzen $\mathfrak{U} = \underset{j\in J}{*} \mathfrak{U}_j$ und $\mathfrak{U}'_k = \underset{j\in J}{*} \mathfrak{U}_{\mathfrak{B}_j,k}$. Ohne Einschränkung der Allgemeinheit können wir $\mathfrak{B}$ als Hypobornologie annehmen, so daß (7.9.9) gilt. $\mathfrak{K}$ sei ein Filter aus $\mathfrak{U}_{\mathfrak{B},k}$. Es sei zunächst $k = 1$. Wir wählen ein $j \in J$ und finden unter Beachtung von (7.9.9) ein $\mathfrak{G} \in \mathfrak{U}$ derart, daß es zu jedem $\mathfrak{v}_j \in \mathfrak{B}_j$ ein

$\mathfrak{F}_{\mathfrak{v}_j} \in \mathfrak{v}_j$ gibt, so daß zu beliebigen $F \in \mathfrak{F}_{\mathfrak{v}_j}$ und $G \in \mathfrak{G}$ ein $K_{\mathfrak{v}_jFG} \in \mathfrak{K}$ existiert mit $[K_{\mathfrak{v}_jFG}, \iota_{ja}[F]] \subseteqq G$. Es folgt

$$[((p_j' * p_j') \circ (\eta_a * \eta_a)) [K_{\mathfrak{v}_jFG}], F] \subseteqq (p_j * p_j) [G]$$

zu jedem $\mathfrak{v}_j \in \mathfrak{V}_j$, $F \in \mathfrak{F}_{\mathfrak{v}_j}$ und $G \in \mathfrak{G}$, wobei p_j' die j-te natürliche Projektion von $\prod_{i \in J} F(X_i, Y_i)$ ist. Da der Filter $\mathfrak{G}_j = (p_j * p_j)(\mathfrak{G})$ der limesuniformen Struktur $\mathfrak{u}_j$ angehört, ergibt sich $(p_j' * p_j')\left((\eta_a * \eta_a)(\mathfrak{K})\right) \in \mathfrak{u}_{\mathfrak{V}_j,1}$ und wegen 4.5.1 damit $(\eta_a * \eta_a)(\mathfrak{K}) \in \mathfrak{u}_1'$. Ähnlich folgt $(\eta_a * \eta_a)(\mathfrak{K}) \in \mathfrak{u}_k'$ für $k = 2, \ldots, 5$.

7.11. Der Fall, daß Y eine abelsche pseudotopologische Gruppe ist

X sei eine Menge und $\mathfrak{V}$ ein System von $\wedge$-Idealen von Dualfiltern in X. Y sei eine additive abelsche pseudotopologische Gruppe. Wir denken sie uns mit der kanonischen pseudouniformen Struktur $\mathfrak{u}$ versehen. $\mathfrak{A}$ sei eine beliebige Menge von Abbildungen aus X in Y. τ_1 bezeichne die Pseudotopologie von Y. Wegen 5.6.8 und $-\tau_1(0) = \tau_1(0)$ kann man im vorliegenden Fall bei der Definition der $\mathfrak{V},k$-Konvergenz stets $\mathfrak{u}$ durch $\tau_1(0)$ und $\langle f, K\rangle [F]$ durch

$$(K - f) [F] = \{g(x) - f(x) \mid g \in K, x \in F \cap \operatorname{db} f \cap \operatorname{db} g\}$$

ersetzen, d. h., es gilt

7.11.1. *Die Bedingung 2 der $\mathfrak{V},k$-Konvergenz läßt sich im vorliegenden Fall so formulieren: Es gilt für*

$$\left.\begin{array}{l} k = 1: \exists \mathfrak{G} \in \tau_1(0)\ \forall \mathfrak{v} \in \mathfrak{V}_{\operatorname{db} f}\ \exists \mathfrak{F} \in \mathfrak{v}\ \forall F \in \mathfrak{F}\ \forall G \in \mathfrak{G} \\ k = 2: \exists \mathfrak{G} \in \tau_1(0)\ \forall \mathfrak{v} \in \mathfrak{V}_{\operatorname{db} f}\ \forall G \in \mathfrak{G}\ \exists \mathfrak{F} \in \mathfrak{v}\ \forall F \in \mathfrak{F} \\ k = 3: \forall \mathfrak{v} \in \mathfrak{V}_{\operatorname{db} f}\ \exists \mathfrak{G} \in \tau_1(0)\ \exists \mathfrak{F} \in \mathfrak{v}\ \forall F \in \mathfrak{F}\ \forall G \in \mathfrak{G} \\ k = 4: \forall \mathfrak{v} \in \mathfrak{V}_{\operatorname{db} f}\ \exists \mathfrak{G} \in \tau_1(0)\ \forall G \in \mathfrak{G}\ \exists \mathfrak{F} \in \mathfrak{v}\ \forall F \in \mathfrak{F} \\ k = 5: \forall \mathfrak{v} \in \mathfrak{V}_{\operatorname{db} f}\ \exists \mathfrak{F} \in \mathfrak{v}\ \forall F \in \mathfrak{F}\ \exists \mathfrak{G} \in \tau_1(0)\ \forall G \in \mathfrak{G} \end{array}\right\} \exists K \in \mathfrak{K}\left((K - f)[F] \subseteqq G\right).$$

Wir bezeichnen für jede Teilmenge F von X, jede Abbildung $f \in \mathfrak{A}$ und jeden Filter $\mathfrak{K}$ in $\mathfrak{A}$ mit $(\mathfrak{K} - f) [F]$ den Filter in Y mit der Basis $\{(K - f) [F] \mid K \in \mathfrak{K}\}$, also den Filter $\omega\left((\mathfrak{K} - f) \times [F]\right)$, wobei ω die wie vor (7.1.1) definierte Evaluationsabbildung aus $\mathfrak{A} \times X$ in Y ist.

Ähnlich wie 7.9.3 zeigt man, daß sich im vorliegenden Fall aus der in 7.9.3 angegebenen Formulierung der Bedingung 2 der $\mathfrak{V},k$-Konvergenz eine weitere Formulierung dieser Bedingung ergibt, wenn man $\langle f, \mathfrak{K}\rangle [F]$ durch $(\mathfrak{K} - f) [F]$ und $\mathfrak{u}$ durch $\tau_1(0)$ ersetzt, d. h., daß gilt

7.11.2. *Die Bedingung 2 der $\mathfrak{V},k$-Konvergenz läßt sich im vorliegenden Fall auch so formulieren: Es gilt für*

$k = 1$: *Zu jedem $\mathfrak{v} \in \mathfrak{V}_{\operatorname{db} f}$ existiert ein $\mathfrak{F}_{\mathfrak{v}} \in \mathfrak{v}$ mit* $\bigwedge_{\mathfrak{v} \in \mathfrak{V}_{\operatorname{db} f}} \bigwedge_{F \in \mathfrak{F}_{\mathfrak{v}}} (\mathfrak{K} - f) [F] \in \tau_1(0)$.

$k = 2$: *Es ist* $\bigwedge_{\mathfrak{v} \in \mathfrak{V}_{\operatorname{db} f}} \bigvee_{\mathfrak{F} \in \mathfrak{v}} \bigwedge_{F \in \mathfrak{F}} (\mathfrak{K} - f) [F] \in \tau_1(0)$.

$k = 3$: *Zu jedem* $\mathfrak{v} \in \mathfrak{V}_{\mathrm{db}f}$ *existiert ein* $\mathfrak{F} \in \mathfrak{v}$ *mit* $\bigwedge_{F \in \mathfrak{F}} (\mathfrak{K} - f)\,[F] \in \tau_1(0)$.

$k = 4$: *Zu jedem* $\mathfrak{v} \in \mathfrak{V}_{\mathrm{db}f}$ *ist* $\bigvee_{\mathfrak{F} \in \mathfrak{v}} \bigwedge_{F \in \mathfrak{F}} (\mathfrak{K} - f)\,[F] \in \tau_1(0)$.

$k = 5$: *Zu jedem* $\mathfrak{v} \in \mathfrak{V}_{\mathrm{db}f}$ *existiert ein* $\mathfrak{F} \in \mathfrak{v}$ *derart, daß* $(\mathfrak{K} - f)\,[F] \in \tau_1(0)$ *zu beliebigem* $F \in \mathfrak{F}$ *gilt.*

Ferner ist es möglich, im vorliegenden Fall bei der Definition von $\mathfrak{u}_{\mathfrak{V},k}$ die Mengen $[H, F]$ durch $w_r[[H, F]]$ und $\mathfrak{u}$ durch $\tau_1(0)$ zu ersetzen, wobei w_r die analog wie in Abschnitt 5.6 durch $w_r(x, y) = x - y$ definierte Abbildung von $Y \times Y$ in Y ist. Der Satz 7.10.2 bleibt natürlich ebenfalls gültig, wenn man $[\mathfrak{H}, F]$ durch $w_r([\mathfrak{H}, F])$ und $\mathfrak{u}$ durch $\tau_1(0)$ ersetzt.

Zu jeder Abbildung $f \in \mathfrak{A}$ sei $-f$ die über $\mathrm{db}f$ durch $(-f)(x) = -f(x)$ definierte Abbildung. Zu beliebigen Abbildungen $f, g \in \mathfrak{A}$ seien $f + g$ und $f - g$ die über $\mathrm{db}f \cap \mathrm{db}g$ durch $(f + g)(x) = f(x) + g(x)$ bzw. $(f - g)(x) = f(x) - g(x)$ definierten Abbildungen. Wir setzen für die nachstehenden drei Sätze voraus, daß mit f auch $-f$ und mit f und g auch $f + g$ zu $\mathfrak{A}$ gehört. Es kann dann zu jedem Filter $\mathfrak{K}$ in $\mathfrak{A}$ der Filter $-\mathfrak{K} = \{\{-f \mid f \in K\} \mid K \in \mathfrak{K}\}$ und zu beliebigen Filtern $\mathfrak{K}$ und $\mathfrak{L}$ in $\mathfrak{A}$ der Filter $\mathfrak{K} + \mathfrak{L}$ in $\mathfrak{A}$ mit der Basis $\{\{f + g \mid f \in K, g \in L\} \mid K \in \mathfrak{K}, L \in \mathfrak{L}\}$ gebildet werden.

7.11.3. *Für jede Abbildung* $f \in \mathfrak{A}$ *und jeden Filter* $\mathfrak{K} \xrightarrow[\mathfrak{V},k]{} f$ *gilt* $-\mathfrak{K} \xrightarrow[\mathfrak{V},k]{} -f$. *Für beliebige Abbildungen* $f, g \in \mathfrak{A}$ *mit* $\mathrm{db}f = \mathrm{db}g = X$ *und Filter* $\mathfrak{K} \xrightarrow[\mathfrak{V},k]{} f$, $\mathfrak{L} \xrightarrow[\mathfrak{V},k]{} g$ *gilt* $\mathfrak{K} + \mathfrak{L} \xrightarrow[\mathfrak{V},k]{} f + g$.

Beweis. Der erste Teil des Satzes folgt leicht, da $\mathrm{db}f = \mathrm{db}(-f)$ für jede Abbildung $f \in \mathfrak{A}$ und $\mathrm{db}\mathfrak{K} = \mathrm{db}(-\mathfrak{K})$ für jeden Filter $\mathfrak{K}$ in $\mathfrak{A}$ gilt und aus $\mathfrak{G} \in \mathfrak{u}$ wegen 5.6.20 stets $-\mathfrak{G} \in \mathfrak{u}$ folgt.

Gegeben seien nun Abbildungen $f, g \in \mathfrak{A}$ mit $\mathrm{db}f = \mathrm{db}g = X$ und Filter $\mathfrak{K} \xrightarrow[\mathfrak{V},k]{} f$, $\mathfrak{L} \xrightarrow[\mathfrak{V},k]{} g$. Es folgt $\mathrm{db}(\mathfrak{K} + \mathfrak{L}) = \mathrm{db}\mathfrak{K} \mathbin{\dot\cap} \mathrm{db}\mathfrak{L}$, mittels 6.4.9 damit, daß X ein $\mathfrak{V}$-Limes von $\mathrm{db}(\mathfrak{K} + \mathfrak{L})$ ist (ist $\mathfrak{K}$ oder $\mathfrak{L}$ uneigentlich, so auch $\mathrm{db}(\mathfrak{K} + \mathfrak{L})$). Im Falle $k = 1$ existiert ein $\mathfrak{G}_1 \in \mathfrak{u}$ derart, daß es zu jedem $\mathfrak{v} \in \mathfrak{V}$ ein $\mathfrak{F}_{1\mathfrak{v}} \in \mathfrak{v}$ gibt, so daß zu jedem $F \in \mathfrak{F}_{1\mathfrak{v}}$ und jedem $G \in \mathfrak{G}_1$ ein $K_{\mathfrak{v}FG} \in \mathfrak{K}$ existiert mit $\langle f, K_{\mathfrak{v}FG}\rangle\,[F] \subseteq G$. Ferner existiert ein $\mathfrak{G}_2 \in \mathfrak{u}$ derart, daß es zu jedem $\mathfrak{v} \in \mathfrak{V}$ ein $\mathfrak{F}_{2\mathfrak{v}} \in \mathfrak{v}$ gibt, so daß zu jedem $F \in \mathfrak{F}_{2\mathfrak{v}}$ und jedem $G \in \mathfrak{G}_2$ ein $L_{\mathfrak{v}FG} \in \mathfrak{L}$ existiert mit $\langle g, L_{\mathfrak{v}FG}\rangle\,[F] \subseteq G$. Wir bilden $\mathfrak{G} = \mathfrak{G}_1 + \mathfrak{G}_2$ und $\mathfrak{F}_{\mathfrak{v}} = \mathfrak{F}_{1\mathfrak{v}} \cap \mathfrak{F}_{2\mathfrak{v}}$ $(\mathfrak{v} \in \mathfrak{V})$. $\mathfrak{G}$ gehört wegen 5.6.20 $\mathfrak{u}$ an. Für beliebiges $\mathfrak{v} \in \mathfrak{V}$, $F \in \mathfrak{F}_{\mathfrak{v}}$ und $G \in \mathfrak{G}$ folgt zu jedem $G_1 \in \mathfrak{G}_1$ und $G_2 \in \mathfrak{G}_2$ mit $G_1 + G_2 \subseteq G$

$$\langle f + g, K_{\mathfrak{v}FG_1} + K_{\mathfrak{v}FG_2}\rangle\,[F] \subseteq G$$

und damit $\mathfrak{K} + \mathfrak{L} \xrightarrow[\mathfrak{V},1]{} f + g$. Analog ergibt sich $\mathfrak{K} + \mathfrak{L} \xrightarrow[\mathfrak{V},k]{} f + g$ für $k = 2, \dots, 5$.

7.11.4 (Verträglichkeit von $\tau_{\mathfrak{V},k}$ mit der Gruppenstruktur). *Besteht* $\mathfrak{A}$ *nur aus Abbildungen mit ganz* X *als Definitionsbereich, so ist* $\mathfrak{A}$ *zu beliebigem* $k = 1, \dots, 5$

bezüglich der Verknüpfung $(f, g) \mapsto f + g$ *und bez.* $\tau_{\mathfrak{B},k}$ *eine additive abelsche pseudotopologische Gruppe.* $\mathfrak{U}_{\mathfrak{B},k}$ *ist die zugehörige kanonische pseudouniforme Struktur.*

Beweis. Es ist nur noch die Richtigkeit des Zusatzes zu zeigen. w_r sei die wie oben definierte Abbildung von $Y \times Y$ in Y und W_r die entsprechend definierte Abbildung von $\mathfrak{A} \times \mathfrak{A}$ in $\mathfrak{A}$. Für jede Teilmenge F von X, jede Teilmenge K von $\mathfrak{A}$ und jede Teilmenge H von $\mathfrak{A} \times \mathfrak{A}$ gilt

$$[W_r^{-1}[K], F] \subseteqq w_r^{-1}[K[F]] \tag{7.11.1}$$

und

$$W_r[H]\,[F] = w_r[[H, F]]\,. \tag{7.11.2}$$

$\mathfrak{U}'$ sei die kanonische pseudouniforme Struktur von $\mathfrak{A}$ bez. $(f, g) \mapsto f + g$ und $\tau_{\mathfrak{B},k}$.

Wir nehmen $k = 1$ an. Zu jedem Filter $\mathfrak{K} \in \tau_{\mathfrak{B},1}(0)$ existiert wegen 7.11.1 ein $\mathfrak{G} \in \tau_1(0)$ derart, daß es zu jedem $\mathfrak{v} \in \mathfrak{B}$ ein $\mathfrak{F} \in \mathfrak{v}$ gibt, so daß zu beliebigen $F \in \mathfrak{F}$ und $G \in \mathfrak{G}$ ein $K \in \mathfrak{K}$ mit $K[F] \subseteqq G$, wegen (7.11.1) also mit $[W_r^{-1}[K], F] \subseteqq w_r^{-1}[G]$ gefunden werden kann. Da wegen 5.6.8′ $w_r^{-1}(\mathfrak{G}) \in \mathfrak{U}$ ist, gilt $W_r^{-1}(\mathfrak{K}) \in \mathfrak{U}_{\mathfrak{B},1}$, auf Grund des Korollars zu 5.6.8′ damit $\mathfrak{U}' \subseteqq \mathfrak{U}_{\mathfrak{B},1}$.

Zu jedem Filter $\mathfrak{H} \in \mathfrak{U}_{\mathfrak{B},1}$ existiert ein $\mathfrak{G} \in \mathfrak{U}$ derart, daß es zu jedem $\mathfrak{v} \in \mathfrak{B}$ ein $\mathfrak{F} \in \mathfrak{v}$ gibt, so daß sich zu beliebigen $F \in \mathfrak{F}$ und $G \in \mathfrak{G}$ ein $H \in \mathfrak{H}$ mit $[H, F] \subseteqq G$, wegen (7.11.2) also mit $W_r[H]\,[F] \subseteqq w_r[G]$ finden läßt. Wegen 5.6.8′ folgt $w_r(\mathfrak{G}) \in \tau_1(0)$, wegen 7.11.1 daher $W_r(\mathfrak{H}) \in \tau_{\mathfrak{B},1}(0)$, auf Grund des Korollars zu 5.6.8′ also $\mathfrak{H} \in \mathfrak{U}'$, somit $\mathfrak{U}_{\mathfrak{B},1} \subseteqq \mathfrak{U}'$ und daher $\mathfrak{U}' = \mathfrak{U}_{\mathfrak{B},1}$.

Für $k = 2, \ldots, 5$ ergibt sich analog $\mathfrak{U}' = \mathfrak{U}_{\mathfrak{B},k}$.

Wir zeigen als nächstes (Berquier [1])

7.11.5 (Eigenschaft S). $\mathfrak{A}$ *bestehe aus Abbildungen mit ganz* X *als Definitionsbereich.* $\mathfrak{B}$ *sei aus einem Filtersystem* $\mathfrak{S}$ *erzeugt.* Y *habe die Eigenschaft* S. *Dann hat auch* $\tau_{\mathfrak{B},4}$ *die Eigenschaft* S.

Beweis. $\mathfrak{K}$ und $\mathfrak{L}$ seien eigentliche Filter in Mengen I bzw. J und $f\colon I \to \mathfrak{A}$ und $g\colon I \times J \to \mathfrak{A}$ Abbildungen mit $g(\mathfrak{K} \times \mathfrak{L}) \in \tau_{\mathfrak{B},4}(0)$ und $h(\mathfrak{K} \times [j]) \in \tau_{\mathfrak{B},4}(0)$ $(j \in \mathfrak{A})$, wobei 0 die Nullabbildung in $\mathfrak{A}$ und h die durch $h(i, j) = g(i, j) - f(i)$ definierte Abbildung von $I \times J$ in $\mathfrak{A}$ ist. $\mathfrak{F}$ sei ein Filter aus $\mathfrak{S}$. Wir setzen $I' = I \times X$ und $\mathfrak{K}' = \mathfrak{K} \times \mathfrak{F}$ und bezeichnen mit $\bar{f}$ die durch $\bar{f}(i, x) = f(i)(x)$ definierte Abbildung von I' in Y und mit $\bar{g}$ und $\bar{h}$ die durch $\bar{g}\big((i, x), j\big) = g(i, j)(x)$ und $\bar{h}\big((i, x), j\big) = h(i, j)(x)$ definierten Abbildungen von $I' \times J$ in Y. Nach Voraussetzung gilt $\bar{g}(\mathfrak{K}' \times \mathfrak{L}) = g(\mathfrak{K} \times \mathfrak{L})(\mathfrak{F}) \to 0$ sowie $\bar{h}(\mathfrak{K}' \times [j]) = h(\mathfrak{K} \times [j])(\mathfrak{F}) \to 0$ $(j \in \mathfrak{A})$. Unter Beachtung, daß $\bar{h}(i, j) = \bar{g}(i, j) - \bar{f}(i)$ für jedes $i \in I'$ und $j \in J$ ist und Y die Eigenschaft S hat, erhalten wir damit $\bar{f}(\mathfrak{K}') = f(\mathfrak{K})(\mathfrak{F}) \to 0$ und folglich, daß auch $\tau_{\mathfrak{B},4}$ die Eigenschaft S hat.

Im folgenden Satz sei $\mathfrak{A}$ eine beliebige Menge von Abbildungen von X in Y, also eine Teilmenge von $F(X, Y)$. Durch Anwendung von 7.11.4 auf $F(X, Y)$ und Übergang zu $\mathfrak{A}$ folgt mittels 3.17.5, 5.6.14 und 7.10.5

7.11.6 (Choquet-Eigenschaft von $\tau_{\mathfrak{B},k}$). *$\mathfrak{A}$ bestehe aus Abbildungen mit ganz X als Definitionsbereich. $\mathfrak{B}$ sei aus einem Filtersystem $\mathfrak{S}$ erzeugt, und Y sei* CHOQUET*sch. Für $k = 3$, 4 und 5 ist dann auch $\tau_{\mathfrak{B},k}$* CHOQUET*sch.*

Wir nehmen für den nächsten Satz $\mathfrak{A} = F(X, Y)$ an. $F_{\mathfrak{B},k}(X, Y)$, also $F(X, Y)$, versehen mit $\tau_{\mathfrak{B},k}$, denken wir uns mit der Verknüpfung $(f, g) \mapsto f + g$ versehen, so daß dann $F_{\mathfrak{B},k}(X, Y)$ eine additive abelsche pseudotopologische Gruppe ist. Aus 5.6.14 und 7.10.8 folgt

7.11.7 (Kriterium für die Vollständigkeit von $F_{\mathfrak{B},k}(X, Y)$). *$\mathfrak{B}$ sei nichtleer, und es gelte $\{[(x)] \mid x \in X\} \leqq \mathfrak{B}$. Y sei eine separierte reguläre additive abelsche pseudotopologische Gruppe. Unter diesen Voraussetzungen ist zu beliebigem $k = 1, \dots, 5$ die pseudotopologische Gruppe $F_{\mathfrak{B},k}(X, Y)$ genau dann vollständig, wenn Y vollständig ist.*

Wir nehmen für den folgenden Satz an, daß Y eine pseudotopologische $\boldsymbol{K}$-lineare Gruppe mit $\boldsymbol{K} = \boldsymbol{R}$ oder $\boldsymbol{C}$ ist; an $\mathfrak{A}$ stellen wir keine Bedingungen. Für die Pseudotopologie der $\mathfrak{B},k$-Konvergenz in $\mathfrak{A}$ benutzen wir die ausführlichere Bezeichnungsweise (7.9.2). Die Pseudotopologie der $\mathfrak{B},k$-Konvergenz in $\mathfrak{A}$ in dem Fall, daß Y durch die gleichförmige pseudotopologische lineare Gruppe $Y^{\#}$ ersetzt ist, bezeichnen wir mit $\tau_{\mathfrak{B},k}(X, Y^{\#})$. Bezüglich anderer Systeme von $\wedge$-Idealen von Dualfiltern in X benutzen wir natürlich die entsprechenden Bezeichnungen.

7.11.8 ($\mathfrak{B},k$-Konvergenz und $\#$). *X sei zu einem $n \in \boldsymbol{N}^+$ das n-fache Produkt eines $\boldsymbol{K}$-Radialraumes X' mit sich. $\mathfrak{B}$ sei das n-fache Produkt $\mathfrak{U} \times^e \cdots \times^e \mathfrak{U}$ eines Systems von $\wedge$-Idealen von Dualfiltern in X' mit sich und $\mathfrak{W}$ das n-fache Produkt $\mathfrak{U}^{\mathrm{K}} \times^e \cdots \times^e \mathfrak{U}^{\mathrm{K}}$. $f\colon X \to Y$ sei eine von einem Grade m multihomogene Abbildung aus $\mathfrak{A}$ und $\mathfrak{K}$ ein vom Grade m multihomogener Filter in $\mathfrak{A}$. Für $k = 1$ und 3 besteht dann die Äquivalenz*

$$\mathfrak{K} \in \tau_{\mathfrak{B},k}(X, Y^{\#})(f) \Leftrightarrow \mathfrak{K} \in \tau_{\mathfrak{W},k}(X, Y)(f)\,, \tag{7.11.3}$$

für $k = 1, \dots, 4$ ferner die Äquivalenz

$$\mathfrak{K} \in \tau_{\mathfrak{W},k}(X, Y^{\#})(f) \Leftrightarrow \mathfrak{K} \in \tau_{\mathfrak{W},k}(X, Y)(f)\,. \tag{7.11.4}$$

Beweis. 1. Zu jedem $\mathfrak{u} \in \mathfrak{U}$ und $\mathfrak{F} \in \mathfrak{u}$ gehört $\bigvee_{\alpha>0} \alpha\mathfrak{F}$ dem $\wedge$-Ideal $\bigvee_{\mathfrak{F}' \in \mathfrak{u}} [\bigvee_{\alpha>0} \alpha\mathfrak{F}']$ aus $\mathfrak{U}^{\mathrm{K}}$ an und gibt es zu beliebigem $F' \in \bigvee_{\alpha>0} \alpha\mathfrak{F}$ endlich viele $\alpha_1, \dots, \alpha_m > 0$ und $F_1, \dots, F_m \in \mathfrak{F}$ mit $F' \subseteqq \alpha_1 F_1 \cup \dots \cup \alpha_m F_m$. Ist $\mathfrak{G}$ ein gleichförmiger Filter in Y und sind $F_1, \dots, F_n$ Teilmengen von X' derart, daß zu beliebigen $\alpha > 0$ und $G \in \mathfrak{G}$ ein $K \in \mathfrak{K}$ mit $(K - f)[F_1 \times \dots \times F_n] \subseteqq \alpha G$ existiert, dann gibt es wegen der Homogenitätseigenschaft von $\mathfrak{K}$ und f zu beliebigen $\alpha_1, \dots, \alpha_n > 0$ und $G \in \mathfrak{G}$ ein $K \in \mathfrak{K}$ mit $(K - f)[\alpha_1 F_1 \times \cdots \times \alpha_n F_n] \subseteqq G$. Damit folgt die Richtung $\Rightarrow$ bei (7.11.3) für $k = 1$ und 3.

2. Zu jedem $\mathfrak{u} \in \mathfrak{U}$ und jedem $\mathfrak{F}' \in \bigvee_{\mathfrak{F} \in \mathfrak{u}} [\bigvee_{\alpha > 0} \alpha\mathfrak{F}]$ gibt es ein $\mathfrak{F} \in \mathfrak{u}$ mit $\bigvee_{\alpha > 0} \alpha\mathfrak{F} \subseteqq \mathfrak{F}'$. Ist $\mathfrak{G}$ ein Filter in Y und sind $F_1, \dots, F_n$ Teilmengen von X' derart, daß es zu beliebigen $\alpha_1, \dots, \alpha_n > 0$ und $G \in \mathfrak{G}$ ein Element K von $\mathfrak{K}$ mit $(K - f)[\alpha_1 F_1 \times \cdots \times \alpha_n F_n] \subseteqq G$ gibt, so existiert zu jedem $\alpha > 0$ und $G \in \mathfrak{G}$ ein $K \in \mathfrak{K}$ mit $(K - f)[F_1 \times \cdots \times F_n] \subseteqq \alpha G$. Aus dem Angeführten folgt die Richtung $\Leftarrow$ bei (7.11.3) für $k = 1$ und 3.

3. Selbstverständlich gilt die Richtung $\Rightarrow$ bei (7.11.4) für $k = 1, \dots, 4$. Ist $\mathfrak{G}$ ein Filter in Y und existieren zu beliebigem $G \in \mathfrak{G}$ Dualfilter $\mathfrak{F}_{1G}, \dots, \mathfrak{F}_{nG}$ in X' derart, daß es zu beliebigen $F_1 \in \mathfrak{F}_{1G}, \dots, F_n \in \mathfrak{F}_{nG}$ und $\alpha_1, \dots, \alpha_n > 0$ ein $K \in \mathfrak{K}$ mit $(K - f)[\alpha_1 F_1 \times \cdots \times \alpha_n F_n] \subseteqq G$ gibt, dann finden wir zu beliebigen $G \in \mathfrak{G}, \alpha > 0$ und $F_1 \in \mathfrak{F}_{1G}, \dots, F_n \in \mathfrak{F}_{nG}$ ein $K \in \mathfrak{K}$ mit $(K - f)[F_1 \times \cdots \times F_n] \subseteqq \alpha G$. Damit folgt die Richtung $\Leftarrow$ bei (7.11.4) für $k = 2$ und 4. Ähnlich ergibt sie sich für $k = 1$ und 3.

Für das Folgende sei weiterhin Y eine pseudotopologische $\boldsymbol{K}$-lineare Gruppe mit $\boldsymbol{K} = \boldsymbol{R}$ oder $\boldsymbol{C}$. Mit f gehöre zu beliebigem $\alpha \in \boldsymbol{K}$ auch $\alpha f \colon x \mapsto \alpha f(x)$ $(x \in \operatorname{db} f)$ zu $\mathfrak{A}$, so daß zu jedem Filter $\mathfrak{K}$ in $\mathfrak{A}$ und jedem $\alpha \in \boldsymbol{K}$ der Filter $\alpha\mathfrak{K}$ in $\mathfrak{A}$, der $\{\{\alpha f \mid f \in K\} \mid K \in \mathfrak{K}\}$ als eine Basis hat, gebildet werden kann. Ferner kann dann natürlich auch zu jedem Filter $\mathfrak{K}$ in $\mathfrak{A}$ der Filter $\boldsymbol{V}\mathfrak{K}$ in $\mathfrak{A}$, der $\{\{\alpha f \mid \alpha \in V, f \in K\} \mid V \in \boldsymbol{V}, K \in \mathfrak{K}\}$ als eine Basis hat, gebildet werden. In Ergänzung zu 7.11.3 erhält man

7.11.9. *Für jede Abbildung $f \in \mathfrak{A}$, jeden Filter $\mathfrak{K} \xrightarrow[\mathfrak{V},k]{} f$ und jedes $\alpha \in \boldsymbol{K}$ gilt $\alpha\mathfrak{K} \xrightarrow[\mathfrak{V},k]{} \alpha f$. Gehört die Nullabbildung $0 \colon x \mapsto 0$ $(x \in X)$ von X in Y zu $\mathfrak{A}$ und ist $\mathfrak{K}$ ein Filter in $\mathfrak{A}$ mit $\mathfrak{K} \xrightarrow[\mathfrak{V},k]{} 0$, so gilt auch $\boldsymbol{V}\mathfrak{K} \xrightarrow[\mathfrak{V},k]{} 0$.*

Zum Beweis: Die Richtigkeit des ersten Teiles ergibt sich mühelos. Den zweiten Teil beweist man leicht unter Beachtung, daß $\boldsymbol{V}\mathfrak{G} \in \tau_1(0)$ aus $\mathfrak{G} \in \tau_1(0)$ folgt und zu jeder Teilmenge F von X, jeder Teilmenge G von Y und jeder Teilmenge K von $\mathfrak{A}$ die Beziehung $K[F] \subseteqq G$ stets $VK[F] \subseteqq VG$ $(V \in \boldsymbol{V})$ nach sich zieht.

Wir nehmen nun an, daß $\mathfrak{A}$ nur aus Abbildungen mit ganz X als Definitionsbereich besteht, mit f und g auch $f + g$ zu $\mathfrak{A}$ gehört und zu beliebigem $\alpha \in \boldsymbol{K}$ mit f auch die Abbildung $\alpha f \colon x \mapsto \alpha f(x)$ $(x \in X)$ in $\mathfrak{A}$ liegt. $\mathfrak{A}$ ist dann bezüglich der Addition $(f, g) \mapsto f + g$ und der skalaren Multiplikation $(\alpha, f) \mapsto \alpha f$ ein Vektorraum über $\boldsymbol{K}$. Für die folgenden Sätze dieses Abschnittes sei $\mathfrak{A}$ stets auf diese Weise zu einem Vektorraum gemacht. Aus 5.7.7, 7.11.3 und 7.11.9 folgt

7.11.10 (Schwache Verträglichkeit von $\boldsymbol{\tau}_{\mathfrak{V},k}$). *Zu beliebigem $k = 1, \dots, 5$ ist $\tau_{\mathfrak{V},k}$ eine schwach verträgliche Pseudotopologie des Vektorraumes $\mathfrak{A}$.*

Nach diesem Satz ist also $\mathfrak{A}$, versehen mit $\tau_{\mathfrak{B},k}$, eine pseudotopologische lineare Gruppe; ein pseudotopologischer Vektorraum ist $\mathfrak{A}$, versehen mit $\tau_{\mathfrak{B},k}$, nur unter zusätzlichen Einschränkungen an $\mathfrak{B}$, wie aus dem weiteren hervorgeht. Der Satz 7.11.10 unterstreicht die Nützlichkeit des Begriffs der pseudotopologischen linearen Gruppe.

Mittels des Korollars zu 5.7.7 erhält man, daß $\tau_{\mathfrak{B},k}$ für ein $k = 1, \ldots, 5$ genau dann eine verträgliche Pseudotopologie von $\mathfrak{A}$ ist, wenn Vf zu beliebigem $f \in \mathfrak{A}$ gegen die Null von $\mathfrak{A}$ $\mathfrak{B},k$-konvergiert.

Wenn X mit der Trägermenge von Y übereinstimmt und $\mathfrak{A}$ die identische Abbildung Δ von X auf sich angehört, ist offensichtlich dafür, daß $\tau_{\mathfrak{B},k}$ für ein $k = 1, \ldots, 5$ eine verträgliche Pseudotopologie von $\mathfrak{A}$ ist, notwendig, daß

$$V\Delta \xrightarrow[\mathfrak{B},k]{} 0 \tag{7.11.5}$$

gilt. Unter Beachtung von 7.11.2 und $-\tau_1(0) = \tau_1(0)$ erhält man, daß die Bedingung (7.11.5) besagt, daß $\mathfrak{B}$ k-verträglich ist (vergleiche Abschnitt 5.18). (7.11.5) ist natürlich von der speziellen Wahl von $\mathfrak{A}$ unabhängig. Wir können die nach 7.11.10 angegebene Aussage über die Verträglichkeit von $\tau_{\mathfrak{B},k}$ auch so formulieren:

7.11.11 (Kriterium für die Verträglichkeit von $\tau_{\mathfrak{B},k}$). *Zu beliebigem $k = 1, \ldots, 5$ ist $\tau_{\mathfrak{B},k}$ genau dann eine verträgliche Pseudotopologie des Vektorraumes $\mathfrak{A}$, wenn $f[\mathfrak{B}]$ für jedes $f \in \mathfrak{A}$ k-verträglich ist.*

Aus 5.18.16 und 7.11.11 folgt das

Korollar 1. *X sei ein Produkt $X_1 \times \cdots \times X_n$ ($n \in \boldsymbol{N}^+$) verallgemeinerter limitierter $\boldsymbol{K}$-Radialräume und $\mathfrak{B}$ ein Produkt $\mathfrak{B}_1 \times^e \cdots \times^e \mathfrak{B}_n$ von Systemen $\mathfrak{B}_j$ von $\wedge$-Idealen von Dualfiltern in X_j, die für ein $k = 1, \ldots, 5$ k-verträglich sind. Besteht $\mathfrak{A}$ zu einem $m \in \boldsymbol{N}^+$ aus Abbildungen von X in Y, die in 0 stetig und die vom Grade m homogen sind, dann ist $\tau_{\mathfrak{B},k}$ eine verträgliche Pseudotopologie des Vektorraumes $\mathfrak{A}$.*

Aus 5.18.10 und 7.11.11 erhält man das

Korollar 2. *Ist $\mathfrak{W}$ ein System von $\wedge$-Idealen von Dualfiltern in Y, das für ein $k = 1, \ldots, 5$ k-verträglich ist, und besteht $\mathfrak{A}$ aus $\mathfrak{B},\mathfrak{W}$-treuen Abbildungen, dann ist $\tau_{\mathfrak{B},k}$ eine verträgliche Pseudotopologie des Vektorraumes $\mathfrak{A}$.*

Aus dem folgenden Satz, in dem wir wieder die Bezeichnungsweise (7.9.2) verwenden, ergeben sich wichtige Aussagen über die Gleichförmigkeit der Pseudotopologie der $\mathfrak{B},k$-Konvergenz. Dabei wird die Bedeutung des Begriffs des einem System von $\wedge$-Idealen von Dualfiltern zugeordneten kegelartigen Systems deutlich.

7.11.12 ($\mathfrak{B},k$-Konvergenz und #). *In den Fällen $k = 1, 3$ und 5 gilt*

$$\tau_{\mathfrak{B},k}(X, Y)^{\#} = \tau_{\mathfrak{B},k}(X, Y^{\#})\,. \tag{7.11.6}$$

Ist X zu einem $n \in \boldsymbol{N}^+$ das n-fache Produkt eines $\boldsymbol{K}$-Radialraumes X' mit sich, $\mathfrak{V}$ das n-fache Produkt $\mathfrak{U} \times^e \cdots \times^e \mathfrak{U}$ eines Systems $\mathfrak{U}$ von $\wedge$-Idealen von Dualfiltern in X' mit sich und $\mathfrak{W}$ das n-fache Produkt $\mathfrak{U}^{\mathrm{K}} \times^e \cdots \times^e \mathfrak{U}^{\mathrm{K}}$, so besteht in den Fällen $k = 1, \ldots, 4$ für jede von einem Grade m multihomogene Abbildung $f \in \mathfrak{A}$ und jeden vom Grade m multihomogenen Filter $\mathfrak{K}$ in $\mathfrak{A}$ die Äquivalenz

$$\mathfrak{K} \in \tau_{\mathfrak{V},k}(X, Y)^{\#}(f) \Leftrightarrow \mathfrak{K} \in \tau_{\mathfrak{W},k}(X, Y)(f) .$$

Beweis. 1. k sei eine der Zahlen 1, 3 oder 5. F sei eine Teilmenge von X, $\mathfrak{G}$ ein Filter aus $\tau_1(0)$ und $\mathfrak{K}$ ein Filter in $\mathfrak{A}$ derart, daß zu jedem $G \in \mathfrak{G}$ ein $K \in \mathfrak{K}$ mit $K[F] \subseteqq G$ existiert.

Wir nehmen zuerst an, daß $\mathfrak{K}$ gleichförmig ist. Wir bilden $\mathfrak{H} = \boldsymbol{V}\mathfrak{G} \in \tau_1^{\#}(0)$ und finden zu jedem $H \in \mathfrak{H}$ ein $\alpha > 0$ und $G \in \mathfrak{G}$ mit $\alpha G \subseteqq H$ und damit ein $K \in \mathfrak{K}$ mit $\alpha K[F] \subseteqq H$, wegen 5.8.1 zu jedem $H \in \mathfrak{H}$ also ein $K \in \mathfrak{K}$ mit $K[F] \subseteqq H$. Daher gilt $\tau_{\mathfrak{V},k}(X, Y)^{\#}(0) \subseteqq \tau_{\mathfrak{V},k}(X, Y^{\#})(0)$.

Nun sei $\mathfrak{G}$ gleichförmig. Unter Beachtung von 5.8.1 finden wir zu jedem $G \in \mathfrak{G}$ und $\alpha > 0$ ein $H \in \mathfrak{G}$ mit $\alpha \boldsymbol{E} H \subseteqq G$ und somit ein $K \in \mathfrak{K}$ mit $K[F] \subseteqq H$ und daher mit $\alpha \boldsymbol{E} K[F] \subseteqq G$. Zu jedem $G \in \mathfrak{G}$ existiert daher ein $K \in \boldsymbol{E} \bigcap_{\alpha>0} \alpha\mathfrak{K}$ mit $K[F] \subseteqq G$. Aus $\mathfrak{K} \in \tau_{\mathfrak{V},k}(X, Y^{\#})(0)$ folgt somit $\boldsymbol{E} \bigcap_{\alpha>0} \alpha\mathfrak{K} \in \tau_{\mathfrak{V},k}(X, Y)(0)$ und wegen 5.8.13 deshalb $\mathfrak{K} \in \tau_{\mathfrak{V},k}(X, Y)^{\#}(0)$. Also gilt (7.11.6).

2. X sei das n-fache Produkt eines $\boldsymbol{K}$-Radialraumes X' mit sich, $\mathfrak{V}$ das n-fache Produkt $\mathfrak{U} \times^e \cdots \times^e \mathfrak{U}$ eines Systems $\mathfrak{U}$ von $\wedge$-Idealen von Dualfiltern in X' mit sich und $\mathfrak{W}$ das n-fache Produkt $\mathfrak{U}^{\mathrm{K}} \times^e \cdots \times^e \mathfrak{U}^{\mathrm{K}}$. k sei eine der Zahlen $1, \ldots, 4$.

Sind $\mathfrak{F}_1, \ldots, \mathfrak{F}_n$ Dualfilter in X' und ist G eine Teilmenge von Y und $\mathfrak{K}$ ein von einem Grade m multihomogener Filter in $\mathfrak{A}$ derart, daß zu beliebigen $F_1 \in \mathfrak{F}_1, \ldots, F_n \in \mathfrak{F}_n$ ein $K \in \boldsymbol{E} \bigcap_{\alpha>0} \alpha\mathfrak{K}$ mit $K[F_1 \times \cdots \times F_n] \subseteqq G$ existiert, dann gibt es zu beliebigen $F_1 \in \mathfrak{F}_1, \ldots, F_n \in \mathfrak{F}_n$ und $\alpha_1, \ldots, \alpha_n > 0$ ein Element K des Filters $\mathfrak{K}$ mit $\alpha_1^m \cdots \alpha_n^m K[F_1 \times \cdots \times F_n] \subseteqq G$ und daher ein $K \in \mathfrak{K}$ mit $K[\alpha_1 F_1 \times \cdots \times \alpha_n F_n] \subseteqq G$, folglich zu beliebigen $F_1' \in \bigvee_{\alpha>0} \alpha\mathfrak{F}_1, \ldots, F_n' \in \bigvee_{\alpha>0} \alpha\mathfrak{F}_n$ ein $K \in \mathfrak{K}$ mit $K[F_1' \times \cdots \times F_n'] \subseteqq G$. Für jeden multihomogenen Filter $\mathfrak{K}$ in $\mathfrak{A}$ folgt aus $\mathfrak{K} \in \tau_{\mathfrak{V},k}(X, Y)^{\#}(0)$ wegen 5.8.13 $\boldsymbol{E} \bigcap_{\alpha>0} \alpha\mathfrak{K} \in \tau_{\mathfrak{V},k}(X, Y)(0)$ und aus dem Bewiesenen damit $\mathfrak{K} \in \tau_{\mathfrak{W},k}(X, Y)(0)$.

$\mathfrak{F}_1', \ldots, \mathfrak{F}_n'$ seien Dualfilter in X, und G sei eine Teilmenge von Y und $\mathfrak{K}$ ein von einem Grade m multihomogener Filter in $\mathfrak{A}$ derart, daß zu beliebigen $F_1' \in \mathfrak{F}_1', \ldots, F_n' \in \mathfrak{F}_n'$ ein $K \in \mathfrak{K}$ mit $K[F_1' \times \cdots \times F_n'] \subseteqq G$ existiert. Wir bilden zu beliebigem $\beta > 0$ die Menge $H = \beta \boldsymbol{E} G$. Für alle Dualfilter $\mathfrak{F}_1, \ldots, \mathfrak{F}_n$ in X mit $\bigvee_{\alpha>0} \alpha\mathfrak{F}_1 \subseteqq \mathfrak{F}_1', \ldots, \bigvee_{\alpha>0} \alpha\mathfrak{F}_n \subseteqq \mathfrak{F}_n'$ gilt: Zu beliebigen $F_1 \in \mathfrak{F}_1, \ldots, F_n \in \mathfrak{F}_n$ und $\alpha_1, \ldots, \alpha_n > 0$ existiert ein $K \in \mathfrak{K}$ mit $K[\alpha_1 F_1 \times \cdots \times \alpha_n F_n] \subseteqq G$ und daher auch ein $K \in \mathfrak{K}$ mit $\alpha_1^m \cdots \alpha_n^m K[F_1 \times \cdots \times F_n] \subseteqq G$, somit zu beliebigen $F_1 \in \mathfrak{F}_1, \ldots, F_n \in \mathfrak{F}_n$ ein $K \in \beta \boldsymbol{E} \bigcap_{\alpha>0} \alpha\mathfrak{K} = \boldsymbol{E} \bigcap_{\alpha>0} \alpha\mathfrak{K}$ mit $K[F_1 \times \cdots \times F_n] \subseteqq H$. Da mit $\mathfrak{G}$ auch $\mathfrak{H} = \boldsymbol{V}\mathfrak{G}$ zu $\tau_1(0)$ gehört, ergibt sich, daß für jeden von einem

Grade m multihomogenen Filter $\mathfrak{K}$ in $\mathfrak{A}$ aus $\mathfrak{K} \in \tau_{\mathfrak{W},k}(X, Y)(0)$ stets $\boldsymbol{E} \bigcap_{\alpha>0} \alpha\mathfrak{K} \in \tau_{\mathfrak{B},k}(X, Y)(0)$ und somit $\mathfrak{K} \in \tau_{\mathfrak{B},k}(X, Y)^{\#}(0)$ folgt.

Der zweite Teil der Behauptung ist damit für $f = 0$ bewiesen. Nun ist für jede von einem Grade m multihomogene Abbildung $f \in \mathfrak{A}$ und jeden vom Grade m multihomogenen Filter $\mathfrak{K}$ in $\mathfrak{A}$ auch $\mathfrak{K} - f$ vom Grade m multihomogen, so daß sich die Richtigkeit des zweiten Teiles der Behauptung ohne Einschränkung ergibt.

Da in dem Fall, daß X ein endliches Produkt von $\boldsymbol{K}$-Radialräumen ist und $\mathfrak{A}$ aus Abbildungen von X in Y besteht, die multihomogen von einem Grade m sind, jeder Filter $\mathfrak{K}$ in $\mathfrak{A}$ vom Grade m multihomogen ist, erhalten wir das

Korollar. *Wenn Y gleichförmig ist, ist in den Fällen $k = 1, 3$ und 5 auch $\tau_{\mathfrak{B},k}(X, Y)$ gleichförmig. Ist X zu einem $n \in \boldsymbol{N}^+$ das n-fache Produkt eines $\boldsymbol{K}$-Radialraumes X' mit sich, $\mathfrak{B}$ das n-fache Produkt $\mathfrak{U} \times^e \cdots \times^e \mathfrak{U}$ eines Systems von $\wedge$-Idealen von Dualfiltern in X' mit sich und $\mathfrak{W}$ das n-fache Produkt $\mathfrak{U}^{\mathrm{K}} \times^e \cdots \times^e \mathfrak{U}^{\mathrm{K}}$ und besteht $\mathfrak{A}$ aus Abbildungen von X in Y, die von irgendeinem Grade multihomogen sind, dann ist in den Fällen $k = 1, \ldots, 4$ auch $\tau_{\mathfrak{W},k}(X, Y)$ gleichförmig und gilt*

$$\tau_{\mathfrak{B},k}(X, Y)^{\#} = \tau_{\mathfrak{W},k}(X, Y) .$$

Während sich die Gleichförmigkeit nur in gewissen Fällen von Y auf $\mathfrak{A}$ überträgt, trifft das für die Kreisförmigkeit stets zu. Mittels 5.8.13 folgt nämlich

7.11.13 ($\mathfrak{B},k$-Konvergenz und $+$). *Für jedes $k = 1, \ldots, 5$ gilt*

$$\tau_{\mathfrak{B},k}(X, Y^+) \leqq \tau_{\mathfrak{B},k}(X, Y)^+ ,$$

wobei die Pseudotopologie $\tau_{\mathfrak{B},k}(X, Y^+)$ ebenfalls bez. $\mathfrak{A}$ gemeint ist. Ist Y kreisförmig, so auch $\tau_{\mathfrak{B},k}(X, Y)$.

Ähnlich gilt

7.11.14 ($\mathfrak{B},k$-Konvergenz und $\wedge$). *Für jedes $k = 1, \ldots, 5$ ist*

$$\tau_{\mathfrak{B},k}(X, Y)^\wedge \leqq \tau_{\mathfrak{B},k}(X, Y^\wedge) , \tag{7.11.7}$$

wobei die Pseudotopologie $\tau_{\mathfrak{B},k}(X, Y^\wedge)$ ebenfalls bez. $\mathfrak{A}$ gemeint ist. Ist Y lokalkonvex, so auch $\tau_{\mathfrak{B},k}(X, Y)$.

Beweis. f sei eine Abbildung aus $\mathfrak{A}$ und $\mathfrak{K}$ ein Filter in $\mathfrak{A}$. Da

$$(K^\wedge - f)\,[F] \subseteqq (K - f)\,[F]^\wedge$$

für jede Teilmenge F von X und jedes $K \in \mathfrak{K}$ gilt, hat $\mathfrak{K} \in \tau_{\mathfrak{B},k}(X, Y)(f)$ stets $\mathfrak{K}^\wedge \in \tau_{\mathfrak{B},k}(X, Y^\wedge)(f)$ zur Folge. Daher gilt (7.11.7). Folglich ist mit Y auch $\tau_{\mathfrak{B},k}(X, Y)$ lokalkonvex..

Wir führen als nächstes Verallgemeinerungen von 7.4.12 und 7.4.13 an.

7.11.15 (Separiertheit von $t^{\hat{}}(\tau_{\mathfrak{B},k})$ und $t^{\wedge}(\tau_{\mathfrak{B},k})$). *Es gelte* $\{[(x)] \mid x \in X\} \leqq \mathfrak{B}$, *und es sei* $t^{\hat{}}(Y)$ *bzw.* $t^{\wedge}(Y)$ *separiert. Dann ist zu beliebigem* $k = 1, \ldots, 5$ *auch* $t^{\hat{}}(\tau_{\mathfrak{B},k})$ *bzw.* $t^{\wedge}(\tau_{\mathfrak{B},k})$ *separiert.*

Der Beweis verläuft analog wie der von 7.4.12, so daß wir auf eine Angabe verzichten. Wir bemerken lediglich, daß $\tau_{\mathfrak{B},k}$ wegen 7.11.10 eine schwach verträgliche Pseudotopologie ist und daß wegen 7.9.6 und $\{[(x)] \mid x \in X\} \leqq \mathfrak{B}$ für jeden Nullfilter $\mathfrak{K}$ in $\mathfrak{A}$ und jeden Punkt $x \in X$ der Filter $\mathfrak{K}([x])$ ein Nullfilter in Y ist.

7.11.16 ($t^{\wedge}$-Regularität von $\tau_{\mathfrak{B},k}$). *Es gelte* $\{[(x)] \mid x \in X\} \leqq \mathfrak{B}$, *und es sei* Y $t^{\wedge}$*-regulär. Dann ist zu beliebigem* $k = 1, \ldots, 5$ *auch* $\tau_{\mathfrak{B},k}$ $t^{\wedge}$*-regulär.*

Der Beweis verläuft analog wie der von 7.4.13. Wir verzichten daher auch in diesem Falle auf eine Angabe und verweisen lediglich auf die Bemerkungen zum Beweis von 7.11.15.

7.12. Drei Spezialfälle, Beispiele

Im folgenden befassen wir uns mit Spezialfällen der $\mathfrak{B},k$-Konvergenz, vor allem mit den Fällen, daß $\mathfrak{B}$ aus einem Mengensystem, einem Dualfiltersystem bzw. einem Filtersystem erzeugt wird.

X sei — wenn nichts anderes angegeben ist — eine beliebige Menge, $\mathfrak{B}$ ein System von $\wedge$-Idealen von Dualfiltern in X, Y ein limesuniformer Raum und $\mathfrak{A}$ eine Menge von Abbildungen aus X in Y. $\mathfrak{u}$ bezeichne die limesuniforme Struktur von Y.

Spezialfall 1. $\mathfrak{B}$ sei aus einem Mengensystem $\mathfrak{B}$ erzeugt, d. h., es sei $\mathfrak{B} = \{[(B)] \mid B \in \mathfrak{B}\}$. Es fallen dann bei der $\mathfrak{B},k$-Konvergenz die Typen $k = 1$ und 2 und die Typen $k = 3$, 4 und 5 zusammen, so daß sich zwei Arten der gleichmäßigen Konvergenz ergeben, die mittels Mengensystemen definiert sind. Die Konvergenzbedingung 2 läßt sich in diesem Spezialfall so formulieren: Es gilt für

$$\left.\begin{array}{ll} k = 1, 2: & \exists \mathfrak{G} \in \mathfrak{u}\ \forall B \in \mathfrak{B}_{\mathrm{db}f} \\ k = 3, 4, 5: & \forall B \in \mathfrak{B}_{\mathrm{db}f}\ \exists \mathfrak{G} \in \mathfrak{u} \end{array}\right\} \forall G \in \mathfrak{G}\ \exists K \in \mathfrak{K}\ (\langle f, K\rangle[B] \subseteqq G).$$

Eine andere Formulierung ist: Es gilt für

$$k = 1, 2: \quad \bigwedge_{B \in \mathfrak{B}_{\mathrm{db}f}} \langle f, \mathfrak{K}\rangle[B] \in \mathfrak{u}.$$

$k = 3, 4, 5$: Für jedes $B \in \mathfrak{B}_{\mathrm{db}f}$ ist $\langle f, \mathfrak{K}\rangle[B] \in \mathfrak{u}$.

Anstelle $\mathfrak{B},k$-Konvergenz sagen wir in diesem Spezialfall auch **$\mathfrak{B},k$-Konvergenz** und schreiben für $\tau_{\mathfrak{B},k}$ auch $\tau_{\mathfrak{B},k}$. Die Bedingung $\{[(x)] \mid x \in X\} \leqq \mathfrak{B}$ ist in diesem Falle äquivalent zu der Überdeckungseigenschaft

$$X = \bigcup_{B \in \mathfrak{B}} B\,.$$

Ist Y ein uniformer Raum, so stimmen im Spezialfall 1 alle fünf Typen der gleichmäßigen Konvergenz überein.

Wir nehmen für die folgenden Bemerkungen an, daß $\mathfrak{A}$ nur aus Abbildungen mit ganz X als Definitionsbereich besteht. Die unter dieser Einschränkung eingeführte limesuniforme Struktur $\mathfrak{u}_{\mathfrak{B},k}$ bezeichnen wir im vorliegenden Spezialfall auch mit $\mathfrak{u}_{\mathfrak{B},k}$. Natürlich fallen bei $\mathfrak{u}_{\mathfrak{B},k}$ die Typen $k = 1, 2$ und die Typen $k = 3, 4, 5$ zusammen. Entsprechend wie die oben angegebene Formulierung der Konvergenzbedingung 2 läßt sich die Definition von $\mathfrak{u}_{\mathfrak{B},k}$ formulieren. Insbesondere gilt für $k = 3, 4, 5$

$$\mathfrak{H} \in \mathfrak{u}_{\mathfrak{B},k} \Leftrightarrow \text{Zu jedem } B \in \mathfrak{B} \text{ ist } [\mathfrak{H}, B] \in \mathfrak{u}$$

und damit $\mathfrak{u}_{\mathfrak{B},k} = \bigwedge_{B\in\mathfrak{B}} \mathfrak{u}_{\{B\},k}$. $\mathfrak{u}_{\mathfrak{B},k}$ ist somit für $k = 3, 4, 5$ gleich der von Cook und Fischer [2] eingeführten limesuniformen Struktur der gleichmäßigen Konvergenz bezüglich des Mengensystems $\mathfrak{B}$.

Wenn Y ein uniformer Raum ist, gilt $\mathfrak{u}_{\mathfrak{B},1} = \cdots = \mathfrak{u}_{\mathfrak{B},5}$. Wir haben dann die übliche uniforme Struktur der gleichmäßigen Konvergenz bezüglich des Mengensystems $\mathfrak{B}$; ist $\mathfrak{U}$ der Nachbarschaftsfilter der uniformen Struktur von Y, so ist $\{\{(f, g) \in \mathfrak{A} \times \mathfrak{A} \mid \langle f, g\rangle [B] \subseteq U\} \mid B \in \mathfrak{B}, U \in \mathfrak{U}\}$ eine Basis des Nachbarschaftsfilters von $\mathfrak{u}_{\mathfrak{B},k}$.

Für $F_{\mathfrak{B},k}(X, Y)$ schreiben wir im Spezialfall 1 auch $F_{\mathfrak{B},k}(X, Y)$.

1. Beispiel. X sei eine Menge und $\mathfrak{B}$ die Menge $\{\{x\} \mid x \in X\}$ aller einelementigen Teilmengen von X. Man bestätigt ohne Mühe, daß in diesem Fall für einen beliebigen Filter $\mathfrak{K}$ in $\mathfrak{A}$ der Filter db$\mathfrak{K}$ eine Teilmenge A von X genau dann als $\mathfrak{B}$-Limes hat, wenn er A als einfachen Mengenlimes besitzt. Für $k = 3, 4, 5$ ist die $\mathfrak{B},k$-Konvergenz daher gerade die punktweise Konvergenz. Bei $k = 1, 2$ nennen wir die $\mathfrak{B},k$-Konvergenz die **punktweise Konvergenz im engen Sinne.** 7.9.5 entnimmt man einen Vergleich der $\mathfrak{B},k$-Konvergenz mit der $\mathfrak{B}_s,k$-Konvergenz, wobei $\mathfrak{B}_s$ natürlich die Bornologie aller endlichen Teilmengen von X ist. Man zeigt sogar, daß ohne Einschränkung für $k = 1, 2$ die $\mathfrak{B}_s,k$-Konvergenz mit der punktweisen Konvergenz im engen Sinne und für $k = 3, 4, 5$ die $\mathfrak{B}_s,k$-Konvergenz mit der punktweisen Konvergenz übereinstimmt.

2. Beispiel. X sei ein Limesraum und $\mathfrak{B}$ gleich der Menge $\mathfrak{B}_{\mathsf{k}}$ aller kompakten bzw. der Menge $\mathfrak{B}_{\mathsf{fk}}$ aller folgenkompakten Teilmengen von X. Für $k = 3, 4, 5$ nennen wir die $\mathfrak{B},k$-Konvergenz dann **kompakte** bzw. **folgenkompakte Konvergenz** oder auch k- bzw. **fk-Konvergenz,** und für $k = 1, 2$ nennen wir die $\mathfrak{B},k$-Konvergenz dann **kompakte** bzw. **folgenkompakte Konvergenz im engen Sinne.** Wir bezeichnen die Limitierung der kompakten bzw. folgenkompakten Konvergenz auch einfach mit k bzw. fk und $F_{\mathfrak{B}_{\mathsf{k}},k}(X, Y)$ und $F_{\mathfrak{B}_{\mathsf{fk}},k}(X, Y)$ ($k = 3, 4, 5$) auch mit $F_{\mathsf{k}}(X, Y)$ bzw. $F_{\mathsf{fk}}(X, Y)$. Wenn X ein topologischer und Y ein uniformer Raum ist und $\mathfrak{A}$ aus Abbildungen von X in Y besteht, stimmt k bekanntlich mit der kompakt-offenen Topologie in $\mathfrak{A}$ überein (siehe etwa Kelley [1]).

3. Beispiel. X sei ein verallgemeinerter limitierter Radialraum und $\mathfrak{B}$ die Bornologie $\mathfrak{B}_b$ aller beschränkten Teilmengen von X. Für $k = 3, 4, 5$ heißt die $\mathfrak{B},k$-Konvergenz dann **beschränkte Konvergenz** oder auch **b-Konvergenz** und für $k = 1, 2$ dann **beschränkte Konvergenz im engeren Sinne.** Die Limitierung der beschränkten Konvergenz bezeichnen wir auch mit b und $F_{\mathfrak{B}_b,k}(X, Y)$ bei $k = 3, 4, 5$ auch mit $F_b(X, Y)$. Wir greifen die Bezeichnungsweise aus Spezialfall 3 vorweg und erhalten aus 5.18.13 und 7.9.5, daß in dem Fall, daß die Grenzabbildung ganz X als Definitionsbereich hat, die beschränkte Konvergenz mit der $\mathfrak{S}_b,k$-Konvergenz bei $k = 3, 4, 5$ und die beschränkte Konvergenz im engeren Sinne mit der $\mathfrak{S}_b,k$-Konvergenz bei $k = 1, 2$ übereinstimmt.

4. Beispiel. X sei eine Menge und $\mathfrak{B}$ die maximale Bornologie $\mathsf{P}X$. Es fallen dann alle fünf Typen der $\mathfrak{B},k$-Konvergenz zusammen. Die $\mathfrak{B},k$-Konvergenz nennen wir in diesem Fall die **gleichmäßige Konvergenz (über X)**. Unter Beachtung von 6.5.3 folgt, daß ein Filter $\mathfrak{K}$ in $\mathfrak{A}$ genau dann gleichmäßig gegen eine Abbildung $f \in \mathfrak{A}$ konvergiert, wenn ein $K \in \mathfrak{K}$ mit $\bigcap_{g \in K} \operatorname{db} g = \operatorname{db} f$ existiert, zu jedem Element K^* des Gitters $\mathfrak{K}^*$ von $\mathfrak{K}$ die Beziehung $\bigcap_{g \in K^*} \operatorname{db} g \subseteqq \operatorname{db} f$ besteht und $\langle f, \mathfrak{K}\rangle [\operatorname{db} f] \in \mathfrak{u}$ gilt.

Spezialfall 2. $\mathfrak{B}$ sei aus einem Dualfiltersystem $\mathfrak{L}$ erzeugt, es gilt also $\mathfrak{B} = \{[\mathfrak{F}] \mid \mathfrak{F} \in \mathfrak{L}\}$. Es fallen dann bei der $\mathfrak{B},k$-Konvergenz die Typen $k = 1$ und 2 und ebenfalls die Typen $k = 3$ und 4 zusammen; es ergeben sich also drei Arten der gleichmäßigen Konvergenz, die mittels Dualfiltersystemen definiert sind. Die Konvergenzbedingung 2 kann in diesem Spezialfall so formuliert werden: Es gilt für

$$\left.\begin{array}{ll} k = 1, 2: & \exists \mathfrak{G} \in \mathfrak{u}\ \forall \mathfrak{F} \in \mathfrak{L}_{\operatorname{db} f}\ \forall F \in \mathfrak{F} \\ k = 3, 4: & \forall \mathfrak{F} \in \mathfrak{L}_{\operatorname{db} f}\ \exists \mathfrak{G} \in \mathfrak{u}\ \forall F \in \mathfrak{F} \\ k = 5: & \forall \mathfrak{F} \in \mathfrak{L}_{\operatorname{db} f}\ \forall F \in \mathfrak{F}\ \exists \mathfrak{G} \in \mathfrak{u} \end{array}\right\} \forall G \in \mathfrak{G}\ \exists K \in \mathfrak{K}\ (\langle f, K\rangle[F] \subseteqq G)\,.$$

Eine andere Formulierung ist: Es gilt für

$k = 1, 2$: $\bigwedge_{\mathfrak{F} \in \mathfrak{L}_{\operatorname{db} f}} \bigwedge_{F \in \mathfrak{F}} \langle f, \mathfrak{K}\rangle [F] \in \mathfrak{u}$.

$k = 3, 4$: Zu jedem $\mathfrak{F} \in \mathfrak{L}_{\operatorname{db} f}$ ist $\bigwedge_{F \in \mathfrak{F}} \langle f, \mathfrak{K}\rangle [F] \in \mathfrak{u}$.

$k = 5$: Zu jedem $\mathfrak{F} \in \mathfrak{L}_{\operatorname{db} f}$ und jedem $F \in \mathfrak{F}$ ist $\langle f, \mathfrak{K}\rangle [F] \in \mathfrak{u}$.

Anstelle $\mathfrak{B},k$-Konvergenz sagen wir in diesem Spezialfall auch **$\mathfrak{L},k$-Konvergenz** und schreiben für $\tau_{\mathfrak{B},k}$ auch $\tau_{\mathfrak{L},k}$. Wenn f eine Abbildung aus $\mathfrak{A}$ mit ganz X als Definitionsbereich ist, stimmt in den Fällen $k = 1, 2$ und $k = 5$ die $\mathfrak{L},k$-Konvergenz gegen f mit der $\mathfrak{B},k$-Konvergenz gegen f bei $\mathfrak{B} = \bigcup_{\mathfrak{F} \in \mathfrak{L}} \mathfrak{F}$ überein.

Die Bedingung $\{[(x)] \mid x \in X\} \leqq \mathfrak{B}$ ist im vorliegenden Fall äquivalent zu der Überdeckungseigenschaft

$$X = \bigcup_{\mathfrak{F} \in \mathfrak{L}} \bigcup_{F \in \mathfrak{F}} F\,,$$

d. h. dazu, daß zu beliebigem $x \in X$ ein $\mathfrak{F} \in \mathfrak{L}$ mit $\{x\} \in \mathfrak{F}$ existiert.

Ist Y ein uniformer Raum, so stimmen im Spezialfall 2 alle fünf Typen der gleichmäßigen Konvergenz überein.

$\tau_{\mathfrak{L}}$ sei die Pseudotopologie der $\mathfrak{L}$-Konvergenz im Mengensystem db[$\mathfrak{A}$].

7.12.1 (Hinreichende Bedingung dafür, daß $\tau_{\mathfrak{L},k}$ eine mehrstufige Topologie ist). *Y sei ein uniformer Raum und $\tau_{\mathfrak{L}}$ eine mehrstufige Topologie. Dann ist auch $\tau_{\mathfrak{L},1} = \cdots = \tau_{\mathfrak{L},5}$ eine mehrstufige Topologie.*

Beweis. f sei eine Abbildung aus $\mathfrak{A}$. Wir setzen $I = \tau_{\mathfrak{L},1}(f)$. Die Filter db$\mathfrak{K}$ ($\mathfrak{K} \in I$) haben db$f$ als $\mathfrak{L}$-Limes. Wegen db $\bigcap\limits_{\mathfrak{K}\in I} \mathfrak{K} = \bigcap\limits_{\mathfrak{K}\in I}$ db$\mathfrak{K}$ und der Voraussetzung des Satzes ist db$f$ auch $\mathfrak{L}$-Limes von db $\bigcap\limits_{\mathfrak{K}\in I} \mathfrak{K}$. $\mathfrak{G}$ sei der Nachbarschaftsfilter der uniformen Struktur von Y. Zu beliebigen $\mathfrak{F} \in \mathfrak{L}_{\mathrm{db}f}$, $F \in \mathfrak{F}$ und $G \in \mathfrak{G}$ und jedem $\mathfrak{K} \in I$ existiert ein $K_{\mathfrak{K}} \in \mathfrak{K}$ mit $\langle f, K_{\mathfrak{K}}\rangle\,[F] \subseteqq G$, also mit $\langle f, \bigcup\limits_{\mathfrak{K}\in I} K_{\mathfrak{K}}\rangle\,[F] \subseteqq G$. Es folgt damit $\bigcap\limits_{\mathfrak{K}\in I} \mathfrak{K} \in I$ und unter Beachtung von 7.9.2 somit, daß $\tau_{\mathfrak{L},k}$ eine mehrstufige Topologie ist.

Für die folgenden Bemerkungen bestehe $\mathfrak{A}$ nur aus Abbildungen mit ganz X als Definitionsbereich. Die unter dieser Einschränkung für ein beliebiges $k = 1, \ldots, 5$ eingeführte limesuniforme Struktur $\mathfrak{u}_{\mathfrak{B},k}$ bezeichnen wir im Spezialfall 2 auch mit $\mathfrak{u}_{\mathfrak{L},k}$. Es gilt $\mathfrak{u}_{\mathfrak{L},1} = \mathfrak{u}_{\mathfrak{L},2}$ und $\mathfrak{u}_{\mathfrak{L},3} = \mathfrak{u}_{\mathfrak{L},4}$. Entsprechend wie die angegebenen Formulierungen der Konvergenzbedingung 2 im Spezialfall 2 läßt sich die Definition von $\mathfrak{u}_{\mathfrak{L},k}$ formulieren, was wir dem Leser überlassen. Für $k = 1, 2$ und $k = 5$ ist $\mathfrak{u}_{\mathfrak{L},k} = \mathfrak{u}_{\mathfrak{B},k}$ bei $\mathfrak{B} = \bigcup\limits_{\mathfrak{F}\in\mathfrak{L}} \mathfrak{F}$. Wenn Y ein uniformer Raum ist, gilt $\mathfrak{u}_{\mathfrak{L},1} = \cdots = \mathfrak{u}_{\mathfrak{L},5}$. Es ergibt sich dann die übliche uniforme Struktur der gleichmäßigen Konvergenz bezüglich des Mengensystems $\mathfrak{B} = \bigcup\limits_{\mathfrak{F}\in\mathfrak{L}} \mathfrak{F}$.

Anstelle $F_{\mathfrak{B},k}(X, Y)$ schreiben wir im Spezialfall 2 auch $F_{\mathfrak{L},k}(X, Y)$.

5. Beispiel. X sei ein verallgemeinerter limitierter Radialraum und $\mathfrak{L}$ das mittels der Bornologie $\mathfrak{B}_{\mathfrak{b}}$ gebildete kegelartige System $\mathfrak{B}_{\mathfrak{b}}^{\mathrm{K}}$. Für $k = 3, 4$ bezeichnen wir dann die $\mathfrak{L},k$-Konvergenz auch als **$\mathfrak{b}^{\mathrm{K}}$-Konvergenz,** ferner $\tau_{\mathfrak{L},k}$ auch mit $\mathfrak{b}^{\mathrm{K}}$. 7.11.8 entnimmt man, daß die $\mathfrak{b}^{\mathrm{K}}$-Konvergenz eng mit der $\mathfrak{b}$-Konvergenz zusammenhängt. So ergibt sich etwa, wenn Y eine pseudotopologische lineare Gruppe ist, daß ein von einem Grade m homogener Filter $\mathfrak{K}$ in $\mathfrak{A}$ genau dann gegen eine Abbildung $f\colon X \to Y$ aus $\mathfrak{A}$, die vom Grade m homogen ist, $\mathfrak{b}^{\mathrm{K}}$-konvergiert, wenn $\mathfrak{K}$ bezüglich $Y^{\#}$ als Bildraum gegen f $\mathfrak{b}$-konvergiert. Für die letztere Bedingung sagen wir später auch, daß $\mathfrak{K}$ bezüglich der $\#$-Modifikation der $\mathfrak{b}$-Konvergenz gegen f konvergiert.

6. Beispiel. X sei ein verallgemeinerter limitierter Radialraum und $\mathfrak{L}$ die Semibornologie $\mathfrak{L}_{\mathfrak{e}}$ aller gleichartig beschränkten Dualfilter in X. Für $k = 3, 4$ nennen wir die $\mathfrak{L},k$-Konvergenz dann **gleichartig beschränkte Konvergenz** oder **$\mathfrak{e}$-Konvergenz.** Die Limitierung der $\mathfrak{e}$-Konvergenz bezeichnen wir auch mit $\mathfrak{e}$

und $F_{\mathfrak{L}_{\mathbf{e}},k}(X, Y)$ $(k = 3, 4)$ auch mit $F_{\mathbf{e}}(X, Y)$. Ist X eine topologische lineare Gruppe, so stimmt die **e**-Konvergenz mit der beschränkten Konvergenz im engeren Sinne überein. Die **e**-Konvergenz gegen eine Abbildung f mit $\mathrm{db} f = X$ stimmt wegen 5.18.13 und 7.9.5 mit der $\mathfrak{L}_{\mathbf{e}}^{\mathrm{K}},k$-, der $\mathfrak{V}_{\mathbf{e}},k$- und der $\mathfrak{V}_{\mathbf{e}}^{\mathrm{K}},k$-Konvergenz gegen f für $k = 3$ und 4 überein.

Spezialfall 3. $\mathfrak{V}$ sei aus einem Filtersystem $\mathfrak{S}$ erzeugt, also gleich $\{ \bigvee_{F \in \mathfrak{F}} [(F)] \mid \mathfrak{F} \in \mathfrak{S}\}$. Es fallen dann bei der $\mathfrak{V},k$-Konvergenz die Typen $k = 3$ und 5 zusammen, so daß sich also vier Arten der gleichmäßigen Konvergenz ergeben, die mittels Filtersystemen definiert sind. Die Konvergenzbedingung 2 läßt sich in diesem Spezialfall so formulieren: Es gilt für

$$\left.\begin{array}{ll} k = 1: & \exists \mathfrak{G} \in \mathfrak{U}\ \forall \mathfrak{F} \in \mathfrak{S}_{\mathrm{db} f}\ \exists F \in \mathfrak{F}\ \forall G \in \mathfrak{G} \\ k = 2: & \exists \mathfrak{G} \in \mathfrak{U}\ \forall \mathfrak{F} \in \mathfrak{S}_{\mathrm{db} f}\ \forall G \in \mathfrak{G}\ \exists F \in \mathfrak{F} \\ k = 3, 5: & \forall \mathfrak{F} \in \mathfrak{S}_{\mathrm{db} f}\ \exists \mathfrak{G} \in \mathfrak{U}\ \exists F \in \mathfrak{F}\ \forall G \in \mathfrak{G} \\ k = 4: & \forall \mathfrak{F} \in \mathfrak{S}_{\mathrm{db} f}\ \exists \mathfrak{G} \in \mathfrak{U}\ \forall G \in \mathfrak{G}\ \exists F \in \mathfrak{F} \end{array}\right\} \exists K \in \mathfrak{K}\ (\langle f, K\rangle [F] \subseteqq G)\,.$$

Wir geben noch eine andere Formulierung an. Dazu bezeichnen wir zu jedem Filter $\mathfrak{F}$ in X, jedem Filter $\mathfrak{K}$ in $\mathfrak{A}$ und jeder Abbildung $f \in \mathfrak{A}$ mit $\langle f, \mathfrak{K}\rangle (\mathfrak{F})$ den Filter in $Y \times Y$ mit der Basis $\{\langle f, K\rangle [F] \mid F \in \mathfrak{F}, K \in \mathfrak{K}\}$. Für jeden Filter $\mathfrak{F}$ in X, jeden Filter $\mathfrak{K}$ in $\mathfrak{A}$ und jede Abbildung $f \in \mathfrak{A}$ gilt

$$\langle f, \mathfrak{K}\rangle (\mathfrak{F}) = \bigvee_{F \in \mathfrak{F}} \langle f, \mathfrak{K}\rangle [F] = \bigvee_{F \in \mathfrak{F}} \bigwedge_{H \in (F)} \langle f, \mathfrak{K}\rangle [H]\,.$$

Unter Beachtung von $\bigvee_{F \in \mathfrak{F}} [(F)] = \operatorname{im}_{\subseteqq, \mathfrak{J}X} \{(F) \mid F \in \mathfrak{F}\}$ $(\mathfrak{F} \in \mathfrak{S})$ folgt damit leicht, daß man die Konvergenzbedingung 2 im Spezialfall 3 auch so formulieren kann: Es gilt für

$k = 1$: Jedem Filter $\mathfrak{F} \in \mathfrak{S}_{\mathrm{db} f}$ gehört eine Menge $F_{\mathfrak{F}}$ mit $\bigwedge_{\mathfrak{F} \in \mathfrak{S}_{\mathrm{db} f}} \langle f, \mathfrak{K}\rangle [F_{\mathfrak{F}}] \in \mathfrak{U}$ an.

$k = 2$: $\bigwedge_{\mathfrak{F} \in \mathfrak{S}_{\mathrm{db} f}} \langle f, \mathfrak{K}\rangle (\mathfrak{F}) \in \mathfrak{U}$.

$k = 3, 5$: Jedem Filter $\mathfrak{F} \in \mathfrak{S}_{\mathrm{db} f}$ gehört eine Menge F mit $\langle f, \mathfrak{K}\rangle\ [F] \in \mathfrak{U}$ an.

$k = 4$: Für jeden Filter $\mathfrak{F} \in \mathfrak{S}_{\mathrm{db} f}$ ist $\langle f, \mathfrak{K}\rangle (\mathfrak{F}) \in \mathfrak{U}$.

Anstelle $\mathfrak{V},k$-Konvergenz sagen wir in diesem Spezialfall auch **$\mathfrak{S},k$-Konvergenz** und schreiben für $\tau_{\mathfrak{V},k}$ auch $\tau_{\mathfrak{S},k}$. Die Bedingung $\{[(x)] \mid x \in X\} \leqq \mathfrak{V}$ ist in diesem Fall genau dann erfüllt, wenn $\mathfrak{S}$ die Überdeckungseigenschaft

$$X = \bigcup_{\mathfrak{F} \in \mathfrak{S}} \bigcap_{F \in \mathfrak{F}} F$$

hat, d. h. zu beliebigem $x \in X$ ein $\mathfrak{F} \in \mathfrak{S}$ mit $F \subseteqq [x]$ existiert.

Ist Y ein uniformer Raum, so stimmen im Spezialfall 3 die Typen $k = 1, 3$ und 5 und die Typen $k = 2$ und 4 der gleichmäßigen Konvergenz überein.

Für die folgenden Bemerkungen bestehe $\mathfrak{A}$ nur aus Abbildungen mit ganz X als Definitionsbereich. Die unter dieser Einschränkung eingeführte limesuniforme Struktur $\mathfrak{U}_{\mathfrak{V},k}$ bezeichnen wir im Spezialfall 3 auch mit $\mathfrak{U}_{\mathfrak{S},k}$. Es gilt

$\mathfrak{u}_{\mathfrak{S},3} = \mathfrak{u}_{\mathfrak{S},5}$. Entsprechend wie die angegebenen Formulierungen der Konvergenzbedingung 2 im Spezialfall 3 läßt sich die Definition von $\mathfrak{u}_{\mathfrak{S},k}$ formulieren; wir überlassen das dem Leser. Wenn Y ein uniformer Raum ist, gilt $\mathfrak{u}_{\mathfrak{S},1} = \mathfrak{u}_{\mathfrak{S},3} = \mathfrak{u}_{\mathfrak{S},5}$ und $\mathfrak{u}_{\mathfrak{S},2} = \mathfrak{u}_{\mathfrak{S},4}$. $\mathfrak{u}_{\mathfrak{S},k}$ ist dann im allgemeinen keine uniforme Struktur, wie man dem folgenden Beispiel 7 entnehmen kann.

Für $F_{\mathfrak{B},k}(X, Y)$ schreiben wir im Spezialfall 3 auch $F_{\mathfrak{S},k}(X, Y)$.

7. Beispiel. X sei ein Limesraum und τ die Limitierung von X. $\mathfrak{S}$ sei die Menge $\bigcup_{x \in X} \tau(x)$ aller bez. τ konvergenten Filter. Die $\mathfrak{S}$,4-Konvergenz nennen wir dann nach A. D. Michal und A. Bastiani auch **MB-Konvergenz**. Die Limitierung der MB-Konvergenz bezeichnen wir auch mit MB. In wichtigen Fällen stimmt sie mit der Limitierung c der stetigen Konvergenz überein, wie sich aus dem nachstehenden Satz ergibt.

7.12.2 (Beziehungen zwischen MB und c). *Y sei ein pseudouniformer Raum. f sei eine stetige Abbildung aus $\mathfrak{A}$ mit einer offenen Menge als Definitionsbereich. Dann gilt* $\mathsf{MB}(f) \subseteqq \mathsf{c}(f)$. *Wenn f ganz X als Definitionsbereich hat, stimmt sogar* $\mathsf{MB}(f)$ *mit* $\mathsf{c}(f)$ *überein.*

Beweis. 1. $\mathfrak{K}$ sei ein eigentlicher Filter aus $\mathsf{MB}(f)$. Wegen 6.5.9 existiert der offene Limes von $\mathrm{db}\,\mathfrak{K}$, und er ist gleich $\mathrm{db}\,f$. Zu beliebigen $x \in \mathrm{db}\,f$ und $\mathfrak{F} \in \tau(x)$ gilt $\mathfrak{F} \in \mathfrak{S}_{\mathrm{db}\,f}$ und damit $\langle f, \mathfrak{K}\rangle(\mathfrak{F}) \in \mathfrak{u}$, auf Grund der Stetigkeit von f ferner $[f(x)] \times f(\mathfrak{F}) \in \mathfrak{u}$, somit

$$[f(x)] \times \mathfrak{K}(\mathfrak{F}) = \langle f, \mathfrak{F}\rangle(\mathfrak{F}) \circ \big([f(x)] \times f(\mathfrak{F})\big) \in \mathfrak{u}\,.$$

Daher folgt $\mathfrak{K} \in \mathsf{c}(f)$ und deshalb $\mathsf{MB}(f) \subseteqq \mathsf{c}(f)$.

2. Es gelte $\mathrm{db}\,f = X$. $\mathfrak{K}$ sei ein eigentlicher Filter mit $\mathfrak{K} \subseteqq \mathsf{c}(f)$. Wegen 6.5.9 existiert der $\mathfrak{S}$-Limes von $\mathrm{db}\,\mathfrak{K}$, und er ist gleich X. Zu jedem $x \in X$ und $\mathfrak{F} \in \tau(x)$ gilt $[f(x)] \times \mathfrak{K}(\mathfrak{F}) \in \mathfrak{u}$, auf Grund der Stetigkeit von f ferner $[f(x)] \times f(\mathfrak{F}) \in \mathfrak{u}$, so daß sich wegen 2.7.8

$$f(\mathfrak{F}) \times \mathfrak{K}(\mathfrak{F}) = \big([f(x)] \times \mathfrak{K}(\mathfrak{F})\big) \circ \big([f(x)] \times f(\mathfrak{F})\big)^{-1} \in \mathfrak{u}\,,$$

wegen $f(\mathfrak{F}) \times \mathfrak{K}(\mathfrak{F}) \subseteqq \langle f, \mathfrak{K}\rangle(\mathfrak{F})$ daher $\langle f, \mathfrak{K}\rangle(\mathfrak{F}) \in \mathfrak{u}$ ergibt. Damit folgt $\mathfrak{K} \in \mathsf{MB}(f)$, unter der Einschränkung $\mathrm{db}\,f = X$ also $\mathsf{MB}(f) = \mathsf{c}(f)$.

Korollar. *Ist Y ein pseudouniformer Raum und besteht $\mathfrak{A}$ aus stetigen Abbildungen mit ganz X als Definitionsbereich, so ist* $\mathsf{MB} = \mathsf{c}$.

Anmerkung. c und damit auch MB ist im allgemeinen keine mehrstufige Topologie, wenn X ein topologischer und Y ein uniformer Raum ist und $\mathfrak{A}$ aus allen stetigen Abbildungen von X in Y besteht, wie mittels 7.3.11 folgt.

Wir bezeichnen $F_{\bigcup_{x \in X} \tau(x),4}(X, Y)$ auch mit $F_{\mathsf{MB}}(X, Y)$. Im allgemeinen ist $F_{\mathsf{MB}}(X, Y)$ als Limesraum ungleich $F_{\mathsf{c}}(X, Y)$ (vergleiche 7.1.4 und 7.9.2). Wenn Y ein pseudouniformer Raum ist, stimmen aber stets die aus allen stetigen Abbildungen von X in Y bestehenden Teilräume $C_{MB}(X, Y)$ und $C_c(X, Y)$ als Limesräume überein.

Für Vollständigkeitsaussagen benötigen wir den folgenden Satz (SIMONNET [10]):

7.12.3. *X sei ein pseudotopologischer Raum und Y eine pseudotopologische abelsche Gruppe mit der Eigenschaft* S. *Dann ist $C(X, Y)$ in $F_{MB}(X, Y)$ abgeschlossen.*

Beweis. Die Gruppe sei additiv. $\mathfrak{K}$ sei ein eigentlicher Filter in $F(X, Y)$ mit $C(X, Y) \in \mathfrak{K}$ und f eine Abbildung von X in Y mit $\mathfrak{K} \xrightarrow[MB]{} f$. $\mathfrak{F}$ sei ein Filter in X, der gegen einen Punkt $x \in X$ konvergiert. Wir setzen $I = X$ und $J = C(X, Y)$ und definieren Abbildungen $\bar{f}: I \to Y$, $\bar{g}: I \times J \to Y$ und $\bar{h}: I \times J \to Y$ durch $\bar{f}(i) = f(i) - f(x)$, $\bar{g}(i, j) = (j - f)(x) - (j - f)(i)$ und $\bar{h}(i, j) = \bar{g}(i, j) - \bar{f}(i)$. $\mathfrak{K}_0$ sei der Filter $\{K \cap C(X, Y) \mid K \in \mathfrak{K}\}$ in $C(X, Y)$. Wegen $[x] \to x$, $\mathfrak{F} \to x$ und $(\mathfrak{K} - f)([x]) - (\mathfrak{K} - f)(\mathfrak{F}) \subseteq \bar{g}(\mathfrak{F} \times \mathfrak{K}_0)$ folgt $\bar{g}(\mathfrak{F} \times \mathfrak{K}_0) \to 0$. Da jeweils $\bar{h}(i, j) = j(x) - j(i)$ gilt, folgt $\bar{h}(\mathfrak{F} \times [j]) \to 0$ zu beliebigem $j \in J$. Auf Grund der Eigenschaft S gilt daher $\bar{f}(\mathfrak{F}) \to 0$, also $f(\mathfrak{F}) \to f(x)$ und damit $f \in C(X, Y)$.

Unter Berücksichtigung von 7.9.4 und 7.9.5 läßt sich 7.12.3 offensichtlich ausdehnen zu dem Satz

7.12.3'. *X sei ein pseudotopologischer Raum und τ seine Pseudotopologie. $\mathfrak{B}$ sei ein System von $\wedge$-Idealen von Dualfiltern in X mit $\varkappa[\bigcup_{x \in X} \tau(x)] \leqq \mathfrak{B}$ und Y eine pseudotopologische abelsche Gruppe mit der Eigenschaft* S. *Dann ist $C(X, Y)$ zu beliebigem $k = 1, \ldots, 5$ in $F_{\mathfrak{B},k}(X, Y)$ abgeschlossen.*

Wegen 7.11.7 und 7.12.3' gilt

7.12.4 (Vollständigkeit von $C_{\mathfrak{B},k}(X, Y)$). *X sei ein pseudotopologischer Raum und τ seine Pseudotopologie. $\mathfrak{B}$ sei ein System von $\wedge$-Idealen von Dualfiltern in X mit $\varkappa[\bigcup_{x \in X} \tau(x)] \leqq \mathfrak{B}$. Y sei eine pseudotopologische abelsche Gruppe, die vollständig, separiert und regulär ist und die Eigenschaft* S *hat. Dann ist zu beliebigem $k = 1, \ldots, 5$ auch $C_{\mathfrak{B},k}(X, Y)$, d. h. $C(X, Y)$, versehen mit der Limitierung der $\mathfrak{B},k$-Konvergenz, vollständig.*

Insbesondere gilt natürlich, daß für jeden pseudotopologischen Raum X und jede pseudotopologische lineare Gruppe Y, die vollständig, separiert und regulär ist und die Eigenschaft S hat, $C_c(X, Y)$ vollständig ist.

8. Beispiel. X sei ein verallgemeinerter limitierter Radialraum und $\mathfrak{S}$ die Quasibornologie $\mathfrak{S}_q$ aller quasibeschränkten Filter in X. Die $\mathfrak{S}$,4-Konvergenz nennen wir dann nach A. FRÖLICHER und W. BUCHER auch **FB-Konvergenz**, ferner auch **quasibeschränkte Konvergenz** oder **q-Konvergenz.** Die Limitierung

der q-Konvergenz bezeichnen wir mit FB oder q und $F_{\mathfrak{S}_q,4}(X, Y)$ auch mit $F_{FB}(X, Y)$ oder $F_q(X, Y)$.

Andere spezielle Fälle. Wir führen weitere spezielle Fälle an, insbesondere bringen wir noch zwei Beispiele, die sich im allgemeinen den Spezialfällen 1 bis 3 nicht unterordnen lassen.

9. Beispiel. X sei ein verallgemeinerter limitierter Radialraum und $\mathfrak{B}$ gleich der Hypobornologie $\mathfrak{B}_h$ aller hypobeschränkten $\wedge$-Ideale von Dualfiltern in X. τ sei die Limitierung von X. Die $\mathfrak{B}$,4-Konvergenz nennen wir in diesem Falle nach D. H. Hyers und S. Lang **HL-Konvergenz**, ferner auch **hypobeschränkte Konvergenz** oder **h-Konvergenz.** Mittels 5.18.13 und 7.9.5 folgt, daß die h-Konvergenz gegen Abbildungen f mit $\mathrm{db} f = X$ mit der $\mathfrak{S}_q^K$-Konvergenz, der $\tau(0)^K$, 4-Konvergenz und, wenn X ein limitierter Radialraum ist, auch mit der $\left(\bigcup_{x \in X} \tau(x)\right)^K$,4-Konvergenz gegen f übereinstimmt. Die Limitierung der h-Konvergenz bezeichnen wir auch mit HL oder h und $F_{\mathfrak{B}_h,4}(X, Y)$ auch mit $F_{HL}(X, Y)$ oder $F_h(X, Y)$.

Wir verstehen zu beliebigem $\mathfrak{B}$ unter der **Keller-Modifikation** der $\mathfrak{B}$,4-Konvergenz in $\mathfrak{A}$ die $\mathfrak{B}$,3- Konvergenz in $\mathfrak{A}$. Wird $\mathfrak{B}$ aus einem Dualfiltersystem erzeugt, so stimmt die $\mathfrak{B}$,4-Konvergenz mit ihrer Keller-Modifikation überein. Im allgemeinen ist das nicht der Fall. Wir führen als nächstes ein wichtiges Beispiel dafür an.

10. Beispiel. X und $\mathfrak{B}$ seien wie im vorangehenden Beispiel gewählt. τ bezeichne wieder die Limitierung von X. Die $\mathfrak{B}$,3-Konvergenz nennen wir in diesem Falle nach H. H. Keller und P. Eecke auch **KE-Konvergenz,** ferner auch **Kh-Konvergenz,** da sie die Keller-Modifikation der h-Konvergenz ist. Analog wie im vorangehenden Beispiel zeigt man, daß die Kh-Konvergenz gegen Abbildungen f mit $\mathrm{db} f = X$ mit der $\mathfrak{S}_q^K$,3-Konvergenz, der $\tau(0)^K$,3-Konvergenz und, wenn X ein limitierter Radialraum ist, auch mit der $\left(\bigcup_{x \in X} \tau(x)\right)^K$, 3-Konvergenz gegen f übereinstimmt. Die Limitierung der Kh-Konvergenz bezeichnen wir auch mit KE oder Kh und $F_{\mathfrak{B}_h,3}(X, Y)$ auch mit $F_{KE}(X, Y)$ oder $F_{Kh}(X, Y)$.

Ein Filter $\mathfrak{K}$ in $\mathfrak{A}$ ist gegen eine Abbildung $f \in \mathfrak{A}$ mit $\mathrm{db} f = X$ genau dann h- bzw. Kh-konvergent, wenn $\mathrm{db}\,\mathfrak{K}$ ganz X als $\tau(0)^K$-Limes hat und

$$\forall \mathfrak{F} \in \tau_0(0)\ \exists \mathfrak{G} \in \tau_1(0)\ \forall G \in \mathfrak{G}\ \exists F \in \mathfrak{F}\ \forall \alpha > 0\ \exists K \in \mathfrak{K}\ \left((K - f)\,[\alpha F] \subseteq G\right) \tag{7.12.1}$$

bzw.

$$\forall \mathfrak{F} \in \tau_0(0)\ \exists \mathfrak{G} \in \tau_1(0)\ \exists F \in \mathfrak{F}\ \forall G \in \mathfrak{G}\ \forall \alpha > 0\ \exists K \in \mathfrak{K}\ \left((K - f)\,[\alpha F] \subseteq G\right) \tag{7.12.2}$$

gilt. Ist Y eine pseudotopologische $\boldsymbol{K}$-lineare Gruppe und ist $\mathfrak{K}$ von irgendeinem Grade homogen, so läßt sich wegen 6.4.7 die Forderung, daß $\mathrm{db}\,\mathfrak{K}$ ganz X als $\tau(0)^K$-Limes hat, durch die Forderung, daß $\mathrm{db}\,\mathfrak{K}$ ganz X als $\tau(0)$-Limes hat, ersetzen.

Für das Folgende sei Y eine pseudotopologische $\boldsymbol{K}$-lineare Gruppe mit $\boldsymbol{K} = \boldsymbol{R}$ oder $\boldsymbol{C}$. Wir verstehen unter der Suchinin- oder **δ-Modifikation** der $\mathfrak{B},k$-Konvergenz in $\mathfrak{A}$ die $\mathfrak{B},k$-Konvergenz in $\mathfrak{A}$ in dem Fall, daß Y durch die Mackeysche pseudotopologische lineare Gruppe Y^δ ersetzt ist. Die Limitierung bezüglich dieser Konvergenz in $\mathfrak{A}$ bezeichnen wir mit $\delta_{\mathfrak{B},k}$, wenn $\mathfrak{B}$ aus einem Mengensystem $\mathfrak{B}$, Dualfiltersystem $\mathfrak{L}$ bzw. Filtersystem $\mathfrak{S}$ erzeugt wird, auch mit $\delta_{\mathfrak{B},k}$, $\delta_{\mathfrak{L},k}$ bzw. $\delta_{\mathfrak{S},k}$. Im weiteren sei noch X ein verallgemeinerter limitierter Radialraum. Die Suchinin-Modifikationen der b-, e-, q- und h-Konvergenz nennen wir δb-, δe-, δq- bzw. **δh-Konvergenz**[1]). Die betreffenden Limitierungen bezeichnen wir auch mit δb, δe, δq und δh, ferner $F_{\mathsf{b}}(X, Y^\delta)$, $F_{\mathsf{e}}(X, Y^\delta)$, $F_{\mathsf{q}}(X, Y^\delta)$ und $F_{\mathsf{h}}(X, Y^\delta)$ auch mit $F_{\delta\mathsf{b}}(X, Y), \dots, F_{\delta\mathsf{h}}(X, Y)$.

Wir geben in Spezialfällen noch äquivalente Definitionen dieser Konvergenzarten an. $\mathfrak{C}_{\mathsf{b}}$ sei die Bornologie aller beschränkten Teilmengen von Y und Y^{b} der Y unterliegende Vektorraum, versehen mit der wie in 5.7.8 definierten Pseudotopologie $\tau^{\mathfrak{C}_{\mathsf{b}}}$. Natürlich gilt $Y^\delta = (Y^{\mathsf{b}})^{\#}$. Bei den im folgenden auftretenden Limitierungen in $\mathfrak{A}$ ist der Urbildraum X und der betreffende Bildraum, sofern letzterer im allgemeinen von Y abweicht, mit angegeben. Wegen 7.11.8 bestehen für jede Abbildung $f\colon X \to Y$ aus $\mathfrak{A}$, die von irgendeinem Grade homogen ist, und jeden vom gleichen Grade homogenen Filter $\mathfrak{K}$ in $\mathfrak{A}$ die Äquivalenzen

$$\mathfrak{K} \in \delta\mathsf{b}(f) \Leftrightarrow \mathfrak{K} \in \mathsf{b}^{K}(X, Y^{\mathsf{b}})(f)\,,$$

$$\mathfrak{K} \in \delta\mathsf{e}(f) \Leftrightarrow \mathfrak{K} \in \mathsf{e}(X, Y^{\mathsf{b}})(f)$$

und

$$\mathfrak{K} \in \delta\mathsf{h}(f) \Leftrightarrow \mathfrak{K} \in \mathsf{h}(X, Y^{\mathsf{b}})(f)\,.$$

Da die h-Konvergenz bez. Y^{b} mit der Kh-Konvergenz bez. Y^{b} übereinstimmt, folgt mittels 7.11.8 für jede Abbildung $f\colon X \to Y$ aus $\mathfrak{A}$, die von irgendeinem Grade homogen ist, und jeden vom gleichen Grade homogenen Filter $\mathfrak{K}$ in $\mathfrak{A}$, daß die δh-Konvergenz von $\mathfrak{K}$ gegen f mit der Suchinin-Modifikation der Kh-Konvergenz von $\mathfrak{K}$ gegen f übereinstimmt, also gilt

$$\mathfrak{K} \in \delta\mathsf{h}(f) \Leftrightarrow \mathfrak{K} \in \mathsf{Kh}(X, Y^\delta)(f)\,. \tag{7.12.3}$$

Die Limitierung $\delta_{\mathfrak{B},k}$ ist natürlich stets feiner als die Limitierung $\tau_{\mathfrak{B},k}$. Unter der Voraussetzung aus 7.12.3′ ist deshalb auch $C(X, Y)$ zu beliebigem $k = 1, \dots, 5$ in $F_{\mathfrak{B},k}(X, Y^\delta)$ abgeschlossen. Damit folgt aber wegen 7.11.7, daß unter der Voraussetzung aus 7.12.4 auch $C_{\delta_{\mathfrak{B},k}}(X, Y)$, d. h. $C(X, Y)$, versehen mit $\delta_{\mathfrak{B},k}$, vollständig ist. Unter Berücksichtigung von 5.2.11 ergibt sich daraus und aus 7.12.4, daß für jeden pseudotopologischen Vektorraum X und jede pseudotopologische lineare Gruppe Y, die vollständig, separiert und regulär ist und die

[1]) Die Bezeichnungen MB-, FB-, HL- und KE-Konvergenz entsprechen den von Awerbuch und Smoljanow [4] eingeführten Bezeichnungen MB-, FB-, HL- und KE-Ableitungen. Für die entsprechend mit der δb-, δe- und δh-Konvergenz definierten Ableitungen benutzen Awerbuch und Smoljanow die Bezeichnungen S_{b}-Ableitungen nach S. e. Silva und C_{bb}- bzw. C_{b}-Ableitungen nach Suchinin (Сухинин).

Eigenschaft S hat, $C_a(X, Y)$ bei $a = \mathsf{q}, \mathsf{h}, \mathsf{Kh}, \delta\mathsf{q}$ und $\delta\mathsf{h}$ vollständig ist; unter $C_a(X, Y)$ verstehen wir natürlich die pseudotopologische lineare Untergruppe von $F_a(X, Y)$, die $C(X, Y)$ als unterliegenden Vektorraum hat.

Wir führen im vorliegenden Fall, daß Y eine pseudotopologische lineare Gruppe ist, noch zwei weitere Modifikationen der $\mathfrak{B},k$-Konvergenz ein, und zwar die ε- und die **#-Modifikation** der $\mathfrak{B},k$-Konvergenz. Sie sind wie die δ-Modifikation der $\mathfrak{B},k$-Konvergenz definiert mit dem Unterschied, daß Y^ε bzw. $Y^\#$ anstelle Y^δ genommen ist. Die zugehörigen Limitierungen bezeichnen wir mit $\varepsilon_{\mathfrak{B},k}$ bzw. $\#_{\mathfrak{B},k}$. Für sie gilt

$$\delta_{\mathfrak{B},k} \leqq \varepsilon_{\mathfrak{B},k} \leqq \#_{\mathfrak{B},k} \leqq \tau_{\mathfrak{B},k} \,. \tag{7.12.4}$$

Die von Frölicher und Bucher [1] untersuchte Differenzierbarkeitsart läßt sich bei gleichförmigem Bildraum Y mit der #-Modifikation der q-Konvergenz definieren. In Spezialfällen benutzen wir für die ε- und #-Modifikationen entsprechende Bezeichnungen wie die für die δ-Modifikation; so bezeichnen wir etwa die Limitierungen der ε- und #-Modifikation von b, e, q bzw. h mit $\varepsilon\mathsf{b}$, $\varepsilon\mathsf{e}$, $\varepsilon\mathsf{q}$ bzw .$\varepsilon\mathsf{h}$ und $\#\mathsf{b}$, $\#\mathsf{e}$, $\#\mathsf{q}$ bzw. $\#\mathsf{h}$.

Während wir die Suchinin-Modifikationen ausführlich untersuchen, beschränken wir uns bei den ε- und #-Modifikationen auf einige Anmerkungen. Zum Teil gelten für sie entsprechende Aussagen wie die über die Suchinin-Modifikationen. Im allgemeinen ist das nicht richtig. So läßt sich zum Beispiel nicht die in (7.12.3) angegebene Äquivalenz auf die #-Modifikation übertragen, wie man dem Beispiel 2 aus Abschnitt 8.5 entnehmen kann.

7.13. Vergleich der verschiedenen Konvergenzarten

Wir haben bereits zwei allgemeine Vergleichssätze angeführt, und zwar 7.9.4 und 7.9.5. Im ersten Satz wurden die verschiedenen Arten der $\mathfrak{B},k$-Konvergenz bei festem $\mathfrak{B}$, festem Bildraum Y und variablem k verglichen und im zweiten Satz bei festem Bildraum Y, festem k und variablem $\mathfrak{B}$. Man kann leicht einen Vergleich bei festem $\mathfrak{B}$ und k und variabler limesuniformer Struktur von Y durchführen. X sei eine beliebige Menge, $\mathfrak{B}$ ein System von $\wedge$-Idealen von Dualfiltern in X und Y ein limesuniformer Raum. $\mathfrak{u}$ bezeichne die limesuniforme Struktur von Y. Offenbar gilt bezüglich einer beliebigen Menge $\mathfrak{A}$ von Abbildungen aus X in Y:

7.13.1 (Konvergenzvergleich bei verschiedenen Bildraumstrukturen). $\mathfrak{u}'$ *sei eine limesuniforme Struktur der Trägermenge von* Y, *die gröber als* $\mathfrak{u}$ *ist. Dann ist zu beliebigem* $k = 1, \ldots, 5$ *die Limitierung der* $\mathfrak{B},k$*-Konvergenz bez.* $\mathfrak{u}'$ *gröber als die Limitierung der* $\mathfrak{B},k$*-Konvergenz bez.* $\mathfrak{u}$.

Im folgenden befassen wir uns mit speziellen Vergleichsaussagen. X sei ein verallgemeinerter limitierter Radialraum und Y — abgesehen von den angegebenen Spezialisierungen — ein beliebiger limesuniformer Raum. Die Konvergenz ist stets bezüglich einer festen Menge $\mathfrak{A}$ von Abbildungen aus X in Y gemeint.

7.13.2 (Theorem I über den Konvergenzvergleich). *f sei eine beliebige Abbildung aus $\mathfrak{A}$ und $\mathfrak{K}$ ein beliebiger Filter in $\mathfrak{A}$.*

$\mathsf{Kh} - \mathsf{h} - \mathsf{e} - \mathsf{b}$: Kh *ist feiner als* h, h *feiner als* e *und* e *feiner als* b. *Ist X lokalbeschränkt und gilt* $\mathrm{db} f = X$, *so folgt aus* $\mathfrak{K} \underset{\mathsf{e}}{\rightarrow} f$ *auch* $\mathfrak{K} \underset{\mathsf{h}}{\rightarrow} f$ *und daraus auch* $\mathfrak{K} \underset{\mathsf{Kh}}{\rightarrow} f$. *Wenn X lokalbeschränkt und Y eine gleichförmige pseudotopologische lineare Gruppe ist und die Abbildung f und der Filter $\mathfrak{K}$ vom gleichen Grade homogen sind und ebenfalls, wenn Y eine topologische lineare Gruppe ist und* $\mathrm{db} f = X$ *gilt, zieht* $\mathfrak{K} \underset{\mathsf{b}}{\rightarrow} f$ *auch* $\mathfrak{K} \underset{\mathsf{e}}{\rightarrow} f$ *nach sich.*

$\mathsf{h} - \mathsf{q} - \mathsf{b}$: h *ist feiner als* q *und* q *feiner als* b. *Wenn X lokalbeschränkt und Y eine gleichförmige pseudotopologische lineare Gruppe ist und f und $\mathfrak{K}$ vom gleichen Grade homogen sind, hat* $\mathfrak{K} \underset{\mathsf{q}}{\rightarrow} f$ *auch* $\mathfrak{K} \underset{\mathsf{h}}{\rightarrow} f$ *zur Folge. Ist X lokalbeschränkt und gilt* $\mathrm{db} f = X$, *so zieht* $\mathfrak{K} \underset{\mathsf{b}}{\rightarrow} f$ *auch* $\mathfrak{K} \underset{\mathsf{q}}{\rightarrow} f$ *nach sich.*

Y sei in den weiteren Fällen eine pseudotopologische lineare Gruppe.

$\delta\mathsf{h} - \mathsf{Kh}$: *Sind f und $\mathfrak{K}$ vom gleichen Grade homogen, so zieht* $\mathfrak{K} \underset{\delta\mathsf{h}}{\rightarrow} f$ *stets* $\mathfrak{K} \underset{\mathsf{Kh}}{\rightarrow} f$ *nach sich. Wenn Y lokalbeschränkt und gleichförmig ist, trifft auch die Umkehrung zu.*

$\delta\mathsf{h} - \delta\mathsf{e} - \delta\mathsf{b}$: $\delta\mathsf{h}$ *ist feiner als* $\delta\mathsf{e}$ *und* $\delta\mathsf{e}$ *feiner als* $\delta\mathsf{b}$. *Ist X lokalbeschränkt und gilt* $\mathrm{db} f = X$, *so hat* $\mathfrak{K} \underset{\delta\mathsf{e}}{\rightarrow} f$ *auch* $\mathfrak{K} \underset{\delta\mathsf{h}}{\rightarrow} f$ *und, wenn zusätzlich f und $\mathfrak{K}$ vom gleichen Grade homogen sind,* $\mathfrak{K} \underset{\delta\mathsf{b}}{\rightarrow} f$ *auch* $\mathfrak{K} \underset{\delta\mathsf{e}}{\rightarrow} f$ *zur Folge.*

$\delta\mathsf{h} - \delta\mathsf{q} - \delta\mathsf{b}$: $\delta\mathsf{h}$ *ist feiner als* $\delta\mathsf{q}$ *und* $\delta\mathsf{q}$ *feiner als* $\delta\mathsf{b}$. *Wenn X lokalbeschränkt ist und* $\mathrm{db} f = X$ *gilt, zieht* $\mathfrak{K} \underset{\delta\mathsf{b}}{\rightarrow} f$ *auch* $\mathfrak{K} \underset{\delta\mathsf{q}}{\rightarrow} f$ *und, wenn zusätzlich f und $\mathfrak{K}$ vom gleichen Grade homogen sind,* $\mathfrak{K} \underset{\delta\mathsf{q}}{\rightarrow} f$ *auch* $\mathfrak{K} \underset{\delta\mathsf{h}}{\rightarrow} f$ *nach sich.*

$\delta\mathsf{h} - \mathsf{h}$, $\delta\mathsf{q} - \mathsf{q}$, $\delta\mathsf{e} - \mathsf{e}$, $\delta\mathsf{b} - \mathsf{b}$: $\delta\mathsf{h}$ *ist feiner als* h, $\delta\mathsf{q}$ *feiner als* q, $\delta\mathsf{e}$ *feiner als* e *und* $\delta\mathsf{b}$ *feiner als* b. *Ist Y lokalbeschränkt und gleichförmig, so gilt* $\delta\mathsf{h} = \mathsf{h}$, $\delta\mathsf{q} = \mathsf{q}$, $\delta\mathsf{e} = \mathsf{e}$ *und* $\delta\mathsf{b} = \mathsf{b}$.

Beweis. Wegen 7.9.4 gilt $\mathsf{Kh} \leqq \mathsf{h}$. Mittels 7.9.5 und der wegen 5.18.13 geltenden Beziehungen $\beta[\mathfrak{B}_\mathsf{b}] \subseteqq \sigma[\mathfrak{L}_\mathsf{e}] \subseteqq \mathfrak{B}_\mathsf{h}$ und $\beta[\mathfrak{B}_\mathsf{b}] \subseteqq \varkappa[\mathfrak{S}_\mathsf{q}] \subseteqq \mathfrak{B}_\mathsf{h}$ ergibt sich $\mathsf{h} \leqq \mathsf{e} \leqq \mathsf{b}$ und $\mathsf{h} \leqq \mathsf{q} \leqq \mathsf{b}$, wenn Y eine pseudotopologische lineare Gruppe ist, ferner $\delta\mathsf{h} \leqq \delta\mathsf{e} \leqq \delta\mathsf{b}$ und $\delta\mathsf{h} \leqq \delta\mathsf{q} \leqq \delta\mathsf{b}$. Aus (7.12.3) und 7.13.1 folgt in dem Fall, daß Y eine pseudotopologische lineare Gruppe ist und f und $\mathfrak{K}$ vom gleichen Grade homogen sind, daß $\mathfrak{K} \underset{\delta\mathsf{h}}{\rightarrow} f$ stets $\mathfrak{K} \underset{\mathsf{Kh}}{\rightarrow} f$ nach sich zieht. Wenn Y eine pseudotopologische lineare Gruppe ist, gilt wegen 7.13.1 ferner $\delta\mathsf{h} \leqq \mathsf{h}$, $\delta\mathsf{q} \leqq \mathsf{q}$, $\delta\mathsf{e} \leqq \mathsf{e}$ und $\delta\mathsf{b} \leqq \mathsf{b}$.

In dem Fall, daß X lokalbeschränkt ist, gilt $\mathfrak{B}_h = \mathfrak{B}_e$ und $\mathfrak{S}_q = \mathfrak{S}_b$ wegen 5.19.1. Mittels 5.24.1 und 7.9.5 erhalten wir damit in diesem Falle unter der Einschränkung $\mathrm{db} f = X$, daß $\mathfrak{K} \xrightarrow[e]{} f$ stets $\mathfrak{K} \xrightarrow[h]{} f$ und $\mathfrak{K} \xrightarrow[Kh]{} f$ und damit auch $\mathfrak{K} \xrightarrow[h]{} f$ stets $\mathfrak{K} \xrightarrow[Kh]{} f$ und ferner $\mathfrak{K} \xrightarrow[b]{} f$ stets $\mathfrak{K} \xrightarrow[q]{} f$ zur Folge hat. Ist X lokalbeschränkt und Y eine pseudotopologische lineare Gruppe und gilt $\mathrm{db} f = X$, so zieht daher $\mathfrak{K} \xrightarrow[\delta e]{} f$ auch $\mathfrak{K} \xrightarrow[\delta h]{} f$ und ferner $\mathfrak{K} \xrightarrow[\delta b]{} f$ auch $\mathfrak{K} \xrightarrow[\delta q]{} f$ nach sich.

Wenn X lokalbeschränkt ist, gilt $\mathfrak{L}_e \leqq \mathfrak{B}_b^K$ wegen 5.19.1. Aus 7.9.5 folgt deshalb in diesem Falle unter der Einschränkung $\mathrm{db} f = X$, daß $\mathfrak{K} \xrightarrow[b^K]{} f$ stets $\mathfrak{K} \xrightarrow[e]{} f$ zur Folge hat. Ist Y eine gleichförmige pseudotopologische lineare Gruppe und sind f und $\mathfrak{K}$ vom gleichen Grade homogen, so gilt $\mathfrak{K} \xrightarrow[b]{} f \Rightarrow \mathfrak{K} \xrightarrow[b^K]{} f$, wie man dem Beispiel 5 des vorigen Abschnittes entnimmt. Wenn X lokalbeschränkt und Y eine gleichförmige pseudotopologische lineare Gruppe ist und f und $\mathfrak{K}$ vom gleichen Grade homogen sind, gilt daher $\mathfrak{K} \xrightarrow[b]{} f \Rightarrow \mathfrak{K} \xrightarrow[e]{} f$. Damit gilt dann auch $\mathfrak{K} \xrightarrow[q]{} f \Rightarrow \mathfrak{K} \xrightarrow[h]{} f$. Ist X lokalbeschränkt und Y eine pseudotopologische lineare Gruppe und sind f und $\mathfrak{K}$ vom gleichen Grade homogen, so gilt dann natürlich auch $\mathfrak{K} \xrightarrow[\delta b]{} f \Rightarrow \mathfrak{K} \xrightarrow[\delta e]{} f$ und $\mathfrak{K} \xrightarrow[\delta q]{} f \Rightarrow \mathfrak{K} \xrightarrow[\delta h]{} f$.

Ist Y eine topologische lineare Gruppe, so stimmt im Falle $\mathrm{db} f = X$ die e-Konvergenz von $\mathfrak{K}$ gegen f mit der $(\bigcup_{\mathfrak{F} \in \mathfrak{L}_e} \mathfrak{F})$, k-Konvergenz ($k = 3, 4, 5$) von $\mathfrak{K}$ gegen f überein. Wegen $\mathfrak{B}_b \supseteqq \bigcup_{\mathfrak{F} \in \mathfrak{L}_e} \mathfrak{F}$ folgt damit $\mathfrak{K} \xrightarrow[b]{} f \Rightarrow \mathfrak{K} \xrightarrow[e]{} f$ unter der Einschränkung, daß Y eine topologische lineare Gruppe ist und $\mathrm{db} f = X$ gilt.

Ist Y eine lokalbeschränkte gleichförmige pseudotopologische lineare Gruppe und sind f und $\mathfrak{K}$ vom gleichen Grade homogen, so folgt mittels (7.12.3) $\mathfrak{K} \xrightarrow[Kh]{} f \Rightarrow \mathfrak{K} \xrightarrow[\delta h]{} f$. Wenn Y eine lokalbeschränkte gleichförmige pseudotopologische lineare Gruppe ist, gilt trivialerweise $\delta h = h$, $\delta q = q$, $\delta e = e$ und $\delta b = b$.

Wir fassen die meisten der Vergleiche aus 7.13.2 in einem Diagramm zusammen, geben allerdings dabei der Einfachheit halber nicht die Einschränkungen an die Abbildungen und Filter, die teilweise vorzunehmen sind, mit an.

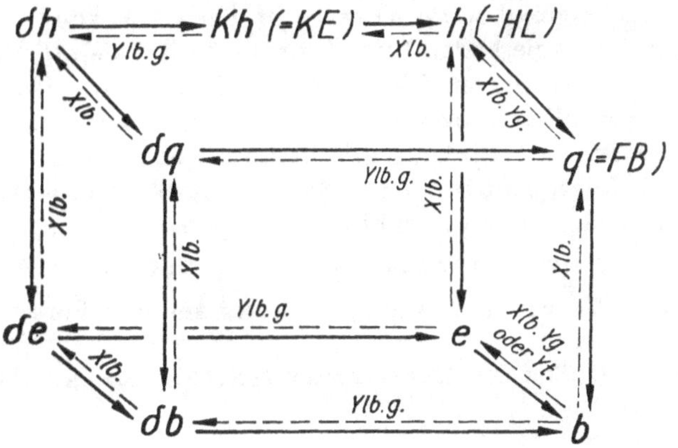

Bis auf die angegebenen Spezialisierungen ist Y bei den SUCHININ-Modifikationen eine beliebige pseudotopologische lineare Gruppe und sonst ein beliebiger limesuniformer Raum.

Es bedeuten:

g. gleichförmige pseudotopologische lineare Gruppe
lb. lokalbeschränkt
t. topologische lineare Gruppe.

Mittels 7.11.8 und (7.12.4) lassen sich die in 7.13.2 angegebenen Vergleiche leicht auf die ε- und $\#$-Modifikationen der b-, e-, q- und h-Konvergenz ausdehnen. Wir gehen nicht auf Einzelheiten ein und bemerken lediglich, daß wegen 7.11.8 in dem Fall, daß Y eine pseudotopologische lineare Gruppe ist und f und $\mathfrak{K}$ vom gleichen Grade homogen sind, die Äquivalenzen $\mathfrak{K} \underset{\mathsf{e}}{\rightarrow} f \Leftrightarrow \mathfrak{K} \underset{\#\mathsf{e}}{\rightarrow} f$ und $\mathfrak{K} \underset{\mathsf{h}}{\rightarrow} f \Leftrightarrow \mathfrak{K} \underset{\#\mathsf{h}}{\rightarrow} f$ bestehen.

Wir geben noch weitere Vergleiche an. X wählen wir dabei von Fall zu Fall verschieden. Y sei — bis auf die angegebenen Spezialisierungen — ein beliebiger limesuniformer Raum. Wir benötigen zum Teil von den Filtern $\mathfrak{K}$ in $\mathfrak{A}$ die folgenden Eigenschaften, und zwar, wenn X ein limitierter Radialraum ist, die Eigenschaften

(A_{k}) bzw. (A_{fk}). $\mathfrak{K}$ besitzt eine abzählbare Basis, und zu beliebigem $B \in \mathfrak{B}_{\mathsf{k}}$ bzw. $B \in \mathfrak{B}_{\mathsf{fk}}$ existiert ein $K \in \mathfrak{K}$ mit $B \subseteqq \mathrm{db}g$ $(g \in K)$.

und, wenn X ein pseudotopologischer Raum ist, die Eigenschaft

(B). Es existiert eine Abbildung $t\colon \boldsymbol{K} \circ\!\!\rightarrow \mathfrak{A}$ mit $\mathfrak{K} = t(\boldsymbol{V})$, und es gilt $\mathsf{o}\text{-}\lim \mathrm{db}\mathfrak{K} = X$.

Zu jedem Elementarfilter $\mathfrak{K}$ in $\mathfrak{A}$ gibt es eine Abbildung $t\colon \boldsymbol{K} \circ\!\!\rightarrow \mathfrak{A}$ mit $\mathfrak{K} = t(\boldsymbol{V})$; als t kann zum Beispiel zu einer beliebigen $\mathfrak{K}$ erzeugenden Folge $f_1, f_2, \ldots$ die durch $t\left(\frac{1}{n}\right) = f_n$ $(n \in \boldsymbol{N}^+)$ und $\mathrm{db}t = \left\{\frac{1}{n} \mid n \in \boldsymbol{N}^+\right\}$ definierte Abbildung gewählt werden.

Wir sagen, daß ein Limesraum X dem **schwachen ersten Abzählbarkeitsaxiom** bez. $\boldsymbol{K} = \boldsymbol{R}$ oder $\boldsymbol{C}$ genügt, wenn jeder gegen ein $x \in X$ konvergierende Filter $\mathfrak{F}$ einen gegen x konvergierenden Unterfilter $\mathfrak{G}$ besitzt derart, daß $\boldsymbol{V} \times \mathfrak{G}$ der Durchschnitt aller elementaren Oberfilter von $\boldsymbol{V} \times \mathfrak{G}$ ist. Jeder Limesraum, der dem ersten Abzählbarkeitsaxiom genügt, erfüllt auch das schwache erste Abzählbarkeitsaxiom; die Umkehrung gilt im allgemeinen nicht. Wie mittels 3.19.13 und 5.4.7 folgt, genügt auch jede sequentielle separierte topologische Gruppe dem schwachen ersten Abzählbarkeitsaxiom.

Im folgenden Vergleichssatz wiederholen wir die Implikation $\mathfrak{K} \underset{\mathsf{q}}{\rightarrow} f \Rightarrow \mathfrak{K} \underset{\mathsf{b}}{\rightarrow} f$; die Umkehrung geben wir jetzt allerdings unter anderen Voraussetzungen an.

7.13.3 (Theorem II über den Konvergenzvergleich). *f sei eine Abbildung aus $\mathfrak{A}$ und $\mathfrak{K}$ ein Filter in $\mathfrak{A}$.*

$\mathsf{q} - \mathsf{c}$: *Ist X ein limitierter Radialraum und Y ein pseudouniformer Raum und ist f eine stetige Abbildung mit offenem Definitionsbereich, so zieht $\mathfrak{K} \xrightarrow[\mathsf{q}]{} f$ stets $\mathfrak{K} \xrightarrow[\mathsf{c}]{} f$ nach sich. Wenn X ein lokalbeschränkter verallgemeinerter limitierter Radialraum mit der* bk-*Eigenschaft (etwa ein endlichdimensionaler separierter topologischer Vektorraum) und Y ein gleichmäßig $\aleph_0$-*CHOQUET*scher pseudouniformer Raum ist, $\mathfrak{K}$ die Eigenschaft* (A_k) *hat und f eine stetige Abbildung mit* $\mathrm{db}f = X$ *ist, hat $\mathfrak{K} \xrightarrow[\mathsf{c}]{} f$ umgekehrt $\mathfrak{K} \xrightarrow[\mathsf{q}]{} f$ zur Folge. Ist X ein ausgeglichener kreisförmiger pseudotopologischer Vektorraum, der dem ersten Abzählbarkeitsaxiom genügt und die* bk-*Eigenschaft hat (etwa ein metrisierbarer* MONTEL-*Raum), ist Y ein uniformer Raum, hat $\mathfrak{K}$ die Eigenschaft* (A_k) *und ist f eine stetige Abbildung mit* $\mathrm{db}f = X$, *so hat $\mathfrak{K} \xrightarrow[\mathsf{c}]{} f$ ebenfalls $\mathfrak{K} \xrightarrow[\mathsf{q}]{} f$ zur Folge.*

$\mathsf{q} - \mathsf{b}$: *Wenn X ein verallgemeinerter limitierter Radialraum ist, so ist* q *feiner als* b. *Ist X ein ausgeglichener kreisförmiger pseudotopologischer Vektorraum, der dem ersten Abzählbarkeitsaxiom genügt (etwa ein halbmetrisierbarer topologischer Vektorraum), ist Y ein uniformer Raum, hat $\mathfrak{K}$ eine abzählbare Basis und gilt* $\mathrm{db}f = X$, *so folgt aus $\mathfrak{K} \xrightarrow[\mathsf{b}]{} f$ auch $\mathfrak{K} \xrightarrow[\mathsf{q}]{} f$.*

$\mathsf{c} - \mathsf{k}\ (\mathsf{fk})$: *Ist X ein Limesraum und Y ein gleichmäßig $\aleph_0$-*CHOQUET*scher pseudouniformer Raum, hat $\mathfrak{K}$ die Eigenschaft* (A_k) *und ist f eine stetige Abbildung mit* $\mathrm{db}f = X$, *so zieht $\mathfrak{K} \xrightarrow[\mathsf{c}]{} f$ stets $\mathfrak{K} \xrightarrow[\mathsf{k}]{} f$ nach sich. Ist X ein Limesraum und Y ein uniformer Raum, hat $\mathfrak{K}$ die Eigenschaft* $(\mathrm{A}_{\mathsf{fk}})$ *und ist f eine stetige Abbildung mit* $\mathrm{db}f = X$, *so zieht $\mathfrak{K} \xrightarrow[\mathsf{c}]{} f$ auch $\mathfrak{K} \xrightarrow[\mathsf{fk}]{} f$ nach sich. Wenn X ein pseudotopologischer Raum ist, der dem schwachen ersten Abzählbarkeitsaxiom genügt, und Y ein uniformer Raum ist, $\mathfrak{K}$ die Eigenschaft* (B) *hat und f eine stetige Abbildung mit* $\mathrm{db}f = X$ *ist, hat $\mathfrak{K} \xrightarrow[\mathsf{k}]{} f$ und ebenfalls $\mathfrak{K} \xrightarrow[\mathsf{fk}]{} f$ umgekehrt $\mathfrak{K} \xrightarrow[\mathsf{c}]{} f$ zur Folge. Auch, wenn X ein pseudotopologischer Raum ist, der dem ersten Abzählbarkeitsaxiom genügt, und Y ein uniformer Raum ist, $\mathfrak{K}$ eine abzählbare Basis hat,* $\mathsf{o}\text{-}\lim \mathrm{db}\mathfrak{K} = X$ *gilt und f eine stetige Abbildung mit* $\mathrm{db}f = X$ *ist, hat $\mathfrak{K} \xrightarrow[\mathsf{k}]{} f$ und ebenfalls $\mathfrak{K} \xrightarrow[\mathsf{fk}]{} f$ umgekehrt $\mathfrak{K} \xrightarrow[\mathsf{c}]{} f$ zur Folge.*

$\mathsf{b} - \mathsf{k}\ (\mathsf{fk})$: *Wenn X ein* SIMONNET*scher limitierter Vektorraum ist, ist* b *feiner als* k *und* fk. *Ist X ein verallgemeinerter limitierter Radialraum mit der* bk- *bzw.* bfk-*Eigenschaft, so sind umgekehrt* k *und* fk *feiner als* b.

$\mathsf{k}\ (\mathsf{fk}) - \mathsf{s}$: *Wenn X ein pseudotopologischer Raum ist, sind* k *und* fk *feiner als* s. *Ist $X = \boldsymbol{K}$, ist Y eine kreisförmige pseudotopologische lineare Gruppe, ist f eine Abbildung von $\boldsymbol{K}$ in Y, die von einem Grade n homogen ist, und hat $\mathfrak{K}$ die Eigenschaft* (E_n) *aus* 7.5.10, *so zieht $\mathfrak{K} \xrightarrow[\mathsf{s}]{} f$ stets $\mathfrak{K} \xrightarrow[\mathsf{k}]{} f$ und $\mathfrak{K} \xrightarrow[\mathsf{fk}]{} f$ nach sich.*

Beweis. 1. $\mathfrak{K} \xrightarrow[\mathsf{q}]{} f \Rightarrow \mathfrak{K} \xrightarrow[\mathsf{c}]{} f$ folgt unter der angegebenen Voraussetzung mittels (5.18.13), 7.9.5 und 7.12.2. $\mathsf{q} \leqq \mathsf{b}$ wurde unter der angegebenen Einschränkung an X (die natürlich zur Definition von b und q nötig ist) bereits bewiesen. $\mathfrak{K} \xrightarrow[\mathsf{b}]{} f \Rightarrow \mathfrak{K} \xrightarrow[\mathsf{k}]{} f$, $\mathfrak{K} \xrightarrow[\mathsf{b}]{} f \Rightarrow \mathfrak{K} \xrightarrow[\mathsf{fk}]{} f$, $\mathfrak{K} \xrightarrow[\mathsf{k}]{} f \Rightarrow \mathfrak{K} \xrightarrow[\mathsf{s}]{} f$ und $\mathfrak{K} \xrightarrow[\mathsf{fk}]{} f \Rightarrow \mathfrak{K} \xrightarrow[\mathsf{s}]{} f$ folgt unter den angegebenen Einschränkungen mittels (5.18.10), (5.18.12) und 7.9.5. Trivialerweise gilt $\mathfrak{K} \underset{k}{\to} f \Rightarrow \mathfrak{K} \underset{b}{\to} f$ bzw. $\mathfrak{K} \underset{fk}{\to} f \Rightarrow \mathfrak{K} \underset{b}{\to} f$, wenn X ein verallgemeinerter limitierter Radialraum mit der bk- bzw. bfk-Eigenschaft ist.

2. X sei ein ausgeglichener kreisförmiger pseudotopologischer Vektorraum, der dem ersten Abzählbarkeitsaxiom genügt, und Y sei ein uniformer Raum. $\mathfrak{K}$ sei ein eigentlicher Filter mit einer abzählbaren Basis $\{K_n \mid n \in \boldsymbol{N}\}$, und es gelte $\mathrm{db} f = X$ und $\mathfrak{K} \underset{b}{\to} f$.

Angenommen, X ist kein $\mathfrak{S}_q$-Limes von $\mathrm{db}\mathfrak{K}$. Es gibt dann ein $\mathfrak{F} \in \mathfrak{S}_q$ mit

$$\bigcap_{g \in K_n} \mathrm{db} g \notin \mathfrak{F} \tag{7.13.1}$$

für jedes $n \in \boldsymbol{N}$. Da X ausgeglichen ist und dem ersten Abzählbarkeitsaxiom genügt, finden wir einen ausgeglichenen Nullfilter $\mathfrak{G}$ mit einer Basis $\{G_n \mid n \in \boldsymbol{N}\}$, der Unterfilter von $\boldsymbol{V}\mathfrak{F}$ ist. Zu jedem $n \in \boldsymbol{N}$ existieren $\varepsilon_n > 0$ und $F_n \in \mathfrak{F}$ mit $\varepsilon_n \boldsymbol{E} F_n \subseteqq G_n$ und $F_0 \supseteqq F_1 \supseteqq \cdots$ Wegen (7.13.1) gibt es zu beliebigem $n \in \boldsymbol{N}$ ein $h_n \in F_n$ mit

$$h_n \notin \mathrm{db} g \quad (g \in K_n)\,. \tag{7.13.2}$$

$B = \{h_n \mid n \in \boldsymbol{N}\}$ ist eine beschränkte Menge, denn zu beliebigem $n \in \boldsymbol{N}$ gilt $\{h_i \mid i \geqq n\} \subseteqq F_n$, also $\varepsilon_n \boldsymbol{E}\{h_i \mid i \geqq n\} \subseteqq G_n$, wegen der Ausgeglichenheit von G_n ferner $\delta\{h_0, \dots, h_{n-1}\} \subseteqq \boldsymbol{E} G_n$ für ein positives $\delta \leqq \varepsilon_n$ und damit $\delta \boldsymbol{E} B \subseteqq \boldsymbol{E} G_n$, also $\boldsymbol{E}\mathfrak{G} \subseteqq \boldsymbol{V} B$, wegen der Kreisförmigkeit von X demnach $B \in \mathfrak{B}_b$. Da X ein $\mathfrak{B}_b$-Limes von $\mathrm{db}\mathfrak{K}$ ist, würde ein $K \in \mathfrak{K}$ mit $B \subseteqq \mathrm{db} g$ $(g \in K)$ existieren, was aber (7.13.2) widerspricht. X ist daher ein $\mathfrak{S}_q$-Limes von $\mathrm{db}\mathfrak{K}$.

Wir nehmen nun an, daß $\mathfrak{K} \underset{q}{\to} f$ nicht gilt, so daß ein $\mathfrak{F} \in \mathfrak{S}_q$ mit $\mathfrak{N} \nsubseteq \langle f, \mathfrak{K}\rangle (\mathfrak{F})$ existiert, wobei $\mathfrak{N}$ der Nachbarschaftsfilter der uniformen Struktur von Y ist. Wie im obigen Fall finden wir Mengen $F_n \in \mathfrak{F}$ $(n \in \boldsymbol{N})$ mit den entsprechenden Eigenschaften. Es gibt ein $N \in \mathfrak{N}$ und zu jedem $n \in \boldsymbol{N}$ ein $h_n \in F_n$ mit

$$\langle f, K_n\rangle \{h_n\} \nsubseteq N\,. \tag{7.13.3}$$

Wie oben folgt, daß $B = \{h_n \mid n \in \boldsymbol{N}\}$ beschränkt ist. Wegen $\mathfrak{K} \underset{b}{\to} f$ würde $\mathfrak{N} \subseteqq \langle f, \mathfrak{K}\rangle [B]$ im Widerspruch zu (7.13.3) gelten. Damit ist $\mathfrak{K} \underset{q}{\to} f$ gezeigt.

3. X sei ein Limesraum und Y ein uniformer Raum. $\mathfrak{K}$ besitze die Eigenschaft $(\mathrm{A_{fk}})$. f sei stetig, und es gelte $\mathrm{db} f = X$ und $\mathfrak{K} \underset{c}{\to} f$. Angenommen, $\mathfrak{K} \underset{fk}{\to} f$ gilt nicht. Wir finden eine abzählbare Basis $\{K_n \mid n \in \boldsymbol{N}^+\}$ von $\mathfrak{K}$ mit $K_1 \supseteqq K_2 \supseteqq \cdots$, ferner ein $B \in \mathfrak{B}_{fk}$ und ein Element N des Nachbarschaftsfilters der uniformen Struktur von Y, so daß zu beliebigem $n \in \boldsymbol{N}^+$ ein $g_n \in K_n$ und $x_n \in B$ mit

$$\langle f, g_n\rangle (x_n) \notin N \tag{7.13.4}$$

existieren. $x_1, x_2, \dots$ besitzt eine gegen ein $x_0 \in B$ konvergierende Teilfolge $x_{i_1}, x_{i_2}, \dots$ Da $g_{i_1}, g_{i_2}, \dots$ einen Oberfilter von $\mathfrak{K}$ erzeugt, $\mathfrak{K} \underset{c}{\to} f$ gilt und f stetig ist, ergibt sich ein Widerspruch zu (7.13.4). Daher gilt $\mathfrak{K} \underset{fk}{\to} f$.

Im weiteren sei X ein Limesraum und Y ein gleichmäßig $\aleph_0$-CHOQUETscher pseudouniformer Raum. $\mathfrak{K}$ besitze die Eigenschaft (A_k), f sei stetig, und es gelte $\mathrm{db}f = X$ und $\mathfrak{K} \underset{c}{\to} f$ und wegen 7.12.2 damit $\mathfrak{K} \underset{MB}{\longrightarrow} f$. Angenommen, $\mathfrak{K} \underset{k}{\to} f$ gilt nicht. Wir finden dann ein $B \in \mathfrak{B}_k$ derart, daß $\langle f, \mathfrak{K}\rangle [B]$ der pseudouniformen Struktur $\mathfrak{u}$ von Y nicht angehört. Da Y gleichmäßig $\aleph_0$-CHOQUETsch ist und der Filter $\langle f, \mathfrak{K}\rangle [B]$ eine abzählbare Basis hat, gibt es bereits einen Ultraoberfilter $\mathfrak{V}$ von $\langle f, \mathfrak{K}\rangle [B]$, der $\mathfrak{u}$ nicht angehört. $\mathfrak{A}'$ sei die Menge aller Abbildungen aus X in $Y \times Y$. $\langle f, \mathfrak{K}\rangle [B]$ ist bezüglich der wie vor (7.1.1) definierten Evaluationsabbildung von $\mathfrak{A}' \times X$ in $Y \times Y$ das Bild von $\langle f, \mathfrak{K}\rangle \times [B]$. Wegen 2.5.2 und des Korollars zu 2.6.1 gibt es daher einen Ultraoberfilter $\mathfrak{U}$ von $[B]$ mit $\langle f, \mathfrak{K}\rangle (\mathfrak{U}) \subseteqq \mathfrak{V}$. Auf Grund der Kompaktheit von B ist $\mathfrak{U}$ konvergent, so daß wegen $\mathfrak{K} \underset{MB}{\longrightarrow} f$ der Filter $\langle f, \mathfrak{K}\rangle (\mathfrak{U})$ und damit auch $\mathfrak{V}$ zu $\mathfrak{u}$ gehören müßten. Daher gilt $\mathfrak{K} \underset{k}{\to} f$.

Aus dem Angeführten ergibt sich $\mathfrak{K} \underset{c}{\to} f \Rightarrow \mathfrak{K} \underset{q}{\to} f$ unter den im Satz angegebenen Voraussetzungen.

4. X sei ein pseudotopologischer Raum, der dem schwachen ersten Abzählbarkeitsaxiom genügt, und Y ein uniformer Raum. $\mathfrak{K}$ besitze die Eigenschaft (B). f sei stetig, und es gelte $\mathrm{db}f = X$ und $\mathfrak{K} \underset{k}{\to} f$ oder $\mathfrak{K} \underset{fk}{\to} f$. t sei die betreffende Abbildung aus (B). $\mathfrak{F}$ sei ein gegen ein $x \in X$ konvergierender eigentlicher Filter. Es existiert ein gegen x konvergierender Unterfilter $\mathfrak{G}$ von $\mathfrak{F}$ derart, daß $\boldsymbol{V} \times \mathfrak{G}$ der Durchschnitt aller elementaren Oberfilter von $\boldsymbol{V} \times \mathfrak{G}$ ist. Gegeben sei eine Folge $((\alpha_1, x_1), (\alpha_2, x_2), \ldots$ in $\boldsymbol{K} \times X$, die einen Oberfilter $\mathfrak{H}$ von $\boldsymbol{V} \times \mathfrak{G}$ erzeugt. Die Menge $B = \{x\} \cup \{x_n \mid n \in \boldsymbol{N}^+\}$ ist kompakt und folgenkompakt. Da $\mathfrak{K}$ gegen die Abbildung f k- oder fk-konvergiert und f stetig ist, gibt es zu jedem Element N des Nachbarschaftsfilters $\mathfrak{N}$ der uniformen Struktur von Y ein $n \in \boldsymbol{N}^+$ mit $(f(x), t(\alpha_m)(x_m)) \in N$ zu beliebigem $m \in \boldsymbol{N}^+$ mit $n \leqq m$, $\alpha_m \in \mathrm{db}t$ und $x_m \in \mathrm{db}t(\alpha_m)$. Für die Abbildung $s\colon (\beta, y) \mapsto t(\beta)(y)$ $(\beta \in \mathrm{db}t,\ y \in \mathrm{db}t(\beta))$ aus $\boldsymbol{K} \times X$ in Y folgt $\mathfrak{N} \subseteqq [f(x)] \times s(\mathfrak{H})$ und damit $\mathfrak{N} \subseteqq [f(x)] \times s(\boldsymbol{V} \times \mathfrak{F}) = [f(x)] \times \mathfrak{K}(\mathfrak{F})$ mittels (2.5.2). Somit gilt $\mathfrak{K} \underset{c}{\to} f$.

5. X sei ein pseudotopologischer Raum, der dem ersten Abzählbarkeitsaxiom genügt, und Y ein uniformer Raum. $\mathfrak{K}$ sei ein Filter mit einer abzählbaren Basis $\{K_n \mid n \in \boldsymbol{N}^+\}$ und mit o-lim $\mathrm{db}\mathfrak{K} = X$. f sei stetig, und es gelte $\mathrm{db}f = X$ und $\mathfrak{K} \underset{k}{\to} f$ oder $\mathfrak{K} \underset{fk}{\to} f$. Angenommen, $\mathfrak{K} \underset{c}{\to} f$ trifft nicht zu. Dann existiert wegen 7.12.2 ein gegen x konvergierender Filter $\mathfrak{F}$ mit einer abzählbaren Basis $\{F_n \mid n \in \boldsymbol{N}^+\}$ mit $F_1 \supseteqq F_2 \supseteqq \cdots$ derart, daß $\langle f, \mathfrak{K}\rangle(\mathfrak{F})$ nicht den Nachbarschaftsfilter $\mathfrak{N}$ der uniformen Struktur von Y enthält. Es gibt ein $N \in \mathfrak{N}$ und zu beliebigem $n \in \boldsymbol{N}^+$ ein $x_n \in F_n$ und $f_n \in K_n$ mit

$$(f(x_n), f_n(x_n)) \notin N\,. \tag{7.13.5}$$

$B = \{x\} \cup \{x_n \mid n \in \boldsymbol{N}^+\}$ ist kompakt und folgenkompakt. Da $\mathfrak{K}$ gegen die Abbildung f k- und fk-konvergiert, existiert ein $n \in \boldsymbol{N}^+$ mit $\langle f, K_n\rangle [B] \subseteqq N$, was aber (7.13.5) widerspricht. Somit gilt $\mathfrak{K} \underset{c}{\to} f$.

6. Es sei $X = K$ und Y eine kreisförmige pseudotopologische lineare Gruppe. $\mathfrak{K}$ habe zu einem n die Eigenschaft (E_n). f sei eine Abbildung von K in Y mit $\mathfrak{K} \underset{s}{\to} f$, die homogen vom Grade n ist. $\mathrm{d}\mathfrak{b}\mathfrak{K}$ hat wegen (E_n) ganz K als $\mathfrak{B}_b$-Limes. Wir wählen ein $\delta > 0$ und finden einen Nullfilter $\mathfrak{G}$ in Y derart, daß es zu jedem $G \in \mathfrak{G}$ ein $K_G \in \mathfrak{K}$ mit $(K_G - f)(\delta) \subseteqq G$ gibt. Unter Berücksichtigung der Eigenschaft (E_n) folgt $E\mathfrak{G} \subseteqq (\mathfrak{K} - f)[\delta E]$ und damit $\mathfrak{K} \underset{b}{\to} f$, also auch $\mathfrak{K} \underset{k}{\to} f$ und $\mathfrak{K} \underset{fk}{\to} f$.

Anmerkung. Dem Beweis entnimmt man, daß unter den angegebenen Voraussetzungen $\mathfrak{K} \underset{c}{\to} f$ auch $\mathfrak{K} \underset{k}{\to} f$ nach sich zieht, wenn gleichmäßig $\aleph_0$-CHOQUETsch durch gleichmäßig CHOQUETsch ersetzt wird und bei der Eigenschaft (A_k) die Forderung, daß $\mathfrak{K}$ eine abzählbare Basis hat, weggelassen wird.

Wir fassen die meisten der in 7.5.1, 7.5.10 und 7.13.3 angegebenen Vergleiche in einem Diagramm zusammen, geben allerdings dabei wieder nicht die Einschränkungen an die Abbildungen und Filter, die vorzunehmen waren, mit an. Beim Vergleich k — c führen wir den Fall mit der schwächeren Voraussetzung an $\mathfrak{K}$ an.

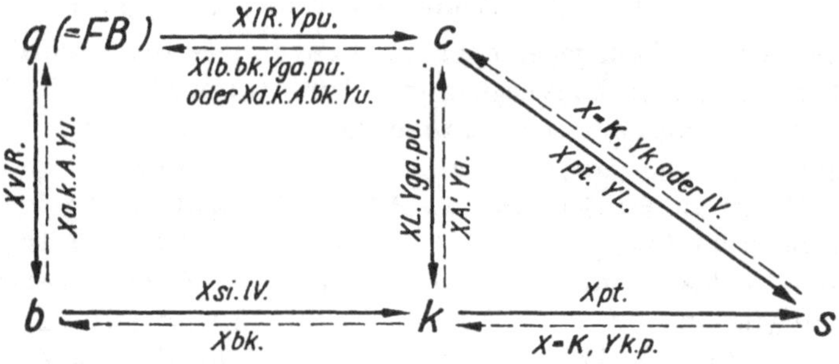

Y ist ein limesuniformer Raum, wenn keine Angaben erfolgt sind.

Es bedeuten:

a. ausgeglichen
A. pseudotopologischer Vektorraum, der dem ersten Abzählbarkeitsaxiom genügt
A'. pseudotopologische lineare Gruppe, die dem ersten Abzählbarkeitsaxiom genügt
bk. verallgemeinerter limitierter Radialraum mit der bk-Eigenschaft
ga. gleichmäßig $\aleph_0$-CHOQUETsch
k. kreisförmig
lb. lokalbeschränkt
L. Limesraum
lR. limitierter Radialraum
lV. limitierter Vektorraum
p. pseudotopologische lineare Gruppe
pt. pseudotopologischer Raum
pu. pseudouniformer Raum
u. uniformer Raum
si. SIMONNETsch
vlR. verallgemeinerter limitierter Radialraum

Anmerkung. Aus Beispielen, die wir in Abschnitt 8.5 angeben, folgt, daß sich die Implikationen $\rightarrow$ nicht umkehren lassen, wenn jeweils lediglich die bei diesen geforderten Einschränkungen vorausgesetzt werden.

7.14. Die Räume $L^n_{\mathfrak{B},k}(X, Y)$ und $H^n_{\mathfrak{B},k}(X, Y)$

Wir bezeichnen entsprechend den für den Fall der stetigen und punktweisen Konvergenz vereinbarten Bezeichnungen zu beliebigen limitierten $\boldsymbol{K}$-linearen Gruppen X und Y ($\boldsymbol{K} = \boldsymbol{R}$ oder $\boldsymbol{C}$), einem beliebigen $n \in \boldsymbol{N}^+$ und einer beliebigen schwach verträglichen Limitierung τ des Vektorraumes $L^n(X, Y)$ mit

$$L^n_\tau(X, Y)$$

den Vektorraum $L^n(X, Y)$, versehen mit τ. Für $L^1_\tau(X, Y)$ schreiben wir auch einfach $L_\tau(X, Y)$.

Im weiteren sei X eine limitierte und Y eine pseudotopologische $\boldsymbol{K}$-lineare Gruppe. τ_0 bezeichne die Limitierung von X und τ_1 die Pseudotopologie von Y. $\mathfrak{B}$ sei ein System von $\wedge$-Idealen von Dualfiltern in X. Wir setzen $\mathfrak{B}^n = \underbrace{\mathfrak{B} \times^e \cdots \times^e \mathfrak{B}}_{n}$. Ist τ zu einem $k = 1, \dots, 5$ speziell die Pseudotopologie der $\mathfrak{B}^n,k$-Konvergenz in $L^n(X, Y)$, so schreiben wir anstelle $L^n_\tau(X, Y)$ auch

$$L^n_{\mathfrak{B},k}(X, Y)\,,$$

im Falle $n = 1$ auch $L_{\mathfrak{B},k}(X, Y)$. Wird $\mathfrak{B}$ aus einem Mengensystem $\mathfrak{B}$, einem Dualfiltersystem $\mathfrak{L}$ oder einem Filtersystem $\mathfrak{S}$ erzeugt, so ersetzen wir bei $L^n_{\mathfrak{B},k}(X, Y)$ und $L_{\mathfrak{B},k}(X, Y)$ das $\mathfrak{B}$ auch durch $\mathfrak{B}$, $\mathfrak{L}$ bzw. $\mathfrak{S}$.

Wegen 7.9.12 und 7.11.10 ist $L^n_{\mathfrak{B},k}(X, Y)$ eine pseudotopologische lineare Untergruppe von $F_{\mathfrak{B}^n,k}(X^n, Y)$. Wenn $\mathfrak{B}$ k-verträglich ist, ist $L^n_{\mathfrak{B},k}(X, Y)$ nach dem Korollar 1 zu 7.11.11 ein pseudotopologischer Vektorraum.

Entsprechend der obigen allgemeinen Vereinbarung ist $L^n_{\delta_{\mathfrak{B}^n,k}}(X, Y)$ der Vektorraum $L^n(X, Y)$, versehen mit der Pseudotopologie $\delta_{\mathfrak{B}^n,k}$.

Aus 7.11.12 ergibt sich

$$L^n_{\mathfrak{B}^{\mathrm{K}},k}(X, Y) = L^n_{\mathfrak{B},k}(X, Y)^{\#} \quad \text{und} \quad L^n_{\delta_{\mathfrak{B}^{\mathrm{K}n},k}}(X, Y) = L^n_{\delta_{\mathfrak{B}^n,k}}(X, Y)^{\#}$$
$$\text{für } k = 1, \dots, 4 \tag{7.14.1}$$

mit $\mathfrak{B}^{\mathrm{K}n} = \underbrace{\mathfrak{B}^{\mathrm{K}} \times^e \cdots \times^e \mathfrak{B}^{\mathrm{K}}}_{n}$, wenn Y gleichförmig ist, ferner

$$L^n_{\mathfrak{B},k}(X, Y) = L^n_{\mathfrak{B},k}(X, Y)^{\#} \quad \text{für } k = 1, 3 \text{ und } 5 \tag{7.14.2}$$

und stets

$$L^n_{\delta_{\mathfrak{B}^n,k}}(X, Y) = L^n_{\delta_{\mathfrak{B}^n,k}}(X, Y)^{\#} \quad \text{für } k = 1, 3 \text{ und } 5\,. \tag{7.14.2)'$$

Wegen 5.18.17 und 7.9.5 folgt für die s-, k-, fk-, b-, e-, c-, q-, h- und Kh- und die δb-, δe-, δq- und δh-Konvergenz: Wählen wir das System $\mathfrak{B}$ und den Konvergenztyp k wie in Abschnitt 7.12, um die betreffende Konvergenzart zu erhalten, so ist die $\mathfrak{B}^n,k$- bzw. die $\delta_{\mathfrak{B}^n,k}$-Konvergenz in $L^n(X, Y)$ von derselben Art, also ebenfalls die s-, ... , $\delta\mathsf{h}$-Konvergenz.

Wie bereits in 7.4.17 und 7.5.19 bemerkt wurde, sind $L^n_\mathsf{s}(X, Y)$ und $L^n_\mathsf{c}(X, Y)$ pseudotopologische Vektorräume, wenn X ein pseudotopologischer bzw. limitierter Vektorraum ist.

Ist X ein SIMONNETscher limitierter Vektorraum, so ist X^n $\aleph_0$-CHOQUETsch und — wie mittels 5.11.10 folgt — $\boldsymbol{t}^v(X^n)$ separiert, also auch X^n SIMONNETsch. Mittels 5.18.10, 5.18.12 und 5.18.17 folgt, daß dann $\mathfrak{B}^n_\mathsf{k} = \underbrace{\mathfrak{B}_\mathsf{k} \times^e \cdots \times^e \mathfrak{B}_\mathsf{k}}_{n}$ und $\mathfrak{B}^n_\mathsf{fk} = \underbrace{\mathfrak{B}_\mathsf{fk} \times^e \cdots \times^e \mathfrak{B}_\mathsf{fk}}_{n}$ 3, 4 und 5-verträglich sind, $L^n_\mathsf{k}(X, Y)$ und $L^n_\mathsf{fk}(X, Y)$ also dann pseudotopologische Vektorräume sind.

Unter Berücksichtigung von 5.18.12 und 5.18.15 ergibt sich $L^n_\tau(X, Y)$ bei $\tau = \mathsf{b}, \mathsf{e}, \mathsf{q}, \mathsf{h}$ und $\delta\mathsf{b}$ als pseudotopologischer Vektorraum. Wenn X lokalbeschränkt ist, ist auch $L^n_\tau(X, Y)$ bei $\tau = \mathsf{Kh}, \delta\mathsf{e}, \delta\mathsf{q}$ und $\delta\mathsf{h}$ ein pseudotopologischer Vektorraum; wegen 7.13.2 gilt nämlich in diesem Falle $L^n_\mathsf{e}(X, Y) = L^n_\mathsf{h}(X, Y) = L^n_\mathsf{Kh}(X, Y)$ und $L^n_{\delta\mathsf{b}}(X, Y) = L^n_{\delta\mathsf{e}}(X, Y) = L^n_{\delta\mathsf{q}}(X, Y) = L^n_{\delta\mathsf{h}}(X, Y)$. Aus (7.14.1) folgt

$$L^n_\mathsf{Kh}(X, Y) = L^n_{\mathfrak{S}_\mathsf{q},3}(X, Y)^\# \tag{7.14.3}$$

und aus (7.14.2), wenn Y gleichförmig ist, damit sogar

$$L^n_\mathsf{Kh}(X, Y) = L^n_{\mathfrak{S}_\mathsf{q},3}(X, Y)\,.$$

Ferner folgt aus (7.14.1)

$$L^n_\mathsf{h}(X, Y) = L^n_\mathsf{q}(X, Y)^\# \quad \text{und} \quad L^n_{\delta\mathsf{h}}(X, Y) = L^n_{\delta\mathsf{q}}(X, Y)^\# \tag{7.14.4}$$

und, falls X ein limitierter Vektorraum ist, auch

$$L^n_\mathsf{h}(X, Y) = L^n_\mathsf{c}(X, Y)^\# \tag{7.14.5}$$

(vergleiche AWERBUCH u. SMOLJANOW [6]). Aus (7.14.1), (7.14.2) und (7.14.2)′ erhalten wir

7.14.1 (Gleichförmigkeit von $L^n_\tau(X, Y)$; Spezialfälle). $L^n_\tau(X, Y)$ *ist bei* $\tau = \mathsf{e}, \mathsf{h}, \mathsf{Kh}, \delta\mathsf{b}, \delta\mathsf{e}$ *und* $\delta\mathsf{h}$ *gleichförmig. Ist* Y *gleichförmig, so ist auch* $L^n_\tau(X, Y)$ *bei* $\tau = \mathsf{s}, \mathsf{k}, \mathsf{fk}$ *und* b *gleichförmig.*

$L^n_\mathsf{c}(X, Y)$ ist — auch in dem Fall, daß Y gleichförmig ist — im allgemeinen nicht gleichförmig (vergleiche den später angeführten Satz 7.14.6).

Wir gehen im weiteren auf die Räume $L^n_\mathsf{c}(X, Y)$, $L^n_\mathsf{q}(X, Y)$ und $L^n_\mathsf{h}(X, Y)$ genauer ein und bringen dazu vorerst eine Bemerkung über Polaren. X sei ein lokalkonvexer topologischer $\boldsymbol{K}$-Vektorraum mit $\boldsymbol{K} = \boldsymbol{R}$ oder $\boldsymbol{C}$. Zu jeder Teilmenge M von X sei M^0 die **Polare** $\{l \in L(X, \boldsymbol{K}) \mid l[M] \subseteqq \boldsymbol{E}\}$ von M und zu jeder Teilmenge N von $L(X, \boldsymbol{K})$ ferner N^0 die **Polare** $\{x \in X \mid N(x) \subseteqq \boldsymbol{E}\}$ von N. Auf

Grund eines bekannten Separierungssatzes (siehe etwa KELLEY, NAMIOKA [1]) gibt es zu jeder abgeschlossenen absolutkonvexen Teilmenge A eines lokalkonvexen topologischen Vektorraumes und jedem nicht in A liegenden Punkt x ein $l \in L(X, \boldsymbol{K})$ mit $l[A] \subseteq \boldsymbol{E}$ und $l(x) \notin \boldsymbol{E}$, womit leicht folgt, daß M^{00} für jede Teilmenge M von X mit der abgeschlossenen Hülle der absolutkonvexen Hülle von M übereinstimmt (Bipolarensatz). Wir könnten auch als X eine beliebige limitierte lineare Gruppe nehmen, hätten dann aber die Adhärenzbildung bez. $\boldsymbol{t}^\wedge(X)$ zu verstehen.

Im folgenden Hilfssatz tritt der in Abschnitt 5.6 eingeführte Begriff des totalbeschränkten Filters auf.

7.14.2. *X sei eine limitierte lineare und Y eine topologische lineare Gruppe. Für jeden Filter $\mathfrak{F}$ in X gilt dann*

$$\mathfrak{F} \textit{ ist totalbeschränkt} \Rightarrow \textit{Für jeden Nullfilter } \mathfrak{K} \textit{ in } L_c(X, Y) \textit{ ist } \mathfrak{K}(\mathfrak{F}) \textit{ ein Nullfilter in } Y.$$

Ist X ein separierter lokalkonvexer und Y ein separierter nicht nulldimensionaler topologischer Vektorraum, so gilt auch die Umkehrung.

Beweis. 1. $\mathfrak{F}$ sei totalbeschränkt. $\mathfrak{G}$ sei ein zugehöriger Nullfilter und $\mathfrak{K}$ ein Nullfilter in $L_c(X, Y)$. W sei eine Nullnachbarschaft in Y. Es gibt eine Nullnachbarschaft V in Y mit $V + V \subseteq W$. Wegen $\mathfrak{K}(\mathfrak{G}) \to 0$ existieren ein $K_1 \in \mathfrak{K}$ und ein $G \in \mathfrak{G}$ mit $K_1[G] \subseteq V$. Ferner existiert eine endliche Teilmenge E von X mit $G + E \in \mathfrak{F}$. Wegen $\mathfrak{K} \underset{s}{\to} 0$ gibt es ein $K_2 \in \mathfrak{K}$ mit $K_2[E] \subseteq V$. Es folgt $(K_1 \cap K_2)\,[G + E] \subseteq K_1[G] + K_2[E] \subseteq W$ und damit $\mathfrak{K}(\mathfrak{F}) \to 0$.

2. X sei ein separierter lokalkonvexer und Y ein separierter nicht nulldimensionaler topologischer Vektorraum. Für jeden Nullfilter $\mathfrak{K}$ in $L_c(X, Y)$ gelte $\mathfrak{K}(\mathfrak{F}) \to 0$. Auf Grund der Voraussetzung an Y läßt sich mühelos ein linearer Homöomorphismus von $L_c(X, \boldsymbol{K})$ in $L_c(X, Y)$ angeben, weshalb wir $Y = \boldsymbol{K}$ annehmen können. $\mathfrak{F}$ sei nicht totalbeschränkt. Dann gibt es eine abgeschlossene absolutkonvexe Nullnachbarschaft M in X mit $2M + E \notin \mathfrak{F}$ für jede endliche Teilmenge E von X. $\mathfrak{N}$ sei der Nullnachbarschaftsfilter in $X' = L(X, \boldsymbol{K})$ bezüglich der schwachen Topologie $\omega(X', X)$, wobei X als Teilraum des algebraischen Duals von X' aufgefaßt ist. Man zeigt leicht $[M^0] \vee \mathfrak{N} \underset{c}{\to} 0$, so daß es auf Grund der Voraussetzung ein $F \in \mathfrak{F}$ und ein $N \in \mathfrak{N}$ mit $(M^0 \cap N)\,[F] \subseteq \boldsymbol{E}$ gibt. Für eine endliche Teilmenge E von X gilt $E^0 \subseteq N$ und wegen $(M + \overline{E^\cap})^0 \subseteq M^0 \cap (\overline{E^\cap})^0 \subseteq M^0 \cap E^0$ damit $(M + \overline{E^\cap})^0\,[F] \subseteq \boldsymbol{E}$. Da $M + \overline{E^\cap}$ abgeschlossen und absolutkonvex ist, folgt $F \subseteq M + \overline{E^\cap}$. Nun liegt $\overline{E^\cap}$ in einem endlichdimensionalen Teilraum von X. Da auf Grund der Separiertheit von X die auf diesem Teilraum induzierte Topologie die natürliche Topologie ist, ist sogar $\overline{E^\cap}$ in diesem Teilraum enthalten und ist $\overline{E^\cap}$ damit kompakt. Es gibt somit eine endliche Teilmenge E_0 von X mit $\overline{E^\cap} \subseteq M + E_0$, weshalb $F \subseteq 2M + E_0$ gilt, was aber einen Widerspruch ergibt. $\mathfrak{F}$ ist daher totalbeschränkt.

Wir sagen, daß eine limitierte lineare Gruppe X und ebenfalls ihre Limitierung die **qt-Eigenschaft** hat, wenn jeder quasibeschränkte Filter in X totalbeschränkt ist. Mittels 7.14.2 zeigen wir (siehe KAZ [2])

7.14.3 (Gleichheit von $L_c(X, Y)$ und $L_q(X, Y)$. *X sei eine limitierte lineare und Y eine topologische lineare Gruppe. Dann gilt*

$$X \text{ besitzt die qt-Eigenschaft} \Rightarrow L_c(X, Y) = L_q(X, Y) .$$

Ist X ein separierter lokalkonvexer und Y ein separierter nicht nulldimensionaler topologischer Vektorraum, so gilt auch die Umkehrung.

Beweis. 1. X habe die qt-Eigenschaft. $\mathfrak{K}$ sei ein Nullfilter in $L_c(X, Y)$ und $\mathfrak{F}$ ein quasibeschränkter Filter in X. $\mathfrak{F}$ ist totalbeschränkt, und mittels 7.14.2 folgt $\mathfrak{K}(\mathfrak{F}) \to 0$, also $\mathfrak{K} \underset{q}{\to} 0$ und damit $L_c(X, Y) = L_q(X, Y)$.

2. X sei ein separierter lokalkonvexer und Y ein nicht nulldimensionaler topologischer Vektorraum. Es gelte $L_c(X, Y) = L_q(X, Y)$. $\mathfrak{F}$ sei ein quasibeschränkter Filter in X. Für jeden Nullfilter $\mathfrak{K}$ in $L_c(X, Y)$ gilt dann $\mathfrak{K}(\mathfrak{F}) \to 0$, so daß $\mathfrak{F}$ wegen 7.14.2 totalbeschränkt ist.

Ist für eine limitierte $\boldsymbol{K}$-lineare Gruppe X der Dualraum $L_q(X, \boldsymbol{K})$ gleichförmig, so sagen wir, daß X und ebenfalls die Limitierung von X die **Dg-Eigenschaft** hat. Wegen (7.12.1) und (7.14.4) hat eine limitierte $\boldsymbol{K}$-lineare Gruppe X genau dann die Dg-Eigenschaft, wenn zu beliebigen Nullfiltern $\mathfrak{F}$ in X und $\mathfrak{K}$ in $L_q(X, \boldsymbol{K})$ ein $F \in \mathfrak{F}$ mit $\boldsymbol{V} \subseteq \mathfrak{K}(F)$ existiert, ferner genau dann, wenn zu beliebigen Nullfiltern $\mathfrak{F}$ in X und $\mathfrak{K}$ in $L_q(X, \boldsymbol{K})$ die Beziehung $\boldsymbol{E} \in (\bigcap_{\alpha>0} \alpha\mathfrak{K})(\mathfrak{F})$ besteht, und schließlich genau dann, wenn $L_q(X, \boldsymbol{K}) = L_h(X, \boldsymbol{K})$ ist.

7.14.4 (Gleichheit von $L_q(X, Y)$ und $L_h(X, Y)$). *X sei eine limitierte lineare Gruppe und Y ein lokalkonvexer topologischer Vektorraum. Dann gilt*

$$X \text{ hat die Dg-Eigenschaft} \Rightarrow L_q(X, Y) = L_h(X, Y) .$$

Ist Y separiert und nicht nulldimensional, so gilt auch die Umkehrung.

Beweis. 1. X habe die Dg-Eigenschaft. $\mathfrak{F}$ und $\mathfrak{L}$ seien Nullfilter in X bzw. $L_q(X, Y)$, und M sei eine abgeschlossene absolutkonvexe Nullnachbarschaft in Y. $[M^0] \mathbin{\dot{\circ}} \mathfrak{L}$ ist ein Nullfilter in $L_q(X, \boldsymbol{K})$ und somit auch in $L_h(X, \boldsymbol{K})$. Wegen (7.12.1) existiert daher ein $F \in \mathfrak{F}$ derart, daß es zu jedem $\alpha > 0$ ein $L \in \mathfrak{L}$ mit $(M^0 \mathbin{\dot{\circ}} L)\,[\alpha F] \subseteq \boldsymbol{E}$ und daher mit $L[\alpha F] \subseteq M$ gibt. $\mathfrak{L}$ ist also ein Nullfilter in $L_h(X, Y)$, und es folgt $L_q(X, Y) = L_h(X, Y)$.

2. Y sei separiert und nicht nulldimensional. Es gibt daher einen linearen Homöomorphismus von $L_q(X, \boldsymbol{K})$ auf eine pseudotopologische lineare Untergruppe von $L_q(X, Y)$. Gilt $L_q(X, Y) = L_h(X, Y)$, so ist $L_q(X, Y)$ und damit auch jede pseudotopologische lineare Untergruppe von $L_q(X, Y)$ und somit auch $L_q(X, Y)$ gleichförmig.

Wir nennen eine limitierte lineare Gruppe X und ebenfalls ihre Limitierung τ_0 SCHWARTZsch, wenn gilt:

$$\forall \mathfrak{F} \in \tau_0(0)\ \exists \mathfrak{G} \in \tau_0(0)\ \forall G \in \mathfrak{G}\ \exists F \in \mathfrak{F}\ \forall \alpha > 0$$
$$\exists E\ (E \subseteq X \text{ endlich},\ F \subseteq E + \alpha G)\,. \tag{7.14.6}$$

Indem man zu jedem $x \in E$ mit $F \cap (x + \alpha G) \neq \emptyset$ ein $y_x \in F \cap (x + \alpha G)$ wählt und von E zu $\{y_x \mid x \in E \text{ mit } F \cap (x + \alpha G) \neq \emptyset\}$ und von $\mathfrak{G}$ zu $\mathfrak{G} - \mathfrak{G}$ übergeht, folgt, daß in (7.14.6) stets $E \subseteq X$ durch $E \subseteq F$ ersetzt werden kann.

Ein bekanntes leicht zu beweisendes Resultat ist, daß jeder normierbare SCHWARTZsche topologische Vektorraum endlichdimensional ist. Wir zeigen

7.14.5. *X sei eine limitierte lineare Gruppe. Ist X SCHWARTZsch, so besitzt X die* qt- *und* Dg-*Eigenschaft. Wenn X ein separierter lokalkonvexer topologischer Vektorraum ist, besteht auch die Umkehrung.*

Beweis. 1. X sei SCHWARTZsch. $\mathfrak{F}$ sei ein quasibeschränkter Filter in X, $V\mathfrak{F}$ also ein Nullfilter in X. Es gibt dann einen Nullfilter $\mathfrak{G}$ in X, so daß zu beliebigem $G \in \mathfrak{G}$ ein $\alpha > 0$ und $F \in \mathfrak{F}$ existieren derart, daß es zu beliebigem $\beta > 0$ eine endliche Teilmenge E von X mit $\alpha F \subseteq E + \beta G$ gibt. Indem wir $\beta = \alpha$ setzen, folgt, daß $\mathfrak{F}$ totalbeschränkt ist, X also die qt-Eigenschaft hat.

Nun sei $\mathfrak{F}$ ein Nullfilter in X und $\mathfrak{K}$ ein Nullfilter in $L_{\mathrm{q}}(X, \boldsymbol{K})$. Es existiert ein Nullfilter $\mathfrak{G}$ in X, so daß es zu beliebigem $G \in \mathfrak{G}$ ein $F_G \in \mathfrak{F}$ gibt derart, daß zu beliebigem $\alpha > 0$ eine endliche Teilmenge $E_{\alpha G}$ von X mit $F_G \subseteq E_{\alpha G} + \frac{\alpha}{2} G$ existiert. Wegen $\mathfrak{K}(\mathfrak{G}) \to 0$ gibt es ein $K \in \mathfrak{K}$ und ein $G_0 \in \mathfrak{G}$ mit $K[G_0] \subseteq \boldsymbol{E}$, wegen $\mathfrak{K} \underset{\mathrm{s}}{\to} 0$ zu beliebigem $\alpha > 0$ ein $K_\alpha \in \mathfrak{K}$ mit $K_\alpha[E_{\alpha G_0}] \subseteq \frac{\alpha}{2}\boldsymbol{E}$ und daher mit $(K_\alpha \cap K)\,[F_{G_0}] \subseteq K_\alpha[E_{\alpha G_0}] + \frac{\alpha}{2} K[G_0] \subseteq \alpha \boldsymbol{E}$. X hat deshalb die Dg-Eigenschaft.

2. X sei ein separierter lokalkonvexer topologischer Vektorraum mit der qt- und Dg-Eigenschaft. U sei eine abgeschlossene absolutkonvexe Nullnachbarschaft in X. $\{(U + E)^0 \mid E \subseteq X \text{ endlich}\}$ ist die Basis eines Filters $\mathfrak{K}$ in $L(X, \boldsymbol{K})$. Zu jedem quasibeschränkten Filter $\mathfrak{F}$ in X und beliebigem $\alpha > 0$ gibt es – da $\mathfrak{F}$ totalbeschränkt ist – eine endliche Teilmenge E von X mit $\alpha(U + E) \in \mathfrak{F}$, weshalb wegen $(U + E)^0\,[\alpha(U + E)] \subseteq \alpha \boldsymbol{E}$ die Beziehung $\boldsymbol{V} \subseteq \mathfrak{K}(\mathfrak{F})$ und damit $\mathfrak{K} \underset{\mathrm{q}}{\to} 0$ folgt, somit eine Nullnachbarschaft V in X mit $\boldsymbol{V} \subseteq \mathfrak{K}[V]$ existiert. Wir finden daher zu beliebigem $\alpha > 0$ eine endliche Teilmenge E von X mit $(U + E)^0\,[V] \subseteq \frac{\alpha}{2}\boldsymbol{E}$ und daher mit $(U + \overline{E^\cap})^0\,[V] \subseteq \frac{\alpha}{2}\boldsymbol{E}$ ($E^\cap$ ist die absolutkonvexe Hülle von E). Da $U + \overline{E^\cap}$ abgeschlossen und absolutkonvex ist, folgt $\frac{2}{\alpha} V \subseteq U + \overline{E^\cap}$, und, da $\overline{E^\cap}$ kompakt ist, existiert eine endliche Teilmenge E_0 von X mit $\overline{E^\cap} \subseteq U + \frac{2}{\alpha} E_0$ und daher mit $V \subseteq \alpha U + E_0$. X ist daher SCHWARTZsch.

Unter Berücksichtigung von 7.14.3 bis 7.14.5 zeigen wir (vergleiche KAZ [2] und KELLER [6])

7.14.6 (Gleichheit von $L_c^n(X, Y)$ und $L_h^n(X, Y)$). *X sei eine limitierte lineare Gruppe und Y ein lokalkonvexer topologischer Vektorraum. Dann gilt*

$$X \text{ ist SCHWARTZsch} \Rightarrow L_c(X, Y) = L_h(X, Y)\,. \tag{7.14.7}$$

Wenn X ein gleichförmiger ausgeglichener pseudotopologischer Vektorraum und Y ein lokalkonvexer topologischer Vektorraum ist, gilt sogar für jede positive natürliche Zahl n

$$X \text{ ist SCHWARTZsch} \Rightarrow L_c^n(X, Y) = L_h^n(X, Y)\,. \tag{7.14.8}$$

Sind X und Y separierte lokalkonvexe topologische Vektorräume und ist Y nicht nulldimensional, so gilt für jede positive natürliche Zahl n auch die Umkehrung von (7.14.8).

Beweis. 1. (7.14.7) folgt unmittelbar aus 7.14.3 bis 7.14.5.

2. X sei ein gleichförmiger ausgeglichener SCHWARTZscher pseudotopologischer Vektorraum und Y ein lokalkonvexer topologischer Vektorraum. n sei eine positive natürliche Zahl. Gegeben sei ein Filter $\mathfrak{K}$ in $L_c^n(X, Y)$. $\mathfrak{F}$ sei ein Nullfilter in X. Wegen der Voraussetzung an X gibt es einen kreisförmigen ausgeglichenen Nullfilter $\mathfrak{G}$ in X derart, daß zu jedem $G \in \mathfrak{G}$ ein $F \in \mathfrak{F}$ existiert, so daß es zu jedem $\alpha > 0$ eine endliche Teilmenge E von F mit $F \subseteqq E + \alpha G$ gibt. N sei eine absolutkonvexe Nullumgebung in Y. Wegen $\mathfrak{K}(\underbrace{\mathfrak{G} \times \cdots \times \mathfrak{G}}_{n}) \to 0$ existieren eine kreisförmige ausgeglichene Menge $G_0 \in \mathfrak{G}$ und ein $K \in \mathfrak{K}$ mit

$$K[G_0 \times \cdots \times G_0] \subseteqq N\,. \tag{7.14.9}$$

Wir finden ein $F_0 \in \mathfrak{F}$, so daß es zu beliebigem $\alpha > 0$ eine endliche Teilmenge E_α von F_0 mit $F_0 \subseteqq E_\alpha + \alpha G_0$ gibt. Es existiert ein $\varrho \geqq 1$ mit $E_1 \subseteqq \varrho G_0$ und daher mit $F_0 \subseteqq \varrho G_0 + G_0$. Wir wählen zu einem beliebigem $\varepsilon > 0$ ein $\alpha \in]0, 1[$ mit $4^n \alpha \varrho^{n-1} < \frac{\varepsilon}{2}$. Zu beliebigen $x_i \in F_0$ $(i = 1, \ldots, n)$ existieren $x_i' \in E_\alpha$ mit $x_i - x_i' \in \alpha G_0$ und wegen $E_\alpha \subseteqq F_0 \subseteqq \varrho G_0 + G_0$ ferner $y_i \in \varrho G_0$ und $z_i \in G_0$ mit $x_i' = y_i + z_i$, also mit $x_i = (x_i - x_i') + y_i + z_i$, weshalb mit (7.14.9) für jede Abbildung $f \in K$ unter Beachtung, daß diese multilinear ist,

$$f(x_1, \ldots, x_n) - f(x_1', \ldots, x_n') \in 4^n \alpha \varrho^{n-1} \subseteqq \frac{\varepsilon}{2} N$$

folgt. Wegen $\mathfrak{K} \underset{s}{\to} 0$ gibt es ein $K_0 \in \mathfrak{K}$ mit $K_0[E_\alpha] \subseteqq \frac{\varepsilon}{2} N$ und $K_0 \subseteqq K$, so daß sich $K_0[F_0 \times \cdots \times F_0] \subseteqq \varepsilon N$ ergibt. Wir haben also zu jedem Nullfilter $\mathfrak{F}$ in X und jeder absolutkonvexen Nullumgebung N in Y ein $F_0 \in \mathfrak{F}$ gefunden derart, daß zu jedem $\varepsilon > 0$ ein $K_0 \in \mathfrak{K}$ mit $K_0[F_0 \times \cdots \times F_0] \subseteqq \varepsilon N$ existiert. Daher gilt $\mathfrak{K} \underset{h}{\to} 0$ und somit $L_c^n(X, Y) = L_h^n(X, Y)$.

3. X und Y seien separierte lokalkonvexe topologische Vektorräume, Y sei nicht nulldimensional. Es gelte $L^n_c(X, Y) = L^n_h(X, Y)$. $\mathfrak{K}$ sei ein Nullfilter in $L_c(X, Y)$. Wir finden ein $l \in L(X, \boldsymbol{K}) \setminus \{0\}$ und bilden mittels der Abbildung $f: \underbrace{\boldsymbol{K} \times \cdots \times \boldsymbol{K}}_{n-1} \times Y \to Y$ mit $f(\alpha_1, \ldots, \alpha_{n-1}, y) = \alpha_1 \cdots \alpha_{n-1} y$ $(\alpha_1, \ldots, \alpha_{n-1} \in \boldsymbol{K}$, $y \in Y)$ den Filter $\mathfrak{L} = [f] \circ ([l] \dot{*} \cdots \dot{*} [l] \dot{*} \mathfrak{K})$, der sich als Nullfilter in $L^n_c(X, Y)$ ergibt. Da $L^n_c(X, Y)$ gleichförmig ist, ist wegen 5.8.2 auch $\bigcap_{\alpha>0} \alpha\mathfrak{L}$ ein Nullfilter in $L^n_c(X, Y)$. Nun gilt aber $\bigcap_{\alpha>0} \alpha\mathfrak{L} = [f] \circ ([l] \dot{*} \cdots \dot{*} [l] \dot{*} \bigcap_{\alpha>0} \alpha\mathfrak{K})$ und für jeden gegen ein $x \in X$ konvergierenden Filter $\mathfrak{F}$ in X und ein $h \in X$ mit $l(h) \neq 0$ damit

$$\Big(\bigcap_{\alpha>0} \alpha\mathfrak{L}\Big)([h] \times \cdots \times [h] \times \mathfrak{F}) = l(h)^{n-1} \Big(\bigcap_{\alpha>0} \alpha\mathfrak{K}\Big)(\mathfrak{F}) \to 0\,,$$

also $\big(\bigcap_{\alpha>0} \alpha\mathfrak{K}\big)(\mathfrak{F}) \to 0$, so daß $L_c(X, Y)$ gleichförmig ist und damit $L_c(X, Y) = L_q(X, Y) = L_h(X, Y)$ gilt. Wegen 7.14.3 und 7.14.4 besitzt X die qt- und Dg-Eigenschaft. Wegen 7.14.5 ist X daher SCHWARTZsch.

Mittels des zweiten Teiles von 7.14.6 ergibt sich die folgende Ergänzung des ersten Teiles dieses Satzes.

7.14.6'. *X sei ein gleichförmiger ausgeglichener* SCHWARTZ*scher pseudotopologischer Vektorraum und Y ein lokalkonvexer topologischer Vektorraum. Dann ist $L_c(X, Y) = L_h(X, Y)$ für alle pseudotopologischen Vektorräume Y, die sich mittels eines lokalkonvexen topologischen Vektorraumes Y' in der Form $Y = L^n_c(X, Y')$ darstellen lassen.*

Beweis. Wegen 7.14.1 und (7.14.8) ist $L^{n+1}_c(X, Y')$ und somit $L_c(X, L^n_c(X, Y'))$ gleichförmig, wegen (7.14.5) gilt daher $L_c(X, L^n_c(X, Y')) = L_h(X, L^n_c(X, Y'))$.

7.14.6 entnimmt man, daß $L^n_c(X, Y)$ nicht gleichförmig ist, wenn X ein unendlichdimensionaler normierbarer topologischer Vektorraum, Y ein separierter lokalkonvexer topologischer Vektorraum einer Dimension > 0 und n irgendeine positive natürliche Zahl ist.

Wir geben als nächstes Beispiele dafür an, daß $L^n_{\mathfrak{B},k}(X, Y)$ topologische Vektorräume sind. Für jede limitierte lineare Gruppe X und jede topologische lineare Gruppe Y sind $L^n_b(X, Y)$ und — da unter den angegebenen Einschränkungen wegen 7.13.2 $L^n_b(X, Y) = L^n_e(X, Y)$ gilt — auch $L^n_e(X, Y)$ topologische Vektorräume. Sind X und Y lokalbeschränkte topologische Vektorräume, so sind — wie leicht folgt — auch $L^n_b(X, Y)$ lokalbeschränkte topologische Vektorräume; sie stimmen jeweils mit $L^n_a(X, Y)$ bei $a =$ e, q, h, Kh, δb, δe, δq und δh überein. Ist X ein SIMONNETscher limitierter bzw. ein pseudotopologischer Vektorraum und ist Y eine topologische lineare Gruppe, so sind auch $L^n_k(X, Y)$ und $L^n_{fk}(X, Y)$ bzw. $L^n_s(X, Y)$ topologische Vektorräume.

Wir zeigen nun (vergleiche JARCHOW [8], KAZ [2] und KELLER [6])

7.14.7. *X und Y seien separierte lokalkonvexe topologische Vektorräume. Y sei nicht nulldimensional. Dann gelten zu jedem $n \in \boldsymbol{N}^+$ die Äquivalenzen*

$$X \text{ ist normierbar} \Leftrightarrow L^n_{\mathsf{q}}(X, Y) \text{ ist ein topologischer Vektorraum}$$
$$\Leftrightarrow L^n_{\mathsf{h}}(X, Y) \text{ ist ein topologischer Vektorraum}$$
$$\Leftrightarrow L^n_{\mathsf{Kh}}(X, Y) \text{ ist ein topologischer Vektorraum}$$

und

$$X \text{ ist endlichdimensional} \Leftrightarrow L^n_{\mathsf{c}}(X, Y) \text{ ist ein topologischer Vektorraum.}$$

Beweis. Ist $L^n_a(X, Y)$ für ein $a \in \{\mathsf{c}, \mathsf{q}, \mathsf{h}, \mathsf{Kh}\}$ ein topologischer Vektorraum, so ist X wegen 7.1.9, 7.7.5, 7.13.2 und 7.13.3 normierbar, im Falle $a = \mathsf{c}$ wegen 7.14.6 auch SCHWARTZsch und in diesem Falle damit sogar endlichdimensional. Ist X endlichdimensional, so stimmt wegen 7.13.3 $L^n_{\mathsf{c}}(X, Y)$ mit dem topologischen Vektorraum $L^n_{\mathsf{b}}(X, Y)$ überein, und ist X normierbar, so stimmt wegen 7.13.2 $L^n_a(X, Y)$ für $a = \mathsf{q}, \mathsf{h}$ und Kh mit dem topologischen Vektorraum $L^n_{\mathsf{b}}(X, Y)$ überein.

Wir verallgemeinern als nächstes die in Abschnitt 7.7 eingeführten Pseudotopologien M und M' und benutzen dazu die in Abschnitt 5.15 aufgetretenen Funktoren $\boldsymbol{u}$ und $\boldsymbol{u}'$.

7.14.8. *X und Y seien lokalkonvexe topologische Vektorräume. Dann gilt stets*

$$L^n_{\mathsf{M}}(X, Y) = L^n_{\mathsf{h}}(X, Y)^{\boldsymbol{u}}. \tag{7.14.10}$$

Beweis. Nach 7.7.3 gilt $L^n_{\mathsf{M}}(X, Y) \leqq L^n_{\mathsf{c}}(X, Y)$ und damit $L^n_{\mathsf{M}}(X, Y) \leqq L^n_{\mathsf{c}}(X, Y)^{\boldsymbol{u}}$, wobei $\leqq$ wie üblich definiert ist. $L^n_{\mathsf{c}}(X, Y)^{\boldsymbol{u}}$ ist nach Definition eine pseudotopologische Vereinigung $\bigcup_{\iota \in I} Z_\iota$ topologischer Vektorräume Z_ι. Die identischen Einbettungen ι_ι der Z_ι in $L^n_{\mathsf{c}}(X, Y)^{\boldsymbol{u}}$ sind als Abbildungen von Z_ι in $L^n_{\mathsf{c}}(X, Y)$ und wegen 7.7.4 damit auch als Abbildungen von Z_ι in $L^n_{\mathsf{M}}(X, Y)$ stetig, weshalb $L^n_{\mathsf{M}}(X, Y) \geqq L^n_{\mathsf{c}}(X, Y)^{\boldsymbol{u}}$ und daher $L^n_{\mathsf{M}}(X, Y) = L^n_{\mathsf{c}}(X, Y)^{\boldsymbol{u}}$ gilt. Mittels (7.14.5) folgt damit (7.14.10).

Für das Folgende sei X eine beliebige limitierte $\boldsymbol{K}$-lineare und Y eine beliebige pseudotopologische $\boldsymbol{K}$-lineare Gruppe. $L^n_{\mathsf{h}}(X, Y)$ ist dann ein pseudotopologischer Vektorraum, so daß $L^n_{\mathsf{h}}(X, Y)^{\boldsymbol{u}}$ gebildet werden kann. Wir bezeichnen die Pseudotopologie von $L^n_{\mathsf{h}}(X, Y)^{\boldsymbol{u}}$ auch mit u und erhalten aus 7.14.8, daß u eine Verallgemeinerung von M ist. Ist Y lokalkonvex, so wegen 7.11.14 dann auch $L^n_{\mathsf{h}}(X, Y)$, so daß dann $L^n_{\mathsf{h}}(X, Y)^{\boldsymbol{u}}$ ein MARINESCU-Raum ist. In diesem Falle schreiben wir in Übereinstimmung mit dem in Abschnitt 7.7 betrachteten Spezialfall anstelle u auch M und nennen M wie dort die **Pseudotopologie der MARINESCU-Konvergenz** in $L^n(X, Y)$.

Ähnlich wie 7.14.8 zeigt man, daß dieser Satz auch gilt, wenn in ihm M durch M' und u durch u' ersetzt werden. Wir bezeichnen in dem vorliegenden Fall, daß X eine beliebige limitierte $\boldsymbol{K}$-lineare und Y eine beliebige pseudotopologische $\boldsymbol{K}$-lineare Gruppe ist, die Pseudotopologie von $L^n_{\mathsf{h}}(X, Y)^{\boldsymbol{u}'}$ auch mit u' und erhalten, daß u' eine Verallgemeinerung der in Abschnitt 7.7 eingeführten Pseudotopologie M' ist. Ist Y lokalkonvex, so auch u'; wegen 5.15.12 und 7.14.1 ist u' in diesem Spezialfall nichts anderes als die Pseudotopologie h in $L^n(X, Y)$.

Neben u und u' führen wir eine weitere Pseudotopologie in $L^n(X, Y)$ ein. PLING^d sei die volle Unterkategorie von PLING, die als Objekte alle pseudotopologischen Vereinigungen im weiten Sinne von lokalbeschränkten topologischen linearen Gruppen hat. $\boldsymbol{d}$ sei derjenige Funktor von PLING in PLING^d, der sich aus $\boldsymbol{\delta}$ und der Einschränkung von $\boldsymbol{u}'$ auf PLING$^\delta$ zusammensetzt. Offenbar ist PLING^d bicoreflektiv in PLING und ist $\boldsymbol{d}$ ein zugehöriger Coreflektor. Ist X eine pseudotopologische lineare Gruppe, so bezeichnen wir $\boldsymbol{d}(X)$ auch mit $X^{\boldsymbol{d}}$. Wenn X ein pseudotopologischer Vektorraum ist, ist $X^{\boldsymbol{d}}$ eine pseudotopologische Vereinigung lokalbeschränkter topologischer Vektorräume. Ist X eine (separierte) lokalkonvexe pseudotopologische lineare Gruppe, so ist $X^{\boldsymbol{d}}$ eine pseudotopologische Vereinigung im weiten Sinne aus pseudonormierbaren (separierten pseudonormierbaren) topologischen linearen Gruppen, und ist X ein (separierter) lokalkonvexer pseudotopologischer Vektorraum, so ist $X^{\boldsymbol{d}}$ sogar eine pseudotopologische Vereinigung halbnormierbarer (normierbarer) topologischer Vektorräume.

Ist X eine beliebige limitierte $\boldsymbol{K}$-lineare und Y eine beliebige pseudotopologische $\boldsymbol{K}$-lineare Gruppe, so bezeichnen wir die Pseudotopologie von $L^n_{\mathsf{h}}(X, Y)^{\boldsymbol{d}}$ auch mit d. Es gilt stets

$$\mathsf{d} \leqq \mathsf{u} \leqq \mathsf{u}' \leqq \mathsf{h} \tag{7.14.11}$$

und, wenn Y lokalkonvex ist,

$$\mathsf{h}^\delta = \mathsf{d}\,. \tag{7.14.12}$$

Man kann leicht zahlreiche Aussagen für u, u' und d angeben, so lassen sich mühelos 7.7.3, 7.7.4, 7.7.8 und 7.7.9 (mittels (7.14.5)) zu allgemeineren Sätzen über u und u' ausdehnen und für d entsprechende Aussagen beweisen.

Eine limitierte lineare Gruppe X heißt **k-** bzw. **fk-abzählbar,** wenn der Dualfilter aller kompakten bzw. folgenkompakten Teilmengen von X eine abzählbare Basis hat. Wir erwähnen (vergleiche Hogbe-Nlend [1]), daß ein separierter lokalkonvexer topologischer Vektorraum X genau dann k-abzählbar und quasitonneliert ist, wenn ein Fréchet-Montel-Raum Y mit $X = L_{\mathfrak{b}}(Y, \boldsymbol{K})$ existiert. Dabei heißt ein lokalkonvexer topologischer Vektorraum X **quasitonneliert,** wenn in ihm jede Tonne, die allen Filtern $\boldsymbol{V}B$ ($B \subseteqq X$ beschränkt) angehört, eine Nullnachbarschaft ist. Es gibt pseudotopologische Vektorräume, die k- und fk-abzählbar und keine topologischen Vektorräume sind. Zu diesen zählt zum Beispiel jeder Vektorraum mit abzählbar-unendlicher Dimension, versehen mit der feinsten verträglichen Pseudotopologie.

Man zeigt mühelos

7.14.9. *X sei eine limitierte lineare Gruppe, $\mathfrak{B}$ ein Dualfilter in X mit einer abzählbaren Basis und Y eine topologische lineare Gruppe, die dem ersten Abzählbarkeitsaxiom genügt. Dann genügt zu beliebigem $n \in \boldsymbol{N}^+$ auch $L^n_{\mathfrak{B},4}(X, Y)$ dem ersten Abzählbarkeitsaxiom.*

Ist X eine k- bzw. fk-abzählbare limitierte lineare Gruppe und Y eine topologische lineare Gruppe, die dem ersten Abzählbarkeitsaxiom genügt, so erfüllt also auch $L_{\mathrm{k}}^n(X, Y)$ bzw. $L_{\mathrm{fk}}^n(X, Y)$ dieses Axiom; setzt man noch zusätzlich voraus, daß X dem ersten Abzählbarkeitsaxiom genügt, so folgt mittels 7.13.3, daß dann $L_{\mathrm{k}}^n(X, Y) = L_{\mathrm{c}}^n(X, Y)$ bzw. $L_{\mathrm{fk}}^n(X, Y) = L_{\mathrm{c}}^n(X, Y)$ ist. Wir erhalten damit in Ergänzung zu 7.14.7

7.14.10. *X sei eine* k- *bzw.* fk-*abzählbare limitierte lineare Gruppe, die dem ersten Abzählbarkeitsaxiom genügt. Y sei eine topologische lineare Gruppe, die ebenfalls dem ersten Abzählbarkeitsaxiom genügt. Dann ist $L_{\mathrm{c}}^n(X, Y)$ zu beliebigem $n \in \boldsymbol{N}^+$ eine topologische lineare Gruppe und, wenn jede kompakte bzw. folgenkompakte Teilmenge von X beschränkt ist, sogar ein topologischer Vektorraum.*

Anmerkungen. Die Voraussetzung an X einschließlich des Zusatzes ist zum Beispiel (in beiden Fällen) für jeden Vektorraum mit abzählbar-unendlicher Dimension, der mit der feinsten verträglichen Pseudotopologie versehen ist, erfüllt. X muß also im allgemeinen nicht endlichdimensional sein, wenn $L_{\mathrm{c}}^n(X, Y)$ ein topologischer Vektorraum ist. Andererseits folgt aus 7.14.7 und 7.14.10, daß jeder k- und jeder fk-abzählbare metrisierbare lokalkonvexe topologische Vektorraum endlichdimensional ist.

Zu beliebigem $n, m \in \boldsymbol{N}^+$ definieren wir durch

$$\chi^{nm}(f)\,(x_1, \dots, x_{n+m}) = f(x_1, \dots, x_n)\,(x_{n+1}, \dots, x_{n+m})$$

eine eineindeutige lineare Abbildung von $F(X^n, F(X^m, Y))$ auf $F(X^{n+m}, Y)$. Wegen 7.10.9 gilt für χ^{nm} als Abbildung von $F_{\mathfrak{B}^n,k}(X^n, F_{\mathfrak{B}^m,k}(X^m, Y))$ auf $F_{\mathfrak{B}^{n+m},k}(X^{n+m}, Y)$: χ^{nm} ist in den Fällen $k = 1$ und 3 stetig. Wenn $\mathfrak{B}$ aus einem Filtersystem erzeugt ist, ist χ^{nm} ebenfalls in den Fällen $k = 2$ und 5 stetig und im Falle $k = 4$ sogar ein Homöomorphismus.

$L_{\mathfrak{B},k}^n(X, L_{\mathfrak{B},k}^m(X, Y))$ ist eine pseudotopologische lineare Untergruppe von $F_{\mathfrak{B}^n,k}(X^n, F_{\mathfrak{B}^m,k}(X^m, Y))$, selbstverständlich ist auch $L_{\mathfrak{B},k}^{n+m}(X, Y)$ eine pseudotopologische lineare Untergruppe von $F_{\mathfrak{B}^{n+m},k}(X^{n+m}, Y)$.

Wir fragen als nächstes nach den Bildern von $L^n(X, L_{\mathfrak{B},k}^m(X, Y))$ bez. χ^{nm} und gehen zuerst auf den Fall $\mathfrak{B} = \varkappa[\bigcup_{x\in X} \tau_0(x)]$, $k = 4$ ein, in dem $L_{\mathfrak{B},k}^m(X, Y)$ natürlich mit $L_{\mathrm{c}}^m(X, Y)$ übereinstimmt. Offenbar gilt

7.14.11. *Es ist* $\chi^{nm}[L^n(X, L_{\mathrm{c}}^m(X, Y))] = L^{n+m}(X, Y)$.

Daraus folgt ohne Mühe

7.14.12. *Es gelte* $\varkappa[\bigcup_{x\in X} \tau_0(x)] \leqq \mathfrak{B}$ *für die Limitierung τ_0 von X. Dann ist*

$$\chi^{nm}[L^n(X, L_{\mathfrak{B},k}^m(X, Y))] \subseteqq L^{n+m}(X, Y)\,. \tag{7.14.13}$$

Anmerkung. Der Satz gilt auch, wenn $\varkappa[\bigcup_{x\in X} \tau_0(x)]$ durch $\varkappa[\tau_0(0)]$ ersetzt wird und anstelle der auftretenden Räume stetiger multilinearer Abbildungen die entsprechenden Räume in 0 stetiger multilinearer Abbildungen genommen werden.

Wir geben nun eine hinreichende Bedingung dafür an, daß (7.14.13) mit der entgegengesetzten Inklusionsbeziehung zutrifft.

7.14.13. *X sei ein gleichförmiger limitierter Vektorraum, und $\mathfrak{B}$ sei k-verträglich. Dann gilt*

$$L^{n+m}(X, Y) \subseteqq \chi^{nm}[L^n(X, L^m_{\mathfrak{B},k}(X, Y))] . \tag{7.14.14}$$

Beweis. f sei eine Abbildung aus $L^{n+m}(X, Y)$. Wir setzen $\sigma = \underbrace{\tau_0 \times \cdots \times \tau_0}_{n}$ und zeigen, daß $g = (\chi^{nm})^{-1}(f)$ bez. σ und der Pseudotopologie $\tau_{\mathfrak{B}^m,k}$ von $L^m_{\mathfrak{B},k}(X, Y)$ stetig ist. $\mathfrak{F}$ sei ein gleichförmiger Nullfilter in X, und es sei $\mathfrak{F}' = \underbrace{\mathfrak{F} \times \cdots \times \mathfrak{F}}_{n}$. Wegen 5.8.9 und 5.12.2 genügt es zu zeigen, daß $g(\mathfrak{F}')$ gegen 0 $\mathfrak{B}^m$, k-konvergiert.

Es sei vorerst $k = 1$. Die 1-Verträglichkeit von $\mathfrak{B}$ besagt, daß ein $\mathfrak{G} \in \tau_0(0)$ existiert derart, daß es zu jedem $\mathfrak{v} \in \mathfrak{B}$ ein $\mathfrak{F}_\mathfrak{v} \in \mathfrak{v}$ gibt, so daß sich zu jedem $F \in \mathfrak{F}_\mathfrak{v}$ und $G \in \mathfrak{G}$ ein $V_{\mathfrak{v}FG} \in V$ mit $V_{\mathfrak{v}FG}F \subseteqq G$ finden läßt. Da f in 0 stetig ist, existiert ein Filter $\mathfrak{H} \in \tau_1(0)$ derart, daß es zu jedem $H \in \mathfrak{H}$ ein $G_H \in \mathfrak{F} \cap \mathfrak{G}$ mit $f[\underbrace{G_H \times \cdots \times G_H}_{n+m}] \subseteqq H$ gibt. Zu beliebigen $\mathfrak{v}_1, \ldots, \mathfrak{v}_m \in \mathfrak{B}$, beliebigen $F_1 \in \mathfrak{F}_{\mathfrak{v}_1}, \ldots, F_m \in \mathfrak{F}_{\mathfrak{v}_m}$ und beliebigem $H \in \mathfrak{H}$ gilt

$$V_{\mathfrak{v}_1F_1G_H} \cdots V_{\mathfrak{v}_mF_mG_H} f[\underbrace{G_H \times \cdots \times G_H}_{n} \times F_1 \times \cdots \times F_m] \subseteqq H .$$

Da $V_{\mathfrak{v}_1F_1G_H} \cdots V_{\mathfrak{v}_mF_mG_H} G_H$ dem Filter $\mathfrak{F}$ angehört, ist $g(\mathfrak{F}')$ gegen 0 $\mathfrak{B}^m$, 1-konvergent. Für $k = 2, \ldots, 5$ folgt ähnlich, daß $g(\mathfrak{F}')$ gegen 0 $\mathfrak{B}^m$, k-konvergiert. Aus dem Angeführten ergibt sich die Richtigkeit der Behauptung.

Aus 7.14.12 und 7.14.13 folgt unter anderem: Ist X ein gleichförmiger limitierter Vektorraum, ist $\mathfrak{B}$ k-verträglich und ist in $L^n(X, Y)$ die $\mathfrak{B}^m$, k-Konvergenz feiner als die stetige Konvergenz, so trifft bei (7.14.13) das Gleichheitszeichen zu. Die Einschränkung von χ^{nm} auf $L^n(X, L^m_{\mathfrak{B},k}(X, Y))$ hat dann als Abbildung von $L^n_{\mathfrak{B},k}(X, L^m_{\mathfrak{B},k}(X, Y))$ auf $L^{n+m}_{\mathfrak{B},k}(X, Y)$ die entsprechenden Eigenschaften wie die nach 7.14.10 angegebenen Eigenschaften von χ^{nm}.

$\chi^{nm}[L^n_{\mathfrak{B},k}(X, L^m_{\mathfrak{B},k}(X, Y))]$ sei im folgenden stets das lineare und homöomorphe Bild von $L^n_{\mathfrak{B},k}(X, L^m_{\mathfrak{B},k}(X, Y))$ bez. χ^{nm}. Wir bringen in Ergänzung zu 7.14.13

7.14.14. *X sei ein gleichförmiger limitierter Vektorraum und τ_0 die Limitierung von X. $\mathfrak{B}$ sei 4-verträglich und aus einem Filtersystem erzeugt. Dann ist $L^{n+m}_{\mathfrak{B},4}(X, Y)$ (zu beliebigem $n, m \in N^+$) eine pseudotopologische lineare Untergruppe von $\chi^{nm}[L^n_{\mathfrak{B},4}(X, L^m_{\mathfrak{B},4}(X, Y))]$. Im Falle $\varkappa[\bigcup_{x \in X} \tau_0(x)] \leqq \mathfrak{B}$ gilt sogar*

$$L^{n+m}_{\mathfrak{B},4}(X, Y) = \chi^{nm}[L^n_{\mathfrak{B},4}(X, L^m_{\mathfrak{B},4}(X, Y))] . \tag{7.14.15}$$

Zum Beweis: Die Behauptung folgt aus 7.10.9, 7.14.12 und 7.14.13.

Auf Grund dieses Satzes erhalten wir: Wenn X ein gleichförmiger limitierter Vektorraum und Y eine beliebige pseudotopologische lineare Gruppe ist, gilt

$$L_{\mathsf{q}}^{n+m}(X, Y) = \chi^{nm}[L_{\mathsf{q}}^n(X, L_{\mathsf{q}}^m(X, Y))] \tag{7.14.16}$$

und ist $L_{\mathsf{b}}^{n+m}(X, Y)$ eine pseudotopologische lineare Untergruppe von $\chi^{nm}[L_{\mathsf{b}}^n(X, L_{\mathsf{b}}^m(X, Y))]$. Ist X zusätzlich SIMONNETsch, so ist auch $L_{\mathsf{k}}^{n+m}(X, Y)$ eine pseudotopologische lineare Untergruppe von $\chi^{nm}[L_{\mathsf{k}}^n(X, L_{\mathsf{k}}^m(X, Y))]$ und ist ferner $L_{\mathsf{fk}}^{n+m}(X, Y)$ eine pseudotopologische lineare Untergruppe von $\chi^{nm}[L_{\mathsf{fk}}^n(X, L_{\mathsf{fk}}^m(X, Y))]$. Wenn X ein gleichförmiger pseudotopologischer Vektorraum und Y eine beliebige pseudotopologische lineare Gruppe ist, dann ist ebenfalls $L_{\mathsf{s}}^{n+m}(X, Y)$ eine pseudotopologische lineare Untergruppe von $\chi^{nm}[L_{\mathsf{s}}^n(X, L_{\mathsf{s}}^m(X, Y))]$.

Unter einschränkenderen Bedingungen an X und Y als in 7.14.14. läßt sich (7.14.15) auch in anderen Fällen beweisen, wie der folgende Satz besagt.

7.14.15. *Ist X ein gleichförmiger pseudotopologischer Vektorraum, der dem ersten Abzählbarkeitsaxiom genügt, und Y eine topologische lineare Gruppe, ist $\mathfrak{B}$ 4-verträglich und aus einem Filtersystem erzeugt und gilt $\beta[\mathfrak{B}_{\mathsf{k}}] \leqq \mathfrak{B}$, dann trifft* (7.14.15) *ebenfalls zu; $\mathfrak{B}_{\mathsf{k}}$ besteht aus allen kompakten Teilmengen von X. Wenn X ein tonnelierter metrisierbarer und Y ein beliebiger lokalkonvexer topologischer Vektorraum ist, $\mathfrak{B}$ 4-verträglich und aus einem Filtersystem erzeugt ist und $\{[(x)] \mid x \in X\} \leqq \mathfrak{B}$ gilt, trifft* (7.14.15) *auch zu.*

Beweis. 1. Es sei die Voraussetzung des ersten Teiles des Satzes erfüllt. Jede stetige n-lineare Abbildung $l\colon X^n \to L_{\mathfrak{B},4}^m(X, Y)$ ist wegen $\beta[\mathfrak{B}_{\mathsf{k}}] \leqq \mathfrak{B}$ als Abbildung von X^n in $L_{\mathsf{k}}^m(X, Y)$ und, wie man 7.13.3 entnimmt, damit auch als Abbildung von X^n in $L_{\mathsf{c}}^m(X, Y)$ stetig, so daß auch $\chi^{nm}(l)$ eine stetige Abbildung ist und damit $L^{n+m}(X, Y) \supseteqq \chi^{nm}[L^n(X, L_{\mathfrak{B},4}^m(X, Y))]$ gilt. Damit folgt aus 7.14.13 die Richtigkeit des ersten Teiles der Behauptung.

2. Unter der Voraussetzung des zweiten Teiles des Satzes folgt analog mittels 7.5.24, daß auch der zweite Teil der Behauptung zutrifft.

Aus diesem Satz erhält man: Ist X ein gleichförmiger pseudotopologischer Vektorraum, der dem ersten Abzählbarkeitsaxiom genügt, und ist Y eine topologische lineare Gruppe, so gilt

$$L_a^{n+m}(X, Y) = \chi^{nm}[L_a^n(X, L_a^m(X, Y))] \tag{7.14.17}$$

für $a = \mathsf{k}$ und fk und, falls X SIMONNETsch ist, auch für $a = \mathsf{b}$; da X dem ersten Abzählbarkeitsaxiom genügt, ist $\mathfrak{B}_{\mathsf{k}} \subseteqq \mathfrak{B}_{\mathsf{fk}}$. Ist X ein tonnelierter metrisierbarer und Y ein beliebiger lokalkonvexer topologischer Vektorraum, so gilt auch

$$L_{\mathsf{s}}^{n+m}(X, Y) = \chi^{nm}[L_{\mathsf{s}}^n(X, L_{\mathsf{s}}^m(X, Y))]\,. \tag{7.14.18}$$

Für die folgenden Bemerkungen sei Y ein Produkt $\prod_{j \in J} Y_j$ von pseudotopologischen $\boldsymbol{K}$-linearen Gruppen, wobei J eine nichtleere Menge ist. Wegen 7.10.10 ist $\zeta^n\colon (f_j)_{j\in J} \mapsto \langle f_j \rangle_{j\in J}$ $(f_j \in F(X^n, Y_j)$ für jedes $j \in J)$ zu beliebigem $n \in \boldsymbol{N}^+$

eine eineindeutige Abbildung von $\prod_{j \in J} F_{\mathfrak{B}^n,k}(X^n, Y_j)$ auf $F_{\mathfrak{B}^n,k}(X^n, Y)$, die offenbar linear ist und für die gilt: ζ^n ist in den Fällen $k = 2$ und 4 und, wenn J endlich ist oder $\mathfrak{B}$ nur aus Haupt-$\wedge$-Idealen besteht, auch in den Fällen $k = 1, 3$ und 5 stetig. Die Umkehrung von ζ^n ist immer stetig. $\prod_{j \in J} L^n_{\mathfrak{B},k}(X, Y_j)$ ist wegen 3.15.12 eine pseudotopologische lineare Untergruppe von $\prod_{j \in J} F_{\mathfrak{B}^n,k}(X^n, Y_j)$. Es gilt $\zeta^n[\prod_{j \in J} L^n(X, Y_j)] = L^n(X, Y)$, und es hat die Einschränkung von ζ^n auf $\prod_{j \in J} L^n(X, Y_j)$ als Abbildung von $\prod_{j \in J} L^n_{\mathfrak{B},k}(X, Y_j)$ auf $L^n_{\mathfrak{B},k}(X, Y)$ die entsprechenden Eigenschaften wie die eben angegebenen Eigenschaften von ζ^n.

Wir fragen als nächstes nach der Vollständigkeit von $L^n_{\mathfrak{B},k}(X, Y)$ und $L^n_{\delta_{\mathfrak{B}^n},k}(X, Y)$. X und Y seien dazu pseudotopologische lineare Gruppen. Y besitze die Eigenschaft S. Wegen 7.4.17 und 7.12.3 ist dann $L^n(X, Y)$ in $F(X^n, Y)$ bez. MB und damit auch bezüglich jeder feineren Limitierung als MB abgeschlossen. Mittels 7.11.7 ergibt sich folglich

7.14.16 (Vollständigkeit von $L^n_{\mathfrak{B},k}(X, Y)$ und $L^n_{\delta_{\mathfrak{B}^n},k}(X, Y)$). *$X$ sei eine pseudotopologische lineare Gruppe und τ_0 ihre Limitierung. $\mathfrak{B}$ sei ein System von $\wedge$-Idealen von Dualfiltern in X mit $\varkappa[\bigcup_{x \in X} \tau_0(x)] \leq \mathfrak{B}$. Y sei eine pseudotopologische lineare Gruppe, die vollständig, separiert und regulär ist und die Eigenschaft* S *hat. Dann sind zu beliebigem $k = 1, \ldots, 5$ auch $L^n_{\mathfrak{B},k}(X, Y)$ und $L^n_{\delta_{\mathfrak{B}^n},k}(X, Y)$ vollständig.*

Für jede pseudotopologische lineare Gruppe X und jede vollständige, separierte und reguläre pseudotopologische lineare Gruppe Y mit der Eigenschaft S ist damit $L^n_{\mathsf{c}}(X, Y)$ und, wenn X sogar ein pseudotopologischer Vektorraum ist, auch $L^n_a(X, Y)$ bei $a = \mathsf{q}, \mathsf{h}, \mathsf{Kh}, \delta\mathsf{q}$ und $\delta\mathsf{h}$ vollständig.

X sei eine beliebige limitierte und Y eine beliebige pseudotopologische lineare Gruppe. Wir definieren rekursiv eine pseudotopologische lineare Gruppe $H^n_{\mathfrak{B},k}(X, Y)$. Und zwar setzen wir $H^1_{\mathfrak{B},k}(X, Y) = L_{\mathfrak{B},k}(X, Y)$ und nehmen im Falle $n > 1$ als $H^n_{\mathfrak{B},k}(X, Y)$ das lineare und homöomorphe Bild von $L_{\mathfrak{B},k}(X, H^{n-1}_{\mathfrak{B},k}(X, Y))$ bezüglich $\chi^{1\,n-1}$ (genauer bezüglich der Einschränkung von $\chi^{1\,n-1}$ auf $L(X, H^{n-1}_{\mathfrak{B},k}(X, Y))$).

Wir vereinbaren die gleichen Bezeichnungen wie bei $L^n_{\mathfrak{B},k}(X, Y)$, setzen also $H_{\mathfrak{B},k}(X, Y)$ für $H^1_{\mathfrak{B},k}(X, Y)$ und ersetzen, wenn $\mathfrak{B}$ aus einem Mengensystem $\mathfrak{B}$, einem Dualfiltersystem $\mathfrak{L}$ bzw. einem Filtersystem $\mathfrak{S}$ erzeugt ist, bei $H^n_{\mathfrak{B},k}(X, Y)$ und $H_{\mathfrak{B},k}(X, Y)$ das $\mathfrak{B}$ durch $\mathfrak{B}$, $\mathfrak{L}$ bzw. $\mathfrak{S}$.

Sind das System $\mathfrak{B}$ und der Konvergenztyp k wie in Abschnitt 7.12 gewählt, um die s-, k-, fk-, b-, e-, c-, q-, h- bzw. Kh-Konvergenz zu erhalten, so setzen wir bei $H^n_{\mathfrak{B},k}(X, Y)$ und $H_{\mathfrak{B},k}(X, Y)$ anstelle $\mathfrak{B},k$ auch s, ..., h bzw. Kh.

Offenbar gilt

$$H^n_{\mathsf{c}}(X, Y) = L^n_{\mathsf{c}}(X, Y)\,. \tag{7.14.19}$$

$H^n_{\mathfrak{B},k}(X, Y)$ besteht aus multilinearen Abbildungen von X^n in Y. Ist $\mathfrak{B}$ k-verträglich, so ist $H^n_{\mathfrak{B},k}(X, Y)$ ein pseudotopologischer Vektorraum.

Wir beachten, daß $H^n_{\mathfrak{B},k}(X, H^m_{\mathfrak{B},k}(X, Y))$ zu beliebigen $n, m \in \boldsymbol{N}^+$ im Definitionsbereich der Abbildung χ^{nm} liegt. Es gilt sogar

7.14.17 (Isomorphie von $H^n_{\mathfrak{B},k}(X, H^m_{\mathfrak{B},k}(X, Y))$ und $H^{n+m}_{\mathfrak{B},k}(X, Y)$). *Zu beliebigen $n, m \in \boldsymbol{N}^+$ ist die Einschränkung von χ^{nm} auf $H^n_{\mathfrak{B},k}(X, H^m_{\mathfrak{B},k}(X, Y))$ ein linearer Homöomorphismus von $H^n_{\mathfrak{B},k}(X, H^m_{\mathfrak{B},k}(X, Y))$ auf $H^{n+m}_{\mathfrak{B},k}(X, Y)$.*

Beweis. m sei fest gewählt. Nach Definition gilt die Behauptung für $n = 1$. Wir nehmen nun an, daß sie für ein gewisses $n \in \boldsymbol{N}^+$ gilt. Nach Definition existiert eine lineare und homöomorphe Abbildung von $H^{n+1}_{\mathfrak{B},k}(X, H^m_{\mathfrak{B},k}(X, Y))$ auf $H_{\mathfrak{B},k}(X, H^n_{\mathfrak{B},k}(X, H^m_{\mathfrak{B},k}(X, Y)))$, auf Grund der Annahme eine lineare und homöomorphe Abbildung von $H_{\mathfrak{B},k}(X, H^n_{\mathfrak{B},k}(X, H^m_{\mathfrak{B},k}(X, Y)))$ auf $H_{\mathfrak{B},k}(X, H^{n+m}_{\mathfrak{B},k}(X, Y))$ und nach Definition auch eine lineare und homöomorphe Abbildung von $H_{\mathfrak{B},k}(X, H^{n+m}_{\mathfrak{B},k}(X, Y))$ auf $H^{n+m+1}_{\mathfrak{B},k}(X, Y)$ derart, daß die Zusammensetzung dieser Abbildungen gleich der Einschränkung von $\chi^{n+1\,m}$ auf $H^{n+1}_{\mathfrak{B},k}(X, H^m_{\mathfrak{B},k}(X, Y))$ ist. Die Behauptung gilt daher auch für $n + 1$ und somit allgemein.

Wir nennen eine multilineare Abbildung $f\colon X^n \to Y$ **$\mathfrak{B},k$-hypostetig,** wenn sie ein Element von $H^n_{\mathfrak{B},k}(X, Y)$ ist. Offenbar ist eine lineare Abbildung $f\colon X \to Y$ genau dann $\mathfrak{B},k$-hypostetig, wenn sie stetig ist, und ist im Falle $n > 1$ eine multilineare Abbildung $f\colon X^n \to Y$ genau dann $\mathfrak{B},k$-hypostetig, wenn sie $\chi^{1n-1}[L(X, H^{n-1}_{\mathfrak{B},k}(X, Y))]$ angehört. τ_0 bezeichne weiterhin die Limitierung von X.

Wegen (7.14.19) gilt:

7.14.18. *Ist $\mathfrak{B} = \varkappa[\bigcup_{x\in X} \tau_0(x)]$ und $k = 4$, so stimmt für jede multilineare Abbildung $f\colon X^n \to Y$ die $\mathfrak{B},k$-Hypostetigkeit mit der Stetigkeit überein.*

Im folgenden fragen wir nach den Beziehungen der $\mathfrak{B},k$-Hypostetigkeit zur Stetigkeit in den anderen Fällen. Wie bereits angeführt, stimmen im Falle $n = 1$ die $\mathfrak{B},k$-Hypostetigkeit und die Stetigkeit überein. In den nachstehenden beiden Sätzen geben wir Beziehungen zwischen der $\mathfrak{B},k$-Hypostetigkeit und der Stetigkeit bei beliebigem n an.

7.14.19 (Vergleich der $\mathfrak{B},k$-Hypostetigkeit und Stetigkeit). *Es gelte $\varkappa[\tau_0(0)] \leqq \mathfrak{B}$ bzw. $\varkappa[\bigcup_{x\in X} \tau_0(x)] \leqq \mathfrak{B}$. Dann ist zu beliebigem $n \in \boldsymbol{N}^+$ jede $\mathfrak{B},k$-hypostetige multilineare Abbildung $f\colon X^n \to Y$ in 0 bzw. in jedem Punkt von X^n stetig.*

Beweis. DieBehauptung ist für $n > 1$ zu zeigen. Es gelte $\varkappa[\bigcup_{x\in X} \tau_0(0)] \leqq \mathfrak{B}$. Für ein $n > 1$ sei $H^{n-1}_{\mathfrak{B},k}(X, Y) \subseteqq L^{n-1}(X, Y)$ bei beliebiger Wahl von Y. Dann gilt also $H^{n-1}_{\mathfrak{B},k}(X, L_{\mathfrak{B},k}(X, Y)) \subseteqq L^{n-1}(X, L_{\mathfrak{B},k}(X, Y))$ und wegen 7.14.12 und 7.14.17 auch $H^n_{\mathfrak{B},k}(X, Y) \subseteqq L^n(X, Y)$. Somit gilt der zweite Fall der Behauptung. Der erste Fall folgt entsprechend mittels der Anmerkung nach 7.14.12.

Ohne Mühe ergibt sich mittels vollständiger Induktion unter Berücksichtigung von 7.10.9 das

Korollar. *Es gelte* $\varkappa[\bigcup_{x\in X} \tau_0(x)] \leqq \mathfrak{B}$. *Dann ist zu beliebigem* $n \in N^+$ *der* $H^n_{\mathfrak{B},k}(X, Y)$ *unterliegende Vektorraum ein Teilraum von* $L^n(X, Y)$ *und ist die identische Abbildung von* $H^n_{\mathfrak{B},k}(X, Y)$ *in* $L^n_c(X, Y)$ *stetig. Für* $k = 1$ *und* 3 *und, falls* $\mathfrak{B}$ *aus einem Filtersystem erzeugt wird, auch für* $k = 2$ *und* 5 *ist ebenfalls die identische Abbildung von* $H^n_{\mathfrak{B},k}(X, Y)$ *in* $L^n_{\mathfrak{B},k}(X, Y)$ *stetig, falls* $\mathfrak{B}$ *aus einem Filtersystem erzeugt wird, für* $k = 4$ *sogar ein Homöomorphismus.*

7.14.20 (Vergleich der $\mathfrak{B},k$-Hypostetigkeit und Stetigkeit). *X sei ein gleichförmiger limitierter Vektorraum, und $\mathfrak{B}$ sei k-verträglich. Dann ist zu beliebigem $n \in N^+$ jede stetige multilineare Abbildung $f: X^n \to Y$ auch $\mathfrak{B},k$-hypostetig.*

Der Beweis verläuft wie der von 7.14.19 im zweiten Fall. Es ist lediglich anstelle 7.14.12 der Satz 7.14.13 zu benutzen und $\subseteqq$ durch $\supseteqq$ zu ersetzen.

Wegen 7.14.19 und 7.14.20 ist eine multilineare Abbildung $f: X^n \to Y$ in dem Fall, daß $n > 1$ ist, X ein gleichförmiger limitierter Vektorraum ist, $\mathfrak{B}$ k-verträglich ist und $\varkappa[\bigcup_{x\in X} \tau_0(x)] \leqq \mathfrak{B}$ gilt, genau dann $\mathfrak{B},k$-hypostetig, wenn sie stetig ist. In diesem Falle stimmen also $H^n_{\mathfrak{B},k}(X, Y)$ und $L^n(X, Y)$ als Vektorräume überein.

Aus 7.14.14 erhält man

7.14.21 (Vergleich von $H^n_{\mathfrak{B},4}(X, Y)$ und $L^n_{\mathfrak{B},4}(X, Y)$). *$X$ sei ein gleichförmiger limitierter Vektorraum und τ_0 die Limitierung von X. $\mathfrak{B}$ sei 4-verträglich und aus einem Filtersystem erzeugt. Dann ist $L^n_{\mathfrak{B},4}(X, Y)$ eine pseudotopologische lineare Untergruppe von $H^n_{\mathfrak{B},4}(X, Y)$. Im Falle $\varkappa[\bigcup_{x\in X} \tau_0(x)] \leqq \mathfrak{B}$ gilt sogar*

$$H^n_{\mathfrak{B},4}(X, Y) = L^n_{\mathfrak{B},4}(X, Y)\,. \qquad (7.14.20)$$

Für jeden gleichförmigen limitierten Vektorraum X und jede pseudotopologische lineare Gruppe Y gilt daher

$$H^n_q(X, Y) = L^n_q(X, Y) \qquad (7.14.21)$$

und ist $L^n_b(X, Y)$ eine pseudotopologische lineare Untergruppe von $H^n_b(X, Y)$. Ist X zusätzlich SIMONNETsch, so ist dann auch $L^n_k(X, Y)$ eine pseudotopologische lineare Untergruppe von $H^n_k(X, Y)$ und $L^n_{fk}(X, Y)$ eine pseudotopologische lineare Untergruppe von $H^n_{fk}(X, Y)$. Ist X ein gleichförmiger pseudotopologischer Vektorraum und Y eine beliebige pseudotopologische lineare Gruppe, so ist auch $L^n_s(X, Y)$ eine pseudotopologische lineare Untergruppe von $H^n_s(X, Y)$.

Aus 7.14.15 folgt

7.14.22. *Unter den in jedem der beiden Fälle in* 7.14.15 *angegebenen Voraussetzungen gilt* (7.14.20).

Ist X ein gleichförmiger pseudotopologischer Vektorraum, der dem ersten Abzählbarkeitsaxiom genügt, und ist Y eine topologische lineare Gruppe, so gilt daher

$$H^n_a(X, Y) = L^n_a(X, Y) \tag{7.14.22}$$

für $a = \mathsf{k}$ und fk und, falls X SIMONNETsch ist, auch für $a = \mathsf{b}$. Wenn X ein tonnelierter metrisierbarer und Y ein beliebiger lokalkonvexer topologischer Vektorraum ist, gilt auch

$$H^n_{\mathsf{s}}(X, Y) = L^n_{\mathsf{s}}(X, Y)\,. \tag{7.14.23}$$

Der folgende Satz enthält eine weitere derartige Beziehung.

7.14.23. *X sei ein gleichförmiger limitierter Vektorraum und Y eine pseudotopologische lineare Gruppe. Zu beliebigem $n \in \boldsymbol{N}^+$ ist dann*

$$H^n_{\mathsf{h}}(X, Y) = L^n_{\mathsf{h}}(X, Y)\,. \tag{7.14.24}$$

Beweis. Die Behauptung gilt trivialerweise für $n = 1$. Sie sei im folgenden für ein n richtig. Mittels (7.14.4) und (7.14.16) folgt

$$\chi^{1n}[L_{\mathsf{h}}(X, L^n_{\mathsf{q}}(X, Y))] = \chi^{1n}[L_{\mathsf{q}}(X, L^n_{\mathsf{q}}(X, Y))]^{\#} = L^{n+1}_{\mathsf{q}}(X, Y)^{\#} = L^{n+1}_{\mathsf{h}}(X, Y)\,,$$

ferner mittels 5.8.16, (7.11.4) und (7.14.4)

$$L_{\mathsf{h}}(X, L^n_{\mathsf{h}}(X, Y)) = L_{\mathsf{h}}(X, L^n_{\mathsf{q}}(X, Y)^{\#}) = L_{\mathsf{h}}(X, L^n_{\mathsf{q}}(X, Y))$$

und damit $\chi^{1n}[L_{\mathsf{h}}(X, L^n_{\mathsf{h}}(X, Y))] = L^{n+1}_{\mathsf{h}}(X, Y)$. Unter Beachtung der Annahme folgt $H^{n+1}_{\mathsf{h}}(X, Y) = L^{n+1}_{\mathsf{h}}(X, Y)$, d. h. die Richtigkeit der Behauptung für $n + 1$.

Dem Korollar zu 7.14.19 entnimmt man, daß für jeden limitierten Vektorraum X und jede pseudotopologische lineare Gruppe Y zu beliebigem $n \in \boldsymbol{N}^+$ $H^n_{\mathsf{Kh}}(X, Y)$ in $L^n(X, Y)$ enthalten und die identische Abbildung von $H^n_{\mathsf{Kh}}(X, Y)$ in $L^n_{\mathsf{Kh}}(X, Y)$ stetig ist.

7.14.24. *X sei ein gleichförmiger limitierter Vektorraum. Zu beliebigem $n \in \boldsymbol{N}^+$ gilt dann $H^n_{\mathsf{h}}(X, Y) = H^n_{\mathsf{q}}(X, Y)^{\#} = H^n_{\mathsf{c}}(X, Y)^{\#}$.*

Zum Beweis: Die Behauptung folgt leicht aus (7.14.4), (7.14.5), (7.14.19), (7.14.21) und (7.14.24).

Für den folgenden Satz sei Y ein Produkt $\prod_{j \in J} Y_j$ pseudotopologischer $\boldsymbol{K}$-linearer Gruppen, wobei J eine nichtleere Menge ist. Aus der Folgerung aus 7.10.10, die nach (7.14.18) angeführt ist, ergibt sich mittels vollständiger Induktion

7.14.25 (Hypostetigkeit und Abbildungskomplexe). *$\langle f_j \rangle_{j \in J} \mapsto (f_j)_{j \in J}$ ($f_j \in H^n_{\mathfrak{B},k}(X, Y_j)$ zu jedem $j \in J$ mit $\langle f_j \rangle_{j \in J} \in H^n_{\mathfrak{B},k}(X, Y)$) ist eine stetige lineare Abbildung von $H^n_{\mathfrak{B},k}(X, Y)$ in $\prod_{j \in J} H^n_{\mathfrak{B},k}(X, Y_j)$. In den Fällen $k = 2$ und 4 und unter der Einschränkung, daß J endlich ist oder $\mathfrak{B}$ nur aus Haupt-$\wedge$-Idealen besteht,* *auch in den Fällen $k = 1, 3$ und 5 ist diese Abbildung sogar ein linearer Homöomorphismus von $H^n_{\mathfrak{B},k}(X, Y)$ auf $\prod_{j\in J} H^n_{\mathfrak{B},k}(X, Y_j)$.*

Analog wie $H^n_{\mathfrak{B},k}(X, Y)$ definieren wir $H^n_a(X, Y)$ für $a = \mathsf{u}, \mathsf{u}'$ und d. Da $L_1^a \times \cdots \times L_m^a = (L_1 \times \cdots \times L_m)^a$ für pseudotopologische Vektorräume $L_1, \ldots, L_m$ ($m \in \boldsymbol{N}^+$) und $a = \boldsymbol{u}, \boldsymbol{u}'$ und $\boldsymbol{d}$ gilt, folgt mittels vollständiger Induktion in dem Fall, daß Y ein endliches Produkt $Y_1 \times \cdots \times Y_m$ ($m \in \boldsymbol{N}^+$) pseudotopologischer linearer Gruppen ist, das

Korollar. *Für $a = \mathsf{u}', \mathsf{u}'$ und d ist $\langle f_1, \ldots, f_m\rangle \mapsto (f_1, \ldots, f_m)$ $\big(f_j \in H^n_a(X, Y_j)$ für jedes $j\big)$ ein linearer Homöomorphismus von $H^n_a(X, Y)$ auf $H^n_a(X, Y_1) \times \cdots \times H^n_a(X, Y_m)$.*

Y sei ein beliebiges Produkt $\prod_{j\in J} Y_j$ pseudotopologischer $\boldsymbol{K}$-linearer Gruppen mit einer nichtleeren Menge J als Indexbereich. Ferner sei X ein Produkt $\prod_{j\in J} X_j$ limitierter $\boldsymbol{K}$-linearer Gruppen, ebenfalls mit J als Indexbereich. Zu jedem $j \in J$ bezeichne ι_{j0} die natürliche Einbettung von X_j in X bez. 0, π_j die natürliche Projektion von X auf X_j und p_j die natürliche Projektion von Y auf Y_j. Wir setzen $\iota^n_{j0} = \underbrace{\iota_{j0} \ast \cdots \ast \iota_{j0}}_{n}$ und $\pi^n_j = \underbrace{\pi_j \ast \cdots \ast \pi_j}_{n}$. $\langle \pi^n_j\rangle_{j\in J}$ ist eine Abbildung von X^n auf $\prod_{j\in J} X^n_j$. Aus 7.10.11 und 7.10.12 folgt ähnlich wie 7.14.25

7.14.26 (Hypostetigkeit und Abbildungsprodukte). *Sind die Projektionen π_j $\mathfrak{B},\mathfrak{B}_j$-treu, so ist $(f_j)_{j\in J} \mapsto \mathop{\ast}_{j\in J} f_j \circ \langle \pi^n_j\rangle_{j\in J}$ $\big(f_j \in H^n_{\mathfrak{B}_j,k}(X_j, Y_j)$ zu jedem $j \in J\big)$ eine eineindeutige stetige lineare Abbildung von $\prod_{j\in J} H^n_{\mathfrak{B}_j,k}(X_j, Y_j)$ in $H^n_{\mathfrak{B},k}(X, Y)$.*

Wenn die X_j pseudotopologische lineare Gruppen und die Einbettungen ι_{j0} $\mathfrak{B}_j,\mathfrak{B}$-treu sind, ist $f \mapsto (p_j \circ f \circ \iota^n_{j0})_{j\in J}$ $\big(f \in H^n_{\mathfrak{B},k}(X, Y)\big)$ eine stetige lineare Abbildung von $H^n_{\mathfrak{B},k}(X, Y)$ in $\prod_{j\in J} H^n_{\mathfrak{B}_j,k}(X_j, Y_j)$.

Man kann 7.14.26 ein ähnliches Korollar beifügen wie 7.14.25 (J ist endlich zu nehmen, und die Treueforderungen fallen weg).

X sei nun wieder eine beliebige limitierte $\boldsymbol{K}$-lineare und Y wieder eine beliebige pseudotopologische $\boldsymbol{K}$-lineare Gruppe. Analog wie $H^n_{\mathfrak{B},k}(X, Y)$ definieren wir pseudotopologische lineare Gruppen $H^n_{\delta_{\mathfrak{B},k}}(X, Y)$. Wir setzen also $H^1_{\delta_{\mathfrak{B},k}}(X, Y) = L_{\delta_{\mathfrak{B},k}}(X, Y)$ und nehmen im Falle $n > 1$ als $H^n_{\delta_{\mathfrak{B},k}}(X, Y)$ das lineare und homöomorphe Bild von $L_{\delta_{\mathfrak{B},k}}\big(X, H^{n-1}_{\delta_{\mathfrak{B},k}}(X, Y)\big)$ bezüglich der Einschränkung von $\chi^{1\,n-1}$ auf $L\big(X, H^{n-1}_{\delta_{\mathfrak{B},k}}(X, Y)\big)$. Wir treffen die gleichen Bezeichnungsvereinbarungen wie bei $H^n_{\mathfrak{B},k}(X, Y)$ und schreiben zum Beispiel $H_{\delta_{\mathfrak{B},k}}(X, Y)$ anstelle $H^1_{\delta_{\mathfrak{B},k}}(X, Y)$.

7.14.27 ($H^n_{\delta_{\mathfrak{B},k}}(X, Y)$ und δ). *X sei eine pseudotopologische lineare Gruppe. Zu beliebigem $n \in \boldsymbol{N}^+$ ist dann $H^n_{\delta_{\mathfrak{B},k}}(X, Y)$ in $H^n_{\mathfrak{B},k}(X^\delta, Y^\delta)$ enthalten und ist die identische Einbettung von $H^n_{\delta_{\mathfrak{B},k}}(X, Y)$ in $H^n_{\mathfrak{B},k}(X^\delta, Y^\delta)$ linear und stetig.*

Zum Beweis. Die Behauptung folgt mittels vollständiger Induktion; für $n = 1$ ergibt sie sich aus 5.19.5.

Die multilinearen Abbildungen $f: X^n \to Y$, die $H^n_{\delta_{\mathfrak{B},k}}(X, Y)$ angehören, nennen wir **$\delta_{\mathfrak{B},k}$-hypostetig.**

Für den folgenden Satz sei Y ein Produkt $\prod_{j \in J} Y_j$ pseudotopologischer $\boldsymbol{K}$-linearer Gruppen, wobei J eine nichtleere Menge ist. In gewisser Analogie zu 7.14.25 gilt

7.14.28 (Hypostetigkeit bez. Suchinin-Modifikationen und Abbildungskomplexe). $\langle f_j\rangle_{j\in J} \mapsto (f_j)_{j\in J}$ $(f_j \in H^n_{\delta_{\mathfrak{B},k}}(X, Y_j)\ (j \in J)$ *mit* $\langle f_j\rangle_{j\in J} \in H^n_{\delta_{\mathfrak{B},k}}(X, Y))$ *ist eine stetige lineare Abbildung von* $H^n_{\delta_{\mathfrak{B},k}}(X, Y)$ *in* $\prod_{j\in J} H^n_{\delta_{\mathfrak{B},k}}(X, Y_j)$. *Ist J endlich, so ist diese Abbildung sogar ein linearer Homöomorphismus von* $H^n_{\delta_{\mathfrak{B},k}}(X, Y)$ *auf* $\prod_{j\in J} H^n_{\delta_{\mathfrak{B},k}}(X, Y_j)$.

Beweis. Wir setzen $Z = L_{\mathfrak{B},k}(\boldsymbol{p}^{\nu}(X)^{\delta}, Y^{\delta})$ und $Z_j = L_{\mathfrak{B}_j,k}(\boldsymbol{p}^{\nu}(X)^{\delta}, Y_j^{\delta})$ $(j \in J)$. $\varphi: \langle f_j\rangle_{j\in J} \mapsto (f_j)_{j\in J}$ $(f_j \in Z_j$ für jedes $j \in J$ mit $\langle f_j\rangle_{j\in J} \in Z)$ ist wegen $Y^{\delta} \leqq \prod Y_j^{\delta}$ und 7.14.25 eine stetige lineare Abbildung von Z in $\prod_{j\in J} Z_j$. Gehen wir von Z und $\prod_{j\in J} Z_j$ zu den pseudotopologischen linearen Untergruppen über, die $L(X, Y)$ bzw. $\prod_{j\in J} L(X, Y_j)$ als unterliegende Vektorräume haben, und beachten, daß $L(X, Y)$ durch φ in $\prod_{j\in J} L(X, Y_j)$ abgebildet wird, so folgt der erste Teil der Behauptung für $n = 1$. Mittels vollständiger Induktion leitet man diesen Teil der Behauptung damit für beliebiges n her. Unter Beachtung, daß $Y^{\delta} = \prod_{j\in J} Y_j^{\delta}$ für endliches J gilt, beweist man entsprechend den zweiten Teil der Behauptung.

Y sei weiterhin ein Produkt $\prod_{j\in J} Y_j$ pseudotopologischer $\boldsymbol{K}$-linearer Gruppen mit einer nichtleeren Menge J als Indexbereich. Ferner sei X ein Produkt $\prod_{j\in J} X_j$ limitierter $\boldsymbol{K}$-linearer Gruppen, ebenfalls mit J als Indexbereich. ι_{j0}, π_j, p_j, ι^n_{j0} und p^n_j $(j \in J,\ n \in \boldsymbol{N}^+)$ seien wie vor 7.14.26 erklärt. Unter Beachtung, daß $Y^{\delta} \leqq \prod_{j\in J} Y_j^{\delta}$ gilt und bei dieser Beziehung das Gleichheitszeichen zutrifft, wenn J endlich ist, zeigt man ähnlich wie 7.14.25

7.14.29 (Hypostetigkeit bez. Suchinin-Modifikationen und Abbildungsprodukte). *Ist J endlich und sind die Projektionen π_j $\mathfrak{B},\mathfrak{B}_j$-treu, so ist* $(f_j)_{j\in J} \mapsto \divideontimes_{j\in J} f_j \circ \langle \pi^n_j\rangle_{j\in J}$ $(f_j \in H^n_{\delta_{\mathfrak{B}_j,k}}(X_j, Y_j)$ *zu jedem* $j \in J)$ *eine eineindeutige stetige lineare Abbildung von* $\prod_{j\in J} H^n_{\delta_{\mathfrak{B}_j,k}}(X_j, Y_j)$ *in* $H^n_{\delta_{\mathfrak{B},k}}(X, Y)$.

Sind die X_j pseudotopologische lineare Gruppen und die Einbettungen ι_{j0} $\mathfrak{B}_j,\mathfrak{B}$-treu, dann ist $f \mapsto (p_j \circ f \circ \iota^n_{j0})_{j\in J}$ $(f \in H^n_{\delta_{\mathfrak{B},k}}(X, Y))$ *eine stetige lineare Abbildung von* $H^n_{\delta_{\mathfrak{B},k}}(X, Y)$ *in* $\prod_{j\in J} H^n_{\delta_{\mathfrak{B}_j,k}}(X_j, Y_j)$.

Für den folgenden Satz sei X das Produkt $X_1 \times X_2$ zweier pseudotopologischer $\boldsymbol{K}$-linearer Gruppen und sei $\mathfrak{B}$ das Produkt $\mathfrak{B}_1 \times^e \mathfrak{B}_2$ von Systemen $\mathfrak{B}_1$ und $\mathfrak{B}_2$ von $\wedge$-Idealen von Dualfiltern in X_1 bzw. X_2. Für jede stetige bilineare Abbildung $f: X_1 \times X_2 \to Y$ bilden wir zu beliebigem $x = (x_1, x_2) \in X_1 \times X_2$ die Abbildung $\mathrm{D}f(x): h \mapsto f(x_1, h_2) + f(h_1, x_2)$ $\big(h = (h_1, h_2) \in X_1 \times X_2\big)$ und damit die Abbildung $\mathrm{D}f: x \mapsto \mathrm{D}f(x)$ $(x \in X_1 \times X_2)$. $\mathrm{D}f$ ist eine lineare Abbildung von $X_1 \times X_2$ in $L(X_1 \times X_2, Y)$.

Wir zeigen

7.14.30. *f sei eine stetige und bilineare Abbildung von $X_1 \times X_2$ in Y. Dann ist $\mathrm{D}f$ eine stetige Abbildung von $X_1 \times X_2$ in $L_c(X_1 \times X_2, Y)$. Sind X_1 und X_2 gleichförmige limitierte Vektorräume und sind $\mathfrak{B}_1$ und $\mathfrak{B}_2$ k-verträglich, dann ist $\mathrm{D}f$ auch eine stetige Abbildung von $X_1 \times X_2$ in $L_{\mathfrak{B}_1 \times^e \mathfrak{B}_2,k}(X_1 \times X_2, Y)$.*

Beweis. Wegen der Stetigkeit von f ist die Abbildung $\chi^{11}(\mathrm{D}f): (x, h) \mapsto \mathrm{D}f(x)h$ $(x, h \in X = X_1 \times X_2)$ stetig. Aus 7.14.11 folgt damit $\mathrm{D}f \in L\big(X, L_c(X, Y)\big)$, d. h., daß $\mathrm{D}f$ eine stetige Abbildung von X in $L_c(X, Y)$ ist.

Nun seien X_1 und X_2 gleichförmige limitierte Vektorräume und seien $\mathfrak{B}_1$ und $\mathfrak{B}_2$ k-verträglich. Dann ist wegen (5.12.4) auch X ein gleichförmiger limitierter Vektorraum und ist auf Grund des Korollars zu 5.18.16 auch $\mathfrak{B} = \mathfrak{B}_1 \times^e \mathfrak{B}_2$ k-verträglich. Wegen 7.14.20 ist die stetige bilineare Abbildung $\chi^{11}(\mathrm{D}f)$ somit $\mathfrak{B},k$-hypostetig, so daß $\mathrm{D}f \in L\big(X, L_{\mathfrak{B},k}(X, Y)\big)$ gilt, d. h. $\mathrm{D}f$ eine stetige Abbildung von X in $L_{\mathfrak{B},k}(X, Y)$ ist.

Im weiteren sei speziell $X = \boldsymbol{K}$ und sei Y ein pseudotopologischer $\boldsymbol{K}$-Vektorraum. Wegen 7.4.22 ist

$$\iota: f \mapsto f(1) \qquad \big(f \in L(\boldsymbol{K}, Y)\big)$$

eine eineindeutige lineare Abbildung von $L(\boldsymbol{K}, Y)$ auf Y. Offenbar gilt wegen 7.4.22 ferner

7.14.31 (Stetigkeit von $\iota: L_{\mathfrak{B},k}(\boldsymbol{K}, Y) \to Y$). *Ist in $L(\boldsymbol{K}, Y)$ die Pseudotopologie der $\mathfrak{B},k$-Konvergenz feiner als die Pseudotopologie der stetigen Konvergenz, so ist ι eine stetige Abbildung von $L_{\mathfrak{B},k}(\boldsymbol{K}, Y)$ auf Y.*

Schließlich gilt

7.14.32 (Stetigkeit von ι^{-1}). *Y sei gleichförmig, und $\mathfrak{B}$ sei k-verträglich. Dann ist die Umkehrung $\iota^{-1}: Y \mapsto L_{\mathfrak{B},k}(\boldsymbol{K}, Y)$ von ι stetig.*

Beweis. Die Abbildung $\varphi: \big((\beta, x), (\alpha, y)\big) \mapsto \alpha x$ $(\alpha, \beta \in \boldsymbol{K}; x, y \in Y)$ von $(\boldsymbol{K} \times Y) \times (\boldsymbol{K} \times Y)$ in Y ist stetig. $\boldsymbol{K} \times Y$ ist ein gleichförmiger limitierter Vektorraum. $\mathfrak{W} = \{[(0)]\}$ $(0 \in Y)$ ist ein k-verträgliches System von $\wedge$-Idealen von Dualfiltern in Y, so daß auch $\mathfrak{B} \times^e \mathfrak{W}$ k-verträglich ist. φ ist wegen 7.14.20 daher $(\mathfrak{B} \times^e \mathfrak{W})$, k-hypostetig. Damit folgt, daß die Abbildung ψ von Y in

$L_{\mathfrak{B}\times\circ\mathfrak{B},k}(\boldsymbol{K}\times Y, Y)$ mit $\psi(x)(\alpha, y) = \alpha x$ und somit auch die Abbildung $\iota^{-1}\colon Y \to L_{\mathfrak{B},k}(\boldsymbol{K}, Y)$, für die selbstverständlich $\iota^{-1}(x)(\alpha) = \alpha x$ gilt, stetig ist.

Aus 7.14.31 und 7.14.32 folgt natürlich: Ist Y ein gleichförmiger pseudotopologischer Vektorraum, ist $\mathfrak{B}$ k-verträglich und ist in $L(\boldsymbol{K}, Y)$ die Pseudotopologie der $\mathfrak{B},k$-Konvergenz feiner als die Pseudotopologie der stetigen Konvergenz, dann ist ι ein linearer Homöomorphismus von $L_{\mathfrak{B},k}(\boldsymbol{K}, Y)$ auf Y.

7.15. k-Uniformität, $\mathfrak{B},k$-Gleichförmigkeit

In diesem Abschnitt befassen wir uns mit Eigenschaften, die wir für Aussagen über die Stetigkeit der Kompositionsabbildung benötigen, zuerst mit der sogenannten k-Uniformität eines Systems von $\wedge$-Idealen von Dualfiltern.

X sei ein limesuniformer Raum, $\mathfrak{u}$ die limesuniforme Struktur von X und $\mathfrak{B}$ ein System von $\wedge$-Idealen von Dualfiltern in X. Zu jedem $\wedge$-Ideal $\mathfrak{v}$ von Dualfiltern in X führen wir die $\wedge$-Ideale

$$[\mathfrak{H}, \mathfrak{v}] = \{\mathfrak{F} \in \mathcal{D}X \mid \exists \mathfrak{G} \in \mathfrak{v}\ \forall G \in \mathfrak{G}\ \exists H \in \mathfrak{H}\ (H[G] \in \mathfrak{F})\} \qquad (\mathfrak{H} \in \mathfrak{u})\,,$$

$$\mathfrak{H}(\mathfrak{v}) = \operatorname*{im}_{\subseteq,\,\mathcal{D}X} \{H(\mathfrak{G}) \mid \mathfrak{G} \in \mathfrak{v}, H \in \mathfrak{H}\} \qquad (\mathfrak{H} \in \mathfrak{u})$$

und

$$[\mathfrak{u}, \mathfrak{v}] = \{\mathfrak{F} \in \mathcal{D}X \mid \exists \mathfrak{G} \in \mathfrak{v}\ \forall G \in \mathfrak{G}\ \forall \mathfrak{H} \in \mathfrak{u}\ \exists H \in \mathfrak{H}\ (H[G] \in \mathfrak{F})\}$$

ein und setzen

$$\mathfrak{u}_1[\mathfrak{B}] = \mathfrak{u}_3[\mathfrak{B}] = \{[\mathfrak{H}, \mathfrak{v}] \mid \mathfrak{H} \in \mathfrak{u}, \mathfrak{v} \in \mathfrak{B}\}\,,$$

$$\mathfrak{u}_2[\mathfrak{B}] = \mathfrak{u}_4[\mathfrak{B}] = \{\mathfrak{H}(\mathfrak{v}) \mid \mathfrak{H} \in \mathfrak{u}, \mathfrak{v} \in \mathfrak{B}\}$$

und

$$\mathfrak{u}_5[\mathfrak{B}] = \{[\mathfrak{u}, \mathfrak{v}] \mid \mathfrak{v} \in \mathfrak{B}\}\,.$$

Wir sagen, daß das System $\mathfrak{B}$ für ein $k = 1, \ldots, 5$ **k-uniform** ist, wenn $\mathfrak{u}_k[\mathfrak{B}] \leq \mathfrak{B}$ gilt. Diese Eigenschaften hängen bei festem $\mathfrak{B}$ und $\mathfrak{u}$ in der folgenden Weise voneinander ab:

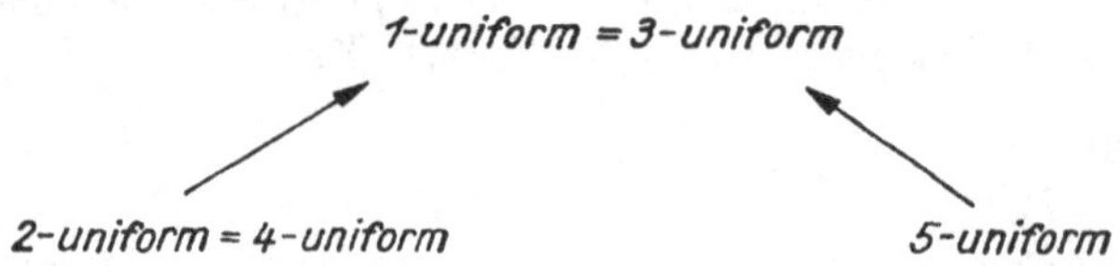

Ist $\mathfrak{B}$ leer, so ist $\mathfrak{B}$ k-uniform zu jedem k. Falls $\mathfrak{B}$ nichtleer ist, ist $\mathfrak{B}$ für ein $k = 1, \ldots, 5$ genau dann k-uniform, wenn die Hypobornologie mit $\mathfrak{B}$ als Subbasis k-uniform ist. Für eine Hypobornologie $\mathfrak{B}$ besagt die k-Uniformität bei

$k = 1, 3$: $\forall \mathfrak{H} \in \mathfrak{u}\ \forall \mathfrak{v} \in \mathfrak{B}\ ([\mathfrak{H}, \mathfrak{v}] \in \mathfrak{B})$
$k = 2, 4$: $\forall \mathfrak{H} \in \mathfrak{u}\ \forall \mathfrak{v} \in \mathfrak{B}\ (\mathfrak{H}(\mathfrak{v}) \in \mathfrak{B})$
$k = 5$: $\forall \mathfrak{v} \in \mathfrak{B}\ ([\mathfrak{u}, \mathfrak{v}] \in \mathfrak{B})\,.$

Wenn $\mathfrak{B}$ aus einem System $\mathfrak{B}$ von Teilmengen von X, einem System $\mathfrak{L}$ von Dualfiltern in X oder einem System $\mathfrak{S}$ von Filtern in X erzeugt wird und $\mathfrak{B}$ für ein $k = 1, \ldots, 5$ k-uniform ist, sagen wir, daß auch $\mathfrak{B}$, $\mathfrak{L}$ bzw. $\mathfrak{S}$ **k-uniform** ist. Das System $\mathfrak{B}$, $\mathfrak{L}$ bzw. $\mathfrak{S}$ ist k-uniform für jedes k, wenn es leer ist. Falls es nichtleer ist, ist es für ein $k = 1, \ldots, 5$ genau dann k-uniform, wenn die aus diesem System erzeugte Bornologie, Semibornologie bzw. Quasibornologie k-uniform ist.

Für jede Teilmenge B von X führen wir die Filter

$$\mathfrak{H}[B] = \operatorname*{im}_{\subseteq, X} \{H[B] \mid H \in \mathfrak{H}\} \qquad (\mathfrak{H} \in \mathfrak{u})$$

und

$$[\mathfrak{u}; B] = \{F \in \mathsf{P}X \mid \forall \mathfrak{H} \in \mathfrak{u}\, \exists H \in \mathfrak{H}\, (H[B] \subseteq F)\},$$

für jeden Dualfilter $\mathfrak{G}$ in X die $\wedge$-Ideale

$$[\mathfrak{H}, \mathfrak{G}] = \{\mathfrak{F} \in \mathcal{D}X \mid \forall G \in \mathfrak{G}\, \exists H \in \mathfrak{H}\, (H[G] \in \mathfrak{F})\} \qquad (\mathfrak{H} \in \mathfrak{u}),$$

$$\mathfrak{H}(\mathfrak{G}) = \operatorname*{im}_{\subseteq, \mathcal{D}X} \{H(\mathfrak{G}) \mid H \in \mathfrak{H}\} \qquad (\mathfrak{H} \in \mathfrak{u})$$

und

$$[\mathfrak{u}, \mathfrak{G}] = \{\mathfrak{F} \in \mathcal{D}X \mid \forall G \in \mathfrak{G}\, \forall \mathfrak{H} \in \mathfrak{u}\, \exists H \in \mathfrak{H}\, (H[G] \in \mathfrak{F})\}$$

und für jeden Filter $\mathfrak{G}$ in X die Filter

$$\mathfrak{H}[\mathfrak{G}] = \operatorname*{im}_{\subseteq, X} \{H[G] \mid G \in \mathfrak{G}, H \in \mathfrak{H}\} \qquad (\mathfrak{H} \in \mathfrak{u})$$

und

$$[\mathfrak{u}; \mathfrak{G}] = \{F \in \mathsf{P}X \mid \exists G \in \mathfrak{G}\, \forall \mathfrak{H} \in \mathfrak{u}\, \exists H \in \mathfrak{H}\, (H[G] \subseteq F)\}$$

ein.

Eine Bornologie $\mathfrak{B}$ von X ist genau dann k-uniform, wenn gilt für

$k = 1, \ldots, 4$: $\forall \mathfrak{H} \in \mathfrak{u}\;\; \forall B \in \mathfrak{B}\;\; (\mathfrak{B} \cap \mathfrak{H}[B] \neq \emptyset)$
$k = 5$: $\forall B \in \mathfrak{B}\;\; (\mathfrak{B} \cap [\mathfrak{u}; B] \neq \emptyset)$,

eine Semibornologie $\mathfrak{L}$ von X ist genau dann k-uniform, wenn gilt für

$k = 1, 3$: $\forall \mathfrak{H} \in \mathfrak{u}\;\; \forall \mathfrak{G} \in \mathfrak{L}\;\; (\mathfrak{L} \cap [\mathfrak{H}, \mathfrak{G}] \neq \emptyset)$
$k = 2, 4$: $\forall \mathfrak{H} \in \mathfrak{u}\;\; \forall \mathfrak{G} \in \mathfrak{L}\;\; (\mathfrak{L} \cap \mathfrak{H}(\mathfrak{G}) \neq \emptyset)$
$k = 5$: $\forall \mathfrak{G} \in \mathfrak{L}\;\; (\mathfrak{L} \cap [\mathfrak{u}, \mathfrak{G}] \neq \emptyset)$

und eine Quasibornologie $\mathfrak{S}$ von X ist genau dann k-uniform, wenn gilt für

$k = 1, \ldots, 4$: $\forall \mathfrak{H} \in \mathfrak{u}\;\; \forall \mathfrak{G} \in \mathfrak{S}\;\; (\mathfrak{H}[\mathfrak{G}] \in \mathfrak{S})$
$k = 5$: $\forall \mathfrak{G} \in \mathfrak{S}\;\; ([\mathfrak{u}; \mathfrak{G}] \in \mathfrak{S})$.

Im weiteren nehmen wir an, daß X eine pseudotopologische $\boldsymbol{K}$-lineare Gruppe und $\mathfrak{u}$ die kanonische pseudouniforme Struktur von X ist. τ sei die Pseudotopologie von X. Aus 5.6.8 folgt, daß man in diesem Fall bei der Definition der k-Uniformität $\mathfrak{u}$ durch $\tau(0)$, $[\mathfrak{H}, \mathfrak{v}]$ durch $\{\mathfrak{F} \in \mathcal{D}X \mid \exists \mathfrak{G} \in \mathfrak{v}\, \forall G \in \mathfrak{G}\, \exists H \in \mathfrak{H}\, (H + G \in \mathfrak{F})\}$, $\mathfrak{H}(\mathfrak{v})$ durch $\varkappa(\mathfrak{H}) + \mathfrak{v}$ und $[\mathfrak{u}, \mathfrak{v}]$ durch $\{\mathfrak{F} \in \mathcal{D}X \mid \exists \mathfrak{G} \in \mathfrak{v}\, \forall G \in \mathfrak{G}\, \forall \mathfrak{H} \in \tau(0)\, \exists H \in \mathfrak{H}\, (H + G \in \mathfrak{F})\}$ ersetzen kann.

Unter gewissen Einschränkungen lassen sich nützliche Kriterien für die k-Uniformität angeben.

7.15.1 (k-Uniformität). *Gehört* $[(0)]$ *zu* $\mathfrak{B}$ *und ist* $\mathfrak{B}$ *für ein* $k = 1, \dots, 5$ *k-uniform, so gilt*

$$\varkappa[\tau(0)] \leq \mathfrak{B}\,. \qquad (7.15.1)$$

Wenn $[(x)]$ *für jedes* $x \in X$ *zu* $\mathfrak{B}$ *gehört und* $\mathfrak{B}$ *für ein* $k = 1, \dots, 5$ *k-uniform ist, gilt sogar*

$$\varkappa[\bigcup_{x \in X} \tau(x)] \leq \mathfrak{B}\,. \qquad (7.15.2)$$

Gehört $\mathfrak{B}$ *mit* $\mathfrak{v}$ *und* $\mathfrak{w}$ *stets ein Unter-$\wedge$-Ideal von* $\mathfrak{v} + \mathfrak{w}$ *an, so ergibt sich andererseits aus* (7.15.1) *und damit auch aus* (7.15.2), *daß* $\mathfrak{B}$ *für jedes* $k = 1, \dots, 4$ *k-uniform ist.*

Beweis. 1. $\mathfrak{B}$ sei für ein $k = 1, \dots, 5$ k-uniform; insbesondere ist $\mathfrak{B}$ dann 1-uniform. Gilt $[(x)] \in \mathfrak{B}$ für ein $x \in X$, so gibt es zu jedem $\mathfrak{H} \in \tau(x)$ wegen $[x] \times \mathfrak{H} \in \mathfrak{U}$ endlich viele $\mathfrak{v}_1, \dots, \mathfrak{v}_n \in \mathfrak{B}$ mit

$$\mathfrak{v}_1 \cap \cdots \cap \mathfrak{v}_n \subseteqq [[x] \times \mathfrak{H}, [(x)]]\,.$$

Da das rechts stehende $\wedge$-Ideal bei dieser Beziehung mit $\varkappa(\mathfrak{H})$ übereinstimmt, folgt aus $[(0)] \in \mathfrak{B}$ somit (7.15.1) und aus $[(x)] \in \mathfrak{B}$ $(x \in X)$ ferner (7.15.2).

2. $\mathfrak{B}$ gehöre mit $\mathfrak{v}$ und $\mathfrak{w}$ ein Unter-$\wedge$-Ideal von $\mathfrak{v} + \mathfrak{w}$ an. Es gelte (7.15.1). Zu jedem $\mathfrak{H} \in \tau(0)$ und $\mathfrak{v} \in \mathfrak{B}$ existieren dann endlich viele $\mathfrak{v}_1, \dots, \mathfrak{v}_n \in \mathfrak{B}$ mit $(\mathfrak{v}_1 \cap \cdots \cap \mathfrak{v}_n) + \mathfrak{v} \subseteqq \varkappa(\mathfrak{H}) + \mathfrak{v}$. Da

$$(\mathfrak{v}_1 \cap \cdots \cap \mathfrak{v}_n) + \mathfrak{v} = (\mathfrak{v}_1 + \mathfrak{v}) \cap \cdots \cap (\mathfrak{v}_n + \mathfrak{v})$$

wegen 5.1.10 gilt und Unter-$\wedge$-Ideale von $\mathfrak{v}_1 + \mathfrak{v}, \dots, \mathfrak{v}_n + \mathfrak{v}$ zu $\mathfrak{B}$ gehören, ist $\mathfrak{B}$ dann 2-uniform und damit auch 1-, 3- und 4-uniform.

Nach diesem Satz fallen unter gewissen Einschränkungen die Begriffe der 1-, ..., 4-Uniformität zusammen. Aus ihm ergibt sich nämlich: Gilt $[(0)] \in \mathfrak{B}$ und gehört $\mathfrak{B}$ mit $\mathfrak{v}$ und $\mathfrak{w}$ stets ein Unter-$\wedge$-Ideal von $\mathfrak{v} + \mathfrak{w}$ an, so ist (7.15.1) für die k-Uniformität von $\mathfrak{B}$ bei $k = 1, \dots, 4$ notwendig und hinreichend. (7.15.1) besagt natürlich, daß es zu jedem $\mathfrak{H} \in \tau(0)$ endlich viele $\mathfrak{v}_1, \dots, \mathfrak{v}_n \in \mathfrak{B}$ mit $\mathfrak{v}_1 \cap \cdots \cap \mathfrak{v}_n \subseteqq \varkappa(\mathfrak{H})$ gibt. Die entsprechenden Aussagen für Mengen-, Dualfilter- und Filtersysteme fassen wir zusammen zu

7.15.2 (k-Uniformität von Mengen-, Dualfilter- und Filtersystemen). *Ein System* $\mathfrak{B}$ *von Teilmengen von* X, *dem* $\{0\}$ *und mit* B *und* C *auch eine Obermenge von* $B + C$ *angehört, ist k-uniform für ein* $k = 1, \dots, 4$ *genau dann, wenn zu jedem* $\mathfrak{H} \in \tau(0)$ *endlich viele* $B_1, \dots, B_n \in \mathfrak{B}$ *mit* $B_1 \cup \cdots \cup B_n \in \mathfrak{H}$ *existieren. Ein System* $\mathfrak{L}$ *von Dualfiltern in* X, *dem* (0) *und mit* $\mathfrak{F}$ *und* $\mathfrak{G}$ *auch ein Oberdualfilter von* $\mathfrak{F} + \mathfrak{G}$, *angehört, ist k-uniform für ein* $k = 1, \dots, 4$ *genau dann, wenn zu jedem* $\mathfrak{H} \in \tau(0)$ *endlich viele* $\mathfrak{G}_1, \dots, \mathfrak{G}_n \in \mathfrak{L}$ *mit* $(\mathfrak{G}_1 \vee \cdots \vee \mathfrak{G}_n) \cap \mathfrak{H} \neq \emptyset$ *existieren. Ein System* $\mathfrak{S}$ *von Filtern in* X, *dem* $[0]$ *und mit* $\mathfrak{F}$ *und* $\mathfrak{G}$ *auch ein Unterfilter von* $\mathfrak{F} + \mathfrak{G}$ *angehört, ist k-uniform für ein* $k = 1, \dots, 4$ *genau dann, wenn zu jedem* $\mathfrak{H} \in \tau(0)$ *endlich viele* $\mathfrak{G}_1, \dots, \mathfrak{G}_n \in \mathfrak{S}$ *mit* $\mathfrak{G}_1 \cap \cdots \cap \mathfrak{G}_n \subseteqq \mathfrak{H}$ *existieren.*

Der Satz vereinfacht sich, wenn $\mathfrak{B}$, $\mathfrak{L}$ bzw. $\mathfrak{S}$ eine Bornologie, Semibornologie bzw. Quasibornologie ist. Die betreffenden notwendigen und hinreichenden Bedingungen lassen sich dann insbesondere so formulieren:

1. Jeder Filter $\mathfrak{H} \in \tau(0)$ hat mit $\mathfrak{B}$ einen nichtleeren Durchschnitt.
2. Jeder Filter $\mathfrak{H} \in \tau(0)$ hat mit mindestens einem $\mathfrak{G} \in \mathfrak{L}$ einen nichtleeren Durchschnitt.
3. Es gilt $\tau(0) \subseteqq \mathfrak{S}$.

Unter gewissen Einschränkungen ist mit $\mathfrak{B}$ auch $\mathfrak{B}^K$ k-uniform bei $k = 1, \ldots, 4$.

7.15.3 (k-Uniformität von $\mathfrak{B}^K$). *Es gelte $[(0)] \in \mathfrak{B}$ und gehöre zu jedem $\mathfrak{v} \in \mathfrak{B}$ ein Unter-$\wedge$-Ideal von $E\mathfrak{v}$ und zu beliebigen $\mathfrak{v}, \mathfrak{w} \in \mathfrak{B}$ ein Unter-$\wedge$-Ideal von $\mathfrak{v} + \mathfrak{w}$ zu $\mathfrak{B}$. Ist $\mathfrak{B}$ k-uniform für ein $k = 1, \ldots, 4$, so dann auch $\mathfrak{B}^K$.*

Beweis. Wir setzen $\mathfrak{v}' = \bigvee_{\mathfrak{G} \in \mathfrak{v}} [\bigvee_{\alpha>0} \alpha\mathfrak{G}]$ für jedes $\wedge$-Ideal $\mathfrak{v}$ von Dualfiltern in X. Für beliebige Dualfilter $\mathfrak{F}$ und $\mathfrak{G}$ in X gilt $\bigvee_{\alpha>0} \alpha(E\mathfrak{F} + E\mathfrak{G}) \supseteqq \bigvee_{\alpha>0} \alpha\mathfrak{F} + \bigvee_{\alpha>0} \alpha\mathfrak{G}$, für beliebige $\wedge$-Ideale $\mathfrak{v}$ und $\mathfrak{w}$ von Dualfiltern in X somit

$$(E\mathfrak{v} + E\mathfrak{w})' = \bigvee_{\mathfrak{F}\in\mathfrak{v},\, \mathfrak{G}\in\mathfrak{w}} [\bigvee_{\alpha>0} \alpha(E\mathfrak{F} + E\mathfrak{G})] \subseteqq \mathfrak{v}' + \mathfrak{w}' .$$

Zu beliebigen $\mathfrak{v}, \mathfrak{w} \in \mathfrak{B}$ gehört somit ein Unter-$\wedge$-Ideal von $(\mathfrak{v} + \mathfrak{w})'$ zu $\mathfrak{B}^K$. Mittels 7.15.1 und $\mathfrak{B} \leqq \mathfrak{B}^K$ folgt damit die Behauptung.

Wir benutzen die in Abschnitt 5.18 eingeführten Bezeichnungen und zeigen

7.15.4 (k-Uniformität; Spezialfälle). *Die Systeme $\bigcup_{x\in X} \tau(x)$, $\mathfrak{S}_q$ und $\mathfrak{B}_h$ sind 1-, ..., 4-uniform. Jedes der Systeme $\mathfrak{B}_b$, $\mathfrak{B}_b^K$, $\mathfrak{L}_e$, und $\mathfrak{L}_b$ ist genau dann 1-, ..., 4-uniform, wenn X lokalbeschränkt ist.*

Beweis. Nach 5.24.1 ist $\mathfrak{B}_b$ eine Bornologie und sind $\mathfrak{L}_e$, $\mathfrak{L}_b$, $\mathfrak{S}_h$ und $\mathfrak{B}_h$ Semi-, Quasi- bzw. Hypobornologien. Wegen 5.18.9 haben diese Systeme die in 7.15.1 und 7.15.2 angegebene Additivitätseigenschaft. $\bigcup_{x\in X} \tau(x)$ hat offenbar ebenfalls die betreffende Eigenschaft. Wegen $[0] \in \tau(0)$ ist die in 7.15.1 angegebene Nullbedingung $[(0)] \in \mathfrak{B}$ bzw. die jeweilige betreffende Bedingung aus 7.15.2 stets erfüllt. Für die im Beweis angeführten Systeme folgt aus 7.15.1 und 7.15.2 (vergleiche auch die Anmerkungen) damit leicht die Behauptung. Ist X lokalbeschränkt, so ist $\mathfrak{B}_b$ und wegen 7.15.3 damit auch $\mathfrak{B}_b^K$ k-uniform für $k = 1, \ldots, 4$. Ist $\mathfrak{B}_b^K$ k-uniform für ein $k = 1, \ldots, 4$, so wegen 7.15.1 und $\mathfrak{B}_b^K \leqq \mathfrak{L}_e \subseteqq \mathfrak{L}_b$ auch $\mathfrak{L}_e$ und $\mathfrak{L}_b$, so daß dann X lokalbeschränkt ist.

Im weiteren gehen wir von X zu der MACKEYschen pseudotopologischen linearen Gruppe X^δ und damit von $\mathfrak{u}$ zu der kanonischen pseudouniformen Struktur $\mathfrak{u}^\delta$ von X^δ über. Wir fragen nach der k-Uniformität bez. $\mathfrak{u}^\delta$, wobei die auftretenden Systeme wie bisher bez. $\mathfrak{u}$ gebildet seien.

Mittels 7.15.1 bis 7.15.3 folgt

7.15.5 (k-Uniformität; weitere Spezialfälle). *Die Systeme* $\mathfrak{B}_b$, $\mathfrak{B}_b^K$, $\mathfrak{L}_e$, $\mathfrak{L}_b$, $\mathfrak{S}_q$ *und* $\mathfrak{B}_h$ *sind bez.* $\mathfrak{U}^\delta$ 1-, ... , 4-*uniform.*

Zum Teil interessiert uns eine Abschwächung des Begriffs der k-Uniformität. Sind X, $\mathfrak{U}$ und $\mathfrak{B}$ wie zu Anfang dieses Abschnittes gewählt, so nennen wir $\mathfrak{B}$ für ein $k = 1, \ldots, 5$ **sequentiell k-uniform,** falls $\mathfrak{B}$ die Bedingung der k-Uniformität erfüllt, wobei die in dieser Bedingung auftretenden Filter $\mathfrak{H} \in \mathfrak{U}$ jedoch einschränkend als Elementarfilter angenommen werden. Wenn $\mathfrak{B}$ aus einem System $\mathfrak{B}$ von Teilmengen von X, einem System $\mathfrak{L}$ von Dualfiltern in X oder einem System $\mathfrak{S}$ von Filtern in X erzeugt wird und $\mathfrak{B}$ für ein $k = 1, \ldots, 5$ sequentiell k-uniform ist, sagen wir, daß $\mathfrak{B}$, $\mathfrak{L}$ bzw. $\mathfrak{S}$ **sequentiell k-uniform** ist.

X sei nun eine pseudotopologische lineare Gruppe, $\mathfrak{U}$ die kanonische pseudouniforme Struktur von X und τ die Pseudotopologie von X. Aus (5.6.7) und 5.6.8 folgt, daß man in diesem Falle bei der Definition der sequentiellen k-Uniformität die entsprechenden Ersetzungen vornehmen kann wie die bei der Definition der k-Uniformität vor 7.15.1 angegebenen Ersetzungen; die Filter $\mathfrak{H} \in \tau(0)$ sind jetzt einschränkend als Elementarfilter anzunehmen.

Bei entsprechenden Abänderungen gehen 7.15.1 bis 7.15.3 in Aussagen über die sequentielle k-Uniformität über. Die genauen Formulierungen überlassen wir dem Leser.

Wir zeigen

7.15.6 (Sequentielle k-Uniformität; Spezialfälle). $\mathfrak{B}_k$ *und* $\mathfrak{B}_{fk}$ *sind sequentiell* 1-, ... , 4-*uniform. Ist X ein* SIMONNET*scher pseudotopologischer Vektorraum, so sind auch* $\mathfrak{B}_b$, $\mathfrak{B}_b^K$, $\mathfrak{L}_e$ *und* $\mathfrak{L}_b$ *sequentiell* 1-, ... , 4-*uniform.*

Beweis. $x_1, x_2, \ldots$ sei eine Nullfolge in X, K die Menge $\{0\} \cup \{x_n \mid n \in N^+\}$ und $\mathfrak{M}$ ein System von Teilmengen von X mit $K \subseteqq \mathsf{K}(\mathfrak{M})$ (vergleiche die Definition (3.16.2)). Es gibt ein $M_0 \in \mathfrak{M}$, das dem aus $x_1, x_2, \ldots$ erzeugten Filter angehört, weshalb $\{x_n \mid n \geqq n_0\} \subseteqq M_0$ für ein $n_0 \in N^+$ gilt. Wegen $\mathsf{K}(\mathfrak{M}) \subseteqq \bigcup_{M \in \mathfrak{M}} M$ wird K bereits von endlich vielen Mengen $M \in \mathfrak{M}$ überdeckt. K ist nach 3.16.9 somit kompakt. Offenbar ist K auch folgenkompakt. Ist X ein SIMONNETscher pseudotopologischer Vektorraum, so ist wegen 5.18.4 die Menge K auch beschränkt. Mittels der sich aus 7.15.1 bis 7.15.3 ergebenden Kriterien für die sequentielle k-Uniformität folgt damit die Behauptung.

Als nächstes gehen wir auf den Begriff der $\mathfrak{B},k$-Gleichförmigkeit einer Abbildung ein. Es seien dazu X und Y pseudotopologische lineare Gruppen, $\mathfrak{B}$ sei wie bisher ein System von $\wedge$-Idealen von Dualfiltern in X und n sei eine positive natürliche Zahl. Wir nennen eine multilineare Abbildung $g\colon X^n \to Y$ **$\mathfrak{B},k$-gleichförmig,** wenn zu jeder nichtleeren Teilmenge J von $I = \{1, \ldots, n\}$ die durch $g_J\big((x_i)_{i\in J}\big)\ \big((x_i)_{i\in I\setminus J}\big) = g(x)\ \big(x = (x_i)_{i\in I} \in X^n\big)$ definierte Abbildung g_J von X^j in $F_{\mathfrak{B}^{n-j},k}(X^{n-j}, Y)$ im Nullpunkt von X^j stetig ist, j sei dabei die Anzahl der Elemente von J. Der Fall $J = I$ ist in naheliegender Weise mit eingeschlossen. Unter $F_{\mathfrak{B}^0,k}(X^0, Y)$ verstehen wir Y. Wir fordern also auch, daß g im Nullpunkt von X^n stetig ist. Wenn $\mathfrak{B}$ aus einem System $\mathfrak{B}$ von Teilmengen von X, einem System $\mathfrak{L}$ von Dualfiltern in X oder einem System $\mathfrak{S}$ von Filtern in X erzeugt wird, sagen wir anstelle $\mathfrak{B},k$-gleichförmig auch **$\mathfrak{B},k$-,$\mathfrak{L},k$-** bzw. **$\mathfrak{S},k$-gleichförmig.**

Unter gewissen Einschränkungen läßt sich die Definition der $\mathfrak{B},k$-Gleichförmigkeit vereinfachen. τ sei die Pseudotopologie von X.

7.15.7 ($\mathfrak{B},k$-Gleichförmigkeit). *Es gelte $\varkappa[\tau(0)] \leqq \mathfrak{B}$. Unter dieser Einschränkung ist eine multilineare Abbildung $g: X^n \to Y$ genau dann $\mathfrak{B},k$-gleichförmig, falls zu jedem $i = 1, \ldots, n$ die Abbildung $g_{\{i\}}: X \to F_{\mathfrak{B}^{n-1},k}(X^{n-1}, Y)$ im Nullpunkt von X stetig ist.*

Beweis. Es ist nur eine Richtung zu beweisen. Wir nehmen an, daß die im Satz angegebene Bedingung gilt. J sei eine nichtleere Teilmenge von $I = \{1, \ldots, n\}$ und i ein Element von J. Nach Voraussetzung ist die Abbildung $g_{\{i\}}: X \to F_{\mathfrak{B}^{n-1},k}(X^{n-1}, Y)$ in 0 stetig. Die Stetigkeit trifft auch noch zu, wenn wir im Produkt $\mathfrak{B}^{n-1}$ das $\mathfrak{B}$ teilweise durch $\varkappa[\tau(0)]$ ersetzen. Damit folgt aber in jedem der Fälle $k = 1, \ldots, 5$ leicht, daß $g_J: X^j \to F_{\mathfrak{B}^{n-j},k}(X^{n-j}, Y)$ ($j = \operatorname{card} J$) im Nullpunkt von X^j stetig ist.

7.15.8 (Hinreichende Bedingung für die $\mathfrak{B},k$-Gleichförmigkeit). *Es gelte $\varkappa[\tau(0)] \leqq \mathfrak{B}$. Für $k = 1$ und 3 und, falls $\mathfrak{B}$ aus einem Filtersystem erzeugt wird, auch für $k = 2$, 4 und 5 ist dann jede $\mathfrak{B},k$-hypostetige symmetrische multilineare Abbildung $g: X^n \to Y$ $\mathfrak{B},k$-gleichförmig.*

Beweis. $g_{\{1\}}$ ist als Abbildung von X in $H^{n-1}_{\mathfrak{B},k}(X, Y)$ und wegen 7.10.9 damit auch als Abbildung von X in $F_{\mathfrak{B}^{n-1},k}(X^{n-1}, Y)$ im Nullpunkt von X stetig. Aus 7.15.7 ergibt sich damit unter Berücksichtigung der Symmetrie von g die Behauptung.

7.16. Die Stetigkeit der Kompositionsabbildung

Wir fragen als nächstes nach der Stetigkeit der Kompositionsabbildung bezüglich Limitierungen der verallgemeinerten gleichmäßigen Konvergenz. Wir beginnen mit einem Hilfssatz. X sei eine Menge und Y ein limesuniformer Raum. $\mathfrak{u}$ bezeichne die limesuniforme Struktur von Y. $\mathfrak{B}$ und $\mathfrak{W}$ seien Systeme von $\wedge$-Idealen von Dualfiltern in X bzw. Y. $\mathfrak{A}$ sei eine Menge von Abbildungen aus X in Y.

7.16.1 ($\mathfrak{B},\mathfrak{W}$-Treue von Filtern). *$\mathfrak{W}$ sei k-uniform für ein $k = 1, \ldots, 5$. f sei eine $\mathfrak{B},\mathfrak{W}$-treue Abbildung aus $\mathfrak{A}$ mit* $\operatorname{dbf} = X$ *und $\mathfrak{R}$ ein Filter in $\mathfrak{A}$, der gegen f $\mathfrak{B},k$-konvergiert. Dann ist auch $\mathfrak{R}$ $\mathfrak{B},\mathfrak{W}$-treu.*

Beweis. Wir nehmen ohne Einschränkung der Allgemeinheit $\mathfrak{W}$ als Hypobornologie an (vergleiche 2.12.6). Auf Grund der $\mathfrak{V}, \mathfrak{W}$-Treue von f und der k-Uniformität von $\mathfrak{W}$ folgt dann für

$$\left.\begin{array}{ll} k = 1, 3: & \forall \mathfrak{H} \in \mathfrak{U} \cdots \forall F \in \mathfrak{F}\, \exists H \in \mathfrak{H} \\ k = 2, 4: & \forall \mathfrak{H} \in \mathfrak{U} \cdots \exists H \in \mathfrak{H}\, \forall F \in \mathfrak{F} \\ k = 5: & \cdots \forall \mathfrak{H} \in \mathfrak{U}\, \forall F \in \mathfrak{F}\, \exists H \in \mathfrak{H} \end{array}\right\} ((H \mathbin{\dot\circ} f)[F] \in \mathfrak{G}) ,$$

wobei $\forall \mathfrak{v} \in \mathfrak{V}\, \exists \mathfrak{w} \in \mathfrak{W}\, \forall \mathfrak{G} \in \mathfrak{w}\, \exists \mathfrak{F} \in \mathfrak{v}$ für $\cdots$ zu setzen ist und $H \mathbin{\dot\circ} f = \{g \circ f \mid g \in H\}$ ist. Unter Berücksichtigung, daß $\langle f, K\rangle[F] \subseteq H$ stets $K[F] \subseteq (H \mathbin{\dot\circ} f)[F]$ nach sich zieht, ergibt sich daraus und aus der $\mathfrak{V},k$-Konvergenz von $\mathfrak{K}$

$$\forall \mathfrak{v} \in \mathfrak{V}\, \exists \mathfrak{w} \in \mathfrak{W}\, \forall \mathfrak{G} \in \mathfrak{w}\, \exists \mathfrak{F} \in \mathfrak{v}\, \forall F \in \mathfrak{F}\, \exists K \in \mathfrak{K}\, (K[F] \in \mathfrak{G}) ,$$

d. h., daß $\mathfrak{K}$ $\mathfrak{V},\mathfrak{W}$-treu ist.

Z sei neben Y ein weiterer limesuniformer Raum. Die limesuniforme Struktur von Z bezeichnen wir mit $\mathfrak{U}'$. $\mathfrak{B}$ sei eine Menge von Abbildungen aus Y in Z und $\mathfrak{C}$ eine Menge von Abbildungen aus X in Z, der jede Abbildung $g \circ f$ $(f \in \mathfrak{A}, g \in \mathfrak{B})$ angehört. Wir vor 7.1.13 bezeichnen wir zu beliebigen Filtern $\mathfrak{K}$ in $\mathfrak{A}$ und $\mathfrak{L}$ in $\mathfrak{B}$ mit $\mathfrak{L} \mathbin{\dot\circ} \mathfrak{K}$ denjenigen Filter in $\mathfrak{C}$, der $\{L \mathbin{\dot\circ} K \mid K \in \mathfrak{K}, L \in \mathfrak{L}\}$ als eine Basis hat, wobei jeweils $L \mathbin{\dot\circ} K = \{l \circ k \mid k \in K, l \in L\}$ gesetzt ist.

7.16.2 (Stetigkeit der Komposition). *$\mathfrak{W}$ sei k-uniform für ein $k = 1, \ldots, 5$. f sei eine $\mathfrak{V},\mathfrak{W}$-treue Abbildung aus $\mathfrak{A}$ mit* $\mathrm{db} f = X$ *und g eine gleichmäßig stetige Abbildung aus $\mathfrak{B}$* mit $\mathrm{db} g = Y$. *$\mathfrak{K}$ sei ein Filter in $\mathfrak{A}$ mit $\mathfrak{K} \xrightarrow[\mathfrak{V},k]{} f$ und $\mathfrak{L}$ ein Filter in $\mathfrak{B}$ mit $\mathfrak{L} \xrightarrow[\mathfrak{W},k]{} g$. Dann gilt $\mathfrak{L} \mathbin{\dot\circ} \mathfrak{K} \xrightarrow[\mathfrak{V},k]{} g \circ f$.*

Beweis. Wir nehmen ohne Einschränkung der Allgemeinheit $\mathfrak{W}$ als Hypobornologie an (vergleiche 7.9.5). Y ist $\mathfrak{W}$-Limes von $\mathrm{db}\mathfrak{L}$, d. h., es gilt

$$\forall \mathfrak{w} \in \mathfrak{W}\, \exists \mathfrak{G} \in \mathfrak{w}\, \forall G \in \mathfrak{G}\, \exists L \in \mathfrak{L}\, (G \subseteq \bigcap_{l \in L} \mathrm{db} l) .$$

Wegen 7.16.1 ist $\mathfrak{K}$ $\mathfrak{V},\mathfrak{W}$-treu, und es ergibt sich deshalb

$$\forall \mathfrak{v} \in \mathfrak{V}\, \exists \mathfrak{F} \in \mathfrak{v}\, \forall F \in \mathfrak{F}\, \exists K \in \mathfrak{K}\, \exists \mathfrak{L} \in \mathfrak{L}\, (K[F] \subseteq \bigcap_{l \in L} \mathrm{db} l) .$$

Da $\mathrm{db}\mathfrak{K}$ ganz X als $\mathfrak{V}$-Limes hat, kann man bei der letzten Zeile die in Klammern stehende Beziehung durch $F \subseteq \bigcap_{k \in K} \mathrm{db} k$, $K[F] \subseteq \bigcap_{l \in L} \mathrm{db} l$ und daher durch $F \subseteq \bigcap_{l \in L, k \in K} \mathrm{db}(l \circ k)$ ersetzen. $\mathrm{db}(\mathfrak{L} \mathbin{\dot\circ} \mathfrak{K})$ hat deshalb X als $\mathfrak{V}$-Limes.

Es sei $k = 1$. Wegen $\mathfrak{K} \xrightarrow[\mathfrak{V},1]{} f$ gilt

$$\exists \mathfrak{H} \in \mathfrak{U}\, \forall \mathfrak{v} \in \mathfrak{V}\, \exists \mathfrak{F} \in \mathfrak{v}\, \forall F \in \mathfrak{F}\, \forall H \in \mathfrak{H}\, \exists K \in \mathfrak{K}\, (\langle f, K\rangle[F] \subseteq H) ,$$

auf Grund der gleichmäßigen Stetigkeit von g ferner $(g \ast g)(\mathfrak{H}) \in \mathfrak{U}'$ und damit

$$\begin{aligned} &\exists \mathfrak{H}' \in \mathfrak{U}'\, \forall \mathfrak{v} \in \mathfrak{V}\, \exists \mathfrak{F}' \in \mathfrak{v}\, \forall F \in \mathfrak{F}'\, \forall H \in \mathfrak{H}' \\ &\exists K' \in \mathfrak{K}\, (\langle g \circ f, g \mathbin{\dot\circ} K'\rangle[F] \subseteq H) , \end{aligned} \tag{7.16.1}$$

dabei ist $g \mathbin{\dot\circ} K' = \{g \circ h \mid h \in K'\}$. Wegen $\mathfrak{L} \xrightarrow[\mathfrak{W},1]{} g$ gilt

$$\exists \mathfrak{H}'' \in \mathfrak{U}' \; \forall \mathfrak{w} \in \mathfrak{W} \; \exists \mathfrak{G} \in \mathfrak{w} \; \forall H \in \mathfrak{H}'' \; \forall G \in \mathfrak{G} \; \exists L \in \mathfrak{L} \; (\langle g, L\rangle[G] \subseteqq H)\,,$$

da $\mathfrak{K}$ wegen 7.16.1 $\mathfrak{V},\mathfrak{W}$-treu ist, somit

$$\exists \mathfrak{H}'' \in \mathfrak{U}' \; \forall \mathfrak{v} \in \mathfrak{V} \; \exists \mathfrak{F}'' \in \mathfrak{v} \; \forall F \in \mathfrak{F}'' \; \forall H \in \mathfrak{H}'' \; \exists K'' \in \mathfrak{K}$$
$$\exists L \in \mathfrak{L} \; (\langle g, L\rangle \, [K''[F]] \subseteqq H)\,. \qquad (7.16.2)$$

Unter Beachtung, daß $\mathfrak{H}'' \circ \mathfrak{H}' \in \mathfrak{U}'$ und stets $\mathfrak{F}' \cap \mathfrak{F}'' \in \mathfrak{v}$, $K' \cap K'' \in \mathfrak{K}$ und $\langle g \circ f, L \mathbin{\dot\circ} K\rangle[F] \subseteqq \langle g, L\rangle[K''[F]] \circ \langle g \circ f, g \mathbin{\dot\circ} K'\rangle[F]$ für $K = K' \cap K''$ gilt, folgt aus (7.16.1) und (7.16.2)

$$\exists \mathfrak{H} \in \mathfrak{U}' \; \forall \mathfrak{v} \in \mathfrak{V} \; \exists \mathfrak{F} \in \mathfrak{v} \; \forall F \in \mathfrak{F} \; \forall H \in \mathfrak{H} \; \exists K \in \mathfrak{K}$$
$$\exists L \in \mathfrak{L} \; (\langle g \circ f, L \mathbin{\dot\circ} K\rangle \, [F] \subseteqq H)\,,$$

unter Berücksichtigung, daß X $\mathfrak{V}$-Limes von $\mathrm{db}(\mathfrak{L} \mathbin{\dot\circ} \mathfrak{K})$ ist, damit $\mathfrak{L} \mathbin{\dot\circ} \mathfrak{K} \xrightarrow[\mathfrak{V},1]{} g \circ f$. Für $k = 2, \ldots, 5$ folgt entsprechend $\mathfrak{L} \mathbin{\dot\circ} k \xrightarrow[\mathfrak{V},k]{} g \circ f$.

Dieser Satz besagt:

7.16.2'. *$\mathfrak{W}$ sei k-uniform für ein $k = 1, \ldots, 5$. Dann ist die Kompositionsabbildung $\gamma: \mathfrak{A} \times \mathfrak{B} \to \mathfrak{C}$ in jedem Paar $(f, g) \in \mathfrak{A} \times \mathfrak{B}$, das aus einer $\mathfrak{V},\mathfrak{W}$-treuen Abbildung f von X in Y und einer gleichmäßig stetigen Abbildung g von Y in Z besteht, bezüglich $\tau_{\mathfrak{V},k}(X, Y) \times \tau_{\mathfrak{W},k}(Y, Z)$ und $\tau_{\mathfrak{V},k}(X, Z)$ stetig.*

Entsprechend der Vereinbarung (7.9.2) sind $\tau_{\mathfrak{V},k}(X, Y)$ und $\tau_{\mathfrak{V},k}(X, Z)$ die Limitierungen der $\mathfrak{V},k$-Konvergenz in $\mathfrak{A}$ bzw. $\mathfrak{C}$ und ist $\tau_{\mathfrak{W},k}(Y, Z)$ die Limitierung der $\mathfrak{W},k$-Konvergenz in $\mathfrak{B}$. γ ist natürlich wie vor 7.1.13' durch $\gamma(f, g) = g \circ f$ definiert.

Ähnlich wie das Korollar nach 7.1.13' ergibt sich das

Korollar. *$\mathfrak{W}$ sei k-uniform für ein $k = 1, \ldots, 5$. $(f_\iota)_{\iota \in I}$ und $(g_\iota)_{\iota \in I}$ seien gefilterte Familien von Abbildungen $f_\iota \in \mathfrak{A}$ und $g_\iota \in \mathfrak{B}$ mit gleicher gefilterter Indexmenge. $(f_\iota)_{\iota \in I}$ sei gegen eine $\mathfrak{V},\mathfrak{W}$-treue Abbildung $f \in \mathfrak{A}$ mit* $\mathrm{db} f = X$ *$\mathfrak{V},k$-konvergent und $(g_\iota)_{\iota \in I}$ gegen eine gleichmäßig stetige Abbildung $g \in \mathfrak{B}$ mit* $\mathrm{db} g = Y$ *$\mathfrak{W},k$-konvergent. Dann ist die (mit demselben Filter) gefilterte Familie $(g_\iota \circ f_\iota)_{\iota \in I}$ gegen $g \circ f$ $\mathfrak{V},k$-konvergent.*

Ein wichtiger Spezialfall von 7.16.2 ergibt sich, wenn Y und Z pseudotopologische lineare Gruppen, versehen mit den betreffenden kanonischen pseudouniformen Strukturen, sind und als g stetige lineare Abbildungen genommen werden.

Wir nehmen im folgenden eine Verallgemeinerung dieses Spezialfalles vor, die im allgemeinen von 7.16.2 nicht erfaßt wird. Es sei dazu Y zu einem $n \in N^+$ das n-fache Produkt einer pseudotopologischen linearen Gruppe Y' mit sich, $\mathfrak{W}$ das n-fache Produkt $\mathfrak{W}'^n = \mathfrak{W}' \times^e \cdots \times^e \mathfrak{W}'$ eines Systems von $\wedge$-Idealen von Dualfiltern in Y' mit sich und Z irgendeine pseudotopologische lineare Gruppe. Wir zeigen

7.16.3 (Stetigkeit der Komposition; Variante). *$\mathfrak{W}$ sei k-uniform für ein $k = 1, \dots, 5$. f sei eine $\mathfrak{B},\mathfrak{W}$-treue Abbildung aus $\mathfrak{A}$ mit $\mathrm{db} f = X$ und g eine $\mathfrak{W}',k$-gleichförmige n-lineare Abbildung aus $\mathfrak{B}$ mit $\mathrm{db} g = Y$ $(= Y'^n)$. $\mathfrak{K}$ sei ein Filter in $\mathfrak{A}$ mit $\mathfrak{K} \xrightarrow[\mathfrak{B},k]{} f$ und $\mathfrak{L}$ ein Filter in $\mathfrak{B}$ mit $\mathfrak{L} \xrightarrow[\mathfrak{W},k]{} g$. Dann gilt $\mathfrak{L} \mathbin{\dot\circ} \mathfrak{K} \xrightarrow[\mathfrak{B},k]{} g \circ f$.*

Beweis. Ohne Einschränkung der Allgemeinheit können wir $\mathfrak{B}$ und auf Grund der $\mathfrak{B},\mathfrak{W}$-Treue von f damit $\mathfrak{W}$ als nichtleer annehmen. Indem wir von $\mathfrak{W}$ zu der daraus erzeugten Hypobornologie übergehen, erhalten wir mit den gleichen Überlegungen wie im Beweis von 7.16.2, daß X ein $\mathfrak{B}$-Limes von $\mathrm{db}(\mathfrak{L} \mathbin{\dot\circ} \mathfrak{K})$ ist.

τ_1 und τ_2 seien die Pseudotopologien von Y und Z und $\pi_1, \dots, \pi_n$ die natürlichen Projektionen von Y auf Y'.

Es sei $k = 1$. Wegen $\mathfrak{K} \xrightarrow[\mathfrak{B},1]{} f$ gilt

$$\begin{aligned} &\exists \mathfrak{H} \in \tau_1(0)\ \forall \mathfrak{v} \in \mathfrak{B}\ \exists \mathfrak{F}_\mathfrak{v} \in \mathfrak{v}\ \forall F \in \mathfrak{F}_\mathfrak{v}\ \forall H \in \mathfrak{H} \\ &\qquad \exists K \in \mathfrak{K}\ \big((K - f)[F] \subseteq H\big)\,. \end{aligned} \tag{7.16.3}$$

$\mathfrak{J}$ sei die Menge aller nichtleeren Teilmengen von $I = \{1, \dots, n\}$. Zu jedem $J \in \mathfrak{J}$ gilt nach Voraussetzung $g_J(\prod_{i \in J} \pi_i(\mathfrak{H})) \xrightarrow[\mathfrak{W}'^{n-j},1]{} 0$, wobei j die Anzahl der Elemente von J ist. (Den Fall $J = I$ schließen wir mit ein. Unter der $\mathfrak{W}'^0, 1$-Konvergenz verstehen wir natürlich die Konvergenz in Z.) Es gilt damit zu jedem $J \in \mathfrak{J}$

$$\begin{aligned} &\exists \mathfrak{H}_J \in \tau_2(0)\ \forall \mathfrak{v} \in \mathfrak{B}\ \exists \mathfrak{F}_{J\mathfrak{v}} \in \mathfrak{v}\ \forall F \in \mathfrak{F}_{J\mathfrak{v}}\ \forall H' \in \mathfrak{H}_J \\ &\qquad \exists H \in \mathfrak{H}\ \big(g_J[\prod_{i \in J} \pi_i[H]]\,[\prod_{i \in I \setminus J} (\pi_i \circ f)\,[F]] \subseteq H'\big)\,. \end{aligned} \tag{7.16.4}$$

Wegen $(g \mathbin{\dot\circ} K - g \circ f)[F] \subseteq \sum_{I \in J} g_J[\prod_{i \in J} \pi_i[(K - f)[F]]]\,[\prod_{i \in I \setminus J} (\pi_i \circ f)[F]]$ und wegen $\sum_{J \in \mathfrak{J}} \mathfrak{H}_J \in \tau_2(0)$ und $\mathfrak{F}_\mathfrak{v} \cap \bigcap_{J \in \mathfrak{J}} \mathfrak{F}_{J\mathfrak{v}} \in \mathfrak{v}$ $(\mathfrak{v} \in \mathfrak{B})$ folgt aus (7.16.3) und (7.16.4)

$$\exists \mathfrak{H}' \in \tau_2(0)\ \forall \mathfrak{v} \in \mathfrak{B}\ \exists \mathfrak{F}'_\mathfrak{v} \in \mathfrak{v}\ \forall F \in \mathfrak{F}'_\mathfrak{v}\ \forall H \in \mathfrak{H}'\ \exists K \in \mathfrak{K}\ \big((g \mathbin{\dot\circ} K - g \circ f)\,[F] \subseteq H\big)\,.$$

Aus dieser Beziehung, die (7.16.1) entspricht, folgt mit ähnlichen Schlüssen wie im Beweis von 7.16.2, daß $\mathfrak{L} \mathbin{\dot\circ} \mathfrak{K} \xrightarrow[\mathfrak{B},1]{} g \circ f$ gilt. Für $k = 2, \dots, 5$ ergibt sich analog $\mathfrak{L} \mathbin{\dot\circ} \mathfrak{K} \xrightarrow[\mathfrak{B},k]{} g \circ f$.

7.16.3 können wir natürlich unter der Einschränkung $f \in \mathfrak{A}$, $g \in \mathfrak{B}$ wie 7.16.2 als eine Stetigkeitsaussage von γ formulieren.

Wir bringen als nächstes einige Beispiele. X sei eine limitierte lineare Gruppe, und Y und Z seien pseudotopologische lineare Gruppen, versehen mit den betreffenden kanonischen pseudouniformen Strukturen. τ_0 sei die Limitierung von X und τ_1 die Pseudotopologie von Y. $\mathfrak{A}$, $\mathfrak{B}$ und $\mathfrak{C}$ schränken wir nicht näher ein. Wir benutzen die in Abschnitt 5.18 bez. X definierten Systeme $\mathfrak{B}_\mathfrak{b}$, $\mathfrak{L}_\mathfrak{e}$, $\mathfrak{L}_\mathfrak{b}$, $\mathfrak{S}_\mathfrak{q}$

und $\mathfrak{B}_h$ und die entsprechenden bez. Y definierten Systeme $\mathfrak{C}_b$, $\mathfrak{M}_e$, $\mathfrak{M}_b$, $\mathfrak{T}_q$ und $\mathfrak{W}_h$. Für den nachstehenden Satz sei X speziell ein endliches Produkt $X_1 \times \cdots \times X_m$ limitierter $\boldsymbol{K}$-linearer Gruppen ($m \in \boldsymbol{N}^+$).

7.16.4 (Stetigkeit der Komposition; Spezialfälle). *k sei eine der Zahlen* 1, ..., 4. *Für jede stetige m-lineare Abbildung $f\colon X \to Y$ aus $\mathfrak{A}$, jede stetige lineare Abbildung $g\colon Y \to Z$ aus $\mathfrak{B}$, jeden Filter $\mathfrak{H}$ in $\mathfrak{A}$ mit $\mathfrak{H} \xrightarrow[\mathfrak{M},k]{} f$ und jeden Filter $\mathfrak{L}$ in $\mathfrak{B}$ mit $\mathfrak{L} \xrightarrow[\mathfrak{N},k]{} g$ gilt $\mathfrak{L} \circ \mathfrak{K} \xrightarrow[\mathfrak{M},k]{} g \circ f$ bei $(\mathfrak{M}, \mathfrak{N}) = \left(\bigcup_{x \in X} \tau_0(x), \bigcup_{y \in Y} \tau_1(y)\right)$, $(\mathfrak{S}_q, \mathfrak{T}_q)$ und $(\mathfrak{B}_h, \mathfrak{W}_h)$ und, wenn Y lokalbeschränkt ist, auch bei $(\mathfrak{M}, \mathfrak{N}) = (\mathfrak{B}_b, \mathfrak{C}_b)$, $(\mathfrak{B}_b^K, \mathfrak{C}_b^K)$, $(\mathfrak{L}_e, \mathfrak{M}_e)$ und $(\mathfrak{L}_b, \mathfrak{M}_b)$.*

Beweis. Wir berücksichtigen die nach dem Korollar zu 5.18.16 angeführten Beispiele von Abbildungen mit Treueeigenschaften und 5.2.14. Jede stetige lineare Abbildung von Y in Z ist natürlich gleichmäßig stetig. Mittels 7.15.4 und 7.16.2 folgt damit die Behauptung.

Man zeigt leicht, daß für beliebige pseudotopologische $\boldsymbol{K}$-Vektorräume $L_1, \ldots, L_n$ ($n \in \boldsymbol{N}^+$) und L und für $a = \boldsymbol{u}, \boldsymbol{u}'$ und $\boldsymbol{d}$ jede stetige n-lineare Abbildung $l\colon L_1 \times \cdots \times L_n \to L$ auch als Abbildung von $L_1^a \times \cdots \times L_n^a$ in L^a stetig ist. Aus 7.16.4 folgt daher unter den gleichen Annahmen wie vor diesem Satz das

Korollar. *Für $a = \mathsf{u}, \mathsf{u}'$ und d ist die Kompositionsabbildung von $L_a^m(X, Y) \times L_a(Y, Z)$ in $L_a(X, Z)$ stetig.*

Für den folgenden Satz seien X und Y endliche Produkte X'^m und Y'^n einer limitierten bzw. pseudotopologischen linearen Gruppe mit sich. $\left(\bigcup_{x \in X} \tau_0(x)\right)'$, $\mathfrak{S}_q'$ und $\mathfrak{B}_h'$ seien die $\bigcup_{x \in X} \tau_0(x)$, $\mathfrak{S}_q$ und $\mathfrak{B}_h$ entsprechenden Systeme bez. X'.

7.16.5 (Stetigkeit der Komposition; Spezialfälle). *Es sei k eine der Zahlen* 1, ..., 4 *und $(\mathfrak{M}, \mathfrak{N}) = \left(\bigcup_{x \in X} \tau_0(x), \bigcup_{y \in Y} \tau_1(y)\right)$ oder $(\mathfrak{S}_q, \mathfrak{T}_q)$ oder k eine der Zahlen* 1, 3 *und $(\mathfrak{M}, \mathfrak{N}) = (\mathfrak{B}_h, \mathfrak{W}_h)$. Für jede $\mathfrak{M}$,$\mathfrak{N}$-treue (insbesondere jede stetige m-lineare) Abbildung $f\colon X \to Y$ aus $\mathfrak{A}$, jede symmetrische $\mathfrak{N}'$,k-hypostetige n-lineare Abbildung $g\colon Y \to Z$ aus $\mathfrak{B}$, jeden Filter $\mathfrak{K}$ in $\mathfrak{A}$ mit $\mathfrak{K} \xrightarrow[\mathfrak{M},k]{} f$ und jeden Filter $\mathfrak{L}$ in $\mathfrak{B}$ mit $\mathfrak{L} \xrightarrow[\mathfrak{N},k]{} g$ gilt dann $\mathfrak{L} \circ \mathfrak{K} \xrightarrow[\mathfrak{M},k]{} g \circ f$.*

Beweis. Die Behauptung folgt aus 7.15.4, 7.15.8 und 7.16.3.

Als nächstes gehen wir auf Suchinin-Modifikationen einiger Konvergenzarten ein. Dazu sei vorerst wieder X eine beliebige limitierte und Y eine beliebige pseudotopologische lineare Gruppe.

7.16.6 (Stetigkeit der Komposition; Spezialfälle). *k sei eine der Zahlen* 1, ..., 4. *Für beliebige stetige lineare Abbildungen $f\colon X \to Y$ und $g\colon Y \to Z$ aus $\mathfrak{A}$* bzw. $\mathfrak{B}$ *und Filter $\mathfrak{K}$ und $\mathfrak{L}$ in $\mathfrak{A}$ bzw. $\mathfrak{B}$ mit $\mathfrak{K} \xrightarrow[\delta_{\mathfrak{M},k}]{} f$ und $\mathfrak{L} \xrightarrow[\delta_{\mathfrak{N},k}]{} g$ gilt $\mathfrak{L} \circ \mathfrak{K} \xrightarrow[\delta_{\mathfrak{M},k}]{} g \circ f$ bei $(\mathfrak{M}, \mathfrak{N}) = (\mathfrak{B}_b, \mathfrak{C}_b)$, $(\mathfrak{B}_b^K, \mathfrak{C}_b^K)$, $(\mathfrak{L}_e, \mathfrak{M}_e)$, $(\mathfrak{L}_b, \mathfrak{M}_b)$, $(\mathfrak{S}_q, \mathfrak{T}_q)$ und $(\mathfrak{B}_h, \mathfrak{W}_h)$.*

Zum Beweis: Die Behauptung folgt ähnlich wie 7.16.4 unter Berücksichtigung von 5.19.5 und 7.15.5.

Für die ε-Modifikation gilt ein entsprechender Satz bei $(\mathfrak{M}, \mathfrak{N}) = (\mathfrak{L}_e, \mathfrak{M}_e)$ und $(\mathfrak{B}_h, \mathfrak{W}_h)$ und für die $\#$-Modifikation bei $(\mathfrak{M}, \mathfrak{N}) = (\mathfrak{S}_q, \mathfrak{T}_q)$.

Für den folgenden Satz seien X und Y wie vor 7.16.5 endliche Produkte X'^m und Y'^n einer limitierten bzw. pseudotopologischen linearen Gruppe mit sich. Wir bezeichnen die wie $\mathfrak{C}_b, \mathfrak{C}_b^K, \mathfrak{M}_e, \mathfrak{M}_b, \mathfrak{T}_q$ und $\mathfrak{W}_h$ bezüglich Y' definierten Systeme mit $\mathfrak{C}'_b, \ldots, \mathfrak{W}'_h$.

7.16.7 (Stetigkeit der Komposition; Spezialfälle). *Es sei k eine der Zahlen $1, \ldots, 4$ und $(\mathfrak{M}, \mathfrak{N}) = (\mathfrak{B}_b, \mathfrak{C}_b)$ oder $(\mathfrak{S}_q, \mathfrak{T}_q)$ oder k eine der Zahlen 1, 3 und $(\mathfrak{M}, \mathfrak{N}) = (\mathfrak{B}_b^K, \mathfrak{C}_b^K)$, $(\mathfrak{L}_e, \mathfrak{M}_e)$, $(\mathfrak{L}_b, \mathfrak{M}_b)$ oder $(\mathfrak{B}_h, \mathfrak{W}_h)$. Für jede $\mathfrak{M},\mathfrak{N}$-treue (insbesondere jede in 0 stetige m-lineare) Abbildung $f\colon X \to Y$ aus $\mathfrak{A}$, jede symmetrische $\delta_{\mathfrak{N}',k}$-hypostetige n-lineare Abbildung $g\colon Y \to Z$ aus $\mathfrak{B}$, jeden Filter $\mathfrak{K}$ in $\mathfrak{A}$ mit $\mathfrak{K} \xrightarrow[\delta_{\mathfrak{M},k}]{} f$ und jeden Filter $\mathfrak{L}$ in $\mathfrak{B}$ mit $\mathfrak{L} \xrightarrow[\delta_{\mathfrak{N},k}]{} g$ gilt $\mathfrak{L} \mathbin{\dot\circ} \mathfrak{K} \xrightarrow[\delta_{\mathfrak{M},k}]{} g \circ f$.*

Beweis. Die Behauptung folgt aus 7.15.5, 7.15.8 und 7.16.3, da jede $\delta_{\mathfrak{N}',k}$-hypostetige n-lineare Abbildung $g\colon Y \to Z$ dem Raum $H^n_{\mathfrak{N}',k}(Y^\delta, Z^\delta)$ angehört.

Für die ε-Modifikation gilt ein entsprechender Satz für $k = 1$ und 3 und $(\mathfrak{M}, \mathfrak{N}) = (\mathfrak{L}_e, \mathfrak{M}_e)$ und $(\mathfrak{B}_h, \mathfrak{W}_h)$ und für die $\#$-Modifikation für $k = 1, \ldots, 4$ und $(\mathfrak{M}, \mathfrak{N}) = (\mathfrak{S}_q, \mathfrak{T}_q)$.

Wir stellen als nächstes 7.16.2 noch einen ähnlichen Satz in einem Spezialfall zur Seite. X und Y seien dazu wie zu Anfang dieses Abschnittes gewählt, Z sei ein uniformer Raum. $\mathfrak{B}'$ und $\mathfrak{C}'$ seien Systeme von Teilmengen von X und Y.

7.16.8 (Stetigkeit der Komposition; weitere Variante). *$\mathfrak{C}'$ sei sequentiell 4-uniform. $f \in \mathfrak{A}$ sei eine $\mathfrak{B}', \mathfrak{C}'$-treue Abbildung von X in Y und $g \in \mathfrak{B}$ eine gleichmäßig stetige Abbildung von Y in den uniformen Raum Z. $\mathfrak{K}$ und $\mathfrak{L}$ seien Filter in $\mathfrak{A}$ bzw. $\mathfrak{B}$ mit abzählbaren Basen und mit $\mathfrak{K} \xrightarrow[\mathfrak{B}',4]{} f$ und $\mathfrak{L} \xrightarrow[\mathfrak{C}',4]{} g$. Dann gilt $\mathfrak{L} \mathbin{\dot\circ} \mathfrak{K} \xrightarrow[\mathfrak{B}',4]{} g \circ f$.*

Beweis. $\{K_n \mid n \in N\}$ und $\{L_n \mid n \in N\}$ seien Basen von $\mathfrak{K}$ bzw. $\mathfrak{L}$ mit $K_0 \supseteqq K_1 \supseteqq \cdots$ und $L_0 \supseteqq L_1 \supseteqq \cdots$. Wir nehmen ohne Einschränkung der Allgemeinheit $\mathfrak{C}'$ als Bornologie an. $\mathfrak{u}$ sei die limesuniforme Struktur von Y und $\mathfrak{U}$ der Nachbarschaftsfilter der uniformen Struktur von Z.

1. Wir zeigen zuerst, daß X ein $\mathfrak{B}'$-Limes von $\mathrm{db}(\mathfrak{L} \mathbin{\dot\circ} \mathfrak{K})$ ist. Würde das nicht gelten, so gäbe es ein $B \in \mathfrak{B}'$ und zu jedem $n \in N$ ein $h_n \in B$, $k_n \in K_n$ und $l_n \in L_n$ mit $h_n \notin \mathrm{db}(l_n \circ k_n)$. Da X ein $\mathfrak{B}'$-Limes von $\mathrm{db}\mathfrak{K}$ ist, gäbe es ein n_0 mit $h_n \in \mathrm{db}k_n$ für alle $n \geqq n_0$, so daß

$$k_n(h_n) \notin \mathrm{db}l_n \tag{7.16.5}$$

für alle $n \geqq n_0$ gelten würde. Die Folge der Paare $\big(f(h_n), k_n(h_n)\big)$ $(n = n_0, n_0 + 1, \ldots)$ würde wegen $\mathfrak{K} \xrightarrow[\mathfrak{B}',4]{} f$ einen Elementarfilter erzeugen, der $\mathfrak{u}$ angehört.

Wegen $f[B] \in \mathfrak{C}'$ und der sequentiellen 4-Uniformität von $\mathfrak{C}'$ gäbe es ein $C \in \mathfrak{C}'$ und ein $n_1 \geqq n_0$ mit $\{k_n(h_n) \mid n \geqq n_1\} \subseteq C$, wäre also $\{k_n(h_n) \mid n \geqq n_1\} \in \mathfrak{C}'$, was aber im Widerspruch zu (7.16.5) und dazu, daß Y ein $\mathfrak{C}'$-Limes von $\mathrm{db}\mathfrak{L}$ ist stehen würde.

2. Würde nun nicht $\mathfrak{L} \dot{\circ} \mathfrak{K} \xrightarrow[\mathfrak{B}',4]{} g \circ f$ gelten, so könnten wir unter Berücksichtigung des in Teil 1 Bewiesenen ein $B \in \mathfrak{B}'$ mit $\mathfrak{U} \not\subseteq \langle g \circ f, \mathfrak{L} \dot{\circ} \mathfrak{K}\rangle[B]$ finden. Es gäbe ein $U \in \mathfrak{U}$ und zu beliebigem $n \in \boldsymbol{N}$ ein $h_n \in B$, $k_n \in K_n$ und $l_n \in L_n$ mit

$$\big((g \circ f)(h_n), (l_n \circ k_n)(h_n)\big) \notin U\,. \tag{7.16.6}$$

Für ein $V \in \mathfrak{U}$ wäre $V \circ V \subseteq U$. Wie im Teil 1 des Beweises würden wir ein n_1 mit $h_n \in \mathrm{db}k_n$ $(n \geqq n_1)$ und $\{k_n(h_n) \mid n \geqq n_1\} \in \mathfrak{C}'$ finden. Wegen $\mathfrak{L} \xrightarrow[\mathfrak{C}',4]{} g$ gäbe es ein $n_2 \geqq n_1$ mit

$$\big((g \circ k_n)(h_n), (l_n \circ k_n)(h_n)\big) \in V \tag{7.16.7}$$

zu jedem $n \geqq n_2$. Auf Grund der gleichmäßigen Stetigkeit von g und wegen $\langle f, \mathfrak{K}\rangle\,[B] \in \mathfrak{u}$ würde $V \in (g * g)(\langle f, \mathfrak{K}\rangle\,[B])$ gelten, somit ein $n_3 \geqq n_2$ mit

$$\big((g \circ f)(h_n), (g \circ k_n)(h_n)\big) \in V \tag{7.16.8}$$

für alle $n \geqq n_3$ existieren. (7.16.7) und (7.16.8) würden (7.16.6) widersprechen.

Zu 7.16.8 läßt sich natürlich ein ähnliches Korollar formulieren wie das nach 7.16.2′.

Wir führen Beispiele zu 7.16.8 an. X sei dazu eine limitierte lineare, Y eine pseudotopologische lineare und Z eine topologische lineare Gruppe. Y und Z seien mit der kanonischen pseudouniformen bzw. uniformen Struktur versehen. $\mathfrak{A}$, $\mathfrak{B}$ und $\mathfrak{C}$ schränken wir nicht näher ein. Wir benutzen die in Abschnitt 5.18 bez. X definierten Systeme $\mathfrak{B}_{\mathsf{k}}$, $\mathfrak{B}_{\mathsf{fk}}$ und $\mathfrak{B}_{\mathsf{b}}$ und die entsprechenden bez. Y definierten Systeme $\mathfrak{C}_{\mathsf{k}}$, $\mathfrak{C}_{\mathsf{fk}}$ und $\mathfrak{C}_{\mathsf{b}}$.

Mittels 7.15.6 und 7.16.8 folgt ähnlich wie 7.16.4

7.16.9 (Stetigkeit der Komposition; weitere Spezialfälle). $f \in \mathfrak{A}$ und $g \in \mathfrak{B}$ *seien stetige lineare Abbildungen von X in die pseudotopologische lineare Gruppe Y bzw. von Y in die topologische lineare Gruppe Z. $\mathfrak{K}$ und $\mathfrak{L}$ seien Filter in $\mathfrak{A}$ bzw. $\mathfrak{B}$ mit abzählbaren Basen und mit $\mathfrak{K} \xrightarrow[\mathfrak{M},4]{} f$ und $\mathfrak{L} \xrightarrow[\mathfrak{N},4]{} g$, wobei $(\mathfrak{M}, \mathfrak{N}) = (\mathfrak{B}_{\mathsf{k}}, \mathfrak{C}_{\mathsf{k}})$ oder $(\mathfrak{B}_{\mathsf{fk}}, \mathfrak{C}_{\mathsf{fk}})$ oder, wenn Y ein* SIMONNET*scher pseudotopologischer Vektorraum ist, $(\mathfrak{M}, \mathfrak{N}) = (\mathfrak{B}_{\mathsf{b}}, \mathfrak{C}_{\mathsf{b}})$ ist. Dann gilt $\mathfrak{L} \dot{\circ} \mathfrak{K} \xrightarrow[\mathfrak{M},4]{} g \circ f$.*

Im weiteren fragen wir nach der partiellen Stetigkeit der Kompositionsabbildung; wir weisen diese ohne Bedingungen an $\mathfrak{W}$ nach. X, Y, Z, $\mathfrak{B}$, $\mathfrak{W}$, $\mathfrak{A}$, $\mathfrak{B}$ und $\mathfrak{C}$ seien wie zu Anfang dieses Abschnittes bzw. wie vor 7.16.2 gegeben.

7.16.10 (Partielle Stetigkeit der Komposition). *k sei eine der Zahlen* 1, ..., 5. *f sei eine Abbildung aus $\mathfrak{A}$ mit $\mathrm{db}f = X$ und g eine Abbildung aus $\mathfrak{B}$ mit $\mathrm{db}g = Y$. $\mathfrak{K}$ sei ein Filter in $\mathfrak{A}$ und $\mathfrak{L}$ ein Filter in $\mathfrak{B}$. Gilt $\mathfrak{K} \xrightarrow[\mathfrak{B},k]{} f$ und ist g gleichmäßig* *stetig, so gilt auch* $[g] \circ \mathfrak{K} \underset{\mathfrak{V},k}{\longrightarrow} g \circ f$. *Wenn* f $\mathfrak{V},\mathfrak{W}$*-treu ist, hat* $\mathfrak{L} \underset{\mathfrak{W},k}{\longrightarrow} g$ *andererseits* $\mathfrak{L} \circ [f] \underset{\mathfrak{V},k}{\longrightarrow} g \circ f$ *zur Folge.*

Beweis. Der erste Teil der Behauptung folgt ohne Mühe, so daß wir nur den zweiten Teil beweisen. f sei $\mathfrak{V},\mathfrak{W}$-treu, und es gelte $\mathfrak{L} \underset{\mathfrak{W},k}{\longrightarrow} g$. Wir nehmen ohne Einschränkung der Allgemeinheit $\mathfrak{W}$ als Hypobornologie an. Y ist $\mathfrak{W}$-Limes von $\mathrm{db}\mathfrak{L}$, d. h., zu beliebigem $\mathfrak{w} \in \mathfrak{W}$ gibt es ein $\mathfrak{F} \in \mathfrak{w}$ derart, daß zu jedem $F \in \mathfrak{F}$ ein $L \in \mathfrak{L}$ mit $F \subseteqq \bigcap_{l \in L} \mathrm{db}l$ existiert. Da f $\mathfrak{V},\mathfrak{W}$-treu ist, finden wir zu beliebigem $\mathfrak{v} \in \mathfrak{V}$ ein $\mathfrak{F} \in \mathfrak{v}$ derart, daß zu jedem $F \in \mathfrak{F}$ ein $L \in \mathfrak{L}$ mit $f[F] \subseteqq \bigcap_{l \in L} \mathrm{db}l$ und daher mit $F \subseteqq \bigcap_{l \in L} f^{-1}[\mathrm{db}l]$ existiert. X ist daher $\mathfrak{V}$-Limes von $\mathrm{db}(\mathfrak{L} \circ [f])$. Im Falle $k = 1$ gilt

$$\exists \mathfrak{G} \in \mathfrak{u}' \; \forall \mathfrak{w} \in \mathfrak{W} \; \exists \mathfrak{F} \in \mathfrak{w} \; \forall F \in \mathfrak{F} \; \forall G \in \mathfrak{G} \; \exists L \in \mathfrak{L} \; (\langle g, L \rangle [F] \subseteqq G) ,$$

auf Grund der $\mathfrak{V},\mathfrak{W}$-Treue von f daher

$$\exists \mathfrak{G} \in \mathfrak{u}' \; \forall \mathfrak{v} \in \mathfrak{V} \; \exists \mathfrak{F} \in \mathfrak{v} \; \forall F \in \mathfrak{F} \; \forall G \in \mathfrak{G} \; \exists L \in \mathfrak{L} \; (\langle g, L \rangle [f[F]] \subseteqq G) .$$

Damit folgt $\mathfrak{L} \circ [f] \underset{\mathfrak{V},1}{\longrightarrow} g \circ f$ und entsprechend $\mathfrak{L} \circ [f] \underset{\mathfrak{V},k}{\longrightarrow} g \circ f$ für $k = 2, \ldots, 5$.

7.16.10 können wir natürlich unter der Einschränkung $f \in \mathfrak{A}$, $g \in \mathfrak{B}$ auf die folgende Weise mittels der Kompositionsabbildung $\gamma: \mathfrak{A} \times \mathfrak{B} \to \mathfrak{C}$ formulieren:

7.16.10'. *k sei eine der Zahlen $1, \ldots, 5$. Für jede gleichmäßig stetige Abbildung $g \in \mathfrak{B}$ mit $\mathrm{db}g = Y$ ist die Abbildung $f \mapsto \gamma(f, g)$ $(f \in \mathfrak{A})$ an jeder Stelle $f \in \mathfrak{A}$ mit $\mathrm{db}f = X$ bez. $\tau_{\mathfrak{V},k}(X, Y)$ und $\tau_{\mathfrak{V},k}(X, Z)$ stetig. Für jede $\mathfrak{V},\mathfrak{W}$-treue Abbildung $f \in \mathfrak{A}$ mit $\mathrm{db}f = X$ ist die Abbildung $g \mapsto \gamma(f, g)$ $(g \in \mathfrak{B})$ an jeder Stelle $g \in \mathfrak{B}$ mit $\mathrm{db}g = Y$ bez. $\tau_{\mathfrak{W},k}(Y, Z)$ und $\tau_{\mathfrak{V},k}(X, Z)$ stetig.*

Wir bringen im folgenden eine Anwendung von 7.16.10. Dazu seien M und X limitierte lineare Gruppen und sei Y eine pseudotopologische lineare Gruppe. Ferner seien $\mathfrak{U}$ und $\mathfrak{V}$ Systeme von $\wedge$-Idealen von Dualfiltern in M bzw. X.

7.16.11 (Stetigkeit von η^n). *k sei eine der Zahlen $1, \ldots, 5$ und ι eine $\mathfrak{U},\mathfrak{V}$-treue Abbildung von M in X. Zu beliebigem $n \in N$ ist dann die Abbildung $\eta^n: l \mapsto l \circ (\underbrace{\iota * \cdots * \iota}_{n})$ von $H^n_{\mathfrak{V},k}(X, Y)$ in $H^n_{\mathfrak{U},k}(M, Y)$ stetig und linear.*

Beweis. Die Linearität von η^n gilt offensichtlich. Die Stetigkeit beweisen wir induktiv. η^0 ist die identische Abbildung von Y auf sich, sie ist offensichtlich stetig. Wir nehmen nun an, daß η^n stetig ist. Zum Nachweis der Stetigkeit von η^{n+1} reicht es aus, die Stetigkeit der Abbildung $l \mapsto \eta^n \circ l \circ \iota$ von $L_{\mathfrak{V},k}(X, H^n_{\mathfrak{V},k}(X, Y))$ in $L_{\mathfrak{U},k}(M, H^n_{\mathfrak{U},k}(M, Y))$ zu zeigen. Diese folgt aber auf Grund der Annahme mittels 7.16.10.

8. DIFFERENTIALRECHNUNG

In diesem Kapitel führen wir eine allgemeine Differentialrechnung in ihren Grundzügen ein. Wir benutzen dabei wesentlich die Ergebnisse der vorangehenden Kapitel, insbesondere die des Kapitels 7 über Abbildungsräume. Ableitungen definieren wir mittels Restgliedern, wobei der allgemeine Restgliedbegriff weitestgehend offen ist. In der Regel werden Restglieder mittels Limitierungen definiert. Wir gehen in den Abschnitten 8.1 und 8.2 auf zwei Arten der Restglieddefinition mittels Limitierungen ein, die Restglieddefinition nach GIL DE LAMADRID und die nach MICHAL. Die zugehörigen Ableitungen heißen — wenn τ die betreffende Limitierung ist — τ- bzw. τ'-Ableitungen. τ kann speziell die Limitierung $\mathfrak{s}$ der punktweisen Konvergenz, die Limitierung $\mathfrak{c}$ der stetigen Konvergenz, die Limitierung $\tau_{\mathfrak{B},k}$ der $\mathfrak{B},k$-Konvergenz und die Limitierung $\delta_{\mathfrak{B},k}$ der SUCHININ-Modifikation der $\mathfrak{B},k$-Konvergenz sein. Wir zeigen in Abschnitt 8.3, daß die τ-Differenzierbarkeit in den betrachteten Spezialfällen unter schwachen Einschränkungen lokalen Charakter hat. Die τ'-Differenzierbarkeit hat — wenn der Urbildraum eine pseudotopologische lineare Gruppe ist — stets lokalen Charakter. In Abschnitt 8.4 vergleichen wir die eingeführten speziellen Ableitungsbegriffe. Anschließend zeigen wir an Hand von Beispielen, daß diese Ableitungsbegriffe im allgemeinen voneinander verschieden sind. Im weiteren gehen wir auf eine Reihe von Differenzierbarkeitseigenschaften ein. Unter anderem befassen wir uns mit der Differenzierbarkeit stetiger multilinearer Abbildungen und der Differenzierbarkeit von Abbildungskomplexen und Abbildungsprodukten. In Abschnitt 8.7 bringen wir den Fundamentalsatz der Differentialrechnung. Ferner gehen wir in diesem Abschnitt auf die Kettenregel ein. Wir zeigen, daß diese für zahlreiche spezielle Ableitungsbegriffe gilt, in einigen Fällen unter gewissen Einschränkungen. Mittels der Kettenregel beweisen wir die Produktregel. In Abschnitt 8.8 führen wir Sätze über stetige Ableitungen an. Nach diesen sind in gewissen Fällen die bezüglich τ stetigen $\mathfrak{s}$-Ableitungen τ- bzw. τ'-Ableitungen. Ferner führen wir in diesem Abschnitt Vergleichssätze für C^1-Abbildungen an. Bemerkenswert ist, daß für die C^1-Abbildungen zum Teil schärfere Vergleichsaussagen gelten als für die Ableitungen erster Ordnung. Im Abschnitt 8.9 über partielle Ableitungen dehnen wir die Sätze über stetige Ableitungen zu Existenzsätzen für totale Ableitungen aus.

In den weiteren Abschnitten befassen wir uns mit Ableitungen höherer Ordnung. Wir definieren diese durch Hintereinanderausführung von Differentiationen, wobei wir die Ableitungen jeweils zusätzlich noch als symmetrische Abbildungen voraussetzen. In gewissen Fällen kann die Symmetrieforderung weggelassen werden, da sie in diesen von selbst erfüllt ist. Für Ableitungen höherer Ordnung lassen sich zum Teil entsprechende Vergleichssätze aufstellen wie für die Ableitungen erster Ordnung. In Abschnitt 8.11 führen wir Differenzierbarkeitsaussagen für Polynome an. Wir stellen multilineare Abbildungen als Polynome dar und erhalten damit Differenzierbarkeitsaussagen für multilineare Abbildungen. Eine Reihe von Aussagen über Restglieder erster Ordnung verallgemeinern wir zu Aussagen über Restglieder höherer Ordnung. In Abschnitt 8.13 behandeln wir den TAYLORschen Lehrsatz. Er besagt, daß in gewissen Fällen die Abbildungen $h \mapsto f(x + h) - f(x) - \mathrm{D}f(x)\, h - \cdots - \frac{1}{n!} \mathrm{D}^n f(x)\, h^n$ Restglieder n-ter Ordnung sind. Für den Fall der $\mathfrak{s}$-Ableitungen geben wir ferner zwei Varianten des TAYLORschen Lehrsatzes an.

Die meisten der aufgeworfenen Probleme analysieren wir erst sehr allgemein und gehen anschließend auf Spezialfälle ein. Das trifft auch für die Kettenregel höherer Ordnung zu, die wir in Abschnitt 8.14 behandeln. Wir geben zwei allgemeine Sätze über die Kettenregel höherer Ordnung für die τ,σ-Ableitungen und einen allgemeinen Satz über die Kettenregel höherer Ordnung für die τ',σ-Ableitungen an. Mittels der Kettenregel höherer Ordnung beweisen wir die LEIBNIZsche Formel.

In den letzten beiden Abschnitten des Kapitels befassen wir uns mit C^n-Abbildungen. Wir führen Sätze über stetige Ableitungen höherer Ordnung an und beweisen mit diesen Charakterisierungssätze für C^n-Abbildungen. Ferner führen wir Vergleichssätze für C^n-Abbildungen an. Wie im Falle $n = 1$ ergibt sich, daß für die C^n-Abbildungen zum Teil schärfere Vergleichsaussagen gelten als für die Ableitungen n-ter Ordnung. Im Satz 8.15.13 führen wir einen Vergleich von C^n-Abbildungen bei verschiedenen n an. Schließlich gehen wir auf Abbildungskomplexe und Abbildungsprodukte von C^n-Abbildungen und auf die Kettenregel für die C^n-Abbildungen ein. Letztere beweisen wir unter den gleichen Voraussetzungen wie die Kettenregel höherer Ordnung. Einen Überblick über die zahlreichen Arbeiten zur allgemeinen Differentialrechnung erhält man durch das Literaturverzeichnis.

8.1. Der allgemeine Ableitungsbegriff, Restglieddefinitionen nach GIL DE LAMADRID

Ableitungen werden üblicherweise mittels geeigneter Restglieddefinitionen eingeführt. Wir beginnen mit einem Ableitungsbegriff, bei dem der zugehörige Restgliedbegriff weitestgehend offen ist. X und Y seien limitierte $\boldsymbol{K}$-lineare Gruppen mit $\boldsymbol{K} = \boldsymbol{R}$ oder $\boldsymbol{C}$, und $\mathfrak{R}$ sei eine Menge von Abbildungen aus X in Y. db[$\mathfrak{R}$] bezeichne die Menge aller Definitionsbereiche der Abbildungen $r \in \mathfrak{R}$. Wir nennen $\mathfrak{R}$ einen **Differenzierbarkeitstyp** für X und Y, die Abbildungen $r \in \mathfrak{R}$ ferner **$\mathfrak{R}$-Restglieder** und zu beliebigem $x \in X$ die Mengen $x + M$ ($M \in$ db[$\mathfrak{R}$]) **$\mathfrak{R}$-Bereiche** um x.

Ein wichtiger Spezialfall liegt vor, wenn $\mathfrak{R}$ irgendeine nichtleere Menge von Abbildungen von X in Y ist; es ist dann $\mathrm{db}[\mathfrak{R}] = \{X\}$.

Wir sagen, daß eine Abbildung $f\colon X \circ\!\!\to Y$[1]) in einem Punkt x ihres Definitionsbereiches **$\mathfrak{R}$-differenzierbar** oder **vom Typ $\mathfrak{R}$ differenzierbar** ist, wenn eine stetige lineare Abbildung $l\colon X \to Y$ und eine Abbildung $r \in \mathfrak{R}$ existieren derart, daß

$$x + \mathrm{db}r = \mathrm{db}f \tag{8.1.1}$$

und

$$f(x + h) = f(x) + l(h) + r(h) \qquad (h \in \mathrm{db}r) \tag{8.1.2}$$

gilt. l heißt dann eine **$\mathfrak{R}$-Ableitung** von f in x; man bezeichnet sie mit $\mathrm{D}f(x)$. Wegen (8.1.1) ist für die $\mathfrak{R}$-Differenzierbarkeit einer Abbildung $f\colon X \circ\!\!\to Y$ in einem Punkt $x \in X$ notwendig, daß der Definitionsbereich von f ein $\mathfrak{R}$-Bereich um x ist.

Im allgemeinen können Abbildungen $f\colon X \circ\!\!\to Y$ in einem Punkt x mehrere $\mathfrak{R}$-Ableitungen besitzen. Das ist jedoch offenbar nicht möglich, wenn die folgende Bedingung zutrifft:

A_0. Für Abbildungen $l \in L(X, Y)$ und $r \in \mathfrak{R}$ gilt $l + r \in \mathfrak{R}$ nur bei $l = 0$.[2])

Jeder Abbildung $f\colon X \circ\!\!\to Y$ können wir eine Abbildung

$$\mathrm{D}f\colon X \circ\!\!\to L(X, Y)$$

zuordnen, die als Definitionsbereich M die Menge aller Punkte x hat, in denen f $\mathfrak{R}$-differenzierbar ist, und die jedem $x \in M$ eine $\mathfrak{R}$-Ableitung $\mathrm{D}f(x)$ von f in x zuordnet. $\mathrm{D}f$ heißt eine **$\mathfrak{R}$-Ableitung** von f. Gilt A_0, so ist $\mathrm{D}f$ eindeutig bestimmt.

In der Regel werden Restglieder mittels Limitierungen definiert. Wir führen im folgenden eine mögliche Art dieser Definitionen an. Die Bezeichnungsweise für die jeweiligen Begriffe ist der Bezeichnungsweise von Awerbuch und Smoljanow [4], [5] angepaßt.

Restglieddefinitionen nach Gil de Lamadrid. $\mathfrak{A}$ sei entweder die Menge aller Abbildungen aus X in Y oder die Menge $F(X, Y)$ aller Abbildungen von X in Y. Für jede Abbildung $r \in \mathfrak{A}$ und jedes $\alpha \in \boldsymbol{K}$ definieren wir eine Abbildung $r_\alpha \in \mathfrak{A}$ auf die folgende Weise: Als r_0 nehmen wir die Nullabbildung $x \mapsto 0$ $(x \in X)$ von X in Y, und im Fall $\alpha \neq 0$ setzen wir

$$\mathrm{db}r_\alpha = \frac{1}{\alpha}\,\mathrm{db}r \quad \text{und} \quad r_\alpha(h) = \frac{1}{\alpha}\,r(\alpha h) \qquad \text{zu jedem } h \in \frac{1}{\alpha}\,\mathrm{db}r\,. \tag{8.1.3}$$

Mit $r_{\boldsymbol{V}}$ bezeichnen wir den Filter in $\mathfrak{A}$, der $\{r_V \mid V \in \boldsymbol{V}\}$ als eine Basis hat, wobei $\boldsymbol{V}$ wie üblich der Nullnachbarschaftsfilter in $\boldsymbol{K}$ und $r_V = \{r_\alpha \mid \alpha \in V\}$ ist. $r_{\boldsymbol{V}}$ ist ein homogener Filter mit einer abzählbaren Basis.

τ sei eine Limitierung von $\mathfrak{A}$. Wir setzen $\mathfrak{R}_\tau^{\mathrm{G}} = \{r \in \mathfrak{A} \mid 0 \in \mathrm{db}r,\ r_{\boldsymbol{V}} \underset{\tau}{\to} 0\}$.

1) Es sei daran erinnert, daß wir für eine Abbildung f aus X in Y auch $f\colon X \circ\!\!\to Y$ schreiben.

2) Für Abbildungen f und g aus X in Y sei $f + g$ wie vor 7.11.3 definiert.

$r_V \underset{\tau}{\to} 0$ bedeutet natürlich, daß r_V bezüglich τ gegen die Nullabbildung 0 von X in Y konvergiert, wozu gleichbedeutend ist, daß die mittels $\boldsymbol{V}$ gefilterte Familie $(r_\alpha)_{\alpha \in \boldsymbol{K}}$ bez. τ gegen die Abbildung 0 konvergiert bzw., was dasselbe besagt, daß die Abbildungen r_α $(\alpha \in \boldsymbol{K})$ mit $\alpha \to 0$ bez. τ gegen 0 streben.

Die Abbildungen $r \in \mathfrak{R}_\tau^{\mathsf{G}}$ nennen wir auch **τ-Restglieder** (oder **Restglieder bez. τ nach Gil de Lamadrid**), und für $\mathfrak{R}_\tau^{\mathsf{G}}$-Bereich, $\mathfrak{R}_\tau^{\mathsf{G}}$-differenzierbar und $\mathfrak{R}_\tau^{\mathsf{G}}$-Ableitung sagen wir auch **τ-Bereich, τ-differenzierbar** und **τ-Ableitung**[1]). Ist $\mathfrak{A}$ die Menge aller Abbildungen aus X in Y und $\tau_{F(X,Y)}$ die von τ auf $F(X, Y)$ induzierte Limitierung, so hat eine Abbildung $f: X \to Y$ in einem Punkt $x \in X$ eine Abbildung l offenbar genau dann als τ-Ableitung, wenn sie l in x als $\tau_{F(X,Y)}$-Ableitung hat.

Der durch (8.1.1) und (8.1.2) gegebenen Differenzierbarkeitsdefinition liegt die Vorstellung zu Grunde, daß sich Ableitungen durch „lokale Approximation" der betreffenden Abbildungen mittels stetiger linearer Abbildungen ergeben. Unter schwachen Voraussetzungen lassen die τ-Ableitungen eine mehr geometrische Deutung zu, wie im folgenden ausgeführt wird.

Wir setzen $\boldsymbol{K}_0 = \boldsymbol{K} \setminus \{0\}$ und bezeichnen mit $\boldsymbol{V}_0$ den Filter in $\boldsymbol{K}_0$ mit der Basis $\{V \setminus \{0\} \mid V \in \boldsymbol{V}\}$. Für jede Abbildung $f \in \mathfrak{A}$ und jeden Punkt $x \in \mathrm{db}f$ sei $\Delta_{\boldsymbol{V}_0} f(x)$ der Filter in $\mathfrak{A}$ mit der Basis $\{\Delta_V f(x) \mid V \in \boldsymbol{V}_0\}$, wobei jeweils $\Delta_V f(x) = \{\Delta_\alpha f(x) \mid \alpha \in V\}$ gesetzt ist und $\Delta_\alpha f(x)$ die Abbildung

$$h \mapsto \frac{1}{\alpha}\left(f(x+\alpha h) - f(x)\right) \qquad \left(h \in \frac{1}{\alpha}(\mathrm{db}f - x)\right)$$

ist. Da $\Delta_\alpha f(x)(\beta h) = \beta \Delta_{\alpha\beta} f(x)(h)$ zu beliebigen $\alpha, \beta \in \boldsymbol{K}_0$ und $h \in \frac{1}{\alpha\beta}(\mathrm{db}f - x)$ und $\Delta_\alpha f(x)(0h) = 0\Delta_\alpha f(x)(h)$ zu beliebigen $\alpha \in \boldsymbol{K}_0$ und $h \in \frac{1}{\alpha}(\mathrm{db}f - x)$ gilt, ist $\Delta_{\boldsymbol{V}_0} f(x)$ stets ein homogener Filter. Er besitzt offenbar eine abzählbare Basis. Wir beweisen das folgende Differenzierbarkeitskriterium.

8.1.1 (Kriterium für die τ-Differenzierbarkeit). *Für beliebige Abbildungen $l \in L(X, Y)$ und $r \in \mathfrak{A}$ gelte $[l] \underset{\tau}{\to} l$ und seien $r \in \mathfrak{R}_\tau^{\mathsf{G}}$ und $l + r_V \underset{\tau}{\to} l$ äquivalent.*[2]) *Unter diesen Voraussetzungen besitzt eine Abbildung $f \in \mathfrak{A}$ in einem Punkt $x \in \mathrm{db}f$ eine stetige lineare Abbildung $\mathrm{D}f(x): X \to Y$ genau dann als τ-Ableitung, wenn*

$$\Delta_{\boldsymbol{V}_0} f(x) \underset{\tau}{\to} \mathrm{D}f(x) \tag{8.1.4}$$

gilt.

---

[1]) Nehmen wir, wie es häufig in der Literatur getan wird, als $\mathfrak{A}$ die Menge $F(X, Y)$, so sind Ableitungen nur für Abbildungen von X in Y erklärt. Falls die Differenzierbarkeit lokalen Charakter hat (siehe Abschnitt 8.3), sind die Ableitungen in den jeweiligen Punkten dann allerdings nur von den Einschränkungen der Abbildungen auf Nachbarschaften dieser Punkte abhängig.

[2]) Für beliebige Filter $\mathfrak{K}$ und $\mathfrak{L}$ in $\mathfrak{A}$ sei $\mathfrak{K} + \mathfrak{L}$ wie vor 7.11.3 definiert.

Beweis. 1. f habe in x eine Abbildung $l \in L(X, Y)$ als τ-Ableitung. Es existiert also ein $r \in \mathfrak{R}_\tau^{\mathsf{G}}$ mit (8.1.1) und (8.1.2). Auf Grund der Voraussetzung folgt $l + r_V \underset{\tau}{\to} l$, wegen $l + r_V \subseteqq \Delta_{V_0} f(x)$ also (8.1.4) für $\mathrm{D}f(x) = l$.

2. Es gelte (8.1.4) für eine Abbildung $l = \mathrm{D}f(x)$ aus $L(X, Y)$ und somit $(l + r)_{V_0} \underset{\tau}{\to} l$ für die durch $\mathrm{db}\, r = \mathrm{db} f - x$ und (8.1.2) definierte Abbildung $r \in \mathfrak{A}$. Da

$$l + r_V = [l] \cap (l + r)_{V_0}$$

und nach Voraussetzung $[l] \underset{\tau}{\to} l$ gilt, folgt $l + r_V \underset{\tau}{\to} l$, nach Voraussetzung also $r \in \mathfrak{R}_\tau^{\mathsf{G}}$, d. h., daß $\mathrm{D}f(x)$ eine τ-Ableitung von f in x ist.

Anmerkung. Die Voraussetzung des Satzes ist zum Beispiel erfüllt, wenn $[l] \underset{\tau}{\to} l$ für jede Abbildung $l \in L(X, Y)$ und ferner $\mathfrak{K} + \mathfrak{L} \underset{\tau}{\to} l + m$ für beliebige Abbildungen $l, m \in L(X, Y)$ und Filter $\mathfrak{K}$ und $\mathfrak{L}$ in $\mathfrak{A}$ mit $\mathfrak{K} \underset{\tau}{\to} l$ und $\mathfrak{L} \underset{\tau}{\to} m$ gilt.

Zu beliebigen $x \in X$ und $\alpha \in \boldsymbol{K}_0$ sei $l_{x\alpha}$ die durch

$$l_{x\alpha}(a) = \frac{1}{\alpha}(a - x) \qquad (a \in X)$$

definierte Abbildung von X auf sich. Entsprechend führen wir zu jedem $y \in Y$ und $\alpha \in \boldsymbol{K}_0$ eine Abbildung $m_{y\alpha}$ von Y auf sich ein. Es ist zweckmäßig, sich vorzustellen, daß die Abbildungen $l_{x\alpha}$ und $m_{y\alpha}$ bei $\alpha \to 0$ immer stärker vergrößern. Für eine beliebige Abbildung $f \in \mathfrak{A}$, einen beliebigen Punkt $x \in \mathrm{db} f$ und für $y = f(x)$ gilt

$$\Delta_\alpha f(x) = m_{y\alpha} \circ f \circ l_{x\alpha}^{-1} \qquad (\alpha \in \boldsymbol{K}_0)\,.$$

Unter der Voraussetzung von 8.1.1 ist daher eine Abbildung $l \in L(X, Y)$ genau dann eine τ-Ableitung von f in x, wenn die mittels V_0 gefilterte Familie $(m_{y\alpha} \circ f \circ l_{x\alpha}^{-1})_{\alpha \in \boldsymbol{K}_0}$ bez. τ gegen l konvergiert.

Ohne Mühe ergibt sich

8.1.2 (Eindeutige Bestimmtheit der τ-Ableitungen). *Ist die Voraussetzung aus 8.1.1 erfüllt und ist τ über $L(X, Y)$ separiert, so sind die τ-Ableitungen $\mathrm{D}f(x)$ in den Punkten, in denen sie überhaupt existieren, eindeutig bestimmt.*

Unter der Voraussetzung dieses Satzes besitzt $\mathfrak{R}_\tau^{\mathsf{G}}$ natürlich die Eigenschaft A_0.

Wir kommen im folgenden zu Spezialfällen. Als erstes nehmen wir an, daß τ die Limitierung s der punktweisen Konvergenz in $\mathfrak{A}$ ist und die Limitierung von Y nicht entartet ist. Die letzte Forderung ist notwendig und hinreichend dafür, daß $\mathfrak{R}_{\mathsf{s}}^{\mathsf{G}}$ nichtleer ist. Anstelle s-differenzierbar und s-Ableitung sagen wir auch **schwach differenzierbar** und **schwache Ableitung** oder nach R. GÂTEAUX auch **GÂTEAUX-differenzierbar** und **GÂTEAUX-Ableitung** und anstelle s-Bereich auch **GÂTEAUX-Bereich**.

Wir definieren die schwache Differenzierbarkeit noch einmal unabhängig: Eine Abbildung $f \in \mathfrak{A}$ besitzt in einem Punkt $x \in \mathrm{db} f$ eine Abbildung $l \in L(X, Y)$

als schwache Ableitung genau dann, wenn zu beliebigem $h \in X$ ein $\delta > 0$ existiert derart, daß $x + \alpha h \in \mathrm{db} f$ für alle $\alpha \in \boldsymbol{K}_0$ mit $|\alpha| < \delta$ gilt und die Punkte $\frac{1}{\alpha}\big(f(x + \alpha h) - f(x)\big) - l(h)$ $(\alpha \in \boldsymbol{K}_0, |\alpha| < \delta)$ mit $\alpha \to 0$ gegen 0 konvergieren.

Aus 7.4.2 (Spezialfall der punktweisen Konvergenz), 7.5.11 und der Anmerkung nach 8.1.1 folgt, daß die Voraussetzungen aus 8.1.1 erfüllt sind, falls Y eine pseudotopologische lineare Gruppe ist. Unter Beachtung, daß $\mathfrak{s}$ wegen 7.5.12 separiert ist, wenn Y separiert ist, erhalten wir aus 8.1.2 daher

8.1.3 (Eindeutige Bestimmtheit der $\mathfrak{s}$-Ableitungen). *Ist Y eine separierte pseudotopologische lineare Gruppe, so sind die schwachen Ableitungen $\mathrm{D}f(x)$ in den Punkten, in denen sie überhaupt existieren, eindeutig bestimmt.*

Als nächstes bringen wir einen Graphensatz für $\mathfrak{s}$-Ableitungen. Wir bezeichnen dazu zu beliebigen $z = (x, y) \in X \times Y$ und $\alpha \in \boldsymbol{K}_0$ mit $n_{z\alpha}$ die analog wie $l_{x\alpha}$ und $m_{y\alpha}$ definierte Abbildung von $X \times Y$ auf sich und erhalten $n_{z\alpha} = l_{x\alpha} * m_{y\alpha}$. Für jede Abbildung $f \in \mathfrak{A}$, jeden Punkt $x \in \mathrm{db} f$ und für $y = f(x)$ und $z = \big(x, f(x)\big)$ genügt das Bild von f (f ist Teilmenge von $X \times Y$) bezüglich der Abbildung $n_{z\alpha}$ der Beziehung

$$n_{z\alpha}[f] = m_{y\alpha} \circ f \circ l_{x\alpha}^{-1}$$

(vergleiche 1.8.7). τ_{disc} sei die diskrete Topologie des X unterliegenden Vektorraumes; τ_1 ist — wie vereinbart — die Limitierung von Y. Durch Anwendung von 7.2.1 (Spezialfall der punktweisen Konvergenz) und von 8.1.1 erhalten wir

8.1.4 (Graphensatz für $\mathfrak{s}$-Ableitungen). *Y sei eine separierte pseudotopologische lineare Gruppe. f sei eine Abbildung aus $\mathfrak{A}$, die in einem Punkt x ihres Definitionsbereichs $\mathfrak{s}$-differenzierbar ist. Dann hat die mittels $\boldsymbol{V}_0$ gefilterte Mengenfamilie $(n_{z\alpha}[f])_{\alpha \in \boldsymbol{K}_0}$ die $\mathfrak{s}$-Ableitung $\mathrm{D}f(x)$ als abgeschlossenen Limes bez. $\tau_{\mathrm{disc}} \times \tau_1$.*

Aus 7.5.14 folgt unter Berücksichtigung von 3.16.29 und 5.6.9 das

Korollar. *Y sei eine separierte lokalkompakte topologische lineare Gruppe. Unter dieser Voraussetzung besitzt eine Abbildung $f \in \mathfrak{A}$ in einem Punkt $x \in \mathrm{db} f$ eine Abbildung $l \in L(X, Y)$ genau dann als $\mathfrak{s}$-Ableitung, wenn die mittels $\boldsymbol{V}_0$ gefilterte Familie $\left(\frac{1}{\alpha}(\mathrm{db} f - x)\right)_{\alpha \in \boldsymbol{K}_0}$ ganz X als einfachen Mengenlimes und die mittels $\boldsymbol{V}_0$ gefilterte Familie $(n_{z\alpha}[f])_{\alpha \in \boldsymbol{K}_0}$ $\big(z = (x, f(x))\big)$ die Abbildung l als abgeschlossenen Limes bez. $\tau_{\mathrm{disc}} \times \tau_1$ hat.*

Nun sei τ die Limitierung $\mathfrak{c}$ der stetigen Konvergenz in $\mathfrak{A}$ und sei die Limitierung von Y nicht entartet. Die letzte Forderung hat zur Folge, daß $\mathfrak{R}_{\mathfrak{c}}^{\mathfrak{G}}$ nichtleer ist.

Die $\mathfrak{c}$-Differenzierbarkeit läßt sich auch so einführen: Eine Abbildung $f \in \mathfrak{A}$ besitzt in einem Punkt x ihres Definitionsbereichs eine Abbildung $l \in L(X, Y)$ als $\mathfrak{c}$-Ableitung, wenn zu jeder gegen einen Punkt $h \in X$ konvergierenden gefilterten (gerichteten) Familie $(h_i)_{i\in I}$ von Punkten von X und jeder gegen 0 konvergierenden auf die gleiche Art gefilterten (gerichteten) Familie $(\alpha_i)_{i\in I}$ von Elementen von K_0 gilt:

1. Es gibt ein Element L des Filters von I mit $x + \alpha_i h_i \in \mathrm{db}f$ für jedes $i \in L$. (Es gibt ein $i_0 \in I$ mit $x + \alpha_i h_i \in \mathrm{db}f$ für jedes $i \geqq i_0$.)
2. Die analog wie oben gefilterte (gerichtete) Familie $\left(\frac{1}{\alpha_i}(f(x + \alpha_i h_i) - f(x)) - l(h)\right)_{i\in I}$ konvergiert gegen 0, wobei für alle i mit $x + \alpha_i h \notin \mathrm{db}f$ anstelle $f(x + \alpha_i h_i)$ irgendein Punkt von Y zu nehmen ist.

Aus 7.1.4, 7.4.2 und der Anmerkung nach 8.1.1 folgt, daß die Voraussetzungen aus 8.1.1 erfüllt sind, falls X eine pseudotopologische lineare Gruppe ist. Da $\mathfrak{c}$ wegen 7.1.6 separiert ist, wenn Y separiert ist, folgt aus 8.1.2 daher

8.1.5 (Eindeutige Bestimmtheit der $\mathfrak{c}$-Ableitungen). *Ist X eine pseudotopologische lineare Gruppe und ist Y separiert, so sind die $\mathfrak{c}$-Ableitungen $\mathrm{D}f(x)$ in den Punkten, in denen sie überhaupt existieren, eindeutig bestimmt.*

Wir führen nun ein Analogon zu 8.1.4 für $\mathfrak{c}$-Ableitungen an. Wir benutzen in diesem die vor 8.1.4 angegebenen Abbildungen $n_{z\alpha}$. Aus 7.2.1 und 8.1.1 folgt:

8.1.6 (Graphensatz für $\mathfrak{c}$-Ableitungen). *X sei eine pseudotopologische lineare Gruppe, und Y sei separiert. f sei eine Abbildung aus $\mathfrak{A}$, die in einem Punkt x ihres Definitionsbereichs $\mathfrak{c}$-differenzierbar ist. Dann besitzt die mittels V_0 gefilterte Mengenfamilie $(n_{z\alpha}[f])_{\alpha\in K_0}$ die $\mathfrak{c}$-Ableitung $\mathrm{D}f(x)$ als abgeschlossenen Limes bez. der Limitierung $\tau_0 \times \tau_1$ von $X \times Y$.*

Aus 7.2.2 erhalten wir das

Korollar. *X sei eine lokal zusammenhängende pseudotopologische lineare Gruppe und Y eine separierte lokalkompakte topologische lineare Gruppe. Unter dieser Voraussetzung besitzt eine Abbildung $f \in \mathfrak{A}$ in einem Punkt $x \in \mathrm{db}f$ eine Abbildung $l \in L(X, Y)$ genau dann als $\mathfrak{c}$-Ableitung, wenn die mittels V_0 gefilterte Familie $\left(\frac{1}{\alpha}(\mathrm{db}f - x)\right)_{\alpha\in K_0}$ ganz X als offenen Limes und die mittels V_0 gefilterte Familie $(n_{z\alpha}[f])_{\alpha\in K_0}$ $(z = (x, f(x)))$ die Abbildung l als abgeschlossenen Limes bez. $\tau_0 \times \tau_1$ hat.*

Wir gehen nun auf eine ganze Klasse von Differenzierbarkeitsbegriffen ein, der weitestgehend die $\mathfrak{s}$- und $\mathfrak{c}$-Differenzierbarkeit angehört. X sei eine beliebige limitierte lineare und Y eine pseudotopologische lineare Gruppe. $\mathfrak{B}$ sei ein System von $\wedge$-Idealen von Dualfiltern in X. τ sei zu einem $k = 1, \dots, 5$ die Limitierung $\tau_{\mathfrak{B},k}$ der $\mathfrak{B},k$-Konvergenz in $\mathfrak{A}$. Anstelle τ-Restglied, τ-Bereich, τ-Differenzierbarkeit und τ-Ableitung sagen wir im vorliegenden Fall auch **$\mathfrak{B},k$-Restglied, $\mathfrak{B}$-Bereich, $\mathfrak{B},k$-Differenzierbarkeit** und **$\mathfrak{B},k$-Ableitung**. Die Bezeichnung $\mathfrak{B}$-Bereich ist gerechtfertigt, da $\mathfrak{B}$-Bereiche von dem jeweiligen k unabhängig sind (vergleiche den später angeführten Satz 8.3.2). Wenn speziell $\mathfrak{B}$ aus einem Mengensystem $\mathfrak{B}$, einem Dualfiltersystem $\mathfrak{L}$ bzw. einem Filtersystem $\mathfrak{S}$ erzeugt wird, ersetzen wir bei den eingeführten Bezeichnungen das $\mathfrak{B}$ auch durch $\mathfrak{B}$, $\mathfrak{L}$ bzw. $\mathfrak{S}$.

Mittels 7.9.2 und 7.11.3 ergibt sich, daß die Voraussetzungen aus 8.1.1 erfüllt sind. Wir erhalten damit, daß eine Abbildung $f \in \mathfrak{A}$ in einem Punkt $x \in \mathrm{db}f$ eine Abbildung $l \in L(X, Y)$ genau dann als $\mathfrak{B},k$-Ableitung besitzt, wenn $\Delta_{V_0} f(x) \xrightarrow[\mathfrak{B},k]{} l$ gilt.

Aus 7.9.7 und 8.1.2 folgt

8.1.7 (Eindeutige Bestimmtheit der $\mathfrak{B},k$-Ableitungen). *Gilt* $\{[(x)] \mid x \in X\} \leqq \mathfrak{B}$ *und ist Y separiert, so sind die $\mathfrak{B},k$-Ableitungen* $\mathrm{D}f(x)$, *soweit sie überhaupt existieren, eindeutig bestimmt.*

Wir bezeichnen für jede Menge $M \in \mathrm{db}[\mathfrak{A}]$ mit $\frac{1}{\boldsymbol{V}} M$ den Filter in $\mathrm{db}[\mathfrak{A}]$, der $\left\{\frac{1}{V} M \mid V \in \boldsymbol{V}\right\}$ als eine Basis hat, wobei jeweils $\frac{1}{V} M = \{X\} \cup \left\{\frac{1}{\alpha} M \mid \alpha \in V \setminus \{0\}\right\}$ sei. Im Falle $\mathfrak{A} = F(X, Y)$ ist trivialerweise $\frac{1}{\boldsymbol{V}} M = \{X\}$.

Eine Abbildung $r \in \mathfrak{A}$ ist offenbar genau dann ein b-, e- bzw. q-Restglied, wenn $\frac{1}{\boldsymbol{V}} \mathrm{db}r$ ganz X als $\mathfrak{B}_b$-, $\mathfrak{L}_e$- bzw. $\mathfrak{S}_q$-Limes hat und

$$(\mathsf{b}):\ \forall F \in \mathfrak{B}_b\ \exists \mathfrak{G} \in \tau_1(0)\ \forall G \in \mathfrak{G}\ \exists V \in \boldsymbol{V}\ (r_V[F] \subseteqq G)\,,$$

$$(\mathsf{e}):\ \forall \mathfrak{F} \in \mathfrak{L}_e\ \exists \mathfrak{G} \in \tau_1(0)\ \forall G \in \mathfrak{G}\ \forall F \in \mathfrak{F}\ \exists V \in \boldsymbol{V}\ (r_V[F] \subseteqq G)$$

bzw.

$$(\mathsf{q}):\ \forall \mathfrak{F} \in \mathfrak{S}_q\ \exists \mathfrak{G} \in \tau_1(0)\ \forall G \in \mathfrak{G}\ \exists F \in \mathfrak{F}\ \exists V \in \boldsymbol{V}\ (r_V[F] \subseteqq G)$$

gilt. Ist Y eine topologische lineare Gruppe, so kann man in (b), (e) und (q) als $\mathfrak{G}$ den Nullnachbarschaftsfilter aus Y nehmen und $\exists \mathfrak{G} \in \tau_1(0)$ weglassen. Indem wir $\mathfrak{B}_b$ durch $\mathfrak{B}_k$ bzw. $\mathfrak{B}_{fk}$ und $\mathfrak{S}_q$ durch $\bigcup_{x \in X} \tau_0(x)$ ersetzen, erhalten wir entsprechend wie die b- und q-Restglieder k- bzw. fk- und MB-Restglieder. $\mathfrak{B}_k$, $\mathfrak{B}_{fk}$, $\mathfrak{B}_b$, $\mathfrak{L}_e$ und $\mathfrak{S}_q$ sind natürlich wie in Abschnitt 5.18 definiert.

Abschnitt 7.12 entnimmt man, daß sich zahlreiche spezielle Ableitungsbegriffe auf verschiedene Weise definieren lassen. Mittels 7.12.2 folgt, daß die $\mathfrak{c}$-Ableitungen in dem vorliegenden Fall, daß Y eine pseudotopologische lineare Gruppe ist, gerade mit den MB-Ableitungen zusammenfallen.

Die h-Ableitungen stimmen mit den $\tau_0(0)^K$,4-Ableitungen und die Kh-Ableitungen mit den $\tau_0(0)^K$,3-Ableitungen überein. Eine Abbildung $r \in \mathfrak{A}$ ist daher genau dann ein h- bzw. Kh-Restglied, wenn $\frac{1}{\boldsymbol{V}} \mathrm{db}r$ ganz X als $\tau_0(0)$-Limes hat[1])

[1]) Vergleiche 6.4.7; $\frac{1}{\boldsymbol{V}} \mathrm{db}r$ besitzt die in diesem Satz angegebene Eigenschaft.

und

$$(\mathsf{h}){:}\quad \forall \mathfrak{F} \in \tau_0(0)\ \exists \mathfrak{G} \in \tau_1(0)\ \forall G \in \mathfrak{G}\ \exists F \in \mathfrak{F}\ \forall \varepsilon > 0\ \exists V \in \boldsymbol{V}\ (r_V[F] \subseteqq \varepsilon G)$$

bzw.

$$(\mathsf{Kh}){:}\quad \forall \mathfrak{F} \in \tau_0(0)\ \exists \mathfrak{G} \in \tau_1(0)\ \exists F \in \mathfrak{F}\ \forall G \in \mathfrak{G}\ \forall \varepsilon > 0\ \exists V \in \boldsymbol{V}\ (r_V[F] \subseteqq \varepsilon G)$$

gilt, wie unter Berücksichtigung der Homogenität des Filters r_V folgt. Ist Y gleichförmig, so kann in (Kh) $\forall \varepsilon > 0$ weggelassen und εG durch G ersetzt werden. Sind X und Y topologische lineare Gruppen, so kann man in (h) und (Kh) als $\mathfrak{F}$ und $\mathfrak{G}$ die Nullnachbarschaftsfilter von X bzw. Y nehmen und $\forall \mathfrak{F} \in \tau_0(0)$ $\exists \mathfrak{G} \in \tau_1(0)$ weglassen. Wenn X und Y speziell lokalkonvexe topologische Vektorräume und $(\|\cdot\|_\alpha)_{\alpha \in \Gamma}$ und $(\|\cdot\|_\beta)_{\beta \in \Delta}$ die Familien aller stetigen Halbnormen in X bzw. Y sind, können (h) und (Kh), wie man mühelos zeigt, durch

$$(\mathsf{h})^*{:}\quad \forall \beta \in \Delta\ \exists \alpha \in \Gamma\ \forall \varepsilon > 0\ \exists \delta > 0\ \forall h \in X\quad (\|h\|_\alpha \leqq \delta \Rightarrow \|r(h)\|_\beta \leqq \varepsilon\, \|h\|_\alpha)$$

bzw.

$$(\mathsf{Kh})^*{:}\quad \exists \alpha \in \Gamma\ \forall \beta \in \Delta\ \forall \varepsilon > 0\ \exists \delta > 0\ \forall h \in X\quad (\|h\|_\alpha \leqq \delta \Rightarrow \|r(h)\|_\beta \leqq \varepsilon\, \|h\|_\alpha)$$

ersetzt werden.

Wir führen noch eine Klasse von Differenzierbarkeitsbegriffen ein. Wie im vorangehenden Fall sei X eine limitierte $\boldsymbol{K}$-lineare und Y eine pseudotopologische $\boldsymbol{K}$-lineare Gruppe und $\mathfrak{B}$ ein System von $\wedge$-Idealen von Dualfiltern in X. τ sei zu einem $k = 1, \ldots, 5$ die Limitierung $\delta_{\mathfrak{B},k}$ der Suchinin-Modifikation der $\mathfrak{B},k$-Konvergenz in $\mathfrak{A}$. Die τ-Restglieder und τ-Ableitungen sind die **$\boldsymbol{\delta_{\mathfrak{B},k}}$-Restglieder** und **$\boldsymbol{\delta_{\mathfrak{B},k}}$-Ableitungen**. Die τ-Bereiche stimmen mit den $\mathfrak{B}$-Bereichen überein.

Offenbar ist eine Abbildung $r\colon X \circ\!\!\rightarrow Y$ genau dann ein $\delta_{\mathfrak{B},k}$-Restglied, wenn r als Abbildung aus X in Y^δ ein $\mathfrak{B},k$-Restglied ist, womit nicht folgt, daß die $\delta_{\mathfrak{B},k}$-Ableitungen $\mathrm{D}f(x)$ $\mathfrak{B},k$-Ableitungen bez. Y^δ sind, denn sie sind nach Definition als Abbildungen von X in Y und nicht als Abbildungen von X in Y^δ stetig.

Wir gehen auf einige Spezialfälle ein. Unter Berücksichtigung von (b), (e), (q) und (h) folgt: Eine Abbildung $r \in \mathfrak{A}$ ist genau dann ein δb-, δe-, δq- bzw. δh-Restglied, wenn $\dfrac{1}{\boldsymbol{V}}\,\mathrm{db}r$ ganz X als $\mathfrak{B}_\mathsf{b}$-, $\mathfrak{L}_\mathsf{e}$-, $\mathfrak{S}_\mathsf{q}$- bzw. $\tau_0(0)$-Limes hat und

$$\left.\begin{array}{ll} (\delta\mathsf{b}){:} & \forall F \in \mathfrak{B}_\mathsf{b}\ \exists C \in \mathfrak{C}_\mathsf{b}\ \forall \varepsilon > 0 \\ (\delta\mathsf{e}){:} & \forall \mathfrak{F} \in \mathfrak{L}_\mathsf{e}\ \exists C \in \mathfrak{C}_\mathsf{b}\ \forall F \in \mathfrak{F}\ \forall \varepsilon > 0 \\ (\delta\mathsf{q}){:} & \forall \mathfrak{F} \in \mathfrak{S}_\mathsf{q}\ \exists C \in \mathfrak{C}_\mathsf{b}\ \forall \varepsilon > 0\ \exists F \in \mathfrak{F} \end{array}\right\}\ \exists V \in \boldsymbol{V}\ (r_V[F] \subseteqq \varepsilon C)$$

bzw.

$$(\delta\mathsf{h}){:}\quad \forall \mathfrak{F} \in \tau_0(0)\ \exists C \in \mathfrak{C}_\mathsf{b}\ \exists F \in \mathfrak{F}\ \forall \varepsilon > 0\ \exists V \in \boldsymbol{V}\ (r_V[F] \subseteqq \varepsilon C)$$

gilt. Wenn X eine topologische lineare Gruppe ist, kann bei (δe) als $\mathfrak{F}$ speziell $\mathfrak{B}_\mathsf{b}$ genommen und $\forall \mathfrak{F} \in \mathfrak{L}_\mathsf{e}$ weggelassen werden, ferner kann dann bei (δh) als $\mathfrak{F}$ speziell der Nullnachbarschaftsfilter von X genommen und $\forall \mathfrak{F} \in \tau_0(0)$ weggelassen werden.

8.2. Weitere Restglieddefinitionen

Wir geben noch weitere Restglieddefinitionen an, zuerst die Restglieddefinitionen nach MICHAL. X und Y seien beliebige $\boldsymbol{K}$-lineare Gruppen mit $\boldsymbol{K} = \boldsymbol{R}$ oder $\boldsymbol{C}$, und $\mathfrak{A}$ sei entweder die Menge aller Abbildungen aus X in Y oder die Menge $F(X, Y)$ aller Abbildungen von X in Y. τ sei eine Limitierung von $\mathfrak{A}$; die Limitierungen von X und Y bezeichnen wir mit τ_0 bzw. τ_1. $\mathfrak{H}(X, Y)$ sei die Menge aller homogenen (nicht notwendig stetigen) Abbildungen von X in Y. $\mathfrak{H}(X, Y)$, versehen mit der von τ auf $\mathfrak{H}(X, Y)$ induzierten Limitierung, bezeichnen wir mit $\mathfrak{H}_\tau(X, Y)$. $\mathfrak{M}_\tau$ sei die Menge aller Abbildungen $\mu\colon X \circ\!\!\rightarrow \mathfrak{H}_\tau(X, Y)$ mit den folgenden Eigenschaften:

1. $\mathrm{db}\mu$ ist eine Nullnachbarschaft in X, und $\mu(0)$ ist die Nullabbildung $x \mapsto 0$ $(x \in X)$ von X in Y.
2. μ ist in 0 stetig.

Wir setzen $\mathfrak{R}_\tau^{\mathsf{M}} = \{r \in \mathfrak{A} \mid \exists \mu \in \mathfrak{M}_\tau \; (r\colon h \mapsto \mu(h)(h) \; (h \in \mathrm{db}\mu))\}$. Die Abbildungen $r \in \mathfrak{R}_\tau^{\mathsf{M}}$ nennen wir auch **τ'-Restglieder** (oder **Restglieder bez. τ nach MICHAL**), und für $\mathfrak{R}_\tau^{\mathsf{M}}$-differenzierbar und $\mathfrak{R}_\tau^{\mathsf{M}}$-Ableitung sagen wir auch **τ'-differenzierbar und τ'-Ableitung**[1]). Ist $\mathfrak{A}$ die Menge aller Abbildungen aus X in Y und $\tau_{F(X, Y)}$ die von τ auf $F(X, Y)$ induzierte Limitierung, so hat eine Abbildung $f\colon X \to Y$ in einem Punkt $x \in X$ eine Abbildung l offenbar genau dann als τ'-Ableitung, wenn sie l in x als $\tau'_{F(X, Y)}$-Ableitung hat.

8.2.1 (Eindeutige Bestimmtheit der τ'-Ableitungen). *X sei ein pseudotopologischer Vektorraum und Y eine separierte pseudotopologische lineare Gruppe. Die von τ auf $\mathfrak{H}(X, Y)$ induzierte Limitierung sei feiner als die Limitierung der punktweisen Konvergenz in $\mathfrak{H}(X, Y)$. Dann sind die τ'-Ableitungen $\mathrm{D}f(x)$, soweit sie überhaupt existieren, eindeutig bestimmt.*

Beweis. Gegeben seien Abbildungen $\mu, \nu \in \mathfrak{M}_\tau$ und $l \in L(X, Y)$ mit $\nu(h)(h) = l(h) + \mu(h)(h)$ zu beliebigem $h \in \mathrm{db}\mu \cap \mathrm{db}\nu$. h sei ein Element von X. Da X ein pseudotopologischer Vektorraum ist, gibt es ein $V \in \boldsymbol{V}$ mit $Vh \subseteqq \mathrm{db}\mu \cap \mathrm{db}\nu$. Für die Filter $\mu(\boldsymbol{V}_0 h)$ und $\nu(\boldsymbol{V}_0 h)$ in $\mathfrak{H}(X, Y)$ gilt

$$\nu(\boldsymbol{V}_0 h)(h) = [l(h)] + \mu(\boldsymbol{V}_0 h)(h)\,. \tag{8.2.1}$$

$\boldsymbol{V}_0 h$ ist ein Nullfilter in X, so daß sich $\mu(\boldsymbol{V}_0 h)(h)$ und $\nu(\boldsymbol{V}_0 h)(h)$ unter Berücksichtigung der Voraussetzung von τ als Nullfilter in Y ergeben. Da Y separiert

---

[1]) Die τ'-Differenzierbarkeit hängt nur von der von τ auf $\mathfrak{H}(X, Y)$ induzierten Limitierung ab. Daß wir wie in Abschnitt 8.1 von einer Limitierung von $\mathfrak{A}$ ausgehen, hat lediglich technische Gründe und ist keine Einschränkung. Bei der Definition der τ'-Restglieder höherer Ordnung kommen wir hingegen nicht mit der von τ auf $\mathfrak{H}(X, Y)$ induzierten Limitierung aus, sondern benötigen die von τ auf die Mengen $\mathfrak{H}^n(X, Y)$ $(n \in \boldsymbol{N}^+)$ induzierten Limitierungen, wobei jeweils $\mathfrak{H}^n(X, Y)$ aus allen Abbildungen von X in Y, die vom Grade n homogen sind, besteht.

ist und $[l(h)]$ gegen $l(h)$ konvergiert, folgt mittels (8.2.1) damit $l(h) = 0$. $\mathfrak{R}_\tau^M$ besitzt daher die Eigenschaft A_0. Wegen dieser gilt die Behauptung.

Wir bezeichnen zu beliebigem $h \in X$ und $g \in \mathfrak{H}(X, Y)$ mit g_h die durch

$$g_h(k) = \begin{cases} g(k) \text{ im Falle } k \in \boldsymbol{K}h \\ 0 \quad \text{sonst} \end{cases}$$

definierte Abbildung aus $\mathfrak{H}(X, Y)$. Zu jedem Filter $\mathfrak{G}$ in $\mathfrak{H}(X, Y)$ sei $\mathfrak{G}^\sim$ derjenige Filter in $\mathfrak{H}(X, Y)$, der die Gesamtheit aller Mengen $\{g_h \mid h \in X,\ g \in G\}$ $(G \in \mathfrak{G})$ als eine Basis hat. $\tau_{\mathfrak{H}(X,Y)}$ sei die von τ auf $\mathfrak{H}(X, Y)$ induzierte Limitierung. Ist r ein τ'-Restglied und μ eine Abbildung aus $\mathfrak{M}_\tau$ mit $\mathrm{db}\mu = \mathrm{db}r$ und $\mu(h)(h) = r(h)$ zu beliebigem $h \in \mathrm{db}\mu$, so nennen wir μ eine r **erzeugende Abbildung** aus $\mathfrak{M}_\tau$. Unter einer gewissen Einschränkung läßt sich jedem τ'-Restglied eindeutig eine erzeugende Abbildung aus $\mathfrak{M}_\tau$ zuordnen. Es gilt nämlich

8.2.2 (τ'-Restglieder). *Ist r ein τ'-Restglied, so gilt* $0 \in \mathrm{db}r$, $r(0) = 0$ *und*

$$\forall \mathfrak{F} \in \tau_0(0)\ \exists \mathfrak{G} \in \tau_{\mathfrak{H}(X,Y)}(0)\ \forall G \in \mathfrak{G}\ \exists F \in \mathfrak{F}\ \forall h \in F\ \big(h \in \mathrm{db}r,\ r(h) \in G(h)\big)\ . \quad (8.2.2)$$

Zieht $\mathfrak{G} \in \tau_{\mathfrak{H}(X,Y)}(0)$ *stets* $\mathfrak{G}^\sim \in \tau_{\mathfrak{H}(X,Y)}(0)$ *nach sich, so ist umgekehrt jede Abbildung* $r \in \mathfrak{A}$, *für die* $0 \in \mathrm{db}r$, $r(0) = 0$ *und* (8.2.2) *gilt, ein τ'-Restglied. r besitzt dann die durch* $\mathrm{db}\mu = \mathrm{db}r$ *und*

$$\mu(h)(k) = \begin{cases} \alpha r(h) & \text{für } h \in \mathrm{db}r \text{ und } k = \alpha h\ (\alpha \in \boldsymbol{K}) \\ 0 & \text{für } h \in \mathrm{db}r \text{ und } k \in X \setminus \boldsymbol{K}h \end{cases} \quad (8.2.3)$$

definierte Abbildung $\mu\colon X \circ\!\!\rightarrow \mathfrak{H}_\tau(X, Y)$ *als erzeugende Abbildung.*

Beweis. 1. r sei ein τ'-Restglied. Es gibt also ein $\mu \in \mathfrak{M}_\tau$ mit $\mathrm{db}r = \mathrm{db}\mu$ und $r(h) = \mu(h)(h)$ für jedes $h \in \mathrm{db}\mu$. Natürlich gilt $0 \in \mathrm{db}r$ und $r(0) = 0$. Da μ in 0 stetig ist, existiert zu jedem $\mathfrak{F} \in \tau_0(0)$ ein $\mathfrak{G} \in \tau_{\mathfrak{H}(X,Y)}(0)$ mit $\mathfrak{G} \subseteq \mu(\mathfrak{F})$. Unter Beachtung, daß $\mathrm{db}r$ eine Nullnachbarschaft ist, folgt daraus (8.2.2).

2. r sei eine Abbildung aus $\mathfrak{A}$, für die $0 \in \mathrm{db}r$, $r(0) = 0$ und (8.2.2) gilt. $\mathfrak{G} \in \tau_{\mathfrak{H}(X,Y)}(0)$ ziehe stets $\mathfrak{G}^\sim \in \tau_{\mathfrak{H}(X,Y)}(0)$ nach sich. Wir definieren eine Abbildung $\mu\colon X \circ\!\!\rightarrow \mathfrak{H}_\tau(X, Y)$ durch $\mathrm{db}\mu = \mathrm{db}r$ und (8.2.3). Wegen $0 \in \mathrm{db}r$ und (8.2.2) ist $\mathrm{db}r$ eine Nullnachbarschaft. Unter Beachtung von $r(0) = 0$ folgt $\mu(0) = 0$. Zu beliebigen $h \in X$ und $g \in \mathfrak{H}(X, Y)$ zieht $g(h) = \mu(h)(h)$ stets $g_h = \mu(h)$ nach sich. Wegen (8.2.2) existiert somit zu jedem $\mathfrak{F} \in \tau_0(0)$ ein $\mathfrak{G} \in \tau_{\mathfrak{H}(X,Y)}(0)$ mit $\mathfrak{G}^\sim \subseteq \mu(\mathfrak{F})$, so daß sich $\mu(\mathfrak{F}) \in \tau_{\mathfrak{H}(X,Y)}(0)$ ergibt, μ also in 0 stetig ist. r ist deshalb ein τ'-Restglied.

Aus 8.2.2 folgt

8.2.3 (Charakterisierung der τ'-Restglieder). *Gilt* $\mathfrak{G}^\sim \in \tau_{\mathfrak{H}(X,Y)}(0)$ *zu jedem* $\mathfrak{G} \in \tau_{\mathfrak{H}(X,Y)}(0)$, *so ist eine Abbildung* $r \in \mathfrak{A}$ *genau dann ein τ'-Restglied, wenn* $\mathrm{db}r$ *eine Nullnachbarschaft ist,* $r(0) = 0$ *gilt und die durch* $\mathrm{db}\mu = \mathrm{db}r$ *und* (8.2.3) *definierte Abbildung* $\mu\colon X \circ\!\!\rightarrow \mathfrak{H}_\tau(X, Y)$ *in* 0 *stetig ist.*

Wir gehen auf einige Spezialfälle ein.

Zunächst sei τ die Limitierung $\mathfrak{s}$ der punktweisen Konvergenz bzw. die Limitierung $\mathfrak{c}$ der stetigen Konvergenz in $\mathfrak{A}$. Ist X ein pseudotopologischer Vektorraum und Y eine separierte pseudotopologische lineare Gruppe, so sind wegen 7.5.1 und 8.2.1 die $\mathfrak{s}'$- und $\mathfrak{c}'$-Ableitungen $Df(x)$, soweit sie überhaupt existieren, eindeutig bestimmt. Für $\tau = \mathfrak{s}$ und $\tau = \mathfrak{c}$ hat $\mathfrak{G} \in \tau_{\mathfrak{H}(X,Y)}(0)$ stets $\mathfrak{G}^{\sim} \in \tau_{\mathfrak{H}(X,Y)}(0)$ zur Folge, wie sich damit ergibt, daß für jeden Filter $\mathfrak{F}$ in X (insbesondere für $[h]$ zu jedem $h \in X$) die Beziehung $\mathfrak{G}(\mathfrak{F}) \cap [0] \subseteqq \mathfrak{G}^{\sim}(\mathfrak{F})$ besteht und der Filter $[0]$ in Y unter der Einschränkung, daß die Limitierung von Y nicht entartet ist, gegen 0 konvergiert. Aus 8.2.2 und 8.2.3 ergeben sich damit in naheliegender Weise Charakterisierungen der $\mathfrak{s}'$- und $\mathfrak{c}'$-Restglieder und damit Charakterisierungen der $\mathfrak{s}'$- und $\mathfrak{c}'$-Differenzierbarkeit.

Im weiteren sei ein System $\mathfrak{V}$ von $\wedge$-Idealen von Dualfiltern in X gegeben, sei Y speziell eine pseudotopologische lineare Gruppe und sei τ zu einem $k = 1, \ldots, 5$ gleich der Limitierung der $\mathfrak{V},k$-Konvergenz in $\mathfrak{A}$. Anstelle τ'-Restglied, τ'-differenzierbar und τ'-Ableitung sagen wir dann **$(\mathfrak{V},k)'$-Restglied, $(\mathfrak{V},k)'$-differenzierbar** und **$(\mathfrak{V},k)'$-Ableitung**. Wenn $\mathfrak{V}$ aus einem Mengensystem $\mathfrak{B}$, einem Dualfiltersystem $\mathfrak{L}$ bzw. einem Filtersystem $\mathfrak{S}$ erzeugt wird, ersetzen wir dabei das $\mathfrak{V}$ auch durch $\mathfrak{B}$, $\mathfrak{L}$ bzw. $\mathfrak{S}$.

Mittels 8.2.1 folgt: Ist X ein pseudotopologischer Vektorraum, ist die pseudotopologische lineare Gruppe Y separiert und gilt $\{[(x)] \mid x \in X\} \leqq \mathfrak{V}$, dann sind die $(\mathfrak{V},k)'$-Ableitungen $Df(x)$, soweit sie überhaupt existieren, eindeutig bestimmt.

Da für jede Teilmenge F von X, jede Teilmenge G von $\mathfrak{H}(X, Y)$ und für $G^{\sim} = \{g_h \mid h \in X, g \in G\}$ stets $G^{\sim}[F] \subseteqq G[F] \cup \{0\}$ gilt, zieht $\mathfrak{G} \in \tau_{\mathfrak{H}(X,Y)}(0)$ auch im vorliegenden Fall stets $\mathfrak{G}^{\sim} \in \tau_{\mathfrak{H}(X,Y)}(0)$ nach sich. Aus 8.2.2 und 8.2.3 erhalten wir damit Charakterisierungen der $(\mathfrak{V},k)'$-Restglieder und damit der $(\mathfrak{V},k)'$-Differenzierbarkeit. Insbesondere folgt aus 8.2.3, daß eine Abbildung $r \in \mathfrak{A}$ genau dann ein $(\mathfrak{V},k)'$-Restglied ist, wenn $\mathrm{db}r$ eine Nullnachbarschaft ist und $r(0) = 0$ und

$$\forall \mathfrak{F} \in \tau_0(0) \cdots \exists F \in \mathfrak{F}\ \forall \alpha \in \boldsymbol{K}\ \forall h \in H\ (\alpha h \in F \cap \mathrm{db}r \Rightarrow r_\alpha(h) \in G) \quad (8.2.4)$$

gilt; anstelle $\cdots$ ist dabei zu setzen bei

$$\begin{aligned}
k = 1&: \exists \mathfrak{G} \in \tau_1(0)\ \forall \mathfrak{v} \in \mathfrak{V}\ \ \exists \mathfrak{H} \in \mathfrak{v}\ \ \forall H \in \mathfrak{H}\ \ \forall G \in \mathfrak{G}\\
k = 2&: \exists \mathfrak{G} \in \tau_1(0)\ \forall \mathfrak{v} \in \mathfrak{V}\ \ \forall G \in \mathfrak{G}\ \exists \mathfrak{H} \in \mathfrak{v}\ \ \forall H \in \mathfrak{H}\\
k = 3&: \forall \mathfrak{v} \in \mathfrak{V}\ \ \exists \mathfrak{G} \in \tau_1(0)\ \exists \mathfrak{H} \in \mathfrak{v}\ \ \forall H \in \mathfrak{H}\ \ \forall G \in \mathfrak{G}\\
k = 4&: \forall \mathfrak{v} \in \mathfrak{V}\ \ \exists \mathfrak{G} \in \tau_1(0)\ \forall G \in \mathfrak{G}\ \exists \mathfrak{H} \in \mathfrak{v}\ \ \forall H \in \mathfrak{H}\\
k = 5&: \forall \mathfrak{v} \in \mathfrak{V}\ \ \exists \mathfrak{H} \in \mathfrak{v}\ \ \forall H \in \mathfrak{H}\ \exists \mathfrak{G} \in \tau_1(0)\ \forall G \in \mathfrak{G}\,.
\end{aligned}$$

Eine Abbildung $r \in \mathfrak{A}$ ist genau dann ein $\mathfrak{b}'$-, $\mathfrak{e}'$- bzw. $\mathfrak{q}'$-Restglied, wenn $\mathrm{db}r$ eine Nullnachbarschaft ist und $r(0) = 0$ und

$$(\mathfrak{b}')\colon\ \forall \mathfrak{F} \in \tau_0(0)\ \forall B \in \mathfrak{B}_{\mathfrak{b}}\ \exists \mathfrak{G} \in \tau_1(0)\ \forall G \in \mathfrak{G}\ \exists F \in \mathfrak{F}\ \forall \alpha \in \boldsymbol{K}$$
$$\forall h \in B\ \bigl(\alpha h \in F \cap \mathrm{db}r \Rightarrow r_\alpha(h) \in G\bigr)\,,$$

$$(\mathfrak{e}')\colon\ \forall \mathfrak{F} \in \tau_0(0)\ \forall \mathfrak{F}' \in \mathfrak{L}_{\mathfrak{e}}\ \exists \mathfrak{G} \in \tau_1(0)\ \forall G \in \mathfrak{G}\ \forall F' \in \mathfrak{F}'\ \exists F \in \mathfrak{F}\ \forall \alpha \in \boldsymbol{K}$$
$$\forall h \in F'\ \bigl(\alpha h \in F \cap \mathrm{db}r \Rightarrow r_\alpha(h) \in G\bigr)$$

bzw.

$$(\mathsf{q}'):\ \forall \mathfrak{F} \in \tau_0(0)\ \forall \mathfrak{F}' \in \mathfrak{S}_{\mathsf{q}}\ \exists \mathfrak{G} \in \tau_1(0)\ \forall G \in \mathfrak{G}\ \exists F' \in \mathfrak{F}\ \exists F \in \mathfrak{F}\ \forall \alpha \in \boldsymbol{K}$$
$$\forall h \in F'\ \left(\alpha h \in F \cap \mathrm{db} r \Rightarrow r_\alpha(h) \in G\right)$$

gilt. Indem wir $\mathfrak{B}_{\mathsf{b}}$ durch $\mathfrak{B}_{\mathsf{k}}$ bzw. $\mathfrak{B}_{\mathsf{fk}}$ und $\mathfrak{S}_{\mathsf{q}}$ durch $\bigcup_{x \in X} \tau_0(x)$ ersetzen, erhalten wir, entsprechend wie die b'- und q'-Restglieder, k'- bzw. fk'- und MB'-Restglieder.

Eine Abbildung $r \in \mathfrak{A}$ ist genau dann ein h'- bzw. Kh'-Restglied, wenn $\mathrm{db} r$ eine Nullnachbarschaft ist und $r(0) = 0$ und

$$(\mathsf{h}'):\quad \forall \mathfrak{F} \in \tau_0(0)\ \exists \mathfrak{G} \in \tau_1(0)\ \forall G \in \mathfrak{G}\ \exists F' \in \mathfrak{F}\ \forall \varepsilon > 0\ \exists F \in \mathfrak{F}\ \forall \alpha \in \boldsymbol{K}$$
$$\forall h \in F'\ \left(\alpha h \in F \cap \mathrm{db} r \Rightarrow r_\alpha(h) \in \varepsilon G\right)$$

bzw.

$$(\mathsf{Kh}'):\ \forall \mathfrak{F} \in \tau_0(0)\ \exists \mathfrak{G} \in \tau_1(0)\ \exists F' \in \mathfrak{F}\ \forall G \in \mathfrak{G}\ \forall \varepsilon > 0\ \exists F \in \mathfrak{F}\ \forall \alpha \in \boldsymbol{K}$$
$$\forall h \in F'\ \left(\alpha h \in F \cap \mathrm{db} r \Rightarrow r_\alpha(h) \in \varepsilon G\right)$$

gilt, wie unter Berücksichtigung der Homogenität des Filters r_V folgt. Ist Y gleichförmig, so kann bei (Kh') $\forall \varepsilon > 0$ weggelassen und εG durch G ersetzt werden.

Wenn X und Y topologische lineare Gruppen sind, können wir bei (8.2.4) und (b'), ... , (Kh') als $\mathfrak{F}$ und $\mathfrak{G}$ die Nullnachbarschaftsfilter in X und Y nehmen und $\forall \mathfrak{F} \in \tau_0(0)$ und $\exists \mathfrak{G} \in \tau_1(0)$ weglassen.

Sind X und Y lokalkonvexe topologische Vektorräume und $(\|\cdot\|_\alpha)_{\alpha \in \Gamma}$ und $(\|\cdot\|_\beta)_{\beta \in \Delta}$ die Familien aller stetigen Halbnormen von X bzw. Y, so können (h') und (Kh'), wie man leicht bestätigt, durch

$$(\mathsf{h}')^*:\quad \forall \beta \in \Delta\ \exists \alpha \in \Gamma\ \forall \varepsilon > 0\ \exists N \in \mathfrak{N}(0)\ \forall h \in N \cap \mathrm{db} r\ \left(\|r(h)\|_\beta \leqq \varepsilon \|h\|_\alpha\right)$$

bzw.

$$(\mathsf{Kh}')^*:\ \exists \alpha \in \Gamma\ \forall \beta \in \Delta\ \forall \varepsilon > 0\ \exists N \in \mathfrak{N}(0)\ \forall h \in N \cap \mathrm{db} r\ \left(\|r(h)\|_\beta \leqq \varepsilon \|h\|_\alpha\right)$$

ersetzt werden; $\mathfrak{N}(0)$ ist dabei der Nullnachbarschaftsfilter in X. Anstelle h'-differenzierbar und h'-Ableitung sagt man nach Marinescu [1] und Sebastião e Silva [2] auch **MS-differenzierbar** und **MS-Ableitung** und anstelle Kh'-differenzierbar und Kh'-Ableitung nach Michal [3], [4] und Fréchet [5] auch **MF-differenzierbar** und **MF-Ableitung.**

Wir gehen auf eine weitere Klasse von Differenzierbarkeitsbegriffen ein. X sei wieder eine beliebige limitierte $\boldsymbol{K}$-lineare Gruppe, Y eine beliebige pseudotopologische $\boldsymbol{K}$-lineare Gruppe und $\mathfrak{B}$ ein System von $\wedge$-Idealen von Dualfiltern in X. τ_0 bezeichne die Limitierung von X. τ sei zu einem $k = 1, \ldots, 5$ die Limitierung $\delta_{\mathfrak{B},k}$ in $\mathfrak{A}$. Die zugehörigen Restglieder und Ableitungen sind die **$\delta'_{\mathfrak{B},k}$-Restglieder** und **$\delta'_{\mathfrak{B},k}$-Ableitungen.** Eine Abbildung $r\colon X \circ\!\!\rightarrow Y$ ist genau dann ein $\delta'_{\mathfrak{B},k}$-Restglied, wenn sie als Abbildung aus X in Y^δ ein $(\mathfrak{B},k)'$-Restglied ist, womit nicht folgt, daß die $\delta'_{\mathfrak{B},k}$-Ableitungen stets $(\mathfrak{B}, k)'$-Ableitungen bezüglich Y^δ sind.

Aus den angegebenen Charakterisierungen der $(\mathfrak{B},k)'$-Restglieder ergeben sich mühelos Charakterisierungen der $\delta'_{\mathfrak{B},k}$-Restglieder. Insbesondere folgt, daß eine Abbildung $r: X \circ\!\!\rightarrow Y$ genau dann ein $\delta\mathsf{b}'$-, $\delta\mathsf{e}'$-, $\delta\mathsf{q}'$- bzw. $\delta\mathsf{h}'$-Restglied ist, wenn $\mathrm{db}r$ eine Nullnachbarschaft ist und $r(0) = 0$ und

$$(\delta\mathsf{b}'):\quad \forall \mathfrak{F} \in \tau_0(0)\ \forall B \in \mathfrak{B}_\mathsf{b}\ \exists C \in \mathfrak{C}_\mathsf{b}\ \forall \varepsilon > 0\ \exists F \in \mathfrak{F}\ \forall \alpha \in \boldsymbol{K}$$
$$\forall h \in B\ \left(\alpha h \in F \cap \mathrm{db}r \Rightarrow r_\alpha(h) \in \varepsilon C\right),$$

$$(\delta\mathsf{e}'):\quad \forall \mathfrak{F} \in \tau_0(0)\ \forall \mathfrak{F}' \in \mathfrak{L}_\mathsf{e}\ \exists C \in \mathfrak{C}_\mathsf{b}\ \forall \varepsilon > 0\ \forall F' \in \mathfrak{F}'\ \exists F \in \mathfrak{F}\ \forall \alpha \in \boldsymbol{K}$$
$$\forall h \in F'\ \left(\alpha h \in F \cap \mathrm{db}r \Rightarrow r_\alpha(h) \in \varepsilon C\right),$$

$$(\delta\mathsf{q}'):\quad \forall \mathfrak{F} \in \tau_0(0)\ \forall \mathfrak{F}' \in \mathfrak{S}_\mathsf{q}\ \exists C \in \mathfrak{C}_\mathsf{b}\ \forall \varepsilon > 0\ \exists F' \in \mathfrak{F}'\ \exists F \in \mathfrak{F}\ \forall \alpha \in \boldsymbol{K}$$
$$\forall h \in F'\ \left(\alpha h \in F \cap \mathrm{db}r \Rightarrow r_\alpha(h) \in \varepsilon C\right)$$

bzw.

$$(\delta\mathsf{h}'):\quad \forall \mathfrak{F} \in \tau_0(0)\ \exists C \in \mathfrak{C}_\mathsf{b}\ \exists F' \in \mathfrak{F}\ \forall \varepsilon > 0\ \exists F \in \mathfrak{F}\ \forall \alpha \in \boldsymbol{K}$$
$$\forall h \in F'\ \left(\alpha h \in F \cap \mathrm{db}r \Rightarrow r_\alpha(h) \in \varepsilon C\right)$$

gilt.

Wir bemerken, daß man die Restglieddefinition nach MICHAL noch variieren kann, indem man anstelle $\mathfrak{H}(X, Y)$ einen Teilraum von $\mathfrak{H}(X, Y)$ nimmt. Wählt man insbesondere den aus allen stetigen linearen Abbildungen $l: X \rightarrow Y$ bestehenden Teilraum $L(X, Y)$, so erhält man eine Restglieddefinition, die für den Fall der quasibeschränkten Konvergenz von GRAUERT und FISCHER [1] vorgeschlagen wurde.

Eine andere Möglichkeit der Restglieddefinition ergibt die in 8.2.2 angegebene Bedingung, daß $0 \in \mathrm{db}r$, $r(0) = 0$ und (8.2.2) gilt (vergleiche die Bemerkungen von AWERBUCH und SMOLJANOW in [5]).

8.3. $\mathfrak{R}$-Bereiche und der lokale Charakter der Differenzierbarkeit

Wir befassen uns im weiteren genauer mit dem im Abschnitt 8.1 eingeführten Begriff des $\mathfrak{R}$-Bereichs. $\mathfrak{R}$ sei dazu irgendein Differenzierbarkeitstyp für limitierte lineare Gruppen X und Y. Wir interessieren uns insbesondere für den Fall, in dem $\mathfrak{R}$ die folgenden beiden Eigenschaften hat:

A_1. Zu jedem $r \in \mathfrak{R}$ und $M \in \mathrm{db}[\mathfrak{R}]$ gehört die Einschränkung $r \mid M$ der Menge $\mathfrak{R}$ an.

A_2. Gehört eine Einschränkung $r \mid M$ einer Abbildung $r: X \circ\!\!\rightarrow Y$ der Menge $\mathfrak{R}$ an, so auch r selbst.

Besteht $\mathfrak{R}$ nur aus Abbildungen von X in Y, so treffen A_1 und A_2 trivialerweise zu. Ist $\mathfrak{R}$ nichtleer und hat $\mathfrak{R}$ die Eigenschaften A_1 und A_2, so ist zu beliebigem $x \in X$ die Menge $x + \mathrm{db}[\mathfrak{R}]$ aller $\mathfrak{R}$-Bereiche um x ein Filter in X.

Treffen A_1 und A_2 zu, so hängt es von der Art der $\mathfrak{R}$-Bereiche ab, ob die $\mathfrak{R}$-Differenzierbarkeit lokalen Charakter hat oder nicht. Wir präzisieren im folgenden, was wir unter lokalem Charakter verstehen. Und zwar sagen wir, daß die $\mathfrak{R}$-Differenzierbarkeit **lokalen Charakter** hat, wenn gilt: Sind f und g Abbildungen aus X in Y und gibt es eine Nachbarschaft N eines Punktes x von X, über der f und g übereinstimmen, so ist eine Abbildung $l \in L(X, Y)$ genau dann eine $\mathfrak{R}$-Ableitung von f in x, wenn sie eine $\mathfrak{R}$-Ableitung von g in x ist.

8.3.1 (Lokaler Charakter der Differenzierbarkeit). *$\mathfrak{R}$ besitze die Eigenschaften A_1 und A_2. Zu beliebigem $x \in X$ seien die Nachbarschaften von x $\mathfrak{R}$-Bereiche um x. Dann hat die $\mathfrak{R}$-Differenzierbarkeit lokalen Charakter.*

Beweis. f und g seien Abbildungen aus X in Y, und N sei eine Nachbarschaft eines Punktes x mit

$$f \mid N = g \mid N . \tag{8.3.1}$$

f besitze eine Abbildung $l \in L(X, Y)$ als $\mathfrak{R}$-Ableitung in x. Es existiert also ein $r \in \mathfrak{R}$ mit (8.1.1) und (8.1.2). Wegen $N - x \in \mathrm{db}[\mathfrak{R}]$ und A_1 gilt $r \mid (N - x) \in \mathfrak{R}$ und ist somit l eine $\mathfrak{R}$-Ableitung von $f \mid N$ in x, wegen (8.3.1) und A_2 folgt, daß dann l auch eine $\mathfrak{R}$-Ableitung von g in x ist. Damit ergibt sich die Richtigkeit der Behauptung.

Als nächstes spezialisieren wir $\mathfrak{R}$. Wir behandeln zuerst den Fall, daß $\mathfrak{A}$ die Menge aller Abbildungen aus X in Y, τ eine Limitierung von $\mathfrak{A}$ und $\mathfrak{R}$ gleich $\mathfrak{R}_\tau^G$ ist.

Eine Limitierung σ von $\mathrm{db}[\mathfrak{A}]$ nennen wir eine mit τ **korrespondierende Limitierung** von $\mathrm{db}[\mathfrak{A}]$, wenn die Abbildung $\mathrm{db}: f \mapsto \mathrm{db} f$ $(f \in \mathfrak{A})$ bez. τ und σ stetig ist. Ist σ eine mit τ korrespondierende Limitierung von $\mathrm{db}[\mathfrak{A}]$, so hat $M \in \mathrm{db}[\mathfrak{R}_\tau^G]$ stets $\frac{1}{V} M \underset{\sigma}{\to} X$ zur Folge und hat daher dann $\mathfrak{R}_\tau^G$ die Eigenschaft A_1, wenn gilt:

$A_{1\sigma}$. Zu jedem $r \in \mathfrak{R}_\tau^G$ und jeder Teilmenge M von X mit $0 \in M$ und $\frac{1}{V} M \underset{\sigma}{\to} X$ gilt $r \mid M \in \mathfrak{R}_\tau^G$.

Besitzt $\mathfrak{R}_\tau^G$ die Eigenschaft A_2 und bezüglich einer mit τ korrespondierenden Limitierung σ von $\mathrm{db}[\mathfrak{A}]$ die Eigenschaft $A_{1\sigma}$, so lassen sich die $\mathfrak{R}_\tau^G$-, d. h. die τ-Bereiche leicht angeben. Den Fall $\mathfrak{R}_\tau^G = \emptyset$ können wir natürlich auslassen. Wie man leicht bestätigt, gilt

8.3.2 (Charakterisierung der τ-Bereiche). *$\mathfrak{R}_\tau^G$ sei nichtleer und besitze die Eigenschaft A_2 und bezüglich einer mit τ korrespondierenden Limitierung σ von $\mathrm{db}[\mathfrak{A}]$ die Eigenschaft $A_{1\sigma}$. Unter diesen Voraussetzungen ist eine Teilmenge M von X genau dann ein τ-Bereich um einen Punkt x, wenn $x \in M$ gilt und $\frac{1}{V}(M - x)$ bez. σ gegen X konvergiert.*

τ sei nun speziell die Limitierung $\mathfrak{s}$ der punktweisen Konvergenz in $\mathfrak{A}$, und die Limitierung von Y sei nicht entartet. $\mathfrak{s}$ hat die Limitierung der einfachen Mengenkonvergenz in db[$\mathfrak{A}$] als korrespondierende Limitierung σ, und $\mathfrak{R}_\mathfrak{s}^G$ besitzt bezüglich dieser Limitierung die Eigenschaft $A_{1\sigma}$. Durch Übertragung des Korollars zu 6.1.9 auf offene Limites und nachfolgende Spezialisierung auf einfache Mengenkonvergenz folgt, daß $\mathfrak{R}_\mathfrak{s}^G$ auch die Eigenschaft A_2 hat.

Unter Berücksichtigung von 8.3.2 und der Definition der einfachen Mengenkonvergenz ergibt sich

8.3.3 (s-Bereiche). $\bigcap_{h \in X} Vh$ *besteht aus allen* $\mathfrak{s}$*-Bereichen um* 0.

Im allgemeinen ist nicht jeder $\mathfrak{s}$-Bereich um einen Punkt eine Nachbarschaft dieses Punktes. So ist offenbar bereits in $X = \boldsymbol{K}^2$ ($\boldsymbol{K} = \boldsymbol{R}$ oder $\boldsymbol{C}$) die Menge aller Punkte (ξ, η) mit $|\xi|^2 \leqq |\eta|$ oder $\eta = 0$ ein $\mathfrak{s}$-Bereich um 0, der keine Nullnachbarschaft ist (siehe die Abb.). Wenn X ein pseudotopologischer Vektorraum

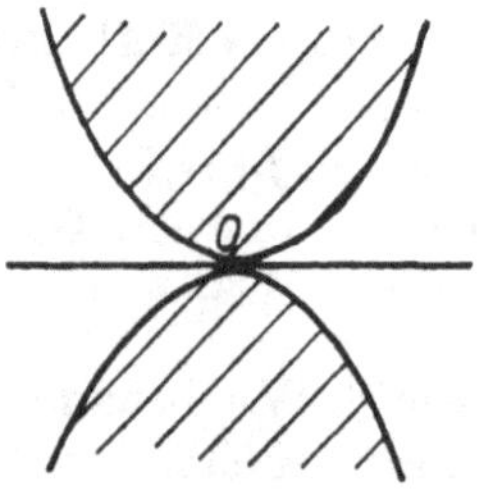

S -Bereich um 0

ist, ist andererseits jedoch jede Nachbarschaft eines Punktes $x \in X$ ein $\mathfrak{s}$-Bereich um x, wie mittels (5.4.12) und 8.3.3 folgt. In jeder topologischen linearen Gruppe, die kein topologischer Vektorraum ist, gibt es Nullnachbarschaften, die keine $\mathfrak{s}$-Bereiche um 0 sind. Ist X ein limitierter Vektorraum einer von 0 verschiedenen Dimension, dessen Limitierung entartet ist, so ist $\{0\}$ eine Nullnachbarschaft, die kein $\mathfrak{s}$-Bereich um 0 ist. Damit folgt leicht

8.3.4 (Lokaler Charakter der s-Differenzierbarkeit). *Wenn X ein pseudotopologischer Vektorraum ist, hat die $\mathfrak{s}$-Differenzierbarkeit lokalen Charakter. Ohne Einschränkung an X trifft das nicht zu, im allgemeinen auch nicht, wenn X eine topologische lineare Gruppe oder ein limitierter Vektorraum ist.*

Nun sei τ speziell die Limitierung $\mathfrak{c}$ der stetigen Konvergenz in $\mathfrak{A}$ und sei die Limitierung von Y nicht entartet. $\mathfrak{c}$ hat die Limitierung der offenen Konvergenz in db[$\mathfrak{A}$] als korrespondierende Limitierung σ, und $\mathfrak{R}_\mathfrak{c}^G$ besitzt bezüglich dieser die Eigenschaft $A_{1\sigma}$. $\mathfrak{R}_\mathfrak{c}^G$ hat auf Grund des Korollars zu 6.1.9 (Übertragung auf offene Limites) auch die Eigenschaft A_2.

τ_0 sei die Limitierung von X. Unter Beachtung der Definition des unteren offenen Limes folgt, daß eine Teilmenge M von X genau dann ein $\mathfrak{c}$-Bereich um

0 ist, wenn $0 \in M$ gilt und zu beliebigen $h \in X$ und $\mathfrak{F} \in \tau_0(h)$ ein $\delta > 0$ und $F \in \mathfrak{F}$ mit $F \subseteq \bigcap_{0<|\alpha|\leq\delta} \frac{1}{\alpha} M$ und daher mit $\delta EF \subseteq M$ existiert. Damit ergibt sich

8.3.5 (c-Bereiche). $[0] \cap \bigcap_{\mathfrak{F} \in \bigcup_{h\in X} \tau_0(h)} V\mathfrak{F}$ *besteht aus allen* c-*Bereichen um* 0.

Je nachdem, ob die Limitierung τ_0 entartet ist oder nicht, ist [0] oder $\bigcap_{\mathfrak{F} \in \bigcup_{h\in X} \tau_0(h)} V\mathfrak{F}$ die Menge aller c-Bereiche um 0. Im allgemeinen ist nicht jeder c-Bereich um einen Punkt eine Nachbarschaft dieses Punktes, auch nicht, wenn X ein pseudotopologischer Vektorraum ist, wie wir an Hand eines Beispiels zeigen. X sei der vor 5.8.7 zuerst angeführte kreisförmige, nicht gleichförmige pseudotopologische Vektorraum. Wir benutzen die dort und in dem vorangehenden Beispiel eingeführte Bezeichnungsweise. $\mathfrak{M}$ sei die Gesamtheit aller c-Bereiche um 0. Unter Berücksichtigung von 5.2.7, 5.3.9 und 8.3.5 folgt

$$\mathfrak{M} = \bigcap_{l\in N^+;\, \alpha_1,\ldots,\alpha_l\in K} V\mathfrak{G}_{\alpha_1\cdots\alpha_l} = \bigcap_{l\in N^+} \mathfrak{F}_{\underbrace{0\ldots0}_{l}}\,.$$

$\mathfrak{M}$ besteht nicht lediglich aus Nullnachbarschaften, da sonst $\mathfrak{M} \subseteq E\mathfrak{E}$ gelten müßte und es somit zu beliebigen positiven $\alpha_m < \frac{1}{2m}$ $(m \in N^+)$ ein $n \in N^+$ mit

$$EE_n \subseteq \bigcap_{m\in N^+} (\underbrace{\alpha_m EE_1 + \cdots + \alpha_m EE_1}_{2m})$$

gäbe, was aber unmöglich ist.

Wegen 8.3.5 gilt

8.3.6. *Ist X ein limitierter Vektorraum, so besteht der Nullnachbarschaftsfilter in $X^{\#}$ gerade aus allen* c-*Bereichen um* 0.

Damit folgt das

Korollar. *Wenn X ein gleichförmiger pseudotopologischer Vektorraum ist, ist zu beliebigem $x \in X$ eine Teilmenge M von X genau dann ein* c-*Bereich um x, wenn sie eine Nachbarschaft von x ist.*

In dem Fall, daß X ein pseudotopologischer Vektorraum ist, ist somit jede Nachbarschaft eines Punktes $x \in X$ ein c-Bereich um x. In topologischen linearen Gruppen gibt es im allgemeinen Nullnachbarschaften, die keine c-Bereiche um 0 sind. Ist zum Beispiel X ein Vektorraum einer von 0 verschiedenen Dimension, versehen mit der diskreten Topologie, so ist $\{0\}$ eine Nullnachbarschaft, jedoch kein c-Bereich um 0. In limitierten Vektorräumen ist wegen 8.3.6 jede Nullnachbarschaft ein c-Bereich um 0. Es gibt aber im allgemeinen in limitierten Vektorräumen Nachbarschaften von Punkten $x \neq 0$, die keine c-Bereiche um x

sind. In dem im Beispiel nach 5.6.2 angeführten limitierten Vektorraum trifft das zum Beispiel für alle Punkte $x = (\xi, \eta)$ mit $\xi \neq \eta$ zu.

Damit erhält man

8.3.7 (Lokaler Charakter der c-Differenzierbarkeit). *Wenn X ein pseudotopologischer Vektorraum ist, hat die c-Differenzierbarkeit lokalen Charakter. Im allgemeinen trifft das nicht zu, auch nicht, wenn X eine topologische lineare Gruppe oder ein limitierter Vektorraum ist.*

Im weiteren sei ein System $\mathfrak{B}$ von $\wedge$-Idealen von Dualfiltern in X gegeben. Y sei speziell eine pseudotopologische lineare Gruppe. Wir behandeln den Fall, daß τ zu einem $k = 1, \ldots, 5$ gleich der Limitierung der $\mathfrak{B},k$-Konvergenz in $\mathfrak{A}$ ist. τ_0 sei die Limitierung von X. Offenbar hat $\tau_{\mathfrak{B},k}$ die Limitierung $\tau_{\mathfrak{B}}$ der $\mathfrak{B}$-Konvergenz in db[$\mathfrak{A}$] als korrespondierende Limitierung σ und hat $\mathfrak{R}^{\mathsf{G}}_{\tau_{\mathfrak{B},k}}$ bezüglich dieser die Eigenschaft $A_{1\sigma}$. Mittels 6.4.8 folgt, daß $\mathfrak{R}^{\mathsf{G}}_{\tau_{\mathfrak{B},k}}$ auch die Eigenschaft A_2 hat.

Wir zeigen nun

8.3.8 ($\mathfrak{B}$-Bereiche). $[0] \cap \bigwedge_{\mathfrak{v} \in \mathfrak{B}} \bigvee_{\mathfrak{F} \in \mathfrak{v}} \bigcap_{F \in \mathfrak{F}} VF$ *besteht aus allen $\mathfrak{B}$-Bereichen um* 0.

Beweis. Eine Teilmenge M von X ist wegen 8.3.2 genau dann ein $\mathfrak{B}$-Bereich um 0, wenn $0 \in M$ gilt und $\frac{1}{V} M$ gegen X $\mathfrak{B}$-konvergiert, also $\mathfrak{B}_{\frac{1}{V} M} = \mathfrak{B}$ gilt, und damit genau dann, wenn $0 \in M$ gilt und zu beliebigem $\mathfrak{v} \in \mathfrak{B}$ ein $\mathfrak{F} \in \mathfrak{v}$ existiert derart, daß es zu jedem $F \in \mathfrak{F}$ ein $\delta > 0$ mit $F \subseteqq \bigcap_{0<|\alpha|\leqq\delta} \frac{1}{\alpha} M$ und daher mit $\delta EF \subseteqq M$ gibt. Somit ist eine Teilmenge M von X genau dann ein $\mathfrak{B}$-Bereich um 0, wenn $0 \in M$ gilt und zu jedem $\mathfrak{v} \in \mathfrak{B}$ ein $\mathfrak{F} \in \mathfrak{v}$ mit $M \in \bigcap_{F \in \mathfrak{F}} VF$ existiert. Aus letzterem folgt $M \in \bigvee_{\mathfrak{F} \in \mathfrak{v}} \bigcap_{F \in \mathfrak{F}} VF$ zu beliebigem $\mathfrak{v} \in \mathfrak{B}$ und daraus, daß es zu jedem $\mathfrak{v} \in \mathfrak{B}$ Dualfilter $\mathfrak{F}_1, \ldots, \mathfrak{F}_n \in \mathfrak{v}$ und Mengen $M_1 \in \bigcap_{F \in \mathfrak{F}_1} VF, \ldots, M_n \in \bigcap_{F \in \mathfrak{F}_n} VF$ mit $M_1 \cap \cdots \cap M_n \subseteqq M$ gibt, woraus umgekehrt $M \in \bigcap_{F \in \mathfrak{F}} VF$ für den Dualfilter $\mathfrak{F} = \mathfrak{F}_1 \cap \cdots \cap \mathfrak{F}_n$ aus $\mathfrak{v}$ folgt. Damit ergibt sich die Richtigkeit der Behauptung.

Ist $\mathfrak{B}$ leer oder gleich der entarteten Hypobornologie $\{[(\emptyset)]\}$ von X, so ist [0] die Menge aller $\mathfrak{B}$-Bereiche um 0. Ist $\mathfrak{B}$ nichtleer und ungleich $\{[(\emptyset)]\}$, so ist $\bigwedge_{\mathfrak{v} \in \mathfrak{B}} \bigvee_{\mathfrak{F} \in \mathfrak{v}} \bigcap_{F \in \mathfrak{F}} VF$ die Menge aller $\mathfrak{B}$-Bereiche um 0.

Wird $\mathfrak{B}$ aus einem Mengensystem $\mathfrak{B}$, einem Dualfiltersystem $\mathfrak{L}$ bzw. einem Filtersystem $\mathfrak{S}$ erzeugt, so ist wegen 8.3.8 offenbar $[0] \cap \bigwedge_{B \in \mathfrak{B}} VB$, $[0] \cap \bigwedge_{\mathfrak{F} \in \mathfrak{L}} \bigcap_{F \in \mathfrak{F}} VF$ bzw. $[0] \cap \bigwedge_{\mathfrak{F} \in \mathfrak{S}} V\mathfrak{F}$ die Menge aller $\mathfrak{B}$-Bereiche um 0.

8.3.9. *$\mathfrak{W}$ sei ein System von $\wedge$-Idealen von Dualfiltern in X mit $\mathfrak{B} \leqq \mathfrak{W}$. Dann ist zu beliebigem $x \in X$ jeder $\mathfrak{W}$-Bereich um x ein $\mathfrak{B}$-Bereich um x.*

Beweis. Gilt $\frac{1}{V}(M - x) \underset{\mathfrak{W}}{\rightarrow} X$ für ein $M \subseteqq X$ und ein $x \in X$, so wegen 6.4.6 auch $\frac{1}{V}(M - x) \underset{\mathfrak{B}}{\rightarrow} X$. Aus 8.3.2 folgt damit die Behauptung.

8.3.10 ($\mathfrak{B}^{\mathrm{K}}$-Bereiche). *Zu beliebigem $x \in X$ stimmt die Menge aller $\mathfrak{B}$-Bereiche um x mit der Menge aller $\mathfrak{B}^{\mathrm{K}}$-Bereiche um x überein.*

Beweis. $\mathfrak{F}$ sei ein Dualfilter in X. M sei ein Element von $\bigcap_{F \in \mathfrak{F}} VF$. Zu jedem $F \in \mathfrak{F}$ existiert ein $V_F \in V$ mit $V_F\, F \subseteqq M$, und zu jedem $F \in \bigvee_{\alpha > 0} \alpha\mathfrak{F}$ gibt es $\alpha_1, \dots, \alpha_n > 0$ und $F_1, \dots, F_n \in \mathfrak{F}$ mit $F \subseteqq \alpha_1 F_1 \cup \dots \cup \alpha_n F_n$ und daher mit $VF \subseteqq M$ für $V = \frac{1}{\alpha_1} V_{F_1} \cap \dots \cap \frac{1}{\alpha_n} V_{F_n}$, so daß $M \in \bigcap_{F \in \bigvee_{\alpha>0} \alpha\mathfrak{F}} VF$ und somit $\bigcap_{F \in \mathfrak{F}} VF \subseteqq \bigcap_{F \in \bigvee_{\alpha>0} \alpha\mathfrak{F}} VF$ folgt. Offenbar besteht bei der letzten Beziehung das Gleichheitszeichen, weshalb sich unter Berücksichtigung von 8.3.8 die Behauptung ergibt.

8.3.11. *$\mathfrak{B}$ sei für ein $k = 1, \dots, 5$ k-verträglich. Dann ist jede Nullnachbarschaft in X ein $\mathfrak{B}$-Bereich um 0.*

Beweis. $\mathfrak{M}$ sei die Menge aller $\mathfrak{B}$-Bereiche um 0. Wir beachten, daß (7.11.5) äquivalent der k-Verträglichkeit von $\mathfrak{B}$ ist, und erhalten mittels 7.9.4, daß $\mathfrak{B}$ 4- oder 5-verträglich ist. Ist $\mathfrak{B}$ 4-verträglich, d. h., gilt $\bigvee_{\mathfrak{F} \in \mathfrak{v}} \bigcap_{F \in \mathfrak{F}} VF \in \tau_0(0)$ zu beliebigem $\mathfrak{v} \in \mathfrak{B}$, dann folgt mittels 8.3.8

$$[0] \cap \bigcap_{\mathfrak{G} \in \tau_0(0)} \mathfrak{G} \subseteqq \mathfrak{M}\,. \tag{8.3.2}$$

Ist $\mathfrak{B}$ 5-verträglich, d. h., gehört jedem $\mathfrak{v} \in \mathfrak{B}$ ein $\mathfrak{F} \in \mathfrak{v}$ mit $VF \in \tau_0(0)$ zu beliebigem $F \in \mathfrak{F}$ an, so gilt $\bigcap_{\mathfrak{G} \in \tau_0(0)} \mathfrak{G} \subseteqq \bigvee_{\mathfrak{F} \in \mathfrak{v}} \bigcap_{F \in \mathfrak{F}} VF$ für jedes $\mathfrak{v} \in \mathfrak{B}$ und damit ebenfalls (8.3.2). Da $[0] \cap \bigcap_{\mathfrak{G} \in \tau_0(0)} \mathfrak{G}$ der Nullnachbarschaftsfilter in X ist, folgt die Richtigkeit der Behauptung.

Wir gehen auf den Fall, daß τ zu einem $k = 1, \dots, 5$ mit der Limitierung $\delta_{\mathfrak{B},k}$ der Suchinin-Modifikation der $\mathfrak{B},k$-Konvergenz in $\mathfrak{A}$ übereinstimmt, gleich mit ein. $\delta_{\mathfrak{B},k}$ hat die Limitierung $\tau_{\mathfrak{B}}$ der $\mathfrak{B}$-Konvergenz in db[$\mathfrak{A}$] als korrespondierende Limitierung σ und $\mathfrak{R}^{\mathrm{G}}_{\delta_{\mathfrak{B},k}}$ besitzt bezüglich dieser die Eigenschaft $\mathrm{A}_{1\sigma}$. Ferner hat $\mathfrak{R}^{\mathrm{G}}_{\delta_{\mathfrak{B},k}}$ die Eigenschaft A_2. Wie bereits bemerkt, stimmen die $\delta_{\mathfrak{B},k}$-Bereiche um einen beliebigen Punkt mit den $\mathfrak{B}$-Bereichen um diesen Punkt überein.

Aus 8.3.11 ergibt sich unter Berücksichtigung von (5.4.12)

8.3.12 (Lokaler Charakter der $\mathfrak{B},k$- und $\delta_{\mathfrak{B},k}$-Differenzierbarkeit). *Ist X eine pseudotopologische lineare Gruppe und ist $\mathfrak{B}$ für ein $j = 1, \ldots, 5$ j-verträglich, so hat die $\mathfrak{B},k$-Differenzierbarkeit und ebenfalls die $\delta_{\mathfrak{B},k}$-Differenzierbarkeit zu beliebigem $k = 1, \ldots, 5$ lokalen Charakter.*

Aus 5.18.12 und 8.3.12 folgt

8.3.13 (Lokaler Charakter der Differenzierbarkeit; Spezialfälle). *Wenn X ein* SIMONNET*scher pseudotopologischer Vektorraum ist, haben die* k- *und* fk-*Differenzierbarkeit lokalen Charakter. Ist X eine pseudotopologische lineare Gruppe, so haben die* b-, e-, q-, h-, Kh-, $\delta\mathsf{b}$-, $\delta\mathsf{e}$-, $\delta\mathsf{q}$- *und* $\delta\mathsf{h}$-*Differenzierbarkeit lokalen Charakter.*

8.3.14. *Für $\tau = \mathsf{q}, \mathsf{h}, \mathsf{Kh}, \delta\mathsf{q}$ und $\delta\mathsf{h}$ stimmt die Menge aller τ-Bereiche um 0 mit dem Nullnachbarschaftsfilter in $X^{\#}$ überein. Ist X eine pseudotopologische lineare Gruppe, so stimmt für $\tau = \mathsf{e}$ und $\delta\mathsf{e}$ die Menge aller τ-Bereiche um 0 mit dem Nullnachbarschaftsfilter in X^{e} und für $\tau = \mathsf{b}$ und $\delta\mathsf{b}$ die Menge aller τ-Bereiche um 0 mit dem Nullnachbarschaftsfilter in X^{δ} überein.*

Beweis. 1. Da $[0] \cap \bigcap_{\mathfrak{F}\in\tau_0(0)} V\mathfrak{F}$ der Nullnachbarschaftsfilter in $X^{\#}$ ist, folgt mittels 5.24.1, 8.3.8 und 8.3.10 der erste Teil der Behauptung.

2. X sei eine pseudotopologische lineare Gruppe. Da $\bigcap_{\mathfrak{F}\in\mathfrak{L}_{\mathsf{e}}} \bigcap_{F\in\mathfrak{F}} VF$ und $\bigcap_{B\in\mathfrak{B}_{\mathsf{b}}} VB$ die Nullnachbarschaftsfilter in X^{e} bzw. X^{δ} sind, erhält man mittels 8.3.8 den zweiten Teil der Behauptung.

Für jede pseudotopologische lineare Gruppe X ist der Nullnachbarschaftsfilter von X^{δ} ein Oberfilter des Nullnachbarschaftsfilters von X^{e} und ist dieser ein Oberfilter des Nullnachbarschaftsfilters von $X^{\#}$ (siehe 5.24.17). Ist X eine topologische lineare Gruppe, so stimmen die Nullnachbarschaftsfilter von X^{δ} und X^{e} überein.

Wir gehen noch in dem Fall, daß $\mathfrak{A}$ aus allen Abbildungen aus X in Y besteht, kurz auf die $\mathfrak{R}_{\tau}^{\mathsf{M}}$-Bereiche ein, wobei τ irgendeine Limitierung von $\mathfrak{A}$ ist. Y sei wieder eine beliebige limitierte $\boldsymbol{K}$-lineare Gruppe. Nach Definition ist eine Teilmenge M von X genau dann ein $\mathfrak{R}_{\tau}^{\mathsf{M}}$-Bereich um einen Punkt x, wenn $M - x$ eine Nullnachbarschaft ist. Offensichtlich hat $\mathfrak{R}_{\tau}^{\mathsf{M}}$ die Eigenschaften A_1 und A_2 und hat unter der Einschränkung, daß X eine pseudotopologische lineare Gruppe ist, die τ'-Differenzierbarkeit lokalen Charakter.

Ist $\mathfrak{A} = F(X, Y)$, dann tritt zu jeder Limitierung τ von $\mathfrak{A}$ als $\mathfrak{R}_{\tau}^{\mathsf{G}}$- und $\mathfrak{R}_{\tau}^{\mathsf{M}}$-Bereiche nur X auf. Offenbar gelten 8.3.4, 8.3.7, 8.3.12 und 8.3.13 auch im Falle $\mathfrak{A} = F(X, Y)$ und hat in diesem zu jeder Limitierung τ von $\mathfrak{A}$ die τ'-Differenzierbarkeit lokalen Charakter.

8.4. Vergleich der verschiedenen Ableitungsbegriffe

Als nächstes gehen wir auf einen Vergleich von Restgliedbegriffen und damit natürlich gleichzeitig auf einen Vergleich von Ableitungsbegriffen ein. X und Y seien limitierte $\boldsymbol{K}$-lineare Gruppen mit $\boldsymbol{K} = \boldsymbol{R}$ oder $\boldsymbol{C}$. τ_0 und τ_1 seien die Limitierungen von X bzw. Y. $\mathfrak{A}$ sei die Menge aller Abbildungen aus X in Y oder die Menge aller Abbildungen von X in Y. Man kann leicht ein Vergleichskriterium für τ-Restglieder bei verschiedenen τ und für τ'-Restglieder bei verschiedenen τ angeben. Offenbar gilt nämlich

8.4.1 (Vergleich von Restgliedern). *τ und σ seien Limitierungen von $\mathfrak{A}$. Folgt für jeden homogenen Filter $\mathfrak{K}$ in $\mathfrak{A}$ aus $\mathfrak{K} \in \tau(0)$ stets $\mathfrak{K} \in \sigma(0)$, so ist jedes τ-Restglied ein σ-Restglied. Besteht für die von τ und σ auf $\mathfrak{H}(X, Y)$ induzierten Limitierungen die Beziehung $\tau_{\mathfrak{H}(X,Y)}(0) \subseteqq \sigma_{\mathfrak{H}(X,Y)}(0)$, so ist auch jedes τ'-Restglied ein σ'-Restglied.*

Beim ersten Teil des Satzes läßt sich die Voraussetzung natürlich noch abschwächen, etwa, indem man noch zusätzlich fordert, daß $\mathfrak{K}$ eine abzählbare Basis hat. Mit der angeführten Voraussetzung des ersten Teiles des Satzes ist die des zweiten Teiles erfüllt.

Als nächstes bringen wir einige Sätze über den Vergleich von τ- mit τ'-Restgliedern. Dazu sei Y eine pseudotopologische lineare Gruppe.

8.4.2 (Vergleich von $\mathfrak{S}$,4- mit $(\mathfrak{S},4)'$-Restgliedern). *$\mathfrak{S}$ sei ein 4-verträgliches System von Filtern in X. Dann ist jedes $(\mathfrak{S},4)'$-Restglied ein $\mathfrak{S}$,4-Restglied.*

Beweis. r sei ein $(\mathfrak{S},4)'$-*Restglied*. Dann ist $\mathrm{db}r$ eine Nullnachbarschaft, ist $r(0) = 0$ und gilt wegen (8.2.4)

$$\forall \mathfrak{F} \in \tau_0(0)\ \forall \mathfrak{F}' \in \mathfrak{S}\ \exists \mathfrak{G} \in \tau_1(0)\ \forall G \in \mathfrak{G}\ \exists F' \in \mathfrak{F}'\ \exists F \in \mathfrak{F}\ \forall \alpha \in \boldsymbol{K}$$
$$\forall h \in F'\ \left(\alpha h \in F \cap \mathrm{db}r \Rightarrow r_\alpha(h) \in G\right) . \tag{8.4.1}$$

Wegen 8.3.11 ist $\mathrm{db}r$ stets ein $\mathfrak{S}$-Bereich um 0, wegen 8.3.2 hat somit $\mathrm{db}r_V$ stets X als $\mathfrak{S}$-Limes. Indem wir in (8.4.1) als $\mathfrak{F}$ speziell $\boldsymbol{V}\mathfrak{F}'$ wählen[1]), erhalten wir

$$\forall \mathfrak{F}' \in \mathfrak{S}\ \exists \mathfrak{G} \in \tau_1(0)\ \forall G \in \mathfrak{G}\ \exists F' \in \mathfrak{F}'\ \exists F'' \in \mathfrak{F}'\ \exists V \in \boldsymbol{V}\ \forall \alpha \in \boldsymbol{K}$$
$$\forall h \in F'\ \left(\alpha h \in VF'' \cap \mathrm{db}r \Rightarrow r_\alpha(h) \in G\right) .$$

Durch Übergang von F' und F'' zu $F = F' \cap F''$ ergibt sich daraus

$$\forall \mathfrak{F}' \in \mathfrak{S}\ \exists \mathfrak{G} \in \tau_1(0)\ \forall G \in \mathfrak{G}\ \exists F \in \mathfrak{F}'\ \exists V \in \boldsymbol{V}\ (r_V[F] \subseteqq G) ,$$

womit folgt, daß r ein $\mathfrak{S}$,4-Restglied ist.

Ist $\mathfrak{S}$ ein 4-verträgliches System von Filtern in X und ist f eine Abbildung aus $\mathfrak{A}$, die in einem Punkt x eine $(\mathfrak{S},4)'$-Ableitung $\mathrm{D}f(x)$ besitzt, so ist f nach 8.4.2 in x auch $\mathfrak{S}$,4-differenzierbar und ist $\mathrm{D}f(x)$ eine $\mathfrak{S}$,4-Ableitung von f in x.

---

[1]) Da $\mathfrak{S}$ 4-verträglich ist, ist das möglich.

Unter gewissen Einschränkungen läßt sich die Aussage aus 8.4.2 umkehren. Nach F. BERQUIER [1] gilt nämlich

8.4.3 (Vergleich von $\mathfrak{S}$,4- mit ($\mathfrak{S}$,4)'-Restgliedern; Fortsetzung). *$\mathfrak{S}$ sei eine Quasibornologie des X unterliegenden Vektorraumes E, der [0] und mit $\mathfrak{F}$ und $\mathfrak{G}$ stets $\mathfrak{F} + \mathfrak{G}$ und $V\mathfrak{F}$ angehört (etwa eine schwach zulässige Quasibornologie von E). Die Limitierung τ_0 von X sei die feinste schwach verträgliche Pseudotopologie von E, bezüglich der das System $\mathfrak{S}$ 4-verträglich ist. Die pseudotopologische lineare Gruppe Y sei kreisförmig. Dann ist jedes über einer Nullnachbarschaft definierte $\mathfrak{S}$,4-Restglied r mit $r(0) = 0$ ein ($\mathfrak{S}$,4)'-Restglied.*

Beweis. r sei ein $\mathfrak{S}$,4-Restglied mit einer Nullnachbarschaft als Definitionsbereich und mit $r(0) = 0$. Gegeben seien ein $\mathfrak{F} \in \tau_0(0)$ und ein $\mathfrak{F}' \in \mathfrak{S}$. $\tau_0(0)$ hat auf Grund der Voraussetzung die Menge aller gleichförmigen Filter aus $\mathfrak{S}$ als Basis. Wir finden daher einen gleichförmigen Filter $\mathfrak{F}'' \in \mathfrak{S}$ mit $\mathfrak{F}'' \subseteq \mathfrak{F}$. $\mathfrak{H} = \mathfrak{F}' \cap \mathfrak{F}''$ gehört $\mathfrak{S}$ an. Es gilt daher $r_V(\mathfrak{H}) \to 0$ und, da Y kreisförmig ist, auch $\boldsymbol{E}r_V(\mathfrak{H}) \to 0$. Somit existiert ein $\mathfrak{G} \in \tau_1(0)$ derart, daß es zu jedem $G \in \mathfrak{G}$ ein $F' \in \mathfrak{F}'$, ein $F'' \in \mathfrak{F}''$ und ein $V \in \boldsymbol{V}$ der Form $\delta\boldsymbol{E}$ ($\delta > 0$) mit

$$\boldsymbol{E}r_V[F' \cup F''] \subseteq G \tag{8.4.2}$$

gibt. Zu zeigen bleibt (vergleiche (8.4.1)), daß aus (8.4.2) zu jedem $\alpha \in \boldsymbol{K}$ folgt

$$\forall h \in F' \; (\alpha h \in VF'' \cap \operatorname{dbr} \Rightarrow r_\alpha(h) \in G)\,. \tag{8.4.3}$$

Wir unterscheiden die Fälle $\alpha \in V$ und $\alpha \in \boldsymbol{K} \setminus V$. Im ersten Fall ergibt sich die Gültigkeit von (8.4.3) mühelos. Im zweiten Fall zieht $\alpha h \in VF''$ die Existenz eines $\alpha' \in V$ und $h' \in F''$ mit $\alpha h = \alpha' h'$ und daher mit $r_\alpha(h) = \frac{\alpha'}{\alpha} r_{\alpha'}(h')$ und $\frac{\alpha'}{\alpha} \in \boldsymbol{E}$ nach sich, so daß auch in diesem Fall die Richtigkeit von (8.4.3) folgt.

Unter den Voraussetzungen dieses Satzes gilt: Ist f eine Abbildung aus $\mathfrak{A}$, die über einer Nachbarschaft eines Punktes x definiert ist und in x eine $\mathfrak{S}$,4-Ableitung $Df(x)$ besitzt, so ist f in x auch ($\mathfrak{S}$,4)'-differenzierbar und ist $Df(x)$ eine ($\mathfrak{S}$,4)'-Ableitung von f in x.

Als Ergänzung zu 8.4.3 erhalten wir

8.4.4 (Vergleich von $\mathfrak{S}^K$,k- mit ($\mathfrak{S}^K$,k)'-Restgliedern). *Die Voraussetzungen aus 8.4.3 seien erfüllt. Dann ist für $k = 3$ und $k = 4$ jedes über einer Nullnachbarschaft definierte $\mathfrak{S}^K$,k-Restglied r mit $r(0) = 0$ ein ($\mathfrak{S}^K$,k)'-Restglied.*

Beweis. 1. r sei ein $\mathfrak{S}^K$,3-Restglied mit einer Nullnachbarschaft als Definitionsbereich und mit $r(0) = 0$. Gegeben sei ein $\mathfrak{F} \in \tau_0(0)$ und ein $\mathfrak{F}' \in \mathfrak{S}$. Wie im Beweis von 8.4.3 finden wir einen gleichförmigen Filter $\mathfrak{F}'' \in \mathfrak{S}$ mit $\mathfrak{F}'' \subseteq \mathfrak{F}$. $\mathfrak{F}' \cap \mathfrak{F}''$ gehört $\mathfrak{S}$, $\bigvee_{F \in \mathfrak{F}' \cap \mathfrak{F}''} \bigwedge_{\alpha > 0} [(\alpha F)]$ somit $\mathfrak{S}^K$ an. Unter Beachtung, daß Y

kreisförmig ist, ergibt sich mittels 7.11.1

$$\exists \mathfrak{G} \in \tau_1(0)\ \exists F' \in \mathfrak{F}'\ \exists F'' \in \mathfrak{F}''\ \forall \beta > 0\ \forall G \in \mathfrak{G}$$
$$\exists V \in \boldsymbol{V}\ \big(Er_V[\beta(F' \cup F'')] \subseteqq G\big)\,. \tag{8.4.4}$$

(8.4.4) bleibt richtig, wenn $\exists F'' \in \mathfrak{F}''$ rechts neben $\exists V \in \boldsymbol{V}$ gebracht wird. Wie man (8.2.4) entnimmt, genügt es daher für den Nachweis, daß r ein $(\mathfrak{S}^K,3)'$-Restglied ist, zu zeigen, daß die bei (8.4.4) in der Klammer stehende Beziehung zur Folge hat, daß zu beliebigem $\alpha \in \boldsymbol{K}$ und $h \in \beta F'$ mit $\alpha h \in \beta V F'' \cap \mathrm{db}\,r$ stets $r_\alpha(h) \in G$ gilt. Wie bei der entsprechenden Beziehung (8.4.3) unterscheiden wir die Fälle $\alpha \in V$ und $\alpha \in \boldsymbol{K} \setminus V$ und führen den Beweis analog; im zweiten Falle zieht $\alpha h \in \beta V F''$ die Existenz eines $\alpha' \in V$ und $h' \in \beta F''$ mit $\alpha h = \alpha' h'$ und daher mit $r_\alpha(h) = \dfrac{\alpha'}{\alpha} r_{\alpha'}(h')$ und $\dfrac{\alpha'}{\alpha} \in \boldsymbol{E}$ nach sich (wir nehmen wieder V von der Form $\delta \boldsymbol{E}$ $(\delta > 0)$ an).

2. Für $k = 4$ ergibt sich die Richtigkeit der Behauptung analog.

Unter den Voraussetzungen aus 8.4.3 gilt: Ist f eine Abbildung aus $\mathfrak{A}$, die eine Nachbarschaft eines Punktes x als Definitionsbereich hat und die für $k = 3$ oder 4 in x eine $\mathfrak{S}^K,k$-Ableitung $\mathrm{D}f(x)$ besitzt, so ist f in x auch $(\mathfrak{S}^K,k)'$-differenzierbar und ist $\mathrm{D}f(x)$ eine $(\mathfrak{S}^K,k)'$-Ableitung von f in x.

Dem Satz 8.4.2 läßt sich ein ähnlicher Satz für Dualfiltersysteme zur Seite stellen.

8.4.5 (Vergleich von $\mathfrak{L},k$- mit $(\mathfrak{L},k)'$-Restgliedern). *Es sei $k = 3$ oder 4 und $\mathfrak{L}$ ein k-verträgliches System von Dualfiltern in X. Dann ist jedes $(\mathfrak{L},k)'$-Restglied ein $\mathfrak{L},k$-Restglied.*

Beweis. r sei ein $(\mathfrak{L},k)'$-Restglied. Dann ist $\mathrm{db}\,r$ eine Nullnachbarschaft, ist $r(0) = 0$ und gilt wegen (8.2.4)

$$\forall \mathfrak{F} \in \tau_0(0)\ \forall \mathfrak{F}' \in \mathfrak{L}\ \exists \mathfrak{G} \in \tau_1(0)\ \forall G \in \mathfrak{G}\ \forall F' \in \mathfrak{F}'\ \exists F \in \mathfrak{F}$$
$$\forall \alpha \in \boldsymbol{K}\ \forall h \in F'\ \big(\alpha h \in F \cap \mathrm{db}\,r \Rightarrow r_\alpha(h) \in G\big)\,. \tag{8.4.5}$$

Wegen 8.3.2 und 8.3.11 hat $\mathrm{db}\,r_{\boldsymbol{V}}$ stets ganz X als $\mathfrak{L}$-Limes. Wählen wir in (8.4.5) als $\mathfrak{F}$ speziell $\bigcap\limits_{F' \in \mathfrak{F}'} \boldsymbol{V}F'$, so erhalten wir

$$\forall \mathfrak{F}' \in \mathfrak{L}\ \exists \mathfrak{G} \in \tau_1(0)\ \forall G \in \mathfrak{G}\ \forall F' \in \mathfrak{F}'\ \exists V \in \boldsymbol{V}\ \forall \alpha \in \boldsymbol{K}$$
$$\forall h \in F'\ \big(\alpha h \in VF' \cap \mathrm{db}\,r \Rightarrow r_\alpha(h) \in G\big)\,.$$

$\forall \alpha \in \boldsymbol{K}\ \forall h \in F'\ \big(\alpha h \in VF' \cap \mathrm{db}\,r \Rightarrow r_\alpha(h) \in G\big)$ hat natürlich $r_V[F'] \subseteqq G$ zur Folge. r ist daher ein $\mathfrak{L},k$-Restglied.

Ist $\mathfrak{L}$ für $k = 3$ oder 4 ein k-verträgliches System von Dualfiltern in X und ist f eine Abbildung aus $\mathfrak{A}$, die in einem Punkt x eine $(\mathfrak{L},k)'$-Ableitung $\mathrm{D}f(x)$ hat, so ist f in x auch $\mathfrak{L},k$-differenzierbar und $\mathrm{D}f(x)$ eine $\mathfrak{L},k$-Ableitung von f in x.

Im folgenden wenden wir die angeführten Vergleichsaussagen auf die einzelnen Konvergenzarten an. Y sei weiterhin eine pseudotopologische lineare Gruppe. Aus den vorangehenden Sätzen und aus 7.13.2 folgt

8.4.6 (Vergleichstheorem I für Restglieder). $\delta\mathsf{h} - \delta\mathsf{h}' - \mathsf{Kh} - \mathsf{Kh}' - \mathsf{h} - \mathsf{h}'$: *Jedes* $\delta\mathsf{h}$- *bzw.* $\delta\mathsf{h}'$-*Restglied ist ein* Kh- *bzw.* Kh'-*Restglied und jedes* Kh- *bzw.* Kh'-*Restglied ein* h- *bzw.* h'-*Restglied. Ist* X *eine gleichförmige pseudotopologische lineare Gruppe, so ist jedes* $\delta\mathsf{h}$-*Restglied* r *mit* $r(0) = 0$ *ein* $\delta\mathsf{h}'$-*Restglied, und, wenn zusätzlich* Y *kreisförmig ist, jedes* Kh- *bzw.* h-*Restglied* r *mit* $r(0) = 0$ *ein* Kh'- *bzw.* h'-*Restglied. Wenn* Y *lokalbeschränkt und gleichförmig ist, so ist jedes* Kh- *bzw.* Kh'-*Restglied ein* $\delta\mathsf{h}$- *bzw.* $\delta\mathsf{h}'$-*Restglied, und ist* X *lokalbeschränkt, so ist jedes* h- *bzw.* h'-*Restglied ein* Kh- *bzw.* Kh'-*Restglied. Wenn* X *eine lokalbeschränkte gleichförmige pseudotopologische lineare Gruppe ist, ist jedes* $\delta\mathsf{h}'$-*Restglied ein* $\delta\mathsf{h}$-*Restglied und, wenn zusätzlich* Y *kreisförmig ist, jedes* Kh'- *bzw.* h'-*Restglied ein* Kh- *bzw.* h-*Restglied.*

$\mathsf{h} - \mathsf{h}' - \mathsf{e}' - \mathsf{e} - \mathsf{b}' - \mathsf{b}$: *Jedes* h- *bzw.* h'-*Restglied ist ein* e- *bzw.* e'-*Restglied, jedes* e'-*Restglied ein* e- *und* b'-*Restglied und jedes* e- *und jedes* b'-*Restglied ein* b-*Restglied. Wenn* X *lokalbeschränkt ist, ist jedes* e- *bzw.* e'-*Restglied ein* h- *bzw.* h'-*Restglied. Ist* X *lokalbeschränkt und* Y *gleichförmig oder ist* Y *eine topologische lineare Gruppe, so ist jedes* b- *bzw.* b'-*Restglied ein* e- *bzw.* e'-*Restglied. Wenn* X *eine gleichförmige lokalbeschränkte pseudotopologische lineare Gruppe und* Y *kreisförmig ist, so ist jedes* e- *bzw.* b-*Restglied* r *mit* $r(0) = 0$ *ein* e'- *bzw.* b'-*Restglied.*

$\mathsf{h} - \mathsf{h}' - \mathsf{q}' - \mathsf{q} - \mathsf{b}' - \mathsf{b}$: *Jedes* h- *bzw.* h'-*Restglied ist ein* q- *bzw.* q'-*Restglied. Jedes* q'-*Restglied ist ein* q-*Restglied und, wenn* X *eine gleichförmige pseudotopologische lineare Gruppe und* Y *kreisförmig ist, so ist jedes* q-*Restglied* r *mit* $r(0) = 0$ *umgekehrt ein* q'-*Restglied. Jedes* q- *bzw.* q'-*Restglied ist ein* b- *bzw.* b'-*Restglied. Ist* X *lokalbeschränkt und* Y *gleichförmig, so ist jedes* q- *bzw.* q'-*Restglied ein* h- *bzw.* h'-*Restglied. Wenn* X *lokalbeschränkt ist, ist jedes* b- *bzw.* b'-*Restglied ein* q- *bzw.* q'-*Restglied.*

$\delta\mathsf{h} - \delta\mathsf{h}' - \delta\mathsf{e}' - \delta\mathsf{e} - \delta\mathsf{b}' - \delta\mathsf{b}$: *Jedes* $\delta\mathsf{h}$- *bzw.* $\delta\mathsf{h}'$-*Restglied ist ein* $\delta\mathsf{e}$- *bzw.* $\delta\mathsf{e}'$-*Restglied, jedes* $\delta\mathsf{e}'$-*Restglied ein* $\delta\mathsf{e}$- *und* $\delta\mathsf{b}'$-*Restglied und jedes* $\delta\mathsf{e}$- *und jedes* $\delta\mathsf{b}'$-*Restglied ein* $\delta\mathsf{b}$-*Restglied. Wenn* X *lokalbeschränkt ist, ist jedes* $\delta\mathsf{e}$- *bzw.* $\delta\mathsf{e}'$-*Restglied ein* $\delta\mathsf{h}$- *bzw.* $\delta\mathsf{h}'$-*Restglied und jedes* $\delta\mathsf{b}$- *bzw.* $\delta\mathsf{b}'$-*Restglied ein* $\delta\mathsf{e}$- *bzw.* $\delta\mathsf{e}'$-*Restglied. Ist* X *eine gleichförmige lokalbeschränkte pseudotopologische lineare Gruppe, so ist jedes* $\delta\mathsf{e}$- *bzw.* $\delta\mathsf{b}$-*Restglied* r *mit* $r(0) = 0$ *ein* $\delta\mathsf{e}'$- *bzw.* $\delta\mathsf{b}'$-*Restglied.*

$\delta\mathsf{h} - \delta\mathsf{h}' - \delta\mathsf{q}' - \delta\mathsf{q} - \delta\mathsf{b}' - \delta\mathsf{b}$: *Jedes* $\delta\mathsf{h}$- *bzw.* $\delta\mathsf{h}'$-*Restglied ist ein* $\delta\mathsf{q}$- *bzw.* $\delta\mathsf{q}'$-*Restglied. Jedes* $\delta\mathsf{q}'$-*Restglied ist ein* $\delta\mathsf{q}$-*Restglied und, wenn* X *eine gleichförmige pseudotopologische lineare Gruppe ist, jedes* $\delta\mathsf{q}$-*Restglied* r *mit* $r(0) = 0$ *umgekehrt ein* $\delta\mathsf{q}'$-*Restglied. Jedes* $\delta\mathsf{q}$- *bzw.* $\delta\mathsf{q}'$-*Restglied ist ein* $\delta\mathsf{b}$- *bzw.* $\delta\mathsf{b}'$-*Restglied. Ist* X *lokalbeschränkt, so ist jedes* $\delta\mathsf{q}$- *bzw.* $\delta\mathsf{q}'$-*Restglied ein* $\delta\mathsf{h}$- *bzw.* $\delta\mathsf{h}'$-*Restglied und jedes* $\delta\mathsf{b}$- *bzw.* $\delta\mathsf{b}'$-*Restglied ein* $\delta\mathsf{q}$- *bzw.* $\delta\mathsf{q}'$-*Restglied.*

$\delta q' - q'$, $\delta q - q$, $\delta e' - e'$, $\delta e - e$, $\delta b' - b'$, $\delta b - b$: *Jedes* δq- *bzw.* $\delta q'$-*Restglied ist ein* q- *bzw.* q'-*Restglied, jedes* $\delta e'$- *bzw.* δe-*Restglied ein* e'- *bzw.* e-*Restglied, jedes* $\delta b'$- *bzw.* δb-*Restglied ein* b'- *bzw.* b-*Restglied. Wenn Y lokalbeschränkt und gleichförmig ist, gelten auch die Umkehrungen.*

Beweis. Die meisten der Aussagen ergeben sich unmittelbar aus 7.13.2 und 8.4.1. Aus 8.4.2 folgt, daß jedes q'-, $\delta q'$-, b'- bzw. $\delta b'$-Restglied ein q-, δq-, b- bzw. δb-Restglied ist, aus 8.4.5, daß jedes e'- bzw. $\delta e'$-Restglied ein e- bzw. δe-Restglied ist. Die Menge $\mathfrak{S}_q$ aller quasibeschränkten Filter in X ist eine schwach zulässige Quasibornologie (vergleiche 5.18.9). Ist τ_0 eine gleichförmige Pseudotopologie, so ist τ_0 wegen (5.24.19) die feinste schwach verträgliche Pseudotopologie von E, bezüglich der $\mathfrak{S}_q$ 4-verträglich ist. Wegen 8.3.14 und 8.4.3 sind daher die b-, q- bzw. δq-Restglieder unter den angegebenen Einschränkungen b'-, q'- bzw. $\delta q'$-Restglieder. Aus 8.3.14 und 8.4.4 ergibt sich schließlich, daß die δh-, Kh- und h-Restglieder unter den angegebenen Einschränkungen $\delta h'$-, Kh'- bzw. h'-Restglieder sind. Die noch nicht bewiesenen Behauptungen ergeben sich leicht aus den bewiesenen.

Wir überlassen es dem Leser, aus 8.4.6 ähnlich wie bei den vorangehenden Sätzen die entsprechenden Vergleichsaussagen für Ableitungen zu formulieren.

Einen Teil der in 8.4.6 angeführten Aussagen fassen wir in dem folgenden Diagramm zusammen. Der Einfachheit halber setzen wir dabei stets voraus, daß X eine gleichförmige und Y eine kreisförmige pseudotopologische lineare Gruppe ist und daß die Restglieder 0 auf 0 abbilden. Mit $u \rightarrow v$ meinen wir natürlich, daß jedes u-Restglied ein v-Restglied, und mit $v \leftarrow\!\cdots u$, daß unter den betreffenden Einschränkungen jedes u-Restglied ein v-Restglied ist.

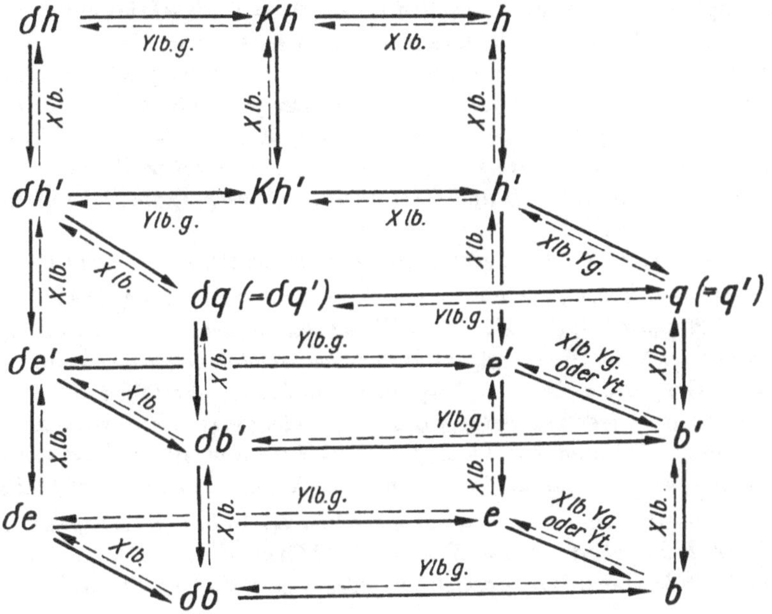

Es bedeuten:

g. gleichförmig
lb. lokalbeschränkt
t. topologische lineare Gruppe

Wenn X und Y gleichförmige lokalbeschränkte, also MACKEYsche pseudotopologische lineare Gruppen sind, stimmen nach 8.4.6 unter der unwesentlichen Einschränkung $r(0) = 0$ die b-Restglieder mit den e-, q-, h-, Kh-, δb-, δe-, δq-, δh-, b′-, e′-, q′-, h′-, Kh′-, δb′-, δe′-, δq′- und δh′-Restgliedern überein. Wir nennen in dem Fall, daß X und Y MACKEYsche pseudotopologische lineare Gruppen sind, diese Restglieder auch **FRÉCHET-Restglieder** und die zugehörigen Ableitungen auch **FRÉCHET-Ableitungen.** Sind speziell X und Y normierte Räume und bezeichnen wir die Normen von X und Y wie üblich mit $\|\cdot\|$, so gilt wegen (h′)* aus Abschnitt 8.2: Eine Abbildung $r: X \circ\!\!\to Y$ mit $r(0) = 0$ ist genau dann ein FRÉCHET-Restglied, wenn sie über einer Nullnachbarschaft in X definiert ist und zu beliebigem $\varepsilon > 0$ eine Nullnachbarschaft N in X mit $\|r(h)\| \leqq \varepsilon \|h\|$ zu beliebigem $h \in N \cap \mathrm{db}r$ existiert.

Im folgenden Satz führen wir weitere spezielle Vergleiche an; im Teil q′ — q — b′ — b wiederholen wir Aussagen aus 8.4.6, bringen allerdings jetzt zum Teil die Umkehrung unter anderen Voraussetzungen. X und Y seien limitierte $\boldsymbol{K}$-lineare Gruppen. Die Limitierung von Y sei nicht entartet.

8.4.7 (Vergleichstheorem II für Restglieder). c′ — c — s′ — s: *Ist X ein limitierter Vektorraum, so ist jedes* c′*-Restglied ein* c*-Restglied. Wenn X ein gleichförmiger pseudotopologischer Vektorraum und Y eine kreisförmige pseudotopologische lineare Gruppe ist, so ist jedes* c*-Restglied r mit $r(0) = 0$ umgekehrt ein* c′*-Restglied. Ist X eine pseudotopologische lineare Gruppe, so ist jedes* c*- bzw.* c′*-Restglied ein* s*- bzw.* s′*-Restglied. Ist $X = \boldsymbol{K}$ und Y entweder kreisförmig oder ein limitierter Vektorraum, so ist umgekehrt jedes* s*- bzw.* s′*-Restglied ein* c*- bzw.* c′*-Restglied. Wenn X ein pseudotopologischer Vektorraum ist, ist jedes* s′*-Restglied ein* s*-Restglied. Ist X ein separierter kreisförmiger pseudotopologischer Vektorraum, so ist jedes* s*-Restglied r mit $r(0) = 0$ und einer Nullnachbarschaft als Definitionsbereich umgekehrt ein* s′*-Restglied.*

Y sei in den weiteren Fällen eine pseudotopologische lineare Gruppe.

q′ — q — c′ — c: *Ist X ein limitierter Vektorraum, so ist jedes* q*- bzw.* q′*-Restglied ein* c*- bzw.* c′*-Restglied. Wenn X eine lokalbeschränkte limitierte lineare Gruppe mit der* bk*-Eigenschaft und Y eine $\aleph_0$-CHOQUETsche pseudotopologische lineare Gruppe ist, ist umgekehrt jedes* c*- bzw.* c′*-Restglied ein* q*- bzw.* q′*-Restglied. Ist X ein ausgeglichener kreisförmiger pseudotopologischer Vektorraum, der dem ersten Abzählbarkeitsaxiom genügt und die* bk*-Eigenschaft hat, und ist Y eine topologische lineare Gruppe, so ist ebenfalls jedes* c*- bzw.* c′*-Restglied ein* q*- bzw.* q′*-Restglied.*

q′ — q — b′ — b: *Jedes* q*- bzw.* q′*-Restglied ist ein* b*- bzw.* b′*-Restglied, jedes* b′*-Restglied ein* b*-Restglied. Wenn X eine gleichförmige und Y eine kreisförmige pseudotopologische lineare Gruppe ist, ist jedes* q*-Restglied r mit $r(0) = 0$ ein* b′*-*

Restglied. Ist X ein ausgeglichener kreisförmiger pseudotopologischer Vektorraum, der dem ersten Abzählbarkeitsaxiom genügt, und Y eine topologische lineare Gruppe, so ist jedes b- *und jedes* b'-*Restglied ein* q-*Restglied. Wenn X ein ausgeglichener gleichförmiger pseudotopologischer Vektorraum ist, der dem ersten Abzählbarkeitsaxiom genügt, und Y eine topologische lineare Gruppe ist, so ist andererseits jedes* b-*Restglied r mit $r(0) = 0$ ein* b'-*Restglied und jedes* b'-*Restglied ein* q'-*Restglied.*

c' — c — k'(fk') — k(fk): *Ist Y eine $\aleph_0$-*CHOQUET*sche pseudotopologische lineare bzw. eine topologische lineare Gruppe, so ist jedes* c-*Restglied ein* k- *bzw.* fk-*Restglied und jedes* c'-*Restglied ein* k'- *bzw.* fk'-*Restglied. Wenn X ein gleichförmiger pseudotopologischer Vektorraum und Y eine kreisförmige $\aleph_0$-*CHOQUET*sche pseudotopologische lineare Gruppe ist, ist jedes* c-*Restglied r mit $r(0) = 0$ ein* k'- *und* fk'-*Restglied. Ist X ein* SIMONNET*scher limitierter Vektorraum, so ist jedes* k'- *bzw.* fk'-*Restglied ein* k- *bzw.* fk-*Restglied. Ist X ein pseudotopologischer Vektorraum, der dem schwachen ersten Abzählbarkeitsaxiom genügt, und ist Y eine topologische lineare Gruppe, so ist jedes* k- *und jedes* fk-*Restglied r mit $r(0) = 0$ und einer Nullnachbarschaft als Definitionsbereich ein* c-*Restglied und, falls X zusätzlich gleichförmig ist, auch ein* k'- *und* fk'-*Restglied. Wenn X ein* SIMONNET*scher pseudotopologischer Vektorraum ist, der dem ersten Abzählbarkeitsaxiom genügt, und Y eine topologische lineare Gruppe ist, so ist auch jedes* k'- *und jedes* fk'-*Restglied ein* c-*Restglied.*

b' — k'(fk'), b — k(fk): *Wenn X ein* SIMONNET*scher limitierter Vektorraum ist, ist jedes* b-*Restglied ein* k-*und* fk-*Restglied und jedes* b'-*Restglied ein* k'- *und* fk'-*Restglied. Ist X eine limitierte lineare Gruppe mit der* bk- *bzw.* bfk-*Eigenschaft, so ist jedes* k- *und auch jedes* fk-*Restglied ein* b-*Restglied und jedes* k'- *und* fk'-*Restglied ein* b'-*Restglied.*

k(fk) — s: *Wenn X eine pseudotopologische lineare Gruppe ist, ist jedes* k- *und jedes* fk-*Restglied ein* s-*Restglied. Ist $X = \boldsymbol{K}$ und Y kreisförmig, so ist umgekehrt jedes* s-*Restglied ein* k- *und* fk-*Restglied.*

Beweis. 1. Der größte Teil der Aussagen folgt aus 7.5.1, 7.5.10, 7.13.3, 8.4.1 und 8.4.6. Mittels 8.4.2 erhält man, daß unter den jeweiligen Einschränkungen an X und Y jedes s'-, k'-, fk'- bzw. c'-Restglied ein s-, k-, fk- bzw. c-Restglied ist. Zum Nachweis der Beziehung c — k(fk) ist zu beachten, daß für jede Nullnachbarschaft N in einem pseudotopologischen Vektorraum der Filter $\frac{1}{V} N$ den ganzen Raum als offenen Limes hat.

2. X sei ein ausgeglichener kreisförmiger pseudotopologischer Vektorraum, der dem ersten Abzählbarkeitsaxiom genügt, und Y eine topologische lineare Gruppe. Wegen 7.13.3 ist dann jedes b-Restglied ein q-Restglied. Ist X sogar gleichförmig, so folgt mittels 8.4.6, daß dann auch jedes b'-Restglied ein q- und q'-Restglied und jedes b-Restglied r mit $r(0) = 0$ und einer Nullnachbarschaft als Definitionsbereich ein b'-Restglied ist.

3. X sei ein gleichförmiger pseudotopologischer Vektorraum und Y eine kreisförmige pseudotopologische lineare Gruppe. Die Quasibornologie $\mathfrak{S}$, die

$\bigcup_{x \in X} \tau_0(x)$ als Subbasis hat, genügt den Voraussetzungen aus 8.4.3 (vergleiche 5.1.10 und 5.2.7). τ_0 ist die feinste schwach verträgliche Pseudotopologie des X unterliegenden Vektorraumes, bezüglich der $\mathfrak{S}$ 4-verträglich ist. Wegen des Korollars zu 8.3.6 und wegen 8.4.3 ist somit jedes $\mathfrak{c}$-Restglied r mit $r(0) = 0$ ein $\mathfrak{c}'$-Restglied.

4. Nun sei X ein separierter kreisförmiger pseudotopologischer Vektorraum. r sei ein $\mathfrak{s}$-Restglied mit $r(0) = 0$ und einer Nullnachbarschaft als Definitionsbereich. Es gilt

$$\forall h \in X\ \exists \mathfrak{G} \in \tau_1(0)\ \forall G \in \mathfrak{G}\ \exists V \in \boldsymbol{V}\ \forall \alpha \in V\ \left(\alpha h \in \operatorname{dbr},\ r_\alpha(h) \in G\right). \quad (8.4.6)$$

r ist ein $\mathfrak{s}'$-Restglied; andernfalls würde sich unter Beachtung, daß τ_0 kreisförmig ist,

$$\exists \mathfrak{F} \in \tau_0(0)\ \exists h \in X\ \forall \mathfrak{G} \in \tau_1(0)\ \exists G \in \mathfrak{G}\ \forall F \in \mathfrak{F}$$
$$\exists \alpha \in \boldsymbol{K}\ \left(\mathfrak{F} \text{ kreisförmig}, \alpha h \in F \cap \operatorname{dbr},\ r_\alpha(h) \notin G\right)$$

ergeben, und zusammen mit (8.4.6) würde folgen, daß es einen kreisförmigen Filter $\mathfrak{F} \in \tau_0(0)$, ein $h \in X \setminus \{0\}$ und ein $V \in \boldsymbol{V}$ gibt, so daß zu jedem $F \in \mathfrak{F}$ ein $\alpha \in \boldsymbol{K} \setminus V$ mit $\alpha h \in F$ existiert. Daher würde $\mathfrak{F} \subseteq [Vh]$ und somit $[Vh] \in \tau_0(0)$ gelten, was aber der Separiertheit von τ_0 widerspricht.

Aus dem Angeführten folgt die Richtigkeit des Satzes.

Wir überlassen es dem Leser, aus 8.4.7 Vergleichsaussagen für Ableitungen zu formulieren.

Einen Teil der in 8.4.7 (und 8.4.6) angegebenen Aussagen fassen wir in einem Diagramm zusammen. Der Einfachheit halber nehmen wir dabei an, daß alle Restglieder über Nullnachbarschaften definiert sind und 0 auf 0 abbilden.

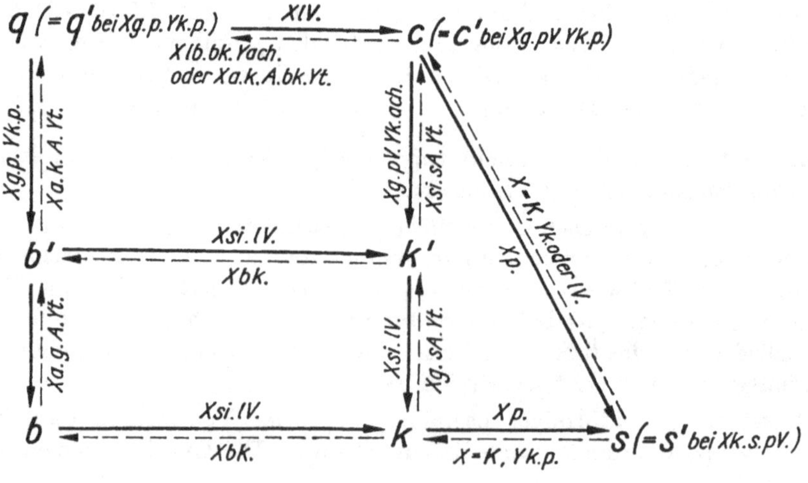

Es bedeuten:

a.	ausgeglichen	lV.	limitierter Vektorraum
A.	pseudotopologischer Vektorraum, der dem ersten Abzählbarkeitsaxiom genügt	p.	pseudotopologische lineare Gruppe
ach.	$\aleph_0$-CHOQUETsche pseudotopologische lineare Gruppe	s.	separiert
bk.	besitzt die bk-Eigenschaft	sA.	pseudotopologischer Vektorraum, der dem schwachen ersten Abzählbarkeitsaxiom genügt
g.	gleichförmig	si.	SIMONNETsch
k.	kreisförmig	t.	topologische lineare Gruppe
lb.	lokalbeschränkt		

Im engen Zusammenhang zu 8.4.3 und 8.4.4 steht der folgende Satz 8.4.8. Er besagt, daß unter gewissen Einschränkungen die über Nullnachbarschaften definierten, in 0 stetigen $\mathfrak{B},k$-Restglieder r mit $r(0) = 0$ auch $(\mathfrak{B},k)'$-Restglieder sind.

8.4.8 (Vergleich von in 0 stetigen $\mathfrak{B},k$-Restgliedern mit $(\mathfrak{B},k)'$-Restgliedern). *X sei eine pseudotopologische lineare und Y eine topologische lineare Gruppe. $\mathfrak{B}$ sei ein beliebiges System von $\wedge$-Idealen von Dualfiltern in X und k eine der Zahlen 1, ..., 5. Jedes über einer Nullnachbarschaft definierte $\mathfrak{B},k$-Restglied r mit $r(0) = 0$, das in 0 stetig ist, ist dann auch ein $(\mathfrak{B},k)'$-Restglied.*

Beweis. Es sei $k = 1$. $\mathfrak{N}(0)$ sei der Nullnachbarschaftsfilter in Y. Wir nehmen an, daß r kein $(\mathfrak{B},1)'$-Restglied ist. Wegen (8.2.4) gilt dann

$$\exists \mathfrak{F} \in \tau_0(0)\ \exists \mathfrak{v}_0 \in \mathfrak{B}\ \forall \mathfrak{H} \in \mathfrak{v}_0\ \exists H_{\mathfrak{H}} \in \mathfrak{H}\ \exists N_0 \in \mathfrak{N}(0)\ \forall F \in \mathfrak{F}\ \exists \alpha_{\mathfrak{H}F} \in \boldsymbol{K}$$
$$\exists h_{\mathfrak{H}F} \in \mathfrak{H}_{\mathfrak{H}}\ (\alpha_{\mathfrak{H}F} h_{\mathfrak{H}F} \in F \cap \operatorname{dbr},\ r_{\alpha_{\mathfrak{H}F}}(h_{\mathfrak{H}F}) \notin N_0)\ .$$

Da r ein $\mathfrak{B},1$-Restglied ist, gilt

$$\exists \mathfrak{H}_0 \in \mathfrak{v}_0\ \exists \delta > 0\ (r_{\delta E}[H_{\mathfrak{H}_0}] \subseteq N_0)$$

und damit $|\alpha_{\mathfrak{H}_0F}| > \delta$ und folglich auch $\frac{1}{\delta}\boldsymbol{E}r[F] \nsubseteq N_0$ zu jedem $F \in \mathfrak{F}$ und deshalb $N_0 \notin \frac{1}{\delta}\boldsymbol{E}r(\mathfrak{F})$. Wegen der Stetigkeit von r in 0 und der Kreisförmigkeit von Y gilt $\frac{1}{\delta}\boldsymbol{E}r(\mathfrak{F}) \to 0$, so daß sich ein Widerspruch ergibt. Für $k = 2, \ldots, 5$ verläuft der Beweis analog.

Unter den Voraussetzungen dieses Satzes gilt: x sei ein Punkt von X und f eine Abbildung aus $\mathfrak{A}$, die über einer Nachbarschaft von x definiert ist. Ist f in x stetig und besitzt f in x eine $\mathfrak{B},k$-Ableitung $\mathrm{D}f(x)$, dann ist f in x auch $(\mathfrak{B},k)'$-differenzierbar und ist $\mathrm{D}f(x)$ eine $(\mathfrak{B},k)'$-Ableitung von f in x. Speziell ergibt sich

8.4.9. *X sei eine pseudotopologische lineare und Y eine topologische lineare Gruppe. x sei ein Punkt von X und f eine Abbildung aus $\mathfrak{A}$, die über einer*

Nachbarschaft von x definiert ist. Ist f in x stetig und besitzt f in x eine k-, fk-, b- *oder* e-*Ableitung* $\mathrm{D}f(x)$, *so ist f in x auch* k'-, fk'-, b'- bzw. e'-*differenzierbar und* $\mathrm{D}f(x)$ *eine* k'-, fk'-, b'- *bzw.* e'-*Ableitung von f in x.*

Dem Beispiel 2 des folgenden Abschnittes kann man entnehmen, daß bereits in dem Fall, daß X und Y topologische Vektorräume sind, aus der Stetigkeit und δb-Differenzierbarkeit einer Abbildung $f\colon X \to Y$ in einem Punkt x im allgemeinen nicht die δb'-Differenzierbarkeit von f in x folgt. Vergleiche andererseits 8.8.9'.

Wir fragen nun, welche Ableitungsbegriffe in dem Fall, daß $X = \boldsymbol{K}$ ist und Y gewissen Einschränkungen genügt, mit dem Begriff der GÂTEAUX-Ableitung übereinstimmen. Aus 8.4.6 und 8.4.7 folgt: Gilt $X = \boldsymbol{K}$ und ist Y eine kreisförmige pseudotopologische lineare Gruppe, so fällt der Begriff der GÂTEAUX-Ableitung mit dem Begriff der k-, fk-, b-, c-, q-, s'-, k'-, fk'-, b'-, c'- und q'-Ableitung zusammen, und gilt $X = \boldsymbol{K}$ und ist Y eine gleichförmige pseudotopologische lineare Gruppe, so fällt der Begriff der GÂTEAUX-Ableitung auch mit dem Begriff der e-, h-, Kh-, e'-, h'- und Kh'-Ableitung zusammen. In keinem der beiden Fälle darf die Voraussetzung an Y im allgemeinen weggelassen werden, wie man dem Beispiel 9 des folgenden Abschnittes entnehmen kann. Aus dem Beispiel 1 des folgenden Abschnittes ergibt sich ferner, daß unter der Einschränkung, daß $X = \boldsymbol{K}$ und Y eine gleichförmige pseudotopologische lineare Gruppe ist, der Begriff der GÂTEAUX-Ableitung im allgemeinen nicht mit dem Begriff der δb-, δe-, δq-, δh-, δb'-, δe'-, δq'- und δh'-Ableitung zusammenfällt.

Wir bleiben bei $X = \boldsymbol{K}$ und nennen zu jeder Abbildung $f \in \mathfrak{A}$ und einem beliebigen inneren Punkt x des Definitionsbereiches von f jeden Limes der bez. V_0 gefilterten Familie $\left(\frac{f(x+\alpha)-f(x)}{\alpha}\right)_{\alpha \in \boldsymbol{K}_0}$ eine **klassische Ableitung** $f'(x)$ von f in x; für alle $\alpha \notin \mathrm{db}f - x$ ist dabei anstelle $\frac{f(x+\alpha)-f(x)}{\alpha}$ irgendein Punkt von Y zu nehmen. f heißt, wenn eine klassische Ableitung $f'(x)$ existiert, in x **im klassischen Sinne differenzierbar.** Besitzt eine Abbildung $f \in \mathfrak{A}$ mit $X = \boldsymbol{K}$ in einem Punkt x eine s-Ableitung $\mathrm{D}f(x)$ und ist Y eine pseudotopologische lineare Gruppe, so hat f in x auch eine klassische Ableitung, und zwar $\mathrm{D}f(x)$ 1. Hat eine Abbildung $f \in \mathfrak{A}$ mit $X = \boldsymbol{K}$ in einem Punkt x eine klassische Ableitung $f'(x)$ und ist Y ein pseudotopologischer Vektorraum, so besitzt umgekehrt f in x eine s-Ableitung, nämlich $\alpha \mapsto \alpha f'(x)$ $(\alpha \in \boldsymbol{K})$. Diese Umkehrung ist ohne Einschränkung an Y im allgemeinen falsch, auch, wenn lediglich Y als pseudotopologische lineare Gruppe angenommen wird; denn ist etwa Y der Vektorraum $\boldsymbol{K}$, versehen mit der diskreten Topologie, so ist die identische Abbildung $f\colon \boldsymbol{K} \to Y$ in einem beliebigen Punkt $x \in \boldsymbol{K}$ wohl im klassischen Sinne differenzierbar, auf Grund ihrer Unstetigkeit aber nicht s-differenzierbar.

8.5. Beispiele

Wir führen als nächstes Beispiele dafür an, daß sich die in den beiden Diagrammen nach 8.4.6 und 8.4.7 angegebenen Implikationen $u \to v$ nicht ohne

Hinzunahme von Einschränkungen bzw. von weiteren Einschränkungen umkehren lassen. Es sei $\boldsymbol{K} = \boldsymbol{R}$ oder $\boldsymbol{C}$ und $\boldsymbol{K}^{\boldsymbol{N}}$ das „$\boldsymbol{N}$-fache" cartesische Produkt von $\boldsymbol{K}$ mit sich, versehen mit der üblichen Produkttopologie und üblichen linearen Struktur. π_n sei zu jedem $n \in \boldsymbol{N}$ die n-te natürliche Projektion von $\boldsymbol{K}^{\boldsymbol{N}}$ auf $\boldsymbol{K}$.

Beispiel 1 (vergleiche Awerbuch und Smoljanow [2], Beispiel 3.4). Es sei $X = \boldsymbol{K}$ und $Y = \boldsymbol{K}^{\boldsymbol{N}}$. r sei diejenige Abbildung von X in Y, die über $\boldsymbol{K} \setminus \boldsymbol{E}$ durch $r(h) = (h^{-1})_{n \in \boldsymbol{N}}$, zu beliebigem $n \in \boldsymbol{N}^+$ über $\frac{1}{n}\boldsymbol{E} \setminus \frac{1}{n+1}\boldsymbol{E}$ durch $r(h) = (\xi_n)_{n \in \boldsymbol{N}}$ mit $\xi_0 = \cdots = \xi_{n-1} = h^2$ und $\xi_n = \xi_{n+1} = \cdots = h^{-1}$ und durch $r(0) = 0$ definiert ist. Da bis auf endlich viele n das Bild jeder Nullnachbarschaft in $\boldsymbol{K}^{\boldsymbol{N}}$ bez. π_n gleich $\boldsymbol{K}$ ist, ergibt sich mühelos, daß zu jedem $U \in \boldsymbol{V}$ und jeder Nullnachbarschaft N in $\boldsymbol{K}^{\boldsymbol{N}}$ ein $V \in \boldsymbol{V}$ mit $r_V[U] \subseteq N$ existiert, r also ein b-Restglied ist. Auf Grund der speziellen Gestalt von X und Y folgt aus 8.4.6, daß r auch ein e-, q-, Kh-, b′-, e′-, q′- und Kh′-Restglied ist.

Eine Teilmenge B von $\boldsymbol{K}^{\boldsymbol{N}}$ ist genau dann beschränkt, wenn alle $\pi_n[B]$ beschränkt sind. Damit folgt leicht, daß r kein δb-Restglied ist. r ist dann aber auch kein δe-, δq-, δh-, δb′-, δe′-, δq′- und δh′-Restglied.

Beispiel 2 (Keller [1], Beispiel 1). Es sei $X = Y = \boldsymbol{K}^{\boldsymbol{N}}$ und r die durch $r\big((\xi_n)_{n \in \boldsymbol{N}}\big) = (\xi_n^2)_{n \in \boldsymbol{N}}$ definierte Abbildung von X in Y. Zu jeder Nullnachbarschaft N in $\boldsymbol{K}^{\boldsymbol{N}}$ gibt es eine Nullnachbarschaft M in $\boldsymbol{K}^{\boldsymbol{N}}$, so daß zu jedem $\varepsilon > 0$ ein $V \in \boldsymbol{V}$ mit $r_V[M] \subseteq \varepsilon N$ existiert. Wegen Bedingung (h) aus Abschnitt 8.1 ist r daher ein h-Restglied und mithin auch ein e-, e′- und h′-Restglied. Unter Beachtung der Bedingung (δb) aus Abschnitt 8.1 folgt, daß r auch ein δb-Restglied ist.

N' sei eine Nullnachbarschaft in $\boldsymbol{K}^{\boldsymbol{N}}$. M sei eine Nullnachbarschaft in $\boldsymbol{K}^{\boldsymbol{N}}$ derart, daß für ein $n_0 \in \boldsymbol{N}$ die Menge $\pi_{n_0}[M]$ beschränkt ist und $\pi_{n_0}[N'] = \boldsymbol{K}$ gilt. Zu jeder Nullnachbarschaft N in $\boldsymbol{K}^{\boldsymbol{N}}$ existiert ein $\alpha \in \boldsymbol{K}$ und ein $h \in N'$ mit $\alpha h \in N$ und so großem $|\pi_{n_0}(h)|$, daß $r_\alpha(h) = \big(\alpha\, \pi_n(h)^2\big)_{n \in \boldsymbol{N}}$ nicht M angehört. r ist, wie mittels der Bedingung (Kh′) aus Abschnitt 8.2 folgt, daher kein Kh′- und somit auch kein Kh-Restglied. $\mathfrak{F}$ sei der Dualfilter in $\boldsymbol{K}^{\boldsymbol{N}}$, der als eine Basis die Gesamtheit der zu beliebigen Folgen $(\alpha_n)_{n \in \boldsymbol{N}}$ positiver Zahlen gebildeten Produkte $\prod_{n \in \boldsymbol{N}} \alpha_n \boldsymbol{E}$ hat. Wegen $\mathfrak{F} \in \mathfrak{L}_e$ folgt aus der Bedingung (δe) aus Abschnitt 8.1, daß r kein δe- und damit auch kein δe′-Restglied ist. Zu jeder beschränkten Teilmenge $B \neq \{0\}$ von X und jeder Nullnachbarschaft N in X gibt es $h \in B \setminus \{0\}$ mit $nh \in N$ $(n \in \boldsymbol{N})$, weshalb mittels (8.2.4) folgt, daß r auch kein δb′- und damit auch kein δq- und δq′-Restglied ist.

Beispiel 3 (Keller [1], Beispiel 2). Es sei $X = \boldsymbol{K}^{\boldsymbol{N}}$ und $Y = \boldsymbol{K}$. r sei die Abbildung $(\xi_n)_{n \in \boldsymbol{N}} \mapsto \xi_0 \sum_{n=0}^{\infty} \frac{1}{2^n} \frac{|\xi_n|}{1 + |\xi_n|}$ von X in Y. Zu beliebigem $h = (\xi_n)_{n \in \boldsymbol{N}}$ und $\alpha \in \boldsymbol{K}$ gilt $r_\alpha(h) = \xi_0 \sum_{n=0}^{\infty} \frac{1}{2^n} \frac{|\alpha \xi_n|}{1 + |\alpha \xi_n|}$. N' sei eine Nullnachbarschaft in $\boldsymbol{K}^{\boldsymbol{N}}$

mit $\pi_1[N'] \subseteqq E$. Zu jedem $\varepsilon > 0$ bilden wir mittels eines n mit $\sum_{i=n+1}^{\infty} \frac{1}{2^i} \leqq \frac{1}{2}\varepsilon$ die Nullnachbarschaft $N = \{h \in K^N \mid |\pi_i(h)| \leqq \frac{1}{2}\varepsilon$ für $i = 0, \ldots, n\}$ und erhalten zu beliebigem $\alpha \in K$ und $h \in N'$ mit $\alpha h \in N$, daß $|r_\alpha(h)| \leqq \varepsilon$ gilt, r wegen Bedingung (Kh') aus Abschnitt 8.2 also ein Kh'-Restglied ist. r ist daher auch ein h'- und auf Grund der speziellen Gestalt von Y auch ein δh'-Restglied.

Zu jeder Nullnachbarschaft N in K^N existiert ein $\varepsilon > 0$, so daß $r_V[N] \nsubseteq \varepsilon E$ zu beliebigem $V \in V$ gilt. Bedingung (h) aus Abschnitt 8.1 entnimmt man, daß r daher kein h-Restglied und somit auch kein Kh- und δh-Restglied ist.

Beispiel 4 (Awerbuch und Smoljanow [2], Beispiel 3.9). Es sei $X = K^N$ und $Y = K$. Zu beliebigem $n \in N$ sei e_n derjenige Punkt von X mit $\pi_n(e_n) = 1$ und $\pi_i(e_n) = 0$ bei $i \neq n$. r sei die durch

$$r(h) = \begin{cases} \frac{1}{n}|\beta|^{1+1/k} & \text{bei } h = \beta e_0 + \beta k e_n \ (\beta \in K;\, n, k \in N^+) \\ 0 & \text{sonst} \end{cases}$$

definierte Abbildung von X in Y. Gegeben seien ein quasibeschränkter Filter $\mathfrak{F}$ in X und ein $\varepsilon > 0$. Es existiert ein $F_0 \in \mathfrak{F}$ und ein $\delta_0 > 1$ mit $\pi_0[F_0] \subseteqq \delta_0 E$. Wir wählen ein $n_0 \in N^+$ mit $\delta_0^2 \leqq n_0\varepsilon$ und finden ein $F_1 \in \mathfrak{F}$ und ein $\delta_1 > 0$ mit $F_1 \subseteqq F_0$ und $\pi_i[F_1] \subseteqq \delta_1 E$ für $i = 1, \ldots, n_0$. δ sei das Minimum der Zahlen 1 und $\frac{k}{\delta_1}\left(\frac{\varepsilon k}{\delta_1}\right)^k$ $(k \in N^+)$. Es gilt $\delta > 0$ und $\delta^{1/k}\left(\frac{\delta_1}{k}\right)^{1+1/k} \leqq \varepsilon$. Für $h = \beta e_0 + \beta k e_n$ aus F_1 und für $\alpha \in K$ mit $|\alpha| \leqq \delta$ gilt $|r_\alpha(h)| = \frac{1}{n}|\alpha|^{1/k}|\beta|^{1+1/k}$ und folgt im Falle $n \geqq n_0$ wegen $|\beta| \leqq \delta_0$

$$|r_\alpha(h)| \leqq \frac{1}{n_0}\delta_0^2 \leqq \varepsilon$$

und im Falle $n < n_0$ wegen $|\beta k| \leqq \delta_1$

$$|r_\alpha(h)| \leqq \delta^{1/k}\left(\frac{\delta_1}{k}\right)^{1+1/k} \leqq \varepsilon\,.$$

Somit gilt $|r_\alpha(h)| \leqq \varepsilon$ für beliebiges $h \in F_1$ und $\alpha \in K$ mit $|\alpha| \leqq \delta$, weshalb r ein q-Restglied und wegen 8.4.6 damit auch ein δq-, e'-, δb'- und δe'-Restglied ist.

N' sei eine Nullnachbarschaft in X. Es gibt ein $\delta \in\,]0, 1[$ und ein n mit $\delta E e_0 + K e_n \subseteqq N'$. Wir setzen $\varepsilon = \frac{\delta^2}{2n}$. Zu jeder Nullnachbarschaft N in X finden wir ein $\alpha \in K$ und ein $h = \delta e_0 + \delta k e_n \in N'$ mit $\alpha h \in N$ und $|\alpha|^{1/k} > \frac{1}{2}$. Es folgt $|r_\alpha(h)| \geqq \frac{1}{n}|\alpha|^{1/k}\delta^2 > \varepsilon$ und damit wegen Bedingung (h') aus Abschnitt 8.2, daß r kein h'- und damit auch kein δh'-Restglied ist.

Beispiel 5. Es sei $X = K^N$, $Y = X^\delta$ und r die durch $r(h) = \xi_0 h$, $h = (\xi_n)_{n \in N}$, definierte Abbildung von X in Y. B sei eine beschränkte Teilmenge von X und δ eine positive Zahl. Wir bilden eine Nullnachbarschaft N in X mit $\pi_0[N] \subseteqq \delta E$. Aus $\alpha \in K$ und $h \in B$ mit $\alpha h \in N$ folgt $r_\alpha(h) = \alpha \xi_0 h \in \delta E B$ und wegen (8.2.4) damit, daß r ein b'-Restglied ist. Wegen 8.4.6 und 8.4.7 ist r dann auch ein b-, δb-, k'- und δb'-Restglied. r ist damit auch ein b^K-Restglied.

$\mathfrak{N}(0)$ sei der Nullnachbarschaftsfilter in X und τ_0 die Topologie von X. Offenbar existiert keine beschränkte Teilmenge B von X mit $\boldsymbol{V}B \subseteqq r_{\boldsymbol{V}}(\mathfrak{N}(0))$, so daß r kein $\tau_0(0)$, 4- und damit auch kein c- und q-Restglied ist. r ist auch kein τ-Restglied, wobei τ die beschränkte Konvergenz im engen Sinne ist; es müßte nämlich sonst eine beschränkte Teilmenge C von $\boldsymbol{K}^{\boldsymbol{N}}$ geben derart, daß zu jeder beschränkten Teilmenge B von $\boldsymbol{K}^{\boldsymbol{N}}$ und jedem $\varepsilon > 0$ ein $V \in \boldsymbol{V}$ mit $r_V[B] \subseteqq \varepsilon C$ existiert, was aber unmöglich ist. r ist dann auch kein e-Restglied (vergleiche Abschnitt 7.12) und somit auch kein δe-, e'- und δe'-Restglied.

Beispiel 6 (Keller [1], Beispiel 3). Gegeben sei ein reeller oder komplexer normierter Vektorraum einer unendlichen Dimension. X sei der unterliegende $\boldsymbol{K}$-Vektorraum, versehen mit der schwachen Topologie. $\|\cdot\|$ sei die Ausgangsnorm. X selbst ist ein nicht normierbarer lokalkonvexer topologischer Vektorraum. r sei die durch $r(h) = \|h\|^2$ definierte Abbildung von X in $Y = \boldsymbol{K}$. Die beschränkten Teilmengen von X sind nach 5.18.5 auch bezüglich der Ausgangstopologie beschränkt. Die durch $r_\alpha(h) = \alpha\,\|h\|^2$ $(h \in X)$ definierten Abbildungen r_α $(\alpha \in \boldsymbol{K})$ konvergieren deshalb mit $\alpha \to 0$ über den beschränkten Teilmengen von X gleichmäßig gegen 0, d. h., es ist r ein b-Restglied und wegen 8.4.6 und 8.4.7 auch ein k-, fk-, e-, δb- und δe-Restglied.

Wir gehen im weiteren von der beschränkten Teilmenge $B = \{x \in X \mid \|x\| \leqq 1\}$ von X und der Nullnachbarschaft $\boldsymbol{E}$ in Y aus. Zu jeder Nullnachbarschaft N in X gibt es wegen 5.12.7 ein $h \in B$ und ein $\alpha \in \boldsymbol{K}$ mit $\alpha h \in N$ und $\alpha\,\|h\|^2 \notin \boldsymbol{E}$, weshalb r wegen (8.2.4) kein b'-Restglied ist. r ist deshalb auch kein e'-, δb'- und δe'-Restglied. Ist speziell X ein reflexiver Banach-Raum, so ist r wegen 5.18.6 und 8.4.7 auch kein k'- und fk'-Restglied.

Beispiel 7 (Awerbuch und Smoljanow [1], Beispiel 1.17). Es sei X der Hilbert-Raum l^2 und $Y = \boldsymbol{K}$. Zu beliebigem $n \in \boldsymbol{N}$ sei e_n wie im Beispiel 4 definiert. r sei die durch

$$r(h) = \begin{cases} |\xi|^{1+1/n} & \text{bei } h = \xi e_n \ (n \in \boldsymbol{N}^+) \\ 0 & \text{sonst} \end{cases}$$

definierte Abbildung von X in Y. Für jede kompakte, also jede folgenkompakte[1]) Teilmenge B von X bilden die Zahlen $\varrho_n = \sup\{|\xi| \mid \xi e_n \in B\}$ $(n \in \boldsymbol{N})$ eine Nullfolge, für jede beschränkte Teilmenge B von X jedoch im allgemeinen lediglich eine Folge beschränkter Zahlen. Damit erhält man leicht, daß r ein k- und fk-Restglied und kein b-Restglied ist. Mittels 8.4.7 folgt, daß r auch kein k'- und kein b'-Restglied ist.

Beispiel 8 (Awerbuch und Smoljanow [1], Beispiel 1.16). Es sei $X = \boldsymbol{K}^2$ und $Y = \boldsymbol{K}$. r sei die durch

$$r(h) = \begin{cases} 0 & \text{für } h = (\xi, \eta) \in X \text{ mit } |\xi|^2 \leqq |\eta| \text{ oder } \eta = 0 \\ 1 & \text{sonst} \end{cases}$$

---

[1]) Siehe 3.16.33.

definierte Abbildung von X in Y. r ist offenbar ein s- und kein k-, fk- und c-Restglied.

Beispiel 9. Es sei $X = \boldsymbol{K}$ und Y der wie vor 5.8.7 definierte nicht kreisförmige pseudotopologische Vektorraum. Wir benutzen die bei der Definition dieses pseudotopologischen Vektorraumes eingeführten Bezeichnungen. r sei die durch

$$r(h) = \begin{cases} \frac{1}{n} e_n & \text{bei } h = \frac{1}{n} \quad (n \in \boldsymbol{N}^+) \\ 0 & \text{sonst} \end{cases}$$

definierte Abbildung von X in Y. Es folgt $[0] \cap \xi\mathfrak{E} \subseteqq r_V(\xi)$ und damit, daß r ein s-Restglied und wegen 8.4.7 auch ein c-Restglied ist. r ist kein k-, fk- und b-Restglied und damit auch kein q-Restglied, denn $r_V[\boldsymbol{E}]$ konvergiert nicht bezüglich der Pseudotopologie τ von Y gegen 0, da andernfalls $\alpha_{ij} \in \boldsymbol{K}$ $(i = 1, \ldots, k;$ $j = 1, \ldots, l)$ mit

$$\mathfrak{F}_{\alpha_{11}\cdots\alpha_{1l}} \cap \cdots \cap \mathfrak{F}_{\alpha_{k1}\cdots\alpha_{kl}} \subseteqq r_V[\boldsymbol{E}]$$

existieren und es insbesondere zu jedem positiven α ein $\delta > 0$ mit

$$\left\{\frac{1}{n\beta} e_n \,\middle|\, 0 < |\beta| \leqq \delta, 1 \leqq n\,|\beta|\right\} \subseteqq (\alpha_{11}E_1 + \cdots + \alpha_{1l}E_1 + \underbrace{\alpha \boldsymbol{E}E_1 + \cdots + \alpha \boldsymbol{E}E_1}_{2l}) \cup \cdots$$
$$\cup\, (\alpha_{k1}E_1 + \cdots + \alpha_{kl}E_1 + \underbrace{\alpha \boldsymbol{E}E_1 + \cdots + \alpha \boldsymbol{E}E_1}_{2l})$$

geben würde, was aber unmöglich ist.

Wir führen im folgenden die beiden Diagramme nach 8.4.6 und 8.4.7 noch einmal an, lassen allerdings der Einfachheit halber beim zweiten Diagramm die Einschränkungen, unter denen die Implikationen $u \to v$ gelten, und bei beiden Diagrammen die Umkehrungen $u \leftarrow v$ der Implikationen $u \to v$ weg. Dafür fügen wir die Nummern derjenigen Beispiele an, auf Grund deren sich die Implikationen $u \to v$ nicht ohne Hinzunahme von Einschränkungen bzw. von weiteren Einschränkungen umkehren lassen.

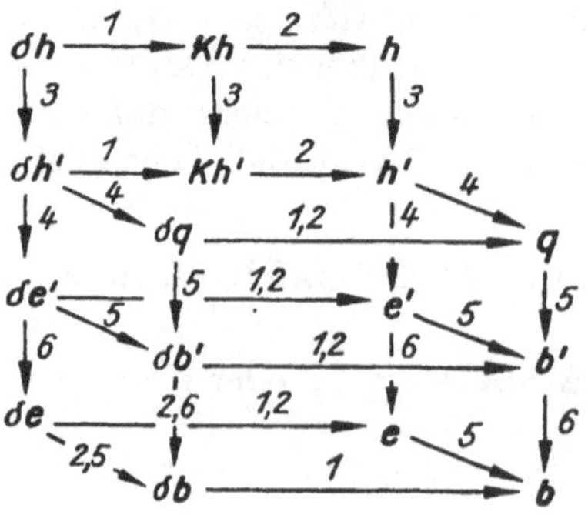

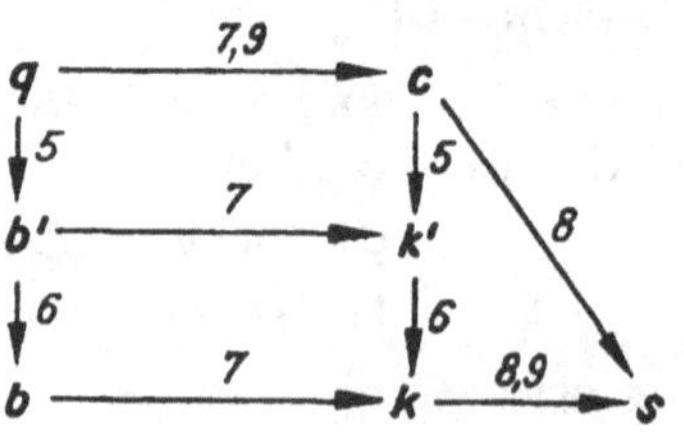

8.6. Einige Differenzierbarkeitseigenschaften

X und Y seien im folgenden — abgesehen von den Einschränkungen, die wir angeben werden — beliebige limitierte lineare Gruppen. τ_0 und τ_1 seien die Limitierungen von X bzw. Y. $\mathfrak{A}$ sei die Menge aller Abbildungen aus X in Y oder die Menge aller Abbildungen von X in Y.

Wir fragen als nächstes danach, wann aus der Existenz einer Ableitung in einem Punkt die Stetigkeit der Ausgangsabbildung in diesem Punkt folgt.

8.6.1 (Stetigkeitseigenschaften von Restgliedern). *Y sei eine pseudotopologische lineare Gruppe. Ist $r: X \circ\!\!\to Y$ ein $\tau_0(0)$,4-Restglied mit $r(0) = 0$, dann ist $r: X^{\#} \circ\!\!\to Y^{\#}$ und damit auch $r: X^{\#} \circ\!\!\to Y$ in 0 stetig. Jedes $(\tau_0(0), 4)'$-Restglied $r: X \circ\!\!\to Y$ ist in 0 stetig.*

Beweis. 1. $r: X \circ\!\!\to Y$ sei ein $\tau_0(0)$,4-Restglied mit $r(0) = 0$. $\mathfrak{F}$ sei ein Nullfilter in $X^{\#}$. Wegen 5.8.14 existiert ein Nullfilter $\mathfrak{G}$ in X mit $V\mathfrak{G} \subseteq \mathfrak{F}$. Da $r[VG] \subseteq Vr_V[G]$ $(V \subseteq \boldsymbol{K}, G \subseteq X)$ gilt, folgt $\boldsymbol{V}r_{\boldsymbol{V}}(\mathfrak{G}) \subseteq r(\boldsymbol{V}\mathfrak{G}) \subseteq r(\mathfrak{F})$. Auf Grund der Voraussetzung ist $r_{\boldsymbol{V}}(\mathfrak{G})$ ein Nullfilter in Y, somit $r(\mathfrak{F})$ ein Nullfilter in $Y^{\#}$. Damit ergibt sich die Richtigkeit des ersten Teiles der Behauptung.

2. $r: X \circ\!\!\to Y$ sei ein $(\tau_0(0), 4)'$-Restglied und $\mu: X \circ\!\!\to \mathfrak{H}(X, Y)$ eine erzeugende Abbildung. μ ist in 0 bez. τ_0 und der Limitierung der $\tau_0(0)$,4-Konvergenz in $\mathfrak{H}(X, Y)$ stetig, weshalb $\mu(\mathfrak{F})(\mathfrak{F}) \in \tau_1(0)$ und wegen $\mu(\mathfrak{F})(\mathfrak{F}) \subseteq r(\mathfrak{F})$ auch $r(\mathfrak{F}) \in \tau_1(0)$ für jeden Filter $\mathfrak{F} \in \tau_0(0)$ folgt, r also in 0 stetig ist.

Als Folgerung erhalten wir

8.6.2 (Stetigkeit der Ausgangsabbildung). *X und Y seien pseudotopologische lineare Gruppen, f sei eine Abbildung aus $\mathfrak{A}$, und x sei ein Punkt von X. Ist f in x $\tau_0(0)$,4-differenzierbar, dann ist $f: X^{\#} \circ\!\!\to Y^{\#}$ und, wenn X gleichförmig ist, damit auch $f: X \circ\!\!\to Y$ in x stetig, und ist f in x $(\tau_0(0), 4)'$-differenzierbar, dann ist $f: X \circ\!\!\to Y$ in x stetig.*

Beweis. 1. f sei in x $\tau_0(0)$,4-differenzierbar. Nach 8.6.1 ist die durch $r(h) = f(x + h) - f(x) - \mathrm{D}f(x)h$ $(h \in \mathrm{dbf} - x)$ definierte Abbildung $r: X^{\#} \circ\!\!\to Y^{\#}$ in 0 stetig; $\mathrm{D}f(x)$ ist dabei eine $\tau_0(0)$,4-Ableitung von f in x. Da $\mathrm{D}f(x): X^{\#} \to Y^{\#}$ stetig ist und $X^{\#}$ und $Y^{\#}$ pseudotopologische lineare Gruppen sind, ist $f: X^{\#} \circ\!\!\to Y^{\#}$ in x stetig.

2. Der zweite Teil der Behauptung ergibt sich mühelos aus 8.6.1.

Ohne Einschränkung an X folgt aus der $\tau_0(0)$,4-Differenzierbarkeit nicht die Stetigkeit der Ausgangsabbildung in dem betreffenden Punkt, wie wir an Hand des folgenden Beispiels zeigen. Es sei X der im Beispiel vor 5.8.7 angeführte nicht kreisförmige pseudotopologische $\boldsymbol{K}$-Vektorraum, und es sei $Y = \boldsymbol{K}$. Wie nach 8.3.5 gezeigt wurde, existiert eine Teilmenge M von X, die keine Nullnachbarschaft ist und die, falls $\mathfrak{A}$ aus allen Abbildungen aus X in Y besteht, ein c-Bereich M um 0 ist. Es gibt ein eigentliches Netz $(x_\iota)_{\iota \in I}$ in $X \setminus M$, das gegen 0 konvergiert. Die Abbildung $f\colon X \to Y$ mit $f(x) = 0$ für $x \in M$ und $f(x) = 1$ für $x \in X \setminus M$ ist in 0 unstetig, jedoch in 0 c- und damit auch $\tau_0(0)$, 4-differenzierbar.

Unter Beachtung von $\tau_0(0) \subseteqq \mathfrak{S}_{\mathsf{q}}$ und des Vergleichssatzes 8.4.6 folgt aus 8.6.2

8.6.2′ (Stetigkeit der Ausgangsabbildung; Spezialfälle). *X und Y seien pseudotopologische lineare Gruppen, f sei eine Abbildung aus $\mathfrak{A}$, und x sei ein Punkt von X. Ist f in x c-, q-, h-, Kh-, δq- oder δh-differenzierbar, so ist $f\colon X^{\#} \circ\!\!\to Y^{\#}$ und, wenn X gleichförmig ist, auch $f\colon X \circ\!\!\to Y$ in x stetig. Ist f in x c′-, q′-, h′-, Kh′-, δq′- oder δh′-differenzierbar, so ist ebenfalls $f\colon X \circ\!\!\to Y$ in x stetig.*

Für zahlreiche Ableitungsbegriffe gilt ein ähnlicher Satz nicht. Wir erwähnen, daß die in den Beispielen 5, 6 und 8 des vorigen Abschnittes angegebenen Restglieder in 0 unstetig sind.

Dem Beweis von 8.6.1 entnimmt man bei $X = \boldsymbol{K}$ und $\mathfrak{G} = [1]$:

8.6.2″ (Stetigkeit der Ausgangsabbildung bei klassischer Differenzierbarkeit). *Es sei $X = \boldsymbol{K}$ und Y eine pseudotopologische lineare Gruppe. f sei eine Abbildung aus $\mathfrak{A}$ und x ein Punkt von X. Wenn f in x im klassischen Sinne differenzierbar ist (insbesondere also, wenn f in x s-differenzierbar ist), ist f in x stetig.*

Die Ableitungen $\mathrm{D}f(x)$ sind in der Regel in f linear; genau genommen gilt

8.6.3 (Linearität der Ableitungen in den Ausgangsabbildungen). *$\mathfrak{R}$ sei ein Differenzierbarkeitstyp für X und Y. Mit r und s gehöre zu beliebigen $\alpha, \beta \in \boldsymbol{K}$ auch $\alpha r + \beta s$ zu $\mathfrak{R}$. Sind f und g Abbildungen aus X in Y, die in einem Punkt x $\mathfrak{R}$-Ableitungen $\mathrm{D}f(x)$ und $\mathrm{D}g(x)$ besitzen, so ist zu beliebigen $\alpha, \beta \in \boldsymbol{K}$ auch $\alpha f + \beta g$ in x $\mathfrak{R}$-differenzierbar und ist $\alpha \mathrm{D}f(x) + \beta \mathrm{D}g(x)$ eine $\mathfrak{R}$-Ableitung von $\alpha f + \beta g$ in x[1]).*

Beweis. Nach Voraussetzung sind $r\colon h \mapsto f(x+h) - f(x) - \mathrm{D}f(x)\,h$ $(h \in \mathrm{db}f - x)$ und $s\colon h \mapsto g(x+h) - g(x) - \mathrm{D}g(x)\,h$ $(h \in \mathrm{db}g - x)$ $\mathfrak{R}$-Restglieder. Zu beliebigen $\alpha, \beta \in \boldsymbol{K}$ ist $t = \alpha r + \beta s$ ein $\mathfrak{R}$-Restglied, ist $l = \alpha \mathrm{D}f(x) + \beta\,\mathrm{D}g(x)$ eine stetige lineare Abbildung von X in Y und gilt $(\alpha f + \beta g)(x+h) = (\alpha f + \beta g)(x) + l(y) + t(h)$ $(h \in \mathrm{db}t)$, so daß l eine $\mathfrak{R}$-Ableitung von $\alpha f + \beta g$ in x ist.

Ist τ eine Limitierung von $\mathfrak{A}$ und folgt für beliebige Filter $\mathfrak{K}$ und $\mathfrak{L}$ in $\mathfrak{A}$, und $\alpha, \beta \in \boldsymbol{K}$ aus $\mathfrak{K} \xrightarrow[\tau]{} 0$ und $\mathfrak{L} \xrightarrow[\tau]{} 0$ stets $(\alpha\mathfrak{K} + \beta\mathfrak{L}) \xrightarrow[\tau]{} 0$ bzw. für beliebige Filter $\mathfrak{K}$ und $\mathfrak{L}$ in $\mathfrak{H}(X, Y)$ und $\alpha, \beta \in \boldsymbol{K}$ aus $\mathfrak{K} \xrightarrow[\tau\mathfrak{H}(X,Y)]{} 0$ und $\mathfrak{L} \xrightarrow[\tau\mathfrak{H}(X,Y)]{} 0$ stets

[1]) Für beliebige Abbildungen f und g aus X in Y und Zahlen $\alpha, \beta \in \boldsymbol{K}$ verstehen wir unter $\alpha f + \beta g$ entsprechend früheren Vereinbarungen die Abbildung $x \mapsto \alpha f(x) + \beta g(x)$ $(x \in \mathrm{db}f \cap \mathrm{db}g)$ aus X in Y.

$(\alpha\mathfrak{K} + \beta\mathfrak{L}) \xrightarrow[\tau_{\mathfrak{H}(,X,Y)}]{} 0$, so ist die Voraussetzung des Satzes für $\mathfrak{R} = \mathfrak{R}_\tau^{\mathsf{G}}$ bzw. $\mathfrak{R} = \mathfrak{R}_\tau^{\mathsf{M}}$ erfüllt. Aus 7.11.3 und 7.11.9 folgt damit

8.6.3′ (Linearität der Ableitungen in den Ausgangsabbildungen; Spezialfälle). *Y sei eine pseudotopologische lineare Gruppe, und f und g seien Abbildungen aus $\mathfrak{A}$, die in einem Punkt x* s-, k-, fk-, b-, e-, c-, q-, h-, Kh-, δb-, δe-, δq-, δh-, s′-, ... , δq′- *oder* δh′-*Ableitungen* $\mathrm{D}f(x)$ *und* $\mathrm{D}g(x)$ *besitzen. Dann hat auch $\alpha f + \beta g$ zu beliebigen $\alpha, \beta \in \boldsymbol{K}$ in x eine Ableitung der gleichen Art, und zwar $\alpha\mathrm{D}f(x) + \beta\mathrm{D}g(x)$.*

Im folgenden führen wir naheliegende Differenzierbarkeitseigenschaften der konstanten, der stetigen linearen und der stetigen multilinearen Abbildungen an. Offenbar gilt

8.6.4 (Differenzierbarkeit der konstanten und der stetigen linearen Abbildungen). *$\mathfrak{R}$ sei ein Differenzierbarkeitstyp für X und Y, dem die Nullabbildung* 0 *von X in Y angehört. Jede konstante Abbildung $f\colon X \to Y$ hat dann in einem beliebigen Punkt x von X die Nullabbildung von X in Y als $\mathfrak{R}$-Ableitung:*

$$\mathrm{D}f(x) = 0\,.$$

Ferner hat dann jede stetige lineare Abbildung $f\colon X \to Y$ in einem beliebigen Punkt x von X sich selbst als $\mathfrak{R}$-Ableitung:

$$\mathrm{D}f(x) = f\,.$$

Ist τ eine Limitierung von $\mathfrak{A}$ und gilt $[0] \xrightarrow[\tau]{} 0$ für die Nullabbildung 0 von X in Y, so ist die Voraussetzung dieses Satzes für $\mathfrak{R} = \mathfrak{R}_\tau^{\mathsf{G}}$ und $\mathfrak{R} = \mathfrak{R}_\tau^{\mathsf{M}}$[1]) erfüllt, so daß dann die beiden im Satz angeführten Aussagen insbesondere für die τ- und τ'-Ableitungen gelten. Speziell ergibt sich:

8.6.4′ (Differenzierbarkeit der konstanten und der stetigen linearen Abbildungen; Spezialfälle). *Y sei eine pseudotopologische lineare Gruppe. Zu beliebigem $x \in X$ hat jede konstante Abbildung von X in Y die Nullabbildung $0\colon X \to Y$ und jede stetige lineare Abbildung von X in Y sich selbst als* s-, k-, fk-, b-, e-, c-, q-, h-, Kh-, δb-, δe-, δq-, δh-, s′-, ... , δq′- *und* δh′-*Ableitung in x.*

8.6.5 (Differenzierbarkeit der stetigen multilinearen Abbildungen). *X sei zu einem $n \in \boldsymbol{N}$ mit $n \geqq 2$ ein Produkt $X_1 \times \cdots \times X_n$ pseudotopologischer $\boldsymbol{K}$-linearer Gruppen. $\mathfrak{R}$ sei ein Differenzierbarkeitstyp für X und Y, dem jede endliche Summe stetiger Abbildungen von X in Y angehört, die in den einzelnen Argumenten (bei festen anderen Argumenten) konstant oder linear sind, letzteres in mindestens zwei Argumenten. Jede stetige n-lineare Abbildung $f\colon X \to Y$ hat dann in einem beliebigen Punkt $x = (x_1, \ldots, x_n)$ von X die durch*

$$\mathrm{D}f(x)\,h = \sum_{i=1}^{n} f(x_1, \ldots, x_{i-1}, h_i, x_{i+1}, \ldots, x_n) \qquad (h = (h_1, \ldots, h_n) \in X) \qquad (8.6.1)$$

definierte Abbildung als $\mathfrak{R}$-Ableitung.

[1]) Die Nullabbildung von X in $\mathfrak{H}(X, Y)$ ist eine erzeugende Abbildung von $0\colon X \to Y$.

Zum Beweis: Die Behauptung folgt leicht mittels der Zerlegung

$$f(x_1 + h_1, \dots, x_n + h_n) = f(x_1, \dots, x_n) + f(h_1, x_2, \dots, x_n) + \cdots + f(h_1, \dots, h_n)$$

und unter Berücksichtigung, daß $(h_1, \dots, h_n) \mapsto f(x_1, \dots, x_{i-1}, h_i, x_{i+1}, \dots, x_n)$ stetige und lineare Abbildungen sind.

Anmerkungen. Im Falle $n = 2$ besagt die Voraussetzung an $\mathfrak{R}$, daß $\mathfrak{R}$ ein Differenzierbarkeitstyp für X und Y ist, dem jede stetige bilineare Abbildung von X in Y angehört.

Stimmt $\mathfrak{R}$ mit $\mathfrak{R}_\tau^{\mathsf{G}}$ für eine Limitierung τ von $\mathfrak{A}$ überein, so ist die in 8.6.5 angegebene Forderung an $\mathfrak{R}$ erfüllt, wenn die folgenden Bedingungen gelten:

1. Die Addition $(u, v) \mapsto u + v$ $(u, v \in \mathfrak{A})$ ist in $(0, 0)$ stetig.
2. Für jede stetige Abbildung $f: X \to Y$, die in den einzelnen Argumenten konstant oder linear ist, letzteres in mindestens zwei Argumenten, gilt $Vf \underset{\tau}{\to} 0$.

Die Bedingung 2 ist für $n = 2$ erfüllt, wenn die von τ auf $L(X_1, X_2; Y)$ induzierte Limitierung eine Vektorraumpseudotopologie ist, sie ist für beliebiges n etwa erfüllt, wenn zu jedem $m > 1$ die von τ auf $G^m(X, Y)$ induzierte Limitierung eine Vektorraumpseudotopologie ist; dabei ist $L(X_1, X_2; Y)$ der Vektorraum aller stetigen bilinearen Abbildungen $f: X_1 \times X_2 \to Y$ und $G^m(X, Y)$ der Vektorraum aller Abbildungen $f: X \to Y$, die in 0 stetig und die vom Grade m homogen sind.

Wir zeigen

8.6.5′ (Differenzierbarkeit der stetigen multilinearen Abbildungen; Spezialfälle). *X sei zu einem $n \in \boldsymbol{N}$ mit $n \geqq 2$ ein Produkt $X_1 \times \cdots \times X_n$ pseudotopologischer $\boldsymbol{K}$-linearer Gruppen, und Y sei eine pseudotopologische $\boldsymbol{K}$-lineare Gruppe. Jede stetige n-lineare Abbildung $f: X \to Y$ hat dann in einem beliebigen Punkt $x \in X$ die durch* (8.6.1) *definierte Abbildung* $\mathrm{D}f(x)$ *als* b-, e-, q-, h- *und* δb-*Ableitung, wenn X gleichförmig und Y kreisförmig ist, auch als* b′-, e′-, q′- *und* h′-*Ableitung, wenn X ein pseudotopologischer Vektorraum ist, auch als* s- *und* c-*Ableitung, wenn X ein* SIMONNET*scher pseudotopologischer Vektorraum ist, auch als* k- *und* fk-*Ableitung und, wenn X ein gleichförmiger* SIMONNET*scher pseudotopologischer Vektorraum und Y kreisförmig ist, auch als* k′- *und* fk′-*Ableitung.*

Beweis. Aus 5.18.12, 5.18.15, dem Korollar 1 zu 7.11.11 und obigen Bemerkungen folgt die Behauptung für die s-, c-, k-, fk-, b-, e-, q-, h- und δb-Differenzierbarkeit, aus 8.4.6 damit auch für die b′-, e′-, q′- und h′-Differenzierbarkeit.

Wir zeigen im folgenden an Hand eines Beispiels, daß für die nicht angeführten speziellen Differenzierbarkeitsbegriffe im allgemeinen eine entsprechende Aussage nicht zutrifft. Es sei $X = \boldsymbol{K}^{\boldsymbol{N}} \times \boldsymbol{K}^{\boldsymbol{N}}$, $Y = \boldsymbol{K}^{\boldsymbol{N}}$ und f die stetige bilineare Abbildung $\big((\xi_n)_{n\in\boldsymbol{N}}, (\eta_n)_{n\in\boldsymbol{N}}\big) \mapsto (\xi_n\eta_n)_{n\in\boldsymbol{N}}$ von X in Y. f ist nach 8.6.5′ in jedem

Punkt von X h- und δb-differenzierbar. Mittels (8.2.4) zeigt man, daß f in den Punkten von X nicht δb'-differenzierbar ist. Unter Beachtung, daß X und Y topologische Vektorräume sind und somit die δe-Konvergenz mit der SUCHININ-Modifikation der beschränkten Konvergenz im engeren Sinne übereinstimmt, folgt leicht, daß f nicht δe- und damit auch nicht δh-, δe'- und δh'-differenzierbar in den Punkten von X ist. $\mathfrak{F}$ sei der quasibeschränkte Filter in $\boldsymbol{K}^{\boldsymbol{N}}$, der die Menge aller $F(n, \delta) = \prod_{i \in \boldsymbol{N}} F_i(n, \delta)$ $(n \in \boldsymbol{N}, \delta > 0)$ mit $F_i(n, \delta) = \begin{cases} \delta \boldsymbol{E} & \text{bei } i \leqq n \\ \boldsymbol{K} & \text{bei } i > n \end{cases}$ als eine Basis hat. Da $\boldsymbol{V}B \subseteqq \boldsymbol{V}f(\mathfrak{F} \times \mathfrak{F})$ für keine beschränkte Teilmenge B von Y gilt, ist f nicht δq- und damit auch nicht δq'-differenzierbar in den Punkten von X. Unter Berücksichtigung der Bedingung (Kh') aus Abschnitt 8.2 und der anschließenden Bemerkungen folgt mühelos, daß f in den Punkten von X nicht Kh'- und damit auch nicht Kh-differenzierbar ist.

Im folgenden Diagramm liegen links von der Trennungslinie diejenigen der betrachteten speziellen Ableitungsbegriffe, bezüglich der auch unter stärkeren Voraussetzungen an X und Y (etwa der Voraussetzung, daß X und Y topologische Vektorräume sind) stetige multilineare Abbildungen f: $X \to Y$ im allgemeinen nicht differenzierbar sind.

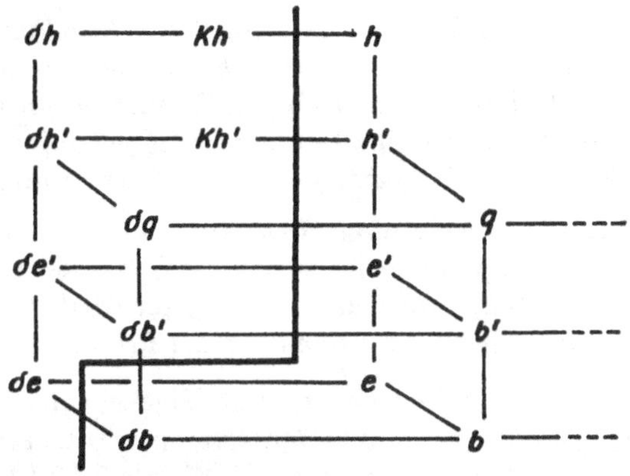

Wir befassen uns als nächstes mit der Differenzierbarkeit von Abbildungskomplexen. X sei dazu eine limitierte $\boldsymbol{K}$-lineare Gruppe und Y ein Produkt $\prod_{j \in J} Y_j$ pseudotopologischer $\boldsymbol{K}$-linearer Gruppen mit einer nichtleeren Menge J als Indexbereich. p_j sei zu jedem $j \in J$ die j-te natürliche Projektion von Y. Je nachdem, ob $\mathfrak{A}$ die Menge aller Abbildungen aus oder von X in Y ist, sei $\mathfrak{A}_j$ zu jedem j die Menge aller Abbildungen aus bzw. von X in Y_j.

8.6.6 (Differenzierbarkeit von Abbildungskomplexen). *k sei eine der Zahlen 1, ..., 5 und $\mathfrak{B}$ ein System von $\wedge$-Idealen von Dualfiltern in X. $f = \langle f_j \rangle_{j \in J}$ sei ein aus Abbildungen $f_j \in \mathfrak{A}_j$ bestehender Abbildungskomplex und x ein Punkt von X.*

Ist $\{\mathrm{db} f_j \mid j \in J\}$ *endlich und besteht in dem Fall, daß* $k = 1, 3$ *oder* 5 *und* J *nicht endlich ist,* $\mathfrak{B}$ *nur aus Haupt-*$\wedge$*-Idealen, so gilt: Wenn jede Abbildung* f_j *in* x *eine* $\mathfrak{B},k$*- bzw.* $(\mathfrak{B},k)'$*-Ableitung* $\mathrm{D}f_j(x)$ *besitzt, ist auch* f *in* x $\mathfrak{B},k$*- bzw.* $(\mathfrak{B},k)'$*-differenzierbar und* $\mathrm{D}f(x) = \langle \mathrm{D}f_j(x)\rangle_{j\in J}$ *eine* $\mathfrak{B},k$*- bzw.* $(\mathfrak{B},k)'$*-Ableitung von* f *in* x.

Andererseits gilt: Besitzt f *in* x *eine* $\mathfrak{B},k$*- bzw.* $(\mathfrak{B},k)'$*-Ableitung* $\mathrm{D}f(x)$*, so ist auch jede Abbildung* f_j *in* x $\mathfrak{B},k$*- bzw.* $(\mathfrak{B},k)'$*-differenzierbar und ist* $\mathrm{D}f_j(x) = p_j \circ \mathrm{D}f(x)$ *eine* $\mathfrak{B},k$*- bzw.* $(\mathfrak{B},k)'$*-Ableitung von* f_j *in* x.

Beweis. 1. Es sei zusätzlich die Voraussetzung des ersten Teiles der Behauptung erfüllt. Besitzt jede Abbildung f_j in x eine $\mathfrak{B},k$-Ableitung $\mathrm{D}f_j(x)$, so folgt mittels des Korollars zu 7.9.13, daß $\mathrm{D}f(x) = \langle \mathrm{D}f_j(x)\rangle_{j\in J}$ eine $\mathfrak{B},k$-Ableitung von f in x ist. Nun besitze jede Abbildung f_j in x eine $(\mathfrak{B},k)'$-Ableitung $\mathrm{D}f_j(x)$. Es gibt zu jedem $j \in J$ eine Abbildung μ_j: $X \circ\!\!\rightarrow \mathfrak{H}(X, Y_j)$ mit den Eigenschaften:

1. $\mathrm{db}\mu_j$ ist eine Nullnachbarschaft in X und $\mu_j(0)$ die Nullabbildung von X in Y_j.
2. μ_j ist in 0 stetig.
3. Es gilt $x + \mathrm{db}\mu_j = \mathrm{db} f_j$ und ferner $f_j(x + h) = f_j(x) + \mathrm{D}f_j(x)\, h + \mu_j(h)\, h$ für jedes $h \in \mathrm{db}\mu_j$.

Wir bilden mittels der Abbildung ζ aus 7.10.10 die Abbildung $\mu = \zeta \circ \langle \mu_j\rangle_{j\in J}$ aus X in $\mathfrak{H}(X, Y)$ und erhalten $\mu(h) = \langle \mu_j(h)\rangle_{j\in J}$ zu jedem $h \in \mathrm{db}\mu$. Wegen 3.10.4' und 7.10.10 folgt, daß μ die den obigen Eigenschaften 1 bis 3 der Abbildungen μ_j entsprechenden Eigenschaften besitzt (μ_j ist durch μ und f_j durch f zu ersetzen), so daß $\mathrm{D}f(x) = \langle \mathrm{D}f_j(x)\rangle_{j\in J}$ eine $(\mathfrak{B},k)'$-Ableitung von f in x ist.

2. Besitzt f in x eine $\mathfrak{B},k$-Ableitung $\mathrm{D}f(x)$, so folgt mittels des Korollars zu 7.9.13, daß $\mathrm{D}f_j(x) = p_j \circ \mathrm{D}f(x)$ für jedes $j \in J$ eine $\mathfrak{B},k$-Ableitung von f_j in x ist. Nun besitze f in x eine $(\mathfrak{B},k)'$-Ableitung $\mathrm{D}f(x)$. ζ sei wieder die Abbildung aus 7.10.10 und ferner p_j' für jedes j die j-te natürliche Projektion von $\prod_{i\in J} \mathfrak{H}(X, Y_i)$. Es gibt eine Abbildung μ: $X \circ\!\!\rightarrow \mathfrak{H}(X, Y)$ mit Eigenschaften, die den Eigenschaften 1 bis 3 der Abbildungen μ_j aus Teil 1 entsprechen. Zu beliebigem $j \in J$ und $h \in \mathrm{db}\mu$ gilt $p_j \circ (\mu(h)) = (p_j' \circ \varphi^{-1} \circ \mu)(h)$. Mittels 7.10.10 folgt damit, daß jede Abbildung $\mu_j = p_j' \circ \varphi^{-1} \circ \mu$ die Eigenschaften 1 bis 3 aus Teil 1 des Beweises bei $\mathrm{D}f_j(x) = p_j \circ \mathrm{D}f(x)$ hat. $\mathrm{D}f_j(x)$ ist somit eine $(\mathfrak{B},k)'$-Ableitung von f_j in x.

8.6.6 entnimmt man unter Beachtung, daß $Y^\delta \leqq \prod_{j\in J} Y_j^\delta$ gilt und bei dieser Beziehung für endliches J das Gleichheitszeichen zutrifft:

8.6.7 (Differenzierbarkeit von Abbildungskomplexen; Suchinin-Modifikationen). *k sei eine der Zahlen* $1, \ldots, 5$ *und* $\mathfrak{B}$ *ein System von* $\wedge$*-Idealen von Dualfiltern in* X. $f = \langle f_j\rangle_{j\in J}$ *sei ein aus Abbildungen* $f_j \in \mathfrak{A}_j$ *bestehender Abbildungskomplex und* x *ein Punkt von* X.

Ist J endlich, so gilt: Wenn jede Abbildung f_j in x eine $\delta_{\mathfrak{B},k}$- bzw. $\delta'_{\mathfrak{B},k}$-Ableitung $\mathrm{D}f_j(x)$ *besitzt, ist auch f in x $\delta_{\mathfrak{B},k}$- bzw. $\delta'_{\mathfrak{B},k}$-differenzierbar und ist* $\mathrm{D}f(x) = \langle \mathrm{D}f_j(x) \rangle_{j\in J}$ *eine $\delta_{\mathfrak{B},k}$- bzw. $\delta'_{\mathfrak{B},k}$-Ableitung von f in x.*

Andererseits gilt: Besitzt f in x eine $\delta_{\mathfrak{B},k}$- bzw. $\delta'_{\mathfrak{B},k}$-Ableitung $\mathrm{D}f(x)$, *so ist auch jede Abbildung f_j in x $\delta_{\mathfrak{B},k}$- bzw. $\delta'_{\mathfrak{B},k}$-differenzierbar und ist* $\mathrm{D}f_j(x) = p_j \circ \mathrm{D}f(x)$ *eine $\delta_{\mathfrak{B},k}$- bzw. $\delta'_{\mathfrak{B},k}$-Ableitung von f_j in x.*

Aus 8.6.6 und 8.6.7 folgt

8.6.8 (Differenzierbarkeit von Abbildungskomplexen; Spezialfälle). $f = \langle f_j \rangle_{j\in J}$ *sei ein aus Abbildungen $f_j \in \mathfrak{A}_j$ bestehender Abbildungskomplex und x ein Punkt von X.*

Ist $\{\mathrm{dbf}_j \mid j \in J\}$ endlich und besitzt jede Abbildung f_j in x eine s-, k-, fk-, b-, e-, c-, q-, h-, s'-, ..., q'- *bzw.* h'-*Ableitung* $\mathrm{D}f_j(x)$ *oder ist J endlich und besitzt jede Abbildung f_j in x eine* Kh-, δb-, δe-, δq-, δh-, Kh', ..., δq'- *bzw.* δh'-*Ableitung* $\mathrm{D}f_j(x)$, *so ist f in x von der gleichen Art differenzierbar und ist* $\mathrm{D}f(x) = \langle \mathrm{D}f_j(x) \rangle_{j\in J}$ *eine entsprechende Ableitung von f in x.*

Hat f in x eine s-, k-, fk-, b-, e-, c-, q-, h-, Kh-, δb-, δe-, δq-, δh-, s'-, ..., δq'- *bzw.* δh'-*Ableitung* $\mathrm{D}f(x)$, *so ist auch jede Abbildung f_j in x von der gleichen Art differenzierbar und ist* $\mathrm{D}f_j(x) = p_j \circ \mathrm{D}f(x)$ *eine entsprechende Ableitung von f_j in x.*

Im weiteren befassen wir uns mit der Differenzierbarkeit von Abbildungsprodukten. X sei dazu ein Produkt $\prod_{j\in J} X_j$ von limitierten $\boldsymbol{K}$-linearen Gruppen mit einer nichtleeren Menge J als Indexbereich. Y sei ein Produkt $\prod_{j\in J} Y_j$ von pseudotopologischen $\boldsymbol{K}$-linearen Gruppen, ebenfalls mit J als Indexbereich. Zu jedem $j \in J$ sei ι_{j0} die natürliche Einbettung von X_j in X bez. 0, π_j die natürliche Projektion von X auf X_j und p_j die natürliche Projektion von Y auf Y_j. Je nachdem, ob $\mathfrak{A}$ die Menge aller Abbildungen aus oder von X in Y ist, sei $\mathfrak{A}_j$ zu jedem j die Menge aller Abbildungen aus bzw. von X_j in Y_j.

8.6.9 (Differenzierbarkeit von Abbildungsprodukten). *k sei eine der Zahlen 1, ..., 5. $\mathfrak{B}$ sei ein System von ∧-Idealen von Dualfiltern in X und $\mathfrak{B}_j$ zu beliebigem $j \in J$ ein System von ∧-Idealen von Dualfiltern in X_j. $f = \mathop{\divideontimes}_{j\in J} f_j$ sei ein aus Abbildungen $f_j \in \mathfrak{A}_j$ bestehendes Abbildungsprodukt und $x = (x_j)_{j\in J}$ ein Punkt von X. J sei endlich, oder es sei $\mathrm{dbf}_j = X_j$ $(j \in J)$.*

Sind die Projektionen π_j $\mathfrak{B},\mathfrak{B}_j$-treu, so gilt: Wenn jede Abbildung f_j in x_j eine $\mathfrak{B}_j,k$- bzw. $(\mathfrak{B}_j,k)'$-Ableitung $\mathrm{D}f_j(x_j)$ *besitzt, ist f in x $\mathfrak{B},k$- bzw. $(\mathfrak{B},k)'$-differenzierbar und* $\mathrm{D}f(x) = \mathop{\divideontimes}_{j\in J} \mathrm{D}f_j(x_j)$ *eine $\mathfrak{B},k$- bzw. $(\mathfrak{B},k)'$-Ableitung von f in x.*

Falls die X_j $(j \in J)$ pseudotopologische lineare Gruppen und die Einbettungen ι_{j0} $\mathfrak{B}_j,\mathfrak{B}$-treu sind, gilt andererseits: Besitzt f in x eine $\mathfrak{B},k$- bzw. $(\mathfrak{B},k)'$-Ableitung $\mathrm{D}f(x)$, *dann ist zu jedem $j \in J$ die Abbildung f_j in x_j $\mathfrak{B}_j,k$- bzw. $(\mathfrak{B}_j,k)'$-differenzierbar und ist* $\mathrm{D}f_j(x_j) = p_j \circ \mathrm{D}f(x) \circ \iota_{j0}$ *eine $\mathfrak{B},k$- bzw. $(\mathfrak{B},k)'$-Ableitung von f_j in x_j*

Beweis. 1. Sind die π_j $\mathfrak{B},\mathfrak{B}_j$-treue Abbildungen und hat jede Abbildung f_j in x_j eine $\mathfrak{B}_j,k$- bzw. $(\mathfrak{B}_j,k)'$-Ableitung $\mathrm{D}f_j(x_j)$, so folgt mittels ähnlicher Überlegungen wie im Teil 1 des Beweises von 8.6.6 unter Berücksichtigung von 3.10.5, dem Korollar zu 7.9.14 und von 7.10.11, daß $\mathrm{D}f(x) = \underset{j\in J}{\ast} \mathrm{D}f_j(x_j)$ eine $\mathfrak{B},k$- bzw. $(\mathfrak{B},k)'$-Ableitung von f in x ist. (Zum Nachweis der $(\mathfrak{B},k)'$-Differenzierbarkeit ist eine Abbildung $\mu = \vartheta \circ \underset{j\in J}{\ast} \mu_j$ zu bilden.)

2. Die X_j seien pseudotopologische lineare Gruppen, und die ι_{j0} seien $\mathfrak{B}_j,\mathfrak{B}$-treu. Nach 3.10.10 ist ι_{j0} zu beliebigem $j \in J$ stetig. Besitzt f in x eine $\mathfrak{B},k$-Ableitung $\mathrm{D}f(x)$, so folgt mittels des Korollars zu 7.9.14, daß $\mathrm{D}f_j(x_j) = p_j \circ \mathrm{D}f(x) \circ \iota_{j0}$ für jedes $j \in J$ eine $\mathfrak{B}_j,k$-Ableitung von f_j in x_j ist. Nun besitze f in x eine $(\mathfrak{B},k)'$-Ableitung $\mathrm{D}f(x)$. η_0 sei die Abbildung aus 7.10.12 bei $a = 0$ und ferner p_j zu jedem $j \in J$ die j-te natürliche Projektion von $\prod_{\iota\in J} \mathfrak{H}(X_\iota, Y_\iota)$. Es gibt eine Abbildung $\mu: X \multimap \mathfrak{H}(X, Y)$ mit Eigenschaften, die den Eigenschaften 1 bis 3 der Abbildungen μ_j aus Teil 1 des Beweises von 8.6.6 entsprechen. Wir setzen $\mu_j = p_j' \circ \eta_0 \circ \mu \circ \iota_{j0}$ für jedes $j \in J$. Mittels (3.6.2) folgt, daß $\mathrm{db}\mu_j = \iota_{j0}^{-1}[\mathrm{db}\mu]$ eine Nullnachbarschaft in X_j ist. Das Bild des Nullpunktes von X_j bez. μ_j ist gleich der Nullabbildung von X_j in Y_j. Mittels 7.10.12 ergibt sich, daß μ_j im Nullpunkt von X_j stetig ist. Es gilt $x_j + \mathrm{db}\mu_j \subseteqq \mathrm{db}f_j$ und

$$f_j(x_j + h_j) = f_j(x_j) + (p_j \circ \mathrm{D}f(x) \circ \iota_{j0})\, h_j + \mu_j(h_j)\, h_j$$

für jedes $h_j \in \mathrm{db}\mu_j$, so daß $\mathrm{D}f_j(x_j) = p_j \circ \mathrm{D}f(x) \circ \iota_{j0}$ eine $(\mathfrak{B},k)'$-Ableitung von f_j in x_j ist.

Ähnlich wie 8.6.7 aus 8.6.6 erhält man aus 8.6.9

8.6.10 (Differenzierbarkeit von Abbildungsprodukten; Suchinin-Modifikationen). *k, $\mathfrak{B}$, $\mathfrak{B}_j$ $(j \in J)$, $f = \underset{j\in J}{\ast} f_j$ und $x = (x_j)_{j\in J}$ seien wie in 8.6.9 gegeben.*

Ist J endlich und sind die Projektionen π_j $\mathfrak{B},\mathfrak{B}_j$-treu, so gilt: Wenn jede Abbildung f_j in x_j eine $\delta_{\mathfrak{B}_j,k}$- bzw. $\delta'_{\mathfrak{B}_j,k}$-Ableitung $\mathrm{D}f_j(x_j)$ besitzt, ist f in x $\delta_{\mathfrak{B},k}$- bzw. $\delta'_{\mathfrak{B},k}$-differenzierbar und ist $\mathrm{D}f(x) = \underset{j\in J}{\ast} \mathrm{D}f_j(x_j)$ eine $\delta_{\mathfrak{B},k}$- bzw. $\delta'_{\mathfrak{B},k}$-Ableitung von f in x.

Sind die X_j $(j \in J)$ pseudotopologische lineare Gruppen, ist entweder J endlich oder ist $\mathrm{db}f = X$ und sind die Einbettungen ι_{j0} $\mathfrak{B}_j,\mathfrak{B}$-treu, so gilt andererseits: Besitzt f in X eine $\delta_{\mathfrak{B},k}$- bzw. $\delta'_{\mathfrak{B},k}$-Ableitung $\mathrm{D}f(x)$, dann ist zu jedem $j \in J$ die Abbildung f_j in x_j $\delta_{\mathfrak{B}_j,k}$- bzw. $\delta'_{\mathfrak{B}_j,k}$-differenzierbar und ist $\mathrm{D}f_j(x_j) = p_j \circ \mathrm{D}f(x) \circ \iota_{j0}$ eine $\delta_{\mathfrak{B}_j,k}$- bzw. $\delta'_{\mathfrak{B}_j,k}$-Ableitung von f_j in x_j.

Mittels 8.6.9 und 8.6.10 folgt

8.6.11 (Differenzierbarkeit von Abbildungsprodukten; Spezialfälle). *$f = \underset{j\in J}{\ast} f_j$ sei ein aus Abbildungen $f_j \in \mathfrak{A}_j$ bestehendes Abbildungsprodukt und $x = (x_j)_{j\in J}$ ein Punkt von X. J sei endlich, oder es sei $\mathrm{db}f_j = X_j$ $(j \in J)$.*

Besitzt jede Abbildung f_j in x_j eine s-, k-, fk-, b-, e-, c-, q-, h-, Kh-, s′,- ... , h′- *bzw.* Kh′-*Ableitung oder, falls J endlich ist, eine* δb-, δe-, δq-, δh-, δb′-, δe′-, δq′. *bzw.* δh′-*Ableitung* $\mathrm{D}f_j(x_j)$, *so ist f in x von der gleichen Art differenzierbar und ist* $\mathrm{D}f(x) = \underset{j \in J}{\divideontimes} \mathrm{D}f_j(x_j)$ *eine entsprechende Ableitung von f in x.*

Sind die X_j pseudotopologische lineare Gruppen und hat f in x eine s-, k-, fk-, b-, e-, c-, q-, h-, Kh-, δb-, δe-, δq-, δh-, s′-, ... , δq′- *bzw.* δh′-*Ableitung* $\mathrm{D}f(x)$, *so ist jede Abbildung f_j in x_j von der gleichen Art differenzierbar und ist* $\mathrm{D}f_j(x_j) = p_j \circ \mathrm{D}f(x) \circ \iota_{j0}$ *eine entsprechende Ableitung von f_j in x_j.*

Zum Beweis: Die verwendeten Treueeigenschaften ergeben sich aus den Anmerkungen vor 5.18.17 bei $n = 1$.

8.7. Der Fundamentalsatz, die Kettenregel

Wir gehen als nächstes auf den Fundamentalsatz der Differentialrechnung ein. X und Y seien limitierte $\boldsymbol{K}$-lineare Gruppen. τ_1 sei die Limitierung von Y und $\mathfrak{N}(0)$ der Nullnachbarschaftsfilter bezüglich der τ_1 zugeordneten lokalkonvexen Topologie $t^\wedge(\tau_1)$. Zu jeder Teilmenge M von Y bezeichnen wir die abgeschlossene Hülle von $M^\wedge$ bez. $t^\wedge(\tau_1)$ mit $M^\urcorner$ und erhalten, daß $M^\urcorner$ die kleinste M enthaltende konvexe bez. $t^\wedge(\tau_1)$ abgeschlossene Teilmenge von Y ist. Für beliebige Teilmengen M und N von Y und beliebiges $\alpha \in \boldsymbol{K}$ gilt

$$M^\urcorner + N^\urcorner \subseteqq (M + N)^\urcorner \quad \text{und} \quad (\alpha M)^\urcorner = \alpha M^\urcorner . \tag{8.7.1}$$

Man zeigt leicht mittels 5.9.1, daß bei der ersten Beziehung von (8.7.1) das Gleichheitszeichen zutrifft, wenn $M^\wedge$ oder $N^\wedge$ bez. $t^\wedge(\tau_1)$ relativ kompakt im weiten Sinne, etwa M oder N einelementig ist. Im allgemeinen trifft bei dieser Beziehung das Gleichheitszeichen nicht zu, zum Beispiel nicht für $M = \left\{(\xi, \eta) \in \boldsymbol{K}^2 \mid |\xi| < 1, \frac{1}{1 - |\xi|^2} < |\eta|\right\}$ und $N = \{0\} \times \boldsymbol{K}$ in $\boldsymbol{K}^2$.

Für jede Teilmenge M von Y gilt

$$M^\urcorner = \bigcap_{N \in \mathfrak{N}(0)} (M + N)^\urcorner ; \tag{8.7.2}$$

wegen $0 \in N$ $(N \in \mathfrak{N}(0))$ gilt nämlich $M^\urcorner \subseteqq \bigcap_{N \in \mathfrak{N}(0)} (M + N)^\urcorner$, und zu beliebigem $y \in \bigcap_{N \in \mathfrak{N}(0)} (M + N)^\urcorner$ und jedem $N \in \mathfrak{N}(0)$ existieren $y_N \in M^\wedge$ und $z_N \in N^\wedge$ mit $y_N + z_N \in y + N$, woraus $(y_N + z_N)_{N \in \mathfrak{N}(0)} \xrightarrow[t^\wedge(\tau_1)]{} y$, $(z_N)_{N \in \mathfrak{N}(0)} \xrightarrow[t^\wedge(\tau_1)]{} 0$ und damit $(y_N)_{N \in \mathfrak{N}(0)} \xrightarrow[t^\wedge(\tau_1)]{} y$ [1]), also $y \in M^\urcorner$ folgt.

8.7.1 (Fundamentalsatz). *Y sei eine pseudotopologische lineare Gruppe. x und h seien Punkte von X, und f sei eine Abbildung aus X in Y, die in allen Punkten*

---

[1]) $\mathfrak{N}(0)$ sei bezüglich der Umkehrung der mengentheoretischen Ordnung gerichtet.

$x + \alpha h$ ($\alpha \in [0, 1]$) *eine* s-*Ableitung* $\mathrm{D}f(x + \alpha h)$ *besitzt. Dann gilt*

$$f(x + h) - f(x) \in \{\mathrm{D}f(x + \alpha h)\, h \mid \alpha \in [0, 1]\}^{\frown} . \tag{8.7.3}$$

Beweis. Wir setzen $M = \{\mathrm{D}f(x + \alpha h)\, h \mid \alpha \in [0, 1]\}$, geben uns ein $N \in \mathfrak{N}(0)$ vor und bilden $J = \{\alpha \in [0, 1] \mid \xi \in [0, \alpha] \Rightarrow f(x + \xi h) - f(x) \in \xi(M + N)^{\frown}\}$. Nach Definition hat $\alpha \in J$ stets $[0, \alpha] \subseteqq J$ zur Folge. Wir setzen $\beta = \sup J$. Die Abbildung $\xi \mapsto f(x + \xi h)$ (Definitionsbereich maximal) ist über $[0, 1]$ s-differenzierbar, wegen 8.6.2'' also stetig, auch bezüglich der Topologie $t^\wedge(\tau_1)$. Beachten wir noch, daß $(M + N)^{\frown}$ bez. $t^\wedge(\tau_1)$ abgeschlossen und $t^\wedge(\tau_1)$ verträglich ist, so ergibt sich $\beta \in J$. Wir setzen $y = x + \beta h$ und nehmen $\beta < 1$ an. Da f in y s-differenzierbar ist, gibt es ein $\delta > 0$ mit $f(y + \alpha h) - f(y) \in \alpha \mathrm{D}f(y) h + \alpha N$ für alle $\alpha \in]0, \delta[$. Unter Berücksichtigung der Konvexität von $(M + N)^{\frown}$ folgt $f(x + (\alpha + \beta) h) - f(x) \in \alpha(M + N) + \beta(M + N)^{\frown} \subseteqq (\alpha + \beta)(M + N)^{\frown}$ zu beliebigem $\alpha \in]0, \delta[$. Das widerspricht aber der Definition von β. Also ist $\beta = 1$. Wegen (8.7.2) ergibt sich damit (8.7.3).

Aus 8.7.1 erhält man unter Berücksichtigung des ersten Teiles von (8.7.1) und der Bemerkung nach (8.7.1) das

Korollar. *Unter der Voraussetzung von* 8.7.1 *gilt*

$$f(x + h) - f(x) - \mathrm{D}f(x) h \in \{\mathrm{D}f(x + \alpha h) h - \mathrm{D}f(x) h \mid \alpha \in [0, 1]\}^{\frown} .$$

Wir kommen nun zur Kettenregel. X, Y und Z seien dazu limitierte $\boldsymbol{K}$-lineare Gruppen. τ_0, τ_1 und τ_2 seien die Limitierungen von X, Y bzw. Z. $\mathfrak{A}$, $\mathfrak{B}$ und $\mathfrak{C}$ seien die Mengen aller Abbildungen aus X in Y, aus Y in Z bzw. aus X in Z oder von X in Y, von Y in Z bzw. von X in Z. Sie seien mit Limitierungen $\tau^{\mathfrak{A}}$, $\tau^{\mathfrak{B}}$ bzw. $\tau^{\mathfrak{C}}$ versehen. $\mathfrak{H}(X, Y)$, $\mathfrak{H}(Y, Z)$ und $\mathfrak{H}(X, Z)$ seien die aus allen homogenen Abbildungen von X in Y, von Y in Z bzw. von X in Z bestehenden Teilmengen, versehen mit den induzierten Limitierungen.

8.7.2 (Kettenregel). *f sei eine Abbildung aus $\mathfrak{A}$, g eine Abbildung aus $\mathfrak{B}$, x ein Punkt des Definitionsbereiches von f und $y = f(x)$.*

Unter den Voraussetzungen

1. *Zu beliebigen $l \in L(X, Y)$ und $m \in L(Y, Z)$ gilt $[l] \underset{\tau^{\mathfrak{A}}}{\to} l$ und $[m] \underset{\tau^{\mathfrak{B}}}{\to} m$.*
2. *Die Additionen $(u, v) \mapsto u + v$ $(u, v \in \mathfrak{A})$ und $(u, v) \mapsto u + v$ $(u, v \in \mathfrak{C})$ sind an den Stellen (u, v) mit $\mathrm{db}u = \mathrm{db}v = X$ stetig.*
3. *Die Kompositionsabbildung von $\mathfrak{A} \times \mathfrak{B}$ in $\mathfrak{C}$ ist über $L(X, Y) \times L(Y, Z)$ stetig.*

gilt: Besitzt f in x eine $\tau^{\mathfrak{A}}$-Ableitung $\mathrm{D}f(x)$ und g in y eine $\tau^{\mathfrak{B}}$-Ableitung $\mathrm{D}g(y)$, so ist $g \circ f$ in x $\tau^{\mathfrak{C}}$-differenzierbar und ist $\mathrm{D}(g \circ f)(x) = \mathrm{D}g(y) \circ \mathrm{D}f(x)$ eine $\tau^{\mathfrak{C}}$-Ableitung von $g \circ f$ in x.

Unter den Voraussetzungen

1'. *Zu beliebigen* $l \in L(X, Y)$ *und* $m \in L(Y, Z)$ *gilt* $[l] \underset{\tau^{\mathfrak{A}}}{\to} l$ *und* $[m] \underset{\tau^{\mathfrak{B}}}{\to} m$.

2'. *Die Additionen* $(u, v) \mapsto u + v$ $(u, v \in \mathfrak{H}(X, Y))$ *und* $(u, v) \mapsto u + v$ $(u, v \in \mathfrak{H}(X, Z))$ *sind stetig.*

3'. *Die Kompositionsabbildung von* $\mathfrak{H}(X, Y) \times \mathfrak{H}(Y, Z)$ *in* $\mathfrak{H}(X, Z)$ *ist über* $L(X, Y) \times L(Y, Z)$ *stetig.*

4'. *Die Abbildung* $h \mapsto f(x + h) - f(x)$ $(h \in \mathrm{db}f - x)$ *ist in* 0 *stetig.*

gilt schließlich: Hat f *in* x *eine* $(\tau^{\mathfrak{A}})'$*-Ableitung* $\mathrm{D}f(x)$ *und* g *in* y *eine* $(\tau^{\mathfrak{B}})'$*-Ableitung* $\mathrm{D}g(y)$, *dann ist* $g \circ f$ *in* x $(\tau^{\mathfrak{C}})'$*-differenzierbar und ist* $\mathrm{D}(g \circ f)(x) = \mathrm{D}g(y) \circ \mathrm{D}f(x)$ *eine* $(\tau^{\mathfrak{C}})'$*-Ableitung von* $g \circ f$ *in* x.

Beweis. 1. Die Voraussetzungen 1 bis 3 seien erfüllt. f habe in x eine $\tau^{\mathfrak{A}}$-Ableitung l und g in y eine $\tau^{\mathfrak{B}}$-Ableitung m. Für die durch $f(x + h) = y + l(h) + r(h)$ $(h \in \mathrm{db}f - x)$ und $g(y + k) = g(y) + m(k) + s(k)$ $(k \in \mathrm{db}g - y)$ definierten Restglieder r und s gilt

$$(g \circ f)(x + h) - (g \circ f)(x) = (m \circ l)(h) + t(h) \qquad (h \in \mathrm{db}(g \circ f) - x)\,,$$

wobei $t = m \circ r + s \circ (l + r)$ gesetzt ist. Es gilt $[m] \mathbin{\dot\circ} r_V + s_V \mathbin{\dot\circ} ([l] + r_V) \subseteqq t_V$, auf Grund der Voraussetzungen 1 bis 3 damit $t_V \to 0$, so daß t ein $\tau^{\mathfrak{C}}$-Restglied ist und sich somit der erste Teil der Behauptung ergibt.

2. Die Voraussetzungen 1' bis 4' seien erfüllt. f habe in x eine $(\tau^{\mathfrak{A}})'$-Ableitung l und g in y eine $(\tau^{\mathfrak{B}})'$-Ableitung m. Für Abbildungen $\mu\colon X \circ\!\!\to \mathfrak{H}(X, Y)$ und $\nu\colon Y \circ\!\!\to \mathfrak{H}(Y, Z)$, die die betreffenden Restglieder erzeugen, gilt

$$(g \circ f)(x + h) - (g \circ f)(x) = (m \circ l)(h) + \chi(h)h \qquad (h \in \mathrm{db}\chi)\,,$$

wobei χ die durch

$$\chi(h) = m \circ \mu(h) + \nu\big(l(h) + \mu(h)h\big) \circ \big(l + \mu(h)\big) \qquad \big(h \in \mathrm{db}\mu \text{ mit } l(h) + \mu(h)h \in \mathrm{db}\nu\big)$$

definierte Abbildung aus X in $\mathfrak{H}(X, Z)$ ist. Auf Grund der Eigenschaft 4' ist die Abbildung $h \mapsto l(h) + \mu(h)h$ $(h \in \mathrm{db}\mu)$ in 0 stetig. Daher ist $\mathrm{db}\chi$ eine Nullnachbarschaft und ist auch die Abbildung $h \mapsto \nu\big(l(h) + \mu(h)h\big)$ $(h \in \mathrm{db}\chi)$ in 0 stetig. Natürlich ist $\chi(0)$ die Nullabbildung von X in Z. Wegen 1' sind die Abbildungen $h \mapsto \big(\mu(h), l\big)$ $(h \in \mathrm{db}\mu)$ und $h \mapsto \big(\mu(h), m\big)$ $(h \in \mathrm{db}\mu)$ und wegen 2' und 3' damit auch die Abbildungen $h \mapsto l + \mu(h)$ $(h \in \mathrm{db}\mu)$ und $h \mapsto m \circ \mu(h)$ $(h \in \mathrm{db}\mu)$ in 0 stetig. Mittels 2' und 3' folgt, daß somit auch χ in 0 stetig ist. Damit ergibt sich der zweite Teil der Behauptung.

8.7.2' (Kettenregel, erster Spezialfall). *Y und Z seien pseudotopologische lineare Gruppen. f sei eine Abbildung aus $\mathfrak{A}$, g eine Abbildung aus $\mathfrak{B}$, x ein Punkt des Definitionsbereiches von f und $y = f(x)$. Für*

$$a = \mathsf{c}, \mathsf{q}, \mathsf{h}, \mathsf{Kh}, \delta\mathsf{b}, \delta\mathsf{e}, \delta\mathsf{q}, \delta\mathsf{h}, \mathsf{c}', \mathsf{q}', \mathsf{h}', \mathsf{Kh}' \text{ und } \delta\mathsf{h}'\,,$$

wenn X eine pseudotopologische lineare Gruppe und f in x stetig ist, auch für

$$a = \delta\mathsf{b}' \textit{ und } \delta\mathsf{e}',$$

wenn Y lokalbeschränkt ist, auch für

$$a = \mathsf{b} \textit{ und } \mathsf{e}$$

und, wenn X eine pseudotopologische lineare Gruppe, Y lokalbeschränkt und f in x stetig ist, auch für

$$a = \mathsf{b}' \textit{ und } \mathsf{e}'$$

gilt: Besitzt f in x eine a-Ableitung $\mathrm{D}f(x)$ *und g in y eine a-Ableitung* $\mathrm{D}g(y)$, *so ist $g \circ f$ in x a-differenzierbar und ist* $\mathrm{D}(g \circ f)(x) = \mathrm{D}g(y) \circ \mathrm{D}f(x)$ *eine a-Ableitung von $g \circ f$ in x.*

Beweis. Wir wenden 8.7.2 an. Daß in den angegebenen Fällen die Eigenschaft 1 (= 1′) aus 8.7.2 gilt, folgt mittels 7.9.2. Die Eigenschaft 2 bzw. 2′ aus 8.7.2 ergibt sich mittels 7.11.3. Die Eigenschaft 3 folgt für $a = \mathsf{c}$, q, h und Kh und, wenn Y lokalbeschränkt ist, auch für $a = \mathsf{b}$ und e aus 7.16.4, ferner für $a = \delta\mathsf{b}$, $\delta\mathsf{e}$, $\delta\mathsf{q}$ und $\delta\mathsf{h}$ aus 7.16.6. Die Eigenschaft 3′ ergibt sich entsprechend für $a = \mathsf{c}'$, q', h' und Kh' und, wenn Y lokalbeschränkt ist, auch für $a = \mathsf{b}'$ und e' aus 7.16.4 und ferner für $a = \delta\mathsf{b}'$, $\delta\mathsf{e}'$, $\delta\mathsf{q}'$ und $\delta\mathsf{h}'$ aus 7.16.6. Die Eigenschaft 4′ schließlich folgt für $a = \mathsf{c}'$, q', h', Kh' und $\delta\mathsf{h}'$ aus 8.6.2′ und für $a = \mathsf{b}'$, e', $\delta\mathsf{b}'$ und $\delta\mathsf{e}'$ aus der Voraussetzung.

Die Kettenregel gilt ohne zusätzliche Einschränkungen ebenfalls für $a = \varepsilon\mathsf{e}$, $\varepsilon\mathsf{h}$, $\# \mathsf{q}$, $\varepsilon\mathsf{h}'$ und $\# \mathsf{q}'$ und, wenn X eine pseudotopologische lineare Gruppe und f in x stetig ist, auch für $a = \varepsilon\mathsf{e}'$.

Ähnlich wie 8.7.2′ folgt mittels 7.16.9

8.7.2″ (Kettenregel, zweiter Spezialfall). *Y sei eine pseudotopologische und Z eine topologische lineare Gruppe. f sei eine Abbildung aus $\mathfrak{A}$, g eine Abbildung aus $\mathfrak{B}$, x ein Punkt des Definitionsbereichs von f und $y = f(x)$. Für*

$$a = \mathsf{k} \textit{ und } \mathsf{fk}$$

und, wenn Y ein SIMONNET*scher pseudotopologischer Vektorraum ist, auch für*

$$a = \mathsf{b},$$

wenn X eine pseudotopologische lineare Gruppe und f in x stetig ist, auch für

$$a = \mathsf{k}' \textit{ und } \mathsf{fk}'$$

und, wenn X eine pseudotopologische lineare Gruppe, Y ein SIMONNET*scher pseudotopologischer Vektorraum und f in x stetig ist, auch für*

$$a = \mathsf{b}'$$

gilt: Besitzt f in x eine a-Ableitung $\mathrm{D}f(x)$ *und g in y eine a-Ableitung* $\mathrm{D}g(y)$, *so ist $g \circ f$ in x a-differenzierbar und ist* $\mathrm{D}(g \circ f)(x) = \mathrm{D}g(y) \circ \mathrm{D}f(x)$ *eine a-Ableitung von $g \circ f$ in x.*

Als nächstes führen wir als Anwendung der Kettenregel die Produktregel an. X, Y_1, Y_2 und Z seien limitierte $\boldsymbol{K}$-lineare Gruppen. Es sei $Y = Y_1 \times Y_2$. $\mathfrak{A}_1$, $\mathfrak{A}_2$, $\mathfrak{A}$, $\mathfrak{B}$ und $\mathfrak{C}$ seien die Menge aller Abbildungen aus X in Y_1, aus X in Y_2, aus X in Y, aus Y in Z bzw. aus X in Z oder die Menge aller Abbildungen von X in Y_1, von X in Y_2, von X in Y, von Y in Z bzw. von X in Z. Sie seien mit Limitierungen $\tau^{\mathfrak{A}_1}$, $\tau^{\mathfrak{A}_2}$, $\tau^{\mathfrak{A}}$, $\tau^{\mathfrak{B}}$ bzw. $\tau^{\mathfrak{C}}$ versehen. $\mathfrak{H}(X, Y_1)$, $\mathfrak{H}(X, Y_2)$, $\mathfrak{H}(X, Y)$, $\mathfrak{H}(Y, Z)$ und $\mathfrak{H}(X, Z)$ seien die aus allen homogenen Abbildungen aus $\mathfrak{A}_1$, $\mathfrak{A}_2$, $\mathfrak{A}$, $\mathfrak{B}$ bzw. $\mathfrak{C}$ bestehenden Teilmengen, versehen mit den induzierten Limitierungen. $L(Y_1, Y_2; Z)$ sei der Vektorraum aller stetigen bilinearen Abbildungen von Y in Z und δ eine Abbildung aus $L(Y_1, Y_2; Z)$. Wir setzen

$$a \cdot b = \delta(a, b) \tag{8.7.4}$$

zu beliebigen $a \in Y_1$, $b \in Y_2$ und

$$f \cdot g = \delta \circ \langle f, g \rangle \tag{8.7.5}$$

zu beliebigen $f \in \mathfrak{A}_1$, $g \in \mathfrak{A}_2$. Für $x \in \mathrm{db}f \cap \mathrm{db}g$ gilt $(f \cdot g)(x) = f(x) \cdot g(x)$.

8.7.3 (Produktregel). *f sei eine Abbildung aus $\mathfrak{A}_1$, g eine Abbildung aus $\mathfrak{A}_2$ und x ein Punkt von $\mathrm{db}f \cap \mathrm{db}g$. Unter den Voraussetzungen*

1. }
2. } *wie bei* 8.7.2
3. }
4. *Die Abbildung $(u, v) \mapsto \langle u, v \rangle$ von $\mathfrak{A}_1 \times \mathfrak{A}_2$ in $\mathfrak{A}$ ist in $(0, 0)$ stetig.*
5. *Die von $\tau^{\mathfrak{B}}$ auf $L(Y_1, Y_2; Z)$ induzierte Limitierung ist eine Vektorraum-pseudotopologie.*

gilt: Besitzen f und g in x eine $\tau^{\mathfrak{A}_1}$-Ableitung $\mathrm{D}f(x)$ bzw. $\tau^{\mathfrak{A}_2}$-Ableitung $\mathrm{D}g(x)$, so ist $f \cdot g$ in x $\tau^{\mathfrak{C}}$-differenzierbar und ist $\mathrm{D}(f \cdot g)(x)$ mit $\mathrm{D}(f \cdot g)(x)\,h = f(x) \cdot \mathrm{D}g(x)h + \mathrm{D}f(x)h \cdot g(x)$ $(h \in X)$ eine $\tau^{\mathfrak{C}}$-Ableitung von $f \cdot g$ in x.

Unter den Voraussetzungen

1'. }
2'. } *wie bei* 8.7.2
3'. }
4'. *Die Abbildungen $h \mapsto f(x + h) - f(x)$ $(x \in \mathrm{db}f - x)$ und $h \mapsto g(x + h) - g(x)$ $(x \in \mathrm{db}g - x)$ sind in 0 stetig.*
5'. *Die Abbildung $(u, v) \mapsto \langle u, v \rangle$ von $\mathfrak{H}(X, Y_1) \times \mathfrak{H}(X, Y_2)$ in $\mathfrak{H}(X, Y)$ ist in $(0, 0)$ stetig.*
6'. *Zu beliebigen $l \in L(Y_1, Y_2; Z)$ und $(a, b) \in Y$ ist $(h, k) \mapsto l(a, k) + l(h, b)$ eine $(\tau^{\mathfrak{B}})'$-Ableitung von l in (a, b).*

gilt: Besitzen f und g in x eine $(\tau^{\mathfrak{A}_1})'$-Ableitung $\mathrm{D}f(x)$ bzw. $(\tau^{\mathfrak{A}_2})'$-Ableitung $\mathrm{D}g(x)$, so ist $f \cdot g$ in x $(\tau^{\mathfrak{C}})'$-differenzierbar, und es ist $\mathrm{D}(f \cdot g)(x)$ mit $\mathrm{D}(f \cdot g)(x)\,h = f(x) \cdot \mathrm{D}g(x)h + \mathrm{D}f(x)h \cdot g(x)$ $(h \in X)$ eine $(\tau^{\mathfrak{C}})'$-Ableitung von $f \cdot g$ in x.

Beweis. Es seien die Bedingungen 1 bis 5 erfüllt, und es besitze f in x eine $\tau^{\mathfrak{A}_1}$-Ableitung $\mathrm{D}f(x)$ und g in x eine $\tau^{\mathfrak{A}_2}$-Ableitung $\mathrm{D}g(x)$. Mittels Bedingung 4 folgt, daß $\langle f, g\rangle$ in x $\tau^{\mathfrak{A}}$-differenzierbar ist und $\langle \mathrm{D}f(x), \mathrm{D}g(x)\rangle$ als $\tau^{\mathfrak{A}}$-Ableitung in x hat. Wegen Bedingung 5 besitzt δ in $(f(x), g(x))$ die Abbildung $(h, k) \mapsto f(x)\cdot k + h\cdot g(x)$ $(h \in Y_1,\ k \in Y_2)$ als $\tau^{\mathfrak{B}}$-Ableitung $\mathrm{D}\delta(f(x), g(x))$ (vergleiche 8.6.5 und die nachfolgenden Bemerkungen). Wegen der Kettenregel 8.7.2 ist somit $f\cdot g$ in x $\tau^{\mathfrak{C}}$-differenzierbar und ist $\mathrm{D}\delta(f(x), g(x)) \circ \langle \mathrm{D}f(x), \mathrm{D}g(x)\rangle$ eine $\tau^{\mathfrak{C}}$-Ableitung von $f\cdot g$ in x. Damit folgt der erste Teil der Behauptung. Der zweite Teil ergibt sich ähnlich.

8.7.3′ (Produktregel; Spezialfälle). *X sei eine limitierte lineare Gruppe, und Y_1, Y_2 und Z seien pseudotopologische lineare Gruppen. f sei eine Abbildung aus $\mathfrak{A}_1$, g eine Abbildung aus $\mathfrak{A}_2$ und x ein Punkt von* dbf ∩ dbg. *Dann gilt für*

$$a = \mathsf{q},\ \mathsf{h}\ \textit{und}\ \delta\mathsf{b}\,,$$

wenn Y_1 und Y_2 pseudotopologische Vektorräume sind, für

$$a = \mathsf{c}\,,$$

wenn Y_1 und Y_2 gleichförmig sind und Z kreisförmig ist, für

$$a = \mathsf{h}'\,,$$

wenn Z eine topologische lineare Gruppe ist, für

$$a = \mathsf{k}\ \textit{und}\ \mathsf{fk}\,,$$

wenn Y_1 und Y_2 SIMONNETsche pseudotopologische Vektorräume sind und Z eine topologische lineare Gruppe ist, für

$$a = \mathsf{b}\,,$$

wenn X eine pseudotopologische lineare Gruppe und Z eine topologische lineare Gruppe ist und f und g in x stetig sind, für

$$a = \mathsf{k}'\ \textit{und}\ \mathsf{fk}'$$

und, wenn X eine pseudotopologische lineare Gruppe ist, Y_1 und Y_2 SIMONNETsche pseudotopologische Vektorräume sind, Z eine topologische lineare Gruppe ist und f und g in x stetig sind, auch für

$$a = \mathsf{b}':$$

Besitzen f und g in x a-Ableitungen $\mathrm{D}f(x)$ und $\mathrm{D}g(x)$, so ist auch $f\cdot g$ in x a-differenzierbar und ist $\mathrm{D}(f\cdot g)(x)$ mit $\mathrm{D}(f\cdot g)(x)\,h = f(x)\cdot \mathrm{D}g(x)h + \mathrm{D}f(x)h\cdot g(x)$ $(h \in X)$ eine a-Ableitung von $f\cdot g$ in x.

Beweis. Wegen 8.6.5′ hat δ jeweils $\mathrm{D}\delta(f(x), g(x)) : (h, k) \mapsto f(x)\cdot k + h\cdot g(x)$ $(h \in Y_1,\ k \in Y_2)$ als a-Ableitung in $(f(x), g(x))$, und aus 8.6.8 folgt, daß in jedem der Fälle $\langle \mathrm{D}f(x), \mathrm{D}g(x)\rangle$ eine a-Ableitung von $\langle f, g\rangle$ in x ist. Unter den angegebenen Einschränkungen erhalten wir daher aus 8.7.2′ und 8.7.2″, daß jeweils $f\cdot g$ in x als a-Ableitung $\mathrm{D}\delta(f(x), g(x)) \circ \langle \mathrm{D}f(x), \mathrm{D}g(x)\rangle$ hat.

X und Y seien limitierte $\boldsymbol{K}$-lineare Gruppen, $\mathfrak{A}$ sei die Menge aller Abbildungen aus oder von X in Y. Wir verstehen unter einer **Hadamard-Ableitung** einer Abbildung $f \in \mathfrak{A}$ in einem Punkt x eine stetige lineare Abbildung $\mathrm{D}f(x): X \to Y$ derart, daß zu jeder Abbildung $\varphi: \boldsymbol{K} \to X$ mit $\varphi(0) = x$, die in 0 eine klassische Ableitung $\varphi'(0)$ besitzt, auch die Komposition $f \circ \varphi$ in 0 im klassischen Sinne differenzierbar ist und $(f \circ \varphi)'(0) = \mathrm{D}f(x)\,\varphi'(0)$ als eine klassische Ableitung in 0 hat. f heißt in x **Hadamard-differenzierbar**, wenn f in x eine Hadamard-Ableitung besitzt. In gewissen Fällen stimmen die Hadamard-Ableitungen mit den fk-Ableitungen überein, wie aus dem folgenden Satz hervorgeht.

8.7.4 (Vergleich von Hadamard- und fk-Ableitungen). *X sei ein pseudotopologischer Vektorraum, f sei eine Abbildung aus $\mathfrak{A}$ und x sei ein Punkt von X. Besitzt f in x eine* Hadamard-*Ableitung* $\mathrm{D}f(x)$, *so ist f in x* fk-*differenzierbar und ist* $\mathrm{D}f(x)$ *eine* fk-*Ableitung von f in x. Ist X kreisförmig, ist Y eine topologische lineare Gruppe und existiert eine* fk-*Ableitung* $\mathrm{D}f(x)$ *von f in x, so ist umgekehrt f in x* Hadamard-*differenzierbar und ist* $\mathrm{D}f(x)$ *eine* Hadamard-*Ableitung von f in x.*

Beweis. 1. $\mathrm{D}f(x)$ sei eine Hadamard-Ableitung von f in x. $\mathfrak{K}$ sei der Filter in $\mathfrak{A}$ mit der Basis $\{\{\Delta_\varepsilon f(x) \mid 0 < |\varepsilon| \leqq \delta\} \mid \delta > 0\}$. Wir nehmen zuerst an, daß X kein $\mathfrak{B}_{\mathrm{fk}}$-Limes von $\mathrm{db}\mathfrak{K}$ ist (was nur bei $\mathfrak{A} \neq F(X, Y)$ möglich ist). Es gibt dann ein $B \in \mathfrak{B}_{\mathrm{fk}}$, eine Folge $h_0, h_1, \ldots$ von Elementen von B und eine Nullfolge $\varepsilon_0, \varepsilon_1, \ldots$ von 0 verschiedener Elemente von $\boldsymbol{K}$ mit $x + \varepsilon_n h_n \notin \mathrm{db}f$. Ohne Beschränkung der Allgemeinheit nehmen wir an, daß $h_0, h_1, \ldots$ gegen ein Element h von B konvergiert und die Zahlen $\varepsilon_0, \varepsilon_1, \ldots$ alle voneinander verschieden sind. Wir bilden eine Abbildung $\varphi: \boldsymbol{K} \to X$ durch $\varphi(\varepsilon_n) = x + \varepsilon_n h_n$ $(n \in \boldsymbol{N})$ und $\varphi(\varepsilon) = x + \varepsilon h$ bei $\varepsilon \in \boldsymbol{K} \setminus \{\varepsilon_n \mid n \in \boldsymbol{N}\}$. Es ist $\varphi(0) = x$ und existiert auf Grund der Voraussetzung an X eine klassische Ableitung von φ in 0, nämlich h. $f \circ \varphi$ müßte ebenfalls in 0 im klassischen Sinne differenzierbar sein, was aber $x + \varepsilon_n h_n \notin \mathrm{db}f$ widerspricht. X ist daher ein $\mathfrak{B}_{\mathrm{fk}}$-Limes von $\mathrm{db}\mathfrak{K}$.

Wir nehmen nun an, daß $\mathrm{D}f(x)$ keine fk-Ableitung von f in x ist. Es gibt dann ein $B \in \mathfrak{B}_{\mathrm{fk}}$ und eine Nullumgebung U in Y mit $U \notin \mathfrak{K}[B]$. Wir finden eine Folge $h_0, h_1, \ldots$ von Elementen von B und eine Nullfolge $\varepsilon_0, \varepsilon_1, \ldots$ von 0 verschiedener Elemente von $\boldsymbol{K}$ mit

$$\Delta_{\varepsilon_n} f(x)\, h_n - \mathrm{D}f(x)\, h_n \notin U \qquad (n \in \boldsymbol{N})\,. \tag{8.7.6}$$

Wie oben nehmen wir an, daß $h_0, h_1, \ldots$ gegen ein Element h von B konvergiert und die Zahlen $\varepsilon_0, \varepsilon_1, \ldots$ voneinander verschieden sind, und definieren wie oben eine Abbildung $\varphi: \boldsymbol{K} \to X$. $f \circ \varphi$ müßte $(f \circ \varphi)'(0) = \mathrm{D}f(x)h$ als klassische Ableitung in 0 besitzen, was aber (8.7.6) widerspricht. Daher ist $\mathrm{D}f(x)$ eine fk-Ableitung von f in x.

2. X sei kreisförmig und Y eine topologische lineare Gruppe. $\mathrm{D}f(x)$ sei eine fk-Ableitung von f in x. φ sei eine Abbildung von $\boldsymbol{K}$ in X mit $\varphi(0) = x$, die eine klassische Ableitung $\varphi'(0)$ besitzt. Wie mittels 8.4.7 folgt, ist $\mathrm{D}\varphi(0): \alpha \mapsto \alpha\varphi'(0)$

($\alpha \in \boldsymbol{K}$) eine fk-Ableitung von φ in 0. Wegen 8.7.2'' ist $\mathrm{D}f(x) \circ \mathrm{D}\varphi(0)$ eine fk-Ableitung von $f \circ \varphi$ in 0, somit $\mathrm{D}f(x)\,\varphi'(0)$ eine klassische Ableitung von $f \circ \varphi$ in 0 und daher $\mathrm{D}f(x)$ eine Hadamard-Ableitung von f in x.

8.8. Stetige Ableitungen, C^1-Abbildungen

X und Y seien limitierte $\boldsymbol{K}$-lineare Gruppen. τ_0 und τ_1 seien die Limitierungen von X und Y. $\mathfrak{A}$ sei die Menge aller Abbildungen aus oder von X in Y. Sie sei mit einer Limitierung τ versehen. $L(X, Y)$, versehen mit der von τ induzierten Limitierung, bezeichnen wir mit $L_\tau X, Y)$.

Zu jedem Filter $\mathfrak{K}$ in $\mathfrak{A}$ sei $\mathfrak{K}^\urcorner$ derjenige Filter in $\mathfrak{A}$, der $\{K^\urcorner \mid K \in \mathfrak{K}\}$ mit

$$K^\urcorner = \{g \in \mathfrak{A} \mid \exists f \in K\ \forall h \in \mathrm{db}f\ (h \in \mathrm{db}g,\ g(h) \in K(h)^\urcorner)\}$$

als eine Basis hat; dabei ist jeweils $K(h)^\urcorner$ entsprechend der im vorigen Abschnitt eingeführten Bezeichnung die kleinste $K(h) = \{k(h) \mid k \in K \text{ mit } h \in \mathrm{db}k\}$ enthaltende konvexe und bez. $t^\wedge(\tau_1)$ abgeschlossene Teilmenge von Y. Wir nennen eine Teilmenge N eines $\boldsymbol{K}$-Vektorraumes **in einem Punkt** $x \in N$ **kreisförmig**, wenn $N - x$ kreisförmig ist.

8.8.1 (Theorem I über stetige Ableitungen). *N sei eine Nachbarschaft eines Punktes $x \in X$, die in x kreisförmig ist; im Falle $\mathfrak{A} = F(X, Y)$ sei $N = X$. Es gelte:*

1. *Zu beliebigem $l \in L(X, Y)$ ist $[l] \underset{\tau}{\rightarrow} l$.*
2. *Die Addition $(u, v) \mapsto u + v$ $(u, v \in \mathfrak{A})$ ist an jeder Stelle (u, v) mit $\mathrm{db}u = \mathrm{db}v = X$ stetig.*
3. *Zu jeder Abbildung $\varphi\colon X \circ\!\!\rightarrow L_\tau(X, Y)$ mit $\mathrm{db}\varphi = N$ und $\varphi(x) = 0$, die in x stetig ist, konvergieren die Abbildungen $\varphi^\alpha\colon h \mapsto \varphi(x + \alpha h)h$ $(x + \alpha h \in N)$ $(\alpha \in \boldsymbol{K})$ mit $\alpha \to 0$ bez. τ gegen die Nullabbildung $0\colon X \to Y$.*
4. *Aus $\mathfrak{K} \underset{\tau}{\rightarrow} 0$ folgt $\mathfrak{K}^\urcorner \underset{\tau}{\rightarrow} 0$.*

f sie eine Abbildung aus $\mathfrak{A}$, die eine s-Ableitung $\mathrm{D}f\colon X \circ\!\!\rightarrow L_\tau(X, Y)$ mit $N \subseteqq \mathrm{db}\,\mathrm{D}f$ besitzt, die in x stetig ist. Dann ist f in x τ-differenzierbar und ist $\mathrm{D}f(x)$ eine τ-Ableitung von f in x.

Beweis. φ sei die Abbildung $u \mapsto \mathrm{D}f(u) - \mathrm{D}f(x)$ $(u \in N)$ aus X in $L_\tau(X, Y)$. Es gilt $\varphi(x) = 0$, und auf Grund der Voraussetzung an f und der Eigenschaften 1 und 2 von τ ist φ in x stetig. $\mathfrak{K}$ sei der Filter in $\mathfrak{A}$, der $\{K_\delta \mid \delta > 0\}$ mit $K_\delta = \{\varphi^\alpha \mid |\alpha| \leqq \delta\}$ als eine Basis hat. Wegen Eigenschaft 3 von τ konvergiert $\mathfrak{K}$ und wegen Eigenschaft 4 somit auch $\mathfrak{K}^\urcorner$ bez. τ gegen 0. $\mathfrak{K}^\urcorner$ hat $\{K_\delta^\urcorner \mid \delta > 0\}$ als eine Basis, und es gilt jeweils

$$\cdot K_\delta^\urcorner = \{g \in \mathfrak{A} \mid \forall h\ (x + \delta h \in N \Rightarrow h \in \mathrm{db}g,\ g(h) \in K(h)^\urcorner)\}\,.$$

Aus dem Korollar zu 8.7.1 und dem zweiten Teil von (8.7.1) ergibt sich, daß für $r: h \mapsto f(x+h) - f(x) - \mathrm{D}f(x)h$ $(h \in \mathrm{db} f - x)$ zu beliebigen $\alpha \in \boldsymbol{K}$, $h \in X$ mit $x + \alpha h \in N$ und $\delta > 0$ mit $|\alpha| \leqq \delta$

$$r_\alpha(h) \in \{\varphi^{\alpha\beta}(h) \mid \beta \in [0, 1]\}^{\neg} \subseteqq K_\delta(h)^{\neg}$$

gilt. Für jedes $\alpha \in \boldsymbol{K}$ und $\delta > 0$ mit $|\alpha| \leqq \delta$ ergibt sich daher $r_\alpha \in K_\delta^{\neg}$ und wegen $\mathfrak{K}^{\neg} \underset{\tau}{\rightarrow} 0$ damit $r_{\boldsymbol{V}} \underset{\tau}{\rightarrow} 0$. $\mathrm{D}f(x)$ ist somit eine τ-Ableitung von f in x.

Wir gehen als nächstes auf einen Spezialfall ein. Dabei tritt die vor 5.19.7 definierte $t^\wedge$-Regularität auf.

8.8.2 (Bezüglich $\tau_{\mathfrak{S},4}$ und $\delta_{\mathfrak{S},4}$ stetige Ableitungen). *X sei eine beliebige pseudotopologische lineare Gruppe und Y eine lokalkonvexe $t^\wedge$-reguläre pseudotopologische lineare Gruppe. $\mathfrak{S}$ sei ein System von Filtern in X, das 4-verträglich ist. N sei eine Nachbarschaft eines Punktes $x \in X$, die in x kreisförmig ist; im Falle $\mathfrak{A} = F(X, Y)$ sei $N = X$. Ist f eine Abbildung aus $\mathfrak{A}$, die eine in x stetige* s*-Ableitung* $\mathrm{D}f\colon X \circ\!\!\rightarrow L_{\mathfrak{S},4}(X, Y)$ *mit $N \subseteqq \mathrm{db}\,\mathrm{D}f$ besitzt, dann ist f in x $\mathfrak{S}$,4-differenzierbar und ist* $\mathrm{D}f(x)$ *eine $\mathfrak{S}$,4-Ableitung von f in x. Wenn f eine Abbildung aus $\mathfrak{A}$ ist, die eine in x stetige* s*-Ableitung* $\mathrm{D}f\colon X \circ\!\!\rightarrow L_{\delta_{\mathfrak{S},4}}(X, Y)$ *mit $N \subseteqq \mathrm{db}\,\mathrm{D}f$ besitzt, dann ist f in x $\delta_{\mathfrak{S},4}$-differenzierbar und ist* $\mathrm{D}f(x)$ *eine $\delta_{\mathfrak{S},4}$-Ableitung von f in x.*

Beweis. 1. f besitze eine in x stetige s-Ableitung $\mathrm{D}f\colon X \circ\!\!\rightarrow L_{\mathfrak{S},4}(X, Y)$ mit $N \subseteqq \mathrm{db}\,\mathrm{D}f$. Es sind die Eigenschaften 1 bis 4 aus 8.8.1 für die Limitierung τ der $\mathfrak{S}$,4-Konvergenz in $\mathfrak{A}$ nachzuweisen. Wegen 7.9.2 und 7.11.3 besitzt τ die Eigenschaften 1 und 2.

$\varphi: X \circ\!\!\rightarrow L_{\mathfrak{S},4}(X, Y)$ sei eine Abbildung, für die $\mathrm{db}\varphi = N$ und $\varphi(x) = 0$ gilt und die in x stetig ist. $\varphi^{\boldsymbol{V}}$ sei der Filter in $\mathfrak{A}$, der $\{\varphi^V \mid V \in \boldsymbol{V}\}$ mit $\varphi^V = \{\varphi^\alpha \mid \alpha \in V\}$ als eine Basis hat. Zum Nachweis der Eigenschaft 3 ist $\varphi^{\boldsymbol{V}} \underset{\mathfrak{S},4}{\longrightarrow} 0$ zu zeigen, d. h., daß X ein $\mathfrak{S}$-Limes von $\mathrm{db}\,\varphi^{\boldsymbol{V}} = \dfrac{1}{\boldsymbol{V}}(N - x)$ ist und $\varphi^{\boldsymbol{V}}(\mathfrak{F}) \rightarrow 0$ zu jedem $\mathfrak{F} \in \mathfrak{S}$ gilt. Zu beliebigem $\mathfrak{F} \in \mathfrak{S}$ enthält $\boldsymbol{V}\mathfrak{F}$ auf Grund der Voraussetzung den Nullnachbarschaftsfilter von X, so daß es ein $V \in \boldsymbol{V}$ und ein $F \in \mathfrak{F}$ mit $VF \subseteqq N - x$, also mit $\bigcap\limits_{\alpha \in V\setminus\{0\}} \dfrac{1}{\alpha}(N - x) \in \mathfrak{F}$ gibt. X ist daher ein $\mathfrak{S}$-Limes von $\mathrm{db}\varphi^{\boldsymbol{V}}$. Zu jedem $\mathfrak{F} \in \mathfrak{S}$ gilt $\varphi(x + \boldsymbol{V}\mathfrak{F})(\mathfrak{F}) \subseteqq \varphi^{\boldsymbol{V}}(\mathfrak{F})$ und $x + \boldsymbol{V}\mathfrak{F} \rightarrow x$, auf Grund der Stetigkeit von φ in x also $\varphi^{\boldsymbol{V}}(\mathfrak{F}) \rightarrow 0$. τ besitzt somit die Eigenschaft 3.

$\mathfrak{K}$ sei ein Filter in $\mathfrak{A}$ mit $\mathfrak{K} \underset{\mathfrak{S},4}{\longrightarrow} 0$. X ist ein $\mathfrak{S}$-Limes von $\mathrm{db}\mathfrak{K}$, und es gilt $\mathfrak{K}(\mathfrak{F}) \rightarrow 0$ zu jedem $\mathfrak{F} \in \mathfrak{S}$. Aus der Definition von $\mathfrak{K}^{\neg}$ folgt $\mathrm{db}\mathfrak{K} \subseteqq \mathrm{db}\mathfrak{K}^{\neg}$ und wegen 6.4.8 damit, daß X ein $\mathfrak{S}$-Limes von $\mathrm{db}\mathfrak{K}^{\neg}$ ist. Für jedes $F \subseteqq X$ und $K \in \mathfrak{K}$ gilt $K^{\neg}[F] \subseteqq K[F]^{\neg}$, für jedes $\mathfrak{F} \in \mathfrak{S}$ also

$$\underset{\subseteqq}{\mathrm{im}}\, \{K[F]^{\neg} \mid K \in \mathfrak{K}, F \in \mathfrak{F}\} \subseteqq \mathfrak{K}^{\neg}(\mathfrak{F}),$$

wegen $\mathfrak{R}(\mathfrak{F}) \to 0$ und der Voraussetzung damit $\mathfrak{R}^{\frown}(\mathfrak{F}) \to 0$, demnach $\mathfrak{R}^{\frown} \xrightarrow[\mathfrak{S},4]{} 0$, so daß τ auch die Eigenschaft 4 hat.

2. f besitze eine in x stetige s-Ableitung $\mathrm{D}f\colon X \circ\!\!\to L_{\delta_{\mathfrak{S},4}}(X, Y)$ mit $N \subseteq \mathrm{db}\,\mathrm{D}f$. Die Limitierung τ der $\delta_{\mathfrak{S},4}$-Konvergenz in $\mathfrak{A}$ besitzt die Eigenschaften 1 und 2 aus 8.8.1. Analog wie die entsprechende Behauptung in Teil 1 zeigt man, daß auch die Eigenschaft 3 für τ zutrifft. $\mathfrak{R}$ sei ein Filter in $\mathfrak{A}$ mit $\mathfrak{R} \xrightarrow[\delta_{\mathfrak{S},4}]{} 0$. Mit Überlegungen wie im Teil 1 folgt, daß X ein $\mathfrak{S}$-Limes von $\mathrm{db}\,\mathfrak{R}^{\frown}$ ist. Nach Voraussetzung gibt es zu jedem $\mathfrak{F} \in \mathfrak{S}$ eine kreisförmige beschränkte Teilmenge C in Y mit $VC \subseteq \mathfrak{R}(\mathfrak{F})$. Mittels (8.7.1) und Überlegungen aus Teil 1 folgt, daß $VC^{\frown} \subseteq \underset{\subseteq}{\mathrm{im}}\,\{K[F]^{\frown} \mid K \in \mathfrak{R}, F \in \mathfrak{F}\} \subseteq \mathfrak{R}^{\frown}(\mathfrak{F})$ gilt. Dem Korollar zu 5.19.6 und 5.19.7 entnimmt man, daß $C^{\frown}$ beschränkt in Y^{δ} ist, somit $\mathfrak{R}^{\frown}(\mathfrak{F})$ ein Nullfilter in Y^{δ} ist und damit $\mathfrak{R}^{\frown} \xrightarrow[\delta_{\mathfrak{S},4}]{} 0$ gilt.

Aus 8.8.2 folgt

8.8.2′ (Stetige Ableitungen; Spezialfälle). *X sei eine beliebige pseudotopologische lineare Gruppe und Y eine lokalkonvexe $t^{\wedge}$-reguläre pseudotopologische lineare Gruppe. Es sei $\tau =$* b, c, q, δb *oder* δq *oder, wenn X ein* SIMONNET*scher pseudotopologischer Vektorraum ist, $\tau =$* k *oder* fk. *N sei eine Nachbarschaft eines Punktes $x \in X$, die in x kreisförmig ist; im Falle $\mathfrak{A} = F(X, Y)$ sei $N = X$. f sei eine Abbildung aus $\mathfrak{A}$, die eine in x stetige* s*-Ableitung $\mathrm{D}f\colon X \circ\!\!\to L_{\tau}(X, Y)$ mit $N \subseteq \mathrm{db}\,\mathrm{D}f$ besitzt. Dann ist f in x τ-differenzierbar und ist $\mathrm{D}f(x)$ eine τ-Ableitung von f in x.*

Anmerkung. Aus 8.4.6 und dem später angeführten Satz 8.8.4 folgt, daß die Aussage aus 8.8.2′ auch für $\tau =$ e und δe zutrifft, falls X eine kreisförmige pseudotopologische lineare Gruppe ist und für Y die in 8.8.2′ angegebenen Einschränkungen gelten.

Für h, Kh und δh ist die Aussage aus 8.8.2′ im allgemeinen falsch, wie sich aus dem folgenden Beispiel ergibt, das bis auf geringfügige Abänderungen auf AWERBUCH und SMOLJANOV [4] zurückgeht.

X sei der reelle Vektorraum, der aus den Abbildungen von $\boldsymbol{N}^+ \times \boldsymbol{N}^+$ in $\boldsymbol{R}$ (unendlichdimensionale reelle Matrizen) mit jeweils nur endlich vielen von 0 verschiedenen Werten besteht, wobei die Vektoraddition und skalare Multiplikation argumentweise definiert sei. Wir setzen $x_{nk} = x(n, k)$ zu beliebigen $x \in X$ und $n, k \in \boldsymbol{N}^+$. Für jedes $\varepsilon > 0$, jedes $n \in \boldsymbol{N}^+$ und für jede Abbildung $\psi\colon \boldsymbol{N}^+ \to]0, \infty[$ sei

$$U(\varepsilon, n, \psi) = \{x \in X \mid \|x\| \leqq \varepsilon, |x_{ik}| \leqq \psi(k) \text{ für } i \in \{1, \ldots, n\} \text{ und } k \in \boldsymbol{N}^+\},$$

wobei jeweils $\|x\| = \sqrt{\sum_{i,k} x_{ik}^2}$ ist. Diese Mengen sind ausgeglichen und absolutkonvex, und es gilt stets $U(\varepsilon, n, \psi) = \alpha U\left(\frac{\varepsilon}{\alpha}, n, \frac{\psi}{\alpha}\right)$ zu beliebigem $\alpha > 0$. X wird daher zu einem lokalkonvexen topologischen Vektorraum, indem wir diese Mengen als Basis des Nullnachbarschaftsfilters nehmen. Zu beliebigen

$n, k \in \mathbf{N}^+$ sei a^{nk} das Element von X mit $a^{nk}{}_{nk} = \frac{1}{k}$ und $a^{nk}{}_{ml} = 0$ bei $(m, l) \neq (n, k)$. Die Mengen $S_{nk} = \left\{x \in X \mid \|x - a^{nk}\| \leqq \frac{1}{2k}\right\}$ $(n, k \in \mathbf{N}^+)$ sind offenbar paarweise punktfremd. Unter Benutzung der durch

$$\varphi(\xi) = \begin{cases} \exp\left(-\dfrac{1}{1-\xi^2}\right) & \text{für } \xi \in \,]-1, 1[\\ 0 & \text{sonst} \end{cases}$$

definierten (im klassischen Sinne) beliebig oft differenzierbaren Abbildung $\varphi\colon \mathbf{R} \to \mathbf{R}$ definieren wir eine Abbildung $f\colon X \to \mathbf{R}$ durch

$$f(x) = \begin{cases} \dfrac{1}{nk}\,\varphi(4k^2\,\|x - a^{nk}\|^2) & \text{für } x \in S_{nk} \\ 0 & \text{für } x \in X \setminus \bigcup\limits_{n,k} S_{nk}\,. \end{cases}$$

Wie man leicht bestätigt, besitzt f in jedem Punkt x von X die s-Ableitung $\mathrm{D}f(x)$ und gilt

$$\mathrm{D}f(x)\,h = \begin{cases} \dfrac{8}{n}\,(k\,xh - h_{nk})\,\chi(x) & \text{für } x \in S_{nk} \\ 0 & \text{für } x \in X \setminus \bigcup\limits_{n,k} S_{nk} \end{cases} \qquad (h \in X)\,,$$

wobei jeweils xh das innere Produkt $\sum\limits_{m,l} x_{ml}h_{ml}$ und $\chi(x) = \varphi'(4k^2\,\|x - a^{nk}\|^2)$ ist.

Für jeden Punkt x, der einem S_{nk} angehört, und jeden Punkt u mit $x + u \in S_{nk}$ folgt

$$\mathrm{D}f(x+u)\,h - \mathrm{D}f(x)\,h = \frac{8}{n}\,(k\,xh - h_{nk})\,\big(\chi(x+u) - \chi(x)\big) + \frac{8}{n}\,k\,uh\,\chi(x+u)$$

und damit, daß $\mathrm{D}f\colon X \to L_{\mathsf{Kh}}(X, \mathbf{R})$ in jedem dieser Punkte x stetig ist. Offenbar ist $\mathrm{D}f\colon X \to L_{\mathsf{Kh}}(X, \mathbf{R})$ in jedem Punkt x der offenen Menge $X \setminus (\bigcup\limits_{n,k} S_{nk} \cup \{0\})$ ebenfalls stetig. Es gilt $\mathrm{D}f(0) = 0$ und für jedes u, das einem S_{nk} angehört, wegen $|\varphi'(\xi)| \leqq 4$ $(\xi \in \mathbf{R})$ und $\|u\| \leqq \frac{3}{2}\,k$ damit $|\mathrm{D}f(u)\,h - \mathrm{D}f(0)\,h| \leqq \frac{80}{n}\,\|h\|$.

Zu beliebigem $\alpha > 0$ bilden wir $U(\varepsilon, m, \psi)$ für ein $\varepsilon > 0$, ein m mit $\frac{80}{\alpha} \leqq m$ und eine Abbildung $\psi\colon \mathbf{N}^+ \to \,]0, \infty[$ mit $\psi(k) < \frac{1}{2k}$ $(k \in \mathbf{N}^+)$. Da $U(\varepsilon, m, \psi)$ und S_{nk} mit $n \leqq m$ elementfremd sind, folgt $|\mathrm{D}f(u)\,h - \mathrm{D}f(0)\,h| < \alpha\,\|h\|$ zu beliebigem $u \in U(\varepsilon, m, \psi)$ und damit, daß $\mathrm{D}f\colon X \to L_{\mathsf{Kh}}(X, \mathbf{R})$ auch in 0 und somit in jedem Punkt von X stetig ist. $\mathrm{D}f$ ist dann natürlich auch als Abbildung von X in $L_{\mathsf{h}}(X, \mathbf{R}) = L_{\delta\mathsf{h}}(X, \mathbf{R})$ stetig.

Wie wir zeigen, ist andererseits f in 0 nicht h- und damit auch nicht Kh- und δh-differenzierbar. Gegeben sei eine Nullnachbarschaft $U(\varepsilon, n, \psi)$. Wir setzen

$\alpha = \dfrac{\varepsilon}{3(n+1)}$ und wählen zu beliebigem $\beta > 0$ ein $k \in \boldsymbol{N}^+$ mit $\dfrac{1}{k\varepsilon} \leqq \beta$. Für $\gamma = \dfrac{1}{k\varepsilon}$ und $h = k\varepsilon a^{n+1\,k}$ gilt $\gamma \leqq \beta$, $h \in U(\varepsilon, n, \psi)$, $\gamma h \in S_{n+1\,k}$ und

$$\left|\frac{1}{\gamma} f(\gamma h)\right| \geqq \frac{1}{\gamma(n+1)\,k}\,\varphi(0) > \alpha\,.$$

f ist daher in 0 nicht $\mathfrak{h}$-differenzierbar.

Wir führen noch einen weiteren wichtigen Satz über stetige Ableitungen an; er leistet zum Teil mehr als 8.8.1. In Analogie zu der zu Anfang dieses Abschnittes eingeführten Bezeichnungsweise verstehen wir zu jedem Filter $\mathfrak{G}$ in $\mathfrak{H}(X, Y)$ unter $\mathfrak{G}^{\neg}$ denjenigen Filter in $\mathfrak{H}(X, Y)$, der $\{G^{\neg} \mid G \in \mathfrak{G}\}$ mit

$$G^{\neg} = \{g \in \mathfrak{H}(X, Y) \mid \forall h \in X\ (g(h) \in G(h)^{\neg})\}$$

als eine Basis hat. Für jede Teilmenge G von $\mathfrak{H}(X, Y)$ mit $0 \in G$ gilt

$$G^{\neg}(h) = G(h)^{\neg} \quad (h \in X)\,, \tag{8.8.1}$$

wie leicht damit folgt, daß zu beliebigen $h \in X$ und $k \in G(h)^{\neg}$ die Abbildung $g\colon X \to Y$ mit

$$g(l) = \begin{cases} \alpha k & \text{bei } l = \alpha h \quad (\alpha \in \boldsymbol{K}) \\ 0 & \text{bei } l \in X \setminus \boldsymbol{K}h \end{cases}$$

zu $G^{\neg}$ gehört. $\tau_{\mathfrak{H}(X,Y)}$ sei die von τ auf $\mathfrak{H}(X, Y)$ induzierte Limitierung.

8.8.3 (Theorem II über stetige Ableitungen). *X sei eine kreisförmige und Y eine beliebige pseudotopologische lineare Gruppe. τ besitze die folgenden Eigenschaften:*

1. *Zu beliebigem $l \in L(X, Y)$ gilt $[l] \underset{\tau}{\to} l$.*
2. *Mit $\mathfrak{F}$ und $\mathfrak{G}$ gehört $\mathfrak{F} + \mathfrak{G}$ zu $\tau_{\mathfrak{H}(X,Y)}(0)$.*
3. *$\mathfrak{G} \in \tau_{\mathfrak{H}(X,Y)}(0)$ zieht $\mathfrak{G}^{\sim} \in \tau_{\mathfrak{H}(X,Y)}(0)$ nach sich (vergleiche Abschnitt 8.2).*
4. *$\mathfrak{G} \in \tau_{\mathfrak{H}(X,Y)}(0)$ hat $\mathfrak{G}^{\neg} \in \tau_{\mathfrak{H}(X,Y)}(0)$ zur Folge.*

N sei eine Nachbarschaft eines Punktes $x \in X$, die in x kreisförmig ist; im Falle $\mathfrak{A} = F(X, Y)$ sei $N = X$. f sei eine Abbildung aus $\mathfrak{A}$, die eine $\mathfrak{s}$-Ableitung $\mathrm{D}f\colon X \circ\!\!\to L_\tau(X, Y)$ mit $N \subseteqq \mathrm{db}\,\mathrm{D}f$ besitzt, die in x stetig ist. Dann ist f in x τ'-differenzierbar und ist $\mathrm{D}f(x)$ eine τ'-Ableitung von f in x.

B e w e i s. $\mathfrak{F}$ sei ein kreisförmiger Nullfilter in X. Wegen der Eigenschaften 1, 2 und 4 von τ und der Stetigkeit von $\mathrm{D}f$ in x gibt es einen Filter $\mathfrak{G} \in \tau_{\mathfrak{H}(X,Y)}(0)$ derart, daß zu beliebigem $G \in \mathfrak{G}$ eine kreisförmige Menge $F_G \in \mathfrak{F}$ mit $x + F_G \subseteqq N$ und

$$(\mathrm{D}f(x + F_G) - \mathrm{D}f(x))^{\neg} \subseteqq G$$

existiert. Wir können $\mathfrak{G} \subseteqq [0]$ wegen Eigenschaft 1 von τ annehmen und erhalten mittels (8.8.1), daß zu beliebigem $G \in \mathfrak{G}$

$$(\mathrm{D}f(x + F_G) - \mathrm{D}f(x))\,(h)^{\neg} \subseteqq G(h) \qquad (h \in X)$$

und wegen des Korollars zu 8.7.1 auch $f(x+h) - f(x) - \mathrm{D}f(x)h \in G(h)$ $(h \in F_G)$ gilt. Unter Berücksichtigung, daß X kreisförmig ist, folgt mittels 8.2.2, daß $\mathrm{D}f(x)$ eine τ'-Ableitung von f in x ist.

8.8.4 (Bezüglich $\tau_{\mathfrak{B},k}$ und $\delta_{\mathfrak{B},k}$ stetige Ableitungen). *X sei eine kreisförmige pseudotopologische lineare Gruppe und Y eine lokalkonvexe $t^\wedge$-reguläre pseudotopologische lineare Gruppe. $\mathfrak{B}$ sei ein System von $\wedge$-Idealen von Dualfiltern in X und k eine der Zahlen $1, \ldots, 5$. N sei eine Nachbarschaft eines Punktes $x \in X$, die in x kreisförmig ist; im Falle $\mathfrak{A} = F(X, Y)$ sei $N = X$. Ist f eine Abbildung aus $\mathfrak{A}$, die eine in x stetige* s*-Ableitung* $\mathrm{D}f\colon X \circ\!\!\rightarrow L_{\mathfrak{B},k}(X, Y)$ *mit* $N \subseteqq \mathrm{db}\,\mathrm{D}f$ *besitzt, dann ist f in x $(\mathfrak{B},k)'$-differenzierbar und ist $\mathrm{D}f(x)$ eine $(\mathfrak{B},k)'$-Ableitung von f in x. Wenn f eine Abbildung aus $\mathfrak{A}$ ist, die eine in x stetige* s*-Ableitung* $\mathrm{D}f\colon X \circ\!\!\rightarrow L_{\delta_{\mathfrak{B},k}}(X, Y)$ *mit* $N \subseteqq \mathrm{db}\,\mathrm{D}f$ *besitzt, dann ist f in x $\delta'_{\mathfrak{B},k}$-differenzierbar und ist* $\mathrm{D}f(x)$ *eine $\delta'_{\mathfrak{B},k}$-Ableitung von f in x.*

Beweis. 1. f besitze eine in x stetige s-Ableitung $\mathrm{D}f\colon X \circ\!\!\rightarrow L_{\mathfrak{B},k}(X, Y)$ mit $N \subseteqq \mathrm{db}\,\mathrm{D}f$. Es sind die Eigenschaften 1 bis 4 aus 8.8.3 für die Limitierung τ der $\mathfrak{B},k$-Konvergenz in $\mathfrak{A}$ zu zeigen. Wegen 7.9.2 und 7.11.3 besitzt τ die Eigenschaften 1 und 2. Wie bereits vor (8.2.4) bemerkt wurde, hat τ auch die Eigenschaft 3. $\mathfrak{G}$ sei ein Filter aus $\tau_{\mathfrak{H}(X,Y)}(0)$. Bei $k = 1$ gilt

$$\exists \mathfrak{H} \in \tau_1(0)\ \forall \mathfrak{b} \in \mathfrak{B}\ \exists \mathfrak{F} \in \mathfrak{b}\ \forall F \in \mathfrak{F}\ \forall H \in \mathfrak{H}\ \exists G \in \mathfrak{G}\ (G[F] \subseteqq H)\,.$$

Da jeweils $G^\frown[F] \subseteqq G[F]^\frown$ gilt und im $\{H^\frown \mid H \in \mathfrak{H}\}$ auf Grund der Voraussetzung an Y ein Nullfilter ist, folgt $\mathfrak{G}^\frown \in \tau_{\mathfrak{H}(X,Y)}(0)$. Entsprechend ergibt sich $\mathfrak{G}^\frown \in \tau_{\mathfrak{H}(X,Y)}(0)$ bei $k = 2, \ldots, 5$. τ hat daher auch die Eigenschaft 4.

2. Besitzt f eine in x stetige s-Ableitung $\mathrm{D}f\colon X \circ\!\!\rightarrow L_{\delta_{\mathfrak{B},k}}(X, Y)$ mit $N \subseteqq \mathrm{db}\,\mathrm{D}f$, so ergibt sich ähnlich (vergleiche Teil 2 des Beweises von 8.8.2), daß die Limitierung der $\delta_{\mathfrak{B},k}$-Konvergenz in $\mathfrak{A}$ die Eigenschaften 1 bis 4 aus 8.8.3 hat.

Aus 8.8.4 folgt

8.8.4′ (Stetige Ableitungen; weitere Spezialfälle). *X sei eine kreisförmige pseudotopologische lineare Gruppe und Y eine lokalkonvexe $t^\wedge$-reguläre pseudotopologische lineare Gruppe. Es sei $\tau =$* s, k, fk, b, e, c, q, h, Kh, δb, δe, δq *oder* δh*. N sei eine Nachbarschaft eines Punktes $x \in X$, die in x kreisförmig ist; im Falle $\mathfrak{A} = F(X, Y)$ sei $N = X$. f sei eine Abbildung aus $\mathfrak{A}$, die eine in x stetige* s*-Ableitung* $\mathrm{D}f\colon X \circ\!\!\rightarrow L_\tau(X, Y)$ *mit* $N \subseteqq \mathrm{db}\,\mathrm{D}f$ *besitzt. Dann ist f in x τ'-differenzierbar und ist* $\mathrm{D}f(x)$ *eine τ'-Ableitung von f in x.*

Für die folgende Definition seien X und Y limitierte $\boldsymbol{K}$-lineare Gruppen, sei $\mathfrak{R}$ ein Differenzierbarkeitstyp für X und Y und sei σ eine schwach verträgliche Limitierung des Vektorraumes $L(X, Y)$. $L(X, Y)$, versehen mit σ, bezeichnen wir mit $L_\sigma(X, Y)$. Wir nennen eine Abbildung $f\colon X \circ\!\!\rightarrow Y$ eine **$C^1_{\mathfrak{R},\sigma}$-Abbildung**, wenn sie eine offene Menge als Definitionsbereich hat, stetig ist und eine stetige

$\mathfrak{R}$-Ableitung $\mathrm{D}f: X \circ\!\!\rightarrow L_\sigma(X, Y)$ mit $\mathrm{db}\,\mathrm{D}f = \mathrm{db}f$ besitzt. $\mathfrak{A}$ sei die Menge aller Abbildungen aus oder von X in Y. Ist τ eine Limitierung von $\mathfrak{A}$, so sagen wir anstelle $C^1_{\mathfrak{R}^G_\tau,\sigma}$-Abbildung auch **$C^1_{\tau,\sigma}$-Abbildung** und anstelle $C^1_{\mathfrak{R}^M_\tau,\sigma}$-Abbildung auch **$C^1_{\tau',\sigma}$-Abbildung,**, falls σ die von τ auf $L(X, Y)$ induzierte Limitierung ist, dafür auch einfach **C^1_τ-Abbildung** bzw. **$C^1_{\tau'}$-Abbildung**. Wenn speziell τ zu einem System $\mathfrak{B}$ von $\wedge$-Idealen von Dualfiltern in X und einem $k = 1, \dots, 5$ die Limitierung $\tau_{\mathfrak{B},k}$ der $\mathfrak{B},k$-Konvergenz in $\mathfrak{A}$ ist, sagen wir anstelle C^1_τ- und $C^1_{\tau'}$-Abbildung auch **$C^1_{\mathfrak{B},k}$-Abbildung** bzw. **$C^1_{(\mathfrak{B},k)'}$-Abbildung**. Sind keine genaueren Angaben erforderlich, so bezeichnen wir $C^1_{\mathfrak{R},\sigma}$-Abbildungen einfach als **C^1-Abbildungen**.

Wir nennen eine Teilmenge M einer limitierten linearen Gruppe **lokal kreisförmig**, wenn zu beliebigem $x \in M$ eine in x kreisförmige Nachbarschaft N von x mit $N \subseteq M$ existiert. Die Trägermenge jeder limitierten linearen Gruppe und im Falle $\mathfrak{A} = F(X, Y)$ damit trivialerweise $\mathrm{db}f$ zu jedem $f \in \mathfrak{A}$ ist lokal kreisförmig. Ferner ist jede offene Teilmenge einer topologischen linearen Gruppe und jede konvexe offene Teilmenge einer beliebigen limitierten linearen Gruppe lokal kreisförmig.

Ohne Mühe lassen sich aus 8.8.1 bis 8.8.4′ Charakterisierungen von C^1-Abbildungen herleiten. Aus 8.8.2 und 8.8.4 erhält man zum Beispiel

8.8.5 (Charakterisierungen von C^1-Abbildungen). *X sei eine pseudotopologische lineare Gruppe und Y eine lokalkonvexe $t^\wedge$-reguläre pseudotopologische lineare Gruppe. f sei eine stetige Abbildung aus $\mathfrak{A}$ mit einer offenen lokal kreisförmigen Menge als Definitionsbereich.*

Ist $\mathfrak{S}$ ein 4-verträgliches System von Filtern in X und besitzt f eine stetige s*-Ableitung* $\mathrm{D}f: X \circ\!\!\rightarrow L_{\mathfrak{S},4}(X, Y)$ *bzw.* $\mathrm{D}f: X \circ\!\!\rightarrow L_{\delta_{\mathfrak{S},4}}(X, Y)$ *mit* $\mathrm{db}\mathrm{D}f = \mathrm{db}f$, *dann ist f eine $C^1_{\mathfrak{S},4}$-Abbildung bzw. eine $C^1_{\delta_{\mathfrak{S},4}}$-Abbildung.*

Ist $\mathfrak{B}$ ein System von $\wedge$-Idealen von Dualfiltern in X und k eine der Zahlen $1, \dots, 5$, *ist die pseudotopologische lineare Gruppe X kreisförmig und besitzt f eine stetige* s*-Ableitung* $\mathrm{D}f: X \circ\!\!\rightarrow L_{\mathfrak{B},k}(X, Y)$ *bzw.* $\mathrm{D}f: X \circ\!\!\rightarrow L_{\delta_{\mathfrak{B},k}}(X, Y)$ *mit* $\mathrm{db}\mathrm{D}f = \mathrm{db}f$, *dann ist f eine $C^1_{(\mathfrak{B},k)'}$- bzw. eine $C^1_{\delta'_{\mathfrak{B},k}}$-Abbildung.*

Im folgenden vergleichen wir die verschiedenen Begriffe der C^1-Abbildungen. Es seien dazu X und Y limitierte $\boldsymbol{K}$-lineare Gruppen. Offenbar gilt

8.8.6 (Vergleich von C^1-Abbildungen). *$\mathfrak{R}$ und $\mathfrak{R}'$ seien Differenzierbarkeitstypen für X und Y und σ und σ' schwach verträgliche Limitierungen des Vektorraumes $L(X, Y)$. Gilt $\mathfrak{R} \subseteq \mathfrak{R}'$ und ist für eine Teilmenge M von X jede stetige Abbildung aus X in $L_\sigma(X, Y)$, die M als Definitionsbereich hat, auch als Abbildung aus X in $L_{\sigma'}(X, Y)$ stetig, so ist jede $C^1_{\mathfrak{R},\sigma}$-Abbildung aus X in Y, die M als Definitionsbereich hat, eine $C^1_{\mathfrak{R}',\sigma'}$-Abbildung.*

Die Stetigkeitsforderung ist zum Beispiel erfüllt, wenn $\sigma \leqq \sigma'$ ist, und ferner, wenn X dem ersten Abzählbarkeitsaxiom genügt und für jeden Filter $\mathfrak{K}$ in

$L(X, Y)$ mit einer abzählbaren Basis und jede Abbildung $f \in L(X, Y)$ aus $\mathfrak{K} \underset{\sigma}{\rightarrow} f$ stets $\mathfrak{K} \underset{\sigma'}{\rightarrow} f$ folgt. (7.14.11), 8.4.6 und 8.8.6 kann man leicht Beziehungen zwischen $C^1_{a,\mathsf{d}}$-, $C^1_{a,\mathsf{u}}$- und C^1_a-Abbildungen ($a = \mathsf{h}$ und h') entnehmen, was wir dem Leser überlassen.

Für den folgenden Satz sei X eine limitierte lineare und Y eine pseudotopologische lineare Gruppe. Wegen 8.8.6 erhält man aus 7.13.2 und 8.4.6

8.8.7 (Vergleichstheorem I für C^1-Abbildungen). 8.4.6 *gilt auch, wenn in diesem Satz jeweils a-Restglied und a-Restglied r mit* $r(0) = 0$ *durch* C^1_a*-Abbildung aus* $\mathfrak{A}$ *ersetzt wird.*

Wir bringen noch ein weiteres Vergleichstheorem. Zum Beweis benutzen wir die nachstehende Folgerung aus 8.8.5 und 8.8.6.

8.8.8. *X sei eine pseudotopologische lineare Gruppe, Y eine $t^\wedge$-reguläre lokalkonvexe pseudotopologische lineare Gruppe, $\mathfrak{R}$ ein Differenzierbarkeitstyp für X und Y mit $\mathfrak{R} \subseteqq \mathfrak{R}^{\mathsf{G}}_{\mathsf{s}}$ und σ eine schwach verträgliche Limitierung von $L(X, Y)$. M sei eine lokal kreisförmige Teilmenge von X; im Falle $\mathfrak{A} = F(X, Y)$ sei $M = X$.*

Ist $\mathfrak{S}$ ein 4-verträgliches System von Filtern in X und ist jede stetige Abbildung aus X in $L_\sigma(X, Y)$, die M als Definitionsbereich hat, auch als Abbildung aus X in $L_{\mathfrak{S},4}(X, Y)$ bzw. aus X in $L_{\delta_{\mathfrak{S},4}}(X, Y)$ stetig, so ist jede $C^1_{\mathfrak{R},\sigma}$-Abbildung $f\colon X \circ\!\!\rightarrow Y$ mit $\mathrm{db} f = M$ *eine $C^1_{\mathfrak{S},4}$- bzw. $C^1_{\delta_{\mathfrak{S},4}}$-Abbildung.*

Ist k eine der Zahlen $1, \ldots, 5$, $\mathfrak{B}$ ein k-verträgliches System von $\wedge$-Idealen von Dualfiltern in X, ist X kreisförmig und ist jede stetige Abbildung aus X in $L_\sigma(X, Y)$, die M als Definitionsbereich hat, auch als Abbildung aus X in $L_{\mathfrak{B},k}(X, Y)$ bzw. aus X in $L_{\delta_{\mathfrak{B},k}}(X, Y)$ stetig, so ist jede $C^1_{\mathfrak{R},\sigma}$-Abbildung $f\colon X \circ\!\!\rightarrow Y$ mit $\mathrm{db} f = M$ *auch eine $C^1_{(\mathfrak{B},k)'}$- bzw. $C^1_{\delta'_{\mathfrak{B},k}}$-Abbildung.*

Wenn wir im zweiten Teil des Satzes speziell als $\mathfrak{R}$ die Menge aller $\mathfrak{B},k$- bzw. aller $\delta_{\mathfrak{B},k}$-Restglieder $r \in \mathfrak{A}$ und als σ die Limitierung der $\mathfrak{B},k$-Konvergenz bzw. der $\delta_{\mathfrak{B},k}$-Konvergenz in $L(X, Y)$ nehmen, folgt

8.8.9 (Vergleich von C^1_τ- mit $C^1_{\tau'}$-Abbildungen bei $\tau = \tau_{\mathfrak{B},k}$ und $\tau = \delta_{\mathfrak{B},k}$). *$X$ sei eine kreisförmige pseudotopologische lineare Gruppe und Y eine $t^\wedge$-reguläre lokalkonvexe pseudotopologische lineare Gruppe. k sei eine der Zahlen $1, \ldots, 5$ und $\mathfrak{B}$ ein k-verträgliches System von $\wedge$-Idealen von Dualfiltern in X mit $\{[(x)] \mid x \in X\} \leqq \mathfrak{B}$. Dann ist jede $C^1_{\mathfrak{B},k}$- bzw. $C^1_{\delta_{\mathfrak{B},k}}$-Abbildung aus $\mathfrak{A}$ mit lokal kreisförmigem Definitionsbereich eine $C^1_{(\mathfrak{B},k)'}$- bzw. $C^1_{\delta'_{\mathfrak{B},k}}$-Abbildung.*

Aus diesem Satz folgt

8.8.9′ (Vergleich von C^1_τ- mit $C^1_{\tau'}$-Abbildungen; Spezialfälle). *X sei eine kreisförmige und Y eine $t^\wedge$-reguläre lokalkonvexe pseudotopologische lineare Gruppe. Es sei $a = \mathsf{s}$ oder c oder, wenn X ein pseudotopologischer Vektorraum ist, $a = \mathsf{b}$, e, q, $\delta\mathsf{b}$, $\delta\mathsf{e}$ oder $\delta\mathsf{q}$ oder, wenn X ein* SIMONNET*scher pseudotopologischer Vektor-*

raum ist, $a = \mathsf{k}$ oder fk. Dann ist jede C^1_a-Abbildung aus $\mathfrak{A}$ mit lokal kreisförmigem Definitionsbereich eine $C^1_{a'}$-Abbildung.

Wir kommen nun zu dem angekündigten Vergleichstheorem. Im ersten Teil dieses Theorems führen wir Aussagen an, die sich mittels 8.4.7 ergeben und weitestgehend Aussagen aus 8.4.7 entsprechen. Anschließend führen wir Aussagen an, die mittels 8.4.8 folgen. Im weiteren Teil bringen wir zu einigen Fällen Ergänzungen und benutzen dazu 8.8.8.

8.8.10 (Vergleichstheorem II für C^1-Abbildungen). 8.4.7 *bleibt richtig, wenn in diesem Satz jeweils a-Restglied, a-Restglied r mit $r(0) = 0$ und a-Restglied r mit $r(0) = 0$ und einer Nullnachbarschaft als Definitionsbereich durch C^1_a-Abbildung aus $\mathfrak{A}$ und ferner $\aleph_0$-CHOQUETsch und ebenfalls kreisförmig und $\aleph_0$-CHOQUETsch durch CHOQUETsch[1]) ersetzt wird.*

In den Fällen $\mathsf{q}'-\mathsf{q}-\mathsf{b}'-\mathsf{b}$ und $\mathsf{c}'-\mathsf{c}-\mathsf{k}'(\mathsf{fk}')-\mathsf{k}(\mathsf{fk})$ gelten einige Aussagen allgemeiner, und zwar sind für jede pseudotopologische lineare Gruppe X und jede topologische lineare Gruppe Y die C^1_{k}-, C^1_{fk}- bzw. C^1_{b}-Abbildungen aus $\mathfrak{A}$ stets $C^1_{\mathsf{k}'}$-, $C^1_{\mathsf{fk}'}$- bzw. $C^1_{\mathsf{b}'}$-Abbildungen.

Ferner gilt im Falle $\mathsf{c}'-\mathsf{c}-\mathsf{s}'-\mathsf{s}$: Wenn X ein tonnelierter metrisierbarer lokalkonvexer und Y ein beliebiger lokalkonvexer topologischer Vektorraum ist, ist jede C^1_{s}- bzw. $C^1_{\mathsf{s}'}$-Abbildung aus $\mathfrak{A}$ eine C^1_{c}- bzw. $C^1_{\mathsf{c}'}$-Abbildung.

Im Falle $\mathsf{h}'-\mathsf{q}'-\mathsf{q}-\mathsf{c}'-\mathsf{c}$ gilt zusätzlich: Jede $C^1_{\mathsf{h}'}$-Abbildung aus X in Y ist eine $C^1_{\mathsf{q}'}$- und damit eine C^1_{q}-Abbildung. Ist X ein kreisförmiger pseudotopologischer Vektorraum mit der Dg-*Eigenschaft und ist Y ein lokalkonvexer topologischer Vektorraum, so ist umgekehrt jede C^1_{q}-Abbildung aus $\mathfrak{A}$ mit lokal kreisförmigem Definitionsbereich eine $C^1_{\mathsf{h}'}$-Abbildung. Wenn X eine pseudotopologische lineare Gruppe mit der* qt-*Eigenschaft und Y eine lokalkonvexe topologische lineare Gruppe ist, ist jede C^1_{c}-Abbildung aus $\mathfrak{A}$ mit lokal kreisförmigem Definitionsbereich eine C^1_{q}-Abbildung, wenn X zusätzlich kreisförmig ist, auch eine $C^1_{\mathsf{q}'}$-Abbildung.*

Schließlich gilt im Falle $\mathsf{k}(\mathsf{fk})-\mathsf{s}$ zusätzlich: Ist X ein tonnelierter metrisierbarer lokalkonvexer und Y ein beliebiger lokalkonvexer topologischer Vektorraum, so ist jede C^1_{s}-Abbildung aus $\mathfrak{A}$ eine C^1_{k}- und C^1_{fk}-Abbildung.

Beweis. 1. Der erste Teil der Aussage folgt aus 8.8.6 unter Berücksichtigung von 7.5.1, 7.5.10, 7.13.3 und 8.4.7 sowie der Anmerkung nach 7.13.3.

2. Ist X eine pseudotopologische lineare Gruppe und Y eine topologische lineare Gruppe, so ist wegen 8.4.8 jede C^1_{k}-, C^1_{fk}- bzw. C^1_{b}-Abbildung aus $\mathfrak{A}$ eine $C^1_{\mathsf{k}'}$-, $C^1_{\mathsf{fk}'}$- bzw. $C^1_{\mathsf{b}'}$-Abbildung.

3. Wenn X ein tonnelierter metrisierbarer lokalkonvexer und Y ein beliebiger lokalkonvexer topologischer Vektorraum ist, gilt $\mathfrak{R}^{\mathsf{M}}_{\mathsf{s}} \subseteqq \mathfrak{R}^{\mathsf{G}}_{\mathsf{s}}$ wegen 8.4.7 und folgt aus 7.5.24 und 8.8.8 damit, daß jede C^1_{s}-Abbildung aus $\mathfrak{A}$ eine

---

[1]) Wir erinnern daran, daß nach 5.8.10 jede CHOQUETsche pseudotopologische lineare Gruppe kreisförmig ist.

C^1_c- und deshalb auch eine C^1_k- und C^1_{fk}-Abbildung und jede $C^1_{s'}$-Abbildung aus $\mathfrak{A}$ eine $C^1_{c'}$- und deshalb auch eine $C^1_{k'}$- und $C^1_{fk'}$-Abbildung ist.

Wenn X ein kreisförmiger pseudotopologischer Vektorraum mit der Dg-Eigenschaft und Y ein lokalkonvexer topologischer Vektorraum ist, folgt $\mathfrak{R}^G_q \subseteq \mathfrak{R}^G_s$ wegen 8.4.7 und damit aus 7.14.4 und 8.8.8, daß jede C^1_q-Abbildung aus $\mathfrak{A}$ mit lokal kreisförmigem Definitionsbereich eine $C^1_{h'}$-Abbildung ist.

Ist X eine pseudotopologische lineare Gruppe mit der qt-Eigenschaft und Y eine lokalkonvexe topologische lineare Gruppe, so ergibt sich $\mathfrak{R}^G_c \subseteq \mathfrak{R}^G_s$ wegen 8.4.7 und damit aus 7.14.3 und 8.8.8, daß jede C^1_c-Abbildung aus $\mathfrak{A}$ mit lokal kreisförmigem Definitionsbereich eine C^1_q-Abbildung und, wenn X zusätzlich kreisförmig ist, auch eine $C^1_{q'}$-Abbildung ist.

Einen Teil der in 8.8.10 angegebenen Aussagen fassen wir in einem Diagramm zusammen.

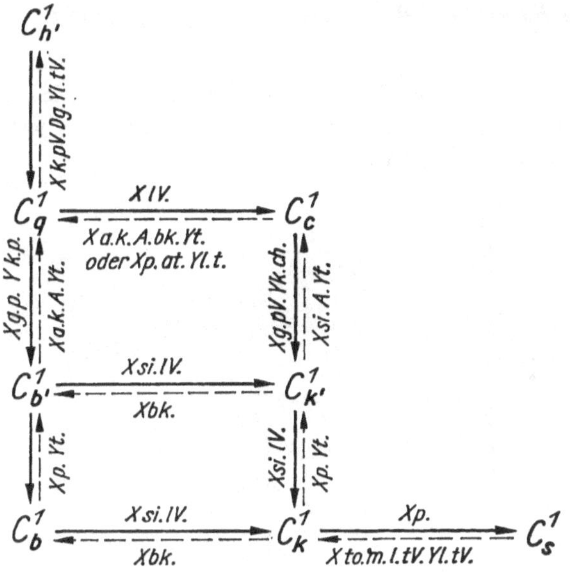

Es bedeuten:

a. ausgeglichen
A. pseudotopologischer Vektorraum, der dem ersten Abzählbarkeitsaxiom genügt
bk. besitzt die bk-Eigenschaft
ch. CHOQUETsche pseudotopologische lineare Gruppe
Dg. besitzt die Dg-Eigenschaft
g. gleichförmig
k. kreisförmig
l. lokalkonvex
lV. limitierter Vektorraum
m. metrisierbar
p. pseudotopologische lineare Gruppe
pV. pseudotopologischer Vektorraum
qt. besitzt die qt-Eigenschaft
si. SIMONNETsch
t. topologische lineare Gruppe
to. tonneliert
tV. topologischer Vektorraum

Aus 8.8.7 und 8.8.10 folgt, daß in den in 8.8.9′ angegebenen Fällen die Begriffe C^1_a-Abbildung und $C^1_{a'}$-Abbildung sogar zusammenfallen. In Ergänzung zu dieser Aussage erhält man aus 8.8.7 und 8.8.10

8.8.11 (Vergleich von C^1-Abbildungen; Spezialfälle). *Ist X eine gleichförmige und Y eine kreisförmige pseudotopologische lineare Gruppe, so fallen für die Abbildungen aus $\mathfrak{A}$ die Begriffe C^1_{q}- und $C^1_{\mathrm{q}'}$-Abbildung und die Begriffe $C^1_{\delta\mathrm{q}}$- und $C^1_{\delta\mathrm{q}'}$-Abbildung zusammen. Wenn X ein gleichförmiger pseudotopologischer Vektorraum und Y eine kreisförmige pseudotopologische lineare Gruppe ist, fallen für die Abbildungen aus $\mathfrak{A}$ die Begriffe C^1_{c}- und $C^1_{\mathrm{c}'}$-Abbildung zusammen. Ist X ein separierter kreisförmiger pseudotopologischer Vektorraum, so fallen für die Abbildungen aus $\mathfrak{A}$ die Begriffe C^1_{s}- und $C^1_{\mathrm{s}'}$-Abbildung zusammen. Ist X eine pseudotopologische lineare Gruppe und Y eine topologische lineare Gruppe, so fallen für die Abbildungen aus $\mathfrak{A}$ die Begriffe C^1_{k}- und $C^1_{\mathrm{k}'}$-Abbildung, die Begriffe C^1_{fk}- und $C^1_{\mathrm{fk}'}$-Abbildung und die Begriffe C^1_{b}-, C^1_{e}-, $C^1_{\mathrm{b}'}$- und $C^1_{\mathrm{e}'}$-Abbildung zusammen.*

Als nächstes gehen wir auf den Fall ein, daß X und Y lokalkonvexe topologische Vektorräume sind. Im folgenden Diagramm führen wir einige in diesem Falle geltende spezielle Vergleichsaussagen an.

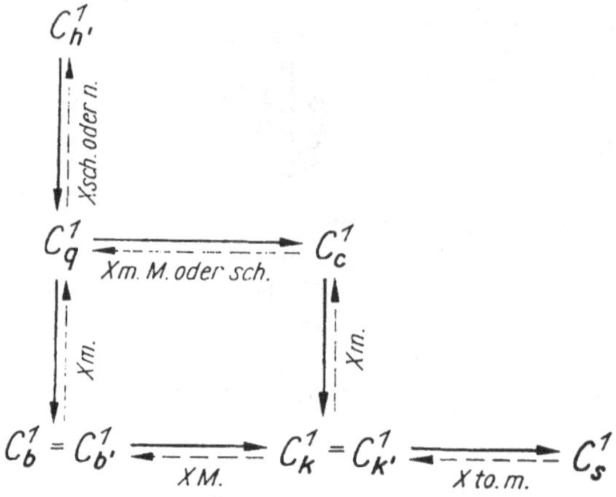

Es bedeuten:

m.	metrisierbar
M.	MONTEL-Raum
n.	normierbar
sch.	SCHWARTZsch
to.	tonneliert

In den nächsten beiden Sätzen führen wir Äquivalenzaussagen für C^1-Abbildungen an für den Fall, daß X und Y lokalkonvexe topologische Vektorräume sind und X gewissen zusätzlichen Einschränkungen unterliegt (siehe KELLER [6]).

8.8.12 (Vergleich im Falle lokalkonvexer topologischer Vektorräume; X metrisierbar). *X und Y seien lokalkonvexe topologische Vektorräume. Ist X metrisierbar, so fallen für die Abbildungen aus $\mathfrak{A}$ die Begriffe C^1_{s}- und $C^1_{\mathrm{s}'}$-Abbildung, die Begriffe C^1_{k}-, C^1_{fk}-, C^1_{c},- $C^1_{\mathrm{k}'}$-, $C^1_{\mathrm{fk}'}$- und $C^1_{\mathrm{c}'}$-Abbildung, die Begriffe C^1_{b}-, C^1_{e}-, C^1_{q}-, $C^1_{\mathrm{b}'}$-, $C^1_{\mathrm{e}'}$-, und $C^1_{\mathrm{q}'}$-Abbildung, die Begriffe $C^1_{\delta\mathrm{b}}$- und $C^1_{\delta\mathrm{b}'}$-Abbildung, die Begriffe $C^1_{\delta\mathrm{e}}$- und $C^1_{\delta\mathrm{e}'}$-Abbildung und die Begriffe $C^1_{\delta\mathrm{q}}$- und $C^1_{\delta\mathrm{q}'}$-Abbildung zusammen. Wenn X ein* **Fréchet-Raum** *(d. h. ein metrisierbarer vollständiger lokalkonvexer topologischer Vektorraum) ist, fallen für die Abbildungen aus $\mathfrak{A}$ auch die Begriffe C^1_{s}- und C^1_{c}-Abbildung zusammen. Wenn X ein* **Fréchet-Montel-Raum** *ist (d. h. ein* Fréchet-*Raum, der gleichzeitig ein* Montel-*Raum ist), fallen für die Abbildungen aus $\mathfrak{A}$ die Begriffe C^1_{s}-, C^1_{k}-, C^1_{fk}-, C^1_{b}-, C^1_{e}-, C^1_{c}-, C^1_{q}-, $C^1_{\mathrm{s}'}$-, ... , $C^1_{\mathrm{c}'}$- und $C^1_{\mathrm{q}'}$-Abbildung zusammen, wenn X ein* **Fréchet-Schwartz-Raum** *(also ein* schwartz*scher* Fréchet-*Raum) ist, auch die Begriffe C^1_{q}- und $C^1_{\mathrm{h}'}$-Abbildung.*

8.8.13 (Vergleich im Falle lokalkonvexer topologischer Vektorräume; X normierbar). *X und Y seien lokalkonvexe topologische Vektorräume. Ist X normierbar, so fallen für die Abbildungen aus $\mathfrak{A}$ die Begriffe C^1_{s}- und $C^1_{\mathrm{s}'}$-Abbildung, die Begriffe C^1_{k}-, C^1_{fk}-, C^1_{c}-, $C^1_{\mathrm{k}'}$-, $C^1_{\mathrm{fk}'}$- und $C^1_{\mathrm{c}'}$-Abbildung, die Begriffe C^1_{b}-, C^1_{e}-, C^1_{q}-, C^1_{h}-, C^1_{Kh}-, $C^1_{\mathrm{b}'}$-, ... , $C^1_{\mathrm{h}'}$- und $C^1_{\mathrm{Kh}'}$-Abbildung und die Begriffe $C^1_{\delta\mathrm{b}}$-, $C^1_{\delta\mathrm{e}}$-, $C^1_{\delta\mathrm{q}}$-, $C^1_{\delta\mathrm{h}}$-, $C^1_{\delta\mathrm{b}'}$-, $C^1_{\delta\mathrm{e}'}$-, $C^1_{\delta\mathrm{q}'}$- und $C^1_{\delta\mathrm{h}'}$-Abbildung zusammen. Wenn X ein* Banach-*Raum ist, fallen für die Abbildungen aus $\mathfrak{A}$ auch die Begriffe C^1_{s}- und C^1_{c}-Abbildung zusammen.*

Wir fragen als nächstes nach der Komponierbarkeit von C^1-Abbildungen zu C^1-Abbildungen X, Y und Z seien dazu limitierte $\boldsymbol{K}$-lineare Gruppen. $\mathfrak{R}^1$, $\mathfrak{R}^2$ und $\mathfrak{R}$ seien Differenzierbarkeitstypen für X und Y, Y und Z bzw. X und Z. Wir sagen, daß für $\mathfrak{R}^1$, $\mathfrak{R}^2$ und $\mathfrak{R}$ die **Kettenregel** gilt, wenn für jede Abbildung $f\colon X \circ\!\!\rightarrow Y$, die in einem Punkt x eine $\mathfrak{R}^1$-Ableitung $\mathrm{D}f(x)$ hat, und jede Abbildung $g\colon Y \circ\!\!\rightarrow Z$, die in $y = f(x)$ eine $\mathfrak{R}^2$-Ableitung $\mathrm{D}g(y)$ besitzt, die Komposition $g \circ f$ in x $\mathfrak{R}$-differenzierbar ist und

$$\mathrm{D}(g \circ f)(x) = \mathrm{D}g(y) \circ \mathrm{D}f(x) \tag{8.8.2}$$

eine $\mathfrak{R}$-Ableitung von $g \circ f$ in x ist. Unter Benutzung der Kompositionsabbildung $\gamma\colon L(X, Y) \times L(Y, Z) \to L(X, Z)$ läßt sich (8.8.2) in der Form

$$\mathrm{D}(g \circ f)(x) = (\gamma \circ \langle \mathrm{D}f, \mathrm{D}g \circ f \rangle)(x) \tag{8.8.3}$$

schreiben.

σ^1, σ^2 und σ seien schwach verträgliche Limitierungen von $L(X, Y)$, $L(Y, Z)$ bzw. $L(X, Z)$. Wir bezeichnen $L(X, Y)$, $L(Y, Z)$ bzw. $L(X, Z)$, versehen mit σ^1, σ^2 bzw. σ, mit $L_{\sigma^1}(X, Y)$, $L_{\sigma^2}(Y, Z)$ bzw. $L_\sigma(X, Z)$.

8.8.14 (Kettenregel für C^1-Abbildungen). *Für $\mathfrak{R}^1$, $\mathfrak{R}^2$ und $\mathfrak{R}$ gelte die Kettenregel. Die Kompositionsabbildung $\gamma\colon L_{\sigma^1}(X, Y) \times L_{\sigma^2}(Y, Z) \to L_\sigma(X, Z)$ sei stetig. Ist $f\colon X \circ\!\!\rightarrow Y$ eine $C^1_{\mathfrak{R}^1,\sigma^1}$- und $g\colon Y \circ\!\!\rightarrow Z$ eine $C^1_{\mathfrak{R}^2,\sigma^2}$-Abbildung, so ist $g \circ f$ eine $C^1_{\mathfrak{R},\sigma}$-Abbildung.*

Beweis. Nach Voraussetzung ist f stetig und die Menge $\mathrm{db}g$ offen, wegen 3.6.3 somit auch $f^{-1}[\mathrm{db}g]$ offen. Wegen 3.6.4 ist $g \circ f$ und auch $\mathrm{D}g \circ f$ stetig. Wegen 3.10.4′ ist damit auch $\langle \mathrm{D}f, \mathrm{D}g \circ f\rangle$ und wegen 3.6.4 und der Stetigkeit von γ damit auch $\gamma \circ \langle \mathrm{D}f, \mathrm{D}g \circ f\rangle$ stetig. Die letzte Abbildung hat wegen $\mathrm{db}f = \mathrm{dbD}f$ und $\mathrm{db}g = \mathrm{dbD}g$ die Menge $f^{-1}[\mathrm{db}g]$, also $\mathrm{db}(g \circ f)$ als Definitionsbereich. Sie ist — wie unter Beachtung der Voraussetzung und von (8.8.2) folgt — daher eine $\mathfrak{R}$-Ableitung von $g \circ f$ mit $\mathrm{db}(g \circ f)$ als Definitionsbereich. Also ist $g \circ f$ eine $C^1_{\mathfrak{R},\sigma}$-Abbildung.

Wir treffen für den folgenden Satz die gleichen Annahmen wie vor 8.7.2 und erhalten unter Berücksichtigung dieses Satzes

8.8.15 (Kettenregel für C^1_τ- und $C^1_{\tau'}$-Abbildungen). *Unter den Voraussetzungen 1 bis 3 aus 8.7.2 ist für jede $C^1_{\tau\mathfrak{A}}$-Abbildung f und jede $C^1_{\tau\mathfrak{B}}$-Abbildung g die Komposition $g \circ f$ eine $C^1_{\tau\mathfrak{C}}$-Abbildung, und unter den Voraussetzungen 1′ bis 4′ aus 8.7.2 ist für jede $C^1_{(\tau\mathfrak{A})'}$-Abbildung f und jede $C^1_{(\tau\mathfrak{B})'}$-Abbildung g die Komposition $g \circ f$ eine $C^1_{(\tau\mathfrak{C})'}$-Abbildung.*

Für die nächsten beiden Sätze seien $\mathfrak{A}$ und $\mathfrak{B}$ wie eben festgelegt.

Mittels des Korollars zu 7.16.4 und mittels 8.7.2′ ergibt sich

8.8.15′ (Kettenregel für C^1-Abbildungen; Spezialfälle). *Y und Z seien pseudotopologische lineare Gruppen. Für*

$$a = \mathsf{c}, \mathsf{q}, \mathsf{h}, \mathsf{Kh}, \delta\mathsf{b}, \delta\mathsf{e}, \delta\mathsf{q}, \delta\mathsf{h}, \mathsf{c}', \mathsf{q}', \mathsf{h}', \mathsf{Kh}' \text{ und } \delta\mathsf{h}'$$

und

$$a = \mathsf{h,u}, \quad \mathsf{h,d}, \quad \mathsf{h',u} \quad \textit{und} \quad \mathsf{h',d}\ ,$$

wenn X eine pseudotopologische lineare Gruppe ist, auch für

$$a = \delta\mathsf{b}' \textit{ und } \delta\mathsf{e}'\ ,$$

wenn Y lokalbeschränkt ist, auch für

$$a = \mathsf{b} \textit{ und } \mathsf{e}$$

und, wenn X eine pseudotopologische lineare Gruppe und Y lokalbeschränkt ist, auch für

$$a = \mathsf{b}' \textit{ und } \mathsf{e}'$$

gilt: Sind $f \in \mathfrak{A}$ und $g \in \mathfrak{B}$ C^1_a-Abbildungen, so ist auch $g \circ f$ eine C^1_a-Abbildung.

Wegen 8.7.2″ erhalten wir ferner

8.8.15″ (Kettenregel für C^1-Abbildungen; weitere Spezialfälle). *Y sei eine pseudotopologische und Z eine topologische lineare Gruppe. Für*

$$a = \mathsf{k} \textit{ und } \mathsf{fk}\ ,$$

wenn Y ein SIMONNET*scher pseudotopologischer Vektorraum ist, auch für*

$$a = \mathsf{b}\,,$$

wenn X eine pseudotopologische lineare Gruppe ist, auch für

$$a = \mathsf{k}' \text{ und } \mathsf{fk}'$$

und, wenn X eine pseudotopologische lineare Gruppe und Y ein SIMONNET*scher pseudotopologischer Vektorraum ist, auch für*

$$a = \mathsf{b}'$$

gilt: Sind $f \in \mathfrak{A}$ *und* $g \in \mathfrak{B}$ C^1_a*-Abbildungen, so ist auch* $g \circ f$ *eine* C^1_a*-Abbildung.*

8.9. Partielle Ableitungen

Wir gehen zuerst auf den Begriff der partiellen Ableitung nach einer limitierten linearen Untergruppe ein. X und Y seien limitierte $\boldsymbol{K}$-lineare Gruppen. M sei eine limitierte lineare Untergruppe von X. Zu beliebigem $x \in X$ bezeichnen wir mit φ_{Mx} die Abbildung $h \mapsto x + h$ $(h \in M)$ von M in X. Ist $\mathfrak{R}$ ein Differenzierbarkeitstyp für M und Y, so sagen wir, daß eine Abbildung $f\colon X \circ\!\!\rightarrow Y$ in einem Punkt x ihres Definitionsbereiches **nach M (partiell) $\mathfrak{R}$-differenzierbar** ist, wenn die Zusammensetzung $f \circ \varphi_{Mx}$ in 0 eine $\mathfrak{R}$-Ableitung $\mathrm{D}(f \circ \varphi_{Mx})(0)$ hat. Die Abbildung $\mathrm{D}(f \circ \varphi_{Mx})(0)$, die wir auch mit

$$\mathrm{D}_M f(x)$$

bezeichnen, nennen wir eine **(partielle) $\mathfrak{R}$-Ableitung** von f in x **nach M**. Jeder Abbildung $f\colon X \circ\!\!\rightarrow Y$ läßt sich zu einem gegebenen Differenzierbarkeitstyp $\mathfrak{R}$ für M und Y eine Abbildung $\mathrm{D}_M f\colon X \circ\!\!\rightarrow L(M, Y)$ zuordnen, die als Definitionsbereich A die Menge aller Punkte x hat, in denen f nach M partiell $\mathfrak{R}$-differenzierbar ist, und die jedem $x \in A$ eine $\mathfrak{R}$-Ableitung $\mathrm{D}_M f(x)$ von f in x nach M zuordnet. $\mathrm{D}_M f$ heißt eine **(partielle) $\mathfrak{R}$-Ableitung** von f **nach M**. $\mathfrak{A}$ sei die Menge aller Abbildungen aus oder von X in Y und $\mathfrak{A}_M$ entsprechend die Menge aller Abbildungen aus bzw. von M in Y. Wir benutzen für die partiellen Ableitungen die gleichen Vereinbarungen wie für die **totalen**, also die bisher behandelten **Ableitungen.** Zum Beispiel sagen wir zu einer beliebigen Limitierung τ von $\mathfrak{A}_M$ anstelle $\mathfrak{R}$-Ableitung nach M auch **(partielle) τ- oder τ'-Ableitung nach M**, falls $\mathfrak{R}$ gleich $\mathfrak{R}^{\mathsf{G}}_\tau$ oder gleich $\mathfrak{R}^{\mathsf{M}}_\tau$ ist. Entsprechend benutzen wir in naheliegender Weise zu einem beliebigen System $\mathfrak{B}$ von $\wedge$-Idealen von Dualfiltern in M zu beliebigem $k = 1, \ldots, 5$ die Bezeichnungen **(partielle) $\mathfrak{B},k$-, $\delta_{\mathfrak{B},k}$-, $(\mathfrak{B},k)'$-** und **$\delta'_{\mathfrak{B},k}$-Ableitung nach M** und ferner die Bezeichnungen **(partielle)** s-, k-, fk-, b-, e-, c-, q-, h-, Kh-, δb-, δe-, δq-, δh-, s′-, … , δh′**-Ableitung nach M.**

Wir gehen zuerst auf das Problem ein, wann aus der totalen Differenzierbarkeit die partielle Differenzierbarkeit folgt.

Mühelos ergibt sich

8.9.1 (Differenzierbarkeit nach limitierten linearen Untergruppen). *$\mathfrak{R}$ sei ein Differenzierbarkeitstyp für X und Y und $\mathfrak{R}_M$ ein Differenzierbarkeitstyp für M und Y derart, daß $r \in \mathfrak{R}$ stets $r \circ \varphi_{M0} \in \mathfrak{R}_M$ nach sich zieht. $f: X \circ\!\!\rightarrow Y$ sei eine Abbildung, die in einem Punkt $x \in X$ eine $\mathfrak{R}$-Ableitung $\mathrm{D}f(x)$ hat. Dann ist f in x nach M $\mathfrak{R}_M$-differenzierbar und ist $\mathrm{D}_M f(x) = \mathrm{D}f(x) \circ \varphi_{M0}$ eine $\mathfrak{R}_M$-Ableitung von f nach M.*

Für die folgenden Bemerkungen seien τ und τ_M Limitierungen von $\mathfrak{A}$ bzw. $\mathfrak{A}_M$. Besteht $\mathfrak{R}$ aus allen τ- und $\mathfrak{R}_M$ aus allen τ_M-Restgliedern, so ist die im Satz angegebene Bedingung für $\mathfrak{R}$ und $\mathfrak{R}_M$ offenbar erfüllt, wenn $\mathfrak{K} \underset{\tau}{\rightarrow} 0$ stets $\mathfrak{K} \mathbin{\dot\circ} [\varphi_{M0}] \underset{\tau_M}{\rightarrow} 0$ nach sich zieht. Besteht $\mathfrak{R}$ aus allen τ'- und $\mathfrak{R}_M$ aus allen τ'_M-Restgliedern, so ist die Bedingung erfüllt, wenn aus $\mathfrak{G} \xrightarrow[\tau_{\mathfrak{H}(X,Y)}]{} 0$ stets $\mathfrak{G} \mathbin{\dot\circ} [\varphi_{M0}] \xrightarrow[\tau_{\mathfrak{H}(X,Y)}]{} 0$ folgt; dabei sind $\tau_{\mathfrak{H}(X,Y)}$ und $\tau_{\mathfrak{H}(M,Y)}$ die von τ auf $\mathfrak{H}(X, Y)$ bzw. von τ_M auf $\mathfrak{H}(M, Y)$ induzierten Limitierungen. Zum Nachweis der letzteren Behauptung zeigt man, daß für jede ein τ'-Restglied r erzeugende Abbildung μ die Abbildung $\nu: h \mapsto (\mu \circ \varphi_{M0})(h) \circ \varphi_{M0}$ $(h \in M)$ eine $r \circ \varphi_{M0}$ erzeugende Abbildung ist ($\mathrm{db}\nu = \varphi_{M0}^{-1}[\mathrm{db}\mu]$ ist wegen (3.9.6) eine Nullnachbarschaft in M, und ν ist in 0 auf Grund der Voraussetzung $\mathfrak{G} \xrightarrow[\tau_{\mathfrak{H}(X,Y)}]{} 0 \Rightarrow \mathfrak{G} \mathbin{\dot\circ} [\varphi_{M0}] \xrightarrow[\tau_{\mathfrak{H}(M,Y)}]{} 0$ stetig). Mittels 7.16.10 und einem unmittelbar daraus folgenden analogen Satz über SUCHININ-Modifikationen ergibt sich

8.9.2 (Partielle $\mathfrak{W},k$-, $\delta_{\mathfrak{W},k}$-, $(\mathfrak{W},k)'$- und $\delta'_{\mathfrak{W},k}$-Ableitungen). *$\mathfrak{V}$ und $\mathfrak{W}$ seien Systeme von $\wedge$-Idealen von Dualfiltern in X bzw. M derart, daß φ_{M0} $\mathfrak{W},\mathfrak{V}$-treu ist. k sei eine der Zahlen $1, \dots, 5$. Y sei eine pseudotopologische lineare Gruppe. f sei eine Abbildung aus $\mathfrak{A}$, die in einem Punkt $x \in X$ eine $\mathfrak{V},k$-, $\delta_{\mathfrak{V},k}$-, $(\mathfrak{V},k)'$- bzw. $\delta'_{\mathfrak{V},k}$-Ableitung $\mathrm{D}f(x)$ hat. Dann ist $\mathrm{D}_M f(x) = \mathrm{D}f(x) \circ \varphi_{M0}$ eine partielle $\mathfrak{W},k$-, $\delta_{\mathfrak{W},k}$, $(\mathfrak{W},k)'$- bzw. $\delta'_{\mathfrak{W},k}$-Ableitung von f in x nach M.*

Mittels der Bemerkungen vor 5.18.17 über die Abbildungstreue erhalten wir

8.9.2′ (Partielle Ableitungen; Spezialfälle). *Y sei eine pseudotopologische lineare Gruppe und f eine Abbildung aus $\mathfrak{A}$, die in einem Punkt $x \in X$ eine* s-, k-, fk-, b-, e-, c-, q-, h-, Kh-, δb-, δe, δq-, δh-, s′-, … , δq′- *bzw.* δh′-*Ableitung $\mathrm{D}f(x)$ hat. Dann ist $\mathrm{D}_M f(x) = \mathrm{D}f(x) \circ \varphi_{M0}$ eine partielle Ableitung von f in x nach M der gleichen Art.*

Im weiteren gehen wir auf den Begriff der partiellen Ableitung nach Summanden limitierter direkter Summen ein. X sei dazu eine limitierte direkte Summe $\bigoplus_{\iota \in I} X_\iota$ limitierter $\boldsymbol{K}$-linearer Gruppen. Keine der Limitierungen der X_ι sei entartet, so daß die natürlichen Injektionen $\iota_\iota: X_\iota \rightarrow X$ Isomorphismen, die $M_\iota = \iota_\iota[X_\iota]$ also limitierte lineare Untergruppen von X sind. Ist $\mathfrak{R}_\iota$ für ein $\iota \in I$ ein Differenzierbarkeitstyp für X_ι und Y, $\mathfrak{R}'_\iota = \{r: M_\iota \rightarrow Y \mid r \circ \iota_\iota \in \mathfrak{R}_\iota\}$ somit ein Differenzierbarkeitstyp für M_ι und Y, so sagen wir, daß eine Abbildung $f\colon X \circ\!\!\rightarrow Y$ in einem Punkt x ihres Definitionsbereichs **nach** X_ι **(partiell)** $\mathfrak{R}_\iota$**-differenzierbar** ist, wenn f in x eine partielle $\mathfrak{R}'_\iota$-Ableitung $\mathrm{D}_{M_\iota}f(x)$ hat. $\mathrm{D}_\iota f(x) = \mathrm{D}_{M_\iota}f(x) \circ \iota_\iota\colon X_\iota \to Y$ nennen wir eine **(partielle)** $\mathfrak{R}_\iota$**-Ableitung** von f in x **nach** X_ι. Ist $\mathrm{D}_{M_\iota}f$ eine $\mathfrak{R}'_\iota$-Ableitung von f nach X_ι, so nennen wir $\mathrm{D}_\iota f\colon X \circ\!\!\rightarrow L(X_\iota, Y)$ mit $\mathrm{dbD}_\iota f = \mathrm{dbD}_{M_\iota} f$ und $\mathrm{D}_\iota f(x) = D_{M_\iota}f(x) \circ \iota_\iota$ eine **(partielle)** $\mathfrak{R}_\iota$**-Ableitung** von f **nach** X_ι. Wir benutzen in den Spezialfällen die entsprechenden Bezeichnungsweisen wie bei den partiellen Ableitungen nach limitierten linearen Untergruppen.

Aus 8.9.1 erhalten wir: Ist $\mathfrak{R}$ ein Differenzierbarkeitstyp für X und Y und $\mathfrak{R}_\iota$ zu beliebigem $i \in I$ ein Differenzierbarkeitstyp für X_ι und Y derart, daß $r \in \mathfrak{R}$ stets $r \circ \iota_\iota \in \mathfrak{R}_\iota$ $(i \in I)$ nach sich zieht, so ist eine Abbildung $f\colon X \circ\!\!\rightarrow Y$, die in einem Punkt $x \in X$ eine $\mathfrak{R}$-Ableitung $\mathrm{D}f(x)$ besitzt, zu beliebigem $i \in I$ in x nach X_ι $\mathfrak{R}_\iota$-differenzierbar, ist $\mathrm{D}_\iota f(x) = \mathrm{D}f(x) \circ \iota_\iota$ zu beliebigem $i \in I$ eine partielle $\mathfrak{R}_\iota$-Ableitung von f in x nach X_ι und gilt

$$\mathrm{D}f(x)\, h = \sum_{i \in I} \mathrm{D}_\iota f(x)\, h_\iota \qquad \left(h = (h_\iota)_{i \in I} \in X\right); \tag{8.9.1}$$

dabei ist die rechtsstehende Summe in naheliegender Weise als endliche Summe zu verstehen (bis auf endlich viele i sind alle h_ι Nullvektoren). Die entsprechenden Spezialisierungen wie 8.9.2 und 8.9.2′ überlassen wir dem Leser.

Im weiteren behandeln wir das Problem, unter welchen zusätzlichen Voraussetzungen aus der partiellen Differenzierbarkeit die totale Differenzierbarkeit folgt. I sei endlich; wir nehmen der Einfachheit halber sogar $I = \{1, \dots, n\}$ für ein $n \in \boldsymbol{N}^+$ an. $\bigoplus_{i \in I} X_\iota$ stimmt dann mit dem Produkt $X_1 \times \cdots \times X_n$ überein. π_ι sei zu jedem i die natürliche Projektion von X auf X_ι. Zu beliebigem $a = (\alpha_1, \dots, \alpha_n) \in \boldsymbol{K}^n$ und $h = (h_1, \dots, h_n) \in X$ sei

$$ah = (\alpha_1 h_1, \dots, \alpha_n h_n)\,.$$

$\mathfrak{A}$ sei die Menge aller Abbildungen aus oder von X in Y und zu jedem $i = 1, \dots, n$ entsprechend $\mathfrak{A}_\iota$ die Menge aller Abbildungen aus bzw. von X_ι in Y. $\mathfrak{A}$ sei mit einer Limitierung τ und $\mathfrak{A}_\iota$ zu jedem i mit einer Limitierung τ_ι versehen. $L(X, Y)$ und $L(X_\iota, Y)$, versehen mit den von τ bzw. τ_ι induzierten Limitierungen, bezeichnen wir mit $L_\tau(X, Y)$ bzw. $L_{\tau_\iota}(X_\iota, Y)$. Wir zeigen (vergleiche Awerbuch und Smoljanow [4]):

8.9.3 (Existenzsatz I für totale Ableitungen). *$N = N_1 \times \cdots \times N_n$ sei eine Nachbarschaft eines Punktes $x \in X$, die in x kreisförmig ist; im Falle $\mathfrak{A} = F(X, Y)$ sei $N = X$. τ und τ_ι $(i = 1, \dots, n)$ habe die folgenden Eigenschaften:*

1. *Zu beliebigem $l \in L(X, Y)$ gilt $[l] \underset{\tau}{\rightarrow} l$.*
2. *Die Addition $(u, v) \mapsto u + v$ $(u, v \in \mathfrak{A})$ ist an jeder Stelle (u, v) mit* $\mathrm{db}u = \mathrm{db}v = X$ *stetig.*

3. *Zu jeder in x stetigen Abbildung $\varphi\colon X \circ\!\!\rightarrow L_\tau(X, Y)$ mit $\mathrm{db}\varphi = N$ und $\varphi(x) = 0$ konvergieren die Abbildungen $\varphi^a\colon h \mapsto \varphi(x + ah)h$ $(x + ah \in N)$ $(a \in \boldsymbol{K}^n)$ mit $a \to 0$ bez. τ gegen die Nullabbildung 0 von X in Y*[1]).
4. *Aus $\mathfrak{K} \underset{\tau}{\rightarrow} 0$ folgt $\mathfrak{K}^{\urcorner} \underset{\tau}{\rightarrow} 0$.*
5. *Für $i = 1, \dots, n$ hat $\mathfrak{K} \underset{\tau_i}{\rightarrow} l_i$, $l_i \in L(X_i, Y)$, stets $\mathfrak{K} \circ [\pi_i] \underset{\tau}{\rightarrow} l_i \circ \pi_i$ zur Folge.*
6. *$\mathfrak{R}_\tau^{\mathsf{G}}$ besitzt die Eigenschaft A_2 (aus Abschnitt 8.3).*

f sei eine Abbildung aus $\mathfrak{A}$, die in x eine partielle τ_1-Ableitung $\mathrm{D}_1 f(x)$ nach X_1 hat. Zu jedem $i = 2, \dots, n$ besitze f eine partielle s-Ableitung $\mathrm{D}_i f\colon X \circ\!\!\rightarrow L_{\tau_i}(X_i, Y)$ mit $N \subseteqq \mathrm{dbD}_i f$, die in x stetig ist. Dann ist f in x τ-differenzierbar und ist

$$\mathrm{D}f(x)\colon h \mapsto \mathrm{D}_1 f(x)\, h_1 + \cdots + \mathrm{D}_n f(x)\, h_n \qquad (h = (h_1, \dots, h_n) \in X)$$

eine τ-Ableitung von f in x.

Beweis. Für beliebige Punkte $h = (h_1, \dots, h_n) \in N - x$ gilt

$$f(x + h) - f(x) = \mathrm{D}_1 f(x)\, h_1 + \cdots + \mathrm{D}_n f(x)\, h_n + (r_1 + \cdots + r_n)(h)\,,$$

wobei r_i die durch

$$r_i(h) = f\big(x + (h_1, \dots, h_i, 0, \dots, 0)\big) - f\big(x + (h_1, \dots, h_{i-1}, 0 \dots, 0)\big) - \mathrm{D}_i f(x)\, h_i$$

(Definitionsbereiche maximal) definierten Abbildungen aus X in Y sind. Da f in x nach X_1 partiell τ_1-differenzierbar ist, ergibt sich auf Grund der im Satz angegebenen Eigenschaft 5, daß $r_{1V} \underset{\tau}{\rightarrow} 0$ gilt.

i sei für das Folgende eine der Zahlen $2, \dots, n$. φ sei die Abbildung $u \mapsto \mathrm{D}_i f(u) \circ \pi_i - \mathrm{D}_i f(x) \circ \pi_i$ $(u \in N)$ aus X in $L_\tau(X, Y)$. Es gilt $\varphi(x) = 0$, und auf Grund der Eigenschaften 1, 2 und 5 ist φ in x stetig. $\mathfrak{K}$ sei der Filter in $\mathfrak{A}$, der $\{K_\delta \mid \delta > 0\}$ mit $K_\delta = \{\varphi^a \mid |a| \leqq \delta\}$ als eine Basis hat. Wegen Eigenschaft 3 gilt $\mathfrak{K} \underset{\tau}{\rightarrow} 0$ und auch $-\mathfrak{K} \underset{\tau}{\rightarrow} 0$, wegen der Eigenschaften 2 und 4 daher auch

$$(\mathfrak{K} - \mathfrak{K})^{\urcorner} + \mathfrak{K} \underset{\tau}{\rightarrow} 0\,. \tag{8.9.2}$$

$(\mathfrak{K} - \mathfrak{K})^{\urcorner}$ hat $\{(K_\delta - K_\delta)^{\urcorner} \mid \delta > 0\}$ als Basis, und es gilt jeweils

$$(K_\delta - K_\delta)^{\urcorner} = \{g \in \mathfrak{A} \mid \exists a \in \boldsymbol{K}^n\ (|a| \leqq \delta)\ \forall h\big(x + ah \in N \Rightarrow h \in \mathrm{db}g,\ g(h) \in (K_\delta - K_\delta)(h)^{\urcorner}\big)\}\,.$$

Aus dem Korollar zu 8.7.1 und dem zweiten Teil von (8.7.1) folgt, daß für die aus r_i entsprechend wie durch (8.1.3) definierten Abbildungen $r_{i\alpha}$ zu beliebigen $\alpha \in \boldsymbol{K}$ und $h \in X$ mit $x + (\underbrace{\alpha, \dots, \alpha}_{i}, 0, \dots, 0)\, h \in N$

$$r_{i\alpha}(h) \in \{\varphi^{(\underbrace{\alpha, \dots, \alpha}_{i-1}, \alpha\beta, 0, \dots, 0)}(h) - \varphi^{(\underbrace{\alpha, \dots, \alpha}_{i-1}, 0, \dots, 0)}(h) \mid \beta \in [0, 1]\}^{\urcorner} + \varphi^{(\underbrace{\alpha, \dots, \alpha}_{i-1}, 0, \dots, 0)}(h)$$

---

[1]) Gemeint ist natürlich, daß der Filter in $\mathfrak{A}$ mit der Basis $\{\{\varphi^a \mid |a| \leqq \delta\} \mid \delta \geqq 0\}$ $(|a| = (|\alpha_1|^2 + \cdots + |\alpha_n|^2)$ für $a = (\alpha_1, \dots, \alpha_n) \in \boldsymbol{K}^n)$ bez. τ gegen 0 konvergiert.

gilt. Für jedes $\alpha \in \boldsymbol{K}$ und $\delta > 0$ mit $|\alpha| < \frac{\delta}{\sqrt{n}}$ folgt $r_{i\alpha} \in (K_\delta - K_\delta)^- + K_\delta$. Wegen (8.9.2) gilt somit $r_{iV} \underset{\tau}{\rightarrow} 0$.

Unter Berücksichtigung der Eigenschaft 2 erhalten wir damit, daß $r_V \underset{\tau}{\rightarrow} 0$ für $r = r_1 + \cdots + r_n$ gilt. Damit ergibt sich die Richtigkeit der Behauptung.

Anmerkung. In diesem Satz kann natürlich die Voraussetzung, daß f zu jedem $i = 2, \ldots, n$ über N nach X_i partiell $\mathfrak{s}$-differenzierbar ist, durch die Forderung, daß f über N nach X_i partiell τ_i-differenzierbar ist, ersetzt werden, vorausgesetzt, die partielle τ_i-Differenzierbarkeit ist stärker als die entsprechende partielle $\mathfrak{s}$-Differenzierbarkeit.

Die Bedingungen 1, 2 und 4 aus 8.9.3 treten auch schon in 8.8.1 auf. Bedingung 3 aus 8.9.3 reduziert sich bei $n = 1$ auf Bedingung 3 aus 8.8.1.

Indem wir beim Beweis von 8.9.3 für $i = 1$ genauso wie für $i > 1$ verfahren, erhalten wir die folgende Verallgemeinerung von 8.8.1.

8.9.4 (Existenzsatz I für totale Ableitungen; Variante). *Satz* 8.9.3 *gilt auch, wenn in diesem die Forderung, daß f in x partiell τ_1-differenzierbar nach X_1 ist, durch die Forderung ersetzt wird, daß f eine in x stetige partielle $\mathfrak{s}$-Ableitung $D_1f\colon X \circ\!\!\rightarrow L_{\tau_1}(X_1, Y)$ mit $N \subseteqq \mathrm{db}D_1f$ hat.*

Wir zeigen nun

8.9.5 (Existenz totaler $\mathfrak{S}$,4-Ableitungen). *X sei eine beliebige pseudotopologische lineare Gruppe und Y eine lokalkonvexe $t^\wedge$-reguläre pseudotopologische lineare Gruppe. $\mathfrak{S}$ sei ein 4-verträgliches System von Filtern in X und zu beliebigem $i = 1, \ldots, n$ ferner $\mathfrak{S}_i$ ein 4-verträgliches System von Filtern in X_i derart, daß die natürlichen Projektionen π_i $\mathfrak{S}, \mathfrak{S}_i$-treu sind. $N = N_1 \times \cdots \times N_n$ sei eine Nachbarschaft eines Punktes $x \in X$, die in x kreisförmig ist; im Falle $\mathfrak{A} = F(X, Y)$ sei $N = X$. f sei eine Abbildung aus $\mathfrak{A}$. Entweder habe f in x eine partielle $\mathfrak{S}_1$,4-Ableitung $D_1f(x)$ nach X_1 oder besitze f eine in x stetige partielle $\mathfrak{s}$-Ableitung $D_1f\colon X \circ\!\!\rightarrow L_{\mathfrak{S}_1,4}(X_1, Y)$ nach X_1 mit $N \subseteqq \mathrm{db}D_1f$. Für $i = 2, \ldots, n$ habe f eine in x stetige partielle $\mathfrak{s}$-Ableitung $D_if\colon X \circ\!\!\rightarrow L_{\mathfrak{S}_i,4}(X_i, Y)$ nach X_i mit $N \subseteqq \mathrm{db}D_if$. Dann ist f in x $\mathfrak{S}$,4-differenzierbar und ist*

$$Df(x)\colon h \mapsto D_1f(x)\,h_1 + \cdots + D_nf(x)\,h_n \qquad (h = (h_1, \ldots, h_n) \in X)$$

eine $\mathfrak{S}$,4-Ableitung von f in x.

Beweis. Die Behauptung folgt mittels 8.9.3 und 8.9.4. Nachzuweisen sind lediglich die Bedingungen 1 bis 6 aus 8.9.3. Daß die Bedingungen 1, 2 und 4 gelten, wurde bereits im Beweis von 8.8.2 gezeigt. Natürlich gilt auch Bedingung 6.

Der Nachweis der Bedingung 3 verläuft ähnlich wie der der spezielleren Bedingung 3 aus 8.8.2. Zu beachten ist dabei erstens, daß für jede Abbildung φ aus Bedingung 3 $\bigcap\limits_{0<|\alpha|<\delta} \mathrm{db}\,\varphi^\alpha = \frac{1}{\delta}(N - x)$ zu beliebigem $\delta > 0$ und

$\varphi(x + \boldsymbol{V}^n\mathfrak{G})(\mathfrak{G}) \subseteqq \varphi^{\boldsymbol{V}^n}(\mathfrak{G})$ für jeden Filter $\mathfrak{G}$ in X gilt, wobei $\boldsymbol{V}^n = \underbrace{\boldsymbol{V} \times \cdots \times \boldsymbol{V}}_{n}$ ist und $\boldsymbol{V}^n\mathfrak{G}$ und $\varphi^{\boldsymbol{V}^n}$ diejenigen Filter in X bzw. in $\mathfrak{A}$ bezeichnen, die $\{\{ah \mid a \in V, h \in G\} \mid V \in \boldsymbol{V}^n, G \in \mathfrak{G}\}$ und $\{\{\varphi^a \mid a \in V\} \mid V \in \boldsymbol{V}^n\}$ als Basen haben. Ferner ist dabei zu beachten, daß es zu jedem quasibeschränkten Filter $\mathfrak{G}$ in X Nullfilter $\mathfrak{G}_i$ in X_i $(i = 1, \ldots, n)$ mit $\boldsymbol{V}\mathfrak{G} \supseteqq \mathfrak{G}_1 \times \cdots \times \mathfrak{G}_n$ und daher mit $\boldsymbol{V}^n\mathfrak{G} = \boldsymbol{V}^n(\boldsymbol{V}\mathfrak{G}) \supseteqq \boldsymbol{V}\mathfrak{G}_1 \times \cdots \times \boldsymbol{V}\mathfrak{G}_n \to 0$ gibt.

Die Gültigkeit der Bedingung 5 folgt aus 7.16.10.

Aus 8.9.5 kann man unter Berücksichtigung von 5.18.12, des Korollars zu 5.19.6 und von 5.19.7 leicht einen Satz über die Existenz totaler τ-Ableitungen bei $\tau = \mathsf{b}, \mathsf{c}, \mathsf{q}, \delta\mathsf{b}$ und $\delta\mathsf{q}$ und, wenn X ein SIMONNETscher pseudotopologischer Vektorraum ist, auch bei $\tau = \mathsf{k}$ und fk herleiten, ähnlich wie im Spezialfall 8.8.2′ aus 8.8.2. Wir überlassen das dem Leser und gehen noch auf einen weiteren allgemeinen Existenzsatz ein.

Wie vor 8.9.3 sei $I = \{1, \ldots, n\}$ für ein $n \in \boldsymbol{N}^+$. Für die Teilmengen G von $\mathfrak{H}(X, Y)$ und die Filter $\mathfrak{G}$ in $\mathfrak{H}(X\ Y)$ seien $G^{\frown}$ und $\mathfrak{G}^{\frown}$ wie vor 8.8.3 erklärt. $\tau_{\mathfrak{H}(X,Y)}$ sei die von τ auf $\mathfrak{H}(X, Y)$ und $\tau_{\mathfrak{H}(X_i,Y)}$ zu beliebigem i die von τ_i auf $\mathfrak{H}(X_i, Y)$ induzierte Limitierung.

8.9.6 (Existenzsatz II für totale Ableitungen). $X_1, \ldots, X_n$ *seien kreisförmige pseudotopologische lineare Gruppen, und Y sei eine beliebige pseudotopologische lineare Gruppe. τ und τ_i $(i = 1, \ldots, n)$ habe die folgenden Eigenschaften:*

1. *Zu beliebigem $l \in L(X, Y)$ gilt $[l] \underset{\tau}{\to} l$.*
2. *Mit $\mathfrak{F}$ und $\mathfrak{G}$ gehören $\mathfrak{F} + \mathfrak{G}$ und $\mathfrak{F} - \mathfrak{G}$ zu $\tau_{\mathfrak{H}(X,Y)}(0)$.*
3. *$\mathfrak{G} \in \tau_{\mathfrak{H}(X,Y)}(0)$ zieht $\mathfrak{G}^{\sim} \in \tau_{\mathfrak{H}(X,Y)}(0)$ nach sich.*
4. *$\mathfrak{G} \in \tau_{\mathfrak{H}(X,Y)}(0)$ hat $\mathfrak{G}^{\frown} \in \tau_{\mathfrak{H}(X,Y)}(0)$ zur Folge.*
5. *Für $i = 1, \ldots, n$ und $l_i \in L(X_i, Y)$ folgt $\mathfrak{G} \circ [\pi_i] \xrightarrow[\tau_{\mathfrak{H}(X,Y)}]{} l_i \circ \pi_i$ aus $\mathfrak{G} \xrightarrow[\tau_{\mathfrak{H}(X_i,Y)}]{} l_i$.*

$N = N_1 \times \cdots \times N_n$ sei eine Nachbarschaft eines Punktes $x \in X$, die in x kreisförmig ist; im Falle $\mathfrak{A} = F(X, Y)$ sei $N = X$. f sei eine Abbildung aus $\mathfrak{A}$, die in x eine partielle τ_1'-Ableitung $\mathrm{D}_1f(x)$ nach X_1 hat. Zu beliebigen $i = 2, \ldots, n$ besitze f eine in x stetige partielle s-Ableitung $\mathrm{D}_if\colon X \circ\!\!\to L_{\tau_i}(X_i, Y)$ nach X_i mit $N \subseteqq \operatorname{db} \mathrm{D}_if$. Dann ist f in x τ'-differenzierbar und ist

$$\mathrm{D}f(x)\colon h \mapsto \mathrm{D}_1f(x)\, h_1 + \cdots + \mathrm{D}_nf(x)\, h_n \qquad (h = (h_1, \ldots, h_n) \in X)$$

eine τ'-Ableitung von f in x.

Beweis. Zu jedem i ist N_i eine Nachbarschaft von $x_i = \pi_i(x)$, die in x_i kreisförmig ist. $\mathfrak{F}_i$ sei zu jedem i ein kreisförmiger Nullfilter in X_i, und es sei $\mathfrak{F} = \mathfrak{F}_1 \times \cdots \times \mathfrak{F}_n$.

Da f in x eine partielle τ_1'-Ableitung $\mathrm{D}_1f(x)$ nach X_1 hat, existiert wegen 8.2.2 und Eigenschaft 5 aus dem Satz ein $\mathfrak{G}_1 \in \tau_{\mathfrak{H}(X,Y)}(0)$ derart, daß es zu jedem

$G \in \mathfrak{G}_1$ ein $F_G \in \mathfrak{F}$ mit $x + F_G \subseteqq N$ und

$$f(x + (h_1, 0, \dots, 0)) - f(x) - \mathrm{D}_1 f(x)\, h_1 \in G(h) \quad \big(h = (h_1, \dots, h_n) \in F_G\big) \tag{8.9.3}$$

gibt.

i sei für das Folgende eine der Zahlen $2, \dots, n$. Auf Grund der Eigenschaften 1, 2, 4 und 5 und der Stetigkeit von $\mathrm{D}_i f$ in x gibt es einen Filter $\mathfrak{G}_i \in \tau_{\mathfrak{H}(X,Y)}(0)$ derart, daß zu beliebigem $G \in \mathfrak{G}_i$ eine kreisförmige Menge $F_G = F_{1G} \times \cdots \times F_{nG}$ mit

$$\big(\mathrm{D}_i f(x + F_G) \circ \pi_i - \mathrm{D}_i f(x + F_G) \circ \pi_i\big)^{\frown} + \mathrm{D}_i f(x + F_G) \circ \pi_i - \mathrm{D}_i f(x) \circ \pi_i \subseteqq G \tag{8.9.4}$$

existiert. Wir können $\mathfrak{G}_i \subseteqq [0]$ wegen Eigenschaft 1 annehmen und erhalten mittels (8.8.1), daß mit (8.9.4) auch

$$\big(\mathrm{D}_i f(x + F_G) h_i - \mathrm{D}_i f(x + F_G) h_i\big)^{\frown} + \mathrm{D}_i f(x + F_G) h_i - \mathrm{D}_i f(x) h_i \subseteqq G(h)$$
$$\big(h = (h_1, \dots, h_n) \in X\big)$$

und wegen des Korollars zu 8.7.1 auch

$$f(x + (h_1, \dots, h_i, 0, \dots, 0)) - f(x + (h_1, \dots, h_{i-1}, 0, \dots, 0)) - \mathrm{D}_i f(x)\, h_i \in G(h)$$
$$\big(h = (h_1, \dots, h_n) \in F_G\big) \tag{8.9.5}$$

gilt.

$\mathfrak{G} = \mathfrak{G}_1 + \cdots + \mathfrak{G}_n$ gehört $\tau_{\mathfrak{H}(X,Y)}(0)$ an. Wegen (8.9.3) und (8.9.5) finden wir zu beliebigem $G \in \mathfrak{G}$ ein $F_G \in \mathfrak{F}$ mit

$$f(x + h) - f(x) - \mathrm{D}_1 f(x)\, h_1 - \cdots - \mathrm{D}_n f(x)\, h_n \in G(h)$$
$$\big(h = (h_1, \dots, h_n) \in F_G\big)\,.$$

Unter Berücksichtigung, daß X kreisförmig ist, folgt mittels 8.2.2 die Richtigkeit der Behauptung.

Analog wie 8.9.4 zeigt man

8.9.7 (Existenzsatz II für totale Ableitungen; Variante). *Satz* 8.9.6 *gilt auch, wenn in diesem die Forderung, daß f in x partiell τ_1'-differenzierbar nach X_1 ist, durch die Forderung ersetzt wird, daß f eine in x stetige partielle* s*-Ableitung* $\mathrm{D}_1 f\colon X \circ\!\!\rightarrow L_{\tau_1}(X_1, Y)$ *mit* $N \subseteqq \mathrm{db}\,\mathrm{D}_1 f$ *hat.*

8.9.7 stellt — von einer leichten Verschärfung der Bedingung 2 abgesehen — eine Verallgemeinerung von 8.8.3 dar.

Analog wie 8.8.4 zeigt man unter Berücksichtigung von 7.16.10

8.9.8 (Existenz totaler $(\mathfrak{B},k)'$-Ableitungen). *$X_1, \dots, X_n$ seien kreisförmige pseudotopologische lineare Gruppen, und Y sei eine lokalkonvexe $t^\wedge$-reguläre pseudotopologische lineare Gruppe. $\mathfrak{B}$ sei ein System von $\wedge$-Idealen von Dualfiltern in X und zu beliebigem $i = 1, \dots, n$ ferner $\mathfrak{B}_i$ ein System von $\wedge$-Idealen von Dualfiltern* *in* X_i *derart, daß* π_i $\mathfrak{B},\mathfrak{B}_i$*-treu ist.* k *sei eine der Zahlen* $1, \dots, 5$. $N = N_1 \times \cdots \times N_n$ *sei eine Nachbarschaft eines Punktes* $x \in X$, *die in* x *kreisförmig ist; im Falle* $\mathfrak{A} = F(X, Y)$ *sei* $N = X$. f *sei eine Abbildung aus* $\mathfrak{A}$. *Entweder habe* f *in* x *eine partielle* $(\mathfrak{B}_1,k)'$*-Ableitung* $\mathrm{D}_1 f(x)$ *nach* X_1 *oder besitze* f *eine in* x *stetige partielle* s*-Ableitung* $\mathrm{D}_1 f\colon X \circ\!\!\rightarrow L_{\mathfrak{B}_1,k}(X_1, Y)$ *nach* X_1 *mit* $N \subseteq \mathrm{db}\,\mathrm{D}_1 f$. *Für* $i = 2, \dots, n$ *habe* f *eine in* x *stetige partielle* s*-Ableitung* $\mathrm{D}_i f\colon X \circ\!\!\rightarrow L_{\mathfrak{B}_i,k}(X_i, Y)$ *nach* X_i *mit* $N \subseteq \mathrm{db}\,\mathrm{D}_i f$. *Dann ist* f *in* x $(\mathfrak{B},k)'$*-differenzierbar und ist*

$$\mathrm{D}f(x)\colon h \mapsto \mathrm{D}_1 f(x)\, h_1 + \cdots + \mathrm{D}_n f(x)\, h_n \qquad \big(h = (h_1, \dots, h_n) \in X\big)$$

eine $(\mathfrak{B},k)'$*-Ableitung von* f *in* x.

Aus 8.9.8 kann man leicht einen Satz über die Existenz totaler τ'-Ableitungen bei $\tau =$ s, k, fk, b, e, c, q, h, Kh, δb, δe, δq und δh herleiten, analog wie 8.8.4′ aus 8.8.4. Wir überlassen das dem Leser.

8.10. Ableitungen höherer Ordnung

Mittels des Begriffs des Differenzierbarkeitstyps für limitierte lineare Gruppen X und Y können wir Ableitungen erster Ordnung für Abbildungen $f\colon X \circ\!\!\rightarrow Y$ einführen. Zur Definition der Ableitungen höherer Ordnung für Abbildungen $f\colon X \circ\!\!\rightarrow Y$ benötigen wir Differenzierbarkeitstypen für X und verschiedenartige zweite limitierte lineare Gruppen. Zu diesen zweiten limitierten linearen Gruppen gehört neben Y der Vektorraum $L(X, Y)$, versehen mit einer schwach verträglichen Limitierung, ferner der mit dieser limitierten linearen Gruppe gebildete Vektorraum $L\big(X, L(X, Y)\big)$, ebenfalls versehen mit einer schwach verträglichen Limitierung usw.

Wir führen im folgenden ein allgemeines Verfahren an, Ableitungen beliebig hoher Ordnung zu definieren. Zu zwei Klassen $\mathfrak{X}$ und $\mathfrak{Y}$ limitierter $\boldsymbol{K}$-linearer Gruppen verstehen wir unter einer **Differenzierbarkeitsart** für $\mathfrak{X}$ und $\mathfrak{Y}$ ein Paar $(\mathfrak{R}, \sigma)$ von Abbildungen $\mathfrak{R}\colon (X, Y) \mapsto \mathfrak{R}_{XY}$ $(X \in \mathfrak{X}, Y \in \mathfrak{Y})$ und $\sigma\colon (X, Y) \mapsto \sigma(X, Y)$ $(X \in \mathfrak{X}, Y \in \mathfrak{Y})$ derart, daß gilt:

1. Zu beliebigen $X \in \mathfrak{X}$ und $Y \in \mathfrak{Y}$ ist $\mathfrak{R}_{XY}$ eine Menge von Abbildungen aus X in Y und ist $\sigma(X, Y)$ eine schwach verträgliche Limitierung des Vektorraumes $L(X, Y)$; $L(X, Y)$, versehen mit $\sigma(X, Y)$, bezeichnen wir mit $L_\sigma(X, Y)$.
2. Zu beliebigem $X \in \mathfrak{X}$ gehört mit Y auch $L_\sigma(X, Y)$ sowie jede zu $L_\sigma(X, Y)$ isomorphe limitierte lineare Gruppe zu $\mathfrak{Y}$.
3. Zu beliebigen $X \in \mathfrak{X}$ und $Y, Z \in \mathfrak{Y}$ und jedem $l \in L(Y, Z)$ hat $r \in \mathfrak{R}_{XY}$ stets $l \circ r \in \mathfrak{R}_{XZ}$ zur Folge und ist $m \mapsto l \circ m$ $\big(m \in L(X, Y)\big)$ eine stetige lineare Abbildung von $L_\sigma(X, Y)$ in $L_\sigma(X, Z)$.

Für das Folgende sei $(\mathfrak{R}, \sigma)$ eine Differenzierbarkeitsart für zwei Klassen $\mathfrak{X}$ und $\mathfrak{Y}$ von limitierten linearen Gruppen. Zu beliebigen $X \in \mathfrak{X}$, $Y \in \mathfrak{Y}$ und

$n, m \in N^+$ sei χ^{nm} die analog wie im Abschnitt 7.14, also durch

$$\chi^{nm}(f)(x_1, \dots, x_{n+m}) = f(x_1, \dots, x_n)(x_{n+1}, \dots, x_{n+m})$$

definierte eineindeutige lineare Abbildung von $F(X^n, F(X^m, Y))$ auf $F(X^{n+m}, Y)$. Entsprechend wie $H^n_{\mathfrak{B},k}(X, Y)$ in Abschnitt 7.14 führen wir zu beliebigen $X \in \mathfrak{X}$ und $Y \in \mathfrak{Y}$ rekursiv limitierte lineare Gruppen

$$H^n_\sigma(X, Y)$$

($n \in N^+$) ein, und zwar setzen wir $H^1_\sigma(X, Y) = L_\sigma(X, Y)$ und nehmen im Falle $n > 1$ als $H^n_\sigma(X, Y)$ das lineare und homöomorphe Bild von $L_\sigma(X, H^{n-1}_\sigma(X, Y))$ bezüglich $\chi^{1\,n-1}$. Wegen Eigenschaft 2 von $(\mathfrak{R}, \sigma)$ gehört zu beliebigen $X \in \mathfrak{X}$, $Y \in \mathfrak{Y}$ und $n \in N^+$ die limitierte lineare Gruppe $H^n_\sigma(X, Y)$ der Klasse $\mathfrak{Y}$ an.

Analog wie 7.14.17 zeigt man unter Beachtung der Eigenschaft 3 von $(\mathfrak{R}, \sigma)$

8.10.1 (Isomorphie von $H^n_\sigma(X, H^m_\sigma(X, Y))$ und $H^{n+m}_\sigma(X, Y)$). *Zu beliebigen $X \in \mathfrak{X}$, $Y \in \mathfrak{Y}$ und $n, m \in N^+$ ist die Einschränkung von χ^{nm} auf $H^n_\sigma(X, H^m_\sigma(X, Y))$ ein linearer Homöomorphismus von $H^n_\sigma(X, H^m_\sigma(X, Y))$ auf $H^{n+m}_\sigma(X, Y)$.*

Wir erklären nun rekursiv zu beliebigen $X \in \mathfrak{X}$ und $Y \in \mathfrak{Y}$ für die Abbildungen $f: X \circ\!\!\to Y$ $\mathfrak{R},\sigma$-Ableitungen beliebig hoher Ordnung. Jede $\mathfrak{R}_{XY}$-Ableitung $\mathrm{D}f: X \circ\!\!\to L_\sigma(X, Y)$ nennen wir eine **$\mathfrak{R},\sigma$-Ableitung (erster Ordnung)** von f und zu beliebigem $x \in \operatorname{db} \mathrm{D}f$ den Wert $\mathrm{D}f(x)$ eine **$\mathfrak{R},\sigma$-Ableitung (erster Ordnung)** von f in x. Anstelle $\mathrm{D}f$ schreiben wir auch $\mathrm{D}^1f: X \circ\!\!\to H^1_\sigma(X, Y)$. Wenn $\mathrm{D}^{n-1}f: X \circ\!\!\to H^{n-1}_\sigma(X, Y)$ eine $\mathfrak{R},\sigma$-Ableitung $(n-1)$-ter Ordnung von f und $\mathrm{D}(\mathrm{D}^{n-1}f): X \circ\!\!\to L_\sigma(X, H^{n-1}_\sigma(X, Y))$ eine $\mathfrak{R}_{XH^{n-1}_\sigma(X,Y)}$-Ableitung von $\mathrm{D}^{n-1}f$ ist derart, daß $\chi^{1\,n-1}(\mathrm{D}(\mathrm{D}^{n-1}f)(x))$ $(x \in \operatorname{db} \mathrm{D}(\mathrm{D}^{n-1}f))$ symmetrische Abbildungen sind, so bezeichnen wir die Komposition $\chi^{1\,n-1} \circ \mathrm{D}(\mathrm{D}^{n-1}f)$, die eine Abbildung aus X in $H^n_\sigma(X, Y)$ ist, auch mit $\mathrm{D}^nf: X \circ\!\!\to H^n(X, Y)$ und nennen sie eine **$\mathfrak{R},\sigma$-Ableitung n-ter Ordnung** von f und zu beliebigem $x \in \operatorname{db} \mathrm{D}^nf$ den Wert $\mathrm{D}^nf(x)$ eine **$\mathfrak{R},\sigma$-Ableitung n-ter Ordnung** von f in x. Es gilt jeweils

$$\mathrm{D}^nf(x)(h_1, \dots, h_n) = \mathrm{D}(\mathrm{D}^{n-1}f)(x)(h_1)(h_2, \dots, h_n).$$

Besitzt f in einem Punkt $x \in X$ eine $\mathfrak{R},\sigma$-Ableitung n-ter Ordnung, so heißt f in x **n-fach $\mathfrak{R},\sigma$-differenzierbar.** Ist f in einem Punkt x n-fach $\mathfrak{R},\sigma$-differenzierbar zu beliebigem $n \in N^+$, so wird f in x **unendlich oft $\mathfrak{R},\sigma$-differenzierbar** genannt. Es ist zweckmäßig, die Abbildungen $\chi^{1\,m}$ als Identifikationen aufzufassen. Die Ableitungen höherer Ordnung entstehen dann einfach durch Hintereinanderausführung von Differentiationen.

8.10.2 (Hintereinanderausführung von Mehrfach-Differentiationen). *X und Y seien limitierte lineare Gruppen aus $\mathfrak{X}$ bzw. $\mathfrak{Y}$. $\mathfrak{R}_{XZ}$ besitze für $Z = Y, L_\sigma(X, Y), L_\sigma(X, L_\sigma(X, Y)), \dots$ die Eigenschaft* A$_2$ *(aus Abschnitt* 8.3*). Dann gilt für jede Abbildung $f: X \circ\!\!\to Y$ und beliebiges $n, m \in N^+$: Hat f in einem Punkt x eine $\mathfrak{R},\sigma$-Ableitung $(n+m)$-ter Ordnung $\mathrm{D}^{n+m}f(x)$, so ist die zugehörige $\mathfrak{R},\sigma$-Ableitung* *m-ter Ordnung* $\mathrm{D}^m f$ *von f n-fach* $\mathfrak{R},\sigma$*-differenzierbar in x und ist*

$$\mathrm{D}^n(\mathrm{D}^m f)(x) = (\chi^{n\,m})^{-1}\,(\mathrm{D}^{n+m}f(x))$$

eine $\mathfrak{R},\sigma$*-Ableitung n-ter Ordnung von* $\mathrm{D}^m f$ *in x.*

Beweis. Nach Definition ist die Behauptung für $n = 1$ richtig. Wir nehmen nun an, daß sie für irgendein n gilt. f besitze in einem Punkt x eine $\mathfrak{R},\sigma$-Ableitung $\mathrm{D}^{n+m+1}f(x)$ der Ordnung $n + m + 1$. Nach Definition gilt $\mathrm{D}^{n+m+1}f(x) = (\chi^{1\,n+m}\mathrm{D}(\mathrm{D}^{n+m}f))(x)$, und auf Grund der Annahme ist $(\chi^{n\,m})^{-1} \circ \mathrm{D}^{n+m}f$ die Einschränkung von $\mathrm{D}^n(\mathrm{D}^m f)$ auf $\mathrm{db}\,\mathrm{D}^{n+m}f$. Wegen Eigenschaft 3 von $(\mathfrak{R}, \sigma)$ und Eigenschaft A_2 ist $\mathrm{D}^n(\mathrm{D}^m f)$ in x $\mathfrak{R},\sigma$-differenzierbar und gilt für die betreffende Ableitung $\mathrm{D}(\mathrm{D}^n(\mathrm{D}^m f))(x) = (\chi^{n\,m})^{-1} \circ \mathrm{D}(\mathrm{D}^{n+m}f)(x) = (\chi^{n\,m})^{-1} \circ ((\chi^{1\,n+m})^{-1}\,(\mathrm{D}^{n+m+1}f(x)))$. Daher ist $\mathrm{D}^m f$ in x $(n + 1)$-fach $\mathfrak{R},\sigma$-differenzierbar und gilt $\mathrm{D}^{n+1}(\mathrm{D}^m f)(x) = (\chi^{n+1\,m})^{-1}\,(\mathrm{D}^{n+m+1}f(x))$ für die betreffende Ableitung $(n + 1)$-ter Ordnung.

Wir nennen für jede Abbildung $f\colon X \circ\!\!\rightarrow Y$ $(X \in \mathfrak{X},\ Y \in \mathfrak{Y})$ die Abbildungen $\mathrm{D}^n f\colon X \circ\!\!\rightarrow H_n^\sigma(X, Y)$, die wie die $\mathfrak{R},\sigma$-Ableitungen n-ter Ordnung definiert sind mit dem Unterschied, daß die dort auftretende Symmetrieforderung weggelassen wird, **$\mathfrak{R},\sigma$-Ableitungen n-ter Ordnung im weiten Sinne** von f und die Werte $\mathrm{D}^n f(x)$ **$\mathfrak{R},\sigma$-Ableitungen n-ter Ordnung im weiten Sinne** von f **in** x. Existiert für eine Abbildung $f\colon X \circ\!\!\rightarrow Y$ in einem Punkt x eine $\mathfrak{R},\sigma$-Ableitung $\mathrm{D}^n f(x)$ im weiten Sinne, so sagen wir, daß f in x **im weiten Sinne n-fach $\mathfrak{R},\sigma$-differenzierbar** ist.

In Ergänzung zu 8.10.2 zeigen wir

8.10.2′ (Hintereinanderausführung von Mehrfach-Differentiationen). *X sei eine limitierte lineare Gruppe aus* $\mathfrak{X}$ *und* $\mathfrak{Y}_0$ *eine Teilklasse von* $\mathfrak{Y}$*, der mit Y stets* $L_\sigma(X, Y)$ *angehört. Zu beliebigem* $Y \in \mathfrak{Y}_0$ *habe* $\mathfrak{R}_{XY}$ *die Eigenschaften* A_1 *und* A_2 *(aus Abschnitt 8.3). Dann gilt für jede Abbildung* $f\colon X \circ\!\!\rightarrow Y$ $(Y \in \mathfrak{Y}_0)$ *und beliebiges* $n, m \in \mathbf{N}^+$*: Besitzt eine* $\mathfrak{R},\sigma$*-Ableitung m-ter Ordnung* $\mathrm{D}^m f$ *von f in einem Punkte x eine* $\mathfrak{R},\sigma$*-Ableitung n-ter Ordnung* $\mathrm{D}^n(\mathrm{D}^m f)(x)$*, so ist f in x* $(n + m)$*-fach im weiten Sinne* $\mathfrak{R},\sigma$*-differenzierbar und ist*

$$\mathrm{D}^{n+m}f(x) = \chi^{n\,m}(\mathrm{D}^n(\mathrm{D}^m f)(x))$$

eine $\mathfrak{R},\sigma$*-Ableitung* $(n + m)$*-ter Ordnung von f in x im weiten Sinne. Gibt es Teilmengen* $U_{m+1}, \ldots, U_{m+n}$ *von X mit* $\mathrm{db}\,\mathrm{D}^m f \supseteqq U_{m+1} \supseteqq \cdots \supseteqq U_{m+n} = \{x\}$ *und* $U_{m+k} - u \in \mathrm{db}[\mathfrak{R}_{XH_\sigma^{m+k}(X,Y)}]$ *für* $u \in U_{m+k+1}$ *und* $k = 1, \ldots, n - 1$ *derart, daß* $\mathrm{D}^{m+k}f(u)$ *für* $u \in U_{m+k} \cap \mathrm{db}\,\mathrm{D}^{m+k}f$ *und* $k = 1, \ldots, n$ *(mit* $\mathrm{D}^{m+k}f = \chi^{k\,m} \circ \mathrm{D}^k(\mathrm{D}^m f)$ *bei* $k < n$*) symmetrische Abbildungen sind, so ist dann sogar* $\mathrm{D}^{n+m}f(x)$ *eine* $\mathfrak{R},\sigma$*-Ableitung* $(n + m)$*-ter Ordnung von f in x.*

Beweis. Offensichtlich ist die Behauptung für $n = 1$ richtig. Wir nehmen nun an, daß sie für natürliche Zahlen $1, \ldots, n$ (und beliebiges $Y \in \mathfrak{Y}_0$ und f) richtig ist. $g = \mathrm{D}^m f$ sei eine $\mathfrak{R},\sigma$-Ableitung der Ordnung m einer Abbildung $f\colon X \circ\!\!\rightarrow Y$ $(Y \in \mathfrak{Y}_0)$, g habe in einem Punkt x eine $\mathfrak{R},\sigma$-Ableitung $(n + 1)$-ter

Ordnung $D^{n+1}g(x)$. Nach Definition gilt $D^{n+1}g(x) = (\tilde{\chi}^{1n}D(D^ng))(x)$, wobei $\tilde{\chi}^{1n}$ die wie χ^{1n} definierte Abbildung von $F(X, F(X^n, H_\sigma^m(X, Y)))$ auf $F(X^{n+1}, H_\sigma^m(X, Y))$ ist. Nach Voraussetzung ist $\chi^{nm} \circ D^ng$ die Einschränkung einer $\Re,\sigma$-Ableitung $(n + m)$-ter Ordnung $D^{n+m}f$ von f auf $\mathrm{db}\, D^ng$. Mittels 8.10.1 und der Eigenschaft 3 von $(\Re,\sigma)$ folgt, daß $\chi^{nm} \circ D^ng$ in x die Abbildung $\chi^{nm} \circ D(D^ng)(x)$ als eine $\Re,\sigma$-Ableitung hat. Damit ergibt sich, daß f in x eine $\Re,\sigma$-Ableitung im weiten Sinne der Ordnung $n + m + 1$ hat und

$$D(D^{n+m}f)(x) = \chi^{nm}D(D^ng)(x) = \chi^{nm}((\tilde{\chi}_1^{1n})^{-1} \circ D^{n+1}g)(x)$$

und damit $D^{n+m+1}f(x) = \chi^{n+1m}(D^{n+1}(D^mf)(x))$ gilt.

Für das Weitere gebe es Teilmengen $U_{m+1}, \ldots, U_{m+n+1}$ von X mit $\mathrm{db}\, D^mf \supseteqq U_{m+1} \supseteqq \cdots \supseteqq U_{m+n+1} = \{x\}$ und $U_{m+k} - u \in \mathrm{db}[\Re_{XH_\sigma^{m+k}(X,Y)}]$ für $u \in U_{m+k+1}$ und $k = 1, \ldots, n$ derart, daß $D^{m+k}f(u)$ für $u \in U_{m+k} \cap \mathrm{db}D^{m+k}f$ und $k = 1, \ldots, n + 1$ symmetrische Abbildungen sind. Auf Grund der Annahme sind $D^{n+m}f(u)$ für $u \in U_{n+m} \cap \mathrm{db}\, D^{n+m}f$ $\Re,\sigma$-Ableitungen. Wegen der Symmetrie der Abbildung $D^{n+m+1}f(x)$ und wegen $U_{n+m} \cap \mathrm{db}\, D^{n+m}f - x \in \mathrm{db}[\Re_{XH_\sigma^{n+m}(X,Y)}]$ ist $D^{n+m+1}f(x)$ eine $\Re,\sigma$-Ableitung von f in x der Ordnung $n + m + 1$.

Wir gehen im weiteren zunächst auf Spezialfälle von $\Re,\sigma$-Ableitungen höherer Ordnung ein.

1. τ,σ-Ableitungen höherer Ordnung. $\mathfrak{X}$ und $\mathfrak{Y}$ seien Klassen limitierter $\boldsymbol{K}$-linearer Gruppen, und es sei entweder $\mathfrak{A}(X, Y)$ zu beliebigen $X \in \mathfrak{X}$ und $Y \in \mathfrak{Y}$ die Menge aller Abbildungen aus X in Y oder die Menge aller Abbildungen von X in Y. τ und σ seien Abbildungen mit $\mathfrak{X} \times \mathfrak{Y}$ als Definitionsbereich derart, daß gilt:

1. Zu beliebigen $X \in \mathfrak{X}$ und $Y \in \mathfrak{Y}$ ist $\tau(X, Y)$ eine Limitierung von $\mathfrak{A}(X, Y)$.
2. Zu beliebigen $X \in \mathfrak{X}$ und $Y \in \mathfrak{Y}$ ist $\sigma(X, Y)$ eine schwach verträgliche Limitierung von $L(X, Y)$ und gehört $\mathfrak{Y}$ die limitierte lineare Gruppe $L_\sigma(X, Y)$, d. h. $L(X, Y)$, versehen mit $\sigma(X, Y)$, sowie jede zu $L_\sigma(X, Y)$ isomorphe limitierte lineare Gruppe an.
3. Zu beliebigen $X \in \mathfrak{X}$ und $Y, Z \in \mathfrak{Y}$, jedem $l \in L(Y, Z)$ und jedem Filter $\mathfrak{R}$ in $\mathfrak{A}(X, Y)$ mit $\mathfrak{R} \xrightarrow[\tau(X,Y)]{} 0$ folgt $[l] \circ \mathfrak{R} \xrightarrow[\tau(X,Z)]{} 0$.

Die beiden Abbildungen $\Re\colon (X, Y) \mapsto \Re^{\mathsf{G}}_{\tau(X,Y)}$ $(X \in \mathfrak{X},\ Y \in \mathfrak{Y})$ (vergleiche Abschnitt 8.1) und σ definieren eine Differenzierbarkeitsart $(\Re, \sigma)$ über $\mathfrak{X}$ und $\mathfrak{Y}$, die **τ,σ-Differenzierbarkeit**. Anstelle $\Re,\sigma$-Ableitung n-ter Ordnung sagen wir in diesem Falle auch **τ,σ-Ableitung n-ter Ordnung** und anstelle n-fach $\Re,\sigma$-differenzierbar auch **n-fach τ,σ-differenzierbar**. Ist stets $\sigma(X, Y)$ die von $\tau(X, Y)$ auf $L(X, Y)$ induzierte Limitierung, so sagen wir anstelle τ,σ-Differenzierbarkeit, τ,σ-Ableitung n-ter Ordnung und n-fach τ,σ-differenzierbar auch einfach **τ-Differenzierbarkeit, τ-Ableitung n-ter Ordnung** bzw. **n-fach τ-differenzierbar.**

Wenn $\mathfrak{X}$ die Klasse aller limitierten $\boldsymbol{K}$-linearen Gruppen und $\mathfrak{Y}$ die Klasse aller limitierten $\boldsymbol{K}$-linearen Gruppen mit nichtentarteten Limitierungen ist und $\tau(X, Y)$ und $\sigma(X, Y)$ zu beliebigen $X \in \mathfrak{X}$ und $Y \in \mathfrak{Y}$ die Limitierungen der punktweisen Konvergenz in $\mathfrak{A}(X, Y)$[1]) bzw. $L(X, Y)$ sind, haben τ und σ, wie mittels 7.5.19 folgt, die obigen Eigenschaften 1 bis 3 und ist stets $\sigma(X, Y)$ von $\tau(X, Y)$ induziert. Wir sagen im vorliegenden Fall anstelle τ,σ-Ableitung n-ter Ordnung auch **s-Ableitung, schwache Ableitung** oder **Gâteaux-Ableitung *n*-ter Ordnung** und anstelle n-fach τ,σ-differenzierbar auch ***n*-fach s-, *n*-fach schwach** bzw. ***n*-fach Gâteaux-differenzierbar.**

Ist $\mathfrak{X}$ die Klasse aller limitierten $\boldsymbol{K}$-linearen Gruppen, $\mathfrak{Y}$ die Klasse aller limitierten $\boldsymbol{K}$-linearen Gruppen mit nichtentarteten Limitierungen und sind $\tau(X, Y)$ und $\sigma(X, Y)$ zu beliebigen $X \in \mathfrak{X}$ und $Y \in \mathfrak{Y}$ die Limitierungen der stetigen Konvergenz in $\mathfrak{A}(X, Y)$ bzw. $L(X, Y)$, so folgt mittels 7.1.7 und 7.4.17 mühelos, daß τ und σ die obigen Eigenschaften 1 bis 3 haben und $\tau(X, Y)$ stets $\sigma(X, Y)$ induziert. Im vorliegenden Fall sagen wir anstelle τ,σ-Ableitung n-ter Ordnung auch **c-Ableitung *n*-ter Ordnung** und anstelle n-fach τ,σ-differenzierbar auch ***n*-fach c-differenzierbar.**

Im weiteren sei $\mathfrak{X}$ die Klasse aller limitierten $\boldsymbol{K}$-linearen Gruppen und $\mathfrak{Y}$ die Klasse aller pseudotopologischen $\boldsymbol{K}$-linearen Gruppen. k sei eine der Zahlen $1, \ldots, 5$ und $\mathfrak{B}: X \mapsto \mathfrak{B}(X)$ $(X \in \mathfrak{X})$ eine Abbildung, die jedem $X \in \mathfrak{X}$ ein System von $\wedge$-Idealen von Dualfiltern in X zuordnet. Zu beliebigen $X \in \mathfrak{X}$ und $Y \in \mathfrak{Y}$ seien $\tau(X, Y)$ und $\sigma(X, Y)$ die Limitierungen der $\mathfrak{B}(X),k$-Konvergenz in $\mathfrak{A}(X, Y)$ bzw. $L(X, Y)$. Unter Beachtung von 7.9.12, 7.11.10 und 7.16.10 folgt, daß τ und σ die obigen Eigenschaften 1 bis 3 haben und $\tau(X, Y)$ stets $\sigma(X, Y)$ induziert. Im vorliegenden Fall bezeichnen wir τ auch mit $\tau_{\mathfrak{B},k}$ und sagen anstelle τ,σ-Ableitung n-ter Ordnung auch **$\mathfrak{B},k$-Ableitung *n*-ter Ordnung** und anstelle n-fach τ,σ-differenzierbar auch ***n*-fach $\mathfrak{B},k$-differenzierbar.** Sind $\tau(X, Y)$ und $\sigma(X, Y)$ zu beliebigen $X \in \mathfrak{X}$ und $Y \in \mathfrak{Y}$ speziell die Pseudotopologien der k-, fk-, b-, e-, q-, h- bzw. Kh-Konvergenz in $\mathfrak{A}(X, Y)$ bzw. $L(X, Y)$, so sagen wir anstelle τ,σ-Ableitung n-ter Ordnung auch **k-, …, h- bzw. Kh-Ableitung *n*-ter Ordnung** und anstelle n-fach τ,σ-differenzierbar auch ***n*-fach k-, …, h- bzw. Kh-differenzierbar.**

Wenn $\tau(X, Y)$ und $\sigma(X, Y)$ zu beliebigen $X \in \mathfrak{X}$ und $Y \in \mathfrak{Y}$ die Limitierungen der $\delta_{\mathfrak{B}(X),k}$-Konvergenz in $\mathfrak{A}(X, Y)$ bzw. $L(X, Y)$ sind, haben τ und σ ebenfalls die obigen Eigenschaften 1 bis 3 und induziert $\tau(X, Y)$ stets $\sigma(X, Y)$. Wir bezeichnen in diesem Falle τ auch mit $\delta_{\mathfrak{B},k}$ und damit die τ,σ-Ableitungen n-ter Ordnung auch als **$\delta_{\mathfrak{B},k}$-Ableitungen *n*-ter Ordnung.** Sind $\tau(X, Y)$ und $\sigma(X, Y)$ zu beliebigen $X \in \mathfrak{X}$ und $Y \in \mathfrak{Y}$ speziell die Pseudotopologien der δb-, δe-, δq bzw. δh-Konvergenz in $\mathfrak{A}(X, Y)$ bzw. $L(X, Y)$, so sagen wir anstelle τ,σ-Ableitung n-ter Ordnung auch **δb-, δe-, δq-** bzw. **δh-Ableitung *n*-ter Ordnung** und anstelle n-fach τ,σ-differenzierbar auch ***n*-fach δb-, δe-, δq-** bzw. **δh-differenzierbar.**

Sind $\mathfrak{X}$ und $\mathfrak{Y}$ wie eben gewählt und ist $\tau(X, Y)$ stets die Pseudotopologie h in $\mathfrak{A}(X, Y)$ und $\sigma(X, Y)$ die Pseudotopologie u bzw. d in $L(X, Y)$, so haben τ und σ ebenfalls die obigen Eigenschaften 1 bis 3; es wird jetzt allerdings nicht stets $\sigma(X, Y)$ von $\tau(X, Y)$ induziert. Anstelle τ,σ-Ableitung n-ter Ordnung sagen wir in diesen Fällen **h,u-** bzw. **h,d-Ableitung *n*-ter Ordnung** und anstelle n-fach

[1]) Wir lassen hier und in den weiteren Spezialfällen stets beide Fälle für $\mathfrak{A}(X, Y)$ zu.

τ,σ-differenzierbar **n-fach h,u-** bzw. **h,d-differenzierbar**. Analog definiert man **q,h-Ableitungen n-ter Ordnung**; sie wurden von FRÖHLICHER und BUCHER [1] studiert.

2. τ',σ-Ableitungen höherer Ordnung. $\mathfrak{X}$ und $\mathfrak{Y}$ seien Klassen limitierter $\boldsymbol{K}$-linearer Gruppen, und es sei entweder $\mathfrak{A}(X, Y)$ zu beliebigen $X \in \mathfrak{X}$ und $Y \in \mathfrak{Y}$ die Menge aller Abbildungen aus X in Y oder die Menge aller Abbildungen von X in Y. τ und σ seien Abbildungen mit $\mathfrak{X} \times \mathfrak{Y}$ als Definitionsbereich derart, daß gilt:

1'. Zu beliebigen $X \in \mathfrak{X}$ und $Y \in \mathfrak{Y}$ ist $\tau(X, Y)$ eine Limitierung von $\mathfrak{A}(X, Y)$.

2'. Zu beliebigen $X \in \mathfrak{X}$ und $Y \in \mathfrak{Y}$ ist $\sigma(X, Y)$ eine schwach verträgliche Limitierung von $L(X, Y)$ und gehört $\mathfrak{Y}$ die limitierte lineare Gruppe $L_\sigma(X, Y)$, d. h. $L(X, Y)$, versehen mit $\sigma(X, Y)$, sowie jede zu $L_\sigma(X, Y)$ isomorphe limitierte lineare Gruppe an.

3'. Zu beliebigen $X \in \mathfrak{X}$ und $Y, Z \in \mathfrak{Y}$, jedem $l \in L(Y, Z)$ und jedem Filter $\mathfrak{K}$ in $\mathfrak{H}(X, Y)$ mit $\mathfrak{K} \xrightarrow[\tau_{\mathfrak{H}(X,Y)}]{} 0$ folgt $[l] \circ \mathfrak{K} \xrightarrow[\tau_{\mathfrak{H}(X,Y)}]{} 0$; dabei seien $\tau_{\mathfrak{H}(X,Y)}$ und $\tau_{\mathfrak{H}(X,Z)}$ die von $\tau(X, Y)$ auf $\mathfrak{H}(X, Y)$ bzw. von $\tau(X, Z)$ auf $\mathfrak{H}(X, Z)$ induzierten Limitierungen.

Die beiden Abbildungen $\mathfrak{R}$: $(X, Y) \to \mathfrak{R}^{\mathsf{M}}_{\tau(X,Y)}$ $(X \in \mathfrak{X},\ Y \in \mathfrak{Y})$ (vergleiche Abschnitt 8.2) und σ definieren eine Differenzierbarkeitsart $(\mathfrak{R}, \sigma)$ über $\mathfrak{X}$ und $\mathfrak{Y}$, die **τ',σ-Differenzierbarkeit**. Anstelle $\mathfrak{R},\sigma$-Ableitung n-ter Ordnung sagen wir in diesem Falle auch **τ',σ-Ableitung n-ter Ordnung** und anstelle n-fach $\mathfrak{R},\sigma$-differenzierbar auch **n-fach τ',σ-differenzierbar.** Ist stets $\sigma(X, Y)$ die von $\tau(X, Y)$ auf $L(X, Y)$ induzierte Limitierung, so sagen wir anstelle τ',σ-Differenzierbarkeit, τ',σ-Ableitung n-ter Ordnung und n-fach τ',σ-differenzierbar auch einfach **τ'-Differenzierbarkeit, τ'-Ableitung n-ter Ordnung** und **n-fach τ'-differenzierbar.**

Sind $\mathfrak{X}$, $\mathfrak{Y}$, τ und σ wie bei der Definition der s-Ableitungen, c-Ableitungen, $\mathfrak{V},k$-Ableitungen bzw. $\delta_{\mathfrak{V},k}$-Ableitungen höherer Ordnung gewählt, so sagen wir anstelle τ',σ-Ableitung n-ter Ordnung auch **s'-Ableitung, c'-Ableitung, $(\mathfrak{V},k)'$-Ableitung** bzw. **$\delta'_{\mathfrak{V},k}$-Ableitung n-ter Ordnung** und anstelle n-fach τ',σ-differenzierbar auch **n-fach s'-, c'-, $(\mathfrak{V},k)'$-** bzw. **$\delta'_{\mathfrak{V},k}$-differenzierbar.** Wenn $\mathfrak{X}$, $\mathfrak{Y}$, τ und σ wie bei der Definition der k-, fk-, b-, e-, q-, h-, Kh-, δb-, δe-, δq-, δh-, h,u- bzw. h,d-Ableitungen n-ter Ordnung gewählt sind, sagen wir anstelle τ',σ-Ableitung n-ter Ordnung auch **k'-, ... , δh'-, h',u-** bzw. **h',d-Ableitung n-ter Ordnung** und anstelle n-fach τ',σ-differenzierbar **n-fach k'-, ... , δh'-, h',u-** bzw. **h',d-differenzierbar.**

Selbstverständlich ersetzen wir in den angegebenen Spezialfällen die Bezeichnungsweise „unendlich oft $\mathfrak{R},\sigma$-differenzierbar" entsprechend wie die Bezeichnungsweise „n-fach $\mathfrak{R},\sigma$-differenzierbar" und sagen etwa im Falle der τ,σ- und τ',σ-Differenzierbarkeit dafür auch **unendlich oft τ,σ-** bzw. **τ',σ-differenzierbar**.

In den Spezialfällen benutzen wir für die $\mathfrak{R},\sigma$-Ableitungen höherer Ordnung im weiten Sinne entsprechende Bezeichnungsweisen wie die für die $\mathfrak{R},\sigma$-Ableitungen höherer Ordnung.

Wie als nächstes gezeigt wird, kann in einer Reihe von Fällen die Symmetrieforderung in der Definition der Ableitungen höherer Ordnung weggelassen werden, da sie in diesen Fällen von selbst erfüllt ist. $(\mathfrak{R}, \sigma)$ sei eine Differenzierbarkeitsart für Klassen $\mathfrak{X}$ und $\mathfrak{Y}$ limitierter linearer Gruppen.

8.10.3 (Symmetrieeigenschaft). *X sei eine limitierte lineare Gruppe aus $\mathfrak{X}$ und Y eine pseudotopologische lineare Gruppe aus $\mathfrak{Y}$ derart, daß $\mathbf{t}^{\wedge}(Y)$ separiert ist, $\mathfrak{B}$ sei das Mengensystem $\{[0,1]\,h + [0,1]\,k \mid h, k \in X\}$. Zu beliebigem $Z = Y$, $H^1_\sigma(X, Y)$, $H^2_\sigma(X, Y)$, ... sei jede $\mathfrak{R}_{XZ}$-Ableitung eine $\mathfrak{B}$,4-Ableitung und sei $\sigma(X, Z)$ feiner als die Limitierung der punktweisen Konvergenz in $L(X, Z)$. Dann sind zu jedem $n \in \boldsymbol{N}^+$ die n-ten $\mathfrak{R},\sigma$-Ableitungen im weiten Sinne $\mathrm{D}^n f(x)$ der Abbildungen $f\colon X \circ\!\!\rightarrow Y$ — soweit sie überhaupt existieren — $\mathfrak{R},\sigma$-Ableitungen.*

Beweis. f sei eine Abbildung aus X in Y. Zu beliebigem $m = 1, 2, \ldots$ verstehen wir unter $\mathrm{D}^m f$ ($\mathrm{D}^1 f = \mathrm{D}f$) die auf Grund der Voraussetzung eindeutig bestimmte $\mathfrak{R},\sigma$-Ableitung von f der Ordnung m. Wir können $n \geqq 2$ annehmen.

1. Es sei zuerst $n = 2$. f besitze in einem Punkt x die $\mathfrak{R},\sigma$-Ableitung zweiter Ordnung im weiten Sinne $\mathrm{D}^2 f(x)$. $r\colon X \circ\!\!\rightarrow L_\sigma(X, Y)$ sei die durch

$$r(h) = \mathrm{D}f(x+h) - \mathrm{D}f(x) - \mathrm{D}(\mathrm{D}f)(x)h \qquad (h \in \mathrm{db}\,\mathrm{D}f - x)$$

definierte Abbildung. Gegeben seien $h, k \in X$. $B = [0,1]\,h + [0,1]\,k$ gehört $\mathfrak{B}$ an. Da $\mathrm{D}(\mathrm{D}f)(x)$ nach Voraussetzung eine $\mathfrak{B}$,4-Ableitung von $\mathrm{D}f$ in x ist, existiert ein $V \in \boldsymbol{V}$ mit $B \subseteqq \mathrm{dbr}_\alpha$ $(\alpha \in V)$, d. h. mit $VB \subseteqq \mathrm{dbr}$, und gilt $r_V[B] \to 0$ in $L_0(X, Y)$ und damit $r_V[B]\,h \to 0$ in Y. U sei eine konvexe, kreisförmige und abgeschlossene Nullnachbarschaft in $\mathbf{t}^{\wedge}(Y)$. Es gibt ein $W \in \boldsymbol{V}$ mit $W \subseteqq V$ und $r[\alpha B]\,h \subseteqq \alpha U$ zu beliebigem $\alpha \in W$. Insbesondere gilt zu beliebigem $\alpha \in W$ und $\beta \in [0, 1]$

$$r(\alpha\beta h + \alpha k)\,h \subseteqq \alpha U \quad \text{und} \quad r(\alpha\beta h)\,h \subseteqq \alpha U$$

und damit

$$\big(r(\alpha\beta h + \alpha k) - r(\alpha\beta h)\big)\,h \subseteqq 2\alpha U\,,$$

folglich

$$\mathrm{D}f(x + \alpha\beta h + \alpha k)\,\alpha h - \mathrm{D}f(x + \alpha\beta h)\,\alpha h - \mathrm{D}^2 f(x)\,(\alpha k, \alpha h) \subseteqq 2\alpha^2 U\,. \qquad (8.10.1)$$

Zu beliebigem $\alpha \in W$ sind die Abbildungen $\beta \mapsto f(x + \alpha\beta h + \alpha k)$ und $\beta \mapsto f(x + \alpha\beta h)$ (Definitionsbereiche maximal) an jeder Stelle $\beta \in [0, 1]$ $\mathbf{s}$-differenzierbar. Mittels 8.6.3′ folgt, daß zu beliebigem $\alpha \in W$ auch die Abbildung $g_\alpha\colon \beta \mapsto f(x + \alpha\beta h + \alpha k) - f(x + \alpha\beta h)$ (Definitionsbereich maximal) an jeder Stelle $\beta \in [0, 1]$ $\mathbf{s}$-differenzierbar ist und daß für die betreffenden $\mathbf{s}$-Ableitungen

$$\mathrm{D}g_\alpha(\beta)\,1 = \mathrm{D}f(x + \alpha\beta h + \alpha k)\,\alpha h - \mathrm{D}f(x + \alpha\beta h)\,\alpha h$$

gilt. Wegen (8.10.1) erhalten wir

$$\mathrm{D}g_\alpha(\beta)\,1 - \mathrm{D}^2 f(x)\,(\alpha k, \alpha h) \subseteqq 2\alpha^2 U$$

zu beliebigem $\alpha \in W$ und $\beta \in [0, 1]$, wegen 8.7.1 damit

$$g_\alpha(1) - g_\alpha(0) - \mathrm{D}^2 f(x)\,(\alpha k, \alpha h) \subseteqq 2\alpha^2 U\,.$$

Da $g_\alpha(1) - g_\alpha(0)$ in (h, k) symmetrisch ist, finden wir ein $W' \in V$ mit $W' \subseteqq W$ und $g_\alpha(1) - g_\alpha(0) - D^2f(x)(\alpha h, \alpha k) \subseteqq 2^2\alpha U$ zu jedem $\alpha \in W'$, so daß sich $D^2f(x)(h, k) - D^2f(x)(k, h) \subseteqq 4U$ ergibt. Auf Grund der Separiertheit von $\mathfrak{t}^\wedge(Y)$ folgt $D^2f(x)(h, k) = D^2f(x)(k, h)$.

2. Nun sei $n > 2$. Die Behauptung sei für $n - 1$ richtig. Gegeben seien $h_1, \dots, h_n \in X$. $g: X \circ\!\!\rightarrow Y$ sei die Abbildung $u \mapsto D^{n-2}f(u)(h_3, \dots, h_n)$ $(u \in \operatorname{db} D^{n-2}f)$. Es folgt, daß g in jedem Punkt $u \in \operatorname{db} D^{n-1}f$ $\mathfrak{B}$,4-differenzierbar ist und für die betreffende $\mathfrak{B}$,4-Ableitung $Dg(u)\,k = D^{n-1}f(u)(k, h_3, \dots, h_n)$ zu beliebigem $k \in X$ gilt. Die $\mathfrak{B}$,4-Ableitung $Dg: X \circ\!\!\rightarrow L_{\mathfrak{B},4}(X, Y)$ ist in x $\mathfrak{B}$,4-differenzierbar, und es gilt $D^2g(x)(h, k) = D^nf(x)(h, k, h_3, \dots, h_n)$. Mittels des in Teil 1 Bewiesenen folgt

$$D^nf(x)(h_1, \dots, h_n) = D^nf(x)(h_2, h_1, h_3, \dots, h_n)\,. \tag{8.10.2}$$

Auf Grund der Annahme gilt

$$D^nf(x)(h_1, \dots, h_n) = D^nf(x)(h_{\pi(1)}, \dots, h_{\pi(n)}) \tag{8.10.3}$$

für eine beliebige Permutation π von $\{1, \dots, n\}$ mit $\pi(1) = 1$. Aus (8.10.2) und (8.10.3) folgt, daß sich $D^nf(x)(h_1, \dots, h_n)$ nicht ändert, wenn h_1 mit einem beliebigem anderen h_i vertauscht wird. Durch Vertauschungen dieser Art erhält man (8.10.3) für jede Permutation π von $\{1, \dots, n\}$.

Anmerkungen. 1. Wenn speziell $(\mathfrak{R}, \sigma)$ eine τ,σ- oder eine τ',σ-Differenzierbarkeit ist, gilt die Voraussetzung des Satzes, daß für $Z = Y$, $H^1_\sigma(X, Y)$, $H^2_\sigma(X, Y)$, ... jede $\mathfrak{R}_{XZ}$-Ableitung eine $\mathfrak{B}$,4-Ableitung und $\sigma(X, Z)$ feiner als die Limitierung der punktweisen Konvergenz in $L(X, Y)$ ist, wenn für jedes derartige Z und jeden Filter $\mathfrak{K}$ in $\mathfrak{A}(X, Z)$ aus $\mathfrak{K} \xrightarrow[\tau(X,Z)]{} 0$ stets $\mathfrak{K} \xrightarrow[\mathfrak{B},4]{} 0$ folgt und $\sigma(X, Z)$ feiner als die von $\tau(X, Z)$ auf $L(X, Z)$ induzierte Limitierung ist.

2. Ist X ein pseudotopologischer Vektorraum, so sind alle Mengen B aus dem im Satz auftretenden System $\mathfrak{B}$ beschränkt, kompakt und folgenkompakt. Die Voraussetzung des Satzes, daß für $Z = Y$, $H^1_\sigma(X, Y)$, $H^2_\sigma(X, Y)$, ... jede $\mathfrak{R}_{XZ}$-Ableitung eine $\mathfrak{B}$,4-Ableitung ist, kann dann durch die Forderung, daß für jedes derartige Z die $\mathfrak{R}_{XZ}$-Ableitungen b- bzw. k- bzw. fk-Ableitungen sind, ersetzt werden.

Damit folgt

8.10.3′ (Symmetrieeigenschaft; Spezialfälle). *X sei ein pseudotopologischer Vektorraum und Y eine pseudotopologische lineare Gruppe derart, daß $\mathfrak{t}^\wedge(Y)$ separiert ist. Zu beliebigem $n \in \boldsymbol{N}^+$ sind dann für*

$$a = \mathsf{k}, \mathsf{fk}, \mathsf{b}, \mathsf{e}, \mathsf{q}, \mathsf{h}, \mathsf{Kh}, \delta\mathsf{b}, \delta\mathsf{e}, \delta\mathsf{q}, \delta\mathsf{h}, \mathsf{b}', \mathsf{e}', \dots, \delta\mathsf{q}' \textit{ und } \delta\mathsf{h}'$$

und

$$a = \mathsf{h,u}, \quad \mathsf{h,d}, \quad \mathsf{h',u} \quad \textit{und} \quad \mathsf{h',d}\,,$$

wenn X SIMONNETsch ist, auch für

$$a = \mathsf{k}' \textit{ und } \mathsf{fk}'$$

und, wenn Y eine topologische lineare Gruppe ist, auch für

$$a = \mathfrak{c} \text{ und } \mathfrak{c}'$$

die n-ten a-Ableitungen im weiten Sinne $\mathrm{D}^n f(x)$ *der Abbildungen* $f \in \mathfrak{A}(X, Y)$ *— soweit sie überhaupt existieren — a-Ableitungen.*

In gewissen Fällen kann auch bei der Definition der $\mathfrak{s}$- und $\mathfrak{s}'$-Ableitungen höherer Ordnung die Symmetrieforderung weggelassen werden, da sie in diesen von selbst erfüllt ist. Es gilt nämlich (siehe Keller [6]).

8.10.4 (Symmetrieeigenschaft; Fall der stetigen $\mathfrak{s}$- und $\mathfrak{s}'$-Ableitungen). *X sei ein pseudotopologischer Vektorraum und Y eine pseudotopologische lineare Gruppe derart, daß* $\boldsymbol{t}^\wedge(Y)$ *separiert ist. n sei eine positive natürliche Zahl, N eine konvexe Nachbarschaft eines Punktes* $x \in X$ *und f eine Abbildung aus* $\mathfrak{A}(X, Y)$*, die eine über N stetige* $\mathfrak{s}$- *bzw.* $\mathfrak{s}'$*-Ableitung im weiten Sinne* $\mathrm{D}^n f\colon X \circ\!\!\rightarrow H^n_{\mathfrak{s}}(X, Y)$ *der Ordnung n besitzt. Dann ist* $\mathrm{D}^n f(x)$ *eine* $\mathfrak{s}$- *bzw.* $\mathfrak{s}'$*-Ableitung von f in x der Ordnung n.*

Beweis. Da wegen 8.4.7 unter der angegebenen Voraussetzung jedes $\mathfrak{s}'$-Restglied ein $\mathfrak{s}$-Restglied ist, genügt es, die Behauptung für den Fall der $\mathfrak{s}$-Ableitungen zu zeigen. f besitze also eine über N stetige $\mathfrak{s}$-Ableitung im weiten Sinne $\mathrm{D}^n f\colon X \circ\!\!\rightarrow H^n_{\mathfrak{s}}(X, Y)$. Wegen 5.10.5 ist N eine Nachbarschaft von x in $\boldsymbol{t}^\wedge(X)$. Da die konvexe Hülle jeder offenen Menge in einem topologischen Vektorraum offen ist, können wir N als offen in $\boldsymbol{t}^\wedge(X)$ annehmen. Gegeben seien ein $x_0 \in N$, ein $l \in L(Y, \boldsymbol{K})$ und Vektoren $h_1, \dots, h_m \in X$ für ein $m \in \{1, \dots, n\}$. Wir setzen $x_\xi = x_0 + \xi_1 h_1 + \cdots + \xi_m h_m$ zu beliebigem $\xi = (\xi_1, \dots, \xi_m) \in \boldsymbol{K}^m$. φ sei die durch

$$\varphi(\xi) = (l \circ f)(x_\xi) \qquad (\xi \in \boldsymbol{K}^m \text{ mit } x_\xi \in N)$$

definierte Abbildung von $\boldsymbol{K}^m$ in $\boldsymbol{K}$. $\mathrm{db}\varphi$ ist auf Grund der Annahme an N offen. Man zeigt ohne Mühe, daß φ an jeder Stelle $\xi \in \mathrm{db}\varphi$ alle n-fachen partiellen Ableitungen im üblichen Sinne $\partial_{i_n} \cdots \partial_{i_1}\varphi(\xi)$ $(i_1, \dots, i_n \in \{1, \dots, m\})$ besitzt und

$$\partial_{i_n} \cdots \partial_{i_1}\varphi(\xi) = l\big(\mathrm{D}^n f(x_\xi)\,(h_{i_n}, \dots, h_{i_1})\big) \tag{8.10.4}$$

gilt. Auf Grund der Voraussetzung ist $\xi \mapsto \mathrm{D}^n f(x_\xi)$ $(\xi \in \mathrm{db}\varphi)$ und damit auch jede partielle Ableitung $\xi \mapsto \partial_{i_n} \cdots \partial_{i_1}\varphi(\xi)$ stetig. Bekanntlich sind damit auch alle partiellen Ableitungen niedrigerer Ordnung und damit alle partiellen Ableitungen m-ter Ordnung $\xi \mapsto \partial_{i_m} \cdots \partial_{i_1}\varphi(\xi)$ stetig. Letztere sind folglich von der Reihenfolge der partiellen Differentiationen unabhängig. Da für diese partiellen Ableitungen eine entsprechende Beziehung wie (8.10.4) gilt, ist $l \circ \mathrm{D}^m f(x_0)$ eine symmetrische Abbildung. Nun ist l beliebig aus $L(Y, \boldsymbol{K})$, d. h. aus $L(\boldsymbol{t}^\wedge(Y), \boldsymbol{K})$, und ferner ist $\boldsymbol{t}^\wedge(Y)$ separiert, so daß mittels 5.9.15 folgt, daß $\mathrm{D}^m f(x_0)$ eine symmetrische Abbildung ist. Damit ergibt sich die Richtigkeit der Behauptung.

Im weiteren vergleichen wir die verschiedenen Begriffe der $\mathfrak{R},\sigma$-Ableitungen höherer Ordnung.

8.10.5 (Vergleich der Ableitungen höherer Ordnung). $(\mathfrak{R}, \sigma)$ *und* $(\mathfrak{R}', \sigma')$ *seien Differenzierbarkeitsarten für Klassen* $\mathfrak{X}$ *und* $\mathfrak{Y}$ *bzw. Klassen* $\mathfrak{X}'$ *und* $\mathfrak{Y}'$ *limitierter linearer Gruppen. X sei eine limitierte lineare Gruppe aus* $\mathfrak{X} \cap \mathfrak{X}'$ *und* $\mathfrak{Y}_0$ *eine Teilklasse aus* $\mathfrak{Y} \cap \mathfrak{Y}'$, *der mit Y stets* $L_\sigma(X, Y)$ *angehört. Es gelte:*

1. *Zu beliebigem* $Y \in \mathfrak{Y}_0$ *ist* $\mathfrak{R}_{XY} \subseteqq \mathfrak{R}'_{XY}$ *und* $\sigma(X, Y) \leqq \sigma'(X, Y)$.
2. *Für jedes* $Y \in \mathfrak{Y}'$ *besitzt* $\mathfrak{R}'_{XY}$ *die Eigenschaft* A_2 *aus Abschnitt* 8.3.

Dann ist zu jedem $n \in N^+$ *und* $Y \in \mathfrak{Y}_0$ *und einer beliebigen Abbildung* $f\colon X \circ\!\!\rightarrow Y$ *jede* $\mathfrak{R},\sigma$*-Ableitung* $D^n f(x)$ *der Ordnung n eine* $\mathfrak{R}',\sigma'$*-Ableitung von f in x der Ordnung n.*

Beweis. Wir nehmen — ohne die Voraussetzung zu verschärfen — an, daß zu beliebigem $n \in N^+$ mit Y stets $H^n_\sigma(X, Y)$ zu $\mathfrak{Y}_0$ gehört. Mittels vollständiger Induktion folgt mühelos, daß zu beliebigen $n \in N^+$ und $Y \in \mathfrak{Y}_0$ $H^n_\sigma(X, Y)$ in $H^n_{\sigma'}(X, Y)$ enthalten und die identische Einbettung von $H^n_\sigma(X, Y)$ in $H^n_{\sigma'}(X, Y)$ stetig und linear ist.

Für die $\mathfrak{R}',\sigma'$-Ableitungen beliebiger Ordnung benutzen wir anstelle D ausnahmsweise das Symbol $\tilde{D}$. Mittels Eigenschaft 1 folgt, daß jede $\mathfrak{R},\sigma$-Ableitung Df die Einschränkung einer $\mathfrak{R}',\sigma'$-Ableitung $\tilde{D}f$ ist. Wir behaupten, daß zu beliebigem $n \in N^+$ jede $\mathfrak{R},\sigma$-Ableitung $D^n f$ die Einschränkung einer $\mathfrak{R}',\sigma'$-Ableitung $\tilde{D}^n f$ ist. Diese Behauptung gelte für ein n. Auf Grund der Eigenschaften 1 und 2 und wegen Eigenschaft 3 des Begriffs der Differenzierbarkeitsart ist dann jede $\mathfrak{R},\sigma$-Ableitung $D(D^n f)(x)$ von $D^n f\colon X \circ\!\!\rightarrow H^n_\sigma(X, Y)$ in einem Punkt x eine $\mathfrak{R}',\sigma'$-Ableitung von $D^n f\colon X \circ\!\!\rightarrow H^n_\sigma(X, Y)$ und damit von $D^n f\colon X \circ\!\!\rightarrow H^n_{\sigma'}(X, Y)$ und damit von $\tilde{D}^n f\colon X \circ\!\!\rightarrow H^n_{\sigma'}(X, Y)$ in x. Die Behauptung gilt demnach auch für $n + 1$. Damit folgt die Richtigkeit des Satzes.

Aus (7.14.11) und 8.10.5 kann man leicht Vergleiche der a,d-, a,u- und a-Ableitungen höherer Ordnung bei $a =$ h und h' angeben. Ferner erhält man aus 7.13.2, 8.4.6 und 8.10.5 leicht Vergleiche zwischen den h'-, q,h- und q-Ableitungen höherer Ordnung. Wir überlassen das dem Leser und beweisen mittels 8.10.5

8.10.6 (Vergleichstheorem I für Ableitungen höherer Ordnung). *X sei eine limitierte lineare und Y eine pseudotopologische lineare Gruppe. n sei eine positive natürliche Zahl, f eine Abbildung aus* $\mathfrak{A}(X, Y)$ *und x ein Punkt des Definitionsbereichs von f.* 8.4.6 *gilt auch, wenn man in diesem Satz jeweils a-Restglied und a-Restglied r mit* $r(0) = 0$ *durch a-Ableitung n-ter Ordnung von f in x ersetzt und anstelle der Forderung, daß Y lokalbeschränkt und gleichförmig ist, die Forderung nimmt, daß X und Y lokalbeschränkte topologische Vektorräume sind.*

Beweis. Wir wenden 8.10.5 an, wobei jeweils — wenn von einer a-Ableitung $D^n f(x)$ ausgegangen wird — $\mathfrak{Y}_0$ aus Y, $L_a(X, Y)$, $L_a(X, L_a(X, Y))$, ... bestehe. Wenn Y kreisförmig ist, ist auch jede pseudotopologische lineare Gruppe aus $\mathfrak{Y}_0$

kreisförmig, wie mittels 7.11.13 folgt. Sind X und Y lokalbeschränkte topologische Vektorräume, so sind auf Grund einer Anmerkung vor 7.14.7 alle pseudotopologischen linearen Gruppen aus $\mathfrak{Y}_0$ lokalbeschränkte topologische Vektorräume. Wenn X lokalbeschränkt und Y gleichförmig ist, sind auch $L_{\mathfrak{b}}(X, Y) = L_{\mathfrak{e}}(X, Y)$, $L_{\mathfrak{b}}(X, L_{\mathfrak{b}}(X, Y)) = L_{\mathfrak{e}}(X, L_{\mathfrak{e}}(X\ Y))$, ... und $L_{\mathfrak{q}}(X, Y) = L_{\mathfrak{h}}(X, Y)$, $L_{\mathfrak{q}}(X, L_{\mathfrak{q}}(X, Y)) = L_{\mathfrak{h}}(X, L_{\mathfrak{h}}(X, Y))$, ... gleichförmig, wie mittels 7.13.2 und 7.14.1 folgt. Ist Y eine topologische lineare Gruppe, so sind auch $L_{\mathfrak{b}}(X, Y)$, $L_{\mathfrak{b}}(X, L_{\mathfrak{b}}(X, Y))$, ... topologische lineare Gruppen (vergleiche 7.12.1). Mittels 7.13.2 und 8.4.6 folgt damit, daß jeweils Bedingung 1 aus 8.10.5 zutrifft. Offenbar ist auch stets die Bedingung 2 aus 8.10.5 erfüllt. Damit folgt die Richtigkeit des Satzes.

Zum Teil läßt sich auch 8.4.7 auf Ableitungen höherer Ordnung übertragen. Wir geben eine derartige Übertragung an, verzichten dabei allerdings der Einfachheit halber auf einen Vergleich der fk- und fk'-Ableitungen höherer Ordnung mit anderen Ableitungsbegriffen.

8.10.7 (Vergleichstheorem II für Ableitungen höherer Ordnung). *X und Y seien limitierte lineare Gruppen. Die Limitierung von Y sei nicht entartet. n sei eine positive natürliche Zahl und f eine Abbildung aus $\mathfrak{A}(X, Y)$.*

c' — c — s' — s: *Ist X ein limitierter Vektorraum, so ist jede* c'*-Ableitung* $D^n f(x)$ *eine* c*-Ableitung der Ordnung n. Wenn X ein gleichförmiger pseudotopologischer Vektorraum und Y eine kreisförmige pseudotopologische lineare Gruppe ist, ist jede* c*-Ableitung* $D^n f(x)$ *umgekehrt eine* c'*-Ableitung der Ordnung n. Ist X eine pseudotopologische lineare Gruppe, so ist jede* c- *bzw.* c'*-Ableitung* $D^n f(x)$ *eine* s- *bzw.* s'*-Ableitung der Ordnung n. Ist $X = \boldsymbol{K}$ und Y entweder eine kreisförmige limitierte lineare Gruppe oder ein limitierter Vektorraum, so ist umgekehrt jede* s- *bzw.* s'*-Ableitung* $D^n f(x)$ *eine* c- *bzw.* c'*-Ableitung der Ordnung n. Wenn X ein pseudotopologischer Vektorraum ist, ist jede* s'*-Ableitung* $D^n f(x)$ *eine* s*-Ableitung der Ordnung n. Ist X ein separierter kreisförmiger pseudotopologischer Vektorraum, so ist jede* s*-Ableitung* $D^n f(x)$ *der Ordnung n, für die die zugehörige* s*-Ableitung* $D^{n-1} f$ *der Ordnung $n - 1$ in einer Umgebung von x existiert, eine* s'*-Ableitung der Ordnung n.*

Y sei in den weiteren Fällen eine pseudotopologische lineare Gruppe.

q' — q — c' — c: *Ist X ein limitierter Vektorraum, so ist jede* q- *bzw.* q'*-Ableitung* $D^n f(x)$ *eine* c- *bzw.* c'*-Ableitung der Ordnung n. Wenn X eine lokalbeschränkte limitierte lineare Gruppe mit der* bk*-Eigenschaft und Y eine* CHOQUET*sche pseudotopologische lineare Gruppe ist, ist umgekehrt jede* c- *bzw.* c'*-Ableitung* $D^n f(x)$ *eine* q- *bzw.* q'*-Ableitung der Ordnung n.*

c' — c — k' — k: *Ist Y eine* CHOQUET*sche pseudotopologische lineare Gruppe, so ist jede* c- *bzw.* c'*-Ableitung* $D^n f(x)$ *eine* k- *bzw.* k'*-Ableitung der Ordnung n, ist X ein gleichförmiger pseudotopologischer Vektorraum und Y eine kreisförmige pseudotopologische lineare Gruppe, so ist jede* c*-Ableitung* $D^n f(x)$ *eine* k'*-Ableitung der Ordnung n. Ist X ein* SIMONNET*scher limitierter Vektorraum, so ist jede* k'*-*

Ableitung $D^n f(x)$ *eine* k-*Ableitung der Ordnung n. Ist X ein* k-*abzählbarer pseudotopologischer Vektorraum und Y eine topologische lineare Gruppe und genügen X und Y dem ersten Abzählbarkeitsaxiom, so ist jede* k-*Ableitung* $D^n f(x)$ *der Ordnung n, für die die zugehörige* k-*Ableitung* $D^{n-1} f$ *der Ordnung* $n - 1$ *in einer Umgebung von x existiert, eine* c-*Ableitung der Ordnung n. Wird zusätzlich X als gleichförmig bzw.* SIMONNET*sch angenommen, so ist auch jede* k-*Ableitung* $D^n f(x)$ *der Ordnung n, für die die zugehörige* k-*Ableitung* $D^{n-1} f$ *der Ordnung* $n - 1$ *in einer Umgebung von x existiert, eine* k'-*Ableitung der Ordnung n bzw. jede* k'-*Ableitung* $D^n f(x)$ *eine* c-*Ableitung der Ordnung n.*

b' — k', b — k: *Wenn X ein* SIMONNET*scher limitierter Vektorraum ist, ist jede* b- *bzw.* b'-*Ableitung* $D^n f(x)$ *eine* k- *bzw.* k'-*Ableitung der Ordnung n, und hat X die* bk-*Eigenschaft, so ist umgekehrt jede* k- *bzw.* k'-*Ableitung* $D^n f(x)$ *eine* b- *bzw.* b'-*Ableitung der Ordnung n.*

k — s: *Wenn X eine pseudotopologische lineare Gruppe ist, ist jede* k-*Ableitung* $D^n f(x)$ *eine* s-*Ableitung der Ordnung n. Ist* $X = \boldsymbol{K}$ *und Y kreisförmig, so ist umgekehrt jede* s-*Ableitung* $D^n f(x)$ *eine* k-*Ableitung der Ordnung n.*

Beweis. Wir wenden 8.10.5 an, wobei jeweils — wenn von einer $\mathfrak{a}$-Ableitung $D^n f(x)$ ausgegangen wird — $\mathfrak{Y}_0$ aus Y, $L_{\mathfrak{a}}(X, Y)$, $L_{\mathfrak{a}}(X, L_{\mathfrak{a}}(X, Y))$, ... bestehe. Mittels 7.11.13 folgt, daß mit Y auch $L_{\mathfrak{c}}(X, Y)$ eine kreisförmige pseudotopologische lineare Gruppe ist. Aus 7.4.10 (Übertragung auf die punktweise Konvergenz), aus Bemerkungen vor 7.5.17 und aus 7.5.19 erhält man, daß mit Y auch $L_{\mathfrak{s}}(X, Y)$ kreisförmig bzw. ein limitierter Vektorraum ist. Ist Y eine CHOQUETsche pseudotopologische lineare Gruppe, so wegen 7.1.12 auch $L_{\mathfrak{c}}(X, Y)$. Wenn X ein k-abzählbarer pseudotopologischer Vektorraum und Y eine topologische lineare Gruppe ist und X und Y dem ersten Abzählbarkeitsaxiom genügen, ist wegen 7.14.9 auch $L_{\mathfrak{k}}(X, Y)$ eine topologische lineare Gruppe, die dem ersten Abzählbarkeitsaxiom genügt. Mittels 7.13.3 und 8.4.7 folgt damit, daß jeweils Bedingung 1 aus 8.10.5 zutrifft. Offenbar ist auch stets Bedingung 2 aus 8.10.5 erfüllt, womit sich die Richtigkeit des Satzes ergibt.

8.11. Einige Eigenschaften der Ableitungen höherer Ordnung

Wir befassen uns zunächst mit der Differenzierbarkeit von Polynomen, wobei wir Polynome folgendermaßen definieren.

X und Y seien $\boldsymbol{K}$-Vektorräume. Zu jedem $n \in \boldsymbol{N}^+$ heißt eine Abbildung $f: X \to Y$ ein **homogenes Polynom vom Grade** $\boldsymbol{n}$, wenn eine n-lineare symmetrische Abbildung $l: X^n \to Y$ existiert derart, daß f die Abbildung $x \mapsto lx^n$ $(x \in X)$ ist; dabei ist $X^n = \underbrace{X \times \cdots \times X}_{n}$ und $x^n = \underbrace{(x, \ldots, x)}_{n}$ $(x \in X)$ gesetzt. Die Symmetrie besagt natürlich, daß $l(x_1, \ldots, x_n) = l(x_{\pi(1)}, \ldots, x_{\pi(n)})$ für beliebige Vektoren $x_1, \ldots, x_n \in X$ und jede Permutation π von $\{1, \ldots\ n\}$ (also jede eineindeutige Abbildung π von $\{1, \ldots, n\}$ auf sich) gilt.

Die Definition erweitern wir auch auf $n = 0$, indem wir $X^0 = \{\emptyset\}$ und $x^0 = \emptyset$ ($x \in X$) setzen und unter einer 0-linearen symmetrischen Abbildung $l\colon X^0 \to Y$ jede Abbildung von X^0 in Y verstehen. Eine Abbildung $f\colon X \to Y$ ist daher ein **homogenes Polynom vom Grade 0**, wenn sie konstant, also einwertig ist.

8.11.1. *Für jedes homogene Polynom $f\colon X \to Y$ von einem Grade n ($n \in \boldsymbol{N}$) ist die f erzeugende n-lineare symmetrische Abbildung $l\colon X^n \to Y$ eindeutig bestimmt.*

Beweis. Für $n = 0$ ist die Behauptung natürlich richtig. Wir nehmen nun an, daß sie für ein n gilt. $f\colon X \to Y$ sei ein Polynom vom Grade $n + 1$, und $l\colon X^{n+1} \to Y$ und $l'\colon X^{n+1} \to Y$ seien f erzeugende Abbildungen. Wegen

$$l(x + \alpha h)^{n+1} = lx^{n+1} + \alpha\binom{n+1}{1}lx^n h + \cdots + \alpha^n\binom{n+1}{n}lxh^n + \alpha^{n+1}lh^{n+1}$$

$$(x, h \in X; \alpha \in \boldsymbol{K})$$

mit $lx^jh^k = l(\underbrace{x, \dots, x}_{j}, \underbrace{h, \dots, h}_{k})$ und wegen der entsprechenden Beziehung für l' folgt

$$\alpha\binom{n+1}{1}lx^nh + \cdots + \alpha^n\binom{n+1}{n}lxh^n = \alpha\binom{n+1}{1}l'x^nh + \cdots + \alpha^n\binom{n+1}{n}l'xh^n$$

$$(x, h \in X; \alpha \in \boldsymbol{K})$$

und daraus rein algebraisch $lx^nh = l'x^nh$, so daß zu beliebigem $h \in X$ die beiden n-linearen symmetrischen Abbildungen $lh\colon (x_1, \dots, x_n) \mapsto l(h, x_1, \dots, x_n)$ ($x_1, \dots, x_n \in X$) und $l'h\colon (x_1, \dots, x_n) \mapsto l'(h, x_1, \dots, x_n)$ ($x_1, \dots, x_n \in X$) die gleichen homogenen Polynome erzeugen, also übereinstimmen. Damit erhält man $l = l'$, so daß die Behauptung auch für $n + 1$ gilt.

Wir erweitern eine eben benutzte Bezeichnungsweise, und zwar bezeichnen wir zu jedem $m \in \boldsymbol{N}^+$, jedem $k = 1, \dots, m$, jeder m-linearen symmetrischen Abbildung $l\colon X^m \mapsto Y$ und jedem $h \in X$ die k-lineare symmetrische Abbildung $(x_1, \dots, x_k) \mapsto l(\underbrace{h, \dots, h}_{m-k}, x_1, \dots, x_k)$ von X^k in Y mit lh^{m-k}.

Zu beliebigem $m \in \boldsymbol{N}$ nennen wir eine Abbildung $f\colon X \to Y$ ein **Polynom (vom Grade $\leqq m$)**, wenn für jedes $n = 0, \dots, m$ ein homogenes Polynom f_n vom Grade n existiert mit $f = f_0 + \cdots + f_m$ (die Addition der Abbildungen sei wie üblich argumentweise erklärt).

Wir kommen nun zur Differenzierbarkeit homogener Polynome. $(\mathfrak{R}, \sigma)$ sei dazu eine Differenzierbarkeitsart für Klassen $\mathfrak{X}$ und $\mathfrak{Y}$ limitierter linearer Gruppen. Zu beliebigen $X \in \mathfrak{X}$ und $Y \in \mathfrak{Y}$ setzen wir $H_\sigma^0(X, Y) = \{\emptyset\} \times Y$.

8.11.2 (Differenzierbarkeit höherer Ordnung homogener Polynome). *X sei eine limitierte lineare Gruppe aus $\mathfrak{X}$ und $\mathfrak{Y}_0$ eine Teilklasse von $\mathfrak{Y}$, der mit Y stets $L_\sigma(X, Y)$ angehört. n sei eine natürliche Zahl. Für jedes $Y \in \mathfrak{Y}_0$ gelte:*

1. *Die Nullabbildung* $0: X \to Y$ *gehört* $L(X, Y)$ *an und ist ein* $\mathfrak{R}_{XY}$*-Restglied.*
2. *Zu jeder natürlichen Zahl* m *mit* $2 \leqq m \leqq n$ *und jeder symmetrischen Abbildung* $l \in H_\sigma^m(X, Y)$ *ist das aus* l *erzeugte homogene Polynom vom Grade* m *ein* $\mathfrak{R}_{XY}$*-Restglied.*
3. *Die Summe zweier* $\mathfrak{R}_{XY}$*-Restglieder ist wieder ein* $\mathfrak{R}_{XY}$*-Restglied.*
4. $\sigma(X, Y)$ *ist feiner als die Limitierung der punktweisen Konvergenz in* $L(X, Y)$.

Dann ist für jedes $Y \in \mathfrak{Y}_0$ *und jede symmetrische Abbildung* $l \in H_\sigma^n(X, Y)$ *das aus* l *erzeugte homogene Polynom* $f: X \to Y$ *vom Grade* n *in allen Punkten* x *von* X *unendlich oft* $\mathfrak{R},\sigma$*-differenzierbar, und es gilt für die betreffenden* $\mathfrak{R},\sigma$*-Ableitungen*

$$\mathrm{D}^k f(x) = n(n-1) \cdots (n-k+1)\, l x^{n-k} \quad \textit{bei } 1 \leqq k \leqq n \tag{8.11.1}$$

und

$$\mathrm{D}^k f(x) = 0 \quad \textit{bei } n < k\,. \tag{8.11.2}$$

Beweis. Im Falle $n = 0$ gilt $f(x + h) - f(x) = 0$ zu beliebigen $x, h \in X$ und ist auf Grund der Bedingung 1 zu beliebigem $x \in X$ die Nullabbildung $0: X \to Y$ somit eine $\mathfrak{R},\sigma$-Ableitung von f in x. $\mathrm{D}f: x \mapsto 0$ $(x \in X)$ ist ein homogenes Polynom vom Grade 0, das aus der Abbildung $\emptyset \mapsto 0$ aus $H_\sigma^0(X, L_\sigma(X, Y))$ erzeugt ist.

Im Falle $n = 1$ gilt $f(x + h) - f(x) = f(h)$ zu beliebigen $x, h \in X$ und ist auf Grund der Bedingung 1 und wegen $l \in L(X, Y)$ somit $f = lx^0 = l$ eine $\mathfrak{R},\sigma$-Ableitung von f in x. $\mathrm{D}f: x \mapsto l$ $(x \in X)$ ist ein homogenes Polynom vom Grade 0, das aus der Abbildung $\emptyset \mapsto l$ aus $H_\sigma^0(X, L_\sigma(X, Y))$ erzeugt ist.

Im weiteren sei $n \geqq 2$. Zu beliebigen $x, h \in X$ gilt

$$f(x + h) - f(x) = \binom{n}{1} l x^{n-1} h + \cdots + \binom{n}{n} l x^0 h^n$$

und wegen 8.10.1 $\binom{n}{k} l x^{n-k} \in H_\sigma^k(X, Y)$ für $k = 1, \ldots, n$. Auf Grund der Bedingungen 2 und 3 ist zu jedem $x \in X$ daher $h \mapsto \binom{n}{2} l x^{n-2} h^2 + \cdots + \binom{n}{n} l x^0 h^n$ ein $\mathfrak{R}_{XY}$-Restglied. Die Abbildung $h \mapsto nlh$ $(h \in X)$ von X in $H_\sigma^{n-1}(X, Y)$ ist stetig, wegen Bedingung 4 auch die Abbildung $k \mapsto kx^{n-1}$ $(k \in H_\sigma^{n-1}(X, Y)$ symmetrisch$)$ aus $H_\sigma^{n-1}(X, Y)$ in Y, somit auch die Zusammensetzung nlx^{n-1}, die daher eine $\mathfrak{R},\sigma$-Ableitung von f in x ist. $\mathrm{D}f: x \mapsto nlx^{n-1}$ $(x \in X)$ ist das aus der Abbildung $(\chi^{n-11})^{-1}(nl) \in H_\sigma^{n-1}(X, L_\sigma(X, Y))$ erzeugte homogene Polynom vom Grade $n - 1$.

In allen Fällen zeigt man so fortfahrend, daß f unendlich oft $\mathfrak{R},\sigma$-differenzierbar ist und für die betreffenden $\mathfrak{R},\sigma$-Ableitungen (8.11.1) und (8.11.2) gilt.

Aus 8.11.2 ergibt sich unmittelbar das

Korollar. *Unter der Voraussetzung aus* 8.11.2 *sind zu beliebigem* $Y \in \mathfrak{Y}_0$ *die aus symmetrischen Abbildungen* $l_0 \in H_\sigma^0(X, Y), \ldots, l_n \in H_\sigma^n(X, Y)$ *gebildeten Polynome* $x \mapsto l_0 x^0 + \cdots + l_n x^n$ $(x \in X)$ *in jedem Punkt* x *unendlich oft* $\mathfrak{R},\sigma$*-differenzierbar.*

Wir gehen nun auf Spezialfälle ein und beginnen mit einigen Hilfssätzen.

8.11.3 (Symmetrische Abbildungen aus $H^n_{\mathfrak{B},k}(X, Y)$ und $H^n_{\delta_{\mathfrak{B},k}}(X, Y)$). *X und Y seien pseudotopologische lineare Gruppen. $\mathfrak{B}$ sei ein System von $\wedge$-Idealen von Dualfiltern in X und k eine der Zahlen 1, ..., 5. n sei eine natürliche Zahl $\geqq 2$.*

Ist $\mathfrak{B}$ mit der Pseudotopologie τ_0 von X k-verträglich und gilt $\varkappa[\tau_0(0)] \leqq \mathfrak{B}$, so ist für jede symmetrische Abbildung $l \in H^n_{\mathfrak{B},k}(X, Y)$ das aus l erzeugte homogene Polynom vom Grade n ein $\mathfrak{B},k$-Restglied.

Wenn $\mathfrak{B}$ mit der τ_0 zugeordneten MACKEY*schen Pseudotopologie τ_0^δ k-verträglich ist und $\beta[\mathfrak{B}_\mathfrak{b}] \leqq \mathfrak{B}$ für das System $\mathfrak{B}_\mathfrak{b}$ aller beschränkten Teilmengen von X gilt, ist für jede symmetrische Abbildung $l \in H^n_{\delta_{\mathfrak{B},k}}(X, Y)$ das aus l erzeugte homogene Polynom vom Grade n ein $\delta_{\mathfrak{B},k}$-Restglied.*

Beweis. 1. $\mathfrak{B}$ sei mit τ_0 k-verträglich, und es gelte $\varkappa[\tau_0(0)] \leqq \mathfrak{B}$. l sei eine symmetrische Abbildung aus $H^n_{\mathfrak{B},k}(X, Y)$ und r das aus l erzeugte homogene Polynom vom Grade n. Wegen 7.14.19 ist l und damit auch r in 0 stetig, so daß $r(\mathfrak{G}) - r(\mathfrak{G})$ für jeden Filter $\mathfrak{G} \in \tau_0(0)$ ein Nullfilter in Y ist.

Wir setzen $\overset{m}{V} = \{\alpha^m \mid \alpha \in V\}$ für jedes $m \in \boldsymbol{N}^+$ und jede Teilmenge V von $\boldsymbol{K}$. Zu beliebigem $m \in \boldsymbol{N}^+$ gilt

$$\overset{m}{\boldsymbol{E}} \subseteqq \boldsymbol{E} \subseteqq \overset{m}{\boldsymbol{E}} - \overset{m}{\boldsymbol{E}} \tag{8.11.3}$$

wegen $\overset{m}{\boldsymbol{E}} = \begin{cases} [0, 1] & \text{bei } \boldsymbol{K} = \boldsymbol{R} \text{ und } m \text{ gerade} \\ \boldsymbol{E} & \text{sonst} \end{cases}$. Zu beliebigen Teilmengen F und G von X und jedem $\alpha > 0$ mit $VF \subseteqq G$ bei $V = \alpha\boldsymbol{E}$ folgt mittels (8.11.3)

$$r_W[F] = \overset{n-1}{W} r[F] = \alpha^n \overset{n-1}{\boldsymbol{E}}\, r[F] \subseteqq (\overset{n}{V} - \overset{n}{V})\, r[F] \subseteqq r[VF] - r[VF] \subseteqq H$$

bei $W = \alpha^{\frac{n}{n-1}}\boldsymbol{E}$ und $H = r[G] - r[G]$. Unter Berücksichtigung der k-Verträglichkeit von $\mathfrak{B}$ ergibt sich damit, daß $r_V \xrightarrow[\mathfrak{B},k]{} 0$ gilt, r also ein $\mathfrak{B},k$-Restglied ist.

2. $\mathfrak{B}$ sei mit τ_0^δ k-verträglich, und es gelte $\beta[\mathfrak{B}_\mathfrak{b}] \leqq \mathfrak{B}$. l sei eine symmetrische Abbildung aus $H^n_{\delta_{\mathfrak{B},k}}(X, Y)$ und r das aus l erzeugte homogene Polynom vom Grade n. Unter Berücksichtigung von 7.9.5, 7.13.2, 7.14.27 und $\beta[\mathfrak{B}_\mathfrak{b}] \leqq \mathfrak{B}$ folgt $H^n_{\delta_{\mathfrak{B},k}}(X, Y) \subseteqq H^n_{\mathfrak{B},k}(X^\delta, Y^\delta) \subseteqq H^n_\mathfrak{b}(X^\delta, Y^\delta) = H^n_\mathfrak{q}(X^\delta, Y^\delta)$. Wegen 7.14.19 ist $l\colon (X^\delta)^n \to Y^\delta$ und damit $r\colon X^\delta \to Y^\delta$ stetig in 0. Da $\mathfrak{B}$ mit τ_0^δ k-verträglich ist, folgt ähnlich wie im Teil 1, daß $r_V \xrightarrow[\delta_{\mathfrak{B},k}]{} 0$ gilt, r also ein $\delta_{\mathfrak{B},k}$-Restglied ist.

8.11.4 (Symmetrische Abbildungen aus $H^n_{\mathfrak{B},k}(X, Y)$). *X und Y seien pseudotopologische lineare Gruppen. Es sei $k = 2$ oder 4 und sei $\mathfrak{B}$ ein System von $\wedge$-Idealen von Dualfiltern in X, das aus einem Filter- oder einem Dualfiltersystem erzeugt ist und das mit der Pseudotopologie τ_0 von X k-verträglich ist*[1]). *n sei eine natürliche Zahl $\geqq 2$ und l eine symmetrische Abbildung aus $H^n_{\mathfrak{B},k}(X, Y)$. Dann ist das aus l erzeugte homogene Polynom r vom Grade n ein $\mathfrak{B},k$-Restglied.*

---

1) Wir fordern nicht $\varkappa[\tau_0(0)] \leqq \mathfrak{B}$ wie in 8.11.3.

Beweis. 1. $\mathfrak{B}$ sei aus einem Filtersystem $\mathfrak{S}$ erzeugt. Für jeden Filter $\mathfrak{F} \in \mathfrak{S}$ gilt $l(V\mathfrak{F} \times \mathfrak{F} \times \cdots \times \mathfrak{F}) = Vl(\mathfrak{F} \times \cdots \times \mathfrak{F}) \subseteqq Vr(\mathfrak{F})$. Mittels (8.11.3) folgt für jede Teilmenge F von X und jedes $\alpha > 0$

$$r_W[F] \subseteqq Vr[F] \tag{8.11.4}$$

bei $V = \alpha E$ und $W = \alpha^{\frac{1}{n-1}} E$ und somit $Vr(\mathfrak{F}) \subseteqq r_V(\mathfrak{F})$ zu beliebigem $\mathfrak{F} \in \mathfrak{S}$.

Im Falle $k = 2$ erhält man wegen $\bigcap\limits_{\mathfrak{F}\in\mathfrak{S}} V\mathfrak{F} \to 0$ unter Berücksichtigung von (2.5.2), daß $\bigcap\limits_{\mathfrak{F}\in\mathfrak{S}} l(V\mathfrak{F} \times \mathfrak{F} \times \cdots \times \mathfrak{F})$ und damit $\bigcap\limits_{\mathfrak{F}\in\mathfrak{S}} r_V(\mathfrak{F})$ ein Nullfilter in Y ist. Im Falle $k = 4$ sind wegen $V\mathfrak{F} \to 0$ $(\mathfrak{F} \in \mathfrak{S})$ alle Filter $l(V\mathfrak{F} \times \mathfrak{F} \times \cdots \times \mathfrak{F})$ $(\mathfrak{F} \in \mathfrak{S})$ und damit alle Filter $r_V(\mathfrak{F})$ $(\mathfrak{F} \in \mathfrak{S})$ Nullfilter in Y. r ist somit im vorliegenden Fall, daß $\mathfrak{B}$ aus einem Filtersystem erzeugt ist, für $k = 2$ und 4 ein $\mathfrak{B},k$-Restglied.

2. Ist $\mathfrak{B}$ aus einem Dualfiltersystem $\mathfrak{L}$ erzeugt, so zeigt man ähnlich, daß r für $k = 2$ und 4 wegen $\bigcap\limits_{\mathfrak{F}\in\mathfrak{L}} \bigcap\limits_{F\in\mathfrak{F}} VF \to 0$ bzw. $\bigcap\limits_{F\in\mathfrak{F}} VF \to 0$ $(\mathfrak{F} \in \mathfrak{L})$ ein $\mathfrak{B},k$-Restglied ist.

Mittels 5.18.12, 5.18.13 und 5.18.15 folgt aus 8.11.3 und 8.11.4

8.11.5 (Symmetrische Abbildungen aus $H^n_{\mathfrak{B},k}(X, Y)$ und $H^n_{\delta\mathfrak{B},k}(X, Y)$; Spezialfälle). *$X$ und Y seien pseudotopologische lineare Gruppen. n sei eine natürliche Zahl $\geqq 2$. Für*

$$a = \mathsf{b}, \mathsf{e}, \mathsf{q}, \mathsf{h} \text{ und } \delta\mathsf{b}\,,$$

wenn X ein pseudotopologischer Vektorraum ist, auch für

$$a = \mathsf{s} \text{ und } \mathsf{c}$$

und, wenn X ein SIMONNET*scher pseudotopologischer Vektorraum ist, auch für*

$$a = \mathsf{k} \text{ und } \mathsf{fk}$$

gilt: Jedes aus einer symmetrischen Abbildung aus $H^n_a(X, Y)$ erzeugte homogene Polynom n-ten Grades ist ein a-Restglied.

Wir zeigen an Hand eines Beispiels, daß dieser Satz für $a = \mathsf{Kh}$ bereits in dem Fall, daß X und Y topologische Vektorräume sind, im allgemeinen nicht gilt. F sei die Menge aller Abbildungen $f\colon \boldsymbol{N} \to \,]0, \infty[$. Für jedes $f \in F$ setzen wir $N_f = \{(\xi_n)_{n\in \boldsymbol{N}} \in \bigoplus\limits_{n\in\boldsymbol{N}} \boldsymbol{K} \mid |\xi_n| \leqq f(n) \text{ für jedes } n\}$ und erhalten zu beliebigen $f, g \in F$, $\alpha > 0$ und $x = (\xi_n)_{n\in\boldsymbol{N}} \in \bigoplus\limits_{n\in\boldsymbol{N}} \boldsymbol{K}$

$$N_{\min\{f,g\}} \subseteqq N_f \cap N_g\,, \quad N_{f+g} \subseteqq N_f + N_g\,, \quad VN_f = N_{\alpha f} \quad \text{und} \quad Wx \subseteqq N_f$$

bei $V = \alpha E$ und $W = \beta E$ mit $\beta = \min\left\{\frac{f(n)}{|\xi_n|} \,\middle|\, \xi_n \neq 0\right\}$; $\min\{f, g\}, f + g$ und αf sind dabei naheliegend definiert. Wegen des Korollars zu 5.4.6 existiert eine Vektorraumtopologie τ_0 von $\bigoplus\limits_{n\in\boldsymbol{N}} \boldsymbol{K}$, bezüglich der $\{N_f \mid f \in F\}$ die Basis des Nullnachbarschaftsfilters ist. X sei der Vektorraum $\bigoplus_{n\in N} K$, versehen mit τ_0. Ferner sei l die Abbildung $((\xi_n)_{n\in N}, (\eta_n)_{n\in N}) \mapsto (\xi_n\eta_n)_{n\in N}$ von $X \times X$ in X. r sei das aus l erzeugte homogene Polynom vom Grade 2. Da zu beliebigen $f, g \in F$ und für $h \in F$ mit $h(n) = \frac{g(n)}{f(n)}$ $(n \in N)$ stets $l[N_h \times N_f] \subseteq N_g$ gilt, folgt $l \in H^2_{\mathsf{Kh}}(X, X)$. Zu beliebigen $f \in F$ und $g \in F$ mit $g(n) = \frac{1}{n} f(n)^2$ $(n \in N^+)$ existiert kein $n \in N^+$ mit $\frac{1}{n} r[N_f] \subseteq N_g$, da für jedes n, für das diese Beziehung gelten würde, wegen $\left(\frac{1}{n} f(1)^2, \dots, \frac{1}{n} f(n+1)^2, 0, \dots\right) \in \frac{1}{n} r[N_f]$ stets $\frac{1}{n} f(n+1)^2 \leqq g(n+1) = \frac{1}{n+1} f(n+1)^2$ folgen müßte. r ist deshalb kein Kh-Restglied.

Ist X eine gleichförmige und Y eine kreisförmige pseudotopologische lineare Gruppe, so folgt aus 8.4.6 und 8.11.5, daß zu jedem $n \geqq 2$ das aus einer symmetrischen Abbildung $l \in H^n_{\mathsf{h}}(X, Y)$ erzeugte homogene Polynom vom Grade n ein h'-Restglied ist. Nach dem folgenden Satz gilt diese Aussage sogar etwas allgemeiner und trifft eine entsprechende Aussage auch für die Kh'-Restglieder zu.

8.11.6 (Symmetrische Abbildungen aus $H^n_{\mathsf{h}}(X, Y)$ und $H^n_{\mathsf{Kh}}(X, Y)$). *X sei eine beliebige und Y eine kreisförmige pseudotopologische lineare Gruppe. n sei eine natürliche Zahl $\geqq 2$. Für $a = \mathsf{h}$ und Kh gilt: Jedes aus einer symmetrischen Abbildung aus $H^n_a(X, Y)$ erzeugte homogene Polynom n-ten Grades ist ein a'-Restglied.*

Beweis. τ_0 und τ_1 seien die Pseudotopologien von X und Y. l sei eine symmetrische Abbildung aus $H^n_{\mathsf{Kh}}(X, Y)$. Wir setzen $H^0_{\mathsf{Kh}}(X, Y) = Y$, $l_k = (\chi^{kn-k})^{-1}(l)$ für $k = 1, \dots, n-1$ und $l_n = l$. Zu jedem $\mathfrak{F} \in \tau_0(0)$ ist $l_1(\mathfrak{F})$ ein Nullfilter in $H^{n-1}_{\mathsf{Kh}}(X, Y)$. Damit folgt

$$\forall \mathfrak{F} \in \tau_0(0)\ \exists \text{Nullfilter } \mathfrak{G}'_{\mathfrak{F}} \text{ in } H^{n-2}_{\mathsf{Kh}}(X, Y)\ \exists F' \in \mathfrak{F}\ \forall \varepsilon > 0\ \forall G' \in \mathfrak{G}'_{\mathfrak{F}}$$
$$\exists F \in \mathfrak{F}\ (l_2[F \times \varepsilon F'] = \varepsilon l_2[F \times F'] \subseteq G')\,.$$

Ist $n > 2$, so existiert zu jedem $\mathfrak{F} \in \tau_0(0)$ ein Nullfilter $\mathfrak{G}''_{\mathfrak{F}}$ in $H^{n-3}_{\mathsf{Kh}}(X, Y)$ und ein $F'' \in \mathfrak{F}$ derart, daß es zu jedem $G'' \in \mathfrak{G}''_{\mathfrak{F}}$ ein $G' \in \mathfrak{G}'_{\mathfrak{F}}$ mit $G'[F''] \subseteq G''$ gibt, somit bei $n > 2$ folgt

$$\forall \mathfrak{F} \in \tau_0(0)\ \exists \text{Nullfilter } \mathfrak{G}''_{\mathfrak{F}} \text{ in } H^{n-3}_{\mathsf{Kh}}(X, Y)\ \exists F' \in \mathfrak{F}\ \forall \varepsilon > 0\ \forall G'' \in \mathfrak{G}''_{\mathfrak{F}}$$
$$\exists F \in \mathfrak{F}\ (\varepsilon l_3[F \times F' \times F'] \subseteq G'')\,.$$

Auf diese Weise fortfahrend erhält man

$$\forall \mathfrak{F} \in \tau_0(0)\ \exists \mathfrak{G} \in \tau_1(0)\ \exists F' \in \mathfrak{F}\ \forall \varepsilon > 0\ \forall G \in \mathfrak{G}$$
$$\exists F \in \mathfrak{F}\ \left(l[F \times F' \times \cdots \times F'] \subseteq \frac{1}{\varepsilon} G\right)$$

und damit

$$\forall \mathfrak{F} \in \tau_0(0)\ \exists \mathfrak{G} \in \tau_1(0)\ \exists F' \in \mathfrak{F}\ \forall \varepsilon > 0\ \forall G \in \mathfrak{G}\ \exists F \in \mathfrak{F}\ \forall \alpha \in \boldsymbol{K}$$

$$\forall h \in F' \left(\alpha h \in F \Rightarrow \frac{1}{\alpha^{n-1}} r(\alpha h) \in \frac{1}{\varepsilon} G\right). \tag{8.11.5}$$

In (8.11.5) kann $F \subseteqq F'$ angenommen werden. Aus $\alpha h \in F$ folgt dann $h' \in F'$ und $\alpha' h' \in F$ bei $h' = \alpha h$ und $\alpha' = 1$ und somit $r(\alpha h) = \frac{1}{(\alpha')^{n-1}} r(\alpha' h') \in \frac{1}{\varepsilon} G$. Daher kann $\frac{1}{\alpha^{n-1}} r(\alpha h) \in \frac{1}{\varepsilon} G$ in (8.11.5) durch $r_\alpha(h) \in \frac{1}{\varepsilon} \boldsymbol{E} G$ ersetzt werden bei $\alpha \in \boldsymbol{E}$ und $\alpha \in \boldsymbol{K} \setminus \boldsymbol{E}$. Da Y kreisförmig ist, ist r somit ein Kh'-Restglied. Die Behauptung gilt daher für $a =$ Kh. Analog zeigt man sie für $a =$ h.

Für $n = 2$ gilt ein viel allgemeinerer Satz.

8.11.7 (Symmetrische Abbildungen aus $H^2_{\mathfrak{B},k}(X, Y)$ und $H^2_{\delta_{\mathfrak{B},k}}(X, Y)$). *$X$ und Y seien pseudotopologische lineare Gruppen. $\mathfrak{B}$ sei ein System von $\wedge$-Idealen von Dualfiltern in X und k eine der Zahlen* 1, ..., 5. *Ist l eine symmetrische Abbildung aus $H^2_{\mathfrak{B},k}(X, Y)$ bzw. $H^2_{\delta_{\mathfrak{B},k}}(X, Y)$, so ist das aus l erzeugte homogene Polynom r vom Grade* 2 *ein $(\mathfrak{B},k)'$- bzw. $\delta'_{\mathfrak{B},k}$-Restglied.*

Beweis. l sei eine symmetrische Abbildung aus $H^2_{\mathfrak{B},k}(X, Y)$. $l_1 \colon X \to L_{\mathfrak{B},k}(X, Y)$ sei die Abbildung $(\chi^{11})^{-1}(l)$. Auf Grund der Stetigkeit von l_1 gibt es zu jedem Nullfilter $\mathfrak{F}$ in X einen Nullfilter $\mathfrak{G}$ in $L_{\mathfrak{B},k}(X, Y)$ derart, daß zu jedem $G \in \mathfrak{G}$ ein $F \in \mathfrak{F}$ mit $l_1[F] \subseteqq G$ und daher mit $r(h) \in G(h)$ $(h \in F)$ existiert. Unter Beachtung, daß sich die $(\mathfrak{B},k)'$-Restglieder mittels (8.2.2) charakterisieren lassen, ergibt sich damit, daß r ein $(\mathfrak{B},k)'$-Restglied ist. Ähnlich ergibt sich r im Falle $l \in H^2_{\delta_{\mathfrak{B},k}}(X, Y)$ als $\delta'_{\mathfrak{B},k}$-Restglied.

8.11.8 (Differenzierbarkeit höherer Ordnung homogener Polynome; Spezialfälle). *X und Y seien pseudotopologische lineare Gruppen. Für*

$$a = \mathsf{b}, \mathsf{e}, \mathsf{q}, \mathsf{h} \text{ und } \delta\mathsf{b}\,,$$

wenn X ein pseudotopologischer Vektorraum ist, auch für

$$a = \mathsf{s} \text{ und } \mathsf{c}$$

und, wenn X ein SIMONNET*scher pseudotopologischer Vektorraum ist, auch für*

$$a = \mathsf{k} \text{ und } \mathsf{fk}$$

gilt: Für jedes $n \in \boldsymbol{N}$ und jede symmetrische Abbildung $l \in H^n_a(X, Y)$ ist das aus l erzeugte homogene Polynom $f \colon X \to Y$ vom Grade n in allen Punkten von X unendlich oft a-differenzierbar, und es gilt für die betreffenden a-Ableitungen (8.11.1) *und* (8.11.2).

Beweis. Für die angegebenen Differenzierbarkeitsarten gelten die Bedingungen 1 bis 4 aus 8.11.2, wie mittels 7.11.3 und 8.11.5 folgt. Aus 8.11.2 ergibt sich damit die Richtigkeit der Behauptung.

8.11.9 (Differenzierbarkeit höherer Ordnung homogener Polynome; weitere Spezialfälle). *X und Y seien pseudotopologische lineare Gruppen. Ist Y kreisförmig, so ist für*

$$\mathfrak{a} = \mathsf{h} \text{ und } \mathsf{Kh}\,,$$

jedes $n \in \boldsymbol{N}$ *und jede symmetrische Abbildung* $l \in H^n_{\mathfrak{a}}(X, Y)$ *das aus* l *erzeugte homogene Polynom* $f\colon X \to Y$ *vom Grad* n *in allen Punkten von X unendlich oft* $\mathfrak{a}'$*-differenzierbar, und es gilt für die betreffenden* $\mathfrak{a}'$*-Ableitungen* (8.11.1) *und* (8.11.2). *Für*

$$\mathfrak{a} = \mathsf{s}, \mathsf{k}, \mathsf{fk}, \mathsf{b}, \mathsf{c}, \mathsf{e}, \mathsf{q}, \mathsf{h}, \mathsf{Kh}, \delta\mathsf{b}, \delta\mathsf{e}, \delta\mathsf{q} \text{ und } \delta\mathsf{h}$$

und jede symmetrische Abbildung $l \in H^2_{\mathfrak{a}}(X, Y)$ *ist das aus* l *erzeugte homogene Polynom* $f\colon X \to Y$ *vom Grade 2 in allen Punkten von X unendlich oft* $\mathfrak{a}'$*-differenzierbar, und es gilt für die betreffenden* $\mathfrak{a}'$*-Ableitungen* $\mathrm{D}f(x) = 2lx$, $\mathrm{D}^2f(x) = 2l$ *und* $\mathrm{D}^kf(x) = 0$ $(k \geqq 2)$.

Zum Beweis: Der erste Teil der Behauptung folgt mittels 7.11.3, 8.11.2 und 8.11.6 unter Beachtung, daß wegen (7.14.3) und (7.14.4) $L_{\mathsf{h}}(X, Z)$ und $L_{\mathsf{Kh}}(X, Z)$ für jede pseudotopologische lineare Gruppe Z kreisförmig, ja sogar gleichförmig sind. Der zweite Teil der Behauptung ergibt sich mittels 7.11.3, 8.11.2 und 8.11.7.

Wir überlassen es dem Leser, mittels des Korollars zu 8.11.2 entsprechende Korollare zu 8.11.8 und 8.11.9 zu formulieren.

Im weiteren leiten wir aus einigen angeführten Differenzierbarkeitsaussagen für Polynome Differenzierbarkeitsaussagen für multilineare Abbildungen her. Beliebige multilineare Abbildungen lassen sich als Polynome darstellen. Um das zu zeigen, seien $\boldsymbol{K}$-Vektorräume $X_1, \ldots, X_n$ $(n \in \boldsymbol{N}^+)$ und Y und eine n-lineare Abbildung $f\colon X_1 \times \cdots \times X_n \to Y$ gegeben. Wir definieren eine n-lineare symmetrische Abbildung $l^f\colon X^n \to Y$ $(X = X_1 \times \cdots \times X_n,\ X^n = \underbrace{X \times \cdots \times X}_{n})$ durch

$$l^f(x_1, \ldots, x_n) = \sum_{\pi} f(x_{\pi(1)1}, \ldots, x_{\pi(n)n}) \quad \bigl(x_i = (x_{i1}, \ldots, x_{in}) \in X_i \text{ für } i = 1, \ldots, n\bigr)\,,$$

wobei die Summe über alle Permutationen π von $\{1, \ldots, n\}$ zu erstrecken ist. f ist bis auf den Faktor $\dfrac{1}{n!}$ das aus l^f erzeugte homogene Polynom vom Grade n, d. h., zu beliebigem $x \in X$ gilt $f(x) = \dfrac{1}{n!}\, l^f x^n$.

$(\mathfrak{R}, \sigma)$ sei eine Differenzierbarkeitsart für Klassen $\mathfrak{X}$ und $\mathfrak{Y}$ limitierter linearer Gruppen. Aus 8.11.2 folgt

8.11.10 (Differenzierbarkeit der Abbildungen f mit $l^f \in H^n_\sigma(X, Y)$). *X sei ein Produkt* $X_1 \times \cdots \times X_n$ $(n \in \boldsymbol{N}^+)$ *limitierter linearer Gruppen.* $\mathfrak{Y}_0$ *sei eine Teilmenge von* $\mathfrak{Y}$*, der mit Y stets* $L_\sigma(X, Y)$ *angehört. Für jedes* $Y \in \mathfrak{Y}_0$ *seien die Bedingungen 1 bis 4 aus 8.11.2 erfüllt. Dann ist zu beliebigem* $Y \in \mathfrak{Y}_0$ *jede n-lineare Abbildung* $f\colon X_1 \times \cdots \times X_n \to Y$*, für die* $l^f \in H^n_\sigma(X, Y)$ *gilt, in allen Punkten* x

von X unendlich oft $\mathfrak{R}$,σ-differenzierbar, und es gilt für die betreffenden $\mathfrak{R}$,σ-Ableitungen

$$\mathrm{D}^k f(x) = \frac{1}{(n-k)!} l^f x^{n-k} \quad bei\ 1 \leqq k \leqq n \tag{8.11.6}$$

und

$$\mathrm{D}^k f(x) = 0 \qquad bei\ n < k\,. \tag{8.11.7}$$

(8.6.1) ordnet sich übrigens (8.11.6) bei $k = 1$ unter.

Für beliebige limitierte $\boldsymbol{K}$-lineare Gruppen $X_1, \ldots, X_n$ ($n \in \boldsymbol{N}^+$) und Y und jede stetige n-lineare Abbildung f: $X \to Y$, $X = X_1 \times \cdots \times X_n$, ist auch l^f: $X^n \to Y$ stetig. Aus 8.11.10 folgt damit unter Berücksichtigung von 7.14.19, 8.4.6, 8.4.7 und 8.11.5

8.11.11 (Differenzierbarkeit höherer Ordnung der stetigen multilinearen Abbildungen). *X sei ein Produkt $X_1 \times \cdots \times X_n$ ($n \in \boldsymbol{N}^+$) gleichförmiger pseudotopologischer $\boldsymbol{K}$-linearer Gruppen. Ferner sei Y eine pseudotopologische $\boldsymbol{K}$-lineare Gruppe. Für*

$$a = \mathsf{b}, \mathsf{e}, \mathsf{q}\ und\ \mathsf{h}\,,$$

wenn Y kreisförmig ist, auch für

$$a = \mathsf{b}', \mathsf{e}', \mathsf{q}'\ und\ \mathsf{h}'^{1)}\,,$$

wenn X ein pseudotopologischer Vektorraum ist, auch für

$$a = \mathsf{s}\ und\ \mathsf{c}\,,$$

wenn X ein SIMONNET*scher pseudotopologischer Vektorraum ist, auch für*

$$a = \mathsf{k}\ und\ \mathsf{fk}$$

und, wenn X ein SIMONNET*scher pseudotopologischer Vektorraum und Y kreisförmig ist, auch für*

$$a = \mathsf{k}'\ und\ \mathsf{fk}'$$

gilt: Jede stetige n-lineare Abbildung f: $X \to Y$ ist in allen Punkten von X unendlich oft a-differenzierbar, und für die betreffenden a-Ableitungen gilt (8.11.6) *und* (8.11.7).

8.11.11 ist — abgesehen von der zusätzlichen Forderung der Gleichförmigkeit der X_ι und abgesehen von dem Fall der $\delta\mathsf{b}$-Differenzierbarkeit — eine Verallgemeinerung von 8.6.5′. Für die $\delta\mathsf{b}$-Differenzierbarkeit ist eine ähnliche Ausdehnung der Behauptung aus 8.6.5′ nicht möglich. Wir zeigen nämlich an Hand eines Beispiels, daß stetige multilineare Abbildungen bereits in dem Fall, daß die betreffenden Räume topologische Vektorräume sind, im allgemeinen nicht mehrfach $\delta\mathsf{b}$-differenzierbar sind.

X, Y und f seien wie im Beispiel nach 8.6.5′ definiert. $\mathfrak{N}(0)$ sei der Nullnachbarschaftsfilter in X. f hat $\mathrm{D}f(x) = l^f x$ in jedem Punkt $x \in X$ als $\delta\mathsf{b}$-Ab-

---

[1]) $\mathfrak{B}_\mathsf{h}$ ist im allgemeinen nicht 3-verträglich, so daß $a = \mathsf{Kh}'$ ausgeschlossen ist.

leitung. Für keine beschränkte Teilmenge B von X ist $l^f(\mathfrak{N}(0) \times [B])$ ein Nullfilter in Y^δ. Die Abbildung $h \mapsto l^f h$ $(h \in X)$ von X in $L_{\delta b}(X, Y)$ ist somit in 0 unstetig. Da höchstens diese Abbildung als δb-Ableitungen $\mathrm{D}(\mathrm{D}f)(x)$ $(x \in X)$ in Frage käme, ist f daher in keinem Punkt von X zweifach δb-differenzierbar.

In Ergänzung zu 8.11.11 folgt mittels 8.11.5, 8.11.6 und 8.11.10

8.11.11′. *Unter der Einschränkung, daß X eine pseudotopologische Vereinigung topologischer Vektorräume bzw. eine pseudotopologische Vereinigung im weiten Sinne lokalbeschränkter topologischer Vektorräume ist, gilt* 8.11.11 *auch für* $a =$ h,u *bzw.* h,d *und, falls Y zusätzlich kreisförmig ist, auch für* $a =$ h′,u *bzw.* h′,d.

Wir befassen uns als nächstes mit der Differenzierbarkeit höherer Ordnung von Abbildungskomplexen. $\mathfrak{B}$ sei eine über der Klasse $\mathfrak{X}$ aller limitierten $\boldsymbol{K}$-linearen Gruppen definierte Abbildung, die jedem $X \in \mathfrak{X}$ ein System $\mathfrak{B}(X)$ von $\wedge$-Idealen von Dualfiltern in X zuordnet. k sei eine der Zahlen $1, \dots, 5$. X sei irgendeine limitierte $\boldsymbol{K}$-lineare Gruppe und Y ein Produkt $\prod_{j \in J} Y_j$ pseudotopologischer $\boldsymbol{K}$-linearer Gruppen mit einer nichtleeren Menge J als Indexbereich. Zu beliebigem $j \in J$ sei p_j die natürliche Projektion von Y auf Y_j. Es sei entweder stets $\mathfrak{A}_j$ die Menge aller Abbildungen aus X in Y_j oder von X in Y_j.

8.11.12 (Differenzierbarkeit höherer Ordnung von Abbildungskomplexen). *$f = \langle f_j \rangle_{j \in J}$ sei ein aus Abbildungen $f_j \colon X \circ\!\!\rightarrow Y_j$ bestehender Abbildungskomplex, x ein Punkt von X und n eine positive natürliche Zahl.*

In den Fällen $k = 2$ und 4 und, wenn J endlich ist oder $\mathfrak{B}(X)$ nur aus Haupt-$\wedge$-Idealen besteht, auch in den Fällen $k = 1, 3$ und 5 gilt: Wenn jede Abbildung f_j in x eine $\mathfrak{B},k$- bzw. $(\mathfrak{B},k)'$-Ableitung $\mathrm{D}^n f_j(x)$ der Ordnung n besitzt und die mittels der betreffenden Ableitungen niedrigerer Ordnung gebildeten Mengen $\{\mathrm{db}\, \mathrm{D}^m f_j \mid j \in J\}$ $(m = 0, \dots, n-1;\ \mathrm{D}^0 f_j = f_j)$ endlich sind, so ist auch f in x n-fach $\mathfrak{B},k$- bzw. $(\mathfrak{B},k)'$-differenzierbar und ist $\mathrm{D}^n f(x) = \langle \mathrm{D}^n f_j(x) \rangle_{j \in J}$ eine $\mathfrak{B},k$- bzw. $(\mathfrak{B},k)'$-Ableitung von f in x der Ordnung n.

Andererseits gilt: Besitzt f in x eine $\mathfrak{B},k$- bzw. $(\mathfrak{B},k)'$-Ableitung $\mathrm{D}^n f(x)$ der Ordnung n, so ist auch jede Abbildung f_j in x n-fach $\mathfrak{B},k$- bzw. $(\mathfrak{B},k)'$-differenzierbar und ist $\mathrm{D}^n f_j(x) = p_j \circ \mathrm{D}^n f(x)$ eine $\mathfrak{B},k$- bzw. $(\mathfrak{B},k)'$-Ableitung von f_j in x der Ordnung n.

Beweis. 1. Wir bezeichnen zu beliebigem $m \in \boldsymbol{N}^+$ mit φ_m die Abbildung $\langle g_j \rangle_{j \in J} \mapsto (g_j)_{j \in J}$ von $H^m_{\mathfrak{B}(X),k}(X, Y)$ in $\prod_{j \in J} H^m_{\mathfrak{B}(X),k}(X, Y_j)$ und zu beliebigen $m \in \boldsymbol{N}^+$ und $j \in J$ mit $p_{mj} \colon H^m_{\mathfrak{B}(X),k}(X, Y) \to H^m_{\mathfrak{B}(X),k}(X, Y_j)$ die Zusammensetzung von φ_m mit der natürlichen Projektion von $\prod_{i \in J} H^m_{\mathfrak{B}(X),k}(X, Y_i)$ auf $H^m_{\mathfrak{B}(X),k}(X, Y_j)$.

2. Es sei zusätzlich die Voraussetzung des ersten Teiles der Behauptung erfüllt. Jede Abbildung f_j besitze eine $\mathfrak{B},k$- bzw. $(\mathfrak{B},k)'$-Ableitung $\mathrm{D}^n f_j$ der Ordnung n mit $x \in \mathrm{db}\, \mathrm{D}^n f_j$, und die mit den betreffenden Ableitungen niedrigerer

Ordnung gebildeten Mengen $\{\mathrm{db}\,\mathrm{D}^m f_j \mid j \in J\}$ $(m = 0, \dots, n-1)$ seien endlich. Wir setzen $A_m = \bigcap_{j\in J} \mathrm{db}\,\mathrm{D}^m f_j$ zu beliebigem $m = 1, \dots, n$. Wegen 8.6.6 existiert eine $\mathfrak{B},k$- bzw. $(\mathfrak{B},k)'$-Ableitung $\mathrm{D}f$ von f mit $A_1 \subseteqq \mathrm{db}\,\mathrm{D}f$ und $\mathrm{D}f(u) = \langle \mathrm{D}f_j(u)\rangle_{j\in J}$ zu beliebigem $u \in A_1$. Wir nehmen nun an, daß zu einem $m \in \{1, \dots, n-1\}$ eine $\mathfrak{B},k$- bzw. $(\mathfrak{B},k)'$-Ableitung $\mathrm{D}^m f$ von f existiert mit $A_m \subseteqq \mathrm{db}\,\mathrm{D}^m f$ und $\mathrm{D}^m f(u) = \langle \mathrm{D}^m f_j(u)\rangle_{j\in J}$ zu beliebigem $u \in A_m$. φ_m ist wegen 7.14.25 ein linearer Homöomorphismus von $H^m_{\mathfrak{B}(X),k}(X, Y)$ auf $\Pi_{j\in J} H^m_{\mathfrak{B}(X),k}(X, Y_j)$. Über A_m stimmt $\varphi_m \circ \mathrm{D}^m f$ mit $\langle \mathrm{D}^m f_j\rangle_{j\in J}$ überein. Wegen 8.6.6 existiert eine $\mathfrak{B},k$- bzw. $(\mathfrak{B},k)'$-Ableitung $\mathrm{D}(\varphi_m \circ \mathrm{D}^m f)$ von $\varphi_m \circ \mathrm{D}^m f$ mit $A_{m+1} \subseteqq \mathrm{db}\,\mathrm{D}(\varphi_m \circ \mathrm{D}^m f)$ und $\mathrm{D}(\varphi_m \circ \mathrm{D}^m f)(u) = \langle \mathrm{D}(\mathrm{D}^m f_j)\,(u)\rangle_{j\in J}$ zu beliebigem $u \in A_{m+1}$. Dann ist aber f über den Punkten von A_{m+1} $(m+1)$-fach $\mathfrak{B},k$- bzw. $(\mathfrak{B},k)'$-differenzierbar und ist

$$\mathrm{D}^{m+1} f(u) = \chi^{1m} \circ \varphi_m^{-1} \circ \langle \mathrm{D}(\mathrm{D}^m f_j)\,(u)\rangle_{j\in J} = \langle \mathrm{D}^{m+1} f_j(u)\rangle_{j\in J}$$

zu beliebigem $u \in A_{m+1}$ eine $\mathfrak{B},k$- bzw. $(\mathfrak{B},k)'$-Ableitung von f in u der Ordnung $m + 1$. Damit folgt die Behauptung des ersten Teiles des Satzes.

3. f besitze eine $\mathfrak{B},k$- bzw. $(\mathfrak{B},k)'$-Ableitung $\mathrm{D}^n f$ der Ordnung n mit $x \in \mathrm{db}\,\mathrm{D}^n f$. Wegen 8.6.6 existiert zu jedem $j \in J$ eine $\mathfrak{B},k$- bzw. $(\mathfrak{B},k)'$-Ableitung $\mathrm{D}f_j$ von f_j mit $\mathrm{db}\,\mathrm{D}f \subseteqq \mathrm{db}\,\mathrm{D}f_j$ und $\mathrm{D}f_j(u) = p_j \circ \mathrm{D}f(u)$ zu beliebigem $u \in \mathrm{db}\,\mathrm{D}f$. Wir nehmen nun an, daß zu einem $m \in \{1, \dots, n-1\}$ eine $\mathfrak{B},k$- bzw. $(\mathfrak{B},k)'$-Ableitung $\mathrm{D}^m f_j$ einer Abbildung f_j existiert mit $\mathrm{db}\,\mathrm{D}^m f \subseteqq \mathrm{db}\,\mathrm{D}^m f_j$ und $\mathrm{D}^m f_j(u) = p_j \circ \mathrm{D}^m f(u)$ zu beliebigem $u \in \mathrm{db}\,\mathrm{D}^m f$. Es gilt jeweils $p_j \circ \mathrm{D}^m f(u) = (p_{mj} \circ \mathrm{D}^m f)(u)$. Zu beliebigem $u \in \mathrm{db}\,\mathrm{D}^{m+1} f$ existiert die $\mathfrak{B},k$- bzw. $(\mathfrak{B},k)'$-Ableitung von $p_{mj} \circ \mathrm{D}^m f$ und damit von $\mathrm{D}^m f_j$ in u, und für diese gilt $\mathrm{D}(\mathrm{D}^m f_j)(u) = \mathrm{D}(p_{mj} \circ \mathrm{D}^m f)(u) = p_{mj} \circ \big(\mathrm{D}(\mathrm{D}^m f)\,(u)\big)$. Daher existiert auch die $\mathfrak{B},k$- bzw. $(\mathfrak{B},k)'$-Ableitung der $(m+1)$-ten Ordnung von f_j in jedem Punkt $u \in \mathrm{db}\,\mathrm{D}^{m+1} f$ und gilt $\mathrm{D}^{m+1} f_j(u) = \chi^{1m}\big(p_{mj} \circ \mathrm{D}(\mathrm{D}^m f)(u)\big) = p_j \circ \mathrm{D}^{m+1} f(u)$. Aus dem Bewiesenen folgt die Richtigkeit des zweiten Teiles des Satzes.

Mittels 7.14.28 und 8.6.7 ergibt sich analog wie 8.11.12

8.11.13 (Differenzierbarkeit höherer Ordnung von Abbildungskomplexen; Suchinin-Modifikationen). *$f = \langle f_j\rangle_{j\in J}$ sei ein aus Abbildungen $f_j \in \mathfrak{A}_j$ bestehender Abbildungskomplex, x ein Punkt von X und n eine positive natürliche Zahl.*

Ist J endlich, so gilt: Wenn jede Abbildung f_j in x eine $\delta_{\mathfrak{B},k}$- bzw. $\delta'_{\mathfrak{B},k}$-Ableitung $\mathrm{D}^n f_j(x)$ der Ordnung n hat, ist auch f in x n-fach $\delta_{\mathfrak{B},k}$- bzw. $\delta'_{\mathfrak{B},k}$-differenzierbar und ist $\mathrm{D}^n f(x) = \langle \mathrm{D}^n f_j(x)\rangle_{j\in J}$ eine $\delta_{\mathfrak{B},k}$- bzw. $\delta'_{\mathfrak{B},k}$-Ableitung von f in x der Ordnung n.

Andererseits gilt: Besitzt f in x eine $\delta_{\mathfrak{B},k}$- bzw. $\delta'_{\mathfrak{B},k}$-Ableitung $\mathrm{D}^n f(x)$ der Ordnung n, so ist auch jede Abbildung f_j in x n-fach $\delta_{\mathfrak{B},k}$- bzw. $\delta'_{\mathfrak{B},k}$-differenzierbar und ist $\mathrm{D}^n f_j(x) = p_j \circ \mathrm{D}^n f(x)$ eine $\mathfrak{B},k$- bzw. $(\mathfrak{B},k)'$-Ableitung von f_j in x der Ordnung n.

Aus 8.11.12 und 8.11.13 erhält man in Verallgemeinerung von 8.6.8

8.11.14 (Differenzierbarkeit höherer Ordnung von Abbildungskomplexen; Spezialfälle). *$f = \langle f_j\rangle_{j\in J}$ sei ein aus Abbildungen $f_j \in \mathfrak{A}_j$ bestehender Abbildungskomplex, x ein Punkt von X und n eine positive natürliche Zahl.*

Besitzt jede Abbildung f_j in x eine s-, k-, fk-, b-, e-, c-, q-, h-, s'-, ..., q'- *bzw.* h'-*Ableitung* $D^n f_j(x)$ *der Ordnung* n *und sind die aus den jeweiligen Ableitungen niedrigerer Ordnung gebildeten Mengen* $\{\operatorname{db} D^m f_j \mid j \in J\}$ $(m = 0, \dots, n-1;$ $D^0 f_j = f_j)$ *endlich, so ist auch* f *in* x *von der gleichen Art* n*-fach differenzierbar und ist* $D^n f(x) = \langle D^n f_j(x) \rangle_{j \in J}$ *eine entsprechende Ableitung von* f *in* x *der Ordnung* n.

Ist J *endlich und besitzt jede Abbildung* f_j *in* x *eine* Kh-, δb-, δe-, δq-, δh-, Kh'-, ..., δq'- *bzw.* δh'-*Ableitung* $D^n f_j(x)$ *der Ordnung* n, *so ist auch* f *in* x *von der gleichen Art* n*-fach differenzierbar und ist* $D^n f(x) = \langle D^n f_j(x) \rangle_{j \in J}$ *eine entsprechende Ableitung von* f *in* x *der Ordnung* n.

Hat f *in* x *eine* s-, k-, fk-, b-, e-, c-, q-, h-, Kh-, δb-, δe-, δq-, δh-, s'-, ..., δq'- *bzw.* δh'-*Ableitung* $D^n f(x)$ *der Ordnung* n, *so ist auch jede Abbildung* f_j *in* x *von der gleichen Art* n*-fach differenzierbar und ist* $D^n f_j(x) = p_j \circ D^n f(x)$ *eine entsprechende Ableitung von* f_j *in* x *der Ordnung* n.

Im folgenden gehen wir auf die Differenzierbarkeit höherer Ordnung von Abbildungsprodukten ein. $\mathfrak{B}$ und k seien dazu wie vor 8.11.12 gewählt. X sei ein Produkt $\prod_{j \in J} X_j$ limitierter $\boldsymbol{K}$-linearer Gruppen mit einer nichtleeren Menge J als Indexbereich und Y ein Produkt $\prod_{j \in J} Y_j$ pseudotopologischer $\boldsymbol{K}$-linearer Gruppen, ebenfalls mit J als Indexbereich. ι_{j0}, π_j, p_j, ι_{j0}^n und π_j^n $(j \in J,\ n \in \boldsymbol{N}^+)$ seien wie vor 7.14.26 erklärt. Es sei entweder stets $\mathfrak{A}_j$ die Menge aller Abbildungen aus X_j in Y_j oder von X_j in Y_j. Ähnlich wie 8.11.12 folgt mittels 7.14.26 und 8.6.9

8.11.15 (Differenzierbarkeit höherer Ordnung von Abbildungsprodukten). $f = \mathop{\times}_{j \in J} f_j$ *sei ein aus Abbildungen* $f_j \in \mathfrak{A}_j$ *bestehendes Abbildungsprodukt,* $x = (x_j)_{j \in J}$ *ein Punkt von* X *und* n *eine positive natürliche Zahl.*

Sind die Projektionen π_j $\mathfrak{B}(X),\mathfrak{B}(X_j)$*-treu, so gilt: Wenn jede Abbildung* f_j *in* x_j *eine* $\mathfrak{B},k$*- bzw.* $(\mathfrak{B},k)'$*-Ableitung* $D^n f_j(x_j)$ *der Ordnung* n *besitzt und entweder* J *endlich ist oder* $\operatorname{db} D^{n-1} f_j = X_j$ $(j \in J)$ *für die betreffenden Ableitungen der Ordnung* $n-1$[1]) *gilt, dann ist* f *in* x n*-fach* $\mathfrak{B},k$*- bzw.* $(\mathfrak{B},k)'$*-differenzierbar und ist* $D^n f(x) = \mathop{\times}_{j \in J} D^n f_j(x_j) \circ \langle \pi_j^n \rangle_{j \in J}$ *eine* $\mathfrak{B},k$*- bzw.* $(\mathfrak{B},k)'$*-Ableitung von* f *in* x *der Ordnung* n.

Falls die X_j *pseudotopologische lineare Gruppen und die Einbettungen* ι_{j0} $\mathfrak{B}(X_j),\mathfrak{B}(X)$*-treu sind, gilt andererseits: Besitzt* f *in* x *eine* $\mathfrak{B},k$*- bzw.* $(\mathfrak{B},k)'$*-Ableitung* $D^n f(x)$ *der Ordnung* n *und ist entweder* J *endlich oder gilt* $\operatorname{db} D^{n-1} f = X$ *für die betreffende Ableitung der Ordnung* $n-1$[1]), *dann ist zu jedem* $j \in J$ *die Abbildung* f_j *in* x_j n*-fach* $\mathfrak{B},k$*- bzw.* $(\mathfrak{B},k)'$*-differenzierbar und ist* $D^n f_j(x_j) = p_j \circ D^n f(x) \circ \iota_{j0}^n$ *eine* $\mathfrak{B},k$*- bzw.* $(\mathfrak{B},k)'$*-Ableitung von* f_j *in* x_j *der Ordnung* n.

Aus 7.14.29 und 8.6.10 ergibt sich entsprechend wie 8.11.15

---

[1]) Wir verstehen unter der Ableitung der Ordnung 0 einer Abbildung stets die Abbildung selbst.

8.11.16 (Differenzierbarkeit höherer Ordnung von Abbildungsprodukten; Suchinin-Modifikationen). *$f = \mathop{\text{\Large$\ast$}}_{j\in J} f_j$ sei ein aus Abbildungen $f_j \in \mathfrak{A}_j$ bestehendes Abbildungsprodukt, $x = (x_j)_{j\in J}$ ein Punkt von X und n eine positive natürliche Zahl.*

Ist J endlich und sind die Projektionen π_j $\mathfrak{B}(X),\mathfrak{B}(X_j)$-treu, so gilt: Wenn jede Abbildung f_j in x_j eine $\delta_{\mathfrak{B},k}$- bzw. $\delta'_{\mathfrak{B},k}$-Ableitung $\mathrm{D}^n f_j(x_j)$ der Ordnung n besitzt, ist f in x n-fach $\delta_{\mathfrak{B},k}$- bzw. $\delta'_{\mathfrak{B},k}$-differenzierbar und ist $\mathrm{D}^n f(x) = \mathop{\text{\Large$\ast$}}_{j\in J} \mathrm{D}^n f_j(x_j) \circ \langle \pi_j^n \rangle_{j\in J}$ eine $\delta_{\mathfrak{B},k}$- bzw. $\delta'_{\mathfrak{B},k}$-Ableitung von f in x der Ordnung n.

Falls die X_j pseudotopologische lineare Gruppen und die Einbettungen ι_{j0} $\mathfrak{B}(X_j),\mathfrak{B}(X)$-treu sind, gilt andererseits: Besitzt f in x eine $\delta_{\mathfrak{B},k}$- bzw. $\delta'_{\mathfrak{B},k}$-Ableitung $\mathrm{D}^n f(x)$ der Ordnung n und ist J endlich oder gilt $\mathrm{db}\,\mathrm{D}^{n-1} f = X$ *für die betreffende Ableitung der Ordnung $n - 1$, dann ist zu jedem $j \in J$ die Abbildung f_j in x_j n-fach $\delta_{\mathfrak{B},k}$- bzw. $\delta'_{\mathfrak{B},k}$-differenzierbar und ist $\mathrm{D}^n f_j(x_j) = p_j \circ \mathrm{D}^n f(x) \circ \iota_{j0}^n$ eine $\delta_{\mathfrak{B},k}$- bzw. $\delta'_{\mathfrak{B},k}$-Ableitung von f_j in x_j der Ordnung n.*

Aus 8.11.15 und 8.11.16 folgt ähnlich wie der speziellere Satz 8.6.11

8.11.17 (Differenzierbarkeit höherer Ordnung von Abbildungsprodukten; Spezialfälle). *$f = \mathop{\text{\Large$\ast$}}_{j\in J} f_j$ sei ein aus Abbildungen $f_j \in \mathfrak{A}_j$ bestehendes Abbildungsprodukt, $x = (x_j)_{j\in J}$ ein Punkt von X und n eine positive natürliche Zahl.*

Besitzt jede Abbildung f_j in x_j eine s-, k-, fk-, b-, e-, c-, q-, h-, Kh-, s′-, … , h′- *bzw.* Kh′-*Ableitung $\mathrm{D}^n f_j(x_j)$ der Ordnung n und ist entweder J endlich oder gilt* $\mathrm{db}\,\mathrm{D}^{n-1} f_j = X_j$ $(j \in J)$ *für die betreffenden Ableitungen der Ordnung $n - 1$, dann ist f in x von der gleichen Art n-fach differenzierbar und ist $\mathrm{D}^n f(x) = \mathop{\text{\Large$\ast$}}_{j\in J} \mathrm{D}^n f_j(x_j) \circ \langle \pi_j^n \rangle_{j\in J}$ eine entsprechende Ableitung von f in x der Ordnung n. Besitzt jede Abbildung f_j in x_j eine* δb-, δe-, δq-, δh-, δb′-, δe′-, δq′- *bzw.* δh′-*Ableitung $\mathrm{D}^n f_j(x_j)$ der Ordnung n und ist J endlich, so ist f in x von der gleichen Art n-fach differenzierbar und ist $\mathrm{D}^n f(x) = \mathop{\text{\Large$\ast$}}_{j\in J} \mathrm{D}^n f_j(x_j) \circ \langle \pi_j^n \rangle_{j\in J}$ eine entsprechende Ableitung von f in x der Ordnung n.*

Sind die X_j pseudotopologische lineare Gruppen, hat f in x eine s-, k-, fk-, e-, c-, q-, h-, Kh-, δb-, δe-, δq-, δh-, s′-, … , δq′- *bzw.* δh′-*Ableitung $\mathrm{D}^n f(x)$ der Ordnung n und ist entweder J endlich oder gilt* $\mathrm{db}\,\mathrm{D}^{n-1} f = X$ *für die betreffende Ableitung der Ordnung $n - 1$, so ist jede Abbildung f_j in x_j von der gleichen Art n-fach differenzierbar und ist $\mathrm{D}^n f_j(x_j) = p_j \circ \mathrm{D}^n f(x) \circ \iota_{j0}^n$ eine entsprechende Ableitung von f_j in x_j der Ordnung n.*

8.12. Restglieder höherer Ordnung

Im folgenden befassen wir uns mit Restgliedern höherer Ordnung. Sie treten beim Taylorschen Lehrsatz auf.

X und Y seien limitierte $\boldsymbol{K}$-lineare Gruppen mit $\boldsymbol{K} = \boldsymbol{R}$ oder $\boldsymbol{C}$, $\mathfrak{A}$ sei die Menge aller Abbildungen aus X in Y oder von X in Y und τ eine Limitierung in $\mathfrak{A}$. Jeder Abbildung $r \in \mathfrak{A}$ ordnen wir zu beliebigen $n \in \boldsymbol{N}^+$ und $\alpha \in \boldsymbol{K}$ eine Abbildung $r_\alpha^n \in \mathfrak{A}$ zu, und zwar nehmen wir als r_0^n die Nullabbildung $0\colon x \mapsto 0$

$(x \in X)$ von X in Y, und im Falle $\alpha \neq 0$ setzen wir $\operatorname{db} r_\alpha^n = \frac{1}{\alpha} \operatorname{db} r$ und $r_\alpha^n(h) = \frac{1}{\alpha^n} r(\alpha h)$ zu jedem $h \in \frac{1}{\alpha} \operatorname{db} r$. Mit r_V^n bezeichnen wir den Filter in $\mathfrak{A}$, der $\{r_V^n \mid V \in \boldsymbol{V}\}$ mit $r_V^n = \{r_\alpha^n \mid \alpha \in V\}$ als eine Basis hat. Eine Abbildung $r \in \mathfrak{A}$ heißt ein **τ-Restglied der Ordnung n**, wenn $r_V^n \underset{\tau}{\rightarrow} 0$ gilt, mit anderen Worten, wenn die Abbildungen r_α^n mit $\alpha \rightarrow 0$ bez. τ gegen die Nullabbildung $0: X \rightarrow Y$ konvergieren. $\mathfrak{R}_\tau^{n\mathsf{G}}$ sei die Menge aller τ-Restglieder der Ordnung n. Es ist $\mathfrak{R}_\tau^{1\mathsf{G}} = \mathfrak{R}_\tau^{\mathsf{G}}$.

Zu jeder Abbildung $r \in \mathfrak{A}$ und jeder natürlichen Zahl $n \geqq 2$ gilt $\alpha r_\alpha^n = r_\alpha^{n-1}$ $(\alpha \in \boldsymbol{K})$ und damit $\boldsymbol{V} r_V^n \subseteqq r_V^{n-1}$. Damit folgt, daß unter der Voraussetzung, daß $\mathfrak{K} \underset{\tau}{\rightarrow} 0$ stets $\boldsymbol{V}\mathfrak{K} \underset{\tau}{\rightarrow} 0$ nach sich zieht, zu jeder natürlichen Zahl $n \geqq 2$ jedes τ-Restglied der Ordnung n ein τ-Restglied der Ordnung $n-1$ ist, also

$$\mathfrak{R}_\tau^{n\mathsf{G}} \subseteqq \mathfrak{R}_\tau^{n-1\mathsf{G}} \tag{8.12.1}$$

und damit insbesondere $\mathfrak{R}_\tau^{n\mathsf{G}} \subseteqq \mathfrak{R}_\tau^{\mathsf{G}}$ gilt.

Die τ-Restglieder der Ordnung n lassen sich in den Spezialfällen ähnlich beschreiben wie die betreffenden Restglieder der Ordnung 1. So erhält man aus den nach 8.1.7 angegebenen Beschreibungen der b-, e-, q-, h-, Kh-, $\delta\mathsf{b}$-, $\delta\mathsf{e}$-, $\delta\mathsf{q}$- und $\delta\mathsf{h}$-Restglieder eine Beschreibung der entsprechenden Restglieder der Ordnung n, indem man in den Bedingungen (b), (e), (q), (h), (Kh), $(\mathsf{h})^*$, $(\mathsf{Kh})^*$, $(\delta\mathsf{b})$, $(\delta\mathsf{e})$, $(\delta\mathsf{q})$ und $(\delta\mathsf{h})$ jeweils $(r_V[F] \subseteqq G)$ durch $(r_V^n[F] \subseteqq G)$, $(r_V[F] \subseteqq \varepsilon G)$ durch $(r_V^n[F] \subseteqq \varepsilon G)$, $(\|h\|_\alpha \leqq \delta \Rightarrow \|r(h)\|_\beta \leqq \varepsilon \|h\|_\alpha)$ durch $(\|h\|_\alpha \leqq \delta \Rightarrow \|r(h)\|_\beta \leqq \varepsilon \|h\|_\alpha^n)$ und $(r_V[F] \subseteqq \varepsilon C)$ durch $(r_V^n[F] \subseteqq \varepsilon C)$ ersetzt.

Ist X eine limitierte $\boldsymbol{K}$-lineare und Y eine pseudotopologische $\boldsymbol{K}$-lineare Gruppe, so ist eine Abbildung $r \in \mathfrak{A}$ genau dann ein c-Restglied der Ordnung n, wenn sie ein MB-Restglied der Ordnung n ist.

Mittels 7.4.4, der Spezialisierung von 7.4.4 auf den Fall der punktweisen Konvergenz und mittels 7.11.9 folgt, daß für $\tau = \mathsf{s}, \mathsf{k}, \mathsf{fk}, \mathsf{b}, \mathsf{e}, \mathsf{c}, \mathsf{q}, \mathsf{h}, \mathsf{Kh}, \delta\mathsf{b}, \delta\mathsf{e}, \delta\mathsf{q}$ und $\delta\mathsf{h}$ die Beziehungen (8.12.1) gelten, für diese τ somit die τ-Restglieder der Ordnung n stets τ-Restglieder der Ordnung 1 sind.

Zu beliebigem $n \in \boldsymbol{N}^+$ sei $\mathfrak{H}^n(X, Y)$ die Menge aller Abbildungen von X in Y, die homogen vom Grade n sind. $\mathfrak{H}^n(X, Y)$, versehen mit der von τ auf $\mathfrak{H}^n(X, Y)$ induzierten Limitierung $\tau_{\mathfrak{H}^n(X,Y)}$, bezeichnen wir mit $\mathfrak{H}_\tau^n(X, Y)$. $\mathfrak{M}_\tau^n$ sei die Menge aller Abbildungen $\mu: X \circ\!\!\rightarrow \mathfrak{H}_\tau^n(X, Y)$ mit den Eigenschaften

1. $\operatorname{db}\mu$ ist eine Nullnachbarschaft in X, und $\mu(0)$ ist die Nullabbildung $x \mapsto 0$ $(x \in X)$ von X in Y.
2. μ ist in 0 stetig.

Eine Abbildung $r \in \mathfrak{A}$ heißt ein **τ'-Restglied der Ordnung n**, wenn eine Abbildung $\mu \in \mathfrak{M}_\tau^n$ existiert, so daß r gleich $h \mapsto \mu(h)(h)$ $(h \in \operatorname{db}\mu)$ ist; μ heißt dann eine r **erzeugende Abbildung** aus $\mathfrak{M}_\tau^n$. $\mathfrak{R}_\tau^{n\mathsf{M}}$ sei die Menge aller τ'-Restglieder der Ordnung n. Es gilt $\mathfrak{M}_\tau^1 = \mathfrak{M}_\tau$ und $\mathfrak{R}_\tau^{1\mathsf{M}} = \mathfrak{R}_\tau^{\mathsf{M}}$.

Zu beliebigen $n \in \boldsymbol{N}^+$, $h \in X$ und $g \in \mathfrak{H}^n(X, Y)$ bezeichnen wir mit g_h die durch

$$g_h(k) = \begin{cases} g(k) & \text{im Falle } k \in \boldsymbol{K}h \\ 0 & \text{sonst} \end{cases}$$

definierte Abbildung aus $\mathfrak{H}^n(X, Y)$. Zu jedem Filter $\mathfrak{G}$ in $\mathfrak{H}^n(X, Y)$ sei $\mathfrak{G}^\sim$ der Filter in $\mathfrak{H}^n(X, Y)$ mit der Basis $\{\{g_h \mid h \in X, g \in G\} \mid G \in \mathfrak{G}\}$.

Ähnlich wie 8.2.2 beweist man die folgende Verallgemeinerung dieses Satzes.

8.12.1 (τ'-Restglieder höherer Ordnung). *n sei eine positive natürliche Zahl. Ist r ein τ'-Restglied der Ordnung n, so gilt* $0 \in \operatorname{db} r$, $r(0) = 0$ *und*

$$\forall \mathfrak{F} \in \tau_0(0)\ \exists \mathfrak{G} \in \tau_{\mathfrak{H}^n(X,Y)}(0)\ \forall G \in \mathfrak{G}\ \exists F \in \mathfrak{F}\ \forall h \in F\ \big(h \in \operatorname{db} r,\ r(h) \in G(h)\big)\,. \tag{8.12.2}$$

Zieht $\mathfrak{G} \in \tau_{\mathfrak{H}^n(X,Y)}(0)$ *stets* $\mathfrak{G}^\sim \in \tau_{\mathfrak{H}^n(X,Y)}(0)$ *nach sich, so ist umgekehrt jede Abbildung* $r \in \mathfrak{A}$, *für die* $0 \in \operatorname{db} r$, $r(0) = 0$ *und* (8.12.2) *gilt, ein τ'-Restglied der Ordnung n. r besitzt dann die durch* $\operatorname{db}\mu = \operatorname{db} r$ *und*

$$\mu(h)(k) = \begin{cases} \alpha^n r(h) & \text{für } h \in \operatorname{db} r \text{ und } k = \alpha h \quad (\alpha \in \boldsymbol{K}) \\ 0 & \text{für } h \in \operatorname{db} r \text{ und } k \in X \setminus \boldsymbol{K}h \end{cases} \tag{8.12.3}$$

definierte Abbildung $\mu\colon X \circ\!\!\rightarrow \mathfrak{H}^n_\tau(X, Y)$ *als erzeugende Abbildung.*

Aus 8.12.1 ergibt sich die folgende Verallgemeinerung von 8.2.3.

8.12.2 (Charakterisierung der τ'-Restglieder höherer Ordnung). *n sei eine positive natürliche Zahl. Zieht* $\mathfrak{G} \in \tau_{\mathfrak{H}^n(X,Y)}(0)$ *stets* $\mathfrak{G}^\sim \in \tau_{\mathfrak{H}^n(X,Y)}(0)$ *nach sich, so ist eine Abbildung* $r \in \mathfrak{A}$ *genau dann ein τ'-Restglied der Ordnung n, wenn* $\operatorname{db} r$ *eine Nullnachbarschaft ist,* $r(0) = 0$ *gilt und die durch* $\operatorname{db}\mu = \operatorname{db} r$ *und* (8.12.3) *definierte Abbildung* $\mu\colon X \circ\!\!\rightarrow \mathfrak{H}^n_\tau(X, Y)$ *in 0 stetig ist.*

Zu beliebigem $n \in \boldsymbol{N}^+$ und jedem Filter $\mathfrak{G}$ in $\mathfrak{H}^n(X, Y)$ verstehen wir unter $\mathfrak{G}^\frown$ denjenigen Filter in $\mathfrak{H}^n(X, Y)$, der $\{G^\frown \mid G \in \mathfrak{G}\}$ mit

$$G^\frown = \{g \in \mathfrak{H}^n(X, Y) \mid g(h) \in G(h)^\frown \text{ zu jedem } h \in X\}$$

als eine Basis hat. Ähnlich wie (8.8.1) zeigt man, daß für jede Teilmenge G von $\mathfrak{H}^n(X, Y)$ mit $0 \in G$

$$G^\frown(h) = G(h)^\frown \qquad (h \in X) \tag{8.12.4}$$

gilt.

Die τ'-Restglieder höherer Ordnung lassen sich in den Spezialfällen analog beschreiben wie die betreffenden τ'-Restglieder der Ordnung 1. So erhält man aus den in Abschnitt 8.2 angegebenen Beschreibungen der $(\mathfrak{B},k)'$- und der b′-, e′-, q′-, h′-, Kh′-, δb′-, δe′-, δq′- und δh′-Restglieder eine Beschreibung der entsprechenden Restglieder der Ordnung n, indem man in den Bedingungen (8.2.4), (b′), (e′), (q′), (h′), (Kh′), (h′)*, (Kh′)*, (δb′), (δe′), (δq′) und (δh′) jeweils $(\alpha h \in F \cap \operatorname{db} r \Rightarrow r_\alpha(h) \in G)$ durch $(\alpha h \in F \cap \operatorname{db} r \Rightarrow r^n_\alpha(h) \in G)$, $(\alpha h \in F \cap \operatorname{db} r \Rightarrow$

$r_\alpha(h) \in \varepsilon G)$ durch $(\alpha h \in F \cap \mathrm{dbr} \Rightarrow r_\alpha^n(h) \in \varepsilon G)$, $(\|r(h)\|_\beta \leqq \varepsilon \|h\|_\alpha)$ durch $(\|r(h)\|_\beta \leqq \varepsilon \|h\|_\alpha^n)$ und $(\alpha h \in F \cap \mathrm{dbr} \Rightarrow r_\alpha(h) \in \varepsilon C)$ durch $(\alpha h \in F \cap \mathrm{dbr} \Rightarrow r_\alpha^n(h) \in \varepsilon C)$ ersetzt.

Ist X eine limitierte $\boldsymbol{K}$-lineare und Y eine pseudotopologische $\boldsymbol{K}$-lineare Gruppe, so ist eine Abbildung $r \in \mathfrak{A}$ genau dann ein c'-Restglied der Ordnung n, wenn sie ein MB'-Restglied der Ordnung n ist.

Für die Restglieder höherer Ordnung gelten nach dem Folgenden ähnliche Vergleichsaussagen wie die in Abschnitt 8.4 angegebenen Vergleichssätze für die Restglieder der Ordnung 1.

In Verallgemeinerung von 8.4.1 gilt offenbar

8.12.3 (Vergleich von Restgliedern höherer Ordnung). *τ und σ seien Limitierungen von $\mathfrak{A}$, und n sei eine positive natürliche Zahl. Folgt für jeden vom Grade n homogenen Filter $\mathfrak{K}$ in $\mathfrak{A}$ aus $\mathfrak{K} \in \tau(0)$ stets $\mathfrak{K} \in \sigma(0)$, so ist jedes τ-Restglied der Ordnung n ein σ-Restglied der Ordnung n. Gilt $\tau_{\mathfrak{H}^n(X,Y)}(0) \subseteqq \sigma_{\mathfrak{H}^n(X,Y)}(0)$ für die von τ und σ auf $\mathfrak{H}^n(X, Y)$ induzierten Limitierungen $\tau_{\mathfrak{H}^n(X,Y)}$ und $\sigma_{\mathfrak{H}^n(X,Y)}$, so ist auch jedes τ'-Restglied der Ordnung n ein σ'-Restglied der Ordnung n.*

Einer Überprüfung der Beweise von 8.4.2 und 8.4.3 entnimmt man

8.12.4 (Vergleich von $\mathfrak{S}$,4- mit ($\mathfrak{S}$,4)'-Restgliedern höherer Ordnung). 8.4.2 *und* 8.4.3 *gelten auch, wenn in diesen Sätzen zu beliebigem $n \in \boldsymbol{N}^+$ anstelle $\mathfrak{S}$,4- und ($\mathfrak{S}$,4)'-Restglied $\mathfrak{S}$,4-Restglied der Ordnung n und ($\mathfrak{S}$,4)'-Restglied der Ordnung n gesetzt wird.*

Ähnlich zeigt man an Hand des Beweises von 8.4.4

8.12.5 (Vergleich von $\mathfrak{S}^K$,k- mit ($\mathfrak{S}^K$,k)'-Restgliedern höherer Ordnung). *Die Voraussetzungen aus* 8.4.3 *seien erfüllt. Dann ist zu beliebigem $n \in \boldsymbol{N}^+$ für $k = 3$ und 4 jedes über einer Nullnachbarschaft definierte $\mathfrak{S}^K$,k-Restglied r der Ordnung n mit $r(0) = 0$ ein ($\mathfrak{S}^K$, k)'-Restglied der Ordnung n.*

Ferner zeigt man mühelos an Hand des Beweises von 8.4.5

8.12.6 (Vergleich von $\mathfrak{L}$,k- mit ($\mathfrak{L}$,k)'-Restgliedern höherer Ordnung). *Ist $k = 3$ oder 4 und $\mathfrak{L}$ ein k-verträgliches System von Dualfiltern in X, so ist zu beliebigem $n \in \boldsymbol{N}^+$ jedes ($\mathfrak{L}$,k)'-Restglied der Ordnung n ein $\mathfrak{L}$,k-Restglied der Ordnung n.*

Mit Hilfe der Sätze 8.12.3 bis 8.12.6 und mittels 7.13.2 folgt ähnlich wie 8.4.6

8.12.7 (Vergleichstheorem I für Restglieder höherer Ordnung). 8.4.6 *gilt auch, wenn in diesem Satz zu beliebigem $n \in \boldsymbol{N}^+$ alle Restglieder durch die betreffenden Restglieder der Ordnung n ersetzt werden.*

Zum Beweis: Die im Satz auftretenden τ-Restglieder der Ordnung n sind nach einer obigen Bemerkung τ-Restglieder der Ordnung 1, so daß 8.3.14 angewendet werden kann.

Man zeigt ohne Mühe, daß sich auch 8.4.7 verallgemeinern läßt zu

8.12.8 (Vergleichstheorem II für Restglieder höherer Ordnung). 8.4.7 *gilt auch, wenn in diesem Satz zu beliebigem $n \in \boldsymbol{N}^+$ alle Restglieder durch die betreffenden Restglieder der Ordnung n ersetzt werden.*

Zum Beweis: Jedes $\mathfrak{c}$-Restglied $r \in \mathfrak{A}$ der Ordnung n ist ein $\mathfrak{c}$-Restglied der Ordnung 1. Es hat somit — wenn X ein gleichförmiger pseudotopologischer Vektorraum ist — wegen des Korollars zu 8.3.6 eine Nullnachbarschaft als Definitionsbereich.

Schließlich ergibt eine Durchsicht des Beweises von 8.4.8, daß sich auch dieser Satz auf Restglieder beliebiger Ordnung verallgemeinern läßt, also gilt:

8.12.9 (Vergleich von in 0 stetigen $\mathfrak{B},k$-Restgliedern höherer Ordnung mit $(\mathfrak{B},k)'$-Restgliedern höherer Ordnung). 8.4.8 *gilt auch, wenn in diesem Satz zu beliebigem $n \in \boldsymbol{N}^+$ anstelle $\mathfrak{B},k$- und $(\mathfrak{B},k)'$-Restglied $\mathfrak{B},k$-Restglied der Ordnung n und $(\mathfrak{B},k)'$-Restglied der Ordnung n gesetzt wird.*

8.13. Der TAYLORsche Lehrsatz

Wir behandeln das Problem, unter welchen Einschränkungen für die τ,σ- und τ',σ-Ableitungen höherer Ordnung der TAYLORsche Lehrsatz gilt.

1. Der Fall der τ,σ-Ableitungen

$\mathfrak{X}$ und $\mathfrak{Y}$ seien Klassen limitierter $\boldsymbol{K}$-linearer Gruppen ($\boldsymbol{K} = \boldsymbol{R}$ oder $\boldsymbol{C}$), und es sei entweder $\mathfrak{A}(X, Y)$ zu beliebigen $X \in \mathfrak{X}$ und $Y \in \mathfrak{Y}$ die Menge aller Abbildungen aus X in Y oder die Menge aller Abbildungen von X in Y. τ und σ seien Abbildungen mit $\mathfrak{X} \times \mathfrak{Y}$ als Definitionsbereich und mit den in Abschnitt 8.10 angegebenen Eigenschaften 1 bis 3. Durch τ und σ wird also eine Differenzierbarkeitsart über $\mathfrak{X}$ und $\mathfrak{Y}$ definiert, die τ,σ-Differenzierbarkeit. Zu beliebigen $X \in \mathfrak{X}$, $Y \in \mathfrak{Y}$ und $n \in \boldsymbol{N}^+$ sagen wir anstelle $\tau(X, Y)$-Restglied der Ordnung n auch **τ-Restglied der Ordnung n.**

Wir zeigen (vergleiche AWERBUCH und SMOLJANOW [4])

8.13.1 (TAYLORscher Lehrsatz für τ,σ-Ableitungen). *X sei eine limitierte lineare Gruppe aus $\mathfrak{X}$. $\mathfrak{Y}_0$ sei eine Teilmenge von $\mathfrak{Y}$ aus pseudotopologischen linearen Gruppen, der mit Y stets $L_0(X, Y)$ angehört. $\mathfrak{B}$ sei das System der Mengen $\{[0, 1]\, h + [0, 1]\, k\}$ $(h, k \in X)$. Zu beliebigem $Y \in \mathfrak{Y}_0$ gelte:*

1. *Y ist separiert.*
2. *$\mathfrak{K} \xrightarrow[\tau(X,Y)]{} 0$ hat $\mathfrak{K} \xrightarrow[\mathfrak{s}]{} 0$ zur Folge, und $\sigma(X, Y)$ ist feiner als die Limitierung der punktweisen Konvergenz in $L(X, Y)$.*
3. *Für die Nullabbildung $0: X \to Y$ gilt $[0] \xrightarrow[\tau(X,Y)]{} 0$.*
4. *Für jede natürliche Zahl $n \geqq 2$ und jede symmetrische Abbildung $l \in H_\sigma^n(X, Y)$ ist das aus l erzeugte homogene Polynom vom Grade n ein $\tau(X, Y)$-Restglied.*
5. *Die Addition $(u, v) \mapsto u + v$ $\big(u, v \in \mathfrak{A}(X, Y)\big)$ ist an jeder Stelle (u, v) mit $\mathrm{db}\,u = \mathrm{db}\,v = X$ stetig.*
6. *Aus $\mathfrak{K} \xrightarrow[\tau(X,Y)]{} 0$ folgt $\mathfrak{K}^{\neg} \xrightarrow[\tau(X,Y)]{} 0$.*
7. *$\mathfrak{K} \xrightarrow[\tau(X, L_\sigma(X,Y))]{} 0$ zieht $\mathfrak{K}^{\cdot} \xrightarrow[\tau(X,Y)]{} 0$ nach sich, wobei $\mathfrak{K}^{\cdot}$ der Filter in $\mathfrak{A}(X, Y)$ ist, der $\{K^{\cdot} \mid K \in \mathfrak{K}\}$ mit $K^{\cdot} = \{h \mapsto k(h)h \ (h \in \mathrm{db}\,k) \mid k \in K\}$ als eine Basis hat.*

$f \in \mathfrak{A}(X, Y)$ mit $Y \in \mathfrak{Y}_0$ sei eine Abbildung, die zu einem $n \in \boldsymbol{N}^+$ in einem Punkt x n-fach τ,σ-differenzierbar ist. Die Mengen $\mathrm{db}\,\mathrm{D}f, \dots, \mathrm{db}\,\mathrm{D}^{n-1}f$ seien in x kreisförmig. Dann ist

$$h \mapsto f(x + h) - f(x) - \mathrm{D}f(x)\,h - \cdots - \frac{1}{n!}\mathrm{D}^n f(x)\,h^n \qquad (h \in \mathrm{db}\,f - x) \tag{8.13.1}$$

ein τ-Restglied der Ordnung n. $\mathrm{D}f, \dots, \mathrm{D}^n f$ sind dabei natürlich τ,σ-Ableitungen von f[1]*.*

Beweis. Im Falle $n = 1$ folgt die Behauptung aus der Definition der τ,σ-Differenzierbarkeit erster Ordnung. Wir nehmen für das Folgende an, daß die Behauptung für ein n gilt, und zeigen, daß sie auch für $n + 1$ zutrifft. Gegeben seien dazu ein $Y \in \mathfrak{Y}_0$ und eine Abbildung $f \in \mathfrak{A}(X, Y)$, die in einem Punkt x $(n + 1)$-fach τ,σ-differenzierbar ist. $\mathrm{db}\,\mathrm{D}f, \dots, \mathrm{db}\,\mathrm{D}^n f$ seien in x kreisförmig. Wir bilden die Abbildung $r: h \mapsto f(x + h) - f(x)$ $(h \in \mathrm{db}\,f - x)$ und mittels der τ,σ-Ableitungen von f die Abbildungen $p_i: h \mapsto -\mathrm{D}^i f(x)\,h^i$ $(h \in X)$ für $i = 1, \dots, n + 1$. r ist über $\mathrm{db}\,\mathrm{D}f - x$ τ,σ-differenzierbar, und aus 8.11.2 folgt wegen der Eigenschaften 2 bis 5, daß $p_1, \dots, p_{n+1}$ über ganz X τ,σ-differenzierbar sind. $q = r + p_1 + \cdots + p_{n+1}$ ist über $\mathrm{db}\,\mathrm{D}f - x$ wegen Eigenschaft 5 somit τ,σ- und wegen Eigenschaft 2 damit auch $\mathfrak{s}$-differenzierbar. Auf Grund des Fundamentalsatzes 8.7.1 und der Kreisförmigkeit von $\mathrm{db}\,\mathrm{D}f - x$ erhalten wir $q(h) \in \{\mathrm{D}q(\beta h)\,h \mid \beta \in [0, 1]\}^{\neg}$ zu beliebigem $h \in \mathrm{db}\,\mathrm{D}f - x$. Für jedes $h \in X$ und $\alpha \in \boldsymbol{K}_0$ mit $\alpha h \in \mathrm{db}\mathrm{D}f - x$ gilt daher $\frac{1}{\alpha^{n+1}}\,q(\alpha h) \in \left\{\frac{1}{\alpha^{n+1}}\,\mathrm{D}q(\alpha\beta h)\,\alpha h \mid \beta \in [0, 1]\right\}^{\neg}$, also $q_\alpha^{n+1}(h) \in \{\beta^n(\mathrm{D}q)_{\alpha\beta}^n\,(h)\,h \mid \beta \in [0, 1]\}^{\neg}$. Die letzte Beziehung ist offenbar auch für $\alpha = 0$ richtig, und wir erhalten

$$q_\alpha^{n+1}(h) \in \{(\mathrm{D}q)_{\alpha\beta}^n\,(h)\,h \mid \beta \in [0, 1]\}^{\neg} \tag{8.13.2}$$

zu beliebigen $h \in X$ und $\alpha \in \boldsymbol{K}$ mit $\alpha h \in \mathrm{db}\,\mathrm{D}f - x$. $\mathrm{D}q$ ist in 0 n-fach τ,σ-differenzierbar, und die Mengen $\mathrm{db}\,\mathrm{D}^j(\mathrm{D}q) = \mathrm{db}\,\mathrm{D}^{j+1}f - x$ $(j = 1, \dots, n - 1)$ sind kreis-

[1]) Sie sind auf Grund der Eigenschaften 1 und 2 eindeutig bestimmt.

förmig. Schließlich gilt $\mathrm{D}q(0) = 0$, $\mathrm{D}(\mathrm{D}q)(0) = 0, \ldots, \mathrm{D}^n(\mathrm{D}q)(0) = 0$, so daß $\mathrm{D}q$ auf Grund der obigen Annahme ein τ-Restglied der Ordnung n ist, also $(\mathrm{D}q)_V^n \xrightarrow[\tau(X, L_\sigma(X, Y))]{} 0$ gilt. Wegen der Eigenschaften 6 und 7 folgt

$$\left((\mathrm{D}q)_V^n\right)^{\cdot\urcorner} \xrightarrow[\tau(X, Y)]{} 0\,. \tag{8.13.3}$$

Zu jedem $\delta > 0$ und für $K = \{h \mapsto (\mathrm{D}q)_\alpha^n\,(h)h\ (\alpha h \in \mathrm{db}\,\mathrm{D}q) \mid |\alpha| \leqq \delta\}$ gilt

$$K^\urcorner = \{g \in \mathfrak{A}(X, Y) \mid \exists\alpha \text{ mit } |\alpha| \leqq \delta \text{ und } (\alpha h \in \mathrm{db}\,\mathrm{D}q \Rightarrow h \in \mathrm{db}g,\, g(h) \in K(h)^\urcorner)\}\,,$$

wegen (8.13.2) also $q_\alpha^{n+1} \in K^\urcorner$ ($|\alpha| \leqq \delta$). Mittels (8.13.3) folgt $q_V^{n+1} \xrightarrow[\tau(X, Y)]{} 0$, was zu zeigen war.

Anmerkung. Wie man dem Beweis entnimmt, reicht es aus, die Bedingung 7 für Filter $\mathfrak{K}$ in $\mathfrak{A}(X, L_\sigma(X, Y))$ zu fordern, die von irgendeinem Grade $n \in \boldsymbol{N}^+$ homogen sind.

Im weiteren gehen wir auf den TAYLORschen Lehrsatz für die τ,σ-Ableitungen bei spezielleren Differenzierbarkeitsarten ein. Wir beginnen mit zwei Hilfssätzen, die sich auf die Bedingung 7 aus 8.13.1 beziehen.

8.13.2. *X sei eine limitierte und Y eine pseudotopologische $\boldsymbol{K}$-lineare Gruppe. $\mathfrak{B}$ sei ein System von $\wedge$-Idealen von Dualfiltern in X. Für $k = 1$ und 3 zieht $\mathfrak{K} \xrightarrow[\tau_{\mathfrak{B},k}(X, L_{\mathfrak{B},k}(X,Y))]{} 0$ stets $\mathfrak{K}^\cdot \xrightarrow[\tau_{\mathfrak{B},k}(X,Y)]{} 0$ und $\mathfrak{K} \xrightarrow[\delta_{\mathfrak{B},k}(X, L_{\delta_{\mathfrak{B},k}}(X,Y))]{} 0$ stets $\mathfrak{K}^\cdot \xrightarrow[\delta_{\mathfrak{B},k}(X,Y)]{} 0$ nach sich. Ist $k = 2$, 4 oder 5 und ist $\mathfrak{B}$ aus einem Filter- oder einem Dualfiltersystem erzeugt, so hat ebenfalls $\mathfrak{K} \xrightarrow[\tau_{\mathfrak{B},k}(X, L_{\mathfrak{B},k}(X,Y))]{} 0$ stets $\mathfrak{K}^\cdot \xrightarrow[\tau_{\mathfrak{B},k}(X,Y)]{} 0$ und $\mathfrak{K} \xrightarrow[\delta_{\mathfrak{B},k}(X, L_{\delta_{\mathfrak{B},k}}(X,Y))]{} 0$ stets $\mathfrak{K}^\cdot \xrightarrow[\delta_{\mathfrak{B},k}(X,Y)]{} 0$ zur Folge. Die betreffenden Pseudotopologien beziehen sich natürlich auf $\mathfrak{A}(X, L(X, Y))$ bzw. $\mathfrak{A}(X, Y)$.*

Beweis. τ_1 sei die Pseudotopologie von Y.

1. Es gelte $\mathfrak{K} \xrightarrow[\tau_{\mathfrak{B},1}(X, L_{\mathfrak{B},1}(X,Y))]{} 0$, d. h.

$$\exists \text{Nullfilter } \mathfrak{G} \text{ in } L_{\mathfrak{B},1}(X, Y)\ \forall\mathfrak{d} \in \mathfrak{B}\ \exists\mathfrak{F}_\mathfrak{d} \in \mathfrak{d}\ \forall F \in \mathfrak{F}_\mathfrak{d}\ \forall G \in \mathfrak{G}$$
$$\exists K \in \mathfrak{K}\ (K[F] \subseteqq G)\,.$$

Daß $\mathfrak{G}$ ein Nullfilter in $L_{\mathfrak{B},1}(X, Y)$ ist, besagt:

$$\exists\mathfrak{G}' \in \tau_1(0)\ \forall\mathfrak{d} \in \mathfrak{B}\ \exists\mathfrak{F}'_\mathfrak{d} \in \mathfrak{d}\ \forall F \in \mathfrak{F}'_\mathfrak{d}\ \forall G' \in \mathfrak{G}'\ \exists G \in \mathfrak{G}\ (G[F] \subseteqq G')\,.$$

Somit folgt aber

$$\exists\mathfrak{G} \in \tau_1(0)\ \forall\mathfrak{d} \in \mathfrak{B}\ \exists\mathfrak{F}''_\mathfrak{d} \in \mathfrak{d}\ (\text{etwa } \mathfrak{F}_\mathfrak{d} \cap \mathfrak{F}'_\mathfrak{d})\ \forall F \in \mathfrak{F}''_\mathfrak{d}\ \forall G' \in \mathfrak{G}$$
$$\exists K \in \mathfrak{K}\ (K[F]\,[F] \subseteqq G')$$

und daher $\mathfrak{K}^\cdot \xrightarrow[\tau_{\mathfrak{B},1}(X,Y)]{} 0$. Aus $\mathfrak{K} \xrightarrow[\tau_{\mathfrak{B},3}(X, L_{\mathfrak{B},3}(X,Y))]{} 0$ ergibt sich ähnlich $\mathfrak{K}^\cdot \xrightarrow[\tau_{\mathfrak{B},3}(X,Y)]{} 0$.

2. Nun gelte $\mathfrak{K} \xrightarrow[\tau_{\mathfrak{B},2}(X, L_{\mathfrak{B},2}(X,Y))]{} 0$, d. h.

$$\exists \text{Nullfilter } \mathfrak{G} \text{ in } L_{\mathfrak{B},2}(X, Y)\ \forall\mathfrak{d} \in \mathfrak{B}\ \forall G \in \mathfrak{G}\ \exists\mathfrak{F}_{\mathfrak{d}G} \in \mathfrak{d}\ \forall F \in \mathfrak{F}_{\mathfrak{d}G}$$
$$\exists K \in \mathfrak{K}\ (K[F] \subseteqq G)\,.$$

Daß $\mathfrak{G}$ ein Nullfilter in $L_{\mathfrak{B},2}(X, Y)$ ist, bedeutet:

$$\exists \mathfrak{G}' \in \tau_1(0)\ \forall \mathfrak{v} \in \mathfrak{B}\ \forall G' \in \mathfrak{G}'\ \exists \mathfrak{F}'_{\mathfrak{v}G'} \in \mathfrak{v}\ \forall F' \in \mathfrak{F}'_{\mathfrak{v}G'}\ \exists G \in \mathfrak{G}\ (G[F'] \subseteq G') .$$

Damit folgt

$$\exists \mathfrak{G} \in \tau_1(0)\ \forall \mathfrak{v} \in \mathfrak{B}\ \forall G' \in \mathfrak{G}\ \exists \mathfrak{F}'_{\mathfrak{v}G'} \in \mathfrak{v}\ \forall F' \in \mathfrak{F}'_{\mathfrak{v}G'}\ \exists \mathfrak{F}_{\mathfrak{v}G'F'} \in \mathfrak{v}\ \forall F \in \mathfrak{F}_{\mathfrak{v}G'F'}$$
$$\exists K \in \mathfrak{K}\ (K[F]\,[F'] \subseteq G') ,$$

und daraus ergibt sich $\mathfrak{K}^{\cdot} \xrightarrow[\tau_{\mathfrak{B},2}(X,Y)]{} 0$ in dem Fall, daß $\mathfrak{B}$ aus einem Filter- oder Dualfiltersystem erzeugt ist. Ähnlich zeigt man für $k = 4$ und 5 in dem Fall, daß $\mathfrak{B}$ aus einem Filter- oder Dualfiltersystem erzeugt ist, daß $\mathfrak{K} \xrightarrow[\tau_{\mathfrak{B},k}(X,L_{\mathfrak{B},k}(X,Y))]{} 0$ stets $\mathfrak{K}^{\cdot} \xrightarrow[\tau_{\mathfrak{B},k}(X,Y)]{} 0$ zur Folge hat.

3. Konvergiert ein Filter $\mathfrak{K}$ in $\mathfrak{A}(X, L(X, Y))$ für ein $k = 1, \dots, 5$ bez. $\delta_{\mathfrak{B},k}(X, L_{\delta_{\mathfrak{B},k}}(X, Y))$ gegen 0, so auch bez. $\tau_{\mathfrak{B},k}(\boldsymbol{p}^{\nu}(X)^{\delta}, L_{\mathfrak{B},k}(\boldsymbol{p}^{\nu}(X)^{\delta}, Y^{\delta}))$. Unter der Einschränkung, daß $\mathfrak{B}$ in den Fällen $k = 2$ und 4 nur aus einem Filter- oder Dualfiltersystem erzeugt wird, folgt dann mittels der Teile 1 und 2 des Beweises $\mathfrak{K}^{\cdot} \xrightarrow[\tau_{\mathfrak{B},k}(\boldsymbol{p}^{\nu}(X)^{\delta},Y^{\delta})]{} 0$ und damit $\mathfrak{K}^{\cdot} \xrightarrow[\delta_{\mathfrak{B},k}(X,Y)]{} 0$.

8.13.3. *X sei eine limitierte $\boldsymbol{K}$-lineare und Y eine kreisförmige pseudotopologische $\boldsymbol{K}$-lineare Gruppe. $\mathfrak{S}$ sei ein System von Filtern in X. Es sei $k = 2$ oder 4. $\mathfrak{K}$ sei ein Filter in $\mathfrak{A}(X, L(X, Y))$ mit $\mathfrak{K} \xrightarrow[\tau_{\mathfrak{S}\boldsymbol{K},k}(X,L_{\mathfrak{S}\boldsymbol{K},k}(X,Y))]{} 0$, der zu einem $n \in \boldsymbol{N}^+$ homogen vom Grade n ist. Dann gilt $\mathfrak{K}^{\cdot} \xrightarrow[\tau_{\mathfrak{S}\boldsymbol{K},k}(X,Y)]{} 0$.*

Beweis. Es sei $k = 2$. Die vorausgesetzte Konvergenz von $\mathfrak{K}$ besagt:

$$\exists \text{Nullfilter } \mathfrak{G} \text{ in } L_{\mathfrak{S}\boldsymbol{K},2}(X, Y)\ \forall \mathfrak{F} \in \mathfrak{S}\ \forall G \in \mathfrak{G}\ \exists F \in \mathfrak{F}\ \forall \alpha > 0$$
$$\exists K \in \mathfrak{K}\ (K[\alpha F] \subseteq G) .$$

Da $\mathfrak{G}$ ein Nullfilter in $L_{\mathfrak{S}\boldsymbol{K},2}(X, Y)$ ist, gilt

$$\exists \mathfrak{G}' \in \tau_1(0)\ \forall \mathfrak{F} \in \mathfrak{S}\ \forall G' \in \mathfrak{G}'\ \exists F \in \mathfrak{F}\ \exists G \in \mathfrak{G}\ (G[F] \subseteq G') .$$

Damit folgt

$$\exists \mathfrak{G}' \in \tau_1(0)\ \forall \mathfrak{F} \in \mathfrak{S}\ \forall G' \in \mathfrak{G}'\ \exists F \in \mathfrak{F}\ \forall \alpha > 0\ \exists K \in \mathfrak{K}\ (K[\alpha F]\,[F] \subseteq G') .$$

Auf Grund der Homogenitätseigenschaft von $\mathfrak{K}$ gilt

$$\forall \alpha' > 0\ \exists \alpha > 0\ \forall K \in \mathfrak{K}\ \exists K' \in \mathfrak{K} \left(\frac{\alpha^n}{(\alpha')^{n+1}} \leqq 1 \text{ und } \frac{\alpha^n}{(\alpha')^{n+1}} K'(\alpha' h)\, \alpha' h \subseteq K(\alpha h)\, h \right.$$
$$\left. \text{zu beliebigem } h \in X \right)$$

und damit

$$\exists \mathfrak{G}' \in \tau_1(0)\ \forall \mathfrak{F} \in \mathfrak{S}\ \forall G' \in \mathfrak{G}'\ \exists F \in \mathfrak{F}\ \forall \alpha' > 0\ \exists K' \in \mathfrak{K}$$
$$\forall h \in F\ (K'(\alpha' h)\, \alpha' h \subseteq \boldsymbol{E} G') .$$

Unter Beachtung, daß Y kreisförmig ist, erhält man damit die Behauptung für $k = 2$. Für $k = 4$ ergibt sie sich analog.

Wir nehmen nun an, daß $\mathfrak{X}$ die Klasse aller limitierten $\boldsymbol{K}$-linearen Gruppen und $\mathfrak{Y}$ die Klasse aller pseudotopologischen $\boldsymbol{K}$-linearen Gruppen ist. $\mathfrak{B}$ sei eine über der Menge $\mathfrak{X}$ aller limitierten $\boldsymbol{K}$-linearen Gruppen definierte Abbildung, die jedem $X \in \mathfrak{X}$ ein System $\mathfrak{B}(X)$ von $\wedge$-Idealen von Dualfiltern in X zuordnet. Im nächsten Satz ist die τ,σ-Differenzierbarkeit speziell die $\mathfrak{B},k$-Differenzierbarkeit.

8.13.4 (TAYLORscher Lehrsatz für $\mathfrak{B},k$-Ableitungen). *X und Y seien pseudotopologische $\boldsymbol{K}$-lineare Gruppen. Y sei separiert, $t^\wedge$-regulär und lokalkonvex. k sei eine der Zahlen $1, \dots, 4$. $\mathfrak{B}(X)$ sei mit der Pseudotopologie τ_0 von X k-verträglich, und es gelte $\{[(x)] \mid x \in X\} \leq \mathfrak{B}(X)$. In den Fällen $k = 1$ und 3 gelte ferner $\varkappa[\tau_0(0)] \leq \mathfrak{B}(X)$, und in den Fällen $k = 2$ und 4 sei entweder $\mathfrak{B}(X)$ aus einem Filter- oder Dualfiltersystem erzeugt, oder es sei $\mathfrak{B}(X)$ das aus einem Filtersystem $\mathfrak{S}$ erzeugte kegelartige System $\mathfrak{S}^{\mathrm{K}}$ und gelte $\varkappa[\tau_0(0)] \leq \mathfrak{B}(X)$.*

$f \in \mathfrak{A}(X, Y)$ sei eine Abbildung, die zu einem $n \in \boldsymbol{N}^+$ in einem Punkt x n-fach $\mathfrak{B},k$-differenzierbar ist. Die Mengen $\mathrm{db}\,\mathrm{D}f, \dots, \mathrm{db}\,\mathrm{D}^{n-1}f$ *seien in x kreisförmig. Dann ist* (8.13.1) *ein $\mathfrak{B},k$-Restglied der Ordnung n.* $\mathrm{D}f, \dots, \mathrm{D}^n f$ *sind dabei natürlich $\mathfrak{B},k$-Ableitungen von f.*

Beweis. $\mathfrak{Y}_0$ bestehe aus $Y, L_{\mathfrak{B}(X),k}(X,Y), L_{\mathfrak{B}(X),k}(X, L_{\mathfrak{B}(X),k}(X,Y)), \dots$ Gegeben sei ein $Z \in \mathfrak{Y}_0$. Wegen 7.9.7 ist Z separiert. Für jeden Filter $\mathfrak{R}$ in $\mathfrak{A}(X, Z)$ bzw. $L(X, Z)$ folgt auf Grund der Beziehung $\{[(x)] \mid x \in X\} \leq \mathfrak{B}(X)$ aus $\mathfrak{R} \xrightarrow[\mathfrak{B}(X),k]{} 0$ stets $\mathfrak{R} \xrightarrow[s]{} 0$. Unter Beachtung von 7.9.2 ergibt sich $[0] \xrightarrow[\mathfrak{B}(X),k]{} 0$ für die Nullabbildung $0: X \to Z$. Z erfüllt somit die Bedingungen 1 bis 3 aus 8.13.1. Wegen 8.11.3 und 8.11.4 erfüllt Z auch die Bedingung 4 aus 8.13.1 und wegen 7.11.3 auch die Bedingung 5. Aus 7.11.14 und 7.11.16 folgt, daß Z lokalkonvex und $t^\wedge$-regulär ist, so daß für jeden Nullfilter $\mathfrak{H}$ in Z auch der Filter in Z mit $\{H^\frown \mid H \in \mathfrak{H}\}$ als Basis ein Nullfilter in Z ist. Da für die Teilmengen F von X und K von $\mathfrak{A}(X, Z)$ stets $K^\frown[F] \subseteq K[F]^\frown$ gilt, ist somit für Z auch die Bedingung 6 aus 8.13.1 erfüllt. Z ist lokalkonvex und nach dem Korollar zu 5.9.5 somit kreisförmig. Aus 8.13.2 und 8.13.3 folgt, daß Bedingung 7 für Z gilt, zumindest für Filter $\mathfrak{R}$, die von irgendeinem Grade homogen sind. Unter Berücksichtigung der Anmerkung nach 8.13.1 folgt damit aus 8.13.1 die Behauptung.

Im folgenden Satz, den man ähnlich wie 8.13.4 zeigt, ist die τ, σ-Differenzierbarkeit speziell die $\delta_{\mathfrak{B},k}$-Differenzierbarkeit.

8.13.5 (TAYLORscher Lehrsatz für $\delta_{\mathfrak{B},k}$-Ableitungen). *X sei ein pseudotopologischer $\boldsymbol{K}$-Vektorraum und τ_0 die Pseudotopologie von X. Y sei eine separierte $t^\wedge$-reguläre lokalkonvexe pseudotopologische $\boldsymbol{K}$-lineare Gruppe. k sei eine der Zahlen* $1, \dots, 4$. *$\mathfrak{B}(X)$ sei mit der τ_0 zugeordneten MACKEYschen Pseudotopologie τ_0^δ k-ver-*

träglich, und es gelte $\beta[\mathfrak{B}_{\mathfrak{b}}] \leqq \mathfrak{B}(X)$ *für das System* $\mathfrak{B}_{\mathfrak{b}}$ *aller beschränkten Teilmengen von* X. *In den Fällen* $k = 2$ *und* 4 *sei* $\mathfrak{B}(X)$ *aus einem Filter- oder Dualfiltersystem erzeugt.*

$f \in \mathfrak{A}(X, Y)$ *sei eine Abbildung, die zu einem* $n \in \boldsymbol{N}^+$ *in einem Punkt* x *n-fach* $\delta_{\mathfrak{B},k}$*-differenzierbar ist. Die Mengen* $\mathrm{db}\,\mathrm{D}f, \ldots, \mathrm{db}\,\mathrm{D}^{n-1}f$ *seien in* x *kreisförmig. Dann ist* (8.13.1) *ein* $\delta_{\mathfrak{B},k}$*-Restglied der Ordnung* n. $\mathrm{D}f, \ldots, \mathrm{D}^n f$ *sind dabei natürlich* $\delta_{\mathfrak{B},k}$*-Ableitungen von* f.

Aus 7.11.9 und (8.12.1) folgt, daß zu jedem $k = 1, \ldots, 5$ und $n \in \boldsymbol{N}^+$ die $\mathfrak{B},k$- und $\delta_{\mathfrak{B},k}$-Restglieder der Ordnung $n + 1$ $\mathfrak{B},k$- bzw. $\delta_{\mathfrak{B},k}$-Restglieder der Ordnung n sind.

Aus 8.13.4 und 8.13.5 ergibt sich

8.13.6 (Taylorscher Lehrsatz für τ,σ-Ableitungen; Spezialfälle). *X sei ein pseudotopologischer* $\boldsymbol{K}$*-Vektorraum und* Y *eine separierte* $t^\wedge$*-reguläre lokalkonvexe pseudotopologische* $\boldsymbol{K}$*-lineare Gruppe. Für* $a = \mathsf{s}, \mathsf{b}, \mathsf{c}, \mathsf{e}, \mathsf{q}, \mathsf{h}$ *und* $\delta\mathsf{b}$ *und, wenn* X Simonnet*sch ist, auch für* $a = \mathsf{k}$ *und* fk *gilt: Ist* $f \in \mathfrak{A}(X, Y)$ *eine Abbildung, die zu einem* $n \in \boldsymbol{N}^+$ *in einem Punkt* x *n-fach a-differenzierbar ist und sind die Mengen* $\mathrm{db}\mathrm{D}f, \ldots, \mathrm{db}\mathrm{D}^{n-1}f$ *in* x *kreisförmig, dann ist* (8.13.1) *ein a-Restglied der Ordnung* n. $\mathrm{D}f, \ldots, \mathrm{D}^n f$ *sind dabei natürlich a-Ableitungen.*

2. Der Fall der τ',σ-Ableitungen

$\mathfrak{X}$, $\mathfrak{Y}$ und $\mathfrak{A}(X, Y)$ ($X \in \mathfrak{X}$, $Y \in \mathfrak{Y}$) seien wie im Falle der τ,σ-Differenzierbarkeit gewählt. τ und σ seien jetzt jedoch Abbildungen mit $\mathfrak{X} \times \mathfrak{Y}$ als Definitionsbereich und mit den in Abschnitt 8.10 angegebenen Eigenschaften 1′ bis 3′. Durch τ und σ wird somit die τ',σ-Differenzierbarkeit festgelegt. Zu beliebigen $X \in \mathfrak{X}$, $Y \in \mathfrak{Y}$ und $n \in \boldsymbol{N}^+$ schreiben wir für $\mathfrak{H}^n_{\tau(X,Y)}(X, Y)$ auch $\mathfrak{H}^n_\tau(X, Y)$ und für $\tau(X, Y)_{\mathfrak{H}^n(X,Y)}$ auch $\tau_{\mathfrak{H}^n(X,Y)}$ und sagen anstelle $\tau(X, Y)'$-Restglied der Ordnung n auch **τ'-Restglied der Ordnung n.**

8.13.7 (Taylorscher Lehrsatz für τ',σ-Ableitungen). *n sei eine positive natürliche Zahl,* X *ein pseudotopologischer Vektorraum und* $\mathfrak{Y}_0$ *eine Teilklasse von* $\mathfrak{Y}$ *aus pseudotopologischen linearen Gruppen, der mit* Y *stets* $L_\sigma(X, Y)$ *angehört. Zu beliebigem* $Y \in \mathfrak{Y}_0$ *gelte:*

1. *Y ist separiert.*
2. *Aus* $\mathfrak{G} \in \tau_{\mathfrak{H}(X,Y)}(0)$ *folgt* $\mathfrak{G} \underset{\mathsf{s}}{\rightarrow} 0$, *und* $\sigma(X, Y)$ *ist feiner als die Limitierung der punktweisen Konvergenz in* $L(X, Y)$.
3. *Für die Nullabbildung* $0\colon X \to Y$ *gilt* $[0] \underset{\tau(X,Y)}{\longrightarrow} 0$.
4. *Für jede natürliche Zahl* $m \geqq 2$ *mit* $m \leqq n$ *und jede symmetrische Abbildung* $l \in H^m_\sigma(X, Y)$ *ist das aus* l *erzeugte homogene Polynom vom Grade* m *ein* $\tau(X, Y)'$*-Restglied.*
5. *Mit* $\mathfrak{F}$ *und* $\mathfrak{G}$ *gehört* $\mathfrak{F} + \mathfrak{G}$ *zu* $\tau_{\mathfrak{H}(X,Y)}(0)$.
6. *Zu beliebigem* $m \in \boldsymbol{N}^+$ *mit* $m \leqq n$ *hat* $\mathfrak{G} \in \tau_{\mathfrak{H}^m(X,Y)}(0)$ *stets* $\mathfrak{G}^\sim \in \tau_{\mathfrak{H}^m(X,Y)}(0)$ *und* $\mathfrak{G}^\frown \in \tau_{\mathfrak{H}^m(X,Y)}(0)$ *zur Folge.*

7. *Zu beliebigem* $m \in \boldsymbol{N}^+$ *mit* $m \leqq n$ *zieht* $\mathfrak{G} \in \tau_{\mathfrak{H}^m(X,L_\sigma(X,Y))}(0)$ *stets* $\mathfrak{G}^\cdot \in \tau_{\mathfrak{H}^{m+1}(X,Y)}(0)$ *nach sich, wobei* $\mathfrak{G}^\cdot$ *der Filter in* $\mathfrak{H}^{m+1}(X, Y)$ *ist, der* $\{G^\cdot \mid G \in \mathfrak{G}\}$ *mit* $G^\cdot = \{h \mapsto g(h)\,h\ (h \in X) \mid g \in G\}$ *als eine Basis hat.*

$f \in \mathfrak{A}(X, Y)$ *mit* $Y \in \mathfrak{Y}_0$ *sei eine Abbildung, die in einem Punkt* x *n-fach* τ',σ*-differenzierbar ist. Die Mengen* $\mathrm{dbD}f, \ldots, \mathrm{dbD}^{n-1}f$ *seien in* x *kreisförmig. Dann ist*

$$h \mapsto f(x+h) - f(x) - \mathrm{D}f(x)\,h - \cdots - \frac{1}{n!}\,\mathrm{D}^n f(x)\,h^n \quad (h \in \mathrm{db}f - x) \tag{8.13.4}$$

ein τ'*-Restglied der Ordnung* n. $\mathrm{D}f, \ldots, \mathrm{D}^n f$ *sind dabei natürlich* τ',σ*-Ableitungen von* f[1]).

Beweis. Im Falle $n = 1$ folgt die Behauptung aus der Definition der τ',σ-Differenzierbarkeit erster Ordnung. Wir nehmen für das Folgende an, daß die Behauptung für ein n gilt, und zeigen, daß sie auch für $n + 1$ zutrifft. Gegeben seien dazu ein $Y \in \mathfrak{Y}_0$ und eine Abbildung $f \in \mathfrak{A}(X, Y)$, die in einem Punkt x $(n + 1)$-fach τ',σ-differenzierbar ist. $\mathrm{dbD}f, \ldots, \mathrm{dbD}^n f$ seien in x kreisförmig. Wir bilden die Abbildung $r\colon h \mapsto f(x + h) - f(x)$ $(h \in \mathrm{db}f - x)$ und die Abbildungen $p_1\colon h \mapsto -\mathrm{D}f(x)h$ $(h \in X), \ldots, p_{n+1}\colon h \mapsto -\mathrm{D}^{n+1}f(x)h^{n+1}$ $(h \in X)$. r ist über $\mathrm{dbD}f - x$ τ',σ-differenzierbar, und aus 8.11.2 folgt wegen der Eigenschaften 2 bis 5, daß $p_1, \ldots, p_{n+1}$ über ganz X τ',σ-differenzierbar sind. $q = r + p_1 + \cdots + p_{n+1}$ ist wegen Eigenschaft 5 somit τ',σ-differenzierbar, wegen Eigenschaft 2 damit auch $\mathfrak{s}'$-differenzierbar und wegen 8.4.7 auch $\mathfrak{s}$-differenzierbar über $\mathrm{dbD}f - x$. Wegen 8.7.1 und der Kreisförmigkeit von $\mathrm{dbD}f - x$ gilt

$$q(h) \in \{\mathrm{D}q(\beta h)h \mid \beta \in [0, 1]\}^{\urcorner} \tag{8.13.5}$$

zu beliebigem $h \in \mathrm{dbD}f - x$. Mit ähnlichen Schlüssen wie bei der entsprechenden Aussage im Beweis von 8.13.1 folgt, daß $\mathrm{D}q$ ein τ'-Restglied der Ordnung n ist. Wegen 8.12.1, (8.13.5) und $\mathrm{dbD}f - x = \mathrm{dbD}q \subseteqq \mathrm{db}q$ gilt

$$\begin{gathered}\forall \mathfrak{F} \in \tau_0(0)\ \exists \mathfrak{G} \in \tau_{\mathfrak{H}^n(X,Y)}(0)\ \forall G \in \mathfrak{G}\ \exists F \in \mathfrak{F} \\ \forall h \in F\ \big(h \in \mathrm{db}q,\ q(h) \in ([0, 1]\,G(h)\,h)^{\urcorner}\big)\,.\end{gathered} \tag{8.13.6}$$

Wegen Eigenschaft 3 können wir $\mathfrak{G} \subseteqq [0]$ für den Filter $\mathfrak{G}$ aus (8.13.6) annehmen und in (8.13.6) damit $[0, 1]$ weglassen. Aus (8.13.6) folgt wegen der Eigenschaften 6 und 7 (bei $\mathfrak{K} = \mathfrak{G}^{\cdot\urcorner}$) mittels (8.12.4)

$$\forall \mathfrak{F} \in \tau_0(0)\ \exists \mathfrak{K} \in \tau_{\mathfrak{H}^{n+1}(X,Y)}(0)\ \forall K \in \mathfrak{K}\ \exists F \in \mathfrak{F}\ \forall h \in F\ \big(h \in \mathrm{db}q,\ q(h) \in K(h)\big)\,.$$

Wegen 8.12.1 und der Eigenschaft 6 folgt damit, daß q ein τ'-Restglied der Ordnung $n + 1$ ist, was zu zeigen war.

Im weiteren gehen wir auf Spezialfälle ein.

8.13.8 (TAYLORscher Lehrsatz für τ',σ-Ableitungen; Spezialfälle). *X sei ein pseudotopologischer $\boldsymbol{K}$-Vektorraum und Y eine separierte $t^\wedge$-reguläre lokalkonvexe pseudotopologische $\boldsymbol{K}$-lineare Gruppe.*

[1]) Sie sind wegen Eigenschaft 2 und 8.4.7 $\mathfrak{s}$-Ableitungen und wegen Eigenschaft 1 somit eindeutig bestimmt.

Für $a = \mathsf{h}$ *und* Kh *und, wenn* X *gleichförmig ist, auch für* $a = \mathsf{c}$ *und* q *gilt: Ist* $f \in \mathfrak{A}(X, Y)$ *eine Abbildung, die zu einem* $n \in \boldsymbol{N}^+$ *in einem Punkt* x *n-fach* a'*-differenzierbar ist und sind die Mengen* $\mathrm{dbD}f, \dots, \mathrm{dbD}^{n-1}f$ *in* x *kreisförmig, dann ist* (8.13.4) *ein* a'*-Restglied der Ordnung* n.

Für $a = \mathsf{s}, \mathsf{k}, \mathsf{fk}, \mathsf{b}, \mathsf{c}, \mathsf{e}, \mathsf{q}, \delta\mathsf{b}, \delta\mathsf{e}, \delta\mathsf{q}$ *und* $\delta\mathsf{h}$ *gilt: Ist* $f \in \mathfrak{A}(X, Y)$ *eine Abbildung, die in einem Punkt* x *zweifach* a'*-differenzierbar ist und ist* $\mathrm{dbD}f - x$ *kreisförmig, dann ist* $h \mapsto f(x + h) - f(x) - \mathrm{D}f(x)\, h - \frac{1}{2}\mathrm{D}^2 f(x)\, h^2$ $(h \in \mathrm{dbD}f - x)$ *ein* a'*-Restglied der Ordnung* 2.

Die auftretenden Ableitungen sind natürlich die jeweiligen a'*-Ableitungen von* f.

Beweis. Es sei $a = \mathsf{s}, \mathsf{k}, \mathsf{fk}, \mathsf{b}, \mathsf{c}, \mathsf{e}, \mathsf{q}, \mathsf{h}, \mathsf{Kh}, \delta\mathsf{b}, \delta\mathsf{e}, \delta\mathsf{q}$ oder $\delta\mathsf{h}$ und $\mathfrak{Y}_0$ die Menge aller pseudotopologischen linearen Gruppen Y, $L_a(X, Y)$, $L_a(X, L_a(X, Y))$, ... Gegeben sei ein $Z \in \mathfrak{Y}_0$. Wegen 7.9.7 ist Z separiert, so daß für Z die Bedingung 1 aus 8.13.7 gilt. Mittels 7.13.2 und 7.13.3 folgt, daß auch die Bedingung 2 für Z gilt ($\mathfrak{G}$ aus dieser Bedingung ist homogen). Offenbar gilt auch die Bedingung 3 für Z. Wegen 8.11.6 gilt die Bedingung 4 für Z bei $a = \mathsf{h}$ und Kh, wegen 8.4.6, 8.4.7 und 8.11.5 unter der Einschränkung, daß X gleichförmig ist, auch bei $a = \mathsf{c}$ und q; Z ist wegen 7.11.14 lokalkonvex und damit kreisförmig. Aus 8.11.7 folgt schließlich, daß die Bedingung 4 für Z im Falle $n = 2$ ohne Einschränkung an a gilt. Wegen 7.11.3 erfüllt Z die Bedingung 5. Ähnlich, wie im Beweis von 8.13.4 die Bedingung 6 aus 8.13.1 bewiesen wurde, zeigt man, daß Z die Bedingung 6 aus 8.13.7 erfüllt. Aus 8.13.2 folgt durch geeignete Reduktion auf Teilräume und unter Beachtung von (7.12.3), daß für Z bei $a = \mathsf{s}, \mathsf{k}, \mathsf{fk}, \mathsf{b}, \mathsf{c}, \mathsf{e}, \mathsf{q}, \mathsf{Kh}, \delta\mathsf{b}, \delta\mathsf{e}, \delta\mathsf{q}$ und $\delta\mathsf{h}$ die Bedingung 7 aus 8.13.7 gilt, aus 8.13.3 folgt entsprechend, daß sie für Z auch bei $a = \mathsf{h}$ zutrifft (der Filter $\mathfrak{G}$ aus dieser Bedingung ist homogen vom Grade m). Damit ergibt sich die Richtigkeit der Behauptung.

Mit den bisherigen Varianten des Taylorschen Lehrsatzes wurde gezeigt, daß in gewissen Fällen die Abbildungen $h \mapsto f(x + h) - f(x) - \mathrm{D}f(x)\, h - \cdots - \frac{1}{n!}\mathrm{D}^n f(x)\, h^n$ Restglieder der Ordnung n sind. Wir führen für den Fall der s-Ableitungen noch zwei andere Arten des Taylorschen Lehrsatzes an. Zuerst zeigen wir (siehe Simonnet [8]):

8.13.9 (Taylorscher Lehrsatz für s-Ableitungen). *n sei eine positive natürliche Zahl. X sei eine limitierte lineare Gruppe und Y eine separierte pseudotopologische lineare Gruppe. x und h seien Punkte von X, und f sei eine Abbildung aus* $\mathfrak{A}(X, Y)$, *die in allen Punkten* $x + \alpha h$ $(\alpha \in [0, 1])$ *n-fach* s*-differenzierbar ist. Dann gilt*

$$f(x + h) - f(x) - \mathrm{D}f(x)\, h - \cdots - \frac{1}{(n-1)!}\mathrm{D}^{n-1}f(x)\, h^{n-1}$$
$$\in \frac{1}{n!}\left(\{\mathrm{D}^n f(x + \alpha h)\, h^n \mid \alpha \in [0, 1]\} \cup \{0\}\right)^{\frown}, \qquad (8.13.7)$$

wobei die auftretenden Ableitungen natürlich s*-Ableitungen von* f *sind.*

Beweis. Wir setzen $M = \{D^n f(x + \alpha h) h^n \mid \alpha \in [0, 1]\} \cup \{0\}$. τ_1 sei die Pseudotopologie von Y, und zu beliebigem $k = 0, \dots, n - 1$ sei $\psi_k : K \circ\!\!\rightarrow Y$ die durch

$$\psi_k(\xi) = \frac{1}{k!}(1 - \xi)^k D^k f(x + \xi h) h^k$$

definierte Abbildung mit maximalem Definitionsbereich, wobei wir unter $D^0 f(x + \xi h) h^0$ natürlich $f(x + \xi h)$ verstehen. Wie man. mühelos zeigt, ist jede Abbildung ψ_k an den Stellen $\xi \in [0, 1]$ s-differenzierbar und gilt dort $D\psi_0(\xi) 1 = Df(x + \xi h) h$ und für $k = 1, \dots, n - 1$

$$D\psi_k(\xi) 1 = \frac{1}{k!}(1 - \xi)^k D^{k+1} f(x + \xi h) h^{k+1} - \frac{1}{(k-1)!}(1 - \xi)^{k-1} D^k f(x + \xi h) h^k .$$

Daher ist auch $\psi = \psi_0 + \dots + \psi_{n-1}$ an jeder Stelle $\xi \in [0, 1]$ s-differenzierbar und gilt dort

$$D\psi(\xi) 1 = \frac{1}{(n-1)!}(1 - \xi)^{n-1} D^n f(x + \xi h) h^n . \tag{8.13.8}$$

Zu einem beliebigem $\varepsilon > 0$ wählen wir reelle Zahlen $\xi_0, \dots, \xi_m$ mit $0 = \xi_0 < \xi_1 < \dots < \xi_m = 1$ und

$$\sum_{i=1}^{m} \alpha_i \leqq \frac{1}{(n-1)!} \int_0^1 (1 - \xi)^{n-1} d\xi + \varepsilon = \frac{1}{n!} + \varepsilon \tag{8.13.9}$$

bei $\alpha_i = \frac{1}{(n-1)!}(\xi_i - \xi_{i-1}) \sup\{(1 - \xi)^{n-1} \mid \xi \in [\xi_{i-1}, \xi_i]\}$. Auf Grund des Fundamentalsatzes 8.7.1 und wegen (8.13.8) gilt

$$\psi(\xi_i) - \psi(\xi_{i-1}) \in \frac{1}{(n-1)!}(\xi_i - \xi_{i-1}) \{(1 - \xi)^{n-1} D^n f(x + \xi h) h^n \mid \xi \in [\xi_{i-1}, \xi_i]\}^{\frown} \tag{8.13.10}$$

und damit $\psi(\xi_i) - \psi(\xi_{i-1}) \in \alpha_i M^{\frown}$ zu beliebigem $i = 1, \dots, m$. Unter Beachtung der Konvexität von $M^{\frown}$ und wegen $\beta M^{\frown} \subseteqq M^{\frown}$ ($\beta \in [0, 1]$) und (8.13.9) erhält man deshalb

$$\frac{\psi(1) - \psi(0)}{\frac{1}{n!} + \varepsilon} \in M^{\frown} ,$$

da $M^{\frown}$ bezüglich der Vektorraumtopologie $t^{\wedge}(\tau_1)$ abgeschlossen ist, also auch $\psi(1) - \psi(0) \in \frac{1}{n!} M^{\frown}$, d. h. (8.13.7).

In der nächsten Variante des TAYLORschen Lehrsatzes tritt der Begriff des RIEMANN-Integrals für Abbildungen mit Werten in gewissen pseudotopologischen linearen Gruppen auf (vergleiche für den Fall lokalkonvexer topologischer Vektorräume KELLER [6]). Y sei eine beliebige pseudotopologische lineare Gruppe und $f\colon [\alpha, \beta] \to Y$ eine Abbildung eines Zahlenintervalles $[\alpha, \beta]$ ($\alpha, \beta \in \boldsymbol{R}, \alpha \leqq \beta$) in Y. Für jede Unterteilung von $[\alpha, \beta]$, d. h. jeden Komplex $u = (\xi_0, \dots, \xi_m)$ reeller Zahlen mit $\alpha = \xi_0 < \xi_1 < \cdots < \xi_m = \beta$ bilden wir die Menge

$$S_u = \left\{ \sum_{i=1}^{m} (\xi_i - \xi_{i-1}) f(\eta_i) \mid \eta_i \in [\xi_{i-1}, \xi_i] \text{ zu jedem } i \right\}$$

und setzen $|u| = \max\{\xi_i - \xi_{i-1} \mid i = 1, \dots, m\}$. Der Filter $\mathfrak{S}$ in Y, der $\{\bigcup_{|u|<\delta} S_u \mid \delta > 0\}$ als eine Basis hat, heißt der **RIEMANN-Filter** von f. Konvergiert dieser Filter gegen einen Punkt y, so heißt f **RIEMANN-integrierbar** und y — wofür wir auch $\int_\alpha^\beta f(\xi)\,\mathrm{d}\xi$ schreiben — ein **RIEMANN-Integral** von f.

8.13.10 (RIEMANN-Filter). *Y sei lokalkonvex, und f sei eine gleichmäßig stetige Abbildung eines Zahlenintervalles $[\alpha, \beta]$ in Y. Dann ist der* RIEMANN-*Filter von f ein* CAUCHY-*Filter. Ist Y noch vollständig, so ist f dann* RIEMANN-*integrierbar.*

Beweis. Zu beliebigem $\delta > 0$ setzen wir $F_\delta = \{f(\xi) - f(\eta) \mid \xi, \eta \in [\alpha, \beta], |\eta - \xi| \leqq \delta\}$ und erhalten $S_u - S_v \subseteqq (\beta - \alpha) F_\delta^\wedge$ für beliebige Unterteilungen u und v von $[\alpha, \beta]$ mit $|u|, |v| \leqq \frac{\delta}{2}$. Auf Grund der gleichmäßigen Stetigkeit von f ist der Filter $\mathfrak{F}$ in Y, der $\{F_\delta \mid \delta > 0\}$ als eine Basis hat, und damit auch $(\beta - \alpha)\,\mathfrak{F}^\wedge$ ein Nullfilter in Y. Der letzte Filter hat $\mathfrak{S} - \mathfrak{S}$ als Oberfilter, so daß $\mathfrak{S}$ ein CAUCHY-Filter und, wenn Y vollständig ist, f somit RIEMANN-integrierbar ist.

Mittels 5.6.12 erhalten wir das

Korollar. *Y sei lokalkonvex und $\aleph_0$-*CHOQUET*sch, und $\mathfrak{t}(Y)$ sei separiert. Dann ist für jede stetige Abbildung f eines Zahlenintervalles $[\alpha, \beta]$ in Y der* RIEMANN-*Filter von f ein* CAUCHY-*Filter.*

Wir zeigen nun

8.13.11 (TAYLORscher Lehrsatz für $\mathfrak{s}$-Ableitungen; Variante). *n sei eine positive natürliche Zahl. X sei eine limitierte lineare Gruppe und Y ein $\aleph_0$-*CHOQUET*scher lokalkonvexer $t^\wedge$-regulärer pseudotopologischer Vektorraum derart, daß $\mathfrak{t}(Y)$ separiert ist. x und h seien Punkte von X, und f sei eine Abbildung aus $\mathfrak{A}(X, Y)$, die in allen Punkten $x + \alpha h$ ($\alpha \in [0, 1]$) n-fach $\mathfrak{s}$-differenzierbar ist. Die Abbildung $\xi \mapsto \mathrm{D}^n f(x + \xi h) h^n$ ($\xi \in [0, 1]$) sei stetig. Dann existiert das* RIEMANN-*Integral*

$\int_0^1 (1-\xi)^{n-1} \mathrm{D}^n f(x+\xi h)\, h^n \,\mathrm{d}\xi$ *und gilt*

$$f(x+h) = f(x) + \mathrm{D}f(x)\, h + \cdots + \frac{1}{(n-1)!} \mathrm{D}^{n-1} f(x)\, h^{n-1}$$
$$+ \frac{1}{(n-1)!} \int_0^1 (1-\xi)^{n-1} \mathrm{D}^n f(x+\xi h)\, h^n \,\mathrm{d}\xi\,, \qquad (8.13.11)$$

wobei die auftretenden Ableitungen natürlich s-*Ableitungen von f sind.*

Beweis. $\mathfrak{S}$ sei der RIEMANN-Filter der durch $g(\xi) = (1-\xi)^{n-1} \mathrm{D}^n f(x+\xi h)\, h^n$ definierten Abbildung $g\colon [0,1] \to Y$. Da Y ein pseudotopologischer Vektorraum ist, ist g stetig und wegen 5.6.12 auch gleichmäßig stetig, so daß wegen 5.6.10 der Filter $\mathfrak{G}$ in X, der $\{G_\delta \mid \delta > 0\}$ mit $G_\delta = \{g(\eta) - g(\xi) \mid \xi, \eta \in [0,1], |\eta - \xi| \leqq \delta\}$ als eine Basis hat, ein Nullfilter in Y ist. Wir wählen eine Unterteilung $u = (\xi_0, \ldots, \xi_m)$ von $[0,1]$ mit $|u| \leqq \delta$ und Zahlen $\eta_i \in [\xi_{i-1}, \xi_i]$ $(i = 1, \ldots, m)$ und bilden $s = \frac{1}{(n-1)!} \sum_{i=1}^{m} (\xi_i - \xi_{i-1})\, g(\eta_i)$. ψ sei die wie im Beweis von 8.13.9 definierte Abbildung. Auch hier gilt (8.13.10) und damit

$$\psi(\xi_i) - \psi(\xi_{i-1}) \in \frac{1}{(n-1)!} (\xi_i - \xi_{i-1}) \{g(\xi) \mid \xi \in [\xi_{i-1}, \xi_i]\}^{\frown}$$

und deshalb

$$\psi(\xi_i) - \psi(\xi_{i-1}) \in \frac{1}{(n-1)!} (\xi_i - \xi_{i-1}) \bigl(g(\eta_i) + G_\delta^{\frown}\bigr)$$

für $i = 1, \ldots, n$. Unter Beachtung der Konvexität von $G_\delta^{\frown}$ ergibt sich die Beziehung $\psi(1) - \psi(0) \in s + \frac{1}{(n-1)!} G_\delta^{\frown}$ und wegen $G_\delta^{\frown} = -G_\delta^{\frown}$ damit

$$s \in \psi(1) - \psi(0) + \frac{1}{(n-1)!} G_\delta^{\frown}\,,$$

so daß $\psi(1) - \psi(0) + \frac{1}{(n-1)!} \mathfrak{G}^{\frown} \subseteqq \frac{1}{(n-1)!} \mathfrak{S}$ für den Filter $\mathfrak{G}^{\frown}$ in Y mit der Basis $\{G_\delta^{\frown} \mid \delta > 0\}$ gilt. Da Y lokalkonvex und $t^\wedge$-regulär ist, konvergiert $\mathfrak{G}^{\frown}$ gegen 0, $\frac{1}{(n-1)!} \mathfrak{S}$ somit gegen $\psi(1) - \psi(0)$. Also ist g RIEMANN-integrierbar und gilt (8.13.11).

Aus 8.13.11 folgt das

Korollar. *Unter der Voraussetzung aus* 8.13.11 *existiert auch das* RIEMANN-*Integral* $\int_0^1 (1-\xi)^{n-1} \bigl(\mathrm{D}^n f(x+\xi h) - \mathrm{D}^n(fx)\bigr)\, h^n \,\mathrm{d}\xi$ *und gilt*

$$f(x+h) = f(x) + \mathrm{D}f(x)\, h + \cdots + \frac{1}{n!} \mathrm{D}^n f(x)\, h^n$$
$$+ \frac{1}{(n-1)!} \int_0^1 (1-\xi)^{n-1} \bigl(\mathrm{D}^n f(x+\xi h) - \mathrm{D}^n f(x)\bigr)\, h^n \,\mathrm{d}\xi\,.$$

8.14. Die Kettenregel höherer Ordnung

Wir fragen im folgenden danach, unter welchen Einschränkungen die Kettenregel höherer Ordnung gilt. Wir werden dabei für die höheren Ableitungen zusammengesetzter Abbildungen Darstellungen angeben. Dazu führen wir einige Bezeichnungen ein. a sei eine geordnete endliche Folge voneinander verschiedener positiver natürlicher Zahlen, d. h. ein nichtleerer Komplex $(k_1, \dots, k_n)$ aus positiven natürlichen Zahlen $k_1, \dots, k_n$ mit $k_1 < \dots < k_n$. Wir zerlegen ihn auf alle möglichen Arten in geordnete endliche Teilfolgen $a_1 = (k_{11}, \dots, k_{1j_1}), \dots, a_m = (k_{m1}, \dots, k_{mj_m})$ mit $k_{1j_1} < k_{2j_2} < \dots < k_{mj_m}$ und bilden die Komplexe $(a_1, \dots, a_m)$. Es gilt jeweils

$$1 \leqq m \leqq n = j_1 + \dots + j_m ,$$

$$k_{11} < \dots < k_{1j_1}, \dots , k_{m1} < \dots < k_{mj_m}$$

und

$$\{k_1, \dots , k_n\} = \{k_{11}, \dots , k_{1j_1}\} \cup \dots \cup \{k_{m1}, \dots , k_{mj_m}\} .$$

$P(a)$ sei die Gesamtheit dieser Komplexe $(a_1, \dots, a_m)$. Uns interessiert insbesondere der Fall, daß $a = (1, \dots, n)$ für ein $n \in \boldsymbol{N}^+$ ist. In diesem Falle schreiben wir anstelle $P(a)$ auch P_n.

P_1 besteht aus $\big((1)\big)$, P_2 aus $\big((1, 2)\big)$ und $\big((1), (2)\big)$, P_3 aus $\big((1, 2, 3)\big)$, $\big((1), (2, 3)\big)$, $\big((2), (1, 3)\big)$, $\big((1, 2), (3)\big)$ und $\big((1), (2), (3)\big)$ usw.

Wir benötigen später den nachstehenden Hilfssatz

8.14.1. *Zu jedem $n \in \boldsymbol{N}^+$ besteht P_{n+1} aus den folgenden Komplexen:*

1. *aus $\big((1, \dots, n + 1)\big)$,*
2. *zu beliebigem $(a_1, \dots, a_m) \in P_n$ aus $\big(a_1, \dots, a_m, (n + 1)\big)$*

und

3. *zu beliebigen $(a_1, a_2) \in P_n$, $(b_1, \dots, b_i) \in P(a_1)$ und $(c_1, \dots, c_j) \in P(a_2)$ aus $(b_1, \dots, b_i, \bar{a}_1)$ und $(c_1, \dots, c_j, \bar{a}_2)$.*

Ferner besteht P_{n+1} zu jedem $n \in \boldsymbol{N}^+$ aus den folgenden Komplexen:

1'. *zu beliebigem $(a_1, \dots, a_m) \in P_n$ aus $\big(a_1, \dots, a_m, (n + 1)\big)$*

und

2'. *zu beliebigen $(a_1, \dots, a_m) \in P_n$ und $i = 1, \dots, m$ aus $(a_1, \dots, a_{i-1}, a_{i+1}, \dots, a_m, \bar{a}_i)$.*

Dabei wird unter $\bar{a}_i$ bei $a_i = (k_{i1}, \dots, k_{ij_i})$ jeweils $(k_{i1}, \dots, k_{ij_i}, n + 1)$ verstanden.

Beweis. 1. Unter 1 ist der einzige Komplex aus P_{n+1} mit einem Glied angeführt. Unter 2 sind alle Komplexe aus P_{n+1} angeführt mit mindestens zwei Gliedern derart, daß das letzte Glied aus einer Zahl (und zwar $n + 1$) besteht. Unter 3 sind alle Komplexe aus P_{n+1} angegeben mit mindestens zwei Gliedern derart, daß das letzte Glied aus mindestens zwei Zahlen besteht. Dabei wird unterschieden, ob die vorletzte Zahl des letzten Gliedes kleiner oder gleich n ist.

2. Unter 1' bzw. 2' sind alle Komplexe aus P_{n+1} angeführt, deren letztes Glied aus einer Zahl bzw. aus mindestens zwei Zahlen besteht. Im Falle $i = 1$ bzw. $i = m$ ist mit $(a_1, \dots, a_{i-1}, a_{i+1}, \dots, a_m, \bar{a}_i)$ natürlich $(a_2, \dots, a_m, \bar{a}_1)$ bzw. $(a_1, \dots, a_{m-1}, \bar{a}_m)$ gemeint.

Zu jeder geordneten endlichen Folge a voneinander verschiedener positiver natürlicher Zahlen und zu beliebigen positiven natürlichen Zahlen j und k sei a^{jk} diejenige endliche Folge, die sich aus a ergibt, indem man in a anstelle j, falls j überhaupt in a auftritt, k und anstelle k, falls k in a überhaupt auftritt, j setzt und anschließend der Größe nach ordnet. Für beliebiges $j, k, n \in \boldsymbol{N}^+$ mit $j, k \leqq n$ und jeden Komplex $a = (a_1, \dots, a_m) \in P_n$ bilden $a_1^{jk}, \dots, a_m^{jk}$ in geeigneter Reihenfolge wieder einen Komplex $a(j, k)$ aus P_n. Man zeigt mühelos

8.14.2. *Zu beliebigen $j, k, n \in \boldsymbol{N}^+$ mit $j, k \leqq n$ gilt $P_n = \{a(j, k) \mid a \in P_n\}$.*

Für jeden nichtleeren Komplex a sei $|a|$ die Anzahl der Glieder von a.

Mit Q_n bezeichnen wir zu beliebigem $n \in \boldsymbol{N}^+$ die Menge aller geordneten endlichen Folgen $s = (s_1, \dots, s_m)$ nicht notwendig voneinander verschiedener positiver natürlicher Zahlen $s_1, \dots, s_m$ mit $s_1 + \dots + s_m = n$. Es gilt also stets $s_1 \leqq \dots \leqq s_m$. $k_j(s)$ sei zu beliebigen $s = (s_1, \dots, s_m) \in Q_n$ und $j \in \{1, \dots, n\}$ die Anzahl der i mit $j = s_i$.

8.14.3. *Zu beliebigen $n \in \boldsymbol{N}^+$ und $s = (s_1, \dots, s_m) \in Q_n$ gibt es genau $\dfrac{n!}{s_1! \cdots s_m!\, k_1(s)! \cdots k_n(s)!}$ Komplexe $(a_1, \dots, a_m) \in P_n$ derart, daß $|a_1|, \dots, |a_m|$ — bis auf eine Umordnung — mit $s_1, \dots, s_m$ übereinstimmt.*

Beweis. Π sei die Menge aller Permutationen der Menge $\{1, \dots, n\}$. Wir bilden die Mengen $M_1 = \{1, \dots, s_1\}$, $M_2 = \{s_1 + 1, \dots, s_1 + s_2\}, \dots, M_m = \{n - s_m + 1, \dots, n\}$ und nennen Permutationen $\pi, \pi' \in \Pi$ äquivalent, wenn $\pi[M_i] = \pi'[M_i]$ für $i = 1, \dots, m$ ist. Auf diese Weise ist in Π eine Äquivalenzrelation ϱ definiert. Jeder Äquivalenzklasse bez. ϱ gehören $s_1! \cdots s_m!$ Permutationen an. Da Π aus $n!$ Permutationen besteht, gibt es $\dfrac{n!}{s_1! \cdots s_m!}$ Äquivalenzklassen bez. ϱ. Jeder Äquivalenzklasse bez. ϱ gehört genau eine Permutation an, die über den M_i isoton ist. Π_0 sei die Menge dieser Permutationen. Wir nennen Permutationen $\pi, \pi' \in \Pi_0$ äquivalent, wenn zu beliebigem $i \in \{1, \dots, m\}$ ein $i' \in \{1, \dots, m\}$ mit $\pi[M_i] = \pi'[M_{i'}]$ existiert. Auf diese Weise ist in Π_0 eine Äquivalenzrelation ϱ_0 definiert. Jeder Äquivalenzklasse bez. ϱ_0 gehören $k_1(s)! \cdots k_n(s)!$ Permutationen an, so daß es $\dfrac{n!}{s_1! \cdots s_m!\, k_1(s)! \cdots k_n(s)!}$ Äquivalenzklassen bez. ϱ_0 gibt. Zu jeder Permutation $\pi \in \Pi_0$ bilden die endlichen Folgen $(\pi(s_1 + \dots + s_{i-1} + 1), \dots, \pi(s_1 + \dots + s_i))$ $(i = 1, \dots, m)$, geeignet geordnet, einen Komplex aus P_n. Zwei Permutationen ergeben genau dann den gleichen

Komplex, wenn sie bez. ϱ_0 äquivalent sind. Die Äquivalenzklassen bez. ϱ_0 charakterisieren damit die Komplexe $(a_1, \dots, a_m) \in P_n$, womit die Behauptung folgt.

Wir bezeichnen zu beliebigem $n \in N^+$, jeder geordneten endlichen Folge $a = (k_1, \dots, k_j)$ voneinander verschiedener natürlicher Zahlen $k_i \in \{1, \dots, n\}$ und jedem Vektorraum X die Abbildung $(h_1, \dots, h_n) \mapsto (h_{k_1}, \dots, h_{k_j})$ von X^n in X^j im folgenden mit π_a.

Als nächstes gehen wir auf die Kettenregel höherer Ordnung für τ,σ-Ableitungen ein. $\mathfrak{X}$, $\mathfrak{Y}$, $\mathfrak{A}(X, Y)$ $(X \in \mathfrak{X}, Y \in \mathfrak{Y})$, τ und σ seien dazu wie bei der Definition der τ,σ-Differenzierbarkeit gegeben. τ und σ besitzen demzufolge die in Abschnitt 8.10 angegebenen Eigenschaften 1 bis 3; wir benutzen die dort eingeführten Bezeichnungen. Zu beliebigen $X \in \mathfrak{X}$ und $Y \in \mathfrak{Y}$ sei $\mathfrak{A}(X, Y)$ mit der Limitierung $\tau(X, Y)$ versehen.

8.14.4 (Kettenregel höherer Ordnung für τ,σ-Ableitungen). *$\mathfrak{X}_0$ sei eine Teilklasse von $\mathfrak{X}$ und $\mathfrak{Y}_0$ eine Teilklasse von $\mathfrak{Y}$ derart, daß zu beliebigen $X \in \mathfrak{X}_0$ und $Y \in \mathfrak{Y}_0$ stets $L_\sigma(X, Y) \in \mathfrak{Y}_0$ und zu beliebigen $X \in \mathfrak{X}_0$, $Y \in \mathfrak{X}_0 \cap \mathfrak{Y}_0$ und $Z \in \mathfrak{Y}_0$ stets $L_\sigma(X, Y) \times L_\sigma(Y, Z) \in \mathfrak{X}_0 \cap \mathfrak{Y}_0$ gilt. n sei eine positive natürliche Zahl. Es gelte:*

1. *Zu beliebigen $X \in \mathfrak{X}_0$ und $Y \in \mathfrak{Y}_0$ ist $\sigma(X, Y)$ eine Pseudotopologie.*
2. *Zu beliebigen $X \in \mathfrak{X}_0$ und $Y \in \mathfrak{Y}_0$ ist die Addition $(u, v) \mapsto u + v$ $\big(u, v \in \mathfrak{A}(X, Y)\big)$ an den Stellen (u, v) mit $\mathrm{db}u = \mathrm{db}v = X$ stetig.*
3. *Für alle $X \in \mathfrak{X}_0$, $Y \in \mathfrak{X}_0 \cap \mathfrak{Y}_0$ und $Z \in \mathfrak{Y}_0$ ist die Kompositionsabbildung von $\mathfrak{A}(X, Y) \times \mathfrak{A}(Y, Z)$ in $\mathfrak{A}(X, Z)$ über $L(X, Y) \times L(Y, Z)$ stetig und ist die Kompositionsabbildung von $L_\sigma(X, Y) \times L_\sigma(Y, Z)$ in $L_\sigma(X, Z)$ stetig.*
4. *Zu beliebigen $X_1, X_2 \in \mathfrak{X}_0$ mit $X_1 \times X_2 \in \mathfrak{X}_0$ und $Y \in \mathfrak{Y}_0$ ist die von $\tau(X_1 \times X_2, Y)$ auf $L(X_1, X_2; Y)$ induzierte Limitierung eine Vektorraumpseudotopologie; dabei ist $L(X_1, X_2; Y)$ der aus allen stetigen bilinearen Abbildungen $l: X_1 \times X_2 \to Y$ bestehende Vektorraum mit der üblichen Vektoraddition und skalaren Multiplikation.*
5. *Ist $n > 2$, so ist zu beliebigen $X \in \mathfrak{X}_0$, $Y \in \mathfrak{X}_0 \cap \mathfrak{Y}_0$ und $Z \in \mathfrak{Y}_0$ die Abbildung von $A = L_\sigma(X, Y) \times L_\sigma(Y, Z)$ in $L_\sigma\big(A, L_\sigma(X, Z)\big)$, die jedem $(u, v) \in A$ die Abbildung $(h, k) \mapsto k \circ u + v \circ h$ $\big((h, k) \in A\big)$ zuordnet, stetig.*
6. *Zu beliebigen $X \in \mathfrak{X}_0$ und $Y_1, Y_2 \in \mathfrak{Y}_0$ mit $Y_1 \times Y_2 \in \mathfrak{Y}_0$ ist die Abbildung $(u, v) \mapsto \langle u, v\rangle$ von $\mathfrak{A}(X, Y_1) \times \mathfrak{A}(X, Y_2)$ in $\mathfrak{A}(X, Y_1 \times Y_2)$ in $(0, 0)$ stetig.*
7. *Zu beliebigen $m = 1, \dots, n-1$, $X \in \mathfrak{X}_0$ und $Y_1, Y_2 \in \mathfrak{Y}_0$ mit $Y_1 \times Y_2 \in \mathfrak{Y}_0$ ist die Abbildung $\langle u, v\rangle \mapsto (u, v)$ $\big(\langle u, v\rangle \in H_\sigma^m(X, Y_1 \times Y_2)\big)$ ein linearer Homöomorphismus von $H_\sigma^m(X, Y_1 \times Y_2)$ in $H_\sigma^m(X, Y_1) \times H_\sigma^m(X, Y_2)$.*
8. *Zu beliebigen $X \in \mathfrak{X}_0$ und $Y \in \mathfrak{Y}_0$ besitzt $\mathfrak{R}^{\mathsf{G}}_{\tau(X,Y)}$ die Eigenschaften A_1 und A_2.*
9. *Ist $n > 2$, so sind zu beliebigen $X \in \mathfrak{X}_0$ und $Y \in \mathfrak{Y}_0$ die Restglieder $r \in \mathfrak{R}^{\mathsf{G}}_{\tau(X,Y)}$ in 0 stetige Abbildungen $r: X^{\#} \multimap Y^{\#}$ mit $r(0) = 0$ und ist $\mathrm{db}[\mathfrak{R}^{\mathsf{G}}_{\tau(X,Y)}]$ jeweils der Nullnachbarschaftsfilter in $X^{\#}$.*

$f \in \mathfrak{A}(X, Y)$ und $g \in \mathfrak{A}(Y, Z)$ $(X \in \mathfrak{X}_0,\ Y \in \mathfrak{X}_0 \cap \mathfrak{Y}_0,\ Z \in \mathfrak{Y}_0)$ seien Abbildungen, die in einem Punkt $x \in \mathrm{dbf}$ bzw. in $y = f(x)$ eine τ,σ-Ableitung $\mathrm{D}^n f(x)$ bzw. $\mathrm{D}^n g(y)$ der Ordnung n besitzen. Dann ist $g \circ f$ in x n-fach τ,σ-differenzierbar und ist

$$\mathrm{D}^n(g \circ f)(x) = \sum_{(a_1,\dots,a_m)\in P_n} \mathrm{D}^m g\big(f(x)\big) \circ \langle \mathrm{D}^{|a_1|} f(x) \circ \pi_{a_1}, \dots, \mathrm{D}^{|a_m|} f(x) \circ \pi_{a_m} \rangle \qquad (8.14.1)$$

eine τ,σ-Ableitung von $g \circ f$ in x der Ordnung n. Dabei sind $\mathrm{D}f, \dots, \mathrm{D}^{n-1}f$ und $\mathrm{D}g, \dots, \mathrm{D}^{n-1}g$ die bei der Definition von $\mathrm{D}^n f(x)$ und $\mathrm{D}^n g(x)$ auftretenden τ,σ-Ableitungen von f und g der Ordnung 1 bis $n - 1$.

Beweis. 1. $A = L_\sigma(X, Y) \times L_\sigma(Y, Z)$ gehört $\mathfrak{X}_0 \cap \mathfrak{Y}_0$ und $L_\sigma(X, Z)$ ferner $\mathfrak{Y}_0$ an. γ sei die Kompositionsabbildung von A in $L_\sigma(X, Z)$. Sie ist bilinear und wegen Bedingung 3 stetig. Auf Grund der Bedingungen 2 und 4 folgt mittels der Anmerkungen nach 8.6.5, daß γ an jeder Stelle $(u, v) \in A$ die durch

$$\mathrm{D}\gamma(u, v)(h, k) = \gamma(u, k) + \gamma(h, v) \quad \big((h, k) \in A\big) \qquad (8.14.2)$$

definierte Abbildung als τ,σ-Ableitung hat. Ist $n > 2$, so ist $\mathrm{D}\gamma\colon (u, v) \mapsto \mathrm{D}\gamma(u, v)$ $\big((u, v) \in A\big)$ wegen Eigenschaft 5 stetig. Da $\mathrm{D}\gamma$ linear ist, folgt mittels Bedingung 1 und 8.6.4, daß $\mathrm{D}\gamma$ an jeder Stelle $(u, v) \in A$ sich selbst als τ,σ-Ableitung hat, so daß dann γ an jeder Stelle $(u, v) \in A$ zweifach τ,σ-differenzierbar ist und dort die durch

$$\mathrm{D}^2\gamma(u, v)\big((h, k), (l, m)\big) = \gamma(h, m) + \gamma(l, k) \quad \big((h, k), (l, m) \in A\big) \qquad (8.14.3)$$

definierte Abbildung als τ,σ-Ableitung zweiter Ordnung hat. Dann ist aber γ beliebig oft τ,σ-differenzierbar und gilt für die betreffenden τ,σ-Ableitungen

$$\mathrm{D}^k\gamma = 0 \qquad \text{bei } k \geqq 3\,. \qquad (8.14.4)$$

2. Auf Grund der Eigenschaften 1 bis 3 können wir die Kettenregel 8.7.2 anwenden und erhalten, daß $\mathrm{D}(g \circ f)(u) = \mathrm{D}g\big(f(u)\big) \circ \mathrm{D}f(u)$ zu jedem u aus $\mathrm{dbD}f \cap f^{-1}[\mathrm{dbD}g]$ eine τ,σ-Ableitung von $g \circ f$ in u ist und

$$\mathrm{D}(g \circ f)(u) = (\gamma \circ \psi)(u) \qquad (8.14.5)$$

bei $\psi = \langle \mathrm{D}f, \mathrm{D}g \circ f \rangle$ gilt. Im Falle $n = 1$ trifft die Behauptung des Satzes zu. Wir nehmen nun an, daß der Satz für beliebige Differenzierbarkeitsordnungen $\leqq n$ bewiesen ist und die Voraussetzungen für $n + 1$ gelten. Wir zeigen, daß die Behauptung des Satzes dann auch für $n + 1$ richtig ist. γ ist nach Teil 1 des Beweises im Falle $n = 1$ einfach und im Falle $n > 1$, also $n + 1 > 2$, unendlich oft τ,σ-differenzierbar, somit stets n-fach τ,σ-differenzierbar. Wegen 8.10.2 ist $\mathrm{D}f$ n-fach τ,σ-differenzierbar in x und $\mathrm{D}g$ n-fach τ,σ-differenzierbar in y. Da auch f n-fach τ,σ-differenzierbar in x ist, ist auf Grund der Annahme ebenfalls $\mathrm{D}g \circ f$ n-fach τ,σ-differenzierbar in x und gilt für die betreffende n-fache τ,σ-Ableitung eine Darstellung der Form (8.14.1), wobei g durch $\mathrm{D}g$ ersetzt ist. Unter Berücksichtigung der Eigenschaften 6 bis 8 ergibt sich mit ähnlichen Überlegungen wie in den Teilen 1 und 2 des Beweises von 8.11.12, daß ψ n-fach τ,σ-differenzierbar in x ist und

$$\mathrm{D}^n\psi(x) = \langle \mathrm{D}^n(\mathrm{D}f)(x), \mathrm{D}^n(\mathrm{D}g \circ f)(x) \rangle \qquad (8.14.6)$$

für die betreffende τ,σ-Ableitung gilt. Auf Grund der Annahme ist auch $\gamma \circ \psi$ in x n-fach τ,σ-differenzierbar und besteht für die betreffende τ,σ-Ableitung $\mathrm{D}^n(\gamma \circ \psi)(x)$ eine Darstellung der Form (8.14.1), wobei g durch γ und f durch ψ ersetzt ist. Aus 8.10.2′ und (8.14.5) folgt unter Beachtung der Eigenschaft 8, daß $g \circ f$ in x $(n+1)$-fach im weiten Sinne τ,σ-differenzierbar ist und

$$\mathrm{D}^{n+1}(g \circ f)(x) = \left(\chi^{n|1} \circ \mathrm{D}^n(\gamma \circ \psi)\right)(x) \tag{8.14.7}$$

für die betreffende τ,σ-Ableitung im weiten Sinne gilt.

Wir beweisen nun (8.14.1) für $n+1$. Im Falle $n = 1$ folgt aus (8.14.2), (8.14.6) und (8.14.7)

$$\begin{aligned}\mathrm{D}^2(g \circ f)(x) &= \chi^{11}\left(\mathrm{D}\gamma(\psi(x)) \circ \mathrm{D}\psi(x)\right)\\ &= \mathrm{D}g\left(f(x)\right) \circ \mathrm{D}^2 f(x) + \mathrm{D}^2 g\left(f(x)\right) \circ \langle \mathrm{D}f(x) \circ \pi_{(1)}, \mathrm{D}f(x) \circ \pi_{(2)}\rangle \end{aligned}\tag{8.14.8}$$

und damit (8.14.1) für $n + 1 = 2$. Nun sei $n > 1$, also $n + 1 > 2$. Aus (8.14.1) für γ und ψ folgt mittels (8.14.2) bis (8.14.6)

$$\begin{aligned}\mathrm{D}^n(\gamma \circ \psi)(x)(h_1, \dots, h_n) &= (\mathrm{D}g \circ f)(x) \circ \mathrm{D}^n(\mathrm{D}f)(x)(h_1, \dots, h_n)\\ &+ \mathrm{D}^n(\mathrm{D}g \circ f)(x)(h_1, \dots, h_n) \circ \mathrm{D}f(x)\\ &+ \sum_{(a_1,a_2)\in P_n} \mathrm{D}^{|a_1|}(\mathrm{D}g \circ f)(x)(h_{k_{11}}, \dots, h_{k_{1j_1}}) \circ \mathrm{D}^{|a_2|}(\mathrm{D}f)(x)(h_{k_{21}}, \dots, h_{k_{2j_2}})\\ &+ \sum_{(a_1,a_2)\in P_n} \mathrm{D}^{|a_2|}(\mathrm{D}g \circ f)(x)(h_{k_{21}}, \dots, h_{k_{2j_2}}) \circ \mathrm{D}^{|a_1|}(\mathrm{D}f)(x)(h_{k_{11}}, \dots, h_{k_{1j_1}})\end{aligned}$$

bei $a_1 = (k_{11}, \dots, k_{1j_1})$ und $a_2 = (k_{21}, \dots, k_{2j_2})$. Setzen wir in dieser Beziehung für $\mathrm{D}^n(\mathrm{D}g \circ f)(x)$, $\mathrm{D}^{|a_1|}(\mathrm{D}g \circ f)(x)$ und $\mathrm{D}^{|a_2|}(\mathrm{D}g \circ f)(x)$ die jeweiligen der rechten Seite von (8.14.1) entsprechenden Ausdrücke ein, so erhalten wir unter Beachtung von 8.10.2′ und (8.14.7)

$$\begin{aligned}\mathrm{D}^{n+1}(g \circ f)(x) &= \mathrm{D}g\left(f(x)\right) \circ \mathrm{D}^{n+1}f(x)\\ &+ \sum_{(a_1,\dots,a_m)\in P_n} \mathrm{D}^{m+1}g\left(f(x)\right) \circ \langle \mathrm{D}^{|a_1|}f(x) \circ \pi_{a_1}, \dots, \mathrm{D}^{|a_m|}f(x) \circ \pi_{a_m}, \mathrm{D}f(x) \circ \pi_{(n+1)}\rangle\\ &+ \sum_{(a_1,a_2)\in P_n} \sum_{(b_1,\dots,b_i)\in P(a_1)} \mathrm{D}^{i+1}g\left(f(x)\right) \circ \langle \mathrm{D}^{|b_1|}f(x) \circ \pi_{b_1}, \dots, \mathrm{D}^{|b_i|}f(x) \circ \pi_{b_i}, \mathrm{D}^{|a_2|+1}f(x) \circ \pi_{\bar{a}_2}\rangle\\ &+ \sum_{(a_1,a_2)\in P_n} \sum_{(c_1,\dots c_j)\in P(a_2)} \mathrm{D}^{j+1}g\left(f(x)\right) \circ \langle \mathrm{D}^{|c_1|}f(x) \circ \pi_{c_1}, \dots, \mathrm{D}^{|c_j|}f(x) \circ \pi_{c_j}, \mathrm{D}^{|a_1|+1}f(x) \circ \pi_{\bar{a}_1}\rangle;\end{aligned}$$

dabei ist $\bar{a}_1 = (k_{11}, \dots, k_{1j_1}, n+1)$ und $\bar{a}_2 = (k_{21}, \dots, k_{2j_2}, n+1)$ bei $a_1 = (k_{11}, \dots, k_{1j_1})$ und $a_2 = (k_{21}, \dots, k_{2j_2})$. 8.14.1 (erster Fall) entnimmt man damit, daß (8.14.1) auch bei $n > 1$ für $n + 1$ gilt.

Zu zeigen ist noch, daß $\mathrm{D}^{n+1}(g \circ f)(x)$ eine τ,σ-Ableitung ist. (8.14.8) ist offenbar eine symmetrische Abbildung, so daß $\mathrm{D}^{n+1}(g \circ f)(x)$ im Falle $n = 1$ eine symmetrische Abbildung und damit eine τ,σ-Ableitung ist. Nun sei $n > 1$, also $n + 1 > 2$. Wir setzen $U_k = \mathrm{dbD}^k f \cap f^{-1}[\mathrm{dbD}^k g]$ für $k = 2, \dots, n$ und $U_{n+1} = \{x\}$. Gegeben seien ein $k \in \{2, \dots, n\}$ und ein $u \in U_{k+1}$. Wegen $u \in \mathrm{dbD}^{k+1}f$ und $f(u) \in \mathrm{dbD}^{k+1}g$ folgt mittels Eigenschaft 9, daß $\mathrm{dbD}^k f - u$ und $\mathrm{dbD}^k g - f(u)$ Nullnachbarschaften in $X^{\#}$ bzw. $Y^{\#}$ sind. Ferner folgt wegen $u \in \mathrm{dbD}f$ mittels

Eigenschaft 9, daß $h \mapsto f(u + h) - f(u)$ als Abbildung aus $X^{\#}$ in $Y^{\#}$ in 0 stetig, somit $f^{-1}[\mathrm{dbD}^k g] - u$ eine Nullnachbarschaft in $X^{\#}$ ist. Daher ist auch $U_k - u$ eine Nullnachbarschaft in $X^{\#}$, somit ein Element von $\mathrm{db}[\mathfrak{R}_{X\,H^k_\sigma(X,Y)}]$. Auf Grund der Annahme sind $\mathrm{D}^k(g \circ f)\,(v)$ $(v \in U_k)$ symmetrische Abbildungen. 8.14.2 und (8.14.1) für $n + 1$ entnimmt man, daß auch $\mathrm{D}^{n+1}(g \circ f)(x)$ eine symmetrische Abbildung ist. Aus 8.10.2′ ergibt sich damit, daß $\mathrm{D}^{n+1}(g \circ f)(x)$ eine τ,σ-Abbildung ist.

(8.14.1) führen wir speziell noch einmal für $n = 2$ und 3 an und benutzen dabei zur Vereinfachung Abbildungsprodukte. Im Falle $n = 2$ lautet (8.14.1)

$$\mathrm{D}^2(g \circ f)(x) = \mathrm{D}g(f(x)) \circ \mathrm{D}^2 f(x) + \mathrm{D}^2 g(f(x)) \circ (\mathrm{D}f(x) * \mathrm{D}f(x))$$

und im Falle $n = 3$

$$\begin{aligned}\mathrm{D}^3(g \circ f)(x) = {} & \mathrm{D}g(f(x)) \circ \mathrm{D}^3 f(x) + \mathrm{D}^2 g(f(x)) \circ \langle \mathrm{D}f(x) \circ \pi_{(1)}, \mathrm{D}^2 f(x) \circ \pi_{(2,3)} \rangle \\ & + \mathrm{D}^2 g(f(x)) \circ \langle \mathrm{D}f(x) \circ \pi_{(2)}, \mathrm{D}^2 f(x) \circ \pi_{(1,3)} \rangle \\ & + \mathrm{D}^2 g(f(x)) \circ \langle \mathrm{D}^2 f(x) \circ \pi_{(1,2)}, \mathrm{D}f(x) \circ \pi_{(3)} \rangle \\ & + \mathrm{D}^3 g(f(x)) \circ (\mathrm{D}f(x) * \mathrm{D}f(x) * \mathrm{D}f(x)) \,.\end{aligned}$$

Wir bringen eine weitere Kettenregel höherer Ordnung für τ,σ-Ableitungen (vergleiche SIMONNET [8]). Für beliebiges $X \in \mathfrak{X}$, $Y \in \mathfrak{Y}$ und $n \in N^+$ sei $\overset{s}{H}{}^n_\sigma(X, Y)$ die limitierte lineare Untergruppe von $H^n_\sigma(X, Y)$, die aus allen symmetrischen Abbildungen $l \in H^n_\sigma(X, Y)$ besteht.

8.14.5 (Kettenregel höherer Ordnung für τ,σ-Ableitungen; Variante). *$\mathfrak{X}_0$ sei eine Teilklasse von $\mathfrak{X}$ und $\mathfrak{Y}_0$ eine Teilklasse von $\mathfrak{Y}$ derart, daß zu beliebigen $X \in \mathfrak{X}_0$ und $Y \in \mathfrak{Y}_0$ stets $L_\sigma(X, Y) \in \mathfrak{Y}_0$ und zu beliebigen $X \in \mathfrak{X}_0$, $Y \in \mathfrak{X}_0 \cap \mathfrak{Y}_0$ und $Z \in \mathfrak{Y}_0$ stets $L_\sigma(X, Y) \times L_\sigma(Y, Z) \in \mathfrak{X}_0 \cap \mathfrak{Y}_0$ gilt. n sei beliebig aus N^+. Es gelte:*

1. *Zu beliebigen $X \in \mathfrak{X}_0$ und $Y \in \mathfrak{Y}_0$ ist $\sigma(X, Y)$ eine Pseudotopologie.*
2. *Zu beliebigen $X \in \mathfrak{X}_0$ und $Y \in \mathfrak{Y}_0$ ist die Addition $(u, v) \mapsto u + v$ $(u, v \in \mathfrak{A}(X, Y))$ an den Stellen (u, v) mit $\mathrm{db}u = \mathrm{db}v = X$ stetig.*
3. *Für alle $X \in \mathfrak{X}_0$, $Y \in \mathfrak{X}_0 \cap \mathfrak{Y}_0$ und $Z \in \mathfrak{Y}_0$ ist die Kompositionsabbildung von $\mathfrak{A}(X, Y) \times \mathfrak{A}(Y, Z)$ in $\mathfrak{A}(X, Z)$ über $L(X, Y) \times L(Y, Z)$ stetig und ist die Kompositionsabbildung von $L_\sigma(X, Y) \times L_\sigma(Y, Z)$ in $L_\sigma(X, Z)$ stetig.*
4. *Zu beliebigen $X \in \mathfrak{X}_0$, $Y \in \mathfrak{X}_0 \cap \mathfrak{Y}_0$, $Z \in \mathfrak{Y}_0$ und jedem $(a_1, \ldots, a_m) \in P_n$ ist $(l, l_1, \ldots, l_m) \mapsto l \circ \langle l_1 \circ \pi_{a_1}, \ldots, l_m \circ \pi_{a_m} \rangle$ $(l \in \overset{s}{H}{}^m_\sigma(Y, Z)$, $l_i \in H^{|a_i|}_\sigma(X, Y)$ für $i = 1, \ldots, m)$ eine stetige Abbildung von $\overset{s}{H}{}^m_\sigma(Y, Z) \times H^{|a_1|}_\sigma(X, Y) \times \cdots \times H^{|a_m|}_\sigma(X, Y)$ in $H^n_\sigma(X, Z)$.*
5. *Zu beliebigen $X \in \mathfrak{X}_0$, $Y \in \mathfrak{Y}_0$ und $m = 1, \ldots, n$ ist die von $\tau(X, Y)$ auf $G^m(X, Y)$ induzierte Limitierung eine Vektorraumpseudotopologie; dabei ist $G^m(X, Y)$ der Vektorraum aller Abbildungen von X in Y, die in 0 stetig und*

die homogen vom Grade m sind, mit der üblichen Vektoraddition und skalaren Multiplikation.

6. *Zu beliebigen* $X \in \mathfrak{X}_0$ *und* $Y_1, \dots, Y_k \in \mathfrak{Y}_0$ $(k \in N^+)$ *mit* $Y_1 \times \cdots \times Y_k \in \mathfrak{Y}_0$ *ist die Abbildung* $(u_1, \dots, u_k) \mapsto \langle u_1, \dots, u_k \rangle$ *von* $\mathfrak{A}(X, Y_1) \times \cdots \times \mathfrak{A}(X, Y_k)$ *in* $\mathfrak{A}(X, Y_1 \times \cdots \times Y_k)$ *in* $(0, \dots, 0)$ *stetig.*

7. *Zu beliebigen* $X \in \mathfrak{X}_0$ *und* $Y \in \mathfrak{Y}_0$ *hat* $\mathfrak{R}^{\mathfrak{G}}_{\tau(X,Y)}$ *die Eigenschaft* A_2.

$f \in \mathfrak{A}(X, Y)$ *und* $g \in \mathfrak{A}(Y, Z)$ $(X \in \mathfrak{X}_0, Y \in \mathfrak{X}_0 \cap \mathfrak{Y}_0, Z \in \mathfrak{Y}_0)$ *seien Abbildungen, die in einem Punkt* $x \in \operatorname{dbf}$ *bzw. in* $y = f(x)$ *eine* τ,σ*-Ableitung* $D^n f(x)$ *bzw.* $D^n g(y)$ *der Ordnung* n *besitzen. Dann ist* $g \circ f$ *in* x n*-fach* τ,σ*-differenzierbar und ist*

$$D^n(g \circ f)(x) = \sum_{(a_1,\dots,a_m) \in P_n} D^m g(f(x)) \circ \langle D^{|a_1|} f(x) \circ \pi_{a_1}, \dots, D^{|a_m|} f(x) \circ \pi_{a_m} \rangle \qquad (8.14.9)$$

eine τ,σ*-Ableitung von* $g \circ f$ *in* x *der Ordnung* n*. Dabei sind* $Df, \dots, D^{n-1}f$ *und* $Dg, \dots, D^{n-1}g$ *die bei der Definition von* $D^n f(x)$ *und* $D^n g(x)$ *auftretenden* τ,σ*-Ableitungen von* f *und* g *der Ordnung* 1 *bis* $n - 1$.

Beweis. Die Behauptung gilt auf Grund der Kettenregel 8.7.2 und der Eigenschaften 1 bis 3 im Falle $n = 1$. Wir nehmen nun an, daß die Behauptung des Satzes für ein n bewiesen ist und die Voraussetzung für $n + 1$ zutrifft. Auf Grund der Annahme gilt zu beliebigem $u \in \operatorname{dbD}^n f \cap f^{-1}[\operatorname{dbD}^n g]$

$$D^n(g \circ f)(u) = \sum_{(a_1,\dots,a_m) \in P_n} (\psi_{a_1,\dots,a_m} \circ \langle D^m g \circ f, D^{|a_1|} f, \dots, D^{|a_m|} f \rangle)(u), \qquad (8.14.10)$$

wobei $\psi_{a_1,\dots,a_m}$ die Abbildungen $(l, l_1, \dots, l_m) \mapsto l \circ \langle l_1 \circ \pi_{a_1}, \dots, l_m \circ \pi_{a_m} \rangle$ aus Bedingung 4 sind. Gegeben sei ein Komplex $(a_1, \dots, a_m) \in P_n$. Wir setzen der Einfachheit halber $\psi = \psi_{a_1,\dots,a_m}$. Aus 8.6.5 folgt auf Grund der Bedingungen 1, 2, 4 und 5, daß ψ an jeder Stelle $(l, l_1, \dots, l_m)$ τ,σ-differenzierbar ist und ψ die durch

$$D\psi(l, l_1, \dots, l_m)(h, h_1, \dots, h_m) = \psi(h, l_1, \dots, l_m) + \sum_{i=1}^{m} \psi(l, l_1, \dots, l_{i-1}, h_i, l_{i+1}, \dots, l_m) \qquad (8.14.11)$$

definierte Abbildung als τ,σ-Ableitung in $(l, l_1, \dots, l_m)$ hat. $D^m g$ ist in y und auf Grund der Kettenregel $D^m g \circ f$ in x τ,σ-differenzierbar. Da $D^{|a_1|}f, \dots, D^{|a_m|}f$ in x τ,σ-differenzierbar sind, folgt mittels Bedingung 6, daß auch der Abbildungskomplex $\varphi = \langle D^m g \circ f, D^{|a_1|} f, \dots, D^{|a_m|} f \rangle$ in x τ,σ-differenzierbar ist und

$$D\varphi(x) = \langle D(D^m g \circ f)(x), D(D^{|a_1|} f)(x), \dots, D(D^{|a_m|} f)(x) \rangle \qquad (8.14.12)$$

eine τ,σ-Ableitung von φ in x ist. Auf Grund der Kettenregel ist auch $\psi \circ \varphi$ in x τ,σ-differenzierbar und ist $D(\psi \circ \varphi)(x) = D\psi(\varphi(x)) \circ D\varphi(x)$ eine τ,σ-Ableitung von $\psi \circ \varphi$ in x. Wegen (8.14.11) und (8.14.12) ergibt sich unter Beachtung der Symmetrie der Ableitungen

$$\begin{aligned} &D(\psi \circ \varphi)(x)(h_{n+1})(h_1, \dots, h_n) \\ &= \big(D^{m+1} g(f(x)) \circ \langle D^{|a_1|} f(x) \circ \pi_{a_1}, \dots, D^{|a_m|} f(x) \circ \pi_{a_m}, Df(x) \circ \pi_{(n+1)} \rangle (h_1, \dots, h_{n+1}) \\ &\quad + \sum_{i=1}^{m} D^m g(f(x)) \circ \langle D^{|a_1|} f(x) \circ \pi_{a_1}, \dots, D^{|a_{i-1}|} f(x) \circ \pi_{a_{i-1}}, D^{|a_{i+1}|} f(x) \circ \pi_{a_{i+1}}, \dots, \\ &\quad D^{|a_m|} f(x) \circ \pi_{a_m}, D^{|a_i|+1} f(x) \circ \pi_{\bar{a}_i} \rangle (h_1, \dots, h_{n+1}); \end{aligned} \qquad (8.14.13)$$

dabei sind die auftretenden Abbildungen π_a bezüglich $n+1$ gemeint und ist $\bar{a}_i = (k_{i1}, \dots, k_{ij_i}, n+1)$ bei $a_i = (k_{i1}, \dots, k_{ij_i})$. Mittels 8.14.1 (zweiter Fall) erhalten wir unter Beachtung der Eigenschaften 2 und 7 aus (8.14.10) und (8.14.13), daß $g \circ f$ in x $(n+1)$-fach τ,σ-differenzierbar ist und für die betreffenden τ,σ-Ableitungen (8.14.9) nach Ersetzung von n durch $n+1$ gilt.

Im weiteren gehen wir auf die Kettenregel höherer Ordnung für τ',σ-Ableitungen ein. $\mathfrak{X}$, $\mathfrak{Y}$, $\mathfrak{A}(X, Y)$ $(X \in \mathfrak{X}, Y \in \mathfrak{Y})$, τ und σ seien dazu wie bei der Definition der τ',σ-Differenzierbarkeit gegeben. τ und σ besitzen demzufolge die in Abschnitt 8.10 angegebenen Eigenschaften 1′ bis 3′; wir benutzen die dort eingeführten Bezeichnungen. Zu beliebigen $X \in \mathfrak{X}$ und $Y \in \mathfrak{Y}$ sei $\mathfrak{H}(X, Y)$ mit der von $\tau(X, Y)$ auf $\mathfrak{H}(X, Y)$ induzierten Limitierung versehen.

8.14.6 (Kettenregel höherer Ordnung für τ',σ-Ableitungen). *$\mathfrak{X}_0$ sei eine Teilklasse von $\mathfrak{X}$ und $\mathfrak{Y}_0$ eine Teilklasse von $\mathfrak{Y}$ aus pseudotopologischen linearen Gruppen derart, daß zu beliebigen $X \in \mathfrak{X}_0$ und $Y \in \mathfrak{Y}_0$ stets $L_\sigma(X, Y) \in \mathfrak{Y}_0$ und zu beliebigen $X \in \mathfrak{X}_0$, $Y \in \mathfrak{X}_0 \cap \mathfrak{Y}_0$ und $Z \in \mathfrak{Y}_0$ stets $L_\sigma(X, Y) \times L_\sigma(Y, Z) \in \mathfrak{X}_0 \cap \mathfrak{Y}_0$ gilt. n sei eine positive natürliche Zahl. Es gelte:*

1. *Zu beliebigen $X \in \mathfrak{X}_0$ und $Y \in \mathfrak{Y}_0$ ist $\sigma(X, Y)$ eine Pseudotopologie.*
2. *Zu beliebigen $X \in \mathfrak{X}_0$ und $Y \in \mathfrak{Y}_0$ ist die Addition $(u, v) \mapsto u + v$ $\big(u, v \in \mathfrak{H}(X, Y)\big)$ stetig.*
3. *Für alle $X \in \mathfrak{X}_0$, $Y \in \mathfrak{X}_0 \cap \mathfrak{Y}_0$ und $Z \in \mathfrak{Y}_0$ ist die Kompositionsabbildung von $\mathfrak{H}(X, Y) \times \mathfrak{H}(Y, Z)$ in $\mathfrak{H}(X, Z)$ über $L(X, Y) \times L(Y, Z)$ stetig und ist die Kompositionsabbildung von $L_\sigma(X, Y) \times L_\sigma(Y, Z)$ in $L_\sigma(X, Z)$ stetig.*
4. *Zu beliebigen $X \in \mathfrak{X}_0$ und $Y \in \mathfrak{Y}_0$ ist die $\tau(X, Y)'$-Differenzierbarkeit stärker als die $\big(\tau_0(0),4\big)'$-Differenzierbarkeit, wobei τ_0 die Limitierung von X ist.*
5. *Zu beliebigen $X \in \mathfrak{X}_0$, $Y \in \mathfrak{X}_0 \cap \mathfrak{Y}_0$ und $Z \in \mathfrak{Y}_0$ hat die Kompositionsabbildung γ von $A = L_\sigma(X, Y) \times L_\sigma(Y, Z)$ in $B = L_\sigma(X, Z)$ an jeder Stelle $(u, v) \in A$ die Abbildung $(h, k) \mapsto k \circ u + v \circ h$ $\big((h, k) \in A\big)$ als $\tau'(A, B)$-Ableitung $\mathrm{D}\gamma(u, v)$ und ist die Abbildung $(u, v) \mapsto \mathrm{D}\gamma(u, v)$ von A in $L_\sigma(A, B)$ stetig.*
6. *Zu beliebigen $X \in \mathfrak{X}_0$ und $Y_1, Y_2 \in \mathfrak{Y}_0$ mit $Y_1 \times Y_2 \in \mathfrak{Y}_0$ ist die Abbildung $(u, v) \to \langle u, v\rangle$ von $\mathfrak{H}(X, Y_1) \times \mathfrak{H}(X, Y_2)$ in $\mathfrak{H}(X, Y_1 \times Y_2)$ in $(0, 0)$ stetig.*
7. *Zu beliebigen $m = 1, \dots, n-1$, $X \in \mathfrak{X}_0$ und $Y_1, Y_2 \in \mathfrak{Y}_0$ mit $Y_1 \times Y_2 \in \mathfrak{Y}_0$ ist die Abbildung $\langle u, v\rangle \mapsto (u, v)$ $\big(\langle u, v\rangle \in H^m_\sigma(X, Y_1 \times Y_2)\big)$ ein linearer Homöomorphismus von $H^m_\sigma(X, Y_1 \times Y_2)$ in $H^m_\sigma(X, Y_1) \times H^m_\sigma(X, Y_2)$.*

$f \in \mathfrak{A}(X, Y)$ und $g \in \mathfrak{A}(Y, Z)$ $(X \in \mathfrak{X}_0$, $Y \in \mathfrak{X}_0 \cap \mathfrak{Y}_0$, $Z \in \mathfrak{Y}_0)$ seien Abbildungen, die in einem Punkt $x \in \operatorname{dbf}$ bzw. in $y = f(x)$ eine τ',σ-Ableitung $\mathrm{D}^n f(x)$ bzw. $\mathrm{D}^n g(y)$ der Ordnung n besitzen. Dann ist $g \circ f$ in x n-fach τ',σ-differenzierbar und ist

$$\mathrm{D}^n(g \circ f)(x) = \sum_{(a_1, \dots, a_m) \in P_n} \mathrm{D}^m g\big(f(x)\big) \circ \langle \mathrm{D}^{|a_1|} f(x) \circ \pi_{a_1}, \dots, \mathrm{D}^{|a_m|} f(x) \circ \pi_{a_m}\rangle \qquad (8.14.14)$$

eine τ',σ-Ableitung von $g \circ f$ in x der Ordnung n. Dabei sind $\mathrm{D}f, \dots, \mathrm{D}^{n-1}f$ und $\mathrm{D}g, \dots, \mathrm{D}^{n-1}g$ die bei der Definition von $\mathrm{D}^n f(x)$ und $\mathrm{D}^n g(y)$ auftretenden τ',σ-Ableitungen von f und g der Ordnung 1 bis $n-1$.

Beweis. 1. Auf Grund der Bedingung 5 hat die Kompositionsabbildung $\gamma: A \mapsto B$ an jeder Stelle $(u, v) \in A$ die durch (8.14.2) definierte Abbildung als τ',σ-Ableitung. Da $D\gamma: (u, v) \mapsto D\gamma(u, v)$ $\big((u, v) \in A\big)$ linear und stetig ist, folgt mittels 8.6.4 und Bedingung 1, daß γ an jeder Stelle $(u, v) \in A$ sogar beliebig oft τ',σ-differenzierbar ist und für die betreffenden τ',σ-Ableitungen zweiter und höherer Ordnung (8.14.3) und (8.14.4) gilt.

2. Wegen 8.6.1 und Bedingung 4 ist $h \mapsto f(x + h)$ in 0 stetig. Unter Beachtung der Bedingungen 1 bis 3 folgt damit aus 8.7.2, daß $D(g \circ f)(u) = Dg\big(f(u)\big) \circ Df(u)$ zu beliebigem $u \in \mathrm{db}Df \cap f^{-1}[\mathrm{db}Dg]$ eine τ'-Ableitung von $g \circ f$ in u ist und $D(g \circ f)(u) = (\gamma \circ \psi)(u)$ bei $\psi = \langle Df, Dg \circ f\rangle$ gilt. Im Falle $n = 1$ trifft die Behauptung des Satzes zu. Der Satz sei nun für beliebige Differenzierbarkeitsordnungen $\leqq n$ bewiesen, und die Voraussetzung treffe für $n + 1$ zu. Unter Berücksichtigung des in Teil 1 Gezeigten folgt dann mit ähnlichen Überlegungen wie im Teil 2 des Beweises von 8.14.4, daß $g \circ f$ in x $(n + 1)$-fach τ',σ-differenzierbar ist und für die betreffende τ',σ-Ableitung (8.14.14) nach Ersetzung von n durch $n + 1$ gilt; wegen Bedingung 4 und 8.6.1 besteht $\mathfrak{R}^{\mathsf{M}}_{\tau(X,Y)}$ aus in 0 stetigen Abbildungen $r \in \mathfrak{A}(X,Y)$ mit $r(0) = 0$, und es ist $\mathrm{db}[\mathfrak{R}^{\mathsf{M}}_{\tau(X,Y)}]$ jeweils der Nullnachbarschaftsfilter in X.

Wir bemerken, daß sich 8.14.6 eine ähnliche Variante zur Seite stellen läßt, wie 8.14.4 die Variante 8.14.5. Aus 8.14.3 ergibt sich

8.14.7. *Unter der Voraussetzung aus* 8.14.4, 8.14.5 *oder* 8.14.6 *gilt*

$$D^n(g \circ f)(x)\, h^n = \sum_{s=(s_1,\dots,s_m)\in Q_n} \frac{n!}{s_1! \cdots s_m!\, k_1(s)! \cdots k_n(s)!} D^m g\big(f(x)\big) \left(D^{s_1}f(x)\, h^{s_1}, \dots, D^{s_m}f(x)\, h^{s_m}\right) \tag{8.14.15}$$

zu beliebigem $h \in X$, wobei $h^k = (\underbrace{h, \dots, h}_{k})$ für $k = 1, \dots, n$ gesetzt ist.

Wählen wir im Falle $X = \boldsymbol{K}$ ($\boldsymbol{K} = \boldsymbol{R}$ oder $\boldsymbol{C}$) in (8.14.15) als h die Zahl 1, so folgt, daß in diesem Falle (8.14.1), (8.14.9) bzw. (8.14.14) auf die Gestalt

$$D^n(g \circ f)(x) = \sum_{s=(s_1,\dots,s_m)\in Q_n} \frac{n!}{s_1! \cdots s_m!\, k_1(s)! \cdots k_n(s)!} D^m g\big(f(x)\big) \circ \langle D^{s_1}f(x) \circ \pi_{a_1}, \dots, D^{s_m}f(x) \circ \pi_{a_m}\rangle \tag{8.14.16}$$

mit $a_1 = (1, \dots, s_1)$, $a_2 = (s_1 + 1, \dots, s_1 + s_2)$, ..., $a_m = (n - s_m + 1, \dots, n)$ gebracht werden kann.

Wir gehen nun auf Spezialfälle der Kettenregel höherer Ordnung für die τ,σ- und τ',σ-Ableitungen ein und lassen stets beide möglichen Fälle in der Wahl der Abbildungsmengen $\mathfrak{A}(X, Y)$ $(X \in \mathfrak{X}\ Y \in \mathfrak{Y})$ zu.

8.14.8 (Kettenregel höherer Ordnung; Spezialfälle). *X_0 sei eine limitierte **K**-lineare Gruppe, und Y_0 und Z_0 seien pseudotopologische **K**-lineare Gruppen. n sei eine positive natürliche Zahl. Für*

$$a = \mathsf{q}, \quad \mathsf{h} \quad \text{und} \quad \mathsf{h}' \quad \text{sowie} \quad a = \mathsf{h,u}, \quad \mathsf{h,d}, \quad \mathsf{h',u} \quad \text{und} \quad \mathsf{h',d}$$

und, wenn X_0 ein limitierter und Y_0 ein pseudotopologischer Vektorraum ist, auch für

$$a = \mathsf{c}$$

gilt: Sind $f \in \mathfrak{A}(X_0, Y_0)$ und $g \in \mathfrak{A}(Y_0, Z_0)$ Abbildungen, die in einem Punkt $x \in \mathrm{dbf}$ bzw. in $y = f(x)$ eine a-Ableitung $\mathrm{D}^n f(x)$ bzw. $\mathrm{D}^n g(y)$ der Ordnung n besitzen, dann ist $g \circ f$ in x n-fach a-differenzierbar und ist

$$\mathrm{D}^n(g \circ f)(x) = \sum_{(a_1,\dots,a_m)\in P_n} \mathrm{D}^m g(f(x)) \circ \langle \mathrm{D}^{|a_1|} f(x) \circ \pi_{a_1}, \dots, \mathrm{D}^{|a_m|} f(x) \circ \pi_{a_m} \rangle \qquad (8.14.17)$$

eine a-Ableitung von $g \circ f$ in x der Ordnung n. Dabei sind $\mathrm{D}f, \dots, \mathrm{D}^{n-1}f$ und $\mathrm{D}g, \dots, \mathrm{D}^{n-1}g$ die bei der Definition von $\mathrm{D}^n f(x)$ und $\mathrm{D}^n g(x)$ auftretenden a-Ableitungen von f und g der Ordnung 1 bis $n - 1$.

Beweis. 1. $\mathfrak{X}_0$ sei im Falle $a = \mathsf{c}$ die Klasse aller limitierten **K**-Vektorräume und in den anderen Fällen die Klasse aller limitierten **K**-linearen Gruppen. $\mathfrak{Y}_0$ sei stets die Klasse aller pseudotopologischen **K**-linearen Gruppen. Es ist $X_0 \in \mathfrak{X}_0$, $Y_0 \in \mathfrak{X}_0 \cap \mathfrak{Y}_0$ und $Z_0 \in \mathfrak{Y}_0$. Wie sich aus Abschnitt 7.14 ergibt, sind $L_a(X, Y)$ $(X \in \mathfrak{X}_0, Y \in \mathfrak{Y}_0)$ und $L_a(X, Y) \times L_a(Y, Z)$ $(X \in \mathfrak{X}_0, \; Y \in \mathfrak{X}_0 \cap \mathfrak{Y}_0, Z \in \mathfrak{Y}_0)$ bei $a = \mathsf{c}, \mathsf{q}, \mathsf{h}, \mathsf{u}$ und d pseudotopologische Vektorräume, sie gehören also $\mathfrak{X}_0$ und $\mathfrak{Y}_0$ an.

2. Es sei $a = \mathsf{h}, \mathsf{h,u}$ oder $\mathsf{h,d}$ oder, wenn X_0 ein limitierter und Y_0 ein pseudotopologischer Vektorraum ist, $a = \mathsf{c}$. Wir zeigen, daß dann die Bedingungen 1 bis 9 aus 8.14.4 erfüllt sind. Aus Teil 1 ergibt sich, daß Bedingung 1 zutrifft, wegen 7.11.3 gilt auch Bedingung 2. 7.16.4 und dem zugehörigen Korollar entnimmt man, daß Bedingung 3 in den angegebenen Fällen gilt. Aus 5.18.12 und dem Korollar 1 zu 7.11.11 folgt, daß die Bedingung 4 erfüllt ist. Wegen 7.14.1 ist $L_{\mathsf{h}}(X, Y)$ zu beliebigen $X \in \mathfrak{X}_0$ und $Y \in \mathfrak{Y}_0$ gleichförmig. Aus 5.18.12 und 7.14.30 folgt damit, daß Bedingung 5 zutrifft, wenn σ durch h und damit auch durch u bzw. d ersetzt ist. Wegen 7.9.13 gilt Bedingung 6, wegen 7.14.25 und dem zugehörigen Korollar auch Bedingung 7. Offenbar trifft auch Bedingung 8 zu (siehe Abschnitt 8.3). Mittels 8.3.14 und 8.6.1 ergibt sich, daß Bedingung 9 gilt.

3. Es sei $a = \mathsf{q}$. Wir zeigen, daß dann die Bedingungen 1 bis 7 aus 8.14.5 gelten. Die Bedingungen 1, 2, 3, 5, 6 und 7 beweist man analog wie im Teil 2 die Bedingungen 1, 2, 3, 4, 6 und 8 aus 8.14.4. Mit 7.10.9 und 7.16.5 folgt, daß auch Bedingung 4 zutrifft; die in dieser Bedingung auftretenden n-linearen Abbildungen $\langle l_1 \circ \pi_{a_1}, \dots, l_m \circ \pi_{a_m} \rangle$ sind wegen 7.14.19 in 0 stetig, somit $\mathfrak{S}_{\mathsf{q}},\mathfrak{T}_{\mathsf{q}}$-treu, wobei $\mathfrak{S}_{\mathsf{q}}$ und $\mathfrak{T}_{\mathsf{q}}$ die Systeme aller quasibeschränkten Filter in X^n bzw. Y^m sind; es gilt jeweils $l \circ \langle l_1 \circ \pi_{a_1}, \dots, l_m \circ \pi_{a_m} \rangle \in H^n_{\mathsf{q}}(X, Z)$ wegen der Symmetrie von l.

4. Nun sei $a = \mathsf{h}', \mathsf{h}',\mathsf{u}$ oder h',d. Wir zeigen, daß dann die Bedingungen 1 bis 7 aus 8.14.6 erfüllt sind. Die Bedingungen 1, 2, 3, 6 und 7 beweist man ähnlich wie die entsprechenden Bedingungen im Falle $a = \mathsf{h}, \mathsf{h},\mathsf{u}$ und h,d. Mittels 8.4.6 folgt, daß auch Bedingung 4 aus 8.14.6 gilt. Zu beliebigen $X \in \mathfrak{X}_0$, $Y \in \mathfrak{X}_0 \cap \mathfrak{Y}_0$ und $Z \in \mathfrak{Y}_0$ sind $A = L_b(X, Y) \times L_b(Y, Z)$ und $B = L_b(X, Z)$ bei $b = \mathsf{h}, \mathsf{u}$ und d gleichförmige pseudotopologische Vektorräume, und mittels 7.16.4 und 8.6.5′ folgt, daß die Kompositionsabbildung γ von A in B an jeder Stelle $(u, v) \in A$ die Abbildung $(h, k) \mapsto k \circ u + v \circ h$ $\big((h, k) \in A\big)$ als h'-Ableitung $\mathrm{D}\gamma(u, v)$ hat, und mittels 7.14.30, daß $(u, v) \mapsto \mathrm{D}\gamma(u, v)$ eine stetige Abbildung von A in $L_b(A, B)$ ist. Somit gilt auch Bedingung 5 aus 8.14.6.

Im folgenden beweisen wir mittels der Kettenregel höherer Ordnung die LEIBNIZsche Formel. Zu beliebigem $n \in \boldsymbol{N}^+$ setzen wir

$$S_n = \big\{\big(\emptyset, (1, \ldots, n)\big), \big((1, \ldots, n), \emptyset\big)\big\} \cup \bigcup_{(a,b)\in P_n} \{(a, b), (b, a)\} .$$

Im Gegensatz zu P_n gehört S_n mit (a, b) auch (b, a) an; ferner können Glieder der Paare (a, b) aus S_n der leere Komplex, also $\emptyset$ sein. Wir benutzen für den leeren Komplex ähnliche Vereinbarungen wie oben, und zwar setzen wir $|\emptyset| = 0$ und bezeichnen zu beliebigem $n \in \boldsymbol{N}^+$ und jedem Vektorraum X mit $\pi_\emptyset$ die konstante Abbildung von X^n in $X^0 = \{0\}$. Für jede Abbildung $f\colon X \circ\!\!\to Y$ (X, Y limitierte lineare Gruppen) und jeden Punkt $x \in \mathrm{db}f$ sehen wir die Abbildung $\mathrm{D}^0 f(x)\colon X^0 \to Y$, die 0 gerade $f(x)$ zuordnet, als Ableitung 0-ter Ordnung in einem beliebigen Sinne von f in x an. Zu jedem $h \in X^n$ gilt $\big(\mathrm{D}^0 f(x) \circ \pi_\emptyset\big)(h) = f(x)$.

8.14.9. $\mathfrak{X}$, $\mathfrak{Y}$, $\mathfrak{A}(X, Y)$ $(X \in \mathfrak{X}, Y \in \mathfrak{Y})$, *$\tau$ und σ seien wie vor* 8.14.4 *gewählt.* $\mathfrak{X}_0$ *und* $\mathfrak{Y}_0$ *seien wie in* 8.14.4 *vorgegebene Teilklassen von* $\mathfrak{X}$ *und* $\mathfrak{Y}$, *und n sei eine positive natürliche Zahl. Sind die Bedingungen* 1 *bis* 9 *aus* 8.14.4 *bzw. die Bedingungen* 1 *bis* 7 *aus* 8.14.5 *erfüllt, so gilt:* $f \in \mathfrak{A}(X, Y_1)$ *und* $g \in \mathfrak{A}(X, Y_2)$ $(X \in \mathfrak{X}_0$, $Y_1, Y_2 \in \mathfrak{Y}_0$ *mit* $Y_1 \times Y_2 \in \mathfrak{X}_0 \cap \mathfrak{Y}_0)$ *seien Abbildungen, die in einem Punkt* $x \in \mathrm{db}f \cap \mathrm{db}g$ *τ,σ-Ableitungen* $\mathrm{D}^n f(x)$ *und* $\mathrm{D}^n g(x)$ *der Ordnung n besitzen.* $\delta\colon Y_1 \times Y_2 \to Z$ $(Z \in \mathfrak{Y}_0)$ *sei eine stetige bilineare Abbildung — wir benutzen für sie die Vereinbarungen* (8.7.4) *und* (8.7.5) —, *und die Abbildung* $\mathrm{D}\delta\colon Y_1 \times Y_2 \to L_\sigma(Y_1 \times Y_2, Z)$, *die jedem* $(a, b) \in Y_1 \times Y_2$ *die Abbildung* $(h, k) \mapsto a \cdot k + h \cdot b$ *zuordnet, sei stetig. Dann ist* $f \cdot g$ *in x n-fach τ,σ-differenzierbar und ist*

$$\mathrm{D}^n(f \cdot g)(x) = \sum_{(a,b)\in S_n} \big(\mathrm{D}^{|a|} f(x) \circ \pi_a\big) \cdot \big(\mathrm{D}^{|b|} g(x) \circ \pi_b\big)\,^{1)} \qquad (8.14.18)$$

(LEIBNIZsche Formel, Fall der τ,σ-Ableitungen)

eine τ,σ-Ableitung von $f \cdot g$ in x der Ordnung n. Dabei sind $\mathrm{D}f, \ldots, \mathrm{D}^{n-1}f$ *und* $\mathrm{D}g, \ldots, \mathrm{D}^{n-1}g$ *die bei der Definition von* $\mathrm{D}^n f(x)$ *und* $\mathrm{D}^n g(x)$ *auftretenden τ,σ-Ableitungen von f und g der Ordnung* 1 *bis* $n - 1$.

[1]) Entsprechend der Vereinbarung (8.7.5) ist jeweils

$$\big(\mathrm{D}^{|a|} f(x) \circ \pi_a\big) \cdot \big(\mathrm{D}^{|b|} g(x) \circ \pi_b\big) = \delta \circ \langle \mathrm{D}^{|a|} f(x) \circ \pi_a, \mathrm{D}^{|b|} g(x) \circ \pi_b\rangle .$$

Beweis. Der Fall $n = 1$ ist bereits in 8.7.3 behandelt, so daß wir $n > 1$ annehmen. Auf Grund der Voraussetzung ist $\langle f, g\rangle$ in x und δ in jedem Punkt $(a, b) \in Y_1 \times Y_2$ n-fach τ,σ-differenzierbar. Wegen 8.14.4 bzw. 8.14.5 ist somit $f \cdot g = \delta \circ \langle f, g\rangle$ in x n-fach τ,σ-differenzierbar. Mittels (8.14.1) bzw. (8.14.9) folgt unter Beachtung der speziellen Gestalt der Ableitungen erster und höherer Ordnung von δ und wegen $D^k\langle f, g\rangle(x) = \langle D^kf(x), D^kg(x)\rangle$ $(k = 1, \dots, n)$

$$\begin{aligned} D^n(f \cdot g)(x) &= D\delta\big(f(x), g(x)\big) \circ D^n\langle f, g\rangle(x) \\ &\quad + \sum_{(a,b)\in P_n} D^2\delta\big(f(x), g(x)\big) \circ \langle D^{|a|}\langle f, g\rangle(x) \circ \pi_a, D^{|b|}\langle f, g\rangle(x) \circ \pi_b\rangle \\ &= \big(D^0f(x) \circ \pi_\emptyset\big) \cdot D^ng(x) + D^nf(x) \cdot \big(D^0g(x) \circ \pi_\emptyset\big) \\ &\quad + \sum_{(a,b)\in P_n} \big(D^{|a|}f(x) \circ \pi_a\big) \cdot \big(D^{|b|}g(x) \circ \pi_b\big) \\ &\quad + \sum_{(a,b)\in P_n} \big(D^{|b|}f(x) \circ \pi_b\big) \cdot \big(D^{|a|}g(x) \circ \pi_a\big) \end{aligned}$$

und damit (8.14.18).

Ähnlich zeigt man mittels 8.14.6

8.14.10. $\mathfrak{X}$, $\mathfrak{Y}$, $\mathfrak{A}(X, Y)$ $(X \in \mathfrak{X}, Y \in \mathfrak{Y})$, τ *und* σ *seien wie vor* 8.14.6 *gewählt.* $\mathfrak{X}_0$ *und* $\mathfrak{Y}_0$ *seien wie in* 8.14.6 *vorgegebene Teilklassen von* $\mathfrak{X}$ *und* $\mathfrak{Y}$, *und* n *sei eine positive natürliche Zahl. Sind die Bedingungen* 1 *bis* 7 *aus* 8.14.6 *erfüllt, so gilt:* $f \in \mathfrak{A}(X, Y_1)$ *und* $g \in \mathfrak{A}(X, Y_2)$ $(X \in \mathfrak{X}_0, Y_1, Y_2 \in \mathfrak{Y}_0$ *mit* $Y_1 \times Y_2 \in \mathfrak{X}_0 \cap \mathfrak{Y}_0)$ *seien Abbildungen, die in einem Punkt* $x \in \operatorname{dbf} \cap \operatorname{dbg}$ τ',σ-*Ableitungen* $D^nf(x)$ *und* $D^ng(x)$ *der Ordnung* n *besitzen.* $\delta\colon Y_1 \times Y_2 \to Z$ $(Z \in \mathfrak{Y}_0)$ *sei eine bilineare Abbildung — wir benutzen für sie die Vereinbarungen* (8.7.4) *und* (8.7.5) —, *die an jeder Stelle* $(a, b) \in Y_1 \times Y_2$ *die Abbildung* $(h, k) \mapsto a \cdot k + h \cdot b$ $\big((h, k) \in Y_1 \times Y_2\big)$ *als* $\tau'(Y_1 \times Y_2, Z)$-*Ableitung* $D\delta(a, b)$ *hat, und die Abbildung* $(a, b) \mapsto D\delta(a, b)$ *von* $Y_1 \times Y_2$ *in* $L_0(Y_1 \times Y_2, Z)$ *sei stetig. Dann ist* $f \cdot g$ *in* x n-*fach* τ',σ-*differenzierbar und ist*

$$D^n(f \cdot g)(x) = \sum_{(a,b)\in S_n} \big(D^{|a|}f(x) \circ \pi_a\big) \cdot \big(D^{|b|}g(x) \circ \pi_b\big) \tag{8.14.19}$$

(Leibnizsche Formel, Fall der τ',σ-Ableitungen)

eine τ',σ-*Ableitung von* $f \cdot g$ *in* x *der Ordnung* n. *Dabei sind* $Df, \dots, D^{n-1}f$ *und* $Dg, \dots, D^{n-1}g$ *die bei der Definition von* $D^nf(x)$ *und* $D^ng(x)$ *auftretenden* τ',σ-*Ableitungen von* f *und* g *der Ordnung* 1 *bis* $n - 1$.

Die Leibnizsche Formel (8.14.18) bzw. (8.14.19) können wir in den Fällen $n = 2$ und $n = 3$ auch folgendermaßen schreiben, und zwar im Falle $n = 2$

$$\begin{aligned} D^2(f \cdot g)(x)(h_1, h_2) &= f(x) \cdot D^2g(x)(h_1, h_2) + Df(x)\,h_1 \cdot Dg(x)\,h_2 \\ &\quad + Df(x)\,h_2 \cdot Dg(x)\,h_1 + D^2f(x)(h_1, h_2) \cdot g(x) \quad (h_1, h_2 \in X) \end{aligned}$$

und im Falle $n = 3$

$$\begin{aligned} D^3(f \cdot g)(x)(h_1, h_2, h_3) &= f(x) \cdot D^3g(x)(h_1, h_2, h_3) + Df(x)\,h_1 \cdot D^2g(x)(h_2, h_3) \\ &+ Df(x)\,h_2 \cdot D^2g(x)(h_1, h_3) + Df(x)\,h_3 \cdot D^2g(x)(h_1, h_2) + D^2f(x)(h_1, h_2) \cdot Dg(x)\,h_3 \\ &+ D^2f(x)(h_1, h_3) \cdot Dg(x)\,h_2 + D^2f(x)(h_2, h_3) \cdot Dg(x)\,h_1 + D^3f(x)(h_1, h_2, h_3) \cdot g(x) \\ &\qquad (h_1, h_2, h_3 \in X)\,. \end{aligned}$$

Bei übereinstimmenden Argumenten lassen sich bei der LEIBNIZschen Formel Summanden zusammenfassen. Aus 8.14.3 folgt nämlich, daß mit dieser stets

$$D^n(f \cdot g)(x)\, h^n = \sum_{k=0}^{n} \binom{n}{k} D^k f(x)\, h^k \cdot D^{n-k} g(x)\, h^{n-k} \qquad (h \in X) \qquad (8.14.20)$$

gilt, wobei $h^k = \underbrace{(h, \dots, h)}_{k}$ für $k = 1, \dots, n-1$, $D^0 f(x)\, h^0 = f(x)$, $D^0 g(x)\, h^0 = g(x)$ und wie üblich $\binom{n}{k} = \frac{n!}{k!\,(n-k)!}$ gesetzt ist. Wählen wir im Falle $X = \boldsymbol{K}$ ($\boldsymbol{K} = \boldsymbol{R}$ oder $\boldsymbol{C}$) in (8.14.20) als h die Zahl 1, so folgt, daß die LEIBNIZsche Formel in diesem Falle die folgende bekannte Gestalt

$$D^n(f \cdot g)(x) = \sum_{k=0}^{n} \binom{n}{k} \left(D^k f(x) \circ \pi_{(1,\dots,k)}\right) \cdot \left(D^{n-k} g(x) \circ \pi_{(k+1,\dots,n)}\right) \qquad (8.14.21)$$

(LEIBNIZsche Formel bei $X = \boldsymbol{K}$)

annimmt; unter $(1, \dots, k)$ bei $k = 0$ und unter $(k+1, \dots, n)$ bei $k = n$ ist natürlich $\emptyset$ zu verstehen.

Wir kommen nun zur LEIBNIZschen Formel für spezielle Ableitungsbegriffe und lassen auch hier beide möglichen Fälle bei der Wahl der Abbildungsmengen $\mathfrak{A}(X, Y)$ zu. Mittels 8.6.5′, 8.14.9 und 8.14.10 zeigt man ähnlich wie 8.14.8

8.14.11. *X sei eine limitierte lineare Gruppe, und Y_1, Y_2 und Z seien pseudotopologische lineare Gruppen. n sei eine positive natürliche Zahl. f sei eine Abbildung aus $\mathfrak{A}(X, Y_1)$, g eine Abbildung aus $\mathfrak{A}(X, Y_2)$ und x ein Punkt aus* dbf $\cap$ dbg. *δ sei eine stetige bilineare Abbildung von $Y_1 \times Y_2$ in Z; wir benutzen für sie die Vereinbarungen* (8.7.4) *und* (8.7.5). *Für*

$$a = \mathsf{q}, \quad \mathsf{h}, \quad \mathsf{h,u} \quad \textit{und} \quad \mathsf{h,d}$$

wenn X ein limitierter Vektorraum ist und Y_1 und Y_2 pseudotopologische Vektorräume sind, auch für

$$a = \mathsf{c}$$

und, wenn Y_1 und Y_2 gleichförmig sind und Z kreisförmig ist, auch für

$$a = \mathsf{h'}, \quad \mathsf{h',u} \quad \textit{und} \quad \mathsf{h',d}$$

gilt dann: Besitzen f und g in x a-Ableitungen $D^n f(x)$ und $D^n g(x)$ der Ordnung n, so ist auch $f \cdot g$ in x n-fach a-differenzierbar und ist

$$D^n(f \cdot g)(x) = \sum_{(a,b) \in S_n} \left(D^{|a|} f(x) \circ \pi_a\right) \cdot \left(D^{|b|} g(x) \circ \pi_b\right)$$

(LEIBNIZsche Formel; Spezialfälle)

eine a-Ableitung von $f \cdot g$ in x der Ordnung n. $Df, \dots, D^{n-1}f$ und $Dg, \dots, D^{n-1}g$ sind jeweils die bei der Definition von $D^n f(x)$ und $D^n g(x)$ auftretenden a-Ableitungen von f und g der Ordnung 1 bis $n-1$.

8.15. C^n-Abbildungen

Für die folgende Definition sei $(\mathfrak{R}, \sigma)$ eine Differenzierbarkeitsart für Klassen $\mathfrak{X}$ und $\mathfrak{Y}$ limitierter linearer Gruppen. Wir nennen zu beliebigen $X \in \mathfrak{X}$, $Y \in \mathfrak{Y}$ und $n \in N^+$ eine stetige Abbildung $f: X \circ\!\!\rightarrow Y$ mit einer offenen Menge als Definitionsbereich eine **$C^n_{\mathfrak{R},\sigma}$-Abbildung**, wenn f eine stetige $\mathfrak{R},\sigma$-Ableitung $\mathrm{D}^n f: X \circ\!\!\rightarrow H^n_\sigma(X, Y)$ der Ordnung n mit $\mathrm{dbD}^n f = \mathrm{db}f$ besitzt und die bei der Definition von $\mathrm{D}^n f$ auftretenden $\mathfrak{R},\sigma$-Ableitungen $\mathrm{D}^j f: X \circ\!\!\rightarrow H^j_\sigma(X, Y)$ $(j = 1, \dots, n-1)$ niedrigerer Ordnung ebenfalls stetig sind.

Ist speziell $(\mathfrak{R}, \sigma)$ eine τ,σ-Differenzierbarkeit, so sagen wir anstelle $C^n_{\mathfrak{R},\sigma}$-Abbildung auch **$C^n_{\tau,\sigma}$-Abbildung**, und ist speziell $(\mathfrak{R}, \sigma)$ eine τ',σ-Differenzierbarkeit, so sagen wir anstelle $C^n_{\mathfrak{R},\sigma}$-Abbildung auch **$C^n_{\tau',\sigma}$-Abbildung**. Falls jeweils $\sigma(X, Y)$ die von $\tau(X, Y)$ auf $L(X, Y)$ induzierte Limitierung ist, sagen wir anstelle $C^{\tau,\sigma}_n$- und $C^n_{\tau',\sigma}$-Abbildung auch **C^n_τ- bzw. $C^n_{\tau'}$-Abbildung**.

Wenn $\mathfrak{X}$, $\mathfrak{Y}$, $\mathfrak{A}(X, Y)$ $(X \in \mathfrak{X}, Y \in \mathfrak{Y})$, τ und σ wie bei der Definition der s-, c-, $\mathfrak{B},k$- bzw. $\delta_{\mathfrak{B},k}$-Ableitungen höherer Ordnung gewählt sind, sagen wir für $C^n_{\tau,\sigma}$-Abbildung auch **C^n_{s}-, C^n_{c}-, $C^n_{\mathfrak{B},k}$- bzw. $C^n_{\delta_{\mathfrak{B},k}}$-Abbildung** und für $C^n_{\tau',\sigma}$-Abbildung auch **$C^n_{\mathrm{s}'}$-, $C^n_{\mathrm{c}'}$-, $C^n_{(\mathfrak{B},k)'}$- bzw. $C^n_{\delta'_{\mathfrak{B},k}}$-Abbildung**. Sind $\mathfrak{X}$, $\mathfrak{Y}$, $\mathfrak{A}(X, Y)$ $(X \in \mathfrak{X}, Y \in \mathfrak{Y})$, τ und σ wie bei der Definition der k-, fk, b-, e-, q-, h-, Kh, h,u- bzw. h,d-Ableitungen höherer Ordnung gewählt, so sagen wir anstelle $C^n_{\tau,\sigma}$-Abbildung auch **C^n_{k}-, … , $C^n_{\mathrm{h,u}}$- bzw. $C^n_{\mathrm{h,d}}$-Abbildung**, und anstelle $C^n_{\tau',\sigma}$-Abbildung auch **$C^n_{\mathrm{k}'}$-, … , $C^n_{\mathrm{h',u}}$- bzw. $C^n_{\mathrm{h',d}}$-Abbildung**, und sind $\mathfrak{X}$, $\mathfrak{Y}$, $\mathfrak{A}(X, Y)$ $(X \in \mathfrak{X}, Y \in \mathfrak{Y})$, τ und σ wie bei der Definition der δb-, δe, δq- bzw. δh-Ableitungen höherer Ordnung gewählt, so sagen wir anstelle $C^n_{\tau,\sigma}$-Abbildung auch **$C^n_{\delta\mathrm{b}}$-, $C^n_{\delta\mathrm{e}}$-, $C^n_{\delta\mathrm{q}}$- bzw. $C^n_{\delta\mathrm{h}}$-Abbildung** und anstelle $C^n_{\tau',\sigma}$-Abbildung auch **$C^n_{\delta\mathrm{b}'}$-, $C^n_{\delta\mathrm{e}'}$-, $C^n_{\delta\mathrm{q}'}$- bzw. $C^n_{\delta\mathrm{h}'}$-Abbildung.** Entsprechend sind **$C^n_{\mathrm{q,h}}$-Abbildungen** definiert.

Eine Abbildung heißt eine **$C^\infty_{\mathfrak{R},\sigma}$-Abbildung**, wenn sie eine $C^n_{\mathfrak{R},\sigma}$-Abbildung für jedes $n \in N^+$ ist. In Spezialfällen benutzen wir für die $C^\infty_{\mathfrak{R},\sigma}$-Abbildungen die entsprechenden Bezeichnungsvereinbarungen wie die für die $C^n_{\mathfrak{R},\sigma}$-Abbildungen, sagen also etwa, wenn $(\mathfrak{R}, \sigma)$ eine τ,σ- bzw. τ',σ-Differenzierbarkeit ist, anstelle $C^\infty_{\mathfrak{R},\sigma}$-Abbildung auch **$C^\infty_{\tau,\sigma}$- bzw. $C^\infty_{\tau',\sigma}$-Abbildung.**

Sind keine genaueren Angaben notwendig, so sagen wir anstelle $C^n_{\mathfrak{R},\sigma}$-Abbildung und $C^\infty_{\mathfrak{R},\sigma}$-Abbildung auch einfach **C^n-Abbildung** und **C^∞-Abbildung.**

Wir übertragen als nächstes Sätze über stetige Ableitungen auf Ableitungen höherer Ordnung.

Für die nachstehenden Sätze seien $\mathfrak{X}$, $\mathfrak{Y}$, $\mathfrak{A}(X, Y)$ $(X \in \mathfrak{X}, Y \in \mathfrak{Y})$, τ und σ wie bei der Definition der τ, σ-Differenzierbarkeit gewählt. Es sei speziell stets $\sigma(X, Y)$ feiner als die von $\tau(X, Y)$ auf $L(X, Y)$ induzierte Limitierung (den Fall der Gleichheit natürlich inbegriffen). 8.8.1 besitzt, wie man mühelos zeigt, die folgende Übertragung auf τ,σ-Ableitungen höherer Ordnung.

8.15.1 (Theorem I über stetige Ableitungen höherer Ordnung). *X sei eine limitierte lineare Gruppe aus $\mathfrak{X}$ und $\mathfrak{Y}_0$ eine Teilklasse von $\mathfrak{Y}$, der mit Y stets $L_\sigma(X, Y)$*

angehört. U sei eine lokal kreisförmige Umgebung eines Punktes $x \in X$, im Falle $\mathfrak{A}(X, Y) = F(X, Y)$ sei $U = X$. Für jedes $Y \in \mathfrak{Y}_0$ gelte:

1. *Zu beliebigem $l \in L(X, Y)$ ist $[l] \xrightarrow[\tau(X,Y)]{} l$.*
2. *Die Addition $(u, v) \mapsto u + v$ $(u, v \in \mathfrak{A}(X, Y))$ ist an jeder Stelle (u, v) mit $\mathrm{db}u = \mathrm{db}v = X$ (bez. $\tau(X, Y)$) stetig.*
3. *Zu jedem $u \in U$ und jeder Abbildung $\varphi: X \circ\!\!\rightarrow L_\sigma(X, Y)$ mit $\mathrm{db}\varphi = U$ und $\varphi(u) = 0$, die in u stetig ist, konvergieren die Abbildungen $\varphi^\alpha: h \mapsto \varphi(u + \alpha h)h$ $(u + \alpha h \in U)$ $(\alpha \in \boldsymbol{K})$ mit $\alpha \to 0$ bez. τ gegen die Nullabbildung $0: X \to Y$.*
4. *Aus $\mathfrak{K} \xrightarrow[\tau(X,Y)]{} 0$ folgt $\mathfrak{K}^\urcorner \xrightarrow[\tau(X,Y)]{} 0$, wobei $\mathfrak{K}^\urcorner$ wie vor 8.8.1 definiert ist.*

f sei zu einem $Y \in \mathfrak{Y}_0$ und $n \in \boldsymbol{N}^+$ eine Abbildung aus $\mathfrak{A}(X, Y)$, die eine $\mathfrak{s}$-Ableitung $\mathrm{D}^n f$ der Ordnung n mit $U \subseteq \mathrm{dbD}^n f$ besitzt. f und die zu $\mathrm{D}^n f$ gehörigen $\mathfrak{s}$-Ableitungen niedrigerer Ordnung $\mathrm{D}^j f: X \circ\!\!\rightarrow H^j_\sigma(X, Y)$ $(j = 1, \dots, n-1)$ seien über U stetig. Ferner sei $\mathrm{D}^n f: X \circ\!\!\rightarrow H^n_\sigma(X, Y)$ in x stetig. Dann ist f in x n-fach τ,σ-differenzierbar und ist $\mathrm{D}^n f(x)$ eine τ,σ-Ableitung von f in x der Ordnung n.

Zum Beweis: Zu jedem $Y \in \mathfrak{Y}_0$ und $n \in \boldsymbol{N}^+$ ist $H^n_\sigma(X, Y)$ zu einer limitierten linearen Gruppe aus $\mathfrak{Y}_0$ isomorph, so daß wegen Eigenschaft 3 der τ,σ-Differenzierbarkeit die Bedingungen 1 bis 4 auch jeweils für $H^n_\sigma(X, Y)$ anstelle Y erfüllt sind.

Aus diesem Satz folgt unmittelbar

8.15.2 (Charakterisierung der $C^n_{\tau,\sigma}$-Abbildungen). *X sei eine limitierte lineare Gruppe aus $\mathfrak{X}$ und $\mathfrak{Y}_0$ eine Teilklasse von $\mathfrak{Y}$, der mit Y stets $L_\sigma(X, Y)$ angehört. U sei eine offene lokal kreisförmige Teilmenge von X. Für jedes $Y \in \mathfrak{Y}_0$ seien die Bedingungen 1 bis 4 aus 8.15.1 erfüllt. f sei zu einem $Y \in \mathfrak{Y}_0$ und $n \in \boldsymbol{N}^+$ eine stetige Abbildung aus $\mathfrak{A}(X, Y)$ mit U als Definitionsbereich. f besitze eine stetige $\mathfrak{s}$-Ableitung $\mathrm{D}^n f: X \circ\!\!\rightarrow H^n_\sigma(X, Y)$ der Ordnung n mit $\mathrm{dbD}^n f = \mathrm{db}f$. Die zugehörigen $\mathfrak{s}$-Ableitungen niedrigerer Ordnung $\mathrm{D}^j f: X \circ\!\!\rightarrow H^j_\sigma(X, Y)$ $(j = 1, \dots, n-1)$ seien ebenfalls stetig. Dann ist f eine $C^n_{\tau,\sigma}$-Abbildung.*

In naheliegender Weise lassen sich 8.8.2 und 8.8.2′ auf Ableitungen höherer Ordnung übertragen. Wir geben die daraus folgenden, 8.15.2 entsprechenden Charakterisierungssätze an und lassen jeweils beide Fälle, daß entweder stets $\mathfrak{A}(X, Y)$ die Menge aller Abbildungen aus bzw. von X in Y ist, zu. $\mathfrak{S}$ sei eine Abbildung der Klasse aller limitierten linearen Gruppen, die jeder limitierten linearen Gruppe X ein System $\mathfrak{S}(X)$ von Filtern in X zuordnet.

8.15.3 (Charakterisierung der $C^n_{\mathfrak{S},4}$- und $C^n_{\delta\mathfrak{S},4}$-Abbildungen). *$X$ sei eine pseudotopologische lineare Gruppe mit $\{[x] \mid x \in X\} \leq \mathfrak{S}(X)$ und Y eine $t^\wedge$-reguläre lokalkonvexe pseudotopologische lineare Gruppe. n sei eine positive natürliche Zahl. f sei eine stetige Abbildung aus $\mathfrak{A}(X,Y)$ mit einer offenen lokal kreisförmigen Menge als Definitionsbereich.*

Besitzt f eine stetige $\mathfrak{s}$*-Ableitung* $\mathrm{D}^n f: X \circ\!\!\rightarrow H^n_{\mathfrak{S},4}(X, Y)$ *der Ordnung n mit* $\mathrm{dbD}^n f = \mathrm{db}f$ *und sind die zugehörigen* $\mathfrak{s}$*-Ableitungen niedrigerer Ordnung* $\mathrm{D}^j f: X \circ\!\!\rightarrow H^j_{\mathfrak{S},4}(X, Y)$ $(j = 1, \dots, n-1)$ *ebenfalls stetig, dann ist f eine* $C^n_{\mathfrak{S},4}$*-Abbildung.*

Wenn f eine stetige $\mathfrak{s}$*-Ableitung* $\mathrm{D}^n f: X \circ\!\!\rightarrow H^n_{\delta_{\mathfrak{S},4}}(X, Y)$ *der Ordnung n mit* $\mathrm{dbD}^n f = \mathrm{db}f$ *besitzt und die zugehörigen* $\mathfrak{s}$*-Ableitungen niedrigerer Ordnung* $\mathrm{D}^j f: X \circ\!\!\rightarrow H^j_{\delta_{\mathfrak{S},4}}(X, Y)$ $(j = 1, \dots, n-1)$ *ebenfalls stetig sind, ist f eine* $C^n_{\delta_{\mathfrak{S},4}}$*-Abbildung.*

Beweis. Wir wenden 8.15.2 an, wobei $\mathfrak{Y}_0$ im ersten Falle aus Y, $L_{\mathfrak{S},4}(X, Y)$, $L_{\mathfrak{S},4}(X, L_{\mathfrak{S},4}(X, Y)), \dots$ und im zweiten Falle ferner aus Y, $L_{\delta_{\mathfrak{S},4}}(X, Y)$, $L_{\delta_{\mathfrak{S},4}}(X, L_{\delta_{\mathfrak{S},4}}(X, Y)), \dots$ bestehe. 8.8.2 und dem zugehörigen Beweis entnimmt man, daß es genügt zu zeigen, daß jede pseudotopologische lineare Gruppe aus $\mathfrak{Y}_0$ lokalkonvex und $t^\wedge$-regulär ist. Das folgt aber aus 7.11.14 und wegen $\{[x] \mid x \in X\} \leqq \mathfrak{S}(X)$ aus 7.11.16 (im zweiten Fall sind in 7.11.16 X und Y durch X^δ und Y^δ zu ersetzen).

Auf Grund dieses Satzes gilt

8.15.3′ (Charakterisierung von $C^n_{\tau,\sigma}$-Abbildungen; Spezialfälle). *X sei eine pseudotopologische lineare Gruppe und Y eine* $t^\wedge$*-reguläre lokalkonvexe pseudotopologische lineare Gruppe. n sei eine positive natürliche Zahl und f eine stetige Abbildung aus* $\mathfrak{A}(X,Y)$ *mit einer offenen lokal kreisförmigen Menge als Definitionsbereich. Für*

$$a = \mathsf{k}, \mathsf{fk} \text{ und } \mathsf{c}$$

und, wenn X ein pseudotopologischer Vektorraum ist, auch für

$$a = \mathsf{b}, \mathsf{q} \text{ und } \delta\mathsf{b}$$

gilt: Wenn f eine stetige $\mathfrak{s}$*-Ableitung* $\mathrm{D}^n f: X \circ\!\!\rightarrow H^n_a(X, Y)$ *der Ordnung n mit* $\mathrm{db}D^n f = \mathrm{db}f$ *hat und die zugehörigen* $\mathfrak{s}$*-Ableitungen niedrigerer Ordnung* $\mathrm{D}^j f: X \circ\!\!\rightarrow H^j_a(X, Y)$ $(j = 1, \dots, n-1)$ *ebenfalls stetig sind, ist f eine* C^n_a*-Abbildung.*

Für die folgende Übertragung von 8.8.3 auf τ',σ-Ableitungen höherer Ordnung, die sich ohne Mühe vornehmen läßt, seien $\mathfrak{X}$, $\mathfrak{Y}$, $\mathfrak{A}(X, Y)$ $(X \in \mathfrak{X}, Y \in \mathfrak{Y})$, τ und σ wie bei der Definition der τ',σ-Differenzierbarkeit gewählt. Wir fordern zusätzlich, daß stets $\sigma(X, Y)$ feiner als die von $\tau(X, Y)$ auf $L(X, Y)$ induzierte Limitierung ist (den Fall der Gleichheit natürlich inbegriffen).

8.15.4 (Theorem II über stetige Ableitungen höherer Ordnung). *X sei eine kreisförmige pseudotopologische lineare Gruppe aus* $\mathfrak{X}$ *und* $\mathfrak{Y}_0$ *eine Teilklasse von* $\mathfrak{Y}$ *aus pseudotopologischen linearen Gruppen, der mit Y stets* $L_\sigma(X, Y)$ *angehört. Für jedes* $Y \in \mathfrak{Y}_0$ *gelte:*

1. *Zu beliebigem* $l \in L(X, Y)$ *ist* $[l] \xrightarrow[\tau(X,Y)]{} l$.
2. *Mit* $\mathfrak{F}$ *und* $\mathfrak{G}$ *gehört* $\mathfrak{F} + \mathfrak{G}$ *zu* $\tau_{\mathfrak{H}(X,Y)}(0)$.

3. $\mathfrak{G} \in \tau_{\mathfrak{H}(X,Y)}(0)$ *zieht* $\mathfrak{G}^{\sim} \in \tau_{\mathfrak{H}(X,Y)}(0)$ *nach sich.*
4. $\mathfrak{G} \in \tau_{\mathfrak{H}(X,Y)}(0)$ *hat* $\mathfrak{G}^{\neg} \in \tau_{\mathfrak{H}(X,Y)}(0)$ *zur Folge, wobei* $\mathfrak{G}^{\neg}$ *wie vor* 8.8.3 *definiert ist.*

U sei eine lokal kreisförmige Umgebung eines Punktes $x \in X$. *f sei zu einem* $Y \in \mathfrak{Y}_0$ *und* $n \in N^+$ *eine Abbildung aus* $\mathfrak{A}(X, Y)$, *die eine* s*-Ableitung* $\mathrm{D}^n f$ *der Ordnung n mit* $U \subseteqq \mathrm{dbD}^n f$ *besitzt. f und die zu* $\mathrm{D}^n f$ *gehörigen* s*-Ableitungen niedrigerer Ordnung* $\mathrm{D}^j f\colon X \circ\!\!\rightarrow H^j_\sigma(X, Y)$ $(j = 1, \ldots, n-1)$ *seien über U stetig. Ferner sei* $\mathrm{D}^n f\colon X \circ\!\!\rightarrow H^n_\sigma(X, Y)$ *in x stetig. Dann ist f in x n-fach* τ',σ*-differenzierbar und ist* $\mathrm{D}^n f(x)$ *eine* τ',σ*-Ableitung von f in x der Ordnung n.*

Aus diesem Satz folgt unter Beachtung der Beweisbemerkungen zu 8.15.1

8.15.5 (Charakterisierung der $C^n_{\tau',\sigma}$-Abbildungen). *X sei eine kreisförmige pseudotopologische lineare Gruppe aus* $\mathfrak{X}$ *und* $\mathfrak{Y}_0$ *eine Teilklasse von* $\mathfrak{Y}$ *aus pseudotopologischen linearen Gruppen, der mit Y stets* $L_\sigma(X, Y)$ *angehört. Für jedes* $Y \in \mathfrak{Y}_0$ *seien die Bedingungen* 1 *bis* 4 *aus* 8.15.4 *erfüllt. f sei zu einem* $Y \in \mathfrak{Y}_0$ *und* $n \in N^+$ *eine stetige Abbildung aus* $\mathfrak{A}(X, Y)$ *mit einer offenen lokal kreisförmigen Menge als Definitionsbereich. f besitze eine stetige* s*-Ableitung* $\mathrm{D}^n f\colon X \circ\!\!\rightarrow H^n_\sigma(X, Y)$ *der Ordnung n mit* $\mathrm{dbD}^n f = \mathrm{db} f$. *Die zugehörigen* s*-Ableitungen niedrigerer Ordnung* $\mathrm{D}^j f\colon X \circ\!\!\rightarrow H^j_\sigma(X, Y)$ $(j = 1, \ldots, n-1)$ *seien ebenfalls stetig. Dann ist f eine* $C^n_{\tau',\sigma}$*-Abbildung.*

Wegen 8.6.2 gilt das

K o r o l l a r. *In* 8.15.5 *kann in dem Fall, daß* $\tau(X, Y)$ *zu beliebigem* $Y \in \mathfrak{Y}_0$ *feiner als die Limitierung der* $\tau_0(0)$,4*-Konvergenz in* $\mathfrak{A}(X, Y)$ *ist, die Voraussetzung, daß f und die* s*-Ableitungen* $\mathrm{D}^j f\colon X \circ\!\!\rightarrow H^j_\sigma(X, Y)$ $(j = 1, \ldots, n-1)$ *stetig sind, weggelassen werden.* τ_0 *ist dabei die Pseudotopologie von X.*

Wir lassen weiterhin beide Fälle, daß stets $\mathfrak{A}(X, Y)$ die Menge aller Abbildungen aus bzw. von X in Y ist, zu. $\mathfrak{B}$ sei eine Abbildung der Klasse aller limitierten linearen Gruppen, die jeder limitierten linearen Gruppe X ein System $\mathfrak{B}(X)$ von $\wedge$-Idealen von Dualfiltern in X zuordnet. Ähnlich wie 8.15.3 zeigt man mittels 8.8.4, dem zugehörigen Beweis und mittels 8.15.5 den folgenden Charakterisierungssatz

8.15.6 (Charakterisierung der $C^n_{(\mathfrak{B},k)'}$- und $C^n_{\circ\mathfrak{B},k}$-Abbildungen). *X sei eine kreisförmige pseudotopologische lineare Gruppe mit* $\{[(x)] \mid x \in X\} \leqq \mathfrak{B}(X)$ *und Y eine* $t^\wedge$*-reguläre lokalkonvexe pseudotopologische lineare Gruppe. n sei eine positive natürliche Zahl und k eine der Zahlen* 1, ..., 5. *f sei eine stetige Abbildung aus* $\mathfrak{A}(X, Y)$ *mit einer offenen lokal kreisförmigen Menge als Definitionsbereich.*

Besitzt f eine stetige s*-Ableitung* $\mathrm{D}^n f\colon X \circ\!\!\rightarrow H^n_{\mathfrak{B},k}(X, Y)$ *der Ordnung n mit* $\mathrm{dbD}^n f = \mathrm{db} f$ *und sind die zugehörigen* s*-Ableitungen niedrigerer Ordnung* $\mathrm{D}^j f\colon X \circ\!\!\rightarrow H^j_{\mathfrak{B},k}(X, Y)$ $(j = 1, \ldots, n-1)$ *ebenfalls stetig, dann ist f eine* $C^n_{(\mathfrak{B},k)'}$*-Abbildung.*

Wenn f eine stetige s-*Ableitung* $\mathrm{D}^n f\colon X \circ\!\!\rightarrow H^n_{\delta\mathfrak{B},k}(X, Y)$ *der Ordnung n mit* $\mathrm{dbD}^n f = \mathrm{db}f$ *hat und die zugehörigen* s-*Ableitungen niedrigerer Ordnung* $\mathrm{D}^j f\colon X \circ\!\!\rightarrow H^j_{\delta\mathfrak{B},k}(X, Y)$ $(j = 1, \ldots, n-1)$ *ebenfalls stetig sind, ist f eine* $C^n_{\delta'\mathfrak{B},k}$-*Abbildung.*

Korollar. *In* 8.15.6 *kann, falls* $\varkappa[\tau_0(0)] \leqq \mathfrak{B}(X)$ *für die Pseudotopologie* τ_0 *von X gilt, die Voraussetzung, daß f und die* s-*Ableitungen* $\mathrm{D}^j f\colon X \circ\!\!\rightarrow H^j_{\mathfrak{B},k}(X, Y)$ *bzw.* $\mathrm{D}^j f\colon X \circ\!\!\rightarrow H^j_{\delta\mathfrak{B},k}(X, Y)$ $(j = 1, \ldots, n-1)$ *stetig sind, weggelassen werden.*

Wegen 8.15.6 und des zugehörigen Korollars gilt

8.15.6′ (Charakterisierung von $C^n_{\mathfrak{r}',\sigma}$-Abbildungen; Spezialfälle). *X sei eine kreisförmige pseudotopologische lineare Gruppe und Y eine* $t^\wedge$-*reguläre lokalkonvexe pseudotopologische lineare Gruppe. n sei eine positive natürliche Zahl und f eine stetige Abbildung aus* $\mathfrak{A}(X,Y)$ *mit einer offenen lokalkreisförmigen Menge als Definitionsbereich. Für*

$$a = \mathsf{s}, \mathsf{k}, \mathsf{fk} \text{ und } \mathsf{c}$$

und, wenn X ein pseudotopologischer Vektorraum ist, auch für

$$a = \mathsf{b}, \mathsf{e}, \mathsf{q}, \mathsf{h}, \mathsf{Kh}, \delta\mathsf{b}, \delta\mathsf{e}, \delta\mathsf{q} \text{ und } \delta\mathsf{h}$$

gilt: Besitzt f eine stetige s-*Ableitung* $\mathrm{D}^n f\colon X \circ\!\!\rightarrow H^n_a(X, Y)$ *der Ordnung n mit* $\mathrm{dbD}^n f = \mathrm{db}f$ *und sind in den Fällen* $a = \mathsf{s}, \mathsf{k}, \mathsf{fk}, \mathsf{e}, \delta\mathsf{b}$ *und* $\delta\mathsf{e}$ *auch f und die* s-*Ableitungen* $\mathrm{D}^j f\colon X \circ\!\!\rightarrow H^j_a(X, Y)$ $(j = 1, \ldots, n-1)$ *stetig, dann ist f eine* $C^n_{a'}$-*Abbildung.*

Aus 8.15.5 und dem zugehörigen Korollar folgt unter Berücksichtigung von 8.8.4 in Ergänzung zu 8.15.6′

8.15.6″. *X sei ein kreisförmiger pseudotopologischer Vektorraum und Y eine* $t^\wedge$-*reguläre lokalkonvexe pseudotopologische lineare Gruppe. n sei eine positive natürliche Zahl und f eine Abbildung aus* $\mathfrak{A}(X, Y)$ *mit einer offenen lokal kreisförmigen Menge als Definitionsbereich. Besitzt f eine stetige* s-*Ableitung* $\mathrm{D}^n f\colon X \circ\!\!\rightarrow H^n_{\mathsf{u}}(X, Y)$ *bzw.* $\mathrm{D}^n f\colon X \circ\!\!\rightarrow H^n_{\mathsf{d}}(X, Y)$ *der Ordnung n mit* $\mathrm{db\,D}^n f = \mathrm{db}f$, *dann ist f eine* $C^n_{\mathsf{h}',\mathsf{u}}$- *bzw.* $C^n_{\mathsf{h}',\mathsf{d}}$-*Abbildung.*

Wir gehen im folgenden auf den Vergleich der verschiedenen Begriffe der C^n-Abbildungen ein. Zuerst bringen wir einen Vergleichssatz, der eine gewisse Übertragung von 8.8.6 auf C^n-Abbildungen darstellt. Offenbar gilt

8.15.7 (Vergleich von C^n-Abbildungen). $(\mathfrak{R}, \sigma)$ *und* $(\mathfrak{R}', \sigma')$ *seien Differenzierbarkeitsarten für Klassen* $\mathfrak{X}$ *und* $\mathfrak{Y}$ *bzw.* $\mathfrak{X}'$ *und* $\mathfrak{Y}'$ *limitierter linearer Gruppen. X sei eine limitierte lineare Gruppe aus* $\mathfrak{X} \cap \mathfrak{X}'$ *und Y eine limitierte lineare Gruppe aus* $\mathfrak{Y} \cap \mathfrak{Y}'$. *M sei eine offene Teilmenge von X. Für jedes* $n \in \boldsymbol{N}^+$ *gelte:*

1. *Es ist* $\mathfrak{R}_{XH^n_\sigma(X,Y)} \subseteqq \mathfrak{R}'_{XH^n_{\sigma'}(X,Y)}$.
2. *Jede stetige Abbildung aus X in* $H^n_\sigma(X, Y)$ *mit M als Definitionsbereich ist auch als Abbildung aus X in* $H^n_{\sigma'}(X, Y)$ *stetig.*

Dann ist zu beliebigem $n \in \boldsymbol{N}^+$ jede $C^n_{\mathfrak{R},\sigma}$-Abbildung aus X in Y mit M als Definitionsbereich eine $C^n_{\mathfrak{R}',\sigma'}$-Abbildung.

Unter Berücksichtigung der Definition des Begriffs der Differenzierbarkeitsart folgt leicht, daß die im Satz angegebenen beiden Bedingungen gelten, wenn die aus Y, $L_\sigma(X, Y)$, $L_\sigma(X, L_\sigma(X, Y))$, ... bestehende Menge $\mathfrak{Y}_0$ in $\mathfrak{Y}'$ enthalten ist und sie die Bedingung 1 aus 8.10.5 erfüllt. Ohne Mühe lassen sich daher mittels 7.13.2, (7.14.11) und 8.10.6 Beziehungen zwischen $C^n_{a,\mathfrak{d}}$-, $C^n_{a,\mathfrak{u}}$- und C^n_a-Abbildungen mit $a = \mathfrak{h}$ und $\mathfrak{h}'$ und zwischen $C^n_{\mathfrak{h}'}$-, $C^n_{\mathfrak{q},\mathfrak{h}}$- und $C^n_{\mathfrak{q}}$-Abbildungen herleiten, was wir dem Leser überlassen. Ferner erhält man daher die folgende Übertragung von 8.8.7 auf $C^n_{\mathfrak{R},\sigma}$-Abbildungen.

8.15.8 (Vergleichstheorem I für C^n-Abbildungen). *X sei eine limitierte und Y eine pseudotopologische lineare Gruppe. n sei eine positive natürliche Zahl.* 8.4.6 *gilt auch, wenn man in diesem Satz jeweils a-Restglied und a-Restglied r mit $r(0) = 0$ durch C^n_a-Abbildung aus $\mathfrak{A}(X,Y)$ ersetzt und anstelle der Forderung, daß Y lokalbeschränkt und gleichförmig ist, die Forderung nimmt, daß X und Y lokalbeschränkte topologische Vektorräume sind.*

Zum Beweis: Trivialerweise ist in jedem der Fälle die wie nach 8.15.7 gebildete Menge $\mathfrak{Y}_0$ in $\mathfrak{Y}'$ enthalten. Im Beweis von 8.10.6 wurde bereits angeführt, daß stets $\mathfrak{Y}_0$ die Bedingung 1 aus 8.10.5 erfüllt.

8.8.8 läßt sich auch weitestgehend auf $C^n_{\mathfrak{R},\sigma}$-Abbildungen übertragen. Bevor wir darauf genauer eingehen, bringen wir Vergleichssätze, die sich mittels 8.15.3 und 8.15.6 ergeben.

Zu beliebigen limitierten linearen Gruppen X und Y sei stets $\mathfrak{A}(X, Y)$ die Menge aller Abbildungen aus bzw. von X in Y, und es sei $\mathfrak{s}(X, Y)$ die Limitierung der punktweisen Konvergenz in $\mathfrak{A}(X, Y)$. $\mathfrak{S}$ sei eine Abbildung der Klasse aller limitierten linearen Gruppen, die jeder limitierten linearen Gruppe X ein System $\mathfrak{S}(X)$ von Filtern in X zuordnet.

8.15.9. $(\mathfrak{R}, \sigma)$ *sei eine Differenzierbarkeitsart für Klassen $\mathfrak{X}$ und $\mathfrak{Y}$ limitierter linearer Gruppen. X sei eine limitierte lineare Gruppe aus $\mathfrak{X}$ mit $\{[x] \mid x \in X\} \leqq \mathfrak{S}(X)$ und Y eine $t^\wedge$-reguläre lokalkonvexe pseudotopologische lineare Gruppe. M sei eine offene lokal kreisförmige Teilmenge von X. Für jedes $n \in \boldsymbol{N}^+$ gelte:*

1. *Es ist* $\mathfrak{R}_{XH^n_\sigma(X,Y)} \subseteqq \mathfrak{R}^{\mathsf{G}}_{\mathfrak{s}(X,H^n_{\mathfrak{s}}(X,Y))}$.
2. *Jede stetige Abbildung aus X in $H^n_\sigma(X, Y)$ mit M als Definitionsbereich ist auch als Abbildung aus X in $H^n_{\mathfrak{S},4}(X, Y)$ bzw. aus X in $H^n_{\delta_{\mathfrak{S},4}}(X, Y)$ stetig.*

Dann ist zu beliebigem $n \in \boldsymbol{N}^+$ jede $C^n_{\mathfrak{R},\sigma}$-Abbildung $f \in \mathfrak{A}(X, Y)$ mit M als Definitionsbereich eine $C^n_{\mathfrak{S},4}$- bzw. $C^m_{\delta_{\mathfrak{S},4}}$-Abbildung.

Beweis. $\mathrm{D}^n f$ sei die betreffende $\mathfrak{R},\sigma$-Ableitung von f der Ordnung n, und $\mathrm{D}f, \ldots, \mathrm{D}^{n-1}f$ seien die betreffenden $\mathfrak{R},\sigma$-Ableitungen niedrigerer Ordnung.

Wegen Bedingung 1 sind $\mathrm{D}f, \ldots, \mathrm{D}^n f$ s-Ableitungen von f der Ordnung 1 bis n. Mittels 8.15.3 folgt damit die Behauptung.

$\mathfrak{B}$ sei eine Abbildung der Klasse aller limitierten linearen Gruppen, die jeder limitierten linearen Gruppe X ein System $\mathfrak{B}(X)$ von $\wedge$-Idealen von Dualfiltern in X zuordnet. Ähnlich wie 8.15.9 erhält man mittels 8.15.6

8.15.10. $(\mathfrak{R}, \sigma)$ *sei eine Differenzierbarkeitsart für Klassen* $\mathfrak{X}$ *und* $\mathfrak{Y}$ *limitierter linearer Gruppen.* X *sei eine kreisförmige pseudotopologische lineare Gruppe aus* $\mathfrak{X}$ *mit* $\{[(x)] \mid x \in X\} \leqq \mathfrak{B}(X)$ *und* Y *eine* $t^\wedge$*-reguläre lokalkonvexe pseudotopologische lineare Gruppe.* M *sei eine offene lokal kreisförmige Teilmenge von* X. k *sei eine der Zahlen* 1, ..., 5. *Für jedes* $n \in N^+$ *gelte:*

1. *Es ist* $\mathfrak{R}_{X H^n_\sigma(X,Y)} \subseteqq \mathfrak{R}^{\mathsf{G}}_{\mathsf{s}(X, H^n_{\mathsf{s}}(X,Y))}$.
2. *Jede stetige Abbildung aus* X *in* $H^n_\sigma(X, Y)$ *mit* M *als Definitionsbereich ist auch als Abbildung aus* X *in* $H_{\mathfrak{B},k}(X, Y)$ *bzw. aus* X *in* $H_{\delta_{\mathfrak{B},k}}(X, Y)$ *stetig.*

Dann ist zu beliebigem $n \in N^+$ *jede* $C^n_{\mathfrak{R},\sigma}$*-Abbildung aus* $\mathfrak{A}(X, Y)$ *mit* M *als Definitionsbereich eine* $C^n_{(\mathfrak{B},k')}$*- bzw.* $C^{n}_{\delta'_{\mathfrak{B},k}}$*-Abbildung.*

Wählt man in diesem Satz als $(\mathfrak{R}, \sigma)$ speziell die $\mathfrak{B},k$- bzw. $\delta_{\mathfrak{B},k}$-Differenzierbarkeit, so sind die Bedingungen 1 und 2 des Satzes erfüllt. Man zeigt damit

8.15.11 (Vergleich von C^n_τ- mit $C^n_{\tau'}$-Abbildungen bei $\tau = \tau_{\mathfrak{B},k}$ und $\tau = \delta_{\mathfrak{B},k}$). *$X$ sei eine kreisförmige pseudotopologische lineare Gruppe mit* $\{[(x)] \mid x \in X\} \leqq \mathfrak{B}(X)$. Y *sei eine* $t^\wedge$*-reguläre lokalkonvexe pseudotopologische lineare Gruppe. Dann ist zu beliebigem* $n \in N^+$ *jede* $C^n_{\mathfrak{B},k}$*- bzw.* $C^n_{\delta_{\mathfrak{B},k}}$*-Abbildung aus* X *in* Y *mit lokal kreisförmigem Definitionsbereich eine* $C^n_{(\mathfrak{B},k)'}$*- bzw.* $C^{n}_{\delta'_{\mathfrak{B},k}}$*-Abbildung.*

Aus diesem Satz ergibt sich

8.15.11′ (Vergleich von C^n_τ- mit $C^n_{\tau'}$-Abbildungen; Spezialfälle). *X sei eine kreisförmige pseudotopologische lineare Gruppe,* Y *eine* $t^\wedge$*-reguläre lokalkonvexe pseudotopologische lineare Gruppe und* n *eine positive natürliche Zahl. Für*

$$a = \mathsf{s}, \mathsf{k}, \mathsf{fk} \text{ und } \mathsf{c}$$

und, wenn X *ein pseudotopologischer Vektorraum ist, auch für*

$$a = \mathsf{b}, \mathsf{e}, \mathsf{q}, \mathsf{h}, \mathsf{Kh}, \delta\mathsf{b}, \delta\mathsf{e}, \delta\mathsf{q} \text{ und } \delta\mathsf{h}$$

gilt: Jede C^n_a*-Abbildung aus* $\mathfrak{A}(X, Y)$ *mit lokal kreisförmigem Definitionsbereich ist eine* $C^n_{a'}$*-Abbildung.*

Wir führen nun das Vergleichstheorem II für C^n-Abbildungen an. Der Einfachheit halber verzichten wir auf einen Vergleich der C^n_{fk}- und der $C^n_{\mathsf{fk}'}$-Abbildungen mit anderen Arten von C^n-Abbildungen. Entsprechend wie bei 8.8.10 betrachten wir den erweiterten Fall $\mathsf{h}'-\mathsf{q}'-\mathsf{q}-\mathsf{c}'-\mathsf{c}$, wobei wir Aussagen aus 8.15.8 übernehmen. Wir bringen — von dieser Erweiterung abgesehen — bei den einzelnen Fällen zuerst Aussagen, die weitgehend Aussagen aus 8.4.7 entsprechen; zum Teil mußte wie bei 8.8.10 die Voraussetzung verschärft werden. An zweiter Stelle führen wir jeweils Aussagen an, zu denen in der angegebenen Allgemeinheit keine entsprechenden Vergleichsaussagen für Ableitungen existieren. Abgesehen von einer Abschwächung einer Aussage im Falle $\mathsf{h}'-\mathsf{q}'-\mathsf{q}-\mathsf{c}'-\mathsf{c}$ im Vergleich zum Fall $n = 1$ und abgesehen von dem Verzicht auf einen Vergleich der C^n_{fk}- und $C^n_{\mathsf{fk}'}$-Abbildungen mit anderen Arten von C^n-Abbildungen entspricht das Vergleichstheorem II für C^n-Abbildungen genau dem Vergleichstheorem II für C^1-Abbildungen. Zur besseren Übersicht formulieren wir es vollständig.

8.15.12 (Vergleichstheorem II für C^n-Abbildungen). *X und Y seien limitierte lineare Gruppen. Die Limitierung von Y sei nicht entartet. n sei eine positive natürliche Zahl.*

$\mathsf{c}'-\mathsf{c}-\mathsf{s}'-\mathsf{s}$: *Ist X ein limitierter Vektorraum, so ist jede $C^n_{\mathsf{c}'}$-Abbildung aus $\mathfrak{A}(X, Y)$ eine C^n_{c}-Abbildung. Wenn X ein gleichförmiger pseudotopologischer Vektorraum und Y eine kreisförmige pseudotopologische lineare Gruppe ist, ist jede C^n_{c}-Abbildung aus $\mathfrak{A}(X,Y)$ umgekehrt eine $C^n_{\mathsf{c}'}$-Abbildung. Ist X eine pseudotopologische lineare Gruppe, so ist jede C^n_{c}- bzw. $C^n_{\mathsf{c}'}$-Abbildung aus $\mathfrak{A}(X, Y)$ eine C^n_{s}- bzw. $C^n_{\mathsf{s}'}$-Abbildung. Ist $X = \boldsymbol{K}$ und Y entweder kreisförmig oder ein limitierter Vektorraum, so ist umgekehrt jede C^n_{s}- bzw. $C^n_{\mathsf{s}'}$-Abbildung aus $\mathfrak{A}(X,Y)$ eine C^n_{c}- bzw. $C^n_{\mathsf{c}'}$-Abbildung. Wenn X ein pseudotopologischer Vektorraum ist, ist jede $C^n_{\mathsf{s}'}$-Abbildung aus $\mathfrak{A}(X,Y)$ eine C^n_{s}-Abbildung. Ist X ein separierter kreisförmiger pseudotopologischer Vektorraum, so ist jede C^n_{s}-Abbildung aus $\mathfrak{A}(X,Y)$ umgekehrt eine $C^n_{\mathsf{s}'}$-Abbildung.*

Wenn X ein tonnelierter metrisierbarer lokalkonvexer topologischer Vektorraum und Y ein beliebiger lokalkonvexer topologischer Vektorraum ist, ist jede C^n_{s}- bzw. $C^n_{\mathsf{s}'}$-Abbildung aus $\mathfrak{A}(X,Y)$ eine C^n_{c}- bzw. $C^n_{\mathsf{c}'}$-Abbildung.

Y sei in den weiteren Fällen eine pseudotopologische lineare Gruppe.

$\mathsf{h}'-\mathsf{q}'-\mathsf{q}-\mathsf{c}'-\mathsf{c}$: *Jede $C^n_{\mathsf{h}'}$-Abbildung aus X in Y ist eine $C^n_{\mathsf{q}'}$-Abbildung und jede $C^n_{\mathsf{q}'}$-Abbildung aus $\mathfrak{A}(X,Y)$ eine C^n_{q}-Abbildung. Ist X ein limitierter Vektorraum, so ist jede C^n_{q}- bzw. $C^n_{\mathsf{q}'}$-Abbildung aus $\mathfrak{A}(X,Y)$ eine C^n_{c}- bzw. $C^n_{\mathsf{c}'}$-Abbildung. Wenn X eine lokalbeschränkte limitierte lineare Gruppe mit der* bk-*Eigenschaft und Y eine* CHOQUET*sche pseudotopologische lineare Gruppe ist, ist umgekehrt jede C^n_{c}- bzw. $C^n_{\mathsf{c}'}$-Abbildung aus $\mathfrak{A}(X,Y)$ eine C^n_{q}- bzw. $C^n_{\mathsf{q}'}$-Abbildung. Ist X ein ausgeglichener kreisförmiger pseudotopologischer Vektorraum, der dem ersten Abzählbarkeitsaxiom genügt und die* bk-*Eigenschaft hat und ist Y eine topologische lineare Gruppe, so ist ebenfalls jede C^n_{c}- bzw. $C^n_{\mathsf{c}'}$-Abbildung aus $\mathfrak{A}(X, Y)$ eine C^n_{q}- bzw. $C^n_{\mathsf{q}'}$-Abbildung.*

Ist X ein gleichförmiger ausgeglichener SCHWARTZ*scher pseudotopologischer Vektorraum und Y ein lokalkonvexer topologischer Vektorraum, so ist jede C^n_{c}-Abbildung aus $\mathfrak{A}(X,Y)$ mit lokal kreisförmigem Definitionsbereich eine C^n_{q}-, $C^n_{\mathsf{q}'}$- und $C^n_{\mathsf{h}'}$-Abbildung.*

q′—q—b′—b: *Jede* $C^n_{\mathfrak{q}}$- *bzw.* $C^n_{\mathfrak{q}'}$-*Abbildung aus* $\mathfrak{A}(X, Y)$ *ist eine* $C^n_{\mathfrak{b}}$- *bzw.* $C^n_{\mathfrak{b}'}$-*Abbildung, jede* $C^n_{\mathfrak{b}'}$-*Abbildung aus* $\mathfrak{A}(X, Y)$ *eine* $C^n_{\mathfrak{b}}$-*Abbildung. Wenn* X *eine gleichförmige und* Y *eine kreisförmige pseudotopologische lineare Gruppe ist, ist jede* $C^n_{\mathfrak{q}}$-*Abbildung aus* $\mathfrak{A}(X, Y)$ *eine* $C^n_{\mathfrak{b}'}$-*Abbildung. Ist* X *ein ausgeglichener kreisförmiger pseudotopologischer Vektorraum, der dem ersten Abzählbarkeitsaxiom genügt, und ist* Y *eine topologische lineare Gruppe, so ist jede* $C^n_{\mathfrak{b}}$- *und jede* $C^n_{\mathfrak{b}'}$-*Abbildung aus* $\mathfrak{A}(X, Y)$ *eine* $C^n_{\mathfrak{q}}$-*Abbildung.*

Ist X *eine pseudotopologische lineare Gruppe und* Y *eine topologische lineare Gruppe, so ist jede* $C^n_{\mathfrak{b}}$-*Abbildung aus* $\mathfrak{A}(X, Y)$ *eine* $C^n_{\mathfrak{b}'}$-*Abbildung.*

c′—c—k′—k: *Ist* Y *eine* CHOQUET*sche pseudotopologische lineare Gruppe, so ist jede* $C^n_{\mathfrak{c}}$-*Abbildung aus* $\mathfrak{A}(X, Y)$ *eine* $C^n_{\mathfrak{k}}$-*Abbildung und jede* $C^n_{\mathfrak{c}'}$-*Abbildung aus* $\mathfrak{A}(X, Y)$ *eine* $C^n_{\mathfrak{k}'}$-*Abbildung, wird zusätzlich* X *als gleichförmiger pseudotopologischer Vektorraum angenommen, so ist jede* $C^n_{\mathfrak{c}}$-*Abbildung aus* $\mathfrak{A}(X, Y)$ *auch eine* $C^n_{\mathfrak{k}'}$-*Abbildung. Ist* X *ein* SIMONNET*scher limitierter Vektorraum, so ist jede* $C^n_{\mathfrak{k}'}$-*Abbildung aus* $\mathfrak{A}(X, Y)$ *eine* $C^n_{\mathfrak{k}}$-*Abbildung. Ist* X *ein pseudotopologischer Vektorraum, der dem ersten Abzählbarkeitsaxiom genügt, und ist* Y *eine topologische lineare Gruppe, so ist jede* $C^n_{\mathfrak{k}}$-*Abbildung aus* $\mathfrak{A}(X, Y)$ *eine* $C^n_{\mathfrak{c}}$-*Abbildung und, wenn* X *zusätzlich* SIMONNET*sch ist, auch jede* $C^n_{\mathfrak{k}'}$-*Abbildung aus* $\mathfrak{A}(X, Y)$ *eine* $C^n_{\mathfrak{c}}$-*Abbildung.*

Ist X *eine pseudotopologische lineare Gruppe und* Y *eine topologische lineare Gruppe, so ist jede* $C^n_{\mathfrak{k}}$-*Abbildung aus* $\mathfrak{A}(X, Y)$ *eine* $C^n_{\mathfrak{k}'}$-*Abbildung.*

b′—k′, b—k: *Wenn* X *ein* SIMONNET*scher limitierter Vektorraum ist, ist jede* $C^n_{\mathfrak{b}}$-*Abbildung aus* X *in* Y *eine* $C^n_{\mathfrak{k}}$-*Abbildung und jede* $C^n_{\mathfrak{b}'}$-*Abbildung aus* $\mathfrak{A}(X, Y)$ *eine* $C^n_{\mathfrak{k}'}$-*Abbildung. Hat* X *die* bk-*Eigenschaft, so ist jede* $C^n_{\mathfrak{k}}$-*Abbildung aus* $\mathfrak{A}(X, Y)$ *eine* $C^n_{\mathfrak{b}}$-*Abbildung und jede* $C^n_{\mathfrak{k}'}$-*Abbildung aus* $\mathfrak{A}(X, Y)$ *eine* $C^n_{\mathfrak{b}'}$-*Abbildung.*

k—s: *Wenn* X *eine pseudotopologische lineare Gruppe ist, ist jede* $C^n_{\mathfrak{k}}$-*Abbildung aus* $\mathfrak{A}(X, Y)$ *eine* $C^n_{\mathfrak{s}}$-*Abbildung. Ist* $X = \boldsymbol{K}$ *und* Y *kreisförmig, so ist umgekehrt jede* $C^n_{\mathfrak{s}}$-*Abbildung aus* $\mathfrak{A}(X, Y)$ *eine* $C^n_{\mathfrak{k}}$-*Abbildung.*

Wenn X *ein tonnelierter metrisierbarer lokalkonvexer topologischer Vektorraum und* Y *ein beliebiger lokalkonvexer topologischer Vektorraum ist, ist jede* $C^n_{\mathfrak{s}}$-*Abbildung aus* $\mathfrak{A}(X, Y)$ *eine* $C^n_{\mathfrak{k}}$-*Abbildung.*

Beweis. Auf die Wiederholungen gehen wir natürlich nicht ein. Wir wenden zum Nachweis der übrigen Vergleiche 8.15.7 und in einigen Ausnahmen 8.4.8, 8.15.9 und 8.15.10 an.

Wir gehen zuerst auf die Vergleiche ein, die wir mittels 8.15.7 beweisen, das sind alle mit Ausnahme der Wiederholungen und der Vergleiche, die wir in den jeweiligen Fällen im zweiten Teil anführen. Ist X ein ausgeglichener kreisförmiger pseudotopologischer Vektorraum, der dem ersten Abzählbarkeitsaxiom genügt, und ist Y eine topologische lineare Gruppe, so sind $H^n_{\mathfrak{b}}(X, Y)$ $(n \in \boldsymbol{N}^+)$ topologische lineare Gruppen und folgt aus 7.13.3 unter Beachtung, daß jeder quasibeschränkte Filter in X einen quasibeschränkten Unterfilter mit einer abzählbaren Basis besitzt, daß zu beliebigem $n \in \boldsymbol{N}^+$ die Beziehung $\mathfrak{R}^{\mathsf{G}}_{\mathfrak{b}(X, H^n_{\mathfrak{b}}(X,Y))} \subseteq \mathfrak{R}^{\mathsf{G}}_{\mathfrak{q}(X, H^n_{\mathfrak{q}}(X,Y))}$ besteht und jede stetige Abbildung aus X in $H^n_{\mathfrak{b}}(X, Y)$ auch als

Abbildung aus X in $H^n_{\mathsf{q}}(X, Y)$ stetig ist. Dann ist jede C^n_{b}- und damit auch jede $C^n_{\mathsf{b}'}$-Abbildung aus $\mathfrak{A}(X, Y)$ eine C^n_{q}-Abbildung. Die anderen Vergleiche, die wir aus 8.15.7 folgern, ergeben sich leicht aus diesem Satz unter Beachtung der nachfolgenden Bemerkungen und mittels des im Beweis von 8.10.7 Angeführten.

Ist X eine pseudotopologische lineare Gruppe und Y eine topologische lineare Gruppe, so sind $H^n_{\mathsf{b}}(X, Y)$ und $H^n_{\mathsf{k}}(X, Y)$ $(n \in \boldsymbol{N}^+)$ topologische lineare Gruppen und ist wegen 8.4.8 zu beliebigem $n \in \boldsymbol{N}^+$ jedes stetige b-Restglied r aus $\mathfrak{A}(X, H^n_{\mathsf{b}}(X, Y))$ mit $r(0) = 0$ ein b'-Restglied und jedes stetige k-Restglied r aus $\mathfrak{A}(X, H^n_{\mathsf{k}}(X, Y))$ mit $r(0) = 0$ ein k'-Restglied.

Die in den Fällen c'—c—s'—s, h'—q'—q—c'—c und k—s im zweiten Teil angeführten Vergleiche folgen aus 8.15.9 und 8.15.10. Ist X ein tonnelierter metrisierbarer und Y ein beliebiger lokalkonvexer topologischer Vektorraum, so sind alle $H^n_{\mathsf{s}}(X, Y)$ $(n \in \boldsymbol{N}^+)$ lokalkonvexe topologische Vektorräume und folgt aus 7.5.24, (7.14.19) und (7.14.23), daß zu beliebigem $n \in \boldsymbol{N}^+$ jede stetige Abbildung aus X in $H^n_{\mathsf{s}}(X, Y)$ auch als Abbildung aus X in $H^n_{\mathsf{c}}(X, Y)$ stetig ist, ferner gilt dann $\mathfrak{R}^{\mathsf{M}}_{\mathsf{s}(X, H^n_{\mathsf{s}}(X,Y))} \subseteqq \mathfrak{R}^{\mathsf{G}}_{\mathsf{s}(X, H^n_{\mathsf{s}}(X,Y))}$ $(n \in \boldsymbol{N}^+)$. Ist X ein gleichförmiger ausgeglichener SCHWARTZscher pseudotopologischer Vektorraum und Y ein lokalkonvexer topologischer Vektorraum, so gilt wegen (7.14.8), (7.14.19) und (7.14.24) zu jedem $n \in \boldsymbol{N}^+$ $H^n_{\mathsf{c}}(X, Y) = H^n_{\mathsf{h}}(X, Y)$.

Aus dem Angeführten ergibt sich die Behauptung des Satzes.

Anmerkung: 8.15.8, 8.15.11′ und 8.15.12 entnimmt man, daß unter den Voraussetzungen aus 8.15.11′ in den Fällen

$$a = \mathsf{s}, \mathsf{k}, \mathsf{fk}, \mathsf{b}, \mathsf{e}, \mathsf{c}, \mathsf{q}, \delta\mathsf{b}, \delta\mathsf{e} \text{ und } \delta\mathsf{q}$$

die Begriffe C^n_a-Abbildung und $C^n_{a'}$-Abbildung sogar zusammenfallen.

Man zeigt leicht, daß auch 8.8.11 entsprechend für C^n-Abbildungen gilt (die Begriffe C^n_{fk}- und $C^n_{\mathsf{fk}'}$-Abbildung eingeschlossen). Schließlich gelten auch 8.8.12 und 8.8.13 entsprechend für C^n-Abbildungen (ist X metrisierbar, so fallen für die Teilmengen von X die Begriffe kompakt und folgenkompakt zusammen).

Wir leiten nun einen wichtigen weiteren Vergleich her, wobei jetzt — im Gegensatz zu den bisherigen Vergleichen — die Zahl n variiert (siehe SMOLJANOW [3]).

8.15.13 (Vergleich bei variablem n). *X sei ein gleichförmiger pseudotopologischer Vektorraum, Y eine $t^\wedge$-reguläre lokalkonvexe pseudotopologische lineare Gruppe und n eine positive natürliche Zahl. Dann ist jede C^{n+1}_{c}- und damit auch jede C^{n+1}_{q}-Abbildung $f \in \mathfrak{A}(X, Y)$ mit lokal kreisförmigem Definitionsbereich eine C^n_{h}-Abbildung.*

Beweis. Es sei $n = 1$, oder es sei $n > 1$ und die Behauptung bereits für alle positiven natürlichen Zahlen $< n$ bewiesen. Gegeben sei ein $x \in \operatorname{db} f$. $\mathrm{D}^n f$ sei die betreffende c-Ableitung von f der Ordnung n und $\mathrm{D}(\mathrm{D}^n f)(x)$ die betreffende c-Ableitung von $\mathrm{D}^n f$ in x. r sei die Abbildung $h \mapsto \mathrm{D}^n f(x + h) - \mathrm{D}^n f(x) - \mathrm{D}(\mathrm{D}^n f)(x)h$ $(h \in \operatorname{db} f - x)$ aus X in $H^n_{\mathsf{c}}(X, Y)$. $\mathfrak{F}$ sei ein kreisförmiger Nullfilter in X.

$\mathfrak{H} = (\chi^{1\,n-1})^{-1}\,(Vr_V(\mathfrak{F}) + \mathrm{D}(\mathrm{D}^n f)(x)(V\mathfrak{F}))\,(\mathfrak{F})$ ist ein gleichförmiger Nullfilter in $H^{n-1}_{\mathsf{c}}(X, Y)$ und wegen (7.14.5), (7.14.19) und (7.14.24) auch in $H^{n-1}_{\mathsf{h}}(X, Y)$. (Im Falle $n = 1$ ist natürlich $\chi^{1\,n-1}$ die identische Abbildung von $L(X, Y)$ auf sich und $H^{n-1}_{\mathsf{c}}(X, Y) = H^{n-1}_{\mathsf{h}}(X, Y) = Y$.) Mittels 7.4.19 und 7.4.21 folgt, daß auch $\mathfrak{G} = \mathfrak{H}^{\urcorner}$ ein Nullfilter in $H^{n-1}_{\mathsf{h}}(X, Y)$ ist. Zu beliebigem $G \in \mathfrak{G}$ existiert ein kreisförmige Menge $F \in \mathfrak{F}$ und zu jedem $\varepsilon > 0$ ein $V \in \boldsymbol{V}$ mit $V = [0, 1]\,V$ und

$$(\chi^{1\,n-1})^{-1}\,[\mathrm{D}^n f[x + VF] - \mathrm{D}^n f(x)]\,[F]^{\urcorner}$$
$$\subseteqq (\chi^{1\,n-1})^{-1}\,[Vr_V[F] + \mathrm{D}(\mathrm{D}^n f(x))\,[VF]\,[F]^{\urcorner} \subseteqq \varepsilon G\,.$$

Da $\mathrm{db} f$ lokal kreisförmig ist, können wir $x + VF \subseteqq \mathrm{db} f$ annehmen und erhalten mittels des Korollars zu 8.7.1 zu beliebigen $h \in F$ und $\alpha \in V \setminus \{0\}$

$$\frac{1}{\alpha}\left(\mathrm{D}^{n-1} f(x + \alpha h) - \mathrm{D}^{n-1} f(x)\right) - \mathrm{D}(\mathrm{D}^{n-1} f)\,(x)\,h$$
$$\in (\chi^{1\,n-1})^{-1}\,[\{\mathrm{D}^n f(x + \alpha\beta h)\,h - \mathrm{D}^n f(x)\,h \mid \beta \in [0, 1]\{\,] \subseteqq \varepsilon G\,,$$

wegen Bedingung (h) aus Abschnitt 8.1 also, daß $\mathrm{D}^n f(x)$ eine h-Ableitung der Ordnung n von f in x ist. Aus 8.6.1 folgt, daß $\mathrm{D}^n f$ als Abbildung aus X in $H^n_{\mathsf{c}}(X, Y)^{\#} = H^n_{\mathsf{h}}(X, Y)$ stetig, f also eine C^n_{h}-Abbildung ist.

Aus den angeführten Vergleichen für C^n-Abbildungen lassen sich leicht Vergleiche für C^∞-Abbildungen herleiten. Insbesondere folgt, daß die Vergleichstheoreme 8.15.8 und 8.15.12 entsprechend für C^∞-Abbildungen gelten, und aus 8.15.8 und 8.15.13 erhält man, daß für jeden gleichförmigen pseudotopologischen Vektorraum X, jede $t^\wedge$-reguläre lokalkonvexe pseudotopologische lineare Gruppe Y und jede positive natürliche Zahl n für die Abbildungen $f \in \mathfrak{A}(X, Y)$ mit lokal kreisförmigem Definitionsbereich die Begriffe C^∞_{c}-, C^∞_{q}-, $C^\infty_{\mathsf{h}'}$- und C^∞_{h}-Abbildung zusammenfallen.

Wir überlassen — von den folgenden beiden Sätzen abgesehen — weitere Übertragungen von Vergleichsaussagen auf C^∞-Abbildungen dem Leser. In den folgenden beiden Sätzen gehen wir auf den Fall ein, daß X und Y lokalkonvexe topologische Vektorräume sind und X entweder metrisierbar oder normierbar ist.

8.15.14 (Vergleich im Falle lokalkonvexer topologischer Vektorräume; X metrisierbar). *X und Y seien lokalkonvexe topologische Vektorräume. Ist X metrisierbar, so fallen für die Abbildungen $f \in \mathfrak{A}(X, Y)$ die Begriffe C^∞_{s}- und $C^\infty_{\mathsf{s}'}$-Abbildung, die Begriffe C^∞_{k}-, C^∞_{b}-, C^∞_{e}-, C^∞_{c}-, C^∞_{q}-, C^∞_{h}-, $C^\infty_{\mathsf{k}'}$-, ..., $C^\infty_{\mathsf{q}'}$- und $C^\infty_{\mathsf{h}'}$-Abbildung, ferner die Begriffe $C^\infty_{\delta\mathsf{b}}$- und $C^\infty_{\delta\mathsf{b}'}$-Abbildung, die Begriffe $C^\infty_{\delta\mathsf{e}}$- und $C^\infty_{\delta\mathsf{e}'}$-Abbildung und die Begriffe $C^\infty_{\delta\mathsf{q}}$- und $C^\infty_{\delta\mathsf{q}'}$-Abbildung zusammen, wenn X sogar ein* FRÉCHET-*Raum ist, auch die Begriffe C^∞_{s}- und C^∞_{c}-Abbildung.*

8.15.15 (Vergleich im Falle lokalkonvexer topologischer Vektorräume; X normierbar). *X und Y seien lokalkonvexe topologische Vektorräume. Ist X normier-*

bar, so fallen für die Abbildungen $f \in \mathfrak{A}(X, Y)$ *die Begriffe* C^∞_s- *und* $C^\infty_{s'}$-*Abbildung, die Begriffe* C^∞_k-, C^∞_b-, C^∞_e-, C^∞_c-, C^∞_q-, C^∞_h-, C^∞_{Kh}-, $C^\infty_{k'}$-, ... , $C^\infty_{h'}$- *und* $C^\infty_{Kh'}$-*Abbildung und die Begriffe* $C^\infty_{\delta b}$-, $C^\infty_{\delta e}$-, $C^\infty_{\delta q}$-, $C^\infty_{\delta h}$-, $C^\infty_{\delta b'}$-, $C^\infty_{\delta e'}$-, $C^\infty_{\delta q'}$- *und* $C^\infty_{\delta h'}$-*Abbildung zusammen, wenn* X *sogar ein* BANACH-*Raum ist, auch die Begriffe* C^∞_s- *und* C^∞_c-*Abbildung.*

8.16. Einige Eigenschaften der C^n-Abbildungen

Wir übertragen als nächstes einige Aussagen über Ableitungen höherer Ordnung auf C^n-Abbildungen; zum Teil lassen sich dabei Voraussetzungen abschwächen.

Für die folgenden beiden Sätze sei $(\mathfrak{R}, \sigma)$ eine Differenzierbarkeitsart für Klassen $\mathfrak{X}$ und $\mathfrak{Y}$ limitierter linearer Gruppen. Mittels 8.10.1 und 8.10.2 folgt

8.16.1. *Für beliebige limitierte lineare Gruppen und* X Y *aus* $\mathfrak{X}$ *bzw.* $\mathfrak{Y}$, *jede Abbildung* $f\colon X \circ\!\!\rightarrow Y$ *und beliebiges* $n, m \in \boldsymbol{N}^+$ *gilt: Ist* f *eine* $C^{n+m}_{\mathfrak{R},\sigma}$-*Abbildung, so ist die betreffende* $\mathfrak{R},\sigma$-*Abbildung* m-*ter Ordnung* $\mathrm{D}^m f$ *von* f *eine* $C^n_{\mathfrak{R},\sigma}$-*Abbildung.*

Anmerkung. Die in 8.10.2 geforderte Eigenschaft A_2 benötigen wir nicht da die Ableitungen jeweils über ganz $\mathrm{db}f$ existieren.

Aus 8.10.1 und 8.10.2′ ergibt sich ähnlich

8.16.1′. *Für beliebige limitierte lineare Gruppen* X *und* Y *aus* $\mathfrak{X}$ *bzw.* $\mathfrak{Y}$, *jede Abbildung* $f\colon X \circ\!\!\rightarrow Y$ *und beliebiges* $n, m \in \boldsymbol{N}^+$ *gilt: Ist* f *eine* $C^m_{\mathfrak{R},\sigma}$-*Abbildung, ist die betreffende* $\mathfrak{R},\sigma$-*Abbildung* $\mathrm{D}^m f$ *von* f *der Ordnung* m *eine* $C^n_{\mathfrak{R},\sigma}$-*Abbildung und sind* $\mathrm{D}^{m+k}f(u) = \chi^{km}(\mathrm{D}^k(\mathrm{D}^m)(u))$ *für* $u \in \mathrm{db}f$ *und* $k = 1, \ldots, n$ *symmetrische Abbildungen, so ist* f *eine* $C^{n+m}_{\mathfrak{R},\sigma}$-*Abbildung.* $\mathrm{D}^1(\mathrm{D}^m f), \ldots, \mathrm{D}^n(\mathrm{D}^m f)$ *sind dabei die betreffenden* $\mathfrak{R},\sigma$-*Ableitungen von* $D^m f$ *der Ordnung* 1 *bis* n.

Anmerkung. Wir benötigen in diesem Falle die in 8.10.2′ geforderten Eigenschaften A_1 und A_2 nicht.

Wir gehen nun auf Abbildungskomplexe und Abbildungsprodukte gewisser C^n-Abbildungen ein.

$\mathfrak{B}$ sei eine über der Klasse $\mathfrak{X}$ aller limitierten linearen Gruppen definierte Abbildung, die jedem $X \in \mathfrak{B}$ ein System $\mathfrak{B}(X)$ von $\wedge$-Idealen von Dualfiltern in X zuordnet. k sei eine der Zahlen 1., ... , 5. X sei irgendeine limitierte lineare Gruppe und Y ein Produkt $\prod_{j \in J} Y_j$ pseudotopologischer linearer Gruppen mit einer nichtleeren Menge als Indexbereich. Es sei entweder stets $\mathfrak{A}_j$ die Menge aller Abbildungen aus X in Y_j oder von X in Y_j.

Aus 7.14.25 und 8.11.12 folgt

8.16.2 (Abbildungskomplexe von $C^n_{\mathfrak{B},k}$- und $C^n_{(\mathfrak{B},k)'}$-Abbildungen). $f = \langle f_j \rangle_{j \in J}$ *sei ein aus Abbildungen* $f_j \in \mathfrak{A}_j$ *bestehender Abbildungskomplex und* n *eine positive natürliche Zahl.*

Ist $\{\mathrm{dbf}_j \mid j \in J\}$ endlich und ist entweder $k = 2$ oder 4 oder, falls J nicht endlich ist oder $\mathfrak{B}(X)$ nur aus Haupt-$\wedge$-Idealen besteht, $k = 1, 3$ oder 5, so gilt: Ist f_j zu jedem $j \in J$ eine $C^n_{\mathfrak{B},k}$- bzw. $C^n_{(\mathfrak{B},k)'}$-Abbildung, so auch f.

Andererseits gilt: Ist f eine $C^n_{\mathfrak{B},k}$- bzw. $C^n_{(\mathfrak{B},k)'}$-Abbildung, so auch jede Abbildung f_j ($j \in J$).

Zum Beweis: Zum Nachweis des ersten Teiles des Satzes beachte man, daß $\mathrm{D}^m f = (\varphi^m)^{-1} \circ \langle \mathrm{D}^m f_j \rangle_{j \in J}$ für $m = 1, \ldots, n$ gilt, und zum Nachweis des zweiten Teiles, daß $p_{mj} \circ \mathrm{D}^m f = \mathrm{D}^m f_j$ für jedes $j \in J$ und $m = 1, \ldots, n$ gilt, wobei φ_m und p_{mj} wie im Beweis von 8.11.12 definiert seien. Wegen 7.14.25 sind φ_m Homöomorphismen und p_{mj} damit stetige Abbildungen.

Entsprechend ergibt sich aus 7.14.28 und 8.11.13

8.16.3 (Abbildungskomplexe von $C^n_{\delta_{\mathfrak{B},k}}$- und $C^n_{\delta'_{\mathfrak{B},k}}$-Abbildungen). *$f = \langle f_j \rangle_{j \in J}$ sei ein aus Abbildungen $f_j \in \mathfrak{A}_j$ bestehender Abbildungskomplex und n eine positive natürliche Zahl.*

Wenn J endlich ist, gilt: Ist jede Abbildung f_j ($j \in J$) eine $C^n_{\delta_{\mathfrak{B},k}}$- bzw. $C^n_{\delta'_{\mathfrak{B},k}}$-Abbildung, so auch f.

Andererseits gilt: Ist f eine $C^n_{\delta_{\mathfrak{B},k}}$- bzw. $C^n_{\delta'_{\mathfrak{B},k}}$-Abbildung, so auch jede Abbildung f_j ($j \in J$).

Aus 8.16.2 und 8.16.3 folgt

8.16.4 (Abbildungskomplexe von C^n-Abbildungen; Spezialfälle). *$f = \langle f_j \rangle_{j \in J}$ sei ein aus Abbildungen $f_j \in \mathfrak{A}_j$ bestehender Abbildungskomplex und n eine positive natürliche Zahl.*

Ist $\{\mathrm{dbf}_j \mid j \in J\}$ endlich und ist f_j zu jedem $j \in J$ eine C^n_{s}-, C^n_{k}-, C^n_{fk}-, C^n_{b}-, C^n_{e}-, C^n_{c}-, C^n_{q}-, C^n_{h}-, $C^n_{\mathsf{s}'}$-, ..., $C^n_{\mathsf{q}'}$- bzw. $C^n_{\mathsf{h}'}$-Abbildung, so auch f. Wenn J endlich und f_j für jedes $j \in J$ eine C^n_{Kh}-, $C^n_{\delta\mathsf{b}}$-, $C^n_{\delta\mathsf{e}}$-, $C^n_{\delta\mathsf{q}}$-, $C^n_{\delta\mathsf{h}}$-, $C^n_{\mathsf{Kh}'}$-, ..., $C^n_{\delta\mathsf{q}'}$- bzw. $C^n_{\delta\mathsf{h}'}$-Abbildung ist, ist auch f eine Abbildung derselben Art.

Ist f eine C^n_{s}-, C^n_{k}-, C^n_{fk}-, C^n_{b}-, C^n_{e}-, C^n_{c}-, C^n_{q}-, C^n_{h}-, C^n_{Kh}-, $C^n_{\delta\mathsf{b}}$-, $C^n_{\delta\mathsf{e}}$-, $C^n_{\delta\mathsf{q}}$-, $C^n_{\delta\mathsf{h}}$-, $C^n_{\mathsf{s}'}$-, ..., $C^n_{\delta\mathsf{q}'}$- bzw. $C^n_{\delta\mathsf{h}'}$-Abbildung, so auch jede Abbildung f_j.

$\mathfrak{B}$ und k seien wie vor 8.16.2 gegeben. X sei ein Produkt $\prod_{j \in J} X_j$ limitierter linearer Gruppen mit einer nichtleeren Menge als Indexbereich. Y sei ein Produkt $\prod_{j \in J} Y_j$ pseudotopologischer linearer Gruppen, ebenfalls mit J als Indexbereich. Zu beliebigem $j \in J$ sei π_j die natürliche Projektion von X auf X_j und ι_{j0} die natürliche Einbettung von X_j in X bez. 0. Es sei entweder stets $\mathfrak{A}_j$ die Menge aller Abbildungen aus X_j in Y_j oder von X_j in Y_j.

Ähnlich wie 8.16.2 folgt mittels 7.14.26 und 8.11.15

8.16.5 (Abbildungsprodukte von $C^n_{\mathfrak{B},k}$- und $C^n_{(\mathfrak{B},k)'}$-Abbildungen). *$f = \mathop{\times}_{j \in J} f_j$ sei ein aus Abbildungen $f_j \in \mathfrak{A}_j$ bestehendes Abbildungsprodukt und n eine positive natürliche Zahl. J sei endlich oder es sei $\mathrm{dbf} = X$.*

Sind die Projektionen π_j $\mathfrak{B}(X),\mathfrak{B}(X_j)$*-treu, so gilt: Ist jede Abbildung* f_j $(j \in J)$ *eine* $C^n_{\mathfrak{B},k}$*- bzw.* $C^n_{(\mathfrak{B},k)'}$*-Abbildung, so auch* f.

Wenn die X_j *pseudotopologische lineare Gruppen und die Einbettungen* ι_{j0} $\mathfrak{B}(X_j),\mathfrak{B}(X)$*-treu sind, gilt umgekehrt: Ist* f *eine* $C^n_{\mathfrak{B},k}$*- bzw.* $C^n_{(\mathfrak{B},k)'}$*-Abbildung, so auch jede Abbildung* f_j.

Entsprechend ergibt sich aus 7.14.29 und 8.11.16

8.16.6 (Abbildungsprodukte von $C^n_{\delta_{\mathfrak{B},k}}$- und $C^n_{\delta'_{\mathfrak{B},k}}$-Abbildungen). $f = \mathop{\times}\limits_{j \in J} f_j$ *sei ein aus Abbildungen* $f_j \in \mathfrak{A}_j$ *bestehendes Abbildungsprodukt und* n *eine positive natürliche Zahl.*

Ist J *endlich und sind die Projektionen* π_j $\mathfrak{B}(X),\mathfrak{B}(X_j)$*-treu, so gilt: Ist jede Abbildung* f_j $(j \in J)$ *eine* $C^n_{\delta_{\mathfrak{B},k}}$*- bzw.* $C^n_{\delta'_{\mathfrak{B},k}}$*-Abbildung, so auch* f.

Ist J *endlich oder* $\mathrm{db}f = X$*, sind die* X_j *pseudotopologische lineare Gruppen und sind die Einbettungen* ι_{j0} $\mathfrak{B}(X_j),\mathfrak{B}(X)$*-treu, so gilt umgekehrt: Ist* f *eine* $C^n_{\delta_{\mathfrak{B},k}}$*- bzw.* $C^n_{\delta'_{\mathfrak{B},k}}$*-Abbildung, so auch jede Abbildung* f_j.

Aus 8.16.5 und 8.16.6 folgt ähnlich wie 8.6.11

8.16.7 (Abbildungsprodukte von C^n-Abbildungen; Spezialfälle). $f = \mathop{\times}\limits_{j \in J} f_j$ *sei ein aus Abbildungen* $f_j \in \mathfrak{A}_j$ *bestehendes Abbildungsprodukt und* n *eine positive natürliche Zahl.*

Ist J *endlich oder* $\mathrm{db}f = X$ *und ist* f_j *für jedes* $j \in J$ *eine* C^n_{s}-, C^n_{k}-, C^n_{fk}-, C^n_{b}-, C^n_{e}-, C^n_{c}-, C^n_{q}-, C^n_{h}-, C^n_{Kh}-, $C^n_{\mathsf{s}'}$-, ..., $C^n_{\mathsf{h}'}$- *bzw.* $C^n_{\mathsf{Kh}'}$*-Abbildung, so auch* f. *Wenn* J *endlich ist und* f_j *für jedes* $j \in J$ *eine* $C^n_{\delta\mathsf{b}}$-, $C^n_{\delta\mathsf{e}}$-, $C^n_{\delta\mathsf{q}}$-, $C^n_{\delta\mathsf{h}}$-, $C^n_{\delta\mathsf{b}'}$-, $C^n_{\delta\mathsf{e}'}$-, $C^n_{\delta\mathsf{q}'}$- *bzw.* $C^n_{\delta\mathsf{h}'}$*-Abbildung ist, so ist auch* f *eine Abbildung derselben Art.*

Ist J *endlich oder* $\mathrm{db}f = X$*, sind die* X_j *pseudotopologische lineare Gruppen und ist* f *eine* C^n_{s}-, C^n_{k}-, C^n_{fk}-, C^n_{e}-, C^n_{c}-, C^n_{q}-, C^n_{h}-, C^n_{Kh}-, $C^n_{\delta\mathsf{b}}$-, $C^n_{\delta\mathsf{e}}$-, $C^n_{\delta\mathsf{q}}$-, $C^n_{\delta\mathsf{h}}$-, $C^n_{\mathsf{s}'}$-, ..., $C^n_{\delta\mathsf{q}'}$- *bzw.* $C^n_{\delta\mathsf{h}'}$*-Abbildung, so ist auch* f_j *für jedes* $j \in J$ *eine Abbildung derselben Art.*

Im weiteren bringen wir Aussagen über die Zusammensetzbarkeit von C^n-Abbildungen zu C^n-Abbildungen. Für den nachstehenden Satz seien $\mathfrak{X}$, $\mathfrak{Y}$, $\mathfrak{A}(X,Y)$ $(x \in \mathfrak{X}, Y \in \mathfrak{Y})$, τ und σ wie bei der Definition der τ,σ-Differenzierbarkeit gegeben.

8.16.8 (Kettenregel für $C^n_{\tau,\sigma}$-Abbildungen). $\mathfrak{X}_0$ *und* $\mathfrak{Y}_0$ *seien wie in* 8.14.4 *bzw.* 8.14.5 *gewählte Teilklassen von* $\mathfrak{X}$ *bzw.* $\mathfrak{Y}$. n *sei eine positive natürliche Zahl. Die Bedingungen* 1 *bis* 9 *aus* 8.14.4 *bzw.* 1 *bis* 7 *aus* 8.14.5 *seien erfüllt.* $f \in \mathfrak{A}(X, Y)$ *und* $g \in \mathfrak{A}(Y, Z)$ $(X \in \mathfrak{X}_0, Y \in \mathfrak{X}_0 \cap \mathfrak{Y}_0, Z \in \mathfrak{Y}_0)$ *seien* $C^n_{\tau,\sigma}$*-Abbildungen. Dann ist auch* $g \circ f$ *eine* $C^n_{\tau,\sigma}$*-Abbildung.*

Beweis. 1. $\mathfrak{X}_0$ und $\mathfrak{Y}_0$ seien wie in 8.14.4 gewählt; die Bedingungen 1 bis 9 dieses Satzes seien erfüllt. Aus 8.8.14 folgt mittels Bedingung 3 aus 8.14.4, daß $g \circ f$ eine $C^1_{\tau,\sigma}$-Abbildung ist. Die Behauptung ist daher im vorliegenden Fall für $n = 1$ erfüllt. Wir nehmen nun an, daß die Behauptung in diesem Fall für irgendein n gilt und die Voraussetzung für $n+1$ zutrifft. Wir benutzen die Bezeichnungen aus dem Beweis von 8.14.4. Die Abbildung γ ist n-fach τ,σ-differenzierbar. Auf Grund der Bedingungen 3 und 5 aus 8.14.4 sind γ und $D\gamma$ stetig. Mittels Bedingung 1 aus 8.14.4 folgt, daß auch die konstanten Abbildungen $D^k\gamma$ $(2 \leqq k \leqq n)$ stetig sind. γ ist somit eine $C^n_{\tau,\sigma}$-Abbildung. Wegen 8.16.1 und der Annahme sind Df und $Dg \circ f$ $C^n_{\tau,\sigma}$-Abbildungen. Dem Beweis von 8.14.4 entnimmt man, daß $\psi = \langle Df, Dg \circ f\rangle$ in jedem Punkt $x \in f^{-1}[\mathrm{db}g]$ n-fach τ,σ-differenzierbar ist und für die betreffenden τ,σ-Ableitungen der Ordnung n (8.14.6) gilt. Für die τ,σ-Ableitungen niedrigerer Ordnung treffen natürlich entsprechende Beziehungen zu. Mittels Bedingung 7 aus 8.14.4 (bei $n+1$) folgt damit, daß ψ eine $C^n_{\tau,\sigma}$-Abbildung ist. Auf Grund der Annahme ist daher auch $D(g \circ f) = \gamma \circ \psi$ eine $C^n_{\tau,\sigma}$-Abbildung. Aus 8.14.4 und 8.16.1′ ergibt sich damit, daß $g \circ f$ eine $C^{n+1}_{\tau,\sigma}$-Abbildung ist.

2. $\mathfrak{X}_0$ und $\mathfrak{Y}_0$ seien wie in 8.14.5 gewählt; die Bedingungen 1 bis 7 dieses Satzes seien erfüllt. Wegen 8.14.5 gilt (8.14.10) zu beliebigem $u \in f^{-1}[\mathrm{db}g]$. Zu beliebigem $(a_1, \ldots, a_m) \in P_n$ ist auf Grund der Voraussetzung an f und g der Komplex $\langle D^m g \circ f, D^{|a_1|}f, \ldots, D^{|a_m|}f\rangle$ eine stetige Abbildung (siehe 3.10.4′). Wegen Bedingung 4 aus 8.14.5 ist auch die in dieser Bedingung auftretende Abbildung $\psi_{a_1,\ldots,a_m}$ stetig. Damit folgt aber, daß $D^n(g \circ f)$ eine stetige Abbildung ist. Entsprechend erhält man, daß die τ,σ-Ableitungen niedrigerer Ordnung von $g \circ f$ stetig sind, so daß $g \circ f$ eine $C^n_{\tau,\sigma}$-Abbildung ist.

Nun seien $\mathfrak{X}$, $\mathfrak{Y}$, $\mathfrak{A}(X, Y)$ $(X \in \mathfrak{X}, Y \in \mathfrak{Y})$, τ und σ wie bei der Definition der τ',σ-Differenzierbarkeit gegeben.

8.16.9 (Kettenregel für $C^n_{\tau',\sigma}$-Abbildungen). *$\mathfrak{X}_0$ und $\mathfrak{Y}_0$ seien wie in 8.14.6 gewählte Teilklassen von $\mathfrak{X}$ und $\mathfrak{Y}$. n sei eine positive natürliche Zahl. Die Bedingungen 1 bis 7 aus 8.14.6 seien erfüllt. $f \in \mathfrak{A}(X, Y)$ und $g \in \mathfrak{A}(Y, Z)$ $(X \in \mathfrak{X}_0, Y \in \mathfrak{X}_0 \cap \mathfrak{Y}_0, Z \in \mathfrak{Y}_0)$ seien $C^n_{\tau',\sigma}$-Abbildungen. Dann ist auch $g \circ f$ eine $C^n_{\tau',\sigma}$-Abbildung.*

Der Beweis verläuft ähnlich wie Teil 1 des Beweises von 8.16.8.

Wir gehen noch auf Spezialfälle der Kettenregel für die $C^n_{\tau,\sigma}$- und $C^n_{\tau',\sigma}$-Abbildungen ein und lassen stets beide möglichen Fälle in der Wahl der Abbildungsmengen $\mathfrak{A}(X, Y)$ $(X \in \mathfrak{X}, Y \in \mathfrak{Y})$ zu. Aus 8.16.8 und 8.16.9 folgt ähnlich wie 8.14.8 aus 8.14.4, 8.14.5 und 8.14.6

8.16.10 (Kettenregel für C^n-Abbildungen; Spezialfälle). *X sei eine limitierte lineare Gruppe, und Y und Z seien pseudotopologische lineare Gruppen. n sei eine positive natürliche Zahl. Für $a = \mathsf{q}, \mathsf{h}$ und h' sowie $a = \mathsf{h},\mathsf{u}$, h,d, h',u, und h',d und, wenn X ein limitierter und Y ein pseudotopologischer Vektorraum ist, auch für $a = \mathsf{c}$ gilt: Sind $f \in \mathfrak{A}(X, Y)$ und $g \in \mathfrak{A}(Y, Z)$ C^n_a-Abbildungen, so ist auch $g \circ f$ eine C^n_a-Abbildung.*

8.16.2 bis 8.16.10 gelten offenbar auch, wenn n durch ∞ ersetzt wird. Leicht folgt, daß 8.14.8, 8.14.11 und 8.16.10 auch für $a = \mathsf{q}, \mathsf{h}$ gelten.

LITERATURVERZEICHNIS

AARNES, J. F., and P. R. ANDENAES: [1] On nets and filters, Math. Scandinav. **31**, 285–292 (1972).

ABRAHAM, R., and J. ROBBIN: [1] Transversal mappings and flows, W. A. Benjamin, New York-Amsterdam 1967.

APOSTOL, C.: [1] A theorem of existence and uniqueness for equations with differentials in locally convex spaces, An. Univ. Bucureşti, Ser. Şti. Natur. Mat.-Mec. **13** (2), 45–53 (1964).

— [2] On a theorem of existence and uniqueness, An. Univ. Bucureşti, Ser. Şti. Natur. Mat.-Mec. **15** (1), 137–141 (1966).

Архангельский, А.: [1] Некоторые типы факторных отображений и связи между классами топологических пространств, Док. Ак. Наук СССР **153** (4), 743—746 (1963).

ARENS, R.: [1] A topology for spaces of transformations, Ann. of Math. II. Ser., **47**, 480–495 (1946).

ARENS, R., and J. DUGUNDJI: [1] Topologies for function spaces, Pacific J. Math. **1**, 5–31 (1951).

ATHERTON, C. R., JR.: [1] On the lattice of primitive convergence structures, Canadian J. Math. **23**, 392–397 (1971).

AUWÄRTER-KUHN, R.: [1] Differentialrechnung in lokalkonvexen und Marinescu-Räumen, Diss. Univ. Zürich 1972.

Авербух, В. И.: [1] О производных высших порядков в линейных топологических пространствах, Вестник МГУ **25**, №.1, 29—32 (1970).

— [2]: Об ассоциированных структурах, Успехи Мат. Наук **29**, вып. 4 (178), 161—162 (1974).

— [3] Двойственность между дифференцируемостью и круглостью для выпуклых функций, Мат. заметки **15**, вып. 5, 809—820 (1974).

— [4] О непрерывности компонирования, Math. Nachr. **75**, 153–183 (1976).

Авербух, В. И., и О. Г. Смолянов: [1] Теория дифференцирования в линейных топологических пространствах, Успехи Мат. Наук **22**, вып. 6 (138), 201—260 (1967).

— [2] Различные определения производной в линейных топологических пространствах, Успехи Мат. Наук **23**, вып. 4 (142), 67—116 (1968).

— [3] Дополнение к статье „Различные определения производной в линейных топологических пространствах", Успехи Мат. Наук **23**, вып. 5, 223—224 (1968).

— [4] Дополнения к русскому переводу (Мир, Москва 1970) книги А. Фрёлихера и В. Бухера, Дифференциальное исчисление в векторных пространствах без нормы.

— [5] Дифференцирование и псевдотопологии, Вестник МГУ, № 1, 3—7 (1972).

— [6] Псевдотопологии и дифференцирование, Вестник МГУ, № 2, 3—9 (1972).

BALANSAT, M.: [1] La différential en les espacios métricas affines, Math. Notae 9, 29–51 (1949).
— [2] La différentielle d'Hadamard-Fréchet dans les espaces vectoriels topologiques, C. r. Acad. Sci., Paris, 251, 2459–2461 (1960).
— [3] Theory of the differential in the sense of Hadamard-Fréchet for mappings between topological vector spaces, I. Revista Un. mat. Argentina 20, 155–187 (1962), II. Math. Notae 19, 43–62 (1964).

BASTIANI, A.: [1] Différentiabilité dans les espaces localement convexes, Distructures. Thèse Doct. Univ. Paris 1962.
— [2] Applications différentiables et variétés différentiables de dimension infinie, J. Analyse math. 13, 1–114 (1964).

BEDNAREK, A. R., and J. MIKUSIŃSKI: [1] Convergence and topology, Bull. Acad. Polon. Sci., Ser. Sci. Math. Astronom. Phys. 17, 437–442 (1969).

BERQUIER, F.: [1] Calcul différentiel entre espaces quasi-bornologiques, Esquisses Math., no. 20, Paris 1973.
— [2] Calcul différentiel dans les espaces quasi-bornologiques, C. r. Acad. Sci., Paris, Sér. A, 277, 897–900 (1973).
— [3] Sur la notion d'application différentiable, Cahiers Topologie Géom. Différentielle 14, 329–338 (1973).
— [4] Catégories de fractions quasi-topologiques, C.r. Acad. Sci., Paris, Sér. A, 278, 1279–1282 (1974).
— [5] Un théorèm d'inversion locale, C.r. Acad. Sci., Paris, Sér. A, 282, 29–32 (1976).
— [6] Un théorèm d'inversion locale, in: Categorical Topology, Lecture Notes in Math. 540, Springer-Verlag, Berlin-Heidelberg-New York 1976, 24–42.
— [7] Variétés d'applications différentiables, Esquisses math. no. 24, Paris 1976.

BIERI, H.: [1] Der Satz von Hahn-Banach und ein Fixpunktsatz in limitierten Vektorräumen, Commentarii math. Helvet. 45, 393–404 (1970).

BIESTERFELDT, H. J.: [1] Completion of a class of uniform convergence spaces, Nederl. Akad. Wet., Proc. Ser. A, 69, 602–604 (1966).
— [2] Regular convergence spaces, Nederl. Akad. Wet., Proc. Ser. A, 69, 605–607 (1966).
— [3] Uniformization of convergence spaces I, Math. Ann. 177, 31–42 (1968).

BINZ, E.: [1] Ein Differenzierbarkeitsbegriff in limitierten Vektorräumen, Commentarii math. Helvet. 41, 137–156 (1966).
— [2] Bemerkungen zu limitierten Funktionenalgebren, Math. Ann. 175, 169–184 (1968).
— [3] Kompakte Limesräume und limitierte Funktionenalgebren, Commentarii math. Helvet. 43, 195–203 (1968).
— [4] Zu den Beziehungen zwischen c-einbettbaren Limesräumen und ihren limitierten Funktionenalgebren, Math. Ann. 181, 45–52 (1969).
— [5] On closed ideals in convergence function algebras, Math. Ann. 182, 145–153 (1969).
— [6] Convergence spaces and convergence function algebras, Proc. Internat. Sympos. on Top. and its Appl. (Herceq-Novi 1968), 87–92, Belgrade 1969.
— [7] Notes on a Characterization of Function Algebras, Math. Ann. 186, 314–326 (1970).
— [8] Recent results in the functional analytic investigations of convergence spaces. Proc. Third Prague Topological Sympos. 1971, 67–72, Academia, Prague 1972.
— [9] Continuous Convergence on $C(X)$, Lecture Notes in Math. 469, Springer-Verlag, Berlin-Heidelberg-New York 1975.
— [10] Charaktergruppen von Gruppen von S^1-wertigen stetigen Funktionen, in: Categorical Topology, Lecture Notes in Math. 540, Springer-Verlag, Berlin-Heidelberg-New York 1976, 43–92.
— [11] On a extension of Pontryagin's duality theory, in: Proc. Fourth Prague Top. Sympos., 1976, Part A, Lecture Notes in Math. 609, Springer-Verlag, Berlin-Heidelberg-New York 1977, 1–20.

BINZ, E., H.-P. BUTZMANN, W. FELDMAN, K. KUTZLER, and M. SCHRODER: [1] On ω-admissible Vector Space Topologies on $C(X)$, Math. Ann. **196**, 39—47 (1972).

BINZ, E., H.-P. BUTZMANN und K. KUTZLER: [1] Bemerkungen über eine Klasse von R-Algebrentopologien auf $C(X)$, Arch. der Math. **23**, 80—82 (1972).

— [2] Über den c-Dual eines topologischen Vektorraumes, Math. Z. **127**, 70—74 (1972).

BINZ, E., and W. FELDMAN: [1] On a Marinescu-structure on $C(X)$, Commentarii math. Helvet. **46**, 436—450 (1971).

— [2] A functional analytic description of normal spaces, Canadian J. Math. **24**, (1), 45—49 (1972).

BINZ, E., und H. H. KELLER: [1] Funktionenräume in der Kategorie der Limesräume, Ann. Acad. Sci. Fennicae, Ser. A I, Nr. 383 (1966).

BINZ, E., und K. KUTZLER: [1] Über metrische Räume und $C_c(X)$, Ann. Scuola norm. sup. Pisa **26** (1), 197—223 (1972).

— [2] A generalization of the diagonal theorem, Ann. Scuola norm. sup. Pisa **26** (1), 373—377 (1972).

BINZ, E., und W. MEIER-SOLFRIAN: [1] Zur Differentialrechnung in limitierten Vektorräumen, Commentarii math. Helvet. **42**, (4), 285—296 (1967).

BIRKHOFF, G.: [1] Lattice theory, Amer. Math. Soc. Colloq. Publ. No. 25, New York 1948.

BJON, S.: [1] Beiträge zur Theorie der Limesräume, Acta Acad. Aboensis, Ser. B, **29** (5), 1—12 (1969).

— [2] Limesräume und Mengenoperatoren, Acta Acad. Aboensis, Ser. B, **31** (8), 1—12 (1971).

— [3] Über absolutkonvexe Limesvektorräume, Soc. Sci. Fennica, Commentationes phys.-math. **43**, 181—188 (1973).

— [4] Eine ausgeglichene Limitierung auf Räumen n-linearer Abbildungen zwischen Limesvektorräumen, Soc. Sci. Fennica, Commentationes phys.-math. **43**, 189—201 (1973).

— [5] Die projektive, absolutkonvexe Tensorproduktlimitierung, Ann. Acad. Sci. Fennicae, Ser. A I, Nr. 593 (1975).

— [6] Minimale separierte Vektorraumlimitierungen und der Graphensatz, Ann. Acad. Sci. Fennicae, Ser. A I, Nr. 597 (1975).

— [7] Vervollständigung streng ausgeglichener Limesvektorräume I, II, Math. Scand. **41**, 249—264 und 265—276 (1977).

BOCHNAK, J.: [1] Analytic functions in Banach spaces, Studia math. **35**, 273—292 (1970).

BOCHNAK, J., and J. SICIAK: [1] Analytic functions in topological vector spaces, Studia math. **39**, 77—112 (1971).

BOSECK, H., und G. CZICHOWSKI: [1] Grundfunktionen und verallgemeinerte Funktionen auf topologischen Gruppen I, II, Math. Nachr. **58**, 215—240 (1973), **66**, 313—332 (1975).

BOURBAKI, N.: [1] Topologie générale, Chap. 1, Structures topologiques, Chap. 2, Structures uniformes, Hermann, Paris 1961.

— [2] Variétés différentielles et analytiques, Fascicule de résultats, Paragraphes 1 à 7, Hermann, Paris 1967, Paragraphes 8 à 15, Hermann, Paris 1971.

BOURDAUD, G.: [1] Sur les convergences quasi-topologiques, C. r. Acad. Sci., Paris, Sér. A, 278, 85—88 (1974).

— [2] Espaces d'Antoine et semi-espaces d'Antoine, Cahiers Topologie Géom. Différentielle **16**, 102—133 (1975).

— [3] Some cartesian closed topological categories of convergence spaces, in: Categorical Topology, Lecture Notes in Math. **540**, Springer-Verlag, Berlin-Heidelberg-New York 1976, 93—108.

BOURGUIGNON, J. P.: [1] Calcul différentiel généralisé, Séminaire Choquet 1969/70, Initation à l'Analyse, Fasc. 2, Exp. 11, Secrétariat math., Paris 1970.

BRUNS, G.: [1] Durchschnittsdarstellungen von Filtern, Math. Ann. **133**, 26—38 (1957).

— [2] Zur Struktur von Filtern, Math. Ann. **134**, 205—224 (1958).

BRUNS, G., und J. SCHMIDT: [1] Zur Äquivalenz von Moore-Smith-Folgen und Filtern, Math. Nachr. **13**, 169—186 (1955).

Bucher, W.: [1] Différentiabilité de la composition et complétitude de certains espaces fonctionnels, Commentarii math. Helvet. 43, 256—288 (1968).
Bucur, I., and A. Deleanu: [1] Introduction to the Theory of Categories and Functors, Wiley & Sons, London-New York-Sydney 1968.
Butzmann, H.-P.: [1] Dualitäten in $C_c(X)$, Diss. Univ. Mannheim 1970.
— [2] Über die c-Reflexivität von $C_c(X)$, Commentarii math. Helvet. 47, 92—101 (1972).
— [3] Der Satz von Stone-Weierstraß in $C_c(X)$ und seine Anwendungen auf die Darstellungstheorie von Limesalgebren, Habilitationsschrift Univ. Mannheim 1974.
Butzmann, H.-P., and B. Müller: [1] Topological, c-embedded spaces, General Topol. Appl. 6, 17—20 (1976).
Carstens, A. M.: [1] The lattice of pretopologies on an arbitrary set S, Pacific J. Math. 29, 67—71 (1969).
— [2] The lattice of pseudotopologies on S, Portugalia Math. 32, 71—73 (1973).
Carstens, A. M., and D. C. Kent: [1] A Note on Products of Convergence Spaces, Math. Ann. 182, 40—44 (1969).
Cartan, H.: [1] Théorie des filtres, C. r. Acad. Sci., Paris 205, 595—598 (1937).
— [2] Filtres et ultrafiltres, C. r. Acad. Sci., Paris 205, 777—779 (1937).
Čech, E.: [1] Topological spaces (Revised by Z. Frolik and M. Katětov), Academia, Prague 1966.
Chacron, J.: [1] Espaces préuniforme et prémetrique, C. r. Acad. Sci., Paris, Sér. A, 268, 1248—1250 (1969).
Choquet, G.: [1] Sur les notions de filtre et de grille, C. r. Acad. Sci., Paris, 224, 171—173 (1947).
— [2] Convergences, Ann. Univ. Grenoble, Sect. Sci. Math. Phys. (N.S.) 23, 57—112 (1948).
Cochran, A. C.: [1] On uniform convergence structures and convergence spaces, Diss. Univ. Oklahoma 1966.
— [2] A characterisation of singly generated convergence spaces, Conference on Convergence Spaces 1976, Proc. Univ. Nevada, Reno, 5—19 (1976).
Cochran, A. C., and R. B. Trail: [1] Regularity and complete regularity for convergence Spaces, Proc. of VPI Topology Conference, Lecture Notes in Math. 375, 64—70 (1973).
— [2] Singly generated uniform convergence spaces, to appear in Bull Calcutta math. Soc.
Collatz, L.: [1] Funktionalanalysis und Numerische Mathematik, Springer-Verlag, Berlin-Göttingen-Heidelberg 1964.
Colombeau, J. F.: [1] Calcul différentiel dans les espaces bornologiques, Thèse, Bordeaux 1970.
— [2] L'inversion d'une application différentiable entre espaces bornologiques, C. r. Acad. Sci., Paris, Sér. A, 270, 1692—1694 (1970).
— [3] Un survol des applications actuelles du calcul différentiel dans les espaces bornologiques, Seminaire d'initation à l'Analyse — G. Choquet-Janvier 1971.
— [4] Quelques exemples singuliers d'applications G-analytiques, analytiques et différentiables en dimension infinie, C. r. Acad. Sci., Paris, Sér. A, 273, 158—160 (1971).
— [5] Quelques applications des functions implicites dans les espaces bornologiques, Bull. Soc. math. France, Suppl. Mm. Nr. 31—32, 109—115 (1972).
— [6] Sur quelques particularités du calcul différentiel dans les espaces vectoriels topologiques ou bornologiques, Revue Roumaine Math. pur. appl. 18, 3—17 (1973).
— [7] Sur la différentiabilité dans les espaces de Fréchet, Publ. Dept. Math. Lyon 10, fasc. 2, 41—52 (1973).
— [8] Sur quelques particularités du calcul différentiel dans les espaces vectoriels topologiques et bornologiques, Revue Roumaine Math. pur. appl. 18 N.R. 1, 3—17 (1973).
— [9] Sur les applications G-analytiques et analytiques en dimension infinie, Sém. P. Lelong, Analyse-année 1971—72; ferner in: Lecture Notes in Math. 332, Springer-Verlag, Berlin-Heidelberg-New York 1973, 48—58.

— [10] On some various notions of infinite dimensional holomorphy, in: Proc. Infinite Dimens. Holomorphy, Lecture Notes in Math. **364**, Springer-Verlag, Berlin-Heidelberg-New York 1974, 145—149.

Cook, C. H.: [1] On Continuous Extensions, Math. Ann. **176**, 302—304 (1968).

— [2] Compact Pseudo-Convergences, Math. Ann. **202**, 193—202 (1973).

Cook, C. H., and H. R. Fischer: [1] On Equicontinuity and Continuous Convergence, Math. Ann. **159**, 94—104 (1965).

— [2] Uniform convergence structures, Math. Ann. **173**, 290—306 (1967).

— [3] Regular convergence spaces, Math. Ann. **174**, 1—7 (1967).

Courant, S.: [1] Beiträge zur Theorie der limitierten Vektorräume, Commentarii math. Helvet. **44** (3), 249—268 (1969).

Czichowski, G.: [1] Differenzierbarkeit in lokal kompakten Gruppen, Diss. B, Ernst-Moritz-Arndt-Univ. Greifswald 1977.

Davis, A. S.: [1] Indexed systems of neighborhoods for general topological spaces, Am. Math. Monthly **68**, 886—893 (1961).

De Bruyn, G. F. C.: [1] Concepts in vector spaces with convergence structures, Canadian math. Bull. **18**, 499—502 (1975).

De Marr, R. E.: [1] Order convergence and topological convergence, Proc. Amer. math. Soc. **16**, 588—590 (1965).

De Marr, R. E., and I. Fleischer: [1] Convergence via abstract metrics, Revue Roumaine Math. pur. appl. **15**, 515—519 (1970).

Dermenjian, Y., et G. Detourbet: [1] Proprietés de l'opération de fermeture dans les espaces quasi-topologiques, C. r. Acad. Sci., Paris, Sér. A, **272**, 582—584 (1971).

Dieudonné, J.: [1] Notes de Tératopologie (II), Rev. Sci. (Revue Rose), 180—181 (1939).

— [2] Grundzüge der modernen Analysis, VEB Deutscher Verlag Wiss., Berlin 1971.

Dieudonné, J., et L. Schwartz: [1] La dualité dans les espaces ($\mathcal{F}$) et ($\mathcal{LF}$), Ann. Inst. Fourier **1**, 61—101 (1949/50).

Dolcher, M.: [1] Topologie e strutture di convergenza, Ann. Scuola norm. sup. Pisa, Sci. fis. mat., III. Ser. (3), **14**, 63—92 (1960).

Dostmann, K. P.: [1] Über die c-Reflexivität und die kompakten Teilmengen von $C_I(X)$, Diss. Univ. Mannheim 1974.

Dubinsky, E.: [1] Differential calculus and differential equations in Montel spaces, Thesis Univ. Michigan, 1962.

— [2] Fixed points in non-normed spaces, Ann. Acad. Sci. Fennicae, Ser. A I, **331** (1963).

— [3] Differential equations and differential calculus in Montel spaces, Trans. Amer. math. Soc. **110**, 1—24 (1964).

Dudley, R. M.: [1] On sequential convergence, Trans. Amer. math. Soc. **112**, 483—507 (1964). (Correction, Trans. Amer. math. Soc. **148**, 623—624 (1970).)

— [2] Convergence of sequences of distributions, Proc. Amer. math. Soc. **27**, 531—534 (1971).

Dugundji, I.: [1] Topology, Allyn and Bacon, Boston 1966.

Durdil, J.: [1] On Hadamard differentiability, Commentationes math. Univ. Carolinae **14**, 457—470 (1973).

Ervynck, G.: [1] Over een veralgemening van het konvergentie-begriep, Acad. roy. Belgique, Bull. Cl. Sci., V. Sér., **56**, 1205—1220 (1970).

Falb, P. L., and M. Q. Jacobs: [1] On differentials in locally convex spaces, J. Differential Equations **4**, 444—459 (1968). (Correction, J. Differential Equations **6**, 395—396 (1969).)

Федотов, В. П.: [1] Дифференцирование в некоторых топологических группах, Известия высш. учеб. завед. математика **1** (92), 91—97 (1970).

— [2] Дифференцирование в топологических группах, Успехи Мат. Наук **31**, вып. 5 (191), 255—256 (1976).

FELDMAN, W. A.: [1] On relations between X and $C_c(X)$, Manuskripte der Fakultät für Math. u. Informatik, Univ. Mannheim, Nr. 5, 1971.
— [2] Axioms of countability and the algebra $C(X)$, Pacific J. Math. **47**, 81—89 (1973).
— [3] A characterization of the topology of compact convergence on $C(X)$, Pacific J. Math. **51**, 109—119 (1974).
FELDMAN, W. A., and J. F. PORTER: [1] An order-theoretic description of Marinescu spaces, Proc. Amer. math. Soc. **41**, 602—608 (1973).
— [2] Compact convergence and the order bidual for $C(X)$, Pacific J. Math. **57**, 113—124 (1975).
— [3] A Marinescu structure for vector lattices, Conference on Convergence Spaces 1976, Proc. Univ. Nevada, Reno, 20—28 (1976).
— [4] An inductive limit of order partition spaces, Conference Convergence Spaces 1976, Proc. Univ. Nevada, Reno, 29—34 (1976).
FERNANDEZ LONG DE FOGLIO, S.: [1] La différentielles au sens d'Hadamard-Fréchet dans les espaces L vectoriels, Portugaliae Math. **19**, 165—185 (1960).
FÉRON, R.: [1] Dérivation sur les espaces affines localement convexes sur $\boldsymbol{R}$ ou $\boldsymbol{C}$, Portugaliae Math. **27**, 43—53 (1968).
FISCHER, H. R.: [1] Differentialkalkül für nicht-metrische Strukturen, Ann. Acad. Sci. Fennicae, Ser. A I, Nr. 247 (1957).
— [2] Differentialkalkül für nicht-metrische Strukturen. II. Differentialformen, Arch. der Math. **8**, 428—443 (1957).
— [3] Limesräume, Math. Ann. **137**, 269—303 (1959).
FLACHSMEYER, J.: [1] Verschiedene Topologisierungen im Raum der abgeschlossenen Mengen, Math. Nachr. **26**, 321—337 (1964).
FLACHSMEYER, J., and F. TERPE: [1] On convergence in the space of summations, Proc. Fourth Prague Top. Sympos., 1976, Part B, Soc. Czechosl. Math. Phys., Prague 1977, 119—124.
FLEISCHER, I.: [1] Iterated families, Colloq. Math. **15**, 235—241 (1966).
FLOYD, E. E.: [1] Boolean algebras with pathological order topologies, Pacific J. Math. **5**, 687—689 (1955).
FRANKLIN, S. P.: [1] Spaces in which Sequences Suffice, Fundamenta Math. **57**, 107—115 (1965).
FRÉCHET, M.: [1] Sur la notion de différentielle totale, Nouv. Ann. Math. **12**, 385—403, 433—449 (1912).
— [2] La notion de différentielle dans l'analyse générale, C.r. Acad. Sci., Paris **180**, 806—809 (1925).
— [3] La notion de différentielle dans l'analyse générale, Ann. sci. Ecole norm. sup., III. Sér., **42**, 293—323 (1925).
— [4] Sur la notion de différentielle, C.r. Acad. Sci., Paris **152**, 845—847, 1050—1051 (1911).
— [5] Sur la notion de différentielle dans l'analyse générale, J. Math. pur. appl. **16**, 233—250 (1937).
— [6] La notion de différentielle sur un groupe abélien, Portugaliae Math. **7**, 59—72 (1948).
FREYD, P.: [1] Abelian Categories: An Introduction to the Theory of Functors, Harper and Row, New York 1964.
FRIČ, R., and V. KOUTNÍK: [1] Sequentially complete spaces, Proc. Fourth Prague Top. Sympos., 1976, Part B, Soc. Czechosl. Math. Phys., Prague 1977, 127—131.
FRÖLICHER, A.: [1] Kompakt erzeugte Räume und Limesräume, Math. Z. **129**, 57—63 (1972).
— [2] Sur la transformation de Dirac d'un espace à generation compacte, Publ. Départ. Math., Lyon **10** (2), 79—100 (1973).
FRÖLICHER, A., and W. BUCHER: [1] Calculus in Vector Spaces without Norm, Lecture Notes in Math. **30**, Springer-Verlag, Berlin-Heidelberg-New York 1966.
GABRIEL, P., et M. ZISMAN: [1] Fondement de la topologie simpliciale, Séminaire homotopique, Univ. de Strasbourg (1963—1964).

GASCÁLYI, S.: [1] A characterization of G. Choquet's pseudotopologies, Math. Nachr. **37**, 135–143 (1968).

GÄHLER, S., und W. GÄHLER: [1] Eine bemerkenswerte Eigenschaft differenzierbarer Abbildungen, Monatsber. Deutsch. Akad. Wiss. Berlin **10**, 161–170 (1968).

GÄHLER, S., W. GÄHLER, and G. KNEIS: [1] Completion of pseudo-topological vector spaces, Math. Nachr. **75**, 185–206 (1976).

GÄHLER, W.: [1] Eine Verallgemeinerung der Differenzierbarkeit, I. Math. Nachr. **38** 217–256 (1968).

— [2] Kawaguchi-Mannigfaltigkeiten und Tangentialbündel höherer Ordnung, Monatsber. Deutsch. Akad. Wiss. Berlin **10**, 393 –404 (1968).

— [3] Nichtlineare Zusammenhänge und globale Differenzierbarkeit, Tensor, n. Ser. **26**, 37–65 (1972).

— [4] Beiträge zur Theorie der Limesräume, in: Theory of sets and topology, VEB Deutscher Verlag der Wissenschaften, Berlin 1972, 161–197.

— [5] Generalizations of the uniform convergence, in: Coll. Math. Soc. János Bolyai, 8, Topics in Topology, Keszthely (Hungary), 327–340 (1972).

— [6] Über Limes- und Pseudouniformisierbarkeit, Demonstratio Math. **6**, 613–632 (1973).

— [7] Mengenkonvergenz und verallgemeinerte gleichmäßige Konvergenz — ein Beitrag zur Theorie der Differenzierbarkeit, Math. Nachr. **61**, 211–258 (1974).

— [8] Allgemeine Differentialrechnung und differenzierbare Mannigfaltigkeiten, die mit verschiedenen Ableitungsbegriffen definiert sind, Periodica Math. Hungaria **8** (2), 173–182 (1977).

— [9] On reflective and coreflective subcategories of LIM, LUN and LVEC, Proc. Fourth Prague Top. Sympos., 1976, Part B, Soc. Czechosl. Math. Phys., Prague 1977, 136–141.

— [10] Grundstrukturen der Analysis I, Akademie-Verlag, Berlin 1977 und Birkhäuser Verlag, Basel 1977.

— [11] Categorical aspects in the theory of convergence spaces, erscheint in Proc. Third Int. Sympos. in Yugoslavia on Top. and its Applications.

GÂTEAUX, R.: [1] Sur les fonctionelles continues et les fonctionelles analytique, C.r. Acad. Sci., Paris, **157**, 325–327 (1913).

GAZIK, R. J.: [1] Convergence in spaces of subsets, Pacific J. Math. **43**, 81–92 (1972).

— [2] A hyperspace for convergence spaces, Proc. Amer. math. Soc. **37**, 234–240 (1973).

— [3] Uniform convergence for a hyperspace, Proc. Amer. math. Soc. **42**, 302–306 (1974).

— [4] Regularity of Richardson's compactification, Can. J. Math. **26**, 1289–1293 (1974).

— [5] On Biesterfeldt's Completion Axiom Spaces, Proc. Amer. math. Soc. **52**, 401–405 (1975).

GAZIK, R. J., and D. C. KENT: [1] Regular completions of Cauchy spaces via function algebras, Bull. Austral. math. Soc. **11**, 77–88 (1974).

— [2] Coarse uniform convergence spaces, Pacific J. Math. **61**, 143–150 (1975).

GAZIK, R. J., D. C. KENT, and G. D. RICHARDSON: [1] Regular completions of uniform convergence spaces, Bull. Austral. math. Soc. **11**, 413–424 (1974).

GIL DE LAMADRID, J.: [1] Topology of mappings in locally convex topological vector spaces, their differentiation and integration, and application to gradient mappings, Thesis, Univ. Michigan 1955.

— [2] Topology of mappings and differentiation processes, Illinois J. Math. **3** (3), 408–420 (1959).

GOETZ, A.: [1] A notion of uniformity for L-spaces of Fréchet, Colloquium math. 9, 223–231 (1962).

GRAMSCH, B. und D. VOGT: [1] Holomorphe Funktionen mit Werten in nicht lokalkonvexen Vektorräumen, J. reine angew. Math. **243**, 159–170 (1970).

GRAUERT, H., und W. FISCHER: [1] Differential- und Integralrechnung, II, Springer-Verlag, Berlin-Heidelberg-New York 1968.

GRIMEISEN, G.: [1] Gefilterte Summation von Filtern und iterierten Grenzprozessen, I, Math. Ann. **141**, 318–342 (1960), u. II, Math. Ann. **144**, 386–417 (1961).

— [2] Zur Stufenhebung bei topologischen Räumen, Math. Ann. **147**, 95—109 (1962).
— [3] Das Produkt topologischer Räume in einer Theorie der Limesräume, Math. Z. **82**, 361—378 (1963).
— [4] Topologische Räume, in denen alle Filter konvergieren, Math. Ann. **173**, 241—252 (1967).
— [5] Approximationsfunktoren, Math. Nachr. **37**, 359—381 (1968).
— [6] Continuous relations, Math. Z. **127**, 35—44 (1972).
GRINGAS, A. R.: [1] Order convergence and order ideals, Conference on Convergence Spaces 1976, Proc. Univ. Nevada, Reno, 45—59 (1976).
GUTKNECHT, J.: [1] Die C_T^∞-Struktur auf der Diffeomorphismengruppe einer kompakten Mannigfaltigkeit, Diss. ETH Zürich 1977.
HADAMARD, J.: [1] La notion de différentielle dans l'enseignement, Scripta Univ. Ab. Hierosolymitanarum, Jerusalem **1**, 3 (1923).
HADZIC, O.: [1] On the topological structure of Mikusiński's Operators, Math. Vesnik, n. Ser. 8 (23), 321—330 (1971).
HALL, JR. M.: [1] The theory of groups, Macmillan Company, New York, 1959.
HARBARTH, K.: [1] Über die Äquivalenz verschiedener Axiomsysteme für Limesräume, Math. Nachr. **17**, 261—272 (1959).
HAUSDORFF, F.: [1] Grundzüge der Mengenlehre, Veit & Comp., Leipzig 1914.
HEARSEY, B. V.: [1] On extending regularity and other topological properties to convergence spaces, Diss. Washington State Univ. 1968.
— [2] Regularity in convergence spaces, Portugaliae Math. **30**, 201—213 (1971).
HEARSEY, B. V., and D. C. KENT: [1] Convergence structures, Portugaliae Math. **31**, 105—118 (1972).
HELMBERG, G.: [1] On convergence classes of sets, Proc. Amer. math. Soc. **13**, 918—921 (1962).
HERMES, H.: [1] Einführung in die Verbandstheorie, Springer-Verlag, Berlin-Göttingen-Heidelberg 1955.
HERRLICH, H.: [1] Some Topological Theorems which Fail to be True, in: Categorical Topology, Lecture Notes in Math. **540**, Springer-Verlag, Berlin-Heidelberg-New York 1976, 265—285.
HEWITT, E.: [1] Rings of real-valued continuous functions, I., Trans. Amer. math. Soc. **64**, 45—99 (1948).
HOGBE-NLEND, H.: [1] Théorie des Bornologies et Applications, Lecture Notes in Math. **213**, Springer-Verlag, Berlin-Heidelberg-New York 1971.
— [2] Sur la métrisabilité des espaces de fonctions holomorphes en dimension infinie, Bull. Sci. math., II. Sér., **97**, 29—32 (1973).
— [3] Bornologies and Functional Analysis, North-Holland Publ. Comp., Amsterdam 1977.
HUŠEK, M.: [1] Generalized proximity and uniform spaces, I, Commentationes math. Univ. Carolinae **5**, 247—266 (1964), u. II, Commentationes math. Univ. Carolinae **6**, 119—139 (1965).
— [2] S-Categories, Commentationes math. Univ. Carolinae **1**, 37—46 (1964).
HYERS, D. H.: [1] A generalization of Fréchet's differential, Proc. nat. Acad. Sci. USA **27**, 315—316 (1941).
IRWIN, J. M., and D. C. KENT: [1] Sequential Cauchy spaces, Conference on Convergence Spaces 1976, Proc. Univ. Nevada, Reno, 60—82 (1976).
ISAC, G.: [1] Sur les lattices vectorielles pseudotopologiques, Rev. Roumaine Math. pur. Appl. **19**, 885—893 (1974).
ISBELL, J. R.: [1] Uniform spaces, Amer. Math. Soc., Providence, Rhode Island 1964.
ISÉKI, K.: [1] An approach to locally convex topological linear spaces, Proc. Japan Acad. **40** (10), 818—820 (1965).
JARCHOW, H.: [1] Marinescu-Räume, Commentarii math. Helvet. **44**, 138—163 (1969).
— [2] Dualität und Marinescu-Räume, Math. Ann. **182**, 134—144 (1969).

— [3] Stetigkeit hermitescher Formen, Ann. Acad. Sci. Fennicae, Ser. A I, Nr. 441, 1969.
— [4] Striktheit von (LF)-Räumen, Math. Ann. **187**, 37—39 (1970).
— [5] On tensor algebras of Marinescu spaces, Math. Ann. **187**, 163—174 (1970).
— [6] Quasitonnelierte Räume, Math. Ann. **191**, 271—278 (1971).
— [7] Duale Charakterisierungen der Schwartz-Räume, Math. Ann. **196**, 85—90 (1972).
— [8] On Schwartz spaces and Mackey convergence, IIème Coll. Anal. Fonct. 1973, Bordeaux, Publ. Dép. Math. Lyon **10** (3), 233—251 (1973).

Kasahara, S.: [1] Closeness spaces and convergence spaces, Math. Semin. Notes, Kobe Univ. 2 XI (1974).
— [2] A proximity version of closeness and convergence structure, Math. Semin. Notes, Kobe Univ. 2 XVII (1974).
— [3] Another version of convergence structure, Math. Semin. Notes, Kobe Univ. 2 XVIII (1974).
— [4] On linear bornologies and linear convergence structures, Math. Semin. Notes, Kobe Univ. 3 XX (1975).
— [5] Bounded in convergence spaces, Math. Semin. Notes, Kobe Univ. 3 XXII (1975).
— [6] Boundedness in convergence spaces, Conference on Convergence Spaces 1976, Proc. Univ. Nevada, Reno, 83—92 (1976).

Katětov, M.: [1] Convergence structures, Proc. Second Prague Topological Sympos. 1966, 207—216, Academia, Prague 1967.

Кац, М. П.: [1] Каждое (DF)-пространство квазинормируемо, Функц. анал. и его прилож. **7**, вып. 2, 85—86 (1973).
— [2] Топологические свойства псевдотопологических линейных пространств, Math. Nachr. **75**, 207—227 (1976).

Keller, H. H.: [1] Differenzierbarkeit in topologischen Vektorräumen, Commentarii math Helvet. **38** (4), 308—320 (1964).
— [2] Räume stetiger multilinearer Abbildungen als Limesräume, Math. Ann. **159**, 259—270 (1965).
— [3] Über Probleme, die bei einer Differentialrechnung in topologischen Vektorräumen auftreten, Festband zum 70. Geburtstag von R. Nevanlinna, Springer-Verlag, Berlin-Heidelberg-New York 1966, 49—57.
— [4] Limit vector spaces of Marinescu type, Revue Roumaine Math. pur. appl. **13**, 1107—1112 (1968).
— [5] Die Limes-Uniformisierbarkeit der Limesräume, Math. Ann. **176**, 334—341 (1968).
— [6] Differential Calculus in Locally Convex Spaces, Lecture Notes in Math. **417**, Springer-Verlag, Berlin-Heidelberg-New York 1974.

Kelley, J. L.: [1] General Topology, Van Nostrand, Toronto-New York-London 1955.

Kelley, J. L., Namioka, I., and co-authors: [1] Linear Topological Spaces, Van Nostrand, Toronto-New York-London 1963.

Kendrick, C. T.: [1] On Pretopological Coherence of Convergence Spaces and Products of Fréchet Spaces, Ph. D. Thesis, Washington State University 1971.
— [2] On products of Fréchet spaces, Math. Nachr. **65**, 117—123 (1975).

Kennison, J. F.: [1] Full reflective subcategories and generalized covering spaces, Illinois J. Math. **12**, 353—365 (1968).

Kent, D. C.: [1] Convergence functions and their related topologies, Fundamenta Math. **54**, 125—133 (1964).
— [2] On convergence groups and convergence uniformities, Fundamenta Math. **60**, 213—222 (1967).
— [3] A representation theorem for uniform convergence spaces, Math. Ann. **179**, 42—46 (1968).
— [4] A note on pretopologies, Fundamenta Math. **62**, 95—100 (1968).
— [5] Convergence quotient maps, Fundamenta Math. **65**, 197—205 (1969).
— [6] Decisive Convergence Spaces, Math. Ann. **184**, 215—223 (1970). (Erratum, Math. Ann. **187**, 338 (1970).)

— [7] Decisive Convergence Spaces, Sequential Spaces, and Fréchet Spaces, Rocky Mtn. J. Math. **1**, 367—374 (1971).
— [8] Convergence Structures, Portugaliae Math. **31**, 105—118 (1972).
KENT, D. C., and R. J. GAZIK: [1] Minimal uniform convergence spaces, Conference on Convergence Spaces 1976, Proc. Univ. Nevada, Reno, 93—100 (1976).
KENT, D. C., K. MCKENNON, G. D. RICHARDSON, and M. SCHRODER: [1] Continuous convergence in $C(X)$, Pacific J. Math. **52**, 457—465 (1974).
KENT, D. C., and G. D. RICHARDSON: [1] Minimal Convergence Spaces, Trans. Amer. math. Soc. **160**, 487—499 (1971).
— [2] Open and proper maps between convergence spaces, Czechosl. math. J. **23** (98), 15—23 (1973).
— [3] The decomposition series of a convergence space, Czechosl. math. J. **23**, 437—446 (1973).
— [4] Regular completions of Cauchy spaces, Pacific J. Math. **51**, 483—490 (1974).
— [5] Locally compact convergence spaces, Michigan math. J. **22**, 353—360 (1975).
— [6] The regularity series of a convergence space II, Conference on Convergence Spaces 1976, Proc. Univ. Nevada, Reno, 101—123 (1976).
— [7] Some product theorems, Proc. Fourth Prague Top. Sympos., 1976, Part B, Soc. Czechosl. Math. Phys., Prague 1977, 228—230.
KENT, D. C., G. D. RICHARDSON, and R. J. GAZIK: [1] T-regular-closed convergence spaces, Proc. Amer. math. Soc. **51**, 461—468 (1975).
KENT, D. C., G. D. RICHARDSON, and K. MCKENNON: [1] Continuous Convergence in $C(X)$, Preprint Nr. 23, Washington State University 1973.
KIJOWSKI, J.: [1] Existence of differentiable structure in the set of submanifolds, Studia math. **33**, 93—108 (1969).
KIJOWSKI, J., and J. KOMOROVSKI: [1] A differentiable structure in the set of the bundle sections over compact subsets, Studia math. **32**, 191—207 (1969).
KIJOWSKI, J., and W. SZCZYRBA: [1] On differentiability in an important class of locally convex spaces, Studia math. **30**, 247—257 (1968).
KISYŃSKI, J.: [1] Convergence du type L, Colloq. Math. 7, 205 —211 (1960).
KLAUA, D.: [1] Allgemeine Mengenlehre I u. II, Akademie-Verlag, Berlin 1968 und 1969.
KNEIS, G.: [1] Holomorphe Funktionen mit Werten in einem pseudo-topologischen Vektorraum, Math. Nachr. **62**, 147—161 (1974).
— [2] Zum Satz von Ascoli-Arzela für pseudouniforme Räume **79**, 49—54 (1977).
— [3] Equicontinuity and the Theorem of Arzela-Ascoli in uniform convergence spaces, Proc. Fourth Prague Top. Sympos., 1976, Part B, Soc. Czechosl. Math. Phys., Prague 1977, 231—236.
— [4] Contributions to the theory of pseudo-uniform spaces, erscheint in Math. Nachr.
KÖTHE, G.: [1] Topologische lineare Räume I., Springer-Verlag, Berlin-Göttingen-Heidelberg 1960.
KOUTNÍK, V.: [1] On sequentially regular convergence spaces, Czechosl. math. J. 17 (92), 232—247 (1967).
— [2] On convergence in closure spaces, Proc. Internat. Sympos. on Topology and its Appl., Herceg-Novi (Yugoslavia) 1968, 226—230 (1969).
KOWALSKY, H.-J.: [1] Beiträge zur topologischen Algebra, Math. Nachr. **11**, 143—185 (1954).
— [2] Limesräume und Komplettierung, Math. Nachr. **12**, 301—340 (1954).
— [3] Topologische Räume, Birkhäuser Verlag, Basel 1961.
KRANZLER, S. K., and T. S. MCDERMOTT: [1] Extending continuous linear functionals in convergence vector spaces, Trans. Amer. math. Soc. **200**, 149—168 (1974).
KRATOCHVÍL, P.: [1] A sequential decomposition of filters, Conference on Convergence Spaces 1976, Proc. Univ. Nevada, Reno, 125—131 (1976).
KURATOWSKI, C.: [1] Topologie I, Monographie Matematyczne XX, Warszawa 1952.
KUROSCH, A. G.: [1] Gruppentheorie I u. II, Akademie-Verlag, Berlin 1970 u. 1972.

KUTZLER, K.: [1] Zur Theorie der limitierten Vektorräume, Diss. Fr. Univ. Berlin 1969.
— [2] Eine Bemerkung über endlichdimensionale, separierte, limitierte Vektorräume, Arch. der Math. **20**, 165—168 (1969).
— [3] Bemerkungen über unendlichdimensionale, separierte Limesvektorräume und Limesgruppen, J. reine angew. Math. **253**, 98—116 (1972).
— [4] Über Zusammenhänge, die zwischen einigen Limitierungen auf $C(X)$ und dem Satz von Dini bestehen, Manuskripte der Fakultät für Math. u. Inf., Univ. Mannheim, Nr. 20, 1972.
— [5] Über einige Limitierungen auf $C(X)$ und den Satz von Dini, Math. Nachr. **64**, 149—170 (1974).
— [6] Eine Charakterisierung von Lindelöf-Räumen, Arch. der Math. **26**, 214—221 (1975).
— [7] Minimale Objekte in gewissen Kategorien von Limesvektorräumen, erscheint in Math. Nachr.
LANG, S.: [1] Introduction to Differentiable Manifolds, Interscience, New York-London 1962.
LAZET, D.: [1] Applications analytiques dans les espaces bornologiques, Séminaire P. Lelong 1971—72; ferner in: Lecture Notes in Math. **332**, Springer-Verlag, Berlin-Heidelberg-New York, 1—47 (1973).
— [2] Sur la différentiabilité des applications analytiques en dimension infinie, C.r. Acad. Sci., Paris, Sér. A, **273**, 155—157 (1971).
LESLIE, J. A.: [1] On a differential structure for the group of diffeomorphisms, Topology **6**, 263—271 (1967).
— [2] Some Frobenius theorem in global analysis, J. Diff. Geom. **2** (3), 279—297 (1968).
LJUSTERNIK, L. A., und W. I. SOBOLEW: [1] Elemente der Funktionalanalysis, Akademie-Verlag, Berlin 1968.
LLOYD, J. W.: [1] Differentiable mappings on topological vector spaces, Studia math. **45**, 147—160 (1973).
— [2] Two topics in the differential caculus on topological linear spaces, Diss. Australian Nat. Univ.
— [3] Smooth partitions of unity on manifolds, Trans. Amer. math. Soc. 187, 249—259 (1974).
LOWEN-COLEBUNDERS, E.: [1] Completness properties for convergence spaces, Conference on Convergence Spaces 1976, Proc. Univ. Nevada, Reno, 148—154 (1976).
— [2] Cospaces of a convergence space, erscheint in Math. Nachr.
MACHADO, A.: [1] Quasi-variétés complexes, Cahiers Topologie Géom. Différentielle **11** (3), 231—279 (1969).
— [2] Charactérisation à l'aide de quasi-topologies de la structure de variété analytique complexe, C.r. Acad. Sci., Paris, Sér. A, **268**, 1402—1405 (1969).
— [3] Espaces d'Antoine et pseudotopologies, Cahiers Topologie Géom. Différentielle **14**, 309—327 (1973).
MAC LANE, S.: [1] Kategorien, Begriffssprache und mathematische Theorie, Springer-Verlag, Berlin-Heidelberg-New York 1972.
MAISSEN, B.: [1] Über Topologien im Endomorphismenraum eines topologischen Vektorraumes, Math. Ann. **151**, 283—285 (1963).
MAMUZIĆ, Z.: [1] Introduction to general topology, P. Noordhoff, Groningen 1963.
MARINESCU, G.: [1] Différentielles de Gâteaux et Fréchet dans les espaces localement convexes, Bull. math. Soc. Sci. math. phys. R.P.R. n. Sér. **1** (1), 77—86 (1957).
— [2] Espaces vectoriels pseudotopologiques et théorie des distributions, VEB Deutscher Verlag der Wissenschaften, Berlin 1963.
MATHEWS, J. C., and R. F. ANDERSON: [1] A comparison of two modes of order convergence, Proc. Amer. math. Soc. **18**, 100—104 (1967).
MCDERMOTT, T. S.: [1] The Hahn-Banach theorem in convergence vector spaces — a brief survey, Conference on Convergence Spaces 1976, Proc. Univ. Nevada, Reno, 148—154 (1976).

MEEÚS, D.: [1] Le calcul différentiel dans les espaces à bornés convexes, Thése, Louvain 1970.
[2] Sur la dérivée d'une fonction entre parties d'espaces localement convexes, C.r. Acad. Sci., Paris, Sér. A, **271**, 1250–1253 (1970).
— [3] Fonctions implicites, non locales, dans les espaces localement convexes, C.r. Acad. Sci., Paris, Sér. A, **272**, 724–726 (1971).
MICHAL, A. D.: [1] Le calcul différentiel dans les espaces de Banach, I et II, Gauthier-Villars, Paris 1958, 1964.
— [2] Differential calculus in linear topological spaces, Proc. nat. Acad. Sci., USA, **24**, 340–342 (1938).
— [3] Differentials of functions with argument and values in topological abelian groups, Proc. nat. Acad. Sci. USA, **26**, 356–359 (1940).
— [4] Functional analysis in topological group spaces, Math. Mag. **20** (1947).
MICHAL, A. D., et E. W. PAXSON: [1] La differentielle dans les espaces abstraits linéaires avec une topologie, C.r. Acad. Sci., Paris, **202**, 1741–1743 (1936).
MICHOR, P.: [1] A note on the inverse mapping theorem of F. Berquier, in: Categorical Topology, Lecture Notes in Math. **540**, Springer-Verlag, Berlin-Heidelberg-New York 1976, 435–438.
MILLER, F. R.: [1] Quasivector topologies, Pacific J. Math. **37**, 445–451 (1971).
MILLSAPS, K.: [1] Differential calculus in topological groups, I, II, Revista Ci. **44**, 485–492 (1942); **45**, 45–52 (1943).
MITANI, S.: [1] The completion of a convergence space in the sense of H. R. Fischer, Proc. Japan Acad. **44**, 667–671 (1968).
MOORE, R. L., and H. L. SMITH: [1] A general theory of limits, Amer. J. Math. **44**, 102–121 (1922).
MÜLLER, B.: [1] Über den c-Dual eines Limesvektorraumes, Diss. Univ. Mannheim 1972.
— [2] Dualitätstheorie für Vektorunterverbände von $C_c(X)$, Math. Nachr. **69**, 273–284 (1975).
— [3] Locally precompact convergence vector spaces, Conference on Convergence Spaces 1976, Proc. Univ. Nevada, Reno, 155–172 (1976).
— [4] T_3-completions of convergence vector spaces, Proc. Fourth Prague Top. Sympos., 1976, Part B, Soc. Czechosl. Math. Phys., Prague 1977, 298–307.
— [5] A Hahn-Banach Theorem in conjugate Banach spaces, Manuskripte der Fakultät für Math. u. Informatik, Univ. Mannheim, Nr. 53, 1977.
NEL, L. D.: [1] Cartesian closed topological categories, in: Categorical Topology, Lecture Notes in Math. **540**, Springer-Verlag, Berlin-Heidelberg-New York 1976, 439–451.
NETZER, N.: [1] Konvergenz in verallgemeinerten topologischen Räumen, Math. Nachr. **77**, 245–262 (1977).
NEVANLINNA, F., und R. NEVANLINNA: [1] Absolute Analysis, Springer-Verlag, Berlin-Göttingen-Heidelberg 1959.
NÖBELING, G.: [1] Analytische Topologie, Springer-Verlag, Berlin-Göttingen-Heidelberg 1954.
NORDMAN, H.: [1] Convergence functions and inductive limits, Acta Acad. Aboensis, Ser. B, **35** (1975).
NOVÁK, J.: On some problems concerning multivalued convergences, Czechosl. math. J. **14** (89), 548–650 (1964).
— [2] On convergence spaces and their sequential envelopes, Czechosl. math. J. **15** (90), 74–99 (1965).
— [3] On some problems concerning convergence spaces and groups, Gen. Topology and its Relation to Mod. Analysis and Algebra III (Proc. Conf. Kanpur, 1968), 219–229.
— [4] On sequential envelopes defined by means of certain classes of continuous functions, Czechosl. math. J. **18** (93), 450–456 (1968).
— [5] On convergence groups, Czechosl. math. J. **20** (95), 357–374 (1970).
— [6] On completions of convergence commutative groups, Gen. Top. and its Relation to Mod. Analysis and Algebra III (1971), 335–340, Academia, Prague 1972.

— [7] Concerning the topological product of two Fréchet spaces, Proc. Fourth Prague Top. Sympos., 1976, Part B, Soc. Czechosl. Math. Phys., Prague 1977, 342—343.

Ordman, E. T.: [1] Convergence almost everywhere is not topological, Amer. math. Monthly **73**, 182—183 (1966).

— [2] Convergence and abstract spaces in functional analysis I, II, J. Undergraduate Math. 1, 79—96 (1969), 2, 25—36 (1970).

Park, W. R.: [1] Convergence Structures on Homeomorphism Groups, Math. Ann. **199**, 45—54 (1972).

Pavelka, J.: [1] Tensor products in the category of convergence spaces, Commentationes math. Univ. Carolinae **13**, 693—709 (1972). (Correction, Commentationes math. Univ. Carolinae **15**, 781—782 (1974).)

Penot, J.-P.: [1] La notion d'application analytique, Séminaire Choquet (6e année, 1966/67) Initiation à l'Analyse, n° 3, Paris 1968.

— [2] Calcul différentiel dans les espaces vectoriels topologiques, Studia math. **47**, 1—23 (1973).

Pervin, W. J., and H. J. Biesterfeldt: [1] Uniformization of convergence spaces II, Math. Ann. **177**, 43—48 (1968).

Pisanelli, D.: [1] Applications analytiques en dimension infinie, Bull. Sci. math. **96**, 181—191 (1972).

Poppe, H.: [1] Stetige Konvergenz und der Satz von Ascoli und Arzelà, Math. Nachr. **30**, 87—122 (1965).

— [2] Stetige Konvergenz und der Satz von Ascoli und Arzelà II, Monatsber. Deutsch. Akad. Wiss. Berlin 8 (4), 259—264 (1966).

— [3] Stetige Konvergenz und der Satz von Ascoli und Arzelà, III, IV, V, VI, Proc. Japan. Acad. **44**, 234—239, 240—242, 318—321, 322—324 (1968).

— [4] Einige Bemerkungen über den Raum der abgeschlossenen Mengen, Fundamenta Math. **59**, 159—169 (1966).

— [5] Compactness in General Function Spaces, VEB Deutscher Verlag der Wissenschaften, Berlin 1974.

Preuss, G.: [1] Allgemeine Topologie, Springer-Verlag, Berlin-Heidelberg-New York 1972.

Prössdorf, S.: [1] Über eine Verallgemeinerung des Ableitungsbegriffes und die Regularisierung singulärer Integralgleichungen, Wiss. Z. Techn. Hochschule Karl-Marx-Stadt **10**, 551—554 (1968).

Ramaley, J. F.: [1] Completion and compactification functors for Cauchy spaces, Diss. Univ. New Mexico 1967.

Ramaley, J. F., and O. Wyler: [1] Cauchy spaces I. Structure and Uniformization Theorems, Math. Ann. **187**, 175—186 (1970).

— [2] Cauchy spaces II. Regular completions and compactifications, Math. Ann. **187**, 187—199 (1970).

Rao, C. J. M.: [1] On smallest compactifications for convergence spaces, Proc. Amer. math. Soc. **44**, 225—230 (1974).

— [2] On largest Hausdorff compactification for convergence spaces, Bull. Austral. math. Soc. **12**, 73—79 (1975).

— [3] On m-ultracompactifications, Conference on Convergence Spaces 1976, Proc. Univ. Nevada, Reno, 184—187 (1976).

Reed, E. E.: [1] Completions of Uniform Convergence Spaces, Math. Ann. **194**, 83—108 (1971).

— [2] Proximity convergence structures, Pacific J. Math. **46**, 471—485 (1973).

— [3] Convergence spaces and nearnesses, Conference on Convergence Spaces 1976, Proc. Univ. Nevada, Reno, 188—191 (1976).

Reid, G. A.: [1] Concepts on differentiability and analyticity on certain classes of topological groups, Proc. Cambr. philos. Soc. **61**, 347—379 (1965).

RENZ, W.: [1] Summe von Adhärenzräumen, Math. Nachr. **74**, 321—328 (1976).
— [2] Zur vollständigen Regularität und Normalität in Limesräumen, Math. Nachr. **78**, 291—296 (1977).
— [3] Approximatoren und Umgebungen, erscheint in Math. Nachr.
RICHARDSON, G. D.: [1] On completions of uniform convergence spaces, Diss. North Carolina State Univ., Raleigh 1969.
— [2] A class of uniform convergence structures, Proc. Amer. math. Soc. **25**, 339—402 (1970).
— [3] A Stone-Čech Compactification for Limit Spaces, Proc. Amer. math. Soc. **25**, 403—404 (1970).
— [4] Completions of uniform convergence spaces, Proc. Amer. math. Soc. **29**, 159—164 (1971).
— [5] Completions for a class of convergence groups. Proc. Amer. math. Soc. **39**, 211—213 (1973).
— [6] Embedding in topological vector spaces, Conference on Convergence Spaces 1976, Proc. Univ. Nevada, Reno, 192—203 (1976).
RICHARDSON, G. D., and D. C. KENT: [1] Regular Compactifications of Convergence Spaces, Proc. Amer. math. Soc. **31**, 571—573 (1972).
— [2] A note on $C_c(X)$, Proc. Amer. math. Soc. **49**, 411—445 (1975).
— [3] The regularity series of a convergence space, Bull. Austral. math. Soc. **13**, 21—44 (1975).
RICHARDSON, G. D., K. MCKENNON, and D. C. KENT: [1] Continuous convergence in $C(X)$, Wash. State Univ. Math. Dept. Preprints (1973).
RIECKE, C. V.: [1] The lattice of convergence structures, Proc. Univ. Houston Point Set Top. Conference, 158—163 (1971).
RINOW, W.: [1] Die innere Geometrie der metrischen Räume, Springer-Verlag, Berlin-Göttingen-Heidelberg 1961.
— [2] Lehrbuch der Topologie, VEB Deutscher Verlag der Wissenschaften 1975.
ROLEWICZ, S.: [1] Metric linear spaces, Monographie Matematyczne **56**, Warszawa 1972.
ROSINGER, E.: [1] Structuri pseudotopologice, Acad. R. P. Romîne Stud. Cerc. Mat. **14**, 223—251 (1963).
— [2] Structuri pseudotopologice II, Acad. R. P. Romîne Stud. Cerc. Mat. **16**, 1085—1110 (1964).
— [3] Structuri pseudotopologice III, Acad. R. P. Romîne Stud. Cerc. Mat. **17**, 1133—1143 (1965).
— [4] Scufundarea distributiilor $\mathcal{D}'_n$ în algebre pseudotopologice, Acad. R. P. Romîne Stud. Cerc. Mat. **18**, 687—729 (1966).
— [5] Spaţii pseudotopologice, Scufundarea distributiilor $\mathcal{D}'_n$ în algebre, Acad. R. P. Romîne Stud. Cerc. Mat. **20**, 553—582 (1968).
Салько, Д. С.: [1] К теории существования неявных функций в локально выпуклых пространствах, Уч. зап. Моск. обл. пед. ин-та **110** (7), 245—264 (1962).
— [2] К теории неявных функций в локально выпуклых пространствах, Успехи Мат. Наук **24**, вып. 2, 235—236 (1969).
SCHMIDT, JOACHIM: [1] Zur Axiomatisierung von Konvergenzstrukturen, Math. Nachr. **78**, 363—367 (1977).
SCHMIDT, JÜRGEN: [1] Beiträge zur Filtertheorie I, Math. Nachr. **7**, 359—378 (1952).
— [2] Beiträge zur Filtertheorie II, Math. Nachr. **10**, 197—232 (1953).
— [3] Konfinalität, Z. Math. Logik Grundl. Math. **1**, 271—303 (1955).
— [4] Eine Studie zum Begriff der Teilfolge, Jahresb. Deutsche Math. Verein. **63**, 28—50 (1960).
— [5] Mengenlehre I, Bibliographisches Institut A6, Mannheim 1966.
— [6] Symmetric approach to the fundamental notions of general topology, Proc. Second Prague Topological Sympos. 1966, 308—319, Academia, Prague 1967.

SCHRODER, M.: [1] Continuous convergence in a Gelfand theory for topological algebras, Ph. D. Thesis, Queen's Univ. Kingston, Ontario 1971.
— [2] Solid convergence spaces, Bull. Austral. math. Soc. 8, 443—459 (1973).
— [3] On compact convergence spaces and theorems of E. Binz and C. H. Cook, Research Report No. 21, Univ of Waikato, Hamilton, New Zealand (1973).
— [4] A family of c-embedded spaces whose associated completely regular topology is compact, Arch. der Math. **25**, 69—74 (1974).
— [5] Marinescu structures and c-spaces, Conference on Convergence Spaces 1976, Proc. Univ. Nevada, Reno, 204—235 (1976).
— [6] Compactness theorems, in: Categorical Topology, Lecture Notes in Math. **540**, Springer-Verlag, Berlin-Heidelberg-New York 1976, 566—577.
SCHUBERT, H.: [1] Kategorien I u. II, Akademie-Verlag, Berlin 1970.
SEBASTIÃO E SILVA, J.: [1] Le calcul différentiel et intégral dans les espaces localement convexes, réels ou complexes, I, II, Atti. Accad. naz. Lincei, Rend. **20** (6), 743—750 (1956), **21** (1—2), 40—46 (1956).
— [2] Conceitos de funçaõ differenciável em espaços localemente convexos, Publ. Centro Estudes Matem. Lisboa, Inst. Alta Cultura, Lisboa 1957.
— [3] Les espaces à bornés et la notion de fonction différentiable, Colloque Analyse fonct. Louvain 1960, Paris-Louvain, 57—61 (1961).
— [4] Les espaces à bornés et la notion de fonction différentiable, Atti Accad. naz. Lincei, Rend. VIII. Ser, **34**, 57—61 (1963).
— [5] Les espaces à bornés et les reunions d'espaces normes, Atti Accad. naz. Lincei, Rend. VIII. Ser, **34**, 134—137 (1963).
SEIP, U.: [1] Kompakt erzeugte Vektorräume und Analysis, Lecture Notes in Math. **273**, Springer-Verlag, Berlin-Heidelberg- New York 1972.
— [2] Differential Calculus and Cartesian Closedness, in: Categorical Topology, Lecture Notes in Math. **540**, Springer-Verlag, Berlin-Heidelberg-New York 1976, 578—604.
SIERPIŃSKI, W.: [1] General Topology, Mathematical Expositions, No 7, Toronto 1952.
SIMONNET, M.: [1] Calcul différentiel dans les espaces non normables, C.r. Acad. Sci., Paris, Sér. A, **273**, 1249—1252 (1971).
— [2] Différentiabilité de la composition, C.r. Acad. Sci., Paris, Sér. A, **274**, 565—568 (1972).
— [3] Complétude de $L(F, E)$ et $C^n(F, X)$, C.r. Acad. Sci., Paris, Sér. A, **275**, 907—909 (1972).
— [4] Dérivabilité des flots loceaux d'une application C^r, C.r. Acad. Sci., Paris, Sér. A, **275**, 1339—1341 (1972).
— [5] Sur le théorème de Frobenius, C.r. Acad. Sci., Paris, Sér. A, **276**, 187—189 (1973).
— [6] Charactérisation des applications analytiques et ensembles équicontinuous de telles applications, C.r. Acad. Sci., Paris Sér. A, **277**, 1099—1102 (1973).
— [7] Différentiabilité d'ordre infini des applications analytiques complexes, C.r. Acad. Sci., Paris, Sér. A, 277, 1049—1051 (1973).
— [8] Calcul différentiel dans les espaces non normables, Cahiers Topologie Géom. Différentielle **13**, 411—437 (1972), et **14**, 3—40 (1973).
— [9] Applications analytiques entre espaces localement convexes complexes, Esquisses Math., no. 20, Paris 1973.
— [10] Une formule de calcul différentiel, Esquisses math. no. 23, Paris 1975.
— [11] Calcul différentiel entre espaces vectoriels quasi-topologiques. Esquisses math. no. 24, Paris 1976.
SJÖBERG, B.: [1] On derivatives in topological vector spaces, Nordisk mat. Tidskr. **14**, 87—96 (1966).
— [2] Zur Theorie der uniformen Limesräume, Soc. Sci. Fennica, Commentationes phys.-math. **36** (2), 25—41 (1969).
— [3] Über die Fortsetzbarkeit gleichmäßig stetiger Abbildungen in uniformen Limesräumen, Soc. Sci. Fennica, Commentationes phys.-math. **40**, 41—46 (1970).

Смолянов, О. Г.: [1] Некоторые полные пространства гладких отображений псевдотопологических линейных пространств, Успехи Мат. Наук **29**,, вып. 4 (178), 181—182 (1974).
— [2] Класс пространств, в которых справедлива теорема об ограниченной дифференцируемости обратной функции, Мат. заметки **17**, вып. 5, 703—709 (1975).
— [3] О высших производных отображений локально выпуклых пространств, Мат. заметки **22**, вып. 5, 729—744 (1977).
Сова, М.: [1] Общая теория дифференцируемости в линейных топологических пространствах, Czechosl. math. J. **14** (4), 485—508 (1964).
— [2] Условия дифференцируемости в линейных топологических пространствах, Czechosl. math. J. **16** (3), 339—362 (1966).
Spanier, E.: [1] Quasi topologies, Duke math. J. **30**, 1—14 (1963).
Сухинин, М. Ф.: []1 Два варианта теоремы о дифференцировании обратной функции в некоторых линейных топологических пространствах, Вестник МГУ, серия I, **24**, № 6, 34—38 (1969).
— [2] О локальной обратимости дифференцируемого отображения, Успехи Мат. Наук **25**, вып. 5, 249—250 (1970).
— [3] Несколько теорем об обратной и неявной функциях в линейных топологических пространствах, Успехи Мат. Наук **28**, вып. 1 (169), 251—252 (1973).
— [4] О принципе неподвижной точки и его применении в теории операторов в линейных топологических пространствах, Успехи Мат. Наук **29**, вып. 1 (175), 189—190 (1974).
— [5] Теорема о неявной функции в топологических линейных пространствах. Теоремы о дифференцируемости обратной функции в линейных топологических пространствах. Об одном принципе неподвижной точки и обратимости отображений. (Manuskripte).
Szász, G.: [1] Einführung in die Verbandstheorie, B. G. Teubner Verlagsgesellschaft, Leipzig 1962.
Szczyrba, W.: [1] On differentiability in some class of locally convex spaces (Short summary), Studia math. **38**, 458 (1970).
— [2] Differentiation in locally convex spaces, Studia math. **39**, 289—306 (1971).
Taylor, W.: [1] Convergence in Relational Structures, Math. Ann. **186**, 215—227 (1970).
Thampuran, D. V.: [1] Neighborhood spaces and convergence, Portugaliae Math. **33**, 43—49 (1974).
Trail, R. B.: [1] Regularity and complete regularity for convergence spaces, Diss. Univ. of Arkansas, Fayetteville 1972.
Urbański, P.: [1] Differentiable structure in a conjugate vector bundle of infinite dimension, Dissertationes math. CXIII, Warszawa 1974.
Urysohn, P.: [1] Sur les classes ($\mathcal{L}$) de M. Fréchet, Enseignement math. **25**, 77—83 (1925).
Ver Eecke, P. : [1] Sur le calcul différentiel dans les espaces non normés, C.r. Acad. Sci., Paris, Sér. A, **265**, 720—723 (1967).
— [2] Quelques observations sur le calcul différentiel, C.r. Acad. Sci., Paris, Sér. A, **273**, 349—352 (1971).
Vetter, C.: [1] Einige Kennzeichnungen der Potenz einer Quasitopologie, Math. Nachr. **72**, 181—185 (1976).
Wagner, E. F.: [1] On the convergence structure of Mikusiński operators, Studia math. **27**, 39—48 (1966).
— [2] Convergence structures for Mikusiński operators, Conference on Convergence Spaces 1976, Proc. Univ. Nevada, Reno, 236—240 (1970).
Wehrli, M.: [1] Differentialrechnung in allgemeinen linearen Räumen, I., Rend. Circ. mat. Palermo, II. Ser., **17**, 81—114 (1968).

WICHTERLE, K.: [1] On 𝔅-convergence spaces, Czechosl. math. J. **18** (93), 569–588 (1968).
— [2] On 𝒲-convergence spaces and their 𝒲-envelopes, Contrib. Extens. Theory topol. Struct., Proc. Symp. Berlin 1967, 245 (1969).
— [3] Relations between the 𝔶-completness and the paracompactness of closure spaces, Commentationes math. Univ. Carolinae **9** (1968), 583–593 (1969).
— [4] Joint-convergence in function spaces. Order of 𝒲-closures, Proc. Fourth Prague Top. Sympos., 1976, Part B, Soc. Czechosl. Math. Phys., Prague 1977, 506–512.
WINGREN, C.-E.: [1] Regular and normal convergence and principal convergence spaces, Acta Acad. Aboensis, Ser. B, **31** (18), 1–10 (1971).
— [2] Locally convex limit spaces, Acta Acad. Aboensis, Ser. B, **33** (5), 1–14 (1973).
— [3] Spaces of continuous n-linear mappings in the category of locally convex limit spaces, Acta Acad. Aboensis, Ser. B, **34** (5), 3–37 (1974).
WLOKA, I.: [1] Limesräume und Distributionen, Math. Ann. **152**, 351–409 (1963).
WONG, Y. P.: [1] Differential Calculus and Differentiable Partitions of Unity in Locally Convex Spaces, Univ. Toronto 1974.
WOYCZYNSKI, W. A.: [1] Sur la convergence des series dans les espaces de type (L), C.r. Acad. Sci., Paris, Sér. A, **268**, 1254–1257 (1969).
WYLER, O.: [1] The Stone-Čech compactification for limit spaces, Notices Amer. Math. Soc. **15**, 169 (1968).
— [2] Ein Komplettierungsfunktor für uniforme Limesräume, Math. Nachr. **46**, 1–12 (1970).
— [3] On regularity for convergence spaces, Report 70–22, Dep. Math., Carnegie-Mellon Univ.
— [4] On the Categories of General Topology and Topological Algebra, Arch. der Math. **22**, 7–17 (1971).
— [5] Topological Categories and Categorical Topology, Gen. Top. Appl. **1**, 17–28 (1971).
YAMAGATA, H.: [1] On limit spaces and the double weak limit I, II, Proc. Japan Acad. **45**, 247–252, 253–258 (1969).
YAMAMURO, S.: [1] On the semigroup of Hadamard differentiable mappings, J. Austral. math. Soc. **14**, 329–334 (1972).
— [2] On the semigroup of differentiable mappings on Montel spaces, Tôhoku math. J. **24**, 359–370 (1972).
— [3] Differential Calculus in Topological Linear Spaces, Lecture Notes in Math. **374**, Springer-Verlag, Berlin-Heidelberg-New York 1974.
— [4] A differentiation in locally compact spaces, Bull. Austral. math. Soc. **12**, 183–209 (1975).
— [5] Notes on differential calculus in topological linear spaces, II, III, J. Austral. math. Soc. **20**, Ser. A, 245–252 (1975), **21**, Ser. A, 88–95 (1976).
YAMAMURO, S., and J. GRUNAU: [1] Notes on differential calculus in topological linear spaces, J. reine angew. Math. **283/284**, 176–181 (1976).

SYMBOLVERZEICHNIS

SACHVERZEICHNIS